物理水文学

——水循环物理过程

张济世　陈仁升　吕世华
张小由　吉喜斌　康尔泗　编著

本书由兰州交通大学“青蓝”工程、中科院寒区旱区环境与工程研究所所长基金、国家重点基础研究发展计划项目(编号：2007CB411506)、国家自然科学基金重大研究计划项目(编号：90702001)、中科院方向性项目(编号：kzcx2-yw-301-3)、国家自然科学基金面上项目(编号：40771045)共同资助出版

黄河水利出版社

内 容 简 介

本书是利用数学原理解决水文问题的各种研究方法的综合集成，从水文过程的基本统计特征出发，以概率统计数学原理为基础，把近年来在水文分析、预测中大量应用的灰色理论、模糊数学、神经网络、小波变换、分形和混沌理论等数学方法统一纳入《统计水文学》体系之中。在结构安排上，考虑到水文学统计理论发展中人们对水文过程的把握和理解程度的逐步深化过程，基本以水文统计理论发展的先后顺序为主编排。在基本数学原理介绍的基础上，大量介绍当前科研活动中经常出现的经典应用实例。

本书可供具有本科数学基础的水文、气象、地震、农业、经济等学科涉及时间序列预测的科研工作者和业务人员参考使用，也可作为上述专业研究生教材使用。

图书在版编目(CIP)数据

物理水文学 / 张济世等著. —郑州：黄河水利出版社，2007.11
ISBN 978-7-80734-337-0

Ⅰ.物… Ⅱ.张… Ⅲ. 水文物理学 Ⅳ.P341

中国版本图书馆 CIP 数据核字(2007)第 173831 号

出 版 社：黄河水利出版社
地址：河南省郑州市金水路 11 号　　邮政编码：450003
发行单位：黄河水利出版社
发行部电话：0371-66026940　　传真：0371-66022620
E-mail：hhslcbs@126.com
承印单位：河南省瑞光印务有限公司
开本：787 mm × 1 092 mm　1 / 16
印张：36
字数：830 千字　　印数：1—1 000
版次：2007 年 11 月第 1 版　　印次：2007 年 11 月第 1 次印刷

书号：ISBN 978-7-80734-337-0 / P · 79　　定价：98.00 元

前 言

近年来，水文物理过程研究朝着宏观更宏，微观更微的方向发展。一方面以土壤-植被-大气连续体为思想内核的水文陆面物理过程的研究，已经进入到植物叶片气孔、茎干导管和根部细胞的水热传输等微观层次；另一方面宏观层次的水文物理研究，已经扩展到地球五大圈层之间能量、物质平衡和相互作用的超大尺度，以至全球尺度。国际水文学界早就认识到水文研究尺度转换的必要性，伊格尔森(Eagleson)在 1986 年提出了全球尺度水文学概念；1998 年康尔泗教授指出，当今国际水文学科学的前沿问题是水文过程界面和尺度转换问题，水文学的研究已进入了以水圈为中心来研究大气圈、冰冻圈、岩石圈和生物圈相互作用的阶段。由此可以看出，水文物理过程研究出现了两个巨大变化：即次流域单元的土壤-植被-大气连续体研究，与微观尺度的植物细胞水热转换发生联系；而在超流域单元的陆面过程和大气边界层研究与水文过程研究逐步深入结合，导致了水文物理过程和大气物理过程突破了各自的传统界限与研究领域，并进一步相互融合。编者认为，上述变化不仅仅是研究尺度上的简单变化，从具体研究内容来说，把水热物理过程、植物生理物理过程、大气物理和海洋物理过程引入了水文学研究领域，从理论体系来说，是水文学思想和方法论的革命。对于上述成就，我们无论怎样估量他们的价值都不为过，这正是众多水文气象学家所期望的。

本来水文运动与水在大气物理过程中的运动就是水循环的不同阶段，只有把他们加以统一考虑，才能够深入理解和解释地球上水分耗散(蒸发与腾发)与聚集(降水与产汇流)的运动规律，并进一步把这些规律彻底的应用于分布式水文物理模型和大气物理模式。然而让人们感到震惊的是，这些惊人的进步绝大部分并不是水文学家所取得的，而是由农林、土壤物理、植物生理、海洋物理和大气物理等学科领域的科学家所取得的。也就是说，某些应当由水文学家完成的工作，已经由其他领域的科学家完成了，现在应当是由水文学工作者对这些成果，按照水文学理论框架来进行系统的理解和整理的时候了。

所谓物理水文学，就是利用物理学理论和方法解决水文学问题的学说理论，是一种与统计水文学完全不同的方法。康尔泗教授认为，气候学的飞速发展除了科技进步的巨大推动之外，更主要的是气候系统研究领域的突破。长期以来，在气候学研究中人们就气候系统本身来理解气候系统，近几十年的实践表明，这样根本无法完整地理解气候系统的变化规律，而跳出气候系统，即从五大圈层的相互作用来研究气候系统，则使气候学获得了长足的进步。由此我们得到启示，只有跳出水圈来看水文循环过程，才能从根本上突破就水圈来研究水文运动的局限，也才能够摆脱长期以来水文学实践多学说少的尴尬地位。也就是说，要从根本上扭转长期以来被动的从其他学科吸收和借鉴理论成果的局面，必须主动向其他相关领域扩展其研究范畴，从更高的理论层次来主动把握和促进水文学的发展。这就是我们编写《物理水文学》的出发点和初衷。

对于水文物理过程来说，能够让我们对水文循环中的土壤水运动过程、植物水分生理物理过程及大气物理过程中水的运动进行统一把握和理解的思想内核，就是由 Koner 在

1948 年提出的土壤-植被-大气连续体思想。即水分在土壤、植被和大气中的存在相态和能量虽然存在巨大差别，但水分在不同介质中的运动从根本上说却是由水势来驱动的，从而导致水分从高位能区向低位能区流动与扩散，这样水分在不同介质中的转换就可以由各自的势函数来统一描述。1966 年菲利浦命名该系统为：Soil-P1ant-Atmosphere Continuum，即 SPAC。这也正是全球水文模型和区域水文模型能够创立和实用化的惟一合理坚实的物理基础。

这一重要思想在二十世纪末期被从事全球水循环研究的水文学家所认识，并成为国际地圈生物圈计划(IGBP)的核心项目水文循环生物圈方面(BAHC)的核心问题之一，即土壤-植物-大气中的物质能量传输(Soil-vegetation-atmosphere transfer，SVAT)问题，以及同期开展的全球能量与水循环试验(GEWEX)，也是建立在物质能量连续传输转换这一思想体系之上。

我们必须注意的是，无论 SPAC 思想体系怎样重要，但它毕竟是在农田水热交换传输的基础上发展起来的，在一些特殊类型下垫面单点和一维研究中非常实用和通行，但在以流域为单元或者更进一步扩展到更大尺度的时候，已经进行了很大的改造。同时我们还注意到，促使当代水文学研究方式和研究内容发生巨大变化的原因，除了水文学自身学科发展的需要之外，更重要的原因是全球变化等当代地学前沿科学发展对水文学的需要。而地学的研究范畴主要集中在岩石圈、水圈、生物圈、大气圈和对水文气候影响巨大的冰冻圈这五大圈层，如果要把 SPAC 物质能量连续传输转换的思想体系进一步扩展到地球五大圈层相互作用尺度的时候，就需要对这种连续体思想更进一步的改造和发展，而且为促使水文大气更进一步融合，以及用完全、彻底、统一的物理原理来统领水循环物理过程，就必须建立和完善岩石圈-水圈-生物圈-大气圈-冰冻圈五大圈层连续体(SWBCG)物理平台和思想体系来支撑这样的研究。我们知道，在土壤-植被-大气连续体中，物质能量传输转换最复杂关键的环节是植物的物理生理过程，目前的众多研究表明，这个领域的研究已经非常成熟，不但可以支撑土壤-植被-大气连续体思想体系，而且完全能够与实际应用的精细要求相匹配。所以，把这种思想体系扩展到地球五大圈层，不仅是完全可能的，而且对当代地学研究具有实际重大意义。

正因为如此，我们编写《物理水文学》过程中，不但希望把地球能水循环的水文大气物理过程用连续体思想统一起来，而且希望能够把地球五大圈层相互作用、物质能量传输转换物理过程用连续体思想统一起来。一方面考虑到，随着水文物理过程研究从水文下垫面向大气的扩展，以及随着大气物理过程研究从下边界层向地表的延伸，水文物理过程和大气物理过程必然要走向融合。另一方面，已经有许多从事大气物理模式开发研究的科学家，正在进行水文物理过程与大气物理过程按照自然界中的实际发生进程统一的尝试。而目前包含大气物理过程的分布式水文模型，是把水文过程和大气过程分开了处理的，也就是先驱动大气物理模式，再用大气模式输出的结果驱动水文模型，这显然不符合水循环在自然界中发生发展的实际进程。所以，在不久的将来必然有许多水文学家，要把水文物理过程和大气物理过程统一起来，按照水循环的实际发生发展进程，进行分布式水文大气耦合模型研究。只有这样水文物理过程和大气物理过程从理论体系上和研究程度上才能更加完善和深入，也只有水文物理过程和大气物理过程的彻底融合，才会有区域水文模型（RCHM）和全球水文模型（GCHM）的创立和实用化。

根据上述目的和要求，《物理水文学》综合了农林学、土壤物理学、植物生理学、流体力学、热力学、植被微气象物理学、大气边界层物理学和大气物理学，以及分布式水文模型、大气物理模式和水文陆面物理过程模型等众多学科的前沿研究成果，是水文物理过程或水循环物理过程的总结。佩索托和奥特合著的《气候物理学》给我们很大启发，它的立意是要把水文、大气、海洋、冰冻圈对气候过程的影响基本统一起来，而且基本做到了这一点。而我们编写《物理水文学》的立意是，要把地球五大圈层相互影响作用过程中的水热物理过程统一起来进行数学物理描述，力求既能够体现水文循环过程中水热传输的完整性，又能够体现这个过程的复杂多变和一定的理论深度。然而这样的要求对于长期从事基层水文观测试验、教学与研究的编者来说，即使对这些物理过程完整的学习与理解也非常困难，更何况还要尽可能完整准确的把握和体现众多前沿学科领域的最新成果，故无论是理论框架还是内容深度和广度的把握上都感觉难度很大。然而正是它所具有的巨大难度与重大意义这样的诱惑，促使编者不揣简陋与浅薄完成这项工作。

这只是一种大胆的尝试，错漏在所难免，只能起到抛砖引玉的作用。这不是谦逊之言，而是肺腑之言。我们知道，好的出发点和好的结果之间并不存在必然关系，这本书在编写之初确定了很大的高度，然而高度是靠实力来支撑的。虽然我们在编写时投入了巨大的热情，但由于受学科背景和知识积累的局限，很难把它支撑到预想的高度。

在本书编写过程中得到了中国科学院寒旱所何兴研究员的极大帮助，王明泉和程中山硕士做了大量工作，在此一并致以衷心的感谢。

张济世

2006年12月于兰州交通大学

目 录

第一篇　太阳辐射与水汽输送

降水是传统陆地水文物理过程的起始点，但从整个水文循环的物理过程来看，降水仍然属于中间过程，不是水文循环原始起点。我们知道，水文学基本原理中最为根本的是水量平衡与热量平衡关系，这两个平衡关系实际就是物理学普遍适用的物质守恒与能量守恒定律。所以，水热平衡定理不但数学物理基础严密深厚，而且也在水文观测试验和计算中非常实用，并被广泛应用。如果从水文物理过程的两个基本平衡观点看，水文循环的基本起始点是海洋太阳辐射，然后是海水蒸发物理过程，水汽输送的物理过程，云的形成、移动与变性，最后才形成降水。本篇编写按照海洋太阳辐射、海水蒸发、水汽输送、气团的移动与变性、云的形成到降水这样一个基本过程进行简略叙述。力求既能够体现水文循环过程中水热传输的完整性，又能够体现这个过程的复杂多变和一定的理论深度。

这样的安排必然涉及到太阳大气辐射、地面辐射、全球热量平衡、海洋表面的辐射与海洋内部传输，以及大气中的水汽输送等基础物理知识。这些知识对于大气物理、海洋物理学科来说只是一些基本常识，然而对于传统陆地水文专业的读者来说，是学科范畴以外的内容，而且在从事水文物理过程研究中不可或缺，但又恰恰是非常欠缺的知识。所以，本篇对本书必须要求的其他学科中的一些基本常识不但加以详细介绍，而且在全书中也非常重视类似的基础物理知识。也许这是其他学科的基本常识，但是以编者多年的学习工作的经验看，限制专业技术人员向其他学科发展的主要障碍是这些基础知识，而不是复杂高深的理论问题。因为基础知识的欠缺，导致人们对于其他专业理论问题先入为主的危惧，阻碍他们对这些问题的深入理解和研究。其实，任何专业复杂高深的理论问题，不独对外专业学者而且对本专业学者来说也都是难题，否则就不成为难题。所以，基于这样的认识，编者对这些基础知识予以特别强调。

第一章　水文物理过程基础知识

§1.1　地球的五大圈层系统

地球是一个具有同心圈层结构的非均质体，以地球固体表面为界分为内圈和外圈，它们又可分别再分为几个圈层，每个圈层都有自己的物质运动特征和物理化学性质。地球的内圈是指地壳以下地幔、地核，而外圈是指地球固体表面的岩石圈及其以上的大气圈、水圈、生物圈和冰冻圈。我们这里研究的范畴特指地球固体表面和以上的五个圈层共同组成的相互作用的系统。

1.1.1　岩石圈

岩石圈是地球最外面的坚硬部分，从地球物理看，一般包括整个地壳和上地幔的顶部，厚度在 100 km 左右。而从全球水文循环的角度看，包括大陆表面到地下水活动活跃的 4 000~5 000 m 的最底层和海床部分。因为岩石圈是固体地球最外部的圈层，故它的温度最低。

岩石圈上部直接与大气圈、水圈联合在一起。在太阳辐射和地球重力驱动下，大气圈和水圈物质运动，构成了地表动力系统。通过风化、侵蚀、搬运和沉积等作用，形成了地表丰富多彩的地形与地貌。风化作用的产物与生物圈系统相互作用，在基岩上面形成一层极其微薄的土壤层，并成为大部分陆地生物进一步发展的基础。在这里，大气圈、水圈、生物圈和岩石圈相互作用，构成了人类活动和生态环境的基础。

岩石圈结构，还决定流域的大小、形状和性质。流域盆地的大小与形状，往往由岩石圈结构或构造控制，因为流域之间的界限是分水岭，分水岭往往是由岩石圈变动(构造运动)而形成的山地或高地，尽管有时也会由于溯源侵蚀改变流域的界限，但总体来讲流域的界限主要是由构造或岩石圈结构控制的。另外，从更大的时间和空间尺度来看，地球大的板块运动导致的山脉隆升，对于全球水文循环和气候演变产生了决定性影响，如青藏高原的隆起，决定了南亚气候湿润带和中亚干旱带的格局。因此，岩石圈的结构与变动，在一定程度上决定和控制了水循环路径方式。

岩石圈的上层为活动层，那里的温度和含水量可随大气和海洋的运动而变化。除了这一层外，岩石圈的响应时间是气候系统所有分量中最长的。在水文大气模拟所考虑的时间尺度内，可以认为岩石圈是气候系统中几乎永远不变的因子。

通过质量、角动量、感热的输送以及通过大气边界层的摩擦对动能的耗散，岩石圈与大气有很强的相互作用。质量输送以水蒸气、降水和降雪形式为主，其次还通过其他粒子和尘埃的形式输送。火山从岩石圈向大气中喷射物质和能量，增加了空气的混浊度。喷射出的尘埃物质与在平流层中凝聚的含硫气体一起构成了所谓的气溶胶。它们可以显著地影响大气的辐射平衡，从而对地球的气候起重要作用。岩石圈和海洋之间也有大尺度的角动量输送，Peixoto 和 Oort 认为这可能是通过海洋和大陆之间的力矩的相互作用实现的(J. P. Peixoto，A. H. Oort，1995)。

作为大陆岩石圈的活动层，土壤湿度能改变土壤的蒸发率、反射率和热传导性，对地球表面的局地能量平衡有显著的影响。

1.1.2 大气圈

通常把随地球引力而旋转的大气层叫做大气圈。大气圈的最外层的界限是很难准确划定的，但大气圈也不能认为是无限的。在地球场内受引力而旋转的气层高度可达 10 000 km。有的学者就以 10 000 km 的高度作为大气圈的最外层。在一般情况下，可以认为地球表面到 1 000~1 400 km 的气层作为大气圈的厚度。超出 1 400 km 以外，气体非常稀薄就是宇宙空间了。地球大气圈的总质量有些文献估计为 $6\,000\times10^8$t，有些文献估计为 $5\,136\times10^8$t。由于受地心的引力作用，以地球表面的大气最稠密(约有 3/4 集中在地面到 100 km 高度范围内，1/2 集中在地面至 10 km 高度范围内)，向外逐渐稀薄，过渡为宇宙气体，故大气圈无明确的上界。大气有明显的可压缩性，其密度和压力与温度成反比，并与高度成反比，以海平面的密度和压力最大。根据温度和密度等大气物理特征可将大气圈自下而上分为对流层、平流层、中间层、电离层(热成层)和散逸层，这属于热分层。其中与水文循环关系最密切的是对流层和平流层(图 1.1 所示)。

大气圈系统是地球系统的一个重要组成部分，是地球热机的工作流体。由太阳到达地球的大多数辐射能，在其重新向太空辐射之前被转换成大气热能，风的作用使这部分能量重新分配。在此过程中，能量的消耗比洋流、潮汐、大陆漂移和地幔对流等过程的总消耗还要多。

大气中的主要成分由氮、氧和氩组成，分别占空气总分子数的 79%、20%和 1%。氮和氩均是一种惰性气体，可滞留在大气中，氧是通过大气和海洋来循环，其次是二氧化碳，它的浓度约占干空气的百万分之三百四十，但对地球的温室效应起着关键作用。此外，臭氧的浓度大于百万分之二，且随高度变化，是对紫外线有吸收作用的唯一大气气体，因此它在保护地表免受紫外辐射方面起着关键作用。大气成分及日地距离决定了大气能量的收支，而能量收支又决定了大气系统的整个过程，其系统的功能作用决定着系统的动力学演化过程和人类生存环境的稳定性。

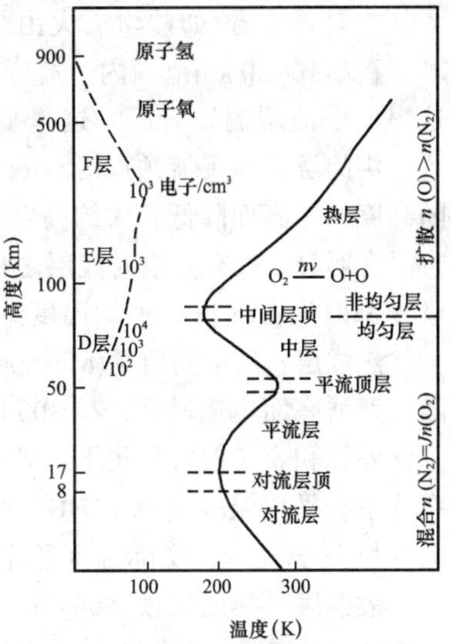

图 1.1 大气的垂直分层结构
(http://www.kepu.com.cn/)

对流层：对流层(Troposphere)是大气与下垫面直接接触的最低层，其厚度随纬度和季节而变化。在赤道附近为 17~18 km，在中纬度地区为 10~12 km，高纬度为 8~9 km。夏季较厚，冬季较薄。对流层具有下述五个主要特点：①气温随高度的增加而降低，由下垫面至高空，高差每 100 m 气温约平均降低 0.65℃。②对流层内有强烈的对流运动。这主要是由于下垫面受热不均匀及下垫面物性不同所产生的。一般是低纬度的对流运动较强，高纬度地区的对流运动较弱。由于对流运动的存在，使高低层之间发生空气质量交换及热量交换，大气趋于均匀。③对流层的空气密度最大，虽然该层很薄，但却集中了全部大气质量的 3/4 并且几乎集中了大气中的全部水汽；云、雾、雨、雪等大气现象都发生在这层。(4)气象要素水平分布不均匀，特别是冷、暖气团的过渡带，即所谓锋区。在这里往往有复杂的天气现象发生，如寒潮、梅雨、暴雨、大风、冰雹等。(5)在对流层中，因受地表的影响不同，一般可分为三层。在 0.6~1.5 km 以下称为扰动层或摩擦层，2 m 以下称为贴地层，扰动层以上称为自由大气，这里平均温度在 17~52℃。也可把对流层分为摩擦层(或称行星边界层)和自由大气两层。自下垫面铅直向上到 1~2 km 这一层为摩擦层，这一层受地面影响最大。摩擦层以上的对流层称为自由大气，下垫面的影响一般可忽略不计。从流体力学观点看，两种分类是与研究尺度或者流体的厚度相关联的。

平流层：从对流顶层(Tropopause)到距下垫面 55 km 高度的大气层，气流呈水平运动，因此称为平流层(Stratosphere)。从对流层顶到 30~35 km 这一层，温度随高度变化较小，气温趋于稳定，故有同温层之称。从这以上到平流层顶，气温随高度升高而上升，形成逆温层，故有暖层之称。由于平流层基本是逆温层，故没有强烈的对流运动；空气垂直混合微弱，气流平稳。水汽、尘埃都很少，很少有云出现，大气透明度良好。对流层和平流层交界处的过渡层称为对流层顶。它约数百米到 2 km 厚，最大可达 4~5 km 厚。对流层顶的气温在垂直方向的分布呈等温或逆温型。因此，它的气温直减率与对流层的相比发生了突变，往往利用这一点作为确定对流层顶高度的一种依据。平流层因为特别稳定，而且没有降水，大气中悬浮微粒(如沙尘、火山灰、污染物等)可停留在平流层数个月到数年之久。

在高10~60 km范围内，有厚约20 km的臭氧层，因臭氧具有吸收紫外线的能力，故使这里的平流层温度升高。这里平均温度在−3℃。

中间层：从平流顶层(Stratopause)到距地面 85km 高度称为中间层(Mesosphere)，气温随高度的增高而降低，大约高度每增高 1 km，气温降低 1℃。空气有强烈的对流运动，垂直混合明显，故有高空对流层之称。这一层空气更为稀薄，这里也是电离层的底部，流星、极光都诞生在这里，平均温度约为−93℃。

热成层：从中间层顶(Mesopauce)到约 800 km 称为热成层或热层(Thermosphere)。气温随高度增高而迅速增高，在 300 km 高度上，气温可达 1 000℃以上。该层空气在强烈的太阳紫外线和宇宙射线作用下，处在高度的电离状态，故有电离层之称。电离层的中上部都在这里，平均温度在 1 727℃。因为空气太稀薄，即使每个气体分子温度达数千摄氏度，但气体分子太少，实际温度还是非常低。

散逸层：热成层顶 800 km 以上的大气层，统称为散逸层(Exosphere)，它的边界可达 6 400 km。该层气温极高，空气稀薄，大气粒子运动速度很高，常可以摆脱地球引力而散逸到太空中去，故称散逸层。温度可达数千 K，这里有极光、流星。

另外，按电磁学垂直分布可将大气层分为三层，属于电分层：①中性层(Neutral layer)：对流层、平流层里的空气分子基本没有电离，以分子状态存在，空气呈中性。②电离层(Ionosphere)：在中间层、热层里，由于太阳紫外线强烈照射，气体分子中的电子挣脱了原子的束缚，形成了自由电子和离子，所以叫电离层。由于气体分子本身重量的不同以及受到紫外线不同强度的照射，电离层形成了 4 个(D，E，F1，F2)具有不同电子密度和厚度的分层，每个分层的密度都是中间大两边小。③磁层(Magnetosphere)：在逃逸层外已经基本没有什么地球大气物质，只分布着地球磁场和被其捕获到太阳风粒子，磁鞘(Magnetosheath)目前可以看作地球大气层的边界了，因为再向前(太阳方向)已经是太阳与星际物质的范围了。

1.1.3 地球水圈

水圈是地球表层的水体，占地球总质量的 0.024%。其中绝大部分汇集在海洋里(占总水量的 97%)，另一部分分布在陆上河流、湖沼和表层岩石的孔隙中。此外，地球上的水还以固态水(两极和山地的冰川)或水汽的形式存在，其中冰川约占总水量的 2%。陆上江河湖沼的水或直接，或通过水汽、地下水与海洋相通。所以地球上的水体构成了包围地球的完整圈层——水圈。水圈既独立存在，又渗透于大气圈、岩石圈和生物圈中，并在其间不断循环。水循环是地球外部圈层物质循环最重要的方式之一。

海流在大洋中流动的形式是多种多样的，除表层环流外，还有在下层的潜流，由下往上的上升流，向底层下沉的下降流，水温高于周围海水的暖流，水温低于流经海域的寒流，旋转的涡旋流等等。海流遍布整个海洋，既有主流，也有支流，不断地输送着盐类、溶解氧和热量，使海洋和大气一样成为地球系统中最活跃的部分。

大洋中的海水同陆地上的河流一样，长期沿着比较固定的路线流动着，这就是海流。不过海流不象陆地河流那样具有固体边界，两岸仍是海水。一般情况下，在海洋表面不容易观察出来。世界上最大的海流，有几百公里宽、上千公里长、数百米深。大洋中的海流规模非常大，且海流并不都是朝着一个方向流动的。在北太平洋，表层有一个顺时针环流；在南太平洋则有一个方向相反的环流。它们是由南赤道流、东澳大利亚流、西风漂流和秘鲁海流组成的反时针方向的环流。在大西洋的南部和北部也各有一个环流，模样大体与太平洋相仿。北大西洋环流由北赤道流、墨西哥湾流、北大西洋流和加那利海流组成；南大西洋环流由南赤道流、巴西海流、西风漂流和本格拉海流组成。印度洋只在赤道以南有个环流，位于印度洋中部赤道以北，由于洋面太小，又受陆地影响，形不成长年稳定的环流。在不同季节，印度洋北部的海流方向，随着季风改变，夏季是自东向西流，并在孟加拉湾和阿拉伯海形成两个顺时针的小环流；冬季则相反，海流由西向东流。北冰洋由于位置特殊，又受大西洋海流的支配，也只形成一个顺时针的环流。

大洋环流的形成中，洋面上的风、大洋的位置、海陆分布形态、地球自转产生的偏向力等都是重要影响要素，是多种因素综合作用的结果。常年稳定的风力作用，可以形成稳定的海流。赤道流就是由信风带的偏东风所形成的。稳定的西风漂流，则是由强大的西风带形成，所以，把海洋表层流称为风海流(图 1.2)。但是大洋环流的形成，风的作用却是次要的，而主要是大陆分布和地转偏向力共同作用的结果。当赤道流向西运动到大洋西边缘时受到大陆阻挡，而海水在惯性作用下继续向前运动，在大陆阻挡和地转偏向力的共同作用下，海流绝大部分向极地方向拐弯。在北半球向右转弯流动，在南半球则向左转弯流动。只有小部分在大陆阻挡之下潜入海水下层按原路返回，成为赤道潜流。在海流向极地方向运动过程中，地转偏向力持续作用，而且不断增大，到纬度 40°左右时，强大的西风带与地转偏向力的合力，使海流成为向东的西风漂流。同样的道理，西风漂流到大洋东岸附近，必然流向赤道，从而完成了一个大循环(图 1.3)。

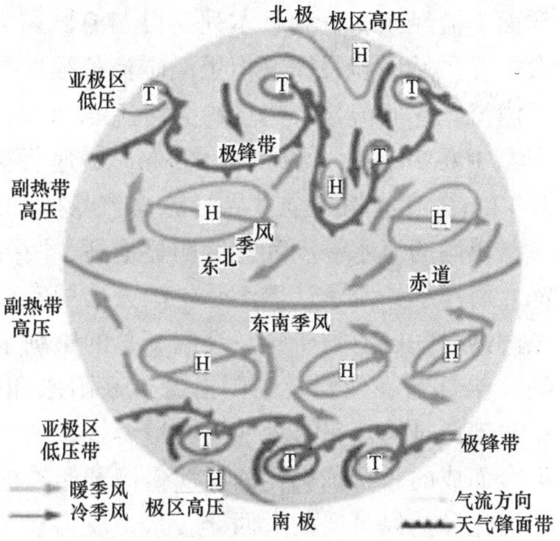

图 1.2　全球大气对流模式
(http://www.kepu.com.cn/)

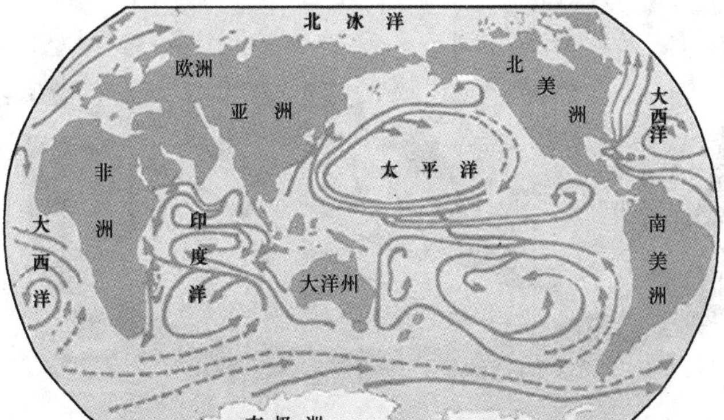

图 1.3　全球大洋环流模式图(http://www.kepu.com.cn/)

大洋环流对全球气候和全球水文循环具有重要影响，赤道附近的温暖海水通过环流流向南北极海域，极地寒冷的海水通过环流流向赤道海域，构成了世界大洋的环流。大洋环流是维持地球热量平衡的重要因素。对陆地气候影响最大的海流是黑潮和墨西哥湾流。

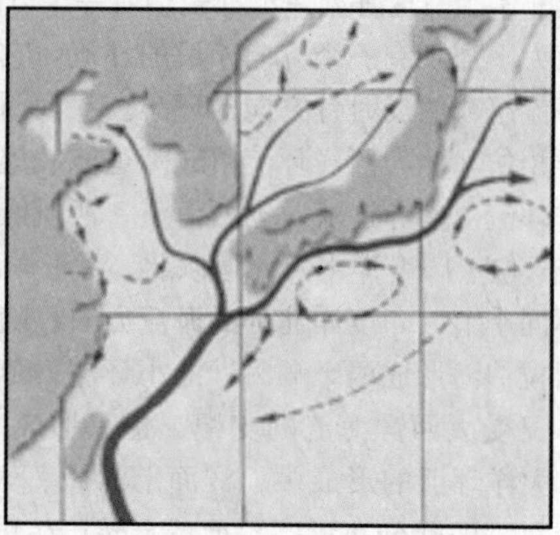

图 1.4 黑潮主流在中国东海的三个主要分支
(http://www.kepu.com.cn/)

黑潮是世界大洋中第二大暖流。它在太平洋的位置的确很像湾流，也处在大洋环流西部边界。它源于中国台湾省东南和巴士海峡以东洋面，流经东海，到日本列岛以南海域东去。太平洋虽然面积最大，但黑潮暖流的强度却次于湾流，它的流量及热量约为湾流的 70%。黑潮宽 100~200 km，深 400~500 m，流速每小时 3~4 km，流量相当全世界河流总流量的 20 倍(图 1.4)。

黑潮的海水温度和盐度明显地高于两旁的海水，从卫星照片上看，颜色也比两旁海水深。海洋学界都承认黑潮是中国人最早发现的。当时中国称黑潮为“落极”，中国人发现黑潮的时间已有数千年。高温高盐的黑潮水，携带着巨大的热量，不分昼夜地由南向北流淌，给日本、朝鲜及中国沿海带来雨水和适宜的气候。

墨西哥湾流来自大西洋赤道海域，由大西洋的北赤道流和南赤道流中穿越赤道的部分汇合而成的，从加勒比海墨西哥湾开始转向，因此又称墨西哥湾流。由于湾流汇集了南北赤道流和信风带入的大西洋暖水，成为水位高于附近其他海面的大西洋热水库，热水源源不断地自这里流出，供给湾流北上，然后转向东北，斜穿大西洋流向北冰洋，直达北欧沿岸。它是世界上最大的暖流。

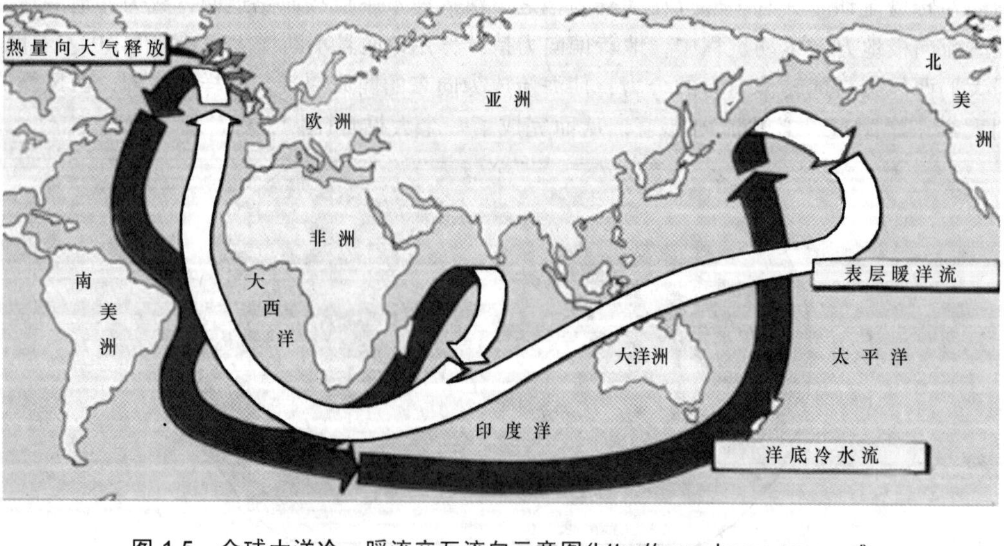

图 1.5 全球大洋冷、暖流交互流向示意图(http://www.kepu.com.cn/)

湾流长约 3 000 km，宽约 120 km，表层水温约 25℃，流量约为全世界河流总量的 120

倍。这样大规模的热水流，携带着巨大的热量输向高纬度海域，特别是流向西北欧沿岸。在西风带的吹刮下，连同湾流上方的湿热空气，都一起温暖着西北欧的气候。

据研究，海洋暖流在调节全球气候方面起着重要的作用。它们把赤道海域过多的热量带走，送到高纬度气候寒冷的地方，对改变全球冷热不均的现象，起到了平衡与缓和的作用。在世界大洋所有的暖流中，湾流起的作用最大，如太平洋里的黑潮、东澳大利亚暖流，以及大西洋的湾流、巴西暖流等，都是这类在不同地区之间进行大量热量输送与交换的海流。我们知道，地球的两极气候严寒，赤道附近又炎热得很，如果没有海洋和大气进行调节，地球上不同地区冷热的差别还要大得多。

当然，除了暖流之外还有寒流。寒流由极地海域流向赤道海域。寒流流经的沿海地区比暖流流经的沿海地区气候要冷得多。比如俄罗斯远东沿海地区，由于寒潮(千岛寒流)的影响，与西北欧同纬度的沿海地区大不相同，属于严寒地区。

1.1.4　生物圈

地球上有生命存在的空间包括大气圈的下部、岩石圈上部和整个水圈。生物圈的成分、结构、动力学和空间分布的最重要特征是由生命有机体的活动决定的，这里有大量液态水，有来自太阳的充足的能量，有介于物质的液态、固态、气态之间的界面。生物之间、生物与环境之间进行着相互作用，进行着物质、能量、信息交换，地球物质进行着生物地球化学循环，从而形成生物圈物质运动的不断发展过程。

1875 年，奥地利地质学家休斯(E.Suess)首先提出生物圈概念。原苏联科学院院士维尔纳斯基，1926 年在苏联和 1929 在法国发表题为《生物圈》的演讲，论证了生物圈学说。直到现在，生物圈的基本概念仍然沿用维尔纳斯基的定义。

现代科学揭示，生物圈是一个完整统一的有机整体。从空间结构来看，生物圈是地球上最大的生态系统，有序性和自组织性是其最主要的系统特征。生物圈是能量转换器，它把宇宙辐射，主要是太阳能转变为有效的地球能。在生物圈中，首先是植物的光合作用，直接利用太阳能制造有机物质，然后由动物和微生物进一步改造植物所制造的化合物。整个生命自然过程就是把太阳能转变为地球有效能量的过程，即光合作用过程。

生物圈是地球上生物生存和活动的范围，其范围为岩石圈上部、大气圈下部和水圈的全部。生物所导致的或以生物活动为中心的物质循环，不仅是地球各圈层间物质循环的重要内容，还是各圈层相互联系的重要纽带，由此构成了地球动力系统中最独特且相互密切联系的地球生物圈系统。

1.1.5　冰冻圈

冰冻圈由地球表面大面积的多年冻土、大量的雪和冰构成。它包括格陵兰和南极地区范围很大的冰原，其他的大陆冰川、雪盖、海冰及永冻带。冰冻圈是地球上最大的淡水储存库，但它在气候系统中的作用主要在于其对太阳辐射的高反射率和很低的热传导性。大陆雪盖和海冰的季节性变化可导致大陆边区和海洋表面混合层的能量收支有较大的年变化，有时也造成较大的年际变化。此外，冰冻圈的显著变化还可以在更长的时间尺度上发生。由于雪和冰对太阳辐射的反照率高，而海冰相对于不停搅拌着的海水而言，其热扩散性又较低，在高纬度地区雪盖和冰原均可充作其下层的陆面和水面的热绝缘层，阻止陆地和水体向大气中散失热量。近地面大气的强冷却作用使大气非常稳定，阻止了对流的发生，从而可形成更冷的局地性气候。

虽然大的陆地冰原不能变化得足够快来影响季节或年际时间尺度的气候，但在高达数千年的更长时间尺度的气候变化中，它们起了主要作用。如发生在更新世的冰期和间冰期中，冰川作用明显地使海平面下降，强度可达 100 m，甚至更多，这将影响大陆的形状和边界。由于冰原的质量和致密性很大，在动力作用下以缓慢的速度移动，有时在海洋上的冰原可以破裂形成冰山。在重力作用下高山冰川慢慢下移，在几个世纪的进程中可以扩展和消亡，当然这取决于局地降雪的积累及温度条件(J. P. Peixoto，A. H. Oort，1995)。

§1.2　太阳辐射的基础知识

地球上的一切物理过程都伴随着能量的转换，水循环物理过程更是这样。从水的物质运动来看是水在永不停止的循环转化；而从水的相变这种物理过程看，是生生不息的水热交换与平衡。同时，从全球尺度的水文循环来看，太阳辐射是一切形式的水循环的起点，所以太阳辐射是研究水循环的必须环节。

太阳辐射能是地球系统的主要能量来源，一年中整个地球可以由太阳获得 5.44×10^{24} J 的辐射能量。其他能量来源与来自太阳的辐射能比较起来是极其微小的，来自宇宙星体的辐射能仅是太阳辐射能的亿分之一，从地球内部传递到地面上的能量也仅是太阳辐射能的万分之一(李爱贞等，2001；周淑贞，1997)。

海洋、陆地和大气一方面吸收太阳辐射能，另一方面又不断地放出辐射能，辐射热交换是决定热状况的热量交换方式之一。海洋、陆地及大气的热状况、温度的分布和变化，制约着大气运动状态，影响着云与降水的形成。本章中我们要讨论太阳辐射、大气辐射和地面辐射及它们的规律(陈佑淑等，1989；徐祝龄，1994)。

1.2.1　热辐射物理量

辐射通量：单位时间内通过某一空间面积传输的辐射能量。以 Q 表示空间传输的辐射能量，根据定义则有

$$\Phi=\frac{\mathrm{d}Q}{\mathrm{d}t} \tag{1.2.1}$$

Φ 为辐射通量，既可以表示放射与反射辐射通量，也可以表示接受的照射辐射通量。实际就是辐射能量的功率，单位为 J/s 或 W。

辐射通量密度：单位时间内通过单位面积传输的辐射能量称辐射通量密度，单位是 $\mathrm{W/m^2}$。用 F 表示辐射通量密度，ds 表示面元，则该定义可以表达为

$$F=\frac{\mathrm{d}Q}{\mathrm{d}s\,\mathrm{d}t}=\frac{\mathrm{d}\Phi}{\mathrm{d}s} \tag{1.2.2}$$

辐射通量密度没有限定辐射方向，辐射接受面可以垂直于射线或与之成某一角度。与辐射通量类似，辐射通量密度既可以表示放射与反射辐射通量密度，也可以表示接受的照射辐射通量密度。这一物理量在描述放射辐射与接受辐射时，有其各自习惯的称谓，如果指的是自物体表面射出的辐射，则称为放射辐射通量密度或辐射出射率，而物体接受的辐射能量称为入射辐射通量密度或辐照度。其数值的大小反映物体放射能力的强弱，故称之

为辐射能力或放射能力。

角辐射强度：点辐射源在某一特定方向上，单位立体角内发射的辐射通量，称为角辐射强度，单位为 W/m^2 或 W/Sr(瓦特每球面度)。其表达式为：

$$I_\omega = \frac{d\Phi}{d\omega} \tag{1.2.3}$$

式中，$d\omega$ 为立体角；$d\Phi$ 为通过立体角的辐射通量。

辐射强度：在俯仰角 θ 及方位角 φ 方向单位立体角内，通过垂直于此方向的单位截面积的辐射通量($W \cdot m^{-2} \cdot s_r^{-1}$，瓦/平方米·球面度)，有时也称为辐射亮度。其表达式为：

$$I = \frac{d\Phi}{ds\cos\theta d\omega} \tag{1.2.4}$$

式中，ds 为面积元，$d\omega$ 为立体角，θ 为光线与 ds 法向夹角，$d\Phi$ 为通过 ds 的辐射通量。

辐射强度与辐射通量密度有密切关系，在平行光辐射的特殊情况下，辐射强度与辐射通量密度的关系为：

$$I = \frac{F}{\cos\theta d\omega} \tag{1.2.5}$$

式中，θ 为辐射体表面的法线方向与选定方向间的夹角。

辐射光谱：为准确描述辐射能的性质，引入一个能确定辐射能按波长分布的函数辐射光谱。设物体的辐射出射度为 $F(W/m^2)$，在波长 λ 至 $\lambda+d\lambda$ 间的辐射能为 dF，则

$$dF = F_\lambda d\lambda \quad 或 \quad F_\lambda = \frac{dF}{d\lambda} \tag{1.2.6}$$

式中，F_λ为单位波长间隔内的辐射出射度，是波长的函数，故称为分光辐射出射度，或单色辐射通量密度。因 F_λ是随波长而变的函数，所以又称为辐射能随波长的分布函数。它不仅取决于物体的性质，而且还取决于物体所处的状态。F_λ随波长的变化可以用图形来表示，如图 1.6 所示。图中 F_λ随 λ 的变化曲线称为辐射光谱曲线。

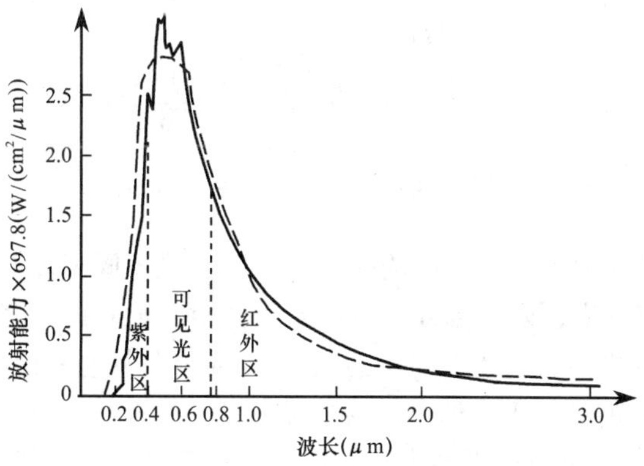

图 1.6　太阳辐射光谱

因此波长λ_1和λ_2间的辐射 $F_{\lambda_1\lambda_2}$，可由积分得到

$$F_{\lambda_1\lambda_2} = \int_{\lambda_1}^{\lambda_2} F_\lambda d\lambda \tag{1.2.7}$$

$F_{\lambda_1\lambda_2}$ 在图 1.6 上相当于λ_1和λ_2间光谱曲线下的面积。若对所有波长积分，就得到总辐射能

$$F = \int_0^\infty F_\lambda \, \mathrm{d}\lambda \tag{1.2.8}$$

全波长总的辐射能力在图 1.6 中为光谱曲线与横坐标所包围的面积。

1.2.2 辐射的物理基本定律

黑体辐射：假设自然界有一类物质所释放出来的辐射光谱具有一种所有波长的连续性，此种物体称作黑体(Black body)，照射在此种物体表面的热辐射全部被吸收，因为此种物体不反射任何光谱而成黑色，故称黑体。黑体辐射即为热辐射。我们将物体的各种温度下所释放出来的辐射能称为热辐射，所有的物体都释放此种辐射能于外界，也自外界吸收此种辐射，如果一个物体比它的外界热，它就会因为释放出来的能量比吸收的能量多而变冷，当热平衡的时候，热的吸收率和放射率一样。

从温度一定的黑体发出的电磁辐射经光谱仪展成光谱后，可测定黑体的光谱辐出度 r_0 与波长 λ 间的关系，得图 1.7 中所示的辐射曲线，图中每条曲线对应一定的温度。曲线下的面积代表总的辐射出射度，它与温度有关。

$$R(T) = \int_0^\infty r_0(\lambda, T) \, \mathrm{d}\lambda \tag{1.2.9}$$

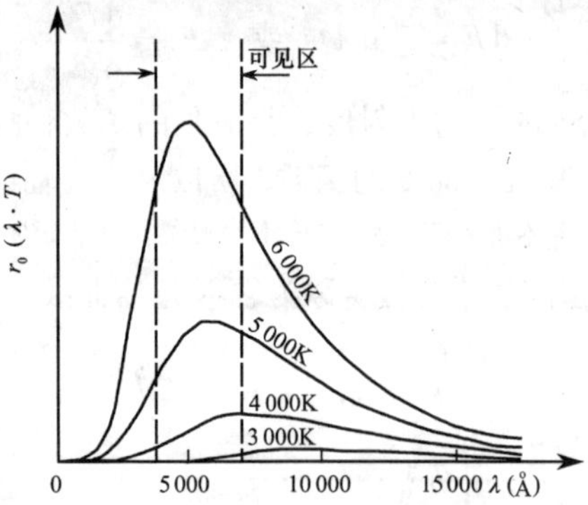

图 1.7 黑体放射能力与波长和温度的关系

物体的放射能力是随温度、波长而改变的。图 1.7 是不同温度时黑体的放射能力随波长的变化，从图中可以看出，随着温度的升高，黑体对各波长的放射能力都相应地增强，因而在一定的波长范围之内，物体放射的总能量(即曲线与横坐标之间包围的面积)也会显著增大。同时，黑体单色辐射极大值所对应的波长(λ_m)是随温度的升高而逐渐向波长较短的方向移动的。上述事实可以由斯蒂芬-玻尔兹曼定律和维恩位移定律来表达。

物体的辐射都服从下述基本定律：

斯蒂芬-玻尔兹曼(Stefan-Boltzmann)定律：1879 年奥地利物理学家 J.斯蒂芬从实验上发现黑体的总辐射能力与它本身的绝对温度的四次方成正比，即

$$E_{Tb} = \sigma T^4 \tag{1.2.10}$$

1884 年 L.玻耳兹曼应用热力学理论导出了这个关系，此关系称为斯蒂芬-玻尔兹曼定律。式中 $\sigma=5.67\times10^{-8}W/(m^2\cdot K^4)$，为斯蒂芬-玻尔兹曼常数。根据式(1.2.10)可以计算黑体在温度 T 时的辐射强度，也可以由黑体的辐射强度得其表面温度。

维恩(Wein)位移定律：1893 年德国物理学家 W.维恩指出，黑体辐射场能量密度取极大值(对数曲线最高峰)时的波长 λ_m 与热力学温度 T 的乘积是常量，即黑体单色辐射强度极大值所对应的波长与其绝对温度成反比，则有

$$\lambda_m T = C \tag{1.2.11}$$

上式称为维恩位移定律。如果波长以 μm 为单位，则常数 C=2 896 μm·K，于是式(1.2.11)为

$$\lambda_m T = 2\,896\ \ \mu m\cdot K \tag{1.2.12}$$

由维恩位移定律可知，物体的温度愈高，其单色辐射极大值所对应的波长愈短；反之，物体的温度愈低，其辐射的波长则愈长。即黑体温度增加时，其辐射曲线的最高峰向短波方向移动。只要测出 λ，就可求得黑体的温度，这为光测高温提供了另一种手段。为从理论上解释图 1.6 中所示的实验曲线，19 世纪的许多物理学家企图从已有的经典理论出发导出与整个辐射曲线吻合的理论公式，但都只获得有限的成功，具有代表性的工作是由维恩以及 J.W.S.瑞利和 J.H.金斯所完成。1893 年维恩运用热力学理论导得了如下辐射公式

$$r_0(\lambda,T)=\left(\frac{c}{\lambda}\right)^5 f\left(\frac{c}{\lambda T}\right) \tag{1.2.13}$$

式中，c 为真空中的光速；f 为待定函数。为确定函数 f 的具体形式，单凭热力学方法是不够的，因为热辐射涉及物质与电磁辐射相互作用的问题，必须对物质辐射和吸收电磁波的机制提出某种合理的模型。在热辐射理论的最初发展阶段，大都沿用经典的电磁理论，即把黑体辐射归结为组成黑体的带电谐振子的电磁辐射。1896 年维恩假定辐射能量按频率的分布类似于麦克斯韦速度分布律，导出了现称之为维恩公式的辐射公式

$$r_0(\lambda,T)=C_1\lambda^{-5}\,e^{-C_2/\lambda T} \tag{1.2.14}$$

式中，C_1 和 C_2 为常数，分别称为第一和第二辐射常数。维恩公式只在短波段与实验结果相符，在长波段则出现明显偏差。瑞利和金斯分别于 1900 年、1905 年在做出振子能量按自由度均分的假定后导出的辐射公式(用波长表示)为

$$r_0(\lambda,T)=\frac{2\pi c}{\lambda^4}kT \tag{1.2.15}$$

k 为玻耳兹曼常数。此式称为瑞利—金斯公式，它在长波段与实验结果相符，但在短波段则完全不符合实验结果，特别当波长很短时，r_0 将趋于无穷。经典理论与实验结果在短波段的这一严重分歧，物理学史上称为紫外灾难。经典理论在解释黑体辐射时所遇到的困难意味着物理学发展史上一个重大转折点的来临，而该问题的解决标志着量子论时代的开始。黑体辐射的实验规律在普朗克提出能量子假设后才得到圆满解释。

普朗克定律：根据黑体的定义，黑体吸收所有波长的辐射，它在给定的温度下放射出的能量最多。普朗克定律表明，黑体所放射的辐射能量的大小和性质完全由它的温度决定。

黑体所放射的单色辐射强度 $B_\lambda(T)$的表达式如下：

$$B_\lambda(T)\,d\lambda=\frac{2hc^2}{\lambda^5[\exp(ch/R\lambda T)-1]}d\lambda \tag{1.2.16}$$

上式就是普朗克定律。式中 $B_\lambda(T)$是单位时间内单位面积在单位立体角内单位波长范围内的辐射能量，h 为普朗克常数，h=6.63×10^{-34}Js；k 为玻耳兹曼常数，k=1.38×10^{-23}/JK。利用波长于频率的关系 $\lambda=c/\nu$，代替上式中的波长，普朗克定律可以表达为

$$B_\lambda(T)\,d\nu=\frac{2h\nu^3}{c^2[\exp(h\nu/RT)-1]}d\nu \tag{1.2.17}$$

根据定义黑体辐射是各向同性的，亦即它的辐射强度与方向无关。

基尔霍夫(Kirchhoff)定律：热平衡状态下物体的辐射本领与吸收本领成正比，比值只与波长和温度有关。即

$$f(\lambda,T)=\frac{e(\lambda,T)}{a(\lambda,T)} \tag{1.2.18}$$

式中，$f(\lambda, T)$是普适函数，与物质无关。吸收大，辐射也大。

设一个真空恒温器(T)，放出黑体辐射 $I_{\lambda Tb}$，在其中用绝热线悬挂一个非黑体物体，它的温度与容器温度一样亦为 T，它的辐射强度为 $I_{\lambda T}$，吸收率为 $K_{\lambda T}$，这样非黑体和器壁之间将要达到辐射平衡。器壁放射的辐射能、非黑体放射的辐射能和末被吸收的非黑体反射的辐射能，三者达到平衡，则

$$I_{\lambda Tb}-(1-K_{\lambda T})I_{\lambda Tb}-I_{\lambda T}=0 \tag{1.2.19}$$

除以 $I_{\lambda Tb}$，得

$$\frac{I_{\lambda T}}{I_{\lambda Tb}}=K_{\lambda T} \tag{1.2.20}$$

从放射率的定义得

$$e_{\lambda T}=\frac{I_{\lambda T}}{I_{\lambda Tb}} \tag{1.2.21}$$

所以

$$K_{\lambda T}=e_{\lambda T} \tag{1.2.22}$$

式(1.2.22)是基尔霍夫定律的基本形式，它表明：在一定波长、一定温度下，一个物体的吸收率等于该物体同温度、同波长的放射率。即对不同物体，辐射能力强的物质，其吸收能力也强；辐射能力弱的物质，其吸收能力也弱。黑体吸收能力最强，所以它也是最好的放射体。K 下标 λ 表示在一定温度(T)下，不同波长的 K_λ，e_λ 及 I_λ 的数值不同，即同一物体在温度 T 时它放射某一波长的辐射。那么，在同一温度下也吸收这一波长的辐射，式(1.2.20)还可以写成：

$$\frac{I_{\lambda T}}{K_{\lambda T}}=I_{\lambda Tb} \tag{1.2.23}$$

这表明一个物体在某温度下，对某波长的辐射强度及其吸收率之比值等于同温度、同波长时的黑体辐射强度。相同温度条件下，这个规律适用于各种波长的辐射体，因此基尔

霍夫定律又可写成

$$\frac{I_T}{K_T}=I_{Tb} \tag{1.2.24}$$

由此可知，在辐射平衡条件下，物体在某波长 λ 的辐射强度和对该波长的吸收率之比值与物体的性质无关，对所有物体来讲，这一比值只是某波长 λ 和温度 T 的函数。从(1.2.23)式得

$$I_{\lambda T}=K_{\lambda T}\cdot I_{\lambda Tb} \tag{1.2.25}$$

上式表明，基尔霍夫定律把一般物体的辐射、吸收与黑体辐射联系起来，从而有可能通过对黑体辐射的研究来了解一般物体的辐射，这就极大地简化了一般辐射的问题。

朗伯定理：光在传播过程中，辐射强度 I_λ 由于介质的吸收作用而产生的变化。辐射强度在经过了一个无穷小路径 ds 后变为 I_λ+dI_λ，则辐射强度为 I_λ 的单色平行辐射通过吸收介质的一般规律可以用下式表示。

$$\mathrm{d}I_\lambda=-K_{\lambda a}I_\lambda\rho\,\mathrm{d}s \tag{1.2.26}$$

式中，ρ 是介质的密度，$K_{\lambda a}$是波长为 λ 的辐射的吸收系数(吸收截面以面积/质量为单位)。在 s=0，s=s_1 区间对上式进行积分，得出口处辐射强度 $I_\lambda(s_1)$

$$I_\lambda(s_1)=I_\lambda(0)\exp\left(-\int_0^{s_1}K_{\lambda a}\rho\,\mathrm{d}s\right) \tag{1.2.27}$$

式中，$I_\lambda(0)$是 s=0 处的辐射强度。当介质是均匀的时，$K_{\lambda a}$ 便与 s 无关，此时，式(1.2.27)便是比尔–布格–朗伯定律。对于平行辐射通过大气时产生的散射，也可以得到类似定律，其中 $K_{\lambda s}$ 为散射系数。当同时存在吸收和散射时，令 K_λ=$K_{\lambda a}$+$K_{\lambda s}$，K_λ 即是削弱系数。一定波长的大气透射率为

$$\tau=I_\lambda/I_{\lambda 0}\exp\left(-\int_0^\infty K_\lambda\rho\,\mathrm{d}s\right) \tag{1.2.28}$$

式中，K_λ 是沿辐射在大气中的传播方向的斜距 ds 范围内的消弱系数。假定太阳天顶角为 Z，ds=dz sec$Z$，方程(1.2.28)可以表达成

$$\tau=I_\lambda/I_{\lambda 0}\exp\left(-\sec Z\int_0^\infty K_\lambda\rho\,\mathrm{d}z\right)=\exp(-\sec Zu) \tag{1.2.29}$$

式中

$$u=\int_0^\infty K_\lambda\rho\,\mathrm{d}z \tag{1.2.30}$$

上式中 u 称为光学深度或光学厚度。

1.2.3 物体对辐射的吸收、反射和透射

任何物体在它向外放射辐射的同时，必然会接受周围物体的辐射，但接受的辐射并不能全部被吸收，其中一部分被反射、一部分透过物体。

设物体接受的总辐射能为 Q_0，被吸收的为 Q_α，被反射的为 Q_r，透过的为 Q_d。根据能量守恒原理

$$Q_\alpha+Q_r+Q_d=Q_0 \tag{1.2.31}$$

将上式等号两边除以 Q_0，得

$$\frac{Q_\alpha}{Q_0}+\frac{Q_r}{Q_0}+\frac{Q_d}{Q_0}=1 \qquad (1.2.32)$$

式中，左边第一项为物体吸收的辐射与接受的辐射之比，称为吸收率(α)；第二项为物体反射的辐射与接受的辐射之比，称为反射率(r)；第三项为透过物体的辐射与接受的辐射之比，称为透射率(d)，则

$$\alpha+r+d=1 \qquad (1.2.33)$$

式中，α,r,d 是无量纲量，数值在 0~1 之间，分别表示物体对辐射吸收、反射和透射的能力。物体的吸收率、反射率和透射率大小随着辐射的波长和物体的性质而变化。如干空气对红外线是近似透射的，水汽则能强烈地吸收，而冰雪表面对太阳辐射的反射比较大，地面和大气对于辐射则几乎能全部吸收。

如果吸收率不随波长变化，并等于 1，那么所有投射到物体上的辐射全部被该物体吸收，这种物体称为黑体。自然界并不存在绝对黑体，但对某一辐射波段，有的物体可近似看作黑体。如对于地面和大气的长波辐射，就可近似地将地面看作黑体。

吸收率与辐射波长无关的非黑体称为“灰体”，即灰体的吸收率对各种波长都一样。自然界中也没有完全的灰体，一些物体在某一有限波长区域内具有与灰体相近的特性。如对于长波辐射来说，地面可以近似作为灰体(李爱贞等，2001；李克煌，1994)。

§1.3　全球太阳辐射

太阳辐射按波长的分布，称为太阳辐射光谱。根据维恩定律可以计算出太阳辐射最强的波长 λ_m 为 0.475 μm。这个波长在可见光范围内相当于青光部分。因此，太阳辐射主要是肉眼看得见的可见光线(0.4~0.76 μm)，可见光由红、橙、黄、绿、青、蓝、紫等各种颜色的光组成，其中红光波长最长，紫光波长最短。此外，也有不可见的红外线(大于 0.76 μm)和紫外线(小于 0.4 μm)，但在数量上不如可见光多，如图 1.8 所示。在全部辐射能之中，波长在 0.15~4 μm 之间占 99%以上，且主要分布在可见光区和红外区，前者占太阳辐射总能量的 50%，后者占 43%，紫外区的太阳辐射能很少，只占总能量的 7%。与大气物理学一样，水文物理过程着重研究的是太阳、地球和大气的辐射，它们的波长范围一般在 0.15~120 μm 之间，通常以 J(焦耳)作为辐射能的单位。

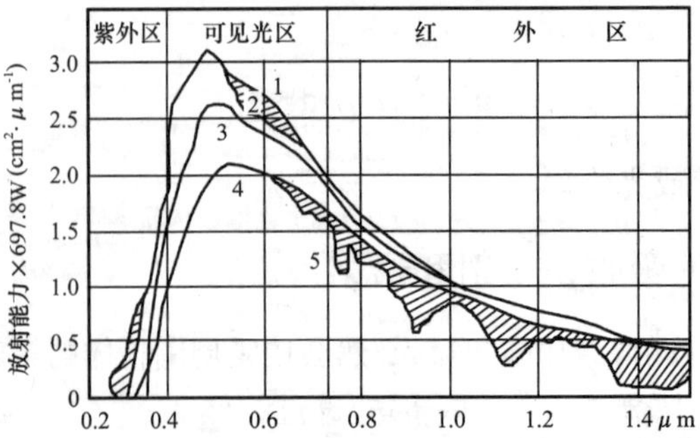

图 1.8　太阳辐射光谱穿过大气时的变化

太阳是一个炽热的气体球，其表面温度约为 6 000 K，内部温度更高。故大气上界太阳光谱中能量的分布曲线在 T=6 000 K 时，根据黑体辐射公式计算的黑体光谱能量分布曲线

相比较，非常相似。因此，可以把太阳辐射看作黑体辐射，有关黑体辐射的定律都可应用于太阳辐射。利用斯蒂芬-波耳兹曼定律和维恩定律，可以根据太阳辐射强度计算出太阳表面的温度；反过来利用天文仪器测得的太阳表面温度，也可以计算出太阳的辐射强度以及辐射最强的波长。

太阳辐射通过星际空间到达地球。就日地平均距离来说，在大气上界，垂直于太阳光线的 1 cm^2 面积内，1 min 内获得的太阳辐射能量，称为太阳常数，用 I_0 表示。太阳常数一般在 1 359~1 418 W/m^2 之间变动。1957 年国际地球物理年决定采用 1 380 W/m^2。近年来，根据标准仪器，在高空气球、火箭和人造卫星上的探测，得出太阳常数值约为 1 367 ± 7 W/m^2，这也是 1981 年世界气象组织推荐的太阳常数的最佳值。多数文献上采用 1 370 W/m^2。据研究，太阳常数也有周期性的变化，变化范围在 1%~2%，这可能与太阳黑子的活动周期有关。在太阳黑子最多的年份，紫外线部分某些波长的辐射强度可为太阳黑子最少年份的 20 倍(周淑贞，1997；李爱贞等，2001；李克煌，1994)。

§1.4　太阳辐射在大气中的衰减

太阳辐射首先通过大气圈，然后到达地表。由于大气对太阳辐射有一定的吸收、散射和反射作用，使投射到大气上界的太阳辐射不能完全到达地面，所以在地球表面所获得的太阳辐射强度比 1 370 W/m^2 要得多(周淑贞，1997)。

1.4.1　大气对太阳辐射的吸收

太阳辐射穿过大气层时，大气中某些成分具有选择吸收一定波长辐射能的特性。大气中吸收太阳辐射的成分主要有水汽、氧、臭氧、二氧化碳及固体杂质等。太阳辐射被大气吸收后变成了热能，因而使太阳辐射减弱。

水汽从 0.93~2.85 μm 之间有几个吸收带，但吸收最强的是在红外区，最强的太阳辐射能是短波部分，因此水汽从进入大气的总辐射能之内吸收的能量并不多。太阳辐射因水汽的吸收可以减少 4%~15%，所以大气因直接吸收太阳辐射而引起的增减并不显著。

大气中的主要成分是氮和氧，只有氧能微弱地吸收太阳辐射，在波长小于 0.2 μm 处为一宽吸收带，吸收能力较强，在 0.69 μm 和 0.76 μm 附近，各有一个窄吸收带，吸收能力较弱。臭氧在大气中含量虽少，但对太阳辐射能量的吸收很强。在 0.2~0.3 μm 为一强吸收带，使得小于 0.29 μm 的辐射由于臭氧的吸收而不能到达地面。在 0.6 μm 附近又有一宽吸收带，吸收比率虽然不大，但因位于太阳辐射最强烈的辐射带里，所以吸收的太阳辐射量相当多。

二氧化碳对太阳辐射的吸收总的说来是比较弱的，仅对红外区 4.3 μm 附近的辐射吸收较强，但这一区域的太阳辐射很微弱，被吸收后对整个太阳辐射的影响不大。此外，悬浮在大气中的水滴、尘埃等杂质，也能吸收一部分太阳辐射，但其量甚微。只有当大气中尘埃等杂质很多(如有沙暴、烟幕或浮尘)时，吸收才比较显著。

由以上分析可知，大气对太阳辐射的吸收具有选择性，因而使穿过大气后的太阳辐射光谱变得极不规则。由于大气中主要吸收物质(臭氧和水汽)对太阳辐射的吸收带都位于太阳辐射光谱两端能量较小的区域，因而对太阳辐射的衰减作用不大。也就是说，大气直接吸收的太阳辐射并不多，特别是对于对流层大气来说，太阳辐射不是主要的直接热源。

图 1.8 表明太阳辐射光谱穿过大气时受到衰减的情况：曲线 1 是大气上界太阳辐射光谱；曲线 2 是臭氧层下的太阳辐射光谱；曲线 3 是同时考虑到分子散射作用的光谱；曲线 4 是进一步考虑到粗粒散射作用后的光谱；曲线 5 是将水汽吸收作用也考虑在内的光谱，它也可近似地看成是地面所观测到的太阳辐射光谱。对比曲线 1 和 5 可以看出太阳辐射光谱穿过大气后的主要变化有：①总辐射能有明显地减少；②辐射能随波长的分布变得极不规则；③波长短的辐射能减少更加显著。

1.4.2　大气对太阳辐射的散射和反射

太阳辐射通过大气，遇到空气分子、尘粒、云滴等质点时，都要发生散射。但散射并不像吸收那样把辐射转变为热能，而只是改变辐射的方向，使太阳辐射以质点为中心向四面八方传播(图 1.9)。因而经过散射，一部分太阳辐射就到不了地面。如果太阳辐射遇到直径比波长小的空气分子，则辐射的波长愈短，散射得愈强。其散射能力与波长的对比关系是：对于一定大小的分子来说，散射能力与波长的四次方成反比，这种散射是有选择性的，称为分子散射，也叫瑞利散射(图 1.9(a))。分子散射还有一个特点是质点散射对于其光学特性来说是对称的球形(图 1.9(a))，在光线射入的方向(φ=0°)及在相反的方向(φ=180°)上散射是比垂直于射入光线方向上(φ=90°及 φ=270°)的散射量大 1 倍。图 1.9(a)中由极点到外围曲线的径向长度(以假定的比例)，表示此方向上所散射的总能量。

如果太阳辐射遇到粗粒，粗粒散射就失去对称的形式，而沿入射光方向伸长。图 1.9(b)是粗粒(水滴)散射的一种常见形式。在此种粗粒散射下，在入射光方向上的散射能量，分别超过了在入射光线的相反方向上及其垂直方向上能量的 2.37 倍及 2.85 倍。散射质点愈大，这种偏对称的程度更加增大。如果太阳辐射遇到直径比波长大的质点，辐射虽然也要被散射，但这种散射是没有选择性的，即辐射的各种波长都同样地被散射。这种散射称为粗粒散射，也称粗散射(图 1.9(b))。

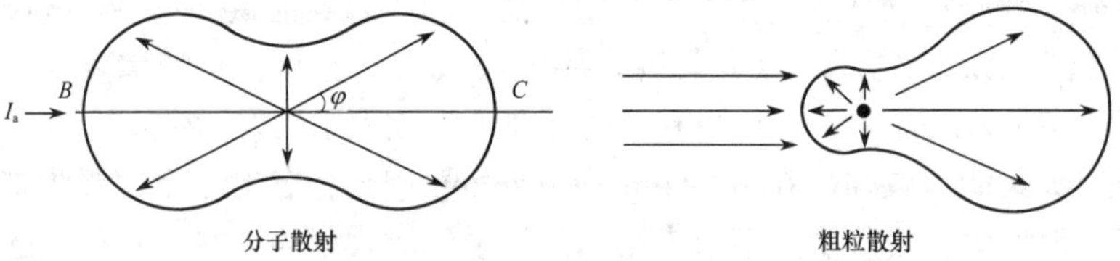

图 1.9　大气对太阳辐射的散射

大气中云层和较大颗粒的尘埃能将太阳辐射中一部分能量反射到宇宙空间去。其中云的反射作用最为显著，太阳辐射遇到云时被反射一部分或大部分。反射对各种波长没有选择性，所以反射光呈白色。云的反射能力随云状和云的厚度而不同，高云反射率约 25%，中云为 50%，低云为 65%，稀薄的云层也可反射 10%~20%。随着云层增厚反射增强，厚云层反射可达 90%，一般情况下云的平均反射率为 50%~55%。

在大气对太阳辐射的吸收、散射和反射三种方式中，反射作用最重要，尤其是云层对太阳辐射的反射最为显著。另外还包括大气散射回宇宙以及地面反射回宇宙的部分，散射作用次之，形成了到达地面的散射辐射，吸收作用相对最小。以全球平均而言，太阳辐射约有 30%被散射和漫射回宇宙，称之为行星反射率，20%被大气和云层直接吸收，50%到达地面被吸收。

§1.5　到达地面的太阳辐射

到达地面的太阳辐射有两部分，一是太阳以平行光线的形式直接投射到地面上的，称为太阳直接辐射；一是经过散射后自天空投射到地面的，称为散射辐射，两者之和称为总辐射(周淑贞，1997；李爱贞等，2001)。

1.5.1　直接辐射

太阳直接辐射的强弱和许多因子有关，其中最主要的有两个，即太阳高度角和大气透明度。太阳高度角不同时，地表面单位面积上所获得的太阳辐射也就不同。

太阳高度角愈小，等量的太阳辐射散布的面积就愈大(图 1.10 a)，因而地表单位面积上所获得的太阳辐射就愈小。设有一水平地段 AB(图 1.10(b))，其面积为 S'，太阳光线以 h 高度角倾斜地照射到它上面，在单位面积上每分钟所受到的太阳辐射能为 I'。引一垂直于太阳光的平面 AC，其面积为 S。在此垂直受射面上的太阳辐射强度为 I，则到达水平面 AB 与垂直受射面 AC 上的辐射量，将分别等于 $I'\cdot S'$和 $I\cdot S$，显然这两个辐射量是相等的，即

$$I'\cdot S' = I\cdot S \tag{1.5.1}$$

由图 1.10(b)可以得出：

$$\frac{S}{S'} = \frac{AC}{AB} = \sin h$$

则

$$I' = I\sin h \tag{1.5.2}$$

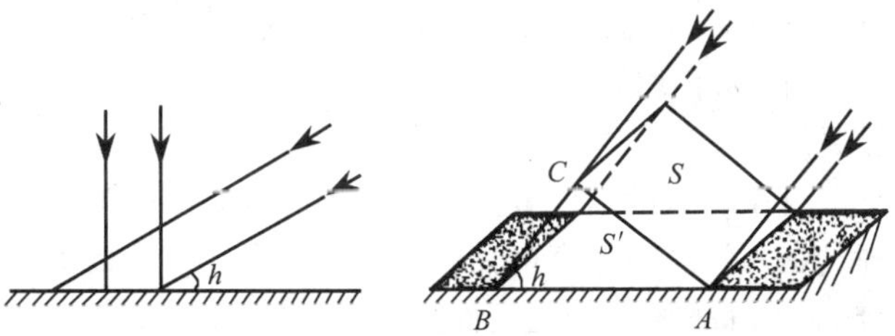

图 1.10　太阳高度与受热面大小的关系

同时，太阳高度角愈小，太阳辐射穿过的大气层愈厚，如图 1.11 所示。当太阳高度角最大时，通过大气层的射程为 AO；当太阳高度角变小，光线沿 CO 方向斜射，通过大气的射程为 CO。显然，光线通过的大气厚度 $CO>AO$，因此太阳辐射衰减也较多，到达地面的直接辐射就较少。

在地面为标准气压(1 013 hPa)时，太阳光垂直投射到地面所经路程中，单位截面积的空气柱的质量，称为一个大气质量。在不同的太阳高度下，阳光穿过的大气质量数也不同。不同太阳高度时的大气质量数如表 1.1 所示。从表中可以看出，大

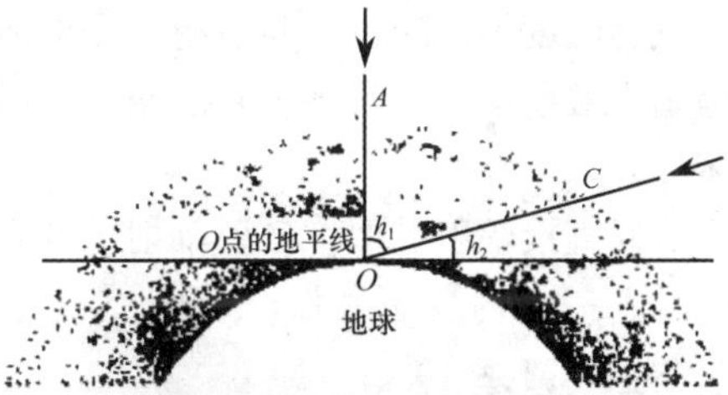

图 1.11　太阳高度角与太阳辐射穿过大气质量的关系

气质量数随高度减小而增大，尤其是当太阳高度较小时，大气质量数的变化加大。

表 1.1 不同太阳高度时的大气质量数(周淑贞，1997)

太阳高度(h)	90	60	30	10	5	3	1	0
大气质量数(m)	1.0	1.15	2.0	5.6	10.4	15.4	27.0	35.4

在相同的大气质量下，到达地面的太阳辐射也不完全一样，因为还受大气透明度的影响。大气透明度的特征用透明系数(p)表示，它是指透过一个大气质量的辐射强度与进入该大气的辐射强度之比。即当太阳位于天顶处，在大气上界太阳辐射通量为 I_0，称为太阳常数，而到达地面后为 I，则

$$\frac{I}{I_0}=p \tag{1.5.3}$$

p 值表示辐射通过大气后的削弱程度。实际上，不同波长的削弱也不相同，p 仅表征对各种波长的平均削弱情况，例如 $p=0.80$，表示平均削弱了 20%。

大气透明系数决定于大气中所含水汽、水汽凝结物和尘粒杂质的多少，这些物质愈多，大气透明程度愈差，透明系数愈小。因而太阳辐射受到的减弱愈强，到达地面的太阳辐射也就相应地减少。

太阳辐射透过大气层后的减弱与大气透明系数和通过大气质量数之间的关系，可用布格(Bouguer)公式表示

$$I=I_0p^m \tag{1.5.4}$$

式中，I 为到达地面的太阳辐射强度，p 为空气透明系数，m 为大气质量数。

从上式可以看出，如果大气透明系数一定，大气质量数以等差级数增加，则透过大气层到达地面的太阳辐射以等比级数减小。

直接辐射有显著的年变化、日变化和随纬度的变化。这种变化主要由太阳高度角决定。在一天当中，日出、日没时太阳高度最小，直接辐射最弱；中午太阳高度角最大，直接辐射最强。同样道理，在一年当中，直接辐射在夏季最强，冬季最弱。以纬度而言，低纬度地区一年各季太阳高度角都很大，地表面得到的直接辐射较中、高纬度地区大得多。

1.5.2 散射辐射

散射辐射的强弱也与太阳高度角及大气透明度有关。太阳高度角增大时，到达近地面层的直接辐射增强，散射辐射也就相应地增强；相反，太阳高度角减小时，散射辐射也弱。大气透明度不好时，参与散射作用的质点增多，散射辐射增强；反之，减弱。云也能强烈地增大散射辐射。从观测到的晴天和阴天的散射辐射值看，阴天的散射辐射比晴天的大得多。

同直接辐射类似，散射辐射的变化也主要决定于太阳高度角的变化。一日内正午前后最强，一年内夏季最强。

1.5.3 总辐射

在分析了直接辐射和散射辐射后，就较容易理解总辐射的变化情况。日出以前，地面

上总辐射的收入不多，其中只有散射辐射；日出以后，随着太阳高度的升高，太阳直接辐射和散射辐射逐渐增加，但前者增加得较快，即散射辐射在总辐射中所占的成分逐渐减小。当太阳高度升到高度角约等于 8°时，直接辐射与散射辐射相等；当太阳高度角为 50°时，散射辐射值仅相当总辐射的 10%~20%；到中午时太阳直接辐射与散射辐射强度均达到最大值，中午以后二者又按相反的次序变化。云的影响可以使这种变化规律受到破坏，如正午云量突然增多时，总辐射的最大值可能提前或推后。这是因为直接辐射是总辐射的主要组成部分，有云时直接辐射的衰减比散射辐射的衰减要大的缘故。在一年中总辐射强度(指月平均值)在夏季最大，冬季最小。

总辐射随纬度的分布一般是：纬度愈低，总辐射愈大，反之就愈小。表 1.2 是根据计算得到的北半球年总辐射纬度分布的情况，其中可能总辐射是考虑了受大气减弱之后到达地面的太阳辐射；有效总辐射是考虑了大气和云的减弱之后到达地面的太阳辐射。由于赤道附近云多，太阳辐射减弱得也多，因此有效辐射的最大值并不在赤道，而在 20°N。同时，辐射总量与海拔高度有关，海拔越高辐射总量也越大，如青藏高原总辐射为我国最大的区域。

表 1.2　北半球年总辐射随纬度的变化(周淑贞，1997)

纬度(°N)	64	50	40	30	20	0
可能总辐射(W/m^2)	139.3	169.9	196.4	216.3	228.2	248.1
有效总辐射(W/m^2)	54.4	71.7	98.2	120.8	132.7	108.8

1.5.4　地面对太阳辐射的反射

投射到地面的太阳辐射，并非完全被地面所吸收，其中一部分被地面所反射。地表对太阳辐射的反射率，决定于地表面的性质和状态，陆地表面对太阳辐射的反射率一般为 10%~30%。一般深色土比浅色土反射能力小，粗糙土比平滑土反射能力小，潮湿土比干燥土反射能力小。雪面的反射率很大，约为 60%，洁白的雪面甚至可达 90%(表 1.3)。水面的反射率随水的平静程度和太阳高度角的大小而变化，当太阳高度角超过 60°时，平静水面的反射率为 2%，高度角 30°时为 6%，10°时为 35%，5°时为 58%，2°时为 79.8%，1°为 89.2%。对于波浪起伏的水面来说，其平均反射率为 10%，因此总的说来水面比陆面反射率稍小一些。

表 1.3　不同性质下垫面的反射率(%)(周淑贞，1997)

下垫面	反射率	下垫面	反射率	下垫面	反射率
砂土	29~35	黑钙土(干)	14	干草地	29
粘土	20	黑钙土(湿)	8	小麦地	10~25
浅色土	22~32	耕地	14	新雪	84~95
深色土	10~15	绿草地	26	陈雪	46~60

由此可见，即使总辐射的强度一样，不同性质的地表真正得到的太阳辐射，仍有很大差异，这也是导致地表温度分布不均匀的重要原因之一。

§1.6　全球热量平衡

太阳辐射到达地球后，往往转化为各种形式的能量，如蒸发或凝结潜热、湍流显热等，这些能量都是气候形成的基本要素。地球上热量收支的代数和就是热量平衡(李爱贞等，2001；周淑贞，1997；李克煌，1994)。这里我们对全球热量平衡进行简要介绍，细节将在第八章与水分运动过程一起加以详细讨论。

1.6.1　地面热量平衡

当地面收入短波辐射能大于其长波支出辐射，辐射差额为正值时，一方面地面要升温，另一方面盈余的热量就以湍流或蒸发潜热的形式向空气输送热量，以调节温度，并供给空气水分。同时还有一部分热量在地表活动层内部交换，改变下垫面(土壤、水体)温度的分布。当地面辐射差额为负值时，则地表温度降低，所亏损的热量由土壤(或水体)下层向上层输送，或通过湍流及水汽凝结从空气获得热量，使空气降温。根据能量守恒定律，这些热量是可以转换的，但其收入与支出的量应该是平衡的，这就是地面能量平衡。

地面能量平衡方程可写成下列形式

$$R_g + LE + Q_p + A = 0 \tag{1.6.1}$$

式中，R_g为地面辐射差额，LE为地面与大气间的潜热传输量(L为蒸发潜热，E为蒸发量或凝结量)，Q_p为地面和大气间的湍流显热交换，A为地表面与其下层间的热传输量(B)和平流输送量(D)之和。式(1.6.1)中，地面得到热量时各项为正值，地面失去热量时各项为负值(图 1.12)。在形成地面能量平衡中，这四者是最主要的，其他如大气的湍流摩擦使地面得到的热量，植物光合作用消耗的能量以及与降水使温度不同的地面得到或损失的热量等，数值都很小，一般可以忽略不计。

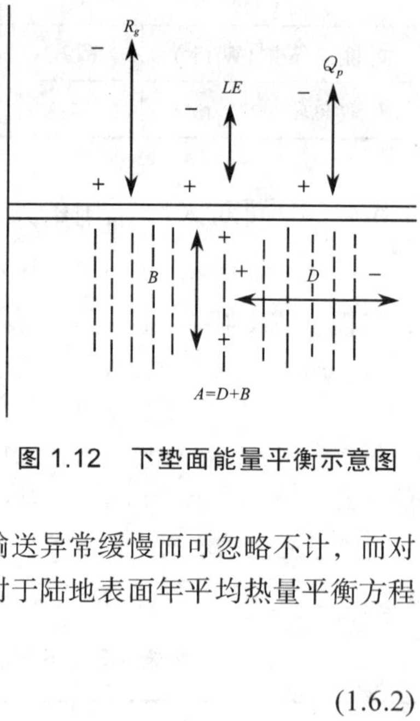

图 1.12　下垫面能量平衡示意图

对于陆地表面来说，由于土壤热传导而产生的水平输送异常缓慢而可忽略不计，而对于年平均而言，土壤与上界面的能量交换为零。因此，对于陆地表面年平均热量平衡方程就可简化为

$$R_g + LE + Q_p = 0 \tag{1.6.2}$$

但对水体，特别是大洋中必须考虑由于海流造成的能量输送。

在组成地面能量平衡的四个分量中，由于辐射差额有明显的昼夜变化和季节变化，因此其他分量也发生类似的周期变化，而这种变化又因纬度和海陆分布而不同。地面净辐射的地理分布形势已经较天文辐射更为复杂，而其他分量如地面蒸发潜热的年总量分布及地气显热交换的分布，则更为复杂。海洋和大陆表面热量平衡各分量的纬度年平均分布如图 1.13 和图 1.14 所示。

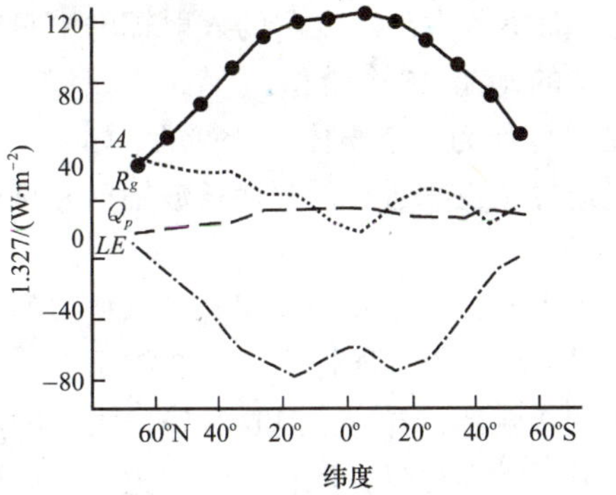

图 1.13 海洋表面的热量平衡

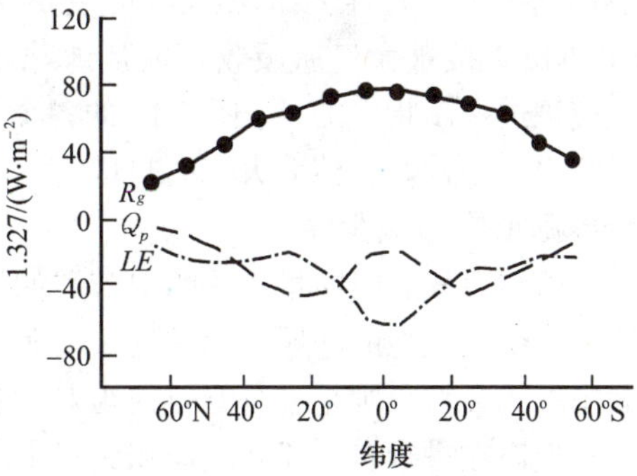

图 1.14 大陆表面的热量平衡

1.6.2　全球热量平衡模式

将全球地气系统平均能量收支各分量之间的相互关系用图形的方式表示出来，这种图称为全球能量平衡模式。

虽然在海洋热平衡中有日变化和季节性变化，从而导致表层水温变冷或变暖；但是就平均值来讲，还必然存在着一个全球热平衡。此外，还有一个海洋与大气平均温度的变化问题。我们就试图用图 1.15 表明地球这种总的热平衡。这些数值是对各个纬度、各个季节以及所有的陆地与海洋上取平均的结果。考虑这些平均值是很有意义的，因为它表明了保持地球热平衡的各种过程的重要性。把入射辐射量取为 100 个单位，而这 100 个单位相当于 2.093 4 J/cm^2·min。

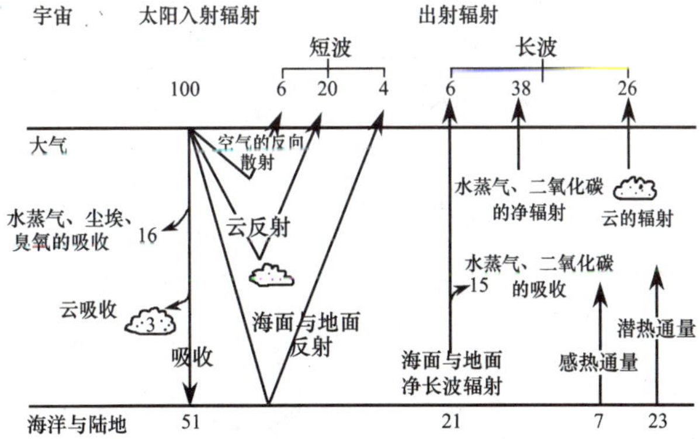

图 1.15　全球辐射热平衡(J.A.瑙斯,1983)

进入到大气中的 100 个单位的太阳辐射，大约有 3 个单位被云吸收，16 个单位被水蒸汽、烟雾和空气分子本身所吸收，大约有 30 个单位被反射或放射回到太空中。原来的 100 个单位中，有 50%多一点可能用于加热陆地、海洋和冰原。然而最后这 51 个单位的热量又从地球的表面回到空间去。其中 21 个是长波辐射，7 个是从地球到大气的接触热耗损，23 个为蒸发的潜热通量。

从图 1.15 可以看出地球的反射率大约是 30%(即大约 30 个单位的能量以短波辐射形式

反射回到宇宙中)。直接加热大气的主要能源是地球而不是太阳。太阳的入射辐射中只有19个单位直接被大气所吸收，而从地球传到大气中的却是45个单位。

应该进一步指出的是，图1.15的各个数字是把地球作为一个整体来计算的。如果单独考虑海洋，据计算，传向大气的热量的三分之二是通过蒸发来进行的。而长波辐射和接触热传导则依次地减少。

地球和大气之间能量传输的细节和如何保持这种平衡，对于我们认识气候和更多的天气情况是个关键性的问题。大气从太阳那里获得热量，但是大气能量中仅有30%是直接来自太阳，其余部分则是来自有效回辐射、蒸发作用和接触热传导，并且这种输向大气的热传导日夜都在进行着。比陆地面积大得多的海洋，夏天贮存热量，而在冬天又把它释放出来。它对气候的改良作用，可以通过比较沿海和内陆观测站所记录的温度季变幅和日变幅看得出来，即使在相同纬度上，内陆台站的温度季变幅也要比沿海或岛屿上大得多。

第二章　海洋辐射与蒸发

地球表面积有 5.1×10^8 km^2，其中海洋面积为 3.62×10^8 km^2，约占地球表面积的 71%，相当于陆地面积的 2.5 倍。海陆面积随纬度的分布很不均匀。陆地的三分之二在北半球，只有三分之一在南半球。北半球的海洋占 60.7%，陆地占 39.3%，南半球海洋占 80.9%，陆地占 19.1%。北半球极区附近为北冰洋，南半球极区附近为南极洲，而三大洋横跨南北半球，所以地球表面海洋是十分广阔的。

海洋的平均深度略小于 4 000 m，太平洋最深，包括其附属海的平均深度为 4 028 m，其次为印度洋和大西洋，包括其附属海的平均深度分别为 3 897 m 和 3 332 m。一般典型的大洋宽度是数千公里而深度只有数千米，所以常用的垂直放大比例只是 1 000：1 或者更大。海水的质量约为大气质量的 250 倍，海洋特性如海温变异的空间尺度和时间尺度都很大。这样，海洋对于大气变化和全球水文循环产生了深远影响，使海洋与大气之间产生密切联系和相互作用。在海洋学和气象学的很多问题上，常将大气与海洋作为一个耦合系统来进行研究，所以对海洋的物理特性及其变化规律有一个基本的了解是十分必要的(叶安乐等，1992；周静亚，1994；冯士筰，1999)。

§2.1　海洋表面热交换

海洋中的热能几乎完全是通过海面而接收的太阳辐射能。海水内部放射性物质以及生物、化学和海水运动释放的能量，相比之下数量很小。通过底边界由海底热流所输送的热量，除在热活动强烈的局部海区外，影响也不大；对整个世界大洋而言，其他能量与通过海面而进入的太阳辐射能相比数量很小，在考虑海洋热量平衡时，一般也忽略不计(叶安乐等，1992)。近代海洋研究表明，整个海洋的平均温度多年来几乎没有什么变化。调查资料更进一步证实，大洋深处 60 多年前的水温与现今的重测几乎相等。因此，如果不是研究超长期变动的话，那么就可以假定通过海面输入和输出的热量相等。

通过海面的热收支，主要有太阳辐射、海面有效回辐射、蒸发耗热，以及海-气之间的感热交换，即

$$Q_\theta = Q_s - Q_b \pm Q_e \pm Q_k \tag{2.1.1}$$

式中，Q_s 表示通过海面进入海洋的辐射能；Q_b 是海面有效回辐射；Q_e 为海水蒸发消耗的热量或凝结时释放出的热量；Q_k 是海-气之间因温度不同而发生的显热交换。虽然平均而言，在总体上海洋热能是平衡的，但在局部情况下，仅此四项却不一定达成平衡。众所周知，对同一地点来说，夏季通常是海洋通过海面吸收热量而使水温升高，冬季则损失热量而降温。换言之，即 Q_θ 并非时时处处总为 0。海洋有热量净收入时，$Q_\theta>0$；反之有净支出时，$Q_\theta<0$。

2.1.1　通过海面进入海洋的辐射能 Q_s

在前面我们讲到，太阳辐射是地球能量的主要来源，其中除可见光以外，还有红外和紫外波段等辐射，分布于从 X 射线到无线电波的整个电磁波谱区内，但是 99%的太阳辐射能集中在 0.17~4 μm 的波段内。单位时间射达大气上界的单位面积上的太阳辐射总能量，称为太阳常数，常以 S 表示，也有人用 S_0 表示。世界气象组织 1981 年 10 月在墨西哥召开

的仪器和观测方法委员会第八次会议上通过 S 取值为(1.96±0.01)cal/(cm^2/min)，换算为 SI 单位制即(1 367±7)W/m^2。太阳辐射在通过大气层的过程中，紫外线 λ<0.29 μm 的部分被臭氧吸收；红外线中的一部分被水蒸气和二氧化碳吸收，但吸收的数量少影响不大，而与此成强烈对比的是，地球向大气的长波辐射被水蒸气和二氧化碳吸收较多，从而使大气变暖，这就是所谓温室效应。

未被吸收的太阳辐射，以直达辐射和散射辐射两种形式到达海面，二者之和即为到达海面的总辐射。它与太阳高度(太阳光线与地球表面观测点切线之间的夹角)、大气透明度和云量、云状的关系很密切，不同地点(纬度)和不同季节也有明显不同。平均而言，到达海面的总辐射，只有太阳辐射能量的一半。其实，这些能量也未能全部进入海水中，因为其中的一部分又被海面反射回大气和天空。真正能进入海水中的辐射能，即式(2.1.1)中的 Q_s，其经验公式为：

$$Q_s = Q_{s0}(1-0.7C)(1-A_S) \tag{2.1.2}$$

式中，Q_{s0} 为晴空时到达海面的总辐射，C 为云量；A_s 为反射率，即从海面反射的辐射与入射到海面的总辐射之比，它与太阳高度和海面状况有很大关系。

一般而言，对整个海面来说，其反射率是较小的，尽管在高纬度海域有可能大于 10%，但整个海洋平均起来却只有 7%左右，因而达到海面的总辐射，大部分还是进入了海洋中。当然，在高纬度海面有冰覆盖时反射率增大，海水吸收热量便相对减少，这对海洋热状况的影响也是相当大的。由于低纬度海域的太阳高度，平均而言比高纬度海域大得多，所以平均的太阳总辐射明显大于高纬度海域。从日照时间来看，冬半年低纬度海域又比高纬度海域短得多，因而太阳辐射的这种经向差异，冬半年比夏半年更显著。

进入海水之后，Q_s 的一部分被海水吸收，另一些则被海水散射。散射的大部分辐射能，几经周折也被海水吸收，只有小部分被返转射出海面。海水吸收的辐射能，就转化成海水的热能。

2.1.2 海面有效回辐射 Q_b

世界大洋的水温虽然因时因地而异，但却高于热力学温度 0 K；表层则更高一些，三大洋平均约为 17.4℃，即 290.55 K，因此也要向外辐射。当然，与太阳辐射相比，其辐射量小得多，而且由于温度较低，所以主要是长波辐射。辐射能最强者，波长约为 10 μm，而 9×10^{-2} 以上的辐射能，集中在(4~80) μm 的波段内。

大气中的水汽和二氧化碳对长波辐射的吸收能力很强，海面长波辐射的 75%~95%即被其吸收。大气的温度也高于 0 K，同样会放出辐射能。其中向上的辐射进入太空；向下的辐射称为大气逆辐射，则几乎全部被海水吸收。海面辐射与大气逆辐射之差，称为海面有效回辐射，即式(2.1.1)中的 Q_b。计算大洋的有效回辐射，常用以下经验公式：

$$Q_b = 5.670\,51\times10^{-8}T^4[1-(0.210+0.174\times10^{-2.055}e_0)(1-0.765C)] \tag{2.1.3}$$

式中，T 为海面的热力学温度(K)，e_0 为海面上的水汽压(P$_a$)，C 为云量，所得 Q_b 的单位是 W/m^2。中国科学院海洋研究所海洋气象组在计算西北太平洋及我国近海的 Q_b 时，所用公式可改写如下：

$$Q_b = 0.94\sigma T^4(0.39 - 0.005\sqrt{e_a})(1 - kC^2) + 3.76\sigma T^3(\theta_w - \theta_a) \tag{2.1.4}$$

式中，T为空气的热力学温度；θ_w, θ_a是海面水温和海上气温(℃)；σ为 Stefan-boltzman 常数：e_a为空气水汽压(P_a)，C为云量，k为云的阻拦系数，其经验公式为

$$k = 0.59 + 0.005(\varphi - 20^\circ) \tag{2.1.5}$$

式中，φ为地理纬度。用以上量及相应单位算得 Q_b的单位是 W/m^2。

2.1.3　海洋蒸发耗热 Q_e

研究表明，世界大洋因蒸发而耗去的热量可占入射到地球上的总辐射量的 23%。当然大洋不同海域的蒸发耗热是有差异的，原因是各处的蒸发量多寡悬殊。直接观测海面蒸发量比较困难，因此多借助于间接计算。为此许多研究者用理论分析或经验统计方法，提出了计算蒸发量和潜热损失的公式。大洋年蒸发耗热量，在副热带和信风区，由于蒸发量大，是耗热高值区，而在湾流和黑潮区则出现极大值。其原因显然是，暖流北上到达中纬度海域后，水温远高于气温，特别是冬季又盛行干冷的偏北风，使蒸发特别强烈，所以耗热量更大。图 2.1 为黑潮流域 1 月份蒸发耗热分布，在日本南方黑潮流经区，最大耗热可大于 436 W/m^2。所用计算公式如下：

$$Q_e = 6.93 \times 10^{-5} \times (597 - 0.6\theta_w)(e_w - e_a)V \tag{2.1.6}$$

式中，e_w为以海面水温 θ_w(℃)计算的饱和水汽压(Pa)，e_a为空气水汽压(Pa)，V为海上 8m 高处风速(m/s)。需要注意的是，当大气层结稳定时，考虑到其抑制作用，尚需加以相应的修正。

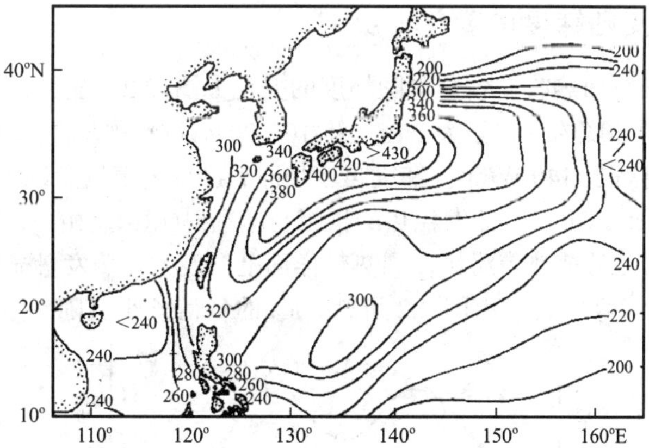

图 2.1　黑潮流域 1 月份蒸发耗热(W/m^2)分布

2.1.4　感热交换 Q_k

由于海洋表层水温和气温一般是不相等的,所以两者之间通过热传导也有热量的交换。这一热交换过程主要受制于两个因素：海面风速和海—气温差。风的作用表现在空气的运动能促进海—气之间的热交换，而海—气温差的量值和符号则决定着热量传导的数量和方

向。当气温高于水温时，近海面的大气层结是稳定的，热量的传递向下，但因传递方式主要是分子热传导，所以传导的热量不多。反之，当水温高于气温时则不然，因为近海面大气层结不稳定，贴近海水层空气获得来自海水的热量后，产生热力湍流和对流，能把所获得的热量迅速地向上输送。与此同时，表层海水由于失热降温而增密，也产生了对流，其效应是把下层海水的热量再输运到表层,从而使这种热交换过程得以继续不断地进行下去，直至两者的温度相等。计算感热通量 Q_k 常用块体公式(bulk formula)：

$$Q_k = c_p \rho_a C_k (U_z - U_w)(\theta_w - \theta_z) \tag{2.1.7}$$

式中，c_p 为比定压热容，ρ_a 为空气密度，C_k 为块体交换系数，U_z 和 θ_z 为海面上高度为 z 处的风速和温度，U_w 和 θ_w 为海面上的风速和温度。

由于蒸发和感热交换部分是在海-气边界层内进行的,也都受制于边界层内的层结和湍动过程，所以从波文开始，许多人把蒸发和对流热传导这两个过程联系起来探讨。类似于式(2.1.7)，将蒸发耗热表达为如下形式：

$$Q_e = L \rho_a C_e (U_z - U_w)(q_w - q_z) \tag{2.1.8}$$

式中，L 为蒸发潜热，C_e 为水汽输送系数，q_w 和 q_z 分别为海面上的饱和比湿及高度 z 处的比湿；对于系数 C_e 和 C_k，依各种不同的边界层模式，所求得的量值有所不同，但差别都不大。若假定 C_e=C_k，则波文比为

$$\frac{Q_k}{Q_e} = \frac{c_p(\theta_w - \theta_z)}{L(q_w - q_z)} = R \tag{2.1.9}$$

在大洋上，波文比平均为 0.1，也就是说，感热交换仅为蒸发耗热的十分之一。于是，若已知蒸发耗热 Q_e，便可依波文比计算 Q_k=RQ_e。

2.1.5　海面热收支随纬度的变化

世界大洋年平均海面热收支各分量随纬度的变化如图 2.2。显见，通过海面进入海水的净辐射(Q_s–Q_b)，随纬度的变化很大。在北纬 10°~20°海域年平均高达 157 W/m^2 以上，在 20°S~25°N 范围内均高于 140 W/m^2。纬度再增加时，净辐射值则急剧下降，纬度高于 50° 以后，便降到 50 W/m^2 以下了。蒸发耗热的量级与净辐射(Q_s–Q_b)相当，在中、高纬度海域变化趋势也相似；但在低纬热带海域，因热带洋面上湿度大，蒸发量显著低于亚热带。致使 Q_e 随纬度变化呈双峰形式。由图 2.2 可知，Q_k 的量值既小且随纬度的变化也不大。

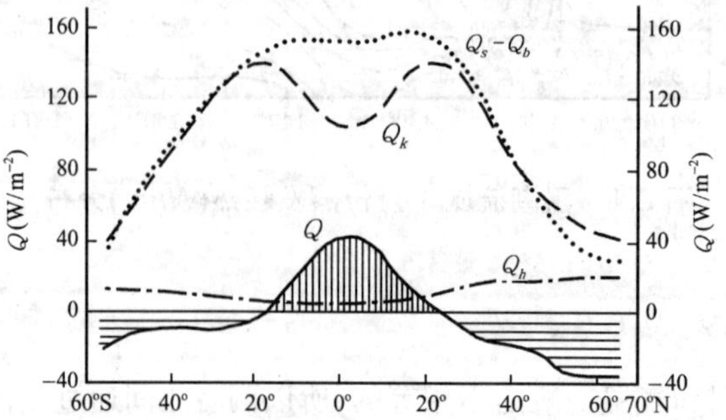

图 2.2　世界大洋各纬度带年平均海面热收支(冯士筰,1999)

海面热收支的余项 Q_θ 在各纬度带上的年平均值差别也很明显,并且有引人注目的正值区和负值区。前者(图中竖直影线区)在低纬度海域,表明海洋有净的热量收入,最大值出现于 0°~10° N,可达 41 W/m^2 以上;后者在中、高纬度海域,表明海洋有净的热量支出。在 50°~70° N 支出最多,接近 35 W/m^2。

全年平均有净收入的海域,由于热量的积累,水温应不断升高;反之在热量净支出的海域水温会不断降低。若照此推论,低纬度海面应年复一年地增温,而中、高纬度海面水温则逐年下降。事实并非如此,虽然热带海域表层水温比温带、寒带水温明显高,但它们各自的年际变化都不大,换言之,它们不是在逐年递增或递降,而是基本上维持在多年平均值附近。据布德科等对整个世界大洋年平均海面收支计算的结果,热量的收入与支出也是平衡的(M.H.布德科,1958)。那么,造成低纬度热量净盈余而海温没有升高,高纬度热量净亏损而水温不降的原因,就是海面之下热量从低纬度向高纬度海域的传输循环。

§2.2　海洋内部的热传输

表层海水所吸收的辐射能,被海水湍流和海流传递到深层和其他海区。湍流热交换公式如下:

$$Q_z = -c_p \rho A_z \frac{\partial T}{\partial z} \tag{2.2.1}$$

$$Q_H = -c_p \rho A_H \frac{\partial T}{\partial H} \tag{2.2.2}$$

式中,c_p 和 ρ 为海水的定压比热和密度,A_z 和 A_H 分别为海洋内部垂直和水平湍流热交换系数;T 为海水温度,Q_z 和 Q_H 分别代表单位时间内通过水平和垂直方向上单位面积的湍流热通量。负号表示热传输方向与温度梯度(此处指 $\partial T/\partial z > 0$ 的方向)方向相反。湍流热交换是通过海水微团进行的,而分子热交换则是借助于分子运动进行的,所以,湍流热交换效应比分子热交换效应显著得多。在海洋中,湍流热交换系数为分子热交换系数的 10^3~10^8 倍。湍流热交换速率在不同方向也很不同,A_z 比 A_H 小得多,但是由于温度的水平梯度远小于垂直梯度。因此,两个方向的湍流交换是同等重要的。

水平海流输送的热量是很可观的。单位时间内通过与流向垂直的单位面积的水平热通量,取决于水平流速的大小和水温的高低,流速愈大,水温愈高,输送的热量就越大。但是,对海洋热状况及海洋气候的变化发生影响的并不是热通量,而是热平流。所谓热平流是指在给定区域内,通过与海流方向垂直的两个断面的热通量差。只要存在热通量差,就能产生两个断面之间的区域热效应。如果流入的热通量比流出的热通量大,则为暖平流;反之,则为冷平流。这种由平流所获得或失去的热量,又通过垂直方向上的热交换传向深层和大气。若不考虑水平流速的变化,则输送的热量与沿流向的温度梯度成正比:

$$Q_A = -c_p \rho U \frac{\partial T}{\partial z} \tag{2.2.3}$$

式中,U 是海水流速,Q_A 表示某一水层的热平流量。Q_A 的量值取决于流速和水平温度梯度的大小,平流的性质则由温度梯度的方向决定,Q_A 为正时为暖平流,反之为冷平流。若考虑整个水层的热平流量,可以将上式对深度积分。由于大洋上的水温多是呈纬向带状分布,因此,由海流进行的热量交换沿经向最为显著。海洋中将有一个净的热平流将热量从热带向两极输送。这种平流在整个海洋的热平衡中起着重要作用。进一步讲，大洋环流的变化，例如一个主要海流位置和强度的微小改变，都将影响到整个海–气的热平衡，从而将会引起天气形势的改变，天气形势的改变所形成的风场又会进一步驱动海流。所以，海洋-大气系统是紧密相联和相互作用的(周静亚等，1994)。

§2.3 海洋对太阳辐射的吸收反射

海水是一种相对透明的介质。海水的成分较复杂，它含有可溶有机物、悬移质、浮游生物等。这些物质对光有较强的吸收和散射。由于海水对光的多次散射，使海洋辐射传递的研究或光在海洋中传播规律的研究成为海洋光学基础研究的核心问题。海洋光学调查的主要目的就是调查海洋的光学性质或光在海中的传播规律，同时由海洋光学参数的测量获取各类海洋学参数，以便进行海洋光学的各种研究(冯士筰，1999)。

2.3.1 海–气交界面的光学性质

入射到海水表面的光，一部分被反射回空气中，一部分折射到海中。光在海面的反射和折射遵从光的反射定律和折射定律。垂直偏振光的反射系数 $\rho_\perp$ 和平行偏振光的反射系数 $\rho_\parallel$ 随入射角的变化而不同，它们遵从菲涅耳公式

$$\left.\begin{aligned}\rho_\perp &= \frac{\sin^2(\theta_a-\theta_w)}{\sin^2(\theta_a+\theta_w)}\\ \rho_\parallel &= \frac{\mathrm{tg}^2(\theta_a-\theta_w)}{\mathrm{tg}^2(\theta_a+\theta_w)}\end{aligned}\right\} \tag{2.3.1}$$

式中，θ_a 为水面上的入射角；θ_w 为相应的折射角。当 $\theta_a+\theta_w=90°$时，$\rho_\parallel=0$，此时 $\theta_a=53.3°$，称为布儒斯特角。当漫射光投射于海面时，海面总反射系数为对各个方向反射系数的积分，一般为 5.2~6.6%。入射角和反射角之间的关系为

$$n_a \sin\theta_a = n_w \sin\theta_w$$

式中，n_a, n_w 分别为空气和海水的折射率。海水的折射率 n_w 近似为 1.34。它随海水盐度、温度变化略有变化(如表 2.1 所示)。天空光通过平静的海面进入水体后，被压缩成 48.3°的锥形光束。当入射光束的立体角较小时，水面上入射立体角 Ω_a 和水面下折射角 Ω_w 之比为 n^2。由于光束立体角的压缩，使光从空气进入水体后的辐亮度增强 n^2 倍。即

$$\frac{\Omega_a}{\Omega_w} = n_w^2 = n^2$$

表 2.1 海水折射率随温度和盐度的变化(波长 λ=0.5893μm)(冯士筰,1999)

盐度 S(‰)		0	5	10	15	20	25	30	35	40
温度(℃)	0	1.334 00	1.334 98	1.335 97	1.335 95	1.337 93	1.338 92	1.339 90	1.340 88	1.341 86
	10	1.333 69	1.334 63	1.335 57	1.336 52	1.337 46	1.338 40	1.339 34	1.340 28	1.341 23
	20	1.332 98	1.333 90	1.334 82	1.335 73	1.336 65	1.337 57	1.338 49	1.339 40	1.340 32
	30	1.331 94	1.332 84	1.333 74	1.334 64	1.335 54	1.336 44	1.337 34	1.338 24	1.339 14

海面受到风作用时产生随机起伏，这种风生的海面斜率的随机分布属于高斯分布，故海面的均方斜率和风速成正比。在太阳高度较小或观察角较大的情况下，当风速增加时，海面均方斜率的增加使海面平均入射角减小，导致海面平均反射系数减小。在太阳高度较大或观察角较小的情况下，当风速增加时，海面均方斜率虽然增加，但平均入射角变化不大，因此海面平均反射系数几乎不随风速而变。

2.3.2 辐射能在海水中的衰减

辐射能进入海中，受到海水的散射、吸收作用而衰减。即使最纯净的水，这种衰减也是很严重的。引起衰减的物理过程有两个：吸收和散射。光能量在水中损失的过程就是吸收。吸收也存在不同的物理过程：有些光子是在它的能量变为热能时损失了，有些光子被吸收后由一种波长变为了另一种波长的光。发生散射时，光子没有消失，只是光子的前进方向发生了变化。

单色准直光束通过海水介质，辐射能呈指数衰减变化

$$L(r) = L(0)\exp(-cr) \tag{2.3.2}$$

其中，c 为海水体积衰减系数(1/m)。r 为光的传输距离。$L(0)$为坐标 0 点沿 r 方向的辐亮度；$L(r)$为路径 r 处沿 r 方向的辐亮度。当通过路程 r=1 且 C=1 时，辐亮度衰减到原来的 e^{-1}，则称此路程 1 为水的衰减长度(m)，这时 $L(r)$为 $L(0)$的 e^{-1}。

光因在水中受到散射和吸收而衰减，所以

$$c=a+b \tag{2.3.3}$$

式中，a 为体积吸收系数，它表征准直光束通过海洋水体单位路程后吸收的大小。b 为体积散射系数。

体积衰减系数是波长的函数。通常认为沿岸海水的光谱透射窗口(即在此波段，光在海水中的衰减最小，透射最大)为 0.520 μm，体积衰减系数约为 0.2~0.64 m^{-1}，其衰减长度一般为 1.2- 5 m。大洋清洁水的光谱透射窗口为 0.480 μm，体积衰减系数约为 0.05/m，其衰减长度约为 20 m。

2.3.3 海水对光辐射的吸收和散射

吸收也使辐射光在海水中衰减，但与散射过程有本质的不同，散射主要是改变了光传播的方向，而吸收则使能量的存在形式发生了变化，使光能转变为热能、化学能等。光能转变为海水的热能，是海洋中的主要吸收机制，通过光合作用而转变为化学能，则是海洋生命维系的重要环节。

把因吸收而减少的辐射通量记为 dΦ，则有

$$\mathrm{d}\Phi = -a\,\mathrm{d}r \tag{2.3.4}$$

式中，a 为吸收系数。对厚度为 r 的均匀介质，有

$$a = -\frac{1}{r}\ln(1-A) \tag{2.3.5}$$

式中，A 为吸收比，它是光束被吸收后的通量 Φ_a 与入射通量 Φ_0 之比，即 $A=\Phi_a/\Phi_0$。

2.3.4 海水对辐射光的散射

如上所述，除了海水对辐射能的吸收之外还有散射，导致水中准直光束能量的衰减。

海水中引起光散射的因素很多，主要有水分子和各种粒子，包括悬移质粒子、浮游植物及可溶有机物粒子等。散射的机制主要有两种：瑞利散射和米氏散射。水分子散射遵从瑞利散射规律；粒子的散射遵从米氏散射规律。清洁大洋水主要是水分子散射，沿岸混浊水主要是大粒子散射。当一束光入射到海水的一小体积上发生散射后，它的能量将分布于很宽的角度范围，即散射光的强度随散射角而发生变化。这种变化用海水体积散射函数 $\beta(\theta)$来表示。

$\beta(\theta)$定义为：在 θ 方向单位散射体积和单位立体角内散射辐射强度与入射在散射体积上辐照度之比 1/(m · sr)，可表示为

$$\beta(\theta)=\frac{\mathrm{d}I(\theta)}{E\,\mathrm{d}v}=\frac{\mathrm{d}\varphi/\mathrm{d}\omega}{E\,\mathrm{d}v} \tag{2.3.6}$$

式中，$\mathrm{d}I(\theta)$为 θ 方向的散射强度，$\mathrm{d}\boldsymbol{v}$ 为散射体积元(如图 2.3 所示)。

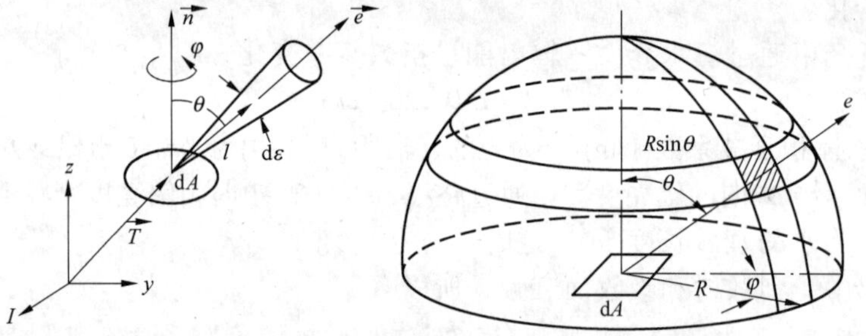

图 2.3 海水体积散射函数关系(冯士筰,1999)

海水体积散射函数 $\beta(\theta)$对空间 4π 立体角内的积分，即各散射方向散射的总和，就是海水体积散射系数 b(1/m)，可表示为

$$b=2\pi\int_0^{\pi}\beta(\theta)\sin(\theta)\,\mathrm{d}\theta \tag{2.3.7}$$

前向散射系数 b_f，表征在前向 $0<\theta<\pi/2$ 立体角内散射的总和，可表示为

$$b_f=2\pi\int_0^{\frac{\pi}{2}}\beta(\theta)\sin(\theta)\,\mathrm{d}\theta \tag{2.3.8}$$

后向散射系数 b_b，表征在后向 $\pi/2<\theta<\pi$ 立体角内散射的总和，可表示为

$$b_b=2\pi\int_{\frac{\pi}{2}}^{\pi}\beta(\theta)\sin(\theta)\,\mathrm{d}\theta \tag{2.3.9}$$

由此可见，海水的散射主要集中于前向散射，一般占总散射的 90%以上，后向散射只占小部分，通常小于 10%。另外，沿光线前进方向(θ=0°)的散射最强，而垂直方向(θ=90°)最弱；与光传播相反的方向的散射强度比 θ=0°附近的散射强度小 3~4 个量级。

§2.4 海洋中的辐射传递理论

海洋辐射传递是研究光辐射通过海洋水体受到多次散射和光谱吸收所导致的海洋中辐射场的变化。海洋辐射传递理论是海洋光学的基本理论，它是水中能见度、激光水中传输、海面向上光谱辐射等应用研究的理论基础(冯士筰，1999；叶安乐等，1992)。

2.4.1　两流辐射传递理论

海洋水体一般认为是一种水平平面分层介质。两流辐射传递理论模型简单地将通过水平分层的辐射通量分为向上辐照度 $E_u(z)$和向下辐照度 $E_d(z)$两个方向的光子流，海洋光学中将此称为两流辐射传递模型。

首先讨论向下辐照度 $E_d(z)$随深度的变化。z 取向下为正，通过水层Δz，由于海水的吸收所造成的辐照度 $E_d(z)$的衰减可表示为

$$\mathrm{d}E_d(z) = -2\pi\int_{\frac{\pi}{2}}^{\pi} aL\cos\theta\,\mathrm{d}r\sin\theta\,\mathrm{d}\theta \tag{2.4.1}$$

因为 $\cos(\theta)\mathrm{d}r=\mathrm{d}z$($r$ 矢量的方向取光子流方向)，所以

$$\frac{\mathrm{d}E_{db}(z)}{\mathrm{d}z} = -2\pi\int_{\frac{\pi}{2}}^{\pi} aL\sin\theta\,\mathrm{d}\theta = -aE_{d0}(z) = -aDE_d(z) \tag{2.4.2}$$

同理，海水回向散射所造成的辐照度 $E_d(z)$的衰减可表示为

$$\frac{\mathrm{d}E_{db}(z)}{\mathrm{d}z} = -bDE_d(z) \tag{2.4.3}$$

可见，向下辐照度通过水层 Δz 受到了散射、吸收两个过程的作用而衰减。另外，由于向上辐照度 $E_u(z)$受水体的回向散射作用，成为向下辐照度 $E_d(z)$的增量，即 $bE_u(z)dz$，因此，向下辐照度通过 Δz 水层的变化率可表示为

$$\frac{\mathrm{d}E_d(z)}{\mathrm{d}z} = -(aD+b)E_d(z) + bE_u(z) \tag{2.4.4}$$

向上辐照度的变化率同样可表示为

$$-\frac{\mathrm{d}E_d(z)}{\mathrm{d}z} = -(aD+b)E_u(z) + bE_d(z) \tag{2.4.5}$$

以上两式称为两流辐射传递微分方程。

当水深足够深时，其解为

$$E_d(z)=E_d(0)\exp(-Kz) \tag{2.4.6}$$

$$E_u(z)=E_u(0)\exp(-Kz) \tag{2.4.7}$$

由此可见，水中向上、向下辐照度随深度 z 而呈指数衰减。其中

$$K = \sqrt{aD(aD+2b)}$$

为辐照度衰减系数，是表征海水中辐照度随深度增加而衰减的比例因子。D 为分布函数，它表征辐射场分布的漫射特性。辐射场分布的斜射光越强，则 D 越大。

同理，水中标量辐照度随深度 z 也为指数衰减

$$E_0(z)=E_{u0}(z)+E_{d0}(z)=D[E_u(z)+E_d(z)]=E_0\exp(-Kz) \tag{2.4.8}$$

2.4.2　海洋辐射传递的辐亮度传递过程

辐射传递方程：海中辐亮度传递过程由海水的吸收和散射所决定。考虑截面为单位面积，长度为 $\mathrm{d}r$ 的圆柱体积元。辐射沿 θ 方向通过 $\mathrm{d}r$ 后，其增量为 $\mathrm{d}L$。$\mathrm{d}L$ 由两部分组成，一是辐射受到衰减，其衰减量为$(-cL\mathrm{d}r)$；二是体积元周围的环境辐射受到散射而转换为 θ 方向的辐射，成为 L 的增量，用 $L_*\cdot\mathrm{d}r$ 表示。因此辐射传递方程为

$$\frac{\mathrm{d}L}{\mathrm{d}r}=cL+L_*\tag{2.4.9}$$

其中，$c=a+b$ 为海水的体积衰减系数，L_*为各方向的辐射受到散射而转换为 θ 方向辐射的总增量，从而是 β 和 L 乘积沿空间 4π 立体角的积分。因此，辐射传递方程实质上是一种具有微分和积分的积微分方程。若已知海洋某深层的辐亮度分布 $L(z_0)$，海中各点的衰减系数 c 和体积散射函数 β,原则上可求解此辐射传递方程以确定海中各深层的辐射场分布 $L(z)$ 和有关的海洋表观光学参数。

海面向上光辐射： 太阳光通过海面进入水体后，在传输过程中受到水体的吸收和散射。经海面返回大气的散射光，即为海面向上的辐射。这种吸收和散射的光谱性质，使海面向上的辐射具有光谱特征，又被称为海面向上光谱辐射。太阳辐射在海面向上的辐照度为 E_u，通过海面产生的向下辐照度为 $E_d(0)$，到达深度 z 处的向下辐照度

$$E_d(z)=E_d(0)\exp(-Kz)\tag{2.4.10}$$

其中，K 为辐照度衰减系数。

向上辐照度

$$E_u(z)=R(z)E_d(z)\tag{2.4.11}$$

其中，辐照度比 $R(z)$决定于水体的体积散射函数 $\beta(\theta)$和吸收系数 a。

深度为 z 的水平面的向上辐射，可看成漫射表面的辐射，故向上辐亮度

$$L_u(z)=E_u(z)/\pi\tag{2.4.12}$$

海表面之下的向上辐亮度 $L_u(0)$决定于水体向上辐亮度的积分

$$L_u(0)=\int_0^{\pi}L_u(z)\exp(-c\pi)\,\mathrm{d}z\tag{2.4.13}$$

其中，c 为水体的体积衰减系数。海面之上的向上辐亮度 L_w 即为 $L_u(0)$透过海表面的辐亮度。

辐照度衰减系数 K、体积散射函数 $\beta(\theta)$、吸收系数 a、体积衰减系数 c 等海洋光学参数，都和波长有关。在吸收愈弱、散射愈强的光谱波段，海面向上辐亮度也愈强。

海洋是地球系统中面积最为广大的部分，它的变化不仅驱动着水文大气系统的变化，而且也进一步驱动着陆地生物系统的变化，因此，海洋观测成为地球系统观测中非常重要的一部分。传统的海洋观测对海洋进行全面精细的观测是不可能的，而遥感观测使之成为可能。一般通过海洋-大气系统的向上光谱辐亮度遥感观测来进行。

通过海洋-大气系统的向上光谱辐亮度方程式为：

$$L_s=\left[\frac{\tau}{n_w^2}L_u(0)+rL_s\right]T_a+L^*=\left[L_w+L_r\right]T_a+L^*\tag{2.4.14}$$

式中，τ 为表面海水的透射系数；L_s 为天空入射光辐亮度；T_a 为大气透射系数；L^*为大气散射引入的大气路径辐亮度。用光学遥感探测海面向上光谱辐射，必须作大气辐射校正，消除大气的影响，才能提取反映海面和海水的光学性质的海面反射辐亮度 L_r 和海面向上辐亮度 L_w 的信息。

§2.5 海洋大气边界层

在湍动的大气边界层中，能量的收支过程影响海-气感热和潜热交换。虽然在海洋上层

和大气对流层下部的运动主要是湍流，但是在海-气界面本身却存在很薄的内界面层，其中主要的运动是层流，海洋层流层厚度大约 0.5 mm，大气层流层约厚 1 mm，其内部都是分子传输过程占优势，动量、热量以及水汽的垂直梯度也相应较大。在层流层与湍流层之间的薄层是过渡层，在过渡层中，分子运动和湍流运动的量值相当。大气边界层中研究得最多的是从毗邻海面的层流层向上延伸到高度达几十米的那一部分大气，这一层中可以假设热量和水分的湍流通量是不随高度而变的常数(冯士筰，1999；叶安乐等，1992)。

假设，气团向上移动一短距离 l(即从 $z-l$ 面到它被周围气流所吸收的高度 z)，又假设，q 代表此气团的比湿(这是一个短时期内的平均值)，l 是混合长度，通常比较小。q 的垂立梯度在对精度影响不大时可看作常数，因此：

$$\overline{q}_{z-l}=\overline{q}_z-l\frac{\partial\overline{q}}{\partial z} \tag{2.5.1}$$

因为比湿在气团上升阶段保持不变，故 q 对于 $\overline{q}_z$ 的平均瞬时偏差 $\overline{q}'$ 的一级近似由下式表示：

$$\overline{q}'=\overline{q}_{z-l}-\overline{q}_z=-l\frac{\partial\overline{q}}{\partial z} \tag{2.5.2}$$

因此，$\overline{q}'$ 和 $\rho_a L\overline{w}'$ 相乘(L 为水的气化潜热，w 是正向上的垂直通度)，就可以得到向上的潜热通量：

$$Q_E=\rho_a L\overline{w}'=-\rho_a L\overline{w}'l\frac{\partial\overline{q}}{\partial z} \tag{2.5.3}$$

同样考虑到，垂直运动的(末饱和)涡旋使它们的温度 T 以干绝热率变化，感热的向上通量就表示为：

$$Q_H=\rho_a c_p\overline{w'T'}=-\rho_a c_p\overline{w}'l(\Gamma_D+\overline{\Gamma}) \tag{2.5.4}$$

这里 Γ_D 是干绝热递减率(取作+9.8℃/km)，Γ 是温度随高度而变的实际梯度。

相应的向下动量通量公式是：

$$\tau=\rho_a\overline{w'u'}=\rho_a\overline{w}'l\frac{\partial u}{\partial z} \tag{2.5.5}$$

其中，u 是空气的水平速度。

在能量从大的涡旋传递到小涡旋过程中，影响动量或热量等输送的大涡旋的各向异性消失得相当快，所以可以不考虑最小涡旋的影响。从观测所得到的结果说明，当在不稳定或偏于中性稳定的情况下，涡旋迁移的最高频率(此项必须予以考虑)，大致表示为 $\overline{u}/z$，此处 z 是测量点 $\overline{u}$ 的高度，这个经验计算来自涡旋运动尺度，此运动尺度随高度而增加。

涡流脉动(在测量高度上大气性质对其平均值的一种脉动)与涡旋运动垂直分量的相互关系是计算湍流通量的涡旋相关方法的基础，还可通过廓线法来计算，这两种方法都需假设湍流通量与各特征量的垂直梯度成正比，并且可用下式表示：

$$Q_E=-\rho_a LK_E\frac{\partial\overline{q}}{\partial z} \tag{2.5.6}$$

$$Q_H=-\rho_a c_p K_H(\Gamma_D+\overline{\Gamma}) \tag{2.5.7}$$

和

$$\tau = \rho_a K_M \frac{\partial \overline{u}}{\partial z} \tag{2.5.8}$$

这里 K_E, K_H 和 K_M 分别是水汽的涡动扩散系数、热量的涡动传导率以及涡动黏滞系数。联立方程式(2.5.6)和式(2.5.8)，式(2.5.7)和式(2.5.8)得：

$$\frac{Q_E}{\tau} = -\frac{LK_E \partial \overline{q} / \partial z}{K_M \partial \overline{u} / \partial z} \quad 及 \quad \frac{Q_H}{\tau} = -\frac{c_p K_H (\varGamma_D + \overline{\varGamma})}{K_M \partial \overline{u} / \partial z}$$

引入有限差分，这两个方程可以改写为：

$$\frac{Q_E}{\tau} = -\frac{LK_E(\overline{q}_0 - \overline{q}_z)}{K_M(\overline{u}_0 - \overline{u}_z)} \quad 或 \quad \frac{Q_H}{\tau} = -\frac{c_p K_H (\overline{T}_0 - \overline{T}_z)}{K_M(\overline{u}_0 - \overline{u}_z)}$$

因此，代入 $\tau = \rho_a \varsigma U_z^2$(这里 $U_z = \overline{u}_z$)和($\overline{u} = 0$),得到：

$$Q_E = \rho_a \varsigma L \frac{K_E}{K_M} (\overline{q}_0 - \overline{q}_z) U_z$$

和

$$Q_H = \rho_a \varsigma c_p \frac{K_H}{K_M} (\overline{T}_0 - \overline{T}_z) U_z$$

若令 $K_E = K_H = K_M$，有

$$Q_E = \rho_a \varsigma L(\overline{q}_0 - \overline{q}_z) U_z$$

和

$$Q_H = \rho_a \varsigma c_p (\overline{T}_0 - \overline{T}_z) U_z$$

上述各式对计算全球能量收支起到了重要作用。但目前对于 $K_E = K_H = K_M$ 这种假设的正确与否，仍然存在很多争论。

虽然对于海上空气的输送系数了解得并不多，然而，在海面上常通量为常数的层中温度梯度一般与 $\varGamma_D$ 没有多大差别，所以除了冬天的暖流上方，以及长年与冰层连在一起的水域上方，对大部分海区来说，K_H=K_M 的假设还是合适的。

为了定量考虑热力稳定度对湍动能量输送的影响，可以利用一个里查孙数的无量纲参数 Ri，此参数定义为浮力提供的能量与切应力产生的能量之比，通常用下式表示

$$Ri = \frac{g}{T_z} \frac{(\varGamma_D + \overline{\varGamma})}{(\partial \overline{u} / \partial z)^2} \tag{2.5.9}$$

这里，g 是重力加速度。

因此，在递减的情况下 Ri 是负值，在逆温时是正值，中性稳定时为零。如果 z 不超过数公尺，方程(2.5.9)可以写为：

$$Ri = \frac{g}{T_z} \frac{\partial \overline{T} / \partial z}{(\partial \overline{u} / \partial z)^2}$$

若引入有限差分

$$Ri \approx \frac{g}{\overline{T}_z} \frac{\Delta \overline{T} \Delta z}{(\Delta \overline{u})^2}$$

一般认为，$K_E = K_H = K_M$ 仅在 $0.03 < R_i < 0.01$ 时才成立。

§2.6　海洋-大气相互作用

海洋与大气相互作用是一种十分复杂的现象，主要反映在它们之间的各种物质、能量和动量的交换，以及由此产生的海洋与大气热状况与运动之间的相互影响、制约和适应的关系。海洋与大气相互作用的机制概括起来就是，当到达地球表面的太阳辐射有一半以上被海洋所吸收，在释放给大气之前，它先被海洋贮存起来，并被海流携带各处重新分布。大气一方面从海洋获得能量，改变其运动状态；另一方面又通过风场把动能传给海洋，驱动海流，使海洋热量再分配。这种热能转变为动能，再由动能转变为热能的过程，构成了复杂的海洋与大气相互作用系统——海洋大气热机(A.H.佩里，1983；冯士筰，1999；叶安乐等，1992)。

2.6.1　气候系统

气候系统的提出是气候学研究进入一个新阶段的重要标志之一。人们不仅要研究大气内部过程对气候变化的影响，同时也要考虑海洋、冰雪、地表以及生物状况对气候变化的作用，即把气候变化视为包括大气、海洋、冰雪圈、陆地表面和生物圈组成的气候系统的总体行为。上述各子系统之间的各种物理、化学以及生物过程的相互作用，决定了气候的长期平均状态以及各种时间尺度的变化。

气候系统既包括了大气和海洋等子系统内部的各种过程，如大气和海洋环流、大气中水的相变以及海洋中盐度的变化等，又更多地反映了各个子系统间的相互作用，例如海-气相互作用、陆-气相互作用、冰-海相互作用、大气-冰雪相互作用以及气候(大气)-生物相互作用等等。

大气运动及气候的状态和变化都同太阳辐射有着非常重要的关系，特别是太阳辐射为大气和海洋的运动以至生物活动提供了最基本的能源。太阳活动所引起的太阳辐射的改变也必然对地球气候及其变化发生重要影响。因此，气候系统还应包括天文因素(主要是太阳活动)在内。

气候系统是由大气圈、水圈(海洋)、冰雪圈、岩石圈和生物圈构成。这些子系统都是开放的非孤立系统。作为一个整体，我们假定全球气候系统对能量而言是非孤立系统，对外与外层空间的物质交换而言则是一个封闭系统。大气圈、水圈、冰雪圈和生物圈构成了一个由复杂物理过程联系起来的串级系统。这些物理过程包括穿越边界的能量、动量和物质输送，且生成了大量的反馈机制。

气候系统主要由两个外强迫来制约其全球行为，它们就是太阳辐射和重力作用。在外强迫中必须把太阳辐射看成是主要因子，因为它提供了驱动气候系统的几乎所有能量。到达大气顶的太阳辐射有一部分传输下来，一部分转换成最终由大气和海洋环流耗散掉的其它形式的能量，另一部分则用于化学和生物过程。在气候系统内部，能量以多种形式存在，如热能、势能、动能、化学能，以及短波太阳辐射能和长波地面辐射能。

由于地球的球形、轨道运动和地球轴的倾斜，短波辐射不均匀地分布在气候系统的不同部分。与极区相比，有更多的太阳辐射到达热带地区并被吸收。把地球作为一个整体，这一系统通过红外辐射失去的能量差不多等同于由入射太阳辐射得到的能量。热带地区有能量的净收入，自纬度 40°向极地区有能量的净亏损。这种能量的源汇分布为发生在气候系统内几乎所有的热力学过程(一般是不可逆的)，包括大气和海洋环流，提供了基本的原动力。

2.6.2　海洋在气候系统中的地位

海洋在地球气候的形成和变化中的重要作用已越来越为人们所认识，它是地球气候系统的最重要的组成部分。近年来研究结果表明，海洋-大气相互作用是气候变化问题的核心内容，对于几年到几十年时间尺度的气候变化及其预测，只有在充分了解大气和海洋的耦合作用及其动力学的基础上才能得到解决。海洋在气候系统中的重要地位是由海洋自身的性质所决定的。

地球表面约 71%为海洋所覆盖，全球海洋吸收的太阳辐射量约占进入地球大气顶的总太阳辐射量的 70%左右，其绝大部分(85%左右)被贮存在海洋表层(混合层)中。这些被贮存的能量将以潜热、长波辐射和感热交换的形式输送给大气，驱动大气的运动。因此，海洋热状况的变化以及海面蒸发的强弱都将对大气运动的能量产生重要影响，从而引起气候的变化。

海洋中存在各种尺度的运动，海洋环流在地球大气系统的能量输送和平衡中起着重要作用。由于地球大气系统中低纬度地区获得的净辐射能多于高纬度地区，要保持能量平衡，必须有能量从低纬度地区向高纬度地区输送。研究表明，全球平均有近 70%的经向能量输送是由大气完成的，还有 30%的经向能量输送要由海洋来承担。而且在不同的纬度带，大气和海洋各自输送能量的相对值也不同，在 0°~30°N 的低纬度区域，海洋输送的能量超过大气的输送。这样，对地球大气系统的热量平衡来讲，在中低纬度主要由海洋环流把低纬度的多余热量向较高纬度输送；在中纬度的 50°N 附近，因有西部边界流的输送，通过海-气间的强烈热交换，海洋把相当多的热量输送给大气，再由大气环流以特定形式将能量向更高纬度输送。

因此，如果海洋对热量的经向输送发生异常，必将对全球气候变化产生重要影响。海洋环流不仅减小了低纬大气的增热，使高纬度大气加热，降水量亦发生相应的改变，而且由于海洋环流对热量的向极地输送所引起的大气环流的变化，还使得大气对某些因素变化的敏感性降低。

此外，海洋对全球水汽循环有着重要影响。大气中的水汽含量及其变化既是气候变化的表征之一，又会对气候产生重要影响。大气中水汽量的绝大部分(86%)由海洋供给，尤其低纬度海洋，是大气中水汽的主要源地。因此，不同的海洋状况通过蒸发和凝结过程将会对气候及其变化产生影响。

同时，海洋对温室效应具有缓解作用。海洋是地球大气系统中 CO_2 的最大的汇入地，这决定了海洋对大气运动和气候变化具有不可忽视的影响，大气中 CO_2 含量增加的气候(温室)效应就因海洋的存在而被减弱。

§2.7　海洋-大气相互作用的基本特征

海洋和大气同属地球流体，它们的运动规律有相当类似之处；同时，它们又是相互联系相互影响的，尤其是海洋和大气都是气候系统的成员，大尺度海气耦合相互作用对气候的形成和变化都有重要影响。因此，现代气候研究必须考虑海洋的存在及海气相互作用。在相互制约的大气-海洋系统中，海洋主要通过向大气输送热量，尤其是提供潜热，来影响大气运动；大气主要通过风应力向海洋提供动量，改变洋流及重新分配海洋的热含量。因此可以简单地认为，在大尺度海气相互作用中，海洋对大气的作用主要是热力的，而大气对海洋的作用主要是动力的(冯士筰，1999；叶安乐等，1992)。

2.7.1 海洋对大气的热力作用

大气和海洋运动的原动力都来自太阳辐射能，但是，由于海水反射率比较小，吸收到的太阳短波辐射能较多，而且海面上空湿度一般较大，海洋上空的净长波辐射损失又不大。因此，海洋就有比较大的净辐射收入。热带地区海洋面积最大。因此热带海洋在热量贮存方面具有更重要的地位。因为热带海洋可得到最多的能量，所以在海洋上，尤其在热带海洋上，有较大的辐射平衡值。这样一来，通过热力强迫，在驱动地球大气系统的运动方面，热带海洋就成了极为重要的能量源地。

人们通过一些观测研究已经发现，海洋热状况改变对大气环流及气候的影响，有几个关键海区尤为重要。一是厄尔尼诺(El Niño)现象发生的赤道东太平洋海区；二是海温最高的赤道西太平洋“暖池”区；另外，东北太平洋海区及北大西洋海区的热状况也被分别认为对北美和欧洲的天气气候变化有着明显的影响。

海洋向大气提供的热量有潜热和感热两种，但主要是通过蒸发过程提供潜热。潜热不同于感热，它须有水汽的相变过程才能释放出潜热，对大气运动产生影响。要出现水汽相变而释放潜热，就要求水汽辐合上升而凝结，亦即必须有相应的大气环流条件。因此，海洋对大气的加热作用往往并不直接发生在最大蒸发区的上空。

大洋环流既影响海洋热含量的分布，也影响到海洋向大气的热量输送过程。低纬度海洋获得了较多的太阳辐射能，通过大洋环流可将其中一部分输送到中高纬度海洋，然后再提供给大气。因此，海洋向大气提供热量一般更具有全球尺度特征。

一般可以把由海洋向大气的潜热和感热输送分别写成

$$Q_L = LC_E(q_0 - q_a)U \tag{2.7.1}$$

$$Q_S = C_H(T_0 - T_a)U \tag{2.7.2}$$

这里，L 是蒸发(凝结)潜热，q_0 和 q_a 分别是海表面和大气中的饱和比湿，U 是距海面 10m 处的风速，T_0 和 T_a 分别是海水表面和空气的温度，而 C_E 和 C_H 是交换函数。起初人们将 C_E 和 C_H 作为经验常数给出，例如取 C_H=0.97×10^{-3}，C_E=1.1×10^{-3}。进一步的研究表明，将 C_E 和 C_H 取作常数往往带来较大的计算误差，已有研究表明它们还是离海面 10m 处风速 U_{10} 的函数。

在公式中，饱和比湿 q_0 是海表温度(SST)的函数。因此，无论海洋向大气提供感热还是潜热，都同 SST 有极为密切的关系。这样，海表水温和它的异常(SSTA)也就成为描述海洋对大气运动影响以及影响气候变化的重要物理量。热带海洋积存了较多的能量，所以热带 SST 的异常必然对大气环流和气候有更重要的影响。

2.7.2 大气对海洋的风应力强迫

大气对海洋的影响是风应力的动力作用。下面我们讨论风应力对海洋强迫的基本特征。

如前所述，大洋表层环流的显著特点之一是在北半球大洋环流为顺时针方向；在南半球，则为逆时针方向，南北半球太平洋环流的反向特征极其清楚；另一个重要特征是西向强化，最典型的是西北太平洋和北大西洋的西部海域，那里流线密集，流速较大，而大洋的其余部分海区，流线较疏，流速较小。上述大洋环流的主要特征，与风应力强迫有密切关系。

用整体参数化方法，可以把海面风应力表示成

$$\tau_0 = \rho C_D |V| \cdot V \tag{2.7.3}$$

其中，ρ 为空气密度，C_D 为拖曳系数，V 是 10m 高处的风向量。海洋表面典型的拖曳系数 C_D=0.001 3，这只适应于中性条件。在强风条件下，该值应加以修正。

利用覆盖全球大洋的历史船舶资料，由方程(2.7.3)已经计算出了全球大洋表面风应力。其在海洋上的分布酷似表面风的分布，但在北大西洋、西北太平洋以及南半球中高纬度的西风带上更强一些。风应力在冬半球上最强，尤其是中纬度。然而，风应力的最大季节变化却是在靠近索马里海岸的印度洋上。事实上，夏季风期间该处的风应力值是全球最大的。

风应力的全球分布，与大洋表层环流的基本特征有很好的相关性。至于西向强化，科氏力随纬度的变化是其根本原因，也可认为是 β-效应在海流中的表现。因为风应力使海水产生涡度，一般它可以由摩擦力来抵消。当科氏参数 f 随纬度变化时，在大洋的西边就需要有较强的摩擦力以抵消那里的涡度。然而，产生较强的摩擦力的前提，就是那里要有较大的流速。

2.7.3 海洋混合层

无论从海气相互作用来讲，还是就海洋动力过程而言，海洋上混合层(UML，简称海洋混合层)都是十分重要的。因为海气相互作用正是通过大气和海洋混合层间热量、动量和质量的直接交换而奏效的。对于长期天气和气候的变化问题，都需要知道大气底部边界的情况，尤其是海面温度及海表热量平衡，这就需要知道海洋混合层的情况。海洋混合层的辐合、辐散过程通过 Ekman 抽吸效应会影响深层海洋环流；而深层海洋对大气运动(气候)的影响，又要通过改变混合层的状况来实现；另外，太阳辐射能也是通过影响混合层而成为驱动整个海洋运动的重要原动力。因此，对于气候和大尺度大气环流变化来讲，海洋混合层是十分重要的。在研究海气相互作用及设计海气耦合模式的时候都必须考虑海洋混合层，有时，为简单起见，甚至可以用海洋混合层代表整层海洋的作用，于是就把这样的模式简称为“混合层”模式。

§2.8 ENSO 及其对大气环流的影响

2.8.1 ENSO 事件

ENSO 是厄尔尼诺(El Niño)和南方涛动(Southern Oscillation)的合称。历史上厄尔尼诺一直是指每年圣诞节前后(厄尔尼诺西班牙语为圣婴)，沿厄瓜多尔和秘鲁沿岸，出现一弱的暖洋流，它代替了通常对应的冷水，近年来厄尔尼诺的名称已倾向于用来指一种更大尺度的海洋异常现象，它不是每年而是 3~7 年发生一次。厄尔尼诺现象发生时，整个赤道东太平洋表现出振幅达几摄氏度的增暖。另外，与赤道海表水温的这种变化相联系，海洋和

大气环流也发生很大的异常。

南方涛动(SO)，用以描述热带东太平洋地区与热带印度洋地区气压场反相变化的跷跷板现象。若干以东西向气压差所定义的南方涛动指数(SOI)，除因所取代表站不同略有差异外，本质上并无不同。通常使用达尔文岛与塔希提(Tahiti)岛之间的气压差表示 SOI。南方涛动影响到全球海洋和大气状况。

许多研究表明，赤道东太平洋海表水温异常事件(厄尔尼诺)同南方涛动指数(SOI)之间有非常好的相关关系。当赤道东太平洋表层水温(SST)出现正(负)距平时，南方涛动指数往往是负(正)值。南方涛动指数 SOI 与赤道东太平洋 SST 异常的时间演变，两者具有非常显著的反相关关系。

通过分析 SST 与 SOI 的关系，人们发现了许多同南方涛动有关的异常现象。如在高 SOI 期，赤道东太平洋和秘鲁沿岸的 SST 相对偏低，热带主要降水区位于印度尼西亚地区，沿赤道的 Walker 环流较强，经向 Hadley 环流偏弱，东南信风较强。相反，在低 SOI 期，东南信风较弱，赤道中太平洋有最强降水中心，Hadley 环流加强，而 Wlaker 环流减弱，赤道东太平洋 SST 增高甚至出现厄尔尼诺事件。人们把负 SOI 同赤道东太平洋暖水事件即厄尔尼诺视为一种海洋-大气耦合系统的两方面表现。因而，通常用 ENSO 来表示大尺度海洋-大气耦合系统的异常现象。

ENSO 既包含有高 SOI 和低 SOI 的特征，又包括赤道东太平洋的暖水事件厄尔尼诺(El Niño)和冷水事件拉尼娜(La Niña)，而这些现象和事件又都有 3~7 年的准周期性。因此，近来人们又将 ENSO 叫作 ENSO 循环，即暖状态(包括厄尔尼诺和低 SOI 特征)和冷状态(包括拉尼娜和高 SOI)的循环。

2.8.2　ENSO 对大气环流的影响

众多研究表明，ENSO 对大气环流以及全球许多地方的天气气候异常有着重要的影响。ENSO 期间，赤道东太平洋持续升温，对热带大气环流的影响最为直接。而热带大气环流的异常变化，也必牵动全球大气环流，因而会在全球范围内引起一系列的大气气候异常。

在正常情况下，赤道大气中存在一个东西向的沃克(Walker)环流，这是叠加在纬向平均哈得莱环流上的重要东西向环流，可见在印度尼西亚群岛附近海面暖水上空，有一个强而宽的上升运动区，而在赤道东太平洋冷水区上空，则为强烈的下沉运动；在赤道东部非洲和亚马孙流域，还有另外两个上升运动区，与之相联的下沉运动则分别位于略微较冷的西印度洋和赤道东大西洋的冷水上空。

在 ENSO 期间，中、东赤道太平洋的海水增暖，西部海水略微变冷。对流在中、东太平洋上加强而在印度尼西亚地区减弱。在反 ENSO 期间，中、东太平洋的海水比正常偏冷，这些区域的对流也减弱，而印度尼西亚地区的对流增强。所谓的正常状态代表 ENSO 和反 ENSO 事件的平均，但却更像弱的反 ENSO 状态。

在厄尔尼诺现象发生的情况下，主要增暖区的西边，也就是在日界线附近及其西面地区将有异常积云对流的强烈发展，因此在厄尔尼诺期间主要降水区由印度尼西亚地区东移到日界线附近。同时，Walker 环流也出现了明显的异常，其上升支由印度尼西亚地区东移到了日界线附近。

由于赤道东太平洋 SST 异常(厄尔尼诺现象)，大气中的 Hadley 环流将会增强，或者说，厄尔尼诺现象会导致 Hadley 环流明显增强。如此同时，赤道辐合带(ITCZ)的位置也将发生变化，例如厄尔尼诺期间赤道辐合带有明显向东推移的趋势，这必将影响西太平洋台风活动。

ENSO 对西太平洋副热带高压的活动也有明显的影响，包括对副高位置和强度的影响。首先，同厄尔尼诺年赤道辐合带位置偏南相匹配，西太平洋副高的位置在厄尔尼诺年一般也偏南。而在拉尼娜年西太平洋副高脊线位置较常年偏北。

§2.9　海洋运动基本方程

2.9.1　海水的运动方程和静力学方程

在海洋中作用在流体微元上的力主要是，压强梯度力、重力、摩擦力和地转偏向力(叶安乐等，1992；周静亚等，1994；冯士筰，1999；J.P.Peixoto，A.H.Oort，1995)。

对于单位质量的海水，相对于地球的加速度与所受力的关系有如下关系：

加速度=压强梯度力+科氏力+重力+摩擦力

海水运动方程可以写为：

$$\frac{\mathrm{d}\vec{V}}{\mathrm{d}t}=-\frac{1}{\rho}\nabla p-2\vec{\omega}\times\vec{V}+\vec{g}+\vec{F} \tag{2.9.1}$$

$$\frac{\mathrm{d}u}{\mathrm{d}t}=-\frac{1}{\rho}\frac{\partial p}{\partial x}+fv+F_x \tag{2.9.2}$$

$$\frac{\mathrm{d}v}{\mathrm{d}t}=-\frac{1}{\rho}\frac{\partial p}{\partial y}+fu+F_y \tag{2.9.3}$$

$$\frac{\mathrm{d}w}{\mathrm{d}t}=-\frac{1}{\rho}\frac{\partial p}{\partial z}-g+F_z \tag{2.9.4}$$

式中，$f=2\omega\sin\varphi$，为科氏参数。ω 是地球自转角速度，其值为 7.29×10^{-5}/s，φ 为地理纬度。

海水的密度 ρ 是压强 p、温度 T 和盐度 s 的函数即 $\rho=\rho(p,T,s)$，这种状态方程没有简单的解析形式，而可用各种经验近似函数来推算。

海洋也满足静力平衡关系，当在垂直方向上没有摩擦力和垂直加速度时：

$$\frac{1}{\rho}\frac{\partial p}{\partial z}=-g \tag{2.9.5}$$

流体静力学方程可以用于简化压强梯度力。首先考虑密度为常数的流体，如果该流体的表面是水平的，那么就没有水平压强梯度力；如果这流体的表面是倾斜的，则存在一个水平压强梯度力。如果考虑一个两层流体，上表面是水平的，但两层间界面是倾斜的，则底层的压强梯度力为：

$$\begin{aligned}\frac{1}{\rho}\frac{\partial p}{\partial x}=\frac{1}{\rho_2}\frac{p_b-p_a}{\Delta x}&=\frac{1}{\rho_2\Delta x}[(\rho_1 gz_1+\rho_2 g\Delta z+\rho_2 gz_2)]\\-(\rho_1 gz_1+\rho_1 g\Delta z+\rho_2 z_2)&=g\frac{(\rho_2-\rho_1)}{\rho_2}\frac{\Delta z}{\Delta x}=g\frac{(\rho_2-\rho_1)}{\rho_2}i_2\end{aligned} \tag{2.9.6}$$

此处 i_2 是界面的斜率。

如果海面具有一个坡度，那么底层的水平压强梯度力为：

$$\frac{1}{\rho_2}\frac{\partial p_2}{\partial x}=g\frac{(\rho_2-\rho_1)}{\rho_2}i_2+\frac{1}{\rho_1}\frac{\partial p_1}{\partial x} \tag{2.9.7}$$

依次类推可得出任何一层(n)的水平压强梯度力与它上一层压强梯度力之间的关系为：

$$\frac{1}{\rho_n}\frac{\partial p_n}{\partial x}=g(\frac{\rho_n-\rho_{n-1}}{\rho_n})i_n+\frac{1}{\rho_{n-1}}\frac{\partial p_{n-1}}{\partial x} \tag{2.9.8}$$

2.9.2　地转流

密度均匀海洋中的地转流：假设海水的密度是均匀的，海面风应力与其他的摩擦力很小，可以忽略不计。当海洋中等压面相对于水平面发生倾斜时，海水质点受的压强梯度力的垂直分量与重力平衡，水平压强梯度力促使海水发生运动。同时科氏力也发生作用，使海水的运动方向不断偏转，当水平压强梯度力与科氏力达到完全平衡时，海流就成为没有加速度的稳定的水平运动。这时运动方程为：

$$-\frac{1}{\rho}\frac{\partial p}{\partial x}+fv=0 \tag{2.9.9}$$

$$-\frac{1}{\rho}\frac{\partial p}{\partial y}-fu=0 \tag{2.9.10}$$

这种在水平面上，压强梯度力与科氏力达到平衡时没有加速度的水平运动就称为地转流。地转流的规律是：在北半球，海流是偏向于压强梯度力的右方 90°，平行于等压面流动。也就是说，面向海流的流动去向，高压区在右，低压区在左。等压面倾斜的坡度愈大，海流就愈强。南半球相反，面向海流去向，左侧为高压区，右侧入低压区。

密度不均匀海洋中的地转流：在地转流中，等压面的倾斜也可以因海水密度在水平方向的不均匀分布而引起。在两个等压面之间垂直距离的量值为 $\Delta H=-\Delta p/\rho g$。海水密度小的地方，等压面之间的垂直距离大；密度大的地方，等压面之间的垂直距离小。海水的密度是海水温度、盐度和海水所在深度压力的函数。在海洋中各处的温度．盐度和压力不尽相同，海水密度的分布也就不均匀。在密度大的地方，体积缩小，海面下降，而在密度小的地方，海面会升高。于是，海面就形成倾斜面，产生相应的压强梯度力。当压强梯度力与科氏力平衡时就形就成地转流。这就称为密度流。

两层均匀海水中的地转流：大洋是连续成层的，但在许多情况下，可以把大洋看作由两层或多层海水组成，每层海水都有相同的密度。

设两层海水之间密度不连续界面的倾角为α，与气象学中求大气锋面的倾角类似，可以得出如下关系：

$$\tan\alpha=\frac{f}{g}\cdot\frac{\rho_2 v_2-\rho_1 v_1}{\rho_2-\rho_1} \tag{2.9.11}$$

它表明密度不连续面的倾角与流速之间的关系。也可写成：

$$\tan\alpha=\frac{\rho_2\tan\beta_2-\rho_1\tan\beta_1}{\rho_2-\rho_1} \tag{2.9.12}$$

这是表示界面倾角与等压面倾角(β_1，β_2)之间的关系。

在海洋中真正的不连续界面并不存在，两类海水的转变常常是发生在一个很薄的水层内，一般把这个很薄的水层近似地看成边界面。如果边界面延伸到海面上，则在海面上就出现通常所说的海洋锋带，如北太平洋的黑潮与亲潮海水之间的锋带；北大西洋的湾流和拉布拉多寒流之间的锋带；以及环绕南极大陆的南极锋等。

对于大洋深层，由于温度和盐度分布十分均匀，密度的分布主要由压强决定，即 $\rho=\rho(P)$，在这种情况下，不管有无海流存在，等压面和等密度面总是平行的，也就是正压的状态。

2.9.3 风海流

当风吹过海面，由于风的作用使海水表面受到的切应力即为风应力。风应力将引起表层水的流动。由于水有黏滞性，通过分子运动和湍流运动将动量向下传递，使下层海水也发生运动。一旦风应力撤去之后，海水运动也要慢下来。最后水的黏滞作用将动能逐减转换为热能时，水的宏观运动将停止。这种只由于风应力的作用而产生的海水流动，就是所谓的风生海流，也叫做风海流或风漂流。

埃克曼漂流：假设海水密度分布是均匀的；在无限宽广和无限深的海洋上(不考虑海岸和海底的摩擦作用)，风速和风向处处相同，且不随时间变化。这样在海洋中不存在水的堆积，海面不会倾斜。只考虑垂直湍流黏滞系数所引起的水平摩擦力，且 A_z(垂直动力学湍流黏滞系数)为常数；不考虑科氏力随纬度的变化。

在这样的假定下，不存在海水中水平压强梯度力，海水质点只受到风应力引起的湍流摩擦力和科氏力的作用，当海流达到稳定时，运动方程式为：

$$\frac{1}{\rho}\frac{\partial \tau_x}{\partial z}+fv=0 \tag{2.9.13}$$

$$\frac{1}{\rho}\frac{\partial \tau_y}{\partial z}-fu=0 \tag{2.9.14}$$

或

$$K_z\frac{\partial^2 u}{\partial z^2}+fv=0 \tag{2.9.15}$$

$$K_z\frac{\partial^2 v}{\partial z^2}-fu=0 \tag{2.9.16}$$

联立式(2.9.13)和式(2.9.14)，式(2.9.15)和式(2.9.16)得漂流的流速表达式为：

$$u=\frac{\tau' H}{\sqrt{2}K_z}e^{\frac{z}{H}}\sin\left(\frac{z}{H}+\frac{\pi}{4}\right) \tag{2.9.17}$$

$$v=-\frac{\tau' H}{\sqrt{2}K_z}e^{\frac{z}{H}}\cos\left(\frac{z}{H}+\frac{\pi}{4}\right) \tag{2.9.18}$$

式中，$\tau'=\tau/\rho$，τ 为风应力，并已设风是沿 x 轴方向。$H=(2K_z/f)^{1/2}$，$f=2w\sin\phi$为科氏参数，K_z为垂直湍流黏滞系数。

风海流的质量运输：由于埃克曼漂流的最大流速发生在海面，且流速随深度的增加而减小，流向向右偏转。因此可以判断出海水的净输送量，也是偏向于风的右方(北半球)。

沿 x, y 方向，通过单位宽度的截面，从海面到无限深海的质量运输为：

$$M_x = \int_{-\infty}^{\tau} \rho u \, \mathrm{d}z = \frac{\rho \tau' H}{\sqrt{2K_z}} \int_{-\infty}^{0} e^{z/H} \sin(\frac{z}{H} + \frac{\pi}{4}) \, \mathrm{d}z = 0 \tag{2.9.19}$$

$$M_y = \int_{-\infty}^{\tau} \rho v \, \mathrm{d}z = \frac{\rho \tau' H}{\sqrt{2K_z}} \int_{-\infty}^{0} e^{z/H} \cos(\frac{z}{H} + \frac{\pi}{4}) \, \mathrm{d}z = -\frac{\tau H^2}{2K_z} \tag{2.9.20}$$

因为 M_x=0，所以，在北半球，埃克曼漂流的质量输送方向与风向垂直，并指向风向的右方。

同样，在浅海，漂流的质量输送也是在风向之右，但小于 90°，M_x、M_y 皆不为零。

涌升流： 由于海洋不是无界的，风场也不是均匀的，在大洋中纯漂流是不存在的。在海岸附近或风系之间，可以引起表层海水的辐聚和辐散。海水一般可以考虑是不可压缩的，海水的连续方程为：

$$\frac{\partial u}{\partial x} + \frac{\partial v}{\partial y} + \frac{\partial w}{\partial z} = 0 \tag{2.9.21}$$

海洋表面的风应力，可以引起表层水的辐聚和辐散，从而引起海水的上升运动和下降运动。

在大洋沿岸，如果风平行于海岸吹送，且海岸位于风向的左方(北半球)，如图 2.4(a)，则风使表层水或是埃克层中的水向右方移动，也就是离岸移动，这时风的左侧不能有表层水来补充，海水的连续性使得表层以下的海水上升，以补偿流走的海水。这种现象称为涌升，这种上升运动称为上升流或涌升流。因此最大的涌升流是在风平行于海岸时发生的，而不是在风离岸时发生的。在大洋东岸，北半球为东北信风，南半球为东南信风，都是沿着海岸向赤道吹动。漂流把海岸附近的海水带离海岸，在沿岸形成一个海水上升区。

涌升流的深度一般不超过 200~300 m，上升速度非常缓慢，但作用却非常重要，它把含营养盐丰富的次表层水带至海面为海洋生物的生长和繁殖提供了必要条件，所以，世界上涌升流区总是生物量最富饶的区域。

在海岸附近，由于表层海水离岸输送，使海面发生向岸下倾的坡度。在压强梯度力水平分量的作用下，又形成一支沿着海岸的地转流。

在赤道区，还有另一种涌升流的表现。在大西洋和太平洋的赤道区东部，在那里，东南信风所起的埃克曼漂流，在北半球指向北方，在南半球则指向南方。如图 2.4(b)，这就使得赤道附近的表层水向两极方向输送。从下面涌升上来的冷水沿赤道不断地对表层进行补充而形成一带表面水温较低的冷水区。

(a)　　(b)

图 2.4　海洋中的涌升流

在开阔的大洋中部，由于风场的不均匀分布和不断变化，风应力也能引起表层水的辐散或辐聚。在北半球有气旋式风场的区域，由风海流的作用产生表层流辐散，并引起涌升流。例如飓风就可能产生涌升流。飓风过后，已经实际观测到较冷的表层水。这可能一部分是与飓风引起的表层水强烈混合有关。而埃克曼输送所引起的辐散和涌升流也起到某种作用。在反气旋区如信风流和盛行西风流之间，质量的输送把海水向两者之间堆积，形成辐热带辐聚带，产生下降流，同时，海面凸起，又在水平方向生成一支地转流叠加在风海流之上。

热盐环流：由于决定海水流动的因子还有海水密度的分布，而海水密度又取决于温度和盐度，所以常把主要风生流下面的环流叫做热盐环流。在极地区域的冷水具有较高的密度，下沉得最深；低纬度区为低密度暖水，只能下沉到中等深度。在大洋深处底层水的形成，如南极底层水和挪威海溢流，又与冰的形成有关。如前所述，海水温度降至冰点，其密度比还未冷却的海水密度要大一些。结冰过程使得未结冰的相邻海水盐度增大，这又进一步增大了海水的密度。南极底层水就是这种低温(约-1.9℃)高盐(34.6 ‰)的海水。南极底层水、挪威海溢流和地中海海水等都是深海水团和半深海水团。这类水团的温盐特征是由它们发生源地的表层状况，及其开始下沉时与周围海水的混合状况所决定的。温度、盐度都有保守性，因为在大洋内部没有特别重要的影响热量和盐分变化的因素。表层盐度取决于蒸发和降水的平衡状况，上层小于 100 m 深的海水温度取决于表层海水的热量平衡，一旦水团离开了表层，其温盐度便趋于保守，只有当它与不同温盐特性的海水混合时才会发生变化，唯一重要的因子是来自地球内部的热流。这种热流比较少，但它在改变近底层水的温度特性上，都起着重要作用。

实际上，并非最冷的海水密度就是最大的。密度最大的海水是在地中海和红海。虽然这里的海水温度约为 13℃。但是这里的蒸发量比较大，形成高盐度(38.0 ‰)高密度的海水。这种高温高盐的海水通过直布罗陀海峡流向大西洋时，就开始下沉。在下沉过程中，又与北大西洋东部低温低盐低密度的海水相混合。混合到达平衡的深度大约是 1 100 m。同时高盐海水的核心区也开始横贯北大西洋而发生扩散。

第三章　水汽输送的大气物理过程

大气中水汽输送和收支的研究是全球水循环和大气环流的重要问题之一。它不仅与大气环流系统和天气系统中的水汽的输送和交换数量有关，而且更重要的是它与大气中的热能释放和吸收有关。水自海洋和陆地蒸发，进入大气圈，借助大气环流从海洋输送到大陆，从低纬度输送到高纬度；伴随这个过程，产生不同尺度的低涡、气旋和反气旋等环流系统，从而引起的水汽的辐散、辐合，进一步导致气流上升(或下沉)，使水汽产生相变、成云致雨、释放潜热。于是在海陆之间、高低纬度之间，以及大气的低层与高层之间产生热量交换和能量交换，反馈大气，维持大气运动或激发环流变异。这种永不停息的过程始终调整着大气中水汽的时空分布。从该理论出发，水汽输送和聚散与大气环流密切相关(伊兰等，1997)。

Peixoto 和 Oort 把能表征气候状态的水圈清晰地划分为大气水圈和陆地水圈两个分支，并且强调指出，对大气中各种水汽运动场，即水循环的大气分支的研究有助于提高对全球水循环的认识，是了解大气环流动力学和地气系统能量的一个重要方面，对水循环大气分支的透彻了解更是研究陆地分支及地气系统水循环或水平衡的基础(Peixoto，Oort，1995)。

研究结果表明，东亚季风区夏季水汽输送经向输送要大于纬向输送，而印度季风区夏季水汽输送以纬向输送为主。哈德来环流对水汽从副热带向赤道输送和从冬半球向夏半球的输送中起着决定性作用，热带行星波则把水汽从热带输向副热带，在中高纬度的水汽向极地输送中，天气尺度的波动比行星尺度的波动更重要，副热带干旱受到哈德来环流和热带行星波异常的强烈影响(刘国纬，1997；王守荣等，2003)。

§ 3.1　大气中的水汽含量

大气水是指以水汽、水滴和冰晶形式存在于大气中的水。全球大气水汽总量为 12.9×10^4 km^3，如果将它散布在整个地球表面，则相当于 25 mm 水深的降水量。大气水的含量不是常数，一般低纬度的大气水的含量大于中高纬度。在纬度 70°，平均大气水汽含量为 0.3%；在纬度 50°为 0.9%；在赤道为 2.6%。水汽密度随高度而显著变化，大约 90%的水汽含量集中在地面以上 0~5 km 的大气层中。在不同干湿地区的上空，气流所携带的水汽含量的变化并不明显。大气水是降水量的来源。在平均的情况下，全球每天约有 12%的大气水降落在陆地或海洋上面。全球所有大气水分被置换的平均时间约为 8.1 天。

3.1.1　大气湿度参量

大气湿度参量用来表示大气中的水汽含量的多少。针对不同的目的和需要，湿度可以有不同的表示方法。下面介绍几种主要的大气湿度参量。

水汽压(e)：大气中水汽所产生的压力称为水汽压，单位为 hPa。水汽压间接反应大气中水汽的含量，大气中水汽含量多时，水汽压大；反之，水汽压小。

饱和水汽压(E)：在一定温度条件下，当空气中的水汽含量达到饱和状态时，该空气称为饱和空气。饱和空气中的水汽压力叫做饱和水汽压，单位为 hPa。饱和水汽压通常采用经验公式计算：

$$E_w = E_0 \cdot 10^{\frac{7.45t}{235+t}} \tag{3.1.1}$$

$$E_i = E_0 \cdot 10^{\frac{9.5t}{265+t}} \tag{3.1.2}$$

式中：E_w 和 E_i 是清洁水面的饱和水汽压；E_0 是温度为 0℃时的饱和水汽压；t 为摄氏度。

饱和湿度(a):单位体积湿空气中含有的水汽质量称为水汽密度,单位为 $g \cdot cm^{-3}$ 或 $g \cdot m^{-3}$。绝对湿度表征了空气中水汽的绝对含量，空气中水汽含量越多，绝对湿度越大。绝对湿度不能直接测量，一般情况下通过其他湿度参量间接计算：

$$a = 289\frac{e}{T} \tag{3.1.3}$$

在饱和湿空气情况下，则有绝对湿度

$$a_s = 289\frac{E}{T} \tag{3.1.4}$$

相对湿度(f)：空气中实际水汽压 e 与饱和水汽压 E 之比值称为相对湿度，即

$$f = \frac{e}{E} \times 100\% \tag{3.1.5}$$

相对湿度的大小间接表示了空气距离饱和的程度。

饱和差(d)：在某一温度下，空气的饱和水汽压与实际水汽压之差称为饱和差，即

$$d = E - e \tag{3.1.6}$$

饱和差直接表示了实际空气距离饱和的程度，与蒸发能力密切相关，所以是蒸发计算中常用的湿度参量。

露点(t_d)：当空气中水汽含量不变且气压一定时，若气温不断降低则空气将逐渐接近饱和，当气温降低致使空气刚好达到饱和时的温度称为露点温度，简称露点。根据其定义，实际空气的水汽压 $e(t)$等于其露点温度时的饱和水汽压 $E(t_d)$，即

$$e(t) = E(t_d) \tag{3.1.7}$$

在气压一定时，露点的温度只与空气中的水汽含量有关，水气含量越多，露点温度越高，所以可以用露点温度表示空气的湿度。空气实际温度和露点温度之差($t-t_d$)称为露点温度差。露点温度差也是描述空气距离饱和的程度的参量，可以根据其大小来表示相对湿度的大小。

比湿(q)：在一定体积的湿空气中，水汽的质量与该体积空气总质量之比称为比湿。设 m_w 为水汽质量，m_d 为干空气质量，ρ_w 和 ρ_d 分别为湿空气和干空气的密度，则有

$$q = \frac{m_w}{m_w + m_d} \tag{3.1.8}$$

$$q = \frac{\rho_w}{\rho_w + \rho_d} \tag{3.1.9}$$

如果利用湿空气的状态方程，可推导出比湿的计算公式

$$q = 622\frac{e}{P(1 - 0.378\frac{e}{p})}\ (\text{g/kg}) \tag{3.1.10}$$

$$q = 0.622\frac{e}{P(1-0.378\frac{e}{p})}\ (\mathrm{g/g}) \tag{3.1.11}$$

在一般情况下，$e \ll P$，

$$1-0.378\frac{e}{p} \doteq 1.0$$

因此近似有

$$q = 622\frac{e}{p}\ (\mathrm{g/kg}) \tag{3.1.12}$$

$$q = 0.622\frac{e}{p}\ (\mathrm{g/g}) \tag{3.1.13}$$

在实际计算中，水汽压 e 可以根据露点温度 T_d(K)并应用水面饱和水汽压公式进行计算，计算公式为

$$e = E(T_d) = E_0(\frac{T_0}{T_d})^{\frac{C_L}{R_w}} \cdot \exp[\frac{(L_0 + C_L T_0)}{R_w T_0}\frac{(T_d - T_0)}{T_d}] \tag{3.1.14}$$

或者利用其近似公式

$$e = 6.11 \times 10^{\frac{7.45}{235+T_d}} \tag{3.1.15}$$

式中，E_0 为水在 0℃时的饱和水汽压；L_0 为水在 0℃时的蒸发潜热或水汽的凝结潜热；C_L 为水汽潜热随温度的变化率；R_w 为水汽的比气体常数；T_0 为 0℃时的绝对温度；$T_d=T_0+t_d$ 为绝对露点温度。

根据式(3.1.10)~式(3.1.15)得，只要知道大气中任一位置的气压和露点，即可方便地计算该处的比湿。

上述介绍的大气湿度参量，可通过下式进行相互转换。

$$f = \frac{e}{E}\times 100\% = \frac{a}{a_s}\times 100\% = \frac{q}{q_s}\times 100\% \tag{3.1.16}$$

3.1.2　大气中的水汽含量

联合国教科文组织根据国际水文计划(IHP)的成果，公布了全球上空大气水汽含量的分布。从中我们可以了解到南美洲上空的水汽含量最丰富，折合水深 29.5 mm，非洲次之，为 28.7 mm。南极洲由于全年气温低，平均水汽含量为全球最少，仅 1.5 mm。就各大洋而言，以太平洋上空水汽含量最为丰沛，其次为印度洋和大西洋，北冰洋上空水汽含量最少。

热力条件是影响水汽地理分布的首要因素，一般而言，气温越高，则大气从地面获得的水汽越多。夏季和低纬度地区(热带沙漠地区除外)，大气中水汽含量较多，而冬季及高纬度地区水汽含量较少。实际上，水汽含量的地理分布受到综合因素的影响，如纬度、海陆分布、大气环流、洋流和大地形屏蔽以及海拔高度等，其分布形式较复杂。

在研究中水汽含量的表示方法是利用任一单位面积大气柱中所含的水汽质量，或称为

可降水量，单位为 g/cm^{-2}或 mm。它表示如果气柱内的水汽全部凝结降落后，在气柱底部所形成的水层深度。

在气柱内任意截取一段 dz，其中所含水汽含量为 $dw=\rho_w dz$，由流体静力学方程 $dp=-\rho g dz$，以及公式 $q=\rho_w/\rho$，则可得到自地面(气柱底部)至任一高度 z 的气柱内水汽含量 W 为

$$W = g^{-1}\int_{p_z}^{p_s} q\,\mathrm{d}p \tag{3.1.17}$$

式中，p_s 为地面气压，p_z 为 z 高度处的气压。当取比湿 q 的单位为 g/kg^{-1}，当重力加速度的单位为 cm/s^{-2} 时，式(3.1.1)可以写成

$$W = 0.01\int_{p_z}^{p_s} q\,\mathrm{d}p \tag{3.1.18}$$

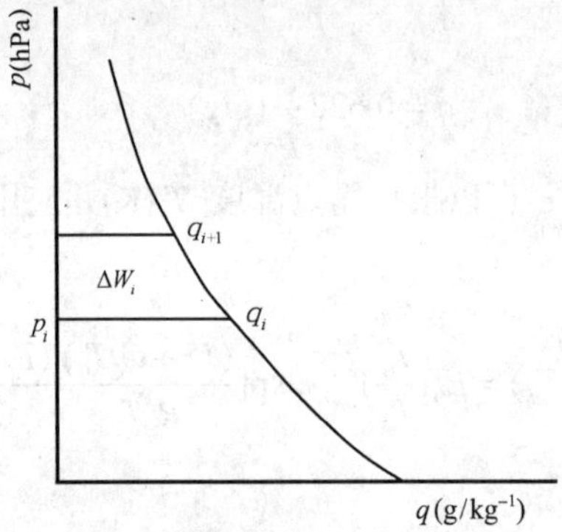

图 3.1　气柱水汽含量计算

实际应用时采用式(3.1.18)的差分形式，如图 3.1，计算层一般取地面、850 hPa、700 hPa、400 hPa 等高度。在实际的大气层中，水汽含量是随时间而变化的，以 $W(t)$表示某气柱在任一时刻 t 的水汽含量，则该气柱在时段 $\Delta t=t_2-t_1$ 的平均水汽含量 $\bar{W}$ 为

$$\bar{W} = \frac{1}{t_2 - t_1}\int_{t_1}^{t_2} W(t)\,\mathrm{d}t \tag{3.1.19}$$

当 Δt 分别取为月、年或 n 年时，$\bar{W}$ 分别称为月平均水汽含量、年平均水汽含量和多年平均水汽含量。

§ 3.2　大气中的水汽输送

水分循环的一个重要因素是大气的水汽输送。由于大气的运动，把大气中的水分由一个地区输送到另一个地区。大气中的水分包括两部分，即水汽和飘浮在大气中的云雾。因此，大气的水汽输送也应是由大气对水汽的输送和对液固态水分的输送这两部分所组成。特别对大陆来说，水汽输送是形成降雨的必要条件。

一个区域中任何一次大的持续性降水过程，不仅取决于本区域大气水分含量，而且要求有源源不断的水汽供应，包括平流输送和垂直向上输送。平流输送由水平风场和湿度场的相互配置所决定。在气流强、湿度梯度大以及气流与湿度梯度平行的地方，水汽平流输送最强，影响我国降水的水汽主要来自孟加拉湾、南海或西太平洋的偏南或西南气流。水汽的垂直输送，决定于垂直运动的分布。大气中的水汽总是由下向上递减的。在上升运动区水汽垂直向上输送，水汽总是增加的，而在气流下沉运动区，水汽总是减少的。在大气

垂直输送，使平流来的水汽在垂直方向上再分配。在大的降水过程中，随着垂直运动的发展，垂直运动往往大增，远远超过平流输送水平。

3.2.1　大气水分输送

所谓大气的水分输送是指在某一时间长度内，由于大气的运动，流经某一垂直于地面的剖面的水分，其方向能表示水分的来源。大气水分输送量 $P=P_W+P_C$，这里 P_W 为水汽输送量，P_C 为大气中液固态水(云雾)输送量。

现在先研究水汽输送量 P_W。取一个垂直于地面及风速矢量 V_1 的剖面，其截面为 $ABCD$(图 3.2)，其高为 Δz，底边长为 Δl。设空气在 Δt 时间内由 $ABCD$ 流到 $A'B'C'D'$，其间的体积为 $|V_1|\Delta t\Delta l\Delta z$，如果 ρ_1 为空气中的水汽密度(绝对湿度)，则此体积中所含的水汽量为：

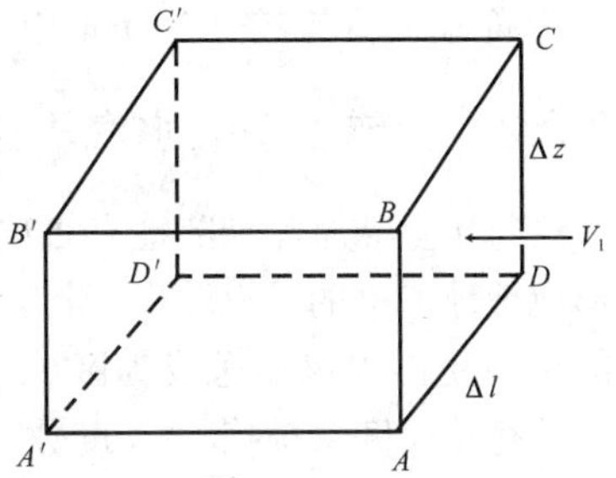

图 3.2　Δt 时间内垂直于风速和地面的剖面水汽输送量

$$P_W = \rho_1 |V_1| \Delta t \Delta l \Delta z \tag{3.2.1}$$

式(3.2.1)是 Δt 时间内通过边长为 Δl，高为 Δz 剖面上的水汽输送量。如果垂直剖面的边长为 l，高为 z，经过时间长度为 t 的水汽输送量 P_W，可积分式(3.2.1)求得，则

$$P_W = \int_0^t \int_0^z \int_0^l \rho_1 |V_1| \mathrm{d}t\,\mathrm{d}l\,\mathrm{d}z \tag{3.2.2}$$

式中，$|V_1|$为垂直于边界的风速，水汽输送方向与风的方向一致。

考虑到气象上的习惯用法和资料情况，可将上式的高度坐标换成气压坐标，绝对湿度换为比湿(q)。应用静力方程

$$\mathrm{d}z = -\frac{\mathrm{d}p}{\rho g} \text{ 和 } q - m_W/(m_d + m_W) = \rho_1/\rho$$

可得

$$\rho_1 \mathrm{d}z = -\frac{q}{g}\mathrm{d}p \tag{3.2.3}$$

代入式(3.2.2)，其绝对值为

$$P_W = \frac{1}{g}\int_0^t \int_0^{p_0} \int_0^l q|V_1| \mathrm{d}t\,\mathrm{d}l\,\mathrm{d}p \tag{3.2.4}$$

式中，g 为重力加速度；q 为空气比湿；p_0 为地面气压。

如果风不与剖面垂直，计算时可将风分解为二个分量，一个垂直于边界，另一个平行于边界。由于风速及比湿随高度分布不均匀，计算时可将其分为若干层，而后求其总和。

关于大气中云(液固态水)的输送量 P_C 的推导，和 P_W 的推导一样，这里就不重复，其表达式如下

$$P_C = \int_0^t \int_{z_1}^{z_2} \int_0^l \rho_2 |V_2| \mathrm{d}t\,\mathrm{d}l\,\mathrm{d}z \tag{3.2.5}$$

式中，ρ_2 是云的密度，即单位体积中云的含水量；$|V_2|$为垂直于剖面云的移速，l 为剖面的边长；z_1 为云底高度；z_2 为云顶高度；t 为云输送的时间。输送方向与云的移向一致。

边长；z_1为云底高度；z_2为云顶高度；t为云输送的时间。输送方向与云的移向一致。

大气中水分输送量P可用下式表达

$$P=\frac{1}{g}\int_0^t\int_0^{P_0}\int_0^l q|V_1|\,\mathrm{d}t\,\mathrm{d}l\,\mathrm{d}p+\int_0^t\int_{z_1}^{z_2}\int_0^l \rho_2|V_2|\,\mathrm{d}t\,\mathrm{d}l\,\mathrm{d}z \tag{3.2.6}$$

式中符号说明与式(3.2.4)和式(3.2.5)相同。

3.2.2 全球上空的水汽输送概况

每年全球海洋和陆地有 $57.7\times10^4\,\mathrm{km}^3$ 的水通过蒸发进入大气中，在大气环流的背景下形成地球上空的水汽输送。全球大气水更新 1 次只需 8 天，即 1 年可更新 45 次。如此频繁的更新使得水汽输送成为区域水循环强弱的制约因素。

行星尺度系统(水平尺度数千公里、垂直尺度十多公里、时间尺度 3 天以上)的运动方向具有准常定性，这决定了水汽输送方向的稳定性。在北半球，副热带高压脊线以北盛行西风，水汽总是从大陆西部向东部输送；副热带高压脊线以南盛行热带东风，水汽总从大陆东部向西部输送。在南半球，则有与之对称的输送方向。不同尺度的大气运动往往决定了相应区域上空的水汽输送和水分平衡，地理纬度、海陆分布、大小地形和人类活动也各自影响着不同范围的水汽特征。

地表蒸发的水汽，在大气垂直方向的对流和湍流作用下，不断向空中扩散。随着高度的增加，扩散能力逐渐减弱，水汽含量也随之减少。水汽主要集中在距离地面 5.5 km 以下的大气层。在大气环流的控制下，水汽进行着高低纬度间及海陆间的水平输送。

全球水汽经向输送的一个显著特点是以副热带高压为中心、水汽向南北两个方向输送；低纬度地区起作用的是哈德莱环流，中高纬度地区主要是大型的涡旋(移动性的气旋、反气旋、槽和脊等)运动。通过计算全球不同纬度的降水量和蒸发量，可以显示水汽经向输送的某些特点(见图 3.3)。在副热带高压带(10°N35°S，7°N40°S 之间)，蒸发大于降水，空中水汽有盈余，因此向南北两个方向输出。在热带辐合带(10°N 至 7°S 之间)和中纬度低压带(35°N 以北，40°S 以南)，降水大于蒸发，为了维持这一区域的水量平衡，必然存在着空中水汽的输入。

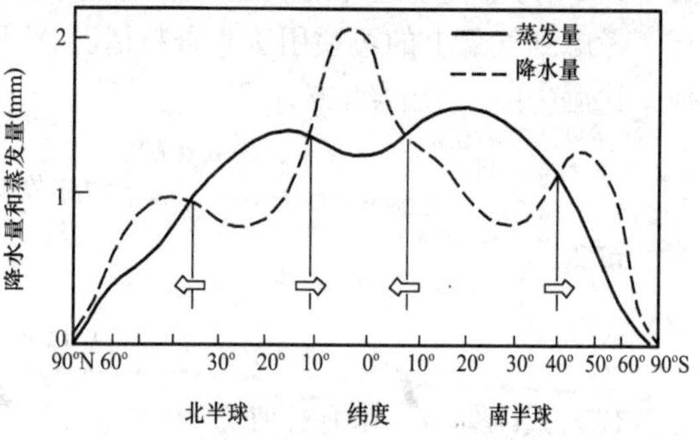

图 3.3　全球水汽的经向输送(刘国纬,1997)

由于海陆间的巨大差异，海洋上空水汽含量较多，在适当的平流条件下，水汽被输送到陆地上空，成为陆地降水的重要来源。海陆间的水汽输送打破了水汽经向输送的规律，因此，我国虽然受到副热带高压带的控制，但总体上并不缺水，就是印度洋和北太平洋源源不断输送水汽的结果。

图 3.4 是 1 月全球水汽输送通量矢量场。北半球 20°~60° N(副热带高压脊线北侧)盛行西风环流，表现为自西向东、自南向北的水汽输送。赤道至 20° N(热带幅合带两侧)盛行信风环流，表现为自东向西、自北向南的水汽输送。60° N 以北至北极地区则以较微弱的东风水汽输送为主，总体而言，纬向的水汽输送较大，经向较小。在南半球，南美洲、非洲南部、大洋洲及邻

近海域，存在着近似闭合的气旋性水汽输送，正好与本地的热低压相配合。

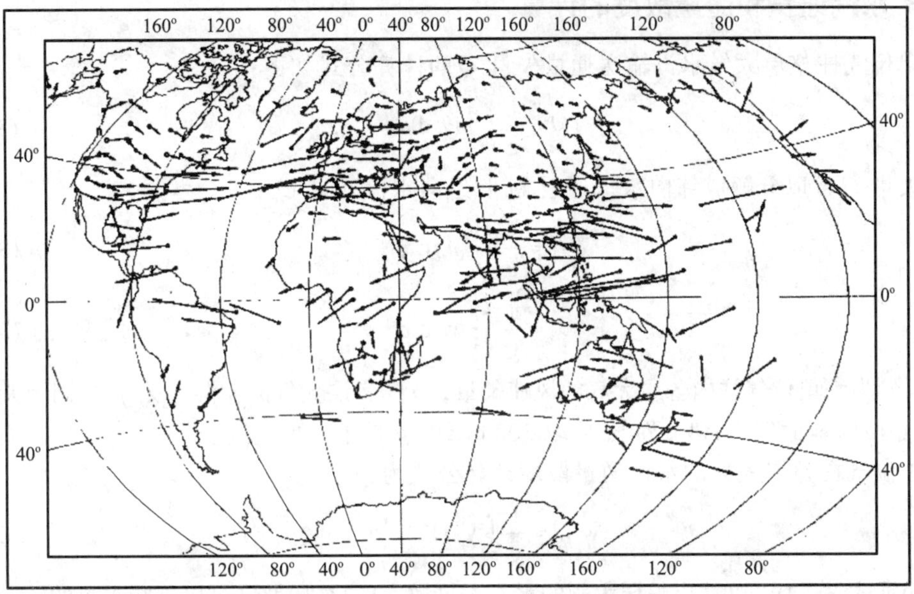

图 3.4　1 月全球水汽输送通量矢量场(刘国纬，1997)

(箭头为输送方向，箭杆长代表通量大小；单位：kg/(m · s))

图 3.5 是 7 月全球水汽输送通过矢量场。在北半球，由于副热带高压脊线的北移，水汽纬向输送的界线也随之移至 30°N 附近，以北盛行自西向东的水汽输送，以南则为自东向西的水汽输送，这时北半球的水汽通量大为增强。在南半球，赤道至于 20°S 之间盛行东风输送，以南盛行西风输送。

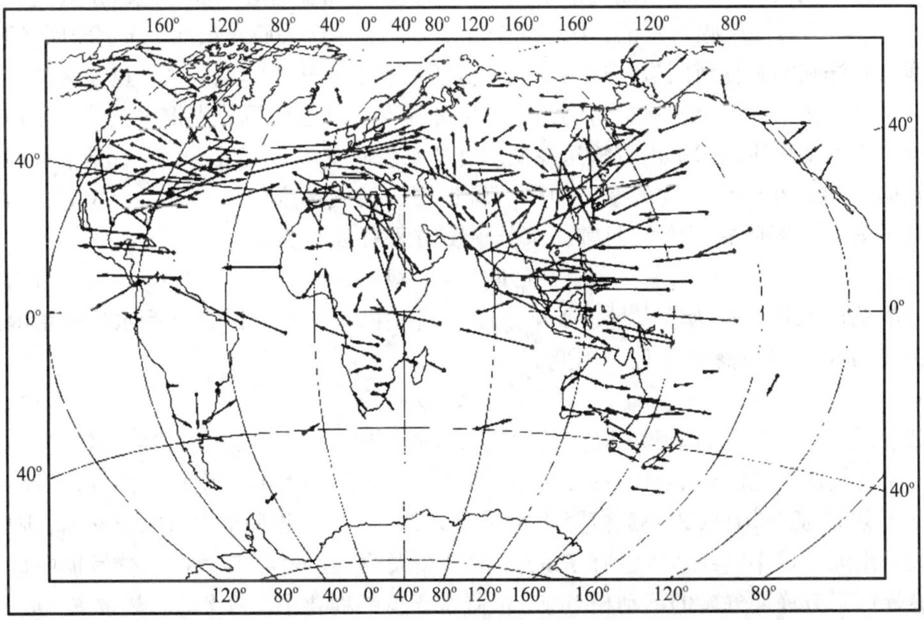

图 3.5　7 月全球水汽输送通量矢量场(刘国纬，1997)

(箭头为输送方向，箭杆长代表通量大小；单位：kg/(m · s))

3.2.3 水汽通量和通量散度的计算

单位气柱整层大气水汽输送通量矢量 Q 的计算公式如下：

$$Q = \frac{1}{g}\int_{p_t}^{p_s} Vq\,\mathrm{d}\,p \tag{3.2.7}$$

矢量 Q 可以分解成纬向水汽通量 Q_λ 和经向水汽通量 Q_φ：

$$Q_\lambda = \frac{1}{g}\int_{p_t}^{p_s} uq\,\mathrm{d}\,p \tag{3.2.8}$$

$$Q_\varphi = \frac{1}{g}\int_{p_t}^{p_s} vq\,\mathrm{d}\,p \tag{3.2.9}$$

式中，V 为该单位气柱内各层大气的风速矢量，q 是各层大气的比湿，p_s, p_t 分别为大气柱下界气压(即地面气压)和上界气压(取 300 hPa)，g 是重力加速度。

单位气柱整层大气的水汽通量散度计算公式为：

$$\nabla \cdot Q = \frac{1}{g}\int \nabla \cdot (V_q)\,\mathrm{d}\,p \tag{3.2.10}$$

根据式(3.2.4)可以算出整层大气的水汽通量散度$\nabla \cdot Q$, 用散度可以判断水汽的辐散、辐合。散度大于零表示辐散，为一个水汽源；散度小于零表示辐合，为一个水汽汇(Peixoto，Oort，1995；刘国纬；1997)。

3.2.4　全球水汽的源汇分布特征

在南北半球在 30 附近各有一条水汽辐散带，说明副热带地区是大气中最主要的水汽源，源区中的大值中心大多与副高的活动中心相联系。而赤道和中高纬地区是大气中的水汽汇，其中赤道是一个强水汽汇，它有四个大值中心：赤道大西洋东部、赤道印度洋东部、赤道西太平洋和加勒比海附近，这也是几个低压活动对流旺盛的地区。赤道地区的水汽辐合是两半球哈德来环流圈质量输送的结果，由环流圈的低层信风分支将水汽从副热带向热带输送。哈德来环流的水平水汽输送在低纬度的水汽收支中至关重要，它总是把水汽从副热带输向赤道。在中高纬度的水汽向极区输送中，天气尺度的波动是一个重要机制。

对于某一区域的整层大气而言，水分平衡方程可表示为：

$$R - E + \Delta W = -\nabla \cdot Q \tag{3.2.11}$$

式中，R 为降水量，E 为蒸发量，ΔW 为大气柱中的水分贮存，$\nabla \cdot Q$ 为水汽通量散度。ΔW 由于较小而可以忽略不计，因此有

$$R - E = -\nabla \cdot Q \tag{3.2.12}$$

蒸发是大气中水汽的来源，降水是大气水汽的支出。由式(3.2.12)可知，对于气候状况而言，在大气水汽汇区$\nabla \cdot Q<0$，因此 $R-E>0$；水汽源区$\nabla \cdot Q>0$，因此 $R-E<0$。所以赤道 $R>E$，与热带辐合带(ITCZ)热对流降水相对应，低纬度广大洋面上水汽来源充沛，降水量也最大。南北半球中高纬地区也有 $R>E$，尤其在大约 40~60 纬度之间水分亏损明显，是与极锋锋区下方锋面气旋的活动相对应，但降水比低纬度要小。两半球副热带 $E>R$，与副高的下沉运动相对应。

水汽在全球能量平衡中起重要作用，总体来说南北半球副热带地区是大气水汽源，热

带和中高纬度是水汽汇。对多年平均而言全球大气水分收支是基本平衡的，南半球年平均水汽辐散量与北半球年平均水汽辐合量几乎相等，或者说全球多年平均的水汽散度基本为零，因此，全球的水分收支是保持平衡的，从全球来说 $R-E$ 的年平均值一定为零。纬向输送在南北半球中高纬度由西向东，与中纬度西风带一致。在低纬则由东向西，与热带东风带一致。经向输送的方向有季节变化，夏季水汽由南半球向北半球输送，冬季则相反，由北半球向南半球输送，就全年来说水汽也是从南半球向北半球输送。

§3.3　水汽循环与水量平衡

水分循环的过程是通过蒸腾、大气中的水分输送、降水和径流(地表和地下径流)四者来实现的。如图 3.6 所示，由于太阳能的输入，从海洋表面蒸发到空中的水汽，被气流输送到大陆上空，通过一定的过程凝结成云而降雨。地面的雨水又通过地表江河和渗透到地下的水流，再回到海洋，这称为水分的外循环(又称大循环)，也就是海陆之间的水分交换。水分从海洋表面蒸发，被气流带至空中凝结，然后以降水形式回落海中，以及水分从陆地表面的水体、湿土蒸发及植物蒸腾到空中凝结，再降落到陆地表面，这就是水分内循环(又称小循环)。无论是在水分外循环或是水分内循环中，大气环流都起着重要作用。

就全球而论，水分循环各个分量的估计值如下：全球平均年降水量为 1 040 mm，以此值为 100 个单位，由海洋蒸发的水汽相当于 86 个单位，降回到海洋的降水量约为 80 个单位，海洋蒸发的水汽有 6 个单位由大气径流输送到大陆上空，陆地表面从河流湖泊、潮湿土壤和植物等蒸发、蒸腾出来的水汽有 14 个单位，降落到陆地的降水约有 20 个单位，多出的 6 个单位由地表和地下径流流到海洋，以保持各自的水分平衡，全球水的总量约有 97.2%储存在世界大洋之中，其次冰原、冰川和海冰约占 2.15%，地下水占 0.62%，大气圈中水分仅占 0.001%。

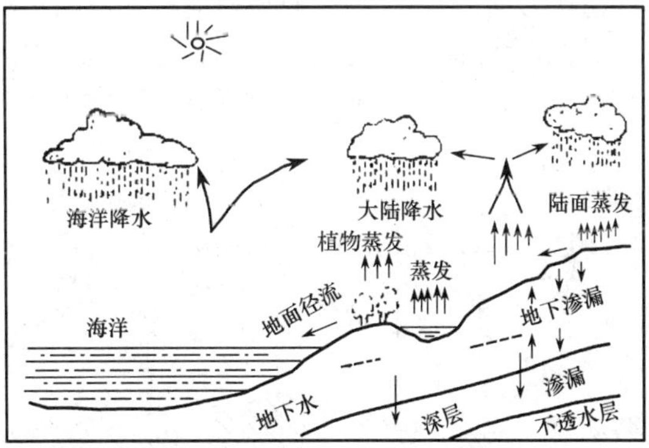

图 3.6 全球水分循环示意图(王守荣等,2003)

据长期观测，地球上的总水量是不变的，B.N.维尔纳茨基认为，甚至在地球整个地质历史时期的总水量也是不变的，因而水分的收入与支出是平衡的，这就叫做地球上的水量平衡(刘国纬，1997；王守荣等，2003)。

水量平衡是水分循环过程的结果，而水分循环又必须通过大气环流来实现。现根据水分循环中蒸发、降水和大气中的水分输送(大气径流)的平均经向变化，可说明大气环流与它们的关系。首先在蒸发过程中，在水源充足的条件下(如海洋)，蒸发的快慢和蒸发量的多寡要受环流方向和速度的影响。海洋上年平均蒸发量最高峰出现在 15°~20°N 和 10°~ 20°S 的信风带，这是风向和风速都很稳定的地带。信风又来自副热带高压，最有利于海水的蒸发，而赤道低压带因风速小，海面蒸发量反而相形见绌。云和降水的形成以及降水量的大小与大气环流的形势更是息息相关，世界降水的纬度带分布有两个高峰，一是赤道低压带，这里有辐合上升气流，产生大量的对流雨，一个在中纬度西风带，在冷暖气团交绥的锋带上，气旋活动频繁，降水量因之亦较多，是次于赤道的第二个多雨带。在这两个高峰之间，是副热带高压带，盛行下沉气流，因此即使在海洋表面，降水却甚稀少，在 13°~37°N 地带及 7°~40°S 地带蒸发量大于降水量，水汽有盈余，在赤道带和中、高纬度降水量大于蒸发量，水汽有亏损，因此要达到水分平衡，则需大气径流将水汽从盈余的地区输送到水汽亏损的地区。以副热带高压为中心，通过信风和盛行西南风(北半球)将水汽分别向南和向北作经向的输送。

3.3.1　大气的水汽循环

我们知道，实验室内进行的流体力学实验中，要获得准确精细的各个力学要素也是非常困难的，而水文循环是一个十分复杂的水热交换物理过程，要对一个区域的水文循环过程作出准确的数学物理描述其困难更大。所以，目前的研究，仅局限于估计水文循环的某些平均特征。

大气水分循环的主要要素是大气水汽含量、大气降水和蒸发。由这些要素和大气水汽平流之间的关系就可能计算出研究区上空的水分循环的过程，并确定它们同基本大气水汽源，即海洋的关系。任一区域的陆地-大气系统，其水文循环可概化为图 3.7 所示的概念模型。

在图 3.7 左边，水汽输送方向与径流输送方向(河流平均流向)是一致的，称为同向水文循环；在图 3.7 右边，水汽由海洋向大陆分水岭输送，径流则自分水岭沿河网流向海洋，水汽输送方向与径流输送方向相反，称为逆向水文循环。上述两种情况常常是交叉混合进行的。

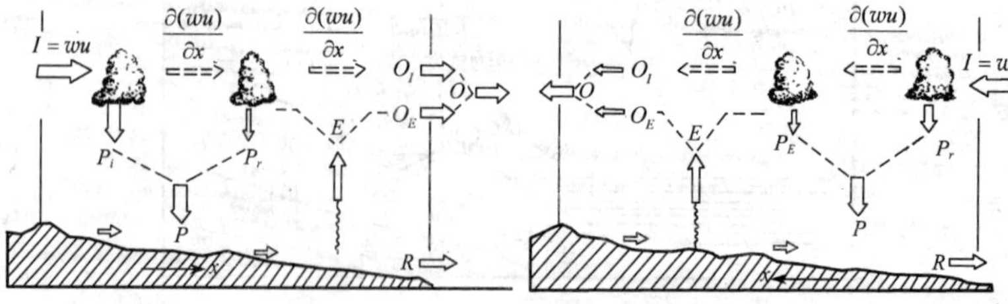

图 3.7　水文循环概念模型(刘国纬，1997)

现在我们来分析上图的水文循环过程。从境外输入区域上空的水汽总量为 $I=wu$。w 为区域入流边界上空水汽含量；u 为水汽输送速度，通常采用下面公式计算。

$$u = U = \frac{1}{g}\int_{p_z}^{p_s}(uq)\,\mathrm{d}\,p \Big/ \frac{1}{g}\int_{p_z}^{p_s} q\,\mathrm{d}\,p$$

输入的水汽在当地气象条件下，沿水汽输送方向形成降水 P_I，即外来水汽形成的降水量，或称平流降水量，剩余的水汽 O_I 从下风方向的边界输出境外。E 为区域内总蒸发量，蒸发的水汽中一部分重新形成降水 P_E，即当地蒸发形成的降水量，另一部分 O_E 随气流输出境外。R 是总降水 P 形成的径流量。显然，区域内的总降水量 P 等于外来水汽形成的降水量 P_I 和当地蒸发的水汽形成的降水量 P_E 之和，而区域上空水汽总输出量 O 等于外来水汽过境输出量 O_I 与当地蒸发中输出的水汽量 O_E 之和。既有：

$$P=P_I+P_E \tag{3.3.1}$$

$$O=O_I+O_E \tag{3.3.2}$$

$$N=I-O=R \tag{3.3.3}$$

在实际的水文循环中，从区域外输入的水汽和当地蒸发的水汽，在区域陆地–大气系统的水文循环过程中，经历了许多次具有不同时间尺度和不同空间尺度的水文再循环过程，上图所示的概念模型，就是这许多水文再循环过程在各个环节上表现出来的总和。

在国内外有关文献中，水文循环研究者从不同侧面描述水文循环特性的参数，但其物理意义和描述效果并不理想。刘国纬(刘国纬，1997)通过多年的研究，认为以下几种参数的物理意义较为明确，描述效果较敏感，且计算简便。

(1)水文外循环系数(K_I)

$$K_I=\frac{N}{P_I} \tag{3.3.4}$$

K_I 为从境外输入区域上空的水汽净输入量 N 与其在区域内经过多次水分再循环过程所形成的降水量 P_I 的比值，反映了境外输入的水汽对区域内水文循环的作用。

(2)水文外循环系数(K_E)

$$K_E=\frac{P_E}{E} \tag{3.3.5}$$

K_E 表示当地蒸发的水汽 E 与其在区域内经过多次水分再循环过程所形成的降水量 P_E 的比值，反映了当地蒸发对区域内水文循环的作用。

(3)水文循环系数(K)

$$K=\frac{P_I}{P} \tag{3.3.6}$$

K 反映了从境外输入的水汽形成的降水 P_I 对区域内总降水量的贡献。显然，$(1-K)$反映了当地蒸发形成的降水 P_E 对区域内总降水量的贡献。

(4)水汽滞留时间(τ)

$$\tau=\frac{W}{P}\times 365(\text{天}) \tag{3.3.7}$$

τ 表示该区域上空大气中的水汽含量 W 全部更新一次(转换成为降水 P)所需的天数，亦即区域上空水汽的滞留时间。显然，水汽滞留时间越短，表示大气中水分更新速率越快。因此有

$$J=\frac{1}{\tau} \tag{3.3.8}$$

J 表示区域上空水汽转化成为降水的效率，也称 J 为水汽利用系数或效率系数。

上述诸参数，分别从境外输入的水汽、当地蒸发的水汽和大气水汽含量等侧面描述了

水文循环的特征，具有一定的代表性。在实际计算中，P、E、N 和 W 可以通过观测和计算求出，P_I+P_E 则在下述假定的基础上，由式(5.3.9)和式(5.3.10)得出

假定：①降水、蒸发、大汽水汽含量和水汽输送通量在所研究区域内的分布呈线性变化；②境外插入的水汽和境内蒸发的水汽在本地区上空得以充分混合，因而具有形成降水的同等机会。

$$P_I = P\frac{1}{1+EL/2wu} \tag{3.3.9}$$

$$P_E = \frac{P}{1+2wu/EL} \tag{3.3.10}$$

在实际计算中，P，E 为区域面平均值(mm)，wu 取沿 L 方向的平均输送通量，即

$$wu = IL \tag{3.3.11}$$

则式(3..3.9)和(3.3.10)可写为

$$L = \sqrt{A} \tag{3.3.12}$$

如果研究区域范围很大，则必须考虑降水、蒸发和水汽等要素在区域内非线性分布。在 $L \geqslant 1\ 500$ km 的情况下，采用下述公式较为合适：

$$P_I = \frac{I}{L}[1-\exp\frac{-PL}{I+\frac{1}{2}(E-P)L}] \tag{3.3.13}$$

$$P_E = P - P_I \tag{3.3.14}$$

在进行大范围区域水循环研究中，应将研究区域划分成不同的水文气候区，然后分别加以计算分析。

3.3.2 全球水量平衡

地球上的水分平衡是水分循环过程的结果。它包括地表水分平衡、大气中的水分平衡和地–气系统的水分平衡。从另一个意义来说，水平衡是水文循环得以存在的支撑。水量平衡原理可表述为下列水量平衡方程式：

$$W_I - W_O = \Delta W_s \tag{3.3.15}$$

式中，W_I 为给定时段内进入系统的水量；W_O 为给定时段内从系统中输出的水量；ΔWs 为给定时段内系统中蓄水量的变化量，可正可负。

根据研究区域不同，水量平衡方程的表达式也不尽相同。

流域水量平衡方程式

$$P + R_{gI} = E + R_{sO} + R_{gO} + q + \Delta S \tag{3.3.16}$$

式中，P 为时段内流域上的降水量；E 为时段内流域的蒸发量；R_{gI} 为时段内从地下流入流域的水量；R_{sO} 为时段内从地面流出流域的水量；R_{gO} 为时段内从地下流出流域的流量；q 为时段内用水量；ΔS 为陆地蓄水量的变化。

当研究流域不同时，式(5.3.16)会有更为简洁的形势，例如，若流域为闭合区域，并且用水量很小，R_{gI}=0，q≈0，则式(5.3.16)变成如下形式：

$$P = E + R + \Delta S \tag{3.3.17}$$

式中，R 为时段内从地面和地下流出的水量之和，等于 $R_{sO}+R_{gO}$，为河川径流量。

大气水分平衡方程式

$$N+E-P-\Delta W=0 \tag{3.3.18}$$

式中，N 为水汽净输入量；P，E，ΔW 分别为降水量、蒸发量和大气中蓄水量变化。

地–气系统水分平衡方程式

将式(3.3.17)与(3.3.18)相加得：

$$N-R=\Delta W+\Delta S \tag{3.3.19}$$

全球水分平衡方程式

$$E_c=P_c-R+\Delta W_c \tag{3.3.20}$$

$$E_s=P_s+R+\Delta W_s \tag{3.3.21}$$

式中，E_c 为年内陆地的蒸散发量；P_c 为年内陆地的降水量；ΔW_c 为年内陆地蓄水量的变化量；E_s 为年内海洋的蒸散发量；P_s 为年内海洋的降水量；ΔW_s 为年内海洋蓄水量的变化量；R 为年内由陆地流入海洋的径流量。

当研究时段为多个年份时，则 $\Delta W_c\approx\Delta W_s\approx0$，式(3.3.20)、式(3.3.21)变为

$$E_{c0}=P_{c0}-R_0 \tag{3.3.22}$$

$$E_{s0}=P_{s0}+R_0 \tag{3.3.23}$$

式中，E_{c0} 为多年平均陆地蒸散发量；P_{c0} 为多年平均陆地降水量；R_0 为多年平均由陆地流入海洋的径流量；E_{s0} 为多年平均海洋蒸发量；P_{s0} 为多年平均海洋降水量。

将式(3.3.22)与式(3.3.23)相加得，

$$E_{c0}+E_{s0}=P_{c0}+P_{s0} \tag{3.3.24}$$

说明多年平均全球蒸散发量等于多年平均全球降水量。这一结果正是本节开始我们所讲到的，在长期的观测条件下，地球总水量是不变的。

总体来说，上述公式都是理想状况下的公式概化，在实际测量中，或多或少都存在着误差。因此，在计算中，对误差也要作相应的处理。

3.3.3 水汽净输入量与水汽含量增量

水汽净输入量(N)

设有单位截面积大气柱，在单位时间里的水汽净输入量(输入水汽量和输出水汽量的代数和)为 N，则有

$$N=-\frac{1}{g}\int_0^{p_s}\frac{\mathrm{d}q}{\mathrm{d}t}\mathrm{d}p \tag{3.3.25}$$

对上式进行变换得到，当讨论某一段大气柱时，则有下述公式

$$N=-\frac{1}{g}\int_0^{p_s}\frac{\partial q}{\partial t}\mathrm{d}p-\frac{1}{g}\int_0^{p_s}\nabla\cdot Vq\,\mathrm{d}p-\frac{1}{g}\int_0^{p_s}\frac{\partial}{\partial p}(\omega q)\mathrm{d}p \tag{3.3.26}$$

在讨论整个大气柱时，大气上界(p=0)处，比湿 q 趋于零；在贴地面处，(x，y，p)坐标系中，空气的垂直速度 ω 趋于零，有近似公式

$$N=-\frac{1}{g}\int_0^{p_s}\nabla\cdot Vq\,\mathrm{d}p \tag{3.3.27}$$

可见，单位截面积气柱的水汽净输入量等于该气柱水汽平衡输送通量散度的垂直积分。

假设气柱里的水汽净输入量(水汽净辐合量)全部凝结成降水，式(3.3.17)便成为降水量计算公式。

大气中水分含量增量

它应包括大气中水汽含量和云中水分含量两部分的变化量。计算单位面积大气柱中的水分含量可用大气湿度和云中含水量(ρ)随高度分布曲线积分而得。其公式表示为

$$\Delta q=-\frac{1}{g}\int_0^p q(p)\,\mathrm{d}p+\int_{z_1}^{z_2}\rho\,\mathrm{d}z \tag{3.3.28}$$

由于一般探空资料的比湿(q)用等压面整理，两个基本等压面间大气层的水汽含量等于此两层内平均比湿和该气层所占大气质量百分数的乘积，因此

$$\begin{aligned}-\frac{1}{g}\int_0^p q(p)\,\mathrm{d}p&=\frac{1}{2}(q_0+q_{850})\frac{150}{1\,000}+\frac{1}{2}(q_{850}+q_{700})\frac{150}{1\,000}+\frac{1}{2}(q_{700}+q_{500})\frac{200}{1\,000}\\&\quad+\frac{1}{2}(q_{500}+q_{800})\frac{200}{1\,000}+\frac{1}{2}(q_{300}+q_{100})\frac{200}{1\,000}\\&=0.075q_0+0.015q_{850}+0.175q_{700}+0.2q_{500}+0.2q_{300}+0.19q_{100}\end{aligned} \tag{3.3.29}$$

式(3.3.29)代入式(3.3.28)得

$$\Delta q=0.075q_0+0.015q_{850}+0.175q_{700}+0.2q_{500}+0.2q_{300}+0.19q_{100}+\int_{z_1}^{z_2}\rho\,\mathrm{d}z \tag{3.3.30}$$

式中，$q_0, q_{850}, q_{700}, q_{500}, q_{300}, q_{100}$分别为地面, 850hPa, 700hPa, 500hPa, 300hPa, 100hPa 等压面上的比湿，它们可从探空资料上查得；z_1为云底高度；z_2为云顶高度；ρ为云的密度，即云中含水量随高度的分布。

有了单位面积上大气柱的水分含量，只要求出给定的t_0时刻和t_1时刻两者之差值再乘以研究区域的面积，就可得到研究区域在给定时间内大气柱水分含量的变化值。

§3.4 气团的移动与变性

从地表广大区域来看，存在着水平方向上物理性质(温度、湿度、稳定度等)比较均匀的大块空气，它的水平范围常可达几百到几千公里，垂直范围可达几公里到十几公里，水平温度差异小，1 000 km^{2}范围内的温度差异小于 10~15℃，这种性质比较均匀的大块空气叫做气团。

气团形成需要具备两个条件，一是要有大范围性质比较均匀的下垫面，如辽阔的海洋、无垠的大沙漠、冰雪覆盖的大陆和极区等都可成为气团形成的源地。下垫面向空气提供相同的热量和水汽，使其物理性质较均匀，因而下垫面的性质决定着气团属性。在冰雪覆盖的地区往往形成冷而干的气团；在水汽充沛的热带海洋上常常形成暖而湿的气团。

二是还必须有使大范围空气能较长时间停留在均匀的下垫面上的环流条件，以使空气能有充分时间和下垫面交换热量和水汽，取得和下垫面相近的物理特性。例如，亚洲北部西伯利亚和蒙古等地区，冬季经常为移动缓慢的高压所盘据，那里的空气从高压中心向四周流散，使空气性质渐趋一致，形成干、冷的气团，成为我国冷空气的源地；又如我国东南部的广大海洋上，比较稳定的太平洋副热带高压，是形成暖湿热带海洋气团的源地；较长时间静稳无风的地区，如赤道无风带或热低压区域，风力微弱，大块空气也能长期停留，形成高温高湿的赤道气团。

在上述条件下，通过一系列的物理过程(主要有辐射、湍流和对流、蒸发和凝结，以及大范围的垂直运动等)，才能将下垫面的热量和水分输送给空气，使空气获得与下垫面性质相适应的比较均匀的物理性质，形成气团。这些过程有的是发生于大气与下垫面之间的，有的是发生于大气内部。

气团在源地形成后，要离开它的源地移到新的地区，随着下垫面性质以及大范围空气的垂直运动等情况的改变，它的性质也将发生相应的改变。例如，气团向南移动到较暖的地区时，会逐渐变暖；而向北移动到较冷的地区时，会逐渐变冷。气团在移动过程中性质的变化，称为气团的变性。

不同气团，其变性的快慢是不同的，即使是同一气团，其变性的快慢还和它所经下垫面性质与气团性质差异的大小有关。一般说来，冷气团移到暖的地区变性较快，在这种情况下，冷气团低层变暖，趋于不稳定，湍流对流容易发展，能很快地将低层的热量传到上层；相反，暖气团移到冷的地区则变冷较慢，因为低层变冷趋于稳定，湍流和对流不易发展，其冷却过程主要靠辐射作用进行。从大陆移入海洋的气团容易取得蒸发的水汽而变湿，而从海洋移到大陆的气团，则要通过凝结及降水过程才能变干，所以气团的变干过程比较缓慢。冬季影响我国的冷空气，都已不是原来的西伯利亚大陆气团，而是变性了的大陆气团。

气团在下垫面性质比较均匀的地区形成，又因离开源地而变性。气团总是在或快或慢地运动着，它的性质也总是在或多或少地变化着，气团的变性是绝对的，而气团的形成只是在一定条件下获得了相对稳定的性质而已。由于我国大部分地区处于中纬度，冷暖空气交绥频繁，缺少气团形成的环流条件，同时地表性质复杂，很少有大范围均匀的下垫面作为气团的源地，因而活动在我国境内的气团，严格说来都是从其他地区移来的变性气团。气团按其热力特性可分为冷气团和暖气团两大类。凡是气团温度低于流经地区下垫面温度的，叫冷气团；相反，凡是气团温度高于流经地区下垫面温度的，叫暖气团。这里所谓冷、暖均是比较而言，至于温度低到多少度才是冷气团，温度高到多少度才是暖气团，则没有绝对的数量界限。一般形成在冷源地的气团是冷气团，形成在暖源地的气团是暖气团。两气团相遇，温度低的是冷气团，温度高的是暖气团。

§3.5　下垫面对气团的作用

下垫面是大气的主要热源和水源，又是低层空气运动的边界面，对气团形成的影响十分显著。下边面因素包括海陆间的差异，海洋中冷、暖洋流的分布和强度，陆地上地形和地表性质的差别、冰雪覆盖的影响等(李克煌，1994；王守荣等，2003)。

3.5.1　海陆对气团的影响

海洋和陆地在辐射性质、比热和传热方面有很大差异，在海洋和大陆的影响下分别形成海洋性气团和大陆性气团，在不同气团条件下形成了相应的海洋性气候和大陆性气候。两种气团的形成和分布，决定于距海远近与大气环流条件和洋流状况。一般说来，在大陆上，愈是靠近海洋，将盛行海洋气团，气候的海洋性愈强；愈是深入内陆，将盛行大陆气团，气候的大陆性愈显著。这种情况在低纬度地区表现尤为突出。从中纬度西海岸往东到内陆，冬季温度越来越低，夏季温度愈来愈高，年较差(最高与最低月平均气温之差值)越来越大，降水量和降水日数一般是减少的。大气环流特点和洋流情况也影响大陆性气团和海洋团的形成。在信风带的大陆西岸，风从大陆吹向海洋，并有冷洋流经过，即使沿岸地区也受不到海风影响，干燥少雨，形成大陆性气团，呈现大陆性气候特征；大陆东岸，风从海洋吹向大陆，有暖洋流经过，因而潮湿多雨，形成海洋性气团，气候的海洋性显著。在欧亚大陆的温带，大陆西岸吹向岸风，气流经过暖洋面，具有典型的海洋性气候特征；向东到大陆内部受不到海洋影响，终年降水少，气温年较差大，具有典型的大陆性气候特征；大陆东岸，具有季风气候特征，但由于受大陆影响较大，致使当地气候的大陆性比海洋性要强些。由上可知，典型的海洋性气候出现在海洋气流经常活动的地区，而典型的大陆性气候则出现在受不到海洋影响的大陆内部。在季风气候区，海、陆对气候的影响程度具有显著的季节性变化，冬季盛行大陆气团，干燥寒冷，大陆性气候明显；夏季盛行海洋气团，炎热多雨，具有海洋性气候特色(周天军等，2001；张宗祜等，2001)。

3.5.2 洋流对气团的影响

海洋是地球上最大的热库，对大气加热最强烈的地区是暖流作用区，其中以墨西哥湾流和黑潮最为突出。根据布德科的计算，每年在这些强暖流区传给大气的热量为460.5kJ/cm；而在寒流作用区，大气从洋面得到的热量很少，甚至出现负值(大气给海洋支付热量)。所以说，暖流对大气有增温作用，寒流对大气有降温作用，相应的形成了暖气团和冷气团。

在中低纬度(热带和副热带)的大陆西岸有冷流，在离岸风的作用下，冷水上翻(涌流)，又有海陆风的影响，所以气温较低，特别是夏季气温比大陆东岸低得多。中低纬度大陆东岸有暖流，又是迎风海岸，暖水集聚，所以气温较高。在季风区域的大陆东岸(如东亚与北美)，冬季盛行极地大陆气团，其盛行风向是由大陆吹向海洋，因此暖海流的温暖影响仅限于沿海，不能深入大陆。所以，季风区大陆东岸，冬季反较同纬度的大陆西岸为冷。夏季的盛行风是从海洋吹向大陆，暖流的热量可输送到大陆内部，但这时大陆非常热，暖流影响并不显著，反而调节大陆高温，使之稍有降低。又由于中低纬大陆西部盛行内陆来的干热东北信风，所以平均状况是季风区大陆东岸温度低于同纬度大陆西岸。

在中高纬度和高纬度(温带和寒带)的大陆东岸，冬季盛行极地大陆气团，且有冷流，而大陆西岸为暖湿的西风气流控制，且有暖流，因而大陆东岸冷于同纬度的大陆西岸。夏季，大陆东岸接受凉湿的海洋气团，且受寒流影响，此时大陆西岸仍盛行西风，因西风来自较暖的海洋，温度降低不多，故夏季大陆东岸较同纬度的大陆西岸凉爽。

在沿岸有冷流的地区，降水稀少；而有暖流的地区，降水充沛。空气与暖流接触时，因有热量与水汽向上输送，下层增暖变湿，变为暖湿的海洋性气团。这种变性气团，层结不稳定，当它流入大陆时，最易产生降水。热带与副热带纬度的大陆东岸有暖流通过，在暖流的迎风海岸，能产生丰沛的降水。热带气旋大都出现在中低纬大陆东岸的暖洋流区，热带气旋给经过的地区带来大量降水。在高纬度的大陆西岸有暖流，并常年盛行西风，终年多雨。空气与冷洋流接触时，因下层变冷，温度具有逆温现象，气团成为稳定性层结，所以贴近下垫面空气层虽然因冷却达露点温度而成雾，但因水汽未能向上输送，上层干燥，很难下雨。这种空气侵入大陆，下部受热，相对湿度降低，雾散雨消。例如，低纬度大陆西岸受冷洋流与涌流的影响，大气稳定，空气湿润，仍有频繁的大雾天气，但降水极少，甚至数年不见降雨，形成沙漠。

在冷、暖洋流交汇的海域，最易于大范围地生成海雾。因为在这些地区空气可以从一个海域输送到温度显著不同的另一个海域，既可以造成浓厚的冷却雾，也可以在有利条件下形成蒸发雾(傅抱璞，1983；林之光，1995)。

3.5.3　地形起伏对气团的影响

世界陆地面积占全球面积的 29%，不仅分布形势很不规则，而且表面起伏悬殊。根据陆地的海拔高度和起伏形势，可分为山地、高原、平原、丘陵和盆地等类型，它们以不同规模错综分布在各大洲，构成崎岖复杂的下垫面，又因沉积物、土壤、植被等的差异，具有不同的特性，使气团的形成过程更为复杂。

高大地形对气团的影响：气温随海拔高度的升高而降低，使得高山和高原上的气温降低。而且，绵亘的高大山系和庞大的高原是气流运行的障碍，它们对寒潮和热浪移动都有相当大的障碍作用，同时它们本身的辐射差额和热量平衡情况又具有其独特特性，因此它们对气团的形成乃至变性起到了重要作用。

北半球冬季冷空气的活动路径主要是自北向南，大尺度山脉或高原对冷空气有明显的屏障效应。以青藏高原为例，青藏高原海拔高、面积大、位于 29°~40°N 之间，南北约跨纬度 10°，东西约跨经度 35°，海拔在 5 000 m 以上，有一系列的山峰海拔超过 7 000~8 000 m，占据对流层中低部，犹如大气海洋中的一个巨大岛屿，对于冬季层结稳定而厚度又不大的冷空气是一个较难越过的障碍。冬季西风气流遇到青藏高原的阻碍被迫分支，分别沿高原绕行，在背风面汇合。从冬季北半球 700 hPa 与 500 hPa 月平均气温图上可以清楚地看出，在高原北部冬季各月都是西北侧暖于东北侧；在高原南半部，则东南侧暖于西南侧，这显然是受到分支冷暖平流的影响所致。因西风在高原西侧发生分支，于是高原西北侧为暖平流、西南侧为冷平流，绕过高原之后，气流辐合，东北侧为冷平流，东南侧为暖平流。这种气流的冷暖状况的不同形成了有明显差异的冷暖气团。

夏季青藏高原对南来暖湿气流的北上，也有一定的阻挡作用，不过暖湿气流一般具有不稳定层结，比冷空气易于爬越山地。如将青藏高原地面的气温与同高度的自由大气相比，冬季高原气温偏低，是冷源，强度以 12 月和 1 月为最大；夏季青藏高原是个强大的热源，以 6、7 月份强度最大。就全年平均而论，青藏高原地气系统是一个热源。冬季青藏高原的冷区偏于高原的曲部。夏季的暖区范围很广，整个对流层的温度都是高原，比四周高，再往高层暖区扩大，到了 100 hPa 层上，温度分布出现高纬度暖、低纬度冷的现象。青藏高原巨大的冷热源作用对本区气团的形成、外来气团的变性乃至全球的气候产生深远的影响(杨梅学等，2004；康世昌等，2001；徐祥德等，2002)。

中小地形对气团的影响：中小地形对气温的影响也是相当复杂的。首先由于坡地方位不同，日照和辐射条件各异，导致土温和气温都有明显的差异。

其次，凹陷地形具有较大的气温日较差，凸出地形的气温日较差较小。这是因为在凹陷地方(如盆地、谷地)空气体积受到一定的限制，而空气与四周坡地相接触，所以白天空气迅速增热，而夜间空气又强烈变冷。此外，夜间冷却的空气由四周顺坡而下，汇集谷地。凹陷处风力微弱，空气与自由大气的交换也进行得很缓慢。相反，在凸出地形顶部，空气交换便利，白天从自由大气不断地流来新鲜空气，因此丘顶空气的增热就受到限制。夜间，由于与土壤接触而变冷的空气顺坡流到低处，而为来自周围自由大气中较暖的空气所代替，所以气温也不强烈下降。由于夜间冷空气在谷底下沉，造成非常强烈的温差对比。凹陷地形的这种强烈温差对比对水汽输送过程中的水汽的聚集乃至气团的形成起到了积极的作用。

3.5.4 冰雪覆盖对气团的影响

冰雪覆盖是大气的冷源，它不仅使冰雪覆盖地区的气温降低，而且通过大气环流的作用，可使远方的气温下降。冰雪覆盖面积的季节变化，使全球的平均气温亦发生相应的季变。如果不考虑一年中日地距离的变化，作为全球平均，一年四季接受到的太阳辐射应该是一个常数，全球平均气温也应该接近为一个常数，而没有显著的季节变化。但事实却不然，根据近年日地距离的情况看来，1 月接近近日点，1 月的天文辐射量比 7 月约高 7%。全球平均气温出现上述情况，显然与冰雪覆盖面积有关。北半球和南半球各自的月平均气温均与冰雪覆盖面积呈反相关关系，冰雪面积大，平均气温低。

冰雪表面致冷效应的因素是多种多样的，冰雪表面的辐射性质、冰雪-大气间的能量交换特性等。首先冰雪表面对太阳辐射的反射率很大，导致地球上损失大量的辐射能。其次冰雪表面与大气间的能量交换能力很微弱。冰雪对太阳辐射的透射率和导热率都很小，因此大气就得不到地表的热量输送。特别是海冰的隔离效应，有效地削弱海洋向大气的显热和潜热输送，这又是一个致冷因素。

冰雪覆盖形成以后，就形成气候系统的冷源，这种广阔的冷源地带为冷气团的形成提供了必备的条件。以南北极冰雪为例，若两极冰雪量增加，则加强两极的冷源，使高低纬度之间的温差和相应的气压梯度增大。于是气压场和大气环流随之变化，并最终导致气象要素和气候的变化，反之亦然。同时，大范围冰雪覆盖也影响大气圈和水圈之间的热交换。当存在大范围冰雪覆盖时，这种热交换显著减少。海洋中的较暖水流不能向高纬度地区输送更多的热量，造成南北极地区进一步冷却。最后，融冰化雪需要吸收大量热量，这些过程都会导致相应的大气环流的调整。

§3.6 盆地在水汽输送过程中的聚集作用

盆地作为凹陷地形，一般深居内陆，远离海洋，地势较高，如果各路气流沿途水汽补充相对较少，且受重山阻挡，抵达盆地时水汽含量甚微，会造成盆地气候干燥，降水稀少。

以柴达木盆地为例，其主要水汽来源如下：西南气流即孟加拉湾和印度洋热带西南季风暖湿气流，是柴达木盆地主要水汽来源。孟加拉湾暖湿气流沿澜沧江、金沙江河谷，越过长江、黄河源区，进入盆地。印度洋暖湿气流沿雅鲁藏布江河谷，翻过唐古拉山、昆仑山影响柴达木盆地。东南气流包括西太平洋副热带高压和东南沿海台风输送来的暖湿气流，由于沿途有秦岭、昆仑山等山脉的阻挡，到达盆地时已是强弩之末，影响不大；此外，与盆地相邻的青海湖水面较大，每年亦有一定的水汽输入盆地，对盆地东部降水有一定的影响。

柴达木盆地四周阿尔金山、昆仑山和祁连山，山体较高，气流遇山体抬升过程中，易产生地形雨和对流性降水，是盆地的高雨区，盆地中部因海拔低，气流多呈下降运动，地形条件不利于降水，降水稀少。盆地内地形上的差异及四周山地与盆地内部气候条件的不同，使到达盆地上空的水汽凝聚形成了不同的降水区域。盆地四周山区地势高，拦截了大量的水汽，因此降水量大。而在盆地内部，由于山脉屏障，气流下沉增温，降水稀少(刘燕华，2000)。

当水汽输送至盆地上空之后，在凹洼的河谷盆地地形之中，由于夜间山坡地面辐射冷却，使地面上的空气亦因接触而冷却。密度大的冷空气沿坡下沉，在谷底汇合后被迫抬升。如果盆地中原来空气比较潮湿，则抬升到一定高度后即能成云并致雨，这便是通常所说的地形性夜雨的成因机理。当然，河谷盆地中成云之后，由于云顶的辐射冷却，下沉的冷空气又增强了河谷内的上升气流，因而地形性夜雨有时甚至可以维持整夜。相反，白天谷风环流时，河谷盆地中部出现下沉气流，对云雨起抑制和消散作用，河谷盆地夜雨区白天晴朗的原因正在这里。

南美哥伦比亚首都波哥大地区的科迪勒拉山系的山顶部和山坡上，以及这里若干孤立山峰的坡上，白天产生的对流性积云，下午发展到极大，并形成积雨云，通常从积雨云中发生降水。但一到傍晚日落时分，气流沿坡下沉，坡上积云即逐渐消失，雨止天晴。而波哥大附近的马格达雷那河谷中，则刚好具有与上述相反的云雨日变程类型。虽然这里看得见的两侧山坡上，下午常有雷阵雨发生，但山谷底部，白天却天空常常晴朗少云。可是一到天黑，或者比天黑再稍迟一点时间，山谷中立即生成积云，并发生大雷雨，而且经常持续到天明。这种夜间雷暴就是因为沿坡下沉的冷空气流入谷地并抬升了谷中潮湿而潜在不稳定的暖空气的缘故(林之光，1995)。

参考文献

李爱贞，刘厚凤. 气象学与气候学基础. 北京：气象出版社，2001
周淑贞，张如一，张超. 气象学与气候学(第 2 版). 北京：高等教育出版社，1985
周静亚，杨大升. 海洋气象学. 北京：气象出版社，1994
叶安乐，李凤岐. 物理海洋学. 青岛：青岛海洋大学出版社，1992
徐祥德，陶诗言，王继志，等. 青藏高原–季风水汽输送“大三角扇型”影响域特征与中国区域旱涝异常的关系. 气象学报，2002，60(3):257~267.
刘国纬. 水文循环的大气过程. 北京：科学出版社，1997.
王守荣，朱川海，程磊，等. 全球水循环与水资源. 北京：气象出版社，2003
李克煌. 气象学与气候学简明教程. 开封：河南大学出版社，1994
周淑贞. 气象学与气候学(第 3 版). 北京：高等教育出版社，1997
林之光. 地形降水气候学. 北京：科学出版社，1995
冯士筰. 海洋科学导论. 北京高等教育出版社，1999
周天军，宇如聪，张学洪，等. 海气耦合气候模式对大气中水汽输送、辐散辐合与海气间水通量[13]交换的模拟. 大气科学，2001，25(5):596~608
张宗祜，张光辉. 大陆水循环系统演化及其环境意义. 地球学报, 2001，22(4):289~292
徐祝龄. 气象学. 北京：气象出版社，1994
傅抱璞. 山地气候. 北京：科学出版社，1983
康世昌，秦大河，姚檀栋，等. 喜马拉雅山中段北坡对流层中上部大气降水化学的高程分布特征.环境科学，2001，22(2):118~122.
杨梅学，姚檀栋，田立德等. 藏北高原夏季降水的水汽来源分析. 地理科学，2004，24(4):426~431
刘燕华. 柴达木盆地水资源合理利用与生态环境保护. 北京：科学出版社，2000
M.H.布德科. 自然条件下的蒸发. 北京：科学出版社，1958
A.H.佩里，J.M.沃克. 海洋-大气系统. 张立政等译. 北京：科学出版社，1983
J.P.Peixoto，A.H.Oort. 气候物理学. 吴国雄等译. 北京：气象出版社，1995
J.A.瑙斯(美). 潘学良. 物理海洋学导论. 吴恒岱译. 北京：科学出版社，1983
http://www.kepu.com.cn/gb/earth/ocean//abc/abc20401b_pic.html

第二篇　降水物理过程

地球上的水汽主要是由海洋表面太阳辐射和海水蒸发而形成的，而后经过水汽输送、云的形成、移动与变性，以及云雾的热力学和动力学作用等复杂物理过程，最终在海洋和陆地上空形成降水。云雾降水物理是研究大气中水分在各阶段所经历的物理过程，由于云雾降水的形成和发展基本上是热力学和动力学的过程，因此云雾降水物理中主要的内容也是与热力学和动力学有关的。然而云雾降水中也有许多诸如物理化学过程、电的过程等其他过程，因此它所包含的内容很广，理论上的深度和实验上的难度也非常大。深入研究云雾降水物理过程，能够深入了解云的结构、分布及其演变对大气辐射和气候的影响机理，也能够更加准确地把握其在大尺度水循环物理过程中的纽带作用。

从云雾降水物理的研究进展来看，无论是理论上还是实验上远没有达到相当充分的地步，云中的动力热力过程了解得还很不透彻，特别是诸如冰雹、雷雨中的物理过程了解得更少，目前还无法准确预测和防范，这决定了云雾降水物理研究相对比较困难，正因为如此，它有着广阔的发展前景。另外，由于地球表面各种地形起伏变化，以及下垫面覆盖状况的巨大差异，对各种气团的形成、输送和变性有着非常重要的影响，与其他研究内容相比，独立的理论和观测实验研究相对比较少，故对此进行了简要描述。在传统水文学领域，一般只研究降水的区域分布，很少涉及降水物理过程，而分布式水文模型中，这部分内容又必不可少，为保证水文循环物理过程理论上的系统性和完整性，本篇对降水物理过程进行必要的讨论，力求使读者能够完整系统的理解全球水循环物理过程。

第四章　暖云和冷云微物理过程

大气中有大量人们眼睛看不见的水汽、凝结核和冰核。由于大气运动以及温度的变化，使这些水汽发生凝结、凝华或冻结产生大量微小的水滴和冰晶，形成了瞬息万变的云状，在空中不同高度上飘浮着。而云的生成、外形特征、量的多少及其演变过程，不仅反映大气运动状况，而且也预示着未来天气的演变，也是人工影响天气的主要对象。

根据云相态结构不同分为水云、冰晶云、混合云(即水滴、过冷水滴为液态，冰晶、冻滴、雪晶为固态)。另外根据云顶温度可将云分为两种，即暖云和冷云。由水滴构成的云称为暖云，一般处于温度 0℃以上的空间里。而将有冰相粒子，包括液相与固相共存的云称为冷云。由于液相粒子与固相粒子的生长演变不同，故需要分别进行讨论，首先来讨论暖云的微物理过程。

§4.1　暖云微物理特征

在热力或动力抬升作用下，低层空气携带水汽和气溶胶质粒上升，并以气溶胶质粒为核心，凝结成云滴，不断凝结增长，而后通过碰并增长形成较大的水滴。所谓碰并增长是指云滴在大气的上升、下降及湍流混合作用下发生相互碰撞，并合并成较大云滴的过程。其中，在重力作用引起的下降运动过程中，由于大小不一的云滴其下降速度不同而发生的碰并增长称为重力碰并增长。重力碰并增长是非常重要和有效的一种云滴增长形式。同时，不断增长的大水滴在下降过程中，由于大气动压力，使其变形并破碎成若干小水滴，再重新被上升气流携带上升，作为新一代的胚胎而增长。增长→下降→变形→破碎→上升→再增长，不断重复，这种循环往复的过程称为连锁反应。连锁反应不会无限地进行下去，因为强烈的上升气流不会旷日持久。当上升气流支撑不住大量水滴的降落时，便形成降水。因此，对暖云降水来说，重力碰并增长是其理论基础，连锁反应是其繁生机制(黄美元等，1999，2003；顾震潮，1980)。

暖云的微观特征首先是云滴谱的特征。云滴的大小浓度是云雾物理性质的一个重要方面。事实上，云中每一个时刻的云滴微结构都是各种宏观微观物理过程综合作用的结果，也是云滴大小进一步发展的一个依据。因此研究它们的实际情况有什么规律性，特别是较大的云滴浓度在什么条件下才增加，又在什么条件下减少，这对了解云雾降水过程都是重要的。

云滴谱可以用 $n(r)$来描述，$n(r)\mathrm{d}r$ 表示单位体积空气中云滴半径在 r 与 r+dr 之间云滴的个数。以往主要用惯性捕获原理取样，然后划分等间隔Δr 进行读数并整理成滴谱分布。近年来广泛使用光电原理探测，可直接将电讯号送入计算机处理得出滴谱。

云的微物理其他参量均可用云滴谱资料求得。如云滴液度或数密度 n(单位体积空气中云滴的总数)，可由各种大小云滴浓度 $n(r)$求和得到。云的含水量 q 即单位体积空气中云水的质量也可由滴谱 $n(r)$求得：

$$q=(4/3)\pi\rho_1\int r^3 n(r)\,\mathrm{d}r$$

还有云滴谱宽度、平均半径、立方平均半径、峰值半径等参数，以及云滴大小 r 与云滴间距 L 的比值 L/r 表示云滴的自由路径。

云滴直径一般在 50 μm 以下，最大可达 100 μm，云滴总浓度 10 ~ 10^3 个/cm^3，云滴谱分布一般为单峰谱或单调下降谱，即小云滴浓度大于大云滴的浓度，它们之间浓度差 1 ~ 2 个量级，有的云滴谱出现双峰或多峰谱分布，除了直径 10 μm 以下第一峰以外，在较大云滴范围如 50 μm 左右又出现第二个峰。

雨滴是直径为 100 ~ 3 000 μm 的水滴，它的浓度要比云滴小 6 个量级左右。在云滴与雨滴之间直径 50 ~ 100 μm 的水简称为大云滴。云滴、大云滴和雨滴的浓度相差甚大。

各种云雾中云(雾)滴大小有着很大的差别。一般来说地面(平地)雾里的雾滴要比一般云滴小得多，在初形成的雾或在消散中的雾中，水滴更小，半径可以小于 1 μm。在比较稳定、维持时间比较久的地面雾中，雾滴半径要大一些，一般说来平均半径不到 10 μm，只有几个微米。对层状云也只有 5 ~ 6 μm，积状云中云滴较大，发展强时在 10 ~ 20 μm，甚至数十微米 (如雷雨云中)。但在晴天时，平坦的积状云中云滴大小与层状云接近。与雾相似，云滴大小也是随着云的发展而有很大的变化。曾观测到积状云发展时平均云滴半径在 10 分钟内由几个微米增大到十个微米左右。

层状云和积状云的云滴浓度也是不同的。在雾和层状云中浓度大一些，平均可以达到 10^2 ~ 10^3 个/cm^3。在积云里，云滴浓度要小些，每立方厘米只有几十个或几百个。

4.1.1 积状云滴谱

云滴谱分布随云型而异，积云的云滴谱较层状云宽，积云中的滴谱一般随云中对流加强,云滴谱增宽，云滴总浓度减小，但众数半径的变化不大。图 4.1 是各类云的平均云滴大小分布。

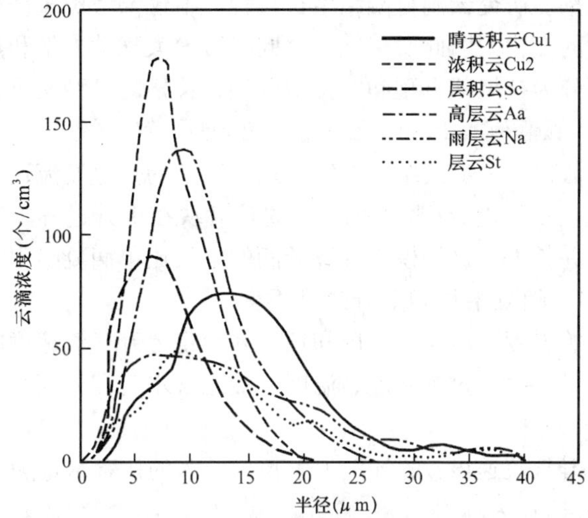

图 4.1　各类云的平均云滴大小分布(B.J.梅森,1978)

积云中各高度上的滴谱也不相同，一般从云底部到云的中上部，谱宽增大，总浓度减小，峰值相对浓度也减小，但众数半径增大，到云顶部滴谱又变窄。

4.1.2　层状云滴谱

不同类型的层状云滴谱不同，一般以层云(St)滴谱最窄，雨层云(Ns)的滴谱为最宽。一年中春季和秋季滴谱宽，冬夏两季滴谱窄。其中春季滴谱最宽，这个季节正是当地多雨的季节。春季云中部之最大直径为 70 μm，而冬季和夏季最大直径只有 50 μm。峰值直径春秋季为 12 μm，而夏季和冬季峰值直径只有 7 μm 左右。这种滴谱的季节变化与大气环流形式的季节变化有关。

层状云滴谱的演变与天气过程有密切联系。滴谱的宽度在锋面过境前后有显著变化，锋前与锋后云滴绝大多数都集中在直径 30 μm 以内。而在锋区，则滴谱宽度增加到 50 ~ 60 μm。在平均谱上也出现了第二极大。滴谱在锋区加宽形成第二极大还是一个有规律的过程。锋面过境时，滴谱加宽，在直径 20 ~ 30 μm 之间开始有第二极大出现。此后，滴谱逐渐加宽，第二极大的位置也不断向右移动，峰值逐渐加大，滴谱加宽到 56 μm。第二极大也最远，长到 34 μm，面浓度也最多，为 77 个/cm^3。此后滴谱渐渐变窄，第二极大不断向左移，滴谱又恢复成原状。而在锋区尾部滴谱是非常稳定的，这种稳定情况与锋区过境时滴谱剧烈演变情况形成鲜明对比。

§4.2　暖云中云滴凝结增长

4.2.1　气块中云滴群的凝结增长

水滴的凝结增长率与水汽过饱和度成正比。在凝结过程中水汽过饱和度是变化的。一群水滴凝结将使其周围水汽含量减少，同时随着云的发展，空气上升绝热冷却，空气中饱和水汽含量降低。因此在云滴群凝结过程中其周围的水汽混合比及水汽过饱和度也在变化，影响水滴的凝结增长率。研究云滴群凝结生长过程，不仅要考虑凝结核的大小和浓度，还要考虑水汽过饱和度的变化。因此要建立一个同时考虑大气动力学和热力学及云滴凝结微物理学模式，模式可分为拉格朗日型和欧拉型两种，拉格朗日型又可分为封闭和非封闭两种(黄美元等，1999；顾震潮，1980；石爱丽，2005)。

封闭气块模式：假设有一群凝结核的气块以一给定的垂直气流速度抬升，并设气块与周围环境不发生任何交换和混合(即封闭的)，讨论气块在上升过程中绝热冷却，水汽在凝结核上凝结形成云滴并长大。这种模式计算云滴的生长比单滴凝结生长改进之处为：考虑了群滴，水汽过饱和度随凝结量和上升速度而变。

在已知空气的初始温度、压力、湿度和核谱并给定上升气流速度的情况下，气块中云滴群的凝结生长问题可由表示过饱和度、温度、液态含水量和云滴半径的四个微分方程确定。

考虑云滴在以上升气流速度ω的气块中生长，云水的比含水量为 q，气块的过饱和度$(S-1)$随时间变化的表达式为

$$\frac{\mathrm{d}(S-1)}{\mathrm{d}t}=Aw-B\frac{\mathrm{d}q}{\mathrm{d}t} \tag{4.2.1}$$

式中

$$A=(\frac{\varepsilon Lg}{c_pR_dT^2}-\frac{g}{R_dT})=\frac{3.42\times10^4}{T}(2.6\frac{L}{T}-1) \tag{4.2.2}$$

$$B=(\frac{\varepsilon L^2}{c_pR_dT^2}+\frac{p}{\varepsilon p_s})=(37.8\frac{L^2}{T^2}+1.62\frac{p}{p_s}) \tag{4.2.3}$$

式中，ε是水汽相对于空气的比重，L 是水汽凝结潜热，c_p为空气定压比热，g 是重力加速度，p 是总压力，p_s是温度 T 时的饱和水汽压，R_d是干空气的气体常数。

温度的微分方程为

$$\frac{\mathrm{d}T}{\mathrm{d}t}=\frac{-gw}{c_p}(1+\frac{\varepsilon Lp_s}{R_dpT})\Big/(1+\frac{\varepsilon^2L^2p_s}{c_pR_dpT^2}) \tag{4.2.4}$$

对于质量为 m，分子重量为 W 的盐核上生长水滴的凝结增长率为

$$r\frac{\mathrm{d}r}{\mathrm{d}t}\approx\frac{(S-1)-2\sigma M/(\rho_1RTr)+imM/(\frac{4}{3}\pi r^3\rho_1W)}{\{\frac{L\rho_1}{KT}(\frac{LM}{RT}-1)+\frac{\rho_1RT}{DMp_s(T)}\}} \tag{4.2.5}$$

其中，σ为液态水与水汽之间的表面张力。ρ_1和 M 分别为水的密度和分子量，R 为通用气体常数，r 为水滴半径，T 是温度，m 为以克为单位的溶质质量，i 是范德霍夫系数，它取决于溶质的化学性质和离解程度，D 是水汽分子扩散系数，W 是溶质的分子量，K 为玻尔兹曼常数。

对每一种凝结核都有一个这样的方程，气块中各种凝结核形成水滴之和便得到液态水的比含水量 q。

$$\frac{\mathrm{d}q}{\mathrm{d}t}=\frac{4}{3}\pi\frac{\rho_1}{\rho_a}\frac{\mathrm{d}}{\mathrm{d}t}\sum^{r}nr^3 \tag{4.2.6}$$

方程组可进行数值积分，计算各时刻(相当于离云底各高度上)的云滴谱、温度、水汽含量和液态水含量等。

均匀核的凝结过程的研究表明，均匀核群的凝结增长过程经历四个阶段：第一阶段是在过饱和度达到核活化临界值之前，大约 20 多分钟里，云滴几乎没有增长，而过饱和度迅速增长。第二阶段过饱和度超过临界值，云滴迅速增长，限制了过饱和度提高，最大过饱和度达 0.3%～0.4%。第三阶段云滴增长率和水汽供给率趋于平衡，过饱和度降低，云滴增长减慢。第四阶段趋于稳定，云滴几乎不再增长。

上述封闭的气块模式存在一些不符合实际之处如：①假定云内空气与周围环境不发生混合，但观测结果表明非降水性云的含水量通常要比绝热含水量小得多，云内外的混合是存在的。②云内外交换还应包括凝结核和云滴的交换，这样云内存在不同生命期的云滴。③假定云中上升气流速度为一个常数也是不恰当的，应由空气浮力和云中水滴拖曳力决定气块的动量变化。

非封闭气块模式：在非封闭的气块模式中，上升气流速度由气块的动量变化得出，模式建立五个演变方程即：上升气流速度、混和度、过饱和度、液态水含量和云滴半径。

$$\frac{\mathrm{d}}{\mathrm{d}t}(Mw)=M(\frac{T-T'}{T'}-q)g-MKw \tag{4.2.7}$$

或

$$\frac{\mathrm{d}w}{\mathrm{d}t}=(\frac{T-T'}{T'}-q)g-(K+\frac{1}{M}\frac{\mathrm{d}M}{\mathrm{d}t})w \tag{4.2.8}$$

式中，w 是云块的垂直速度，M 是云块质量，K 是 Priestley 交换系数。可简化成

$$(K+\frac{1}{M}\frac{\mathrm{d}M}{\mathrm{d}t})=K'=\mathrm{const}$$

并假设对热量、动量和水分输送的阻尼系数都是相同的。

温度变化率可表达为：

$$\frac{\mathrm{d}T}{\mathrm{d}t}=\frac{\dfrac{-gw}{c_p}\{1+\dfrac{L}{R_dT}\cdot\dfrac{\varepsilon p_s}{p-p_s}\}-K'(T-T')-\dfrac{K'L}{c_p}\{(1+\sigma)\cdot\dfrac{\varepsilon p_s}{p-p_s}-\dfrac{\varepsilon p_s'S'}{p-p_s'}\}-\dfrac{K'c_w}{c_p}(qT-q'T')}{\{1+\dfrac{L}{R_dc_pT^2}(\dfrac{\varepsilon p_s}{p-p_s})\}} \tag{4.2.9}$$

式中，S'，p_s' 和 q' 分别为周围环境的饱和比、饱和水汽压和液态水混合比，c_w 是液态水比热。

过饱和度变化率为

$$\frac{\mathrm{d}\sigma}{\mathrm{d}t}=-(\frac{p-p_s}{\varepsilon p_s})\{\frac{\mathrm{d}q}{\mathrm{d}t}+K'(q-q')+[K'(1+\sigma)\frac{\varepsilon p_s}{p-p_s}-\frac{\varepsilon p_s'S'}{p-p_s'}]\}-[(1+\sigma)(\frac{\varepsilon L}{R_dT^2}\cdot\frac{\mathrm{d}T}{\mathrm{d}t}+\frac{gw}{R_dT})] \tag{4.2.10}$$

$$\frac{\mathrm{d}q}{\mathrm{d}t}=\frac{4\pi}{3}\{\frac{\mathrm{d}}{\mathrm{d}t}\sum_r n_rr^3-K'(\sum_r n_rr^3-\sum_r n_r'r^3)\} \tag{4.2.11}$$

式中，n_r是云内每克空气中半径为 r 的云滴数目，n_r'是环境中半径为 r 的核滴浓度。

4.2.2 云滴群凝结增长的欧拉模式

拉格朗日型模式用于讨论上升气块中宏观参量的变化，而欧拉型模式则可以讨论宏观参量在空间的变化，从而给出各时刻云中参量的空间分布。该模式考虑各参量在空间的相互影响和演变，要比拉格朗日型模式优越，但计算量要大得多。

在欧拉模式中，为研究云滴群的凝结增长过程，就需要计算出各时刻各高度上的云滴谱。所以将云滴按大小划分为若干档，计算各档云滴浓度的演变。一般来说，经过一个时间步长的演变后，各档云滴凝结增长，部分云滴便会越出该档，所以，此时各档云滴的浓度要重新按原来划分的间隔分配。当然，决定云滴浓度变化的因素是多样的，包括云滴随垂直气流运动、云滴相对空气的下落运动、云内外的夹卷和湍流交换等，正是云滴空间位置改变而引起的浓度变化，以及云滴凝结增长引起的浓度变化，使得凝结增长半径增大，因此也就出现了某档的云滴可能移到了新的档位的现象。

在欧拉模式中，其基本方程包括：垂直运动方程、连续方程、温度方程、水汽方程和各档云滴的浓度方程。

由于部分云滴换档，所以凝结项的计算是用考虑盐核含量的凝结生长率公式计算各档云滴的半径增长率，然后重新分配各档的浓度，并得到各档浓度的改变量。各档云滴的浓度变化方程为

$$\frac{\partial N_i}{\partial t}=-(w-v_i)\frac{\partial N_i}{\partial Z}+\frac{2\alpha^2}{a}|w|(-N_i)+\frac{2}{a}u_a(N_i-N_{ia})+\frac{N_i}{\rho}w\frac{\partial \rho}{\partial Z}+(\frac{\delta N_i}{\delta t})_c \tag{4.2.12}$$

式中，N_i为 i 档云滴浓度，w 为垂直气流速度，v_i为 i 档云滴的下落末速度，a 为云的半径，u_a为在边界上径向运动速度；右边第三项表示夹卷项，N_{ia}为云边界上 i 档云滴浓度，当 $u_a>0$ 时为出流，$N_{ia}=N_i$；当 $u_a<0$ 时为入流，$N_{ia}=0$。α为湍流混合系数，右边第二项为湍流交换项。右边最后一项为凝结作用引起的浓度改变。

X_i为 i 档单个云滴的质量，其凝结增长率为

$$\frac{\partial X_i}{\partial t}=\frac{4\pi r_i(S-1-A)G_i}{\dfrac{L^2M_w}{KRT^2f_\alpha}+\dfrac{1}{D\rho_a f_\beta}} \tag{4.2.13}$$

式中，r_i为 i 档云滴半径，$(S-1)$为水汽过饱和度，K 为空气热传导率，D 是水汽在空气中的扩散系数，ρ_a为饱和水汽密度，R 是气体常数，L 是水汽凝结潜热，M_w为水的分子量，G_i为通风系数，f_α和 f_β是考虑水滴表面热量及水汽扩散特性而引起的修正项，A 为表示溶液效应和曲率效应的参数。

总结上述分析，得出通过给定大气层结和凝结谱及初始扰动便可以计算云的演变。

§4.3 云滴和雨滴的碰并增长

云滴之间互相碰撞合并成为大滴的过程，称为碰并增长过程。它是云滴增长为降水质点的关键所在。在碰并过程中，以重力碰并过程最为重要。其他还有布朗运动、流体引力、电力、湍流等也可导致水滴的合并增大(徐祝龄，1994；陈佑淑等，1989；沈四林，2004)。

重力碰并：由于云中的水滴大小很不均匀，在重力作用下，它们的下降速度各不相同，

这种微滴的相对运动是水滴发生碰撞的重要方式。为此，先介绍水滴的下降速度。

设在重力场中，水滴为球形，其半径为 r，密度为 ρ_L，则其所受的浮力应为$(4/3)\pi r^3\rho g$，水滴所受的重力应为$(4/3)\pi r^3\rho_L g$，此时水滴所受的下降力为重力与浮力之合力，即：

$$F=\frac{4}{3}\pi r^3(\rho_L-\rho)g$$

由流体力学知识可知，球形水滴下降时所受到的空气阻力 F_r 为

$$F_r=6\pi\eta rv\frac{C_D Re}{24}$$

式中，$Re=2\rho rv/\eta$ 为雷诺数，η 为空气的动力黏性系数，C_D 为阻力系数，v 为水滴的下降速度。

在重力与浮力作用下，水滴的下降速度不断增加，同时空气对水滴的阻力也随之增大，三力很快达到平衡，即

$$6\pi\eta rv\frac{C_D Re}{24}=\frac{4}{3}\pi r^3(\rho_L-\rho)g$$

然后水滴等速下降，则水滴下降的末速度 v 为

$$v=\frac{2}{9}\frac{(\rho_L-\rho)}{\eta}\left(\frac{24}{C_D Re}\right)\cdot gr^2 \tag{4.3.1}$$

这里要强调的是，对于半径小于 40 μm 的水滴，$C_D Re/24\approx1$，同时考虑到 $\rho_L\geqslant\rho$，上式变为：

$$v=\frac{2\rho_L g}{9\eta}r^2=c_1r^2 \tag{4.3.2}$$

取 $\rho_L=1\ \text{g/cm}^3$，$g=980\ \text{cm/s}^2$，$\eta=1.72\times10^{-4}\ \text{g/(cm·s)}$(0℃时空气的黏滞系数)代入上式得

$$v=1.27\times10^8 r^2\ \text{cm/s} \tag{4.3.3}$$

式中，r 以 cm 为单位，由式(4.3.3)可以看出，水滴的下降速度与半径的平方成正比，水滴越大则其下降速度也越大。

实验指出，式(4.3.3)只有在水滴半径介于 0.1 ~ 50 μm 之间才是正确的。对 r>60 μm 的水滴可利用下面的经验公式计算

$$v=\left(\frac{0.787}{r^2}+\frac{503}{\sqrt{r}}\right)^{-1}\times10^8\ \text{cm/s} \tag{4.3.4}$$

对于 r>500 μm 的水滴，其下降末速度可以利用下式计算

$$v=\beta\sqrt{r} \tag{4.3.5}$$

式中，$\beta=(1.5\sim2.0)\times10^8\ \text{cm}^{1/2}/\text{s}$。

通过上述分析看出，当云中较大的水滴(比一般云滴为大)，以一个比云中微滴平均下降末速大的速率下降时，在下降途中，会与较小的云滴相碰并，而在上升气流的云中，大小水滴均被上升气流扶持上升，小水滴也可碰上大水滴，并与之合并。这种碰并过程是由于大小水滴运动速度不同而产生的，且出现在重力场中，所以称之为重力碰并。

实际大水滴下降时，与空气相对运动。空气经过大水滴，会在其周围发生绕流，如图

4.2。半径为 R 的大水滴以末速度 v 下降过程中，单位时间内扫过的体积是以 πR^2 为截面的圆柱体，位于圆柱体中的小水滴只有一部分与大水滴碰撞，另一部分小水滴将随气流绕过大滴面离开，不发生碰撞。水滴重力碰并增长的快慢程度与云中含水量及大小水滴的相对速度成正比。即云中含水量越大，大小水滴的相对速度越大，则单位时间内碰并的小水滴越多，重力碰并增长越快。

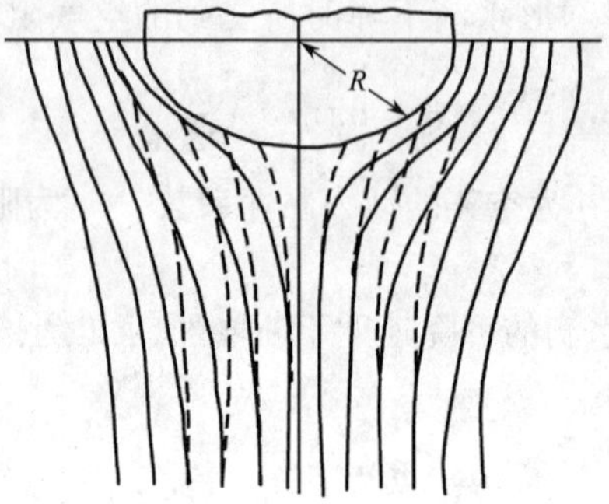

图 4.2　水滴的碰并(黄美元和徐华英，1999)

(细实线表示气流线，虚线为小水滴的轨迹线)

在水滴的碰并过程中，和大水滴发生碰撞的小水滴并非全部合并到大水滴上，大小水滴相碰后出现三种情况：一种是小水滴全部并入大滴；另一种是碰撞后，出现反跳现象；再一种是碰撞后小水滴部分合并，质量减少，运动轨迹发生改变。所以计算合并的水滴时要加以订正。我们把实际碰撞的水滴数与大水滴下降路径上圆柱体内水滴总数之比，称为碰撞系数；水滴相碰后导致合并的水滴数目与相碰撞的水滴总数目之比，称为合并系数。

碰撞系数与合并系数的乘积称为碰并系数(又称捕获系数、捕获效率)。在讨论重力碰并时，由于云中水汽一般处于饱和状态，水滴的大小相差悬殊，相对速度也有很大差别，因此，可以不计合并订正。也就是说，碰撞的小水滴将全部合并到大水滴上去。即取合并系数为 1，所以有碰并系数等于碰撞系数。

有了碰并系数就可计算水滴的碰并增长。计算水滴的碰并增长，目前有两种模式：一种为连续碰并模式，另一种为随机碰并模式。

连续碰并模式：假定小云滴以均匀密度充满大云滴扫过的空间，那么同样大小的大水滴在下降途中碰到的小云滴的几率是相同的，在这种情况下，大云滴的增长是连续、等速率的，这种碰并增长的方式，叫连续碰并模式。如图 4.3(a)所示。

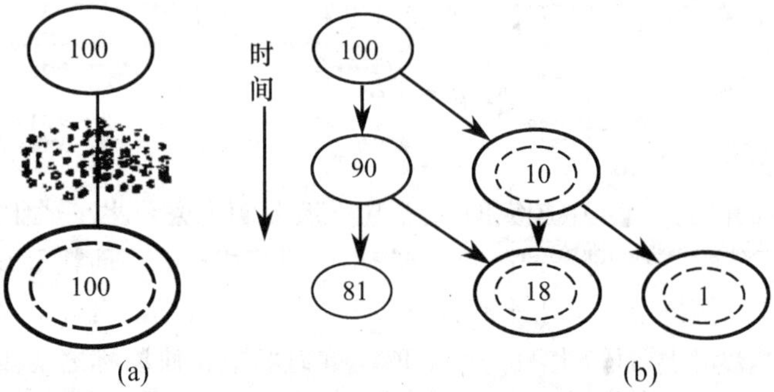

图 4.3　连续模式和随机模式碰并增长示意图(黄美元和徐华英，1999)

下面给出简化的连续碰并增长方程为

$$\frac{\mathrm{d}R}{\mathrm{d}t}=\frac{Eq_w v(R)}{4\rho_L} \tag{4.3.6}$$

式中，R 为大水滴的半径，$v(R)$为其下降末速度，q_w 为小水滴的液态水含量，ρ_L 为液态水密度，E 为碰并系数，一般情况下，E 的数值通常由实验方法测定。从式(5.3.6)可得出，当 R 增大时，E 也增大，所以说，半径增长率是随大水滴半径的增大而增大的，也就是说水滴的碰并增长是一种加速过程。在云滴形成的初期，凝结增长起着主要作用，随着云滴的增大，当半径超过某一限度后碰并增长则起主要作用了。并且水滴重力碰并增长的快慢程度与云中含水量及大小水滴的相对速度(式中忽略了小水滴的下降速度)成正比。当云中含水量越大，大小水滴下降的相对速度越大时，则单位时间内碰并的小水滴越多，重力碰并增长越迅速。

由上述的讨论可以看出，连续碰并模式所反映的碰并增长速率只是某一种尺度的水滴碰并增长的平均速率。实际上云中小云滴尺度不一，浓度随尺度变化，即具有一定的谱分布，考虑实际情况，在连续模式的基础上加以修正，大滴增长率公式可用下式表示：

$$\frac{\mathrm{d}m}{\mathrm{d}t}=\frac{4\pi^2R^2}{3}\rho_w\int_0^R E[v(R)-v(r)]r^3n(r)\,\mathrm{d}r \tag{4.3.7}$$

同理可以得到

$$\frac{\mathrm{d}R}{\mathrm{d}t}=\frac{\pi}{3}\int_0^R E[v(R)-v(r)]r^3n(r)\,\mathrm{d}r \tag{4.3.8}$$

上两式中，$n(r)\mathrm{d}r$ 是尺度在 r 与 $r+\mathrm{d}r$ 之间云滴的浓度。

由于云滴在空间分布不均匀，且大小不一，所以说某段时间内云滴的碰并过程是一种随机过程。在此基础上，提出了随机(或统计性)碰并模式。

随机碰并模式的含意以及与连续碰并模式的区别可用图 4.3 表示。图 4.3(a)是连续碰并模式。100 个同样大小的水滴由连续碰并作用增长为 100 个稍大的半径相同的水滴。显然，连续模式代表水流的平均增长速率。图 4.3(b)代表随机模式。由于云内云滴呈不均匀分布，因此在每一时间间隔内云滴的增长为随机性增长。在图中，我们假定几率为 10%，那么假定开始有 100 个大小相同的云滴，经过一时间后，有 10 个云滴与其他云滴相碰而增大，其他 90 个云滴保持不变。在下一个时间间隔内，增大了的 10 个云滴中仅有 10%个(即 1 个)云滴进一步增大，其余 9 个保持不变。与此同时，在上一时刻未能增大的 90 个云滴中也有 10%(即 9 个)得到一次增长的机会，其余 81 个云滴依然保持不变。这样，100 个云滴中，有 18 个云滴得到一次增长的机会；只有一个云滴得到两次增长的机会，增长最快；剩下 81 个因未得到增长机会而大小保持不变。由此可见，经过两个时间间隔的碰并，云中出现了三类大小不同的云滴，这就是随机碰并的含意。这个概念十分重要，因为它不仅说明了凝结增长过程形成的窄滴谱被拓宽的机制，而且也解释了云中为何有少数云滴能因随机碰并而增长得比一般云滴快得多。由上述讨论可知，随机模式研究的不是某个尺度滴的增长，而是研究滴谱的演变。

其他碰并过程：在暖云研究过程中，重力碰并作用只有在云滴半径大于 20μm 时才起明显的作用，所以在该范围之外，还存在着其他的碰并作用。在有湍流运动的云体中，碰并作用包括湍流碰并和布朗碰并。

湍流运动所引起的碰并一般认为比布朗碰并的作用要大得多。对半径 r=20 μm 左右的云滴湍流碰并最为有效，正好补上了凝结增长与重力碰并之间的空隙。布朗运动使小云滴产生碰并，其结果也使云滴增大，当云滴半径 r<0.1 μm 时布朗碰并的作用比较显著，一般情况下，认为云滴半径的增长率与 r^2 成反比，即云滴越大时增长率越小，但在降水形成过程中这种作用可以不考虑。

在云体中其质点带电不同，因此也就产生了带电体之间相互吸引和排斥的作用。根据同性相斥，异性相吸的原理，带同号电荷的云滴延缓碰并，带异号电荷的云滴加强碰并。经研究，在暖云降水中，当云滴半径在 2 ~ 10 μm 范围变化时，云中电场强度很大，电力碰并的作用是很大的。

由以上讨论可知：云滴增长成为雨滴的过程是错综复杂的。云滴增长的初期，凝结增长起主要作用，随着云滴的增大，凝结增长的速率逐渐减小，碰并增长的速率逐渐增大。当半径大于 10 μm 时，碰并增长就起主要作用了，在碰并增长过程中，湍流碰并起很重要的作用，当水滴半径大于 30 μm 时，重力碰并成为主要过程。

由于碰并作用，水滴不断增大，它在空气中下降就不再保持球形，开始下降时，底部平整，上部因表面张力而保持原来的球形。当水滴继续增大在空气中下降时，除表面张力外还要受到四周围作用在水滴上的压力以及因重力引起的水滴内部的静压力差，二者均随水滴的增长及下降而不断增大。在三种力的作用下，水滴变形越来越剧烈，底部向内凹陷，形成一个空腔。空腔越变越大，越变越深，上部越变越薄，最后破碎成许多大小不同的水滴。

水滴在下降过程中保持不破碎的最大尺度称为临界尺度，常用等体积球体的半径来表示，称为临界半径或破碎半径。在不同的气流条件下，临界半径是不同的。如在均匀气流条件下，临界半径为 450 ~ 500 μm。而在有扰动的瞬时气流条件下，临界半径约为 300 μm。在自然界中，因为大气具有湍流的缘故，观测到的临界半径为 300 ~ 350 μm。当大气中的雨滴增大到 300 ~ 350 μm 时，就要破碎成几个较大的滴和一些小滴，它们可以被上升气流携带上升，并在上升过程中作为新一代的胚胎而增长，长大到上升气流支托不住时再次下降，在下降过程中继续增大，当大到临界半径后，再次破碎、分裂重复上述过程。云中水滴增大→破碎→再增大→再破碎的循环往复过程，常用来解释暖云降水的形成，称之为连锁反应或暖云的繁生机制。

综上所述，当在有上升气流、并且水汽含量足够时，暖云可以通过以上过程，大量云滴增长为雨滴以至落到地面形成降水。云滴的凝结增长和碰并增长，在云滴转化为降水的过程中始终存在。例如在低纬度地区，云中出现冰水共存的机会较少，形成暖云降水，这时碰并增长最为重要，这时云中必须有一定量的足以引起重力碰并的初始大滴。该大滴的来源主要有：大的盐核进入云中；大冰晶或雪花自上层云中下掉落入暖云中；云体本身具有产生大水滴的机制等。总之，凝结增长和碰并增长两种过程是不可分割的，必须辩证地看待这两种过程的作用，以便深入了解降水形成的理论，为水文学中大气系统的水汽循环等提供理论基础。

§4.4　冷云微物理过程

冷云系指整个云体都在零度以下，或者云体上部在零度以下，但下部仍在零度以上的云。在冷云上部，虽然温度已经在零度以下，但水滴并未全部冻结，仍有过冷水滴存在。当冷云中既含有冰晶又含有过冷水滴时，也称为混合云，如果云体全部为冰晶组成则称为冰成云。实际上在温度低于零度的云中，通常是过冷水滴、冰晶和水汽三者共存，所以冷云降水过程也称为三相过程或伯吉龙过程(徐祝龄，1994；黄润本等，1986)。

在一定的温度条件下，某一水面和冰面都有一个与之达到平衡的饱和水汽压，分别称为水面饱和水汽压和冰面饱和水汽压。两者之间略有差异，通常在同一温度下，水面饱和水汽压总是略高于冰面饱和水汽压。图 4.4 为不同温度下的水面和冰面饱和水汽压及其压差，双线分别是水面(上线)及冰面(下线)饱和水汽压曲线。从图中可以看出，0℃时两者饱和水汽压差为零，随温度降低而差值增大，在−12℃时差值最大，为 0.28 hPa，随后温度的降低差值减小。经研究发现，在三相共存的冷云中，水面和冰面饱和水汽压如果有零点几帕的差值对降水的形成就有极其重要的作用。

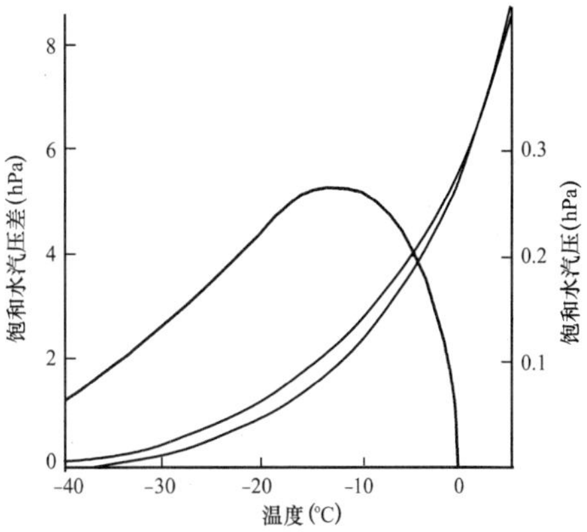

图 4.4　不同温度下的水面和冰面饱和水汽压及压差值

如果从机理方面考虑，三相共存时，该类云产生降水的过程主要是核化作用形成初始冰晶，借冰水转化过程产生较大的雪晶(线性尺度大于 300 μm 的冰晶)质粒从云中下降成为降水。类似于暖云中云滴的增长过程，冰晶在云中的增长主要有两种过程：冰晶的凝华增长和冰晶的碰并增长。

4.4.1　冰晶的凝华增长

冰晶凝华增长与水滴凝结增长本质相同，凝华增长率是由冰晶周围水汽扩散和热传导规律确定。在冷云中过冷水滴、冰晶、水汽三者共存时，由于冰晶表面上的饱和水汽压低于同温度下水滴表面上的饱和水汽压，在云体中可能出现冰晶处于过饱和状态，而水滴处于未饱和状态，即 $e_{冰}<e_{汽}<e_{水}$，云中的水汽不停地凝华到冰晶上去，水滴不停地蒸发减小，而冰晶则凝华增大。在水面饱和时，当温度为−5℃，−10℃，−15℃，−20℃和−25℃时，冰面上的过饱和度分别为 0.049 9，0.102 1，0.157 7，0.214 9 和 0.276 2，而实际云中的水面过饱和度要小得多，一般为 0.01 ~ 0.001(黄美元等，1999)。

冰晶与水滴的不同之处在于它不是球体，而是多面体，因此在考虑凝华增长方程时，必须加以修正。把环绕冰晶体周围的水汽场与环绕同样大小同样形状的带电导体的静电电位场相比较，把水汽通量与电力线通量结合考虑，可得到冰晶的凝华增长公式

$$\frac{\mathrm{d}m}{\mathrm{d}t}=4\pi CD(\rho_{\infty}-\rho_{r}) \tag{4.4.1}$$

式中，C 为冰晶的形状因子，是类似于电容的冰晶增长物理量；D 为水汽在空气中的扩散系数。ρ_{∞}和 ρ_r 分别为无穷远处和冰晶表面附近的水汽密度。

水汽在冰晶上凝华，放出潜热，冰晶表面的热平衡方程为

$$L_s \frac{\mathrm{d}m}{\mathrm{d}t} = 4\pi CK(T_r - T_\infty) \tag{4.4.2}$$

式中，L_s为冰的凝华潜热，K为热传导系数，T_r和T_∞分别为冰晶表面温度和环境温度。

根据克劳修斯-克拉伯龙方程，饱和水汽压和温度的关系为

$$\frac{E(T_r)}{E(T_\infty)} = \exp\left(\frac{L_s}{R_v}\cdot\frac{L_r - T_\infty}{R_\infty^2}\right) \tag{4.4.3}$$

将式(4.4.1)、式(4.4.2)、式(4.4.3)联立，用过饱和度$S = \frac{E}{E(T_\infty)} - 1$代入可得冰晶凝华增长公式：

$$\frac{\mathrm{d}m}{\mathrm{d}t} = \frac{4\pi Cs}{\frac{L_s^2}{KR_v T_\infty^2} + \frac{R_v T_\infty}{DE_\infty(T_\infty)}} \tag{4.4.4}$$

由上式看出，冰晶凝华增长取决于环境的水汽压、温度以及冰晶本身的形状。

对不同温度下在水面饱和空气中冰晶凝结增长的研究结果表明，冰晶增长率最大是在针状(−6℃左右)和枝状(−15℃左右)。冰晶增长率最小的情况是柱状(−8～−9℃)和(T<−20℃)及板状(T>−5℃)。对应不同温度的不同形状的凝华增长过程随着时间变化相差愈来愈大。例如增长 10 min 时，−15℃的枝状冰晶大小等于−8℃时柱状冰晶的 6 倍。冰晶淞附生长的下限尺度与形状有关，已知板状和枝状冰晶的临界值各为 300 μm 和 50 μm，六角板状冰晶在水面饱和条件下−12℃时，经过 6 min 凝华增长可长到 300 μm，而柱状冰晶在−9℃通过凝华增长 6 min 后达到 50 μm 都可以开始通过撞冻淞附生长。

另外，我们应该指出，虽然冰晶凝华增长与水滴凝结增长本质上相同，但在混合云中，由于云滴主要为过冷却水滴，当水汽对水滴是接近饱和时，对冰面已是过饱和了。例如在−10℃时相对于水面为饱和空气，相对于冰面已是 10%的过饱和了。所以在混合云中，冰晶由水汽凝华增长的速率要比水滴的凝结增长速率大两个量级。并且不但冰晶增长与水滴的增长不同，不同形状的冰晶，增长的速率也不一样。因为冰晶的增长不但包含了冰晶吸附水汽分子的过程，而且被吸附的水汽分子先在表面上移动，直到纳入晶体结构中一定位置。水汽分子优先移向晶格曲折部分，这是因为在那里冰晶增长所必须克服的能量障碍最小。

4.4.2　冰晶的碰并增长

冰晶的碰并增长包括冰晶与过冷却水滴的碰并(撞冻或淞结)和冰晶之间的碰并(丛集或聚合)。在淞结过程中，当其超过一定阶段时，就难以辨别出冰晶的原始形状，这种失去原始形状的淞团，称为霰。从冰晶的增长过程考虑，云中冰晶要长大到足以克服上升气流和云下的蒸发从而到达地面的尺寸，单靠凝华增长过程是不够的。这时聚合和碰并增长就起了很重要的作用，依靠这种作用，冰晶可以在几十分钟内便能形成降水物尺度的质粒，这些大的冰粒下降到高于 0℃的气层时便融解成雨滴(徐祝龄，1994；黄润本等，1986；王鹏飞等，1989)。

若 m 表示冰晶的质量，E 为碰并系数，A 为冰晶的横截面，g_w为云中含水量，v_s为冰

晶降落速度，$v(r)$为云中小水滴的降落速度，冰晶碰并小滴的凇结增长方程可用下式表示

$$\frac{\mathrm{d}m}{\mathrm{d}t}=EAq_w[v_s-v(r)] \tag{4.4.5}$$

平常雪花常成星状、枝状等，都是冰晶聚合的产物。对六角形冰晶来说，它的面上、边上和角上的曲率不同，因此饱和水汽压不同，面上的饱和水汽压最小，边上大一些，角上最大。当空气里水汽压相同的时候，由于冰晶各部位饱和水汽压不同，水汽在它的上面凝华的情况也不同。如果空气里水汽压比面上的饱和水汽压大而比边上的饱和水汽压小，水汽只在面上凝华，于是形成针状和柱状雪花。如果空气里的水汽压比边上的饱和水汽压大而比角上的饱和水汽压小，边上和面上虽都有水汽凝华，但是因为边上位置突出，能优先获取周围的水汽，增长得快，于是形成了片状雪花。如果空气里水汽压比角上的饱和水汽压大，虽然面上、边上、角上都有水汽凝华，但是因为尖角处位置最突出，水汽到来时它首当其冲，水汽供应最充分，增长得最快，于是形成了枝状或星状的整齐的六角形的雪花。

在云里由于冰晶不断地运动着，它所处的水汽条件也在不断地变化，这样使得冰晶随着时间的变化向不同的方向增长，形成了各种形态的雪花。

半径介于 1 ~ 55 μm 之间的小水滴与扁椭球片状冰，其半长轴 R=147 ~ 404 μm，且半短长轴之比为 b_1/R=0.05，对这类碰撞效率研究表明，小水滴及大水滴均有碰撞效率为零的现象，这是与两水滴间相碰的碰撞效率很不相同的地方。小于 10 μm 的水滴碰撞效率为 0。水滴与片状及辐支状冰晶碰撞的野外观测中，未发现有 r<5 μm 的冻滴出现于片状或辐枝状雪晶上，而大半径时的碰撞效率为零的情况也会发生。

水滴过小，将因气流绕片状晶而流，使碰撞效率变小。水滴过大，则因片状晶密度较小，水滴向冰晶靠近，片状冰晶会飘浮，并向水滴绕流，从而也会使碰撞效率减少。又片状冰晶过小，当水滴与之相碰时，片晶也会有反向绕流。当雪晶小于某一限度时，就收集不到过冷水滴。片状冰晶的凇粒多集中于雪晶边缘，呈环状，而雪晶中部，常无水滴相碰。

在对冷水滴与柱状晶相碰的研究中，水滴半径在 2 ~ 134 μm 之间，而圆柱形冰晶长度在 67.1 ~ 2 440 μm 间，半径在 23.5 ~ 146.4 μm 之间(相当于 Re 在 0.2 ~ 20 之间)。其研究结果表明，在水滴很小或者很大时，均不能碰撞，且因雪晶的圆柱体太小，碰撞效率也为零。只是当柱晶的半径大于 107 μm 时，才会由于尾涡效应而碰撞效率大增，可变为大于 1 的值。此外人们发现在柱晶上结凇，较为均匀。当柱晶的直径小于 50 μm 时，其表面很少会出现结凇现象，但针状晶则在直径大到 30 ~ 40 μm 时，开始结凇。

冰晶与冰晶的碰并，称为碰连过程。这种碰连过程与温度有关，且大多产生于温度高于-8℃的范围内，尤以-1 ~ -5℃之间为最多。此外在-12 ~ -17℃之间也有一个次多区。并且，观测还发现，简单厚片及短柱晶很少有碰连现象，碰连最多的是片状及辐枝状晶，针状成束晶也曾观测到。

通过实验室用冰球或雪片与微米尺度的小冰晶进行碰撞，发现在–5℃以上和–12 ~ –17℃之间的温度最为明显。由于冰晶的碰并问题很复杂，上面只是一些实验性的结论，仅适用于冰晶撞冻的初期阶段。其原因是多方面的，首先冰晶撞冻增长过程中，几何形状在不断变化；其次冰晶的运动及其不规则，难以从理论上考虑等。

综上所述，冰晶的凝华增长在冷云降水中起着重要的“启动因子”的作用，随着冰晶

的增大，其增长速率趋向缓慢。计算表明，当云内温度在-10℃时，由水汽凝华成为半径为300 μm 的球状冰晶需要 2 ~ 3 小时，要形成半径为 1 mm 的雪晶则需要几十个小时，所以在雪晶的增长中，凇结与丛集增长起主要作用。此外，冰晶由于相碰，或大水滴冻结等原因也会破碎繁生，促使冰晶的增长，最后形成降水。

4.4.3 冰晶的繁生过程

大气中的冰晶一般是过饱和水汽或过冷却水滴在冰核作用下凝华或冻结而成，冰晶的个数受大气冰核个数的制约，在较高温度下大气中冰核很少，云中冰晶也很少，这同多数的实际观测结果一致。但是在某些云中，观测到的冰晶个数远远超过云体最低温度下的冰核数。在温度只有-5℃的浓积云的云顶上，也可观测到每升 1 个的冰晶浓度，这比-5℃温度下的一般冰核数多了约 1 000 倍。对积状云和层状云的观测研究发现，在温度较高的条件下有时冰晶数量多于冰核几倍甚至几百倍，但有时两者相近。初始冰晶是在冰核上产生的，这些初始冰晶又会通过破碎等过程产生新的(次生的)冰晶，使冰晶个数大大增加，这类过程称为冰晶繁生过程。

云中冰晶可能有繁生现象，那么引起冰晶繁生的物理过程主要有三种：第一种是冰晶的破碎，在云中或者降雪中常常可以观测到残缺的冰晶和冰晶的碎片，这些冰碎片又可以长成新冰晶，但是破碎的条件和产生次生冰晶的速率还不太清楚。在喀斯喀特山的云中发现脆弱冰晶的破裂现象，这种现象能使云中冰晶数密度大大增加。第二种是过冷大水滴的冻结破裂。有实验表明，在静止的空气里，与环境处于热平衡的冻滴并不发生破碎，但在其他情况下都观测到有破碎现象。在云室内曾观测到冻结水滴的爆炸现象，爆炸后产生大量细小冰晶。有人认为过冷却水滴必须半径大于 250 μm 时才会繁生，这是较大的云滴冻结时全体破裂或部分破裂所致。过冷水滴在风洞中核化后，令其立刻在空气中以末速下降，它就遵循一条螺旋路径转动，于是在冻结初期它就能近乎径向均匀地将潜热消耗到环境中去，从而发现有冰屑出现(B.J.梅森，1979；黄美元等，1999)。

冰晶繁生的第三种过程是大云滴被霰粒碰撞并冻结时破裂产生冰晶。对云中冰晶数目的大量实际观测表明，当云中有暖粒和大云滴时冰晶数往往比冰核数高出上千倍。人们进行了更加细致的室内实验，实验结果得出直径大于 24 μm 的大云滴在-5℃左右被碰撞冻结时，会高效率的破碎产生小冰晶，这个结果可以解释很多自然云中存在的超量冰晶。冰晶繁生过程使温度较高的云中在一定条件下产生大量冰晶，从而使冰晶降水过程得以充分进行。

4.4.4 冰　雹

冰雹是从发展极盛的积雨云中降落下来的冰球或冰块。冰雹的直径一般为 5 ~ 50 mm，大者可达十几厘米，甚至超过 30 cm。冰雹个体具有透明层与不透明层相间排列的结构。按云物理定义来说，冰雹包括四种降水物，冰丸(小冰雹)，它是云中降下的透明或透光的球丸状冰体，多为球形或不规则形，也有圆锥形的，其直径在 2 ~ 5 mm 间。霰，由云中降下的白色不透明的粒状冰组成，多为球形或锥形，直径在 2 ~ 5 mm 之间，霰的结构松软易碎，落在硬地面能弹跳并破裂。软雹，一种尺度在 5 mm 以上的固态降水物，外观类似冰雹，但内部结构比较松软易碎，软雹部分由类似霰及海绵冰组成，故碰在地上易破裂，对作物的危害比冰雹小。冰雹，尺度在 5 mm 以上的固态降水物，由透明(亮带)和半透明(暗带)的冰层交替组成，密度大、落速快，经常造成严重危害(王昂生等，1986)。

大气层结的不稳定、充分的水汽供应和相当强的不均匀上升气流促进了冰雹的形成，降雹时上升气流的速度一般认为大于 20 m/s，若雹的直径为 10 cm，上升速度就需要 50 m/s 以上。强大上升气流的能量就是由层结不稳定能量释放得来的，所以说层结愈不稳定，降雹的可能性愈大，形成的雹也愈大(胡志晋，1987；郭恩铭，1981)。

在积雨云中，0℃层以下、0～-10℃层间和-10～-20℃层间分别由水滴、过冷却水和过冷却水与冰晶的混合层组成，而-20℃层以上几乎全由冰晶组成。当云中的过冷却水滴被上升的强大气流带至高层与雪花冰晶相碰时，过冷却水很快在冰晶上冻结，并形成雹核。正是由于高层温度低，过冷却水冻结的时间短，冻结速度快，冰粒间空隙大，冰的密度小等原因，形成的冰雹核心常混有大量气泡，构成组织疏松、白色不透明的冰层，冻结得愈快，则冰层愈不透明。成雹后，随着上升气流减弱或雹的重量增大而下降至 0℃层以下。此时低层温度较高，雹核表面一部分融为水，在雹面流散蔓延，同时也有一部分水滴附着其上。这时若上升气流又增强，那么冰雹将再度被带至 0℃层以上的低温区，雹核表面的水又重新冻结成冰，若冻结缓慢，混杂的空气少，这一层就成为透明的冰层。随着上升气流的再次减弱，冰雹在下降过程中如果碰到冰晶或雪花，冰晶或雪花便粘附在冰雹上，这时由于含有空气的缘故，在冰雹的表面形成了不透明冰层。如此往返多次，就形成透明层与不透明层相间排列的冰雹。因此，时强时弱不均匀的上升气流是冰雹形成条件之一，上升气流愈不均匀，冰雹增大的可能性愈大，冰雹的层次也愈多。当上升气流顶托不住冰雹时，冰雹就降落到地面(吴和赓，1986；陆正华等，1985)。

经研究发现，冰雹是冰块，与雨滴肯定存在相态上的差别，那么作为造成这种差别的云内温度分布，特别是 0℃等温线的高度就显得非常重要。事实上，仅仅考虑 0℃等温线的高度仍然不解决问题，因为在高原地带降雹的积雨云，其 0℃等温线的高度与不降雹的雷雨云 0℃等温度高度两者并没有明显的不同。雷雨云的上部温度一般都在 0℃以下。另一个差别是最大上升气流所在的高度 z_m。研究发现，上升气流往往在云中某一高度上有最大值，特别是积状云，最大值非常明显。总结上述理论，形成冰雹需要 0℃等温线高度 z_0 与最大上升气流高度 z_m 以及最大上升气流 w_m 与 0℃层高度的上升气流 w_0 这三者之间要合乎一定条件：

当 $w_m \sim w_0$ 或 $z_0 \sim z_m$ 时。云中冰雹的胚胎在冰晶区及过冷区进行碰并增长，当落到 0℃层以下时，融化不多就被上升气流托住。它长大到气流托不住时就下落，如遇到另一股更大的上升气流(或云泡)它就再行向上继续增长。在上述的情况下，可以形成较大冰雹，而且降雹也很猛烈。

当 $w_m > w_0$，$z_m \leq z_0$ 时。云中雹胚稍长大一些后，由于 w_0 太小，雹胚就托不住而落下来，到暖区 z_m 高度处被 w_m 托住，这时因为 $z_m \leq z_0$，z_m 上温度较高，而 $w_m > w_0$，所以雹粒长时间被截留在 z_m 高度上，因此雹粒不但长不大而且还要融化，这样容易形成阵雨而不易形成冰雹。华南平原上的雷雨云就可能是这种情况。

当 $w_m > w_0$，$z_m \geq z_0$ 时。云中 z_m 与云顶高度已相差不远，冰晶在 z_m 以上增长不大，因为主要靠在 z_m 与 z_0 之间的重力碰并长大，它们即使长成雹胚降落到 z_0 后。也会因气流托不住而掉下来，所以即使在 w_0 较大时也只降一些不太大的冰雹。估计高原上(地面海拔 4～5

km)有些冰雹云就是这种情况。

所以说，要形成冰雹必须具备以下条件：云顶温度足够低，云顶足够高，云中有足够厚的过冷层，至于有无冰晶则关系不大，因为在过冷态下也不可能绝对没有冰晶存在，只是相对于过冷水滴来说数量很少而已，这些少数的冰晶即使只有云中过冷水滴的万分之一，作为提供雹胚来说已经完全足够了。w_m 比较大，使雹粒不致小得还没有降到地面就融化成水。例如在中纬度夏季，云底不太高(离地 1 ~ 2 km)，当 w_m>12 ~ 13m/s 时，落到 z_m 以下的雹粒半径可大于 2.5 mm。同时必须具备 $z_m \sim z_0$ 的条件。

应该指出，目前对冰雹云的情况至今了解得很不够，如冰雹为什么能在积雨云形成之后就能快速的形成等，并且对冰雹的形成过程也有待于进一步深入了解，这方面的许多理论与资料都还非常不完全，有待于进行深入探索，特别是由于冰雹云内部各种要素场十分不均匀，在各个生长阶段上很有可能存在不同的过程。

第五章　积云动力学方程组

积云动力学是云和降水物理学的重要组成部分。通过长期的云物理研究和人工影响天气试验，人们逐渐认识到：云的发展和降水形成的宏观动力过程为微物理过程的进行提供了背景，决定性地影响了云质点的数密度、初始大小分布以及物理性质，规定了微物理过程进行的速率和持续时间，以及最终降水量的大小，并且只有在研究了云动力学过程的基础上，才能确定微物理过程中各个过程的重要程度。所以说云中的大气运动在很大程度上制约了云和降水的微物理过程。

实际上云和降水的微物理过程对于宏观动力过程又有重要的反馈作用。一般在云和降水质点的凝结和凝华、蒸发和升华过程中，水汽的密度发生变化，该过程便产生了相变潜热的释放和吸收，这为宏观的云动力过程提供了一种重要的热源和热汇，它极大地影响了云(特别是对流云)内外空气的运动。同时降水质点的拖曳、蒸发作用，加强了云中的下沉气流，促使云体消散和崩溃。近年来，随着水文-大气耦合模式的发展，越来越多的水文、气象学家致力于研究全球尺度下云动力学与云和降水微物理学的相互作用，全球气候变化条件下云和降水宏观、微观特性对物理水文过程的影响等。目前，云动力学研究将云和降水的数值模拟试验作为一种重要理论手段，利用云的微物理结构和动力学结构、宏观动力过程和微物理过程的结合联系，组成统一的云模式来进行研究。

在云动力学的研究中，积云对流是大气中最常见而又最为重要的天气过程之一。首先，积云对流不仅是一种重要的天气现象，而且由于对流云的猛烈发展直接导致了雷暴、闪电、强风、冰雹、龙卷风和暴雨等发生。此外，在低纬度地区，大约有 3/4 的雨是由对流性降水造成的，中纬度地区夏季对流云也是主要的降水源，冬季中纬度一些地区的气旋风暴和中尺度对流雨带有时也会产生暴雨，特别是中纬度地区冰雹、龙卷风等常常由强对流过程引起。所以，积云对流是物理水文过程研究中非常关注的问题，从而积云对流动力学研究也是水文物理过程的重要的基础理论。

其次，积云对流是大气环流中最为有效的一种能量转换器，是水汽、热量和动量垂直输送的重要机制。在热带地区，积雨云起着供热塔的作用，积雨云中凝结潜热的释放促进了热带地区水汽和热量的扰动，而这种能量的释放便是积云对流发展的动因。就全球而论，热带海洋地区是能量的源，而中高纬度区域是能量的汇。为了平衡中高纬度能量收支的亏损，必须有能量从热带向中高纬度输送。研究表明，热带积雨云塔是平流层内水汽和能量的一个重要来源，是调节全球热量收支的一个重要的辐射阀门。而积云塔的数目和集中程度的变化趋势与信风强弱及季风变化有关，它影响平流层的水汽含量并进而影响气候。研究发现，在目前全球热量收支计算中，难以确定的项目仍然是与云的形成、演变和分布以及云的辐射性质有关的热通量。并且它们还决定海表面的热量平衡，也使建立合理实用的稳态或时变气候模式成为可能。

云动力学的理论基础仍是把动量、质量、能量和水热守恒基本物理原理作为前提条件，应用于牛顿运动方程(纳维-斯托克斯方程)、质量连续方程、热力学方程和气体状态方程之中，建立云动力学基本方程组。为了更清晰地理解积云动力学方程组的物理实质，需要进一步考虑各种微物理过程(蒸发、凝结、降水)，在方程组中增加水汽和液态水量(或冰水量)连续方程，并将加热项加以修正，以便把潜热释放效应考虑在内，再根据小尺度对流运动的特性对方程组作必要的简化，假定在积云对流过程中大尺度天气系统是常定不变的已知参数，排除天气尺度的变化对积云对流过程的影响，从而组成各种类型的云动力学模式(巢纪平等，1964；叶家东等，1988；黄美元等，1999；赵仕雄等，2004)。

§5.1　积云对流原始方程组

大气中积云发展的宏观过程，可以用可压缩流体的运动方程组来描写。这一方程组一般由动量增加定律、质量守恒定律和热力学第一定律导出(王建捷等，2001)。

积云虽然也是发生在旋转地球大气中的一种大气过程，但由于它的生命史的特征时间比起地球自传周期要短很多，所以可以不考虑因地球旋转所产生的柯里奥利力。这样由动量增加定律可得运动方程：

$$\frac{\mathrm{d}\boldsymbol{V}}{\mathrm{d}t}=-\frac{1}{\rho}\nabla p+\boldsymbol{G}+k_{v}\Delta\boldsymbol{V} \tag{5.1.1}$$

式中，$\boldsymbol{V}$是空气的速度向量，它沿水平坐标轴 x，y 和垂直坐标轴 z 的分量，分别为 u，v 和 w，p 和 ρ 是空气的压力和密度，$\boldsymbol{G}$ 是重力加速度，k_v是动量的湍流交换系数，t 是时间，而这些物理量之间的全微分关系为：

$$\frac{\mathrm{d}}{\mathrm{d}t}=\frac{\partial}{\partial t}+u\frac{\partial}{\partial x}+v\frac{\partial}{\partial y}+w\frac{\partial}{\partial z} \tag{5.1.2}$$

由质量守恒定律可得连续性方程：

$$\frac{\mathrm{d}\rho}{\mathrm{d}t}+\rho\mathrm{div}\boldsymbol{V}=0 \tag{5.1.3}$$

由热力学第一定律，得到热流入量方程：

$$\rho\frac{\mathrm{d}S}{\mathrm{d}t}=\frac{1}{T}\varepsilon \tag{5.1.4}$$

式中，S 是空气的熵，T 是空气的温度，ε 是在单位时间内流入单位体积中的热量。

在处理积云动力学的问题中大气可以认为是理想气体，因此熵可以用下式来表示

$$S=c_{v}\ln\frac{p}{\rho^{\kappa}}+C_{1}=c_{p}\ln\frac{p^{1/\kappa}}{\rho}+C_{2} \tag{5.1.5}$$

式中，$\kappa=c_p/c_v$，c_p，c_v 分别是空气的定压比热和定容比热，C_1，C_2 为常数。

方程(4.1.4)也可以对位温 θ 写出

$$c_{p}\rho\frac{\mathrm{d}\theta}{\mathrm{d}t}=\frac{\theta}{T}\varepsilon \tag{5.1.6}$$

位温的定义为

$$\theta=\frac{p_{0}^{\frac{\kappa-1}{\kappa}}}{R}\cdot\frac{p^{1/\kappa}}{\rho}=\text{常数} \tag{5.1.7}$$

式中，p_0=1 000 Mpa，R 为气体常数。

温度 T 可以通过状态方程与 p 和 ρ 联系起来，即

$$p=\rho RT \tag{5.1.8}$$

在积云发展过程中，ε 基本上有两种形式。一为湍流扩散引起的热交换 ε_1，

$$\varepsilon_1 = \frac{c_p \rho T}{\theta} k_\theta \Delta\theta \tag{5.1.9}$$

其中，k_θ 为热量的湍流扩散系数。另一种形式的热交换 ε_2，是由于水汽相变时的潜热释放

$$\varepsilon_2 = -\rho L T \frac{\mathrm{d}}{\mathrm{d}t}\left(\frac{q_{\max}}{T}\right) \tag{5.1.10}$$

式中，L 为凝结潜热；$q_{\max}$ 为饱和比湿。

如果不考虑 ε_2，方程组(5.1.1)、(5.1.3)、(5.1.6)、(5.1.7)、(5.1.8)，对变量 V, p, ρ, T 和 θ 是封闭的。

§5.2　积云对流的动力学

5.2.1　对流近似理论

积云对流是大气中发生的一种小尺度对流现象，对天气系统的发展演变起着重要作用。因此，用数值模式准确地描述以及合理地模拟大气中积云对流及其伴随的降水过程是非常重要的。产生对流运动的主要动力是由于空气密度在水平方向差异引起的扰动密度浮力，即气块的重力和阿基米德浮力的合力。同时，在对流运动发展的过程中，大气的层结状态又将起一定的影响，为了把影响对流运动的这些因素表示出来，我们将上面普遍的运动方程组作适当的处理和简化(黄美元等，1999；桑建国等，2002)。

在不考虑耗散力和非绝热影响的情况下，设对流运动发生时的大气的基本状态为 $\bar{p} = \bar{p}(z)$，$\bar{\rho} = \bar{\rho}(z)$，$\bar{\theta} = \bar{\theta}(z)$，即气压、密度和位温只是高度的函数，并且满足关系式

$$\frac{\mathrm{d}\bar{p}}{\mathrm{d}z} = -\bar{\rho} g\,,\quad \frac{\mathrm{d}\bar{\theta}}{\mathrm{d}z} = 常数 \tag{5.2.1}$$

进一步假定

$$p = \bar{p} + p' \qquad \rho = \bar{\rho} + \rho' \qquad \theta = \bar{\theta} + \theta' \tag{5.2.2}$$

式中，p', ρ' 和 θ' 是由于对流运动而引起的气压、密度和位温的扰动值，同时这些扰动值与它的平均值相比是一个微小量，则成立条件是：

$$\frac{p'}{\bar{p}} \ll 1 \qquad \frac{\rho'}{\bar{\rho}} \ll 1 \qquad \frac{\theta'}{\bar{\theta}} \ll 1 \tag{5.2.3}$$

应用这些关系式可以将式(5.1.1)的右端改写成

$$\begin{aligned} -\frac{1}{\rho}\nabla p + \boldsymbol{G} &= -\frac{1}{\bar{\rho}+\rho'}\nabla(\bar{p}+p') + \boldsymbol{G} = -\frac{1}{\bar{\rho}+\rho'}\nabla p' - \left(\frac{\bar{\rho}}{\bar{\rho}+\rho'} - 1\right)\boldsymbol{G} \\ &= -\frac{1}{\bar{\rho}+\rho'}\nabla p' + \frac{\rho'}{\bar{\rho}+\rho'}\boldsymbol{G} = -\frac{1}{\bar{\rho}}\nabla p' + \frac{\rho'}{\bar{\rho}}\boldsymbol{G} \end{aligned} \tag{5.2.4}$$

这样式(5.1.1)可以写成下面的形式

$$\frac{\mathrm{d}\boldsymbol{V}}{\mathrm{d}t} = -\frac{1}{\bar{\rho}}\nabla p' + \frac{\rho'}{\bar{\rho}}\boldsymbol{G} \tag{5.2.5}$$

式中，右端第二项即为阿基米德浮力。

应用上面的假定，连续性方程可以写成

$$\frac{\mathrm{d}}{\mathrm{d}t}(\frac{\rho'}{\bar{\rho}}) = -\mathrm{div}\boldsymbol{V} + \sigma w \tag{5.2.6}$$

式中，$\sigma = -\frac{1}{\bar{\rho}}\frac{\mathrm{d}\bar{\rho}}{\mathrm{d}z}$，一般来说密度 ρ' 的个别变化是很小的，因此上式可以简化成

$$\mathrm{div}\boldsymbol{V} = \sigma w \tag{5.2.7}$$

连续性方程为

$$\frac{\mathrm{d}\rho'}{\mathrm{d}t} = -\mathrm{div}\bar{\rho}\boldsymbol{V} \tag{5.2.8}$$

在绝热假定下，式(5.1.6)变为绝热方程，把式(5.2.2)代入式(5.1.6)后，可以写成下面的形式：

$$\frac{\mathrm{d}\theta'}{\mathrm{d}t} = -\alpha w \tag{5.2.9}$$

式中

$$\alpha = \frac{\bar{\theta}}{\bar{T}}(\gamma_\alpha - \gamma) \approx \gamma_\alpha - \gamma \tag{5.2.10}$$

称为大气的静力稳定度。其中 $\gamma_\alpha \approx g / c_p$ 为干绝热递减率，$\gamma = -\partial\bar{T} / \partial z$ 为大气平均温度的垂直递减率。当α小于零时，称为静力不稳定，这时对流可以得到发展。反之，对流就得不到发展。

微分位温关系式(5.1.7)，我们就得到

$$\frac{\theta'}{\bar{\theta}} = \frac{1}{\kappa}\frac{p'}{\bar{p}} - \frac{\rho'}{\bar{\rho}} \tag{5.2.11}$$

描述对流运动的这一组方程(5.2.5)、(5.2.10)及方程(5.2.16)，与一般的可压缩流体力学方程组的主要差别有两处：一是用阿基米德浮力代替了重力，二是在绝热方程中多了一项描写大气层结影响的新项。

5.2.2 非静力平衡

在地球大气中发生的大尺度运动，如气旋、反气旋、大气长波等都具有准静力平衡的待征，即在垂直运动方程中，垂直加速度的量级远小于重力加速度，而把垂直运动方程简单地写成

$$0 = -\frac{1}{\rho}\frac{\partial p}{\partial z} - g \tag{5.2.12}$$

但对积云这种尺度的对流现象，按对流近似理论把垂直运动方程等号右端加以简化之后，只剩下扰动密度引起的浮力和扰动压力梯度力，这些力和垂直加速度在量级上是相等的。因此，在垂直运动方程中，垂直加速度项不能忽略，即积云对流运动具有非静力平衡性质，用 Fr 数来表示积云对流运动的这个性质。下面来推导 Fr 数的表示式。

在定常的情况下，设积云对流的水平特征尺度为 L，垂直特征尺度为 H，水平特征速度为 V，垂直特征速度为 $\vec{W}$，扰动压力特征值为 Δp，扰动密度特征值为 $\Delta\rho$，并且用符号 $O(0)$表示取括号内物理量的特征量，用符号“~”表示特征量相等。

取不可压缩连续方程的特征量，即

$$O(\frac{\partial u}{\partial x}+\frac{\partial v}{\partial y}+\frac{\partial w}{\partial z}) \sim O(0) \tag{5.2.13}$$

可得

$$\frac{V}{L} \sim \frac{W}{H} \tag{5.2.14}$$

对积云对流来说，$H \sim L$，所以有

$$V \sim W \tag{5.2.15}$$

由于扰动密度浮力是对流运动发生的一个本质原因。因此，将垂直方向上的惯性力与扰动密度浮力相比，取其特征量，利用式(4.2.14)和式(4.2.15)得

$$Fr = \frac{O(u\frac{\partial w}{\partial x}+v\frac{\partial w}{\partial y}+w\frac{\partial w}{\partial z})}{O(\frac{\rho'}{\rho}g)} \sim \frac{W^2}{g\frac{\Delta\rho'}{\overline{\rho}}H} \tag{5.2.16}$$

Fr 称为 Froude 数，对积云对流来说，

$$Fr \sim 1 \tag{5.2.17}$$

积云对流运动具有非静力平衡这一特性，可以作为一个基本假定来使用，利用这个假定，再推出积云对流的其他动力学性质。另外，也可以用观测资料来验证积云对流运动的非静力平衡这一性质。

如果近似地将密度的变化用位温变化来估计，即取 $\Delta\rho'/\overline{\rho} \sim \Delta\theta'/\overline{\theta}$，那么根据积云的宏观观测结果，对于一般的浓积云有 $H \sim 10^3$m，$W \sim 3$m/s，$\Delta\theta'/\overline{\theta} \sim 10^{-3}$，将这些特征值代入式(5.2.16)，便得到式(5.2.17)。对于发展强盛的积云有 $H \sim 10^4 m$，$W \sim 30$m/s，$\Delta\theta'/\overline{\theta} \sim 10^{-2}$，同样 $Fr \sim 1$。因此对于积云这一现象来说，一般具有非静力平衡的特征。这对热力造成的积云来说是由它的本质决定的。由于准静力平衡关系不成立，积云有它不同于大气中其他许多运动的固有的动力学特征，同时，由于垂直方向的惯性力和水平方向的惯性力都不能省略，因此描写积云发展的方程组是非线性的，这就为定量地研究它的发展过程带来不少数学上的困难。

一般来说，上面的方程组不可能再作进一步的简化，不过如果积云的水平尺度较小(如 $L \sim 10^3$m)，则根据观测，积云的水平特征尺度 L 和垂直特征尺度 H 是同量级的，即 $L/H \sim 1$，水平特征速度 V 和垂直特征速度 W 也是同量级的，即 $V/W \sim 1$，如果 $Fr \sim 1$，则由此可以估计出密度偏差的量级为 $\rho'/\rho \sim V^2/gL$，在另一方面，由于 $\Delta p' \sim \overline{\rho}V^2$，$\overline{p} \sim \overline{\rho}R\overline{T}$，因此式(5.2.11)右端的第一项和第二项之比为

$$\frac{\frac{1}{\kappa}p'/\overline{p}}{\rho'/\overline{\rho}} \sim L/L_0 = \mu \tag{5.2.18}$$

式中，$L_0=c^2/g$，$c^2 = \kappa R\overline{T}$ 是绝热声速的平方值。如取 $c \approx 280$m/s，则 $L_0 \approx 8$km。因此当 $L \ll L_0$ 时可以略去式(5.2.11)右端第一项而得到

$$\frac{\theta'}{\overline{\theta}} \approx -\frac{\rho'}{\overline{\rho}} \tag{5.2.19}$$

这样运动方程(5.2.5)则为

$$\frac{\mathrm{d}\boldsymbol{V}}{\mathrm{d}t}=-\frac{1}{\overline{\rho}}\nabla p'-\frac{\theta'}{\overline{\theta}}\boldsymbol{G} \tag{5.2.20}$$

于是方程(5.2.20)、(5.2.6)与(5.2.9)就组成了问题的闭合方程组。

§5.3　积云对流中水汽特征

根据以上积云对流原始方程组及积云对流的动力学特征,考虑积云对流的另一些特点,引进层结参量、水汽凝结以及湍流运动，建立一个积云动力学基本方程组。

5.3.1　层结参量

大气层结的稳定度：大气中的温度、湿度随高度的分布即大气层结，它可以利用探空仪等仪器测知。不同的温度和湿度的层结对于发生在其中的垂直运动的作用也不同。静止大气中，当某一气块受到外力作用在垂直方向产生扰动后，周围大气有使它返回起始位置的趋势时，这种大气层结是稳定的；反之，若周围大气使它更加远离其起始位置，则这种大气层结是不稳定的，气块随时都和周围大气取得平衡的这种大气层结称为中性的。因此层结稳定度是周围大气使气块返回或远离起始位置的趋势和程度。

在描写积云对流的方程组中应引进表示层结的参量。对于热量方程，考虑到

$$T=\overline{T}+T',\quad p=\overline{p}+p',\quad \rho=\overline{\rho}+\rho'$$

则可表述为：

$$\left.\begin{aligned}\frac{\mathrm{d}(\overline{T}+T')}{\mathrm{d}t}&=\frac{1}{c_p(\overline{\rho}+\rho')}\frac{\mathrm{d}(\overline{p}+p')}{\mathrm{d}t}+\frac{\varepsilon}{c_p}\\ \frac{\mathrm{d}T'}{\mathrm{d}t}&=-w\frac{\partial\overline{T}}{\partial z}+\frac{1}{c_p\overline{\rho}}\frac{\mathrm{d}p'}{\mathrm{d}t}-\frac{g}{c_p}w+\frac{\varepsilon}{c_p}\end{aligned}\right\} \tag{5.3.1}$$

式中，$-\partial\overline{T}/\partial z$ 为大气温度递减率 γ，而干绝热温度递减率 $\gamma_d=g/c_p$，因此上式可写作

$$\frac{\mathrm{d}T'}{\mathrm{d}t}=-(\gamma_d-\gamma)w+\frac{1}{c_p\overline{\rho}}\frac{\mathrm{d}p'}{\mathrm{d}t}+\frac{\varepsilon}{c_p} \tag{5.3.2}$$

5.3.2　水汽凝结

水汽是积云发展的主要物质和能量来源，它不仅提供了形成云雨的水分来源，而且水汽相变时释放的潜热是积云发展的主要能源。

设 q_v 为水汽比温，q_{vs} 为空气的饱和比温，q_c 为云水比含水量。

湿空气状态方程：根据大气物理知识可知，湿空气状态方程为：

$$p=\rho R_q T \tag{5.3.3}$$

式中，ρ 为湿空气密度，R_q 为湿空气比气体常数。而干空气和水汽密度分别为 ρ_d 和 ρ_v。则

有

$$\rho=\rho_d+\rho_v \tag{5.3.4}$$

干空气和水汽的状态方程为：

$$p_d=R_d\rho_d T \quad e=R_v\rho_v T$$

式中，p_d 和 e 分别为干空气压力和水汽压力，R_d 和 R_v 为干空气和水汽的气体常数，且有 $R_d=R/m_d$，$R_v=R/m_v$，此处 R 为通用气体常数，m_d 和 m_v 分别为干空气和水汽的分子量。湿空气的压力等于干空气和水汽两个压力之和，故有

$$p=p_d+e=R_d\rho T(\frac{\rho_d}{\rho}+\frac{\rho_v}{\rho}\frac{R_v}{R_d})=R_d\rho[1+(\frac{R_v}{R_d}-1)\frac{\rho_v}{\rho}] \tag{5.3.5}$$

根据水汽比湿定义 $q_v=\rho_v/\rho$，以及

$$R_v/R_d=m_v/m_d=25.97/15.002=1.61 \tag{5.3.6}$$

因此湿空气状态方程为：

$$p=\rho R_d T(1+0.61q_v)$$

或

$$p=\rho R_d T_v$$

其中

$$T_v=T(1+0.61q_v) \tag{5.3.7}$$

式中 T_v 称为虚温。

水汽和液态水在运动方程中的作用：在对流近似条件下，垂直运动方程右边有浮力项 $-\rho' g/\rho_0$，因为 ρ' 和 ρ_0 无法直接观测，为此用湿空气状态方程取对数再微分可以得到

$$\frac{\rho'}{\overline{\rho}}=\frac{p'}{\overline{p}}-\frac{T_v'}{\overline{T}_{v0}}$$

因此垂直运动方程之浮力表达为

$$(\frac{T_v'}{\overline{T}_{v0}}-\frac{p'}{\overline{p}})g=(\frac{T'}{\overline{T}}-\frac{p'}{\overline{p}}+0.61q_v)g \tag{5.3.8}$$

在积云中液态水及固态水对运动有拖曳作用，对云水比含水量 q_c，则拖曳力为 $-q_c g$。

水汽方程：假设水汽凝结率为 x，则水汽方程为

$$\mathrm{d}q_v/\mathrm{d}t=-x \tag{5.3.9}$$

一般情况下水汽饱和就发生凝结，而液态水在不饱和空气中发生蒸发，因此凝结率 x 可以由饱和比湿的变化来表示，而饱和比湿与温度和气压的关系可由以下公式给出，即

$$q_{vs}=\frac{3.8}{p}\exp(17.27\frac{T-273}{T-36}) \tag{5.3.10}$$

则

$$x=-\delta T\frac{\mathrm{d}}{\mathrm{d}t}(\frac{q_{vs}}{T}) \quad 或 \quad \mathrm{d}q_v/\mathrm{d}t=\delta T\frac{\mathrm{d}}{\mathrm{d}t}(\frac{q_{vs}}{T})$$

式中，当空气饱和时，δ=1；δ=0 当空气未饱和时，δ=0。

云水方程：水汽凝结形成云水 q_c，液态水守恒方程

$$dq_c/dt=x \tag{5.3.11}$$

由于凝结和蒸发是水汽和云水之间的转换，因此在该情况下水汽和云水之和应保持不变，有

$$q = q_c + q_e$$

而

$$\mathrm{d}q/\mathrm{d}t = 0$$

再根据 T 和 p 由 Teten 公式求得 q_{ve} 得

$$q_e = q，\quad q_c = 0 \quad 当\ q_v < q_{ve}$$

$$q_e = q_{ve}，\quad q_c = q - q_{ve} \quad 当\ q_v \geqslant q_{ve}$$

当液态水滴长大，具有相对于空气的下落速度时，还应考虑这些水滴相对空气运动速度，以及 0℃以下的云中冰相粒子等的微物理过程。

水相变潜热：在热量方程中 ε 为单位时间单位质量空气中增加的热量，而水相变潜热是积云中热量的主要来源。设单位时间单位质量空气中凝结水汽质量为 x，则

$$\varepsilon = L_v x$$

式中 L_v 为水汽的凝结潜热，因此热量方程写作

$$\frac{\mathrm{d}T'}{\mathrm{d}t} = -(\gamma_d - \gamma)w + \frac{1}{c_p\overline{\rho}}\frac{\mathrm{d}p'}{\mathrm{d}t} + \frac{L_v}{c_p}x \tag{5.3.12}$$

5.3.3 湍流运动

湍流运动在积云发展中有着重要作用。在描写积云的方程中各参量 u, v, w, t, q 等应包括平均量和湍流量。一般我们将方程中参量看作是平均量，而将湍流作为方程中的一项，用平均量来表示。如在运动方程中引进湍流黏性力，它起了一种摩擦力的作用。在 x 方向运动方程中应有一项湍流黏性力 F_u，它的表达式为

$$F_u = \frac{\partial}{\partial x}K_L\frac{\partial u}{\partial x} + \frac{\partial}{\partial y}K_L\frac{\partial v}{\partial y} + \frac{\partial}{\partial z}K_H\frac{\partial w}{\partial z} \tag{5.3.13}$$

式中，K_L 和 K_H 分别为湍流动量的水平和垂直交换系数。类似地可以写出 y 和 z 方向运动方程中湍流黏性力 F_v 和 F_w，对于热量和水汽等方程同样可引进湍流交换项 F_T 和 F_q，一般热量和质量的交换系数 K 也可取动量的交换系数。

经过以上处理后，可得到积云动力学方程组

$$\frac{\mathrm{d}u}{\mathrm{d}t} = -\frac{1}{\rho}\frac{\partial p'}{\partial x} + F_u \tag{5.3.14}$$

$$\frac{\mathrm{d}v}{\mathrm{d}t} = -\frac{1}{\rho}\frac{\partial p'}{\partial y} + F_v \tag{5.3.15}$$

$$\frac{\mathrm{d}w}{\mathrm{d}t} = -\frac{1}{\rho}\frac{\partial p'}{\partial z} + g\left(\frac{T'}{T} - \frac{p'}{p} + 0.61q_v - q_c\right) + F_w \tag{5.3.16}$$

$$\frac{\mathrm{d}\rho}{\mathrm{d}t} + \rho\nabla\cdot\boldsymbol{V} = 0 \tag{5.3.17}$$

或

$$\frac{\partial \rho'}{\partial t}+\frac{\partial \bar{\rho} u}{\partial x}+\frac{\partial \bar{\rho} v}{\partial y}+\frac{\partial \bar{\rho} w}{\partial z}=0$$

$$\frac{\mathrm{d} T}{\mathrm{d} t}=\frac{1}{c_p \bar{\rho}'} \frac{\mathrm{d} p}{\mathrm{d} t}+\frac{L_v}{c_p} x+F_T \tag{5.3.18}$$

或

$$\frac{\mathrm{d} T'}{\mathrm{d} t}=\frac{1}{c_p \rho} \frac{\mathrm{d} p'}{\mathrm{d} t}-(\gamma_d-\gamma) w+\frac{L_v}{c_p} x+F_T$$

$$p=\rho R_d T(1+0.61 q_v) \tag{5.3.19}$$

或

$$p=\rho R_d T_v, T_v=T(1+0.61 q_v) \tag{5.3.20}$$

$$\frac{\mathrm{d} q_v}{\mathrm{d} t}=-x+F_{qv} \tag{5.3.21}$$

$$\frac{\mathrm{d} q_c}{\mathrm{d} t}=x+F_{qc} \tag{5.3.22}$$

§5.4 积云动力学中的波动性质

5.4.1 Exner 函数

前面我们讨论了大气动量方程组、质量连续方程、热力学第一定律等云的物理基本方程。这种形式的方程组在应用中很不方便，因为其热力学方程中含有两个全微分不利于数值计算。为了研究问题方便起见，人们通常把某些物理量进行适当变换，从而得到其他形式的方程组。最常见到的便是通过引入无量纲气压 π(称为 Exner 函数)代替气压 p，用位温 θ 代替温度 T。

π 定义为

$$\pi=(\frac{p}{p_0})^{R_d / c_p} \tag{5.4.1}$$

位温 θ 进一步定义

$$\theta=T(\frac{p_0}{p})^{R_d / c_p} \tag{5.4.2}$$

由式(5.1.8)、式(5.4.1)、式(5.4.2)得

$$\pi=(\frac{R}{p_0} \rho \theta)^{R / c_v} \tag{5.4.3}$$

将式(5.1.1)改写

$$\frac{\mathrm{d} \boldsymbol{V}}{\mathrm{d} t}=-c_p \theta \nabla \pi+\boldsymbol{G}+k_v \Delta \boldsymbol{V} \tag{5.4.4}$$

热力学第一定律可以直接写成

$$\frac{d\theta}{dt}=\frac{H}{c_p\pi} \tag{5.4.5}$$

根据式(5.4.1)、式(5.1.3)和式(5.4.5)可得到关于 π 的预报方程式

$$\frac{cv}{R\pi}\frac{\mathrm{d}\pi}{\mathrm{d}t}+\nabla\cdot\boldsymbol{V}=\frac{H}{c_p\theta\pi} \tag{5.4.6}$$

由此可知，式(5.4.3)、式(5.4.4)、式(5.4.5)与式(5.4.6)构成了一组闭合方程组，这一方程组与前面讨论过的积云对流原始方程组等价，但表达式要简洁且易于实际计算。

5.4.2　基本动力方程中的波动过程

大气对流边界层中的对流活动，可能在上部覆盖的稳定层中激发出重力波，这一现象已经在观测、理论分析和数值模拟中得到证实。这类重力波可以在垂直方向上向大气高层传输波动能。同时引起动量的下传，并影响对流层上层、平流层、至中间层的流场动量平衡。与地形波(mountain waves)引起的动量输送和波动阻力具有同样的性质和功能(桑建国等，2002；陈明等，1995；吴国雄等，2005；杨国祥，1989)。

将式(5.3.12) ~ 式(5.3.14)采用绝热无摩擦的积云对流基本方程组的简洁形式，并将各物理量分解为基本量叠加一个小扰动。

$$A+\overline{A}=A' \tag{5.4.7}$$

其中，A 为 u、v、w、π、θ，$\overline{A}\equiv\overline{A}(z)$ 为 A 的基本量，A 为扰动量，且 $|A'|\ll|\overline{A}|$。假定运动学基本量 $\overline{u}=\overline{v}=\overline{w}=0$，热力学基本量 π 和 $\overline{\theta}$ 则满足静力平衡方程

$$\frac{\partial\pi}{\partial z}=-\frac{g}{c_p\theta} \tag{5.4.8}$$

将式(5.4.7)、式(5.4.8)代入式(5.3.12) ~ 式(5.3.14)并略去小扰动的二次项整理得如下线性方程组

$$\frac{\partial u'}{\partial t}+c_p\overline{\theta}\frac{\partial\pi'}{\partial x}=0 \tag{5.4.9}$$

$$\frac{\partial v'}{\partial t}+c_p\overline{\theta}\frac{\partial\pi'}{\partial y}=0 \tag{5.4.10}$$

$$\frac{\partial w'}{\partial t}+c_p\overline{\theta}\frac{\partial\pi'}{\partial z}=0 \tag{5.4.11}$$

$$\frac{\partial\overline{\theta}}{\partial t}+N^2w'=0 \tag{5.4.12}$$

$$\frac{\partial\pi'}{\partial t}+\frac{\overline{c}^2}{c_p\overline{\rho}\overline{\theta}^2}[\frac{\partial}{\partial x}(\overline{\rho}\overline{\theta}u')+\frac{\partial}{\partial y}(\overline{\rho}\overline{\theta}v')+\frac{\partial}{\partial z}(\overline{\rho}\overline{\theta}w')]=0 \tag{5.4.13}$$

其中，$\overline{\theta}=g\frac{\theta'}{\theta}$，$\overline{c}^2=\frac{c_p}{c_v}R\overline{T}$ 为绝热声速，$N^2=\frac{g}{\theta}\frac{d\overline{\theta}}{dz}$，推导中利用了 $\pi=\overline{T}/\overline{\theta}$ 和静力平衡

方程(5.4.8)，易证明如下的总能量守恒性质：

$$\frac{\partial}{\partial t}\iiint[\frac{\overline{\rho}}{2}(u'^2+v'^2+w'^2+\frac{g^2}{N^2}\frac{\theta'^2}{\overline{\theta}^2})+\frac{1}{2\overline{\rho}}\frac{p'^2}{\overline{c}^2}]\mathrm{d}x\mathrm{d}y\mathrm{d}z=0 \tag{5.4.14}$$

其中，$p'=c_p\overline{\rho}\overline{\theta}\pi$。

对式(5.4.9) ~ 式(式 5.4.13)消元，得到关于垂直速度 w' 的方程

$$Lw'=0 \tag{5.4.15}$$

其中，L 为线性算子。

$$L=\frac{\partial^4}{\partial t^4}-\overline{c}^2\{[(\frac{\partial^2}{\partial x^2}+\frac{\partial^2}{\partial y^2}+\frac{\partial^2}{\partial z^2})-\frac{g}{\overline{c}^2}\frac{\partial}{\partial z}-\frac{1}{\overline{c}^2}N^2]\frac{\partial^2}{\partial t^2}+N^2(\frac{\partial^2}{\partial x^2}+\frac{\partial^2}{\partial y^2})\} \tag{5.4.16}$$

令 $w'=We^{-bx}$，其中 $b=-\frac{g}{2\overline{c}^2}$，便可消去关于 $\frac{\partial}{\partial z}$ 的项，得到关于 W 的标准型

$$L_0W=0 \tag{5.4.17}$$

其中

$$L_0=\frac{\partial^4}{\partial t^4}-\overline{c}^2[(\frac{\partial^2}{\partial x^2}+\frac{\partial^2}{\partial y^2}+\frac{\partial^2}{\partial z^2})-b^2-\frac{1}{\overline{c}^2}N^2]\frac{\partial^2}{\partial t^2}+\overline{c}^2N^2(\frac{\partial^2}{\partial x^2}+\frac{\partial^2}{\partial y^2}) \tag{5.4.18}$$

然后，假定 W 为标准波型

$$W=W_0\exp[i(lx+my+nz-\omega t)] \tag{5.4.19}$$

从而得到扰动的频率方程

$$\omega^4-\overline{c}^2[l^2+m^2+n^2+b^2+\frac{1}{\overline{c}^2}N^2]\omega^2+\overline{c}^2N^2(l^2+m^2)=0 \tag{5.4.20}$$

频率关系式(5.4.20)是一个关于波数 l, m, n，及圆频率 ω 与环境参数 $\overline{c}^2$ 及 N^2 的关系式，$\overline{c}^2$ 为声速，而 N 为重力振荡的 Brunt-Vaisala 频率。这表明，式(5.4.20)实际上是声波与重力波所组成的混合波的频散关系式。

利用求根公式即可得到声波和重力波的频率

$$\omega^2=\frac{\overline{c}^2}{2}\{(l^2+m^2+n^2+b^2+\frac{1}{\overline{c}^2}N^2)\pm[(l^2+m^2+n^2+b^2+\frac{1}{\overline{c}^2}N^2)-\frac{4}{\overline{c}^2}N^2(l^2+m^2)]^{1/2}\} \tag{5.4.21}$$

式 (5.4.21)中取正号所得频率即为声波频率，取负号即为重力波频率。

习惯上，人们常将式(5.4.20)取近似式，分别得到高频声波和低频重力波的频率关系，即对于高频声波，取式(5.4.20)近似为

$$\omega_a^4-\overline{c}^2(l^2+m^2+n^2+b^2)\omega_a^2\approx 0 \tag{5.4.22}$$

所以

$$\omega_a^2=\overline{c}^2(l^2+m^2+n^2+b^2) \tag{5.4.23}$$

由此可知，声波是以声速 $\overline{c}$ (约 300 m/s)传播的。对于低频重力波，则略去式(5.4.20)

中的 ω^2，于是可得

$$\omega_g^2 = \frac{N^2(l^2+m^2)}{l^2+m^2+n^2+b^2+\frac{1}{c^2}N^2} \tag{5.4.24}$$

重力波是重力振荡(频率为 N^2)的传播，其波速仅有每秒几十米，远小于声速。

通过上述分析，发现积云对流的基本方程组中包含着以声速传播的高频声波和低速传播的低频重力波。上述的分析对今后的理论分析和数值计算非常重要，因为数值计算中双曲型方程的线性稳定条件就直接依赖于其描述的扰动的传播速度。

声波的传播机制与重力波的传播机制有很大差异。前者主要取决于介质(对于积云对流过程而言，即为大气)的可压缩性，因介质质点振动方向与波动传播方向相同，故为纵波。而重力波则取决于介质的水平辐合辐散，传播方向与质点振荡方向垂直，故为横波。在积云数值模拟和积云动力学中都把包含声波的模式称为可压缩性模式或完全模式，而不包含声波的模式则称为非(或滞)弹性模式。

§5.5 积云动力守恒方程

一切天气现象都与大气运动有关。尽管大气运动是很复杂的，但大气运动始终要遵循某些基本物理定律。支配大气运动状态和热力状态变化的基本物理定律有：牛顿第二定律、质量守恒定律、热力学能量守恒定律、气体实验定律等。这些基本物理定律的数学表达式构成了研究大气运动具体规律的基本出发方程组。这些基本方程组在积云的对流运动分析中，需要有一定的约束条件才能显示出其运动的一般规律。这正是本节要讲到的基本方程组的积分守恒。同时，这些积分守恒性质构成了检验简化方程组是否正确的标准(黄美元等，1999)。

5.5.1 总质量守恒

质量守恒定律是应用于研究大气运动的基本物理定律，其数学表达式称为连续方程，即

$$\frac{\partial\rho}{\partial t} + \left(\frac{\partial\rho u}{\partial x} + \frac{\partial\rho v}{\partial y} + \frac{\partial\rho w}{\partial z}\right) = 0 \tag{5.5.1}$$

或

$$\frac{\partial\rho}{\partial t} + \rho\nabla_3\cdot\vec{V}_3 = 0 \tag{5.5.2}$$

其中，$\nabla_3\cdot\vec{V}_3$ 为速度散度。

在封闭域 D 内积分，令区域侧边界法线速度为零，上边界 $\rho_w\to 0$，下边界 $w_s=v_s\cdot\nabla z_s$，其中，$z_s(x, y)$为地形函数，利用奥-高积分定理，有

$$\frac{\partial}{\partial t}\iiint_D \rho\, \mathrm{d}x\,\mathrm{d}y\,\mathrm{d}z = 0 \tag{5.5.3}$$

式(5.2.3)说明，对于一个封闭系统而言，如果内部无质量源汇，则不论下边界是否有起伏，其总质量守恒，并且，速度场和密度场是相互制约的。

5.5.2　总能量守恒

对于一个闭合系统或全球大气，速度矢量在边界面外法线方向上分量为零，该系统与外界无能量交换。进一步说运动是无摩擦的，其动能和位能是通过铅直运动相互转换的。辐射等非绝热加热过程只能直接转变成闭合系统中的内能，闭合系统中的机械能(位能、动能)和内能之间可以相互转换，但这种转换只有通过系统内气压场做压缩功才能实现。摩擦作用将不断消耗动能，若无能量补充，运动最终要静止下来。这里可看出大气可压缩性的重要性，它是内能转换成动能的媒介，如果大气是不可压缩的，那么从能量的观点来看，许多大气基本运动就不可能发生。

对运动方程(5.1.1) $\frac{\mathrm{d}\boldsymbol{V}}{\mathrm{d}t}=-\frac{1}{\rho}\nabla p+\boldsymbol{G}+k_v\Delta\boldsymbol{V}$，用 ρV 点乘之，并且令 $|\boldsymbol{V}|^2=u^2+v^2+w^2$，得

$$\rho[\frac{\partial}{\partial t}(\frac{|\boldsymbol{V}|^2}{2})+\boldsymbol{V}\cdot\nabla(\frac{|\boldsymbol{V}|^2}{2})]=-\rho gw-\boldsymbol{V}\cdot\nabla p+\rho\boldsymbol{V}\cdot k_v\Delta\boldsymbol{V} \tag{5.5.4}$$

用 $\frac{|\boldsymbol{V}|^2}{2}$ 乘以连续方程(5.5.1)的两边，然后加上式(5.5.4)，令 $K=\frac{1}{2}\rho|\boldsymbol{V}|^2$，得

$$\frac{\partial K}{\partial t}+\nabla\cdot(K\boldsymbol{V})=-\rho gw-V\cdot\nabla p+\rho\boldsymbol{V}\cdot k_v\Delta\boldsymbol{V} \tag{5.5.5}$$

并且

$$V\cdot\nabla p=\nabla\cdot(p\boldsymbol{V})-p\nabla\cdot\boldsymbol{V}=\nabla\cdot(p\boldsymbol{V})+\frac{p}{\rho}\cdot\frac{\mathrm{d}\rho}{\mathrm{d}t} \tag{5.5.6}$$

由式(5.5.5)与式(5.5.6)得

$$\frac{\partial K}{\partial t}+\nabla\cdot(K\boldsymbol{V})=-\rho gw-p\frac{1}{\rho}\frac{\mathrm{d}\rho}{\mathrm{d}t}+\rho\boldsymbol{V}\cdot k_v\Delta\boldsymbol{V}-\nabla\cdot(p\boldsymbol{V}) \tag{5.5.7}$$

类似于上述分析步骤，对热力学方程

$$\frac{\partial}{\partial t}(c_vT)+\boldsymbol{V}\cdot\nabla(c_vT)=H-p\frac{\mathrm{d}\alpha}{\mathrm{d}t} \tag{5.5.8}$$

其中，c_v 为定容比热，α为比容，H 为加热率。将上式两边乘以 ρ，c_v 乘以式(4.5.1)，然后两式相加，得

$$\frac{\partial}{\partial t}(\rho c_vT)+\nabla\cdot(\rho c_vT\boldsymbol{V})=\frac{p}{\rho}\cdot\frac{\mathrm{d}\rho}{\mathrm{d}t}+\rho H \tag{5.5.9}$$

并且注意到

$$\mathrm{d}z/\mathrm{d}t=w \tag{5.5.10}$$

式(5.5.9)与式(5.5.10)联立得

$$\frac{\partial}{\partial t}\rho(c_vT+gz)+\nabla\cdot[\rho(c_vT+gz)\boldsymbol{V}]=\rho gw+\frac{p}{\rho}\cdot\frac{\mathrm{d}\rho}{\mathrm{d}t}+\rho H \tag{5.5.11}$$

其中，$\rho(c_vT+gz)$为全位能。

将式(5.5.7)与式(5.5.11)相加，并假定系统内运动绝热无摩擦，所以得到区域内总能量

平衡

$$\frac{\partial}{\partial t}\iiint_D\{\frac{1}{2}(u^2+v^2+w^2)+c_vT+gz\}\rho\,\mathrm{d}x\,\mathrm{d}y\,\mathrm{d}z=0 \tag{5.5.12}$$

这表明绝热无摩擦条件下，闭合系统或全球大气的内能、位能、动能的总和是守恒的，这是大气运动最重要的整体性质之一。

5.5.3　总位温和总位温平方守恒

采用 Exner 函数的表达方式，得到热力学方程

$$\frac{\partial\theta}{\partial t}+\boldsymbol{V}\cdot\nabla\theta=\frac{H}{c_p\pi} \tag{5.5.13}$$

类似总能量守恒的推导，利用连续方程，得到绝热条件下(H=0)总位温守恒

$$\frac{\partial}{\partial t}\iiint_D\rho\theta\,\mathrm{d}x\,\mathrm{d}y\,\mathrm{d}z=0 \tag{5.5.14}$$

及总位温平方守恒

$$\frac{\partial}{\partial t}\iiint_D\rho\theta^2\,\mathrm{d}x\,\mathrm{d}y\,\mathrm{d}z=0 \tag{5.5.15}$$

5.5.4　总位势涡度守恒

速度场的旋度定义为涡度，以 $\vec{\omega}$ 表示涡度，则

$$\vec{\omega}\equiv\nabla\times\vec{V} \tag{5.5.16}$$

在笛卡儿坐标系中，其分量形式为

$$\vec{\omega}\equiv\nabla\times\vec{V}=\begin{vmatrix}\vec{i} & \vec{j} & \vec{k}\\ \frac{\partial}{\partial x} & \frac{\partial}{\partial y} & \frac{\partial}{\partial z}\\ u & v & w\end{vmatrix} \tag{5.5.17}$$

涡度的空间分布称涡度场，它是一矢量场。涡度代表速度场的微分性质，如果说环流是流体旋转特征的宏观量度，那么涡度则是流体旋转特征的微观量度。根据斯托克斯定理易得到环流和涡度的关系

$$\oint_L\vec{V}\cdot\mathrm{d}\vec{r}=\iint_A(\nabla\times\vec{V})\cdot\vec{n}\,\mathrm{d}A \tag{5.5.18}$$

式(5.5.18)表明，沿任意闭合环线上的环流，等于环线所包围面积上涡度法向分量的积分。或者说，沿闭合环线上的环流等于环线所包围面积上的涡通量(涡管强度)。将式(5.5.18)取 $\delta A\to 0$ 时的极限，则有

$$(\nabla\times\vec{V})\cdot\vec{n}=\lim_{\delta A\to 0}\frac{\oint_L\vec{V}\cdot d\vec{r}}{\delta A} \tag{5.5.19}$$

所以涡度在 $\vec{n}$ 方向上的分量就等于以 $\vec{n}$ 为法线方向的单位面积上的环流。

绝对速度的涡度称绝对涡度($\vec{\omega}_\alpha \equiv \nabla\times\vec{V}_\alpha$)，相对速度的涡度称相对涡度($\vec{\omega}\equiv\nabla\times\vec{V}$)。大气运动具有准水平性质，在动力气象学中经常涉及到的是涡度铅直分量。一般情况下，将涡度的垂直分量简称为涡度。

假设大气作干绝热运动，这时空气微团位温守恒，等位温(等熵)面为一物质面，空气微团沿等位温面运动，在两相邻的等位温面之间取一个和等位温画相垂直的小柱体，如图5.1所示，图示的柱体中包含的空气质量为$\rho\delta A\delta n$。这个物质柱体在运动中虽可伸长或缩短，但其包含的质量不随时间变化，即有

$$\rho\delta A\delta n=\text{常数} \tag{5.5.20}$$

由位温的定义，利用状态方程得

$$\theta=\frac{p}{\rho R}\left(\frac{p_{00}}{p}\right)^{\frac{R}{c_p}} \tag{5.5.21}$$

这里的p_{00}=1 000 hPa，故等位温面上密度ρ仅是气压p的函数。将无摩擦的绝对环流(或称绝对速度的环流)定理用于等位温面上，则有

$$\frac{\mathrm{d}C_\alpha}{\mathrm{d}t}=-\oint_L\frac{\mathrm{d}p}{\rho}=0 \tag{5.5.22}$$

其中，$C_\alpha\equiv\oint_L\vec{V}_\alpha\cdot\mathrm{d}\vec{r}$，为绝对环流。

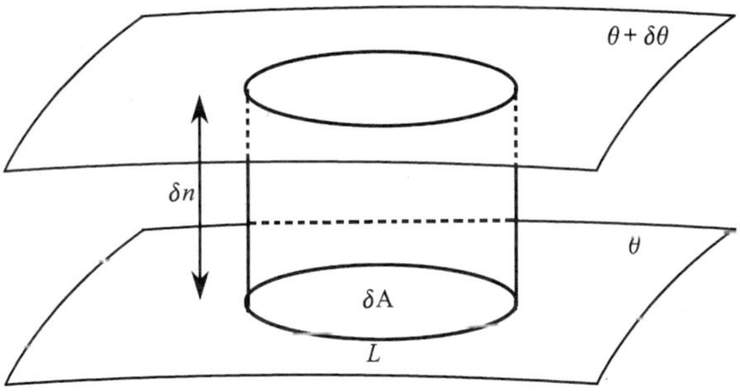

图 5.1　等位温面间的体积元

因而等位温面任意一环线上的绝对环流守恒，即$\oint_L\vec{V}_\alpha\cdot\mathrm{d}\vec{r}$=常数。据斯托克斯定理

$$(\nabla\times\vec{V}_\alpha)\cdot\vec{n}\delta A=\text{常数} \tag{5.5.23}$$

这里的$\vec{n}$为等位温面的法线方向，亦即$\nabla\theta$的方向，即有

$$\vec{n}=\frac{\nabla\theta}{|\nabla\theta|} \tag{5.5.24}$$

在干绝热运动中，柱体上下两截面上的位温差不随时刻改变，因此

$$|\nabla\theta|\delta n=\delta\theta=\text{常数} \tag{5.5.25}$$

将式(5.2.20)～式(5.2.25)综合在一起，使得

$$q = \frac{(\nabla \times \vec{V}_\alpha) \cdot \nabla \theta}{\rho} = \text{常数} \tag{5.5.26}$$

即

$$\frac{dq}{dt} = \frac{d}{dt}[\frac{(\nabla \times \vec{V}_\alpha) \cdot \nabla \theta}{\rho}] = 0 \tag{5.5.27}$$

上述式(5.5.26)定义为位势涡度，或简称为位涡。式(5.5.27)表明，在无摩擦干绝热运动中微团的绝对涡度虽然可以变化，但位涡却是守恒的，这说是著名的埃特尔(Ertel)位势涡度守恒定律。

第六章　地形影响降水的物理机制

传统的水文气象学认为：太阳辐射、大气环流和下垫面是形成气候的三大自然因子。在上述因素影响下形成的气候，则对地区降水有着重要作用。因为即使存在相同的太阳辐射和大气环流，其形成的气候也大不相同。其中像青藏高原等高大山脉地形对局地气候的影响，在很大程度上可以与大气环流、太阳辐射相比拟，所以一些高大山脉常常成为气候带(冷、暖)和气候区(干、湿)的分界线也就不足为奇。因此，地形对降水的影响是降水物理过程的重要内容。

地形对降水的影响，是极其显著的，根据全球雨量统计资料，世界上四个年雨量超过 10 000 mm 的极值记录都是由于地形的影响造成的，世界各大洲以至各国的最大雨量记录也大都是由地形所决定的。位于北太平洋中的夏威夷群岛，在面向东北信风的考爱岛东北坡上，其周围广大洋面上受副热带高压的控制，年水量只有 500 mm 左右，而背风西侧局部海岸年水量甚至仅有 200 mm 左右；但地形抬升使夏威夷群岛 460 m 高度处的年水量高达 11 684 mm，创造了世界最大的雨量记录。无独有偶，高大的山脉同样可以使原本降水量丰富的地区变成荒漠地带。来自太平洋上的潮湿西风给南、北美洲西部沿海山脉的迎风西坡上降下了丰沛的雨量，如温哥华岛亨德森湖年雨量为 6 605 mm，为北美洲的最高雨量记录。但由于高大山脉的巨大影响，过山后的焚风效应却使山脉的背风东侧出现了温带森林带纬度上不应出观的荒漠和半荒漠景观。美国西部山区的盐湖城年水量最低纪录甚至只有 14 mm，呈沙漠景观。我国的柴达木盆地，塔里木盆地，虽然处于西南季风运行路径之中，但受其西南部的青藏高原的影响，形成了大片的荒漠带，其中吐鲁番盆地东缘托克逊年水量仅 3.9 mm，为亚洲年雨量最低记录，这些都与青藏高原崛起在西南季风路径上有直接关系。

除了高大山脉在大尺度范围内对气候降水的影响外，对单一地区的高大山脉，在垂直方向上，山脉对降水量和植被景观也有重大影响。如我国天山北坡、祁连山北坡东部、贺兰山、阿尔泰山以及中亚等许多干旱地区，降水量随海拔高度的上升而增加(蒸发则减少)。在山麓还是荒漠或半荒漠景观，而山区上却都有郁郁葱葱的林带围绕，形成了独特的地理景观。地形不仅以海拔高度、坡向等一般规律影响大范围内的降水，而且还通过影响天气系统的移动、变性、局地性天气系统的发生发展和消亡来改变局地降水状况，从而出现变化多样的地形降水分布。因此，准确了解地形降水规律，对完善大尺度大气系统的移动、变性对降水规律的影响，局部降水的变异性等都有重要的意义(林之光，1995；高艳红，2001)。

§6.1　地形降水的影响因素

地形对降水的影响十分显著又十分复杂。但从形成原因上讲，地形对降水影响的方式，归纳起来也大致只有以下四类。

6.1.1　地形强迫抬升和辐合

当有山坡存在时，气流被迫沿坡抬升。如若地形坡度较大的，那么这种强迫上升气流的垂直速度会变得相当可观。图 6.1 是在不同坡度和海拔高度下，取背景风场速度 u_g=10 m/s，根据 pielke 模式计算，得出的山地迎风坡由于单纯的地形性抬升引起的上升速度。图中横坐标 W 是上升速度，纵坐标 H 是海拔高度。图中曲线分别对应地形坡度 α_1=0.03，α_2=0.04，α_3=0.06。分析图 6.1 可见，地形坡度越陡峭，其强迫引起的上升速度越大，最大上升速度对应的海拔高度越高。地形坡度平缓，上升速度相应减少，最大上升速度对应高度也较低。这一结论部分说明为什么有些小尺度地形引起的暴雨增幅程度反而大大强于大尺度地形。

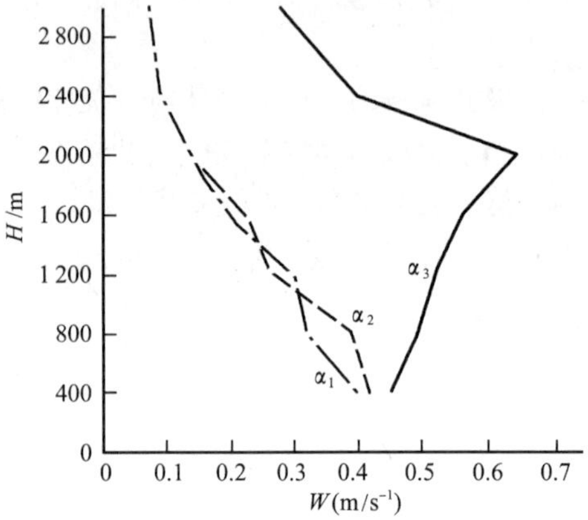

图 6.1　山地迎风坡上升速度分布(林之光,1995)

(α_1=0.03；α_2=0.04；α_3=0.06)

在一般情况下，越山气流在坡前平原上并无降水，甚至气流中没有云，仅仅在山坡爬升过程中才成云致雨，这就是真正因地形影响而形成的地形降水。或者称之为纯粹性地形降水。例如夏威夷群岛上常可有这种情况，附近海面上因为在副热带高压控制下，一般常是天空点缀着美丽的信风积云的较好天气，年降水量亦仅 500 mm 左右。而岛上迎风坡上，则是大雨不断，年雨量高达 11 664 mm，其中绝大部分是纯粹地形雨。

当然，实际中更常见的是地形增强了降水，即平原上小雨而山坡上大雨。如果越山气流的潮湿层越深厚，气流越垂直于山脉，山坡坡度越大，那么抬升作用会越强，水汽则会大量凝结，可形成地形性暴雨。如在冷锋前常常有低空急流存在，为维持对流不稳定气流中大量的液态水滴，就需大量输送水汽，所以增强了地形的增雨作用。

通常情况下，气流越山时气流本身会产生波动，在山脉迎风坡上升，背风坡下沉。从山脉波理论计算发现，山脉波动的分布如图 6.2 所示。类似物理学中已知运动物体的减速运动，气流的垂直速度沿着山脉的高度逐渐减小，直到为零。然后在重力等作用下，气流在迎风坡上地形引起的垂直运动变为下沉运动。设 h 为地形上升速度为零的高度，则地形对降水增幅作用的大小与 h 大小有关。h 大时上升运动层厚，对流发展强，降水量就大。理论计算的结果表明，h 的厚薄与风的垂直分布和气层的稳定度有关。若$(\partial^2 V/\partial Z^2)<0$，气团层结稳定，$h$ 就小。相反，如果风速甚强，空气潮湿不稳定，山地抬升层就较厚，有时可达 5 km 的厚度。

对高大山地的背风坡，除了了解到其处于气流的辐散下沉区内，会成为降雨的低频中心(“雨影区”)外，还应该关注一种与其正相反的降雨过程，即背风波降雨。使得山地迎

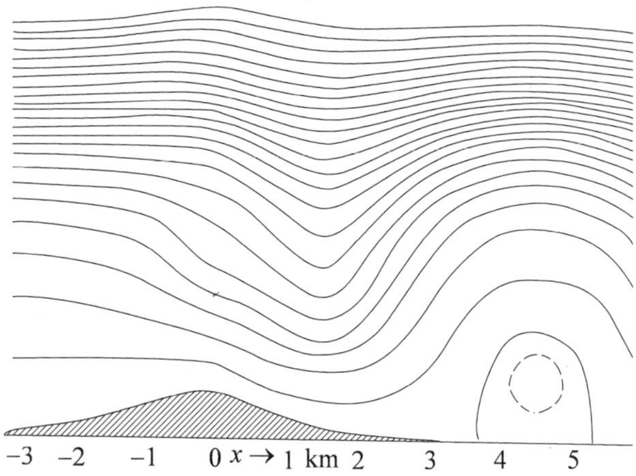

图 6.2　气流过山波动垂直剖面(W.R.Cotton,R.A.AAnthes,1993)

风侧反而形成少雨区，背风侧则由背风波降雨代替了通常的“雨影”区。这种现象在我国西北、华北的冷锋天气过程中比较多见。其原因是：稳定层气流过山时，山地重力波随之发展，山地地形的非线性效应大大增加了背风波的上升运动，在一定的水汽条件配合下，上升引起凝结潜热的释放，反过来又加强了重力波的发展，上升运动进一步加强。强烈的上升运动必然伴随低层辐合的加强，水汽辐合增加，降雨中心形成。在这种情况下，山地迎风坡的抬升致雨过程不明显，而背风重力波的发展伴随的强降水过程使背风坡成为降雨中心。

此外，对于较低山脉，一般情况下，较短的抬升作用并不能使气流达到凝结高度而形成地形形降水。但是，有时较小的初始抬升可使原气层由潜在不稳定变成现实不稳定而发生降水，即地形抬升起到所谓的“触发作用”。

除了在迎风坡上地形强迫抬升以外，还有地形强迫辐合的情况。例如喇叭口地形就是这样。空气流入喇叭口谷地，出于两侧高的阻塞。气流突然收缩，于是水平辐合加大，产生强迫抬升，也可大大增强暴雨。如果两侧出脉相对高度较高，辐合层厚，谷地上空就有较大的上升速度。空气愈潮湿，水汽辐合愈强，地形对降水的增幅作用也愈大。

实际山地地形的迎风坡，往往与喇叭口地形结合在一起，相对于单纯的地形迎风坡，喇叭口地形的抬升辐合作用更强。它所引起的降雨增幅程度与喇叭口地形的开放程度、地形抬升坡度、气流与喇叭口的交角都有关系。图 5.3 所示是在地形坡度分别为 0.01 ~ 0.02 和 0.001 时，降雨增幅程度$(P-P_0)/P_0$与喇叭口地形开放度(α/α')的关系。这里 P 是喇叭口地形中降水量，P_0 是喇叭口地形前平土上的降水，α为谷口宽度，α'是谷尾宽度。其中α=0.001 代表一般河谷地形。Q =0.01 ~ 0.02 代表山地迎风坡与喇叭口地形相结合的情况。由图 5.3 可以看出，喇叭口中地形迎风坡暴雨的增幅程度是随着喇叭口开放度增大而增大的，且地形坡度大时比地形坡度小时增大得多，同时喇叭口开放度愈大，由地形坡度差异所引起的暴雨增幅差异也愈大，但总的说来，喇叭口地形引起的降水增幅，在各种自然条件下都很可观，必须引起足够重视。

迎风坡与喇叭口地形结合在一起引起的暴雨降水增加值是平地上的 9 ~ 10 倍。山区喇叭口地形往往还与大的河谷地形有关。这种情况下地形坡度较小，开放度也有限，然而其影响相当重要，不可忽视。河谷喇叭口地形可使降水增加到平地上的 1.5 ~ 2.6 倍，极端值达 3.5 ~ 4.0 倍，对干旱区局地气候有重要意义。如我国新疆地区东西走向的伊犁河谷，其两侧天山海拔都在 3 000 m 以上，河谷向西开口，自西向东抬升，坡度约为 0.001，谷口与谷尾宽度之比约 3:1。伊宁位于河谷的入口处，年降水只有 246.5 mm，而谷尾的新源，同期降水量为 465.8 mm，巩乃斯林场位于河谷中地势最高且窄狭处，同期降水量为 795.4 mm。

上述讲到的地形对降水的作用，主要针对的是气流在垂直尺度方向的运动，当气流和山脉交角的逐渐减小时，抬升作用也逐渐减小，直至风向和山脉走向平行时气流就不再抬升。例如英国面迎大西洋的潮湿西风气流的西部地区，在许多西坡上地形雨极为丰富，但苏格兰的西北部和英格兰的东南部因为山脉和盛行西风接近平行，所以地形对降水影响就得不明显，降水也显著降低。高加索西部苏呼米地区雨量远不如邻近的巴统地区为大，风向和山脉斜交并接近平行是其一个主要原因。东非索马里所以如此干旱，也与它的海岸和山脉走向与西南季风和东北季风方向接近平行有很大关系。

除了在迎风坡上地形强迫抬升以外，还有地形强迫辐合的情况。喇叭口地形就是这样。空气流入喇叭口谷地，出于两侧高的阻塞。气流突然收缩，于是水平辐合加大，产生强迫抬升，也可大大增强暴雨。如果两侧出脉相对高度较高，辐合层厚，谷地上空就有较大的上升速度。空气愈潮湿，水汽辐合愈强，地形对降水的增幅作用也愈大。

6.1.2 地形对天气系统现成和发展的影响

山脉作为天气系统和锋面移动的障碍，其走向，高度等，对气流和天气系统的移动能产生重大影响，使降雨天气系统和锋面移速减慢甚至停止，从而延长降雨历时和增加降雨量。在有些情况下，大山脉就成了气候的分界线，使得在两侧的气候要素分布(首先是降水、气温)差别很大。在我国某些著名山系(如天山、喜马拉雅山、秦岭等)两侧的降水差异非常显著。值得注意的是，地形不仅在山区范围内，而且在山区以外也能显示它的影响。例如，迎风坡前超前降水区和背风坡前雨影区也受地形影响。而且在远离山区之外，由于气流通过山区后两支绕流间的辐合，也能影响到那里的雨量。

当山脉走向与盛行风向大致平行时，就没有迎风坡和背风坡之分，山脉两侧降水量也不会巨大的差别。这方面最典型的是阿尔卑斯山。另外，孤立的山脉(如泰山)，由于在水平方向上不具备足够的伸延长度，不可能对移来气流和天气系统产生阻挡和强迫抬升作用，当然也不可能明显地区分迎风坡和背风坡的作用。

在西欧，气旋中心远在冰岛，平直等压线的梯度方向指向西北，西南气流从大西洋向英国西部山脉的西坡上被迫抬升，这时，虽然迎风坡上降雨量较大，但锋面过境历时太短，所以英国地形雨中主要成分还是由气旋暖区所造成，其主要原因在于其潮湿层厚，历时长，因而地形雨量也最大。一般来说，在暖锋、锢囚锋、东亚梅雨锋和气旋暖区等大范围气流爬升，阴雨天气持续较久的天气形势下，降水量随高度和坡向的分布较为有规律，地形影响十分明显。

在连续性降水的天气下，如果风速为零或接近于零，这时缺乏系统性的地形抬升，所以具体地形影响的机理也是不清楚的。另一方面，地形对降水的影响既有其巨大的方面，也有其微弱的显示，例如天气系统擦边而过的那种中、高云降水天气，由于云底较高，雨也不大，这时山顶虽可能有雨，雨量虽亦随高度而增加，但梯度甚为微弱，地形作用并不明显。

6.1.3 山脉热力作用

对较高大的山脉，白天在有太阳辐射的情况下，山坡上气温比坡前自由大气中同高度上的气温为高，两者之间的热力差会造成沿坡上升气流如谷风，上坡风等，有利于在山区上部造成地形性云、雨、雷暴和冰雹等，因此山区上部云、雨、雷暴冰雹比山麓为多。例如我国冰雹最多的地带是从大兴安岭、燕山、太行山一直到青藏高原东部这一条状地区，西北内陆和东南沿海地区冰雹日数都不多。

尺度极其巨大的山区，如青藏高原，其动力和热力的巨大作用，使其对该区大气环流和降水产生质的影响。20 世纪以前关于青藏高原对大气环流，乃至降水的影响的研究主要强调其机械作用。19 世纪开始的高原探险发现高原上存在频发积云、强雹线阵雨、霰及冰雹等，在夏天午后还探测到 100 ~ 200 m 近地层存在超绝热温度直减率，但对青藏高原的热状况知之不多。

经过多年的研究，目前国内外气象学者普遍公认，青藏高原的存在，对我国、东亚以至全球大气环流(包括降水)都有重要作用。青藏高原及其以上的大气，在冬季是个强大的冷源(仅最东南部为热源)，西风急流在青藏高原东侧被迫分成两支，它们在高原东侧汇合时，在高原东北部形成一个个小高压，因而当地天气比较晴朗；而在高原东南部则生成一个个小低涡，使川黔冬季多阴雨天气。这些西南低涡随高空西风气流东移时还造成两湖以至江淮降水天气。而在夏季青藏高原又是强大的热源，从而在青藏高原上形成了高原上特有的高原季风现象。总体来说，高原上由于冬季盛行冷高压，天气晴朗；夏季形成热低压，经常生成高原低涡和切变线，使高原上夏季多雨雪天气。

通过上述分析，应该注意到，不同尺度的地形对降水的影响是不一样的，大、中尺度地形主要影响山区范围及其紧邻的平原区域降水的时空变化：而特别巨大的高原山区除了影响本地区的大气环流和降水外，还可影响到远离高原本体的平原地区，甚至改变或形成当地新的雨季和雨区(如青藏高原之于江淮梅雨)，当然其影响也已经不局限于降水，即同时也可使该地区的气候发生质的改变。而小尺度和微尺度地形对降水几乎没有影响，因为其地形抬升量很小。造成“有影响”假象的原因主要是因风速造成的降水观测误差的再分布。

6.1.4 地形影响造成的水平降水

对起伏地形的迎风面，特别是山脉的顶部，风速较大且有上升分速度；在背风面风速最小，且有下降分速度。在冬季或夜间，山顶相对大气而言是冷的，它冷却了载有水汽的潮湿大气。当山顶地面温度低于流经山顶空气的露点时，气流中水汽即可在山坡地面和植物上发生凝结或凝华(地面温度高于或低于零度)。对于已经形成的云雾移过山区时。雾滴等水汽凝结物更是大量地、持续地积累于岩石植物之上、即实际上增加了当地降水量。露降水便是水平降水的一个典型例子，它是指雾滴凝聚在树枝草叶上的降水，有些情况下它的数量可比固态水平降水更加惊人。每当浓雾过山时，树下或林中均可有水滴下，可使土壤为之尽湿，而林外土壤甚至仍可保持干燥。因此曾经得过“神秘降水”的外号。例如南非离开普敦不远的好望角附近，在夏季盛行东南风时，山顶常在云雾笼罩之中。地形云状如桌布，因而有“桌布云”之称。而在冬季，频繁的低压过境时更是满山为云雨所包围。由于这里纬度低，水汽含量丰富，雾滴密度大。水平降水量极为可观，常可以造成泉水与小溪。

§6.2　冷暖云降水的地形影响

地形降水分布不仅受地形强迫影响，也受到微物理过程的影响。水汽在障碍物迎风坡上空抬升是否凝结产生降水，主要取决于出现在高层和山脉上层的空气运动和降水过程，即云系的实际淡水效率(从 0 到 100%不等)、空气运动和云的微物理过程，特别是主要山脉障碍上层高空的空气运动和降水过程(W.R.Cotton，R.A.AAnthes，1993)。

6.2.1　播撒-受播过程与降水分布

对暖低云来说，主要降水过程是碰撞和合并，对于只有 50m 左右的丘陵地区，因为空气流过上述小块云的时间尺度太短,以致存在于低云中的降水时间不可能在碰并之前开始。在产生在地形云中的水分，有相当一部分被大尺度上升运动形成的高云降水冲洗。而高云中的降水可以通过碰并产生，或者通过冰相降水过程产生。图 6.3 是这种过程概念模型，描绘了低空湿饱和气流爬越丘陵的情况，气流过山被迫上升，致使形成地形受播云，在该受播云上方是播撒云，这是大尺度上升运动造成的。播撒云的阵雨(P_0)是以中等强度的稳定层状云降水出现的。在没有地形云的情况下，层状云只产生地面降雨(P_1)，如果播撒云降水遇到水分含量高的受播云环境，降水雨滴就会冲并云滴，从而使雨量增加到 P_2值，其降雨增量是 P_2-P_0，通常观测到的雨量是 P_2-P_1。

对地形降水增强有重要意义的因子是：低空空气中的相对湿度θ_w，垂直于风向的丘陵坡度，垂直于山地的风分量强度，受播云厚度，受播云的降水率，受播云中的凝结生成率，云中含水量，因播撒云降水的增长率或冲刷率。决定播撒核在穿过播撒-受播云之间云层过程中是否始终存在，其关键是该云层的相对湿度。一般说来，播撒-受播机制在温带气旋暖区最为有效。

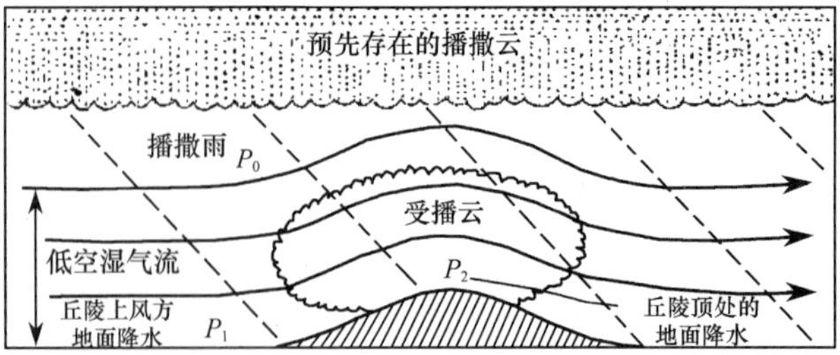

图 6.3　降雨因地形增强的概念模型(W.R.Cotton,R.A.AAnthes,1993)

对于穿过某一地形障碍的饱和气流来说，凝结率与低空风速强度成正比。在强风速下，降水的水平漂移也是值得注意的，尤其是对于小丘陵来说。

影响降水漂移的两个重要因子是：

(1)半径 r 的雨滴从速度 V_r经过云厚 Z_c、风速 u_0 的云的水平漂移

$$L_d \approx Z_c u_0 / V_r \tag{6.2.1}$$

(2)液态含水量(r_c)的水平变化尺度

$$L_{r_c} \approx r_c / (\mathrm{d} r_c / \mathrm{d} x) \approx L \tag{6.2.2}$$

其中，L 是丘陵半宽。

如果 $L_r \leqslant L_d$(例如在小丘陵上)，漂移将会降低最大地形增强值，因为进入受播云顶的一些播撒云滴会落在其下风方，该区的受播云滴和播撒云滴都将有蒸发。对于 $L<10\mathrm{km}$ 的丘陵来说，由于漂移而减少的雨量可能是相当可观的。

雨量的地形增强随播撒云降水率 P_0 增大，不仅 P_0 重要，而且播撒云降水元素的谱分布也很重要，降雨率与平均微滴的体积成正比，而净冲刷率则与微滴的净截面面积成正比。对于已知 P_0 来说，较小的水滴比大水滴能更有效地并合受播云滴。如果播撒云滴太小的话，并合效率也会降低，小水滴就更容易漂移。因此，风速、丘陵大小、降水率和降水微粒大小的最佳组合决定着冲刷效率。

图 6.3 表示分离的播撒云和受播云。这种分离并非必要，或者说，播撒-受播的概念是重要的。在某些强气旋风暴中，大气可能有很厚的饱和层。在这种情况下，障碍物迎风面上的播撒云液态含水量最大值可能正好是在低空。

6.2.2　冰相云中播撒云-受播云过程

播撒云-受播云过程也与冰相降水过程有关。降水是由冰相水汽凝华增长和云滴淞附形成的，他们忽略了聚合过程。冰粒淞附增长类似于完全水云中由播撒云降水元素产生的云滴凝冻增长，其主要差异归因于截面变化、降落速度和多种冰粒形状引起的冲并效率。由于冰同水比较，其饱和水汽压较低，所以冰粒的有效水汽凝华增长可以出现在没有显著液态水含量的水质饱和云中。随着大气压不同，最大水汽凝华增长出现在-14℃和-16℃之间。冰晶的性态也能调节水汽凝华增长率。在气温-12℃～-16℃的过饱和水环境中，枝状冰晶性态有利于获得最大的水汽凝华增长率；次最大水汽凝华增长率出现在-6℃附近，其中针状冰晶增长占优势。尽管事实上出现了次最大水汽凝华增长率，但在水饱和云中，冰面过饱和仍比较小，这里忽略了冰极性态对冰晶增长的影响。即使受播云只含有少量的液态水，但播撒-受播过程在冰相云中仍然会相当有效地进行。如果受播云在-12～-16℃温度范围(枝状冰晶增长的范围)出现云顶，就是上述情况。然而，当受播云有足够液态水生成以维持淞附增长时，却出现了降水的最大地形增强作用。雪量的降水地形增强作用大于雨量的降水地形增强。在冰相系统中漂移作用较大，因此，增加风速就增加了长丘陵上空雪量的最大增强率，而在小丘陵上空则有相反的作用。

漂移作用和降水粒子轨迹在冰云中之所以极其复杂，是因为存在多种冰晶性态和冰粒形状，冰晶浓度的变化对降水粒子轨迹也有影响；如果浓度低，各个降水元素就较大，下落速度也较快。降水元素通过云滴淞附也能以较快的速度增长，云滴增长又增加了降水元素的沉降速度。对上述情况来说，冰粒在增加粒子浓度的同时被携带到更远的下风方，并且到达地面的降水量增大。在某些情况下，在背风坡下沉干空气中沉降的冰粒可能升华，结果是在增加粒子浓度的同时，降水反而减小。攀附不能显著改变与淞附增长有关的降水粒子的轨迹，但是，如果冰粒浓度很高并在一厚层上空出现攀附的话，攀附增长可能比淞附增长更快一些。

§6.3　地形降水的理论研究

6.3.1　基本方程

起伏不大的山地气流的经典理论，都是以线性化运动方程、热力学能量方程和质量连续方程为基础的，其分析方法类似于积云动力学基本方程组。

我们把每个变量分解为带有下标 0 的基本状态值和参考状态的扰动值。因此，对二维气流来说。

$$\begin{aligned} u(x,z) &= u_0(z)+u'(x,z) \\ w(x,z) &= w_0(z)+w'(x,z) \\ \rho(x,z) &= \rho_0(z)+\rho'(x,z) \\ p(x,z) &= p_0(z)+p'(x,z) \\ T(x,z) &= T_0(z)+T'(x,z) \end{aligned} \tag{6.3.1}$$

式中，未扰动大气的垂直运动等于零($w_0(z)=0$)。把方程(6.3.1)代入控制方程，并假设流场是定常状态，而且是线性化的，对运动方程来说，我们便可以得到

$$\rho_0[u_0(\partial u'/\partial x)-w'(\partial u_0/\partial z)]=-\partial p'/\partial x \tag{6.3.2}$$

$$\rho_0[u_0(\partial w'/\partial x)]=-\partial p'/\partial z-\rho' g \tag{6.3.3}$$

线性化质量连续方程是

$$u_0(\partial\rho'/\partial x)+w'(\partial\rho_0/\partial z)=-\rho_0(\partial u'/\partial x+\partial w'/\partial z) \tag{6.3.4}$$

如果对干空气状态方程求时间导数

$$\mathrm{d}p/\mathrm{d}t=RT(\mathrm{d}\rho/\mathrm{d}t)+\rho R(\mathrm{d}T/\mathrm{d}t) \tag{6.3.5}$$

并且将绝热运动的热力学能量方程代入方程(6.3.5)，经过一系列数学变换，便可得到

$$\mathrm{d}p/Ft=(c_p/c_v)RT(\mathrm{d}\rho/\mathrm{d}t) \tag{6.3.6}$$

其中

$$(c_p/c_v)RT=\gamma RT=c^2 \tag{6.3.7}$$

式中，c^2 表示干绝热运动的声速。于是，方程(6.3.6)就变成

$$\mathrm{d}p/\mathrm{d}t=c^2(\mathrm{d}\rho/\mathrm{d}t) \tag{6.3.8}$$

方程(6.3.8)的全导数可展开成局地项和平流项，经过线性化处理后得到

$$u_0(\partial p'/\partial x)+w'(\mathrm{d}\rho_0/\mathrm{d}z)=c_0^2[u_0(\partial\rho'/\partial x)+w'(\mathrm{d}\rho_0/\mathrm{d}z)] \tag{6.3.9}$$

方程(6.3.9)可以重新改写为下式

$$\frac{u_0}{\rho_0}\frac{\partial p'}{\partial x}=w'\left(-\frac{1}{\rho_0}\frac{\mathrm{d}\rho_0}{\mathrm{d}z}+\frac{g}{c_0^2}\right)-\frac{u_0}{\rho_0 c_0^2}\frac{\partial p'}{\partial x} \tag{6.3.10}$$

方程(6.3.10)是描述密度偏差的产生，该偏差将引起垂直速度的加速度。(a)项表示观测者以速度 $u_0(z)$水平顺向位移所观测到的密度变化；(b)项表示由于基本状态的气层垂直位移

而产生的密度变化；(c)项表示气块在垂直位移过程中绝对膨胀或压缩的影响；(d)项表示垂直位移过程中的气压偏差，对缓慢垂直位移来说，该偏差通常很小，仅在产生快速声波时，气压偏差才是重要的(Collon 和 Anthes, 1993)。

利用位温的定义，并假设基本状态处于流体静力平衡，我们发现，由(b)项和(c)项结合，便可得到

$$-(1/\rho_0)(\mathrm{d}\rho_0/\mathrm{d}z)+(g/c_0^2)=(1/\theta_0)(\mathrm{d}\theta_0/\mathrm{d}z)=\beta \tag{6.3.11}$$

因此，(b)项和(c)项都是对静力稳定度的量度。略去(d)项，方程(6.3.10)可以写成

$$(u_0/\rho_0)(\partial\rho'/\partial x)=w'\beta=w'N^2/g \tag{6.3.12}$$

式中，$N^2=g/\theta(\partial\theta/\partial z)$，$N$ 是布伦特—维赛拉频率。把方程(6.3.11)和式(6.3.10)代入方程(6.3.4)，便可得到一个简化的连续性方程

$$(\partial u'/\partial x)+(\partial w'/\partial z)=(g/c_0^2)w' \tag{6.3.13}$$

联立以上方程，通过几步消去变数(特别是气压)的简单运算，则可求得一个仅含垂直速度变数的方程

$$\frac{\partial^2 w'}{\partial x^2}+\frac{\partial^2 w'}{\partial z^2}-S_0\frac{\partial w}{\partial z}+(\frac{\beta g}{u_0^2}+\frac{S_0}{u_0}\frac{\partial u_0}{\partial z}-\frac{1}{u_0}\frac{\partial^2 u_0}{\partial z^2})w'=0 \tag{6.3.14}$$

其中

$$S_0=(\mathrm{d}/\mathrm{d}z)\ln\rho_0(z) \tag{6.3.15}$$

引进一个新的应变量

$$\tilde{w}=[\rho_0(z)/\rho_0(0)]^{1/2}w' \tag{6.3.16}$$

那么，式(63.13)就变成下列形式

$$(\partial^2\tilde{w}/\partial x^2)+(\partial^2\tilde{w}/\partial z^2)+l^2(z)\tilde{w}=0 \tag{6.3.17}$$

其中

$$l^2(z)=\frac{\beta g}{u_0^2}-\frac{1}{u_0}\frac{\partial^2 u_0}{\partial z^2}+\frac{S_0}{u_0}\frac{\partial u_0}{\partial z}-\frac{1}{4}S_0^2+\frac{1}{2}\frac{\partial S_0}{\partial z} \tag{6.3.18}$$

方程(6.3.17)是二维定常线性山地波理论的基础。参数 $l^2(z)$称作 Scorer 参数，它是受稳定变项和切变项(方程(6.3.18)的前面项)支配的。忽略(6.3.18)中含有 S_0的几项，就等于采取包辛涅斯克近似，在该近似中，除与重力相乘的项以外，其他密度变化项均略去了。

在方程(6.3.17)水平结构的傅里叶分解中，垂直速度 $\tilde{w}$ 必须满足波形解

$$\tilde{w}=\hat{w}(z)e^{ikx} \tag{6.3.19}$$

这样，第 k 个分量 $\hat{w}(z)$ 的振幅是

$$[\partial^2 \hat{w}(z)/\partial z]+[l^2(z)-k^2]\hat{w}(z)=0 \tag{6.3.20}$$

当给定上、下边界条件，则可以求得方程(5.3.20)的解。对上边界，在 $z=\infty$处采用辐射边界条件，以便阻尼向上传播波的反射，这些反射波会对对流层中层和上层的波产生干扰。下边界采用自由滑动边界条件，例如

$$w(0,x)=u(0,x)[\partial h(x)/\partial x] \tag{6.3.21}$$

其中 $h(x)$是地形高度。这样，各种各样的地形都可用作下边界。

6.3.2 数值模式

地形降水模式中必不可少的分量应包括气流越山运动时的垂直位移，绝热上升(或下沉)，凝结(蒸发)和降水率。把山脉对低空气流的阻塞作用和背风坡效应考虑进去也很重要。在山脉形状简单的情况下，有些模式只是计算了由平均地形坡度所引起的水汽垂直输送，并根据下式计算实际地形条件下的垂直运动分量：

$$w_s=\frac{u\partial h}{\partial x}+\frac{v\partial h}{\partial y} \tag{6.3.22}$$

对于稳定气层在坡上机械抬升的运动过程，t 小时内的地形降水量 P_i(单位为 10^{-3} cm)可表示为下式：

$$P_i=\frac{\Delta P}{g}(\frac{\overline{V}_i}{\Delta x})(\overline{q}_1-\overline{q}_2) \tag{6.3.23}$$

式中，ΔP 为气流在迎风坡上的厚度(hPa)，$\overline{V}_i$ 为 ΔP 气层内垂直于山脉的平均风速(km/h)，Δx 为背风坡侧有降水的长度(距离)，$\overline{q}_1$ 和 $\overline{q}_2$ 分别为迎风和背风侧气流的平均比湿(g/kg)。

用此模式计算得到的降水量由于假设了气流已为饱和状态而使数值偏大约 1/3。有人也提出类似于上式的地形降水量 P_0 的表达式：

$$P_0=\overline{V}\tan S(-\frac{\partial q}{\partial z})\Delta C \tag{6.3.24}$$

式中，$\overline{V}$ 为垂直于山坡的平均风速(假定坡地是平滑的)；S 为坡度；ΔC 为云的厚度。

如果考虑风的扰动作用模式变得更为复杂。在一个 x、z 平面内(这里 x 为沿着风向)的运动可以被表示为一个叠加在速度为 V 的稳定的基本气流上的扰动。其近似的垂直速度方程为：

$$\frac{\partial^2 W(z,k)}{\partial z^2}+[f(z)-k^2]W(z,k)=0 \tag{6.3.25}$$

式中，W 为垂直速度的振幅(波数为 k 的正弦波)，k 是在 x 方向上的地面廓线的波数(假定为正弦波)，且

$$f(z)=\frac{\partial(\ln\theta)}{\partial z}\cdot\frac{g}{V^2}-\frac{1}{V}\frac{\partial^2 V}{\partial z^2} \tag{6.3.26}$$

其中，$\partial(\ln\theta)/\partial z$ 是用位温θ表示的静力稳定度。这个 $f(z)$表达式在中尺度研究中得到广泛的应用。

下边界条件在被假定为正弦波状时，其振幅为：

$$\zeta_0 = f(k)\cos kx = ah\exp(-ak)\cos kx \tag{6.3.27}$$

式中，h 为地面廓线中扰动的最大高度，a 为半宽(从山顶站沿 x 方向到 $\zeta_0=h/2$ 这一点的距离)。

§ 6.4　考虑地形影响的对流降水模式

在中尺度云微物理过程模式中，考虑了冰晶、云水、雨、霰、冰雹等，能比较全面地描述强对流系统的微物理过程。地形对强风暴的发生发展及维持、冰雹云的形成和发展都有很大的影响(楼小凤等，2003)。

6.4.1　模式的基本方程

模式采用地形追随坐标 x, y, ζ，为推导地形坐标系下的方程组，首先定义 3 个无量纲参数：一个是标志地形高度的坐标转换 Jacobian：G_0，另外两个是标志沿 X，Y 方向地形效率的参数 G_1，G_2：

$$\zeta = \frac{Z-G_r}{H-G_r}H \tag{6.4.1}$$

$$G_0 = 1 - G_r / H \tag{6.4.2}$$

$$G_1 = \left(\frac{\zeta}{H}-1\right)\frac{\partial G_r}{\partial \zeta} \tag{6.4.3}$$

$$G_2 = \left(\frac{\zeta}{H}-1\right)\frac{\partial G_r}{\partial y} \tag{6.4.4}$$

式中，Z 为高度，H 为模式顶高，G_r 为地形高度。G_0 不随高度变化，而 G_1，G_2 随高度减小，即模式层的弯曲程度随高度减弱。在地面与地表高度重合，模式顶为水平面。经过转换坐标系，水平速度分量保持原来的形式，而垂直速度变为：

$$\omega = \frac{\mathrm{d}\zeta}{\mathrm{d}t} = \frac{G_1 u + G_2 v + w}{G_0} \tag{6.4.5}$$

根据坐标转换原则，模式的基本方程如下：

$$\frac{\partial u}{\partial t} + \frac{C_p\theta_{v0}}{G_0}\left[\frac{\partial G_0 \pi}{\partial x} + \frac{\partial G_1 \pi}{\partial \zeta}\right] = -\left[\frac{\partial uu}{\partial x} + \frac{\partial uv}{\partial y} + \frac{\partial u\omega}{\partial \zeta} - u\nabla\cdot\vec{V}\right] + fv + \frac{1}{\rho_0}D_u \tag{6.4.6}$$

$$\frac{\partial v}{\partial t} + \frac{C_p\theta_{v0}}{G_0}\left[\frac{\partial G_0 \pi}{\partial y} + \frac{\partial G_2 \pi}{\partial \zeta}\right] = -\left[\frac{\partial vu}{\partial x} + \frac{\partial vv}{\partial y} + \frac{\partial v\omega}{\partial \zeta} - v\nabla\cdot\vec{V}\right] - fu + \frac{1}{\rho_0}D_v \tag{6.4.7}$$

$$\begin{aligned}&\frac{\partial w}{\partial t} + \frac{C_p\theta_{v0}}{G_0}\frac{\partial \pi}{\partial \zeta} = -\left[\frac{\partial wu}{\partial x} + \frac{\partial wv}{\partial y} + \frac{\partial \omega w}{\partial \zeta} - w\nabla\cdot\vec{V}\right] + \frac{1}{p_0}D_w + \\ &\left[\frac{g\theta}{\theta_{v0}} + g(0.61Q_v - Q_c - Q_r - Q_i - Q_g - Q_h)\right]\end{aligned} \tag{6.4.8}$$

$$\frac{\partial \theta}{\partial t} = -\left[\frac{\partial(\theta_0+\theta)u}{\partial x} + \frac{\partial(\theta_0+\theta)v}{\partial y} + \frac{\partial(\theta_0+\theta)\omega}{\partial \zeta} - (\theta_0+\theta)\nabla\cdot\vec{V}\right] + M_\theta + \frac{1}{\rho_0}D_\theta \tag{6.4.9}$$

$$\frac{\partial \varphi}{\partial t} = -\left[\frac{\partial \varphi u}{\partial x} + \frac{\partial \varphi v}{\partial y} + \frac{\partial \varphi\omega}{\partial \zeta} - \varphi\nabla\cdot\vec{V}\right] + E_\varphi + M_\varphi + \frac{1}{\rho_0}D_\varphi \tag{6.4.10}$$

$$\frac{\partial \pi}{\partial t}+\frac{\gamma \beta^2}{G_0}\sum_{j=1}^{3}\frac{\partial}{\partial x_j}(G_0\rho_0\theta_{v0}u_j)=f_\pi \tag{6.4.11}$$

式中，θ 和 π 为位温和无量网气压的扰动值。当 $G_0=1$，而 $G_1=0$，$G_2=0$ 时，上述方程又回到了 Cartesian 坐标下的形式。

6.4.2　平地与山地的降水模拟对比

楼小凤等以湖北十堰为例，依据陕西安康站的探空资料，模拟平地和山地的降水情况(楼小凤等，2003)。十堰地处多山地的丘陵地区，经常发生局地的对流性天气。由于此模式的水平分辨率为 2 km，很难获得实际的地形资料，暂时采用理想的地形。由于底层的水平风场是西北风，所以将地形设计成从西北往东南抬升的一个斜坡，坡顶高 1 000 m。加入地形后，1 000 m 以下的风场被插值到地形调整后的高度，水平风场将出现不连续的情况，所以在开始的时间 t_0 内，将水平风场逐步加入模式，并由模式进行其他物理量场调整适应过程。在 t_0 时段后，才进行模式的初始扰动。图 6.4、图 6.5 显示了该区为平地和山地情况下的降水情况比较。

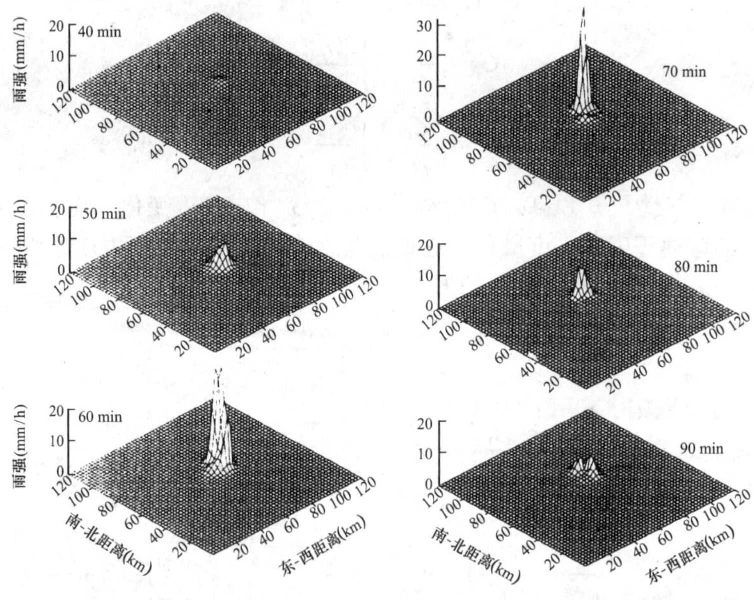

图 6.4　平地情况下 40～90 min 每隔 10 min 模拟计算的平均降水强度(楼小凤等,2003)

图 6.4 中给出了几个时次 10 min 平均模拟降水分布，图中垂直坐标的每一刻度代表 10 mm 的降水。模拟降水在 40 min 后开始出现，此时降水强度很小，但降水强度增长很快。70 min 出现超过了 30 mm/h 的最大值，但比实际最大降水强度 85.5 mm/h 要小得多。随后降水减弱，至 100 min 时降水接近尾声，整个降水过程网格点最大累积降水为 10.4 mm，而据实际观测，单站累积降水超过 20 mm，所以模拟的降水强度和累积降水都比实际偏小。

图 6.5 描述了地形作用的 10 min 平均降水强度分布，垂直坐标间隔 10 mm。可以看出，降水在 34 min 开始后，降水强度增长很快，在第 60 min 的最大降水强度超过 70 mm，降

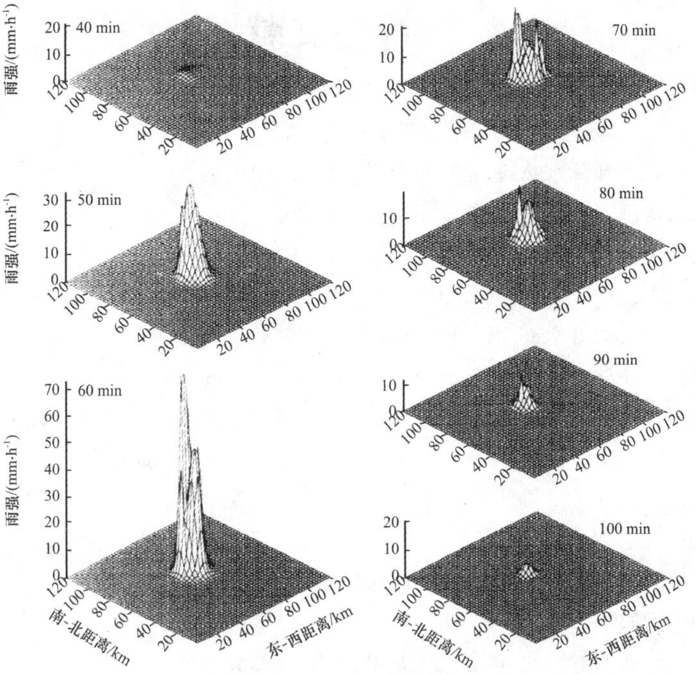

图 6.5　斜坡地形 40～100 min 每隔 10 min 模拟计算平均降水强度(楼小凤等,2003)

水持续了约 1 h，累积降水达到了 24 mm。而平坦地面的降水开始得比较晚，第 50 min 降水仅为 7 mm，最大降水强度出现在第 60 min 和 70 min，分别达到 28 和 30 mm/h，降水维持较长时间，90 min 后降水结束。所以考虑了地形对模拟的结果有很大的影响，地形的抬升加强了对流发展，导致降水提前，并且降水加强，一定程度上使模拟的降水更接近实际。

表 6.1　模拟对比试验的几个特征量分布(楼小凤等，2003)

名称	地形	地形高度(m)	最大降水强度(mm/h)	累积降水(mm)	最大上升速度(m/s)
A	无	0	32	10.4	20
B	半圆	250	60	20.4	31
C	半圆	500	86	31	30
D	斜坡	500	54	19.5	30
E	斜坡	1000	75	24	30

为了研究不同地形及不同地形高度对模拟结果的影响,我们进行了高度为 250 m 和 500 m 半圆型地形的模拟(试验 B 和试验 C)、地形高度为 500 m(试验 D)和上面两个模拟试验即平坦地面和 1 000 m 的斜坡型(试验 A 和试验 E)的对比试验，表 6.1 中列出了平坦地面和这 4 种地形的几个特征量分布。5 个模拟试验的累积降水分别为 10.4、20.4、31、19.5 mm 和 24 mm，平坦地面的累积降水相对较少。4 种地形试验中，试验 C 的对流发展最强，其降水强度和上升速度最大，10 min 平均的降水强度达到 86 mm/h，超过了试验 E 的 75 mm/h，其累积降水也超过了试验 E。这是因为在试验 C 中，虽然地形顶高只有 500 m，比试验 E 的 1 000 m 的斜坡低，但其坡度要比试验 E 的大，使地形的抬升作用较强。

参考文献

黄美元，沈志来，洪延超. 半个世纪的云雾、降水和人工影响天气研究进展.大气科学，2003， 27(4)：536 ~ 551.

黄美元，徐华英等.云和降水物理.北京：科学出版社，1999.

顾震潮.云雾降水物理基础.北京：科学出版社，1980.

叶家东，李如祥.积云动力学.北京：气象出版社，1988.

徐祝龄.气象学. 北京：气象出版社，1994.

巢纪平，周晓平.积云动力学.北京：科学出版社，1964.

林之光.地形降水气候学.北京：科学出版社，1995.

W.R.Cotton，R.A.AAnthes.风暴和云动力学. 叶家东等译. 北京：气象出版社，1993.

楼小凤，胡志晋，王广河. 对流云降水过程中地形作用的数值模拟. 应用气象学报，2001，12(增刊)：113 ~ 121.

陈佑淑，蒋瑞宾.气象学. 北京：气象出版社，1989.

李克煌.气象学与气候学简明教程.开封：河南大学出版社.1994.

李爱贞，刘厚凤.气象学与气候学基础. 北京：气象出版社，2001.

王昂生，阮忠家.地球上的云雨.北京：气象出版社，1986.

吴和赓，张志明.气象学.北京：水利电力出版社，1986.

黄润本，黄伟峰，陈明荣等.气象学与气候学.北京：高等教育出版社，1986.

陆正华，许以平.气象学基础知识.北京：中国青年出版社，1985.

王鹏飞，李子华.微观云物理学.北京：气象出版社，1989.

胡志晋，童乐天.云和降水.北京：气象出版社，1987.

王建捷，胡欣，郭肖容.MM5 模式中不同对流参数化方案的比较试验.应用气象学报，2001，12(1)：41 ~ 53.

桑建国，王保民，孙向明. 对流云激发的重力波和波动阻力.气候与环境研究，2002，7(1)：114 ~ 120.

陈明，傅抱璞，于强. 山区地形对暴雨的影响.地理学报，1995，50(3)：256 ~ 263.

吴国雄，刘崎岷，刘新等.青藏高原加热如何影响亚洲夏季的气候格局.大气科学，2005，Vol，29(1):47 ~ 56.

杨国祥.华东对流性天气的分析预报.北京：气象出版社，1989.

郭恩铭.云和人工影响降水.北京：国防工业出版社，1981.

周秀骥.暖云降水微物理机制的研究.北京：科学出版社，1964.

楼小凤，胡志晋，王鹏云等.中尺度模式云降水物理方案介绍.应用气象学报，2003，14(增刊):49 ~ 59.

赵仕雄，许焕斌，德力格尔. 黄河上游对流云降水微物理特征的数值模拟试验. 高原 气象，2004，Vol，23(4):495 ~ 500.

石爱丽. 层状云降水微物理特征及降水机制研究概述.气象科技，2005，33(2):104 ~ 108.

沈四林. 海洋上的雾、云和雨滴形成的微观过程分析. 气象与航海,2004,(4):61 ~ 63.

高艳红，吕世华. 非均匀下垫面局地气候效应的数值模拟.高原气象，2001，Vol，20(4):354 ~ 361.

B.J.梅森(英).云物理学. 北京：科学出版社，1979.

第三篇　下垫面蒸发物理过程

大气中的水分蒸发现象，一般发生于自由水体表面(如海面、湖面及河面等)，固体表面(如土壤、植被、积雪和冰川)，以及空中的水滴、雪片和冰粒的表面。它不仅构成地球上水分循环的重要组成部分，而且随着蒸发潜热的收支平衡，使热能发生交换和再分配，故也是地球上热能交换循环的重要组成部分。

蒸发既是地球表面水量平衡的组成部分，又是热量平衡的组成部分，而地表面热量、水分收支状况在很大程度上决定着地理环境的形成和演变，因此蒸发的研究不仅是水文大气研究中的一个重要内容，而且也是农林科学、地球科学和全球变化的重要研究内容。由此可见，蒸发不仅是重要的基础科学问题，而且它与其他众多学科广泛的内在联系，使之成为与许多国民经济发展有关的现实战略问题，如水资源合理开发利用、土地荒漠化、水土保持与生态环境建设等。目前水资源问题已成为全世界共同关注的重大问题之一，而几乎所有与水有关的问题，都离不开蒸发的研究。

由此可见，蒸发是一个范围相当广泛的课题，它发生于地球五大圈层系统的各个环节，而且是五大圈层相互之间水热交换循环中最活跃的联系纽带，也是当前全球科学研究中的核心问题和关键基础科学问题。目前，在蒸散发物理机制研究中取得重大进展的是，陆面过程中的土壤-植被-大气陆续体研究。在土壤-植被-大气系统内，如果把土壤-植被-大气系统看作是地球表层中的一个界面，那么这个界面就是一个物理、化学和生物的界面，也是物质迁移和能量循环最为强烈的活动层。在这一系统中水分、热量的运动和循环最为活跃，而蒸发是一个重要的组成部分，是水分平衡、热量平衡的主要交换和平衡项。同时，蒸发过程的物理机制与空气近地面层湍流交换特征紧密联系，又与植物的生理活动有着十分密切的关系。因此，必须对土壤水分运动、植物水分传输、蒸发面与人气间的水汽和热量交换等各个环节进行研究，才能深入、全面地认识蒸散发规律。由于蒸散发量无法直接测量，必须通过水热平衡计算获得，计算中又涉及众多平衡要素，最终必然涉及到水文学、大气物理学、土壤物理学、植物生理学等学科，这是目前水文和其他科学研究中的一个巨大难题。

第七章　地球表面的能量与水量平衡

前面已经提及，自然条件下的蒸发过程是地球上总的水分循环中的主要组成部分，也是水从海洋与陆地进入大气的主要形式，由于水转化为水汽状态时需要耗费大量能量，因此蒸发同样也是地球表面上热量变换的主要因素。

自然蒸发过程对物理水文过程具有特别重要的意义，主要是基于蒸发过程中物质能量的交换传输，必然贯穿于整个陆面水文物理基本过程之中。因而使热量交换过程与水分交换过程之间建立了直接的联系。从而也决定了物理水文学的许多环节必须深入全面地研究蒸发过程，因为这些问题都要涉及到下垫面与大气之间水热交换过程研究。

对于许多的实际问题，蒸发过程的主要作用决定于蒸发过程对水热平衡与循环的影响，因此首先分析水分平衡和热量平衡的一般方程式，然后探讨关于下垫面水分平衡和热量平衡的物理水文意义(布德科，1958)。

§7.1 水热平衡基本方程

在地球表面存在两个基本平衡方程，即水量平衡方程和热量平衡方程

$$P = R + E + W \tag{7.1.1}$$

$$R_n = Q + LE + A \tag{7.1.2}$$

式中，P 为降水量，R 为径流量(包括地下径流和地表径流)，W 为经下垫面到地下各层的水通量(包括积雪量的变化和土壤含水量、水库储水量的变化)；R_n 为陆地表面所获得的净辐射，Q 为地面与大气间的热量交换(主要是湍流热通量)，L 为蒸发潜热，约为 2 495 J/g，E 为蒸散量(包括物理蒸发和植物生理蒸腾与凝结水量)，A 为地表与下层土壤之间的热量交换。

7.1.1 水量平衡基本方程

方程(7.1.1)中有两项是纯由重力而产生的(P, R)，蒸散量 E 是由湍流扩散定律决定的，W 的物理性质最为复杂，对不冻结的陆地表面来说，包括：从土壤表面到更深层的液态水分的重力通量；具有不同湿润程度的各层土壤间薄膜水通量的垂直部分；由地下水输送到地表面的毛细管水通量；由植物根系吸力所输送的水分通量。对自由水面以及冻结的陆面或水体表面来说，W 项可认为是在外界因素的共同作用下，某一固定地点下垫面单位面积上水的总流入量的储存量。

如果将方程式(7.1.1)中的各项用某一时间段内各项的总量代入，则式(7.1.1)是平衡的。在这种情况下，W 的表达式应为 $W = \int_0^t w\,\mathrm{d}t$。该值等于垂直柱体内的水量变化与在时间 t 内经过柱体的垂直表面的水分总通量的数值之和，同时假设这样的柱体深入地下直到实际已无水分交换的地方。以 $\pm\Delta W$ 表示在时间 t 内垂直柱体中的水量变化数值，并考虑到表面径流与经过柱体垂直表面的总的水分通量之和等于这一时段内的总径流量 R，得到下面水分平衡方程式：

$$P = E + R \pm \Delta W \tag{7.1.3}$$

当方程(7.1.3)应用于水体时，$\pm\Delta W$ 项不仅决定于从水体表面到底部这一段水柱中水量的变化(不仅是水位的变化)，而且也决定于从水体底部延续到没有显著的水分交换层为止，这样一个柱体中土壤含水量的变化。在这情况下，径流 R 的数值同样也可以由所取体积内水的正负通量及水体底部土壤中相应的水平通量相加而求得。

随着时间的增加，降水总量亦单调增加，而平均来说 $\pm\Delta W$ 的值趋于零，故对于足够长的计算周期来说 $\Delta W/R \ll 1$。在这种情况下方程式可以写成：

$$P = R + E \tag{7.1.4}$$

上式不仅对以年或多年为平衡周期的计算适合，而且对许多我们设定的诸如次降水径流计算情况也适合。

如果把下垫面几何形状当作平面时，方程式(7.1.1)和式(7.1.3)是近似的。因为实际上下垫面是三维空间的，那么为了使在相应情况下的水分平衡方程式更精确起见，可以将下垫

层概念考虑进去，此层包括土壤表面(或雪盖面)高度与植物顶高度之间的空间。于是下垫层的上表面及下表面水分的总通量将不等于零，而等于这一层的含水量在时间 t 内的变化数值。以 δ_1 表示此变化数值，则水分平衡方程式为：

$$P = E + R \pm \Delta W + \delta_1 \tag{7.1.5}$$

δ_1 就是被截留在植物中的降水量，在时间 t 内消耗于植物生长上和植物层中空气湿度的变化上的水分。因为下垫层的“容量”(改变贮水量的能力)通常小于土壤的“容量”，所以除了某些个别情况以外(如在密林中的降雪)，δ_1 的值将显著地小于 ΔW，这说明式(7.1.3)可以代替式(7.1.5)。同时还应当指出，在相当长的时间内 δ_1 和 ΔW 的总值(当地形和气候条件保持不变时)都是趋于零的。

如果要计算海洋及陆地总的水分平衡方程式的各项，就可能得出地球上一般的水分循环的量的概念。类似于上述分析，以 $P_1= E_1+R_1$ 表示全球海洋总的多年平均水分平衡方程式，以 $P_2= E_2+R_2$ 表示径流系统与全球海洋(海洋径流区)有关的那些大陆部分总的多年平均水分平衡方程式，很明显 $R_2=-R_1$。这就是说，从陆地到海洋总的多年平均径流量是由海洋表面输送到陆上的相应水汽量来补偿的，从而保证了在海洋径流区降水量超过蒸发量的一个数值 R_2。

对于径流系统与海洋隔绝的陆地区域(内流区)来说，总的多年平均径流量等于零，其水分平衡方程式为：$R_3=E_3$。整个地球上的全部径流量也等于零。对于多年平均情况来说，水分平衡方程式，可写成下列形式：

$$R_1 + R_2 + R_3 = E_1 + E_2 + E_3$$

具体到海陆之间总的水分平衡量，许多学者有不同的意见。大多数水文学家认为从海洋带来的水汽只占陆上降水所消耗的大气水分的一小部分，因为这些降水的相当大部分是由大陆表面蒸发来补偿的。而 Peixoto 和 Oort 从全球水循环的角度，分析指出这是局部水文循环的错误结论，他们认为大陆降水的主要来源是潮湿海洋气团。当干空气经过时，大陆表面蒸发使移动的气团得到一定程度的潮湿，而在多数情况下，这种湿度是不足以产生降水的，而只有一小部分靠大陆表面的蒸发来供应的(Peixoto，Oort，1995)。

7.1.2 热量平衡基本方程

在方程(7.1.2)中，没有考虑由于大气的湍流摩擦而使下垫面增加的热量，和消耗于植物生长的热量，以及不同温度的下垫面上的降水所带来的热量(正或负)。这三项热量值的变化，对热量平衡的影响通常要比方程式(7.1.2)的各基本项小得多，因此在一般精度要求不高时，它们对该方程式的影响可以忽略。

下垫面上水结冰时放出的热量或冰雪融化时消耗的热量对热量平衡式的影响相当大。如果这一过程是在短时间之内完成的，那么方程式(7.1.2)就应当加入一项，即计算相应的热量输入或消耗。将时间 t 内的总和代入到方程式(7.1.2)的各项，则得：

$$R_n = Q + LE \pm \Delta Q + F \tag{7.1.6}$$

式中，$\pm\Delta Q$ 为垂直柱体在时间 t 内热量的变化，方程式(7.1.2)就是以这个柱体的表面为计算截面，柱体一定要达到实际没有热量交换的层次为止，F 为时间 t 内通过该柱体垂直面热量的总水平通量。

F 项与陆面热量平衡的各基本项比较，一般是微不足道的，在土壤中温度水平梯度很小，土壤的热传导不大，地下水的水平热量运输也很小，但它的数值在海洋中有洋流存在时是很大的。

方程式(7.1.6)与水分平衡方程式一样，可以考虑到下垫层中产生的热量交换过程的影响而略加修正，然而这种改变并无原则上的意义。

方程式(7.1.2)和式(7.1.6)中所有各项可以是正的，也可以是负的。如上所说，蒸发时 E 为正值，则在所吸收的短波辐射大于有效辐射的场合下辐射平衡差额将是正的，当湍流通量的方向是从地面指向大气时 Q 为正的，ΔQ 在土壤或水增热时为正的。

与 $\pm\Delta W$ 项相似，$\pm\Delta Q$ 的平均值亦是随时间 t 的增长而减小的，因此对足够长的时段和多年的平均情况来说，陆地表面以及没有明显的热量传递的水体表面的热量平衡方程式为：

$$R_n = Q + LE \tag{7.1.7}$$

而海洋的热量平衡在一般的情况下为：

$$R_n = Q + LE + F \tag{7.1.8}$$

为了在任何情况下解热量平衡方程式，就必须研究出根据大量观测记录来确定方程式(7.1.6)中至少四项数值的方法。

辐射平衡差额 R 的数值可以根据利用辐射平衡表所作的专门辐射观测记录来计算。由于辐射平衡的现有资料比较有限，所以在决定不同地区的辐射平衡值时，要考虑平衡的个别组成部分，必要时还得利用辐射情况的特性与气象因素和景观特性之间的经验关系。

在辐射平衡的其余各项中，$\pm\Delta Q$ 的值可以比较简单的根据土壤或水体的上层温度分布的资料来确定。为了测定 F 项(水流对热量的输送)，须要根据温度及水流速度沿深度的分布资料；获得这些资料在技术上有相当大的困难，但在理论上是可能的。

于是，为了解热量平衡方程式，就必须寻求确定蒸发数值或下垫面与大气间的热量交换数值的方法。

应当指出，如这些项中的一项决定之后，我们不仅可以解热量平衡方程式，而且亦可以解水分平衡方程式，这对于大范围的实际问题求解非常有意义。

§7.2 地表大气之间的能量传输与平衡

蒸发是热量平衡公式的主要项。蒸发的一些计算方法和模式就是利用热量平衡公式得出的，因而弄清热量平衡公式对研究蒸发的计算方法十分重要。蒸发和感热流向大气需要在地–气界面存在有能源，该能源主要来自太阳辐射能，太阳辐射能作为驱动地球上气候变化的动力，如图 7.1 所示，地球–大气系统经常要在到达地球的太阳能与地–气系统返回到太空的能量之间维持一种平衡。获得的太阳能主要集中在电磁波谱的可见光(或短波)部分，大约有 30%到达地表的太阳辐射能被反射回太空，反射的太阳能与入射的太阳能的比值定义为反射率。

地球吸收了太阳的辐射能致使其温度升高，就会向太空放射(或发射)与吸收的太阳的辐射能相同的能量。地球的辐射主要集中在电磁波谱的红外(或长波)部分。这种入射能量与射出能量之间的平衡称为地球辐射平衡。

对地球辐射平衡影响最大的是地–气系统的组成成分、行星地表、大气和云。对云的理解(如云的发生、云的特征等)被认为是气候变化理解的关键。云对地球辐射平衡的影响是通过观测晴空和太空辐射结果的差异来进行的，这种差异定义为云的辐射强迫。当有云出现时，光学厚度很厚的云要比暗的地表反射更多的短波辐射到太空。因此用来加热地表和大气的太阳能量就变少了，这种趋势对地球有制冷作用。另外，大约有20%的太阳辐射被大气和云所吸收。

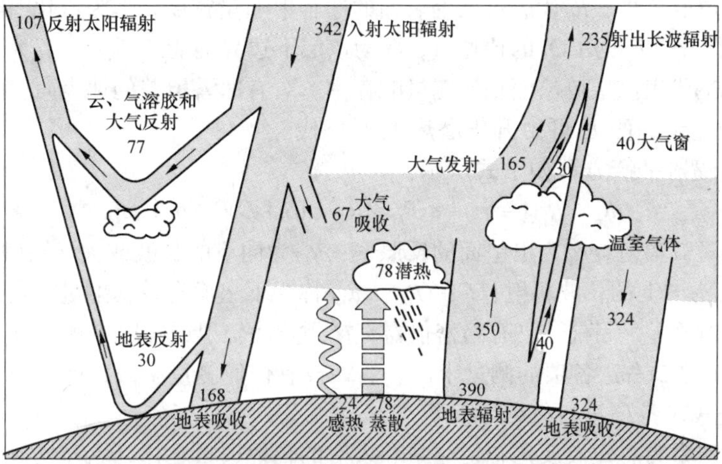

图7.1　全球地-气系统辐射平衡示意图(杜建飞，2004)

地表净太阳辐射(NSSR)是指到达地表的总太阳辐射减去被地表反射的太阳辐射所得到的差值。到达地表的总太阳辐射包括直接太阳辐射和经过大气和地表之间多次散射后到达地表的散射太阳辐射。

在地表辐射交换中，它是辐射能量的收入部分，对地表辐射平衡、地气能量交换，以及各地蒸发的形成都具有决定性的意义。地表净辐射是地球生命活动的能源。因此研究地表净太阳辐射的基本气候特征及其分布规律是陆面蒸发的重要任务之一，有着十分重要的理论和实际意义。

然而目前的地表基本辐射观测网络的观测，不能满足蒸发研究的需要，主要是因为对广大的海洋和两极地区的观测非常稀少，而两极地区对气候的变化又非常敏感。即使在内陆地区，由于辐射观测站数量的不足和分布的不均匀，使得在监测辐射的空间变化过程中其效果不是很理想。利用卫星资料对其进行遥感能够提供具有良好时间连续性和空间均一性的地球辐射平衡资料，于是有很多的研究者提出了各种从卫星观测值来推算地表太阳净辐射的方法和模式。尽管这些模式各具特色，有的甚至还很不完善，但是地表辐射的卫星遥感已经成为一种解决该问题的有效手段和新趋势，从而被世界各国水文、大气科学工作者所关注(杜建飞，2004)。

7.2.1　地球表面能量平衡方程

在地球表面，蒸发和感热流向大气需要在地-气界面存在势差和温差，这个问题只要考察一层地面物质的能量平衡方程就能定量地予以处理。根据地球表面的性质，这一层可由水体、土壤、树冠或冰雪所组成。前面已经给出了热量平衡方程式(7.1.6)，下面给出较为普遍的形式：

$$R_n - L_e E - Q + L_p F_p - G + A_h = \frac{\partial W}{\partial t} \tag{7.2.1}$$

式中，Q为地面与大气间的能流通量，指向地球表面的能流通量取正号，从地球表面指向大气的能流通量取负号；R_n代表这层上表面的净辐射通量密度，L_e为汽化潜热，L_p为固定CO_2的热转换因子、F_p为CO_2的比通量，G为该层下边界的能流通量，A_h为平流至该层的能量，而$(\partial W/\partial t)$代表该层单位面积的能量贮存率。对有冰雪覆盖的地表面，$(\partial W/\partial t)$还包括有融化所需的能量，而L_e可由升华潜热L_s所替代。

地表面的辐射平衡方程如下式所示：

$$R_n = R_s(1-\alpha_s) + \varepsilon_s R_{ld} - R_{lu} = (S+D)(1-\alpha_s) - F \tag{7.2.2}$$

式中，R_n为总短波辐射，α_s为下垫面的反照率；R_{ld}为向下的长波或大气辐射，ε_s为下垫面的发射率，R_{lu}为向上的长波辐射；$F = (R_{lu} - \varepsilon_s R_{ld})$称为下垫面有效辐射量，它是地面辐射量与大气逆辐射量之差。目前，已有精密仪器直接测量净辐射或辐射平衡量R_n；如无仪器量测，可依赖式(7.2.2)右边各项的测量求出。假如没有任何测量手段，就可根据理论方法或简单的经验公式对各项进行气候学计算。

地表面反照率为总短波反照辐射通量和入射的辐射通量之比，它与反射率的不同点在于反照率还包括散射辐射在内。如果有日照时，多数下垫面的反照率与太阳高度有关，但随着云量的增加，这种相关性将减低。而湖面反照率可采用如下经验公式：

$$\alpha_s = a S_A{}^b \tag{7.2.3}$$

式中，S_A为太阳高度的度数，在晴天，a=1.18，b=−0.77；在阴天，a=0.51(高云)或a=0.20(低云)，b=−0.58(高云)或b−0.30(低云)。对其他不同下垫面的反照率，可根据实际情况得到经验公式。并且在计算每日辐射收支时，一般取用平均反照率数值即可(杜建飞，2004)。

7.2.2　总短波幅射 R_s 或太阳总辐射量 Q

短波辐射作为入射的太阳辐射，它的大部分能量集中于 0.1 ~ 4μm 波长范围。在大气层的外界，称为太阳常数，为 1 395 W/m^2 的数量级。辐射经过大气层的过程中，将被气体分子和气溶胶颗粒散射、吸收和反射，因此在地表面的总短波辐射，将由直接辐射(S)和天空散射(D)两部分所组成(杜建飞，2004)，亦即

$$R_s = Q = S + D$$

短波辐射的测量在没有现成的量测记录的情况下，可以采用以下公式计算，其表达形式为：

$$R_s = R_{sc}[\alpha + (1-\alpha)\frac{n}{N}] \tag{7.2.4}$$

式中，R_{sc}为晴天的太阳短波辐射，n/N为日照百分率(实际日照时数与最大可能日照时数的比例)，α为一常数，与地理位置、季节和大气状态有关，一般根据校准来确定。如果因为全天无云而无法校订，则利用下面的改进公式：

$$R_s = R_{se}[a + b\frac{n}{N}] \tag{7.2.5}$$

式中，R_{se}为地外的太阳辐射，亦即无大气层时到达地面的辐射，可按已知的太阳常数按不

同纬度和日序进行计算；a, b 为常数，与地理位置、季节和大气状态有关，一般取 a=0.25，b=0.50。

用平均云量分数替代日照百分率(n/N)，则有下面公式

$$R_s = R_{sc}[1-\alpha m_c] \tag{7.2.6}$$

式中，α =0.71。当然式(7.2.4)和式(7.2.6)假定了下述条件：

$$m_c + n/N \approx 1 \tag{7.2.7}$$

Kondo 则认为：

$$a\frac{n}{N} + bm_c = 1 \tag{7.2.8}$$

根据日本记录，a=1.11，b=0.78。

7.2.3　长波或地球辐射

长波辐射是由大气层、地球陆面和水面所发射的辐射通量。由于地球环境温度比太阳温度低得多，地球辐射处于 4 ~ 100 μm 波长范围，与短波辐射并无重合。长波辐射也可以进行仪器测量，但不如辐射测量仪器准确，主要是由于测量仪器也会发射长波幅射。因此依据气候学计算方法，分别计算向上的 R_{lu} 和向下的 R_{ld} 仍然是一条可取的途径(杜建飞，2004)。

由地球表面向上发射的 R_{lu}，可按温度为 T_s 的灰体辐射公式进行计算，即

$$R_{lu} = \varepsilon_s \sigma T_s^4 \tag{7.2.9}$$

式中，ε_s 为下垫面的发射率，σ为 Stefan-Boltzmann 常数，其值为 $5.669\,7\times10^{-8}(\mathrm{W/(m^2\cdot K^4)})$。对水面的 ε_s，一般取 0.97，对其他不同的表面，会有不同的取值，详见表 7.1。

表 7.1　自然表面的 ε_s 值(杜建飞，2004)

自然表面	裸土(矿物质)	裸土(有机物质)	草被	树木	陈雪	新雪
ε_s	0.95 ~ 0.97	0.97 ~ 0.98	0.97 ~ 0.98	0.96 ~ 0.97	0.97	0.99

较精确计算晴空下方的长波或大气辐射，需有垂直的温湿剖面记录，进行数字积分或制作辐射图。如果没有现成的资料，也可按下式计算

$$R_{ldc} = \varepsilon_{ac} \sigma T_a^4 \tag{7.2.10}$$

式中，T_a 为近地面的气温(百叶箱读数)，ε_{ac} 为晴空的大气发射率。对于 ε_{ac} 的计算，可根据大气辐射传输方程和标准大气模式，导出下列理论公式：

$$\varepsilon_{ac} = 1.24(\frac{e_a}{T_a})^{1/7} \tag{7.2.11}$$

式中，e_a 为近地面的水汽压，以 hPa 计；T_a 为近地面的气温，可采取标准大气 T_a=288 K；ε_{ac} 也可根据各种经验公式来确定。

因为 R_{ld} 具有云量效应，对云量效应的修正可以采取下列方法。

一是对式(7.2.9)中的 R_{ldc} 或 ε_{ac} 进行修正。例如 Bolz 曾提出改进公式：

$$R_{ld} = R_{ldc}(1 + am_c^b) \tag{7.2.12}$$

式中，m_c为天空云量分数，a和b均为常数；取b=a，a按不同云型取值，见表7.2。

表7.2 Bolz公式(7.2.12)中取b=2时按不同云型的a值(杜建飞，2004)

云型	卷云	卷层云	高积云	高层云	积雨云	积云	层积云	雨层云	雾	平均
参数a值	0.04	0.08	0.17	0.2	0.2	0.2	0.22	0.25	0.25	0.22

二是对晴空的净长波辐射式(7.2.2)作修正。表示为

$$R_{nl} = R_{nlc}(1 - a'm_c^{b'}) \tag{7.2.13}$$

式中，R_{nlc}=ε_s-R_{lu}为晴空的净长波辐射，a和b均为常数。

联系式(7.2.9)与式(7.2.13)，令T_s=T_a，并令b=b，则可求得

$$a = a'(\frac{1-\varepsilon_{ac}}{\varepsilon_{ac}}) \tag{7.2.14}$$

因为，ε_{ac}的数量级为0.75，我们会发现式(7.2.13)中的a约为式(7.2.12)中a的三倍。如果缺少云量资料，有彭曼公式：

$$R_{nl} = R_{nlc}[a + (1-a)\frac{n}{N}] \tag{7.2.15}$$

式中，a一般取为0.2。

7.2.4 能量平衡中的平流项

平流项是指水流入或流出该系统的所有能量。降水是上表面层垂直平流的一个来源；在有雪盖的情况，雨量十分重要，雪量可影响暖湖的能量平衡。对整个湖泊来说，还应考虑横向平流。因此可写成：

$$A_h = \rho_w c_w (q_i T_i + PT_p - q_0 T_0) \tag{7.2.16}$$

式中，c_w为水的比热，ρ_w为水的密度，q_i和q_0各代表单位湖面积总流入量和流出量，P为降水率，T_i, T_p和T_0各代表流入、降水和流出的水温。就能量平衡的计算来说，式(7.2.16)中的流入和流出项的精度并不十分重要，因此对其他项如蒸发和地下水渗漏等均可忽略不计。

另外，对于式(7.2.1)中的$\partial W/\partial t$项，可按不同的情况进行分析。对一薄水层、土壤或树盖，可从式(7.2.1)中略去，对高植被例如松林的情况，积雪，湖泊等应根据具体情况予以考虑(朱岗崑，2000)。

§7.3 地球表面与大气之间的交换通量

7.3.1 地–气之间动量通量计算

1. 涡动相关法

在近地面层中，大气湍流运动频率直接决定着动量和热量的垂直输送通量的大小，涡动相关法即用快速感应仪器直接测量由此而引起的风、温度和湿度的脉动量：u', $\boldsymbol{v}'$, $\boldsymbol{w}'$, θ', q'。在涡动相关法中，地–气之间动量的垂直通量由下式给出：

$$\tau = -\rho\overline{u'w'} = \rho u_*^2 \tag{7.3.1}$$

式中，ρ 为大气密度；u'、w'分别为水平和垂直风速的脉动值；u_*为摩擦速度，涡动相关法有直接测量湍流动量通量的优点，而不需要对地表的特征和涉及到的输送机制作限制性假设(刘树华，2004)。

2．空气动力学法

空气动力学法是通过描述近地面层气流的空气动力学特征，来解释其控制各种能量和物质输送的环境物理过程。能量和物质的输送过程是受风速、温度、水汽等的垂直梯度所制约。根据空气动力学理论，在近地面层空气动力学粗糙表面上，风速的垂直梯度可表示为：

$$\frac{\partial u}{\partial z} = \frac{u_*}{\kappa(z-d)}\phi_m \quad z > h_c \tag{7.3.2}$$

式中，u 为近地面层水平瞬时风速；z 为距地表面的高度；k 为 Karman 常数；d 为动量零平面位移高度；u_*为摩擦速度；ϕ_m 为风速的无因次梯度，是一个普适函数；h_c 为地表面粗糙物的平均高度。由式(7.3.1)和式(7.3.2)有；

$$\tau = \rho u_*^2 = \rho\kappa^2(z-d)^2(\frac{\partial u}{\partial z})^2\phi_m^{-2} \tag{7.3.3}$$

只要确定水平瞬时风速 u 的梯度$\partial u/\partial z$，Karman 常数 $\kappa(0.4)$，d 动量零平面位移高度(d=0.7h)及风速的无因次梯度普适函数 ϕ_m，即可应用式(7.3.3)计算动量通量。风速的无因次梯度普适函数 ϕ_m 的表达式为：

$$\phi_m = (1-16\frac{z}{L})^{-\frac{1}{4}} \quad \frac{z}{L} < 0 \tag{7.3.4}$$

$$\phi_m = 1+5\frac{z}{L} \quad \frac{z}{L} > 0 \tag{7.3.5}$$

或者

$$\phi_m = (1-16R_i)^{-1/3} \quad R_i < 0 \tag{7.3.6}$$

$$\phi_m = (1+16R_i)^{1/3} \quad R_i > 0 \tag{7.3.7}$$

式中，L 为 MoninObukhov 长度；R_i 为 Richardson 数。它们的计算式分别为：

$$L = -\frac{u_*^3}{\kappa\frac{g}{\theta}\overline{w'\theta'}} = \frac{u_*^2}{\kappa\frac{g}{\theta}\theta_*} = \frac{u_*}{\kappa g}\cdot\frac{\overline{\theta}\Delta u}{\Delta\overline{\theta}} \tag{7.3.8}$$

$$R_i = \frac{g}{T}\frac{\frac{\partial\overline{\theta}}{\partial z}}{(\frac{\partial u}{\partial z})^2} \tag{7.3.9}$$

式中，T 为近地面层温度(K)；g 为重力加速度。

3．风速廓线梯度迭代法

同样由式(7.3.2)从 z_0 分别积分到 z_1 和 z_2(z_2> z_1)，并将两个积分式相减得：

$$u(z_2) - u(z_1) = \frac{u_*}{\kappa}(\ln\frac{z_2}{z_1} - \phi_{m2} + \phi_{m1}) = \frac{u_*}{\kappa}\phi_m \tag{7.3.10}$$

由式(7.3.1)和式(7.3.3)可得：

$$\tau = \rho u_*^2 = \rho k^2 [u(z_2) - u(z_1)]^2 \phi_m^{-2} \tag{7.3.11}$$

由式(7.3.11)可见，如果假定大气密度 ρ 和 $\kappa(0.4)$为常数，已知两个高度上的风速 $u(z_2)$和 $u(z_1)$及积分函数 ϕ_m，即可由式(7.3.11)计算湍流动量通量。

积分函数 ϕ_m可采用以下表达式

在不稳定条件下，$z/L<0$

$$\phi_m = \ln\frac{z_2}{z_1} + \ln[\frac{(x_1^2+1)(x_1+1)^2}{(x_2^2+1)(x_2+1)^2}] + 2(\tan^{-1} x_2 - \tan^{-1} x_1) \tag{7.3.12}$$

在稳定条件下，$z/L>0$

$$\phi_m = \ln\frac{z_2}{z_1} + \frac{5}{L}(z_2 - z_1) \tag{7.3.13}$$

其中

$$x_1 = (1-16\frac{z_1}{L})^{\frac{1}{4}}, \quad x_2 = (1-16\frac{z_2}{L})^{\frac{1}{4}} \tag{7.3.14}$$

廓线梯度迭代法利用较容易得到的风速和温度廓线资料，所以在定常和水平均匀条件下，计算湍流动量通量比较简单。

4．整体空气动力学方法

根据整体空气动力学原理，地-气间动量通量的表达式为：

$$\tau = \rho u_*^2 = \rho C_D u(z)^2 \tag{7.3.15}$$

式中，C_D为动量拖曳系数。在中性大气层结稳定度情况下，其参考高度 z_r(常为 10 m 高度)上的式(7.3.2)的积分风速廓线公式为：

$$u(z_r) = \frac{u_*}{\kappa}\ln\frac{z_r}{z_0} \tag{7.3.16}$$

式中，粗糙长度 z_0即是近地面层 $u(z_0)=0$ 处的高度，其值的大小依赖于地形和地表覆盖物的特性，必须根据风速实测廓线资料或经验来确定，一般取为地表粗糙元平均高度的 0.1 ~ $0.15h_c$(h_c为粗糙元平均高度)。z_0的估计值从相对光滑的陆地到洋面远小于 1 cm 到森林和城镇地区的数米不等。

由式(7.3.15)和式(7.3.16)可推得，在中性大气层结稳定度情况下，参考高度 z_r处无量纲拖曳系数 C_D可由下式给出：

$$C_D = \frac{\kappa^2}{(\ln\frac{z_r}{z_0})^2} \tag{7.3.17}$$

当大气层结为非中性时，式(7.3.2)在近地面层的积分风速廓线公式为：

$$u(z) = \frac{u_*}{\kappa}\ln\frac{z}{z_0}\phi_m(\frac{z}{L}) \tag{7.3.18}$$

同理，由式(7.3.15)、式(7.3.16)推得在非中性大气层结稳定度情况下近地面层 z 高度处无量纲拖曳系数 C_D的表达式为：

$$C_D = \frac{u_*^2}{u^2} = \frac{\kappa^2}{(\ln \frac{z_r}{z_0})^2 \phi_m^2} \tag{7.3.19}$$

式中，积分函数 ϕ_m 的表达式可采用式(7.3.14) ~ 式(7.3.12)计算。

在中等风速时 C_D 的值从海面的 1.2×10^{-3} 到高大作物和相当粗糙地表的 7.5×10^{-3} 之间变化。影响拖曳系数 C_D 的主要因素是动力因子 $u(z)$，常见的拖曳系数 C_D 的经验关系式为：

$$C_D = a + \frac{b}{u} \tag{7.3.20}$$

式中，a、b 为经验系数；u 为 10 m 处的平均风速。式(7.3.20)仅考虑了风速单一因子对拖曳系数的影响，显然是不完善的。因此，我们利用在农田下垫面所得风速和温度廓线观测资料，考虑了粗糙度 z_0，大气稳定度参数 $\xi=(z-d)/L$ 和 10 m 高度处的平均风速 u_{10}，3 个因子对拖曳系数 C_D 的影响；其中，d，L 分别为动量零平面位移高度和 Monin-Obukhov 长度，其定义同前面所述。所得多元线性回归方程为：

$$C_D = 0.004\,170 + 0.000\,113\lg z_0 - 0.001193\lg|\xi| + 0.000\,703\frac{1}{u_{10}} \tag{7.3.21}$$

上式的回归误差为 6.8%。

7.3.2 地–气间感热通量计算

1．涡动相关法

在涡动相关法中，地–气间感热的垂直通量由下式给出：

$$H = C_p\rho\overline{w'\theta'} = -C_p\rho u_*\theta_* \tag{7.3.22}$$

式中，ρ 为空气密度(kg/m^3)；C_p 为空气的定压比热容(1 004(J/kg·K))；w', θ'分别为垂直风速和位温的脉动量，在近地面层 $w'\approx\theta'$；θ_*为摩擦温度。该方法可由 w'和 θ'测量值直接计算地–气间感热的垂直通量。该方法由于 w'和 θ'采集的困难，而在应用上受到限制(刘树华，2004)。

2．波文比–能量平衡法

波文比–能量平衡法是计算近地面层感热通量输送的常用方法。其通用公式就是下垫面能量平衡方程和感热通量的垂直输送方程，即：

$$R_n = H + LE + G \tag{7.3.23}$$

$$H = C_p\rho K_H \frac{\partial T}{\partial z} \tag{7.3.24}$$

$$LE = \rho\lambda\frac{\varepsilon}{P}K_W\frac{\partial e}{\partial z} \tag{7.3.25}$$

式中，R_n 为净辐射量(W/m^2)；G 为土壤热通量(W/m^2)；H 为感热通量(W/m^2)；LE 为潜热通量(W/m^2)；ε 为水汽分子与干空气分子的相对密度(0.622)；K_H、K_W 分别为热量和水汽的湍流交换系数(m/s)；P 为大气压力(hPa)；$\partial T/\partial z$，$\partial e/\partial z$ 分别为空气温度和水汽压梯度。引入波文比，即感热和潜热之比，如下：

$$\beta = \frac{H}{LE} \tag{7.3.26}$$

在式(7.3.24)和式(7.3.25)中，假设 $K_H=K_W$，则：

$$H=\frac{(R_n-G)\beta}{1+\beta} \tag{7.3.27}$$

$$\beta=\frac{C_p P\Delta T}{\varepsilon\lambda\Delta e}\approx 0.67\frac{\Delta T}{\Delta e} \tag{7.3.28}$$

采用波文比-能量平衡方法计算近地面层感热通量时产生误差的主要原因有：R_n 和 G 的测量误差，波文比 β 的相对误差，以及假设 $K_H=K_W$ 所带来的误差。

波文比 β 可由在两个高度上测量的干湿球温度差来计算，即：

$$\beta=\left(\frac{\gamma+S}{\gamma}\cdot\frac{\Delta T_W}{\Delta T}\right)^{-1} \tag{7.3.29}$$

式中，S 为在平均湿球温度为 T_W 时的饱和水汽压曲线的斜率；γ 为干湿表常数(0.64)，ΔT_W 和 ΔT 为 z_2 和 z_1 两个高度上湿球和干球的差。因而波文比的相对误差为：

$$\frac{\delta\beta}{\beta}=\frac{1+|\beta|}{\dfrac{\delta\Delta T}{\Delta T}+\dfrac{\delta\Delta T_W}{\Delta T_W}+\dfrac{\delta S}{S+\gamma}} \tag{7.3.30}$$

波文比 β 的误差有两个来源，一个是探头的标定不精确，另外是数据采集记录仪器精度不够。作者在观测研究中发现干湿球温度的测量精度高于 0.1℃时，波文比的相对误差在 11%以下。

波文比-能量平衡法一般假设近地面层热量和水汽的湍流交换系数相等($K_H=K_W$)，在水平均匀，来流路径足够大的非平流状态下 $K_H=K_W$；在平流状态下，当温度梯度和湿度梯度的符号相反时，$K_H\neq K_W$，此时如果用 $K_H=K_W$，则波文比-能量平衡法计算的蒸发潜热通量偏低；建议在平流逆温的稳定条件下取 $K_H/K_W=1.2\sim1.5$。

3．空气动力学法

根据空气动力学理论，在近地面层空气动力学粗糙表面上，风速的垂直梯度可表示为：

$$\frac{\partial T}{\partial z}=\frac{-H}{C_p\rho\kappa u_*(z-d)}\phi_h \quad z>h_c \tag{7.3.31}$$

由式(7.3.2)、式(7.3.22)和式(7.3.31)可得：

$$H=-\rho C_p\kappa^2(z-d)^2\frac{\partial u}{\partial z}\frac{\partial T}{\partial z}(\phi_m\phi_h)^{-1} \tag{7.3.32}$$

$$H=-\rho C_p u_*^2\frac{\partial T}{\partial u}\phi_m\phi_h^{-1} \tag{7.3.33}$$

式中，u，T 分别为近地面层水平瞬时风速和温度；z 为距地表面的高度；κ 为 Karman 常数；d 为动量零平面位移高度(d=0.7h_c)；u_*为摩擦速度；ϕ_m、分别为风速和温度的无因次梯度，是两个普适函数。风速的无因次梯度普适函数 ϕ_m 的表达式见式(7.3.4) ~ 式(7.3.7)。ϕ_h 的表达式为：

$$\phi_h=(1-16\frac{z}{L})^{\frac{1}{2}} \quad z/L<0 \tag{7.3.34}$$

$$\phi_h = 1 + 5\frac{z}{L} \quad z/L > 0 \tag{7.3.35}$$

或者

$$\phi_h = 0.885(1-22R_i)^{-0.40} \quad R_i < 0 \tag{7.3.36}$$

$$\phi_h = 0.885(1+34R_i)^{0.40} \quad R_i > 0 \tag{7.3.37}$$

式中，L 为 Monin-Obukhov 长度；R_i 为 Richardson 数。

4．风速廓线梯度迭代法

根据空气动力学理论，在近地面层空气动力学粗糙表面上，温度的垂直梯度可表示为：

$$\frac{kz}{\theta_*}\frac{\partial\theta}{\partial z} = \phi_h \qquad z > h_c \tag{7.3.38}$$

式中，z 为距地表面的高度；κ 为 Karman 常数；θ_*为摩擦温度；ϕ_h 为温度的无因次梯度，是一个普适函数；h_c 为地表面粗糙物的平均高度。

由式(7.3.38)从 z_0 分别积分到 z_1 和 $z_2(z_2>z_1)$，并将两个积分式相减得：

$$\theta(z_2) - \theta(z_1) = \frac{\theta_*}{\kappa}(\ln\frac{z_2}{z_1} - \phi_{h2} + \phi_{h1}) = \frac{\theta_*}{\kappa}\phi_h \tag{7.3.39}$$

由式(7.3.10)、式(7.3.26)和式(7.3.39)可得：

$$H = -\rho C_p u_* \theta_* = -\frac{\rho C_p \kappa^2[u(z_2) - u(z_1)][\theta(z_2) - \theta(z_1)]}{\phi_m \phi_h} \tag{7.3.40}$$

由式(7.3.40)可见，如果假定大气密度 ρ 和 $k(0.4)$为常数，已知两个高度上的风速 $u(z_2)$ 和 $u(z_1)$、位温 $\theta(z_2)$和 $\theta(z_1)$及积分函数 ϕ_m 和 ϕ_h，即可由式(7.3.40)计算感热通量 H。

积分函数 ϕ_m 可采用式(7.3.12) ~ (7.3.14)计算，ϕ_h 可采用以下表达式计算，即：

在不稳定条件下，$z/L<0$

$$\phi_h = \ln\frac{z_2}{z_1} + 2\ln[\frac{y_1+1}{y_2+1}] \tag{7.3.41}$$

在稳定条件下，$z/L>0$

$$\phi_m = \ln\frac{z_2}{z_1} + \frac{5}{L}(z_2 - z_1) \tag{7.3.42}$$

其中

$$y_1 = (1-16\frac{z_1}{L})^{\frac{1}{2}}, y_2 = (1-16\frac{z_2}{L})^{\frac{1}{2}} \tag{7.3.43}$$

廓线梯度迭代法利用较容易得到的风速和温度廓线资料，在定常和水平均匀条件下，计算感热通量方法简单，通过迭代还提高了计算精度。

5．整体空气动力学法

根据整体空气动力学原理，地-气间感热通量的表达式为：

$$H = -\rho C_p C_T u(z)(T - T_0) \tag{7.3.44}$$

式中，C_T 为热量交换整体输送系数；T_0 为粗糙度高度 z_0 处的温度；其他参数意义同前。

同理，推得在非中性大气层结稳定度情况下近地地层 z 高度处无量纲拖曳系数 C_D 的表达式为：

$$C_T = \frac{u_* T_*}{u(T - T_0)} = \frac{\kappa T_*}{\ln \frac{z}{z_0} \phi_m (\frac{z}{L})(T - T_0)} \tag{7.3.45}$$

式中，积分函数 ϕ_m 的表达式可采用(7.3.12) ~ (7.3.14)式计算。

7.3.3 地-气间潜热通量计算

1．涡动相关法

在涡动相关法中，地-气间潜热的垂直通量由下式给出：

$$LE = \lambda \rho \overline{w'q'} = -\lambda \rho u_* q_* \tag{7.3.46}$$

式中，ρ 为空气密度，kg/m^3；λ 为水汽化潜热，2.5×10^6J/kg；w', q'分别为垂直风速和比湿的脉动量。该方法可由 w'和 q'的测量值直接计算地-气间的潜热垂直通量(刘树华，2004)。

2．波文比-能量平衡法

波文比-能量平衡方法是计算近地面层潜热通量输送的常用方法。其通用公式就是下垫面能量平衡方程和感热通量的垂直输送方程，由式(7.3.23) ~ 式(7.3.26)，并假设 $K_H=K_W$，得波文比-能量平衡方法是计算近地面层潜热通量的表达式为：

$$LE = \frac{R_n - G}{1 + \frac{C_p P K_H \frac{\partial T}{\partial z}}{\varepsilon \lambda K_W \frac{\partial e}{\partial z}}} = \frac{R_n - G}{1 + \frac{C_p P \Delta T}{\varepsilon \lambda \Delta e}} = \frac{R_n - G}{1 + \beta} \tag{7.3.47}$$

由式(7.3.47)可看出，波文比-能量平衡方法计算近地面层潜热通量的精度同样取决于净辐射通量 R_n 和土壤热通量 G 的测量精度，以及温度差 ΔT 和湿度差 Δe 的测量精度。

3．空气动力学法

根据空气动力学理论，在近地面层空气动力学粗糙表面上，湿度的垂直梯度可表示为：

$$\frac{\partial e}{\partial z} = \frac{-\gamma LE}{C_p \rho \kappa u_* (z-d)} \phi_w (z > h_c) \tag{7.3.48}$$

由式(7.3.2)、式(7.3.22)和式(7.3.48)可得：

$$LE = -\rho C_p \kappa^2 (z-d)^2 \frac{\partial u}{\partial z} \frac{\partial e}{\partial z} (\gamma \phi_m \phi_w)^{-1} \tag{7.3.49}$$

$$LE = -\rho C_p u_*^2 \frac{\partial e}{\partial u} \phi_m (\gamma \phi_w)^{-1} \tag{7.3.50}$$

式中，u, e 分别为近地面层水平瞬时风速和水气压；z 为距地表面的高度；κ 为 Karman 常数；d 为动量零平面位移高度($d=0.7h_c$)；u_*为摩擦速度；ϕ_m，ϕ_w 分别为风速和水气压的无因次梯度，是两个普适函数。风速的无因次梯度普适函数 ϕ_m 的表达式见式(7.3.4) ~ 式(7.3.7)。ϕ_w 的表达式为：

$$\phi_w = (1 - 16\frac{z}{L})^{-\frac{1}{2}} \quad (z/L < 0) \tag{7.3.51}$$

$$\phi_w = 1 + 5\frac{z}{L} \quad (z/L > 0) \tag{7.3.52}$$

或者

$$\phi_w = 0.885(1-22R_i)^{-0.40} \quad (R_i < 0) \tag{7.3.53}$$

$$\phi_w = 0.885(1+34R_i)^{0.40} \quad (R_i > 0) \tag{7.3.54}$$

式中，L 为 Monin-Obukhov 长度；Ri 为 Richardson 数。

4．风速廓线梯度迭代法

根据空气动力学理论，在近地面层空气动力学粗糙表面上，大气中比湿的垂直梯度可表示为：

$$\frac{\kappa z}{q_*}\frac{\partial q}{\partial z} = \phi_w(z > h_c) \tag{7.3.55}$$

式中，z 为距地表面的高度；κ 为 Karman 常数；q_*为摩擦比湿；ϕ_w 为比湿的无因次梯度，是一个普适函数；h_c 为地表面粗糙物的平均高度。

由式(7.3.55)从 z_0 分别积分到 z_1 和 $z_2(z_2>z_1)$，并将两个积分式相减得：

$$q(z_2)-q(z_1) = \frac{q_*}{k}(\ln\frac{z_2}{z_1} - \phi_{w2} + \phi_{w1}) = \frac{q_*}{k}\phi_w \tag{7.3.56}$$

由式(7.3.10)、式(7.3.46)和式(7.3.56)可得：

$$LE = -\rho\lambda u_* q_* = -\frac{\rho\lambda k^2[u(z_2)-u(z_1)][q(z_2)-q(z_1)]}{\phi_m\phi_w} \tag{7.3.57}$$

由式(7.3.57)可见，如果假定大气密度 ρ 和 $k(0.4)$为常数，已知两个高度上的风速 $u(z_2)$ 和 $u(z_1)$、位温 $q(z_2)$和 $q(z_1)$及积分函数 ϕ_m 和 ϕ_w，即可由式(7.3.74)计算潜热通量 LE。

积分函数 ϕ_w 可采用式(7.3.12) ~ (7.3.14)计算，ϕ_w 同样可采用以下表达式计算，

在不稳定条件下，$z/L<0$

$$\phi_w = \ln\frac{z_2}{z_1} + 2\ln[\frac{y_1+1}{y_2+1}] \tag{7.3.58}$$

在稳定条件下，$z/L>0$

$$\phi_w = \ln\frac{z_2}{z_1} + \frac{5}{L}(z_2 - z_1) \tag{7.3.59}$$

其中

$$y_1 = (1-16\frac{z_1}{L})^{1/2}, \quad y_2 = (1-16\frac{z_2}{L})^{1/2} \tag{7.3.60}$$

廓线梯度迭代法利用较容易得到的风速、温度和湿度廓线资料，在定常和水平均匀条件下，计算潜热通量方法简单，通过迭代还提高了计算精度。

5．整体空气动力学法

根据整体空气动力学原理，地-气间感热通量的表达式为：

$$LE = -\rho\lambda C_E u(z)(q - q_0) \tag{7.3.61}$$

式中，C_E 为热量交换整体输送系数；q_0 为粗糙度高度 z_0 处的比湿；其他参数意义同前。在中性和不稳定大气层结稳定度情况下的 $u(z)$的表达式同式(7.3.16)和式(7.3.18)。

同理，推得在非中性大气层结稳定度情况下近地面层 z 高度处无量纲拖曳系数 C_E 的表达式为：

$$C_E = \frac{u_* q_*}{u(q-q_0)} = \frac{\kappa q_*}{\ln\frac{z}{z_0}\phi_m(\frac{z}{L})(q-q_0)} \tag{7.3.62}$$

式中，积分函数 ϕ_m 的表达式可采用式(7.3.12) ~ 式(7.3.14)计算。

§7.4 地表层下边界的能流通量

无论是不同景观植被的陆地或是水域下垫面的温度，并不等于空气低层的温度，因此，在下势面和大气之间便产生了湍流热通量，这些热通量是由贴地气层的湍流导热率所决定的。裴步祥和朱岗崑对此进行了深入研究(裴步祥，1989；朱岗崑，2000)。

研究植被-土壤-大气之间的能流通量具有重大的理论意义和现实意义，一方面可以为进一步建立更完善的模拟气候与陆地生物圈之间关系的数值模式奠定基础，另一方面可为探索地表层下界面的能流通量在全球水热循环中的具体作用，正确地评估和预测全球气候变化对生态环境的可能影响，制定相应的政策提供科学依据。

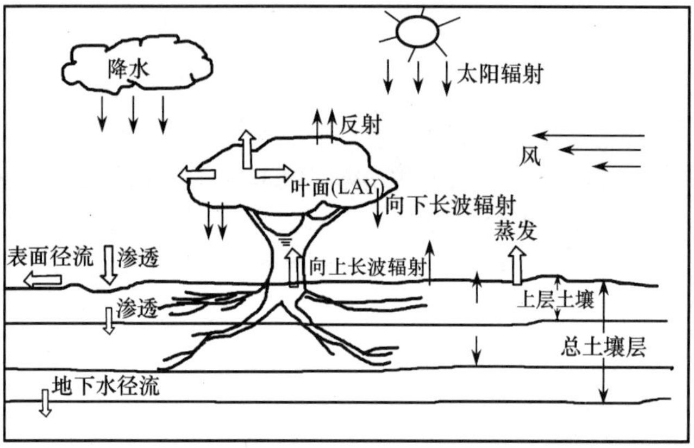

图 7.2　陆面水文物理过程示意图(赵玲，2003)

如图 7.2 所示，陆面模式所考虑的主要物理过程为：首先从能量角度看，陆面吸收和放射不同种类的能量，其中最重要的包括经过大气吸收和反射后的太阳辐射、地面红外辐射、感热通量及潜热通量。这些能量受到地表热平衡方程的控制，感热通量和潜热通量都是底层大气稳定度的非线性函数，有较大的日变化。地表和接近地表的温度存在着显著的日变化。对能量收支有重要影响的反射率，计算时考虑植被覆盖率、土壤水分以及雪盖和雪龄等。

植被层表面的水分来自于露水或截留降水。降水、蒸发、渗透、表面径流都是陆面模式中重要的水文过程，其中植被的作用非常明显。降水一部分被叶子截留，一部分直接降落到地面。叶面上的降水用于蒸发或者滴落到地表，与直接落到地面上的水分一起渗入土壤或形成表面径流。蒸发过程中，除地表、叶面向大气直接输送水分外，植物根系也从土壤中抽吸水分经由叶面蒸发。

7.4.1　土壤热通量

式(7.4.1)中的能流通量 G，其性质和测定方法与地表层的类型有关。对一薄层或一植被树盖，G 项代表流向地中的热通量，对于水面，G 为流向下面水体的热通量。

土壤热通量 Q_s 为单位时间内，通过土壤横断面单位面积的热量。它与土壤的垂直温度梯度成正比。如果把自上而下的热通量作为正值，则在深度 z 处的热通量为：

$$Q_s = -h\frac{\partial T}{\partial z} \tag{7.4.1}$$

式中，h 为热传导系数，它是当两个界面的温度梯度为 1℃，且不存在其他温度补偿时单位时间内通过边长 1 cm 的相应物体的热量。热传导系数对土壤增热过程有重要作用，因而可以用它表示不同土壤类型对土壤增热状态的影响。

单位时间内单位体积土壤的热流入量，等于通量的增量，即$\partial[h\cdot(\partial T/\partial z)]/\partial z$。从另一方面讲，它又等于单位时间内单位体积土壤热量的变化，亦即 $c_s\rho_s(\partial T/\partial t)$。因此可得

$$c_s\rho_s\frac{\partial T}{\partial t} = \frac{\partial}{\partial z}(h\frac{\partial T}{\partial z}) \tag{7.4.2}$$

其中，c_s 为比热，ρ_s 为土壤密度，$c_s\rho_s$ 为体积热容量。

如果热传导系数 D_T 为一常数，则上式可写为：

$$\frac{\partial T}{\partial z} = D_T\frac{\partial^2 T}{\partial z^2} \tag{7.4.3}$$

在研究土壤的热状况时，必须知道热容量 $c_s\rho_s$。热传导系数 h 和温度传导系数 D_T 决定土壤热力学性质。然而这些基数在自然条件下的数据比较少，在实验室内得到一些测定资料，应用于实际时又受到很大的限制。

土壤热力学性质测定和研究的复杂性不仅是由于它与土壤中的化学矿物成分有关，同时它还受土壤的机械组成、土壤中空气和水分的含量等的很大影响。对含有各种化学矿物成分的土壤的研究表明，比热的平均值约为 0.8 J/(g·K)，变化范围较小，热传导系数的变化范围较大，由于空气的容积热容量比水的容积热容量小得多，所以土壤孔隙中是空气还是水，对土壤的热性质有十分重要的影响。

土壤的热容量及热传导系数随土壤湿度的增加而增大。热传导系数 h 随土壤孔隙度的增加而减小。这是因为当孔隙度增加时土壤中的空气增加了，空气的热容量较小，所以热传导系数减小。温度对土壤热传导系数有影响，但它和土壤湿度、孔隙度相比较，可以忽略不计。土壤温度随深度是变化的，土壤密度，也即是土壤容积热容量随深度也是变化的，同时它们在不同性质和成分的土壤中的变化也是不一样的。

如上所述，土壤热性质随深度而变化，因而计算土壤热通量时必须分层计算。为此，在气象台站进行土壤表面和不同深度的地温观测。这样就使土壤热通量得计算简便的多。

下面给出土壤热通量的计算方法，即：

$$Q_{H1} - Q_{H2} = \int_{z_1}^{z_2} c_s\rho_s\frac{\partial T}{\partial t}\mathrm{d}z \tag{7.4.4}$$

式中，Q_{H1} 和 Q_{H2} 各为深度 z_1 和 z_2 处的热通量密度。若 z_1 为土壤表面，z_2 为土壤表面下某深度，Q_{H2} 为已知，则根据上式，就可求出该时间间隔内的表面热通量 $G = Q_{H1}$。若 z_2 足够

大，则 Q_{H2} 可以忽略不计，或者 Q_{H2} 可以利用零梯度法或综合法求得。

如果研究区域为水体，例如一浅湖泊或溪流，能流通量 G 是重要的，可利用式(7.4.1)计算，若湖泊较深，则 G 可忽略。在海洋区域中，热流通量 G 的计算需要考虑多种热量传输机制，包括热传导、感热的垂直对流及辐射能穿透至较深处以及表面薄层以下的热通量。这部分可以参考前面海洋蒸发内容。

7.4.2 湍流热通量

发生在大气边界层的各种物理过程和自由大气比有许多显著的特点，因此近些年来进行了广泛的研究。

在一般情况下，下垫面的温度与低层大气的温度不同，因而下垫面和大气之间便产生了湍流热通量，它可表示为：

$$P = c_p \rho_a k \frac{\partial T}{\partial z} \tag{7.4.5}$$

式中，c_p 为定压比热；ρ_a 为空气密度；k 为湍流交换系数；$(\partial T/\partial z)$为空气温度的垂直梯度。式中的温度应为位温，在贴地面层，位温和实际温度相差很小，因而可以用直接测定的空气温度。

在确定湍流热通量时，要确定湍流交换系数的 k 值。k 随时间和空间都有较大的变化范围，为 0 ~ 10 000 cm^2/s。在贴地面层内它随离开地面高度的增加而迅速增大；在暖季，地面上的 k 有明显的日变化，其最大值出现在午后，而在阴天或风速较大时，其日变化就减小了。另外，k 在一年中也有较大的变化。

确定湍流交换系数的方法较多，其中一些是以垂直热通量和水汽通量的观测资料为基础的。下面给出根据蒸发量确定 k 的方法。

对贴地面层可以表达成

$$E = \rho_a k \frac{\partial q}{\partial z} \tag{7.4.6}$$

其中，E 为蒸发量；$(\partial q/\partial z)$为空气比湿的垂直梯度。

如上所述，k 是随高度增加而增大的，故

$$k = k_1 z \tag{7.4.7}$$

式中，k_1 为一个高度上的湍流交换系数。

将式(7.4.7)代入式(7.4.6)，对 z 积分得：

$$E = \rho_a k_1 \frac{q_1 - q_2}{\ln \dfrac{z_2}{z_1}} \tag{7.4.8}$$

式中，q_1 与 q_2 为高度 z_1 和 z_2 处的空气比温。由上式可得 k_1 为

$$k_1 = -\frac{E \ln(z_2 / z_1)}{\rho_a (q_1 - q_2)} \tag{7.4.9}$$

因此，在有空气比湿梯度和蒸发观测资料时，可得出湍流交换系数。

除湍流交换系数外，在确定湍流热通量时，还需要空气温度、湿度等的梯度资料。在不同高度上对空气温度、湿度等的测定，从原理上讲可以是在两个或更多的高度上对这些

要素的分别测定，这样梯度测定和一般在一个标准高度上的测定没有什么差别，然而在考察边界层大气物理量和它们的垂直梯度的日变程及其脉动的测定结果时，就会发现梯度测定有如下的特点：首先，大气物理量如空气温度、湿度梯度日变程的变幅，比它们本身日变程的变幅要小得多，如空气温度日变程的变幅为 10～20℃，而空气温度梯度日变程的变幅为 1～2℃，小一个量级。如果使用一般的测温器，特别是在梯度(两个高度)相差较小的情况下，温度梯度测定的误差就会大得多。其次，如果梯度的两个高度差较小(如为 1 m)，则大气物理量的脉动和他们的梯度为同一个量级。这两个特点都说明梯度测定仪器不仅是要能自动遥测，而且要求比一个标准高度上测定的气象仪器有更高的精度才能得出较好的结果。

陆面与大气间的湍流热通量的最大值出现在热带沙漠中，并且随气候湿润度的增大而减小。在高纬度地区，湍流热通量则随辐射平衡的减小而减小。在温带，湍流热通量的最大值出现在夏季，最小值出现在冬季。

7.4.3　蒸发潜热

蒸发潜热是热量平衡中的主要组成项，它随地区和时间的变化主要取决于热量和水分资源。在湿润地区，蒸发潜热随辐射平衡从高纬度向赤道而增加；对非湿润地区，蒸发潜热主要取决于气候干旱程度，它随干旱程度的增加而减少；蒸发量最小值出现在沙漠地区。蒸发潜热量的计算方法除了蒸发器观测、道尔顿法和空气动力学法以外，涡动相关法也是常用方法。

涡动相关法是通过快速传感器测定大气中湍流运动产生的风速脉动，和其他物理量脉动，直接计算风速脉动和某物理量脉动的协方差来计算能量和物质通量。从这个意义上来说，涡动相关法在通量计算过程中，几乎不存在任何假设。这种方法直接简易，但必须使用高精度、响应速度极快的湍流脉动传感器。如果用慢速传感器代替，仪器响应灵敏度低，脉动值可能被略去，因此产生错误的通量值。近年来，由于超声风速计和高性能气体分析仪的开发和改进，使它的应用已成为可能。目前，涡动相关法已经成为水热通量测定的重要方法。

涡动相关技术要求仪器布设在通量随高度不发生变化的内边界层。可以通过标量物质守恒方程更好地理解常通量层的概念：

$$\frac{\partial s}{\partial t}+\frac{\partial \overline{u_i s}}{\partial x_i}-D\frac{\partial^2 \overline{s}}{\partial x_i^2}=S \tag{7.4.10}$$

式中，s 是标量浓度，t 是时间，u_i 是在正相交方向 $x_i(i=1, 2, 3)$上的风速分量，D 为该标量 s 在空气中的分子扩散系数，S 是方程中没有表述的类似化学反应等其余过程的源汇项。左边第 1 项是单位体积内物质变化的平均速率，而第 2、3 项是引起控制体发生净平流和分子扩散的通量辐散项。

常通量层要求满足 3 个条件：(1)稳态($\partial\overline{s}/\partial t=0$)；(2)测定下垫面与仪器之间没有任何源或汇($S$=0)；(3)上风向区域有足够长的水平均匀下垫面，即 $\partial\overline{u_i s}/\partial x_i=0$ 和 $D\partial^2\overline{s}/\partial x_i^2=0\ (i=1,2)$。

当这 3 个条件都满足时，得到：

$$\frac{\partial\overline{ws}}{\partial z}-D\frac{\partial^2\overline{s}}{\partial z^2}=0 \tag{7.4.11}$$

式中，$w=u_3$是垂直风速，$z=x_3$ 是铅直坐标轴。近地面处湍流被抑制，在测定高度z 处湍流输送比分子扩散输送大几个量级。对式(7.4.11)积分并运用雷诺变换

$$w=w'+\overline{w},\quad s=s'+\overline{s}$$

得到：

$$F_0=-D(\frac{\partial\overline{s}}{\partial z})_0=(w's')_z=F_z \tag{7.4.12}$$

其中，F_0是土壤和叶表层的分子扩散通量，F_z是高度 z 处的湍流涡动通量。

目前有两个理论学派阐述标量 s 的湍流涡动通量和净生态系统-大气间交换量。其中一个学派是从雷诺定义出发，忽略平均垂直通量，涡动通量定义为：

$$F=\overline{\rho}\overline{w's'} \tag{7.4.13}$$

式中，ρ 是干空气密度，s'是标量混合率的脉动值，w'是垂直风速脉动值。多数微气象学家遵循这个理论学派。旋转超声风速仪坐标轴系统，强迫 $\overline{w}$ 为 0，消除平均垂直通量项。多数传感器不测量混合率 s，而是测定标量密度 ρ_c，所以干空气通量就能用非零垂直风速评价。为纠正水汽和热量对密度脉动的影响，通过气体定律及相应的感热、潜热通量，方程(7.4.13)可以变化为以下形式

$$F=w'\rho_c'+\overline{w}\overline{\rho}_c \tag{7.4.14}$$

另一学派是从物质守恒方程出发推导涡动相关方程。Lee 定义 CO_2 净生态系统交换是：

$$N_e=\overline{(w'c')_r}+\int_0^z\frac{\partial\overline{c}}{\partial t}\mathrm{d}z+\overline{w}_r(\overline{c}_r-\langle\overline{c}\rangle)$$

其中，$\langle\overline{c}\rangle=\frac{1}{z_r}\int_0^z\overline{c}\,\mathrm{d}z$，下标 r 表示在高度 z_r 处的值。右边第 1 项是湍流涡动通量，第 2 项是测定高度 z_r 下的储存量，第 3 项是水平气流辐合、辐散或非零平均垂直速度 $\overline{w}$ 引起的质量流项。

上述两种理论的平均垂直风速是否一致，是应用第一种理论的垂直对流项订正，还是应用两者中较大的，目前仍存在争议。

应用上述理论，采用涡动相关法计算不同下垫面的水热通量，比如观测森林潜热通量和感热通量的涡动相关法。根据涡动相关理论，计算潜热通量和感热通量的公式可分别表示为：

$$LE=\rho C_p\overline{w'q'},\quad H=\rho C_p\overline{w'T}$$

式中，ρ为空气密度；C_p为空气的定压比热；T, q'分别为温度和水汽含量的脉动量，w'为空气瞬时垂直速度脉动量。

若假定一个数量的横线表示它时间的平均值，符号“′”表示一个数量的瞬时值与其平均值之间的差值，则水汽通量可表示为

$$E=\frac{\varepsilon}{p}\rho_a\overline{w'e_d'} \tag{7.4.15}$$

式中，ε 为水汽和空气的克分子量比值；p 为气压；ρ_a为空气密度；w'为垂直风速；e'_d为空

气水汽压。

w'可以由风速表来测定，用热电偶或热敏电阻干湿表测定温度和湿度，并把对每个涡动特性的测定结果转变成需要的输出值。另外，测定风速和空气湿度的仪器必须有足够的灵敏度，以便能同时测定由于不同涡动快速通过时所引起的湿度、风速等的变化。

§7.5　陆地生态系统变化对水热平衡的影响

7.5.1　全球变化能量平衡的影响

全球变化是目前科学热点，包括地球五大圈层中所有要素的变化。而陆地生态系统对全球变化的响应和反馈作用尤为人们关注(周广胜等，1995a；周广胜等，1995b)。

由式(7.1.4)和式(7.1.7)可得：

$$R=(LP-R_n+Q)/L \tag{7.5.1}$$

对于全球变化前后(全球变化前用 0 标注，全球变化后用 a 标注)，则

$$R_0=(LP_0-R_{n0}+Q_0)/L \tag{7.5.2}$$

$$R_a=(LP_a-R_{na}+Q_a)/L \tag{7.5.3}$$

于是，全球变化前后的径流量变化可表示如下：

$$\Delta R=R_a-R_0=(L\Delta P-\Delta R_n+\Delta Q)/L \tag{7.5.4}$$

地表净辐射 R_n 可表示如下：

$$R_n=Q(1-\alpha)-i \tag{7.5.5}$$

式中，Q 为总辐射，α 为地表反射率，i 为地表有效长波辐射。Q 不受人类活动的影响，α 取决于地表性质，全球变化对陆地生态系统的影响必将对陆地表面的反射率产生重大影响，可根据全球变化前后的地表性质来确定。i 取决于地表温度、大气温度、湿度及云量等。假定全球变化对 i 的影响主要是通过影响地表温度而实现，则

$$\Delta i=s\sigma(\theta_{wa}^4-\theta_{w0}^4)=4s\sigma\theta_w^3(\theta_{wa}-\theta_{w0})=4s\sigma\theta_w^3\Delta\theta_w \tag{7.5.6}$$

式中，s 为地表对长波辐射的吸收率(或放射率)，通常取 0.95；σ为斯蒂芬-波尔兹曼常数；θ_w 为地表温度(θ_{w0} 和 θ_{wa} 分别表示全球变化前后的地表温度)。于是，全球变化前后陆地表面所获得的净辐射变化可表示如下：

$$\Delta R_n=-Q\Delta\alpha-4s\sigma\theta_w^3\Delta\theta_w \tag{7.5.7}$$

地表与大气之间的湍流热交换 Q 可表示如下：

$$Q=\rho C_pD(\theta_w-\theta) \tag{7.5.8}$$

式中，ρ为空气密度，C_p 为定压比热，D 为湍流扩散系数，θ为 2 m 高度处的气温，θ_w 为地表温度。于是，全球变化前后地表与大气间的湍流交换热通量的净辐射变化可表示如下：

$$\Delta Q=\rho C_pD(\Delta\theta_w-\theta) \tag{7.5.9}$$

根据前人的研究可知，$\theta-\theta_w$ 可用近地面两个高度比的自然对数等于 1 的气温差的 17 倍来表示。取一个高度为 2 m，另一个为 5.5 m，即

$$\theta_w-\theta=17(\theta-\theta_h)$$

$$\theta_w=18\theta-17\theta_h$$

下垫面变化前后都应遵守上式，即

$$\theta_{w0} = 18\theta_0 - 17\theta_{h0}$$
$$\theta_{wa} = 18\theta_a - 17\theta_{ha}$$
$$\Delta\theta_w = 18\Delta\theta - 17\Delta\theta_h \tag{7.5.10}$$

式中，θ_h受大气环流的影响远小于受下垫面的影响，在下垫面变化前后的变化并不大，可略去不计。于是，由式(7.5.10)可得：

$$\Delta\theta_w = 18(\theta_a - \theta_0) = 18\Delta\theta \tag{7.5.11}$$

亦即下垫面变化对地表温度的影响等于其对空气温度影响的 18 倍。下垫面变化前后径流量的变化可表示如下：

$$\Delta R = (L\Delta P + Q\Delta\alpha + \beta\Delta\theta_w)/L \tag{7.5.12}$$

$$\beta = 4s\sigma\theta_w^3 + \rho C_p D \tag{7.5.13}$$

式中，β值主要取决于空气的湍流交换系数，在不同条件下稍有差异。其值可估计如下：s为地表吸收(或放射)长波辐射系数，可取 0.95；σ为斯蒂芬-波尔兹曼常数 3.453×10^{-10} (J/(min·cm·K))；ρ为空气密度 1.29×10^{-3}(g/cm^3)；C_p为空气定压比热 1.003(J/(g·K))；D 为空气湍流交换系数，全年平均值可取 0.5(cm/s)；θ_w 为地表温度 290(K)，于是可得：β=0.071(J/(min·K))。

根据方程(7.5.12)可知，植被不仅对于下垫面的温度，而且对于当地的径流和降水都有影响。根据该方程可以探讨植被对于气候的作用。

全球变化前后某一区域的径流量可由水量平衡方程式计算：

$$\Delta R = \Delta P - \Delta E \tag{7.5.14}$$

而全球变化前后区域蒸散量的变化可由下面区域蒸散公式来确定，该公式是由周广胜和张新时根据地球表面热量平衡方程和水量平衡方程，及其对蒸发影响的物理机制出发建立的，其表达式为：

$$E = \frac{P\cdot R_n(P^2 + R_n{}^2 + P\cdot R_n)}{(P+R_n)(P^2+R_n{}^2)} \tag{7.5.15}$$

式中，P 为年降水量(mm)，R_n为年净辐射量(mm)。

$$\Delta E = E_a - E_0 = \frac{P_a\cdot R_{na}(P_a^2 + R_{na}^2 + P_a\cdot R_{na})}{(P_a+R_{na})(P_a^2+R_{na}^2)} - \frac{P_0\cdot R_{n0}(P_0^2 + R + P_0\cdot R_{n0})}{(P_0+R_{n0})(P_0^2+R_{n0}^2)} \tag{7.5.16}$$

因此，径流的变化主要通过区域降水及地表净辐射的变化体现出来。由式(7.5.12) ~ 式(7.5.16)就可了解植被对于区域降水及温度的影响。

7.5.2 植被对气候的反馈作用

植被对气候的作用主要包括两个方面：一是植被的气候效应，二是植被通过对大气中的灰尘含量与 CO_2 含量等的作用对气候的影响。在此我们主要讨论植被的气候效应，也即主要讨论植被对于区域降水和温度的影响(周广胜等，1996)。

植被的水文效应：森林是植被中对气候影响最大的成分。关于森林对于降水的影响已经进行了大量的研究。黄秉维综合了大量的关于森林作用的国内外观测研究成果，指出森林不会使降水显著增加这一结论是许多科学家的结论，但森林能在一定条件下改变水在蒸发、地表径流、土壤水、地下水之间的分配。

由方程(7.5.12)可得：

$$\Delta P = (L\Delta R - Q\Delta\alpha - \beta\Delta\theta_w)/L \tag{7.5.17}$$

从上式可知，如果一地的反射率变小，即 $\Delta\alpha<0$，在其他条件不变的情况下，该地的降水量将增加；反之，则减少。从方程(7.5.12)可知，一地降水量或净辐射的增加都将导致蒸散的增加，从而导致径流的减少。从上式可知，在温度和降水不变的条件下，$\Delta R = Q\Delta\alpha/L$；而在假定温度不变时 $\Delta R+\Delta P = Q\Delta\alpha/L$。这表明，植被对于降水的作用很小，与以往的研究结果一致。

于是，由式(7.5.12)可得下垫面变化前后的径流量的变化，表示如下：

$$\Delta R = (Q\Delta\alpha + \beta\Delta\theta_w)/L \tag{7.5.18}$$

由式(7.5.18)可知，如果一地的反射率变小，即 $\Delta\alpha<0$，在下垫面温度不变的条件下，径流将减小；反之，则增加。

由式(7.5.14) ~ 式(7.5.16)可知，区域径流量的变化可表示如下：

$$\Delta R = -\Delta E = \frac{P_0\cdot R_{n0}(P_0^2+R+P_0\cdot R_{n0})}{(P_0+R_{n0})(P_0^2+R_{n0}^2)} - \frac{P_a\cdot R_{na}(P_a^2+R_{na}^2+P_a\cdot R_{na})}{(P_a+R_{na})(P_a^2+R_{na}^2)} \tag{7.5.19}$$

一般而言，植被的存在将使得下垫面反射率减小，使得该地获得的净辐射增加。由于森林对降水的影响不大，由式(7.5.19)可知，径流量将减小。这表明，植被的存在有保水性能，从而对气候变化有减缓作用。

植被的温度效应：由于下垫面变化前后对降水量的影响不大，于是由式(7.5.12)可得估计植被的温度效应用的关系式：

$$\Delta\theta_w = (L\Delta R - Q\Delta\alpha)/\beta \tag{7.5.20}$$

从公式(7.5.20)可知，如果区域的反射率变小，即 $\Delta\alpha<0$，在其他条件不变的情况下，该下垫面的温度将升高；反之，则降低。同理，如果区域的反射率不变，而径流量减少，则由于剩余水分的降温作用而使得下垫面温度降低；反之，则有增温作用。

森林的平均反射率约为 0.15，森林砍伐后如变为草地则反射率为 0.26，如种植农作物则为 0.20，如轮为休闲地则为 0.05 ~ 0.07。因此，森林砍伐后反射率既可增加也可减少，反之亦然。森林砍伐后年径流量是增加还是减少要视具体情况而定，一般来说计算时段在年以上时，径流肯定减少，这同样是由砍伐后的植被替代和土地利用变化所决定的；而计算时段为场次洪水过程，且降水相同时径流肯定增加。因此，森林对于气候变化的作用应视当地的具体情况而定。

如对于我国的黄土高原，在实施水土保持措施前其反射率的数值约为 0.25，而水土保持措施以后的反射率约为 0.20(前者参考覆盖细土粒、黏土荒漠表面、平坦表面、黄沙土、灰沙土等；后者参考有植被或农田的数值)。下垫面反射率改变了 5%左右。一般而言，由于森林具有保水性能，将使该地的表面径流量减少(总径流是增加的)。对于处于中纬度地区的我国黄土高原地区其总辐射 Q 约为 1.279J/(cm^2·min)。由式(7.5.20)可得

$$\Delta\theta_w = 3.51\times10^4\Delta R - 18\Delta\alpha \tag{7.5.21}$$

假定水土保持后黄土高原的年径流量减少了 1 m，即$\Delta R=-1.92\times10^{-5}$ g/(cm^2·min)，则$\Delta\theta_w$

= 0.23℃，即此时地表温度将上升 0.23℃，空气温度将上升 4.1℃。这表明尽管黄土高原在实施水土保持措施后地表反射率降低了 5%，使得地面获得的太阳辐射能相应增加，从而导致地面温度增加。径流量减少使得下垫面变湿，尽管有使下垫面温度降低的趋势，但由于其不足以抵消反射率减少所造成的增温效应，因而，地表温度仍有所增加。

假定水土保持后黄土高原的年径流量减少了 1.4 m，即$\Delta R=-2.7\times10^{-5}$ g/(cm^2·min)，则$\Delta\theta_w=-0.05$℃，即此时地表温度将降低 0.05℃，空气温度约降低 1℃。这是由于径流量减少所引起的蓄水效应对地表温度的降低作用超过了反射率减少所造成的增温效应，从而使得地表温度降低。因此，森林对气候既可起增温作用也可起降温作用，须视具体条件而论，也就是说在探讨植被对于气候的反馈作用时必须因地而论。

现在我们探讨中纬度地区地表温度在下垫面变化后既不增加也不减少的临界情况。中纬度地区的总辐射 Q约为 1.258(J/cm^2·min)。由式(7.5.15)可得：$\Delta R=5\Delta\alpha\times10^{-4}$(g/cm^2·min)，即当某一地区下垫面反射率的变化与径流量的变化满足以上关系时，下垫面变化对于地表温度无影响。从此式也可以看出，迄今为止森林面的温度与砍伐后的地表温度之间的关系仍无定论也就不足为奇了。

总的来说，根据地球表面的热量平衡方程与水量平衡方程得到下垫面变化对于地表温度的影响可表示为：

$$\Delta\theta_w = (L\Delta R - L\Delta r - Q\Delta\alpha)/\beta$$

一般而言，植被对于降水的作用不大，但能在一定条件下改变水在蒸发、地表径流、土壤水、地下水间的分配。

植被对于气候变化的反馈作用可近似地表示为：

$$\Delta\theta_w = (L\Delta R - Q\Delta\alpha)/\beta$$

对于中纬度地区，当下垫面反射率的变化与径流量的变化满足：$\Delta R=5\Delta\alpha+10^{-4}$ g/(cm^2·min)时，地表温度并不因下垫面的变化而变化。

研究指出植被对于全球气候变化有减缓作用，植被的存在将使区域的径流量减少，增加了保水能力，对于区域降水量无显著影响，而对于气候变化的作用是增温还是降温须视具体地点的情况而定。必须指出，上述讨论都是基于较长时期的(如以年为计算时段)、比较大面积(中等流域)的情况。

第八章　大气近地层的湍流输送

我们知道，下垫面的蒸散发过程始终与地面-大气间的水分热量交换物理过程相联系，这样确定下垫面蒸散发量的问题就转化成对热量平衡方程式求解。在一般情况下，要求解热量平衡方程式，就必须确定蒸发过程或下垫面与大气间的热量交换过程的物理关系，这两个过程与近地层中的湍流输送过程有关，大气和下垫面之间的水分和热量交换就是通过这个过程完成的。为了求出湍流交换的水汽通量和热通量之间的定量关系，首先必须了解与下垫面接触的大气近地层的物理特征。

大气边界层是与地面有直接作用的气层，也是地球表面与自由大气间进行包括水汽在内的物质交换和热量交换最为频繁活跃的界面层。一般定义为地表向上 1～2 km，各种尺度湍流起着重要作用并导致气象要素具有明显日变化的低层大气区域。大气边界层与水文循环物理过程密切相关，对各种下垫面上的蒸发和降水的形成起着决定性作用。自从 1905 年 Ekman 提出 Ekman 螺线，形成大气边界层的概念以来，就一直是大气物理学的研究难点和重点。大气边界层中，下垫面的热量、动量和水汽强迫作用在大气物理过程和水文物理过程中起着非常重要的作用。特别是湍流能量的交换特征更是大气边界层研究的重要物理量之一，这不仅是由于它与边界层内的各种通量输送有直接关系，而且是地气相互作用的重要过程。同时大气边界层也在农业、森林和大气污染等实际应用研究中起着至关重要的作用。

本来大气边界层研究是气候领域的研究课题，但是随着气候系统概念的提出和研究领域的逐步扩展，气候研究早已突破了大气范围，而是在五大圈层的相互作用基础上来定义气候系统的。所以，气候系统已经完全包含了地下水存在的地球岩石圈底部到大气层顶部的地球系统。在这个范围内取得的重要研究成果，自然会进一步推动与之相关的其他学科领域进步。首先把大气边界层引入自身研究领域的是农业微气象和森林微气象，农田水文学和森林水文学自然而然的与大气边界层发生关系。因此，在以全球水文循环为背景的大水文研究中，大气边界层物理成为水文学研究必不可少的研究内容。这就是我们为什么要把边界层物理和大气物理纳入水文物理过程之中的重要理由。

§8.1　基本概念

8.1.1　大气边界层与近地层

大气对流层从地面向上一直可延伸到平均高度 11 km，但通常只有最低层几公里才直接受下垫面影响。因此，我们把边界层定义为直接受地面影响的那部分对流层，它响应地面作用的时间尺度为一个小时或更短。这些作用力包括摩擦阻力、蒸发和蒸腾、热量输送，以及影响气流变化的地形等。边界层厚度是完全随时间和空间变化的，变化的幅度从几百米到几千米。大气边界层是湍流交换最为显著的大气对流层下部的一个薄层，湍流为叠加在平均运动上的阵性运动。而对流层其他部分称之为自由大气层。

在大气吸收太阳辐射过程中，边界层只吸收少量的太阳辐射，而大部分被输送到地面，地面典型吸收率约为 90%，结果使大部分太阳能被地面吸收。地面响应太阳辐射而变暖和变冷，地面冷暖变化迫使边界层通过湍流等输送过程而变化。湍流发生发展过程是边界层中一个重要的输送过程，有时也可用来定义边界层。在输送量方面，湍流比分子扩散率的作用要大好几个量级，正是湍流才能使边界层能响应地面作用的变化，边界层以上通常没有显著的湍流作用，这就是说边界层以上的自由大气层不受地面的变化直接作用。

在边界层内的气流主要分为平均气流和湍流，它们可以独立存在或同时存在，边界层中诸如湿度、热量和动量等各种量的输送，在水平方向上受平均气流支配，在垂直方向上受湍流支配。平均风速是造成快速水平输送或平流的主要原因。边界层中 2 ~ 10m/s 的水平风速是常见的，摩擦力使水平风速在近地面达到最慢。垂直平均风速极小，通常只有每秒几毫米到几厘米。地面附近出现湍流的频次非常高，这是边界层不同于其他大气层的一个显著特征。一般来说，湍流总是包括很多大小不同、相互叠加的湍涡。许多边界层湍流都是由地面作用引起的，如太阳加热地面，进一步使暖空气热泡上升形成大的湍涡；又如地面对流的摩擦曳力导致风切变充分发展，进而演变形成湍流，树木和建筑物等障碍物改变气流方向，在其附近和下风向产生湍流尾流等。

在陆地，大气边界层一般分为近地层和其上的垂直混合层，近地层是边界层的底部，在该层湍流通量和应力变化比它们自身量级小 10%，因此，边界层的底部 10%不管是混合层还是稳定边界层都称之为近地层。在最低只有几厘米的空气层中，是一种称之为微层或是界面层的超薄层，在该层分子输送超过湍流输送(见图 8.1)。

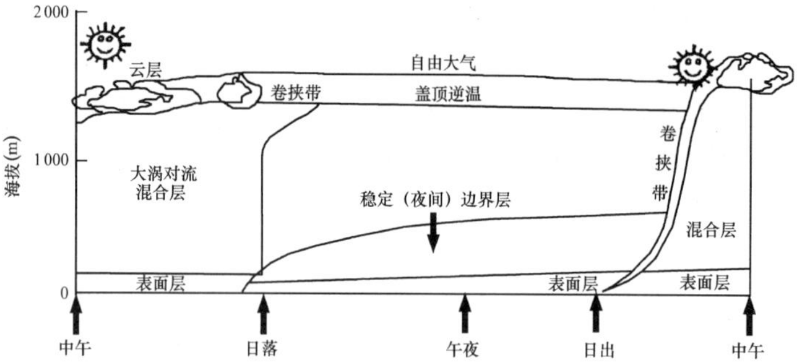

图 8.1 陆地高压区大气边界层结构(左志燕，2004)

(大涡对流混合层，含有原先混合空气的残余层，具有间歇性湍流的夜间稳定层)

近地层之上的垂直混合层，根据其结构特征分为混合层、稳定边界层和残留层等。一般在强风区可形成一个几乎完整的混合层，混合层中的湍流通常由对流引起，包括地面向上的热量输送产生的暖空气上升，云层顶部辐射冷却产生的冷空气下沉，同时也经常存在穿过混合层顶部的有助于湍流生成的风切变。混合层中部的虚位温廓线几乎是绝热的，在近地层紧靠地面经常有一个超绝热层。混合层顶部的稳定层对上升热气流起阻挡作用，抑制湍流的范围，进入混合层的夹卷出现在这一层，因此也称为夹卷层。混合层内风速是次地转的，其风向以一个小交角穿过等压线指向低压区，混合层中部几乎经常出现常值的风向风速，靠近地面风速减小到零，结果产生与近地层高度近似是对数关系的风速廓线。接近地面时风向与等压线的交角加大。混合层中混合比随高度增加趋于减小，反映了下面土壤和植物水分蒸发和上面干空气的夹卷情况，使通过混合层的空气湿度明显减小。

当下垫面温度低于气温时，在近地层之上易形成稳定边界层。其主要特点在于静力稳定的大气中有零散的弱湍流。近地面层风速常常减弱或静风，但高空风却能以称之为低空急流的现象加速到超地转风速。静力稳定大气抑制湍流的发展，而低空急流的形成又会加强风切变，产生湍流，从而产生在相当短的时间内湍流的突然发生，引起整个稳定边界层混合，在没有湍流时，该层气流基本上是与地面隔绝的。

一般说来，在非中性的情况，气流和动量传输将受到感热和水汽传输的影响，反之亦然；但在近地面气层的下部，感热和水汽可视为被动物质，它们影响密度层结可予以忽略。近地面气层的下部，称为动力副气层，当处于中性平衡状态，整个近地面气层可扮演动力副气层的角色。最后，邻近下垫面的湍流，将承受地表粗糙度元素和黏滞度的影响，包含有黏滞率、水汽在空气中的分子扩散率和热扩散率等将不容忽视，称为气-地界面(传输)副气层。对应于图 8.2 所示的不同下垫面，称为黏滞副气层(光滑下垫面)、粗糙副气层(崎岖或树盖副气层)、其厚度各为 $30v/u_*$ 和 h_0 的数量级，v 为黏滞率，这里 h_0 代表粗糙障碍物的平均高度，$u_*=(\tau_0/\rho)^{1/2}$ 为摩擦速度(τ_0 为表面切应力)。空气中的黏滞率、水汽在空气中的分子扩散率和热扩散率同一数量级，因此对动量、水汽和感热的尺度和界面副气层的厚度均极相似。

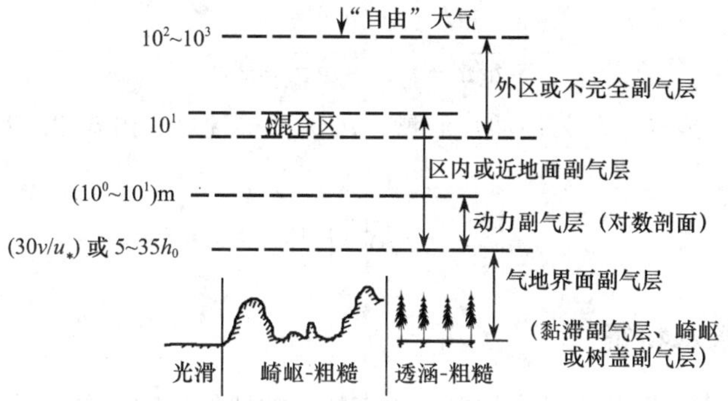

图 8.2 大气边界层示意图(纵轴单位为 m，h_0 为粗糙元素的高度)(朱岗崑，2000)

在边界层内、多数问题的水平尺度远大于垂直尺度，因此水平梯度和垂直速度与垂直梯度和水平速度相比小得可以被忽略。在常定的情况下，描述平均比湿的方程简化为：

$$k_v \frac{\partial^2 \overline{q}}{\partial z^2} - \frac{\partial}{\partial z}(\overline{w'q'}) = 0 \tag{8.1.1}$$

式中，k_v 为水汽在空气中的分子扩散率，$\overline{q}$ 为平均比湿，q' 为湍流变化引起的比湿变化量，w' 为 z 方向的速度变化量。

水平平均运动方程为：

$$-\frac{1}{\rho}\frac{\partial \overline{p}}{\partial x} + f\overline{v} + v\frac{\partial^2 \overline{u}}{\partial z} - \frac{\partial}{\partial z}(\overline{w'u'}) = 0 \tag{8.1.2}$$

$$-\frac{1}{\rho}\frac{\partial \overline{p}}{\partial y} + f\overline{u} + \frac{\partial^2 \overline{v}}{\partial z} - \frac{\partial}{\partial z}(\overline{w'v'}) = 0 \tag{8.1.3}$$

式中，$f=2\omega\sin\varphi$，v，u 分别为 x，y 方向上的速度在中纬度 f 约为 10^{-4}s 的数量级。在边界层之上的自由大气层，以上两式就转化为地转风，其分量为

$$v_g = \frac{1}{\rho f}\frac{\partial \overline{p}}{\partial x}, \quad u_g = -\frac{1}{\rho f}\frac{\partial \overline{p}}{\partial y} \tag{8.1.4}$$

至于垂直的运动方程，通常就简化为静力平衡公式 $\partial \overline{p}/\partial z = -\rho g$；在常定的水平均匀的边界层内，热量输送的方程可简化为：

$$k_h \frac{\partial^2 \overline{\theta}}{\partial z^2} - \frac{\partial}{\partial z}(\overline{w'\theta'}) - \frac{1}{\rho c_p}\frac{\partial H_R}{\partial z} = 0 \tag{8.1.5}$$

其中，k_h 为热扩散率。

这里还须指出：在完全湍流中，具有黏滞率的分子输送项和分子扩散率 k_v, k_h，其数量级均比湍流输送项(雷诺通量)为小，一般亦可予以忽略(上述的界面副气层除外)，其次，在近地面气层中，水汽通量、感热通量及切应力均近似地等于常数，因此由式(8.1.1)、式(8.1.3)、式(8.1.5)得

$$E = \rho \overline{w'q'} \tag{8.1.6}$$

$$H = \rho c_p \overline{w'\theta'} \tag{8.1.7}$$

$$-\overline{w'u'} = u_*, \quad -\overline{w'v'} = \theta \tag{8.1.8}$$

式中，E 为地面的蒸发率，H 为地面热通量，u_* 为摩擦速度，由式(8.1.2)和式(8.1.4)，还可求得

$$\left|\frac{\partial}{\partial z}(\tau_{xz}/\rho)\right| \approx |f| V_g \tag{8.1.9}$$

8.1.2 湍流的基本特征

现代湍流理论中，有几个基本的概念占有核心的地位，它们是：随机性、涡黏性、极串和标准度。

湍流具有极端复杂和不可预测性，这个特点提升为随性这一基本假设。基于这一认识，Reynolds 于 1895 年首次提出可以将湍流运动看成是一种叠加在随时空缓慢变化的平均流动之上的涨落或脉动，从而可以对 Navier-Stokes 方程和流动的连续性方程进行分解。Navier-Stokes 方程是流体动力学的控制方程，写成矢量形式为(以不可压流体为例)：

$$\frac{\partial u}{\partial t} + u \cdot \nabla u = -\frac{1}{\rho}\nabla \rho + v\nabla^2 u \tag{8.1.10}$$

$$\nabla \cdot u = 0 \tag{8.1.11}$$

式中，$u(x, t)$和 $p(x, t)$分别是流体在点 x 和时刻 t 的速度和压力，ρ是流体的密度(近似为常数)，v 是 Reynolds 数定义中的分子动力黏性系数。Reynolds 的思想是湍流模式的出发点，湍流统计理论也是在这一思想上发展起来的。

基于湍流运动也可以传递热量、动量等的事实，Boussinesq 在一个世纪前就提出可以和分子运动论类比，引进了“涡黏性”的概念，其含意是这种黏性效应是由于类似于分子的涡旋的运动引起的。湍流中小尺度的涡旋对大尺度涡旋的作用是一种扩散作用，涡黏性系数 v_e 起到削弱湍流平均运动速度梯度的效果。

流体运动的控制方程中包含了一些基本的对称不变性和动力学守恒原理。对称操作包

括平移、旋转以及伽利略变换等。而基本原理包括质量守恒、动量守恒以及能量守恒等。这些对称不变性和守恒原理会导致许多有意义的结果，这是众所周知的。但是在湍流运动中，除此之外，还有一个重要的特点，就是存在尺度(或标度)不变性。这是一种新的在 *Re* 很大时才出现的宏观对称性。实际上，在相变相临界现象以及旋转大气中都存在类似的尺度不变性。既然这是一种普遍现象，因而有普遍的规律，即标度律。湍流中存在标度律是 Kolmogorov 湍流理论的基础。事实上，如果略去 Navier-Stokes 方程中的黏性项($Re\to\infty$)，则当用λ去重新标度空间坐标，用λ^{1-h}标度时间(h 为任意标度指数)，用λ^h标度速度，可以发现方程(8.1.10)形式上是不变的。

这是一个非常重要的概念，由于非线性相互作用(即 Navier-Stokes 方程中的非线性项 $u\cdot\nabla u$)湍流中存在着尺度之间的逐级能量传递，一般是大尺度涡旋向小尺度涡旋输送能量。在级串过程中，第一级大涡的能量来自外界，大涡失稳后产生第二级的小涡，小涡失稳后又产生更小的涡旋，最后，由于 Re 非常大，所有可能的尺度的运动模式都被激发，其中最小的尺度由分于黏性和湍流能流密度的大小决定(朱岗崑，2000)。

§8.2　近地面层湍流运动方程

8.2.1　大气运动的基本方程组

描述流体运动的基本方程组由三个动量守恒方程(Navier-Stokes 方程)，一个质量守恒方程(连续性方程)，一个热力学能量守恒方程和一个状态方程所组成。这六个方程再加上水汽守恒方程构成了描述风速、气压、气温、空气密度以及比湿随空间坐标和时间变化的完整方程系统。就大气边界层问题而言，通常采用的是上述方程系统在 Boussinesq 假定下导出的简化方程组(黄洪峰，1997；朱岗崑，2000)。

把绝热、静止、干燥大气取为参考状态，则由 Boussinesq 方程得到以下方程：

动量守恒方程：

$$\frac{\partial u_i}{\partial t}+u_j\frac{\partial u_i}{\partial x_j}=-\frac{1}{\rho_0}\frac{\partial p}{\partial x_i}+\frac{gT}{T_0}\delta_{i3}v_0\frac{\partial^2 u_i}{\partial x_j\partial x_j}-2\Omega\varepsilon_{ijk}\eta_j u_k \tag{8.2.1}$$

连续性方程：

$$\frac{\partial u_i}{\partial x_i}=0 \tag{8.2.2}$$

热力学能量守恒方程：

$$\frac{\partial T}{\partial t}+u_j\frac{\partial T}{\partial x_j}=k_0\frac{\partial^2 T}{\partial x_j\partial x_j} \tag{8.2.3}$$

状态方程：

$$\frac{\rho}{\rho_0}=-\frac{T}{T_0} \tag{8.2.4}$$

水汽守恒方程：

$$\frac{\partial q}{\partial t}+u_j\frac{\partial q}{\partial x_j}=D_0\frac{\partial^2 q}{\partial x_j\partial x_j} \tag{8.2.5}$$

上述式中采用了标准的张量记号；η 是平行于地球自转轴的单位矢量：

$$\eta=\{\cos\varphi\sin\alpha,\cos\varphi\cos\alpha,\sin\varphi\} \tag{8.2.6}$$

式中，φ是地理纬度，α是南北线与 x_2 轴之间的夹角；δ_{ij} 由下式定义：

$$\delta_{ij}=\begin{cases}0, & i=j\\ 1, & i\neq j\end{cases} \tag{8.2.7}$$

δ_{ijk} 是交错张量，定义为：

$$\varepsilon_{ijk}\begin{cases}1,\text{当}(i,j,k)=(1,2,3),(2,3,1)\text{或}(3,1,2)\text{时}\\ 0,\ \text{当}i,j,k\text{不是完全不同时}\\ -1,\ \text{当}(i,j,k)=(3,2,1),(2,1,3)\text{或}(1,3,2)\text{时}\end{cases} \tag{8.2.8}$$

上述方程式中，Ω是地球自转角速度；g 是重力加速度；ν_0, k_0 和 D_0 分别是参考状态温度 T_0 和气压 P_0 下空气的黏性系数、热扩散系数以及水汽分子扩散系数；u, T, ρ, p 和 q 分别出下列各式定义：

$$u_i=\tilde{u}_i-u_{i0}\quad T=\tilde{T}-T_0\quad p=\tilde{p}-p_0\quad \rho=\tilde{\rho}-\rho_0\quad q=\tilde{q}-q_0 \tag{8.2.9}$$

式中，$\tilde{u}_I$，T，$\tilde{p}$，$\tilde{\rho}$和 $\tilde{q}$分别是实际大气的风速、气温、气压、密度和比湿；u_0，T_0，ρ_0，p_0和 q_0 是参考大气的风速、气温、气压、密度和比湿，它们满足如下绝热、静止、干燥大气方程组：

$$p_0=\rho_0RT_0\quad \frac{\partial p_0}{\partial x_i}=-\rho_0G\delta_{i3}\quad \frac{\partial T_0}{\partial x_i}=-\frac{g\delta_{i3}}{Cp}\quad u_{i0}=0\quad q_0=0 \tag{8.2.10}$$

式中，R 是干空气气体常数，C_p 是干空气的定压比热。

8.2.2 平均流方程

大气运动是高度湍流性质的，$U(X,t)$, $T(X,t)$, $P(X,t)$, $\rho(X,t)$和 $q(X,t)$都是随机场，它们所满足的方程组(8.2.1) ~ (8.2.5)事实上是随机微分方程。至今为止，我们仍无法确切地研究这些物理量场在(X,t)上的分布，甚至连它们在(X,t)上的概率分布也尚不可能完全求出。与一般概率论中的方法相同，作为第一步我们还只能研究它们的一些数字特征，最简单的就是其中的一阶矩或数学期望，也就是平均场的时空分布问题。

上述意义中的平均值需要在固定不变的外界条件下从状态的大量取样中获得(即总体平均)。但实际上只能按时间或空间取平均、对于各态历经过程，按时间平均或按空间平均与总体平均是恒等的。气象场一般都随时间变化，并不完全具有各态历经性. 但只要在作时间平均或空间平均时，平均的时间尺度或平均的空间尺度取得合适、其效果仍近似与总体平均相当。大部分气象观测是在空间固定点上进行的，因而求时间平均比求空间平均要容易得多。

令 $\overline{f}(X,t)$为 $f(X,t)$对时间的平均值，即：

$$\overline{f}(X,t)=\frac{1}{2}\int_{t-\tau/2}^{t+\tau/2}f(X,t)\,\mathrm{d}t \tag{8.2.11}$$

式中，τ 是平均时间，其取值一方面要比湍流的脉动周期大得多，以便得到稳定的平均值，一方面又要比流动作不定常运动的特征时间要小得多。也就是说，经过式(8.2.11)的平滑运算后，既要把湍流造成的脉动滤掉，又要把非湍流造成的周期性或非周期性变化保留下来。在近地面层中，大量的观测资料表明，这样的平均时间是存在的，其值约为 12 小时左右。

为了研究平均流的特征，我们引入雷诺约定：

$$\begin{aligned} &u=\overline{u}_i+u_i',\overline{u_i'}=0 \quad T=\overline{T}_i+T',\overline{T'}=0 \quad p=\overline{p}+p',\overline{p'}=0 \\ &\rho=\overline{\rho}+\rho',\overline{\rho'}=0 \quad q=\overline{q}+q',\overline{q'}=0 \end{aligned} \tag{8.2.12}$$

上式等价于把流场分解为平均和脉动两部分，脉动量的平均值等于零。

把式(8.2.12)代人式(8.2.1) ~ 式(8.2.5)，并进行平均，则得平均流运动方程为：

$$\frac{\partial \overline{u}_i}{\partial t}+\overline{u}_j\frac{\partial \overline{u}_i}{\partial x_j}=-\frac{1}{\rho_0}\frac{\partial \overline{p}}{\partial x_i}-\frac{\partial\left(\overline{\rho_0 u_i' u_j'}\right)}{\rho_0 \partial x_j}+v_0\frac{\partial^2 \overline{u}_i}{\partial x_j \partial x_j}+\frac{g\overline{T}\delta_{ij}}{T_0}-2\Omega\varepsilon_{ijk}\eta_j\overline{u}_k \tag{8.2.13}$$

$$\frac{\partial \overline{u}_i}{\partial x_i}=0 \tag{8.2.14}$$

$$\frac{\partial \overline{T}}{\partial t}+\overline{u}_j\frac{\partial \overline{T}}{\partial x_j}=-\frac{\partial \overline{T' u_j'}}{\partial x_j}+k_0\frac{\partial^2 \overline{T}}{\partial x_j \partial x_j} \tag{8.2.15}$$

$$\frac{\overline{\rho}}{\rho_0}=\frac{\overline{T}}{T_0} \tag{8.2.16}$$

$$\frac{\partial \overline{q}}{\partial t}+\overline{u}_j\frac{\partial \overline{q}}{\partial x_j}=-\frac{\partial \overline{q' u_j'}}{\partial x_j}+D_0\frac{\partial^2 \overline{q}}{\partial x_j \partial x_j} \tag{8.2.17}$$

与式(8.2.1) ~ 式(8.2.5)相比，式(8.2.13) ~ 式(8.2.17)式中多出了由于湍流脉动引起的 $-\rho\overline{u_i' u_j'}$，$C_p\rho_0\overline{T' u_j'}$ 和 $\overline{q' u_j'}$ 项，它们分别称为湍流动量通量(雷诺应力)、湍流热通量和湍流水汽通量。显然，空间固定点的雷诺应力可以从脉动速度分量的同步测量来计算，而湍流热通量或湍流水汽通量则可以从速度与温度或水汽的同步测量来计算。

8.2.3　湍流通量方程

瞬时方程(8.2.1) ~ (8.2.5)减去时间平均方程(8.2.13) ~ (8.2.17)得到脉动量方程。用 u_i', u_k' 分别乘以关于 u_k', u_i' 的脉动方程，并将得到的两个方程相加，再取时间平均即可得到空间某一点的速度二阶中心矩 $\overline{u_i' u_k'}$ 的方程为：

$$\begin{aligned} \frac{\partial \overline{u_i' u_k'}}{\partial t}+\overline{u}_j\frac{\partial \overline{u_i' u_k'}}{\partial x_j}=&-\left(\overline{u_i' u_j'}\frac{\partial \overline{u}_k}{\partial x_j}-\overline{u_k' u_j'}\frac{\partial \overline{u}_i}{\partial x_j}\right)-\frac{\partial}{\partial x_j}\left(\overline{u_i' u_j' u_k'}\right)-\left[\frac{\partial}{\partial x_i}\left(\frac{\overline{p' u_k'}}{\rho_0}\right)-\frac{\partial}{\partial x_k}\left(\frac{\overline{p' u_i'}}{\rho_0}\right)\right] \\ &+\frac{p'}{\rho_0}\left(\frac{\partial u_i'}{\partial x_k}+\frac{\partial u_k'}{\partial x_i}\right)+\frac{g}{T_0}\left(\delta_{i3}\overline{u_k' T'}+\delta_{k3}\overline{u_i' T'}\right)+v_0\frac{\partial^2 \overline{u_i' u_k'}}{\partial x_j^2} \\ &-2v_0\frac{\partial \overline{u_i'}}{\partial x_j}\frac{\partial \overline{u_k'}}{\partial x_j}-2\Omega\left(\varepsilon_{ijl}\eta_j\overline{u_l' u_k'}+\varepsilon_{ijl}\eta_j\overline{u_l' u_i'}\right) \end{aligned} \tag{8.2.18}$$

上式两边乘以 $-\rho_0$ 就是湍流动量通量收支方程。方程从左到右，第一项是动量通量的时间变化项；第二项是平流造成的变化项；第三项是脉动流场与平均流场相互作用引起的雷诺应力产生项；第四项代表湍流脉动速度造成的相关 $\overline{u_i' u_k'}$ 扩散项；第五项称为压力扩散项；第六项称为各向同性趋势项，在真正不可压缩的湍流中，这项仅出现在能量分量方程中，

即 $\overline{u_1'^2}, \overline{u_2'^2}$ 和 $\overline{u_3'^2}$ 的方程中，但由于脉动速度场的散度为零，它并不出现在总能量 $\overline{u_1'^2}+\overline{u_2'^2}+\overline{u_3'^2}$ 的方程中，于是对不可压缩流来说，这项必定代表湍流能量在各速度分量之间的重新调整；第七项表示速度脉动与温度脉动的相互作用引起的动量通量的产生或减少；第八项是分于黏性作用引起的扩散；第九项称为耗散项，在 $\overline{u_1'^2}, \overline{u_2'^2}, \overline{u_3'^2}$ 各方程中表示由于分子黏性作用使这些能量转换为热量；第十项是科里奥利加速度引起的雷诺应力的变化率。

类似地，我们可以获得湍流热通量和湍流水汽通量的守恒方程为：

$$\begin{aligned}\frac{\partial\overline{u_k'T'}}{\partial t}+\bar{u}_j\frac{\partial}{\partial x_j}\left(\overline{u_k'T'}\right)=&-\overline{u_j'u_k'}\frac{\partial\bar{T}}{\partial x_j}-\overline{u_j'T'}\frac{\partial\bar{u}_k}{\partial x_j}-\frac{\partial}{\partial x_j}\left(\overline{u_j'u_k'T'}\right)-\frac{\partial\left(\overline{p'T'}\right)}{\rho_0\partial x_k}\\&+\frac{\overline{p'\partial T'}}{\rho_0\partial x_k}+\frac{g\delta_{k3}\overline{T'^2}}{T_0}+v_0\frac{\partial^2\overline{u_k'T'}}{\partial x_j^2}-2v_0\overline{\frac{\partial u_k'}{\partial x_j}\cdot\frac{\partial T'}{\partial x_j}}-2\Omega\varepsilon_{kjl}\overline{T'u_l'}\end{aligned}\tag{8.2.19}$$

此方程中各项的物理意义可从雷诺应力方程(8.2.18)的相应项类推，式(8.2.19)中出现 $\overline{T'^2}$ 项，不难求得这个二阶相关项的方程为：

$$\frac{\partial\overline{T'^2}}{\partial t}+\bar{u}_j\frac{\partial\overline{T'^2}}{\partial x_j}=-2\overline{u_j'T'}\frac{\partial\bar{T}}{\partial x_j}-\frac{\partial}{\partial x_j}\left(\overline{u_j'T'^2}\right)+v_0\frac{\partial^2\overline{T'^2}}{\partial x_j^2}-2v_0\overline{\frac{\partial u_j'}{\partial x_j}\cdot\frac{\partial T'}{\partial x_j}}\tag{8.2.20}$$

这个方程除了没有压力扩散项和各向同性趋势项外，与先前两个二阶矩方程类似。把上述处理方法应用到水汽守恒方程，即得 $\overline{q'u_k'}$ 和 $\overline{q'^2}$ 的方程为：

$$\begin{aligned}\frac{\partial\overline{q'u_k'}}{\partial t}+\bar{u}_j\frac{\partial\overline{u_k'q'}}{\partial x_j}=&-\overline{u_j'u_k'}\frac{\partial\bar{q}}{\partial x_j}-\overline{u_j'q'}\frac{\partial\bar{u}_k}{\partial x_j}-\frac{\partial}{\partial x_j}\left(\overline{u_j'u_k'q'}\right)\\&-\frac{\partial}{\rho_0\partial x_k}\left(\overline{p'q'}\right)+\frac{\overline{p'\partial q'}}{\rho_0\partial x_k}+v_0\frac{\partial^2\overline{u_k'q'}}{\partial x_j\partial x_j}-2v_0\overline{\frac{\partial u_k'}{\partial x_j}\cdot\frac{\partial q'}{\partial x_j}}+\frac{g}{T_0}\overline{q'T'}\end{aligned}\tag{8.2.21}$$

$$\frac{\partial\overline{q'^2}}{\partial t}+\bar{u}_j\frac{\partial}{\partial x_j}\left(\overline{q'^2}\right)=-2\overline{u_j'q'}\frac{\partial\bar{q}}{\partial x_j}-\frac{\partial}{\partial x_j}\left(\overline{u_j'q'^2}\right)+v_0\frac{\partial^2\overline{q'^2}}{\partial x_j\partial x_j}-2v_0\overline{\frac{\partial q'}{\partial x_j}\cdot\frac{\partial q'}{\partial x_j}}\tag{8.2.22}$$

可以看出，由于式(8.2.21)中存在重力项，所以要使方程组闭合，则必须要有一个 $\overline{q'T'}$ 的方程。这个方程可用一般方法推导出来，即

$$\frac{\partial}{\partial t}\left(\overline{q'T'}\right)+\bar{u}_j\frac{\partial}{\partial x_j}\left(\overline{q'T'}\right)=-\overline{u_j'q'}\frac{\partial\bar{T}}{\partial x_j}-\overline{u_j'T'}\frac{\partial\bar{q}}{\partial x_j}-\frac{\partial}{\partial x_j}\left(\overline{u_j'q'T'}\right)+v_0\frac{\partial^2\overline{q'T'}}{\partial x_j\partial x_j}-2v_0\overline{\frac{\partial q'}{\partial x_j}\cdot\frac{\partial T'}{\partial x_j}}\tag{8.2.23}$$

对最后三个方程不必作详细讨论，因为它们几乎与 $\overline{u_k'T'}$ 和 $\overline{T'^2}$ 方程的形式相同。方程(8.2.13) ~ (8.2.23)构成了通常用于大气边界层湍流运动模拟的基本方程组。

8.2.4 闭合假定

由于 Navier-Stokes 方程的非线性，第 n 阶中心矩方程将包含$(n+1)$阶中心矩，因而未知数个数总是比方程数多一个以上，所以上述边界层湍流运动方程不引进附加的假设是不能求解的。这种通常称之为闭合问题的困难是本质上的困难。

如果能找到根据平均量及变量的二阶矩来模拟式(8.2.18) ~ 式(8.2.23)中的速度扩散项、包含压力脉动的各项(即各向同性趋势项和压力扩散项)以及耗散项的某些方法，则上述方程组

是闭合的。而且原则上，对平均量 $\overline{u}_i,\overline{T}$ 和 $\overline{q}$ 以及对除了 $\overline{p'^2}$ 而外的所有二阶相关项，都能找到解。

上述四类项的闭合模式，在设计上必须遵守如下基本原则：①模式必须具有协变或张量的形式，以便在坐标系任意变换下模式是不变的，此外它还必须具有所取代项的各种对称性；②模式在伽利略变换下必须是不变的；③模式必须具有所取代项的因次性质；④模式必须满足控制所研究变量的已知的所有守恒关系。

目前已经提出了很多满足以上原则的闭合假定，下面分别讨论。

速度扩散项： 三阶矩 $\overline{u_i'u_j'u_k'}$ 通常是用二阶矩 $\overline{u_i'u_k'}$ 来模拟的，则有

$$\overline{u_i'u_j'u_k'}=-\lambda_1 Q\left[\frac{\partial}{\partial x_i}\left(\overline{u_j'u_k'}\right)+\frac{\partial}{\partial x_j}\left(\overline{u_i'u_k'}\right)+\frac{\partial}{\partial x_k}\left(\overline{u_i'u_j'}\right)\right] \tag{8.2.24}$$

式中，λ_1 是长度尺度，它与平均运动尺度或湍流尺度有关；负号是为了保证湍流能量顺梯度扩散，或从湍流强度大的区域向强度弱的区域扩散而引进的；Q 是湍流能量的平方根，即：

$$Q=\left(u_i'u_i'\right)^{\frac{1}{2}} \tag{8.2.25}$$

类似的，对于 $\overline{u_j'u_k'T'}$ ，$\overline{u_j'u_k'q'}$ ，$\overline{u_j'T'^2}$ ，$\overline{u_j'q'T'}$ 和 $\overline{u_j'q'^2}$ 项可用下列模式：

$$\overline{u_j'u_k'T'}=-\lambda_1 Q\left[\frac{\partial}{\partial x_j}\left(\overline{u_k'T'}\right)+\frac{\partial}{\partial x_k}\left(\overline{u_j'T'}\right)\right] \tag{8.2.26}$$

$$\overline{u_j'u_k'q'}=-\lambda_1 Q\left[\frac{\partial}{\partial x_j}\left(\overline{u_k'q'}\right)+\frac{\partial}{\partial x_k}\left(\overline{u_j'q'}\right)\right] \tag{8.2.27}$$

$$\overline{u_j'T'^2}=-\lambda_1 Q\frac{\partial\overline{T'^2}}{\partial x_j} \tag{8.2.28}$$

$$\overline{u_j'q'T'}=-\lambda_1 Q\frac{\partial\overline{q'T'}}{\partial x_j} \tag{8.2.29}$$

$$\overline{u_j'q'^2}=-\lambda_1 Q\frac{\partial\overline{q'^2}}{\partial x_j} \tag{8.2.30}$$

在上述式(8.2.26) ~ 式(8.2.30)式中，可以选择不同于 λ_1 的长度尺度。但是，为使模式保持简单，必须选择尽可能少的长度尺度。

关于三阶矩，可以采用准高斯近似方法得到，即：

$$\overline{u_i'u_j'u_k'}=\frac{Q}{\varepsilon}\left[\overline{u_i'u_l'}\frac{\partial\overline{u_j'u_k'}}{\partial x_l}+\overline{u_j'u_l'}\frac{\partial\overline{u_i'u_k'}}{\partial x_l}+\overline{u_k'u_l'}\frac{\partial\overline{u_j'u_j'}}{\partial x_l}\right] \tag{8.2.31}$$

式中，ε 是湍流耗散项。

各向同性趋势项： 各向同性趋势项可以由 $\overline{u_i'u_j'}$ 项来模拟，由此导出如下模式

$$\overline{\frac{p'}{\rho_0}\left(\frac{\partial u_i'}{\partial x_k}+\frac{\partial u_k'}{\partial x_i}\right)}=-\frac{Q}{\lambda_2}\left(\overline{u_i'u_k'}-\frac{\delta_{ik}}{3}Q^2\right) \tag{8.2.32}$$

式中，λ_2 是新的长度尺度。

对上式作进一步修正，得到：

$$\overline{\frac{p'}{\rho_0}\left(\frac{\partial u_i'}{\partial x_k}+\frac{\partial u_k'}{\partial x_i}\right)}=-\frac{Q}{\lambda_2}\left(\overline{u_i'u_k'}-\frac{\delta_{ik}}{3}Q^2\right)+cQ^2\left(\frac{\partial \overline{u}_i}{\partial x_k}+\frac{\partial \overline{u}_k}{\partial x_i}\right)$$

对于在 $\overline{u_k'T'}$ 和 $\overline{u_k'q'}$ 方程中出现的各向同性趋势项，则采用下面模式来确定，即

$$\overline{\frac{p'}{\rho_0}\cdot\frac{\partial T'}{\partial x_k}}=-\frac{Q}{\lambda_2}\overline{u_k'T'} \tag{8.2.34}$$

$$\overline{\frac{p'\partial q'}{\rho_0\partial x_k}}=-\frac{Q}{\lambda_2}\overline{u_k'q'} \tag{8.2.35}$$

式(8.2.32) ~ 式(8.2.33)中的 λ_2 是否取不同的尺度，取决于计算结果与实验数据之间的一致性如何。

压力扩散项：压力扩散项很难模拟，因为用实验方法测量压力与速度的相关难度很大，所以至今对压力扩散项研究得不多。通常，已经发现它们在真正不可压缩的二维湍流切变层的发展中并不起主导作用。在一般闭合模式中，忽略了压力扩散的作用。这里可以采用以下方法处理：

$$\overline{p'u_k'}=-\rho_0 Q\lambda_3\frac{\partial}{\partial x_i}\overline{u_i'u_k'} \tag{8.2.36}$$

$$\overline{p'T'}=-\rho_0 Q\lambda_3\frac{\partial}{\partial x_i}\overline{u_i'T'} \tag{8.2.37}$$

$$\overline{p'q'}=-\rho_0 Q\lambda_3\frac{\partial}{\partial x_i}\overline{u_i'q'} \tag{8.2.38}$$

上列各式中，因为压力扩散作用不大，故可以期望，λ_3 与 λ_1 相比将是很小的。

耗散项：对于耗散项，可以采用以下模式

$$2v_0\overline{\frac{\partial u_i}{\partial x_k}}\,\overline{\frac{\partial u_j}{\partial x_k}}=\frac{2}{3}\frac{Q^3}{\lambda_4}\delta_{ij} \tag{8.2.39}$$

$$2k_0\overline{\frac{\partial T'}{\partial x_k}}\,\overline{\frac{\partial T'}{\partial x_k}}=\frac{2Q\overline{T'^2}}{\lambda_4} \tag{8.2.40}$$

$$2D_0\overline{\frac{\partial q'}{\partial x_k}}\,\overline{\frac{\partial q'}{\partial x_k}}=\frac{2Q\overline{q'^2}}{\lambda_4} \tag{8.2.41}$$

$$(v_0+k_0)\overline{\frac{\partial u_j'}{\partial x_k}\cdot\frac{\partial T'}{\partial x_k}}=0 \tag{8.2.42}$$

$$(v_0+D_0)\overline{\frac{\partial u_j'}{\partial x_k}\cdot\frac{\partial q'}{\partial x_k}}=0 \tag{8.2.43}$$

$$(D_0+k_0)\overline{\frac{\partial T'}{\partial x_k}\cdot\frac{\partial q'}{\partial x_k}}=0 \tag{8.2.44}$$

8.2.5 常通量层和方程的简化

在大气边界层内，大量的观测结果表明，对于比较均匀的平坦地面，式(8.2.13)、式(8.2.15)和式(8.2.17)中湍流通量的水平变化项与其垂直变化项相比是可以忽略的；平均流场造成的平流项也可以忽略；另外，除了贴近地表面的几厘米范围内，分子输送项与湍流输

送项相比也可以忽略；再假定流场是定常的，则式(8.2.13)、式(8.2.15)和式(8.2.17)简化为：

$$\frac{\partial \overline{u_1'u_3'}}{\partial x_3} = f\left(\overline{u}_2 - |G|\sin\alpha_0\right) \tag{8.2.45}$$

$$\frac{\partial \overline{u_2'u_3'}}{\partial x_3} = -f\left(\overline{u}_1 - |G|\cos\alpha_0\right) \tag{8.2.46}$$

$$0 = -\frac{1}{\rho_0}\frac{\partial \overline{p}}{\partial x_3} - \frac{\partial \overline{u_3'u_3'}}{\partial x_3} + \frac{g\overline{T}}{T_0} - 2\Omega\left(\eta_1\overline{u}_2 - \eta_2\overline{u}_1\right) \tag{8.2.47}$$

$$\frac{\partial \overline{T'u_3'}}{\partial x_3} = 0 \tag{8.2.48}$$

$$\frac{\partial \overline{q'u_3'}}{\partial x_3} = 0 \tag{8.2.49}$$

式中，f=2ωsinφ，是科里奥利参数；G 是地转风速，表达式为

$$G = \left\{u_g, v_g\right\} = \left\{-\frac{1}{f\rho_0}\frac{\partial \overline{p}}{\partial x_2}, \frac{1}{f\rho_0}\frac{\partial \overline{p}}{\partial x_1}\right\}$$

式(8.2.48)和式(8.2.49)意味着铅直热通量和水汽通量不随高度变化。

在近地面几十米的大气中，风随高度没有明显的转向。把 x_1 轴取为沿平均地面风方向，因而式(8.2.45)和式(8.2.46)变为：

$$\frac{\partial \overline{u_1'u_3'}}{\partial x_3} = -f|G|\sin\alpha_0 \tag{8.2.50}$$

$$\frac{\partial \overline{u_2'u_3'}}{\partial x_3} = -f\left(\overline{u_1} - G\sin\alpha_0\right) \tag{8.2.51}$$

对于下边界条件，当 $x_3 \to 0$ 时，应力

$$\sigma_{13} = v\rho_0\frac{\partial \overline{u}_1}{\partial x_3} - \rho_0\overline{u_1'u_3'} \tag{8.2.52}$$

将趋于某一个常值，我们把它写成 $\rho_0 u_*^2$，其中 u_* 称为地面摩擦速度。根据上述选择的坐标系，应力

$$\sigma_{23} = v\rho_0\frac{\partial \overline{u}_2}{\partial x_3} - \rho_0\overline{u_2'u_3'} \tag{8.2.53}$$

在 $x_3 \to 0$ 时将消失。

式(8.2.52)和式(8.2.53)从 x_3=0 至 x_3=h 积分得：

$$\left.\overline{u_1'u_3'}\right|_{x_3=h} = u_*^2 - hfG\sin\alpha_0 \tag{8.2.54}$$

对于中纬度科里奥利参数 f=1.2×10^{-4}/s，α_0 的典型值为 20°～25°，G 的典型值为 l0m/s，由于现在对 $\overline{u_1'u_3'}$ 的测量精度还不能高于 10%～20%，所以对于

$$h < h_c = 100u_* \tag{8.2.55}$$

式(8.2.54)和式(8.2.53)可近似变为：

$$\left.\overline{u_1'u_3'}\right|_{x_3=h} \approx u_*^2 \tag{8.2.56}$$

$$\left.\overline{u_2'u_3'}\right|_{x_3=h} \approx 0 \tag{8.2.57}$$

上式表明在近地面层内动量通量不随高度变化，且科里奥利也并不重要。

在均匀粗糙的平坦地面上，在 23 m 高度以下，将热量和动量的垂直通量视为常数只有 ± 20%的误差，但其平均时间至少为 1 h。

在近地面层内，湍流通量方程(8.2.18) ~ (8.2.23)也可作进一步的简化。如分子输送项通常是予以忽略的；对于均匀平坦地表面，平流项和科里奥利项相对较小，亦可略去；另外，近地面层的常通量性质预示速度扩散项和压力扩散项可能较小，在一般的考虑中，这两项也是略去的；如果把近地面层湍流认为是各项同性的，则 $\overline{\frac{\partial u_i'}{\partial x_j}\cdot\frac{\partial u_k'}{\partial x_j}}(i \neq k)$ 以及 $\overline{\frac{\partial u_i'}{\partial x_j}\cdot\frac{\partial T'}{\partial x_j}}$ 项将趋于零，也可从方程中略去。在上述条件下，并假定运动是定常的，则可得到近地面层内湍流运动的完整方程组为：

动量守恒方程：

$$\frac{\partial}{\partial z}(\overline{w'u'}) = 0 \tag{8.2.58}$$

能量守恒方程：

$$\frac{\partial}{\partial z}(\overline{w'T'}) = 0 \tag{8.2.59}$$

水汽守恒方程：

$$\frac{\partial}{\partial z}(\overline{w'q'}) = 0 \tag{8.2.60}$$

$\overline{u'^2}$ 为纵向脉动速度，其运动方程为：

$$-2\overline{w'u'}\frac{\partial \overline{u}}{\partial z} + \overline{\frac{p'}{\rho_0}\left(\frac{\partial u'}{\partial x} + \frac{\partial u'}{\partial x}\right)} - 2v_0\overline{\frac{\partial u'}{\partial x_j}\cdot\frac{\partial u'}{\partial x_j}} = 0 \tag{8.2.61}$$

$\overline{v'^2}$ 为横向脉动速度，其运动方程为：

$$\overline{\frac{p'}{\rho_0}\left(\frac{\partial v'}{\partial y} + \frac{\partial v'}{\partial y}\right)} - 2v_0\overline{\frac{\partial v'}{\partial x_j}\cdot\frac{\partial v'}{\partial x_j}} = 0 \tag{8.2.62}$$

$\overline{w'^2}$ 为垂向脉动速度，其运动方程为：

$$\overline{\frac{p'}{\rho_0}\left(\frac{\partial w'}{\partial z} + \frac{\partial w'}{\partial z}\right)} + \frac{2g}{T_0}\overline{w'T'} - 2v_0\overline{\frac{\partial w'}{\partial x_j}\cdot\frac{\partial w'}{\partial x_j}} = 0 \tag{8.2.63}$$

$\overline{w'u'}$ 为切应力，其描述方程为：

$$\overline{w'^2}\frac{\partial \overline{u}}{\partial z} + \overline{\frac{p'}{\rho_0}\left(\frac{\partial u'}{\partial z} + \frac{\partial w'}{\partial x}\right)} + \frac{g}{T_0}\overline{u'T'} = 0 \tag{8.2.64}$$

$\overline{u'T'}$ 为纵向热通量，其描述方程为：

$$\overline{w'u'}\frac{\partial \overline{T}}{\partial z} - \overline{w'T'}\frac{\partial \overline{u}}{\partial z} + \overline{\frac{p'}{\rho_0}\cdot\frac{\partial T'}{\partial x}} = 0 \tag{8.2.65}$$

$\overline{w'T'}$ 为垂向热通量，其描述方程为：

$$\overline{w'^2}\frac{\partial\overline{T}}{\partial z}+\overline{\frac{p'}{\rho_0}\cdot\frac{\partial T'}{\partial z}}+\frac{g\overline{T'}^2}{T_0}=0 \tag{8.2.66}$$

$\overline{T'^2}$为脉动气温，其描述方程为：

$$-2\overline{w'T'}\frac{\partial\overline{T}}{\partial z}-2k_0\overline{\frac{\partial T'}{\partial x_j}\cdot\frac{\partial T'}{\partial x_j}}=0 \tag{8.2.67}$$

$\overline{u'q'}$为纵向水汽通量，其描述方程为：

$$-\overline{w'u'}\frac{\partial\overline{q}}{\partial z}-\overline{w'q'}\frac{\partial\overline{u}}{\partial z}+\overline{\frac{p'}{\rho_0}\cdot\frac{\partial q'}{\partial x}}=0 \tag{8.2.68}$$

上述方程包括$\overline{u},\overline{T},\overline{q},\overline{u'^2},\overline{v'^2},\overline{w'^2}$，$\overline{w'u'},\overline{u'T'},\overline{w'T'},\overline{T'^2},\overline{w'q'}$共 11 个变量，只要对类似于$\overline{\frac{\partial u'}{\partial x_j}\cdot\frac{\partial u'}{\partial x_j}}$的耗散项，$\overline{\frac{p'}{\rho_0}\left(\frac{\partial u'}{\partial x}+\frac{\partial u'}{\partial x}\right)}$和$\overline{\frac{p'\partial T'}{\partial z}}$的压力项做出某种闭合假定，则上述方程是闭合的。方程(8.2.58) ~ (8.2.68)是进行近地面层分析和模拟的基础。

8.2.6　近地面层的相似性

由于水汽输送是被动的，一旦大气湍流特征作为高度的函数已知后，则由式(8.2.60)和式(8.2.68)即可求解水汽分布或输送特征，因而我们下面只讨论由式(8.2.58)、式(8.2.59)以及式(8.2.61) ~ 式(8.2.67)构成的方程组。

根据前面闭合假定，式(8.2.61) ~ 式(8.2.67)变为：

$$2\overline{u'w'}\frac{\partial\overline{u}}{\partial z}+\frac{q}{3l_1}\left(\overline{u'^2}-\frac{q^2}{3}\right)+\frac{2}{3}\frac{q^3}{\Lambda_1}=0 \tag{8.2.69}$$

$$\frac{q}{3l_1}\left(\overline{v'^2}-\frac{q^2}{3}\right)+\frac{2}{3}\frac{q^3}{\Lambda_1}=0 \tag{8.2.70}$$

$$-2\beta g\overline{w'T'}+\frac{q}{3l_1}\left(\overline{w'^2}-\frac{q^2}{3}\right)+\frac{2}{3}\frac{q^3}{\Lambda_1}=0 \tag{8.2.71}$$

$$\left(\overline{w'^2}+cq^2\right)\frac{\partial\overline{u}}{\partial z}-\beta g\overline{u'T'}+\frac{q}{3l_1}+\overline{u'w'}=0 \tag{8.2.72}$$

$$\overline{u'w'}\frac{\partial\overline{T}}{\partial z}+\overline{w'T'}\frac{\partial\overline{u}}{\partial z}+\frac{q}{3l_2}\overline{u'T'}=0 \tag{8.2.73}$$

$$\overline{w'^2}\frac{\partial\overline{T}}{\partial z}-\beta g\overline{T'^2}+\frac{q}{3l_2}\overline{w'T'}=0 \tag{8.2.74}$$

$$2\overline{w'T'}\frac{\partial\overline{T}}{\partial z}+\frac{2q}{\Lambda_2}\overline{T'^2}=0 \tag{8.2.75}$$

式中，q即式(8.2.25)中的Q，长度尺度$l_1, l_2, \Lambda_1, \Lambda_2$可假定是高度$z$的线性函数：

$$l_1=kA_1z,\Lambda_1=kB_1z \tag{8.2.76}$$

$$l_2=kA_2z,\Lambda_2=kB_2z \tag{8.2.77}$$

式中，A_1, A_2, B_1, B_2以及式(8.2.72)中的c都是需要根据试验资料确定的常数。

由式(8.2.58)和(8.2.59)可得：

$$-\overline{u'w'}=u_*^2 \tag{8.2.78}$$

$$-\overline{w'T'}=H \tag{8.2.79}$$

式中，u_*, H分别是地表面的摩擦速度和湍流热通量。

令：

$$\overline{u'^2}=\overline{v'^2}=\overline{w'^2}=u_*^2\left(\overline{u},\overline{v},\overline{w}\right) \tag{8.2.80}$$

$$q=\left(\overline{u^2}+\overline{v^2}+\overline{w^2}\right)^{\frac{1}{2}} \tag{8.2.81}$$

$$\varphi_M=\frac{kz}{u_*}\cdot\frac{\partial\overline{u}}{\partial z} \tag{8.2.82}$$

$$\varphi_H=\frac{kzu_*}{H}\cdot\frac{\partial\overline{T}}{\partial z} \tag{8.2.83}$$

$$L=\frac{u_*^3}{kg\beta H} \tag{8.2.84}$$

$$\zeta=\frac{z}{L} \tag{8.2.85}$$

$$\overline{T^2}=\frac{u_*^2\overline{T'^2}}{H^2} \tag{8.2.86}$$

$$\overline{uT}=\frac{\overline{u'T'}}{H} \tag{8.2.87}$$

上述(8.2.76) ~ 式(8.2.87)代入式(8.2.69) ~ 式(8.2.75)中，得：

$$-2\varphi_M+\frac{q}{3A_1}\left(\overline{u^2}-\frac{q^3}{3}\right)+\frac{2}{3}\frac{q^3}{B_1}=0 \tag{8.2.88}$$

$$\frac{q}{3A_1}\left(\overline{v^2}-\frac{q^3}{3}\right)+\frac{2}{3}\frac{q^3}{B_1}=0 \tag{8.2.89}$$

$$2\zeta+\frac{q}{3A_1}\left(\overline{w^2}-\frac{q^3}{3}\right)+\frac{2}{3}\frac{q^3}{B_1}=0 \tag{8.2.90}$$

$$\left(\overline{w^2}-cq^2\right)\varphi_M-\zeta\overline{uT}-\frac{q}{3A_1}=0 \tag{8.2.91}$$

$$-\varphi_H-\varphi_M+\frac{q}{3A_2}\overline{uT}=0 \tag{8.2.92}$$

$$\overline{w^2}\varphi_H-\zeta\overline{T^2}-\frac{q}{3A_2}=0 \tag{8.2.93}$$

$$-2\varphi_H+\frac{2q}{B_2}\overline{T^2}=0 \tag{8.2.94}$$

由式(8.2.88) ~ 式(8.2.94)，并通过适当的代数运算，可得：

$$q^3=B_1\left(\varphi_M-\zeta\right) \tag{8.2.95}$$

$$\theta^2=\frac{B_2}{q}\varphi_H \tag{8.2.96}$$

$$\varphi_M=\frac{\dfrac{1}{3A_1q}+\dfrac{1}{\gamma-\left(6A_1\zeta+B_2\zeta\right)/q^3}\dfrac{\zeta}{q^4}}{\gamma-c-\dfrac{6A_1\zeta+3A_2\zeta}{q^3}} \tag{8.2.97}$$

$$\varphi_H=\frac{1}{3A_1q\left(\gamma-\dfrac{6A_1\zeta+B_2\zeta}{q^3}\right)} \tag{8.2.98}$$

因此，q, θ, φ_M, φ_H只是参量ζ的函数，而ζ则由z, u_*, H和β四个参数确定。Monin-Obuhov曾从量纲分析角度，直接证明了φ_M, φ_H仅是ζ的函数。φ_M, φ_H需要通过湍流通量($\overline{u'w'}$,$\overline{T'w'}$,$\overline{q'w'}$)和平均廓线($\overline{u}$,$\overline{T}$,$\overline{q}$)的同时测量来确定。

8.2.7　通量-廓线关系

采用φ_M,φ_H表达式，代入式(8.2.80)和式(8.2.81)，并对z积分，可得到下列风速、温度和湿度廓线的显式表达式

平均风速廓线：

$$\overline{u}=\begin{cases}\dfrac{u_*}{k}\left[\ln\left(\dfrac{z}{z_0}\right)-\varphi_1\right],\zeta\leqslant 0\\ \dfrac{u_*}{k}\left[\ln\left(\dfrac{z}{z_0}\right)+4.8\zeta\right],\zeta>0\end{cases} \tag{8.2.99}$$

式中

$$\varphi_1=2\ln\left[\frac{(1+x)}{2}\right]+\ln\left[\frac{(1+x)^2}{2}\right]-2tg^{-1}x+\frac{\pi}{2},\quad x=\varphi_M^{-1}=(1-19.3\zeta)^{\frac{1}{4}}$$

$$\zeta=\frac{z}{L},\quad z_0=\text{地面粗糙长度},\quad \text{此处}\overline{u}=0,\quad k=0.40$$

平均温度廓线：

$$\frac{\overline{T}-\overline{T}_0}{T_*}=\begin{cases}0.95\left(\ln\dfrac{z}{z_0}-\varphi_2\right),\zeta\leqslant 0\\ 0.95\left(\ln\dfrac{z}{z_0}+7.8\zeta\right),\zeta>0\end{cases} \tag{8.2.100}$$

式中

$$\varphi_2=2\ln\left[\frac{(1+y)}{2}\right]\quad y=(1-11.6\zeta)^{\frac{1}{2}}$$

$$\overline{T}_0=z_0\text{处的气温}\quad T_*=-\frac{H}{C_p\rho_0u_*}\quad H=C_p\rho_0\overline{w'T'}$$

平均温度廓线：

$$\frac{\overline{q}-\overline{q}_0}{q_*}=\begin{cases}0.95\left(\ln\dfrac{z}{z_0}-\varphi_2\right),\zeta\leqslant 0\\0.95\left(\ln\dfrac{z}{z_0}+7.8\zeta\right),\zeta>0\end{cases} \tag{8.2.101}$$

式中

$$\overline{q}_0=z_0\text{处的湿度}\quad q_*=\frac{E}{-\rho_0 u_*}\quad E=\rho_0\overline{w'q'}$$

由式(8.2.99) ~ 式(8.2.101)式可以清楚地看到,近地面层的结构由 z_0 和 L 两个参数确定。在大多数情况下，$z\gg z_0$，只考虑平均量的垂直梯度时，感觉不到有 z_0 的作用(式(8.2.82)和式(8.2.83)中不含 z_0)，但在积分形式中 z_0 不能忽略。

定义如下梯度 Richardson 数：

$$R_i=\frac{g}{\theta}\frac{\dfrac{\partial\overline{\theta}}{\partial z}}{\left(\dfrac{\partial\overline{u}}{\partial z}\right)^2} \tag{8.2.102}$$

式中，$\overline{\theta}$ 为位温。则由式(8.2.82)、式(8.2.83)和式(8.2.102)得：

$$R_i=\frac{\varphi_H}{\varphi_M{}^2}\cdot\zeta \tag{8.2.103}$$

§8.3 大气近地层水汽交换的物理机制

为了求解热量平衡和水分平衡式，一般来说要确定蒸发和湍流热量交换的方法。这两个过程，主要与近低层中的湍流混合过程有关。大气与下垫面之间的热量与水汽交换就是通过这个过程进行的。在考虑热量和水汽交换这样一些湍流交换过程时，应该考虑到他们之间的传播，对于四周环境来说不是十分活跃的，因为热量和水汽浓度的变化与空气密度的一定变化有关。因此，在单纯用热传导公式计算热量交换与水汽交换时，应该注意其合理性(赵鸣等，1992；Roland B.Stull，1991；江学顶等，2005)。

考虑到上述情况，我们认为，与垂直湍流热通量成比例的不是温度梯度对绝对温度的差值，而是相对于某一平衡梯度的差值，因此热量通量方程具有下面的形式：

$$P'=\rho c_p k\left(\frac{\partial T}{\partial z}-\gamma\right) \tag{8.3.1}$$

式中，$\partial T/\partial z$ 为绝对温度的垂直梯度，γ 为比绝热梯度小的温度平衡梯度。在这里，规定 z 轴向下的方向为正的。

在式(8.3.1)中，我们对各个水平高度上位温的波动与湍流涡旋运动特性间存在的关系作了一定的假设，在这种假设的基础上，不可能直接找出绝热梯度值与平衡梯度值间的差值。为了验证关于位温的湍流脉动对垂直热量交换的影响的假设，以及确定 γ 的数值，就需要利用式(8.3.1)在实际大气条件下的试验观测作为补充资料。

在近地层，如果没有水汽的凝结和蒸发过程，在这层大气中的热量交换仅仅决定于湍流热传导，因为通常在这种情况下，辐射吸收对热量平衡的影响微不足道。

利用湍流热传导方程式：

$$\rho c_p \frac{\mathrm{d}T}{\mathrm{d}t} = \frac{\partial P'}{\partial z} \tag{8.3.2}$$

与式(8.3.1)，按 z 积分后我们得到，在 z_1 与 z_2 两高度之间的大气层存在着以下关系：

$$k(z_1,t)[(\frac{\partial T}{\partial z})_1 - \gamma] - k(z_2,t)[(\frac{\partial T}{\partial z})_2 - \gamma] = \int_{z_2}^{z_1} \frac{\mathrm{d}T}{\mathrm{d}z}\mathrm{d}z \tag{8.3.3}$$

式中，$(\partial T/\partial z)_1$ 与 $(\partial T/\partial z)_2$ 为 z_1 和 z_2 高度上的绝对温度梯度。

借助于此方程式，根据一日中不同时间温度垂直分布的系统观测资料，就可以决定 γ 值。为了提高此计算的准确性，在计算时最好尽量不要先将湍流交换特性系数 k 的值作出假设，并且在计算中应该避免用湍流交换系数的绝对值，在缺乏风速垂直分布记录时，无法正确确定 γ 值。

挑选在 $\int_{z_2}^{z_1} \frac{\mathrm{d}T}{\mathrm{d}z}\mathrm{d}z$ 很小时的一系列观测资料加以整理，或者选择符合下列情况进行观测，其中在某些要素导致温度随时间的增加，是由另外一些要素导致大气层温度的降低所补偿，则可以使方程式(8.3.3)的左边部分等于零。这样在方程式(8.3.3)中湍流交换的唯一特征值，就仅是两个高度上交换系数值的比。

当近地面的垂直热通量很小时(在几十米高度内)，涡动变换系数随高度而线性的增加，则在地面上变为非常小的数值，按 z 对方程式(8.3.3)的第一、第二项积分以后，就得到 γ 的表达式：

$$\gamma = \frac{\Delta_1 T \ln \frac{z_2''}{z_2'} - \Delta_2 T \ln \frac{z_1''}{z_1'}}{(z_1'' - z_1')\ln \frac{z_2''}{z_2'} - (z_2'' - z_2')\ln \frac{z_1''}{z_1'}} \tag{8.3.4}$$

式中，z_1', z_1'' 和 z_2', z_2'' 是为了确定分别经过 z_1 与 z_2 高度的热通量而观测绝对温度的高度，$\Delta_1 T$ 和 $\Delta_2 T$ 为在高度 z_1', z_1'' 和 z_2', z_2'' 上绝对温度的差。

当观测资料满足了 $(\partial T/\partial z)=0$ 的补充条件时，可以应用比较普遍的方法来决定 γ，只要考虑到 $k(z_1)/k(z_2) \ll 1$，当 $|z_1| \ll |z_2|$ 时，在近地气层中这个条件是永远成立的。

在这情况下，可考虑用下式来确定 γ：

$$\gamma = (\frac{\partial T}{\partial z})_2 \frac{1}{1 - \frac{k(z_1)}{k(z_2)}} \approx \frac{\Delta_2 T}{z_2'' - z_2'} \tag{8.3.5}$$

关于湍流大气中水汽垂直交换规律性的问题，我们知道在有水汽垂直交换的情况下，水汽通量的波动对总的垂直水汽通量影响并不是十分重要，因为甚至在空气比湿最大的近地层中，由比湿脉动所引起的密度波动的量级，至少要比由温度脉动所引起的波动的量级小。

因此，在计算水汽的湍流扩散时，在大多数情况下，除了在大汽中有水汽凝结过程发展和空中悬浮小水滴发生蒸发的情况之外，对热传导方程无须进行修改就可以直接应用，在这些情况下，为了计算水汽输送的发生和消失，在热传导方程式中应该增加说明流入或流出影响的补充项。

§8.4 大气近地层的热量交换的物理机制

在蒸发研究中，无论是陆地不同覆盖类型的下垫面温度，或是水域表面温度，并不等于低层大气的温度。因此，在下垫面和大气之间便产生了湍流热通量。由于下垫面和近地气层间的湍流扩散作用，使紧贴地表或水面的薄层空气中的水分子不断被输送到较高的空气中，虽然该薄层空气中水汽分子浓度近于饱和，但蒸发现象也仍然存在。气流的速度和湍流强度愈大，被输送的水汽分子就愈多，蒸发强度就愈大。

正是由于地表面有了辐射收支的差额所形成的地表面和大气之间的热力差异，为了达到热量平衡，才导致湍流热交换的产生。湍流热交换量作为热量平衡中的一个重要分量，它能表示大气层结的稳定性及大气中各种物理量输送和交换能力，是决定大气运动和大气环流的因子，从而也反映了天气和气候的形成过程和变化特征。和确定热量平衡的其他分量比较起来，湍流热交换量的确定是比较困难的，因为气象台站目前没有直接观测资料，主要是靠理论估算和气候计算来确定(邹上进等，1982；王汉杰，1999)。

8.4.1 湍流热交换系数的确定

下垫面和大气之间产生的湍流热通量是由贴地气层的湍流导热率所决定的，和确定热量平衡其他项目此较起来，确定垂直湍流热通量(无论是借直接观测或者是根据间接的物理公式计算)通常是最困难的。目前计算湍流热通量的公式是以 Fick 方程为基础的，且该方程也广泛的应用在贴地面气层的热量交换和水分交换的研究上(蒋维楣等，1994；朱岗崑，2000；刘树华等，1996)。

贴地面层气中垂直湍流热通量的公式为：

$$P = -\rho c_p k \frac{\partial \theta}{\partial z} \tag{8.4.1}$$

式中，ρ是空气密度，c_p是空气定压比热，k是湍流交换系数，$\partial\theta/\partial z$是绝对温度的垂直梯度。

式(8.4.1)对 z 积分，得方程：

$$P = \rho c_p D(\theta_w - \theta) \tag{8.4.2}$$

式中，θ_w 是地面的温度，θ是某高度上的空气温度，D 是下垫面和大气间垂直湍流输送条件的积分特性量，称为外扩散系数。

式(8.4.1)和式(8.4.2)是许多确定湍流热交换方法的基础。首先来看一下确定交换系数的方法问题，这些方法是以垂直热通量和垂直水分通量的观测资料为基础。若根据蒸发观测来确定交换系数，对贴地面层有：

$$E = -\rho k \frac{\partial q}{\partial z} \tag{8.4.3}$$

式中，E 是蒸发速度，$\partial q/\partial z$ 是空气比湿的垂直梯度。

通过研究发现，近地层中的湍流交换系数是随高度而增加的，其增加的规律接近于下列关系式：

$$k = k_1 z \tag{8.4.4}$$

式中，k_1 是某一高度上的交换系数。

若对式(8.4.3)积分并考虑式(8.4.4)，我们便得到前面介绍的蒸发量计算公式：

$$E = \rho k_1 \frac{q_1 - q_2}{\ln \frac{z_2}{z_1}} \tag{8.4.5}$$

式中，q_1, q_2 为高度 z_1 和 z_2 处的空气比湿。由上式可得 k_1 为

$$k_1 = -\frac{E \ln(z_2 / z_1)}{\rho_a (q_1 - q_2)} \tag{8.4.6}$$

另一种确定交换系数的方法是热量平衡法，它以下述公式为基础：

$$P = \rho c_p k_1 \frac{\theta_1 - \theta_2}{\ln \frac{z_2}{z_1}} \tag{8.4.7}$$

利用式(8.4.3)、式(8.4.7)及热量平衡式，消去 P 和 E，得到交换系数公式：

$$k_1 = \frac{(R - A) \ln \frac{z_2}{z_1}}{\rho [c_p (\theta_1 - \theta_2) + L(q_1 - q_2)]} \tag{8.4.8}$$

除了上述利用蒸发资料和热量平衡计算交换系数，也有一些方法不需要利用这两个公式计算交换系数。

按照普朗特的观点，假定在绝热温度分布的条件下，空气低层中混合长度是线性的随高度增加，当到达 z=0 时，风速等于零的高度上，混合长度即与下垫面粗糙度成正比。

$$l = \chi (z + z_0) \tag{8.4.9}$$

式中，l 是混合长度，z_0 是粗糙度，χ是无因次的常数，大约等于 0.38。

根据普朗特混合长度理论，边界层中的湍流摩擦值τ等于

$$\tau = \rho l^2 (\frac{\partial u}{\partial z})^2 = \rho \chi^2 (z + z_0)^2 (\frac{\partial u}{\partial z})^2 \tag{8.4.10}$$

式中，$\partial u / \partial z$ 是风速的垂直梯度。

采用在空气低层中τ值不随高度改变的假定，并将式(8.4.10)对 z 积分后，便得出风的廓线方程：

$$u' = \frac{1}{\chi} \sqrt{\frac{\tau}{\rho}} \ln \frac{z + z_0}{z_0} \tag{8.4.11}$$

和湍流交换系数的公式

$$k = l^2 (\frac{\partial u}{\partial z}) = \chi^2 (z + z_0) \frac{u_1}{\ln \frac{z + z_0}{z_0}} \tag{8.4.12}$$

式中，u_1 是高度 z_1 上观测的风速。

从式(8.4.12)看出，在贴近空气层中，交换系数与高度 z 和风速 u 成正比。同时，从式(8.4.10)和式(8.4.11)可以看出，风速的垂直梯度与速度成正比。随着研究的进一步深入，发现某一下垫面上的风速垂直梯度值,不仅与风速而且也与温度的垂直分布有着重要的联系。

关于温度垂直分布对贴地面气层中湍流交换的影响问题，一般白天贴地气层中的湍流

交换系数值，显著地超过式(8.4.12)就平衡温度层结状况下所确定出的交换系数值，而对于夜间来说，正好相反。

稳定度对湍流交换的影响，可以引入以下公式进行分析：

$$k = k_p f \tag{8.4.13}$$

式中，k_p是平衡状况下的交换系数，f是与贴地气层中里查孙数的特性量 $\Delta\theta/\Delta u^2$ 和 $\Delta\theta/u^2$ 有关，而与高度无关的函数($\Delta\theta$是两个高度上的绝对温度差，Δu 是两个高度上的风速差，u 是风速)。

从式(8.4.13)和附加的假定，便得出：

$$k = \frac{0.144\Delta u}{\ln\frac{z_2}{z_1}}[1 + \ln\frac{z_2}{z_1}\frac{\Delta\theta}{(\Delta u)^2}]z \tag{8.4.14}$$

式中，Δu 是 z_2 和 z_1 高度上的风速差(m/s)，$\Delta\theta$是 z_2 和 z_1 高度上的温度差。

式(8.4.14)可以不用下垫面粗糙度 z_0 的数据来计算交换系数值。同时，必须考虑在两个高度上的风速的差值 Δu，它通常具有相当大的相对误差，这一点便降低了根据公式(8.4.14)计算交换系数的精确度。

用类似于式(8.4.14)，但仅包含一个高度上风速数据的公式来计算得到的交换系数，能得出比较精确的结果。但在这种情况下，必须在计算中使用下垫面粗糙度的资料。

交换系数日变化和年变化相当大，以及由于许多常常变化的因素的影响，便使得在根据式(8.4.1)计算湍流热量交换时，不能用交换系数的平均值，特别是对短时期来说是如此。

在可能确定交换系数值并已知垂直温度梯度的条件下，可以根据式(8.4.7)决定湍流热通量的数值。但是，对于气候计算来说，根据式(8.4.7)来确定湍流热通量并没有多大的意义。

根据大量观测资料，利用式(8.4.2)确定湍流热交换要容易得多，在式(8.4.2)中可以用下垫面和大气间垂直湍流输送条件的积分特性 D(外扩散系数)来代替交换系数 k。

系数 D 和 k 互相有直接的关系。将式(8.4.1)在 z=0(那里$\theta = \theta_\omega$)和温度为θ的高度 z 间对 z 进行积分以后，便得出

$$P = \frac{\rho c_p(\theta_w - \theta)}{\int_0^z \frac{\mathrm{d}z}{k}} \tag{8.4.15}$$

由此可以得出结论：

$$D = \frac{1}{\int_0^z \frac{\mathrm{d}z}{k}} \tag{8.4.16}$$

必须指出，和系数 k 不同，D 值与高度的关系是比较小的。简单的估计表明，从 1 m 大小的高度开始，高度 z 变化几倍，系数 D 只改变百分之几。

在最近的研究中，无论是对于水域条件或者是陆地条件来说，一般采用与式(4.1.2)类似的扩散法来计算湍流热交换。

8.4.2 陆地条件下的湍流热交换

在陆地条件下，由于计算湍流热交换通量时，必须估计式(8.4.2)中两个参数，即外扩散系数 D 和下垫面温度，因此在具体应用中相当困难。

为了确定陆地条件下的系数 D，可以利用两个基本方法。第一个方法是根据式(8.4.16)计算，即根据外扩散系数和交换系数间的关系来确定。但在对式(8.4.17)的分母进行积分时，下垫面附近的湍流交换的规律非常复杂。

在确定积分 $\int_0^z \frac{\mathrm{d}z}{k}$ 过程中，在大多数热量交换和蒸发的理论研究中，一般对函数形势 $k(z)$引入大量假设。

假定热量输送和水分输送的扩散系数与高度和空气动力粗糙度有关，其表达式为：

$$k = k_1(z + z_0) \tag{8.4.17}$$

式中，z_0是空气动力粗糙度。

也有学者假定地表面的交换系数达到分子扩散系数的大小，得到下面公式：

$$k = k_1 z + k_0 \tag{8.4.18}$$

式中，k_0是分子扩散系数，通常要比 $k_1 z$ 值要小得多。

贴地面大气层中风速垂直分布的大量观测结果表明,大多数的陆地自然表面是粗糙的，即湍流摩擦传递到地球下垫面，不经过分子黏性层，而是直接传递至粗糙部分(土壤和植物的粗糙部分)，在这些粗糙部分中便产生了局地压力梯度。

因此，在自然条件下，对于热量扩散和水分扩散来说，带有分子导热率的空气黏滞层通常是不存在的。为了解决自然粗糙表面附近的扩散问题，M.H.布德科(1958)进行了两个高度上的温度差和土壤表面温度与气温差的关系实验，结果表明用式(8.4.17)和式(8.4.18)确定交换系数和扩散系数间的关系时，会造成很大的误差。

必须说明的是，上述公式是白天测得表面上和高度 150 cm 上的温度差值($\theta_w - \theta_{150}$)和高度 55 cm 和 150 cm 上温度差的基础上，由式(8.4.17)和式(8.4.18)得出($\theta_w - \theta_{150}$)和($\theta_{55} - \theta_{150}$)间的基本关系。但由于式(8.4.17)和式(8.4.18)所得出的下垫面和空气间的温度差太小，所以采用相应的比值为$(\theta_w - \theta_{150})/(\theta_{55} - \theta_{150}) = 15$ 较为合适。

考虑到式(8.4.2)和式(8.4.7)，则得出下列关系

$$D = \frac{\theta_1 - \theta_2}{\theta_w - \theta_2} \frac{k_1}{\ln \frac{z_2}{z_1}} \tag{8.4.19}$$

式中，θ_1和θ_2是 z_1 和 z_2 高度上的气温，所以有：

$$D = \alpha k_1 \tag{8.4.20}$$

式中，α是决定于下垫面上热量交换边界条件的系数，α值等于 1/15。另一些属于日间和各种无植物表面条件下的经验资料，所给出的α值通常变化于 1/10 ~ 1/20 的范围内，当夜间贴地气层有逆温的条件下，系数α明显地比白天的数值增大 2 ~ 4 倍。

虽然，精确地确定系数α，在任何情况下通常是困难的，但是式(8.4.20)仍然能用来估计系数 D 的平均值。另一些确定外扩散系数的方法是以热通量和水分通量的观测为基础的，这些方法和计算交换系数的方法是类似的。

在大面积的水域中，外扩散系数因风速的改变而发生较大变化。在陆地条件下，该系数的平均值与风速的关系表现得不明显。首先因为大部分陆面上平均风速的变化不大，其次在超绝热梯度时，水平风速的减小使热力因素对湍流交换的影响增强，这一影响部分地抵消了外扩散系数的减小。

和交换系数的变化相比，陆地条件下外扩散系数的变化较小，故可以在计算中采用外扩散系数的平均值。同时，对于水域条件来说，即使是计算长时期热量交换通量，通常也必须考虑系数 D 和风速的关系。

8.4.3 下垫面温度的确定

确定各种不同条件的陆地下垫面温度唯一比较准确的方法是辐射温度表法，即根据长波辐射通量的观测计算温度的方法。在许多研究中采用这种方法，但是因为技术上的困难，这个方法应用并不广泛。

土壤表面温度和 2 m 高度附近空气温度之间，存在以下关系

$$\Delta\theta_1 = 17\Delta\theta \tag{8.4.21}$$

式中，$\Delta\theta_1$ 是土壤表面温度和 2m 高度附近空气温度差值，$\Delta\theta$是两个高度上的气温差，这两个高度的自然对数比等于 1。

由式(8.4.7)和式(8.4.14)得出：

$$P = 0.144\rho c_p \Delta\theta\Delta u[1 + c\frac{\Delta\theta}{(\Delta u)^2}] \tag{8.4.22}$$

式中，c=1(m^2/(s^2·℃))；$\Delta\theta$和 Δu 是贴地空气层垂直方向的两个高度上的温度差和风速率，这两个高度的自然对数比等于 1。

考虑到以上指出的温度垂直梯度和风速垂直梯度间的关系时，可以得出结论，对于平均(中等)风速来说，在超绝热温度梯度时，湍流热通量很少因风速改变而改变。因此有下面的近似式：

$$P = 2.01(\Delta\theta)^{1.2}\ (\mathrm{J/(cm^2 \cdot min)}) \tag{8.4.23}$$

对于中等风速和几厘米大小的粗糙度来说，应用这个关系式是合理的。

以土壤表面温度和 2m 高度附近空气温度差值 $\Delta\theta_1$ 替代 $\Delta\theta$值时，可得出近似的湍流热交换方程：

$$P = 4.019(\Delta\theta)^{1.2}\ (\mathrm{J \cdot cm^{-2} \cdot h^{-1}}) \tag{8.4.24}$$

在实际利用观测资料计算湍流热交换时，通常只能利用白天一个时间的 $\Delta\theta_1$ 值，所以，在考虑昼间湍流热量交换的日变化时，就应当考虑湍流热通量日变化的规律性。昼间湍流热量变换的日变化以简单的正弦方程来描述，故可以根据下列方程确定湍流热量交换日总量：

$$P_1 = \frac{2}{\pi} T_g P_{\max} \tag{8.4.25}$$

式中，P_1 是正的(向上的)湍流热通量的日总量，$P_{\max}$ 是一天中最大的湍流热通量值，T_g 是一天中正湍流交换持续时间(超绝热温度梯度的持续时间)。

如果湍流热量交换的最大值与昼间某时(如 13 时)定时观测的热量交换值差别很小时，由式(8.4.24)与式(8.4.25)得：

$$P = 2.554T_g(\Delta\theta_1)^{1.2}\ (\mathrm{J/cm^2}) \tag{8.4.26}$$

其中，T_g以 h 为单位。

在或长或短的时期内负的湍流热量交换值通常比正的热量交换值小得多。这个现象叫通风效应，其原因在于逆温时湍流热通量向下，这时湍流交换便大为减小了。反之在热量输送方向向上时，超绝热温度层结加强了湍流混合。这就造成从地面向大气，和从大气向地面的湍流通量平均值之间产生相当大的差别。

在陆地条件下湍流热量交换的气候计算中，通常由解热量平衡方程来确定热量交换的数值。这时最简单的方法是将热量交换作为热量平衡的余项来确定，即

$$P_n = R - LE - A \tag{8.4.27}$$

当 P 值比热量平衡基本项目小得不太多的情况下，该方法较合适。而在湍流通量比辐射平衡小得多情况下，余项法在计算中会造成很大的相对误差，同时，甚至可能发生湍流热通量符号(即方向上)的误差。

8.4.4　水面和大气间湍流热交换

水面和大气间湍流热交换的计算，相对于陆地上的湍流热交换计算要简单得多。首先仍然要确定扩散系数 D 与气象要素之间的关系，然后再以式(8.4.2)为基础，计算湍流热量交换数值。

在海水表面蒸发的情况下，利用贴近水面大气薄层的扩散系数等于分子扩散系数($k=k_0$)的关系，得到洋面蒸发方程为：

$$E = \frac{\rho k_0 u(q_s - q)}{ud + \dfrac{k_0}{\chi^2}\ln^2\dfrac{z_1 + z_0}{z_0}} \tag{8.4.28}$$

式中，d 为大气贴近海面上的薄层厚度，q 是 z_1 高度上的比湿，q_s为在蒸发表面温度的饱和水气压的比湿，u 是 z_1 高度处风速，χ为无因次常数，大约等于 0.38，z_0是粗糙度。

进一步可以得到 D 和 P 的表达式：

$$D = \frac{k_0 u}{ud + \dfrac{k_0}{\chi^2}\ln^2\dfrac{z_1 + z_0}{z_0}} \tag{8.4.29}$$

$$P = \frac{\rho c_0 k_0 u(\theta_w - q)}{ud + \dfrac{k_0}{\chi^2}\ln^2\dfrac{z_1 + z_0}{z_0}} \tag{8.4.30}$$

为了应用式(8.4.28)和式(8.4.30)，应当确定两个参数，即海面的粗糙度 z_0 和分子扩散层的厚度 d。

对上述公式进行改进以后，以期得到海面的粗糙度 z_0 和分子扩散层的厚度 d。但事实证明，这些关系仍然不能在水域的蒸发和湍流热量交换计算中广泛应用。因此，人们通常采用以下比较简单的关系来计算湍流热量交换：

$$P = c_p \alpha u(\theta_w - \theta) \tag{8.4.31}$$

式中，α是与风速无关的比例系数，它根据闭合热量平衡方程或其他方法来确定。研究发现α值平均接近于 $2.4\times10^6(\mathrm{g/cm^3})$。

对于陆地水域上湍流热量交换，人们经常使用波文比为基础的公式来计算。在有蒸发资料时，其计算公式为：

$$\frac{P}{LE} = \frac{c_p}{L}\frac{(\theta_w - \theta)}{(q_s - q)} \tag{8.4.32}$$

在没有蒸发资料，但有辐射平衡和水域内部垂直热量交换的资料情况下，其计算公式为：

$$P = \frac{R - A}{1 + \dfrac{L(q_s - q)}{c_p(\theta_w - \theta)}} \tag{8.4.33}$$

总体说来，对于水域中湍流热量交换的计算来说，式(8.4.32)通常是最适宜的，只要有水面温度和空气温度以及风速的资料时，这个公式便能确定热量交换值。

第九章　下垫面蒸发量计算

蒸散发是指特定区域内各种下垫面在气象要素影响下，区域水分蒸发和散发的总称。一般包括水面蒸发、土壤蒸发和植物散发，以及冰雪蒸发等。长期以来下垫面蒸发一直是水文气象研究中的难点和热点之一，虽然在微观理论研究中人们提出了从细胞光合作用尺度到遥感尺度的各种观测计算方法，然而总的来说精度仍然不高，目前比较可靠的仍然是宏观上时空尺度比较大的水量平衡方法。从学科发展趋势看，遥感反演的方法是一种前途看好的方法，它的理论基础是大气水热交换的物理过程理论(刘绍民等，2003)。自布德科以来国际上开展了大量实验观测和理论研究，有许多专著进行了系统总结(布德科，1958；裴步祥，1989；谢贤群等，1991；朱岗崑，2000)。

§9.1　不同下垫面的蒸发

9.1.1　水面蒸发量

如果在有限空间内考虑蒸发问题，则水面蒸发能力随着蒸发过程的持续进行逐渐减少，在达到饱和含水量的瞬间，蒸发能力为 0。也就是说，饱和水汽压差和蒸发能力之间是相互补偿的。实际计算不会是闭合有限空间内的绝对连续过程，所以获得的蒸发量实际是瞬时值或一定时间长度内的平均值。而观测获得的蒸发量则是可能蒸发能力，而不是实际水面蒸发量(朱岗崑，2000)。

前面讲过，水面蒸发量无法直接测量，一般通过观测水体表面下降刻度的方法或水量平衡方法计算获得。其实这两种途径的基础都是水量平衡原理。

利用经验公式计算蒸发速率，或直接根据蒸发仪器的观测记录数据拟合经验公式，或根据空气动力学实验或理论结果加以推广，许多人开展了这方面的研究，得到很多不同的经验公式，但基本上可化为下列道尔顿(Dalton)形式

$$E = f(\overline{u})(e_s - e_d) \tag{9.1.1}$$

式中，E 为单位时间内的蒸发量，e_s为蒸发表面温度 T_s时的水汽压力，e_d为空气露点温度 T_d时的水汽压力，$f(\overline{u})$为水平风速 $\overline{u}$ 的函数，其形式由经验或理论研究所确定。在大多数情况下，$f(\overline{u}) = A + B\overline{u}$，其中 A，B 为系数，将此形式的 $f(\overline{u})$ 代入式(9.1.1)，即得

$$E = (A + B\overline{u})(e_s - e_d)$$

有时 $f(\overline{u})$ 具有 $\alpha(\overline{u})^n$ 的形式，式中 $\overline{u}$ 的指数 n 为 0.5 ~ 1.0 不等。

蒸发速率在其他相同的条件下与大气压力稍有变化。下面的公式是比较常用的：

$$E_0 = 0.40(1 + 7.1\times10^{-3}\overline{u}_2)(e_s - e_d) \tag{9.1.2}$$

式中，E_0代表自由水面的蒸发数值，单位为 mm/d，e_s与 e_d均以水银柱 mm 计，$\overline{u}_2$ 为高度 2m 处平均水平风速，单位为英里/天。在使用上进行计算，最好利用下列公式：

$$E_0 = 0.35(1 + 9.8\times10^{-3}\overline{u}_2)(e_s - e_d) \tag{9.1.3}$$

很明显，这和式(9.1.2)基本上是一致的。

水分平衡方程表示在一总体或平均的水文系统中的质量守恒：

$$(P - E)A + Q_i - Q_0 = \mathrm{d}S / \mathrm{d}t \tag{9.1.4}$$

式中，P 为系统内的平均降水量，E 为蒸发速率，A 为表面面积，Q_i为表面和地下水流入

速率，Q_0为表面和地下水流出速率。而 S 为储存于系统中的水量。利用式(9.1.4)，如果其他量为已知，就可估计蒸发速率 E 的数值。鉴于流域内降水量和径流量具有较大的变异，因此所估计的蒸发量也有较大的变动范围。因此这个方法通常和其他方法参考使用。

从空气动力学观点进行蒸发的理论研究，主要根据空气近地面层中风速及涡动交换系数随高度变化的特征，以及采取适当的边界条件，求解下列微分方程：

$$u\frac{\partial V}{\partial x}=\frac{\partial}{\partial z}(K\frac{\partial V}{\partial z}) \tag{9.1.5}$$

式中，K 为涡动交换系数，u 为水平风速，z 为高度，x 为水平距离，V 为由下向上传输的物质量或物理量。先后经过许多学者的努力，求得蒸发速率与风速间的关系为 $E_0\propto u_0^{(2-m)/(2+m)}$形式；如采用一般情况 m=1/4，亦即风速与高度间关系遵循所谓“七次方根指数定律”时，则上式化为 $E_0\propto u_2^{0.78}$。

如果不考虑蒸发物理机制和具体过程，从热量平衡方程出发，亦可求得蒸发量的数值，这是因为热能的来源主要依赖于辐射能的收支(R_n)。根据能量守恒定律，净辐射能量(R_l−R_B)，水分蒸发耗能(LE)，空气涡动扩散传热量(P)，热量下传与累积在表体中的热量(G)，以及向外平流散逸损失热量(C)之间存在以下关系：

$$R_n=R_l-R_B=LE+P+G+C \tag{9.1.6}$$

式中，L 为蒸发潜热，在较长的时间内，有时甚至在数日或一日内，上式中 G 和 C 的数量变化较其他各项少，可予以忽略不计，因此上式转化为：

$$R_n=LE+P$$

须指出，由下向上传输水汽(E)和传输热量(H=C_pT)，其机制在本质上并无差异，前者决定于水汽压力差数(e_s−e_d)，后者决定于温度差数(T_s−T_d)，故可求得 H/LE 比值如下：

$$\beta=\frac{H}{LE}=\gamma(T_s-T_d)/(e_s-e_d) \tag{9.1.7}$$

式中，β 为著名的波文比值(Bowen ratio)，γ 为干湿球常数。比较以上两式，可知

$$R_n=LE(1+\beta),\quad LE=\frac{R_n}{(1+\beta)} \tag{9.1.8}$$

波文比值中含有下垫面温度、湿度数值(T_s 和 e_s)，一般可以直接进行测量，或采用涡动传输和能量平衡来进行计算，解决了这些观测比较困难的物理量之后，就可以得到比较实用的计算公式。在式(9.1.3)中，以 e_a(空气温度 T_a 时的水汽压力)替代 e_s 的数值，(e_a−e_d)代表平均的水汽饱和差，故有

$$E_A=0.35(1+9.8\times10^{-3}\overline{u}_2)(e_a-e_d)$$

$$\frac{E_A}{E_0}=\frac{e_a-e_d}{e_s-e_d}=1-\frac{e_s-e_a}{e_s-e_d}=1-\varphi \tag{9.1.9}$$

再设(T_s−T_a)= (e_s−e_a) /Δ，其中 Δ=de_a /dT_a 为饱和水汽压线在 T =T_a时的斜率，则有

$$\frac{R_n}{LE}=1+\beta=1+\frac{\gamma}{\Delta}\frac{e_s-e_a}{e_s-e_d}=1+\gamma\varphi/\Delta \tag{9.1.10}$$

综合式(9.1.9)和式(9.1.10)，可以得到著名的彭曼公式，其普遍形式为：

$$E_0=(R_n\Delta+\gamma E_a)/(\Delta+\gamma) \tag{9.1.11}$$

$$e_s = (e_a - \varphi e_d)/(1-\varphi) \tag{9.1.12}$$

式中，E_0为潜在蒸散量(mm/d)，Δ为温度等于 T_a时的饱和水汽压与温度线性关系斜率(mm/℃)，R_n为表面净辐射(mm/d)，γ 为干湿球常数，E_a为蒸发表面温度 T_s=T_a时用水汽输送方法计算的蒸发量(mm/d)。以上单位是转换为水的蒸发能力以后的单位。其中 R_n的数值，可由下式确定：

$$R_n = R_l - R_B = R_A(1+r)(0.18+0.55n/N) - \delta T_a^4(0.56-0.092\sqrt{e_d})(0.10+0.90n/N) \tag{9.1.13}$$

式中，R_A代表大气完全透明时所受到的太阳辐射，化为蒸发当量(247 J/cm^2=1 mm 蒸发量)；r 为反射系数，其大小视地面状态而有不同。如为水面，r = 0.05；n/N 代表日照百分率，即等于实际日照时数与最大可能日照时数的比例；δT_a^4 为空气温度 T_d时的黑体辐射，亦化为蒸发当量。

彭曼 1948 年首先提出了公式(9.1.11)，是根据热量平衡和湍流扩散原理，以及在无水汽平流输送条件下水面蒸发的计算公式。在公式中加入了波文比概念，在以后又进行了深入研究，1956 年对原公式进行了修改，得到了水分输送与能量平衡相结合的半经验半理论的计算公式。

9.1.2　土壤蒸发

从土壤水分运动的角度看，土壤蒸发与下渗是互为相反的过程(朱岗崑，2000)。由于它属于微重力过程，可以不考虑重力的影响。因此，土壤蒸发过程可用以下土壤水分运动的基本偏微分方程来描述，则有

$$\frac{\partial\theta}{\partial t} = \frac{\partial}{\partial z}[D(\theta)\frac{\partial\theta}{\partial z}] \tag{9.1.14}$$

其中，θ 为土壤含水率，$D(\theta)$为土壤导水率。

上述微分方程是土壤水分变化过程函数表达式，要获得土壤蒸发量必须进行积分，积分的关键是首先确定初始条件和边界条件。虽然土壤蒸发与土壤下渗的基本方程式形式相同，但初始条件和边界条件是不同的。所以，土壤蒸发的初始条件和边界条件一般按如下方式处理。当研究雨后土壤蒸发时，可把降雨终止时的土壤水分剖面作为初始条件；而在讨论潜水蒸发时，则通常把地下水位以上稳定时的水分剖面作为初始条件。

土壤水分方程的上边界条件一般是指地表蒸发的情况，当表土蒸发为常数时，可取

$$D(\theta)\frac{\partial\theta}{\partial z}|_{z=0} = E_0$$

而下边界条件则视土层底部的情况而定，当土柱底部为不透水层时，可取

$$D(\theta)\frac{\partial\theta}{\partial z}|_{z=l} = 0$$

当土柱底部为地下水面时，则取 $\phi_m|_{z=l}$=0。这里 l 为土柱长度，ϕ_m 为土壤基模势。

土壤蒸发的定解问题大多数很复杂，目前只对少数极其简单的情况才有解析解。现在讨论地下水毛管水支撑高度到达土壤含水层这种情况，这时土壤水与地下水之间有水力联系，且地下水位不变，则在一定气象条件下，土壤蒸发也是稳定的；地下水面以上的水分剖面也是稳定的，不同深度处向上的水分通量不变，即地面蒸发率是稳定的。如图 9.1 所

示。在这种情况下，若取坐标 z 向上为正，则有：

$$E = K(\phi)[\frac{\mathrm{d}\phi}{\mathrm{d}z} - 1] \tag{9.1.15}$$

式中，ϕ 为土壤吸力，K 为土壤水力传导度。

分离变量得：

$$\mathrm{d}z = \frac{\mathrm{d}\phi}{1 + \frac{E}{K(\phi)}} \tag{9.1.16}$$

利用 z=0 时，ϕ=0 的条件，积分上式得：

$$z = \int_0^{\phi} \frac{\mathrm{d}\phi}{1 + \frac{E}{K(\phi)}} \tag{9.1.17}$$

要求出上述积分值，必须确切知道 $K(\phi)$的函数表达式。

加特纳于 1958 年提出了下列经验公式：

$$K(\phi) = \frac{K_s}{C\phi^m - 1} \tag{9.1.18}$$

式中：K_s 饱和水力传导度，C, m 为经验系数。

将式(9.1.18)代入上述积分式，可知仅当 m=1, 3/2, 2, 3 和 4 时，上述积分式才可求得解析解。如果令 m=2，则有：

$$z = \frac{K_s}{\sqrt{CE(K_s + E)}} \arctan(\varphi \sqrt{\frac{CE}{K_s + E}}) \tag{9.1.19}$$

根据式(9.1.19)绘出的 $z \sim \phi \sim E$ 曲线见图 9.2，可见吸力 ϕ 与 E 存在关系，即 E 越大，ϕ 也越大，因此应用式(9.1.19)可以解决两类问题：其一，已知蒸发 E 求相应的土壤吸力；其二，已知土壤吸力求相应的蒸发 E。

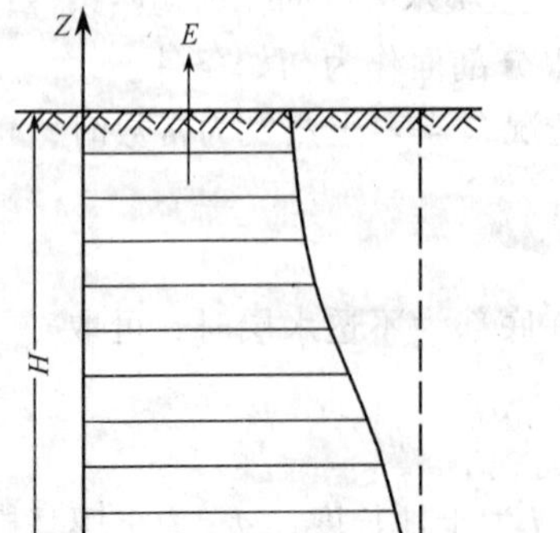

图 9.1　地下水位不变时稳定蒸发

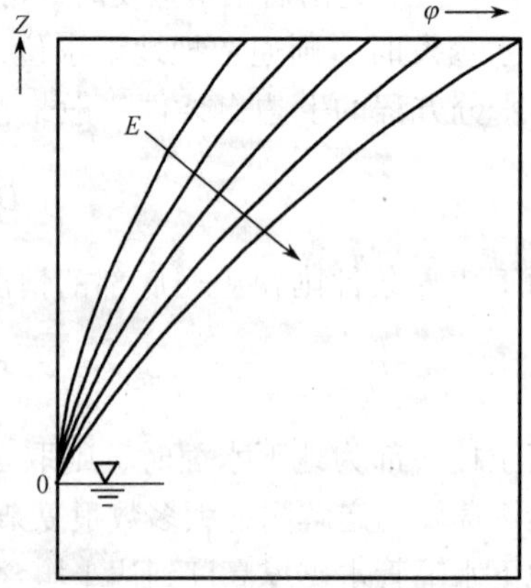

图 9.2　$z \sim \phi \sim E$ 关系曲线

此外，从式(9.1.19)还可以看出，对于一定的地下水埋深，当土层的吸力 $\phi\to\infty$时，可得到最大蒸发值 $E_{\max}$，据此可确定 $E_{\max}$ 与地下水埋深的关系。令 z 等于地下水埋深 H，当 $\phi\to\infty$时，$E\to E_{\max}$，由式(9.1.19)得：

$$E_{\max}(K_s+E_{\max})=\frac{\pi^2K_s^2}{4CH^2} \tag{9.1.20}$$

式(9.1.20)就是地下水埋深 H 与最大蒸发 $E_{\max}$ 之间的关系。若 $E_{\max}$ 远小于 K_s，则式(9.1.20)还可简化为：

$$E_{\max}=\frac{\pi^2K_s}{4CH^2} \tag{9.1.21}$$

由此可见，最大蒸发与地下水埋深的平方大体呈反比关系。

除了上述土壤蒸发的理论方法以外，人们在实测土水势的基础上，引入了“零通量面”的概念，用来计算土壤蒸发量，这也是应用比较广泛的一种方法。单位时间通过单位面积土壤某一界面的水分数量称为土壤水分通量，而“零通量面”就是土壤中水分通量为零的界面。在土壤蒸发过程中，如土壤层中有零通量面存在，则意味着土壤水分的蒸发消耗尚未波及到此界面以下，同时上部的土壤水分也通过此界面下渗。因此，通过实测土水势值求得零通量面的实际位置后，就可计算出零通量面以上的水分损失量，进而即可算出土壤水分的蒸发量。

如图 9.3 所示，图中 $\theta(t_1)$和 $\theta(t_2)$分别为 t_1 和 t_2 时刻测得的土壤含水率垂向分布，若在土壤中任取一土层，其厚度为 dz，上、下界面分别位于 z_2 和 z_1。则当有向上运行的水分通量 $q(z_2)$和 $q(z_1)$分别通过 z_2 和 z_1 时，由水量平衡原理易知：

$$\frac{\partial W}{\partial t}=q(z_2)-q(z_1) \tag{9.1.22}$$

式中，W 为界面 z_2 和 z_1 之间土层的含水量。

因为 $W=\theta\mathrm{d}z$，$q(z_2)-q(z_1)$又可表示为 $(\frac{\partial q}{\partial z})\mathrm{d}z$，于是式(9.1.22)又可表示为

$$\frac{\partial \theta}{\partial t}=\frac{\partial q}{\partial z} \tag{9.1.23}$$

对式(9.1.23)积分可求得 z_2 和 z_1 两界面水分通量的差值为：

$$q(z_2)-q(z_1)=\int_{z_1}^{z_2}\frac{\partial\theta}{\partial t}\mathrm{d}z$$

或

$$q(z_2)=q(z_1)+\int_{z_1}^{z_2}\frac{\partial\theta}{\partial t}\mathrm{d}z \tag{9.1.24}$$

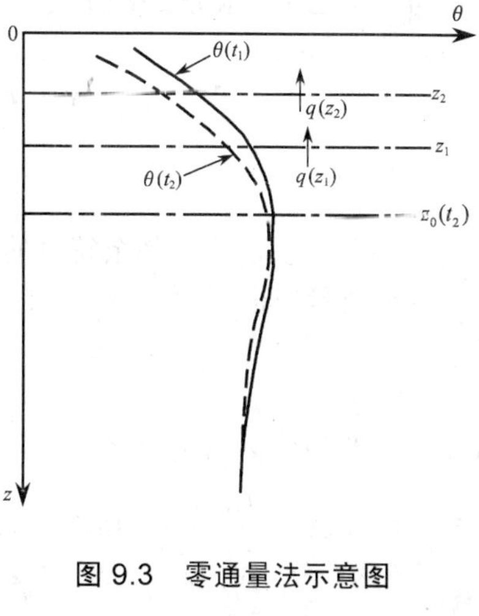

图 9.3　零通量法示意图

因此，若 z_1 取在零通量面位置，即 $z_1=z_0(t_2)$，z_2 取在土壤表面位置(如图 9.3 所示)，则 $t_1\sim t_2$ 时段内土壤水分蒸发量量 $E_{1\sim2}$ 为：

$$E_{1\sim2}=\int_{t_1}^{t_2}q(z)\mathrm{d}t=\int_{z_1}^{z_2}[\theta(t_1)-\theta(t_2)]\mathrm{d}z \tag{9.1.25}$$

在根据实测资料计算时，一般使用式(9.1.25)离散形式，即

$$E=\sum_{i=1}^{n}\{\sum_{j=1}^{m}[\theta(j-1,i-1)-\theta(j,i)]\Delta z\}\Delta t \tag{9.1.26}$$

式中，i 为时间步长序号，n 为时间步长的总数，j 为垂向距离步长序号，m 为零通量面位置至土壤表层位置的总的垂向距离步长总数，Δz 为垂向距离步长，Δt 为时间步长。

这种方法在范围较小，且土壤比较均一的农田水分研究中是一种很好的方法，而且在土壤下渗处于相对稳定的情况下才会获得良好的结果，如果在农田灌溉与降水期间或者之后不久使用这种方法，零通量面的确定可能比土壤蒸发量的求解本身更加复杂困难。

9.1.3 植物散发

植物散发量(腾发量)不仅仅涉及植物生理物理过程，从水分运动的整个过程来看，植物从土壤吸收水分的机制和数量是一个非常重要的环节(朱岗昆，2000)。而植物根系吸收水分的原理与水在土壤中的下渗十分相似，因此，也可用类似于达西定律的公式形式来描述植物根系的吸收水量，其表达公式为：

$$q=\frac{\phi\,\eta}{\phi+\eta}(M-N) \tag{9.1.27}$$

式中，q 为单位时间内植物根系从土壤中吸收的水量，ϕ 为土壤的导水系数，η 为植物的导水系数，M 为叶片的吸力，N 为使水分保持在土壤颗粒表面的吸力。

又由道尔顿定律可知，叶面与大气间的水量交换即散发量，应与饱和差成正比：

$$E_p=\frac{DD_0}{D+D_0}\rho(e_0-e) \tag{9.1.28}$$

式中，E_p 为植物散发量，D 为植物叶面与大气之间的水分交换积分系数，D_0 为植物细胞薄膜面与叶面之间的水分交换积分系数，ρ 为空气密度，e 为空气的实际水汽压，e_0 为叶面温度下的饱和水汽压。

由于式(9.1.28)中 $D\rho(e_0-e)$为散发能力，故它又可以写成更简捷的形式；

$$E_p=\frac{D_0}{D+D_0}E_0 \tag{9.1.29}$$

式中，E_0 为散发能力，其余符号的意义同前。

根据质量守恒原理，显然有：

$$q-E_p=\frac{\mathrm{d}W}{\mathrm{d}t} \tag{9.1.30}$$

式中，W 为植物体内的含水量，其余符号的意义同前。

前已述及，$\frac{\mathrm{d}W}{\mathrm{d}t}\approx 0$，所以，式(9.1.30)变为

$$E_p=q$$

即

$$\frac{D_0}{D+D_0}E_0=\frac{\phi\,\eta}{\phi+\eta}(M-N) \tag{9.1.31}$$

从理论上精确求解式(9.1.31)是困难的，但可以通过一些试验方法等求得其近似解。由

植物散发的物理过程可知，M 不仅与 E_p 有关，而且与 ϕ，η，N 等有关，而 ϕ 和 N 又是土壤含水量和土壤特性的函数，η 则与植物生理特征有关。因此，由式(9.1.31)可以推知，$D_0/(D+D_0)$应是土壤含水量和植物生理特性的函数。这样，式(9.1.28)便可简化为：

$$E_p = \varepsilon\varphi(\theta)E_0 \tag{9.1.32}$$

式中，ε 为反映植物生理特性对散发影响的系数，$\varphi(\theta)$为土壤含水量函数，其余符号的意义同述。

式(9.1.32)的具体表达式一般可通过实测资料来确定，一般采用如下计算公式：

$$E_p = \begin{cases} \varepsilon b\theta E_0, 0 < \theta < \theta_k \\ \varepsilon E_0, \theta \geqslant \theta_k \end{cases} \tag{9.1.33}$$

式中，θ_k 为某一临界土壤含水量，b 为 $E_p/\varepsilon E_0$ 与 θ 关系曲线中斜线部分的斜率，其余符号的意义同前。

式(9.1.33)即为根据试验得到的式(9.1.32)的一个具体表达式。

研究表明，式(9.1.33)中 b 值不仅与土壤和植物的种类有关，而且与土层厚度有关，对不同的土层厚度，b 值显然是有所区别的，不仅如此，临界土壤含水量 θ_k 也是随土层厚度而变化的。

§9.2　陆面蒸发量计算

上述计算方法是针对蒸散发微观物理过程而言的，在实际水文计算中真正需要获得的是计算区域面上大范围的土壤蒸发量。这就需要把点上观测资料或计算方法进行大尺度转换，这同样是水文学中的一个巨大难题。通常采用经验公式进行计算，这些经验公式中有一些具有相当好的物理基础(谭冠日等，1985)。

有关蒸散的计算，一直以来都是水科学研究中的巨大难题。因此，在长期研究和实际应用中人们提出了许多计算方法，但归纳起来不外乎涉及蒸散力的计算方法和实际蒸散的计算方法两个问题，所使用的手段大多为水热平衡联系的方法。

9.2.1　Penman 方法

Penman 用热量平衡和空气动力学的方法解析得出了自由水面蒸散力的计算公式，此公式有比较深厚的数理基础：

$$E_p = \frac{\gamma e_a + R_0\varDelta}{\gamma + \varDelta} \tag{9.2.1}$$

式中，E_p 为自由水面的月平均日蒸散潜力(mm/d)；γ 为干湿球温度表的湿度常数(hPa/℃)；$\varDelta$为在平均湿球温度 t(℃)时的饱和水蒸气压曲线的梯度(hPa/℃)；R_0 为有效辐射量(mm/d)；e_a 为理论的水面蒸发量条件下的参数，即风速和饱和差的函数。

Penman 将式(9.2.1)中的各个参数，采用以下公式进行估算。

$$R_0 = (1-\alpha)R_a\left(0.18 + 0.55\frac{n}{N}\right) - \sigma T^4\left(0.56 - 0.092\sqrt{e_d}\right)\left(0.10 + 0.90\frac{n}{N}\right) \tag{9.2.2}$$

$$e_a = 0.175\left(1.0+1.07V_2\right)\left(e_s - e_d\right) \tag{9.2.3}$$

式中，γ 取 0.000 65Pa(hPa/℃)，α为水面反射率，取值 0.55；R_a为无大气时最大可能辐射量(mm/d)；n/N为日照率，即实照时间与可照时间的比值；σ 为斯蒂芬-玻而兹曼系数，取值为 2.01525×10^{-9}mm/(K)^4；T为绝对温标(K)；e_d为离地表 2 m 高度处百叶箱内的实际水汽压；e_s 为对应于日平均气温的饱和水汽压力(mmHg)。(e_s-e_d)为测定高度(百叶箱)下的饱和差；V_2为林内 2 米高风速(m/s)。

前面的公式只是基于器皿观测为基础的水面蒸发能力计算公式，仍然没有解决人们最关心的陆面蒸发问题。目前在水文气象陆面蒸发量计算中比较广泛的是根据彭曼水面蒸发量计算公式折算而得到的公式，表达式为：

$$E_0 = f\cdot E_w = f\cdot\frac{\Delta R_n + rE_a}{\Delta + r} \tag{9.2.4}$$

式中，E_w为水面蒸发量(mm/d)，f为随季节而异的由水面蒸散转换为土壤蒸散的经验系数，其他变量的物理意义与前面公式相同。

Penman 对其公式中的各个参数的计算方法并不适合于陆面，特别是在森林生态系统内的差异可能更大，于是，对 Penman 式(9.2.1)中的参数之计算方法结合森林观测资料进行改进以后，得到了适合于森林地的 Penman 式中参数。

在 γ 取 0.000 61Pa(hPa/℃)时，有

$$R_0 = \left(1-\alpha\right)R_a\left(0.20+0.64\frac{n}{N}\right) - \sigma T^4\left(0.66-0.092\sqrt{e_d}\right)\left(0.10+0.90\frac{n}{N}\right) \tag{9.2.5}$$

$$e_a = 0.27\left(1.0+0.009V_2\right)\left(e_s - e_d\right) \tag{9.2.6}$$

式中，α为反射率，在不同季节和林分取值不同，α=0.15(4 ~ 5 月)，0.20(6 ~ 8 月)，0.25(9 ~ 10 月)；R_a为假定在无大气条件下的最大可能辐射量。

应用如下方法计算 R_a的值：

$$R_a = 7.769\,5\frac{S^*}{\rho^2}\left(\omega_0\sin\beta\sin\delta + \cos\delta\cos\beta\sin\omega_0\right)(\text{mm/d}) \tag{9.2.7}$$

式中，S^*为太阳常数，取值 8.164J/(cm^2·min)；ω_0为中午到日落或日出的时间长短，它通过日落或日出到中午的时角大小(弧度)来表示；β 表示当地的地理纬度(弧度)；δ 表示太阳赤纬(纬度)，可以在天文年历中查出；ρ 为以日地平均距离的分数所表示的日地距离，其大小围绕着 1 变化。

由于林内的风速很小，可以近似地有：

$$e_a \approx 0.27(e_s - e_d) \tag{9.2.8}$$

平均气温在 0℃以下时：

$$e_s = \exp\left[1.52+6\,130\left(\frac{1}{273.2}-\frac{1}{T}\right)\right] \tag{9.2.9}$$

$$\varDelta = \frac{6\,130e_s}{1.8T^2} \tag{9.2.10}$$

平均气温在 0℃以上时，按下述公式计算：

$$e_s = \exp\left[1.52 + 5\,430\left(\frac{1}{273.2} - \frac{1}{T}\right)\right] \tag{9.2.11}$$

$$\varDelta = \frac{5\,430 e_s}{1.8T^2} \tag{9.2.12}$$

以上公式中的符号意义与 Penman 式的意义相一致。

9.2.2　Thornthwaite 方法

此方法实际上是一个完全的经验式以随纬度或季节变化的日夜长短或气温资料来推求月平均蒸散，但实际上为蒸散潜力，其公式如下：

$$E_p = 0.533 D_0 \left(\frac{10 t_j}{J}\right)^a \tag{9.2.13}$$

式中，E_p为月平均日蒸散量(mm/d)；D_0为每月的日平均可照时间与 12h 的比值；t为月平均气温(℃)；j为表征月份的下标(j=1，2，…，12)；

$$a = 6.75\times10^{-7} J^3 - 7.71\times10^{-5} J^2 + 1.79\times10^{-2} J + 0.49$$

$$J = \sum_{j=1}^{12} \left(\frac{t_j}{5}\right)^{1514}$$

对 Thornthwaite 公式改进以后，得到如下推算公式：

$$E_p = 0.140 D_0^2 q_t \tag{9.2.14}$$

式中，E_p为月平均日蒸散量(mm/d)；q_t为日平均气温下的饱和绝对湿度(g/m^3)。

9.2.3　高桥公式及其修正

高桥公式是具有一定物理基础，适合于世界各地普通流域的计算月蒸发力的半经验半理论公式，同一般的蒸发计算模型一样，先根据大气中的年能量和水量平衡原理进行积分，然后根据实际观测资料确定经验系数。他利用世界各地实测资料进行了验证，表明计算精度比较好，在非极端情况的湿润、半湿润、半干旱地区使用情况良好。其公式为：

$$E_0 = \frac{31\exp\left(\dfrac{17.2T}{235+T}\right)}{1 + 0.01P\exp\left(-\dfrac{17.2T}{235+T}\right)} \tag{9.2.15}$$

式中，T和P分别为流域月平均温度和月平均雨量。上式仅用月平均降水量和月平均气温作为输入，简便易行，在世界各地得到广泛应用。

为将其应用于我国西北内陆干旱区的黑河山区流域，陈仁升将山区月平均降水量和月平均气温作为自变量，同期月平均蒸发力(E601)作为因变量，进行模拟，得到高桥公式的修正形式：

$$E_0=\frac{104.1\exp(\frac{3.545T}{47.281+T})}{1+0.009\,558P\exp(-\frac{3.545T}{47.281+T})} \tag{9.2.16}$$

式中，各量的物理意义同前(陈仁升，2002)。

9.2.4 布德科水热平衡公式

自从 1948 年布德科提出用水热平衡途径计算陆面蒸发量以来，该公式在世界各地得到了广泛应用，它是由史伯来水量平衡经验公式

$$E=r(1-e^{-\frac{E_0}{r}}) \tag{9.2.17}$$

和奥列捷科普水量平衡经验公式

$$E=E_0\text{th}(\frac{r}{E_0}) \tag{9.2.18}$$

的几何平均，并且在研究中考虑到，当地面充分湿润时，蒸发力决定于地面净辐射 R 所能供给蒸发的能量，以 L 表示蒸发潜热，$R/L=E_0$，把热量平衡的概念引入以上两个公式以后，进行几何平均，则得到

$$E=\sqrt{r(1-e^{-\frac{R}{Lr}})\frac{R}{L}\text{th}\frac{Lr}{R}}=\sqrt{\frac{Rr}{L}\text{th}\frac{Lr}{R}(1-\text{ch}\frac{R}{Lr}+\text{sh}\frac{R}{Lr})} \tag{9.2.19}$$

式中 th 是双曲正切函数。他本人认为用该公式计算的陆面蒸发量比史伯来方法的计算结果大，比奥列捷科普方法计算结果小，更接近于实际情况。研究结果表明并非如此，布德科计算结果总是介于史伯来和奥列捷科普的计算结果之间，但就结果大小和误差变化来说，并不是布德科方法最好。

9.2.5 特尔克和妥克经验公式

目前世界各地有许多计算陆面蒸发量的模式，其中特尔克在湿润、半湿润地区使用效果较好，它用世界各地 230 个流域的水量平衡资料，用降水和蒸发力拟合陆面全年蒸发量，其经验公式为

$$E=\frac{r}{\sqrt{A+(\frac{r}{E_0})^2}} \tag{9.2.20}$$

$$E_0=300+25t_a+0.05t_a^3 \tag{9.2.21}$$

这个公式的使用条件是 $r>0.316E_0$，否则会出现实际蒸发量大于降水量的不合理现象，在极端干旱的内陆河地区使用必须进行修正。

妥克利用世界各地 254 个流域多年水量平衡资料，拟合得出与特尔克公式类似的陆面年蒸发量公式，A 取 0.9，而分母指数则为 n 和 $1/n$，公式形式为：

$$E = \frac{r}{\left[0.9 + \left(\frac{r}{E_0}\right)^n\right]^{1/n}} \tag{9.2.22}$$

式中，E 为年实际蒸散量(mm)；P 为年降水量(mm)；E_0 为土壤水分饱和的最大年蒸散量，即为蒸散力(mm)，其值 $E_0=300+25T+0.05T^2$；T 为年平均气温(℃)；n 为常数。

9.2.6　巴格罗夫-刘振兴下垫面参数陆面蒸发公式

巴格罗夫认为大多数蒸发计算公式存在缺陷，主要是完全没有考虑下垫面的特性或自然景观对蒸散的影响，因此在有些情况下会造成严重的错误，为了弥补这个缺陷，巴格罗夫引入了一个表征下垫面特性的参数 n，并假定蒸散随降水的改变率 $\partial E/\partial R$ 与蒸散力 E_0 具有下列关系：

$$\frac{\partial E}{\partial R} = 1 - \left(\frac{E}{E_0}\right)^n$$

同时适当考虑下垫面对土壤蒸发的影响，在某些特定的 n 值下用隐式积分的形式对上式积分，得

$$r = \int_0^E \frac{dE}{1-(\frac{E}{E_0})^n}$$

后来又将巴格罗夫的基本假定修改，并假定 $m=(n+1)/n$，得

$$\frac{\partial E}{\partial R} = \left[1 - \left(\frac{E}{E_0}\right)^n\right]^m$$

这种积分计算比较困难，刘振兴将巴格罗夫的假定形式修改为：

$$\frac{\partial E}{\partial R} = 1 - \left(\frac{E}{E_0}\right)^{1/n}$$

推导出计算公式

$$E = E_0\left[1 - \left(1 - \frac{1}{n}\right)\left(\frac{1}{1-\frac{1}{n}} - \frac{r}{E_0}\right)^{\frac{1}{1-\frac{1}{n}}}\right] \tag{9.2.23}$$

n 是下垫面参数，在自然界一般 $n>1$，n 的确定比较困难，随地理位置的不同而存在很大差异，从 0.5 ~ 2.4 大幅变化。

9.2.7　傅抱朴水热平衡公式

傅抱朴于 1981 年从物理概念出发，确定出与天然蒸发有关的因子：在一定地区和一定

水面蒸发能力条件下，土壤蒸发量随降水量的变化率是剩余蒸发能力(E_0-E)和降水量的函数，在降水量一定的条件下，土壤蒸发量随蒸发能力的变化率是剩余水量($r-E$)和蒸发能力的函数，由此推导出土壤蒸发量公式

$$E = r\{1 + \frac{E_0}{r} - [1 + (\frac{E_0}{r})^m]^{\frac{1}{m}}\} \tag{9.2.24}$$

$$E = E_0\{1 + \frac{r}{E_0} - [1 + (\frac{r}{E_0})^m]^{\frac{1}{m}}\} \tag{9.2.25}$$

该公式在极端干旱条件下，降水趋近于零，由式(9.2.24)得出 $E=r$，由式(9.2.25)得出 $E=0$，其蒸发过程表现为，有多少降水蒸发多少，并且降水接近与零，实际蒸发也等于零，符合水热平衡原理；在极端湿润条件下，降水趋近于无穷大，由式(9.2.24)得出 $E=0$，由式(9.2.25)得出 $E=E_0$，其蒸发表现为水汽凝结与蒸发平衡，实际蒸发量等于零，或者土壤水分充足等同于水面，陆面蒸发量等于水面蒸发能力，同样符合水热平衡原理。这个公式具有严格明确的物理意义，而且在许多地区应用后证明误差较小，有普遍的应用价值。m 是地形参数，同其他公式中的地形参数一样确定比较困难。

9.2.8 崔启武公式

崔启武认为，陆面蒸发依赖于水源和热源两个条件。对于常定的水量，热量是蒸发的制约因素；而对于常定的热量，水量又是蒸发的制约因素。如果设可用于蒸发的水量以降水量(r)表示，所获得的可用于蒸发的热量以辐射差额(R)表示，则从水分和热量的交换过程及其对蒸发的影响来说，可以假定：

$$\frac{\partial E}{\partial r} = \left(1 - \frac{LE}{R}\right)\frac{E}{r}$$

$$\frac{\partial LE}{\partial R} = \left(1 - \frac{E}{r}\right)\frac{LE}{R}$$

通过一系列的近似处理与变形，得到了如下的崔启武公式：

$$E = \frac{Rr}{R + A + Lr} \tag{9.2.26}$$

公式(9.2.26)中的 A 为与 R 和 r 无关的一个参数。

参考文献

朱岗崑.自然蒸发的理论及应用.北京：气象出版社，2000
M.H.布德科.自然条件下的蒸发.北京：科学出版社，1958
裴步祥.蒸发和蒸散的测定和计算.北京：气象出版社，1989
谢贤群，左大康，唐登银.农田蒸发测定与计算.北京：气象出版社，1991
赵鸣，苗曼倩.大气边界层.北京：气象出版社，1992
Roland B.Stull.边界层气象学导论.北京：气象出版社，1991
周广胜,张新时.自然植被的净第一性生产力模型初探.植物生态学报,1995a.17:1～8
周广胜，邢雪荣，王辉民.植被在全球气候变化中的作用.植物学通报，1995b，12：190～194
周广胜，张新时，植物对于气候的反馈作用.植物学报，1996，38(1)：1～7
江学顶，黄锦灿，郭泺，等. 生态边界层水热交换模型及模拟研究进展. 中山大学学报(自然科学版)，2005，44(增刊):322～326
刘树华，刘和平，洪钟祥等. 我国草原下垫面低层大气湍流结构.大气科学，1996，Vol，20(3):378～383
王汉杰. 农林复合生态系统与低层大气间的通量研究.应用生态学报，1999，10(5):534～538
刘绍民，孙中平，李小文，等.蒸散量测定与估算方法的对比研究.自然资源学报，2003，18(2):161～167
蒋维楣，等. 边界层气象学基础. 南京：南京大学出版社，1994
Д.Л.来赫特曼(苏).大气边界层物理.北京：科学出版社，1982
黄洪峰.土壤·植物·大气相互作用原理及模拟研究.北京：气象出版社，1997
邹上进，刘长盛，刘文保.大气物理基础.北京：科学出版社，1982
陈仁升，康尔泗，杨建平等.黑河山区流域月蒸发力计算模型.水文，2002，22(6)：5～10
谭冠日，严济远，朱瑞达.应用气候.上海：上海科学技术出版社，1985
杜建飞，2004.我国东部地区地面净辐射的卫星遥感研究：[硕士论文]. 南京：南京气象学院
赵玲，2003.植被对气候响应的初步数值试验：[硕士论文]. 南京：南京气象学院
左志燕，2004.行星边界层参数化对我国夏季降水的影响及其成因分析：[硕士论文]. 南京：南京气象学院

第四篇 土壤水热运动物理过程

土壤水运动是自然界循环的重要分支。当土壤孔隙全部被水充满时，称为饱和土壤水。存在于地面以下的饱和土壤水一般称为地下水。当土壤孔隙未被水充满时，称为非饱和土壤水，也就是一般意义上的土壤水。如何定量的研究土壤水分、热量传输和运移规律，是土壤水热运动物理过程的主要研究内容，对现代水文学、地下水动力学、土壤物理学等学科的发展有着重要的意义。

土壤水运动研究在过去广泛采用毛管理论，该理论假设非饱和土壤水分是在均一或孔径不同的毛管中运动，认为土壤毛管水分到达的前缘存在一个毛管负压水头值，这是土壤下渗的基本动力之一，通常无法用简单实用的方法获得地下水面与毛管水前缘之间各点水分压力的差异值。故这种理论一般只能解决边界条件较简单的一维水分流动问题，不能分析土壤剖面上各点含水率和水头变化。土壤水毛管理论是对土壤结构的基本认识基础上，参照流体在管网中的流动来建立物理关系，在理论上并不存在根本错误，而是与此相适应的许多重要物理参数根本无法测量和获取，对于水文物理过程模拟而言，无法满足日趋精细的需要，所以被土壤水势能理论逐渐取代。

土壤水运动的势能理论认为，土壤水是在各种势能的作用下运动的。水在土壤孔隙中运动十分缓慢，所以其动能可忽略不计，故土壤水势能成为决定土壤水分运动状态的主要能量形式。土壤中各点的土壤水势能之间存在一定的差异，使土壤水分在势能梯度作用下产生运动。因此，目前建立在土壤水分势能基础上的非饱和土壤水分运动理论得到了迅速发展。土壤水势能理论与毛管理论，其实是一个问题的两个方面，前者关注的是水分在土壤中流动的物理结构问题，而后者关注的则是水分在土壤中流的驱动能量问题，按照目前的观测条件，土壤水势的观测非常方便，并且可以大面积精细观测，能够很好的满足水文物理过程模拟的基本需要。

随着土壤水分运动研究的深入，热量传输所引起的温度变化对土壤水分运动影响越来越引起人们重视。在自然条件下，不同土壤日夜温差变化较大，而温度的变化直接影响土壤水的粘度和表面张力，而温度的剧烈变化也会引起土壤水的相变，从而影响土壤水分的转化和运移，最终影响土壤水汽的再分布。一些学者根据能量平衡和热传导理论，通过土壤水自由能来研究土壤水能量状态的变化，这种方法可以定量考虑温度对土壤水能量的影响，并在此基础上提出了水-汽-热藕合模型，该模型在研究土壤水转化和运移方面较为成功。当然，对于研究水分在单一的土壤介质中的流动过程来说，的确非常有效，然而对于复杂的水循环过程来说，土壤水运动必然要与大气、地表水和地下水运动相互联系，所以仍然无法满足水循环物理过程模拟的要求。

自然界的水分循环是由土壤、植物、大气构成的物理上统一的动态系统，所以水分在土壤-植物-大气中运动状况是相互联系的，在各种物理过程的相互作用下，水总是从高位能区向低位能区运动，且水势这个概念无论在土壤中或植物体中和大气中，都是普遍适用的，这就是著名的 SPAC 系统。类似于水分的传输机制，SPAC 系统中热能的传输机制基于温度势基础上，实际研究表明，采用这样动态连续系统研究土壤水热运动规律，对研究土壤水热运移规律更为有效(雷志栋等，1988；沈振荣等，1992)。

第十章　土壤水分运动基本理论

土壤水是作物生长的主要水分来源，土壤水中只有被作物生长吸收利用的部分是有效的，主要分布在根区土壤层内。水分在土壤中不停地下渗或蒸散发运动着，而且其转化很复杂，难以用具体的数学表达式来描述。但在特定的时间内和空间里，它处于一个相对稳定状态，可以通过近似方法以了解其运动规律。

§10.1　土壤含水量和土壤水势

10.1.1　土壤水形态

土壤水的形态是指土壤中水分存在的形态。水分进入土壤后，受到各种力的作用，如土粒表面的分子引力，土粒间毛管孔隙的毛管力和重力等。土壤中的这几种力是同时存在和共同作用的。但是，由于土壤中水分数量的变化以及各种吸力能量大小的不同，所以土壤中存在的水分类型和性质而有所不同。根据土壤水分存在的物理状态、可移动性，以及对植物的有效性，可将其分为固态水、气态水、化学结合水和结晶水、物理束缚水、毛管水、重力水等(秦耀东，2002)。通常根据所受的吸力的不同，土壤中的液态水一般分为以下四种基本类型。

吸湿水：单位体积的土壤是由大量土壤颗粒所组成的，具有很大的颗粒表面积，因而具有很强的吸附力，能将周围环境中的水汽分子吸附了自身的表面。土壤所具有的这种吸附空气中水汽分子的性能，叫土壤的吸湿性，由于吸湿性而吸附在土粒表面的水分称为吸湿水。吸湿水的含量多少与土粒周围环境的相对湿度有关，当土粒周围的水汽饱和时，土壤吸湿水量最大，此时相应的土壤含水率称为最大吸湿量或称吸湿系数。

吸湿水由于被牢固地吸附在土粒表面，厚度极小，因而具有固态水的性质，没有溶解养料物质的能力，不能自由移动，只能在 105 ~ 110℃高温条件下汽化散失。所以，不能被作物吸收利用，是无效水。

薄膜水：当土壤的吸湿水达到最大量后，在吸湿水外层所形成的一些膜状的液态水，称为薄膜水。薄膜水达到最大值时的土壤含水率称为最大分子持水量。薄膜水所受的吸力较吸湿水要小，其所受吸力范围为 6.25 ~ 31 个大气压。

薄膜水的性质与通常的液态水基本相似，它能够以湿润的方式，从水膜厚的土壤颗粒向水膜薄的颗粒缓慢移动，其移动速度一般为 0.2 ~ 0.4 mm/h。

薄膜水的含量同吸湿水一样，也与土壤质地和有机质含量有关。土壤质地含有机质多，薄膜水的含量就高，反之，就低。土壤溶液浓度愈大，渗透压愈高，薄膜水就愈少，故盐碱土中几乎没有薄膜水。

毛管水：土壤颗粒间的孔隙很细小，可视为毛管。毛管中水气界面为一个弯月面，水分在这个弯月面下承受着一种吸引力，即称为毛管力或称弯月面力。土壤中的毛管水就是依靠毛管的吸力而被保持在土壤孔隙中的水分。毛管水的性质和运动主要取决于毛管力的作用。所谓毛管力的作用就是指毛管壁与水分子间的吸持力与水的表面张力的共同作用。

天然条件下，地下水在毛管力的作用下将沿土壤中的细小孔隙上升，由此而保持在毛管孔隙中的水分称为毛管上升水。当地下水位埋藏很深时，毛管上升水远远不能到达表层土壤，此时降雨或灌溉后毛管力保持在上层土壤细小孔隙中的水分称为毛管悬着水。毛管悬着水量达到最大值时的土壤含水率称为田间持水量。毛管水的物理化学性质已具有一般自由水的特点，其所受的吸力为 0.08 ~ 6.25 大气压，比作物的吸水力(15 个大气压)要小，易被作物吸收利用。毛管水可借毛管力的作用进行多方向的移动，有溶解养分的能力，所以，能够不断供应作物所需要的水分和养料。

重力水：当土壤中的水分超过了土粒吸引力和毛管力的作用范围以后，多余的水分就会在重力的作用下，沿着土壤非毛管孔隙面下渗，这种受重力作用而下渗的水被称为重力水。这里，非毛管孔隙是指土壤孔隙足够大、毛管作用力十分微弱的土壤孔隙。当土壤中的孔隙全部为水所充满时，土壤的含水率称为饱和含水率或全蓄水量。

重力水具有一般液态水的性质，能被作物吸收利用，但由于受重力作用面下移，不易保持在土地上层，所以重力水不是供作物直接利用的理想水分，然而它是形成地下水的重要来源。

10.1.2 土壤含水量

自然界的土壤都是由很多大小不同的土粒，按不同的比例组合而成。按照颗粒的大小，可以把土壤颗粒分为砂土粒、壤土粒和黏土粒，各粒级在土壤中所占的相对比例或重量百分数不同，就叫做土壤的机械组成，也称土壤质地。土壤水便存在于这些土壤颗粒之间的土壤孔隙里，它是土壤的重要液相组成部分。土壤含水量也称为土壤湿度，定义为相对于土壤一定质量或容积中的水量分数或百分数(秦耀东，2002)。土壤含水量有多种表达方式，常用的有以下几种：

质量含水量 θ_m：质量含水量也称重量含水量，指水与干土粒的质量比或重量比，即：

$$\theta_m = \frac{m_w}{m_s} \tag{10.1.1}$$

干土一般指在 105℃烘箱中烘干的土壤(一般烘 6 ~ 8 h)，不是绝对干燥的土壤，因黏粒在 105℃温度下仍保持一定量的水。

容积含水量 θ_v：容积含水量指单位容积土壤中水所占的容积。用 cm^3/cm^3 或百分数表示

$$\theta_v = \frac{V_w}{V_t} \tag{10.1.2}$$

一般而言，砂质土壤饱和容积含水量在 30% ~ 50%之间，黏质土壤饱和含水量可达 60%，有的可能超过孔隙度，主要是湿润时膨胀的缘故。

饱和度 s：指土壤中水的容积和孔隙容积之比，即：

$$s = \frac{V_w}{V_f} = \frac{V_w}{V_w + V_a} \tag{10.1.3}$$

其中，V_a为土壤空气所占的体积。土壤达到完全饱和时，其所含水的容积在非膨胀性土壤中应是土壤孔隙容积完全被水占据，此时容积含水量与土壤孔隙度相等，饱和度为 1。

10.1.3　土壤水势

土壤水势是一种衡量土壤水能量的指标，国际土壤协会对土壤水势定义如下：可逆的和等温地从特定高度和大气压下的纯水水池转移极少量水到土壤中某一研究点，单位数量纯水所做的功。当在实际研究过程中，土壤水势是在土壤和水的平衡系统中，单位数量的水在恒温条件下，移动到参照状况的纯自由水体所能做的功。参照状况一般使用标准状态，即在大气压下，与土壤水具有相同温度的情况下(或某一特定温度下)，以及在某一固定高度的假想的纯自由水体(黄昌勇，2000；雷志栋等，1988)。根据影响土壤水势的各种因素，土壤水势分为基质势、压力势、溶质势、重力势等。

基质势(ϕ_m)：在非饱和的情况下，由于受土壤吸附力和毛管力的制约，此时土壤水自由能大大降低，其水势低于纯自由水参比标准的水势。假定纯水的势能为零，则土壤水势是负值，这种由吸附力和毛管力所产生的土壤水势称为基质势(ϕ_m)。土壤含水量愈低，基质势也就愈低，土壤颗粒吸附力起主导作用。反之，土壤含水量愈高，则基质势愈高，毛管力起主要作用。至土壤水完全饱和，基质势达最大值，与参比标准相等，即等于零。

压力势(ϕ_p)：压力势(ϕ_p)是由于压力场中压力差的存在而产生的土壤水势。在不饱和土壤中，由于通气孔隙的连通性，土壤内各点所受的压力可以认为与大气压相当，所以压力势为零。但在饱和的土壤中孔隙都充满水，并连续成水柱。在土表的土壤水与大气接触，仅受大气压力，压力势为零。而在土体内部的土壤水除承受大气压外，还要承受其上部水柱的静水压力，其压力势大于参考标准(一般取为标准大气压或当地大气压)为正值。在饱和土壤愈深层的土壤水，所受的压力愈高，正值愈大。此外有时被土壤水包围的孤立的气泡，它周围的水可产生一定的压力，称为气压势，一般情况下，大气中的压力变化较小，气压势可以忽略不计。

对于水分饱和的土壤，在水面以下深度为 h 处，体积为 V 的土壤水的压力势(ϕ_p)为：

$$\phi_p = \rho g h V \tag{10.1.4}$$

式中，ρ 为水的密度，g 为重力加速度。

溶质势(ϕ_s)：溶质势(ϕ_s)是指由土壤水中溶质影响而产生的土壤水势，也称渗透势，一般为负值。土壤水中溶解的溶质越多，溶质势愈低。虽然这一现象并不显著的影响土壤水分的整体流动，但在出现有膜或扩散障碍时，溶质势就能起到明显的作用。特别对植物吸水更为重要，因为根系表皮细胞可视作半透膜。溶质势的大小等于土壤溶液的渗透压，但符号相反。

重力势(ϕ_g)：重力势(ϕ_g)是指由重力场的存在而引起的土壤水势。所有土壤水都受重力作用，与参照标准高度相比，高于参照标准的土壤水，其重力势为正值。高度愈高则重力势的正值愈大，反之亦然。

参照标准高度的选取是不固定的，一般设在地表或地下水面。在参考平面上取定原点，选定垂直坐标轴 z 轴，土壤中坐标为 z，质量为 m 的土壤水分所具有的重力势(ϕ_g)为：

$$\phi_g = \pm mgz \tag{10.1.5}$$

当 z 坐标向上为正时，上式取正号；当 z 坐标向下为正时。上式取负号。也就是说，位于参考平面以上的各点的重力势为正值，而位于参考平面以下的各点的重力势为负值。

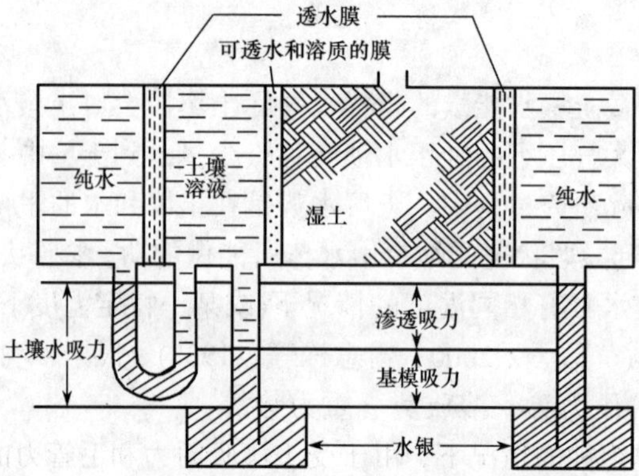

图 10.1　溶质势和土壤总水势之间的关系示意图

总水势(ϕ_t)：土壤水势是以上各分势之和，又称总水势(ϕ_t)，用数学表达为：

$$\phi_t = \phi_m + \phi_p + \phi_s + \phi_g \tag{10.1.6}$$

土壤溶质势、基质势和土壤总水势的关系如图 10.1 所示：假定系统处于平衡和恒温状态中，在达到平衡时从容器 *A* 中水银柱上升高度表示土壤总水势，是溶质势与基质势之和。纯水(图左)和土壤溶液(用压力计 *C* 测定)之间的压力差数表示溶质势。基质势是总水势和溶质势之差，由容器 *B* 中的水银柱上升高度来测定。

在不同的土壤含水状况下，决定土壤水势大小的分势不同：在土壤水饱和状态下，若不考虑半透膜的存在，则 ϕ_t 等于 ϕ_p 与 ϕ_g 之和；若在不饱和情况下，则 ϕ_t 等于 ϕ_m 与 ϕ_g 之和；在考察根系吸水时，一般可忽略 ϕ_g，因而根吸水表皮细胞存在半透膜性质，ϕ_t 等于 ϕ_m 与 ϕ_s 之和，若土壤含水量达饱和状态，则 ϕ_t 等于 ϕ_s。

在根据各分势计算 ϕ_t 时，必须分析土壤含水状况，且注意参比标准及各分势的正负符号。

10.1.4　土壤水分特征曲线

在 SPAC 系统水分传输、溶质运移等问题的定量研究中，都要涉及到非饱和土壤水动力参数的研究和测定，而要用机理模型模拟水或溶质在土壤中的物理运移过程，首先必须确定土壤的水力性质，土壤水分特征曲线以及土壤水力传导度等(雷志栋等，1988)。

土壤水吸力：土壤水吸力是土壤水能态的一种不严格的表示方法，并不是指土壤对水的吸力。一般将基质势 ϕ_m 和溶质势 ϕ_s 的相反数定义为吸力 *S*，分别称为基质吸力和溶质吸力。在不存在半透膜的情况下，ϕ_s=0，所以此时所说的吸力即基质吸力。当然这种理解在严格的物理意义上是不严密的。首先，基质吸力并不是力，它的量纲是单位数量能量的量纲。其次，土壤水运动绝不是在一个力的吸引下运动的，而是由土壤水势差值梯度产生的力来驱动的。

土壤水分特征曲线：土壤水的基质势或土壤水吸力随土壤含水率而变化，其关系曲线称为土壤水分特征曲线或土壤持水曲线。土壤水分特征曲线表示土壤水的能量和数量之间的关系，是研究土壤水分的保持和运动所用到的反映土壤水基本特性的曲线。如图 10.2 所示。

当土壤中的水分处于饱和状态时，含水率为饱和含水率 θ_s，而吸力 S 或基质势 ϕ_m 为零。若对土壤施加微小的吸力，土壤中尚无水排出，则含水率维持饱和值。当吸力增加至某一临界值 S_a 后，由于土壤中最大孔隙不能抗拒所施加的吸力而继续保持水分，于是土壤开始排水，相应地含水率开始减小，空气随之进入土壤中，故称该临界值 S_a 为进气吸力或进气值。土壤水分特征曲线斜率的倒数即单位基质势的变化引起的含水量变化，称为比水容量，并计为 C。C 值随土壤含水率 θ 或土壤水基质势 ϕ_m(土壤水吸力 S)而变化，故亦称为 $C(\theta)$或 $C(\phi_m)$。比水容量 C 也是分析土壤水分保持和运动的重要参数之一(图 10.2)。

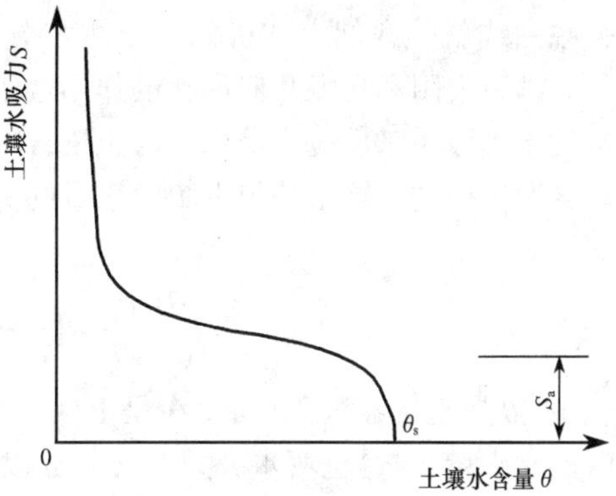

图 10.2　土壤水分特征曲线示意图

土壤水分特征曲线受多种因素的影响。主要与土壤的质地和土壤的结构有关，在基质力数值相对较低时，保持水量主要取决于毛细管作用和孔径分布，故主要受土壤结构的影响；而在高吸力范围内，吸附对保持水的作用逐渐增强，因而受结构的影响较小，而受质地的影响较大。对同一土壤水吸力，有机质含量高，土壤含水量增大。

温度对土壤水分特征曲线亦有影响。湿度升高时，水的黏滞性和表面张力下降，基质势相应增大。在低含水率时，这种影响表现更明显。据研究，在各含水量水平，温度(10～45℃)升高，土壤水势值均由小逐渐增大，存在明显的水势温度效应。由比水容量定义可知，温度增大比水容量减小，减小的幅度不大，不到 5%。

土壤水分特征曲线反应了土壤水的能量和数量之间的关系，在实际应用中也有重要的价值。首先，利用它进行土壤水吸力 S 和含水率 θ 之间的换算，根据事先测得的土壤水分特征曲线便可换算为土壤含水率。但在计算时要考虑土壤水分特征曲线的滞后作用，一般来说，在轻质土地区的低压范围内，滞后作用较为明显，而在重质地区，可以考虑不计。其次，土壤水分特征曲线可以间接地反映出土壤中孔隙大小的分布。若将土壤中的孔隙设想为各种孔径的圆形毛管，那么吸力 S 和毛管直径 d 的关系可简单地表示为：

$$S = 4\sigma / d \tag{10.1.7}$$

式中，σ为水的表面张力系数，室温条件下一般为 7.5×10^{-4} N/cm。若吸力 S 的单位为 Pa、孔隙直径 d 以 mm 计，则孔隙直径 d 和吸力 S 关系可表示为 d=300/S。

10.1.5　土壤水势与土壤含水量的关系

在饱和土壤中，对土壤水施以吸力，当其超过某一临界数值时。土壤的最大孔隙就开始排空。随着吸力进一步提高，更多相对大的孔隙不能抗拒所施吸力以保持水分，也逐渐被排空。不断提高吸力将使愈来愈小的孔隙排空，直到在高吸力时只有很狭小的孔隙保持有水。在这一过程中，土壤水吸力的提高也使吸附在土粒表面的水膜厚度减薄。所以当吸力增加时，土壤含水量就会降低。平衡时，土壤中保持水的数量是充水孔隙的大小和容积的函数，因而也是基质吸力的函数。当土壤的结构一定时，土壤含水量和基质吸力之间的关系曲线就是我们上述讲到的土壤水分特征曲线(张蔚榛等，1996)。

因为吸附和孔隙几何形状的作用过于复杂，所以到目前为止还没有满意的理论以从基本的土壤性质来反应土壤水势与土壤含水量的关系。在实际的分析计算中，可采用一些经验函数来描述土壤水势与土壤含水量的关系。目前使用较多并与实测资料吻合较好的是下面公式：

$$\frac{\theta-\theta_r}{\theta_s-\theta_r}=[\frac{1}{1+(\alpha s)^n}]^m,\quad m=1-\frac{1}{n} \tag{10.1.8}$$

式中，θ是土壤容积含水量，θ_s是土壤饱和时的容积含水量，θ_r是土壤剩余含水量，即$s\to\infty$时的含水量；s是土壤水吸力，α, n, m以及θ_s, θ_r均是与土壤物理性质有关的参数。这些参数可依据实测资料用非线性回归方法确定，也可先依据资料确定θ_s, θ_r，然后确定α, n。表10.1中列出几种土壤的$\theta_s, \theta_r, \alpha, n$值。

表 10.1　不同土壤 $\theta_s, \theta_r, \alpha, n$ 以及饱和导水率 K_s 值(张蔚榛和沈荣开，1996)

土壤质地	θ_s(cm³/ cm³)	θ_r(cm³/ cm³)	α(1/cm)	n	K_s(cm/d)
砂壤土	0.47	0.17	0.010	2.0	75.0
砂土	0.42	0.12	0.012	3.0	400.0
沙岩土	0.250	0.153	0.007 9	10.4	108.0
粉壤土	0.469	0.190	0.005 0	7.09	30.3
粉壤土	0.396	0.131	0.004 23	2.06	49.6
壤土(脱湿过程)	0.520	0.218	0.011 5	2.03	31.6
壤土(吸湿过程)	0.434	0.218	0.020 0	2.76	–
壤土	0.54	0.20	0.008	1.8	25.0
黏土	0.40	0.25	0.009	3.0	10.0

在土壤含水量的常见范围内，经常使用下面公式：

$$\phi=\phi_s(\frac{\theta}{\theta_s})^{-b} \tag{10.1.9}$$

式中，ϕ_s为饱和土壤水势，θ_s为饱和含水量，b是参数。

10.1.6　土壤水的能态

按物理学概念，土壤水含有不同形式的能：动能和势能。由于水在土壤中的运动十分缓慢，故动能一般可以忽略。因此，任两点土壤水势能之差，即土壤水势差，就成为水分在此两点之间运动的驱动力，并且从土壤水势高的地方向土壤水势低的地方运动(张蔚榛等，1996)。任一点的土壤水势可表示为：

$$\phi=\phi_g+\phi_p+\phi_m+\phi_T+\phi_s \tag{10.1.10}$$

式中，ϕ为总土壤水势；ϕ_g为重力势；ϕ_p为压力势；ϕ_m为基质势；ϕ_T为温度势；ϕ_s为溶质势。

在分析田间水分运动时，溶质势和温度势一般可以不考虑。对于饱和土壤水基质势ϕ_m=0，总土壤水势包括压力势和重力势，可写为

$$\phi = h \pm z \tag{10.1.11}$$

式中，h 为压力水头；z 为位置水头，正负号视 z 轴的方向而定。

对于非饱和土壤水，在不考虑气压势的情况下，总土壤水势由基质势和重力势组成为

$$\phi = \phi_m \pm z \tag{10.1.12}$$

§10.2　土壤水运动基本方程

土壤水的运动主要指液态的流动。在一定条件下，土壤水也可以汽态形式流动。液态水的流动可以在饱和状态下流动，也可以在非饱和状态下流动。在地下水埋藏很深的情况下，地下水不参与土壤水循环和平衡过程，且在大多数情况下土壤处于非饱和状态，特别是在旱作条件下，土壤水的运动则纯属非饱和流问题。

饱和流和非饱和流各具自身的特点。就水分流动的驱动力而言，饱和流为重力势梯度和压力势梯度；而非饱和流的驱动力为基质势梯度和重力势梯度。就导水率而言，饱和流的导水率为一常数，而非饱和流的导水率则是基质势和含水量的函数。尽管非饱和流和饱和流之间存在着差异，但就水流过程而言，它们都服从于达西定律。且土壤水运动的基本理论对土壤中水、汽、热运移规律的研究以及物理水文学中有关蒸发蒸腾过程中的能量转换及质量迁移的机理、地表覆盖物的温度效应及减少蒸发作用、土壤冻融作用等方面具有重要的理论和实践意义(张蔚榛等，1996；雷志栋等，1988；杨文治等，2000)。

10.2.1　达西定律

1856 年，法国工程师达西(Darcy)在饱和土体柱的渗流试验中得出饱和土壤水流的达西定律，结论是通过土壤的水流通量与水头梯度和导水率 K_s 成正比，其运动方向与水头梯度的方向一致。饱和土壤水流的达西定律可写为：

$$V = -K_s \times \frac{\Delta H}{L} \tag{10.2.1}$$

式中，V 为土壤水分通量(cm/d)，即单位时间内通过单位面积土壤的水量；K_s 为饱和导水率(cm/d)或渗透系数，即单位梯度下的通量或渗透速度，表示孔隙介质透水性能的综合比例系数；$\Delta H/L$ 为水头梯度，ΔH 为水头差，L 为两水头间的距离。

1931 年，理查兹(Richards)用实验证明，非饱和土壤水流仍符合达西定律，即非饱和土壤水流流速与土壤水势梯度成正比，并与孔隙通道的几何性质有关。非饱和土壤水流的达西定律可表示为：

$$V = -K(\theta)\nabla \phi \tag{10.2.2}$$

式中，$K(\theta)$为非饱和土壤导水率(cm/d)；θ 为土壤含水量；ϕ 为土壤水势(cm)，包括重力势和基质势之和；∇ 为向量算符，

$$\nabla = (i\frac{\partial}{\partial x} + j\frac{\partial}{\partial y} + k\frac{\partial}{\partial z}) \tag{10.2.3}$$

非饱和土壤水流和饱和土壤水流的达西定律主要区别是：在饱和土壤中总水势由重力势和压力势组成，在非饱和土壤中总水势由重力势和基质势组成；饱和导水率 K_s 与土壤含水量无关，非饱和导水率 $K(\theta)$却是土壤含水量的函数。干燥土壤的导水率最小，随着土壤含水量的增加而增加。当土壤含水量达到饱和时，导水率达最大，即为饱和导水率 K_s。

对于垂直一维非饱和土壤水流而言，达西定律可表示为：

$$V=-K(\theta)[\frac{\partial\phi_m}{\partial z}\pm 1] \tag{10.2.4}$$

在非饱和状态下，非饱和土壤水分的流动，有两种流动状态，即稳态流动和瞬态流动。在稳态流动情况下，非饱和土壤水分运动，符合达西定律。而在瞬态流动情况下，即如果流量随时间而变，则需要将达西定律与质量守恒的连续方程结合起来进行描述。非饱和土壤水流运动大多数情况下是非稳定流运动，即瞬态流动，因为含水量的每一时刻的变化都要涉及含水量-基质势-导水率关系的变化，故其通量必定也随之变化。这时水流通量、土壤含水率及与其对应的导水率都是随时间和空间变化的，故计算比较困难。

10.2.2　土壤水运动的连续性通用方程

为描述土壤水分运动，我们首先研究单元土体内土壤水分质量的变化。在土体中取微小六面体作为单元体，如图 10.3 所示。六面体的棱边长分别为 Δx，Δy，Δz，且和坐标轴平行；同时，各个方向的分速度分别为 v_x，v_y，v_z，水的密度为 ρ；则单元体中心土壤水分通量在三个方向的分量为 $q_x=\rho v_x$，$q_y=\rho v_y$，$q_z=\rho v_z$。下面分析 t 至 $t+\Delta t$ 时间内单元体的水体质量守恒问题。

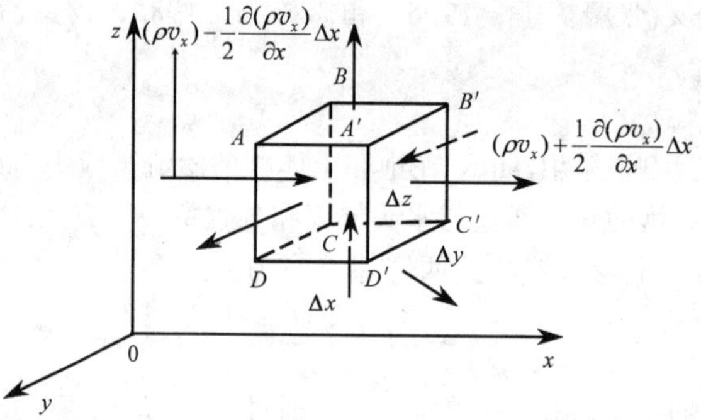

图 10.3　直角坐标系中的单元体

现取平行于坐标平面 y, z 的两个面 $ABCD$ 和 $A'B'C'D'$，该微小单元体的两个面距重心各为$(1/2)\Delta x$；两个平面的面积为$\Delta y\Delta z$。在 Δt 时间内，自此平面流入单元体的土壤水质量为

$$\rho v_x\Delta y\Delta z\Delta t-\frac{1}{2}\frac{\partial(\rho v_x)}{\partial x}\Delta x\Delta y\Delta z\Delta t \tag{10.2.5}$$

在Δt 时间内，自右边界面 $A'B'C'D'$流出的单元体的土壤水质量为：

$$\rho v_x\Delta y\Delta z\Delta t+\frac{1}{2}\frac{\partial(\rho v_x)}{\partial x}\Delta x\Delta y\Delta z\Delta t \tag{10.2.6}$$

式(10.2.5)减去式(10.2.6)得，Δt 时间内，经左边界面 $ABCD$ 流入微小单元体的水分质量与流出右边界面 $A'B'C'D'$的水分质量之差为：

$$\frac{-\partial(\rho v_x)}{\partial x}\Delta x\Delta y\Delta z\Delta t \tag{10.2.7}$$

同理，可以获取沿 y 轴和 z 轴方向流入和流出单元体的土壤水质量之差分别为：

$$\frac{-\partial(\rho v_y)}{\partial x}\Delta x\Delta y\Delta z\Delta t \tag{10.2.8}$$

$$\frac{-\partial(\rho v_z)}{\partial x}\Delta x\Delta y\Delta z\Delta t \tag{10.2.9}$$

所以，Δt 时间单元体内总的水分质量变化为：

$$-[\frac{\partial(\rho v_x)}{\partial x}+\frac{\partial(\rho v_y)}{\partial y}+\frac{\partial(\rho v_z)}{\partial z}]\Delta z\Delta x\Delta y\Delta t \tag{10.2.10}$$

根据质量守恒原理，单位时间净流入量必然与单位时间单元体内含水量变化相等。单元体内水所占的体积为 $\theta\Delta x\Delta y\Delta z$，其中为土壤体积含水量，相应单元体内水的质量为 $\rho\theta\Delta x\Delta y\Delta z$。那么，在 Δt 时间内单元体土壤水质量为

$$\frac{\partial(\rho\theta)}{\partial t}\Delta x\Delta y\Delta z\Delta t$$

根据连续性原理，在 Δt 时间内单元体土壤水质量的变化量等于净流入单元体内的水量，则有

$$\frac{\partial(\rho\theta)}{\partial t}\Delta x\Delta y\Delta z\Delta t=-[\frac{\partial(\rho v_x)}{\partial x}+\frac{\partial(\rho v_y)}{\partial y}+\frac{\partial(\rho v_z)}{\partial z}]\Delta z\Delta x\Delta y\Delta t \tag{10.2.11}$$

则有

$$\frac{\partial(\rho\theta)}{\partial t}=-[\frac{\partial(\rho v_x)}{\partial x}+\frac{\partial(\rho v_y)}{\partial y}+\frac{\partial(\rho v_z)}{\partial z}]$$

或表示成

$$\frac{\partial(\rho\theta)}{\partial t}=-\nabla\cdot(\rho\vec{v}) \tag{10.2.12}$$

式中，$-\nabla\cdot(\rho\vec{v})$ 可记为 div($\rho\vec{v}$)，称为($\rho\vec{v}$)的散度。

式(10.2.11)中的右端计算比较困难，具体计算时为了简化计算，假设只有在垂直方向可以压缩。因此，在土壤水研究中，一般我们更加关注垂直方向的变化，下面仅考虑垂直方向的压缩来研究式(10.2.11)右端的实质。当含水层的侧向受到限制，可假设 $\Delta x\Delta y$ 为常量，于是只有水的密度(ρ)、含水率(θ)和单元体高度 Δz 三个量随压力而变化，

$$\frac{\partial}{\partial t}[\rho\theta\Delta x\Delta y\Delta z]=[\theta\rho\frac{\partial(\Delta z)}{\Delta t}+\rho\Delta z\frac{\partial\theta}{\partial t}+\theta\Delta z\frac{\partial\rho}{\partial t}]\Delta x\Delta y \tag{10.2.13}$$

式(10.2.13)右端三项分别代表单元体骨架颗粒和孔隙体积以及流体的密度的改变速率，前两项可表示为颗粒之间的有效应力，第三项可表示为流体压力；就是说有效应力 σ' 作用于单元体，孔隙水压力 p 压缩水体。

现把单元体当成弹性体而考虑压缩性如下：在多孔介质的压缩过程中，可以认为固体颗粒体积的压缩可以忽略，即$(1-\theta)V_b$=常数。故有

$$\mathrm{d}[(1-\theta)V_b]=\mathrm{d}V_b-\theta\,\mathrm{d}V_b-V_b\,\mathrm{d}\theta=0 \tag{10.2.14}$$

若含水层侧向受限制，只有垂直方向上压缩，即只有单元体垂直方向上长度 Δz 的变化，

有

$$\frac{\mathrm{d}V_b}{V_b}=\frac{\mathrm{d}(\Delta z)}{\Delta z}=\frac{\mathrm{d}\theta}{1-\theta}$$

又多孔介质压缩系数 $\alpha=-\frac{1}{V_b}\cdot\frac{\mathrm{d}V_b}{\mathrm{d}p}$，并考虑到有效应力 $\mathrm{d}\sigma'$的变化和水压强 $\mathrm{d}p$ 的变化大小相等，方向相反，即互为消涨的两个分量，故有

$$\frac{\mathrm{d}(\Delta z)}{\Delta z}=\frac{\mathrm{d}\theta}{1-\theta}=-\alpha d\sigma'=\alpha\,\mathrm{d}p$$

所以有

$$\mathrm{d}(\Delta z)=\Delta z\cdot\alpha\,\mathrm{d}p \tag{10.2.15}$$

$$\mathrm{d}\theta=(1-\theta)\alpha\,\mathrm{d}p \tag{10.2.16}$$

第三项 $\mathrm{d}\rho$ 表示孔隙水的密度的变化，同样可引用水的压缩系数 β 来表示。水的压缩系数为

$$\beta=\frac{1}{\rho}\cdot\frac{\mathrm{d}\rho}{\mathrm{d}p}$$

因此，有

$$\mathrm{d}\rho=\rho\cdot\beta\cdot\mathrm{d}p \tag{10.2.17}$$

将式(10.2.15)、式(10.2.16)、式(10.2.17)代入式(10.2.13)得

$$\begin{aligned}\frac{\partial}{\partial t}(\rho\cdot\theta\cdot\Delta x\Delta y\Delta z)&=[\theta\cdot\rho\cdot\Delta z\cdot\alpha\cdot\frac{\partial p}{\partial t}+\rho\cdot\Delta z(1-\theta)\alpha\cdot\frac{\partial p}{\partial t}\\&+\theta\cdot\Delta z\cdot\rho\cdot\beta\cdot\frac{\partial p}{\partial t}]\Delta x\Delta y=\rho(\alpha+\theta\beta)\cdot\frac{\partial p}{\partial t}\cdot\Delta x\Delta y\Delta z\end{aligned} \tag{10.2.18}$$

于是连续性方程(10.2.11)可以表达为

$$-[\frac{\partial(\rho v_x)}{\partial x}+\frac{\partial(\rho v_y)}{\partial y}+\frac{\partial(\rho v_z)}{\partial z}]\Delta x\Delta y\Delta z=\rho(\alpha+\theta\beta)\cdot\frac{\partial p}{\partial t}\cdot\Delta x\Delta y\Delta z \tag{10.2.19}$$

因为水头 $H=z+\frac{p}{\gamma}=z+\frac{p}{\rho g}$，故有

$$p=\gamma(H-z)=\rho g(H-z)$$

$$\frac{\partial p}{\partial t}=\rho g\frac{\partial H}{\partial t}+Hg\frac{\partial\rho}{\partial t}-zg\frac{\partial\rho}{\partial t}=\rho g\frac{\partial H}{\partial t}+(H-z)g\frac{\partial\rho}{\partial t}$$

或

$$\frac{\partial p}{\partial t}=\rho g\frac{\partial H}{\partial t}+\frac{p}{\rho}\frac{\partial\rho}{\partial t}$$

将式(10.2.17)代入上式得

$$\frac{\partial p}{\partial t}=\frac{\rho g}{1-\beta p}\frac{\partial H}{\partial t}$$

因为水的压缩系数很小，$1-\beta p\approx 1$，所以

$$\frac{\partial p}{\partial t}=\rho g\frac{\partial H}{\partial t} \tag{10.2.20}$$

将式(10.2.20)代入式(10.2.19)，且展开式(10.2.19)的左端得

$$[-\rho(\frac{\partial v_x}{\partial x}+\frac{\partial v_y}{\partial y}+\frac{\partial v_z}{\partial z})-(v_x\frac{\partial \rho}{\partial x}+v_y\frac{\partial \rho}{\partial y}+v_z\frac{\partial \rho}{\partial z})]\Delta x\Delta y\Delta z=\rho^2 g(\alpha+\theta\beta)\frac{\partial H}{\partial t}\Delta x\Delta y\Delta z$$

上式中，左端后一项比前一项要小得多，可以略去，故上式变为

$$-\rho(\frac{\partial v_x}{\partial x}+\frac{\partial v_y}{\partial y}+\frac{\partial v_z}{\partial z})\Delta x\Delta y\Delta z=\rho^2 g(\alpha+\theta\beta)\frac{\partial H}{\partial t}\Delta x\Delta y\Delta z$$

消去相同变量得

$$\frac{\partial v_x}{\partial x}+\frac{\partial v_y}{\partial y}+\frac{\partial v_z}{\partial z}=\rho g(\alpha+\theta\beta)\frac{\partial H}{\partial t} \tag{10.2.21}$$

如果考虑多孔介质是不可压缩时，上式变为

$$\frac{\partial v_x}{\partial x}+\frac{\partial v_y}{\partial y}+\frac{\partial v_z}{\partial z}=0 \tag{10.2.22}$$

该式就是土壤孔隙不可压缩时的连续性方程，形式上与普通流体力学中水体充满研究空间的连续性方程完全一致，但物理意义上存在巨大差别，读者必须注意。同时，由于方程在推导过程中消去了相同的物理变量，所以只剩下 3 个方向的分速度的距离增量。但其物理意义仍然为：流入土壤单元体内的水的体积等于流出单元体的水的体积，即单元体内的水的质量守恒(苑连菊等，2001)。

10.2.3　非饱和土壤水分运动的基本方程

对于非饱和土壤水，若考虑土壤水和土壤孔隙不可压缩，即土壤水密度为常数，将式(10.2.12)代入式(10.2.2)得：

$$\frac{\partial \theta}{\partial t}=\nabla[K(\theta)\nabla\,\phi] \tag{10.2.23}$$

令土壤为均质各向同性，则有 $K_x(\theta)=K_y(\theta)=K_z(\theta)=K(\theta)$。前面已经讲到，非饱和土壤水流的驱动势为重力势和基质势，所以有 $\phi=\phi_m\pm z$，则上式展开后的非饱和土壤水分运动的基本微分方程式为

$$\frac{\partial \theta}{\partial t}=\frac{\partial}{\partial x}[K(\theta)\frac{\partial \phi_m}{\partial x}]+\frac{\partial}{\partial y}[K(\theta)\frac{\partial \phi_m}{\partial y}]+\frac{\partial}{\partial z}[K(\theta)\frac{\partial \phi_m}{\partial z}]\pm\frac{\partial K(\theta)}{\partial z} \tag{10.2.24}$$

若以含水量 θ为因变量，土壤水分运动基本方程可用下式表示：

$$\frac{\partial \theta}{\partial t}=\frac{\partial}{\partial x}[D(\theta)\frac{\partial \theta}{\partial x}]+\frac{\partial}{\partial y}[D(\theta)\frac{\partial \theta}{\partial y}]+\frac{\partial}{\partial z}[D(\theta)\frac{\partial \theta}{\partial z}]\pm\frac{\partial K(\theta)}{\partial z} \tag{10.2.25}$$

式中，$D(\theta)$为非饱和土壤水的扩散率(cm/d^2)，为导水率 $K(\theta)$和比水容量 $C(\theta)$的比值，即 $D(\theta)=K(\theta)/\ C(\theta)=K(\theta)/[d(\theta)/d(\phi_m)]$。

对式(10.2.22)也可以这样理解，对饱和土壤来说，土壤孔隙已为水充满，其含水率不再随时间变化，所以，$\partial\theta/\partial t=0$，由式(10.2.11)也可以得到式(10.2.22)；通过式(10.2.23)则可以得到

$$\nabla^2\psi=0$$

其中，∇^2为拉普拉斯算子，表示为

$$\nabla^2=\frac{\partial^2}{\partial x^2}+\frac{\partial^2}{\partial y^2}+\frac{\partial^2}{\partial z^2}$$

对于均质土壤、垂直一维下渗和蒸发的非饱和土壤水情形，可写为以土壤含水率为因变量的方程：

$$\frac{\partial\theta}{\partial t}=\frac{\partial}{\partial z}[D(\theta)\frac{\partial\theta}{\partial z}]\pm\frac{\partial K(\theta)}{\partial z} \tag{10.2.26}$$

式(10.2.26)是下渗水流和土壤蒸散发应当遵循的偏微分方程，也称为 Richards 方程的含水量形式，又称θ方程，也称扩散型方程

令$\dfrac{\partial\theta}{\partial t}=\dfrac{\partial\theta}{\partial h}\dfrac{\partial h}{\partial t}=c(h)\dfrac{\partial h}{\partial t}$，则式(10.2.26)可写成：

$$c(h)\frac{\partial h}{\partial t}=\frac{\partial}{\partial z}[k(h)\frac{\partial h}{\partial z}]\pm\frac{\partial k(h)}{\partial z} \tag{10.2.27}$$

上式称为 Richards 方程的基质势形式，也称 h 方程。其中，$c(h)=\partial\theta/\partial h$，为比水容量(也称容水度)，表示单位基质势变时含水率的变化。

这里要注意到由于非饱和土壤导水率 $K(\theta)$是基质势 ϕ_m 或含水量 θ 的函数，故方程为一个二阶非线性偏微分方程，很难求得解析解，大量问题须用数值法求解。在解决实际问题时，土壤的空间变异性、地下水的存在和变化、根系吸水等增加了问题的复杂性，需要进行一些假定和概化，这就造成计算的可靠性降低。

10.2.4 柱坐标系中土壤水分运动的基本方程

建立柱坐标系，如图 10.4 所示。若以 z 轴为轴的柱坐标系，根据达西定律，在此坐标系中可表示为：

$$v_r=-K(\theta)\frac{\partial\phi}{\partial r}$$

$$v_\varphi=-\frac{1}{r}K(\theta)\frac{\partial\phi}{\partial\varphi}$$

$$v_z=-K(\theta)\frac{\partial\phi}{\partial z}$$

式中，r,φ,z 为分别表示柱半径，角坐标和垂直坐标；v_r,v_φ,v_z 为相应于 r,φ,z 三个方向的通量；ϕ 为总水势。

当土壤孔隙和水不可压缩时，Δt 时间内 r 方向的流入量为 $v_r r\Delta\varphi\Delta z\Delta t$，流出量为

$$(v_r+\frac{\partial v_r}{\partial r}\Delta r)(r+\Delta r)\Delta\varphi\Delta z\Delta t$$

忽略高阶无穷小量，则流入量与流出量之差为

$$-(v_r + r\frac{\partial v_r}{\partial r})\Delta r\Delta\varphi\Delta z\Delta t \tag{10.2.28}$$

同理，在 φ 方向流入量与流出量之差为

$$-\frac{\partial v_\varphi}{\partial \varphi}\Delta r\Delta\varphi\Delta z\Delta t \tag{10.2.29}$$

在 z 方向土壤水分流入量与流出量之差为

$$-\frac{\partial v_z}{\partial z}\Delta r\Delta\varphi\Delta z\Delta t \tag{10.2.30}$$

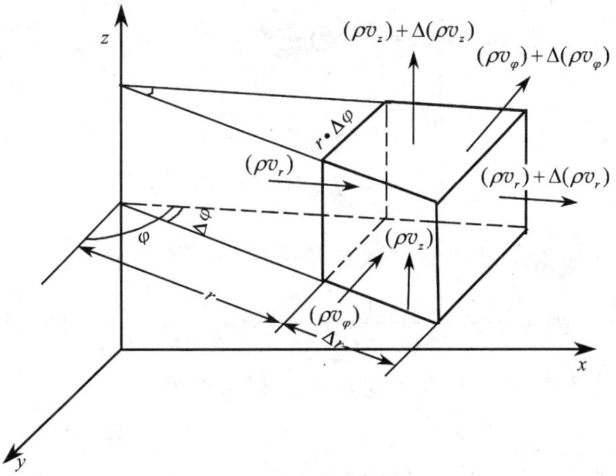

图 10.4　柱坐标系及其中的单元体

上述三个方向流入和流出单元体的水量差总计为

$$-(v_r + r\frac{\partial v_r}{\partial r} + \frac{\partial v_\varphi}{\partial \varphi} + \frac{\partial v_z}{\partial z})\Delta r\Delta\varphi\Delta z\Delta t \tag{10.2.31}$$

单元体体积为$(r+\Delta r/2)\Delta r\Delta\varphi\Delta z$，略去高阶无穷小量后为 $r\Delta r\Delta\varphi\Delta z$，在 Δt 时间内单元体内水分增量为

$$\frac{\partial \theta}{\partial t} r\Delta r\Delta\varphi\Delta z\Delta t \tag{10.2.32}$$

根据质量守恒定律，由式(10.2.31)和式(10.2.32)得

$$\frac{\partial \theta}{\partial t} = -(\frac{1}{r}v_r + \frac{\partial v_r}{\partial r} + \frac{1}{r}\frac{\partial v_\varphi}{\partial \varphi} + \frac{\partial v_z}{\partial z}) \tag{10.2.33}$$

又总水势 $\phi=\phi_m+z$，比水容量 $c=d\theta/d\phi_m$，并代入导水率 $K(\theta)$，扩散度 $D(\theta)$，式(10.2.33)变为

$$\frac{\partial \theta}{\partial t} = \frac{1}{r}\frac{\partial}{\partial r}[rD(\theta)\frac{\partial \theta}{\partial r}] + \frac{1}{r^2}\frac{\partial}{\partial \varphi}[D(\theta)\frac{\partial \theta}{\partial \varphi}] + \frac{\partial}{\partial z}[D(\theta)\frac{\partial \theta}{\partial z}] + \frac{\partial K(\theta)}{\partial z} \tag{10.2.34}$$

若土壤含水率 θ 在 z 方向上无变化，同时又具有轴对称的特点，则式(10.2.34)可简化为

$$\frac{\partial \theta}{\partial t} = \frac{1}{r}\frac{\partial}{\partial r}[rD(\theta)\frac{\partial \theta}{\partial r}] \tag{10.2.35}$$

同理可推得以 x 或 y 轴为轴的柱坐标系的基本方程：

$$\frac{\partial\theta}{\partial t}=\frac{1}{r}\frac{\partial}{\partial r}[rD(\theta)\frac{\partial\theta}{\partial r}]+\frac{1}{r^2}\frac{\partial}{\partial\varphi}[D(\theta)\frac{\partial\theta}{\partial\varphi}]+\cos\varphi\frac{\partial K(\theta)}{\partial r}-\frac{\sin\varphi}{r}\frac{\partial K(\theta)}{\partial\varphi}+\frac{\partial}{\partial x}[D(\theta)\frac{\partial\theta}{\partial x}] \quad (10.2.36)$$

以上就是柱坐标表示的土壤水运动方程。

10.2.5　球坐标系中土壤水分运动的基本方程

若以 r 为空间任意点的半径，φ 为经度，α为纬度球坐标系，达西定律在此坐标系中可表示为：

$$\begin{cases} q_r=-K(\theta)\dfrac{\partial\phi}{\partial r} \\ q_r=-\dfrac{1}{r\sin\alpha}K(\theta)\dfrac{\partial\phi}{\partial r} \\ q_r=-\dfrac{1}{r}K(\theta)\dfrac{\partial\phi}{\partial r} \end{cases} \quad (10.2.37)$$

利用上述方程和根据质量守恒定理推导出球坐标体系下的连续性方程，即

$$\frac{\partial\theta}{\partial t}=\frac{1}{r}\frac{\partial}{\partial r}[rK(\theta)\frac{\partial\phi}{\partial r}]+\frac{1}{(r\sin\alpha)^2}\frac{\partial}{\partial\varphi}[K(\theta)\frac{\partial\phi}{\partial\varphi}]+\frac{1}{r^2}\frac{\partial}{\partial\alpha}[K(\theta)\frac{\partial\phi}{\partial\alpha}] \quad (10.2.38)$$

把连续性方程代入前面土壤水运动基本方程，可得

$$\begin{aligned}\frac{\partial\theta}{\partial t}=&\frac{1}{r}\frac{\partial}{\partial r}[rD(\theta)\frac{\partial\theta}{\partial r}]+\frac{1}{(r\sin\alpha)^2}\frac{\partial}{\partial\varphi}[D(\theta)\frac{\partial\theta}{\partial\varphi}]+\frac{1}{r^2}\frac{\partial}{\partial\alpha}[D(\theta)\frac{\partial\theta}{\partial\alpha}]\\&+\cos\alpha\frac{\partial K(\theta)}{\partial r}-\frac{\sin\alpha}{r}\frac{\partial K(\theta)}{\partial\alpha}\end{aligned} \quad (10.2.39)$$

上式就是求坐标体系下的土壤水运动方程。

§10.3　土壤水分运动参数

非饱和土壤水分运移的特点是相对于饱和土壤水分运移而言的，尽管非饱和土壤水分与饱和土壤水分在运移方向和运移速度上都服从热力学第二定律，以及土壤的性质对两者都有一定的影响等方面具有共同之处，然而非饱和流与饱和流仍存在着一些明显的差别，也就是说非饱和土壤水分具有自己独特的运移规律，主要表现在三个方面，即非饱和水与饱和水运移的驱动力：由于饱和土壤的孔隙都被水充满，故其基质势为零，如果不考虑溶质势和温度势的影响，那么饱和土壤水具有两种势的作用，即压力势和重力势，而且这两种势的梯度为正，因此饱和土壤水分是在正势梯度作用下运移；非饱和土壤水受到负基质势、重力势的作用，往往负基质势起着主要作用，同时由于负基质势所形成的势梯度也为负，因此非饱和土壤水分的驱动力是负的势梯度。土壤导水率：饱和土壤与非饱和土壤水分运移的最重要差别之一就是土壤导水率。当土壤处于饱和状态时，土壤孔隙全部被水充满，土壤水分连续性最好，因此导水率最大。对于非饱和土壤而言，土壤孔隙一部分被水填充，另一部分被空气所占有，从而使土壤导水截面减小。同时，根据土壤基质势与孔隙半径的关系可知，随着土壤吸力的增大，土壤水占有的孔隙的半径愈小，而大孔隙相对排空而不导水，使土壤导水能力相应减小。因此，非饱和土壤导水率是土壤含水率或吸力的

函数，而饱和导水率在土壤结构和质地不变的情况下是一个定值。土壤孔隙导水能力：土壤处于饱和状态时，土壤水主要受重力势和压力势的作用，土壤中粗大孔隙无疑成为饱和水流的主要通道。因此，孔隙愈大，大孔隙比例愈大，土壤导水性愈好，反之亦然。当土壤处于非饱和状态时，土壤中的导水孔隙是随着土壤吸力的变化而变化的，随着吸力的增大，土壤导水主要通道由大孔隙向小孔隙转移。因此，在非饱和土壤状态下，不能简单认为具有较多大孔隙的沙土的导水率比具有较多小孔隙的黏性土的导水率高(张蔚榛等，1996)。

非饱和土壤水分运动参数不是一个常数，而是土壤含水率或基质势的函数。确定非饱和土壤水分运动参数，也就是寻找它与土壤含水率之间的函数关系。土壤水分运动参数主要包括导水率(也称水力传导度) $K(\theta)$、扩散率 $D(\theta)$和比水容量(也称容水度) $C(\theta)$。

10.3.1　土壤导水率

导水率 K 是单位势梯度($\nabla\phi=1$)时的水流通量。它是土壤含水率或土壤负压的函数。当土壤饱和时，所有的孔隙都充满水和都可以导水，故饱和土壤导水率 K_s最高。这时导水率的大小仅与土壤的质地和结构有关。表 10.1 中列出各类土壤的饱和导水率。

对于不同结构土壤，饱和与非饱和土壤导水性能的相对关系是不同的。饱和土壤导水性能最好的是粗粒砂性土壤，导水最差的土壤是细质黏土，但非饱和土壤在较大负压情况下则情况可能相反。具有大孔隙粗质土壤，在吸力作用下孔隙中水分很快排除，导水率迅速下降，而黏质细颗粒土壤，在较高吸力下，许多小孔隙仍充满水，仍具有一定的导水性能，因此，导水率下降较缓慢。故细颗粒黏质土壤在同一吸力条件下可能较大孔隙粗质土壤具有较高导水率。

所以，导水率与含水率(或负压)关系是较复杂的，目前还不能用理论分析方法推导它们之间关系式，需通过试验测定。下面来看一下非饱和导水率的实验确定方法。

通过实验方法直接测定土壤导水率的方法称为直接法。直接法包含众多的实验室和田间方法，如水头控制法、通量水头控制法、长柱入渗法、稳定蒸发法、三维入渗法、圆盘积水入渗法、瞬时剖面法、单位梯度法、出流法等，其中应用较广的方法有瞬时剖面法、稳定蒸发法、出流法。

瞬时剖面法：对非饱和垂直一维流动，当 z 坐标向上为正时，由达西定律可知：

$$V=-K(\theta)\frac{\partial(\psi_m+z)}{\partial z}=K(\theta)(\frac{\partial s}{\partial\theta}-1) \tag{10.3.1}$$

由此可得到：

$$K(\theta)=\frac{V}{\frac{\partial s}{\partial z}-1} \tag{10.3.2}$$

在室内进行均质土壤土柱上渗(水分自下向上运移)或下渗(水分在土壤中向下运移)试验时，测得不同时刻土壤剖面的含水量和吸力分布，通过计算即可求得非饱和导水率 $K(\theta)$。此法对扰动土和原状土均适用，可测定吸湿和脱湿过程，试验和计算都不复杂，但要求同时测定土壤水的吸力和含水量，测量精确度对所得结果有较大影响，因而准确度不高，稳定性差。

稳定蒸发法：稳定蒸发法的基本原理为：给一个初始平衡的土柱底部加以连续的水流，土柱上端不加盖，并造成表土蒸发条件，待上渗湿润锋到达土柱顶端，并经过较长时间的蒸发至稳定状态时，记下土柱不同点的水压头的变化，则：

$$K = \frac{E}{\frac{s_{i+1} - s_i}{\Delta z} - 1} \tag{10.3.3}$$

式中，E 为有马氏瓶补水量读数求得的蒸发强度，s 为吸力，由张力计测得，每相邻两个端面可计算一个 K 值。

土壤导水率经验模型的建立可以获得某些非饱和水流问题的近似数学解，从而可以简化数值解的计算要求、节约计算时间、提高准确性，它还提供了外延实测曲线的系统方法和确定土壤导水特征逆向方法的应用。由此可见，土壤导水率模型的建立不仅可以减少具体测定的时间和费用，还为土壤水分运动的定量化研究提供方便，与直接法相比，间接法最大的优势在于能获取整个土壤含水量范围内的水分特征曲线，并提供参数不确定性的消息，但在收敛和参数唯一性方面还存在许多问题。

10.3.2 土壤水分扩散度与容水度

土壤扩散度为单位含水率梯度下，通过单位面积的土壤水流量，其值为土壤含水率函数，即 $D(\theta) = k(\theta)\frac{\partial h}{\partial \theta}$。

扩散度与土壤含水率的关系如图 10.5 所示，这种关系有时可用以下经验公式表示

$$D(\theta) = ae^{b\theta} \tag{10.3.4}$$

式中，a，b 为经验常数，D 的量纲为[L^2T^{-1}]。

以上公式仅能用于含水率较高的阶段。在土壤含水率很低时，由于土壤水汽扩散速度增大，使扩散度随土壤含水率降低而增大。在土壤含水率很高的情况下，土壤接近于饱和，扩散率趋向于无限大。

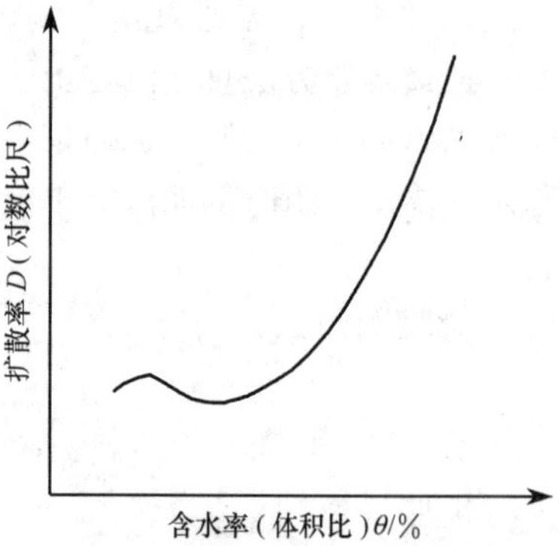

图 10.5 扩散率与含水率关系曲线

容水度表示压力水头减小一个单位时，自单位体积土壤中所能释放出来的水体体积，量纲为[L^{-1}]。容水度可以用下式表示：

$$c(h) = \frac{d\theta}{dh} \tag{10.3.5}$$

它是负压 h 的函数，为水分特征曲线上任一特定含水率 θ 值时的斜率，并随土壤水分特征曲线而变化，所以它取决于土壤含水率和土壤质地等。

§10.4 土壤包气带的水平衡

包气带系指位于地表面以下、潜水面以上的地质介质。它通常又称做非饱和带，但是严格说来，非饱和带不包括位于潜水面之上的毛细上升区。包气带既是大气水、植物水、

土壤水和地下水相互联系和转化的枢纽，又是各种化学物质(如在地表施加的农药、化肥，来自于地下水的各种溶质)运移和反应的载体。目前，包气带物质和能量迁移转化过程日益得到人们的重视，成为土壤学、水文学、环境学、生态学等学科的重要研究内容之一(黄洪峰，1997)。

10.4.1　入渗

土壤水分的运动与转化，与入渗、产流以及土壤水分的再分布过程密切相关。入渗(包括灌溉、降雨等)是土壤水分的直接来源，而入渗后的再分布过程决定着不同时间和不同空间土壤保持的水量，直接影响植物的水分收支。研究降雨入渗、产流及土壤水分再分布规律，有助于进一步揭示土壤水分运动与转化的机理(黄昌勇，2000)。

在地面平整，上下层质地均一的情况下，水进入土壤的情况是由两方面因素决定的，一是供水速率(或称供水强度)，一是土壤的入渗能力。在供水速率小于入渗能力时(如低强度的喷灌、滴洒或降雨时)，土壤对水的入渗主要是由供水速率决定的。当供水速率超过入渗能力时，则水的入渗主要取决于土壤的入渗能力了。土壤的入渗能力是由土壤的初始含水量和孔隙状况(受质地、结构等影响)决定的，如干燥的土壤、质地粗的土壤以及有良好结构的土壤，入渗能力就强；相反，土壤愈湿、质地愈细和愈紧实的土壤，入渗能力就弱。当然，土壤初始含水量的剖面分布对入渗过程也有一定的影响，但这方面的研究有待于进一步加强。

土壤入渗能力的强弱，通常用入渗速率来表示，即在土面保持有大气压的水层，单位时间通过单位面积土壤的水量，单位为 mm/s，cm/min 等。随着时间的推移，不论入渗能力的强弱，入渗速率都会减慢，达到一个稳定的数值，如图 10.6 所示。这种现象，在壤质土壤和黏质土壤上都很明显。

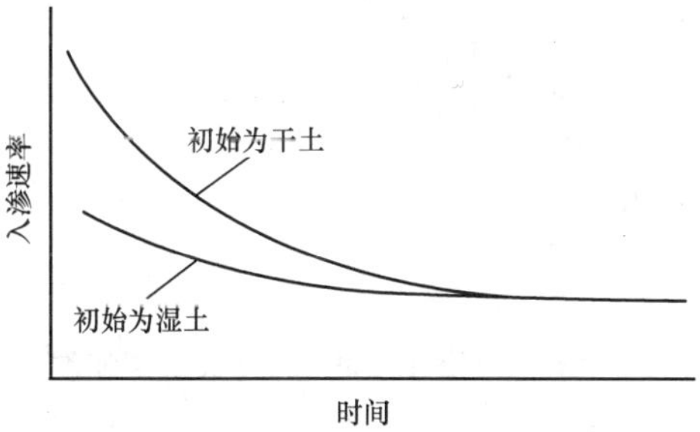

图 10.6　土壤入渗速率随时间的变化(黄昌勇，2000)

当下垫面状况不同时，其对入渗也有一定的影响。一般情况下认为，地面坡度的增加，会减少渗入土壤中的水量；对不同的植被类型，封育荒坡的土壤入渗率最大，乔木林次之，灌木林和农田较小，对同一植被类型，林分不同土壤的入渗率也不同；草地密度越大，其初始入渗率和稳渗率也越大。

当植被遭受严重破坏时，降雨产生的地表结皮将导致土壤入渗率迅速下降。随着降雨历时的延长，表层土壤结皮的强度逐渐增大，并趋于稳定，其入渗率取决于结皮与非扰动土界面处产生的吸力。

另外，温度、水质以及滞后作用等对入渗也有一定的影响。在一定温度范围内，湿润锋运移位置和累积入渗量随温度的增加而增大，并呈幂函数关系。浑水入渗能力随含沙量的增大而逐渐减小，并与电解质的种类和浓度密切相关。在降雨入渗条件下，滞后作用将加快入渗率，提高土壤的入渗性能。

10.4.2　土壤水分再分布

土壤水分再分布是指供水(包括灌溉、降雨等)停止后，在无地下水补给的条件下，水分在势梯度的作用下继续向深层移动的过程。

土壤水的再分布是土壤水的不饱和流。在田间，入渗终止之后，上部土层接近饱和，下部土层仍是原来的状况，它必然要从上层吸取水分，于是开始了土壤水分的再分布过程。这时土壤水的流动速率决定于再分布开始时上层土壤的湿润程度和下层土壤的干燥程度以及它们的导水性质。当开始时湿润深度浅而下层土壤又相当干燥，吸力梯度必然大，土壤水的再分布就快。反之，若开始时湿润深度大而下层又较湿润，吸力梯度小，此时再分布主要受重力的影响，进行缓慢。无论在哪种情况下，再分布的速度也和入渗速率的变化一样，通常是随时间而减慢。这是因为湿土层不断失水后导水率也必然相应减低，湿润峰向下移动的速度也跟着降低，湿润峰在渗吸水过程中原来可能是较为明显的，但在再分布中就逐渐消失了。图 10.7 显示了一个质地中等的土壤剖面在一次灌水后，土壤水的再分布情况。W 是灌前土壤湿度，0, 1, 2, 3 代表灌后及 1d, 4d 和 14d 后的土壤水分剖面。

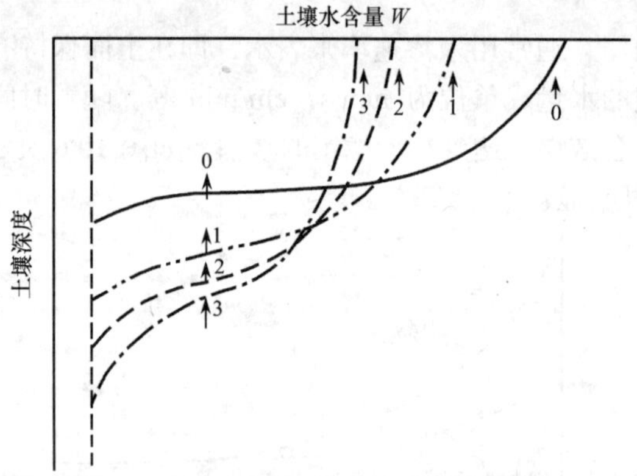

图 10.7　中等质地土壤灌水后再分布(张蔚榛和沈荣开,1996)

10.4.3　土表面蒸发

土壤水分蒸发可以发生在土壤表面和植物体上。植物体的蒸发一般称为蒸腾，土壤表面蒸发称为土面蒸发。它是自然界水循环的重要的一环，也是造成土壤水分损失、导致干旱的一个主要因素。在一定条件下，蒸发还可以引起土壤沙化或盐渍化。蒸发作用的强弱常以蒸发强度表示，即单位时间内单位面积地面上所蒸发的水量。

要使蒸发过程持续进行，须具备以下 3 个前提条件：①不断有热能到达土壤表面，以满足水的汽化热需要(15℃时 1g 水的汽化热约为 3.47kJ)；②土壤表面的水汽压须高于大气的水汽压，以保证水汽不断进入大气表层；③土壤须能不断地从下层得到水的补给。

前两个条件土主要取决于辐射、气温、湿度和风速等气象因素的影响。显然，这是蒸发的外界条件，它既决定水分蒸发过程中能量的供给又影响到蒸发表面水汽向大气的扩散过程，综合起来称为大气蒸发能力。第三个条件受土壤含水率的大小和分布的影响。这是土壤水分向上输送的条件，也即土壤的供水能力。当土壤供水充分时，由大气蒸发能力决定的最大可能蒸发强度称为潜在蒸发强度(雄顺贵等，2001；黄昌勇，2000)。

根据大气蒸发能力和土壤供水能力所起的作用、土面蒸发所呈现的特点及规律过程区分为 3 个阶段。

大气蒸发力控制阶段：在蒸发的起始阶段，当地表含水率高于某一临界值时，尽管含水率有所变化，但地表处的水汽压仍维持或接近于饱和水汽压。这样，在外界气象条件维持不变时，水汽压梯度基本上无变化。结果，含水率的降低并不影响水汽的扩散通量。另一方面，表土含水率的减小将使得地表土壤导水率降低，但这正好为土壤中向上的吸力梯度增加所补偿，故土壤仍能向地表充分供水。在这种情况下，表土的蒸发强度不随土壤含水率降低而变化，称为稳定蒸发阶段，如图 10.8 中 *AB* 所示。稳定蒸发阶段蒸发强度的大小主要由大气蒸发能力决定，可近似为水面蒸发强度 E_0。此阶段含水率的下限，即临界含水率的大小和土壤性质及大气蒸发功能有关。一般认为该值相当于毛管水断裂量的含水率，或田间持水量的 50%～70%。

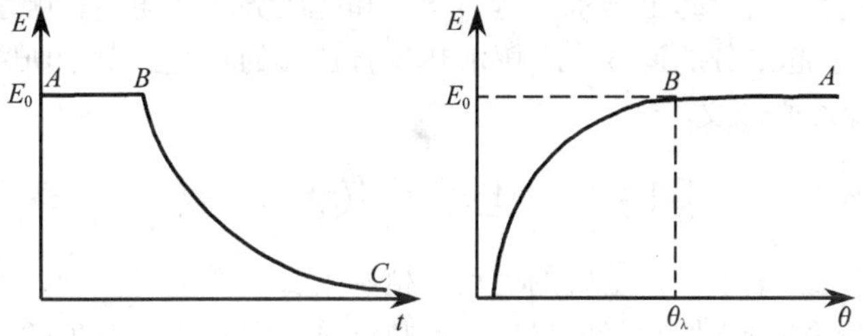

图 10.8　大气蒸发条件下变时土面蒸发过程示意图

土壤导水能力控制阶段：当表土含水率低于临界含水率 θ_k 以下时、土壤导水率随土壤含水率的降低或土壤水吸力的增高而不断减小，并导致土壤水分向上运移的吸力梯度和前一阶段不同而呈不断减少的趋势。因此，流向地表的土壤水通量，亦即土壤的供水能力，不可避免地减小下来，于是表层土壤消耗的水分得不到补充，因此含水率进一步减小。另一方面，随着表土含水率的降低，地表处的水汽压也降低．蒸发强度随之减弱。此即表土蒸发强度随表土含水率降低而递减的阶段，图 10.6 中 BC 段所示。

水汽扩散阶段：当表土含水率很低，例如低于调萎系数时，土壤输水能力极弱，不能补充表土蒸发损失的水分，土壤表面形成干土层。干土层以下的土壤水分向上运移，在于土层的底部蒸发，然后以水汽扩散的方式穿过干土层而进入大气。在此阶段，蒸发面不是在地表．而是在土壤内部，蒸发强度的大小主要由干土层内水汽扩散的能力控制，并取决于干土层厚度，一般来说，其变化速率十分缓慢而且稳定。

以上所述各蒸发阶段，只具有相对含义。例如，蒸发第一阶段，表土蒸发强度保持稳定只是对自然情况的一种近似。由于气象因素的周期变化，昼夜蒸发强度不可能维持不变。

第十一章　土壤热传导及水热运动

土壤是一类最典型的多孔介质，它包含固体骨架、土壤溶液以及各种气体，构成了地球生物圈的物质基础。多孔介质传热传质的理论研究已有近百年的历史，在探索迁移机理方面已先后发展了能量理论、液体扩散理论、毛细流动理论和蒸发凝结理论等，用来解释毛细多孔介质内的热质迁移机制。

在物理水文系统的能量循环中，影响土壤温度分布的因素一般分为两大类：一是土壤表面得到的热量，它是使土壤温度上升的主要因素。二是影响土壤中现有热量散失的各种因素。太阳辐射是表层土壤热能的主要来源。土壤获得太阳辐射能，转化为热能后，以多种方式向外界输出，其中有对流、地表面辐射、地面蒸发和植物蒸腾作用消耗的热能以及向地层深处传导的热量。研究土壤温度的动态变化规律，将有助于控制水分的需求，从而更好地调控植物的生长。另外，土壤温度对土壤蒸发、土壤内部湿分迁移以及植物根系吸水也有着重要影响。

土壤中的水热迁移是相互作用的，一方面土壤含水率的分布和变化，引起土壤热特性参数的时空变化，从而影响土壤热流和温度的分布；另一方面，温度变化将引起土壤水分物理化学性质的变化，而引起土壤水分运动参数和基质势的变化而影响水分运动，同时温度势梯度本身也会引起水分的运动。土壤水热耦合迁移的特性，对于研究土壤水中的相变及其相关问题具有重要意义。

§11.1　土壤热传导参数

土壤热量状况对土壤水分、空气的运动、植物生长、微生物活动、养分转化等都有重要影响。土壤温度是衡量土壤热量的尺度，反映土壤热能获得和散失的平衡状况。土壤稳度的升降是由于土壤吸热或放热不同造成的。当土壤吸热时，土壤温度升高，放热时则下降。但每一种土壤在收支一定热量后，土壤温度增减的幅度并不相同，这是因为土壤的储热和导热以及其他热性质不同的缘故。土壤的热性质主要包括土壤的热容、导热率和热扩散率等(雄顺贵等，2001)。

11.1.1　土壤热容

土壤热容量有容积热容量和质量热容量之分。土壤的容积热容量是指单位容积的土壤，温度升降 1℃时所吸收或释放的热量，用 C_v 表示，单位为 (J/(cm·℃))。质量热容量以单位质量土壤来计算，称为重量热容或比热，用 C 表示，常用单位(J/(g·℃))。

对于均质均相的物质而言，C_v 与 C 有如下换算关系：

$$C_v = \gamma \cdot C \tag{11.1.1}$$

式中，γ 表示某物质的比重(g/cm^3)。

土壤作为一个多相的分散体，其热容取决于其所含固相、液相和气相物质占土壤质量比或体积比及其各自的热容。由于各相物质的热容不同，见表 11.1，所以很难用一个简单的式子来概括土壤 C_v 与 C 的关系。

如果用容积热容表示土壤热容 C_v 为：

$$C_v = C_{vs}V_s + C_{vw}V_w + C_{va}V_a \tag{11.1.2}$$

表 11.1　土壤各组成的热容(雄顺贵等，2001)

项目	土壤组成			
	土壤空气	土壤水分	沙粒和粘粒	有机质
质量热容[J/(g·℃)]	1.0048	4.1868	0.75 ~ 0.96	2.01
容积热容[J/(cm³·℃)]	0.0013	4.1868	2.05 ~ 2.43	2.51

式中，C_{vs}, C_{vw}, C_{va}分别表示土壤固相、液相和气相的容积热容；V_s, V_w, V_a表示单位容积土壤固相、液相和气相所占的容积，其中 V_w是土壤容积含水量 θ_v。

由于土壤空气的容积热容量很小(表 11.1)，相对于土壤固相和液相来说可以忽略不计。因此式(11.1.2)可简化成：

$$C_v = C_{vs}V_s + C_{vw}\theta_w \tag{11.1.3}$$

式中，C_{vs}可近似用固相比重 ρ_s与质量热容量 C_s换算。根据土壤容重(ρ)的定义，ρ 与 ρ_s之比即为 V_s，由此可得：

$$C_v = \rho C_s + \theta_v C_{vw} \tag{11.1.4}$$

一般情况下，水的容积热容常以 4.18J/(cm³·℃)，当土壤有机质含量不高时，固相物质的质量热容量可近似取 0.85J/(g·℃)，则可变为：

$$C_v = 0.85\rho + 4.18\theta_v \tag{11.1.5}$$

由上式可以看出，土壤热容随土壤密度和含水量的增加而增大，对于一特定土壤而言，其固相物质和容重变化极小，而其含水量则变化较大。一般情况下，沙土的含水量比黏土小，而空气含量相对较高，故其热容一般低于黏土。所以沙土的温度容易升降，常称其为“热性土”，而黏土则相反，常称之“冷性土”。农业生产中，可根据土壤热容量的性质，调节土壤水和空气的相对含量来达到调节土温的目的。

11.1.2　土壤导热率

土壤吸收热量后，除了按热容增温外，同时还能够把吸收的热量传导给邻近的土壤，产生如同水流那样的热运动，这就是土壤中的热传导。在稳态下，土壤热传导符合傅里叶热定律。

土壤导热率 λ_s反映了土壤导热性质的大小，它是指在单位温度梯度下，单位时间通过单位面积土壤传导的热量。土壤是由三相物质组成的多孔体，不同土壤组分的导热率有明显的差别(表 11.2)，所以土壤导热率受土壤组成的影响很大。

由表 11.2 可见，土壤中各组分的导热率以固相最大，液相次之，而气相极小。

表 11.2　土壤成分(10℃)和冰(0℃)的导热率

项目	石英	其他矿物平均	有机质	水	空气	冰
导热率[J/(cm·s·℃)]	21	7	0.6	1.37	0.06	5.2

因此，影响土壤导热率的因素主要是土壤的松紧程度、土壤含水状况以及土壤质地等。土壤的松紧程度反映了土壤的孔隙状况，它反应了土粒之间排列的紧密程度，相同土质的土壤其紧密度不同，容重也就不同。疏松多孔而且干燥的土壤，其导热率低，原因在于其

孔隙中充满了导热率极小的空气，热量只能从土粒间接触点的小狭道传导(图 11.1)。而湿润的土壤则是水分充填孔隙或在土粒外形成水膜，增加了热量的传导途径(如图 11.2)，故其导热率大。

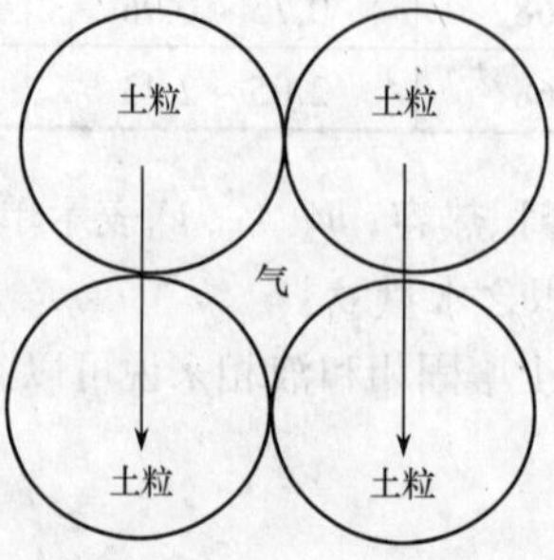

图 11.1　干燥土壤热传导示意图

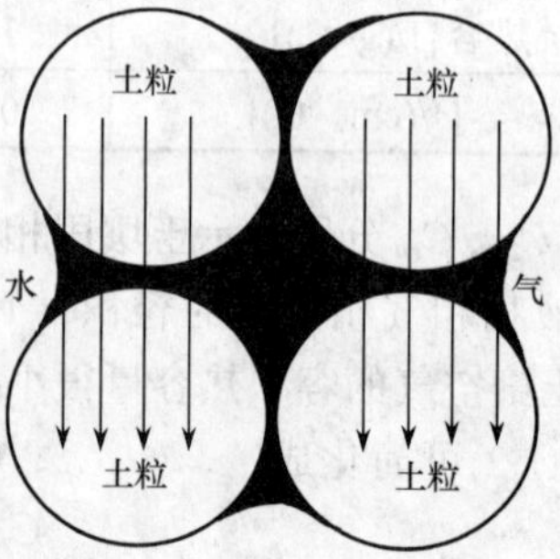

图 11.2　湿润土壤热传导示意图

在同样质地和密度的土壤中，随着含水量增加，导热率迅速升高，当含水量升高到一定程度，水几乎完全成为土壤热流的介质媒体，这时导热率升高的速度逐渐降低。土壤质地越粗，导热率随含水量增加而变大的速率越快。这是由于在粗质的沙土中，土粒的比表面积小，少量的水即可在土粒之间形成水膜，使热流易于通过。而黏土中土粒比表面积大、孔隙多，需大量的补水才能完全形成水膜。

土壤导热率的高低，对土温的变化影响很大，所以土壤的导热性能，将直接影响土温的变化。导热率低的土壤，如干燥的沙土，白天收入的热量不易下传，使受热的表层土温升高较快，夜间降温时下层热量也不易上传，使表层土温下降也大，所以昼夜温差大，最为典型的就是沙漠地区。而导热率高的土壤，如黏质土．土湿变幅小，昼夜温差不大。

11.1.3　土壤热扩散率

土壤热扩散率是指单位时间流入(或流出)单位容积土壤的一定热量，导致土壤温度升高或降低的程度，常用 D 表示，单位 J/(cm^3·s)。D 可用土壤容积热容 C_v 和导热率 λ_s 计算。

$$D = \lambda_s / C_v \tag{11.1.6}$$

在有些文献中常又称 D 为土壤导温度，当然这只是一种称谓，在严格意义上是不准确的，因为温度仅仅是热量的一个度量指标，它不能被传递，因而谈不上导温的问题。

如前文所述．土壤含水状况及其相应的孔隙状况，土壤质地等因素直接影响着土壤导热率 λ_s 和热容 C_v，因而 D 也受这些因素的影响。土壤质地和含水率对 D 有显著的影响，当土壤含水率由小增加到 12%左右时，土壤热扩散率 D 逐渐增加至最大值，但当土壤含水率继续增大时，D 反而减少了。这是因为土壤含水率增加时，λ_s 和 C_v 都增大，在后期土壤含水率增大时，虽然 λ_s 增大，但 C_v 增大得更快一些，所以 D 反而逐渐减小。

一般情况下，热扩散率小的土壤，如干土、沙质土等，其表层土温易于升降，温度变幅大，而热扩散率大的土壤，如湿土、黏土质等，土温变幅小。

§11.2　土壤热量平衡

辐射平衡会影响土壤的热量状况，热量平衡更能显著的影响土壤的热量状况。土壤热量主要来源于太阳辐射能，其次是土壤微生物分解有机物释放的能量，地球内热和土壤贮水的潜能等，但这部分所占比重甚小，其数量比起太阳辐射能小得多，所以把太阳辐射能称为基本热源，而其他热源则称为一时性热源。一时性热源虽然数量不大，但它在一定的情况下可以有效的调节土温，如农业生产实践中用牲畜粪便作酿热物进行温床育苗就是一个例证。

太阳垂直照射时，每分钟辐射在 1 cm^2 地面上的能量是 8.12J。在不同季节，太阳光对地面投射的角度和距离不同，且太阳辐射能经过大气层时受水气尘埃的吸收和散射，所以到达地面时能量变化较大。

土壤热量的支出主要包括土壤水分蒸发、加热土体自身等消耗。太阳辐射到达地表后，一部分能量被反射回大气层加热近地面空气，大部分能量则被土壤吸收，从而使表土温度升高。当表土温度高于下层土温时，热量将逐渐传入深层，称之为正值交换；而当地表接受不到或接受很少太阳辐射(如夜间或冬季)，因地表水分蒸发以及表土加热近地面大气而使表土温度低于下层土温，热量将由深层传向地表，称之为负值交换。这就是土壤中的热量交换或热流，它事实上就是土壤热量的收支平衡，决定着土壤热状况。

太阳辐射平衡、土壤热量平衡和土壤热学性质共同作用产生了土壤温度的变化，照射到地表的太阳辐射变化除受太阳辐射的影响外，还受一些其他因素的影响，如阴云、寒潮、暖流、暴雨(雪)及干旱期等气象因素以及土壤本身性质(如土坡干湿交替引起的反射率、热容量和导热率的变化及这些性质随土层深度的变化)、地理位置和植被覆盖等因素。

对均质土壤，假设其土温变化随理想状态下的太阳辐射地表的日变化规律一致，呈正弦变化，如图 11.3 所示，从图中可以看出，随深度的增加，温度峰衰减，并且随时间逐渐漂移，且下层土壤温度的变幅比上层小，并且滞后一段时间。

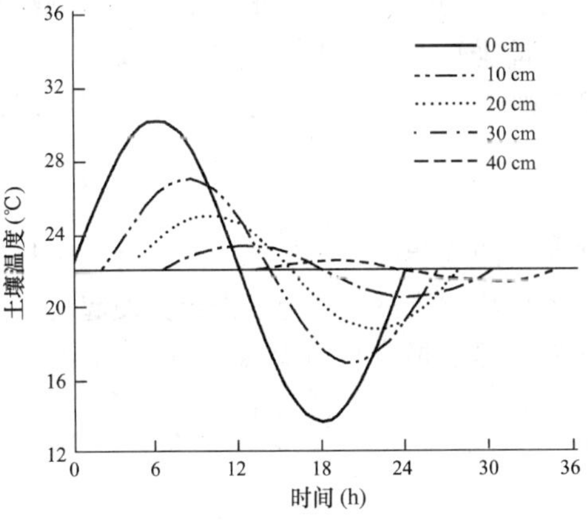

图 11.3　土壤温度随时间的变化

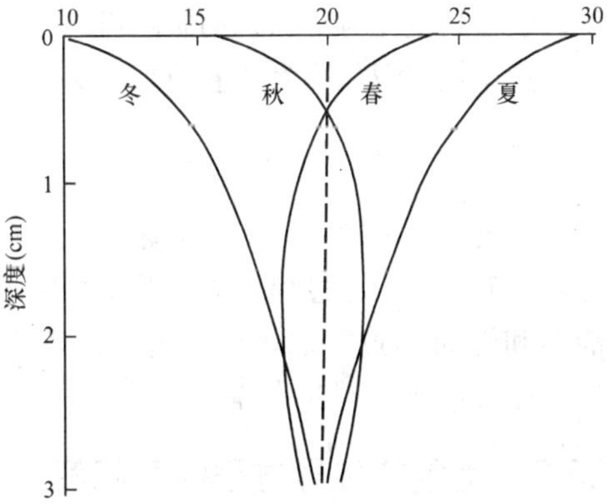

图 11.4　无冰冻区土壤温度变化

图 11.4 是无冰冻地区土壤温度剖面随季节的变化，从图中可以看出，表层土温随季节的变幅要大于下层土壤，土层越深土温变幅越小。我们会发现下层土温的季节变化较上层有明显滞后，如从春到夏，土温开始升高，而当从夏到秋时，图中约 2m 深以上土层土温已开始下降，而下层土温仍在升高。当然，不同地区的具体测值不同，但其总的规律是一致的。总之，土壤剖面热状况的变化不一致，造成了相邻土层土温差，从而导致了热流的

产生。

§11.3 土壤热传导方程

土壤中的热流量影响土壤的温度。土壤温度与近地层空气温度有关，反之亦然，它们都深刻地影响着局地气候和植物的生长(刘树华，2004)。

11.3.1 理论分析

土壤表面在吸收太阳辐射能量后，借分子传导的形式把能量传入深层，使土壤下层增温；反过来，当土壤表面由于长波辐射冷却，温度下降到比深层的温度低时，热量将由土壤的深层输出。这种过程称之为土壤中的热量交换过程。因为分子传导是主要的传输过程，地表以下的任一土壤层的热通量 Q_s 可以用均一介质中热传输的 Fourier 定律描述，即热通量决定于土壤温度梯度：

$$Q_s = -\lambda_s \frac{\partial T}{\partial z} \tag{11.3.1}$$

这里，λ_s 是土壤的热传导率，T 是土壤绝对温度，z 为土壤中垂直坐标(向下为正)。对于一个厚度为 Δz 的薄层而言，忽略土壤中水平热传导，即假设没有其他的热源和热汇，根据热力学第二定律可以得到一个简单的预报方程：

$$C_v \frac{\partial T}{\partial t} = -\frac{\partial Q_s}{\partial z} \tag{11.3.2}$$

方程(11.3.2)的左边是单位体积内能量随时间的改变，右边是能量的净输入，C_v 为土壤体积热容量，$C_v=\rho c$，ρ 为土壤密度，c 是土壤比热，t 为时间。

假设我们研究的土壤有这样的特性：①各向同性、均一；②土壤水含量不随土壤深度变化，或者其变化对 c 和 λ_s 的影响可以忽略不计，即垂直方向上土壤的热性质是均一的。假设能量交换仅仅发生在垂直方向上，方程(2.2.2)则被简化为固体内的热传导方程，即：

$$\frac{\partial T}{\partial t} = \alpha^2 \frac{\partial^2 T}{\partial z^2} \tag{11.3.3}$$

因为土壤热传输是一个包含热传导和多孔热对流的复杂过程，方程(11.3.3)将土壤热扩散过程视为一个总体过程，这个总体过程同化了多孔热对流过程，为了推导方便起见，同时能够和下面单独考虑热对流过程的热扩散方程中热扩散率区别开来，这里用 α^2 表示 λ_s/C_v，即总体土壤热扩散率。

11.3.2 土壤热传导方程的解析解

设初始条件为：

$$T(z)|_{t=0} = T_0 - \gamma z, \quad z \geqslant 0$$

这里 T_0 是土壤表面平均绝对温度；i 是观测点个数；z 是土壤的深度；γ 是土壤温度随土壤深度的递减率，其表达式为：

$$\gamma = \left(\sum_{i=1}^{n} T_{0i} - \sum_{i=1}^{n} T_i\right) / z$$

假设地表日强迫为一个纯正弦函数，则上边界条件为：

$$T(t)|_{z=0} = T_0 + A\sin(\omega t), \quad t > 0$$

式中，A 是振幅；ω 是地球自转的角速度，表达式为：

$$\omega = 2\pi / P = 7.292\times 10^{-5}\,(\text{rad/s})$$

式中，P 为地表温度谐波周期(P=24h)。

因为地表强迫不是一个真正的正弦函数，所以我们假设上边界条件是一个 Fourier 级数：

$$T(t)|_{z=0} = T_0 + \sum_{i=1}^{n} A_i \sin(i\omega t + \varphi_i), \quad t > 0$$

式中，A_i 是振幅，i 是波数，φ_i 是谐波 i 的初相位，该式说明地表温度包含两个部分：常数 T_0 和 n 个正弦波，这些正弦波的周期分别为 $P, P/2, \cdots, P/n$，对应的振幅分别是 $A_1, A_2, \cdots, A_n$，初始相位分别是 $\varphi_1, \varphi_2, \cdots, \varphi_n$，假设 1m 深度以下的土壤温度为常数，用分离变量法解方程(11.3.3)得到：

$$T(z,t) = T_0 - \gamma z + \sum_{i=1}^{n} A_i e^{-B_i z} \sin(i\omega t + \varphi_i - B_i z) \tag{11.3.4}$$

式中，$B_i=(i\omega/2)^{1/2}/\alpha$，对应于周期为 P/i 的信号的传播深度。方程(11.3.4)是土壤温度变化的一级近似模式，其中认为 $T_0-\gamma z$ 是深度 z 处的平均土壤温度。

方程(11.3.4)意味着随着深度增加，土壤温度也包括两部分：首先平均土壤温度随深度的增加均匀地减小，即 $T_0-\gamma z$；其次表面的正弦波将向下传递，其振幅呈指数衰减 $A_i\exp(-B_i z)$，且初始相位向后延迟 $B_i z$，同时当 z 很大时，$\exp(-B_i z)$将变得很小以至于正弦波可以忽略，温度随时间变化很小。而 z 很小时，$-B_i z$ 和 γz 的影响很小。另外，假设 A_i 是个常数且φ_0=0，正弦波将重叠。这样结合方程(11.3.4)和实测土壤的温度梯度，并利用最小二乘法，就可以估计总体土壤热扩散率α^2，这种方法也称为谐波方法。

11.3.3 由 Laplace 变换求土壤热传导方程的解析解

假设地表以下的土壤温度是连续变化的，方程(11.3.3)可以由 Laplace 变换求解，问题即为：

$$\begin{cases} \dfrac{\partial T}{\partial t} = \alpha^2 \dfrac{\partial^2 T}{\partial z^2} & (t > 0, z > 0) \\ t = 0, \quad T = T_0 - \gamma z & (z \geqslant 0) \\ z = 0, \quad T = T_0 + A\sin\omega t & (t \leqslant 0) \end{cases} \tag{11.3.5}$$

令 $T(t,z) = T^*(t,z) + (T_0 - \gamma z)$，则可得到

$$\frac{\partial T}{\partial t} = \frac{\partial T^*}{\partial t}, \quad \frac{\partial^2 T}{\partial z^2} = \frac{\partial^2 T^*}{\partial z^2}$$

即

$$\frac{\partial T^*}{\partial t} = \alpha^2 \frac{\partial^2 T^*}{\partial z^2}, \quad (t > 0, z > 0) \tag{11.3.6}$$

$$\begin{cases} T^*|_{t=0} = 0 & (z \geqslant 0) \\ T^*|_{z=0} = A\sin\omega t & (t \leqslant 0) \end{cases} \tag{11.3.7}$$

显然，$T^*|_{z\to\infty}$是一个有限函数。

对$T^*(t,z)$作关于t的 Laplace 变换，设$\mathfrak{L}\left[T^*(t,z)\right]=\overline{T}(p,z)$，其中$p$是 Laplace 变换因子。由方程(11.3.6) ~ (11.3.7)变换的特性，我们得到：

$$p\overline{T}=\alpha^2\frac{\mathrm{d}^2\overline{T}}{\mathrm{d}z^2} \tag{11.3.8}$$

由方程(11.3.7)第二式得到：

$$\overline{T}|_{z=0}=A\frac{\omega}{p^2+\omega^2} \tag{11.3.9}$$

可以推知，$\overline{T}|_{z\to\infty}$也是有限的。

至此，我们已经将偏微分方程(11.3.5)变换为一个平常的形式(11.3.8)，其通解为：

$$\overline{T}=c_1\mathrm{e}^{\frac{z}{\alpha}/\sqrt{p}}+c_2\mathrm{e}^{-\frac{z}{\alpha}\sqrt{p}}$$

因为$\overline{T}|_{z\to\infty}$是有限的，所以$c_1=0$。因为$\overline{T}|_{z=0}=A\dfrac{\omega}{p^2+\omega^2}$，我们得到$c_2=A\cdot\dfrac{\omega}{p^2+\omega^2}$，从而有：

$$\overline{T}(p,z)=A\cdot\frac{\omega}{p^2+\omega^2}\mathrm{e}^{-\frac{z}{\alpha}\sqrt{p}} \tag{11.3.10}$$

对式(11.3.10)进行 Laplace 逆变换，得到：$\mathfrak{L}^{-1}\left[\dfrac{A\omega}{p^2+\omega^2}\right]=A\sin\omega t$，由 Laplace 变换性质得：

$$\mathfrak{L}^{-1}\left[\mathrm{e}^{-\frac{z}{\alpha}\sqrt{p}}\right]=\mathfrak{L}^{-1}\left[p\cdot p\,\mathrm{e}^{-\frac{z}{\alpha}\sqrt{p}}\right]=\frac{\mathrm{d}}{\mathrm{d}t}\left(\mathfrak{L}^{-1}\left[\frac{1}{p}\mathrm{e}^{-\frac{z}{\alpha}\sqrt{p}}\right]\right)$$

$$=\frac{\mathrm{d}}{\mathrm{d}t}\left(\frac{2}{\sqrt{\pi}}\int_{\frac{z}{2a\sqrt{t}}}^{+\infty}e^{-y^2}\,\mathrm{d}y\right)=\frac{z}{2a\sqrt{\pi}t^{3/2}}\mathrm{e}^{-\frac{z^2}{4\alpha^2 t}}$$

$$T^*(t,z)(t,z)=\mathfrak{L}^{-1}[\overline{T}(p,z)]=\frac{z}{2\alpha\sqrt{\pi}}\int_0^t\frac{A\sin\omega\tau}{(t-\tau)^{3/2}}\mathrm{e}^{-\frac{z^2}{4\alpha^2(t-\tau)}}\,\mathrm{d}\tau$$

或者用下列形式表示：

$$T^*(t,z)=\frac{z}{2\alpha\sqrt{\pi}}\int_0^t\frac{A}{\tau^{3/2}}\mathrm{e}^{-\frac{z^2}{4\alpha^2 t}}\sin(t-\tau)\,\mathrm{d}\tau$$

这样得到

$$T(t,z)=T_0-\gamma z+\frac{z}{2\alpha\sqrt{\pi}}\int_0^t\frac{A}{\tau^{3/2}}\mathrm{e}^{-\frac{z^2}{4\alpha^2\tau}}\sin(t-\tau)\,\mathrm{d}\tau \tag{11.3.11}$$

如果

$$T|_{z=0}=T_0+\sum_{i=1}^{n}A_i\sin\omega_i t$$

那么

$$T(t,z)=T_0-\gamma z+\frac{z}{2\alpha\sqrt{\pi}}\int_0^t\frac{A}{\tau^{3/2}}\mathrm{e}^{-\frac{z^2}{4\alpha^2\tau}}\sin(t-\tau)\,\mathrm{d}\tau \tag{11.3.12}$$

方程((11.3.11)或方程(11.3.12)适合于上边界条件为正弦函数的半无界介质。如果将上边界条件 $T(0,t)=T_0+A\sin\omega t$ 用 $T(0,t)=\Phi(t)$代替，因为我们不得不考虑表面温度突变的情况，这样方程((11.3.11)或方程(11.3.12)就演变为下列形式：

$$T(t,z)=T_0-\gamma z+\frac{z}{2\alpha\sqrt{\pi}}\int_0^t\frac{\Phi(\tau)}{(t-\tau)^{3/2}}\mathrm{e}^{-\frac{z^2}{4\alpha^2(t-\tau)}}\mathrm{d}\tau \tag{11.3.13}$$

需要指出，雨后的土壤湿度增加会改变土壤热扩散率。与谐波方法相同，总体土壤热扩散率α^2可以由拟合计算得到的土壤温度 $T(t,z)$和实际测量得到的土壤温度，结合最小二乘法得到，称这种方法为 Laplace 变换方法。

11.3.4　含热对流项的土壤热传导方程的解析解

考虑热传导和热对流，方程(11.3.3)可以改写为：

$$\begin{cases}\dfrac{\partial T}{\partial t}=k\dfrac{\partial^2 T}{\partial z^2}+W\dfrac{\partial T}{\partial z} & (t>0,z>0)\\ t=0,\quad T=T_0-\gamma z & (z\geqslant 0)\\ z=0,\quad T=T_0+A\sin\omega t & (t\geqslant 0)\end{cases} \tag{11.3.14}$$

其中，k 是土壤的热扩散率，与前面提到的总体土壤热扩散率α^2不同之处在于：α^2同化了对流的作用，而这里的 k 纯粹是土壤的热扩散率，而土壤中的对流过程则由 $W(\partial T/\partial z)$独立表示出来。W 通常认为是对流速度，设 $T=T^*+T_0-\gamma z-\gamma Wt$，分别对 t 和 z 求微商，得到：

$$\frac{\partial T}{\partial t}=\frac{\partial T^*}{\partial t}-\gamma W\quad \frac{\partial T}{\partial z}=\frac{\partial T^*}{\partial z}-\gamma\quad \frac{\partial^2 T}{\partial z^2}=\frac{\partial^2 T^*}{\partial z^2}$$

这样，

$$\frac{\partial T^*}{\partial t}-\gamma W=k\frac{\partial^2 T^*}{\partial z^2}+W(\frac{\partial T^*}{\partial z}-\gamma)$$

即

$$\begin{cases}\dfrac{\partial T^*}{\partial t}=k\dfrac{\partial^2 T^*}{\partial z^2}+W\dfrac{\partial T^*}{\partial z}\\ t=0,T^*=0\\ z=0,T^*=A\sin\omega t+\gamma Wt\end{cases} \tag{11.3.15}$$

对 $\dfrac{\partial T^*}{\partial t}=k\dfrac{\partial^2 T^*}{\partial z^2}+W\dfrac{\partial T^*}{\partial z}$，设 $T^{**}=T^*\cdot\mathrm{e}^{\frac{W}{2k}z+\frac{W^2}{4k}t}$，则有

$$\frac{\partial T^{**}}{\partial t}=(\frac{\partial T^*}{\partial t}+\frac{W^2}{4k}T^*)\mathrm{e}^{\frac{W}{2k}z+\frac{W^2}{4k}t}$$

$$\frac{\partial T^{**}}{\partial z}=(\frac{\partial T^*}{\partial z}+\frac{W}{2k}T^*)\mathrm{e}^{\frac{W}{2k}z+\frac{W^2}{4k}t}$$

$$\begin{aligned}\frac{\partial^2 T^{**}}{\partial z^2}&=\left[(\frac{\partial^2 T^*}{\partial z^2}+\frac{W}{2k}\frac{\partial T^*}{\partial z})+\frac{W}{2k}(\frac{\partial T^*}{\partial z}+\frac{W}{2k}T^*)\right]\mathrm{e}^{\frac{W}{2k}z+\frac{W^2}{4k}t}\\&=\left(\frac{\partial^2 T^*}{\partial z^2}+\frac{W}{k}\frac{\partial T^*}{\partial z}+\frac{W^2}{4k^2}T^*\right)\mathrm{e}^{\frac{W}{2k}z+\frac{W^2}{4k}t}\end{aligned}$$

从而得到

$$\frac{\partial T^{**}}{\partial t}=k\frac{\partial^2 T^{**}}{\partial z^2}$$

最后得到一个定解问题：

$$\begin{cases}\dfrac{\partial T^{**}}{\partial t}=k\dfrac{\partial^2 T^{**}}{\partial z^2}\\ t=0,\quad T^{**}=0\\ z=0,\quad T^{**}=(A\sin\omega t+\gamma Wt)\mathrm{e}^{\frac{W^2}{4k^2}t}\end{cases}\tag{11.3.16}$$

对 T^{**}作 Laplace 变换，且设

$$\overline{T}=\mathfrak{L}\left[T^{**}\right]$$

则有

$$p\overline{T}=k\frac{\mathrm{d}^2\overline{T}}{\mathrm{d}z^2}$$

当 $z=0$ 时，

$$\overline{T}=\mathfrak{L}\left[(A\sin\omega t+\gamma Wt)\mathrm{e}^{\frac{W^2}{4k^2}t}\right]$$

设 $T^*|_{z\to\infty}$ 是有限的，得到

$$\frac{\mathrm{d}^2\overline{T}}{\mathrm{d}z^2}-\frac{p\overline{T}}{k}=0$$

则求解方程时有，

$$\overline{T}=c_1\mathrm{e}^{\sqrt{\frac{p}{k}}z}+c_2\mathrm{e}^{-\sqrt{\frac{p}{k}}z}$$

必有 $c_1=0$，类似与上面的推导，得到

$$c_2=\mathfrak{L}\left[(A\sin\omega t+\gamma Wt)\mathrm{e}^{\frac{W^2}{4k^2}t}\right]$$

结果得到

$$\overline{T}=\mathfrak{L}\left[(A\sin\omega t+\gamma Wt)\mathrm{e}^{\frac{W^2}{4k^2}t}\right]\cdot\mathrm{e}^{-\sqrt{\frac{p}{k}}z}$$

由 Laplace 逆变换得到

$$T^{**}=(A\sin\omega t+\gamma Wt)\mathrm{e}^{\frac{W^2}{4k^2}t}\times\mathfrak{L}^{-1}\left[\mathrm{e}^{-\sqrt{\frac{p}{k}}z}\right]=(A\sin\omega t+\gamma Wt)\mathrm{e}^{\frac{W^2}{4k^2}t}\times\frac{z}{2\sqrt{k\pi}t^{3/2}}\mathrm{e}^{-\frac{z^2}{4kt}}$$

$$=\frac{z}{2\sqrt{k\pi}}\int_0^t\frac{(A\sin\omega\tau+\gamma W\tau)\mathrm{e}^{\frac{W^2}{4k^2}\tau}}{(t-\tau)^{3/2}}\mathrm{e}^{-\frac{z^2}{4k(t-\tau)}}\mathrm{d}\tau$$

$$T^* = \frac{z}{2\sqrt{k\pi}} \mathrm{e}^{\frac{W}{2k}z - \frac{W^2}{4k}t} \int_0^t \frac{(A\sin\omega\tau + \gamma W\tau)\mathrm{e}^{\frac{W^2}{4k^2}\tau}}{(t-\tau)^{3/2}} \cdot \mathrm{e}^{-\frac{z^2}{4k(t-\tau)}} \mathrm{d}\tau$$

$$T = T_0 - \gamma z - \gamma W t + T^* \tag{11.3.17}$$

所以方程(11.3.14)的解析解有下列形式：

$$\begin{aligned} T(z,t) = T_0 - \gamma z + A\exp\left[\left(-\frac{W}{2k} - \frac{\sqrt{2}}{4k}\sqrt{W^2 + \sqrt{W^4 + 16k^2\omega^2}}\right)z\right] \\ \times\sin\left[\omega t - z\frac{\sqrt{2}\omega}{\sqrt{W^2 + \sqrt{W^4 + 16k^2\omega^2}}}\right] \end{aligned} \tag{11.3.18}$$

土壤热扩散率 k 和对流速度 W 可以由测量的两层土壤温度得到，假设它们的深度分别是 z_1 和 z_2，则公式为：

$$\begin{cases} k = \dfrac{(z_1 - z_2)^2 \omega \ln(A_2 / A_1)}{(\Phi_2 - \Phi_1)\left[(\Phi_2 - \Phi_1)^2 + (\ln(A_2 / A_1))^2\right]} \\ W = \dfrac{\omega(z_1 - z_2)}{(\Phi_2 - \Phi_1)}\left[1 - \dfrac{2\ln(A_2 / A_1)}{(\Phi_2 - \Phi_1)^2 + (\ln(A_2 / A_1))^2}\right] \end{cases} \tag{11.3.19}$$

其中，A_1, A_2, Φ_1, Φ_2 分别是深度为 z_1 与 z_2 处土壤温度的振幅和相位。

§11.4　土壤水热运动

地球上的水资源以大气水、地表水、植物水、土壤水和地下水的形态处于不断的循环转化之中。其中的非饱和土壤水是联系地表水、地下水、植物水和大气水的纽带，其转化和迁移是全球水循环的重要环节。

与土壤中水分迁移密切相关的是热量的传输。下垫面接受太阳的辐射，用于植物的光合作用、光化学反应、与大气的显热交换和潜热消耗以及与深层土壤的热量交换等过程。土壤中的水热迁移是相互作用的，一方面土壤含水率的分布和变化，引起土壤热特性参数的时空变化，从而影响土壤热流和温度的分布；另一方面，温度变化将引起土壤水分物理化学性质的变化，而引起土壤水分运动参数和基质势的变化而影响水分运动，同时温度势梯度本身也会引起水分的运动。土壤水热耦合迁移的特性，对于研究土壤水中的相变及其相关问题具有重要意义(李保国等，2000)。

11.4.1　土壤水热传输耦合模拟

土壤水动力学理论的发展，使人们可以在传统试验和经验观测的基础上，利用土壤水分迁移方程进行降雨(或灌水)入渗条件或蒸发条件下的土壤水分剖面和通量的精确计算。近地边界层水汽扩散理论，使得利用大气紊动扩散原理进行地面蒸发散的机理研究成为可能。利用地面的能量平衡将土壤水热迁移和近地边界层的水热传输结合起来，从而可得到土壤-大气的水热传输模型。

土壤水热迁移的基本方程：非饱和土壤中的水热迁移，对于一维垂向问题其基本方程为

$$\frac{\partial\theta}{\partial t}=\frac{\partial}{\partial Z}(D_T\frac{\partial T}{\partial Z})+\frac{\partial}{\partial Z}(D\frac{\partial\theta}{\partial Z})-\frac{\partial K}{\partial Z}-S_W \tag{11.4.1}$$

$$C_v\frac{\partial T}{\partial t}=\frac{\partial}{\partial Z}(K_h\frac{\partial T}{\partial Z})-S_h \tag{11.4.2}$$

忽略土壤中水热的源汇项 S_W 、S_h 以及温度梯度对水流的影响，得到简化的土壤水热方程：

$$\frac{\partial\theta}{\partial t}=\frac{\partial}{\partial Z}(D\frac{\partial\theta}{\partial Z})-\frac{\partial K}{\partial Z} \tag{11.4.3}$$

$$C_v\frac{\partial T}{\partial t}=\frac{\partial}{\partial Z}(\lambda_s\frac{\partial T}{\partial Z}) \tag{11.4.4}$$

其中，θ, T 分别为土壤的体积含水率和温度，t, Z(取向下为正)分别为时间和深度，D, K 分别为土壤水扩散率和导水率，C_v, λ_s 分别为土壤体积热容量和热传导率。

水热参数确定：通过对目前众多常用的一些反映土壤水热运动参数的模型进行检验，Van Genuthcen 构造的关于水分运动的参数模型在土壤水热迁移中保持了函数关系的连续性，并且在整个区域内光滑，与实际吻合比较好。Van Genuthcen 模型有关扩散率 D，导水率 K 以及土壤的水分特征曲线方程如下：

$$\phi=\left\{\left[(\theta-\theta_r)/(\theta_s-\theta_r)\right]^{n/(1-n)}-1\right\}^{\frac{1}{n}}/\alpha \tag{11.4.5}$$

$$K=K_s\left\{1-(\alpha\phi)^{n-1}\left[1+(\alpha\phi)^n\right]^{(1-n)/n}\right\}/\left[1+(\alpha\phi)^n\right]^{(n-1)/2n} \tag{11.4.6}$$

$$C=(n-1)(\theta-\theta_r)\left\{1-\left[(\theta-\theta_r)/(\theta_s-\theta_r)\right]^{n/(n-1)}\right\}/\phi \tag{11.4.7}$$

其中，ϕ 为土壤的吸力，θ, θ_s, θ_r 分别为土壤体积含水率、饱和含水率和残余含水率，K_s 为土壤导水率，C 为土壤的比水容量。α 和 n 为参数。

对热导率 λ_s (W/(cm·℃))进行概化处理，得

$$\lambda_s=b_1+b_2\theta+b_3\theta^{0.5} \tag{11.4.8}$$

其中，b_1, b_2, b_3 为参数。

则 C_v (J/(cm^3·℃))可以采用以下公式确定：

$$C_v=1.925X_s+2.510X_0+4.184\theta \tag{11.4.9}$$

其中，X_s, X_0 分别表示土壤中矿物质及有机质所占体积比。忽略有机质含量，上式简化为：

$$C_v=1.925(1-\theta_s)+2.510X_0+4.184\,0 \tag{11.4.10}$$

11.4.2　土壤水汽热耦合运移模型

水分运移模型：多孔介质中水分的总通量 q_m 为

$$q_m=q_l+q_v=-\rho_l K\nabla(\phi+z)-D\nabla\rho_v \tag{11.4.11}$$

式中，q_l, q_v 分别为液态水及水汽的通量；ρ_l, ρ_v 分别为水、汽的密度；K 为导水率；D 为水汽扩散系数；ϕ 为土壤水基质势；z 为垂向坐标。

考虑吸湿热对于压力场的作用，对上式的修正如下：

$$q_m = -\rho_l K\nabla(\phi + z) - D\nabla\rho_v - \rho_l D_{Ta}\nabla T \tag{11.4.12}$$

式中，T 为温度；D_{Ta} 为温度梯度作用下吸附水流的运移系数。

单位体积多孔介质中的总水量为：$\rho_l\theta+\rho_v\theta_a$，分别为体积含水量及含水率，$n$ 为空隙率。于是根据质量守恒原理有：

$$\frac{\partial}{\partial t}(\rho_l\theta + \rho_v\theta_a) = -\nabla\cdot q_m$$

展开得

$$\left[(1-\frac{\rho_v}{\rho_l})\frac{\partial\theta}{\partial\phi}\bigg|_T + \frac{\theta_a}{\rho_l}\frac{\partial\rho_v}{\partial\phi}\bigg|_T\right]\frac{\partial\phi}{\partial t} + \left[(1-\frac{\rho_v}{\rho_l})\frac{\partial\theta}{\partial T}\bigg|_\phi + \frac{\theta_a}{\rho_l}\frac{\partial\rho_v}{\partial}\bigg|_\phi\right]\frac{\partial T}{\partial t}$$
$$= \nabla\cdot\left[(K + D_{\phi v})\nabla\phi + (D_{Tv} + D_{Ta})\nabla T\right] + \frac{\partial K}{\partial z} \tag{11.4.13}$$

式中，$D_{\phi v}$ 为基质势梯度作用下水汽的运移系数；D_{Tv} 为温度梯度作用下水汽的运移系数。这里导出的是 ϕ 方程，也可导出 θ 方程。由于土壤的吸湿与脱湿过程互不相同，因而 ϕ 方程更具有普遍意义。

热运移方程：多孔介质中的总热通量 q_h 为

$$q_h = -\lambda\nabla T - \rho_l LD\phi_v\nabla\phi + C_l(T - T_0)q_m \tag{11.4.14}$$

式中，λ_s 为导热率(J/(cm·℃·s))；L 为水的蒸发潜热(J/g)；C_l 表示水的比热(J/(cm·℃))；T_0 为某一参照系的温度。

考虑到吸湿(脱湿)热效应，对式(11.4.14)修正如下：

$$q_h = -\lambda\nabla T - \rho_l(LD\phi_v + gTD_{Ta})\nabla\phi + C_l(T - T_0)q_m \tag{11.4.15}$$

式中，g 为重力加速度。多孔介质的体积热含量 S_h 可表示为：

$$S_h = (C_d + C_l\rho_l\theta + C_p\rho_v\theta_a(T - T_0) + L_0\rho_v\theta_a) \tag{11.4.16}$$

式中，C_d 为无水分多孔介质的体积热容量；C_p 为常压下蒸汽的比热；L_0 为 T_0 时的 L 值。

考虑与多孔介质放热过程(吸湿时)相关的热平衡，还应存在一个源汇项 W：

$$W = -j^{-1}g[\phi - T\frac{\partial\phi}{\partial T}\bigg|_\theta] \tag{11.4.17}$$

式中，j 为热功当量，即功与热的转换因子。以无穷小量的纯净液态水加入多孔介质之中，W 则代表每加入单位质量的水时介质所释放的热量，移之为微分吸湿热(J·g)。

综合式(11.4.15) ~ 式(11.4.17)得：

$$\frac{\partial S}{\partial t} - W\frac{\partial(\rho_l\theta)}{\partial t} = (C + H_1\frac{\partial\rho_v}{\partial T}\bigg|_\phi + H_2\frac{\partial\theta}{\partial T}\bigg|_\phi)\frac{\partial T}{\partial t} + (H_1\frac{\partial\rho_v}{\partial\phi}\bigg|_T + H_2\frac{\partial\theta}{\partial\phi}\bigg|_T)\frac{\partial\phi}{\partial t}$$
$$= \nabla\cdot[\lambda\nabla T + \rho_l(LD_{\phi v} + gTD_{Ta})\nabla\phi - C_l(T - T_0)q_m] \tag{11.4.18}$$

式中

$$C = C_d + C_l\rho_l\theta + C_p\rho_v\theta_a$$

$$H_1 = \left[L_0 + C_p(T - T_0)\theta_a\right]$$

$$H_2 = (C_l\rho_l - C_p\rho_v)(T - T_0) - \rho_l W - \rho_v L_0$$

由于 $L=L_0+(C_p-C_l)(T-T_0)$，化简式(11.4.18)−式(11.4.13)×$\rho_l C_l(T-T_0)$，即可得改进的热运移方程如下：

$$\left[C + L\theta_a \frac{\partial\rho_v}{\partial T}\bigg|_\phi - (\rho_l W + \rho_v L)\frac{\partial\theta}{\partial T}\bigg|_\phi\right]\frac{\partial T}{\partial t} + \left[L\theta_a \frac{\partial\rho_v}{\partial\phi}\bigg|_T - (\rho_l W + \rho_v L)\frac{\partial\theta}{\partial\phi}\bigg|_T\right]\frac{\partial\phi}{\partial t} \tag{11.4.19}$$
$$= \nabla\cdot\left[\lambda\nabla T + \rho_l(LD_{\phi v} + gTD_{Ta})\nabla\phi\right]C_l q_m \cdot \nabla T$$

垂直一维土柱中水汽热耦合数学模型：由式(11.4.13)，可得到描述非等温条件下垂直一维土柱中水分运移方程如下(坐标轴向下为正)：

$$\left[(1-\frac{\rho_v}{\rho_l})\frac{\partial\theta}{\partial\phi}\bigg|_T + \frac{\theta_v}{\rho_l}\frac{\partial\rho_v}{\partial\phi}\bigg|_T\right]\frac{\partial\psi}{\partial t} + \left[(1-\frac{\rho_v}{\rho_l})\frac{\partial\theta}{\partial T}\bigg|_\phi + \frac{\theta_v}{\rho_l}\frac{\partial\rho_v}{\partial}\bigg|_\phi\right]\cdot\frac{\partial T}{\partial t} \tag{11.4.20}$$
$$= \frac{\partial}{\partial z}\left[(K + D_{\phi v})\frac{\partial\phi}{\partial z} + (D_{Tv} + D_{Ta})\frac{\partial T}{\partial z}\right] - \frac{\partial K}{\partial z}$$

式中各符号意义同前。式(11.4.20)可简写为：

$$S_\phi \frac{\partial\phi}{\partial t} + S_T \frac{\partial T}{\partial t} = \frac{\partial}{\partial z}\left(KD\frac{\partial\phi}{\partial z} + DT\frac{\partial T}{\partial z}\right) - \frac{\partial K}{\partial z} \tag{11.4.21}$$

式中

$$S_\phi = (1-\frac{\rho_v}{\rho_l})\frac{\partial\theta}{\partial\phi}\bigg|_T + \frac{\theta_v}{\rho_l}\frac{\partial\rho_v}{\partial\phi}\bigg|_T$$

$$S_T = (1-\frac{\rho_v}{\rho_l})\frac{\partial\theta}{\partial T}\bigg|_\phi + \frac{\theta_v}{\rho_l}\frac{\partial\rho_v}{\partial}\bigg|_\phi$$

$$KD = K + D_{\phi v},\quad DT = D_{Tv} + D_{Ta}$$

同理可得热运移方程为：

$$C_\phi \frac{\partial\phi}{\partial t} + C_T \frac{\partial T}{\partial t} = \frac{\partial}{\partial z}\left[\lambda\frac{\partial T}{\partial z} + LD\frac{\partial\phi}{\partial z} - C_l q_m(T - T_0)\right] \tag{11.4.22}$$

式中

$$C_\phi = L\theta_a \frac{\partial\rho_v}{\partial\phi}\bigg|_T - (\rho_l W + \rho_v L)\frac{\partial\theta}{\partial\phi}\bigg|_T$$

$$C_T = L\theta_a \frac{\partial\rho_v}{\partial T}\bigg|_\phi - (\rho_l W + \rho_v L)\frac{\partial\theta}{\partial T}\bigg|_\phi + C$$

$$LD = \rho_l(LD_{\phi v} + gTD_{Ta})$$

§11.5　土壤水分运动基本方程的定解条件

土壤水运移的基本方程大多采用 Richards 方程(10.2.26)、(10.2.27)，所以下面所讨论的定解条件均就上两式而言(张蔚榛等，199)。土壤水运动基本方程的定解条件包括初始条件和边界条件。

初始条件：相应于前式(10.2.26)、式(10.2.27)的初始条件分别以下式表达

$$\theta(z,0)=\theta_i(z) \tag{11.5.1}$$

$$h(z,0)=h_i(z) \tag{11.5.2}$$

脚标 i 表示初始已知量。

边界条件：边界条件一般有一类边界、二类边界、三类边界三种。

第一类边界条件(变量已知的边界 Γ_1)：在一维垂向土壤水分运动中，一类边界的情况发生在压力入渗(地表形成水层)时，地表含水率达到饱和含水率，或当强烈蒸发时，表土达到风干土含水率的情况。

对于式(10.2.26)、式(10.2.27)的一类边界的表达式为：

$$\theta\left(z_0,t\right)=\theta_0(t) \tag{11.5.3}$$

$$h\left(z_0,t\right)=h_0(t) \tag{11.5.4}$$

脚标 0 均表示一类边界上的值；z_0 为一类边界的坐标。

第二类边界条件(边界 Γ_2 上水流通量已知的情况)：在一维垂向土壤水分运动中，这种情况常发生在降雨、灌水入渗或蒸发强度已知的边界。相应于式(10.2.26)、式(10.2.27)表达式为

$$-D(\theta)\frac{\partial\theta}{\partial z}+k(\theta)\bigg|_{\Gamma_2}=\varepsilon(t) \tag{11.5.5}$$

$$-k(h)\frac{\partial(h-z)}{\partial z}\bigg|_{\Gamma_2}=\varepsilon(t) \tag{11.5.6}$$

式(11.5.5)及式(11.5.6)中，均假设垂直坐标 z 向下为正。在降雨或灌水入渗时，$\varepsilon(t)$为正值，在蒸发时 $\varepsilon(t)$为负值。

在不透水边界和无蒸发入渗的边界，$\varepsilon(t)=0$，则式(11.5.5)和式(11.5.6)分别为

$$D(\theta)\frac{\partial\theta}{\partial z}=k(\theta) \tag{11.5.7}$$

$$k(h)\frac{\partial(h)}{\partial z}=k(h) \tag{11.5.8}$$

第三类边界条件：三类边界条件相当于水流通量随边界 Γ_3 上的变量(含水率或压力)值而变化的情况，一般形式为：

$$\alpha_1\frac{\partial f}{\partial z}+\alpha_2 f=\alpha_3 \tag{11.5.9}$$

式中，f 为变量。

在土壤蒸发强度为表土含水率或表土负压的函数的情况下，式(10.2.26)、式(10.2.27)的三类边界条件表达式为

$$D(\theta)\frac{\partial\theta}{\partial z}-k(\theta)=a\theta+b \tag{11.5.10}$$

$$k(h)\frac{\partial(h)}{\partial z}-k(h)=a\varphi(h)+b \tag{11.5.11}$$

方程式(11.5.11)右端的 $a\varphi(h)+b$ 表示三类边界上水流通量为表土负压的函数。例如在土壤的下部有弱透水层阻隔，边界受顶托补给，其补给强度决定于下部弱透水层的导水率 k_2，弱透水层上、下的压力 h_1, h_2，其厚度为 δ，方程的三类边界条件可写成：

$$k(h)\frac{\partial h}{\partial z}-k(h)=k_2\frac{(h_2-h_1-\delta)}{\delta} \tag{11.5.12}$$

上述的三种边界条件是经常遇到的情况。在实际情况下，会出现上下边界不同的情况，这时，就会多种边界条件交叉的情况。另外，还存在如地下水位为已知的运动边界，此时可将地下水面处 h=0 作为边界条件。如在任一时间，地下水埋深为 $d(t)$，则

$$z=d(t),\quad h(d,t)=0 \tag{11.5.13}$$

$d(t)$表示 t 时刻的地下水面所在位置，如地下水位是等速下降的，则

$$d(t)=vt+d_0 \tag{11.5.14}$$

式中，v 为地下水位下降的速度。

如地下水位是由于水井抽水引起下降的，则

$$d(t)=d_0+\frac{Q}{4\pi T}W(\frac{r^2}{4at}) \tag{11.5.15}$$

式中，d_0 为地下水初始埋深；Q 为井的抽水流量；T 为地下水含水层的导水系数；a 为地下水含水层的导压系数；$W(r^2/4at)$为井函数；r 为计算点离抽水井的距离。但是如果地下水位变化规律未知，则不能作动边界处理。

§11.6　土壤水分通量法

在大气水-地表水-土壤水-地下水的相互转化关系研究方面，土壤水分通量法具有重要的应用价值。随着地下水开采规模的越来越大，地下水从自然或人工条件下得到多少补充、消耗多少成为人们关注的问题，土壤水分通量法对精确评价地下水资源量有重大意义(雷志栋等，1988；张蔚榛等，1996；李佩成，1993)。

11.6.1　土壤水分通量法的原理

土壤水分通量法是利用实测的土壤含水量和土壤水势资料进行土壤水量平衡分析的一种方法。

任一深度 Z 处的土壤水分通量为：

$$q(Z)=-k(\phi)\frac{\partial\phi}{\partial Z}\quad 或\quad q(Z)=-k(\theta)\frac{\partial\phi}{\partial Z}$$

一维垂向土壤水分运动的连续性方程为：

$$\frac{\partial\theta}{\partial t}=-\frac{\partial q_z}{\partial Z}$$

上式由 Z^*至 Z 积分得，

$$q(Z)-q(Z^*)=-\int_{Z^*}^{Z}\frac{\partial\theta}{\partial t}\mathrm{d}Z$$

式中，$q(Z)$为地表以下深度为 Z 的土壤水分通量；$q(Z^*)$为地表以下深度为 Z^*的土壤水分通量。

若计算时段为 t_1 至 t_2，并以 $Q(Z)$和 $Q(Z^*)$分别表示在此时段内通过深度 Z 和 Z^*处单位断面面积上的水量，由上式积分可得土壤水量平衡方程为：

$$Q(Z)-Q(Z^*)=\int_{Z^*}^{Z}\theta(Z,t_1)\mathrm{d}Z-\int_{Z^*}^{Z}\theta(Z,t_2)\mathrm{d}Z$$

则

$$Q(Z)=Q(Z^*)+\int_{Z^*}^{Z}\theta(Z,t_1)\mathrm{d}Z-\int_{Z^*}^{Z}\theta(Z,t_2)\mathrm{d}Z \tag{11.6.1}$$

式中，$\theta(Z, t_1)$为计算时段初 t_1时刻的土壤剖面含水量分布；$\theta(Z, t_2)$为计算时段末 t_2时刻的土壤剖面含水量分布。

根据确定断面 Z^*处的土壤水分通量 $q(Z^*)$或水量 $Q(Z^*)$时采用的方法不同，构成了不同的土壤水分通量方法，主要有零通量面法、定位通量法、表面通量法。

11.6.2　零通量面法

当某一位置的土壤水势梯度$(\partial\phi/\partial Z)=0$ 时，土壤水分通量 $q=0$，称此点为零通量点，由零通量点构成的面称为零通量面(Zero Flux Plane)，简称 ZFP，该位置记作 Z_0。一般情况下，非饱和带土壤水势分布是深度的连续函数。因此在土壤水势分布曲线上满足$(\partial\phi/\partial Z)=0$的点为极值点，这些极值点的位置就是 ZFP 的位置。土壤水势分布曲线的极值点分为极大值点和极小值点两种类型，所以 ZFP 也分为两种类型。

一类是发散型零通量面(Divergent Zero Flux Plane)，简称 DZFP，此类 ZFP 位于极大值点位置，在 ZEP 以上，$(\partial\phi/\partial Z)<0$, $q>0$，土壤水分向上运动；在 ZFP 以下，$(\partial\phi/\partial Z)>0$, $q<0$，土壤水分向下运动，如图 11.5 所示土壤水势分布曲线。零通量面法计算土壤水分通量使用的是 DZFP。另一类是收敛型零通量面(Convergent Zero Flux Plane)，记作 CZFP，此类 ZFP 位于极小值点位置上，在此位置以上$(\partial\phi/\partial Z)>0$, $q<0$，土壤水分自上而下向此位置运动；在此位置以下$(\partial\phi/\partial Z)<0$，土壤水分自下而上向此位置运动，如图 11.6 土壤水势分布曲线所示，一般情况下，CZFP 发育速度快，存在时间短，应用 ZFP 法计算误差大，因此 CZFP 不适用于零通量面法。

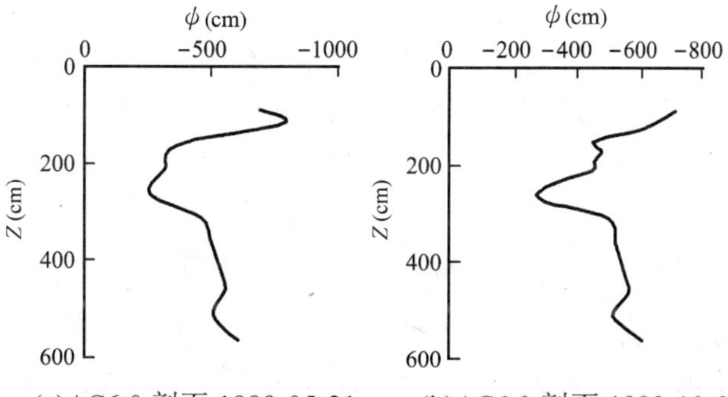

(a)AC6.0 剖面 1999-05-21　(b)AC6.0 剖面 1999-10-06

图 11.5　蒸发-入渗型土壤剖面水势分布(张蔚榛和沈荣开,1996)

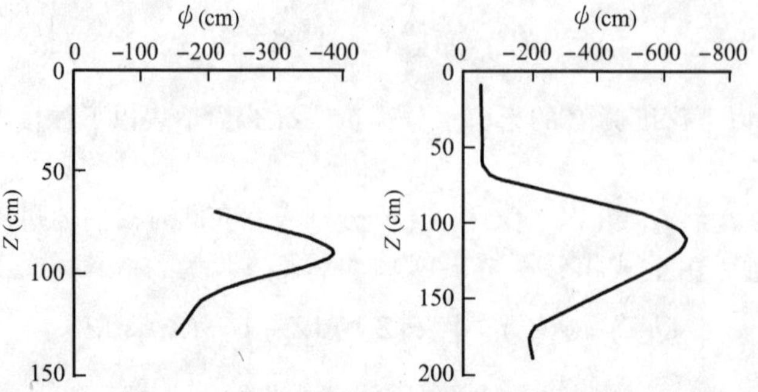

图 11.6　入渗-蒸发型土壤剖面水势分布(张蔚榛和沈荣开,1996)

零通量面法的基本公式：零通量面法的基本原理是利用负压计系统测得土壤剖面上 ZFP 的位置作为一个水分通量为零的已知边界，利用中子水分仪或其它方法测得土壤剖面含水量分布 $\theta(Z, t)$，通过计算求得任一断面处的土壤水分通量或通过 ZFP 处的水量。

土壤水分通量的基本方程是：

$$q(Z) - q(Z^*) = -\int_{Z^*}^{Z} \frac{\partial Z}{\partial t} \mathrm{d}Z \tag{11.6.2}$$

$$Q(Z) - Q(Z^*) = \int_{Z^*}^{Z} \theta(Z, t_1) \mathrm{d}Z - \int_{Z^*}^{Z} \theta(Z, t_2) \mathrm{d}Z \tag{11.6.3}$$

一般情况下求得 $q(Z^*)$或 $Q(Z^*)$的值比较困难，需要通过达西定律或其他方法求得。当土壤剖面 Z^*处的土壤水势梯度$(\partial \phi / \partial Z)=0$ 时，土壤水分通量 $q(Z^*)=0$ 或 $Q(Z^*)=0$。这时 Z^*点就成为 Z_0 点。则土壤水分通量基本方程变为如下形式。

$$q(Z) = -\int_{Z_0}^{Z} \frac{\partial \theta}{\partial t} \mathrm{d}Z \tag{11.6.4}$$

$$Q(Z) = \int_{Z_0}^{Z} \theta(Z, t_1) \mathrm{d}Z - \int_{Z_0}^{Z} \theta(Z, t_2) \mathrm{d}Z \tag{11.6.5}$$

应用零通量面法计算土壤水分通量时，在计算时段内，根据零通量面的发育状态不同，分两种情况处理。

ZFP 稳定条件下的计算公式：在一个计算时段内 ZFP 的位置移动很小或者测量不到其位移量时，可近似把 ZFP 看作是稳定不变的，即 $Z_0(t)= Z_0$。这时土壤水分的蒸发蒸腾量计算公式为：

$$E = \int_{Z_0}^{0} \theta(Z, t_1) \mathrm{d}Z - \int_{Z_0}^{0} \theta(Z, t_2) \mathrm{d}Z \tag{11.6.6}$$

当在 t_1 至 t_2 时段内发生过降雨或灌溉，并且降雨(灌溉)入渗未影响到原来零通量面时，这部分水量应当考虑在 ZFP 以上土壤水分的蒸发蒸腾损耗量中，计算土壤水分蒸发蒸腾量的公式为：

$$E = p + \int_{Z_0}^{0} \theta(Z, t_1) \mathrm{d}Z - \int_{Z_0}^{0} \theta(Z, t_2) \mathrm{d}Z \tag{11.6.7}$$

式中，E 为土壤水分蒸发蒸腾量；p 为 t_1 至 t_2 时段内降雨量(或灌溉量)；$\theta(Z, t_1)$为 t_1 时刻土壤剖面含水量分布；$\theta(Z, t_2)$为 t_2 时刻土壤剖面含水量分布；Z_0 为 ZFP 所在位置(Z 为纵坐标，设地面为参考平面，向上为正)。

在 t_1 至 t_2 时段内零通量面以下某一深度 Z 处的下渗量计算公式为：

$$D=\int_{Z_0}^{Z}\theta(Z,t_1)\mathrm{d}Z-\int_{Z_0}^{Z}\theta(Z,t_2)\mathrm{d}Z \tag{11.6.8}$$

式中，D 为 t_1 至 t_2 时段内的土壤剖面深度 Z 处的下渗量。

图 11.7 为零通量面稳定条件下，计算土壤水分蒸发蒸腾量(由 E 表示的阴影部分)和土壤剖面 Z 处的下渗量(D 表示的阴影部分)的示意图。图中 Z_0 表示在计算时段内零通量面的位置，虚线表示 t_1 时刻土壤剖面水势分布曲线 $\phi(Z,t_1)$或含水量分布曲线 $\theta(Z,t_1)$，实线表示 t_2 时刻土壤剖面水势分布曲线 $\phi(Z,t_2)$或含水量分布曲线 $\theta(Z,t_2)$。

ZFP 移动条件下的计算公式：实际上，ZFP 的位置是时间的函数，即 $Z_0(t)$。它的发育受多种因素的影响，所以零通量面的实际位置随时间不断变化，这种情况下土壤水分蒸发蒸腾量的计算公式为：

$$E=p+\int_{Z_0(t_1)}^{0}\theta(Z,t_1)\mathrm{d}Z-\int_{Z_0(t_2)}^{0}\theta(Z,t_2)\mathrm{d}Z+\int_{Z_0(t_2)}^{Z_0(t_1)}\theta[Z,t(Z_0)]\mathrm{d}Z \tag{11.6.9}$$

下渗量的计算公式为：

$$D=\int_{Z_0(t_1)}^{Z}\theta(Z,t_1)\mathrm{d}Z-\int_{Z_0(t_2)}^{Z}\theta(Z,t_2)\mathrm{d}Z+\int_{Z_0(t_2)}^{Z_0(t_1)}\theta[Z,t(Z_0)]\mathrm{d}Z \tag{11.6.10}$$

式中，$Z_0(t_1)$为时段初 t_1 时刻的 ZFP 位置；$Z_0(t_2)$为时段末 t_2 时刻的 ZFP 位置；$t(Z_0)$为 ZFP 位置在 Z_0 时的时间；$\theta[Z,t(Z_0)]$为 $t(Z_0)$时刻土壤剖面含水量分布。

由于不可能测量 t_1 至 t_2 时段内全部时间的土壤含水量分布变化过程，所以 $\theta[Z,t(Z_0)]$ 的值作如下近似处理。

$$\theta\left[Z,t(Z_0)\right]\approx\left[\theta(Z,t_1)+\theta(Z,t_2)\right]/2 \tag{11.6.11}$$

图 11.8 给出了零通量面移动条件下，计算土壤水分蒸发蒸腾量(由 E 表示的阴影部分)和土壤剖面 Z 处的下渗量(由 D 表示的阴影部分)的示意图。图中 $Z_0(t_1)$, $Z_0(t_2)$分别表示计算时段始末 t_1 和 t_2 时刻零通量面的位置。虚线 t_1 表示时刻土壤剖面水势分布曲线 $\phi(Z,t_1)$或含水量分布曲线 $\theta(Z,t_1)$。实线表示 t_2 时刻土壤剖面水势分布曲线 $\phi(Z,t_2)$或含水量分布曲线 $\theta(Z,t_2)$。

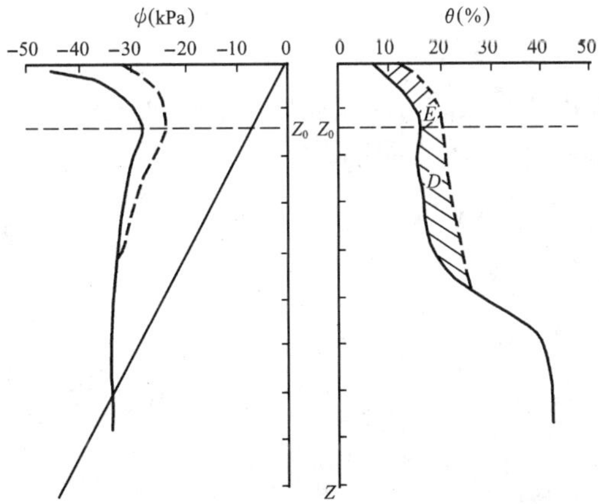

图 11.7　ZFP 稳定时土壤剖面水势和含水量分布

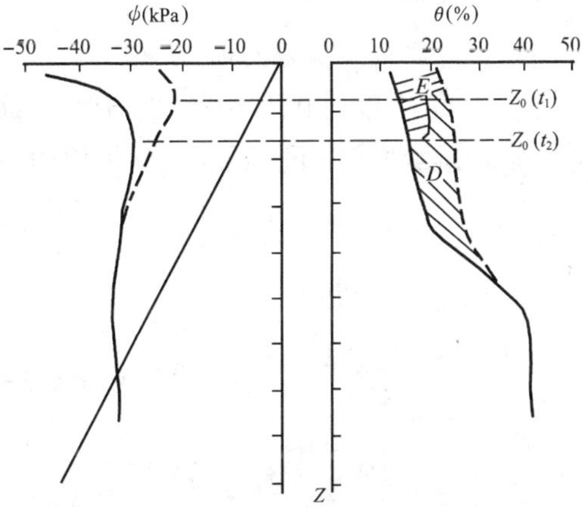

图 11.8　ZFP 移动时土壤剖面水势和含水量分布

零通量面形成发育规律：零通量面(ZFP)是 ZFP 法计算土壤水分通量的一个已知边界。因此，只有很好的认识和掌握 ZFP 形成发育规律，才能正确有效地使用 ZFP 法。

降雨(或灌溉)入渗使土壤表层土壤水势迅速增加，形成土壤水分向下入渗的水势梯度，即$(\partial\phi/\partial Z)>0$。随着湿润锋的下移，降雨(或灌溉)入渗的深度不断增加。降雨(或灌溉)停止后，土壤水分仍在下渗，由于蒸发蒸腾作用，土壤表层水势减小，形成土壤水分向上运移的水势梯度，即$(\partial\phi/\partial Z)<0$，在土壤表层(或作物根系带)形成一个发散型零通量面 DZFP。随着土壤水分的继续蒸发蒸腾，该 ZFP 逐渐向下移动。下移速度由快变缓，在水位埋深较大的条件下，ZFP 逐渐趋于一个稳定深度。在 DEFP 发育过程中，它的位置 $Z_0(t)$实际上是蒸发蒸腾对土壤水分的作用深度。

当潜水位埋深较浅时，在土壤表层形成的 DZFP 与潜水位之间土壤水势梯度$(\partial\phi/\partial Z)<0$，DZFP 位置以下土壤水分向下运动至潜水面，显然 DZFP 向下发育一与潜水位相遇时立即消失，这时非饱和带整个土壤剖面土壤水势梯度变为$(\partial\phi/\partial Z)<0$，潜水开始上渗补充土壤水蒸发蒸腾损耗，即通常所说的潜水蒸发。

当潜水位以上土壤剖面呈蒸发状态，土壤水分运动方向向上，或潜水位处于上升状态，毛细带土壤水分向上运动时，若潜水位因某种原因(如潜水井抽水)而下降，那么土壤水分首先从毛细带下部开始向下运移，在毛细带形成一个 DZFP，并且迅速向上移动，以后又逐渐变缓。

DZFP 存在期与土壤结构、气象条件、潜水位埋深、植被等因素有关。当潜水位埋深比较深时，在干旱半干旱气候条件下，一年内有相当长的时间存在 DZFP，只有降雨(或灌溉)量大或降雨比较频繁的时期，DZFP 暂时消失，出现间断期、当潜水位埋深较大(≥4 m)时，非冻结期内均存在 ZFP，当潜水位埋深为 3 m 时，4 ~ 9 月一般存在 ZFP，当潜水位埋深小于等于 2 m 时，ZFP 存在期较短。

从以上 ZFP 形成发育直至消失的全过程可以看出，ZFP 形成发育过程具有连续性，不会出现间断性的跳动，更不会在某一深度上时有时无。这一规律对研究分析资料，判别实验数据优劣和识别真假 ZFP 尤为重要。

11.6.3　定位通量法

1. 定位通量法基本原理

定位通量法和 ZFP 法一样，它的理论基础仍然是达西定律和质量守恒原理。在一维垂向土壤水分运动条件下，由质量守恒原理得出的连续性方程为：

$$\frac{\partial\theta}{\partial t}=-\frac{\partial q}{\partial Z} \tag{11.6.12}$$

上式由 Z^*至 Z 积分得，

$$q(Z)-q(Z^*)=-\int_{z^*}^{z}\frac{\partial\theta}{\partial t}\mathrm{d}Z \tag{11.6.13}$$

则

$$q(Z)=q(Z^*)-\int_{z^*}^{z}\frac{\partial\theta}{\partial t}\mathrm{d}Z \tag{11.6.14}$$

式中：$q(Z)$, $q(Z^*)$分别表示在断面 Z 和 Z^*处的土壤水分通量。

若用 $Q(Z)$和 $Q(Z^*)$分别表示在 t_1 至 t_2 时段内在断面 Z 和 Z^*处通过的水量，则水量平衡方程为：

$$Q(Z)=Q(Z^*)+\int_{Z^*}^{Z}\theta(Z,t_1)\,\mathrm{d}Z-\int_{Z^*}^{Z}\theta(Z,t_2)\,\mathrm{d}Z \tag{11.6.15}$$

上式右端后两项的值可以通过测定土壤剖面含水量分布 $\theta(Z, t)$确定。若能测得通过某一给定断面 Z^*处的土壤水量 $Q(Z^*)$，由水量平衡方程即可求得任一断面 Z 处通过的土壤水量 $Q(Z)$的值。计算断面 Z^*处的通量 $q(Z^*)$或通过的水量 $Q(Z^*)$最直接的方法就是用达西定律。

由达西定律计算某一选定边界即定位边界 Z^*处土壤水分通量 $q(Z^*)$或通过的水量 $Q(Z^*)$，利用土壤剖面含水量分布 $\theta(Z, t)$资料计算土壤水分变化量，应用上述方程计算通过任一断面 Z 处的土壤水分通量 $q(Z)$或水量 $Q(Z)$的方法称为定位通量法。

实际应用时，在土壤剖面上选定一个合适的位置 Z^*作为定位边界，在其上方和下方各安装一支负压计测量土壤水势值，设这两点的纵坐标为 Z_1，Z_2，且满足

$$Z^*=(Z_1+Z_2)/2,\quad \Delta Z=Z_2-Z_1$$

设法测得 Z^*处的非饱和土壤导水率 $k(\theta)$值，应用达西定律计算 Z^*处的土壤水分通量为：

$$q(Z)=-k(\theta)\frac{\Delta\psi}{\Delta Z} \tag{11.6.16}$$

一般计算时段都比较长，应当根据定位边界 Z^*处的土壤含水量和土壤水势梯度随时间的变化情况，将计算时一段 t_1 至 t_2 划分为 n 个小时段。这时一通过定位边界 Z^*处的土壤水量用下式计算：

$$\sum_{i=1}^{n}Q(Z^*)=-k(\theta_i)(\frac{\Delta\phi}{\Delta Z})_i(\Delta t)_i\quad i=1,2,\ldots,n \tag{11.6.17}$$

式中，$Q(Z^*)$为在 t_1 至 t_2 时段内从定位边界 Z^*处通过的土壤水量；θ_i 为第 i 个小时段内定位边界 Z^*处的土壤含水量平均值；$k(\theta_i)$为对应于含水率 θ_i 的非饱和土壤导水率，mm/d；$(\Delta\phi/\Delta Z)$为第 i 个小时段内定位边界 Z^*处的土撰水势梯度平均值；$(\Delta t)_i$ 为第 i 个小时段。

当 Z 位于地表面时，$Q(0)$为 t_1 至 t_2 时段内的土壤水分蒸发蒸腾量。当 Z 接近潜水位，$Q(Z)$近似为 t_1 至 t_2 时段内的土壤水分下渗补给地下水量。

2．非饱和土壤导水率 $k(\theta)$的测定

非饱和土壤导水率 $k(\theta)$的测定对于应用定位通量法至关重要。利用 ZFP 法有效期的资料，采用 ZFP 法可现场测定土壤水势梯度缓变带多个深度上的非饱和土壤导水率 $k(\theta)$，进而确定 $k(\theta)\sim\theta$ 间的经验公式。

ZFP 法原位测定 $k(\theta)$的原理：

由达西方程：

$$q(Z^*)=-k(\theta)\frac{\Delta\phi}{\Delta Z} \tag{11.6.18}$$

则

$$k(\theta)=-\frac{q(Z^*)}{\dfrac{\Delta\phi}{\Delta Z}} \tag{11.6.19}$$

式中，$q(Z^*)$为 t_1 至 t_2 时段内通过定位边界 Z^*处的土壤水分通量；θ 为 t_1 至 t_2 时段内定位边

界 Z^*处的土壤含水量平均值；$(\Delta\phi/\Delta Z)$为 t_1至 t_2时段内定位边界 Z^*处的土壤水势梯度平均值。

在 ZFP 法有效期内，只要测得 t_1和 t_2时刻的土壤含水量分布 $\theta(Z, t_1)$, $\theta(Z, t_2)$和土壤水势分布 $\phi(Z, t_1), \phi(Z, t_2)$，就可确定 ZFP 的位置 $Z_0(t_1)$和 $Z_0(t_2)$。应用 ZFP 法即可计算出 t_1至 t_2时段通过断面 Z处的一单位面积的水量，即下渗量 D。再由下式计算出土壤水分通量。

$$q(Z^*) = D/\Delta t \tag{11.6.20}$$

式中，D为 t_1至 t_2时段通过断面 Z^*处的单位面积土壤水分下渗量(mm)；$\Delta t = t_1 - t_2$通过土壤剖面水势分布 $\phi(Z, t_1), \phi(Z, t_2)$，求出 t_1至 t_2时段内断面 Z^*处的土壤水势梯度平均值，则可计算出非饱和土壤导水率 $k(\theta)$。

测定 $k(\theta)$位置的选择：测定非饱和土壤导水率 $k(\theta)$位置的选择应当有利于精确测定土壤水分通量 $q(Z^*)$和土壤水势梯度$(\Delta\phi/\Delta Z)$。如果任意选择测量位置可能使水势梯度$(\Delta\phi/\Delta Z)$的精确测量难度很大或无法实现。因此，测量位置的选择必须充分考虑土壤剖面上水势梯度的分布特征。

在土壤水势梯度强烈变化带，由于降雨(灌溉)和蒸发的交替作用，土壤水势梯度变化幅度大，而且水势梯度的方向也会发生改变。因此，选择测量位置时应尽量避开土壤水势梯度强烈变化带。

在土壤水势梯度基本不变带，土壤水势梯度值接近于零，其变化幅度相当小。因潜水位变化的影响，土壤水势梯度方向可能在短时间内发生变化，因而很难准确测量土壤水势梯度值。另一方面，在土壤水势梯度基本不变带，土壤含水量比较高，土壤水势梯度较小的变动都会引起土壤水分通量的较大变化。因此，测量位置不宜选在土壤水势梯度基本不变带。在土壤水势梯度缓变带内，土壤水势梯度容易做到精确测量，而且在 ZFP 法有效期内，土壤水势梯度具有单向性，即$(\partial\phi/\partial Z)>0$，土壤水分通量向下。一般非饱和土壤导水率测定位置选在土壤水势梯度缓变带比较好。

非饱和土壤导水率方程：选择模拟剖面中 ZFP 法应用效果良好的时段，应用 ZFP 法计算土壤水势梯度缓慢带内不同深度处对应的不同土壤含水量 θ的非饱和土壤导水率 $k(\theta)$值，根据测得的一系列 $\theta_i(i=1, 2, \cdots, n)$和相应的 $k(\theta_i)$资料，即可获得较精确的 $k(\theta)$的经验公式。根据昌吉地下水均衡场多年资料，得出 $k(\theta)$在高含水率段内呈近似线性关系，得出 $k(\theta)$的的经验方程为：

$$k(\theta) = 0.037\,7\theta - 1.08 \tag{11.6.21}$$

式中，$k(\theta)$为非饱和土壤导水率(mm/d)；θ为土壤体积含水量(%)。

§11.7 冻土水文物理过程

11.7.1 冻土的基本物理特性

土是复杂的多相体系，由固、液和气三相物质组成。未冻土或融土中的固相物质通常包括矿物质和有机质、液相物质(水溶液)和气相物质(空气)等。固相物质组成了土的基本骨架，通常称为基质。液相和气相物质填充在土骨架的空隙中，冻土上则增添了冰这种新的固相物质。

土中的矿物颗粒具有不同的形状和大小。颗粒的形状可分为针状、多角状、结晶状、枝状、纤维状、片状、杯状和球状等。球状均匀颗粒的大小可用直径来表示，正方体颗粒可用一边来表示，对于其他形状规则的颗料可用相等的适当的尺寸来表示。颗粒的大小与其表面积呈反比关系。土具有多孔性且当颗粒小到胶粒的程度时，还具有吸附性。土中水就被充填或吸附在土的孔隙中(徐学祖等，2001)。

根据温度和含冰状况，可将土壤分为 5 类：未冻土(或融土)、寒土、已冻土、正冻土和正融土。未冻土为温度高 0℃且不含冰晶的土，寒土为温度低于 0℃且不含冰晶的土(含水量小或水溶液浓度高的土)，已冻土为温度低于 0℃且含有冰晶的土，正冻土为处于低于 0℃的降温中且冰晶形成及生长(有相界面移动)的土，正融土为处于低于 0℃的升温过程中且冰晶逐渐减少(有冻融界向移动)的土。

根据土颗粒间的接触状况，可将土壤分为三种类型：固-固型(SS)、固-液-固型(SLS)和固-固-液-固型(SSLS)。固-固型土土颗粒间直接接触，含水量变化时，只引起孔隙中水-气界间位移，没有土体积的变化；固-液-固型土土颗粒总是被水隔开，含水量受化时，会引起颗粒位移及土体积的变化；固-固-液-固型土部分土颗粒直接接触，部分土颗粒被水隔开，含水量变化时逐渐向固-固则或固-液-固型过渡。

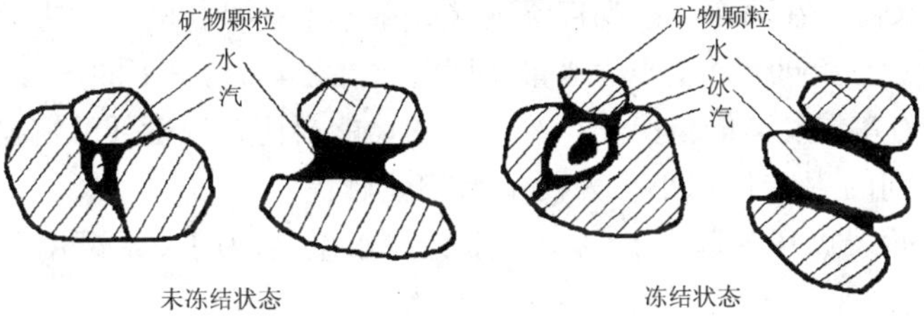

图 11.9　SS 型和 SLS 型土在冻融情况下的接触界面(徐学祖等,2001)

图 11.9 列举了融化和冻结状态下固-固型和固-液-固型土中的 5 种接触界面；硅酸盐-硅酸盐界面(SS)、硅酸盐–水–硅酸盐界面(SWS)、硅酸盐–水–气界面(SWA)、硅酸盐–水–冰界面(SWI)和冰–气界面(IA)。

冻土中所含物质的质量和体积之间的关系可用图 11.10 所列举的基本物理指标来描述。

$$\rho=\frac{M}{V},\rho_d=\frac{M_s}{V},\rho_s=\frac{M_s}{V_s}$$

$$e=\frac{V_\rho}{V_s},n=\frac{V_\rho}{V},s_r=\frac{V_w}{V}$$

$$w=\frac{M_w}{M_s},w_u=\frac{M_{wu}}{M_s},i=\frac{M_i}{M_w}$$

式中，ρ为为天然密度；ρ_d为干密度；ρ_s为比重；M, M_s, M_w, M_{wu}, M_i分别为土体、土骨架、土中水分、未冻水和冰的质量；V, V_s, V_p, V_w分别为土体、土骨架、孔隙和水分的体积；e为孔隙比；n为孔隙率；S_r为饱和度；w为含水量；w_u为未冻水含量；i为相对含冰量。

11.7.2　冻土土水势及其影响因素

土中水受到矿物颗粒表面能的作用。随着饱和度的降低，土中水的类型逐渐从毛细水转变为薄膜水。土壤水所受的力也相应从毛细力转变为吸附力。结果土水势总是随含水量减小而减小(徐学祖等，2001)。

土壤水势随含水量变化的整个过程可以分为三个阶段：第一阶段是粗大毛细管中形成弯液面阶段，随含水量减小，土水势从零快速线性减小到某个临界值；第二阶段是水分从粗大毛细管中排出阶段，土水势缓慢减小；第三阶段是水分从细小毛细管中排出阶段，土水势又快速减小。

土壤类型对土水势的影响主要是指土的矿物成分和土颗粒级配即分散性的影响。随着土类从砂土变到黏土，其中的细粒含量不断增多，相应造成活性比表面积增大和平均毛细半径的减小。这种变化在不同程度上起着共同的作用，即导致土中水所受的束缚能增大及土水势的减小。对于同一种土，在含水量相同时，土壤水势随干容重的增大而增大，这是由于土的结构随着容重变化而变化。

随着干容重的增大，土体被压密，土中粗大孔隙很快变小，而原有小孔隙的隙径变化不大。通常，薄膜水处于大孔隙中而毛细水处于小孔隙中。这样，由于压密过程中孔隙大小的变化，造成了薄膜水向毛细水过渡，导致土水势的增大。

对每一种土来说，在两个不向温度下的曲线基本上是平行的，这表明温度对土壤水势的影响与含水量无关。同一种土当含水量相同时，在 24℃情况下的土壤水势比在 0.5℃情况下高。这是因为在温度高的情况下，水分子的动能要比在温度低的情况下大。水分子的动能越大，水受到的束缚就越小，因而土水势就越高。

如果我们取断裂点作为起点，则土壤水势含水量之间的关系可用下式描述：

$$\varphi_w = cw^{-d} \tag{11.7.1}$$

式中，φ_w为土水势的绝对值；w为土的体积含水量；c, d为与土的性质有关的系数。

把断裂点的坐标代入(11.7.1)式，则得：

$$\frac{\varphi_w}{\varphi_{wf}} = (\frac{w_f}{w})^d \tag{11.7.2}$$

式中，φ_w和φ_{wf}分别为断裂点的土壤水势和体积含水量。

式(11.7.2)可改写为下列形式：

$$\varphi_w = \varphi_{wf} {w_f}^d w^{-d} \tag{11.7.3}$$

比较式(11.7.1)和式(11.7.3)得：

$$c = \varphi_{wf} {w_f}^{-d} \tag{11.7.4}$$

由上述可知，引入断裂点的坐标后，土壤水势与含水量的关系可用指数方程来表示。方程中只存在一个与土的性质有关的常数 d。

土体是一种多孔材料。假设土中孔隙为圆柱状，基于毛细理论可将孔径与土水势间的关系用下式表示：

$$D = \frac{-4\gamma\cos\theta}{\varphi} \tag{11.7.5}$$

式中，D为孔径；φ为土水势；γ 为水溶液的表面张力；θ为水溶液与毛细管壁间的接触角。

目前我们尚未能确定不同温度条件下水溶液的表面张力和水溶液与毛细管壁间的接触

角的数值，暂且取0℃时纯水的表面张力 γ=75.6dyn/cm 和设接触角 θ=0℃孔径 D 的单位为μm，土壤水势的单位为 kPa，则式(2.3.3)可写作：

$$D = \frac{3\,024}{\alpha W^{-b}} = cW^{b} \tag{11.7.6}$$

式中，α和 b 取决于土质的经验系数；c=30 240/a；W 为土的重量含水量。

温度、未冻水含量和土壤水势三个变量间有相互联系制约的关系，将上述式子联立起来，就可以得到描述冻土中土壤水势与温度之间关系的表达式：

$$\varphi_w = m\theta^n \tag{11.7.7}$$

$$m = \varphi_{wf} W_f{}^{d} W_o{}^{-d} \theta_f{}^{-bd} \tag{11.7.8}$$

$$n = bd \tag{11.7.9}$$

式(11.7.7)表示冻土中的土壤水势随温度降低而减小(负压绝对值增大)。除此经验表达式外，根据 Clapeyron 方程，未冻水能量状态与温度的关系还可用下式表示：

$$V_i\varphi_i - V_w\left(\varphi_w - \pi\right) = -H_f \frac{\theta - \theta_o}{\theta_o} \tag{11.7.10}$$

式中，V_i 和 V_w 分别为冰和水的比容；φ_i 和 φ_w 分别为冰压力和静水压力；π 为溶质渗透压力；H_f 为冰的融化潜热；θ 和 θ_o 分别为土中水溶液和纯水的冻结温度。

11.7.3　正冻土中的水分迁移

开放系统饱水正冻土中的水分迁移：关于饱水正冻土中的水分迁移研究中，有一个观点认为，细颗粒土冻结时，在冻结峰面与冰透镜体底面间存在一个冻结缘。另一个观点认为冻结过程中存在分凝势，当正冻土的热状况达到稳定时，它是冻结缘附近水分迁移入流通量与温度梯度的一个比值。但是，由于入流通量影响因子的复杂性，不同试验条件下的水分迁移和现场条件下入流通量的预报方法研究仍然在进行。

当某个负温突然施加到土柱底面并使底面冻结后，冻结锋面就由土柱底面不断向上移动。对任何一个给定初始条件和边界条件的土柱来说，冻结锋面随时间的变化、大致分为四个区段：快速冻结区、过渡区、似稳定区和稳定区。各个区段的水分特征将在以下逐个叙述。冻结深度随时间的变化可用下式表示：

$$H_f = aT^{1/2} + b \tag{11.7.11}$$

式中，H_f 为冻结深度(cm)；T 为冻结历时(h)；a 和 b 为与土的性质和边界条件有关的常数。

土冻结过程中，伴随土中孔隙水的相变和冰分凝而产生冻胀。不同冻结区段内，冻胀发育速率也是不同的。快速冻结区内，冻胀量很小，曲线平缓。过渡区内冻胀量开始增大。进入似稳定区后，冻胀基本上以一个稳定的速率增长。冻结锋面趋于稳定，即进入稳定区后，冻胀率又逐渐减慢。

冻胀和冻渗两个物理过程，导致土柱中未冻土段的长度随时间不断变化。某一瞬间的未冻土的长度可按下式计算：

$$L_u(T) = H - H_f(T) + H_v(T) \tag{11.7.12}$$

式中，L_u 为未冻土段的长度(cm)；H 为土柱的初始高度(cm)；H_v 为冻胀量(cm)。

冻结过程中未冻土的长度随时间的变化可用下式表示：

$$L_u = aT^{-1/2} + b \tag{11.7.13}$$

在实际实验过程看，外界水并不是在试验一开始就被吸入土中，而是在似稳定区开始瞬间才出现入流，这与冻结时土中孔隙水压力变化有关。试验开始前，土柱在一定的外载下固结，孔隙水压力为零。试验观测到，在快速冻结区内，由于土的冻结，出现 2～3cm 水柱的正的孔隙水压力。在过渡区内孔隙水压力又从正值回复到零。进入似稳定区后，外界水的总入流量与时间的平方根成正比关系：

$$Q = aT^{1/2} + b \tag{11.7.14}$$

式中，Q为总入流量(mL)。

封闭系统正冻土中的水分迁移：尽管土类、初始含水量和干容重等条件各不相同，由于试验过程中土柱顶、底端的温度均保持恒定且试样是均质的，所以温度沿土柱高度按线性分布。由于冻土和未冻土的导热率的差异，温度剖面基本上可分以为两个区段：未冻土段和已冻土段，其温度分布的斜率略有差异，已冻土段的斜率略大于未冻土段。因为土中初始含水量一般小于其饱和含水量且水中含有不同浓度的盐分，所以冻土和未冻土温度剖面中两个直线段的拐点(即冻结温度)不在 0℃，而在零下某个温度。

寒冷地区由于气候严寒，冬季积雪，地面封冻，包气带厚度随副冻时间而变化，产流过程与无冻地区相比，有着明显的不同。

冻土蓄水具有不透水、蓄水调节和抑制蒸发与入渗的四大作用。降雨径流变化有 5 个突出特点：①流域积雪和冻土蓄水量，需在融冻期补给河流，因此降雨径流明显滞后。②冻土层改变了毛管输水正常状态，在融冻层，土壤疏松，下渗能力很强，而冻结层透水能力很低，降雨不易下渗，故易形成冻层上水，地下径流甚微。③土壤在冻结过程中，随着冻结锋面的下移，潜水蒸发在冻结锋面凝结、增加土壤含水量，土壤水分甚至达到饱和或过饱和。而在融冻过程中，冻土和蓄水消退线为缓慢、长时间影响降雨、径流、蒸发和入渗的转换关系。④在无冻地区流域蓄水曲线为单一曲线，最大蓄水量 $\overline{W}_M$ 为定值。在冻土地区，流域蓄水曲线随融冻时间和包气带厚度不同而成为一簇变动的曲线。以融冻封面为界，冻土蓄水量分为冻结和融化层上下两部分。在融冻开始时，冻土接近地表，包气带厚度为零，上层蓄水容量 $\overline{W}_M$ 近于零，直到化通，包气带厚度最大，蓄水容量接近 $\overline{W}_M$，为最大值。将冻结层视为不透水层，则融冻开始时，下层(冻结层)蓄水容量达最大 $\overline{W}_M$ 值，直到化通，冻土消失，蓄水容量为零。⑤由于冻土冻结膨胀作用，土壤透水性能良好，加之降雨强度一般都较小，不易超渗，因此，雨强的影响不很明显。寒冷地区降雨径流过程的特点，使降雨径流形成机理和计算方法与无冻条件具有本质的区别。

11.7.4 封闭系统已冻土中的水分迁移

冻土中液相水的迁移过程可作如下解释：在上述试验中，温度梯度可看作一种外力，它造成了冻结土柱中水分迁移的土水势梯度，温度高的地方土水势大(负压小)，温度低的地方土水势小(负压大)。在土水势梯度作用下，冻土中的未冻水沿着温度降低的方向迁移。在温度高的地方，由于未冻水含量减少而破坏了该地的冰水之间的热力平衡，未冻水势低于冰，产生了由冰指向未冻水方向的势梯度，引起冰向未冻水的过渡，导致温度高的地方含冰量和总含水量的减少。另一方面，温度低的地方，由于未冻水含量的增大而破坏了该地冰、水之间的热力平衡，导致了未冻水向冰方向的相转换。使该地的含冰量和总含水量不断增高。这样的过程贯穿整个试验的始终并沿着整个土柱长度方向进行。在封闭系统中，即在无外界水源补给的情况下，水分迁移过程将进行到土柱疏干段所储存的水分(含冰量)全部耗尽为止。

平均水分迁移通量按下式计算：

$$q_i = q_{i-1} + \frac{\left(W_i^1 - W_i^2\right)\Delta x \rho_d}{T_2 - T_1} \tag{11.7.15}$$

式中，q_{i-1}和q_i分别为$(i-1)$和i的平均通量(g/(cm^2·s))；W_i^1和W_i^2分别为T_1和T_2时刻的总含水量；Δx为分段长度(cm)；ρ_d为土的干密度(g/cm^3)。

根据总含水量的测定，水分迁移通量可用式(11.7.15)计算，试验中仅用了莫玲黏土，所以迁移通量可以看作为下列四个因素的函数：

$$q = f\left(T, \theta, \rho_d, \mathrm{grad}\theta\right) \tag{11.7.16}$$

式中，T为试验持续时间；ρ_d为土的干密度(g/cm^3)；θ为温度(℃)；gradθ为温度梯度(℃/cm)。

通过试验证实非饱和冻结莫玲黏土中水分迁移通量与温度梯度成正比，与试验持续时间的平方根成反比，而且随温度降低呈指数规律减小。冻土中的水分迁移不仅取决于冻土所处的外界条件，而且在很大程度上取决于冻土本身的微观结构，干密度的变化对迁移通量有重要影响。非饱和冻土中的水分迁移特征与非饱和融土中的水分特征相似。即使当温度梯度小到 0.023 6 ℃/cm 时，达西定律仍然适用于冻土中的水分迁移。

11.7.5　冻土活动层内的水热过程

冬季：冻土地区在漫长的冬季太阳辐射能很小，地表净辐射为负，气温比地表或雪层温度要低得多，因此产生负的地热通量，冻结面下降到活动层内，并一直移到融化层下限。而活动层底部的地温为正，致使活动层内的土壤水分向地表迁移，使水分集中分布于土壤表层附近，而除有地下水入渗以外，活动层底部的土壤含水量相对较小，形成干燥带，在冻结面则形成分离冰。到了春季此分离冰层阻挡了融雪水下渗，表层土壤含水量不断增加为春季地表径流形成创造了条件。

春季(融雪期)：春初在冻土地区地温处于0℃以下，地热对融水的贡献非常小。在亚北极春季辐射平衡逐渐增大气温回升和降水(雨夹雪)是促进雪的融化的主要因素，但在纬度偏北的地区，由于消融季节的环流型主要为极地反气旋所控制，降水少，因此，雨水对积雪消融的作用很小。

融水下渗到冻结土壤使土壤温度升高，这是由于温度较高的融水进入冻结层土壤，使融水再冻结并释放出热量，如此不断反复进行，使活动层土壤温度升高。当积雪全部消融，近地表的土壤温度即达到0℃。

在连续多年冻土区，因春季融化层很浅，所以产生的地表径流量较大。而在不连续多年冻土区因其覆盖苔藓、地衣和富含有机质的土壤截留了大量融雪水，并耗于蒸发。因此，形成的地表径流比较小。如在冻土区相当于水当量为 70 mm 的积雪，其中的 22 mm 耗于蒸发，剩余的有一半的融水被苔藓吸收，还有一半形成径流。而在没有冻土存在的地区，因没有起隔水层作用的冻土层，融水的大量下渗，只有 1.0 mm 形成径流。所以非冻土区下渗的融水是地下水的主要水源。

夏季： 在夏季，流域已无积雪覆盖，随着时间的推移，地表以下活动层的地温均高于0℃，活动层的解冻取决于地热通量。地热通量可用下式估算：

$$Q_G = \int_0^{Z_0} C_Z \frac{\partial T}{\partial t} \mathrm{d}Z + Q_i \tag{11.7.17}$$

$$Q_i = \rho_w \lambda \theta_i \frac{\mathrm{d}Z}{\mathrm{d}t} \tag{11.7.18}$$

式中：Q_G为地热通量；C_Z为土壤热容量；T为地温；Z为深度；Q_i为融冰热通量；Z_0为年地温振幅为零的活动层深度；ρ_w为水的密度；λ为解化潜热；θ_i为土壤中冰的含量；$\mathrm{d}Z/\mathrm{d}t$为增加的融化深度。当活动层的冰越厚，向下融化的速度越慢。当冰的含量少而且分布比较均匀时，t时间之后的融化深度为：

$$Z(t) = \beta\sqrt{t} \tag{11.7.19}$$

式中，$Z(t)$的单位为 m，t为日(d)。

当温度剖面为抛物线时，$\beta=(12\alpha)^{1/2}$。α为湍流交换系数(m^2/s)。在多年冻土区，当活动层很薄时，系数变化从黏土的$(0.06\alpha)^{1/2}$到粗黏土的$(0.15\alpha)^{1/2}$。

活动层的融化使融水和雨水渗入并储蓄于活动层内，蓄水容量(W)随时间在变化，$W=Z(t)\cdot n$，其中n为融化层的孔隙率。

活动层内的含水量对夏季径流的形成有很大影响。活动层的储水量可用下式表示：

$$V(t) = S_0 + \int_0^t \left[P + (Q_m + Q_i)/\rho_w\lambda - E - Q\right]\mathrm{d}\tau \tag{11.7.20}$$

式中，$V(t)$为在t时间内活动的储水量：S_0为起始储水水量；P为降水量；Q_m, Q_i分别为在消融期冰川融雪水和地下冰融水；E为蒸发量；Q为侧向补给的径流。

当地下水位露出地表时，$S(t)>S_z(t)$，$S_z(t)$为在t时间活动层的储水量，即形成地表径流。

11.7.6 冻土的热交换系数及其影响因素

土的热交换系数主要包括下列指标：比热(C_d)、容积热容量(C)、导热系数(λ)和导温系数(α)。对有冻融相变的土来说，相变热(Q)也是一个极其重要的指标。工程热工计算中引用的指标，诸如表示温度波传播能力的指标$(C\lambda)^{1/2}$($kJ/m\cdot h^{1/2}\cdot K$)、热阻δ/λ ($m^2\cdot h\cdot K\cdot kJ$)、传热系数$\delta/\lambda$ ($kJ/m^2\cdot h\cdot K$)等都是从上述基本指标中引申出来的。

研究表明，融土的热学性质在很大程度上取决于水溶液的含量和性质。水溶液有使土颗粒间接触热阻抗急剧减小的作用。水溶液的热学性质又取决于其定向程度、有机矿物骨架的比表面积和温度。但这只在精确量热试验时才有考虑的必要。一般工程热工计算中，把定向水和自由水的热学性质看做一样的。土温低于其冻结温度后，伴随着土的冻结和冻土结构构造的形成，冻土的热学性质发生了明显变化。这主要是由于土中水分重分布和液态水变成了固态冰的原故，单位质量的液态水变成固态冰时，其导热系数增大了 3 倍、容积热容量减小 1 倍，放出的相交热足以使等体积的土温度升高 150℃。从而冻土的热交换系数又是温度及其物理化学性质的函数。

容积热容量及其影响因素： 单位体积的土体温度改变 0℃所需要的热量称作容积热容量($kJ/m^3\cdot K$)，它是表示土体热蓄热能力的指标。单位质量的土壤温度改变 1℃所需要的热量称作比热/(kJ/(kg·K))。

土的容积热容量可按下列计算：

$$C_u = C_{du}\rho_u \tag{11.7.21}$$

$$C_f = C_{df}\rho_f \tag{11.7.22}$$

式中，C_u，C_f分别为融土和冻土的容积热容量；C_{du}，C_{df}分别为融土和冻土的比热；ρ_u，ρ_f分别为融土和冻土的自然情况下的湿容重(kg/m^3)。

土是由有机质、矿物骨架、水溶液和气体组成的多相细碎介质。冻土与融土的主要区别在于其中含有冰。实验表明，土的比热具有按各物质成分的质量加权平均的性质(土中气相充填物的含量及比热均很小，可忽略不计)，即：

$$C_{du} = \frac{C_{su} + WC_w}{1+W} \quad C_{df} = \frac{C_{sf} + (W - W_u)C_i + W_u C_w}{1+W} \tag{11.7.23}$$

式中，C_{su}, C_{sf}, C_w和 C_i分别为融土骨架、冻土骨架、水和冰的比热。

水的比热随温度升高而减小，而冰的比热随温度升高而增大，但变化率都较小。一般在 1‰ ~ 5‰的范围内，所以一般可把水和冰的比热当作常数处理，水的比热取为 4.18 kJ/(kg·K)，冰的比热取为 2.09 kJ/(kg·K)。

液态水变成固态冰，其体积要增大 9%，因此总含水量相同时，冻土的天然密度要比融土小一些，为了计算简便，取同一数值(ρ_u=ρ_f=ρ)。

$$\rho = \rho_d(1+W) \tag{11.7.24}$$

所以容积热容量可直接用下式计算：

$$C_u = (C_m + WC_w)\rho_d$$

$$C_f = \left[C_{bf} + (W - W_u)C_1 + W_u C_w\right]\rho_d \tag{11.7.25}$$

式中，ρ_d为土的干密度(kg/m^3)。

式(11.7.24)揭示了土的容积热容量与其物理指标：干密度、总含水量和未冻水量之间的内在联系，融土的容积热容量随干密度和总含水量的增加呈直线增大。冻土的容积热容量随干密度的增大也呈直线增大。因土中含有未冻水，所以其与总含水量呈折线增大关系，当 $W \leqslant W_u$时，土中水处于未冻状态，冻土容积热容量随含水量增大呈与融土具有相同斜率曲直线关系。$W > W_u$ 时，冻土容积热容量随含水量增大的斜率变缓。干密度和总含水量相同时，融土的容积热容量比冻土要大。显然，这是由于融土骨架比热大于冻土的骨架比热和水的比热比冰的比热大 1 倍的原因。

导热系数及其影响因素：每单位温度梯度下单位时间内通过单位面积土体的热量称作导热系数，单位(W/(m·K))。它是表水土体导热能力的指标。

$$\lambda = \frac{Q}{\dfrac{\Delta\theta}{\Delta h} \cdot \Delta FT} \tag{11.7.26}$$

式中，λ 为导热系数(kJ)；$\boldsymbol{Q}$为热量；ΔF 为面积；$\Delta\theta/\Delta h$ 为温度梯度(K/m)；T 为时间(h)。式(11.7.26)中反映出导热系数的实质就是，当温度梯度为 1K/m 时，每小时通过 1m^2 面积土体上的热量。

土是一种多孔介质，可能存在辐射、对流和传导三种换热机制，通常可以引进当量导热系数而把各种换热形式归结为导热：

$$q=\lambda_q\cdot\frac{\Delta\theta}{l} \tag{11.7.27}$$

式中：q 为热通量；$\Delta\theta$ 为土孔隙中的温差；l 为孔隙的直径或宽度。

当量导热系数：

$$\lambda_q=\lambda_r+\lambda_v+\lambda_d \tag{11.7.28}$$

式中，λ_r 为辐射导热系数；λ_v 为对流导热系数；λ_d 为传导导热系数。

辐射导热系数是表示以孔壁放出或吸收辐射能方式换热指标。对于具有立方形孔隙的小孔隙介质，可用下式计算：

$$\lambda_r=2.14\times10^{-8}\theta^3\Delta l \tag{11.7.29}$$

式中，θ 为孔隙表面的平均温度；Δl 为孔隙高度。

天然条件下，对于直径为 5 mm 的孔隙，当温差为 10℃且孔隙壁面的高度为 0.85 时，λ_r/λ_d 的比值约为 0.75。如果孔隙直径减小到 1/100($l\leqslant0.05$ mm)，则辐射导热系数值只是传导导热系数值的 0.75%。所以，通常情况下，土中的辐射换热可忽略不计。

对流导热系数取决于土孔隙中自由对流和受迫对流换热机制。细碎介质任意形状和分布的孔隙中，对流换热可用下列标准方程描述：

$$N_u=\frac{ar}{\lambda_b}=0.5\sqrt[4]{G_r}=0.5\sqrt[4]{\frac{g\beta(\theta_2-\theta_1)l^3}{v^2}} \tag{11.7.30}$$

式中，r 为孔隙半径；a 为导温系数；λ_b 为孔隙充填物的导热系数；g 为重力加速度；β为体积膨胀系数；$(\theta_2-\theta_1)$为孔隙表面温差；l 为孔隙直径；v 为动力黏滞系数。当孔隙直径小于 5 mm 和 $\theta-\theta_\tau=10$℃时，对流换热实际上等于零。

由上述可见，在毛细多孔体中，当毛细管半径小于 10^{-3} cm 且温差很小时，孔隙中辐射和对流换热与热传导相比是微不足道的。只有在大孔隙、高温差或土中有水分渗流时才需考虑辐射和对流导热系数。

表 11.3　土壤组成物质的导热系数(W/(m·K))(徐学祖等，2001)

名称	空气	水	冰	矿物	干苔藓	干泥灰
导热系数	0.024	0.465 ~ 0.582	2.21 ~ 2.326	1.256 ~ 7.536	0.07 ~ 0.08	0.05 ~ 0.06

冻融土的导热系数与土的物质成分有密切关系。土中各组成物质的导热系数列于表 11.3 中。

土体的导热系数也可根据各组成物质的导热系数及其相应的体积比，按下式计算：

$$\lambda=\lambda_1^{\phi_1}\lambda_2^{\phi_2}\lambda_3^{\phi_3}\cdots \tag{11.7.31}$$

设矿物组分的平均导热系数为λ_m，水的导热系数为λ_w=0.55 W/m℃，则对饱水融土

$$\lambda_u\approx\lambda_w^{\phi}\lambda_m^{1-\phi}=(0.55)^{\phi}\lambda_m^{1-\phi} \tag{11.7.32}$$

同样设冰的导热系数为 λ_i=2.22W/m℃，则饱冰冻土(忽视冻结过程中的体积变化)的导热系数：

$$\lambda_f\approx(2.22)^{\phi}\lambda_m^{1-\phi} \tag{11.7.33}$$

若考虑饱冰冻土中含有未冻水，则冻土的导热系数：

$$\lambda_f \approx (2.22)^{\phi-\Delta\phi}(0.55)^{\Delta\phi}\lambda_m^{1-\phi} \tag{11.7.34}$$

不考虑未冻水时，冻融土导热系数的比值：

$$\frac{\lambda_f}{\lambda_u}=\frac{(2.22)^{\phi}\lambda_m^{1-\phi}}{(0.55)^{\phi}\lambda_m^{1-\phi}}\approx 4^{\phi} \tag{11.7.35}$$

导温系数(热扩散系数)及其影响因素：导温系数是土中某一点在其相邻点温度变化时改变自身温度能力的指标(m^2/h)。它是影响介质温度场的变化速率，研究不稳定热传导过程常用的基本指标。土的导温系数同样取决于土的物理化学成分、干密度、含水(冰)量和温度状态等因素。

干密度相同时，融土的导温系数随含水量变化曲线大致可分为三段：①干燥即最大分子含水量或塑限阶段，导温系数随含水量增大而迅速增大，直到最大值。各类融土导温系数达到最大值的含水量范围分别为：草炭亚黏土 110%～130%；亚黏土 15%～20%；碎石亚黏土 14%～17%；砾砂 5%～10%。②含水量从塑限至液限阶段，导温系数减小。③含水量大于液限后，导温系数缓慢减小，基本趋于稳定。上述规律只有草炭亚黏土不大吻合。冻土的导温系数随含水量(冰)里增大而持续增大，但速率略有差异。起初的增长速度与融土接近，以后随含水量的增大而迅速增大。当含水量增大到一定值以后，导温系数增大速率减缓，其中粗颗粒土比细颗粒土明显。

干密度和含水量(冰)量相同时，粗颗粒土的导温系数大于细颗粒土。这是由于粗颗粒土的导温系数比细颗粒土大的原故。土的组成物质的导温系数列于表 11.4 中。

表 11.4　土的组成物质的导温系数($10^3m^2/h$) (徐学祖等,2001)

名称	空气	水	冰	矿物	干苔藓	干泥灰
导热系数	0.0675	0.4～0.5	4.46	2.16～12.96	0.12～0.18	0.08～0.12

设冰的容积热容量为 2 092 kJ/m³℃，水的容积热容量为 4 184 kJ/m³℃，则导温系数与导热系数具有如卜近似关系：

不考虑未冻水的饱冰冻土的导温系数

$$a_f = 2\lambda_f \times 10^{-3} \tag{11.7.36}$$

饱水融土的导温系数为：

$$a_u \approx \frac{2\lambda_f}{1+\phi}\times 10^{-3} \tag{11.7.37}$$

第十二章　不同条件下的土壤水运动

§12.1　蒸发条件下的土壤水运动

12.1.1　蒸发过程中的土壤水运动

蒸发受气象条件的影响制约，并与土壤结构、土壤含水量、地下水位的高低、及植被等因素密切相关，其中地下水位的高低最终将导致蒸发现象是呈现土壤稳定蒸发还是土壤干燥(张蔚榛等，1996；雷志栋等，1988；刘昌明等，1999)。

当地下水位埋藏深度较浅时，表土蒸发消耗掉的水分在毛管力作用下由地下水得到补给。当外界蒸发力不随时间而变时，土壤水分蒸发强度与潜水向上补给的通量处于相对平衡状态，形成稳定蒸发。这时从地面到地下水位的剖面含水率分布及吸力分布也维持相对稳定状态，如图 12.1 所示。

当地下水位埋藏深度较深时，潜水对蒸发不产生影响或影响可忽略不计，这时土表蒸发得不到水分源源不断地补给，将导致土壤干燥。假若外界蒸发力不随时间而变，土壤干燥过程将存在三个明显阶段如图 12.2 所示，即稳定速率阶段、速率递减阶段和扩散控制阶段。这三个阶段与前面讲到的大气蒸发力控制阶段、土壤导水能力控制阶段和水汽扩散阶段是一致的。

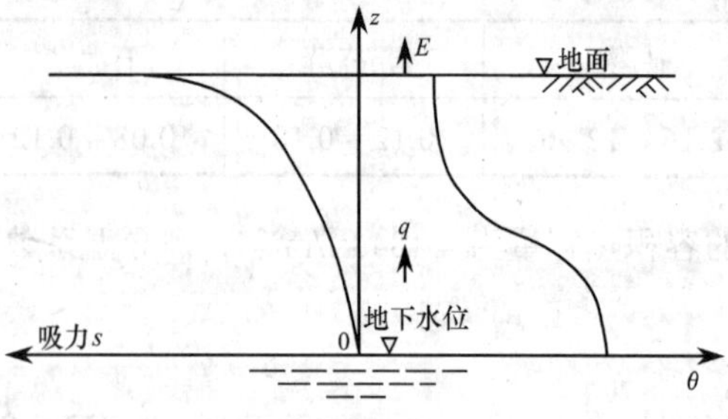

图 12.1　土壤稳定蒸发时含水率、吸力分布示意图

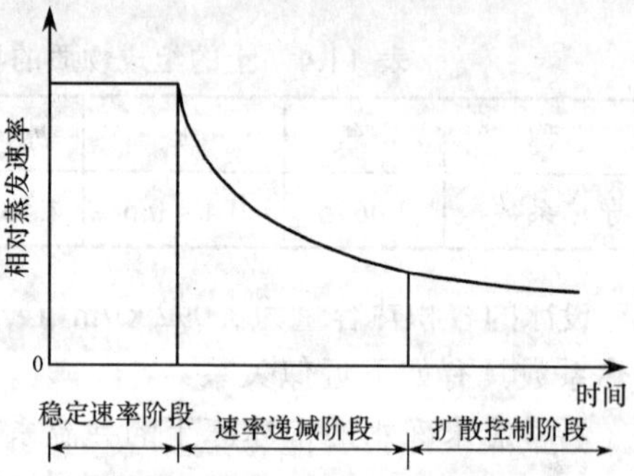

图 12.2　蒸发三阶段示意图

在田间情况下，蒸发是随一次降雨或灌溉后开始的。降雨或灌溉后，典型的土壤剖面是上层比较湿润，下层比较干燥，水流方向是向上的蒸发过程和向下的再分配或内排水过程同时进行，并且土壤剖面上就出现了一层向上和向下流量相等、方向相反、通量为零的平面，即零通量面 ZFP 或分水岭。这时，水势 φ 的分布如图 12.3 所示。在零通量面处，土壤水势达到最大值，该处土壤水势梯度 $\partial\varphi/\partial z=0$。因此，在降雨或灌溉后，研究零通量面以上土壤水分运动状况时，表土蒸发决定着土壤的有效贮水容量，以及剖面上不同深度和不同历时所保留的水分数量。

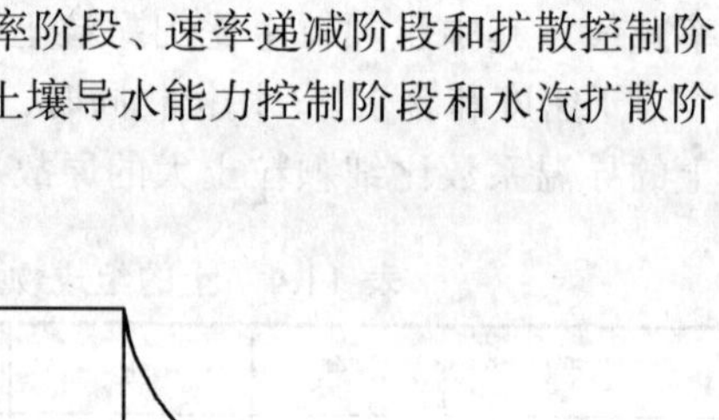

图 12.3　土壤剖面的水势分布与零通量面

潜水蒸发是指水分从地下水位经非饱和土壤层向上运移，并从地表由向大气散发的过程。潜水蒸发速率主要由土壤导水能力控制。在平原地区，在没有降雨、沟河排泄及外泄地下径流的情况下，地下水位的消落基本上是潜水蒸发的结果。在地下水埋深较浅地区，潜水蒸发将达到很大数量，在水量均衡中占有重要的地位，因而研究土壤水分稳定蒸发问题具有十分重要意义。

12.1.2　均质土的土壤水稳定运动

当地下水埋深较深，土壤由地下水补给经土面蒸发。在蒸发过程中如有侧向补给，地下水位维持不变，且外界蒸发条件又相对稳定，可以认为不变时，这时土表蒸发和地下水补给量相平衡，形成稳定土壤蒸发剖面。因为土壤产生稳定蒸发，土壤水产生向上的稳态流，土壤剖面各处的通量不变，且等于土表蒸发率。对均质土的稳定蒸发的理论解如下：

$$E = q = -k(\theta)(\frac{\mathrm{d}H}{\mathrm{d}z}) = -k\frac{\mathrm{d}(-h+z)}{\mathrm{d}z} = k(\frac{\mathrm{d}h}{\mathrm{d}z}-1) \tag{12.1.1}$$

式中，E 为表土蒸发强度；q 为土壤水流量；k 为水力传导度；z 为垂直坐标，自地下水面算起，向上为正。

对式(12.1.1)移项、变换得：

$$z = \int\frac{\mathrm{d}h}{1+\frac{E}{k}} \tag{12.1.2}$$

方程(12.1.2)可根据某些 k 与 h 关系式进行积分，即可求得：$z \sim h$ 关系式：

$$k = \frac{a}{h^n + b} \tag{12.1.3}$$

或

$$k = a\mathrm{e}^{-ch} \tag{12.1.4}$$

式中，a 为饱和导水率，c 为常数；将式(12.1.3)、式(12.1.4)代入式(12.1.2)后积分，即可求解。

当 n=1，2/3，2，3，4 分别求得地下水在固定埋深时，稳定状态下土壤负压和高程的关系式。取 n=2 时，

$$z = \int\frac{dh}{\alpha h^2 + \alpha b + 1} = \int\frac{dh}{\alpha h^2 + \beta} \tag{12.1.5}$$

其中，$\alpha=E/a$，$\beta=\alpha b+1$。

上式积分结果为：

$$z = \frac{1}{\sqrt{\alpha\beta}}\tan^{-1}\left[\sqrt{\frac{\alpha}{\beta}}h\right] + c \tag{12.1.6}$$

式中，c 为积分常数，自边界条件确定。

上式便是稳定蒸发条件下土壤水运动的理论解。用同样的方法可求得 n 为其他值时 z 与 h 的关系。一般情况下，对粘土 $n\leqslant 2$，砂土 $n\geqslant 4$。

以地下水位为参照面，z=0，h=0 代入式(12.1.6)得 c=0，所以式(12.1.6)可写作：

$$z=\frac{1}{\sqrt{\alpha\beta}}\tan^{-1}\left[\sqrt{\frac{\alpha}{\beta}}h\right] \tag{12.1.6a}$$

上式中负压 h、表土蒸发强度 E 均为未知数，若已知表土蒸发强度 E，则可求得 α 、β 值，自式(12.1.6a)求得任一点 z 时的负压。若表土蒸发强度 E 未知，而已知表面 z=d 时的负压 h_d，代入式(12.1.6a)得：

$$d=\frac{1}{\sqrt{\frac{E}{a}\left(\frac{E}{a}b+1\right)}}\tan^{-1}\sqrt{\frac{E}{a}\frac{h_d}{\left(\frac{E}{a}b+1\right)}} \tag{12.1.6b}$$

将上式用试算法推求表土蒸发强度 E，然后代入式(12.1.6a)求得 $z\sim h$ 值。

根据上述同样的方法可求得 n=1, 2/3, 3, 4 时地下水面以上 $z\sim h$ 关系式。

n=1 时，

$$z=\frac{1}{\alpha}\ln(\alpha h+\beta)+c \tag{12.1.7}$$

n=3/2 时，

$$z=\frac{2}{\alpha}\left\{\frac{1}{6r}\ln\left[\frac{r^2-r\sqrt{h}+h}{\left(r+\sqrt{h}\right)^2}+\frac{1}{r\sqrt{3}}\tan^{-1}\left[\frac{2\sqrt{h}-r}{r\sqrt{3}}\right]\right]\right\}+c \tag{12.1.8}$$

式中，r^3=β/a。

n=3 时，

$$z=\frac{1}{a}\left\{\frac{1}{6\eta^2}\ln\left[\frac{(\eta+h)^2}{\eta^2+\eta h+h^2}\right]+\frac{1}{\eta^2\sqrt{3}}\tan^{-1}\left(\frac{2h-\eta}{\eta\sqrt{3}}\right)\right\}+c \tag{12.1.9}$$

式中，η^3=α。

n=4 时，

$$z=\frac{1}{a}\left\{\frac{1}{4\rho^3\sqrt{2}}\ln\left(\frac{h^2+\rho h\sqrt{2}+\rho^2}{h^2-\rho h\sqrt{2}+\rho^2}\right)+\frac{1}{2\rho^3\sqrt{2}}\tan^{-1}\left(\frac{\rho h\sqrt{2}}{\rho-h^2}\right)\right\}+c \tag{12.1.10}$$

式中，ρ^4=β/α。

当 $k=a\mathrm{e}^{-ch}$ 时，代入式(12.1.2)积分得：

$$z=h-\frac{1}{c}\ln\left(a+E\,\mathrm{e}^{ch}\right)+c_1 \tag{12.1.11}$$

式中，c_1 为积分常数，根据边界条件而定。

当蒸发量达到潜水蒸发极限值时，负压值较大，在(12.1.3)式中 h^n 远大于 b 值，在近似计算中，可忽略 b 值，此时(12.1.6a)式中的 $\beta=1$。

$$d=\frac{1}{\sqrt{\frac{E}{a}}}\tan^{-1}\sqrt{\frac{E}{a}}h_d \tag{12.1.12}$$

当表层负压值很大时 $h_d\to\infty$，则有

$$\tan^{-1}\sqrt{\frac{E}{a}}h_d\to\frac{\pi}{2}$$

$$d = \frac{1}{\sqrt{\frac{E}{a}}} \cdot \frac{\pi}{2}$$

则进一步有

$$E_{\max} = \frac{\pi^2}{4} a d^{-2} \tag{12.1.13}$$

若 $k=ae^{-ch}$，$E_{\max}=a/e^{cd}$，同理可得 n 为其他值时的最大可能潜水蒸发强度(或土壤最大输水能力)的计算式。

$$n = \frac{3}{2}, E_{\max} = 3.77 a d^{-2/3} \tag{12.1.14}$$

$$n = 3, E_{\max} = 1.76 a d^{-3} \tag{12.1.15}$$

$$n = 4, E_{\max} = 1.52 a d^{-4} \tag{12.1.16}$$

式(12.1.13) ~ 式(12.1.16)表明最大潜水蒸发强度 $E_{\max}$ 仅决定于土壤的特性和地下水埋深，而与外界条件无关。即在外界蒸发能力超过 $E_{\max}$ 时，潜水蒸发等于极限蒸发强度 $E_{\max}$。当外界蒸发能力低于 $E_{\max}$，潜水蒸发强度则决定于土壤含水率与外界蒸发能力(常以水面蒸发 E_0 表示)。

12.1.3　非均质土的土壤水稳态运动

根据均质土计算公式，可以分析在非均质土的情况下，各层土壤剖面上负压和含水率的分布。在稳定运动条件下，非均质土壤水分运动有以下两个特点。

首先，地下水面以上各层土壤流量相等，并等于表层土壤水分的蒸发流量，即

$$E = q_1 = q_2 = q_4 = \cdots \tag{12.1.17}$$

其次，两层土交界面上的负压相等，即

$$h_1 = h_{02},\quad h_2 = h_{03} \tag{12.1.18}$$

在两层土交界面上虽然负压相等，但含水率并不相等如图 12.4 所示。

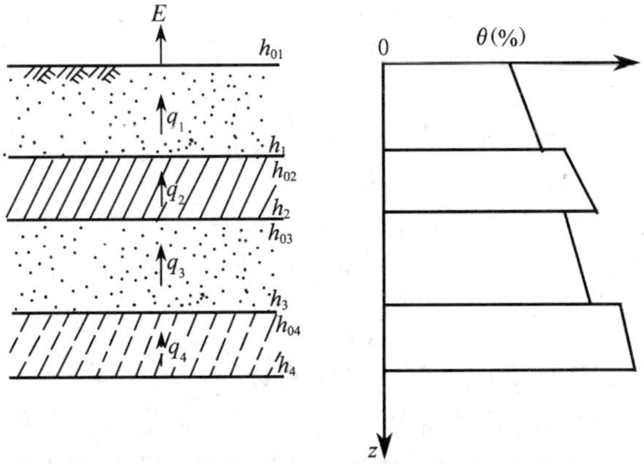

图 12.4　层状土稳定蒸发示意图

首先分析均质土层 d 内，上部负压为 h_0，下部负压为 h 时，土壤水流量与各因素之间的关系。将上、下边界条件(h_0，h)分别代入 n=2, 3, 4 时式(12.1.6)、式(12.1.9)、式(12.1.10)化简后可得以下无因次计算公式。

当 n=2, $k=a/(h^n+b)$时，h^n 远大于 b，将 b 忽略，即取 β=1 代入式(12.1.6)求解：

$$d=\frac{1}{\sqrt{\frac{E}{a}}}\left(\tan^{-1}\sqrt{\frac{E}{a}}h-\tan^{-1}\sqrt{\frac{E}{a}}h_0\right)$$

令

$$\overline{d}=d\sqrt{\frac{E}{a}},\quad \overline{h}=\sqrt{\frac{E}{a}}h,\quad \overline{h_0}=\sqrt{\frac{E}{a}}h_0$$

则

$$h=\tan^{-1}\overline{h}-\tan^{-1}\overline{h_0} \tag{12.1.19}$$

经变换得

$$\overline{h_0}-\overline{h}=(1+\overline{h}\overline{h_0})\tan\overline{d}$$

n=3 时，

$$\overline{d}=\frac{1}{6}\left\{\ln\left[\frac{(1+\overline{h_0})^2}{1-\overline{h_0}+\overline{h_0}}\frac{1-\overline{h}+\overline{h}^2}{\left(1+\overline{h}\right)^2}\right]\right\}+\frac{1}{\sqrt{3}}\tan^{-1}\frac{2\overline{h_0}-1}{\sqrt{3}}-\frac{1}{\sqrt{3}}\tan^{-1}\frac{2\overline{h}-1}{\sqrt{3}} \tag{12.1.20}$$

式中

$$\overline{d}=d\sqrt[3]{\frac{E}{a}},\overline{h_0}=h_0\sqrt[3]{\frac{E}{a}},\overline{h}=h\sqrt[3]{\frac{E}{a}}$$

n=4 时，

$$\overline{d}=\frac{1}{2\sqrt{2}}\left\{\frac{1}{2}\left[\ln\left(\frac{\overline{h_0^2}+\sqrt{2}\overline{h_0}+1\overline{h^2}-\sqrt{2}h+1}{\overline{h_0^2}-\sqrt{2}\overline{h_0}+1\overline{h^2}-\sqrt{2}h+1}\right)\right]+\tan^{-1}\frac{\sqrt{2}\overline{h_0}}{1-\overline{h_0^2}}\tan^{-1}\frac{\sqrt{2}\overline{h}}{1-\overline{h^2}}\right\} \tag{12.1.21}$$

式中

$$\overline{d}=\frac{d}{\sqrt[4]{\frac{a}{E}}}=d\cdot\sqrt[4]{\frac{E}{a}}$$

$$\overline{h}=\frac{h}{\sqrt[4]{\frac{a}{E}}}=h\cdot\sqrt[4]{\frac{E}{a}}$$

$$\overline{h_0}=\frac{h_0}{\sqrt[4]{\frac{a}{E}}}=h_0\cdot\sqrt[4]{\frac{E}{a}}$$

根据式(12.1.19)、式(12.1.20)、式(12.1.21)可以绘制成不同土层的 $\overline{h_0}\sim\overline{h}\sim\overline{d}$ 的关系曲线图，有了这些曲线，可求解各种情况下的非均质土的潜水蒸发和土壤含水率。

这些计算式可用来计算各种土壤层次排列情况下的蒸发量和不同部位不同厚度粘土的阻水阻盐作用。一般计算结果表明，在表层有 20 ~ 30 cm 厚的粘土层覆盖的轻质土地区，对抑制土壤水分蒸发和盐分的积累具有较大作用，粘土层的阻水阻盐作用决定于粘土层厚度和所在的位置，一般粘土层厚度越大，其阻水作用也越大，但效果并不是直线上升，一段厚度为 20 ~ 30 cm 就有较为显著的效果了。

12.1.4　土壤水非稳态蒸发的解析解

当灌溉或降雨发生后，表层土壤水含量接近饱和，从此时起开始的土面蒸发通常是在非稳态条件下进行的。由于情况复杂，蒸发情况下的土壤水运动大多数用数值方法求解，也有一些学者，对一些条件进行简化，按不同方法求得解析解或准解析解(张蔚榛等，1996；雷志栋等，1988)。

对蒸发率递减过程的土壤水运动方程求得解析解。考虑半无限长的均匀土柱，土壤初始含水量为 θ_i，并假定当大气蒸发力无限大时，表土迅速变干。在 t=0 的瞬间，表土含水量由初始含水量 θ_i 下降至风干含水量 θ_a。显然这是一种极端情况，忽略重力作用，其定解问题可写成：

$$\begin{cases} \dfrac{\partial\theta}{\partial t}=\dfrac{\partial}{\partial z}[D(\theta)\dfrac{\partial\theta}{\partial z}] \\ \theta=\theta_i \quad t=0,0<z<\infty \\ \theta=\theta_a \quad t>0,z=0 \end{cases} \tag{12.1.22}$$

采用 Boltzmann 变换，令

$$\eta=\frac{z}{2\sqrt{D_a t}}$$

式中，D_a 为含水量为 θ_a 时的土壤水扩散率。由此将偏微分方程化为常微分方程，用迭代方法解微分方程，得：

$$E=(\theta_i-\theta_a)\sqrt{\frac{\bar{D}}{\pi t}} \tag{12.1.23}$$

而累积蒸发量为

$$w=2(\theta_i-\theta_a)\sqrt{\frac{\bar{D}t}{\pi}} \tag{12.1.24}$$

在蒸发过程中，$\bar{D}$ 为扩散率的加权平均值。

$$\bar{D}=\frac{1.85}{\theta_i-\theta_a}\int_{\theta_a}^{\theta_i}D(\theta)(\theta_i-\theta)^{0.85}\,\mathrm{d}\theta \tag{12.1.25}$$

以上只是在温度不变条件下的蒸发过程，而在自然界极少存在。实际蒸发都是在多变的温度条件下进行的，目前还没有成熟的理论和方法，有待于进一步研究和完善。

§12.2　地表水入渗条件下土壤水分运动

在前面我们简要介绍了水分的入渗物理过程，在本章将对入渗条件下土壤水分的运动做进一步详细讨论。如果要确定所谓的有效降雨(也称为净雨)，则首先需要确定下渗，进而确定直接径流。在研究土壤侵蚀时，这是主要变量：流域系统的土壤水成分包括下渗量、土壤水蓄量、渗透量和蒸散发量。因此在模拟土壤水成分的响应时需要下渗量。大量的水文问题需要确定下渗。下渗或许是水文循环中最重要的环节之一，当然也是最复杂的环节之一。

人们通常将降雨从地表进入土壤的水量，称为降雨入渗量，其过程称为降雨入渗过程，而把降雨从地表渗入土壤非饱和带，又从非饱和带渗入潜水带或含水层的那部分水量，称为降雨对浅层地下水的入渗补给量，简称降雨入渗补给量，其过程称为降雨入渗补给过程。降雨入渗补给机理就是研究这种复杂过程的自然现象、物理过程、变化规律及数学物理模型的综合系统(张蔚榛等，1996；雷志栋等，1988)。

土壤水运动是指土壤内部水从一个点流到另一个点的过程，入渗和土壤水的运动这两个过程是不能分割的，因为入渗速率受到土内水分运动速率的控制，而由于入渗水分的再分配，在入渗之后，土壤水仍将继续运动。土壤水运动还控制着植物吸收水分的过程和土壤表面的蒸发过程。入渗和土壤水运动在地表径流、地下水补给、蒸散发、土壤侵蚀和地表及地下水的化学输送等过程中，起着关键作用。

12.2.1 地表水入渗过程

土壤水分入渗作为田间土壤水分循环的重要组成部分，一般假定是土壤均质，土壤孔隙由毛管连接。土壤类型决定孔隙的大小和毛管数量，水分通过毛管流动，且降雨在土壤表面均匀。水在毛管力和重力共同控制下进入土壤表面。这两种力的算术和形成势能。水沿势能减小的方向运动。在饱和土壤中重力水最为重要，它沿垂直方向作用，并在水体上产生向下的力。当土壤接近饱和时，大孔隙被充满，水流通过迅速。

在非饱和土壤中，毛管力最为重要。尽管毛管力和重力都使水向下渗透，但前者也使水流向旁侧运动。土壤含水量决定毛管位势，同时也决定相对传导度，毛管吸力与相对传导度的之间存在复杂的非线性关系。土壤湿化过程和干化过程的毛管吸力与土壤含水量的关系各不相同，此即土壤水分的滞后现象。湿化曲线和干化曲线分别为适用于连续湿化和连续干化的边界线。在两条曲线之间有无数可能的路径，取决于土壤湿化和干化的过程。随着入渗时间的延续，土壤含水量增加，毛管吸力减小，而相对传导度增加。土壤含水量低时，毛管位势大。但水分在土壤中进一步向下运动之前，含水量必须增加。这意味着有水分差使一明显的湿润峰存在。湿润峰头部的土壤含水量仍较小，但其后则几乎饱和，原因在于湿润峰存在可观的负压(康绍忠等，1994)。

当雨水降落在干旱土壤上时，水流渗入土壤。开始时由于湿润峰和土壤表面的位势在较短距离内差别很大，位势梯度使水分快速运动，从而导致较大的下渗能力(大于雨强)，因此下渗率等于雨强。降雨继续进行，越来越多的雨水进入土壤，由于湿润带(土壤表面和湿润峰之间的距离)增厚，位势梯度迅速降低，使得下渗能力下降，其间某点下渗能力等于雨强。此时土壤表面饱和。随着降雨的继续，湿润带的厚度继续增加、位势梯度继续减小。这意味着下渗能力随时间连续减小，且小于雨强。理论上，当时间趋于无限时，位势梯度达到单位值，并产生重力作用下的饱和流。此时下渗能力达到饱和传导度。实际中下渗能力趋近于饱和传导度。但极少能达到该值。

12.2.2 土壤水入渗线性化方程的近似解

假设不考虑土壤水的水平扩散，而只关注其垂直入渗的情况，取 z 轴向下为正，则土壤水分运动的基本方程(10.2.26)写作：

$$\frac{\partial\theta}{\partial t}=\frac{\partial}{\partial z}\left[D(\theta)\frac{\partial\theta}{\partial z}\right]-\frac{\partial k(\theta)}{\partial z} \tag{12.2.1}$$

若土壤剖面上含水率均匀分布，设降雨前的初始含水率为 θ_i，其初始条件为

$$\theta(z,0)=\theta_i \tag{12.2.2}$$

考虑土壤层含水率的边界条件，设饱和含水率为 θ_s，且计算时段内下边界的土壤含水率不变，为初始含水率。则边界条件可以写作以下形式：

$$\begin{cases}\theta(0,t)=\theta_s & z=0,t>0\\ \theta(\infty,t)=\theta_i & z\to\infty,t>0\end{cases} \tag{12.2.3}$$

式(12.2.1)为非线性方程，其求解相对线性化方程来说比较困难。所以，为了简化计算，近似地以平均扩散度 $\bar{D}$ 代替 $D(\theta)$，假设湿润锋以一个不变的速率 N 推进，用 $N=[k(\theta_s)-k(\theta_0)]/(\theta_s-\theta_0)$以替代$\partial k(\theta)/\partial\theta$。则式(12.2.1)可简化为

$$\frac{\partial\theta}{\partial t}=\bar{D}\frac{\partial^2\theta}{\partial z^2}-N\frac{\partial\theta}{\partial z} \tag{12.2.4}$$

式(12.2.4)为常系数线性方程，可以用拉普拉斯变换求解。

经拉普拉斯变换后，得象函数方程：

$$\frac{\mathrm{d}^2\bar{\theta}}{\mathrm{d}z^2}-\frac{N}{\bar{D}}\frac{\mathrm{d}\bar{\theta}}{\mathrm{d}z}-\frac{P}{\bar{D}}\bar{\theta}=-\theta_i \tag{12.2.5}$$

其通解为：

$$\bar{\theta}(z,p)=C_1{}^{\mathrm{e}\left[\frac{N}{2\bar{D}}+\sqrt{\frac{1}{\bar{D}}(\frac{N^2}{4\bar{D}}+P)}\right]z}+C_2{}^{\mathrm{e}\left[\frac{N}{2\bar{D}}-\sqrt{\frac{1}{\bar{D}}(\frac{N^2}{4\bar{D}}+P)}\right]z} \tag{12.2.6}$$

同理，将式(12.2.3)进行拉普拉斯变换得：

$$\bar{\theta}(0,p)=\theta_s/P \tag{12.2.7}$$

$$\bar{\theta}(\infty,p)=\theta_i/P \tag{12.2.8}$$

最后，得象函数的表达式为根据边界条件式(12.2.7)、式(12.2.8)确定常数：

$$\bar{\theta}(z,p)=\frac{\theta_i}{P}+\frac{(\theta_s-\theta_i)}{P}{}^{e\left[\frac{N}{2\bar{D}}-\sqrt{\frac{1}{\bar{D}}(\frac{N^2}{4\bar{D}}+P)}\right]z} \tag{12.2.9}$$

其中，

$$C_1=0,\quad C_2=\frac{\theta_s-\theta_i}{P} \tag{12.2.10}$$

进行逆变换后，得含水率的表达式为

$$\theta(z,t)=\theta_i+\frac{(\theta_s-\theta_i)}{2}\left[\operatorname{erfc}\left(\frac{z-Nt}{2\sqrt{\bar{D}t}}\right)+\mathrm{e}^{\frac{Nz}{D}}\operatorname{erfc}\left(\frac{z+Nt}{2\sqrt{\bar{D}t}}\right)\right] \tag{12.2.11}$$

补余误差函数可查表求得。式(12.2.11)中 $\bar{D}$ 可用下式计算：

$$\bar{D}=\frac{5/3}{(\theta_s-\theta_0)^{5/3}}\int_{\theta_i}^{\theta_0}D(\theta)(\theta_s-\theta_0)^{2/3}\,\mathrm{d}\theta \tag{12.2.12}$$

下面介绍一下入渗强度的推求。首先根据 θ 的象函数的表达式求 $\frac{\partial\bar{\theta}}{\partial z}$：

$$\frac{\partial \overline{\theta}}{\partial z}=\frac{\theta_s-\theta_i}{P}\left[\frac{N}{2\overline{D}}-\sqrt{\frac{1}{\overline{D}}(\frac{N^2}{4\overline{D}}+P)}\right]e^{\left[\frac{N}{2\overline{D}}-\sqrt{\frac{1}{\overline{D}}(\frac{N^2}{4\overline{D}}+P)}\right]z} \tag{12.2.13}$$

地表处 z=0，则上式简化为：

$$\frac{\partial \overline{\theta}}{\partial z}=\frac{\theta_s-\theta_i}{P}\left[\frac{N}{2\overline{D}}-\sqrt{\frac{1}{\overline{D}}(\frac{N^2}{4\overline{D}}+P)}\right] \tag{12.2.14}$$

在入渗初期

$$t<0.2\frac{\overline{D}}{N^2}, \quad P>20\times\frac{N^2}{4\overline{D}}$$

这时则有

$$P+\frac{N^2}{4\overline{D}}\approx P, \quad \frac{N}{2\overline{D}}-\sqrt{\frac{P}{D}}\approx-\sqrt{\frac{P}{D}}$$

则式(12.2.14)可近似写成：

$$\frac{\partial \overline{\theta}}{\partial z}=-\frac{\theta_s-\theta_i}{P}\sqrt{\frac{P}{D}}=-\frac{\theta_s-\theta_i}{\sqrt{\overline{D}}}-\frac{1}{\sqrt{P}} \tag{12.2.15}$$

进行逆变换得：

$$\frac{\partial \theta}{\partial z}=-\frac{\theta_s-\theta_i}{\sqrt{\pi\overline{D}}}t^{-\frac{1}{2}} \tag{12.2.16}$$

由地表的入渗强度公式

$$i=-D(\theta)\frac{\partial \theta}{\partial z}+k(\theta)$$

得到入渗初期入渗强度为：

$$i=-D(\theta)\frac{\partial \theta}{\partial z}+k(\theta_s)=\left(\theta_s-\theta_i\right)\sqrt{\frac{\overline{D}}{\pi}}t^{-\frac{1}{2}}+k(\theta_s) \tag{12.2.17}$$

随着入渗时间的增长，即当

$$P<\frac{1}{20}\frac{N^2}{4\overline{D}}, \quad t>80\frac{N^2}{\overline{D}}$$

$$\frac{N^2}{4\overline{D}}+P\approx\frac{N^2}{4\overline{D}}, \quad \sqrt{\frac{1}{\overline{D}}(\frac{N^2}{4\overline{D}}+P)}\approx\frac{N}{2\overline{D}}$$

代入式(12.2.14)，则得

$$\frac{\partial \overline{\theta}}{\partial z}=0, \quad \frac{\partial \theta}{\partial z}=0$$

则进一步可以推导出，当入渗时间长时，入渗强度为

$$i=-D(\theta)\frac{\partial \theta}{\partial z}+k(\theta_s)=k(\theta_s) \tag{12.2.18}$$

§12.3　Green-Ampt 模型

12.3.1 Green-Ampt 模型

1911 年，Green 和 Ampt 提出基于毛细管理论的入渗模型，20 世纪 50 年代以前广泛使

用这一模型，70 年代以后对这一模型作了新的解释。Green-Ampt 模型研究的是初始干燥的土壤在地表有薄层积水时的入渗问题(黄洪峰，1997)。其基本假定是，入渗时存在着明显的水平湿润锋面，湿润锋面将湿润的和未湿润的区域截然分开。湿润区为饱和含水率 θ_s，湿润锋前的干土区即为初始土壤含水率 θ_0，如图 12.5 所示。

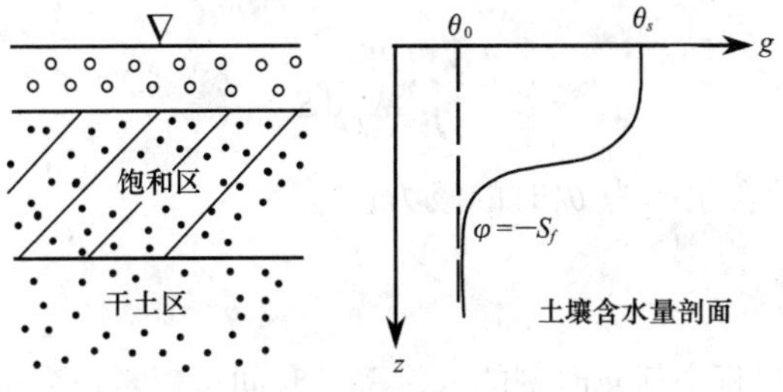

图 12.5　Green-Ampt 入渗模型示意图

设地表积水深度为 H，不随时间改变，湿润锋位置在 Z_f处，且随时间前移。湿润锋处的土壤水吸力为 S_f，被认为是某一定值。对于这种模型，求解含水率 θ 的分布是无意义的，主要任务是求出入渗量 $I(t)$、入渗率 $i(t)$、湿润锋面位置 Z_f与时间 t 的关系。

把坐标原点取在地表处，向下为正。地表处的总水势为 H，湿润锋面处的总水势为 $-(S_f+Z_f)$，故其水势梯度为$[(S_f+Z_f)+H]/Z_f$，由达西定律式(10.2.2)可求出水分由地表进入土壤的通量，即入渗率 $i(t)$为：

$$i(t)=K_s[Z_f+S_f+H]/Z_f \tag{12.3.1}$$

上式即为入渗率 $i(t)$与湿润锋面 Z_f的关系，式中 K_s为饱和导水率。再由水量守恒原理，即可得出累积入渗量 $I(t)$和湿润锋位置 Z_f的关系：

$$I(t)=(\theta_s-\theta_0)Z_f \tag{12.3.2}$$

另外，累积入渗量 $I(t)$和入渗率 $i(t)$存在如下关系：

$$I(t)=\int_0^t i(t)\,\mathrm{d}t \tag{12.3.3}$$

由式(12.3.2)和式(12.3.3)得

$$i(t)=\frac{\mathrm{d}I}{\mathrm{d}t}=(\theta_s-\theta_0)\frac{\mathrm{d}Z_f}{\mathrm{d}t} \tag{12.3.4}$$

将式(12.3.4)代入式(12.3.1)，积分，并由 $t=0$ 时 $Z_f=0$ 得，

$$t=\left[\frac{\theta_s-\theta_0}{K_s}\right]\left[Z_f-(S_f+H)\ln(\frac{Z_f+S_f+H}{S_f+H})\right] \tag{12.3.5}$$

上述式(12.3.1)、式(12.3.2)、式(12.3.5)就是 Green-Ampt 模型给出的入渗公式。

若已知 $\theta_s,\theta_0,K_s,S_f$ 和 H，由(12.3.5)式可得 $Z_f(t)$，代入(12.3.1)和(12.3.2)可得 $i(t)$和 $I(t)$。

关于湿润锋处基质吸力 S_f的确定已有多种方法，其中一个公式为：

$$S_f = \int_0^1 S \, \mathrm{d} K_r \tag{12.3.6}$$

式中，$K_r = K(s)/K_s$ 为相对导水率。由于 $K_r \to 0$ 时，S 值很大，故上式积分限在实际计算中常取为[0.01，1]。

另一个公式为：

$$S_f = \int_0^{S_0} K_r \, \mathrm{d} S \tag{12.3.7}$$

式中，S_0 是相应于初始含水率为 θ_0 时的吸力。

12.3.2 Philip 模型

Philip 认为在入渗过程中任意时刻的入渗率与时间呈现幂级数关系，具体入渗模型为：

$$i_0 = \frac{1}{2} S t^{-0.5} + A \tag{12.3.8}$$

其中，i_0 是入渗率(cm/min)，S 是土壤吸湿率(cm/min$^{0.5}$)，t 是入渗时间(min)，A 是一个常数(cm/min)。

对于短历时入渗和土壤基质势占优情况下，Philip 入渗模型可以简化为：

$$i_0 = \frac{1}{2} S t^{-0.5} \tag{12.3. 9}$$

累计入渗量(I_0)可以表示为：

$$I_0 = \frac{1}{2} S t^{0.5} \tag{12.3.10}$$

在 Philip 入渗模型中包括两个特征参数，即土壤吸湿率和一个常数(A)。首先利用短历时入渗公式来寻求吸湿率与表征饱和导水率及概化湿润锋吸力间关系。对于确定的入渗率就有相对应的入渗时间和概化湿润锋深度，因此式(12.3.8)与式(12.3.9)所描述的土壤入渗率应该是相等的，即：

$$\frac{k_{s1} h_f}{z_f} = \frac{1}{2} S t^{-0.5} \tag{12.3.11}$$

式(12.3.11)可以变为：

$$S = \frac{2 k_{s1} h_f t^{0.5}}{z_f} \tag{12.3.12}$$

将式(12.3.9)和式(12.3.10)代入等式(12.3.12)，有：

$$S^2 = \frac{2 k_{s1} h_f I_0 (\theta_s - \theta_0)}{z_f} \tag{12.3.13}$$

对于确定入渗时间和相对应的概化湿润锋深度，I 应与 I_0 相等，因此式(12.3.6)变为：

$$S^2 = 2 k_{s1} h_f (\theta_s - \theta_0) \tag{12.3.14}$$

式(12.3.14)反映了吸湿率与表征饱和导水率和概化湿润锋吸力间关系。因此可以根据 Green-Ampt 公式可以推求 Philip 公式中参数。但这种推求方法所产生的误差需要进一步验证。

显然，对于长历时入渗公式而言，表征饱和导水率与 Philip 入渗模型中的 A 是相同的。将 $A=K_{s1}$ 代入式(12.3.14)，有：

$$S^2 = 2h_f A(\theta_s - \theta_0) \tag{12.3.15}$$

由式(12.3.15)可知，Philip 模型中的两个参数间也存在一定函数关系。概化湿润锋吸力可以表示为：

$$h_f = \frac{S^2}{2A(\theta_s - \theta_0)} \tag{12.3.16}$$

通过对比分析土壤通量密度表达式与大毛管特征长度间关系，得到了大毛管特征长度与吸湿率间关系。为了进一步验证上述分析的合理性，下面利用上述短历时入渗模型来推求大毛管特征长度与吸湿率间关系。

概化后的湿润锋吸力是非饱和土壤导水率的函数，即：

$$h_f = -\int_{h_0}^{h_s} \frac{k(h)\mathrm{d}h}{k_s} \tag{12.3.17}$$

其中，$k(h)$是非饱和土壤导水率(cm/min)，k_s是饱和土壤导水率(cm/min)，h_0是初始土壤吸力(cm)，h_s 是土壤表面含水量所对应的吸力(cm)，它与所选用的非饱和导水率函数形式有关。将式(12.3.17)代入式(12.3.14)有：

$$S^2 = -2k_s(\theta_s - \theta_0)\int_{h_0}^{h_s} \frac{k(h)\mathrm{d}h}{k_s} \tag{12.3.18}$$

Philip 提出了大毛管特征长度(L)概念，这一概念为对比分析各种土壤非饱和导水率和扩散率表达式提供了重要手段，其具体表达式如式(12.3.11)。这样式(12.3.18)变为：

$$L = \frac{S^2}{2k_s(\theta_s - \theta_0)} \tag{12.3.19}$$

式(12.3.19)所表示的大毛管特征长度与吸湿率间关系是比较合理的，同时也说明大毛管特征长度就是 Green-Ampt 入渗模型中湿润锋面的吸力，因此可以利用 Green-Ampt 公式推求大毛管特征长度。

同时式(12.3.15)也可以表示为：

$$S^2 = 2LA(\theta_s - \theta_0) \tag{12.3.20}$$

式(12.3.20)反映了 Philip 入渗模型中特征参数与大毛管特征长度间关系。

12.3.3　水平入渗的 Philip 解

水平一维吸渗过程是水分自土表以水平方式进入土体，并在土体内运动的水分入渗方式。水平一维吸渗过程中，水分在土壤基质吸力的作用下向前推进，因此它是一种较为简单的入渗方式(秦耀东，2002；雷志栋等，1988；张蔚榛等，1996)。

Philip 入渗模型实际是特定条件下 Richard 方程的半解析解，先用解析方法将基本方程变换为常微分方程，再用数值迭代方法求得 Philip 模型的最终解。

在前面我们讲述了土壤水分运动基本方程的定解条件，即一类、二类和三类边界条件，我们以第一类边界条件为例，讨论水平入渗的 Philip 问题。

水平入渗的定解问题为：

$$\begin{aligned}&\frac{\partial\theta}{\partial t}=\frac{\partial}{\partial x}[D(\theta)\frac{\partial\theta}{\partial x}]\\&\theta=\theta_i,t=0,x>0\\&\theta=\theta_0,t>0,x=0\\&\theta=\theta_i,t>0,x\to\infty\end{aligned}$$

通过微分变换，基本方程变换为：

$$\frac{\partial x}{\partial t}+\frac{\partial}{\partial\theta}\left[\frac{D}{\left(\partial x/\partial\theta\right)}\right]=0 \tag{12.3.21}$$

假定上式的解为：

$$x=\eta(\theta)s(t) \tag{12.3.22}$$

分别对式(12.3.12)两边对 t 和 θ 求导得

$$\frac{\partial x}{\partial t}=\eta(\theta)\frac{\mathrm{d}s(t)}{\mathrm{d}t}$$

$$\frac{\partial x}{\partial\theta}=s(t)\frac{\mathrm{d}\eta(\theta)}{\mathrm{d}\theta}$$

代入式(12.3.21)，整理得

$$s(t)\frac{\mathrm{d}s(t)}{\mathrm{d}t}=-\frac{1}{\eta(\theta)}\cdot\frac{\mathrm{d}}{\mathrm{d}\theta}[\frac{D(\theta)}{\frac{\mathrm{d}\eta(\theta)}{\mathrm{d}\theta}}]$$

要使上式成立，必有

$$s(t)\frac{\mathrm{d}s(t)}{\mathrm{d}t}=a \tag{12.3.23}$$

$$-\frac{1}{\eta(\theta)}\cdot\frac{\mathrm{d}}{\mathrm{d}\theta}\left(\frac{D(\theta)}{\mathrm{d}\eta(\theta)/\mathrm{d}\theta}\right)=a \tag{12.3.24}$$

a 为任意常数，解式(12.3.23)，得

$$s(t)=[2a(t+c)]^{\frac{1}{2}} \tag{12.3.25}$$

c 为积分常数，将上式代入式(12.3.22)，得

$$x=\eta(\theta)[2a(t+c)]^{\frac{1}{2}} \tag{12.3.26}$$

再令 $\lambda(\theta)=\eta(\theta)(2a)^{1/2}$，有

$$x=\lambda(\theta)(t+c)^{\frac{1}{2}} \tag{12.3.27}$$

由定解条件，可得

$$\lambda(\theta_0)=0$$

$$\lambda(\theta_i)=\frac{x}{\sqrt{c}}$$

其中，$\lambda(\theta_i)$为一“定数”，x 为一“变数”，要使上式相等，c 只能取 0 或∞。若 $c\to\infty$，$\lambda(\theta_i)=0$，于是得到 $\theta_i=\theta_0$，这是稳定情况，非我们所求。若 $c=0$，则 $\lambda(\theta_i)\to\infty$。将 $c=0$ 代入式(12.3.27)，得

$$x=\lambda(\theta)t^{\frac{1}{2}}$$

这就是 Boltzmann 变换。进一步由式(12.3.24)和 $\lambda(\theta)=\eta(\theta)(2a)^{1/2}$，整理得

$$\frac{\mathrm{d}}{\mathrm{d}\theta}[D(\theta)\frac{\mathrm{d}\theta}{\mathrm{d}\lambda(\theta)}]=-\frac{\lambda(\theta)}{2} \tag{12.3.28}$$

上式便是求解函数 $\lambda(\theta)$ 的常微分方程，且 $\theta=\theta_0$ 时，$\lambda(\theta)=0$；$\theta=\theta_i$ 时，$\lambda(\theta)\to\infty$。式(12.3.28)可变为下面的积分形式：

$$\int_{\theta_i}^{\theta_0}\lambda(\theta)\theta=-2D(\theta)\frac{\mathrm{d}\theta}{\mathrm{d}\lambda(\theta)} \tag{12.3.29}$$

Philip 利用式(12.3.29)和 $D(\theta)$的关系，求得 $\theta(x, t)$，即水平入渗时剖面含水量随时间和距离的分布。但式(12.3.29)只能通过数值方法求得近似解。

12.3.4　垂直入渗的 Philip 解

一维垂直入渗的基本方程可写成 $z(\theta, t)$为未知函数的形式，其定解问题为：

$$-\frac{\partial z}{\partial t}=\frac{\partial}{\partial\theta}\left[\frac{D(\theta)}{\partial z/\partial\theta}\right]-\frac{\mathrm{d}K(\theta)}{\mathrm{d}\theta} \tag{12.3.30}$$

$$\theta=\theta_i, t=0, z>0 \tag{12.3.31}$$

$$\theta=\theta_0, t>0, z=0 \tag{12.3.32}$$

$$\theta=\theta_i, t>0, z\to\infty \tag{12.3.33}$$

Piilip 设想垂直入渗的解可以表示为级数形式：

$$z(\theta,t)=\eta_1(\theta)t^{1/2}+\eta_2(\theta)t+\eta_3(\theta)t^{3/2}+\eta_4(\theta)t^2+\cdots=\sum_{i=1}^{\infty}\eta_i(\theta)t^{i/2} \tag{12.3.34}$$

将上边界条件式(12.3.32)代入上式，得

$$\eta_1(\theta_0)=\eta_2(\theta_0)=\cdots=\eta_i(\theta_i)=0 \tag{12.3.35}$$

将式(12.3.27)两端同除以 $t^{1/2}$，然后代入初始条件式(12.3.31)，得

$$\eta_i(\theta_i)\to\infty \tag{12.3.36}$$

求得式(12.3.34)中各项系数，就可得到一维垂直的 Philip 解。

下面用待定系数法求解式(12.3.34)中的 $\eta_i(\theta_i)$。将基本方程式(12.3.30)展开并整理得，

$$D\frac{\partial^2 z}{\partial\theta^2}+K'(\frac{\partial z}{\partial\theta})^2-\frac{\partial z}{\partial t}(\frac{\partial z}{\partial\theta})^2-D'\frac{\partial z}{\partial\theta}=0 \tag{12.3.37}$$

式中，$D=D(\theta)$, $D'=\mathrm{d}D(\theta)/\mathrm{d}\theta$，$K'=\mathrm{d}K(\theta)/\mathrm{d}\theta$。对式(12.3.34)，求$\partial z/\partial\theta$, $\partial^2 z/\partial\theta^2$, $\partial z/\partial t$, $(\partial z/\partial\theta)^2$分别如下：

$$\frac{\partial z}{\partial\theta}=\eta_1'(\theta)t^{1/2}+\eta_2'(\theta)t+\eta_3'(\theta)t^{3/2}+\eta_4'(\theta)t^2+\cdots=\sum_{i=1}^{\infty}\eta_i'(\theta)t^{i/2} \tag{12.3.38}$$

$$\frac{\partial^2 z}{\partial\theta^2}=\eta_1''(\theta)t^{1/2}+\eta_2''(\theta)t+\eta_3''(\theta)t^{3/2}+\eta_4''(\theta)t^2+\cdots=\sum_{i=1}^{\infty}\eta_i''(\theta)t^{i/2} \tag{12.3.39}$$

$$\frac{\partial z}{\partial t}=\frac{\eta_1(\theta)t^{-1/2}}{2}+\eta_2(\theta)+\frac{3\eta_3(\theta)t^{1/2}}{2}+2\eta_4(\theta)t+\cdots=\sum_{i=1}^{\infty}\eta_i(\theta)t^{1-i/2} \tag{12.3.40}$$

$$(\frac{\partial z}{\partial\theta})^2=[\eta_1'(\theta)]^2t+2\eta_1'(\theta)\eta_2'(\theta)t^{3/2}+\{2\eta_1'(\theta)\eta_3'(\theta)+[\eta_2'(\theta)]^2\}t+\cdots \tag{12.3.41}$$

将式(12.3.38)～式(12.3.41)代入式(12.3.15)，并按时间t的方次合并同类项，则式(12.3.37)可写成：

$$Y_1t^{1/2}+Y_2t+Y_3t^{3/2}+Y_4t^2+\cdots=\sum_{i=1}^{\infty}Y_it^{i/2}=0 \tag{12.3.42}$$

上式Y_i为时间t不同方次的系数。上式右端恒等于0，所以系数Y_1, Y_2, Y_3, Y_4均等于0，也就是

$$Y_i=0,\quad i=1,2,3,\cdots \tag{12.3.43}$$

由式(12.3.43)，可求解各项系数。

若i=1，Y_1=0，可得

$$\frac{\mathrm{d}}{\mathrm{d}\theta}[\frac{D(\theta)\mathrm{d}\theta}{\mathrm{d}\eta_1(\theta)}]=-\frac{\eta_1(\theta)}{2} \tag{12.3.44}$$

比较式(12.3.37)与式(12.3.44)，发现 $\eta_1(\theta)=\lambda(\theta)$，这说明 Philip 垂直入渗解式(12.3.12)的第一项就是无重力作用下的水平入渗解。

由 Y_2=0，可得

$$\int_{\theta_i}^{\theta}\eta_2(\theta)\mathrm{d}\theta=D(\theta)[(\frac{\mathrm{d}\theta}{\mathrm{d}\lambda(\theta)})^2\frac{\mathrm{d}\eta_2(\theta)}{\mathrm{d}\theta}]-[K(\theta)-K(\theta_i)] \tag{12.3.45}$$

由 Y_3=0，可得

$$\frac{3}{2}\int_{\theta_i}^{\theta}\eta_3(\theta)\mathrm{d}\theta=D(\theta)[(\frac{\mathrm{d}\theta}{\mathrm{d}\lambda(\theta)})^2\frac{\mathrm{d}\eta_3(\theta)}{\mathrm{d}\theta}]-D(\theta)(\frac{\mathrm{d}\theta}{\mathrm{d}\lambda(\theta)})[\frac{\mathrm{d}\eta_2(\theta)}{\mathrm{d}\lambda(\theta)}]^2 \tag{12.3.46}$$

由 Y_4=0，可得

$$2\int_{\theta_i}^{\theta}\eta_4(\theta)\mathrm{d}\theta=D(\theta)[(\frac{\mathrm{d}\theta}{\mathrm{d}\lambda(\theta)})^2\frac{\mathrm{d}\eta_4(\theta)}{\mathrm{d}\theta}]-D(\theta)(\frac{\mathrm{d}\theta}{\mathrm{d}\lambda(\theta)})[\frac{\mathrm{d}\eta_2(\theta)}{\mathrm{d}\lambda(\theta)}]^2[2\frac{\mathrm{d}\eta_3(\theta)}{\mathrm{d}\eta_2(\theta)}-\frac{\mathrm{d}\eta_2(\theta)}{\mathrm{d}\lambda(\theta)}] \tag{12.3.47}$$

通过式(12.3.45)～式(12.3.47)及相应的边界条件，就可从已知的 $\lambda(\theta)$求得 $\eta_2(\theta)$，然后依次求得 $\eta_3(\theta)$, $\eta_4(\theta)$, …。所以，就可解出垂直入渗剖面的含水量随时间和深度的分布。另外，应该注意式(12.3.34)表示的级数解，由于收敛快，用前四项已足够精确，在实际应用中，一般取前两项。

第十三章　土壤水分运动的数值计算

描述水流运动的控制方程为非线性偏微分方程组，通常没有解析解，只能借助于计算方法求得数值解。数值解的收敛性、稳定性和与实际水流的符合程度，很大程度上取决于数学方程的离散形式，即采用的数值解法。因而数值计算中，计算方法选择得是否合理是数值计算成败的关键。数学模型的发展历程，其实是各种离散方法的发展过程。

区域型方法是将所论问题的区域分为许多单元(子区域)，在子区域上将控制微分方程用全部或部分满足边界条件的函数来近似，其特点是在边界上满足边界条件，域内近似满足微分方程。边界型方法是首先将控制微分方程化为边界积分方程，再采用有限元方法来处理边界积分方程，其特点是域内满足微分方程，边界上近似满足边界条件。

§13.1　土壤水分运动方程的有限元分析

本节中将利用特征有限元法解决以 h 为因变量的一维非饱和土壤水分运动方程的数值计算问题，并用试验结果检验。

13.1.1　数学模型

土壤水分运动模型中，是以土壤水吸力(负压 h)为因变量的一维非饱和土壤水分运动基本方程：

$$c(h)\frac{\partial h}{\partial t}=\frac{\partial}{\partial x}[K(h)\frac{\partial h}{\partial x}]+\frac{\partial K(h)}{\partial x} \tag{13.1.1}$$

其中，$K(h)=[D_0/(ab\theta_s^n)](a/h)^{(n+b+1)/b}$，$c(h)=[1/(ab)](a/h)^{1/b+1}$ 分别为非饱和土壤导水率和比水容量。a, b, n, θ, D_0 均为常数，t 为时间，x 为垂向坐标，取向下为正。

其初值条件和边界条件为

$$\begin{aligned}&h(x,0)=h_0\\&h(0,t)=h_1;\frac{\partial h(x,t)}{\partial x}|_{x\to\infty}=0\end{aligned} \tag{13.1.2}$$

这里常数 h_0 为初始压力水头，h_1 为积水深度。

13.1.2　数值模型

1．建立数值模型

对式(13.1.1)恒等变形，得

$$c(h)[\frac{\partial h}{\partial t}+v\frac{\partial h}{\partial x}]-\frac{\partial}{\partial x}[K(h)\frac{\partial h}{\partial x}]=0 \tag{13.1.3}$$

其中

$$v=-\frac{1}{c(h)}\frac{\mathrm{d}K(h)}{\mathrm{d}h}=\frac{D_0(n+b+1)}{ab\theta_s^n}(\frac{a}{h})^{(n+b)/b}$$

令

$$\phi(x)=c(h)(1+v^2)^{1/2}$$

且

$$\frac{\partial}{\partial\tau(x)}=\frac{c(h)}{\phi(x)}\frac{\partial}{\partial t}+\frac{vc(h)}{\phi(x)}\frac{\partial}{\partial x}$$

其中，$\tau=\tau(x)$表示与算子$(\partial h/\partial t)+v(\partial h/\partial x)$有关的特征方向，则式(13.1.3)变为

$$\phi(x)\frac{\partial h}{\partial\tau(x)}-\frac{\partial}{\partial x}[K(h)\frac{\partial h}{\partial x}]=0 \tag{13.1.4}$$

取$0\leqslant x\leqslant L$，$0\leqslant t\leqslant T$，对时间区间$[0,T]$划为M等分，时间步长$\Delta t=T/M>0$，$t^k=k\Delta t$表示时间层第k层(k=0, 1, 2, …, M)。对距离区间$[0,L]$划为N+1等分，其分点为$x_0=x_1,x_2,\cdots,x_N$，$x_{N+1}=L$，空间步长$H=L/(N+1)$，则

$$x_j=jH,H=x_j-x_{j-1}(j=1,2,\cdots,N,N+1)$$

将$h=h(x,t)$表示为

$$h(x,t)=\sum_{j=1}^{N}h_j(t)\varphi_j(x)$$

其中，N为节点总数，$h_j(t)$(记为h_j)为节点x_j处t时刻的负压，$\varphi_j(x)$为基函数。

$$\varphi_j(x)=\begin{cases}(x-x_{j-1})/(x_j-x_{j-1}) & (x_{j-1}\leqslant x\leqslant x_j)\\(x_{j+1}-x)/(x_{j+1}-x_j) & (x_{j+1}\leqslant x\leqslant x_{j+1})(j=1,2,\cdots,N)\\0,\text{其他}\end{cases} \tag{13.1.5}$$

进一步可得

$$\int_0^L\{\phi(x)\frac{\partial h}{\partial\tau(x)}-\frac{\partial}{\partial x}[K(h)\frac{\partial h}{\partial x}]\}\varphi_j\,\mathrm{d}x=0,(j=1,2,\cdots,N) \tag{13.1.6}$$

分部积分得

$$\int_0^L\phi(x)\frac{\partial h}{\partial\tau(x)}\varphi_j\,\mathrm{d}x+\int_0^L K(h)\frac{\partial h}{\partial x}\frac{\partial\varphi_j\,\mathrm{d}x}{\partial x}-K(h)\frac{\partial h}{\partial x}\varphi_j\mid_0^L=0 \tag{13.1.7}$$

计算式(13.1.7)的积分得

$$H[\phi(x)\frac{\partial h}{\partial\tau(x)}]\mid_{x=x_j}+\frac{b}{H(n+1)}[K(h_{j-1})h_{j-1}-2K(h_j)h_j+K(h_{j+1})h_{j+1}]=0 \tag{13.1.8}$$

对(13.1.8)式中的$[\phi(x)\frac{\partial h}{\partial\tau}]\mid_{x=x_j}$在$t^k$时刻离散，得

$$[\phi(x)\frac{\partial h}{\partial\tau}]\mid_{x=x_j}\approx c(h_j^k)[1+(v_j^k)^2]^{1/2}\frac{h_j^k-h_j^{k-1}}{[(x_j-\overline{x}_j)^2+\Delta t^2]^{1/2}} \tag{13.1.9}$$

其中，$v_j^k=v(x_j,t^k);h_j^k=h(x_j,t^k);h_j^{k-1}=h(\overline{x}_j,t^{k-1})$是$\overline{x}_j$点在$t^{k-1}$时刻的负压，可用$\overline{x}_j$左右两节点处的负压值插值得，$h_j^{k-1}=h(\overline{x}_j,t^{k-1})=\sum_{i=1}^{N}h_j^{k-1}\varphi_i(\overline{x}_j)$。为避免数值弥散，取 Courant 数$\alpha=\frac{v\Delta t}{\Delta x}\leqslant 1$。

$\overline{x}_j$ 点位置为 $\overline{x}_j = x_j - \int_{t^{k-1}}^{t^k} v\,\mathrm{d}t \approx x_j - v_j^k \Delta t$，所以

$$[\psi(x)\frac{\partial h}{\partial \tau}]|_{x=x_j} = \frac{c(h_j^k)}{\Delta t}(h_j^k - h_j^{k-1}) \tag{13.1.10}$$

将式(13.1.10)代入式(13.1.8)得，

$$\frac{b}{H(n+1)}K(h_j^{k-1})h_j^{k-1} + [\frac{H}{\Delta t}c(h_j^k) - \frac{2b}{H(n+1)}K(h_j^k)]h_j^k + \frac{2b}{H(n+1)}K(h_{j+1}^k)h_{j+1}^k = \frac{H}{\Delta t}c(h_j^k)h_j^{k-1} \tag{13.1.11}$$

记

$$l_{j-1,j}^k = \frac{b}{H(n+1)}K(h_j^{k-1}), l_{j+1,j}^k = \frac{b}{H(n+1)}K(h_j^{k+1})$$

$$l_{j,j}^k = \frac{H}{\Delta t}c(h_j^k) - \frac{2b}{H(n+1)}K(h_j^k) \tag{13.1.12}$$

$$f_j^k = \frac{H}{\Delta t}c(h_j^k)h_j^{k-1}$$

则方程组(13.1.11)变为

$$l_{j-1,j}^k h_{j-1}^k + l_{j,j}^k h_j^k + l_{j+1,j}^k h_{j+1}^k = f_j^k, (j = 1, 2, \cdots, N) \tag{13.1.13}$$

2．边界条件的处理

由式(13.1.2)知，$h_0^k = h(0, t^k) = h_1$，于是，当 j=1 时，

$$l_{1,1}^k h_1^k + l_{2,1}^k h_2^k = f_1^k - l_{0,1}^k h_0^k = f_1^k - l_{0,1}^k h_1 \tag{13.1.14}$$

当 j=N 时，由于 $\partial h / \partial x = 0$，所以 $h_{N+1}^k \approx h_N^k$，从而

$$\boldsymbol{L}^k = \begin{bmatrix} l_{1,1}^k & l_{2,1}^k & 0 & 0 & \cdots & 0 & 0 & 0 \\ l_{1,2}^k & l_{2,2}^k & l_{3,2}^k & 0 & \cdots & 0 & 0 & 0 \\ 0 & l_{2,3}^k & l_{3,3}^k & l_{4,3}^k & \cdots & 0 & 0 & 0 \\ \cdots & & & & & & & \\ 0 & 0 & 0 & 0 & \cdots & l_{N-2,N-1}^k & l_{N-1,N-1}^k & l_{N,N-1}^k \\ 0 & 0 & 0 & 0 & \cdots & 0 & l_{N-1,N}^k & l_{N,N}^k + l_{N+1,N}^k \end{bmatrix} \tag{13.1.15}$$

$$\begin{aligned} h^k &= (h_1^k, h_2^k, h_3^k, h_4^k, \cdots, h_{N-2}^k, h_{N-1}^k, h_N^k)' \\ f^k &= (f_1^k - l_{0,1}^k h_1, f_2^k, f_3^k, f_4^k, \cdots, f_{N-2}^k, f_{N-1}^k, f_N^k)' \end{aligned} \tag{13.1.16}$$

则方程组(13.1.13)可变为

$$L^k h^k = f^k (k = 1, 2, 3, \cdots, M) \tag{13.1.17}$$

对每一时间层 k，求出矩阵 L^k 及 f^k 后，可用追赶法求解方程组(13.1.17)，从而得到 t^k

时刻各点负压 h 的数值解 h_j^k (j=1,2,3,⋯, N)。但是，方程组(13.1.17)是非线性的，采用迭代法求解，当前后两次迭代计算所得 h 之差小于规定的允许误差，即 $\max|(h_j^{k(p)}-h_j^{k(p-1)})/h_j^{k(p-1)}|\leqslant e$，$j$=1,2,⋯,$N$ 时，可将 $h_j^{k(p)}$ 作为 h_j^k(j=1,2,⋯,N)的最终值，即为所求负压 h 的数值解。其中，p 为迭代计算次数，e 为允许的相对误差。采用迭代法需多次求解方程组，但因迭代计算的误差可以控制，故求得的结果比较准确。

§13.2 土壤水分运动在蒸发条件下的数值模拟

土壤水分蒸发和降雨入渗都是田间土壤水分循环过程的重要组成部分。土面蒸发是包气带水分运移计算问题的上边界条件，也是包气带水分运移的重要消耗项。土面蒸发发生在地表，所以，在蒸发过程中，地表发生着能量、热量和水量的转变和交换。影响因素众多，因此其数学模型的建立较为复杂。

13.2.1 数学模型

当地表处于蒸发状况，蒸发强度 $E_s(t)$已知；或者地表处于入渗状况，但供水强度 $R(t)$未超过土壤入渗能力，即 $R(t)=-E_s(t)$时，一维土壤水分运动的数学模型为：

$$\frac{\partial\theta}{\partial t}=\frac{\partial}{\partial x}\left[D(\theta)\frac{\partial\theta}{\partial x}\right]-\frac{\partial K(\theta)}{\partial x},(x,t)\in I\times(0,T] \tag{13.2.1a}$$

$$\theta(x,0)=\theta_m,x\in I \tag{13.2.1b}$$

$$-D(\theta)\frac{\partial\theta}{\partial x}+K(\theta)=R(t),t\in(0,T],x=0 \tag{13.2.1c}$$

$$\theta=\theta_m,x\to\infty,t\in(0,T] \tag{13.2.1d}$$

其中，$I=[0,\infty)$，但在实际计算中常取 $I=[0,L]$；x 为垂直坐标、取向下为正；t 为时间；θ 为土壤体积含水率，θ_m 为初始含水率；$K(\theta)$和 $D(\theta)$分别为非饱和土壤导水率和扩散率。

13.2.2 $\bar{x}_j$ 及 $\bar{\theta}_j^{k-1}$ 的处理

由于 $\bar{\theta}_j^{k-1}$ 是水分质点运动轨迹(即特征线)上游某点 $\bar{x}_j$ 在 t^{k-1} 时刻的含水量，因此，沿特征线溯源追踪到 $\bar{x}_j$ 点，然后由 t^{k-1} 时刻的含水量分布用插值法就可求出 $\bar{x}_j$ 点的含水量 $\bar{\theta}_j^{k-1}$，它近似等于 t^k 时刻 x_j 点的纯对流贡献。

$\bar{x}_j$ 点的位置可用下面的方法求出：

$$\bar{x}_j=x_j-\int_{t^{k-1}}^{t^k}v\,\mathrm{d}t \tag{13.2.2}$$

利用积分中值定理，得

$$\bar{x}_j=x_j-\int_{t^{k-1}}^{t^k}v\,\mathrm{d}t\approx x_j-v_j^k\Delta t \tag{13.2.3}$$

$\bar{x}_j$ 点在 t^{k-1} 时刻的含水量为：

$$u_j^k=[1+(v_j^k)^2]^{1/2}/[(x_j-\bar{x}_j)^2+(\Delta t)^2]^{1/2}\approx\frac{1}{\Delta t} \tag{13.2.4}$$

$\bar{\theta}_j^{k-1}$ 可由下面插值公式求得：

$$\bar{\theta}_j^{k-1} = \theta(\bar{x}_j, t^{k-1}) = \sum_{i=1}^{N} \theta_i^{k-1} \varphi(\bar{x}_j) \tag{13.2.5}$$

为避免数值弥散，联 Courant 数 $\alpha = \dfrac{v\Delta t}{\Delta x} < 1$，$\bar{\theta}_j^{k-1}$ 可用 $\bar{x}_j$ 左右两点含水量插值求得。此时有

$$\bar{\theta}_j^{k-1} = \theta_{j-1}^{k-1}\varphi_{j-1}(\bar{x}_j) + \theta_j^{k-1}\varphi_j(\bar{x}_j) \approx \frac{v_j^k \Delta t}{h}\theta_{j-1}^{k-1} + (1 - \frac{v_j^k \Delta t}{h})\theta_j^{k-1} \tag{13.2.6}$$

则在 t^k 时刻，土壤水分方程为

$$-\frac{1}{h}D(\theta_{j-1/2}^k)\theta_{j-1}^k + \left[\frac{h}{\Delta t} + \frac{2}{h}D(\theta_j^k)\right]\theta_j^k - \frac{1}{h}D(\theta_{j+1/2}^k)\theta_{j+1}^k = \frac{h}{\Delta t}\bar{\theta}_j^{k-1} \tag{13.2.7}$$

记

$$l_{j-1,j}^k = -\frac{1}{h}D(\theta_{j-1/2}^k), l_{j+1,j}^k = -\frac{1}{h}D(\theta_{j+1/2}^k) \tag{13.2.8}$$

$$l_{j,j}^k = \frac{h}{\Delta t} + \frac{2}{h}D(\theta_j^k), f_j^k = \frac{h}{\Delta t}\bar{\theta}_j^{k-1} \tag{13.2.9}$$

则方程组(13.2.7)就变为

$$l_{j-1,j}^k \theta_{j-1}^k + l_{j,j}^k \theta_j^k + l_{j+1,j}^k \theta_{j+1}^k = f_j^k \quad (j = 1, 2, \cdots, N) \tag{13.2.10}$$

13.2.3　初边值条件的处理

由(13.2.1b)知，当 $t = 0$ 时，$\theta_j^0 = \theta_m (j = 1, 2, \cdots, N)$。

由式(13.2.1c)知上边界条件为 $-D(\theta)\dfrac{\partial \theta}{\partial x} + K(\theta) = R(t)$，于是在 j=0 结点处列差分方程，对 $\dfrac{\partial \theta}{\partial x}$ 取向前差分，于是式(13.2.1c)变为

$$-D(\theta_0^k)\frac{\theta_1^k - \theta_0^k}{h} + K(\theta_0^k) = R(t^{k-1/2}) \tag{13.2.11}$$

其中，$R(t^{k-1/2})$ 表示本时间段的平均供水强度。整理得：

$$-D(\theta_0^k)\frac{\theta_1^k - \theta_0^k}{h} = R(t^{k-1/2}) - K(\theta_0^k) \tag{13.2.12}$$

于是 j=0 时有：

$$\tilde{l}_{0,1}^k \theta_0^k + \tilde{l}_{1,1}^k \theta_1^k = f_0^k \tag{13.2.13}$$

其中，$\tilde{l}_{0,1}^k = \dfrac{D(\theta_0^k)}{h}, \tilde{l}_{1,1}^k = -\dfrac{D(\theta_0^k)}{h}, f_0^k = R(t^{k-1/2}) - K(\theta_0^k)$。

由式(13.2.1d)知 $\theta_{N+1}^k = \theta_m$，于是当 j=N 时

$$l_{N-1,N}^k \theta_{N-1}^k + l_{N,N}^k \theta_N^k = f_N^k - l_{N+1,N}^k \theta_{N+1}^k = f_N^k - l_{N+1,N}^k \theta_m \tag{13.2.14}$$

令

$$L^k=\begin{pmatrix} \tilde{l}_{0,1}^k & \tilde{l}_{1,1}^k & 0 & 0 & \cdots & 0 & 0 & 0 \\ l_{0,1}^k & l_{1,1}^k & l_{2,1}^k & 0 & \cdots & 0 & 0 & 0 \\ 0 & l_{1,2}^k & l_{2,2}^k & l_{3,2}^k & \cdots & 0 & 0 & 0 \\ \cdots & \cdots & \cdots & \cdots & \cdots & \cdots & \cdots & \cdots \\ 0 & 0 & 0 & 0 & \cdots & l_{N-2,N-1}^k & l_{N-1,N-1}^k & l_{N,N-1}^k \\ 0 & 0 & 0 & 0 & \cdots & 0 & l_{N-1,N}^k & l_{N,N}^k \end{pmatrix}$$

$$\theta^k=(\theta_0^k,\theta_1^k,\theta_2^k,\theta_3^k,\theta_4^k,\cdots\theta_{N-2}^k,\theta_{N-1}^k,\theta_N^k)^{\mathrm{T}}$$

$$f^k=(f_0^k,f_1^k,f_2^k,f_3^k,f_4^k,\cdots f_{N-2}^k,f_{N-1}^k,f_N^k-l_{N+1,N}^k\theta_m)^{\mathrm{T}}$$

则模型(13.2.1)用特征有限元法离散后可表示为

$$L^k\theta^k=f^k(k=1,2,3,\cdots,m) \tag{13.2.15}$$

对每一个时间层 k，先求出矩阵 L^k 及 f^k，就可用追赶法求解方程组(13.2.15)，即得 t^k 时刻各点含水量的数值解 θ_j^k (j=1, 2, ⋯, N)，当 k=1 时，利用初始条件，$\theta_j^0=\theta_m$ (j=1,2,⋯, N)。

§13.3 土壤水分运动在植物腾发条件下的数值模拟

13.3.1 根系吸水率在剖面上分布

数值方法计算吸水率：根系吸水率，即根系在单位时间内由单位体积土壤中所吸收水的体积，根据以土壤基质势 h 为变量的一维非饱和土壤水分运动方程，可表示为：

$$C(h)\frac{\partial h}{\partial t}=\frac{\partial}{\partial z}\left[K(\frac{\partial h}{\partial z}-1)\right]-S \tag{13.3.1}$$

即

$$S=\frac{\partial}{\partial z}\left[K(\frac{\partial h}{\partial z}-1)\right]-C(h)\frac{\partial h}{\partial t} \tag{13.3.2}$$

式(13.3.2)以中心差分格式表示，则

$$\begin{aligned} S_i^{j+1}=&\frac{K_{i+1/2}^{j+1/2}}{2\Delta Z^2}(h_{i+1}^{j+1}+h_{i+1}^j-h_i^{j+1})-K_{i-1/2}^{j+1/2}(h_i^{j+1}+h_i^j-h_{i-1}^{j+1}-h_{i-1}^j) \\ &-\frac{1}{\Delta Z}(K_{i+1/2}^{j+1/2}-K_{i-1/2}^{j+1/2})-C_i^{j+1/2}\cdot(h_i^{j+1}-h_i^j)/\Delta t \end{aligned} \tag{13.3.3}$$

式中，i 为空间步长序号；j 为时间步长序号。

参数 $K_{i+1/2}^{j+1/2},K_{i-1/2}^{j+1/2}$ 及 $C_i^{j+1/2}$ 计算时，在空间上取上、下两结点几何平均值，在时间上取前后时段的算术平均值，即

$$K_{i+1/2}^{j+1/2}=\frac{1}{2}(\sqrt{K_{i+1}^{j+1}\cdot K_i^{j+1}}+\sqrt{K_{i+1}^j\cdot K_i^j}) \tag{13.3.4}$$

$$K_{i-1/2}^{j+1/2}=\frac{1}{2}(\sqrt{K_{i-1}^{j+1}\cdot K_{i}^{j+1}}+\sqrt{K_{i-1}^{j}\cdot K_{i}^{j}}) \tag{13.3.5}$$

$$C_{i}^{j+1/2}=\frac{1}{2}(C_{i}^{j+1}+C_{i}^{j}) \tag{13.3.6}$$

在有实测土壤压力水头资料 h 时，即可根据式(13.3.4)至式(13.3.6)，采用野外实测资料求得的土壤水分运动参数 K 及 C，和不同时刻土壤剖面上的负压 h 求得任意时段内，土壤根系层剖面上备深度处的根系吸水率 $S_i^{j+1/2}$。

在有中子仪实测土壤含水率资料的情况下，可以采用以含水率 θ 为变量的一维非饱和土壤水分运动方程：

$$\frac{\partial\theta}{\partial t}=\frac{\partial}{\partial z}[D(\theta)\frac{\partial\theta}{\partial z}]-\frac{\partial K}{\partial z}-S \tag{13.3.7}$$

$$S=\frac{\partial}{\partial z}[D(\theta)\frac{\partial\theta}{\partial z}]-\frac{\partial K}{\partial z}-\frac{\partial\theta}{\partial t} \tag{13.3.8}$$

上式以中心差分格式表示，则

$$\begin{aligned}S_{i}^{j+1/2}=&\frac{D_{i+1/2}^{j+1/2}}{2\Delta Z^{2}}(\theta_{i+1}^{j+1}+\theta_{i+1}^{j}-\theta_{i}^{j+1}-\theta_{i}^{j})-\frac{D_{i-1/2}^{j+1/2}}{2\Delta Z^{2}}(\theta_{i}^{j+1}+\theta_{i}^{j}-\theta_{i-1}^{j+1}-\theta_{i-1}^{j})\\&-\frac{1}{\Delta Z}(K_{i+1/2}^{j+1/2}-K_{i-1/2}^{j+1/2})-(\theta_{i}^{j+1}-\theta_{i}^{j})/\Delta t\end{aligned} \tag{13.3.9}$$

式中

$$D_{i+1/2}^{j+1/2}=K_{i+1/2}^{j+1/2}/K_{i+1/2}^{j+1/2}$$
$$D_{i-1/2}^{j+1/2}=K_{i-1/2}^{j+1/2}/K_{i-1/2}^{j+1/2}$$

若已知土壤水分运动参数 K，C 以及不同时刻土壤剖面上含水率资料，则可根据上式求得任意时段根系层剖面上不同深度处根系吸水率 $S_i^{j+1/2}$。

一般在饱和–非饱和土壤中以负压 h 为变量方程来推求吸水率 S，而在非饱和十壤中式(13.3.2)和式(13.3.7)均可采用。

根系吸水层深度随时间的变化规律：根系的生长和作物吸收水分是两个紧密联系在一起的过程，作物吸收水分促进根系生长，根系生长又反过来增加了植物吸水的土层深度，根据数值计算结果，由根系吸水率 S 在剖面上的分布形状来加以分析，一般认为根层以下 S_i 为零的点到地表的距离为根系吸水层深度 L_r，根据计算出的不同时刻根系吸水层深度 $L_r(t)$和相对时间 $\overline{t}$ 点据，用非线性回归分析方法得出经验公式为：

$$L_r(t)=150(1-\mathrm{e}^{-1.380\,813\overline{t}}) \tag{13.3.10}$$

式中，$L_r(t)$ 为根系吸水层深度(cm)；$\overline{t}$ 为相对时间，$\overline{t}=t/M$，其中 t(d)从播种算起到收获为止，共计 88d；M 为作物整个生育期天数。

根系吸水率分布函数 S 的确定：作物根系吸水率受土壤性质、作物水分生理特征和大气因素的综合影响。由于在实际情况下，作物的棵间蒸发和植株蒸腾是互为消长和难以分开的，因而蒸腾量的确定往往有很大困难。所以在建立根系吸水模型时，使用腾发量则比较方便。

就其吸水速率在剖面上的分布形状而言，类似于对数正态分布密度函数，故设其吸水模型的形式为：

$$S = ET \times A \times [\mathrm{e}^{-B(\ln \bar{Z} - C)^2}] / \bar{Z} \tag{13.3.11}$$

式中，ET为腾发量(mm/d)；$\bar{Z}$ 为相对深度，$\bar{Z} = Z / L_r(t)$，A, B, C为经验系数，B, C无量纲，A的量纲为l/mm。

为了求出系数A, B, C，首先将非线性模型线性化，将式(13.3.11)两边取自然对数得：

$$\ln \frac{S}{ET} = \ln A - BC^2 + (2BC - 1)\ln \bar{Z} - B\ln^2 \bar{Z} \tag{13.3.12}$$

令：$Y = \dfrac{S}{ET}, x_1 = \ln \bar{Z}, x_2 = \ln^2 \bar{Z}$，则式(13.3.12)为：

$$Y = b_0 + b_1 x_1 + b_2 x_2 \tag{13.3.13}$$

式中

$$\begin{cases} b_0 = \ln A - BC^2 \\ b_1 = 2BC - 1 \\ b_2 = -B \end{cases} \tag{13.3.14}$$

从而得到：

$$A = \mathrm{e}^{b_0 - (b_1 + 1)^2 / 4b_2} \quad B = -b_2 \quad C = -\frac{b_1 + 1}{2b_2} \tag{13.3.15}$$

根据前面数值方法已计算出的不同时刻、不同深度上的吸水率S以及ET，分别对$\ln(S/ET)$−$\ln \bar{Z}$ 进行回归，得出经验系数如下：

$$A = 8.600\,827 \times 10^{-4} - 1.1892\,6 \times 10^{-3}(\bar{t} - 0.591)^2 \quad B = 1.662603 \quad C = -1.308\,06 \tag{13.3.16}$$

将式(13.3.16)代入式(13.3.13)即可求得作物根系吸水函数 S 的表达式，该模型采用相对深度($\bar{Z}$)和相对时间($\bar{t}$)，是一个只含无量纲变量的根系吸水函数模型。通过数值模拟对模型的验证，土壤水分动态的模拟值与实测值拟合较好，表明该模型是可靠的。

作物根系吸水函数表达式中，A反映了作物根系吸水随生长期的变化，在整个生育期内，A值变化规律是由小到大再减小的趋势，这与作物根系吸水的实际情况是吻合的；B值反映了根系吸水在剖面上的分布形状；C值为作物吸水量最大值所在的位置。

13.3.2 作物生长条件下土壤水分运动的数值模拟

通过一种作物在不同生育阶段潜水蒸发的数值模拟，分析不同土质和不同地下水埋深情况下潜水蒸发的规律(赵成义等，1999；阳园燕等，2004；邵爱军等，1997)。

数学模型及数值计算方法：作物生长条件下，地下水位保持不变时，蒸发条件下一维垂直土壤水分运动定解问题可表示为

$$\begin{cases} C(h)\dfrac{\partial h}{\partial t}=\dfrac{\partial}{\partial z}[k(h)\dfrac{\partial h}{\partial z}]-\dfrac{\partial k(h)}{\partial z}-S \\ h(z,t)|_{t=0}=H_0(z) \\ -K(h)(\dfrac{\partial h}{\partial z}-1)|_{z=0}=-\varepsilon \\ h(z,t)|_{z=D}=0 \end{cases} \tag{13.3.17}$$

式中：z 为竖直坐标(cm)，向下为正；t 为时间(min)；S 为根系吸水速率(min^{-1})；ε 为表土蒸发强度(cm/min)。

为了保证求解过程中数值间的稳定性，运用全隐式有限差分格式，并采用线性化迭代方法求解差分离散所得到的非线性方程组，对基本方程离散得

$$E_i h_{i-1}^{j+1}+F_i h_i^{j+1}+G_i h_{i+1}^{j+1}=H_i(i=1,2,\cdots,n-1) \tag{13.3.18}$$

由以上 i=1, 2,⋯, n−1 个结点差分方程，再加上、下边界结点的差分方程，就可以得到 3 个方程的三对角方程组，对参数迭代线性化后即可用追赶法求解。

根系吸水模型：根系实际吸水速率为

$$S(z,t)=\frac{\delta T_p(t)f(\theta)\mathrm{e}^{-\delta z/L_r(t)}}{L_r(t)(1-\mathrm{e}^{-\delta})} \tag{13.3.19}$$

式中，δ为根密度分布参数，由试验取得；L_r为根的生长深度(cm)；$f(\theta)$为水分修正系数。

有关参数的确定：由于水分运动的参数模型在土壤水接近饱和的区域保持了函数关系的连续性，并且在整个区域内光滑，与实际吻合得比较好。所以本文对容水度、导水率以及土壤的水分特征曲线采用 Van Genuchten 模型。在不考虑温度对水分参数的修正时，关系式为：

土壤水分特征曲线

$$\theta(h)=\theta_r+\frac{\theta_s-\theta_r}{[1+(\alpha/h)^n]^m} \tag{13.3.20}$$

非饱和水力传导度

$$K(h)=K_s\frac{\{1-(\alpha|h)^{n-1}[1+(\alpha|h)^n]^{-m}\}^2}{[1+(\alpha|h)^n]^{m/2}} \tag{13.3.21}$$

容水度

$$C(h)=\frac{mn\alpha(\theta_s-\theta_r)(\alpha|h)^{n-1}}{[1+(\alpha|h)^n]^{m+1}} \tag{13.3.22}$$

试验站的土壤分为两层，70cm 以上为沙壤土，以下为粉沙土，土壤水分参数采用实测结果(见表 13.1)。

表 13.1　土壤水分参数(邵爱军等，1997)

土壤类别	θ_s	θ_r	α	n	m	K_s
沙壤土	0.40	0.07	0.009 25	1.634	0.388	0.003
粉沙土	0.42	0.10	0.009 60	1.677	0.404	0.006

§13.4 土壤水分运动在入渗条件下的数值模拟

13.4.1 基本方程的建立

这里,我们要研究的是恒温条件下地下水位埋藏无限深的均质土壤中的水分运动问题。此时，下边界可按第一类边界条件处理(雷志栋等，1988；张蔚榛等，1996)。当地表保持某一接近于饱和含水率，此时上边界条件为第一类边界条件。当不考虑有作物蒸腾时，土壤水分的入渗模型，可表示为：

$$\begin{cases}\dfrac{\partial\theta}{\partial t}=\dfrac{\partial}{\partial z}\left[D(\theta)\dfrac{\partial\theta}{\partial z}\right]-\dfrac{\partial K(\theta)}{\partial z}\\ \theta=\theta_0 \quad t=0,z\geqslant 0\\ \theta=\theta_s \quad t>0,z=0\\ \theta=\theta_0 \quad t=0,z=L\end{cases} \tag{13.4.1}$$

式中，θ为为扩散度(cm^2 / cm^3)，$D(\theta)$为为扩散度(cm^2/min)，θ_s为饱和含水量(cm^3/cm^3)，$K(\theta)$为水力传导度(cm/min)，θ_0为土壤初始含水量(cm^3/cm^3)；z为位置坐标(cm)原点取在地表面，向下为正；t为时间(min)，L为土层厚度(cm)。

上述方程中$D(\theta)$和$K(\theta)$是含水量的函数，所以为非线性的偏微分方程。用解析法求解比较困难，当前最有效的办法是采用数值计算法。目前，在土壤水分运动问题的计算中，所用的数值计算法主要是有限差分法和有限单元法，本节采用有限差分法求解上述土壤水分运动模型。

13.4.2 边界条件的处理

上边界条件的处理：上边界条件为$\theta(0,t)=\theta_s$，表层土壤饱和，此时上边界为第一类边界，这样紧靠上边界的第一内结点(i=1)的方程为：

$$a_1\theta_0^{k+1}+b_1\theta_1^{k+1}+c_2\theta_2^{k+1}=h_1 \tag{13.4.2}$$

或

$$b_1\theta_1^{k+1}+c_2\theta_2^{k+1}=h_1-a_1\theta_0^{k+1}$$

令$h_1^*=h_1-a_1\theta_0^{k+1}$，即得

$$h_1^*=h_1-a_1\theta_s^{k+1}=\theta_1^k-\beta(k_2^{k+1}-k_0^{k+1})-a_1\theta_s$$

则式(13.4.2)可写为：

$$b_1\theta_1^{k+1}+c_1\theta_2^{k+1}=h_1^* \tag{13.4.3}$$

下边界条件的处理：当$i=n-1$时，可得以下差分方程

$$a_{n-1}\theta_{n-2}^{k+1}+b_{n-1}\theta_{n-1}^{k+1}=h_{n-1}^* \tag{13.4.4}$$

其中：

$$h_{n-1}^*=\left[\theta_{n-1}^k-\beta(K_n^{k+1}-K_{n-2}^{k+1})\right]-c_{n-1}\theta_0 \tag{13.4.5}$$

这样，对于每一内节点写出其差分方程(13.4.4)，进一步得到得到三对角方程组。

$$
\begin{bmatrix} b_1 & c_1 & \\ a_1 & b_2 & c_2 \\ \vdots & \vdots & \vdots \\ a_{n-1} & b_{n-1} & c_{n-1} \end{bmatrix} \begin{bmatrix} \theta_1 \\ \theta_2 \\ \vdots \\ \theta_{n-1} \end{bmatrix} = \begin{bmatrix} h_1^* \\ h_2^* \\ \vdots \\ h_{n-1}^* \end{bmatrix} \tag{13.4.6}
$$

上式亦可简写为：

$$[A][\theta]=[h]$$

用追赶法求解，便可得到土壤剖面上诸点的θ值，从而求得该时土壤含水量在剖面上的分布情况，按时间层推进，则土壤水分在剖面上的动态即被模拟出来。

计算方法及线性化：根据定解条件开始时的含水量为 θ_0，开始后上边界的含水量即为 θ_s，下边界的含水量始终为 θ_0。对于 k+1 时段的 $K(\theta)$和 $D(\theta)$值采用前一时段 K 的 θ 值进行计算作为预报值。这样系数方阵[A]及常数项列阵[h]均可事先按 θ_i^k 计算出，然后用迭代法进行误差校正，求得 k+1 时段的 θ_i^{k+1}，依次计算即可求得任一时段的 $\theta(z,t)$值。

§13.5　饱和与非饱和土壤水分运动的数值模拟

13.5.1　一维非饱和土壤水分运动的数值模拟

这里，我们要研究的是恒温条件下地下水位埋藏无限深的均质土壤中的水分运动问题。此时，下边界可按第一类边界条件处理，当地表保持某一接近于饱和含水率。当不考虑有作物蒸腾时，土壤水分的入渗模型，可表示为：

$$
\begin{cases} \dfrac{\partial\theta}{\partial t}=\dfrac{\partial}{\partial z}\left[D(\theta)\dfrac{\partial\theta}{\partial z}\right]-\dfrac{\partial K(\theta)}{\partial z} \\ \theta=\theta_0 \qquad t=0,z\geq 0 \\ \theta=\theta_s \qquad t>0,z=0 \\ \theta=\theta_0 \qquad t=0,z=L \end{cases} \tag{13.5.1}
$$

式中，θ 为扩散度(cm^2/cm^3)；$D(\theta)$为扩散度(cm^2/min)；θ_s 为饱和含水量(cm^3/cm^3)；$K(\theta)$为水力传导度(cm/min)；θ_0 为土壤初始含水量(cm^3/cm^3)；z 为为位置坐标(cm)原点取在地表面，向下为正；t 为时间(min)；L 为土层厚度(cm)。

上述方程中 $K(\theta)$和 $D(\theta)$是含水量的函数，所以为非线性的偏微分方程。用解析法求解比较困难，当前最有效的办法是采用数值计算法。目前，在土壤水分运动问题的计算中，所用的数值计算法主要是有限差分法和有限单元法(张耀峰等，2004)。

差分方程的建立：对式(13.5.1)采用隐式差分格式，首先将全部求解式 z=0 ~ L 离散化为 n 个单位，共有 n+1 个结点，编号 i=0, 1, 2, …, n，其中 i=0 和 i=n 为边界结点，其余为内结点，距离步长为 Δz，时间步长 Δt 一般可考虑为变步长，开始阶段取较小值，以及逐步增大。

对任一内结点，按隐式差分格式写出原方程(13.5.1)的差分方程如下：

$$
\begin{aligned} \frac{\theta_i^{k+1}-\theta_i^k}{\Delta t} &= \frac{D_{i+1/2}^{k+1}(\theta_{i+1}^{k+1}-\theta_i^{k+1})-D_{i-1/2}^{k+1}(\theta_i^{k+1}-\theta_{i-1}^{k+1})}{\Delta z^2} \\ &\quad -\frac{K_{i+1}^{k+1}-K_{i-1}^{k+1}}{2\Delta z} \end{aligned} \tag{13.5.2}
$$

式中，D 和 K 为 $D(\theta)$和 $K(\theta)$的简写。

$$D_{i+1/2}^{k+1}=\frac{1}{2}(D_i^k+D_{i+1}^k)$$

$$D_{i-1/2}^{k+1}=\frac{1}{2}(D_i^k+D_{i-1}^k)$$

$K_{i+1}^{k+1},K_{i-1}^{k+1}$ 采用 K_{i+1}^{k},K_{i-1}^{k} 作为预报值。

并令 $\gamma=\dfrac{\Delta t}{\Delta z^2},\beta=\dfrac{\Delta t}{2\Delta z}$，代入式(13.5.2)整理得

$$-\gamma D_{i-1/2}^{k+1}\theta_{i-1}^{k+1}+\left[1+\gamma(D_{i-1/2}^{k+1}D_{i+1/2}^{k+1})\right]\theta_i^{k+1}-\gamma D_{i+1/2}^{k+1}\theta_{i+1}^{k+1}=\theta_i^k-\beta(K_{i+1}^{k+1}-K_{i-1}^{k+1}) \tag{13.5.3}$$

或表达为：

$$a_i\theta_{i-1}^{k+1}+b_i\theta_i^{k+1}+c_i\theta_{i+1}^{k+1}=h_i \tag{13.5.4}$$

其中

$$\begin{cases} a_i=-\gamma D_{i-1/2}^{k+1} \\ b_i=1+\gamma(D_{i-1/2}^{k+1}+D_{i+1/2}^{k+1}) \\ c_i=-\gamma D_{i+1/2}^{k+1} \\ h_i=\theta_i^k-\beta(K_{i+1}^{k+1}-K_{i-1}^{k+1}) \end{cases} \tag{13.5.5}$$

式(13.5.4)是一个通式,原则上对各节点都可以列出这一方程。但因当 $t>0$ 时 $z=0$ 的 $\theta=\theta_s$ 是定值，下边界的 $\theta=\theta_0$ 也是定值。所以只需列出 $i=1, 2, \cdots, n-1$ 个方程。而在 $i=1$ 及 $i=n-1$ 时，因式(13.5.4)与上、下边界条件有联系。系数 a_1, h_1, c_{n-1}, h_{n-1}需结合边界已知条件另行计算。

边界条件的处理：

①上边界条件的处理：

上边界条件为 $\theta(0, t)=\theta_s$，表层土壤饱和，此时上边界为第一类边界，这样紧靠上边界的第一内结点($i=1$)的方程为：

$$a_1\theta_0^{k+1}+b_1\theta_1^{k+1}+c_2\theta_2^{k+1}=h_1 \tag{13.5.6}$$

或

$$b_1\theta_1^{k+1}+c_2\theta_2^{k+1}=h_1-a_1\theta_0^{k+1}$$

令

$$h_1^*=h_1-a_1\theta_0^{k+1}$$

即得

$$h_1^*=h_1-a_1\theta_s^{k+1}=\theta_1^k-\beta(k_2^{k+1}-k_0^{k+1})-a_1\theta_s$$

则式(13.5.6)可表达为：

$$b_1\theta_1^{k+1}+c_1\theta_2^{k+1}=h_1^* \tag{13.5.7}$$

②下边界条件的处理：当 $i=n-1$ 时，差分方程(13.5.4)可写为

$$a_{n-1}\theta_{n-2}^{k+1}+b_{n-1}\theta_{n-1}^{k+1}=h_{n-1}^{*} \tag{13.5.8}$$

其中：

$$h_{n-1}^{*}=\left[\theta_{n-1}^{k}-\beta(K_{n}^{k+1}-K_{n-2}^{k+1})\right]-c_{n-1}\theta_{0} \tag{13.5.9}$$

这样，对于每一内节点写出方程(13.5.4)，得到三对角方程组。

$$\begin{bmatrix} b_1 & c_1 & \\ a_1 & b_2 & c_2 \\ \vdots & \vdots & \vdots \\ a_{n-1} & b_{n-1} & c_{n-1} \end{bmatrix}\begin{bmatrix} \theta_1 \\ \theta_2 \\ \vdots \\ \theta_{n-1} \end{bmatrix}=\begin{bmatrix} h_1^{*} \\ h_2^{*} \\ \vdots \\ h_{n-1}^{*} \end{bmatrix} \tag{13.5.10}$$

上式亦可简写为：

$$[A][\theta]=[h]$$

用追赶法求解，便可得到土壤剖面上诸点的θ值，从而求得该时土壤含水量在剖面上的分布情况，按时间层推进，则土壤水分在剖面上的动态即被模拟出来。

③计算方法及线性化：根据定解条件开始时的含水量为 θ_0，开始后上边界的含水量即为 θ_s，下边界的含水量始终为 θ_0。对于 k+1 时段的 $K(\theta)$和 $D(\theta)$值采用前一时段 K 的 θ 值进行计算作为预报值。这样系数方阵[A]及常数项列阵[h]均可事先按 θ_i^k 计算出，然后用迭代法进行误差校正，求得 k+1 时段的 θ_i^{k+1}，依次计算即可求得任一时段的 $\theta(z, t)$值。

13.5.2　二维饱和一非饱和土壤水分运动应用

二维饱和一非饱和土壤水分运动理论在农田灌溉和排水中的应用具有重要的实际意义(张蔚榛等，1996；李佩成，1993；赵梦玲等，2005)。以下列举渗灌和暗管排水条件下土壤水分运动数值模拟来说明(见图 13.1)。

渗灌条件下土壤水分运动方程：假定在流区内，土壤水在时间和空间均为连续的，并服从质量守恒原理，则可依据流区的物理过程建立土壤水分运动的数学模型。

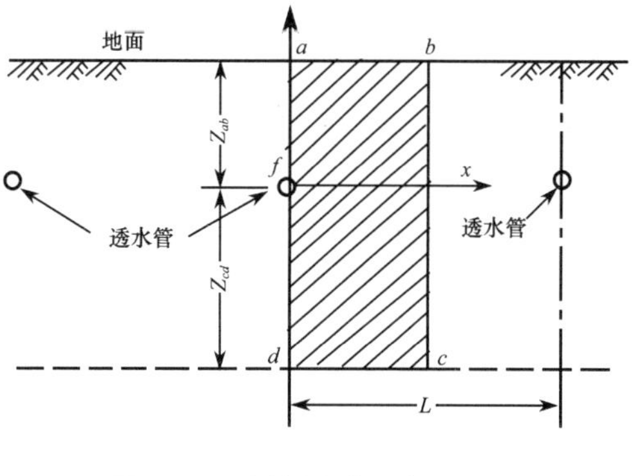

图 13.1　水流区域示意图

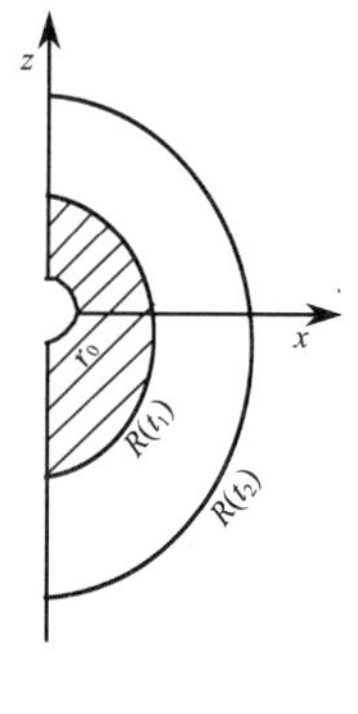

图 13.2 透水管周围动边界条件

将 $k(\theta)\dfrac{\partial h}{\partial \theta}=D(\theta)$ 代入式(10.2.16)，可得二维水流控制方程：

$$\frac{\partial\theta}{\partial t}=\frac{\partial}{\partial x}\left[D(\theta)\frac{\partial\theta}{\partial x}\right]+\frac{\partial}{\partial z}\left[D(\theta)\frac{\partial\theta}{\partial z}\right]+\frac{\partial k(\theta)}{\partial z} \tag{13.5.11}$$

假定灌水前土壤具有均匀的水分剖面，则根据上述水流区域及其边界上的特点，可写出式(13.5.11)的定解条件。

初始时，流区内各点上含水量等于某一初始值 θ_0，即：

$$\theta=\theta_0, t=0 \tag{13.5. 12}$$

将对称性边界 ad(除去透水管部分)及 bc 作为虚拟的不透水边界处理，则针对 ad、bc 边界可分别写出：

$$\partial\theta/\partial x=0, x=L/2, t>0 \tag{13.5. 13}$$

和

$$\partial\theta/\partial x=0, x=0\text{且}\sqrt{x^2+z^2}>r_0, t>0 \tag{13.5.14}$$

在以上两式中，L 为透水管的间距，r_0 为透水管的半径。

水流区域的下边界 cd 处，恒保持初始含水量不变，即

$$\theta=\theta_0, z=z_{cd}, t\geqslant 0 \tag{13.5.15}$$

在水流区域的上边界 ab 处，垂直方向的水流通量应与蒸腾强度或降雨强度相等，即

$$\left[D(\theta)\partial\theta/\partial z\right]-k(\theta)=\varepsilon, z=z_{ab}, t>0 \tag{13.5.16}$$

式中，ε 为代表蒸腾强度时取负值，代表降雨强度时取正值，不考虑蒸腾及大气降雨时，等于零。

设透水管外壁与土壤的接触面上，始终能保持某一最大含水量 θ_M。由于土壤空气的阻塞，θ_M 将小于饱和含水量。根据试验资料，θ_M 值一般为饱和含水量的 90% ~ 96%。由此可写出：

$$\theta=\theta_M, \sqrt{x^2+z^2}=r_0, t=0 \tag{13.5.17}$$

灌水后，管壁附近的土壤湿度迅速增加，经过一定时间土壤含水率可以提高到 θ_M。随着灌水时间的延续，自管壁起始，高含水率范围越来越大，因此此边界采用可动边界。

如图 13.2 所示，$t=0$ 时紧靠透水管外壁的土壤含水量为 θ_M，仍用式(13.5.17)表示初始的边界条件。至 $t=t_1$ 时，图中阴影面积内的土壤均已达到 θ_M 值，称此区域为高含水带，其外廓线用符号 $R(t_1)$所示。$t=t_2$ 时，外廓线扩展，用 $R(t_2)$表示。因高含水带随时间的增长而逐渐向外扩展. 故一般地可用 $R(t)$表示它的外廓线所在的位置。当我们按式(13.5.17)计算高含水带以外在任一时间 t 的土壤水变化时，均应以该时刻高含水带的外廓线作为边界。若外廓线呈圆形，则边界条件可写为

$$\theta=\theta_M, R(t)=\sqrt{x^2+z^2} \tag{13.5.18}$$

式中，$R(t)$为 t 时刻高含水带外廓线的圆弧半径。

数值模拟的差分方程：首先在(x, z, t)空间. 以 $\Delta x, \Delta z, \Delta t$ 及丛为步长组成网格，结点记作(I, j, n)，即

$$x=i\cdot\Delta x, z=j\cdot\Delta z, t=n\cdot\Delta t$$
$$i=0,1,2,\cdots,I_M; j=-j_M,-j_M+1,\cdots,0,1,2,\cdots,j_{M_2};$$
$$n=0,1,2,\cdots,N$$

经以上离散后，任一结点(I, j, n)处的含水量值均表示为 $\theta_{i,j}^{n}$，即

$$\theta(x,z,t)=\theta(i,\Delta x,j\cdot\Delta z,n\cdot\Delta t)=\theta_{i,j}^{n} \tag{13.5.19}$$

为了提高计算精度相速度，同时采用交替方向隐式(ADI)法及预报-校正(P-C)法。运算时，先在 x 方向取中心差分格式(隐式)而 z 方向取显式，列出代替式(13.5.11)的差分方程并求解，然后反过来在 z 方向取中心差分格式(隐式)而 x 方向取显式，列出另一个代替式(13.5.19)的差分方程并求解，如此交替进行。因这样的差分方程中包含有辅助函数，且依赖于待求的含水量 θ，所以差分方程是非线性的。为了使其线性化，在使用 ADI 法的每次交替中，先取半个时间步长对含水量进行预报，然后再使用校正方程求得时段末的含水量，这样就既能解决非线性问题，又不致过多降低精度。以下依次列出控制方程(13.5.19)的各个差分方程。

以 x 方向隐式，z 方向显式。则土壤水运动差分方程为：

$$\begin{aligned}2\left(\frac{\theta_{i,j}^{n+1/2}-\theta_{i,j}^{n}}{\Delta t}\right)=&\frac{1}{2(\Delta x)^2}\{D(\theta_{i+1/2,j}^{n})\left[\theta_{i+1,j}^{n+1/2}-\theta_{i,j}^{n+1/2}+\theta_{i+1,j}^{n}-\theta_{i,j}^{n}\right]\\&-D(\theta_{i-1/2,j}^{n})\left[\theta_{i+1,j}^{n+1/2}-\theta_{i-1,j}^{n+1/2}+\theta_{i,j}^{n}-\theta_{i-1,j}^{n}\right]\}\\&+\frac{1}{(\Delta z)^2}\{D(\theta_{i,j+1/2}^{n})\left[\theta_{i,j+1}^{n}-\theta_{i,j}^{n+1/2}\right]-D(\theta_{i,j-1/2}^{n})\left[\theta_{i,j}^{n}-\theta_{i,j-1}^{n}\right]\\&+\frac{1}{2\Delta z}\left[k(\theta_{i,j+1}^{n})-k(\theta_{i,j-1}^{n})\right]\end{aligned} \tag{13.5.20}$$

校正方程为：

$$\begin{aligned}\frac{\theta_{i,j}^{n+1}-\theta_{i,j}^{n}}{\Delta t}=&\frac{1}{2(\Delta x)^2}\{D(\theta_{i+1/2,j}^{n})\left[\theta_{i+1,j}^{n+1/2}-\theta_{i,j}^{n+1/2}+\theta_{i+1,j}^{n}-\theta_{i,j}^{n}\right]\\&-D(\theta_{i-1/2,j}^{n+1/2})\left[\theta_{i+1,j}^{n+1}-\theta_{i-1,j}^{n+1}+\theta_{i+1,j}^{n}-\theta_{i-1,j}^{n}\right]\}\\&+\frac{1}{(\Delta z)^2}\{D(\theta_{i,j+1/2}^{n})\left[\theta_{i,j+1}^{n}-\theta_{i,j}^{n}\right]-D(\theta_{i,j-1/2}^{n})\left[\theta_{i,j}^{n}-\theta_{i,j-1}^{n}\right]\}\\&+\frac{1}{2\Delta z}\left[k(O_{i,j+1}^{n+1/2})-k(\theta_{i,j-1}^{n+1/?})\right]\end{aligned} \tag{13.5.21}$$

以 z 方向隐式，x 方向显式，则得到另一种形式的土壤水运动方程：

$$\begin{aligned}2\left(\frac{\theta_{i,j}^{n+1/2}-\theta_{i,j}^{n+1}}{\Delta t}\right)=&\frac{1}{(\Delta x)^2}\{D(\theta_{i+1/2,j}^{n+1})\left[\theta_{i+1,j}^{n+1}-\theta_{i,j}^{n+1}\right]-D(\theta_{i-1/2,j}^{n+1})\left[\theta_{i,j}^{n+1}-\theta_{i-1,j}^{n+1}\right]\}\\&+\frac{1}{2(\Delta z)^2}\{D(\theta_{i,j+1/2}^{n+1})\left[\theta_{i,j+1}^{n+3/2}-\theta_{i,j}^{n+3/2}+\theta_{i,j+1}^{n+1}-\theta_{i,j}^{n+1}\right]\\&-D(\theta_{i,j-1/2}^{n+1})\left[\theta_{i,j}^{n+2/3}-\theta_{i,j-1}^{n+2/3}+\theta_{i,j}^{n+1}-\theta_{i,j-1}^{n+1}\right]\}+\frac{1}{2\Delta z}\left[k(\theta_{i,j+1}^{n+1})-k(\theta_{i,j-1}^{n+1})\right]\end{aligned} \tag{13.5.22}$$

校正方程为：

$$\begin{aligned}\frac{\theta_{i,j}^{n+2}-\theta_{i,j}^{n+1}}{\Delta t}=&\frac{1}{(\Delta x)^2}\{D(\theta_{i+1/2,j}^{n+1})\left[\theta_{i+1,j}^{n+1}-\theta_{i,j}^{n+1}\right]-D(\theta_{i-1/2,j}^{n+1})\left[\theta_{i,j}^{n+1}-\theta_{i-1,j}^{n+1}\right]\}\\&+\frac{1}{2(\Delta z)^2}\{D(\theta_{i,j+1/2}^{n+2/3})\left[\theta_{i,j+1}^{n+2}-\theta_{i,j}^{n+2}+\theta_{i,j+1}^{n+1}-\theta_{i,j}^{n+1}\right]\\&-D(\theta_{i,j-1/2}^{n+2/3})\left[\theta_{i,j}^{n+2}-\theta_{i,j-1}^{n+2}+\theta_{i,j}^{n+1}-\theta_{i,j-1}^{n+1}\right]\}+\frac{1}{2\Delta z}\left[k(\theta_{i,j+1}^{n+3/2})-k(\theta_{i,j-1}^{n+3/2})\right]\end{aligned} \tag{13.5.23}$$

上列各差分方程均可针对每一结点写出来，而且当已知时段初始时段中间处的含水量时，各个差分方程中至多包含三个未知数，它们就是该时段末的含水量。沿 x 或 z 方向对各内部结点依次写出差分方程，即可得到一个线性方程组

$$a_k\theta_{k-1}+b_k\theta_k+c_k\theta_{k+1}=f_k \tag{13.5.24}$$

式中，k 为结点序号。

引入边界条件，可以使紧靠边界的结点差分方程中减少一个未知数，这样便能得到如下所示的三对角矩阵方程：

$$\begin{bmatrix} b_1 & c_1 & & & & & \\ a_2 & b_2 & c_2 & & & & \\ & a_3 & b_3 & c_3 & & & \\ & & & \ddots & \ddots & \ddots & \\ & & & & a_{k-1} & b_{k-1} & c_{R-1} \\ & & & & & a_k & b_k \end{bmatrix}\begin{bmatrix}\theta_1\\ \theta_2\\ \theta_3\\ \vdots\\ \theta_{k-1}\\ \theta_k\end{bmatrix}=\begin{bmatrix}f_1\\ f_2\\ f_3\\ \vdots\\ f_{k-1}\\ f_k\end{bmatrix} \tag{13.5.25}$$

按时间序列，依次求解式(13.5.25)所示的矩阵方程，直到规定的结束时刻为止，即可获得各个结点上含水量的变化过程。

数值计算中，按下述方法处理渗水管周围的动边界条件：为计算方便，先将渗水管简化成方形。如图 13.3 中阴影部分所示，然后给该阴影笼罩的所有结点上的含水量 $\theta[i,j]$输入初始值 θ_M，其他结点输入另一初始值 θ_0(小于 θ_M 的原始含水量)。该方形周边上的结点 a、b、c、d、e 即为第一个计算时段的边界。按此边界条件由上述数值计算方法可得到所有结点在第一个时段末的含水量值。若第一个时段末除了原来含水量已达到 θ_M 的结点外，再没有其他结点的含水量达到 θ_M，则在下一个时段仍可继续使用第一个时段的边界条件。如果在第一个时段末，高含水带已由初始位置扩展到图中粗拆线所示的地方，则第 2 个时段就必须以此粗折线上的结点作为新的边界。至于高含水带内部结点，因其含水量已经达到了

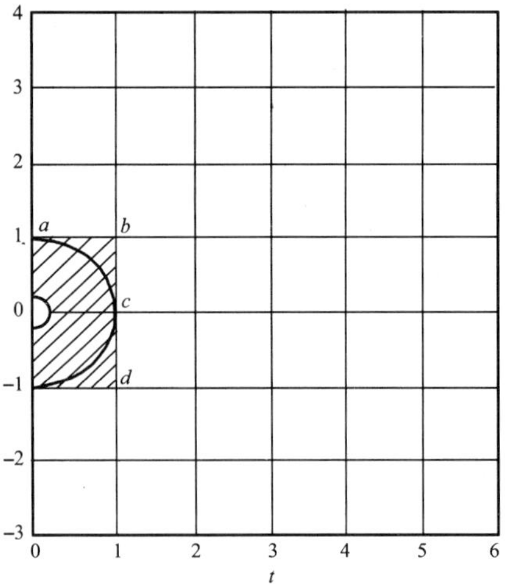

图 13.3　数值计算中对动边界条件的处理

最大含水量 θ_M，故可不再计算。如此依时序逐段进行数值计算，每一时段计算结束后均需按高含水带实际到达的范围，确定后继时段的边界条件。

必须指出，只有透水管供水压力较小时，才可以使用 θ 方程，并且也可对高含水带作如上的处理。相反，如果透水管有较大的供水压力，则在高含水带可能会出现静水压力，因此，应采用 h 方程作为模型中的控制方程。

暗管排水条件下土壤水分运动的数值模拟： 以某灌区试点区作为示例，介绍利用二维饱和—非饱和有限元法设计暗管适宜间距的方法。

含水层厚度为 10 m，暗管内径 6 cm，埋深 1.0 m，分别对间距 L=20、30、40 m 和 60 m 的暗管排水进行了计算。计算初始条件采用雨后地下水位上升到地面的不利情况，即在初始时刻整个土壤剖面被水饱和的条件下进行计算。暗管排水过程中水位和含水率的变化可根据二维饱和—非饱和土壤水流方程及定解条件(如图 13.4 所示，图中 M=1 000 cm，DM=900 cm)求解。

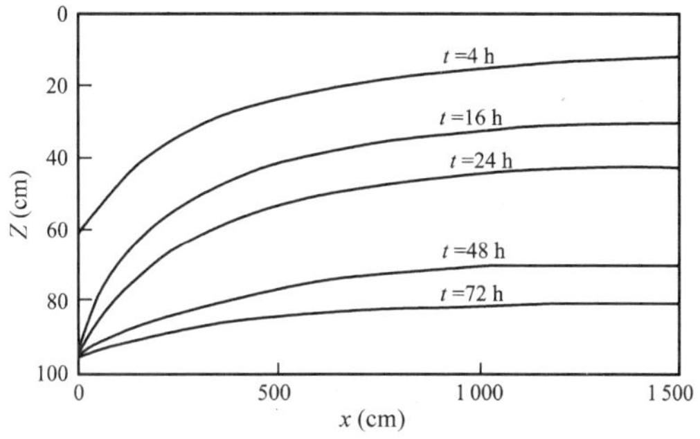

图 13.4　暗管间距 30 m 时地下水浸润线随时间变化过程(赵梦玲等,2005)

各向异性土层二维饱和—非饱和土壤水流方程：

$$\frac{\partial}{\partial x}\left[k_x(\frac{\partial h}{\partial x})\right]+\frac{\partial}{\partial z}\left[k_x(\frac{\partial h}{\partial z}+1)\right]=(C+\frac{\theta}{n}S_s)\frac{\partial h}{\partial t} \tag{13.5.26}$$

式中，k_s,k_z 分别为 x 方向和 z 方向的水力传导度；$(\theta/n)S_s$ 为考虑土壤弹性变形时，单位水头变化引起土壤贮水率的变化；n 为孔隙率；S_s 为饱和土壤比释水系数(贮水系数)。

定解条件：

$$\begin{cases} h=z \quad 0\leqslant x\leq L/2 \quad 0\leqslant z\leqslant 1000 \quad t=0 \\ \dfrac{\partial h}{\partial x}=0 \quad x=L/2 \quad 0\leqslant z\leqslant 1000 \quad t>0 \\ -k_x\dfrac{\partial(h-z)}{\partial z}=\varepsilon \quad 0\leqslant x\leqslant L/2 \quad z=0 \quad t>0 \\ -k_z\dfrac{\partial(h-z)}{\partial z}=0 \quad 0\leqslant x\leqslant L/2 \quad z=1000 \quad t>0 \\ \dfrac{\partial h}{\partial x}=0 \quad x=0 \quad 0<z<1000 \quad t>0 \\ h=3(\text{暗管中心水头}) \quad x=0 \quad z=100 \quad t>0 \\ \dfrac{\partial h}{\partial x}=0 \quad x=0 \quad 100\leqslant z<1000 \quad t>0 \end{cases} \tag{13.5.27}$$

利用三角形单元剖分渗流域，采用 Galerkin 有限单元求解方程，并对时间导数项采用集中贮量法处理时，得到的离散化方程为

$$A_{ij}h_j + F_{ij}\frac{\partial h_j}{\partial t} = Q_i - B_i, i, j = 1,2,3,\cdots,N \tag{13.5.28}$$

$$A_{ij} = \sum_\beta \frac{1}{4\Delta\beta}\left[\bar{k}_x b_i b_j + \bar{k}_y c_i c_j\right] \tag{13.5.29}$$

$$F_{ij} = \sum_\beta \frac{\Delta\beta}{3}\left[\bar{C} + \frac{S_s}{n}\bar{\theta}\right]; i = j \tag{13.5.30}$$

$$F_{ij} = 0, i \neq j \tag{13.5.31}$$

$$Q_i = -\sum_\beta \frac{(L_q)_i}{2} \tag{13.5.32}$$

$$B_i = -\sum_\beta \frac{1}{2}\bar{k}_x c_i \tag{13.5.33}$$

$$\bar{k}_x = \frac{1}{3}(k_{xi} + k_{xj} + k_{xz}) \tag{13.5.34}$$

$$\bar{k}_z = \frac{1}{3}(k_{zi} + k_{zj} + k_{zl}) \tag{13.5.35}$$

$$\bar{C} = \frac{1}{3}(C_i + C_j + C_l) \tag{13.5.36}$$

$$\bar{\theta} = \frac{1}{3}(\theta_i + \theta_j + \theta_l) \tag{13.5.37}$$

式中，i, j, l 为三角形顶点序号；$(L_q)_i$ 为流过顶点为 i 的三角形一边(长度为 L)的流量；$\Delta\beta$ 为三角形单元的面积；a, b, c 为三角形单元几何常数。

试验区非饱和带土壤参数如下：

$$\theta = -(\lg|h| - 5.949)/11.201 \qquad h \leqslant -20$$

$$\theta = -(\lg|h| - 8.899)/18.309 \qquad -20 \leqslant h \leqslant -8$$

$$\theta = -0.000\,408|h| + 0.4396 \qquad -8 \leqslant h \leqslant 0$$

$$\theta = 0.439\,6 \qquad h \geqslant 0$$

$$C = -1/(11.201\lg|h|) \qquad h \leqslant -40$$

$$C = 0.0119|h|^{-0.672} \qquad -40 \leqslant h \leqslant -8$$

$$C = 0.000\,14 \times 10^{0.165h} \qquad -8 \leqslant h \leqslant 0$$

$$C = 0 \qquad h \geqslant 0$$

$$k_x = 8.53 \times 10^{-3} \times |h|^{-1.047}\,(\mathrm{cm/min}) \qquad h < -1$$

$$k_{zs} = 0.008\,53(\mathrm{cm/min}) \qquad h \geqslant -1$$

由饱和带 $k_x \sim h$ 关系可知，当 h=−1 cm 时，(近于饱和) k_{zs}=0.008 53(cm/min)，这是垂直方向的渗透系数。水平方向的渗透系数为 k_x=0.104 cm/min。考虑到非饱和带中，水分以垂

直运动为主，在数值计算中，将非饱和带近似地处理为各向同性，饱和带为各向异性。

土壤孔隙度为 $n=0.48$，贮水率 S_s 取 10^{-5}，土面蒸发采用：

$$\begin{cases} \varepsilon = \varepsilon_0 & \theta \geqslant 0.27 \\ \varepsilon = \varepsilon_0(2\theta + 0.11) & \theta < 0.27 \end{cases}$$

取水面蒸发强度 ε_0=5.8mm/d，计算时间步长采用以下方法取值：

$$\Delta t_{k+1} = \Delta t_k RAT, RAT = 1.10$$
$$\Delta t_0 = 0.25\min, \Delta t_0 \leqslant \Delta t < 180(\min)$$

计算收敛的标准为；绝对误差 EPS1＝0.2cm；相对误差 EPS2＝0.02；计算过程中代次数由开始的 14～16 次很快就稳定在 1～4 次之间。

通过计算求得不同间距时，各时段地下水自由水面线(h＝0 的水面线)和各时段各剖面土壤含水率分布。间距为 30m 方案的地下水浸润线随时间变化过程，如图 13.4 所示。间距为 30m 和 40m 时，暗管中间剖面含水率分布如图 13.5(a)和图 13.5 (b)所示。

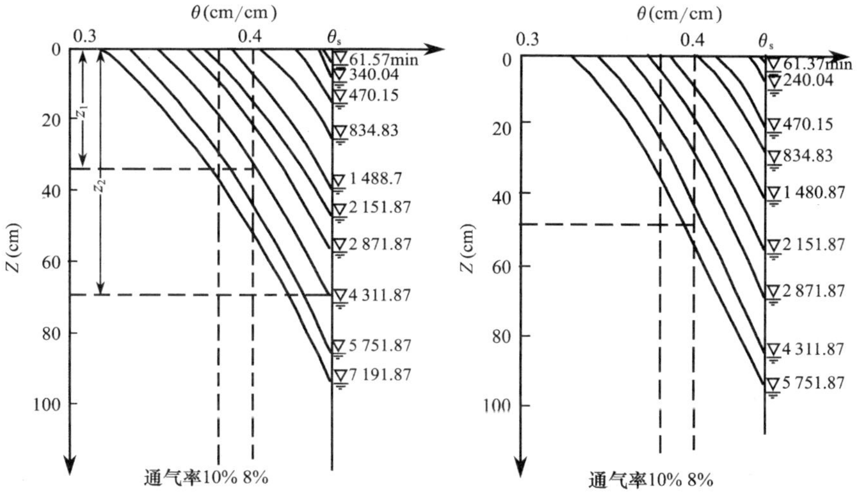

图 13.5　不同暗管埋探和间距的含水率变化图(赵梦玲等，2005)

(a)暗管埋深 1.0m，间距 40m；(b)暗管埋深 1.0m，间距 30m

由于暗管中间水位呈抛物线型，在暗管中间处水位最高、下降速度最慢，如果此处土壤剖面满足通气率要求，那么暗管两侧其他部位也会满足要求。

若以 3 天内 35 cm 土层内土壤通气率达到 8%(即相当于平均含水率达到上限 40%的土层深度为 70 cm)作为排水标准，则从图 13.5(a)中可以看出选用 40 m 暗管间距即可满足要求。如以 3 天内地下水位下降至 0.5 m 作为排水标准，则自图 13.4 及图 13.5 (b)可以看出，选择 30m 暗管间距即可满足要求。

饱和–非饱和土壤水分运动理论在农田灌溉和排水中的应用具有重要的实际意义。以下列举喷灌条件下土壤水分运动数值模拟来说明。

13.5.3　三维非饱和土壤水分运动模拟

由 Darcy 定律和能量守恒原理推导的土壤水分运动方程反映了土壤水分运动的基本规律，其方程为：

$$\frac{\partial\theta}{\partial t}=\frac{\partial}{\partial x}[D(\theta)\frac{\partial\theta}{\partial x}]+\frac{\partial}{\partial y}[D(\theta)\frac{\partial\theta}{\partial y}]+\frac{\partial}{\partial z}[D(\theta)\frac{\partial\theta}{\partial z}]+\frac{\partial K(\theta)}{\partial\theta}\cdot\frac{\partial\theta}{\partial z} \tag{13.5.38}$$

式中，θ 为土壤体积含水率(cm^3/cm^3)；$D(\theta)$为土壤水分扩散率(cm^3/cm^3)；$K(\theta)$为非饱和导水率(cm/min)；$\partial K(\theta)/\partial z$ 为由土壤水的重力势引起的水分变化，水流方向与所取坐标方向一致取正，否则为负。

研究喷灌条件下土壤水分状况往往都只考虑垂直入渗，即土壤水分运动方程取为一维。实际上这并不符合实际情况，因此考虑水分在土壤中的运动为三维运动(即竖直方向和水平方向)。

不论喷头的组合型式是矩形还是三角形，其组合喷灌均匀度叠加计算中的典型面积都可以选择为矩形。整个灌溉面积都由这样的矩形拼合而成。因此，以该典型面积下一定深度的土壤作为研究对象，考察其中水分运动的情况，如图 13.6 所示。图中，矩形柱体 *ABCDA'B'* C'D'即为所提出的研究对象，而 *ABCD* 为上边界，也就是所选择的典型面积，面 *ADD'A'*，*ABB'A'*，*BCC'B'*，*DCC'D'*分别为研究对象的左边界、前边界、右边界、后边界，面 *A'B'C'D'*为下边界。

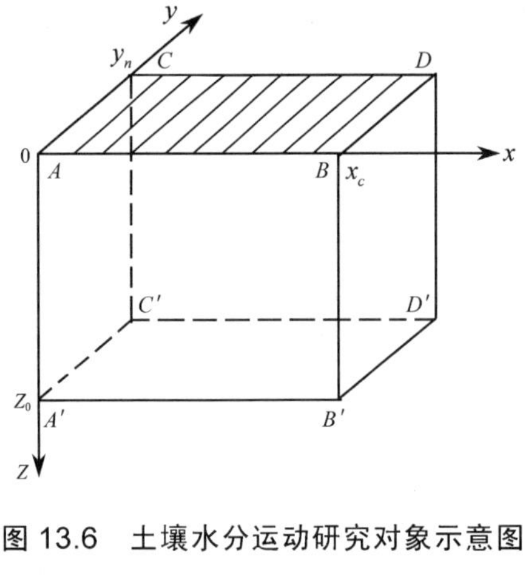

图 13.6　土壤水分运动研究对象示意图

大多数耕作土壤都有一个下边界：在这个边界上，水分运动大大迥异于水分在耕作层内的运动。一般地，地下水位或水力传导度的突变可构成下边界。以水力传导度的突变作为研究对象的下边界，在这个边界上没有水分的进出研究对象。因此，研究对象下边界的边界条件可表示为：

$$\frac{\partial\phi}{\partial z}=0, z=z_0, 0\leqslant x\leqslant x_0, 0\leqslant y\leqslant y_0, t\geqslant 0 \tag{13.5.39}$$

式中，ϕ为土壤总水势，x_0，y_0，z_0 分别为 x，y，z 方向上的最大值(如图 5.26 所示)。

对于上边界，设喷灌持续时间为 t_0，则在 t_0 时段内，水分以一定的速率渗入土壤(假定喷灌强度始终小于土壤的渗吸速度)，但由于喷灌的不均匀性，面 *ABCD* 上各点的通量并不相等，也就是说，通量 q 是坐标(x，y)的函数，这属于第二类边界条件的情形。t_0 以后，喷灌停止，则上边界(面 $ABCD$)各点通量变为 0。因此，上边界条件表示为：

$$q = f(x,y), z = 0, 0 \leqslant x \leqslant x_0, 0 \leqslant y \leqslant y_0, 0 \leqslant t \leqslant t_0 \tag{13.5.40}$$

$$q = E_s, z = 0, 0 \leqslant x \leqslant x_0, 0 \leqslant y \leqslant y_0, t > t_0 \tag{13.5.41}$$

$$-D(\theta)\frac{\partial \theta}{\partial z} + K(\theta) = q \tag{13.5.42}$$

前后左右边界上的边界条件分别表示为：

$$\frac{\partial \phi}{\partial y} = 0, y = 0, 0 \leqslant x \leqslant x_0, 0 \leqslant z \leqslant z_0, t \geqslant 0 \tag{13.5.43}$$

$$\frac{\partial \phi}{\partial y} = 0, y = y_0, 0 \leqslant x \leqslant x_0, 0 \leqslant z \leqslant z_0, t \geqslant 0 \tag{13.5.44}$$

$$\frac{\partial \phi}{\partial x} = 0, x = 0, 0 \leqslant y \leqslant y_0, 0 \leqslant z \leqslant z_0, t \geqslant 0 \tag{13.5.45}$$

$$\frac{\partial \phi}{\partial x} = 0, x = x_0, 0 \leqslant y \leqslant y_0, 0 \leqslant z \leqslant z_0, t \geqslant 0 \tag{13.5.46}$$

土壤初始含水率 θ 为

$$\theta = F(x,y,z,t), t = 0 \tag{13.5.47}$$

以上基本运动方程(式(13.5.38))连同边界条件和初始条件即构成喷灌条件下土壤水分运动数学模型。

参考文献

雷志栋，杨诗秀，谢森传. 土壤水动力学. 北京：清华大学出版社，1988

张蔚榛，沈荣开. 地下水与土壤水动力学.北京：中国水利水电出版社，1996

吴淑杰，韩喜林，李淑珍. 土壤结构、水分与植物根系对土壤能量状态的影响. 东北林业大学学报，2003，Vol，31(3)：24 ~ 26

芮孝芳. 产汇流理论. 北京：水利水电出版社，1995

芮孝芳. 径流形成原理. 南京：河海大学出版社，1991

钱蕴壁，等. 节水农业新技术研究. 河南: 黄河水利出版社，2002

黄洪峰. 土壤 · 植物 · 大气相互作用原理及模拟研究. 北京：气象出版社，1997

雄顺贵，等. 基础土壤学. 北京：中国农业大学出版社，2001

辛格(V.P.Singh)著(美). 水文系统流域模拟． 赵卫民等译. 郑州：黄河水利出版社，2000

沈振荣，等. 水资源科学实验与研究——大气水、地表水、土壤水、地下水相互转化关系. 北京：中国科学技术出版社，1992

张耀峰，张德生，武新乾. 一维非饱和土壤水分运动的数值模拟. 纺织高校基础科学学报，2004，17(2)：123 ~ 127

秦耀东. 土壤物理学. 北京：高等教育出版社，2002

黄昌勇. 土壤学. 北京：中国农业出版社，2000

杨文治，邵明安. 黄土高原土壤水分研究. 北京：科学出版社，2000

刘树华. 环境物理学. 北京：化学工业出版社，2004

刘廷玺，朱仲元，马龙，等. 通辽地区次降雨入渗补给系数的分析确定. 内蒙古农业大学学报，2002，Vol23(2)：34 ~ 39

苑连菊，李振栓，武胜忠，等. 工程渗流力学. 北京：中国建材工业出版社，2001

赵成义，黄俊梅. 植物根系吸水特性研究. 干旱区地理，1999，22(2):88 ~ 95

阳园燕，郭安红，安顺清，等. 土壤-植物-大气连续体(SPAC)系统中植物根系吸水模型研究进展. 气象科技，2004，Vol 32(5)：316 ~ 321

邵爱军，李会昌. 野外条件下作物根系吸水模型的建立. 水利学报，1997，(2)：68 ~ 72

李佩成. 地下水动力学. 北京：农业出版社，1993

李保国，龚元石，左强. 农田土壤水的动态模型及应用. 北京：科学出版社，2000

宋克超，康尔泗，蓝永超等. 黑河流域典型景观植被带陆面过程同步观测研究，冰川冻土，2003.25(5)：552~557

刘昌明，王会肖. 土壤-作物-大气界面水分过程与节水调控. 北京：科学出版社，1999

康绍忠，刘晓明，熊运章. 土壤-植物-大气连续体水分传输. 北京：水利电力出版社，1994

赵梦玲，张德生，窦建坤等. 二维非饱和土壤水分运动的数值模拟. 纺织高校基础科学学报，2005，18(3):254 ~ 257

徐学祖，王家澄，张立新. 冻土物理学. 北京：科学出版社，2001

第五篇　植被在宏观水循环中的作用

植被在水循环中的宏观作用，也就是下垫面上的植被和近地大气层之间的相互作用。物质、能量交换和输送是当前地球科学研究的前沿和热点，特别是植被在水文循环物理过程中的重要作用，不仅是水文大气研究的重要内容，而且也是当前国际地球科学领域的大型合作研究的重要内容。长期以来，植被在水循环中的宏观作用是微气象学、森林水文学、农学、土壤物理学、植物生理学和植物生态学等许多学科共同的重要研究领域，并在这一领域开展了大量的理论研究和观测试验。从水文学的发展来看，水分在土壤-植被-大气中的连续传输交换研究，导致水文过程与土壤植被大气的彻底耦合，使得下垫面与近地大气层之间的相互作用、能水交换和输送这些研究内容进入水文学研究领域，大大提升了水文学科学研究水平。它不仅是土壤-植被-大气系统运动过程的宏观环境，同时也是水文物理过程和大气物理过程研究中取得巨大进展的研究领域之一。当然必须指出的是，我们这里定义的宏观环境在水文气象研究中属于微观过程，两者之间存在巨大区别，它是相对于植物中的水分能量交换传输运动这样的微观过程而言的。

为了深入了解植被与大气相互作用，必须研究热量、动量和物质在冠层中的运动与分布规律。从地球系统的微观层次来看，冠层辐射传输的基本问题是如何从植物群丛的结构和光学性质导出植物群丛中的辐射状况，以及植被群落中的辐射传输等。然而这也是当今植被环境物理中的复杂问题，尚未得到令人满意的解决。主要困难是植物群落中各植株之间结构的非均匀性，导致入射的太阳辐射传输方向和强度变化非常复杂。

目前，植被冠层辐射传输的主要理论基础是把植物群丛看作是混浊介质，其中叶片是吸收和散射辐射的要素。而混浊介质辐射传输理论来源于天文物理学，生态学家借用天文混浊介质理论来描述植物群丛辐射传输问题。虽然把极其复杂的植被冠层当作混浊介质，解决植被辐射传输问题时非常成功，但是在解决水分能量传输问题时，把它看作多孔介质则更为恰当。

植物从土壤中吸收水分，并以水汽形式向大气中散失，这一过程称为植物蒸腾。在土壤表面为植物所覆盖的情况下，这是下垫面水分转移到大气中的主要机制。植物冠层内的水汽主要来源于植物叶片蒸腾和土壤表面蒸发，水分的传输不仅意味着此介质到被介质或是在介质内部间的位移，而且意味着从此介质到被介质的相变，故系统的水分传输与能量传输总是相伴相随，所以有大量能水传输的各种通量、势和阻力被引入，而不同介质中的各项阻力通常简化为界面之间传输阻力。在理论研究中对这些物理过程的热力描述相对比较容易，而实际处理和求解又非常困难，必须结合实际物理观测试验各种物理量和计算参数，而且涉及的许多物理量大多数无法直接测量，或者无法准确测量。

第十四章　植被冠层内的辐射传输

辐射能在生态植被冠层中传输机制是从微观物理角度解决生态系统蒸腾的重要内容，国际上不同学科在这方面开展了大量研究(T. E. Link et al., 2004；B. Marcolla et al., 2003；H. Komatsu，2003；K. Finkele, et al.，2003；C. C. Daamen, 2000；A. Wu et al., 2001; Hardy J P et al., 2004；G.N. Flerchinger et al.,1997)，使这一领域成为水循环物理过程研究中，理论基础扎实，观测成果丰富的一个环节。

§14.1　植物冠层的几何结构

植被与大气之间相互作用的各种过程，如辐射传输过程、水热交换过程以及对大气动量的吸收过程，都发生在植物体的表面上，因而受植物体表面的空间分布状况影响。植物冠层的几何结构通常是指植物体表面的空间分布结构。植株在地面上的分布、叶片在植株空间的分布、叶片的大小和朝向都是决定冠层几何结构的因素。许多情况下，植物体表面积的绝大部分被叶子表面积占有。因此，冠层几何结构简单地就用叶子及其表面积的空间分布表征。但这种简化，对于落叶植物的冠层来说，由于叶片不是确定不变的，而是随季节变化而发生巨大变化，用一种冠层模型无法确切地表征其几何结构(黄洪峰，1997；陈良富等，2000；张佳华等，2000)。

14.1.1　陆地生态系统植被冠层类型

自然生态系统的植被以及农作物冠层构造是各种各样的，我们可以根据其冠层的垂直结构和群落的覆被程度，划分为以下 5 种主要类型(于贵瑞，2001)。

单层封闭型冠层(one-layer and closed canopies，OLCC)，往往是由一种或几种优势物种构成的，各优势物种的高度基本相同或紧密镶嵌，形成垂直方向的单一冠层，植被叶面积指数比较大($L_0 \geqslant 3$)，使得陆地表面基本被植被冠层所封闭。热带森林、密植的作物群体、生长良好的草坪等都可以看作为典型的单层封闭型植被冠层。

单层疏松型冠层(one-layer and sparse or clumping canopies，OLS/CC)，基本上也是由一种或几种优势物种构成的垂直方向的单一冠层，但是在水平分布上群落疏松，因其植被叶面积指数比较小($L_0<3$)，使得冠层不能够完全封闭陆地表面。沙地草原亚类植被属于单层疏松型冠层。垄作的农田(特别是作物没有充分发育的生育阶段)、疏松的林地和干旱区域的草原大多属于单层疏松型冠层。

多层封闭型冠层(multiple-layer and closed canopies，MLCC)，其特征是植被群落中有多种不同高度的优势物种，并且这些优势物种又呈丛生群聚状态，使冠层在垂直方向上具有多层构造，但是因植被叶面积指数比较大($LAI \geqslant 3$)，陆地表面全部被植被所覆盖。由草本植物、乔木和灌木共同构成的热带草原大多呈现多层封闭型冠层。农田中常常把高秆作物和矮秆作物按一定比例进行间作以及有的果园在树下常种一些短期矮秆作物或饲草，在生长中期的一段时间内会构成多层封闭型冠层。

多层疏松型冠层(multiple-layer and sparse or clumping canopies，MLS/CC)，也是由多种不同高度的优势物种构成的多层结构，只是因为冠层群落的生物量低，陆地表面通常不能被植被完全覆盖，植被的总叶面积指数较小($L_0<3$)。间作农田的作物生育前期以及干旱地

区的林地等都属于多层疏松型冠层。此外，还有多层群落型冠层类型。

14.1.2　冠层高度和叶面积指数

描述冠层几何结构最简单的特征量，是冠层几何高度 H。H 通常是指土壤表面至冠层最顶部的高度。其次是叶面积指数 L_0。叶面积指数与生长天数、植物高度关系密切。它是单位土地面积上的柱体内全部植物叶片面积之和(仅指叶片的向上半面)。L_0 是一个无因次量，以每平方米地表面积上的平方米叶面积表示。叶面积的空间分布用叶面积密度函数来表征，是单位空间容积内的叶面积，单位为每立方米空间内的平方米叶面积，即 m^{-1}。叶面积指数与叶面积密度函数的关系可表示为：

$$L_0 = \iiint_V f(x,y,z)\,\mathrm{d}V \tag{14.1.1}$$

式中，V 是单位地表面积上高度为 H 的柱体的体积。对于发达的植物群落，可近似认为叶子在水平方向上的分布是均匀的，这时叶面积密度函数仅与垂直坐标 z 有关，式(14.1.1)变为：

$$L_0 = \int_0^H f(z)\,\mathrm{d}z \tag{14.1.2}$$

式中，$f(z)$是叶面积密度的垂直分布函数。

14.1.3　叶面积密度

自然植物群丛中，H, L_0 及 $f(z)$的变化是相当大的。为了对叶面积密度垂直分布进行比较，引进一个标准化的叶面积密度函数 $A(\zeta)$：

$$A(\zeta) = \frac{Hf(z)}{L_0} \tag{14.1.3}$$

式中，$\zeta=z/H$ 为相对高度，比值 L_0/H 是整个冠层的平均叶面积密度。由式(14.1.2)和式(14.1.3)可见，$A(\zeta)$可满足：

$$\int_0^1 A(\zeta)\,\mathrm{d}\zeta = 1 \tag{14.1.4}$$

有时，当叶面积密度的垂直分布均匀一致时，为了方便还使用如下类型的标准化叶面积密度函数 $F(\zeta)$：

$$F(\zeta) = \frac{A(\zeta)}{L_{max}} \tag{14.1.5}$$

式中，L_{max} 是 $A(\zeta)$的最大值，函数 $F(\zeta)$的取值范围是[0，1]。对上式中的 $F(\zeta)$从 $\zeta=0$ 至 1 积分，并利用式(14.1.4)得：

$$L_{max} = \frac{1}{\int_0^1 F(\zeta)\,\mathrm{d}\zeta} \tag{14.1.6}$$

绝大部分植物的 $F(\zeta)$可用下面三角形分布函数逼近：

$$F(\zeta) = \begin{cases} a_1\zeta + a_2 & \zeta > \zeta_c \\ b_1\zeta + b_2 & \zeta < \zeta_c \end{cases} \tag{14.1.7}$$

式中，ζ_c 是 $L_{\max}$ 所在高度，a_1，a_2，b_1，b_2 是系数。

14.1.4 叶片空间分布的特征函数

在植物冠层内的穿透与叶片朝向有密切关系，叶片朝向用叶片的倾角和方位角表征。同一叶片的不同部位，其倾角和方位角可能有很大差异。因此，对于整个叶片其叶角只能通过面积加权获得。叶片上叶脉主干的面积加权的法线方向与 Z 轴的交角(Z 轴垂直于水平面指向天空)，称为叶片的倾角，法线在水平面上的投影与正北方向的交角称为叶片的方位角(顺时针方向为正)。

为表示叶片朝向的空间分布，引入叶角分布函数 $g(\Omega_L)$。它是指法向为 Ω_L 的单位立体角内的叶面积占全部叶面积的比例。定义 $g(\Omega_L)$满足下式：

$$\frac{1}{2\pi}\int_{2\pi} g(\Omega_L)\,\mathrm{d}\Omega_L = 1$$

或

$$\frac{1}{2\pi}\int_0^{2\pi}\mathrm{d}\varphi_L\int_0^{\frac{\pi}{2}} g(\theta_L,\varphi_L)\sin\theta_L\,\mathrm{d}\theta_L = 1 \tag{14.1.8}$$

式中，$\Omega_L=\{\theta_L, \varphi_L; \theta_L\in(0, \pi/2), \varphi_L\in(0, 2\pi)\}$。按定义，$g(\Omega_L)$可由下述直接方法测量。

首先将叶面倾角 θ_L 和方位角 φ_L 分别用一定的角度进行分割。对一般冠层而言，θ_L 宜用 10°或 15°的角度分割，φ_L 宜用 30°或 45°的角度分割。

现用 15°的角度把 θ_L 分成六份，即：0°~15° (i=1), 15°~30° (i=2),⋯, 75°~90° (i=6)。用 45°的角度把 φ_L 分成 8 份，即：0°~45° (j=1), 45°~90° (j=2),⋯, 315°~360° (j=8)。

这样$(\theta_L; 0, 90)\times(\varphi_L; 0, 360)$的半天球被分成 6×8=48 块。第 ij 块的立体角大小为：

$$\Omega_{ij} = \int_{\frac{\pi}{4}(j,1)}^{\frac{\pi}{4}j}\mathrm{d}\varphi\int_{\frac{\pi}{12}(i,1)}^{\frac{\pi}{12}i}\sin\theta\,\mathrm{d}\theta = \frac{\pi}{4}[\cos\frac{\pi}{12}(i-1) - \cos\frac{\pi}{12}i] \tag{14.1.9}$$

设法线位于 Ω_{ij} 内的叶片的面积之和为 L_{ij}，全部叶片的面积为 L，令 $g_{ij}=L_{ij}/L$，则叶角分布函数可由下式计算：

$$g(\theta_L,\varphi_L) = \frac{g_{ij}}{\Omega_{ij}} \tag{14.1.10}$$

其中，

$$\theta_L \in [\frac{\pi}{12}(i-1), \frac{\pi}{12}i], \varphi_L \in [\frac{\pi}{4}(j-1) - \frac{\pi}{4}j]$$

因此，求分布函数 $g(\theta_L ,\varphi_L)$就归结为求 g_{ij}，即若能求出有关倾角、方位角的各组叶面积和全部叶面积之比就可以了。反之，知道了叶角分布函数也就能求出具有一定倾角和方位角的叶片面积占全部叶面积的份数。此外，还有测量 $g(\theta_L ,\varphi_L)$的许多间接方法。

在大多数的分析中，一般假定没有占优势的方位角。这时 $g(\theta_L ,\varphi_L)=g(\theta_L)$。因而方程(14.1.8)简化为：

$$\int_0^{\frac{\pi}{2}} g(\theta_L)\sin\theta_L\,\mathrm{d}\theta_L = 1 \tag{14.1.11}$$

许多群丛植物叶片的倾角和方位角分布是均匀一致的，亦称球形叶角分布或随机叶角分布。在这种情况下有 $g(\theta_L,\varphi_L)=1$。

叶面倾斜指数 X_L，非常适合于辐射传输的计算。X_L 定义为：

$$X_L = \pm\int_0^{\frac{\pi}{2}} \left|1 - g(\theta)\right| \sin\theta \, \mathrm{d}\theta \tag{14.1.12}$$

对于球形叶角分布 $X_L=0$。如果由于有较多的水平叶片而使叶片的倾角与球形分布不一致，则倾斜指数为正值；如果情况相反，则倾斜指数为负值。对于仅有水平叶片的冠层，$X_L=1$，而对于仅有垂直叶片的冠层，$X_L=-1$。式(14.1.12)的离散形式可以表达为：

$$X_L = \pm\frac{1}{2}\{\left|0.134 - g_1\right| + \left|0.366 - g_2\right| + \left|0.5 - g_3\right|\} \tag{14.1.13}$$

式中，$g_i(i=1, 2, 3)$是将叶片倾角以 30°为间隔划分为三组测量而得的 $g(\theta)$值。X_L 的符号与式(14.1.13)中最后一项的符号相同。一般而言，水平叶片占优势的植物种类大大超过垂直叶片占优势的种类。

在冠层辐射传输计算中，还需要讨论投影到某一方向上的叶面积数量。为此，引入一个重要特征量 G-函数，它表示冠层中的单位叶面积在某一方向上的投影，G-函数定义公式为：

$$G(\Omega) = \frac{1}{2\pi}\int_0^{2\pi} \mathrm{d}\varphi_L \int_0^{\frac{\pi}{2}} g(\Omega_L)\left|\Omega_L \cdot \Omega\right| \sin\theta_L \, \mathrm{d}\theta_L \tag{14.1.14}$$

式中，Ω 为已知方向的单位矢量，Ω_L 为叶片法线方向单位矢量，$g(\Omega_L)$是式(14.1.8)定义的叶角分布函数。其中 $|\Omega_L\cdot\Omega|$ 为：

$$\left|\Omega_L \cdot \Omega\right| = \left|\cos\theta\cos\theta_L + \sin\theta\sin\theta_L\cos(\varphi - \varphi_L)\right| \tag{14.1.15}$$

上面定义的 G-函数一般没有解析解，只有几种特殊情况下才有解析解。

当叶片都是水平($\theta_L=0°$)时：

$$G = \mu,\quad G = \mu\cos\theta \tag{14.1.16}$$

当叶片都是垂直($\theta_L=90°$)时：

$$G = \frac{2}{\pi}\sqrt{1-\mu^2} \tag{14.1.17}$$

当叶角随机分布时：

$$G = 0.5 \tag{14.1.18}$$

当叶片都以某一倾角久倾斜时：

$$G = \boldsymbol{\Psi}(\mu, \mu_L) \tag{14.1.19}$$

式中

$$\boldsymbol{\Psi}(\mu,\mu_L) = \begin{cases} \left|\mu\mu_L\right| & \text{如果}\left|\mathrm{ctg}\,\theta\,\mathrm{ctg}\,\theta_L\right| \geqslant 1 \\ \mu\mu_L\left(\dfrac{2\varphi_L}{\pi} - 1\right) + \dfrac{2}{\pi}\sqrt{1-\mu^2}\sqrt{1-\mu_L^2}\sin\boldsymbol{\Phi_t} & \text{如果}\left|\mathrm{ctg}\,\theta\,\mathrm{ctg}\,\theta_L\right| < 1 \end{cases} \tag{14.1.20}$$

式中，$\Phi_t=\arccos(-\cot\theta_0\cot\theta_L)$，$\mu_L=\cos\theta_L$。

假如叶片方位角随机分布，即 $g(\theta_L, \Phi_L)= g(\theta_L)$，则式(14.1.14)可变为：

$$G(\Omega)=\int_0^1 g_L(\mu_L)\cdot\boldsymbol{\Psi}(\mu,\mu_L)\,\mathrm{d}\,\mu_L \tag{14.1.21}$$

$G(\mu)$于 X_L 之间有如下半经验关系：

$$G(\mu)=\boldsymbol{\Phi}_1-\boldsymbol{\Phi}_2\mu \tag{14.1.22}$$

式中，$\Phi_1=0.5-0.633X_L-0.33X_L^2$, $(-0.4< X_L <0.6)$；$\Phi_2=0.887(1-2\Phi_1)$。

一般研究表明，G-函数值的变化范围在 0.3~0.8 之间。在太阳天顶角为 40°~70°时，对于大多数植物，把 G-函数取为 0.5 比较接近实际情况。

14.1.5 冠层元素的空间散布模型

我们研究光在植物群落结构中传输时，必须研究冠层元素(主要是叶子)的空间分布特征和状况。

假设在一个广阔且水平均匀的植物冠层，该冠层可划分为统计学上独立的、具有相等叶面积 ΔL 的 N 个平面平行层($N=L_0/\Delta L$)。设想有一根无限长的细针沿 Ω_0 方向穿过冠层，用 $A(\Omega_0)$表示长针在 N 层中的某一层穿过时，碰到冠层元素(假定只碰到一次)的概率，$B(\Omega_0)$表示没有碰到冠层元素的概率($A+B=1$)，则长针穿越 N 个水平层相当于进行 N 次伯努利试验，令 $P_n^1(L,\Omega_0)$为 N 次试验中有 n 次撞到冠层元素的概率，则 P_n^1 可由正二项分布描述：

$$P_n^1(L,\Omega_0)=\frac{N!}{n!(N-n)!}A^n(\Omega_0)(1-A(\Omega_0))^{N-n} \tag{14.1.23}$$

式中，$n=0, 1,\cdots, N$。上式已经成为分析冠层光传输的基础。

由式(14.1.23)可知，长针通过 N 层而没有碰到叶片(即 $n=0$)的概率为：

$$P_0^1(L,\Omega_0)=[1-A(\Omega_0)]^N \tag{14.1.24}$$

正二项分布描述的是叶片在空间规则分布的情形。当 $N\to\infty$时，正二项分布趋近于泊松分布，这相当于冠层元素在空间随机散布的情形。这时，长针通过冠层而没有碰到冠层元素的概率为：

$$P_0^2(L,\Omega_0)=\exp[-\bar{n}(L,\Omega_0)] \tag{14.1.25}$$

式中，$\bar{n}(L,\Omega_0)$是长针通过冠层时碰到冠层元素的平均次数。

正二项分布描述了长针在某一叶层中只碰到一次叶片的概率。另外一种情况是，长针在某一叶层中与叶片碰撞超过一次以上的情形。这种情况下，碰撞次数 n 满足负二项分布：

$$P_0^3(L,\Omega_0)=\frac{(N+n-1)!}{n!(N-n)!}[A(\Omega_0)]^n(1-A(\Omega_0))^{-N-n} \tag{14.1.26}$$

式中，$n=0, 1, \cdots, N$。当 $n=0$ 时：

$$P_0^3(L,\Omega_0)=[1+A(\Omega_0)]^{-N} \tag{14.1.27}$$

负二项分布描述的是冠层元素的丛集分布情形。

为了确定 P_0^1, P_0^2, P_0^3，还需计算 $A(\Omega_0)$和$\bar{n}(L,\Omega_p)$。在统计意义上，长针沿 Ω 方向穿越冠层时，与叶片交叉的概率就等于包含在该厚度内的叶面积在 Ω 方向的投影。因此，$A(\Omega_0)$为：

$$A(\Omega_0)=\frac{G(L,\Omega_0)\Delta L}{\mu_0} \tag{14.1.28}$$

式中，$\mu_0=\cos\theta_L$，θ_L 是长针的穿入方向与天顶角方向的夹角，并规定 μ_0 向下为负，向上为正。而平均交叉次数则由下式计算：

$$\overline{n}(L,\Omega_0)=\int_0^L\frac{G(L,\Omega_0)\,\mathrm{d}L}{\mu_0} \tag{14.1.29}$$

如果 $G(L,\Omega_0)$ 与 L 无关，则：

$$n(L,\Omega_0)=\frac{G(L,\Omega_0)L}{\mu_0} \tag{14.1.30}$$

把式(14.1.28)、式(14.1.30)分别代入式(14.1.24)、式(14.1.25)，得到叶片空间散布的三种模型：

正二项分布模型：

$$P_0^1=\left[1+\frac{G(\mu_0)\Delta L}{\mu_0}\right]^N,\quad \Delta L=\frac{L}{N} \tag{14.1.31}$$

泊松分布模型：

$$P_0^2=\exp\left[\frac{G(\mu_0)L}{\mu_0}\right] \tag{14.1.32}$$

负二项分布模型：

$$P_0^3=\left[1-\frac{G(\mu_0)\Delta L}{\mu_0}\right]^N,\quad \Delta L=\frac{L}{N} \tag{14.1.33}$$

上述式中的 P_0，通常称为空隙概率。对于太阳光在冠层内得传输来说，P_0 也就是叶面积为 L 的深度处，单位水平面上有阳光照射的比例。一般而言，如果测量 $P_0{}^1$ 小于 $P_0{}^2$，则认为冠层元素的分布是规则分布，正二项分布模型适合于描述这种情形。相反，如果 $P_0{}^1$ 大于 $P_0{}^2$，则认为冠层元素的分布是丛集分布，负二项分布模型更适合于描述这种情形。其他情况下，可以假定冠层元素的空间分布满足泊松模型(陈良富等，2000)。

§14.2　叶片和冠层的光学性质

14.2.1　叶片的散射和吸收光谱

投射到植物叶片上的辐射有一部分被叶表面直接反射掉，这部分叫外部反射。进入叶片内部的辐射，分别为叶肉细胞表面以及细胞里的细胞核、叶绿体、线粒体等颗粒所散射，其中一部分通过入射面又反射到表面外，还有一部分经过与入射面相反的另一侧面透射到叶片外部。前者叫内部反射，与外部反射加在一起，总称为叶片的反射辐射；后者则称为透射辐射。反射辐射与透射辐射之和称为散射辐射。反射辐射除以总的入射辐射称为反射系数；透射辐射除以总的入射辐射则称为透射系数；反射系数与透射系数之和称为散射系数。总入射辐射减去散射辐射后，剩余部分称为吸收辐射；吸收辐射除以总的入射辐射称为吸收系数。吸收辐射一部分用于增加植物体温度，另一部分用于光合作用(黄洪峰，1997)。

光子在叶肉细胞的传输是一个十分复杂的过程。对于研究辐射在冠层内传输的比较宏观的过程来说，有关这些微观机理知识，对于目前水文水热模拟研究水平来说，无法把握的这种微观尺度，但作为水文物理过程来说，却是非常必要的。

植物叶片的反射、透射和吸收特性，随种类、生长期、病害以及入射波长的不同而变化。图 14.1 是典型绿色叶片的透射、反射和吸收光谱。可见，反射和透射光谱是很相似的。波长小于 0.38 μm 的紫外线，吸收很大，达 90%以上。可见光区(波长 0.38~0.71 μm)，吸收也较多，约在 85%~90%之间。从 0.71 μm~1.3 μm，吸收最少、只有 5%~10%。1.5 μm、2.0 μm 和超过 2.6 μm，是液态水的吸收带。其吸收可达 60%~95%。

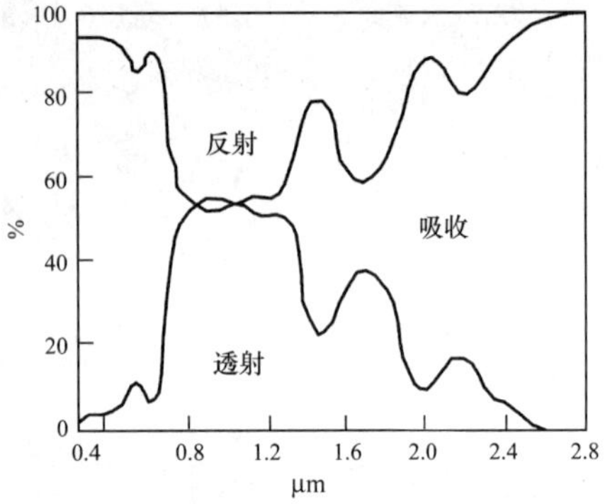

图 14.1　叶片散射、反射和吸收光谱

表 14.1 是平均绿色叶片在光合有效辐射波段、近红外辐射波段和短波辐时波段内的反射、透射和吸收系数。

表 14.1　平均绿色叶反射、透射和吸收系数(黄洪峰,1997)

项目	可见光区	近红外区	总短波辐射
反射 γ_L	0.09	0.51	0.30
透射 t_L	0.06	0.34	0.20
散射 ω	0.15	0.85	0.50
吸收 α	0.85	0.15	0.50

14.2.2　单张叶片散射相函数

位于太阳光路径上的一张植物叶片，将连续地从太阳光中提取能量，并将此能量向各方向重新散射出去。散射相函数是用来表征叶片散射能量角度分布的一个无量纲量。

设辐射场内有一面积为 $d\sigma_L$ 的叶片，其上表面法线方向为 $\Omega_L(\mu_L, \Phi_L)$，太阳光从 $\Omega_0(\mu_0,\Phi_0)$ 方向投射到叶片上，其强度为 $I(\Omega_0)$，则 dt 时间内从 Ω_0 方向的 d(Ω_0)立体角内到达该叶片的辐射能量为：

$$E_0 = I\left(\Omega_0\right)\left|\Omega_L \cdot \Omega_0\right| d\Omega_0 d\sigma_L dt \tag{14.2.1}$$

E_0 中的一部分被吸收，其余的被叶片散射到各方向上。假设在方向为 Ω 的立体角 dΩ

内，叶片散射的能量为 dE_Ω，则叶片的散射相函数 $f(\Omega_0\to\Omega;\Omega_L)$定义为：

$$f\left(\Omega_0 \to \Omega;\Omega_L\right)d\Omega = \frac{dE_\Omega}{E_0} \tag{14.2.2}$$

由此可得

$$\int_{4\pi} f\left(\Omega_0 \to \Omega;\Omega_L\right)d\Omega = \omega\left(\Omega_0,\Omega_L\right) \tag{14.2.3}$$

假如阳光是从上向下照射(即 $\mu_0<0$)，则叶片反射率γ_L和透射率 t_L 为：

$$\gamma_L\left(\Omega_0,\Omega_L\right) = \int_0^{2\pi}\mathrm{d}\Phi\int_0^1 f\left(\Omega_0 \to \Omega;\Omega_L\right)\mathrm{d}\mu \tag{14.2.4}$$

$$t_L\left(\Omega_0,\Omega_L\right) = \int_0^{2\pi}\mathrm{d}\Phi\int_{-1}^0 f\left(\Omega_0 \to \Omega;\Omega_L\right)\mathrm{d}\mu \tag{14.2.5}$$

并且有

$$\omega\left(\Omega_0,\Omega_L\right) = \gamma_L\left(\Omega_0,\Omega_L\right)+t_L\left(\Omega_0,\Omega_L\right) \tag{14.2.6}$$

上式中的$\omega(\Omega_0, \Omega_L)$是与入射光方向和叶片法向有关的散射系数，又称为叶片单次散射反照率。如果叶片的散射是各向同性的，则有

$$f\left(\Omega_0 \to \Omega;\Omega_L\right) = \frac{\mathrm{d}\left(\Omega_0,\Omega_L\right)}{4\pi} \tag{14.2.7}$$

目前有关叶片散射能量角度分布的详细资料仍然相当少。图 14.2 是玉米叶片散射能量角度分布图，可以看出，透射部分的散射主要是漫射性质的，但反射部分的散射则具有很明显的镜面反射特征。

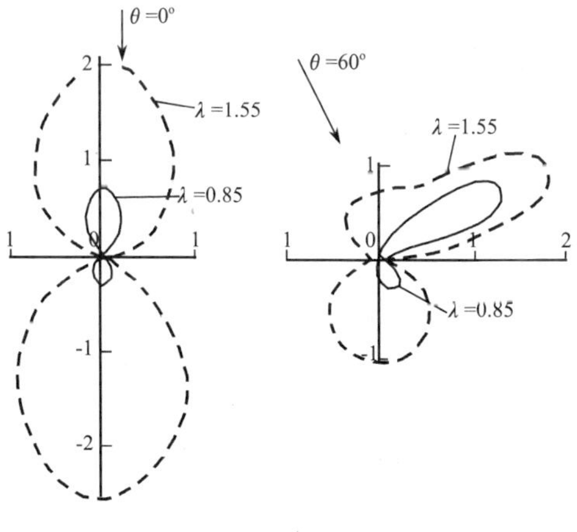

图 14.2　玉米叶片散射能量角度分布(黄洪峰,1997)

(λ=波长(μm)，θ=入射角)

单次散射反照率ω与入射波长λ有关，也与光的入射角度 θ_0 有关。表 14.2 是ω与λ、θ_0的关系。

由于叶片散射特性的实验资料为数不多，所以在目前的大部分工作中，都假定叶片的散射是各向同性的，关于各向异性散射，如下几个散射相函数模型可供参考。

表 14.2　ω与λ和 θ_0 的关系(黄洪峰，1997)

λ (μm)	ω	θ_0(度)				
		0	15	30	45	60
0.40	ω^-	0.045	0.054	0.077	0.115	0.177
	ω^+	0.047	0.055	0.084	0.136	0.253
0.55	ω^-	0.188	0.177	0.234	0.337	0.454
	ω^+	0.234	0.318	0.365	0.458	0.534
0.60	ω^-	0.021	0.025	0.032	0.044	0.072
	ω^+	0.034	0.040	0.052	0.068	0.099
0.80	ω^-	0.539	0.541	0.560	0.623	0.626
	ω^+	0.540	0.593	0.591	0.653	0.711

注：黄豆叶片，水平放置；+表示光从叶片上方照射；−表示光从叶片下方照射

Henyey-Greenstein 相函数：

$$P(\Theta)=\frac{1-g^2}{(1+g^2-2g\cos\Theta)^{3/2}} \tag{14.2.8}$$

式中，Θ是散射角，定义为入射光束和散射光束之间的夹角；g 是不对称因子，g=0 表示各向同性散射，$g>0$ 表示非各向同性散射，且 g 越大，前向散射越强。

散射角的余弦可表示为：

$$\cos\Theta=\left|\Omega_0\cdot\Omega\right|=\cos\theta_0+\sin\theta\sin\theta_0\cos\left(\varphi_0-\varphi\right) \tag{14.2.9}$$

勒让德多项式相函数：

相函数可用有限 N 项勒让德多项式展开表示：

$$P\left(\cos\Theta\right)=\sum_{l=0}^{N}a_l p_L\left(\cos\theta\right) \tag{14.2.10}$$

式中，a_l是 N+1 个常数的集合，且 a_0=1。

Henyey-Greenstein 相函数和勒让德多项式相函数适用于旋转不变散射问题，对冠层散射并不很适用。而 Lambertian 函数可能更加符合叶片的散射特征。在 Lambertian 散射中，反射和透射的能量绕叶片法向呈余弦函数分布，Lambertian 相函数为：

$$f\left(\Omega_0\to\Omega;\Omega_L\right)=\begin{cases}\dfrac{\gamma_l\left|\cos\Theta\right|}{\pi}, & \left(\Omega_L\cdot\Omega\right)\left(\Omega_L\cdot\Omega_0\right)<0\\[2ex] \dfrac{t_L\left|\cos\Theta\right|}{\pi}, & \left(\Omega_L\cdot\Omega\right)\left(\Omega_L\cdot\Omega_0\right)>0\end{cases} \tag{14.2.11}$$

14.2.3　冠层体积散射相函数

对于冠层计算而言，更重要的是研究冠层由许多叶片组成的体积元的整体散射性质。考虑冠层中深度为 z 处的一个单位体积元，其中含有许多叶片。假定光束在通过该体积元时，叶片的第一次散射起重要作用，而多次散射则可忽略。体积元内叶片的叶角分布函数为 $g(z,\Omega_L)$，入射方向为 Ω_0 的光束在投射列体积元内时，被叶角为 Ω_L 的叶片截留后再被散射到 Ω 方向的能量为：

$$\mathrm{d}E_{\Omega}=f_L(z)\cdot\left|\Omega_L\cdot\Omega_0\right|\cdot f\left(\Omega_0\to\Omega,\Omega_L\right)I\left(z,\Omega_0\right)\tag{14.2.12}$$

式中，$f_L(z)$为 z 处的叶面积密度。以 $g(z,\Omega_L)$为权重，对所有各方面的叶角进行积分，给出体积散射相函数为：

$$\sigma_s\left(z,\Omega_0\to\Omega\right)=\frac{f_L(z)}{2\pi}\int g_L\left(z,\Omega_L\right)\left|\Omega_L\cdot\Omega_0\right|f\left(\Omega_0\to\Omega,\Omega_L\right)\mathrm{d}\Omega_L\tag{14.2.13}$$

显然，体积散射相函数定义了来自 Ω_0方向的光线在冠层 z 处，被单位体积内的叶片散射成 Ω 方向上、单位立体角内的能量占总入射能量的比例。

14.2.4　冠层面积散射相函数

如果 $g(z,\Omega)$与高度 z 无关，则可得到通常使用的面积散射相函数$\Gamma(\Omega_0\to\Omega)$：

$$\frac{1}{\pi}\Gamma\left(\Omega_0\to\Omega\right)=\frac{1}{2\pi}\int_{2\pi}g\left(\Omega_L\right)\left|\Omega_L\cdot\Omega_0\right|f\left(\Omega_0\to\Omega,\Omega_L\right)\mathrm{d}\Omega_L\tag{14.2.14}$$

用式(14.2.11)定义的 Lambertian 相函数代入式(14.2.14)，得：

$$\Gamma\left(\Omega_0\to\Omega\right)=\gamma_L\Gamma^-\left(\Omega_0\to\Omega\right)+t_L\Gamma^+\left(\Omega_0\to\Omega\right)\tag{14.2.15}$$

式中：

$$\Gamma^{\pm}=\pm\frac{1}{2\pi}\int_0^1\mathrm{d}\mu_L\int_0^{2\pi}g\left(\Omega_L\right)\left|\Omega_L\cdot\Omega_0\right|\left|\Omega_L\cdot\Omega\right|\mathrm{d}\varphi_L\tag{14.2.16}$$

式(14.2.15)的$\Gamma(\Omega_0\to\Omega)$具有对称性，这种对称性在实际计算和理论推导中带来很多便利，即：

$$\Gamma\left(\Omega_0\to\Omega\right)=\Gamma\left(\Omega\to\Omega_0\right)=\Gamma\left(-\Omega\to-\Omega_0\right)\tag{14.2.17}$$

对于$\gamma_L=t_L$的特殊情况，由式(14.2.15)还可以得到：

$$\Gamma\left(\Omega_0\to\Omega\right)=\Gamma\left(-\Omega_0\to-\Omega\right)$$

对于球形叶角分布，$g(\Omega_L)=1$，(14.2.15)式变为

$$\Gamma\left(\Omega_0\to\Omega\right)=\frac{\omega}{3\pi}\left[\sin\Theta-\Theta\cos\Theta\right]+\frac{t_L}{\pi}\cos\Theta\tag{14.2.18}$$

式中，Θ是散射角，由(14.2.9)式计算。

一般而言，ω依赖于 Ω_0和 Ω_L。但如果假定 ω 独立于 Ω_0和 Ω_L，则由式(14.2.7)、式(14.2.14)以及式(14.1.14)得：

$$\frac{1}{\pi}\int_{4\pi}\Gamma(\Omega_0\to\Omega)\,\mathrm{d}\Omega=\omega G(\Omega_0)\tag{14.2.19}$$

有时，为了方便，常使用如下归一化的面积散射相函数：

$$P(\Omega_0\to\Omega)=\frac{4\Gamma(\Omega_0\to\Omega)}{\omega G(\Omega_0)}\tag{14.2.20}$$

显然：

$$\frac{1}{4\pi}\int_{4\pi}P\left(\Omega_0\to\Omega\right)=1\tag{14.2.21}$$

如果单个叶片的散射是各向同性的，则由式(14.2.14)得：

$$\frac{L}{-}c\,2\ {}_{4}i1\ \ o0 - \sigma 2\ {}_{4}\ 0 \tag{14.2.22}$$

如果单个叶片的　射　　Lambertian 相　数，并且　定 $G(\Omega)$不依赖于方　角 φ，　可得方　角平　的相　数为

$$1\ \beta\mu_0 \quad \mu\ \mu\frac{1}{2\pi}1\int_0^{2\pi} \beta_0 \quad d\mu\varphi$$
$$\int_0^1 g\,\beta\mu_L\ \ \mu_L t\ (\ \mu\beta\mu_0,\mu_L\ \ \psi\mu\ )\ \ \mu,\mu\beta,\mu_L\ \ d\mu\mu \tag{14.2.23}$$

中

$$L^{\varphi}(\mu 2\mu_{)}\ 2\mu_1)\{\}\ \frac{1}{04(}2^{(\mu}\ \ \varphi\ 2^{\mu}(\ {}_1\ \ )(\ {}_1\ \ )\ )\ \varphi_1 \tag{14.2.24}$$

对上　　　积分，得

$$\omega^{\pm}(\mu,\mu_0,\mu_L)\,s - (\mu,\mu_L) - (i\ \mu_0,\mu_L)h - (\ \mu,\mu_L)\ \ (\mp\mu_0,\mu_L) \tag{14.2.25}$$

中，H=　数定　为

$$H\Gamma\mu\cdot\mu_{\phi} = \begin{cases} \mu\mu_{\phi} & \text{如果}\ \Gamma=\theta\cdot\ \Gamma=\theta_{\phi} > \ \Omega \\ \rightarrow & \text{如果}\ \Gamma=\theta\cdot\ \Gamma\theta_{\phi}\pm < - \ \ \Omega \\ \frac{\Omega}{-}\mp\mu_{\phi}\Phi\ \Gamma\mu + \sqrt{\Omega - \mu^{\int}}\sqrt{\Omega\,\mu^{\int}_{\phi}}\ \ \Theta[\Phi\ \ \mu\,]\ \pm & \text{其他} \end{cases} \tag{14.2.26}$$

其中，$\Phi_t(\mu)=\arccos(\cot\theta\cdot\cot\theta_L)=\pi=\Phi_t(=\mu)$，$\theta=\arccos(\mu)$，$\theta_L=\arccos(\mu_L)$。

方　角平　的　射相　数具有对　　，

$$\Gamma(\mu_0\rightarrow\mu)=\Gamma(\mu\rightarrow\mu_0)=\Gamma(-\mu_0\rightarrow-\mu)$$

对于　射　和　射　相等的叶子，　$\gamma_L=t_L$，有

$$\Gamma(\mu_0\rightarrow\mu)=\frac{\omega}{2}\int_0^1 g(\mu_{现})\cdot\phi(\mu,\mu_{现})\cdot\phi(\mu_0,\mu_{现})d\mu \tag{14.2.27}$$

对于水平叶层($\theta_L=0$)。由(14.2.15)　有

$$\Gamma(\Omega_0,\Omega)=\begin{cases} t_L\mu\mu_0 & \mu\mu_0>0 \\ \gamma_L|\mu\mu_0| & \mu\mu_0<0 \end{cases} \tag{14.2.28}$$

对于垂直叶层($\theta_L=90°$)，有

$$\Gamma(\Omega_0\rightarrow\Omega)=\ ;_1((\ )\sqrt{1-\ }^{2}\sqrt{1+\ }^{2} \tag{14.2.29}$$

中，$\beta=\varphi H\varphi_0$, $0\leqslant\beta\leqslant\pi$；且

$${}_{\Gamma}+\ \ =\frac{\phi}{}\ +\!=\pm+ \qquad -= \ \ -\frac{\phi}{}\ -= \tag{14.2.30}$$

因而，对于水平叶层，(　与方　角无　，但对于垂直叶层，(　　与方　角有　，对相　数　(14.2.28)和　(14.2.29)　方　角平　，可得水平叶层和垂直叶层方　角平　的　射相　数分别为

$$\Gamma(\mu_0 \to \mu) = \begin{cases} \gamma_L |\mu\mu_0| & \mu\mu_0 < 0 \\ \dfrac{t_L \mu\mu_0}{2} & \mu\mu_0 > 0 \end{cases} \tag{14.2.31}$$

$$\Gamma(\mu_0 \to \mu) = \frac{2\omega}{\pi^2}\sqrt{1-\mu^2}\sqrt{1-\mu_0^{\ 2}} \tag{14.2.32}$$

此二式亦可从(14.2.23)式直接求得。

由于对单个叶片的散射相函数的了解甚少，所以至今仍不可能精确地表达冠层体积或面积散射相函数。这也导致了在求解冠层辐射输送方程时不可能获得高质量的结果。

§14.3　冠层短波辐射传输

植被冠层内辐射传输的理论是把冠层看作是混浊介质，其中叶片、树枝是吸收和散射辐射的基本要素。混浊介质辐射传输理论来源于天文物理学，对于水平广阔、均匀而发育良好的植物冠层，混浊介质近似理论是相当成功的。但对于水平非均匀或不连续的冠层，如成行植物的冠层，由独立树冠组成的果园以及大部分农作物的早期生长阶段，应用混浊介质近似理论则会引起较大的误差。不过，如果把独立的树冠认为是独立几何体，则其中光的传输仍可用混浊介质近似处理(黄洪峰，1997；A. V. Gusarov et al., 2002)。

14.3.1　基本方程

对于水平广阔、均匀而发育良好的植物冠层，可按混浊介质来近似推导冠层辐射传输方程。

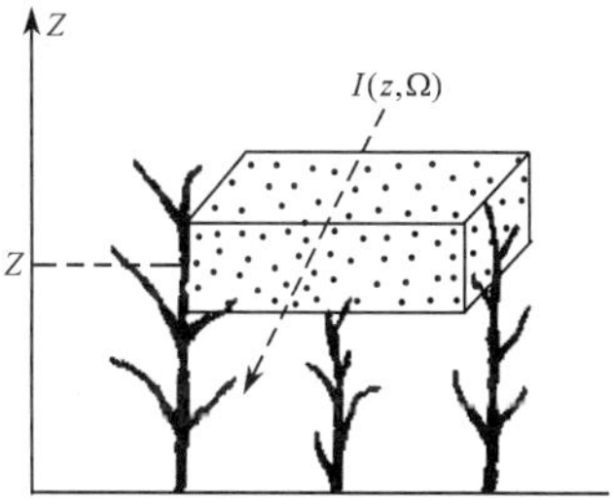

图 14.3　冠层辐射传输示意图

消光：如图 14.3 所示，在冠层 z 处，由于植物元素(叶片和树枝)的散射和吸收，使来自 Ω 方向的辐射强度 $I(z,\Omega)$ 在 $\mathrm{d}s$ 路程上的减少量为：

$$\mathrm{d}I(z,\Omega) = -\sigma_e(z,\Omega)I(z,\Omega)\,\mathrm{d}s \tag{14.3.1}$$

式中，$\sigma_e(z,\Omega)$是冠层 z 处 Ω 方向上的消光系数，它表示光束在 Ω 方向前进单位路程时碰到叶子的概率。假定冠层 z 处的叶面积密度函数为 $f_L(z)$，叶角分布函数为 $g_L(z, \Omega_L)$，则 $\sigma_e(z,\Omega)$可表达为：

$$\sigma_e(z,\Omega) = G(z,\Omega)f_L(z) \tag{14.3.2}$$

式中，$G(z,\Omega)$是由式(14.1.14)定义的 G-函数。上式表明，G-函数实质上就是面积消光系数。

一次散射：假定冠层被一束均匀地来自 Ω_0 方向的太阳辐射(强度为 I_0)照射，则冠层 z 处 Ω 方向上的辐射强度 $I(z,\Omega)$。由于植物元素对到达该处的 Ω_0 方向的太阳辐射的一次散射作用而增大。到达 z 处的直接太阳辐射强度为：

$$I_0 = \exp[G(\Omega_0)L/\mu_0]$$

式中，$L = \int_0^z f_L(z)\,\mathrm{d}z$ 是向下累积的叶面积指数。因此，在 $\mathrm{d}s$ 路程内，直接太阳辐射对 $I(z,\Omega)$ 的贡献为：

$$\mathrm{d}I(z,\Omega) = \sigma_s(z,\Omega_0 \to \Omega)I_0 \exp\left(\frac{G(\Omega_0)L}{\mu_0}\right)\mathrm{d}s \tag{14.3.3}$$

式中，σ_s是体积散射系数，由式(14.2.13)定义。它表示从初始运行方向Ω_0的光束中提取并被重新散射到Ω方向的单位立体角内的能量占入射能量的比例。

多次散射：Ω方向上的辐射强度$I(z,\Omega)$，可由于来自其他方向辐射的多次散射而增加。来自各个方向的多次散射为：

$$\mathrm{d}I(z,\Omega)=\int_{4\pi}\sigma_s(z,\Omega'\to\Omega)I(z,\Omega')\mathrm{d}\Omega'\mathrm{d}s \tag{14.3.4}$$

上式表示多次散射使所有方向上的一部分辐射进入所研究的辐射方向上。

联合方程(14.3.1)以及式(14.3.3)~式(14.3.4)，即得到描述$I(z,\Omega)$变化的方程为：

$$\begin{aligned}\mathrm{d}I(z,\Omega)=&-\sigma_e(z,\Omega)I(z,\Omega)\mathrm{d}s+\int_{4\pi}\sigma_s(z,\Omega'\to\Omega)I(z,\Omega')\mathrm{d}\Omega'\mathrm{d}s\\&+\sigma_s(z,\Omega_0\to\Omega)I_0\exp\left[\frac{\sigma_s(z,\Omega_0)I_0}{\mu_0}\right]\mathrm{d}s\end{aligned} \tag{14.3.5}$$

上式两边同除以ds，并利用ds=−dz/μ(μ向下为负，向上为正，z坐标指向下)，则可得到水平均匀冠层辐射传输的基本方程为：

$$-\mu\frac{\partial I}{\partial z}+\sigma_e I=\int_{4\pi}\sigma_e I\,\mathrm{d}\Omega'+\sigma_e I_0\exp\left(G(\mu_0)L/\mu_0\right) \tag{14.3.6}$$

如果假定$g_L(z,\Omega)$与z无关，则方程(14.3.6)变为：

$$-\mu\frac{\partial I(L,\Omega)}{\partial L}+G(\Omega)I(L,\Omega)=\frac{1}{\pi}\int_{4\pi}\Gamma(\Omega_1\to\Omega)I(L,Q)\mathrm{d}\Omega+\frac{1}{\pi}\Gamma(\Omega_0\to\Omega)I_0\exp\left[\frac{G(\mu_0)L}{\mu_0}\right] \tag{14.3.7}$$

式中，$\Gamma(\Omega'\to\Omega)$是式(14.2.14)定义的面积散射相函数。

如果再假定叶子的单次散射反照率ω与入射光方向和叶片法向无关，则由式(14.2.20)以及式(14.3.7)，可得到在大部分问题中广泛使用的冠层辐射传输方程如下：

$$\begin{aligned}-\mu\frac{\partial I(L,\Omega)}{\partial L}+G(\Omega)I(L,\Omega)=&\frac{\omega}{4\pi}\int_{4\pi}P(\Omega'\to\Omega)G(\Omega')I(L,\Omega)\mathrm{d}\Omega\\&+\frac{\omega}{4\pi}G(\Omega_0)P(\Omega,\Omega_0)\exp\left\{\frac{G(\mu_0)L}{\mu_0}\right\}\end{aligned} \tag{14.3.8}$$

对于不同的条件，方程(14.3.8)还可以进一步简化。如果单个叶片的散射是各向同性的，并且叶角分布是随机的，则利用(14.2.22)和(14.1.18)式，方程(14.3.8)变为：

$$-\mu\frac{\partial I(\tau,\Omega)}{\partial\tau}+I(\tau,\Omega)=\frac{\omega}{4\pi}\int_{4\pi}I(\tau,\Omega')\mathrm{d}\Omega'+\frac{\omega}{4\pi}\exp\left(\frac{\tau}{\mu_0}\right) \tag{14.3.9}$$

式中，τ=L/2。上式对方位角φ取平均，则可得到仅依赖于叶倾角μ=cosθ的方程为：

$$-\mu\frac{\partial I(\tau,\mu)}{\partial\tau}+I(\tau,\mu)=\frac{\omega}{2}\int I(\tau,\mu)\mathrm{d}\mu+\frac{\omega}{2}\exp\left(\frac{\tau}{\mu_0}\right) \tag{14.3.10}$$

式中：

$$I(\tau,\mu)=\frac{1}{2\pi}\int_0^{2\pi}I(\tau,\mu,\varphi)\mathrm{d}\varphi \tag{14.3.11}$$

如果 $G(\Omega)$与方位角 φ 无关，则可定义如下方位角平均的相函数：

$$P(\mu',\mu)=\frac{1}{2\pi}\int_0^{2\pi}P(\Omega'\to\Omega)\,\mathrm{d}\varphi=\frac{4\Gamma(\mu'\to\mu)}{\omega G(\mu)} \tag{14.3.12}$$

利用式(14.3.12)，对方程(14.3.8)进行方位角平均得：

$$-\mu\frac{\partial I(L,\mu)}{\partial L}+G(\mu)I(L,\mu)=\frac{\omega}{\tau}\int_{-1}^{1}I(L,\mu)P(\mu,\mu')\frac{G(\mu')}{G(\mu)}\mathrm{d}\mu'-\frac{\omega}{4}P(\mu,\mu_0)I_0\exp\left(\frac{G(\mu_0)L}{\mu_0}\right)\frac{G(\mu_0)}{G(\mu)} \tag{14.3.13}$$

式中，$G(\Omega)$独立于 φ 的条件意味着叶角分布在方位角方向是随机的，即 $g_L(\varphi_L,\mu)$独立于 φ_L。$P(\mu'\to\mu)$不依赖于 φ'包含了很多情况。例如，对于旋转不变问题，$P(\Omega'\to\Omega)$仅依赖于$(\Omega'\cdot\Omega)$，或更重要的，对于冠层问题，$P(\Omega'\to\Omega)$仅依赖于$(\Omega_L\cdot\Omega)$和$(\Omega_L\cdot\Omega')$的情况。

14.3.2　边界条件

为获得方程(14.3.8)或方程(14.3.13)的解，必须标定入射辐射在冠层上、下边界，即 L=0，L=L_T处的值。$L=0$ 处，入射辐射通常包括太阳直接辐射分量和来自天空的漫射辐射分量，因此，边界条件可写为

$$I(0,\Omega)=I_d(\Omega)+I_0\delta(\Omega-\Omega_0)\qquad \mu<0,L=0 \tag{14.3.14}$$

式中，I_d是漫射辐射分量(经常假定是各向同性的)，I_0是方向为 Ω_0 的直接太阳辐射强度。

在 L=L_T处，通常假定穿过冠层而到达地面的辐射被各向同性地反射回冠层，即

$$I(L_T,\Omega)=\frac{\gamma_s}{\pi}\int_0^{2\pi}\mathrm{d}\varphi'\int_0^1|\mu'|I(L_T,\Omega')\,\mathrm{d}\mu'\qquad \mu>0,L=L_T \tag{14.3.15}$$

对于方位角平均的方程，边界条件式(14.3.14)和式(14.3.15)变为：

$$I(0,\mu)=\frac{1}{2\pi}\int_0^{2\pi}I_d(\Omega)\,\mathrm{d}\varphi-\frac{I_0}{2\pi}\delta(\mu-\mu_0)\qquad \mu<0,L=0 \tag{14.3.16}$$

$$I(L_T,\mu)=2\gamma_s\int_{-1}^{0}|\mu'|I(L_T,\mu')\,\mathrm{d}\mu'\qquad \mu>0,L=L_T \tag{14.3.17}$$

针对上述边界条件，把辐射强度 $I(L,\Omega)$分成未受碰撞的分量 $I^0(L,\Omega)$和经过一次或多次碰撞而形成的散射分量 $I^s(L,\Omega)$，对简化方程求解是有益的：

$$I(L,\Omega)=I^0(L,\Omega)+I^s(L,\Omega) \tag{14.3.18}$$

式中：

$$I^0(L,\Omega)=\begin{cases}I(0,\Omega)\exp\left(\dfrac{G(\Omega)L}{\mu}\right),\mu<0\\[2ex]\dfrac{\gamma_s}{\pi}\exp\left[\dfrac{-G(\Omega)(L_T-L)}{\mu}\right]\times\left\{\displaystyle\int_0^{2\pi}\mathrm{d}\varphi'\int_{-1}^{0}|\mu'|I(0,\Omega)\exp\left[\frac{G(\Omega')L_T}{\mu'}\right]\mathrm{d}\mu'\right\},\mu>0\end{cases} \tag{14.3.19}$$

把式(14.3.18)代入式(14.3.8)得：

$$-\mu\frac{\partial I^s(L,\Omega)}{\partial L}+G(\Omega)I^s(L,\Omega)=\frac{\omega}{4\pi}\int_{4\pi}P(\Omega'\to\Omega)G(\Omega')I^s(L,\Omega')\,\mathrm{d}\Omega'+Q(L,\Omega) \tag{14.3.20}$$

式中，$Q(L,\Omega)$是 $I^0(L,\Omega)$一次碰撞产生的源项：

$$Q(L,\Omega)=\frac{\omega}{4\pi}\int_{4\pi}P(\Omega'\to\Omega)G(\Omega')I^0(L,\Omega')\,\mathrm{d}\Omega' \tag{14.3.21}$$

而方程(14.3.20)的上、下边界条件则简化为：

$$I'(0,\Omega)=0 \qquad \mu<0, L=0 \tag{14.3.22}$$

$$I^s(L_T,\Omega)=\frac{\gamma_s}{\pi}\int_0^{2\pi}d\varphi'\int_1^0|\mu'|I^s(L_T,\mu')\,\mathrm{d}\mu' \qquad \mu>0, L=L_T \tag{14.3.23}$$

显然在边界条件式(14.3.22)、式(14.3.23)下求解方程(14.3.20)比在边界条件式(14.3.14)和式(14.3.15)求解方程(14.3.8)要容易得多。

14.3.3 求解方法

为了求解方程(14.3.20)，必须用有限个求积点的求和来代替(14.3.20)式中的积分项。业已发现，对于间隔(−1，1)上的积分，用高斯求积公式优于其他公式。对于任何函数 $f(\mu)$，高斯求积公式可写为：

$$\int_{-1}^{1}f(\mu)\,\mathrm{d}\mu=\sum_{j=-n}^{n}a_j f(\mu_j) \tag{14.3.24}$$

式中权重值为：

$$a_j=\frac{1}{P_{2n}(\mu_j)}\int_{-1}^{1}\frac{P_{2n}(\mu)}{\mu-\mu_j}\mathrm{d}\mu \tag{14.3.25}$$

其中，μ_j是偶阶勒让德多项式 $P_{2n}(\mu)$的零点。a_j和 μ_j分别有下列关系：

$$a_j=a_{-j},\mu_j=-\mu_{-j},\sum_{j=-n}^{n}a_j=2 \tag{14.3.26}$$

在只考虑方位角平均情况，并且 $I^s(L,\mu)$改用 $I(L,\mu)$表示，则在方程(14.3.20)中应用高斯求积公式(14.3.24)，得到角度离散的方程组为：

$$-\mu_t\frac{\partial I(L,\mu_t)}{\partial L}+G(\mu_t)I(L,\mu_t)=S(L,\mu_t)+Q(L,\mu_t) \tag{14.3.27}$$

式中，$S(L,\mu_t)$称为分布源项，由下式计算：

$$S(L,\mu_t)=\frac{\omega}{4\pi}\sum_{j=1}^{N}\omega_j P(\mu_{j,t}\to\mu_t)G(\mu_j)I(L,\mu_j) \tag{14.3.28}$$

而 $Q(L,\mu_t)$称为一次碰撞源项，由下式计算：

$$Q(L,\mu_t)=\frac{\omega}{4\pi}\sum_{j=1}^{N}\omega_j P(\mu_j\to\mu_t)G(\mu_j)I^0(L,\mu_j) \tag{14.3.29}$$

二流近似解法：所谓二流近似，是指在方程(14.3.27)中，仅取两个辐射流，即 $j=-1$，$j=1$。考虑到 $\mu_1=\mu_{-1}=1/(3)^{1/2}$，$a_1=a_{-1}=1$，重排方程(14.3.27)中各项，并以 $I^\uparrow$ 表示 $I(L,\mu_t)$，$I^\downarrow$ 表示 $I(L,-\mu_t)$之后，导出：

$$\frac{\mu_1}{G(\mu_1)}\frac{\mathrm{d}I^\downarrow}{\mathrm{d}L}=I^\uparrow[1-\omega(1-\beta)]-\omega\beta I-\frac{\beta_0\omega}{2\pi}\frac{G(\mu_0)}{G(\mu_1)}\pi F_0\cdot\exp(kL) \tag{14.3.30}$$

$$\frac{-\mu_{-1}}{G(-\mu_{-1})}\frac{\mathrm{d}I^{\downarrow}}{\mathrm{d}L}=I^{\downarrow}[1-\omega(1-\beta)]-\omega\beta I^{\uparrow}-\frac{(1-\beta_0)\omega}{2\pi}\frac{G(\mu_0)}{G(-\mu_{-1})}\cdot\pi F_0\exp(kL) \tag{14.3.31}$$

方程(14.3.30)和方程(14.3.31)也可写成通量方程。向上和向下通量除以入射辐射通量，得到归一化的辐射通量，即

$$F^{\uparrow}=\frac{2\pi\int_0^1\mu I^{\uparrow}(\mu,L)\mathrm{d}\mu}{\pi F_0\mu_0}=\frac{2\pi\mu_1 I^{\uparrow}(\mu_1,L)}{\pi F_0\mu_0} \tag{14.3.32}$$

$$F^{\downarrow}=\frac{2\pi\int_0^{-1}\mu I^{\downarrow}(\mu,L)\mathrm{d}\mu}{\pi F_0\mu_0}=\frac{-2\pi\mu_{-1}I^{\downarrow}(-\mu_{-1},L)}{\pi F_0\mu_0} \tag{14.3.33}$$

方程(14.3.30)和方程(14.3.31)两端分别乘以 $\frac{2\pi\mu_1}{\pi F_0\mu_0}$ 和 $\frac{-2\pi\mu_1}{\pi F_0\mu_0}$，即得到向上和向下的辐射通量方程：

$$\bar{\mu}\frac{\mathrm{d}F^{\uparrow}}{\mathrm{d}L}=F^{\uparrow}[1-\omega(1-\beta)]-\omega\beta F^{\downarrow}-\beta_0\omega k\bar{\mu}\exp(kL) \tag{14.3.34}$$

$$\bar{\mu}\frac{\mathrm{d}F^{\downarrow}}{\mathrm{d}L}=F^{\downarrow}[1-\omega(1-\beta)]-\omega\beta F^{\uparrow}-(1-\beta_0)\omega k\bar{\mu}\exp(kL) \tag{14.3.35}$$

式中：

$$\bar{\mu}=\frac{\mu_1}{G(\mu_1)}=-\frac{\mu_1}{G(\mu_{-1})} \tag{14.3.36}$$

对于入射只是直接太阳辐射的情形，方程的边界条件为：

$$L=0,F^{\downarrow}=0 \tag{14.3.37}$$

$$L=L_T,\quad F^{\uparrow}=\gamma_s[F_{\downarrow}+\exp(-k\cdot L_T)] \tag{14.3.38}$$

式中，γ_s是土壤反射率，式(14.3.38)隐含着土壤表面的反射是各向同性的。

对于仅有直接辐射入射的情形，用边界条件(14.3.37)和(14.3.38)，求得方程(14.3.34)和(14.3.35)的解如下。

当 $\omega\neq 1$时：

$$F^{\uparrow}=\frac{[h_1\exp(-kL)]}{\sigma}+h_2\exp(-kL)+h_3\exp(hL) \tag{14.3.39}$$

$$F^{\downarrow}=\frac{[h_4\exp(-kL)]}{\sigma}+h_5\exp(-kL)+h_6\exp(hL) \tag{14.3.40}$$

当 $\omega=1$时：

$$F^{\downarrow}=C_2[1-\exp(-kL)]+\frac{C_1\beta L}{\bar{\mu}} \tag{14.3.41}$$

$$F^{\uparrow}=C_2[1-\exp(-kL)]+C_1\left[\frac{\beta L}{\bar{\mu}}+1\right]+\exp(-kL) \tag{14.3.42}$$

式中，

$$b=[1-(1-\beta)\omega],c=\omega\beta,d=\omega\bar{\mu}k\beta_0,f=\omega\bar{\mu}k(1-\beta_0),$$
$$h=(b^2-c^2)^{1/2}\bar{\mu},\sigma=(\bar{\mu}k)^2+c^2-b^2$$

$$h_1=-\mathrm{d}\,p_4-cf$$

$$h_2=\frac{1}{D_1}\left[(d-\frac{h_1}{\sigma}p_3)(U_1-\bar{\mu}h)\Big/S_1-p_2(d-c-\frac{h_1}{\sigma}(U_1+\bar{\mu}k))S_2\right]$$

$$h_3=\frac{1}{D_1}\left[(d-\frac{h_1}{\sigma}p_3)(U_1+\bar{\mu}h)S_1-p_1(d-c-\frac{h_1}{\sigma}(U_1+\bar{\mu}k))S_2\right]$$

$$h_4=fp_3-cd$$

$$h_5=-\frac{1}{D_2}\left[\frac{h_4}{\sigma}(U_2+\bar{\mu}h)\frac{1}{S_1}+(U_3-\frac{h_4}{\sigma}(U_2-\bar{\mu}k))S_2\right]$$

$$h_6=\frac{1}{D_2}\left[\frac{h_4}{\sigma}(U_2-\bar{\mu}h)S_1+(U_3-\frac{h_4}{\sigma}(U_2-\bar{\mu}k))S_2\right]$$

$$U_1=b-c/\gamma_s\quad U_2=b-c\gamma_s\quad U_3=f+c\gamma_s$$
$$S_1=\exp(-hL_T)\quad S_2=\exp(-kL_T)$$
$$p_1=b+\bar{\mu}h\quad p_2=b-\bar{\mu}h\quad p_3=b+\bar{\mu}k\quad p_4=b-\bar{\mu}k$$
$$D_1=p_1(\mu_1-\bar{\mu}h)\frac{1}{S_1}-p_2(\mu_1+\bar{\mu}h)S_1\quad D_2=(\mu_2+\bar{\mu}h)\frac{1}{S_1}-(\mu_2-\bar{\mu}h)S_1$$

$$C_1=-\frac{[C_2(1-\exp(-kL_T))+\exp(-kL_T)]}{\beta L_T/\bar{\mu}+1}\quad C_2=\frac{\bar{\mu}k(1-\beta_0)+\beta}{\bar{\mu}k}$$

下面列出不同情况下，由二流近似得到的冠层反射率的计算式。

当 $\omega\neq1$ 时，

$$A_c=\frac{E[1-\exp(2S\,L_T/\mu_0)]}{1-E^2\exp(2S\,L_T/\mu_0)}$$

当 $\omega=1$ 时，

$$A_c=\frac{bL_T/|\mu_0|}{1+b\,L_T/|\mu_0|}$$

当 $L_T\to\infty$时，

$$A_c=\frac{\omega\bar{\mu}k[1-2(\beta_0-1)\beta_1]}{(\beta_2+\bar{\mu}k)(1+\beta_1)}$$

上述公式中，

$$E=(\gamma-S)/(\gamma+S),\gamma=1-\omega f+\omega b,S=[(1-\omega f)^2-\omega^2b^2]^{0.5},f=0.5\int_0^1p(\mu_s)\,\mathrm{d}\,\mu_s,\mu_s=|\Omega\cdot\Omega'|$$

其他参数与前面定义相同。

对于入射辐射只是漫射辐射的情形，方程(14.3.34)和方程(14.3.35)的边界条件可表达为：

$$L=0,\quad F^{\downarrow}=1 \tag{14.3.43}$$

$$L=L_T,\quad F^{\uparrow}=\gamma_s F^{\downarrow} \tag{14.3.44}$$

方程则变为：

$$\bar{\mu}\frac{dF^{\uparrow}}{dL}=F^{\uparrow}[1-\omega(1-\beta)]-\omega\beta F^{\downarrow} \tag{14.3.45}$$

$$-\bar{\mu}\frac{dF^{\downarrow}}{dL}=F^{\uparrow}[1-\omega(1-\beta)]-\omega\beta F^{\downarrow} \tag{14.3.46}$$

其解为：

$$F^{\uparrow}=h_7\exp(-hL)+h_8\exp(hL) \tag{14.3.47}$$

$$F^{\downarrow}=h_9\exp(-hL)+h_{10}\exp(hL) \tag{14.3.48}$$

式中：

$$h_7=\frac{c}{D_1}(U_1-\bar{\mu}h)\frac{1}{S_1},h_8=-\frac{c}{D_1}(U_1+\bar{\mu}h)S_1,h_9=\frac{1}{D_2}(U_2+\bar{\mu}h)\frac{1}{S_1},h_{10}=-\frac{1}{D_2}(U_2-\bar{\mu}h)S_1$$

其他参数如前述定义。

离散纵标–有限差分方法：离散纵标–有限差分方法是求解方程(14.3.20)的一种常用方法，该法把辐射流分成 N 个离散方向(N=2 相应于二流近似)，把冠层分成 K 层。原则上，N 和 K 越大，结果越精确。为了引进离散纵标法，我们把方程(14.3.20)稍微改变一下形式，在只讨论方位角平均时，表达方程为：

$$\frac{\mu}{G(\mu)}\frac{\mathrm{d}I(L,\mu)}{\mathrm{d}L}=I(L,\mu)-J(L,\mu)-Q_1(L,\mu) \tag{14.3.49}$$

式中，$J(L,\mu)=\frac{\omega}{2}\int_{-1}^{1}I(L,\mu')P(\mu,\mu')\frac{G(\mu')}{G(\mu)}\mathrm{d}\mu'$ 是多次散射造成的漫射辐射源项；$Q_1(L,\mu)$ 是一次碰撞(单次散射)而产生的漫射辐射源项。

为了数值计算方便，采用与式(14.3.18)~ 式(14.3.23)相同的处理方法，把冠层底部($L=L_T$ 处)的边界条件考虑到方程中去。则太阳直接辐射中未被碰撞的部分被土壤表面反射后，形成的地面反射辐射强度为：

$$\int_0^1\mu I_r(\mu)\,\mathrm{d}\mu=-\gamma_s\mu_0I_0\exp\{G(\mu_0)L_T/\mu_0\} \tag{14.3.50}$$

式中，γ_s 是土壤半球反射率，负号是因为 μ_0 为负值才加上去的，以保证 I_r 为正值。假定土壤反射辐射是各向同性的，则

$$I_r=-2\gamma_s\mu_0I_0\exp\{G(\mu_0)L_T/\mu_0\} \tag{14.3.51}$$

I_r 向上经过冠层时，与叶片碰撞再次产生散射辐射使冠层内各点各方向的漫射辐射强度增加，冠层内 L 处 μ 方向增加的量为：

$$Q_2(L,\mu)=\frac{\omega}{4}I_r\int_0^1 P(\mu,\mu')\frac{G(\mu')}{G(\mu)}\exp\{-G(\mu')(L_T-L)/\mu'\}\,\mathrm{d}\mu' \tag{14.3.52}$$

因此，方程(14.3.49)变为：

$$\frac{\mu}{G(\mu)}\frac{dI(L,\mu)}{dL}=I(L,\mu)-J(L,\mu)-Q(L,\mu) \tag{14.3.53}$$

式中，$Q(L,\mu)=Q_1(L,\mu)+Q_2(L,\mu)$。

现在采用离散纵标–有限差分法对方程(14.3.53)进行数值求解。为此，先将角度变量 μ 离散化。把 μ 分成 N 个独立方向(μ_i, i=1,2,⋯, N)，分别求算出各方向上的辐射强度 $I(L,\mu_j)$，方程(14.3.53)中的 J 和 Q 项可用高斯求积公式进行数值积分。因此，μ 的 N 个离散点{μ_i, i=1,2,⋯, N}可取为高斯求积节点。据此，方程(14.3.53)变为：

$$\frac{\mu_i}{G(\mu_i)}\frac{\mathrm{d}I(L,\mu_i)}{\mathrm{d}L}=I(L,\mu_i)-J(L,\mu_i)-Q(L,\mu_i)\qquad i=1,2,\cdots N \tag{14.3.54}$$

式中散射源项为：

$$J(L,\mu_i)=\frac{\omega}{2}\sum_{j=1}^{n}a_jI(L,\mu_j)P(\mu_i,\mu_j)\frac{G(\mu_j)}{G(\mu_i)} \tag{14.3.55}$$

$$\begin{aligned}Q(L,\mu_i)=&\frac{\omega}{4}P(\mu_i,\mu_0)\frac{G(\mu_0)}{G(\mu_i)}I_0\exp\{G(\mu_0)L/\mu_0\}\\&+\frac{\omega}{4}I_r\sum_{j=N/2}^{N}a_jP(\mu_i,\mu_j)\frac{G(\mu_j)}{G(\mu_i)}\exp\{-G(\mu_i)(L_T-L)/\mu_j\}\end{aligned} \tag{14.3.56}$$

除某些特殊情况，如各向同性散射，可得到方程(14.3.54)的解析解外，绝大多数情况是难于求得其解析解的。因而，需通过离散空间变量 L 使之变成有限差分方程来求其数值解。把区间[0, L_T]分成一组空间结点 L_k，冠层上边界(z=0)取 $L=L_1$，底部边界($z=Z_T$)取 $L=L_{k+1}$，即相当于把冠层分成 K 层来计算。空间导数项由有限差分近似变为：

$$\frac{\mathrm{d}}{\mathrm{d}L}I(L_{k+\frac{1}{2}},\mu_i)=\frac{I(L_{k+1},\mu_i)-I(L_k,\mu_i)}{\Delta_{k+\frac{1}{2}}} \tag{14.3.57}$$

式中，$L_{k+\frac{1}{2}}=\frac{L_k+L_{k+1}}{2}$，$\varDelta_{k+\frac{1}{2}}=L_{k+1}-L_k$。

将式(14.3.57)代入式(14.3.54)得：

$$\frac{\mu_i}{G(\mu_i)\varDelta_{k+\frac{1}{2}}}\{I(L_{k+1},\mu_i)-I(L_k,\mu_i)\}=I(L_{k+\frac{1}{2}},\mu_i)-J(L_{k+\frac{1}{2}},\mu_i)-Q(L_{k+\frac{1}{2}},\mu_i) \tag{14.3.58}$$

$$k=1,2,\cdots,K;\quad i=1,2,\cdots,N$$

为减少式(14.3.58)中未知量数，必须假定单元边缘的辐射强度与单元中心强度之间的关系。一般情况下，假定：

$$I(L_{k+\frac{1}{2}},\mu_i)=\frac{I(L_k,\mu_i)+I(L_{k+1},\mu_i)}{2} \tag{14.3.59}$$

上式代入式(14.3.58)得：

$$\frac{\mu_i}{G(\mu_i)\Delta_{k+\frac{1}{2}}}\left\{I(L_{k+1},\mu_i)-I(L_k,\mu_i)\right\}=0.5\left\{I(L_k,\mu_i)+I(L_{k+1},\mu_i)\right\}-J(L_{k+\frac{1}{2}},\mu_i)-Q(L_{k+\frac{1}{2}},\mu_i) \quad (14.3.60)$$

式中，$i=1,2,\cdots,N$；$k=1,2,\cdots,K$。方程(14.3.60)有 $K\times N$ 个方程，有 $K\times N$ 个未知数 $I(L_k,\mu_i)$，其解为：

$$I(L_{k+1},\mu_i)=a_iI(L_k,\mu_i)+c_iS(L_{k+\frac{1}{2}},\mu_i) \qquad \mu_i<0 \quad (14.3.61)$$

$$I(L_k,\mu_i)=\frac{1}{a_i}I(L_{k+1},\mu_i)+b_iS(L_{k+\frac{1}{2}},\mu_i) \qquad \mu_i>0 \quad (14.3.62)$$

式中：

$$a_i=\left\{1+\frac{G(\mu_i)\varDelta_{k+\frac{1}{2}}}{2\mu_i}\right\}\Bigg/\left\{1-\frac{G(\mu_i)\varDelta_{k+\frac{1}{2}}}{2\mu_i}\right\} \quad (14.3.63)$$

$$b_i=\left\{\frac{G(\mu_i)\varDelta_{k+\frac{1}{2}}}{\mu_i}\right\}\Bigg/\left\{1+\frac{G(\mu_i)\varDelta_{k+\frac{1}{2}}}{2\mu_i}\right\} \quad (14.3.64)$$

$$c_i=\left\{\frac{G(\mu_i)\varDelta_{k+\frac{1}{2}}}{\mu_i}\right\}\Bigg/\left\{1-\frac{G(\mu_i)\varDelta_{k+\frac{1}{2}}}{2\mu_i}\right\} \quad (14.3.65)$$

$$S(L_{k+\frac{1}{2}},\mu_i)=J(L_{k+\frac{1}{2}},\mu_i)-Q(L_{k+\frac{1}{2}},\mu_i) \quad (14.3.66)$$

方程(14.3.61)和方程(14.3.62)分别用于计算向下强度($\mu_i<0$)和向上强度($\mu_i>0$)。

给定边界条件以及叶片透射系数 t_L、反射系数 γ_L、土壤反射率 γ_S、冠层叶面积指数 L_T，叶角分布函数、太阳高度角及入射辐射量，即可求出冠层辐射输送方程的数值解。

14.3.4 简化模式

植物冠层深度 L 处水平面上向下的太阳总辐射通量(S_t)由三个部分组成：未变性的直接辐射(S_b)和放射辐射(S_d)以及由于叶面和地面散射形成的补充辐射(S_c)。虽然 S_t 可通过求解辐射输送方程而获得，但没有必要在各种情况下都使用这些复杂模式。有时应用一些简化模式也能满足要求。

当叶子为黑体，且入射辐射仅为直接辐射时，根据 Beer 定律，冠层内向下的辐射通量呈指数衰减，即

$$S_{tb}=S_{b0}\exp(-kL) \quad (14.3.67)$$

式中，S_{b0} 是到达冠层顶部水平面上的直接辐射通量；k 是消光系数，由下式计算：

$$k=\frac{G(\beta)}{\sin\beta} \quad (14.3.68)$$

其中，β 是太阳高度角。

当叶子为非黑体时，叶子的散射作用就会产生所有方向的辐射。这时需要求解辐射输送方程才能获得冠层内的辐射通量廓线。但是，计算表明，这种情况下冠层内向下的辐射

通量廓线仍然很接近于指数廓线，这时消光系数可由下式近似给出。

$$k = \frac{G(\beta)}{\sin\beta}(1-\omega)^{0.5} \tag{14.3.69}$$

式中，ω 是叶子的散射系数。

如果入射辐射仅为散射辐射，则冠层内向下的辐射通量廓线可表示为：

$$S_{td} = \int_{2\pi} S_d(\Omega)\exp\{-k(\Omega)L\}\,\mathrm{d}\Omega \tag{14.3.70}$$

式中，$S_d(\Omega)$是 Ω 方向上的辐射强度。对于各向同性的天空散射辐射，$S_d(\Omega)$等于常数，上式变为：

$$S_{td} = S_{d0}\int_0^{\pi/2} 2\sin\beta\cos\beta\exp\{-k(\beta)L\}\,\mathrm{d}\beta \tag{14.3.71}$$

式中，S_{d0} 为天空散射辐射强度。上式以 10 度为间距进行数值积分得：

$$S_{td} \approx S_{d0}\sum_{t=1}^{9} B_t \exp(-k(\beta_t)L) \tag{14.3.72}$$

式中，B_t 和 β_t 由表 14.3 给出。

表 14.3 B_t 和 β_t 的取值(黄洪峰，1997)

i	1	2	3	4	5	6	7	8	9
β_t (度)	5	15	25	35	45	55	65	75	85
B_t	0.030	0.087	0.133	0.163	0.174	0.163	0.133	0.087	0.030

当入射辐射既有直接辐射亦有散射辐射时，冠层内的总辐射通量是直接辐射通量廓线与散射辐射通量廓线的叠加，即：

$$S_t = S_{tb} + S_{td} \tag{14.3.73}$$

§14.4 植被冠层内长波辐射的传输

植被冠层内长波辐射能量收支是植被群落能量平衡的一个重要部分，它影响着植物的蒸腾作用和植株的温度。在夜间，长波辐射还是植被冠层中辐射传输的唯一形式。

14.4.1 植被冠层向下长波辐射传输

设植被冠层整层的叶面积指数为 L_0，用累积叶面积指数 L 来表征冠层深度，在冠层顶，L=0；在冠层底，L=L_0。在植被冠层深度 L 处，向下长波辐射由 3 部分组成：大气逆辐射的透过率，叶片向下的长波辐射，叶片对来自下方长波辐射的反射。

对于大气逆辐射的透过率和叶片向下的长波辐射，假设有一根探针，以某一角度插入冠层内，到达深度 L 处，遇不到叶片的概率就是大气逆辐射能从这个方向到达深度 L 处的概率，这个概率也就是冠层的定向透过率；相反，探针遇到叶片的概率就是叶片长波辐射能从这个方向到达深度 L 处的概率。显然，上述两个概率之和等于 1。该方向上的长波辐射强度是天空的和叶片的长波辐射强度按这两个概率的加权平均。

设在天顶角为 θ、方位角为 ϕ 的方向上，大气逆辐射强度为 $I_a(\theta,\phi)$，叶片辐射强度为 $I_c(\theta,\phi)$，则在深度 L 处该方向向下的长波辐射强度 $I_1(L,\theta,\phi)$为：

$$I_1(L,\theta,\phi)=I_a(\theta,\phi)T(L,\theta,\phi)+I_c(\theta,\phi)[1-T(L,\theta,\phi)] \tag{14.4.1}$$

式中，$T(L,\theta,\phi)$是冠层在天顶角为 θ、方位角为 ϕ 方向上的定向透过率。

假设天空和叶片辐射强度各向同性，冠层各深度叶片温度相等，并在各方位分布均匀，则大气和叶片长波辐射强度与方位角 ϕ 无关。冠层定向透过率 T 也与方位角无关，可写成：

$$T(L,\theta)=\exp\left[-\frac{G(\theta)L}{\cos\theta}\right] \tag{14.4.2}$$

式中，$G(\theta)$是单位叶面积指数在 θ 方位角的投影，取决于冠层叶倾角(叶面积元法线方向和垂直方向的夹角)分布特性。将式(14.4.2)代入式(14.4.1)，得

$$I_1(L,\theta)=I_a\exp\left[-\frac{G(\theta)L}{\cos\theta}\right]+I_c\left\{1-\exp\left[-\frac{G(\theta)L}{\cos\theta}\right]\right\} \tag{14.4.3}$$

对式(14.4.3)进行半球积分，便得冠层向下长波辐射通量密度 $F_1(L)$：

$$\begin{aligned}F_1(L)&=\int_{2\pi}I_1(L,\theta)\cos\theta\,\mathrm{d}\Omega=\int_0^{2\pi}d\phi\int_0^{\frac{\pi}{2}}I_a\exp\left[-\frac{G(\theta)L}{\cos\theta}\right]\cos\theta\sin\theta\,\mathrm{d}\theta\\&\quad+\int_0^{2\pi}\mathrm{d}\phi\int_0^{\frac{\pi}{2}}I_c\left\{1-\exp\left[-\frac{G(\theta)L}{\cos\theta}\right]\right\}\cos\theta\sin\theta\,\mathrm{d}\theta\\&=2F_a\int_0^{\frac{\pi}{2}}\exp\left[-\frac{G(\theta)L}{\cos\theta}\right]\cos\theta\sin\theta\,\mathrm{d}\theta+2F_c\int_0^{\frac{\pi}{2}}\left\{1-\exp\left[-\frac{G(\theta)L}{\cos\theta}\right]\right\}\cos\theta\sin\theta\,\mathrm{d}\theta\end{aligned} \tag{14.4.4}$$

式中，$F_a=\pi I_a$ 为大气逆辐射通量密度；$F_c=\pi I_c$ 为叶片长波辐射通量密度。设叶片温度为 t_c(℃)，比辐射率为 ε_c，则：

$$F_c=\varepsilon_c\sigma(273+t_c)^4 \tag{14.4.5}$$

式中，σ为斯蒂芬-玻尔兹曼常数。令：

$$\tau(L)=2\int_0^{\frac{\pi}{2}}\exp\left[-\frac{G(\theta)L}{\cos\theta}\right]\cos\theta\sin\theta\,\mathrm{d}\theta \tag{14.4.6}$$

将式(14.4.6)代入式(14.4.4)，则得：

$$F_1(L)=F_a\tau(L)+F_c[1-\tau(L)] \tag{14.4.7}$$

式中，$F_a\tau(L)$是大气逆辐射的贡献；$F_c[1-\tau(L)]$是叶片长波辐射的贡献；$\tau(L)$是冠层的长波辐射透过函数。

深度 L 处向下的长波辐射通量密度 $F^{\downarrow}(L)$，除式(14.4.7)所表达的两项外，还有叶片对来自下方的长波辐射的反射辐射，记作$\Delta F_1(L)$，则：

$$F^{\downarrow}(L)=F_1(L)+\Delta F_1(L)=F_c-(F_c-F_a)\tau(L)+\Delta F_1(L) \tag{14.4.8}$$

式中，$\Delta F_1(L)$是向下长波反射辐射通量密度，其表达式推导如下。

叶片比辐射率为ε_c，其长波反射率为 $1-\varepsilon_c$，冠层深度 L 处，从下面来的长波辐射通量密度 $F^{\uparrow}(L)$能透过冠层 L 深度到达冠层顶的长波辐射通量密度为 $F^{\uparrow}(L)\tau(L)$，被冠层叶片截获的长波辐射通量密度为 $F^{\uparrow}(L)[1-\tau(L)]$，这层冠层向下反射的长波辐射通量密度 $\Delta F_1(L)$为：

$$\Delta F_1(L)=(1-\varepsilon_c)F^{\uparrow}(L)[1-\tau(L)] \tag{14.4.9}$$

式中，$F^{\uparrow}(L)$为冠层深度 L 处，向上长波反射辐射通量密度，表达式为：

$$F^{\uparrow}(L)=F_c+(F_s-F_c)\tau(L_0-L)+\Delta F_2(L) \tag{14.4.10}$$

式中，$\Delta F_2(L)$为冠层深度 L 处，向上长波反射辐射通量密度，表达式为：

$$\begin{aligned}\Delta F_2(L)=\Delta F_{s2}(L)+\Delta F_{c2}(L)=(1-\varepsilon_s)\left[F_c\tau(L_0-L)-(F_c-F_a)\tau(2L_0-L)\right]\\+(1-\varepsilon_c)\left\{F_c\left[1-\tau(L_0-L)\right]-(F_c-F_a)\left[\tau(L)-\tau(L_0)\right]\right\}\end{aligned} \tag{14.4.11}$$

式中，$\Delta F_{s2}(L)$, $\Delta F_{c2}(L)$分别为地表长波反射辐射和厚度为(L_0-L, L_0)的冠层叶片对上部射来的长波辐射的反射辐射。将式(14.4.10)和式(14.4.11)代入式(14.4.9)，并忽略二次反射项，得：

$$\Delta F_1(L)=(1-\varepsilon_c)\left\{F_c[1-\tau(L)]+(F_s-F_c)[\tau(L_0-L)-\tau(L_0)]\right\} \tag{14.4.12}$$

对叶片水平分布的冠层，$\Delta F_1(L)$为：

$$\Delta F_1(L)=(1-\varepsilon_c)\left\{F_c[1-\mathrm{e}^{-L}]+(F_s-F_c)[\mathrm{e}^{-(L_0-L)}-\mathrm{e}^{-L_0}]\right\} \tag{14.4.13}$$

对叶片均匀分布的冠层，$\Delta F_1(L)$为：

$$\Delta F_1(L)=(1-\varepsilon_c)\left\{F_c[1-\mathrm{e}^{-0.83L}]+(F_s-F_c)[\mathrm{e}^{-0.83(L_0-L)}-\mathrm{e}^{-0.83L_0}]\right\} \tag{14.4.14}$$

14.4.2 叶片特殊分布的植被冠层向下长波辐射传输

有些作物如大豆、棉花等，它们的叶倾角可近似地看成是水平分布，而另一些作物，它们的叶片比较大，有的长而宽，在空间弯曲成球弯状，如玉米、高梁等，它们的叶倾角接近于均匀分布，即叶面积元法线在空间各个方向的取向具有相同的概率。在这两种特定的叶角分布情况下，可得到长波辐射传输得解析表达式。

叶片水平分布的冠层：对叶片水平分布的冠层，将 $G(\theta)=\cos\theta$ 代入式(14.4.6)，得：

$$\tau(L)=\mathrm{e}^{-L} \tag{14.4.15}$$

上式表明，叶片水平分布得冠层，长波辐射透过函数是一个指数函数。此时式(14.4.8)变得非常简单，即：

$$F^{\downarrow}(L)=F_c-(F_c-F_a)\mathrm{e}^{-L}+\Delta F_1(L) \tag{14.4.16}$$

叶片均匀分布的冠层：对叶角均匀分布的冠层，将 $G(\theta)=1/2$ 代入式(14.4.6)，得：

$$\tau(L)=2\int_0^{\frac{\pi}{2}}\exp\left(-\frac{L}{2\cos\theta}\right)\cos\theta\sin\theta\,\mathrm{d}\theta \tag{14.4.17}$$

令 $1/\cos\theta=t$，则式(14.4.17)变为：

$$\tau(L)=2\int_1^{\infty}\mathrm{e}^{-\frac{1}{2}t}t^{-3}\,\mathrm{d}t=2E_3\left(\frac{L}{2}\right) \tag{14.4.18}$$

式中，$E_3(x)=\int_1^{\infty}\mathrm{e}^{-xt}t^{-3}\,\mathrm{d}t$ 为三阶指数积分函数，可近似地用指数函数代替。

$$E_3(x) \approx \frac{1}{2}\mathrm{e}^{-1.66x} \tag{14.4.19}$$

则式(14.4.18)变为：

$$\tau(L) = \mathrm{e}^{-1.66\frac{L}{2}} = \mathrm{e}^{-0.83L} \tag{14.4.20}$$

此式表明，叶倾角为均匀分布的冠层，长波透过函数也接近指数函数。将式(14.4.20)代入式(14.4.8)，得：

$$F^{\downarrow}(L) = F_c - (F_c - F_a)\mathrm{e}^{-0.83L} + \Delta F_1(L) \tag{14.4.21}$$

14.4.3　植被冠层向上长波辐射的传输

在植被冠层深度 L 处，向上长波辐射由 3 部分组成：(1)冠层下面的地表长波辐射的透过辐射；(2)叶片放出的长波辐射；(3)叶片对来自上方长波辐射的反射辐射。

下面先考虑(1)、(2)两部分，在深度 L 处，一根探针从(θ, ϕ)方向伸向地面，通不到叶子的概率就是地面放出的长波辐射能从该方向到达深度 L 的概率。在此深度处，从该方向向上放出的长波辐射强度 $I_2(L, \theta)$是地面和叶片放出的长波辐射强度 I_s 和 I_c，按这两个概率的加权平均。与式(14.4.3)类似，$I_2(L, \theta)$可写成：

$$I_2(L,\theta) = I_s \exp\left[-\frac{G(\theta)(L_0 - L)}{\cos\theta}\right] + I_c\left\{1 - \exp\left[-\frac{G(\theta)(L_0 - L)}{\cos\theta}\right]\right\} \tag{14.4.22}$$

对式(14.4.22)进行半球空间积分，使得到冠层深度 L 向上长波辐射通量密度 $F_2(L)$，其表达式和式(14.4.7)类似，有：

$$F_2(L) = F_s\tau(L_0 - L) + F_c\left[1 - \tau(L_0 - L)\right] \tag{14.4.23}$$

式中，F_s=πI_s 为冠层从下面的地表向上的长波辐射通量密度；式(14.4.24) $\tau(L_0-L)$为深度 L 到冠层底(L_0)的长波辐射透过函数：

$$\tau(L_0 - L) = 2\int_0^{\frac{\pi}{2}} \exp\left[-\frac{G(\theta)(L_0 - L)}{\cos\theta}\right]\cos\theta\sin\theta\,\mathrm{d}\theta \tag{14.4.24}$$

式(14.4.23)等号右边第一项是地面长波辐射的贡献，右边第二项是叶片长波辐射的贡献。若地面平均温度为 t_s，比辐射率为 ε_s，则 F_s 由下式确定：

$$F_s = \varepsilon_s\sigma(273 + t_s)^4 \tag{14.4.25}$$

在冠层深度 L 处，向上长波辐射通量密度 $F(L)^{\uparrow}$除上述两项贡献外，还有地面和叶片对来自上方的长波辐射的反射辐射，记作 $\Delta F_2(L)$，则：

$$F^{\uparrow}(L) = F_c + (F_s - F_c)\tau(L_0 - L) + \Delta F_2(L) \tag{14.4.26}$$

式中，$\Delta F_2(L)$是向上长波反射辐射通量密度，其表达式推导如下。

在冠层深度为 L 处，向上长波反射辐射由两部分组成：(1)地表长波反射辐射，记作

$\Delta F_{s2}(L)$；(2)厚度为(L_0-L, L_0)的冠层叶片对上部射来的长波辐射的反射辐射，记作 $\Delta F_{c2}(L)$。

先考虑 $\Delta F_{s2}(L)$，地面比辐射率 L 长波反射率 $1-\varepsilon_s$，入射到地面的长波辐射通量密度为 $F^{\downarrow}(L_0)$，地面对它的反射辐射通量密度为$(1-\varepsilon_s)F^{\downarrow}(L_0)$，它再透过厚度为$(L_0, L)$的冠层达到深度 L 处，其值 $\Delta F_{s2}(L)$的表达式为：

$$\Delta F_{s2}(L)=(1-\varepsilon_s)F^{\downarrow}(L_0)\tau(L_0-L) \tag{14.4.27}$$

式中，$F^{\downarrow}(L_0)$由式(14.4.8)代入，忽略二次反射项，得：

$$\Delta F_{s2}(L)=(1-\varepsilon_s)\left[F_c\tau(L_0-L)-(F_c-F_a)\tau(2L_0-L)\right] \tag{14.4.28}$$

再考虑 $\Delta F_{c2}(L)$，在冠层深度 L 处，由上面来的长波辐射通量密度为 $F(L)^{\downarrow}$，冠层厚度为(L_0, L)的叶片截获到的长波辐射为 $F^{\downarrow}(L)[1-\tau(L_0-L)]$,它的长波反射辐射通量密度 ΔF_{c2} 为：

$$\Delta F_{c2}=(1-\varepsilon_c)F^{\downarrow}(L)\left[1-\tau(L_0-L)\right] \tag{14.4.29}$$

式中，$F^{\downarrow}(L)$由式(14.4.8)代入，忽略二次反射项，得：

$$\Delta F_{c2}=(1-\varepsilon_c)\left\{F_c\tau(L_0-L)-(F_c-F_a)\left[\tau(L)-\tau(L_0)\right]\right\} \tag{14.4.30}$$

冠层深度 L 处、向上长波反射辐射通量密度 $\Delta F_2(L)$的表达式为：

$$\begin{aligned}\Delta F_2(L)=\Delta F_{s2}(L)+\Delta F_{c2}(L)&=(1-\varepsilon_s)\left[F_c\tau(L_0-L)-(F_c-F_a)\tau(2L_0-L)\right]\\&+(1-\varepsilon_c)\left\{F_c\left[1-\tau(L_0-L)\right]-(F_c-F_a)\left[\tau(L)-\tau(L_0)\right]\right\}\end{aligned} \tag{14.4.31}$$

对叶片水平分布的冠层，冠层深度 L 处，向上长波反射辐射通量密度 $\Delta F_2(L)$的表达式为：

$$\begin{aligned}\Delta F_2(L)=&(1-\varepsilon_s)\left[F_c\,\mathrm{e}^{-(L_0-L)}-(F_c-F_a)\mathrm{e}^{-(2L_0-L)}\right]\\&+(1-\varepsilon_c)\left\{F_c\left[1-\mathrm{e}^{-(L_0-L)}\right]-(F_c-F_a)\left[\mathrm{e}^{-L}-\mathrm{e}^{-L_0}\right]\right\}\end{aligned} \tag{14.4.32}$$

对叶片均匀分布的冠层，冠层深度 L 处，向上长波反射辐射通量密度 $\Delta F_2(L)$的表达式为：

$$\begin{aligned}\Delta F_2(L)=&(1-\varepsilon_s)\left[F_c\,\mathrm{e}^{-0.83(L_0-L)}-(F_c-F_a)\mathrm{e}^{-0.83(2L_0-L)}\right]\\&+(1-\varepsilon_c)\left\{F_c\left[1-\mathrm{e}^{-0.83(L_0-L)}\right]-(F_c-F_a)\left[\mathrm{e}^{-0.83L}-\mathrm{e}^{-0.83L_0}\right]\right\}\end{aligned} \tag{14.4.33}$$

叶片为水平分布的冠层向上的长波辐射。叶片水平分布的冠层，长波辐射透过函数是一个指数函数，参见式(14.4.15)。则深度 L 处向上长波辐射通量密度 $F_2^{\uparrow}(L)$的表达式为：

$$F_2^{\uparrow}(L)=F_c+(F_s-F_c)\mathrm{e}^{-(L_0-L)}+\Delta F_2(L) \tag{14.4.34}$$

叶片为均匀分布的冠层向上的长波辐射。叶片均匀分布的冠层，透过率函数由式(14.4.20)确定，则深度 L 处向上长波辐射适量密度 $F(L)^{\uparrow}$的表达式为：

$$F^{\uparrow}(L)=F_c+(F_s-F_c)\mathrm{e}^{-0.83(L_0-L)}+\Delta F_2(L) \tag{14.4.35}$$

14.4.4 植被冠层有效辐射和长波辐射净损耗

冠层内有效辐射：在冠层内深度 L 处，有效辐射 $B(L)$是向上和向下长波辐射之差，由式(14.4.26)和式(14.4.8)得：

$$B(L)=F^{\uparrow}(L)-F^{\downarrow}(L)=(F_s-F_c)\tau(L_0-L)+(F_c-F_a)\tau(L)+\Delta B(L) \tag{14.4.36}$$

式中，$\Delta B(L)=\Delta F_2(L)-\Delta F_1(L)$，它是由地表和叶片的长波反射辐射产生的附加项，称有效反射辐射通量密度，其推导如下。

在冠层深度 L 处有效反射辐射通量密度 $\Delta B(L)$，是指向上和向下的长波反射辐射之差，根据式(14.4.31)和式(14.4.12)，有：

$$\begin{aligned}\Delta B(L)=\Delta F_2(L)-\Delta F_1(L)=&(1-\varepsilon_s)\left[F_c\tau(L_0-L)-(F_c-F_a)\tau(2L_0-L)\right]\\&+(1-\varepsilon_c)\left\{F_a\left[\tau(L)-\tau(L_0)\right]-F_s\left[\tau(L_0-L)-\tau(L_0)\right]\right\}\end{aligned} \tag{14.4.37}$$

整层冠层长波反射辐射损耗 $\Delta E(L_0)$的表达式为：

$$\begin{aligned}\Delta E(L_0)=\Delta B(0)-\Delta B(L_0)=&(1-\varepsilon_s)\left\{(F_c-F_a)\left[\tau(L_0)-\tau(2L_0)\right]-F_c\left[1-\tau(L_0)\right]\right\}\\&+(1-\varepsilon_c)(F_s-F_s)\left[1-\tau(L_0)\right]\end{aligned} \tag{14.4.38}$$

对叶片水平分布的冠层，有：

$$\Delta B(L)=(1-\varepsilon_s)[F_c\,\mathrm{e}^{-(L_0-L)}-(F_c-F_a)\mathrm{e}^{-(2L_0-L)}]+(1-\varepsilon_c)\{F_a(\mathrm{e}^{-L}-\mathrm{e}^{-L_0})-F_s[\mathrm{e}^{-(L_0-L)}-\mathrm{e}^{-L_0}]\} \tag{14.4.39}$$

在冠层顶，有：

$$\Delta B(0)=(1-\varepsilon_s)[F_c\,\mathrm{e}^{-L_0}-(F_c-F_a)\mathrm{e}^{-2L_0}]+(1-\varepsilon_c)F_a(1-\mathrm{e}^{-L_0}) \tag{14.4.40}$$

在冠层底，有：

$$\Delta B(L_0)=(1-\varepsilon_s)[F_c-(F_c-F_a)\mathrm{e}^{-L_0}]+(1-\varepsilon_c)F_s(1-\mathrm{e}^{-L_0}) \tag{14.4.41}$$

整层长波反射辐射损耗 $\Delta E(L_0)$的表达式为：

$$\Delta E(L_0)=(1-\varepsilon_s)[(F_c-F_a)(\mathrm{e}^{-L_0}-\mathrm{e}^{-2L_0})-F_c(1-\mathrm{e}^{-L_0})]+(1-\varepsilon_c)(F_s+F_a)(1-\mathrm{e}^{-L_0}) \tag{14.4.42}$$

叶片均匀分布的冠层，有：

$$\begin{aligned}\Delta B(L)=&(1-\varepsilon_s)[F_c\,\mathrm{e}^{-0.83(L_0-L)}-(F_c-F_a)\mathrm{e}^{-0.83(2L_0-L)}]\\&+(1-\varepsilon_c)\{F_a(\mathrm{e}^{-0.83L}-\mathrm{e}^{-0.83L_0})-F_s[\mathrm{e}^{-0.83(L_0-L)}-\mathrm{e}^{-0.83L_0}]\}\end{aligned} \tag{14.4.43}$$

在冠层顶，有：

$$\Delta B(0)=(1-\varepsilon_s)[F_c\,\mathrm{e}^{-0.83L_0}-(F_c-F_a)\mathrm{e}^{-1.66L_0}]+(1-\varepsilon_c)F_a(1-\mathrm{e}^{-0.83L_0}) \tag{14.4.44}$$

在冠层底，有：

$$\Delta B(L_0)=(1-\varepsilon_s)[F_c-(F_c-F_a)\mathrm{e}^{-0.83L_0}]+(1-\varepsilon_c)F_s(1-\mathrm{e}^{-0.83L_0}) \tag{14.4.45}$$

整层长波反射辐射损耗 $\Delta E(L_0)$的表达式为：

$$\Delta E(L_0)=(1-\varepsilon_s)[(F_c-F_a)(e^{-0.83L_0}-e^{-1.66L_0})-F_c(1-e^{-0.83L_0})]+(1-\varepsilon_c)(F_s+F_a)(1-e^{-0.83L_0}) \tag{14.4.46}$$

植物体的长波辐射往往高于大气逆辐射，即 $F_c>F_a$，若忽略 $\Delta B(L)$，则只要地面长波辐射高于植物体长波辐射，即 $F_s>F_c$，就有 $B(L)>0$。这表明，冠层内有效辐射往往是正值。

对于很浓密的植被层，地表温度接近叶片温度，此时地表长波辐射接近植物体长波辐射，即 $F_s\approx F_c$，若忽略 $\Delta E(L_0)$，则有：

$$E(L)=(F_c-F_a)\tau(L) \tag{14.4.47}$$

这表明在浓密冠层内，有效辐射总是正的，并与植物体长波辐射和大气逆辐射之差成正比，比例系数 $\tau(L)$取决于冠层叶片的角分布特性。

整层冠层内长波辐射损耗：整层冠层内长波辐射损耗 $E(L_0)$是冠层顶的和冠层底的有效辐射之差，即：

$$E(L_0)=B(0)-B(L_0) \tag{14.4.48}$$

若 $E(L_0)>0$，意味着整层冠层与地表和大气长波辐射交换中净损失了能量，冠层将降温；反之，若 $E(L_0)<0$，则意味着整层冠层净获得能量，冠层将升温。

将式(14.4.36)代入式(14.4.48)，得：

$$E(L_0)=(2F_c-F_a-F_s)[1-\tau(L_0)]+\Delta E(L_0) \tag{14.4.49}$$

式中，$\Delta E(L_0)=\Delta B(0)-\Delta B(L_0)$，它是由长波反射辐射产生的附加项，其表达式见式(14.4.38)。

对于很浓密的冠层，$F_s=F_c$，若忽略 $\Delta E(L_0)$，则：

$$E(L_0)=(F_c-F_a)[1-\tau(L_0)] \tag{14.4.50}$$

一般情况下，$F_c>F_a$，故 $E(L_0)>0$ 并和 $1-\tau(L_0)$成正比。这意味着，浓密冠层在与外界(地表与大气)长波幅射交换中，总效果总是损耗着能量，冠层越浓密，能量损耗越大。

叶片水平分布和均匀分布冠层内的有效辐射和长波损耗：叶片水平分布冠层中，$\tau(L)=e^{-L}$，代入式(14.4.36)，得：

$$B(L)=(F_s-F_c)e^{-(L_0-L)}+(F_c-F_a)e^{-L}+\Delta B(L) \tag{14.4.51}$$

式中，$\Delta B(L)$的表达式见式(14.4.39)。

在冠层顶，有效辐射 $B(0)$的表达式为：

$$B(0)=(F_c-F_a)-(F_s-F_c)e^{-L_0}+\Delta B(0) \tag{14.4.52}$$

式中，$\Delta B(0)$的表达式见式(14.4.40)。

在冠层底，有效辐射 $\Delta B(L_0)$的表达式为：

$$B(L_0)=(F_s-F_c)+(F_c-F_a)e^{-L_0}+\Delta B(L_0) \tag{14.4.53}$$

式中，$\Delta B(L_0)$的表达式见式(14.4.41)。

整层冠层长波辐射净损耗 $E(L_0)$的表达式为：

$$E(L_0)=(2F_c-F_a-F_s)(1-e^{-L_0})+\Delta E(L_0) \tag{14.4.54}$$

式中，$\Delta E(L_0)$的表达式见式(14.4.42)。

在叶片均匀分布冠层中，$\tau(L)=e^{-0.83L}$，代入式(14.4.51)，有：

$$B(L)=(F_s-F_c)e^{-0.83(L_0-L)}+(F_c-F_a)e^{-0.83L}+\Delta B(L) \tag{14.4.55}$$

式中，$\Delta B(L)$的表达式与(14.4.43)相同。

在冠层顶，有效辐射 $B(0)$的表达式为：

$$B(0)=(F_c-F_a)+(F_s-F_c)e^{-0.83L_0}+\Delta B(0) \tag{14.4.56}$$

式中，$\Delta B(0)$的表达式见式(14.4.44)。

在冠层底，有效辐射 $B(L_0)$的表达式为：

$$B(L_0)=(F_s-F_c)+(F_c-F_a)e^{-0.83L_0}+\Delta B(L_0) \tag{14.4.57}$$

式中，$\Delta B(L_0)$的表达式见式(14.4.45)。

整层冠层长波辐射净损耗 $E(L_0)$的表达式为：

$$E(L_0)=(2F_c-F_a-F_s)(1-e^{-0.83L_0})+\Delta E(L_0) \tag{14.4.58}$$

式中，$\Delta E(L_0)$的表达式见式(14.4.46)。

§14.5　冠层内的净辐射通量密度

冠层内 L 处的净辐射通量密度定义为：

$$R_n=F_s^{\downarrow}(L)-F_s^{\uparrow}(L)+F_L^{\downarrow}(L)-F_L^{\uparrow}(L) \tag{14.5.1}$$

式中，$F_s^{\downarrow}(L)$和 $F_s^{\uparrow}(L)$是向下和向上的总短波辐射通量密度，$F_L^{\downarrow}(L)$和 $F_L^{\uparrow}(L)$是向下和向上的总长波辐射通量密度。为了计算 $R_n(L)$，必须先计算出 $F_s^{\downarrow}(L)$, $F_s^{\uparrow}(L)$, $F_L^{\downarrow}(L)$和 $F_L^{\uparrow}(L)$在冠层内的分布。

在冠层上方，若冠层对短波辐射的反射率为 ρ，则式(14.5.1)变为：

$$R_n(0)=F_s^{\downarrow}(0)(1-\rho)+F_L^{\downarrow}(0)-F_L^{\uparrow}(0) \tag{14.5.2}$$

前述表明精确计算 $R_n(L)$的理论公式是很复杂的，特别是需要进行大量的数值计算，需要有计算机才能进行，所以有时计算净辐射常采用经验公式。下列指数公式：

$$R_n(L)=R_n(0)\exp(-kL) \tag{14.5.3}$$

与实验数据非常一致。式中经验系数 k 变化于 0.4~0.6 之间，与冠层结构、太阳高度角等因素有关。许多实际工作中，广泛采用式(14.5.3)。

第十五章　植物冠层的热辐射

地球表面植被的分布与大气之间物质、能量的输送及相互作用，对局地及区域气候有着极其重要的影响(Guoyu Qiu et al., 2002；Dennis et al., 2000)。为了深入了解植被怎样与大气相互作用，必须研究热量、动量和物质的源与汇在冠层中的分布规律(Fred et al.,2003；Ian et al.,2004)。植被群落中的辐射传输及动量、热量、物质的输送和贮存等是水循环物理过程的重要研究内容，特别是植被群落中的辐射传输，是当今植被水文物理中难点和热点问题(Kusuma, 2004；Yongqiang Zhang et al., 2002；Demarty et al., 2002)。有许多问题尚未得到令人满意的解决，主要原因是植物群落结构以及植株个体的非均匀性导致入射的太阳辐射传输方向和强度变化过程非常复杂(Yinsheng Zhang et al., 2003；Price et al., 1997)。

§ 15.1　植物冠层的热辐射

15.1.1　地形对太阳直接辐射影响

在计算植被冠层几何结构和直接太阳辐射透过冠层的辐射传输之前，必须先给出地形对太阳直接辐射影响的计算公式，因为在地球上任何植被群落都是生长在地球表面不同的地形上。众所周知，在两个相邻平坦地面所获得的直接太阳辐射相等；而对于起伏不平的地面或坡面，由于太阳光线的入射角不同，各坡面上所接收到的太阳直接辐射通量有着显著的差异。地形对直接太阳辐射的影响，主要取决于观测点的海拔高度、坡度和坡向(刘树华，2004)。

海拔高度对直接太阳辐射的影响表现在日照时数上，由于海拔高度的增加，就有可能产生当太阳还在地平线下时观测点就已开始接受到日照，如果用时间来说明日照提前或延长的程度，可用时角 ω_H 来表示，则有

$$\omega_H = \arccos\left[-\tan\varphi\tan\delta - 0.0177\sqrt{H}\sec\varphi\sec\delta\right] \tag{15.1.1}$$

式中，ω_H 为观测点所处海拔高度 H 处水平面上日出和日落时角；φ为观测点地理纬度；δ 为观测点的太阳赤纬；H 为观测点的海拔高度(km)。

从式(15.1.1)可看出，海拔高度越高 $|\omega_H|$ 越大，则日出时间越早，日落时间越晚。例如，当研究区域海拔高度不大于 1 100 m 时，计算表明，其影响最多不超过 1.5　(相当于 6min)，可忽略不计，式(15.1.1)可近似地写为：

$$\omega_H \approx \arccos\left[-\tan\varphi\tan\delta\right] = \omega_0 \tag{15.1.2}$$

式中，ω_0 为海平面上日出和日落时角。

坡地上太阳直接辐射量是指单位时间内投射到单位坡面面积上的直接太阳光的到达量，如果坡面没有被地形遮蔽，此量可表示为：

$$S_{\beta,\alpha} = I_0\left[u\sin\delta + v\cos\delta\cos\omega + \sin\beta\sin\alpha\cos\delta\sin\omega\right] \tag{15.1.3}$$

式中，$u=\sin\varphi\cos\alpha-\cos\varphi\sin\alpha\cos\beta$；$v=\cos\varphi\cos\alpha-\sin\varphi\sin\alpha\cos\beta$；$S_{\beta,\alpha}$为当坡向为 β、坡度为 α 时，坡面上的直接太阳光的到达量；α 为观测点的坡度；β 为观测点的坡向，南坡为 0°，

顺时针计算；I_0是太阳直射光强度。

由式(15.1.3)可见，坡面上直接太阳辐射不仅随地理纬度、太阳赤纬和太阳时角面变化，并且还随着坡度和坡向而改变，这是个普遍化计算式。式(15.1.3)实际上包括了所有无遮蔽的平坦地面直接太阳辐射的计算公式，在特定情况下该式可以简化。

求取坡面上直接太阳辐射，必须首先确定日出日落时角，坡面上的日出、日落时角与平坦地面上有很大差异。如果令 $S_{\beta,\alpha}=0$，就可得到坡面上 $S_{\beta,\alpha}$ 由负值转到正值，或相反转变的临界时角 ω_s 的表达式：

$$\begin{aligned}\omega_s &= \arccos\left[\frac{-uv\tan\delta \pm \sin\beta\sin\alpha\sqrt{1-u^2\left(1+\tan^2\delta\right)}}{1-u^2}\right]\\ \omega_s &= \arcsin\left[\frac{-u\sin\beta\sin\alpha\tan\delta v\sqrt{1-u^2\left(1+\tan^2\delta\right)}}{1-u^2}\right]\end{aligned} \tag{15.1.4}$$

以式(15.1.4)中第一式可以确定 ω_s 两个根的绝对值，第二式可以决定两个根的符导。根据式(15.1.2)和式(15.1.4)可以确定任何坡面上的日出时角 ω_1 和日落时角 ω_2，ω_1 和 ω_2 确定后即可求得坡面上的直接太阳辐射日总量。在计算植被冠层作用面的直接太阳辐射到达量时，如果冠层较均匀，为了计算方便起见，可认为植被冠层作用面的坡度和坡向与植被地区的坡面相似。因此，植被冠层作用面的方位和坡度可用 β，α 表示。

15.1.2　植被冠层内太阳直接辐射透过率

假定一植被冠层是由随机分布的黑色和不透明叶层组成，叶层具有一种给定的角度分布，且在各方位上的分布是均匀的，则太阳直接辐射在冠层内的透过率 T_s 为：

$$T_s = \exp\left(-\frac{GL}{\cos\theta}\right) \tag{15.1.5}$$

式中，L 为叶层面积指数；θ是太阳天顶角；G 为单位叶层面积在与太阳光线垂直平面内的平均投影，它是叶层倾角 θ_L 和太阳天顶角 θ 的函数，可用几何学方法推导出 G 的数学表达式：

$$G = \int_0^{\frac{\pi}{2}} A\left(\theta_L,\theta\right)g\left(\theta_L\right)\sin\theta_L\,\mathrm{d}\theta_L \tag{15.1.6}$$

或

$$G = \int_0^{\frac{\pi}{2}} A\left(\theta_L,\theta\right)\hat{g}\left(\theta_L\right)\mathrm{d}\theta_L \tag{15.1.7}$$

式中

$$A(\theta_L,\theta) = \begin{cases}\cos\theta_L\cos\theta & \theta+\theta_L \leqslant \dfrac{\pi}{2}\\ \dfrac{2}{\pi}\left[\left(\dfrac{\pi}{2}-\beta_0\right)\cos\theta_L + \sin\theta_L\tan\theta\sin\beta_0\right]\cos\theta & \theta+\theta_L > \dfrac{\pi}{2}\end{cases} \tag{15.1.8}$$

式中，$\beta_0=\cos^{-1}(\cos\theta_L\cos\theta)$；$g(\theta_L)$是倾角 θ_L 下的叶层面积与冠层内叶层总面积的比值，称为叶层倾角分布函数；$\hat{g}(\theta_L)= g(\theta_L)\sin\theta_L$ 为单位立体角内叶层法线的概率密度函数。

也可把式(15.1.5)中的 $G/\cos\theta$ 写成：

$$K_s = \frac{G}{\cos\theta} \tag{15.1.9}$$

式中，K_s 为人们常说的植被冠层对太阳直接辐射的消光系数。这样式(15.1.5)变为：

$$T_s = \exp\left(-K_s L\right) \tag{15.1.10}$$

对大多数实际植被冠层而言，叶层并不呈随机分布状态，在这种情况下可将式(15.1.10)表达为：

$$T_s' = \exp\left(-\lambda_0 K_s L\right) \tag{15.1.11}$$

式中，T_s'为直接太阳辐射在实际植被冠层内的透过率；λ_0 为表征叶层在植被冠层内分布状态的经验参数，$\lambda_0=1$ 时植被冠层中的叶层呈随机型分布($T_s'=T_s$)，$\lambda_0<1$ 时叶层呈丛生型分布($T_s'>T_s$)，$\lambda_0>1$ 时叶层呈规则型分布($T_s'<T_s$)。令 $K_s'=\lambda_0 K_s$，称 K_s'为植被冠层的实际消光系数。将 K_s'代入式(15.1.9)，相应地得到 G'值；同理，称 G'为单位叶层面积在与太阳光线垂直平面内平均投影的实际值。那么与此相对应，T_s, K_s和 G 为植被冠层内直接太阳辐射的理论透过率、理论消光系数和叶层面积在与太阳光线垂直平面内平均投影的理论值(刘树华，2004)。

为了便于对各种实际植被冠层叶层倾角分布特征进行分类比较，引入叶层面积倾斜指数的概念。均匀分布是叶层倾角分布理论模式中最为简单的一种，它的 $g(\theta_L)=1$，将实际植被冠层的 $g(\theta_L)$函数与均匀分布植被冠层的 $g(\theta_L)$函数进行比较，比较结果用倾斜指数 X_L 表示：

$$X_L = \pm\int_0^{\frac{\pi}{2}} \left|1 - g\left(\theta_L\right)\right| \sin\theta_L \, \mathrm{d}\theta_L \tag{15.1.12}$$

对均匀分布的植被冠层，$X_L=0$；如果植被冠层中有较多的水平叶层，使叶层的角分布与均匀分布不一致，则倾斜指数 X_L 为正值，反之 X_L 为负值；对仅有水平叶层的植被冠层，$X_L=1$；对仅有垂直叶层的植被冠层，$X_L=-1$。

15.1.3 透过植被冠层的太阳直接辐射

直接太阳辐射到达植被冠层作用面后，要经过一系列的转换，一部分将被分布于冠层内的枝叶体反射和吸收，其余部分透过植被冠层到达地面。到达植被冠层的太阳直接辐射，除了天文因子(太阳高度角 h、太阳赤纬 δ)外，主要取决于枝叶的密度(叶面积系数)和枝叶的排列方式(刘树华，2004)。如杉木林的枝叶分布接近随机分布，即树叶的仰角和方位角呈各种角度的机会均等。坡地上林冠为随机分布叶层下的直射光透过量 S_c 为：

$$S_c = S_{\beta,\alpha} \exp\left[-\left(a+b\right)\frac{\pi}{2} F \frac{1}{u\sin\delta + v\cos\delta\cos\omega + \sin\beta\sin\alpha\cos\delta\sin\omega}\right] \tag{15.1.13}$$

式中，F 为叶面积系数；a、b 为反射系数、吸收系数，根据测定杉木林为 $a=0.25$，$b=0.23$。

将式(15.1.3)代入式(15.1.13)得透过林冠层到达林地太阳直接辐射得计算公式：

$$S_c = I_0\left[u\sin\delta + v\cos\delta\cos\omega + \sin\beta\sin\alpha\cos\delta\sin\omega\right] \times\exp\left[-(a+b)\frac{\pi}{2}F\frac{1}{u\sin\delta + v\cos\delta\cos\omega + \sin\beta\sin\alpha\cos\delta\sin\omega}\right] \tag{15.1.14}$$

只要测得太阳直接辐射光强 I_0，即可利用式(15.1.14)计算任何坡地林冠下的太阳直接辐射通量。

15.1.4　植被冠层对总辐射的截获量

在植被冠层辐射传输理论研究中，植被冠层总辐射是一重要的辐射平衡分量，因而受到人们的重视(刘树华，2004)。在多种研究领域中，需要了解整层植物群丛对太阳总辐射的截获量 ΔQ，其计算公式为：

$$\Delta Q = (Q_0 - R_c) - (Q - R_s) = Q_0(1-\alpha_c) - Q_0 T_s(1-\alpha_s) \tag{15.1.15}$$

式中，Q_0, R_c 分别为植被冠层顶的入射太阳总辐射和反射辐射；Q, R_s 分别为植被冠层底部的太阳辐射总辐射和冠层内地面的反射辐射；α_c, α_s 分别为植被冠层顶和冠层内地面的反射率；T_s 为植被冠层对太阳总辐射的透射率，即冠层底部的透过率。

整层植被冠层对太阳总辐射的截获率 I_Q 为：

$$I_Q = \frac{\Delta Q}{Q_0} = 1 - \alpha_c - T_c + \alpha_s T_c \tag{15.1.16}$$

上式表明，植被冠层对太阳总辐射的截获率取决于 α_c, α_s 和 T_c 三个物理量。

§ 15.2　冠层蒸散模型

15.2.1　辐射传输子模型

冠层上方太阳辐射的分配和传输： 冠层吸收的太阳辐射是控制光合作用和蒸腾作用的主要因子。太阳辐射分为短波辐射和长波辐射(热辐射波长大于 3 000 nm)。到达地球表面的太阳光波长基本上都低于 4 μm，一般在 0.3~4.0 μm 的范围。太短或太长波长的太阳辐射均被大气反射或选择吸收，到达地面的光一般只有紫外光、可见光和近红外辐射。其中紫外光约占 1%，可见光一般占 40%~50% (模型中取 47%)，主要为植物光合作用提供能量；红外光一般占 45%~60%(模型中取 53%)，主要为空气、植物冠层和土壤的增温以及蒸发蒸腾提供热能(王靖，2003)。

短波辐射进入大气层在向地表传输的过程中，一部分被大气反射和吸收，一部分直接到达地表，直接到达地表的太阳辐射称为直接辐射，大气吸收和反射的一部分太阳辐射以散射的方式到达地表，称为散射辐射。对于直接辐射和散射辐射的区分，表 15.1 给出了晴天散射辐射占总辐射的份数，在通过总辐射计算直接辐射和散射辐射时，对于中间各种不同的太阳高度角，使用线性内插法来确定散射辐射占总辐射的份数。

表 15.1　晴天散射辐射占总辐射的份数(王靖，2003)

太阳高度角	5°	15°	25°	35°	45°	90°
散射/总辐射	1	0.32	0.22	0.18	0.16	0.13

因此，到达冠层上方的总辐射 Q_0 可分为直接可见光辐射 S_{dv}、直接近红外辐射 S_{di}、散射可见光辐射 S_{sv} 和散射红外辐射 S_{si}。

$$S_{dv} = 0.47Q \cdot [1 - f(\beta)] \tag{15.2.1}$$

$$S_{di} = 0.53Q \cdot [1 - f(\beta)] \tag{15.2.2}$$

$$S_{sv} = 0.47Q \cdot f(\beta) \tag{15.2.3}$$

$$S_{si} = 0.53Q \cdot f(\beta) \tag{15.2.4}$$

式中，β 为一天中的太阳高度角，$f(\beta)$为散射辐射占总辐射的份数。

太阳高度角 β 可用以下公式的计算：

$$\beta = \sin(\Phi)\sin(\delta) - \cos(\Phi)\cos(\delta)\cos(2\pi t) \tag{15.2.5}$$

式中，Φ为地理纬度(弧度)，δ 为太阳赤纬，t 为一天中的某时刻。

太阳赤纬 δ 采用如下公式来计算：

$$\delta = -23.4\cos[\pi(JLD + 10.173)/182.61] \tag{15.2.6}$$

式中，JLD 为年的日序，1 月 1 日取为 1，12 月 31 日取为 365(闰年取为 366)。

冠层内的辐射传输：冠层内的辐射传输与冠层的光学特性、冠层结构密切相关。研究发现冠层内辐射是呈指数规律衰减的。

假设冠层叶片在水平方向上均匀分布，即叶片在水平方向上没有绞合或重叠。由 Beer 定律可知，冠层内任一水平面的光强，随着距冠层顶的深度增加而呈指数递减，即

$$I = I_0 \mathrm{e}^{-kL_0} \tag{15.2.7}$$

式中，I_0 为冠层顶的光强，k 为消光系数，L_0 为在这一水平面上的叶面积指数。

由于直接辐射和散射辐射的消光系数和反射率是不相同的，在模型中作者对不同类型辐射的消光系数和反射率分别进行计算。植被叶片的光学特性是以反射系数ρ、透射系数τ和吸收系数 α 来表示的，为了对过程进行简化，假设反射系数 ρ 等于透射系 τ，从物理上来讲是相当近似的，因为从绿色叶片的反射和透射光谱来看，两者有相当的一致性。在辐射传输理论中，称$\sigma=\rho+\tau$ 为散射系数。则水平叶片的消光系数为：

$$K_{hv} = \sqrt{1 - \sigma_v} \tag{15.2.8}$$

$$K_{hi} = \sqrt{1 - \sigma_i} \tag{15.2.9}$$

式中，K_{hv} 和 K_{hi} 分别为水平叶片对可见光和近红外辐射的消光系数；σ_v 和 σ_i 分别为水平叶片对可见光和近红外辐射的散射系数。

水平叶片对可见光和近红外辐射的反射系数为：

$$\rho_{hv} = \frac{1 - K_{hv}}{1 + K_{hv}} \tag{15.2.10}$$

$$\rho_{hi} = \frac{1 - K_{hi}}{1 + K_{hi}} \tag{15.2.11}$$

只有当叶片是水平叶，或在直接辐射下叶片是黑体，辐射的衰减才呈指数曲线。扩散辐射的衰减是由许多不同系数的指数曲线之和组成的。许多数值结果显示，辐射的衰减很接近于指数曲线。因而用一个简单的公式可表示叶片对直接辐射的消光系数：

$$k_f = k_b\sqrt{1-\sigma} \tag{15.2.12}$$

式中，k_b为叶片为黑体时对直接辐射的消光系数(见表 15.2)。

由数值模拟和简单公式得到的消光系数经过回归，从而得到叶片对不同太阳高度角的直接可见光和直接近红外辐射的消光系数为：

$$k_v(i) = 0.035\,3 + 0.946\,23 \times k_{hv} \times k_b(i) \tag{15.2.13}$$

$$k_i(i) = 0.035\,3 + 0.946\,23 \times k_{hi} \times k_b(i) \tag{15.2.14}$$

i 从 1 到 9，表示太阳高度角从 0°~90°。

对散射辐射有：

$$\exp(-k_d LAI) = \sum_{i=1}^{9} B_u(i)\exp\left(k_f(i)LAI\right) \tag{15.2.15}$$

式中，k_d为叶片为黑体时对散射辐射的消光系数，B_u为天空散射辐射的带状分布(正态分布，见表 15.2)。

表 15.2　不同太阳高度角时参数 k_d 和 B_u 的值(王靖，2003)

i	太阳高度角	k_d	B_u
1	0~10°	5.737	0.030
2	11~20°	1.932	0.087
3	21~30°	1.183	0.133
4	31~40°	0.872	0.163
5	41~50°	0.707	0.174
6	51~60°	0.610	0.163
7	61~70°	0.552	0.133
8	71~80°	0.518	0.087
9	81~90°	0.502	0.030

于是叶片对可见光散射辐射和近红外散射辐射的消光系数为：

$$k_{dv} = -\ln\left(\sum_{i=1}^{9} B_u(i)\mathrm{e}^{k_v(i)L_0}\right)\Big/L_0 \tag{15.2.16}$$

$$k_{di} = -\ln\left(\sum_{i=1}^{9} B_u(i)\mathrm{e}^{k_i(i)L_0}\right)\Big/L_0 \tag{15.2.17}$$

对于长波辐射的衰减，σ 近似为 0。所以长波辐射的衰减为：

$$\exp\left(-k_l L_0\right) = \sum_{i=1}^{9} B_u(i)\exp\left(k_b(i)L_0\right) \tag{15.2.18}$$

叶片对长波辐射的消光系数为：

$$k_l = -\ln\left(\sum_{i=1}^{9} B_u(i)\mathrm{e}^{k_b(i)L_0}\right)\Big/L_0 \tag{15.2.19}$$

同样，反射率的计算也可用类似的方法，用一个半经验公式表示叶片对直射光的反射率：

$$\rho_{fv} = 1 - \exp\left[-2\rho h_v\left(1 + \frac{L_0 \times k_{dv}}{1 + k_{dv}}\right) \times \frac{k_b}{1 + k_b}\right] \tag{15.2.20}$$

$$\rho_{fi} = 1 - \exp\left[-2\rho h_i\left(1 + \frac{L_0 \times k_{di}}{1 + k_{di}}\right) \times \frac{k_b}{1 + k_b}\right] \tag{15.2.21}$$

反射率主要由太阳高度角和叶面积指数来决定。由数值模拟和简单公式得到的反射系数经过回归，得到叶片对直接可见光和直接红外辐射的反射率分别为：

$$\rho_v(i) = -0.011154\,4 + 1.117 \times \rho_{fv}(i) \tag{15.2.22}$$

$$\rho_i(i) = -0.011154\,4 + 1.117 \times \rho_{fi}(i) \tag{15.2.23}$$

对于散射辐射，反射率为叶片对直射光的反射率的累加值。

$$\rho_{dv} = \sum_{i=1}^{9} B_u(i)\rho_v(i) \tag{15.2.24}$$

$$\rho_{di} = \sum_{i=1}^{9} B_u(i)\rho_i(i) \tag{15.2.25}$$

15.2.2　热辐射子模型

太阳辐射向冠层和地表传播过程中，一部分太阳辐射被大气吸收，使大气增温，并向外发出长波辐射。冠层和地表接受太阳辐射和大气长波辐射的同时，也向大气放出长波辐射(王靖，2003)。根据斯蒂芬–波尔茨曼定律，黑体放出的热辐射与它的表面温度有关：

$$B = \sigma T^4 \tag{15.2.26}$$

式中，σ 为斯蒂芬-波尔茨曼常数 5.668×10^{-8} (W/(m/k))，T 为绝对温度。

对于两个平行的黑体，净热辐射通量为：

$$B_n = \sigma\left(T_1^4 - T_2^4\right) \tag{15.2.27}$$

对于大气逆辐射，根据晴空的等效温度可以表示为：

$$T_{\text{clear}} = 1.2T_a - 21 \tag{15.2.28}$$

阴空的等效温度为：

$$T_{\text{overcast}} = T_a - 2 \tag{15.2.29}$$

其中，T_a 为参考高度的气温。

冠层不仅同大气也同土壤进行着热辐射的交换，因此冠层的长波辐射为：

$$R_c = \varepsilon\sigma\left(1 - \mathrm{e}^{-k_l L_0}\right)\left[\left(T_c^4 - T_s^4\right) + \left(T_c^4 - T_{\text{clear}}^4\right) \times foc + \left(T_c^4 - T_{\text{overcast}}\right) \times (1 - foc)\right] \tag{15.2.30}$$

土壤的长波辐射为：

$$R_s = \varepsilon\sigma\left(1 - \mathrm{e}^{-k_l LAI}\right)\left(T_s^4 - T_c^4\right) + \mathrm{e}^{-k_l LAI}\left[\left(T_s^4 - T_{clear}^4\right) \times foc + \left(T_s^4 - T_{overcast}\right) \times (1 - foc)\right] \tag{15.2.31}$$

式中，T_c为冠层温度，T_s为土壤温度，foc为日照百分率。ε为放射率，取 0.96。

综合辐射传输和分配子模型及热辐射子模型，根据地表辐射平衡方程：

$$R_n = (1-\rho)Q - F_c \tag{15.2.32}$$

可得地表和冠层的辐射平衡方程分别为：

$$R_{ns} = S_{dv}(1-\rho_v)e^{-k_v L_0} + S_{di}(1-\rho_i)e^{-k_i L_0} + S_{sv}(1-\rho_{dv})e^{-k_{dv} L_0} + S_{si}(1-\rho_{di})e^{-k_{di} L_0} - R_s \tag{15.2.33}$$

$$\begin{aligned} R_{nc} = & S_{dv}(1-\rho_v)(1-e^{-k_v L_0}) + S_{di}(1-\rho_i)(1-e^{-k_i L_0}) + S_{sv}(1-\rho_{dv})(1-e^{-k_{dv} L_0}) \\ & + S_{si}(1-\rho_{di})(1-e^{-k_{di} L_0}) - R_c \end{aligned} \tag{15.2.34}$$

式中，R_{ns}为土壤的净辐射，R_{nc}为冠层的净辐射，L_0为叶面积指数，其他参数的意义同上。

15.2.3 能量平衡子模型

能量平衡模型的处理有单层、双层和多层模型。单层模型把冠层和土壤视作一层过于简单，而多层模型考虑的参数太多，冠层内通量难以测定。因此，我们的模型采用双层模型，将冠层和土壤的能量平衡分别进行考虑(王靖，2003)。

能量平衡方程一般写为：

$$R_n = H + \lambda E + G \tag{15.2.35}$$

则冠层和土壤的能量平衡方程分别为：

$$R_{nc} = H_c + \lambda E_c \tag{15.2.36}$$

$$R_{ns} = H_s + \lambda E_s + G \tag{15.2.37}$$

对于冠层潜热和土壤潜热可采用双层模式来计算(见图 15.1)。

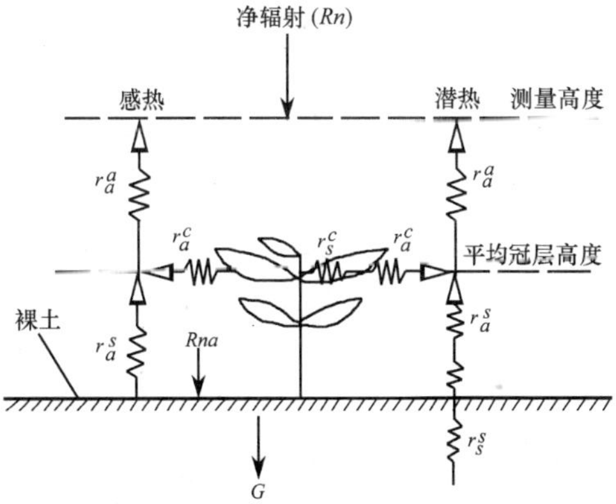

图 15.1　双层能量平衡模型示意图(王靖,2003)

类比电学中的欧姆定律，平均冠层流高度和参考高度的水汽压差温度差分别为：

$$e_x - e_0 = -\lambda E r_a^a \gamma / \rho c_p \tag{15.2.38}$$

$$T_x - T_0 = -H r_a^a / \rho c_p \tag{15.2.39}$$

冠层流高度的水汽压差：

$$D_0 = \mathrm{e}_w(T_x) - \left[\mathrm{e}_w(T_x) - \mathrm{e}_w(T_0)\right] - \mathrm{e}_0 \tag{15.2.40}$$

则 D_0 与参考高度的水汽压差的关系为：

$$D_0 = D + \left[\Delta(R_n - G) - (\Delta + \gamma)\lambda E\right] r_a^a / \rho c_p \tag{15.2.41}$$

冠层上方的蒸散量可分解为两部分：

$$\lambda E = C_c PM_c + C_s PM_s \tag{15.2.42}$$

其中，PM_c 和 PM_s 在形式上与 Penman-Monteith 相似，分别用于冠层蒸腾和土壤蒸发计算，但是其结果并不直接代表蒸腾量和蒸发量。

$$PM_c = \frac{\Delta(R_n - G) + \left[\rho C_p D - \Delta r_a^c (R_{ns} - G) / (r_a^a + r_a^c)\right]}{\Delta + \gamma\left(1 + \dfrac{r_s^c}{r_a^a + r_a^s}\right)} \tag{15.2.43}$$

$$PM_s = \frac{\Delta(R_n - G) + \left[\rho C_p D - \Delta r_a^s (R_n - R_{ns})\right] / (r_a^a + r_a^s)}{\Delta + \gamma\left(1 + \dfrac{r_s^s}{r_a^a + r_a^s}\right)} \tag{15.2.44}$$

式中，系数 C_c, C_s 定义为：

$$C_c = \frac{1}{1 + \dfrac{R_c R_a}{R_s(R_c + R_a)}} \tag{15.2.45}$$

$$C_s = \frac{1}{1 + \dfrac{R_s R_a}{R_c(R_s + R_a)}} \tag{15.2.46}$$

其中，R_s, R_c, R_s 定义为：

$$R_a = (\Delta + \gamma) r_a^a \tag{15.2.47}$$

$$R_c = (\Delta + \gamma) r_a^c + \gamma r_s^c \tag{15.2.48}$$

$$R_s = (\Delta + \gamma) r_a^s + \gamma r_s^s \tag{15.2.49}$$

很明显，如果没有土壤蒸发，土壤表面阻力 γ_s^s 和 R_s 为无穷大，PM_s 为 0，C_c 为 1。根据计算得到的蒸发蒸腾总量代入方程确定冠层流的空气饱和水汽压差：

$$D_0 = D + \frac{\left[\Delta(R_n - G) - (\Delta + \gamma)\lambda E\right] r_a^a}{\rho c_p} \tag{15.2.50}$$

从而可确定土壤蒸发和作物蒸腾通量，计算公式形式上与 Penman-Monteith 公式是相同的。

$$\lambda E_c = \frac{\Delta\left(R_n + R_{ns}\right) + \rho C_p\, D_0 / r_a^c}{\Delta + \gamma\left(1 + \dfrac{r_s^c}{r_a^c}\right)} \tag{15.2.51}$$

$$\lambda E_s = \frac{\Delta\left(R_{ns} - G\right) + \rho C_p\, D_0 / r_a^s}{\Delta + \gamma\left(1 + \dfrac{r_s^s}{r_a^s}\right)} \tag{15.2.52}$$

冠层和土壤感热采用下面的公式求得

$$H_s = \rho C_p \frac{T_s - T_a}{r_a^a + r_a^s} \tag{15.2.53}$$

$$H_c = \rho C_p \frac{T_c - T_a}{r_a^a + r_a^c} \tag{15.2.54}$$

式中，ρ 为空气密度(1.293 kg/m^3)，C_p为空气定压比热(1 012.0J/(kg/K))，λ为水的汽化潜热(2.49×10^{6}W/(m/mm))，Δ为饱和水汽压随温度变化的斜率(Pa/K)，γ为干湿表常数(0.67Pa/℃)，D_0 为冠层源高度的水汽压差，T_a 为参考高度的气温。γ_a^a 为空气动力学阻力，γ_a^c 为冠层表面边界层阻力，γ_a^s 为土壤表面边界层阻力，γ_s^c 为冠层阻力，γ_s^s 为土壤阻力。

模型中使用迭代的方法来求地表温度和冠层温度，给定冠层温度和地表温度初始值，代入方程(15.2.53)~(15.2.54)中求出冠层感热和土壤感热。把感热和潜热的值再代入能量平衡方程中，对于冠层来讲如果感热和潜热的值与净辐射相差小于 0.1 时，则认为迭代完成，此时的冠层温度即为正确值。同样，对于土壤，如果其感热和潜热与热通量之和与土壤净辐射相差小于 0.1 时，认为迭代成功，此时的地表温度为正确值。

再把冠层温度和地表温度代入方程(15.2.53)~(15.2.54)，即可求得冠层和土壤的感热，再由式(15.2.51)和式(15.2.52)可得潜热通量。

15.2.4　阻力子模型

在研究能水循环平衡方程各分量时，各项阻力的确定是关键所在。不同学者对阻力的确定采用不同的方法，通常在能量平衡计算中共需要确定五个阻力，即空气动力学阻力、冠层表面边界层阻力、土壤表面边界层阻力、冠层阻力和土壤阻力(王靖，2003)。

土壤阻力表示水汽从水汽源迁移到土壤表面所受的阻力。实际中计算土壤阻力是很困难的，于是一些学者不考虑土壤阻力，但大量的实际观测和研究表明，当土壤比较干的时候，土壤阻力是很大的，一般使用经验性的表层土壤水分函数来确定土壤阻力，本模型采用经验公式：

$$r_s^s = a\left(\frac{\theta_{sf}}{\theta_f}\right)^2 + b \tag{15.2.55}$$

式中，θ_{sf}为 0~5 mm 土层的土壤含水量，θ_f是田间持水量，a 和 b 为经验参数。

空气动力学阻力、冠层表面边界层阻力和土壤表面边界层阻力的计算采用以下方法。作物和土壤被看作一致的空气动力学系统，它的特征值和零平面位移由下式给定：

$$d = 0.63\sigma_{\alpha} h \tag{15.2.56}$$

$$z_0 = \left(1-\sigma_{\alpha}\right) z_b + \frac{\sigma_{\alpha}\left(h-d\right)}{3} \tag{15.2.57}$$

式中，h是作物高度，z_b是裸地的粗糙度，通常取 0.01 m。

$$\sigma_{\alpha} = 1-\left(\frac{0.5}{0.5+LAI}\right)\exp\left(-\frac{LAI^2}{8}\right) \tag{15.2.58}$$

σ_α是动量分配系数，与叶面积指数有关。

很明显，在一个郁闭冠层(L_0>4)，σ_α约等于 1，这时 d=0.63 h

$$z_0 = \frac{h-d}{3} = 0.123h \tag{15.2.59}$$

一般情况下，均认为动量传输的空气动力学阻力与热量传输的空气动力学阻力相等，则γ_a^c，γ_a^a，γ_s^s能被表示为整个土壤-植被系统动量传输的空气动力学阻力。

$$r_a^c = \frac{\overline{u}}{\sigma_{\alpha} u_*^2} = \frac{\overline{u}}{\sigma_{\alpha} u\left(z\right)} r_a \tag{15.2.60}$$

$$r_a^a = \frac{u(z)-\overline{u}}{u_*^2} = \frac{u(z)-\overline{u}}{u(z)} r_a \tag{15.2.61}$$

$$r_a^s = \frac{\overline{u}}{\left(1-\sigma_{\alpha}\right) u_*^2} = \frac{\overline{u}}{\left(1-\sigma_{\alpha}\right) u\left(z\right)} r_a \tag{15.2.62}$$

式中，u_*是摩擦速度($u_*^2=\tau/\rho$)，$u\ (z)$为参考高度的风速。

$$r_a = \frac{1}{k^2 u\left(z\right)}\left[\ln\frac{z-d}{z_0} - \psi_M\right]\left[\ln\frac{z-d}{z'_0} - \psi_H\right] \tag{15.2.63}$$

受大气稳定度条件的影响，式中，$z_0'=z_0/7$，对于中性层结$\phi_M=\phi_H=0$。

$$\overline{u} = 0.83u(z)\sigma_{\alpha} + (1-\sigma_{\alpha})u(z) \tag{15.2.64}$$

上式为冠层流的平均风速。

冠层阻力的计算采用气孔阻力模型在冠层水平上的扩展，叶片的气孔导度为：

$$g_s = g_{s0} + f(\psi)\frac{a_1 P}{(C_s - \Gamma)(1+VPD_s/VPD_0)} \tag{15.2.65}$$

将叶片的气孔导度在冠层上积分得冠层的气孔导度：

$$g_{sc} = \int_0^{LAI} g_s(L)\,\mathrm{d}L \tag{15.2.66}$$

冠层对水汽的气孔导度为：

$$g_{sw} = 1.6 g_{sc} \tag{15.2.67}$$

从而得到冠层水汽阻力：

$$r_s^c = \frac{1}{g_{sw}} \tag{15.2.68}$$

§ 15.3　叶片-冠层辐射模型

叶片是能与太阳能相互作用的最重要的植被界面，是植被冠层最重要的成分，它的光谱属性用叶片光学物理模型来模拟。近几十年，出现了用来描述冠层、土壤、叶片辐射传输的各种模型。叶片是能与太阳能相互作用的最重要的植被界面，是植被冠层最重要的成分，它的光谱属性能用叶片光学物理模型来模拟，它的反演又能使我们了解叶片的生化特性。描述完整的植被土壤介质的物理模型叫冠层传输模型，通过输入植被的结构参数、光学参数和光照参数可得到冠层的反射率(薛云等，2005)。

15.3.1　Prospect 模型

Prospect 模型适用于新鲜的绿色植物叶片。平板模型将植被叶片看作是一层紧密而透明的平板，且入射光线是各向同性的。实际上入射光线是以 Ω 立体角入射方向穿透叶片的，且并不是一层紧密的叶。对模型进行改进后，假设每片叶是由 N 层同性层堆叠而成，中间由 $N-1$ 层气体隔开，由于光线的非漫射特性只涉及到最顶层，在改进后的模型中，将第一层与其他 $N-1$ 层分开，第一层接收的是 Ω 立体角内的入射光线，而在叶子内部，假设光通量是各向同性的：

$$R_{N,\alpha}=xR_{N,90}+y \quad T_{N,\alpha}=xT_{N,90} \tag{15.3.1}$$

$$\frac{R_{N,90}}{b_{90}^{N}-b_{90}^{-N}}=\frac{T_{N,90}}{a_{90}-a_{90}^{-1}}=\frac{1}{a_{90}b_{90}^{N}-a_{90-1}^{-1}b_{90-N}^{-N}} \tag{15.3.2}$$

$$x=\frac{t_{av}(\alpha,n)}{t_{av}(90,n)} \tag{15.3.3}$$

$$y=x[t_{av}(90,n)-1]+1-t_{av}(\alpha,n) \tag{15.3.4}$$

$$a_{90}=\frac{1+\rho_{90}^{2}-\tau_{90}^{2}+\delta_{90}}{2\rho_{90}} \tag{15.3.5}$$

$$b_{90}=\frac{1-\rho_{90}^{2}+\tau_{90}^{2}+\delta_{90}}{2\tau_{90}} \tag{15.3.6}$$

$$\delta_{90}=\sqrt{(\tau_{90}^{2}-\rho_{90}^{2}-1)^{2}-4\rho_{90}^{2}} \tag{15.3.7}$$

式中，$R_{N,\alpha}$ 为 N 层叶片的反射率；$R_{N,\alpha}$ 为 N 层叶片的透射率；ρ_{90} 为内部每层的反射率；τ_{90} 为内部每层的透过率；$t_{av}(\alpha, n)$为电解板表面的平均透过率，表达式相当复杂，但可精确求出。这个模型需要 4 个参数，立体角Ω的最大入射角(α)，折射指数(n)，平板的透过系数(θ)，层数(N)，这 4 个参数都可求得。

该模型中，散射用叶的折射指数(n)和层数(N)来描述；吸收用色素浓度(C_{a+b})、水含量、蛋白质、纤维素来模拟。只需输入叶的层数，叶绿素含量，水的等价厚度，蛋白质含量和纤维素含量就可求出叶片的半球反射率和透射率。

15.3.2　来自任意倾角叶的散射模型

这个模型把植被当作一个混合介质，冠层是一个同类植被冠层，所用的输入参数较少，普遍应用于大多数的农业植被类型，且测试效果很好。该模型以两个通量理论为基础，用一个向下和一个向上的漫辐射通量描述了混合介质的辐射传输。后来加上从太阳到地面直到观测者的一个直接辐射通量模拟了辐射传输。把这些通量方程式的系数与描述植被冠层的参数关联起来，其植被参数和反射率ρ^{λ}的函数关系简单描述为：

$$\rho^{\lambda} = SAIL(LAI, LAD, \rho_L^{\lambda}, \tau_L^{\lambda}, \rho_S^{\lambda}, SKYL^{\lambda}, \alpha, Z, Z_{\mathrm{SUN}}) \tag{15.3.8}$$

式中，LAI 为叶面积指数(L_0)；LAD 为叶倾角分布；ρ_L^{λ} 为叶辐射率；τ_L^{λ} 为叶传输率；ρ_S^{λ} 为土壤反射率；$SKYL^{\lambda}$为收入的漫辐射；α 为观测者的方位角；Z 为观测者的天顶角；Z_{SUN} 为太阳的天顶角。

叶的方位角被认为是随机分布，而叶的天顶角服从 LAD。LAD 可用三角几何分布，β 分布或仅给平均叶角的椭球分布来模拟。SAIL 模型的扩展也考虑了热点影响和农田的行结构。

15.3.3　两层冠层双向反射率模型

该模型适用于两层植被，两层是指除主冠层外，在主冠层下还有一个结构和光学属性不同的植被薄层。许多植被冠层具有两层结构，如在草层下另具苔藓地衣层，在作物冠层下有一薄杂草层，其两层的光学和结构参数显著不同。如果用同类冠层反射率模型的植物测法和光学参数的平均值去计算这类冠层的方向反射率，在反射率上会产生系统误差。此模型能计算两层冠层在每一个给定方向的 400~2 500 nm 波谱域的反射率波谱。它考虑到了非朗伯土壤反射率，叶上的直接太阳射线反射，热点影响，两个参数的叶倾角分布等因素。

两个植被层由相似的植物测法参数集定义，它们是 LAI，LAD，叶的大小，控制叶光学属性的生化参数(叶绿素、蛋白质、木质素、纤维素)。叶的反射率和传输率的计算用 Prospect2 叶光学模型进行。冠层的半球反射率由下式计算：

$$\rho = \frac{S_{\lambda}}{Q_{\lambda}}\rho_1 + \rho_d \tag{15.3.9}$$

式中，ρ_1为二向反射率因子中的单散射量；ρ_d为半球反射率因子中共有的漫射量；S_{λ}, Q_{λ} 分别是在植被冠层上水平面的直接太阳和总的光谱辐射，其中 $\rho_1 = \rho_1^{c_1} + \rho_1^{c_2} + \rho_1^{\mathrm{soil}}$，式中，$\rho_1^{c_1}$，$\rho_1^{c_2}$ 分别是植被底层和上层的单次散射量；ρ_1^{soil} 为来自土壤的单次散射量。

而漫射量的计算类似于 SAIL 模型，4 个微分方程定义了四个通量：垂直向上通量 E_+；垂直向下通量 E_-；直接太阳通量 E_s；在观测方向上的辐射通量 E_0。其中的 SAIL 系数可用 G-函数，叶反射和传输系数ρ_L, τ_L表示。单层的漫射量ρ_d可表示为：$\rho_d = \rho_d^{\mathrm{plants}} + \rho_d^{\mathrm{soil}}$ 其中，ρ_d^{plants}，ρ_d^{soil} 都可计算出来。模型对实验数据有效，需要特定的植物测法测量，但这样的数据仍然得不到。

15.3.4 Geosail 模型

Geosail 模型是用于描述不连续冠层反射率的模型，它是一个几何模型和一个混合介质模型的结合。几何模型用来计算在场景内阴影和照亮成分的数量，混合介质模型用来计算树冠的反射率和传输率。它用冠层组分的光学属性，树的形状，太阳天顶角和冠层覆盖来计算场景反射率及吸收或拦截的光合活动辐射的比例(F_{APAK} 和 F_{IPAN})。该模型结合了 SAIL 模型和 Jasinski 几何模型。SAIL 模型计算树木内的辐射传输，Jasinski 模型利用 SAIL 模型的结果生成场景反射率。

Geosail 模型为了使模型计算简单化而作了几个假设：(1)所有的树木有同样的形状和大小；(2)树木间彼此没有阴影；(3)树冠彼此不重叠；(4)树比像元要小；(5)照亮冠层、照亮背景，其阴影都有单个反射率；(6)模型只适应于垂直观测。因为有这么多的假设，所以限制了 Geosail 的应用。其总的场景反射率 ρ_t 用下式计算：

$$\rho_t = C_{\rho_c} + S_{\rho_s} + B_{\rho_b}$$

式中，ρ_c,ρ_s,ρ_b 分别是冠层、阴影、背景在特定波段的反射率，它们由 SAIL 模型得到，

$$S = 1 - C - (1 - C)^{(\eta+1)}$$

式中，S 为阴影背景比例；C 为冠层覆盖度；η为单个冠层阴影面积与冠层面积之比。

对正圆柱体

$$\eta = R\tan\theta$$

式中，R 为圆柱体的高与宽的比例；θ为太阳天顶角。

对圆锥体

$$\eta = \frac{\tan\beta - \beta}{\pi} \tag{15.3.10}$$

$$\beta = \arccos\left(\frac{\tan\phi}{\tan\theta}\right) \tag{15.3.11}$$

式中，ϕ 为圆锥的表面角。B=1-C-S，B 为照亮背景面积比。

15.3.5 多层冠层简单的各向异性反射率模型

由于大多数自然表面都具有各向异性的二向反射率因子，而这个角度行为使从不同亮度和视角下所获的卫星数据中取得表面参数有困难。这个模型模拟了具有强烈各向异性的植被-土壤层的同类冠层的二向反射率，并通过在广泛应用且又可靠的三通量 SAIL 模型中，加入一个来源于各向异性成分的向上方向通量而实现，它是一个具有快速计算代码的多层四通量模型。定义冠层各向异性行为的参数用 SAIL 模型同样的输入参数来计算，此外最少一个附加参数被用来定义土壤表面的各向异性行为。依据上层的 *LAI*，*LAD* 和底层各向的异性程度，从四通量模型和从 SAIL 模型中取得的二向反射率因子之间的差别可能很大，所以在具有强烈各向异性特征存在的情况下，引入向上方向通量，是很有必要的。其顶层(i)的反射率 R_i 可表达如下：

$$R_i = R_{s,i} + R_{m,i} + R_{d,i} + R_{v,i} \tag{15.3.12}$$

式中，$R_{s,i}$ 为直接太阳通量 $E_{n,i}(z)$ 的贡献；$R_{m,i}$ 为直接通量 $E_{m,i}(z)$ 的贡献；$R_{d,i}$ 为漫射通量 $E_i^-(z)$ 和 $E_i^+(z)$ 的贡献；$R_{v,i}$ 为下层直接反射通量的贡献。这些通量都可计算出。

与 SAIL 模型比较，该模型仅仅增加了描述下层土壤表面各向异性波谱行为的输入参数，所以当各层或多或少各向异性或者各层的影响完全被上层掩盖时，该模型与 SAIL 模型的结果是相似的。

15.3.6 冠层反射率模型

冠层的半球方向反射率 ρ 可用下式表达：

$$\rho = \frac{S_\lambda}{Q_\lambda} \rho' + \rho_D \tag{15.3.13}$$

式中，ρ' 为二向反射率中的单次散射成分；ρ_D 为半球方向反射率中共有的漫射通量；S_λ，Q_λ 分别为冠层上方某一水平面上太阳直接辐射和总辐射，$\rho' = \rho'_c + \rho'_{\text{soil}}$，其中，$\rho'_c$ 为冠层单次散射；ρ'_{soil} 为土壤单次散射。

模型的输入参数分为 3 类：(1)光学参数叶片反射率、叶片透射率、叶面蜡状物折射指数、土壤和薄层水体反射率、叶的发丝状指数；(2)结构参数叶面积指数，叶的相对线性尺度，椭圆模型的偏心率和倾角；(3)几何和光照参数太阳天顶角、观测天顶角、太阳直接辐射和总辐射之比。

第十六章　植物冠层内的动量交换

植物与大气之间的动量交换有两个相互联系的研究方面：其一是研究植被层吸收大气动量的整体效率；其二是研究冠层流(即植被冠层内的风场分布)与冠层结构特别是叶面积空间分布的关系。后一研究方面还与冠层内的水、热交换紧密相联。

冠层流与近地面层气流的不同之处在于受到植物枝叶施加的阻力。直到 1970 年代末期，人们才认识到，冠层流方程可以从 Navier-Stokes 方程通过求空间和时间平均后获得，这一突破为冠层流研究打下了理论基础。1980 年代以来，许多精密仪器的出现推动了冠层流试验研究的发展。积累的大量试验资料加深了对冠层流结构以及冠层湍流持征的认识，也为冠层流数值模拟研究提供了检验的数据。

§ 16.1　冠层空气运动方程

16.1.1　动量守恒方程

对于冠层内的空气运动，叶片、树干等植物体可产生对气流的形状曳力(或压差阻力)和黏性曳力(或黏性阻力)。过去形状曳力和黏性曳力是作为源项直接添加到时间平均的流动方程中的。但包括叶片和树干作用力的冠层流方程，可通过对有关方程的空间平均处理后求得(黄洪峰，1997)。

在冠层内取一体积元 V(必须大到足以把空间小尺度脉动平滑，但又要小于大尺度不均匀性的影响)，定义变量 a 的空间平均为：

$$\langle a\rangle = \frac{1}{V}\iiint_{v} a\,\mathrm{d}v \tag{16.1.1}$$

$$a = \langle a\rangle + a'' \tag{16.1.2}$$

式中，a''为 a 的空间脉动值。

设 V 内有 m 张叶片，每张叶片的表面积为 S_l ($l=1,2,\cdots,m$)，由散度定理可以证明如下公式：

$$\left\langle \frac{\partial a_j}{\partial x_j} \right\rangle = \frac{\partial}{\partial x_j}\langle a_j\rangle - \frac{1}{V}\sum_{l=1}^{m}\iint_{S_l} a_j n_j\,\mathrm{d}s \tag{16.1.3}$$

式中，a_j 为任一矢量；n_j 为叶片表面的法向矢量；式中最后一项为 a_j 在 m 个叶片表面上的面积积分之和。

对于通常的冠层，无滑移条件保证在叶片或树干表面上 u_i=0，或者即使假定叶片可以摆动，也由于叶片正、反两面的速度是相等的，因而由式(16.1.3)可知，对连续性方程(16.1.2)取空间平均后仍有：

$$\frac{\partial\langle u_j\rangle}{\partial x_j} = 0 \tag{16.1.4}$$

利用式(16.1.2)，则动量守恒方程式(16.1.1)可改写为通量形式的方程：

$$\frac{\partial u_i}{\partial t}+\frac{\partial}{\partial x_j}\left(u_j u_i\right)=-\frac{1}{\rho}\frac{\partial p}{\partial x_i}+v\nabla^2 u_i \tag{16.1.5}$$

式中忽略了科式力和浮力作用项。

借助式(16.1.3)，对方程(16.1.5)逐项求空间平均后得：

$$\left\langle\frac{\partial u_i}{\partial t}\right\rangle=\frac{\partial\langle u_i\rangle}{\partial t} \tag{16.1.6}$$

$$\left\langle\frac{\partial}{\partial x_j}\left(u_j u_i\right)\right\rangle=\frac{\partial}{\partial x_j}\langle u_j u_i\rangle \tag{16.1.7}$$

$$\left\langle-\frac{1}{\rho}\frac{\partial p}{\partial x_j}\right\rangle=-\frac{1}{\rho}\frac{\partial\langle p\rangle}{\partial x_j}+\frac{1}{V}\sum_{l=1}^{m}\iint_{S_l}pn_j\,\mathrm{d}s \tag{16.1.8}$$

$$\left\langle v\nabla^2 u\right\rangle=\frac{\partial}{\partial x_j}\left\langle v\frac{\partial u_i}{\partial x_j}\right\rangle-\frac{1}{V}\sum_{l=1}^{m}\iint_{S_l}v\frac{\partial u_i}{\partial n}\mathrm{d}s \tag{16.1.9}$$

因而，空间平均后的运动方程变为：

$$\frac{\partial\langle u_i\rangle}{\partial t}+\frac{\partial}{\partial x_j}\langle u_i u_j\rangle=-\frac{1}{\rho}\frac{\partial\langle p\rangle}{\partial x_j}+\frac{1}{V}\sum_{l=1}^{m}\iint_{S_l}pn_j\,\mathrm{d}s+\frac{\partial}{\partial x_j}\left\langle v\frac{\partial u_i}{\partial x_j}\right\rangle-\frac{1}{V}\sum_{l=1}^{m}\iint_{S_l}v\frac{\partial u_i}{\partial n}\mathrm{d}s \tag{16.1.10}$$

式(16.1.10)中右边第二项表示叶片压差阻力，最后一项表示叶片摩擦阻力。

对式(16.1.10)在逐项进行时间平均即可获得时间—空间平均的运动方程。根据时间平均概念有：

$$u_i=\overline{u}_i+u_i' \tag{16.1.11}$$

式中，$\overline{u}_i$ 为时间平均的速度场；u_i 为空间某点上的脉动速度。由式(16.1.11)得：

$$\langle u_j u_i\rangle=\langle\overline{u}_j\cdot\overline{u}_i\rangle+\langle\overline{u_j' u_i'}\rangle \tag{16.1.12}$$

式中，$\langle\overline{u_j' u_i'}\rangle$ 为湍流通量的体积平均。为说明的意义需要作进一步的分解。令

$$\overline{u}_j=\langle\overline{u}_j\rangle+\overline{u}_j'' \tag{16.1.13}$$

式中，“″”为时间平均量与时间-空间平均量的偏差。因而有

$$\langle\overline{u}_j\cdot\overline{u}_i\rangle=\langle\overline{u}_j\rangle\cdot\langle\overline{u}_i\rangle+\overline{F}_j \tag{16.1.14}$$

其中

$$\overline{F}_j=\langle\langle\overline{u}_j\rangle\langle\overline{u}_i\rangle\rangle-\langle\overline{u}_j\rangle\langle\overline{u}_i\rangle+\langle\langle\overline{u}_j\rangle\cdot\overline{u}_i''\rangle+\langle\overline{u}_j''\cdot\overline{u}_i''\rangle \tag{16.1.15}$$

所以，方程(16.1.10)中的惯性项作时间平均后变为：

$$\frac{\partial\overline{\langle u_i u_j\rangle}}{\partial x_j}=\langle\overline{u}_j\rangle\frac{\partial\langle\overline{u}_i\rangle}{\partial x_j}+\frac{\partial}{\partial x_j}\langle\overline{u_j' u_i'}\rangle+\frac{\partial}{\partial x_j}\overline{F}_j \tag{16.1.16}$$

分子输送项变为：

$$\frac{\partial}{\partial x_j}\left\langle \overline{v\frac{\partial u_i}{\partial x_j}}\right\rangle = v\frac{\partial}{\partial x_j}\left\langle \frac{\partial}{\partial x_j}\langle\overline{u}_i\rangle + \frac{\partial}{\partial x_j}\overline{u}''_j\right\rangle \tag{16.1.17}$$

最后得到时间-空间平均的冠层空气运动方程为：

$$\begin{aligned}&\frac{\partial\langle\overline{u}_i\rangle}{\partial t} + \langle\overline{u}_j\rangle\frac{\partial\langle\overline{u}_i\rangle}{\partial x_j} + \frac{\partial}{\partial x_j}\left\langle\overline{u'_j u'_i}\right\rangle + \frac{\partial}{\partial x_j}\overline{F}_j = -\frac{1}{\rho}\frac{\partial\langle\overline{p}\rangle}{\partial x_j} + \frac{1}{V}\sum_{l=1}^{m}\iint_{S_l}\overline{pn_j ds} \\ &-\frac{1}{V}\sum_{l=1}^{m}\iint_{S_l}\overline{v\frac{\partial u_i}{\partial n}ds} + v\frac{\partial}{\partial x_j}\left\langle\frac{\partial}{\partial x_j}\langle\overline{u}_i\rangle\right\rangle + v\frac{\partial}{\partial x_j}\left\langle\frac{\partial}{\partial x_j}\overline{u}''_j\right\rangle\end{aligned} \tag{16.1.18}$$

方程(16.1.18)可以进一步简化，在水平均匀冠层内，对平均流场 $\langle\overline{u}_i\rangle$、平均压力场 $\langle\overline{p}\rangle$，以及平均湍流通量项可以进行如下假定：①平均流场可认为是定常的，即时间导数项为零；②平均场的水平梯度可以忽略，即所有水平导数项为零；③冠层流是高 Reynolds 数流动，因而空气分子的黏性输送项(叶片表面除外)可以忽略。

在上述假定下，如果把 x 轴(i=1)取为平均流动方向，则(16.1.18)可简化为：

$$\frac{\partial}{\partial x_3}\left(\left\langle\overline{u'_3u'_1}\right\rangle + \overline{F}_3\right) = \frac{1}{V}\sum_{l=1}^{m}\iint_{S_l}\overline{pn_j\,\mathrm{d}s} - \frac{1}{V}\sum_{l=1}^{m}\iint_{S_l}\overline{v\frac{\partial u_i}{\partial n}\mathrm{d}s} \tag{16.1.19}$$

式中

$$\overline{F}_3 = \langle\langle\overline{u}_3\rangle\cdot\langle\overline{u}_1\rangle\rangle - \langle\overline{u}_3\rangle\cdot\langle\overline{u}_1\rangle + \langle\langle\overline{u}_3\rangle\cdot\overline{u}''_1\rangle + \langle\overline{u}''_3\cdot\langle\overline{u}_1\rangle\rangle + \langle\overline{u}''_3\cdot\overline{u}''_1\rangle \tag{16.1.20}$$

在均匀冠层中，式(16.1.20)中的第三、第四项是很小的，可以忽略。另外，如果体积 V 取得合适，式(16.1.20)中的第一项和第二项可近似相互抵消。式(16.1.20)中的最后一项是时间平均量的空间相关造成的，它未必是很小的。由于 $\langle\overline{u}''_3\cdot\overline{u}''_1\rangle$ 还难于测量，其贡献大小尚不清楚，所以在大部分理论和测量工作中就用单点的时间平均 $\overline{u'_3u'_1}$ 代替 $\left\langle\overline{u'_3u'_1}\right\rangle + \overline{F}_3$ 项，这样做与其说是合理的还不如说是出于没有办法。

式(16.1.19)右端两项通常是结合在一起考虑的。根据叶片边界层动量输送理论，设叶片的曳力系数(含压差阻力和摩擦阻力)为 C_d，单位体积的叶面积密度为 $a(z)$，则

$$\frac{1}{V}\sum_{l=1}^{m}\iint_{S_l}\overline{\left(pn_j - v\frac{\partial u_1}{\partial n}\right)}\mathrm{d}s = \frac{1}{V}\sum_{l=1}^{m}\rho C_d S_l\left\langle\overline{u^2}\right\rangle = 2\rho C_d a(z)\left\langle\overline{u^2}\right\rangle \tag{16.1.21}$$

因而，对于水平均匀冠层，式(16.1.19)可简化为：

$$\frac{\partial\left\langle\overline{w'u'}\right\rangle}{\partial z} = 2\rho C_d a(z)\left\langle\overline{u^2}\right\rangle \tag{16.1.22}$$

大量实验资料表明，(16.1.22)所表达的冠层动量守恒方程是基本合理的。

16.1.2 二阶矩方程

采用空间平均方案，对第八章中时间平均的二阶矩方程(8.2.18)中各项从左到右分别以

大写字母 A~I 表示，并对各项进行空间平均得：

$$\langle \mathrm{A} \rangle = \frac{\partial \langle \overline{u_i' u_k'} \rangle}{\partial t} \tag{16.1.23}$$

$$\langle \mathrm{B} \rangle = \langle \overline{u}_j \rangle \frac{\partial}{\partial x_j} \langle \overline{u_i' u_k'} \rangle + \frac{\partial}{\partial x_j} \overline{F}_j \tag{16.1.24}$$

$$\langle \mathrm{C} \rangle = -\langle \overline{u_i' u_k'} \rangle \frac{\partial \langle \overline{u}_k \rangle}{\partial x_j} - \overline{P}_B - \langle \overline{u_j' u_k'} \rangle \frac{\partial \langle \overline{u}_i \rangle}{\partial x_j} - \overline{P}_C \tag{16.1.25}$$

$$\langle \mathrm{D} \rangle = -\frac{\partial}{\partial x_j} \langle \overline{u_i' u_j' u_k'} \rangle \tag{16.1.26}$$

$$\langle \mathrm{E} \rangle = -\frac{\partial}{\partial x_i} \left\langle \frac{\overline{p' u_k'}}{\rho_0} \right\rangle + \frac{1}{V} \sum_{l=1}^{m} \iint_{S_l} \frac{\overline{p' u_k'}}{\rho_0} n_l \,\mathrm{d}s - \frac{\partial}{\partial x_k} \left\langle \frac{\overline{p' u_i'}}{\rho_0} \right\rangle + \frac{1}{V} \sum_{l=1}^{m} \iint_{S_l} \frac{\overline{p' u_i'}}{\rho_0} n_l \,\mathrm{d}s \tag{16.1.27}$$

$$\langle \mathrm{F} \rangle = \left\langle \overline{\frac{P'}{\rho_0} \cdot \left(\frac{\partial u_i'}{\partial x_k} + \frac{\partial u_k'}{\partial x_i} \right)} \right\rangle \tag{16.1.28}$$

$$\langle \mathrm{G} \rangle = \frac{g}{T_0} \left(\delta_{i3} \langle \overline{u_k' T'} \rangle + \delta_{k3} \langle \overline{u_i' T'} \rangle \right) \tag{16.1.29}$$

在对方程(8.2.18)中第八项和第九项进行空间平均时，须引用由 Green 第一定理导出的如下公式：

$$\left\langle \psi \frac{\partial^2 \varphi}{\partial x_j{}^2} \right\rangle = -\frac{1}{V} \sum_{l=1}^{m} \iint_{S_l} \psi \frac{\partial \varphi}{\partial n} ds - \left\langle \frac{\partial \varphi}{\partial x_j} \cdot \frac{\partial \psi}{\partial x_j} \right\rangle + \left\langle \langle \psi \rangle \frac{\partial^2 \langle \varphi \rangle}{\partial x_j{}^2} \right\rangle + \left\langle \frac{\partial \langle \varphi \rangle}{\partial x_j} \cdot \frac{\partial \langle \psi \rangle}{\partial x_j} \right\rangle \tag{16.1.30}$$

因而有：

$$\begin{aligned} \langle \mathrm{H+I} \rangle &= \left\langle v_0 \left(\overline{u_k' \frac{\partial^2 u_i'}{\partial x_j{}^2}} + \overline{u_i' \frac{\partial^2 u_k'}{\partial x_j{}^2}} \right) \right\rangle = \frac{1}{V} \sum_{l=1}^{m} \iint_{S_l} \left(\overline{v_0 u_k' \frac{\partial u_i'}{\partial n} + v_0 u_i' \frac{\partial u_k'}{\partial n}} \right) \mathrm{d}s \\ &-2v_0 \left\langle \overline{\frac{\partial u_i'}{\partial x_j} \cdot \frac{\partial u_k'}{\partial x_j}} \right\rangle + \left\langle \overline{v_0 \langle u_i' \rangle \frac{\partial^2 \langle u_k' \rangle}{\partial x_j{}^2}} \right\rangle + \left\langle v_0 \langle u_i' \rangle \frac{\partial^2 \langle u_k' \rangle}{\partial x_j{}^2} \right\rangle + 2v_0 \left\langle \overline{\frac{\partial \langle u_i' \rangle}{\partial x_j} \cdot \frac{\partial \langle u_k' \rangle}{\partial x_j}} \right\rangle \end{aligned} \tag{16.1.31}$$

在上述式(16.1.24)和式(16.1.25)中：

$$\overline{F}_j = \left\{ \left\langle \overline{u}_j \cdot \langle \overline{u_i' u_k'} \rangle \right\rangle - \langle \overline{u}_j \rangle \cdot \langle \overline{u_i' u_k'} \rangle + \left\langle \overline{u}_j'' \cdot \left(\overline{u_i' u_k'} \right)'' \right\rangle + \cdots \right\} \tag{16.1.32}$$

$$\overline{P}_B = \left\{ \left\langle \langle \overline{u_i' u_j'} \rangle \frac{\partial}{\partial x_j} \langle \overline{u}_k \rangle \right\rangle - \langle \overline{u_i' u_j'} \rangle \frac{\partial}{\partial x_j} \langle \overline{u}_k \rangle + \left\langle \left(\overline{u_i' u_j'} \right)'' \frac{\partial}{\partial x_j} u_k'' \right\rangle + \cdots \right\} \tag{16.1.33}$$

$$\overline{P}_c=\left\{\left\langle\left\langle\overline{u_j'u_k'}\right\rangle\frac{\partial}{\partial x_j}\langle\overline{u}_i\rangle\right\rangle-\left\langle\overline{u_j'u_k'}\right\rangle\frac{\partial}{\partial x_j}\langle\overline{u}_i\rangle+\left\langle\left(\overline{u_j'u_k'}\right)''\frac{\partial}{\partial x_j}u_i''\right\rangle+\cdots\right\} \tag{16.1.34}$$

在 $\overline{F}_j$，$\overline{P}_B$ 和 $\overline{P}_C$ 各式中只列出对于均匀或规则冠层是重要的项、省略号则代表在非均匀冠层中可能是重要的但在均匀或规则冠层中是可以忽略的项。

最后得到冠层内时间-空间平均的速度二阶矩方程为：

$$\begin{aligned}
&\frac{\partial\left\langle\overline{u_i'u_k'}\right\rangle}{\partial t}+\left\langle\overline{u}_j\right\rangle\frac{\partial}{\partial x_j}\left\langle\overline{u_i'u_k'}\right\rangle+\frac{\partial}{\partial x_j}\overline{F}_j=-\left\langle\overline{u_i'u_j'}\right\rangle\frac{\partial\langle\overline{u}_k\rangle}{\partial x_j}-\overline{P}_B-\left\langle\overline{u_j'u_k'}\right\rangle\frac{\partial\langle\overline{u}_i\rangle}{\partial x_j}-\overline{P}_C\\
&-\frac{\partial}{\partial x_j}\left\langle\overline{u_i'u_j'u_k'}\right\rangle-\frac{\partial}{\partial x_i}\left\langle\frac{\overline{p'u_k'}}{\rho_0}\right\rangle-\frac{\partial}{\partial x_k}\left\langle\frac{\overline{p'u_i'}}{\rho_0}\right\rangle+\frac{1}{V}\sum_{l=1}^{m}\iint_{S_l}\frac{\overline{p'u_k'}}{\rho_0}n_l\,\mathrm{d}s+\frac{1}{V}\sum_{l=1}^{m}\iint_{S_l}\frac{\overline{p'u_i'}}{\rho_0}n_l\,\mathrm{d}s\\
&+\left\langle\overline{\frac{P'}{\rho_0'}\left(\frac{\partial u_i'}{\partial x_k}+\frac{\partial u_k'}{\partial x_i}\right)}\right\rangle+\frac{g}{T_0}\left(\delta_{i3}\left\langle\overline{u_k'T'}\right\rangle+\delta_{k3}\left\langle\overline{u_i'T'}\right\rangle\right)-\frac{1}{V}\sum_{l=1}^{m}\iint_{S_l}\left(v_0\overline{u_k'\frac{\partial u_i'}{\partial n}}+v_0\overline{u_i'\frac{\partial u_k'}{\partial n}}\right)\mathrm{d}s\\
&-2v_0\left\langle\overline{\frac{\partial u_i'}{\partial x_j}\cdot\frac{\partial u_k'}{\partial x_j}}\right\rangle+\left\langle\overline{v_0\langle u_k'\rangle\frac{\partial^2\langle u_i'\rangle}{\partial x_j^{\,2}}}\right\rangle+\overline{v_0\langle u_i'\rangle\frac{\partial^2\langle u_k'\rangle}{\partial x_j^{\,2}}}+2v_0\left\langle\overline{\frac{\partial\langle u_i'\rangle}{\partial x_j}\frac{\partial\langle u_k'\rangle}{\partial x_j}}\right\rangle
\end{aligned} \tag{16.1.35}$$

与方程(8.2.18)相比，方程(16.1.35)中多出了由叶片造成的源汇项，且忽略了科氏力作用项。

§16.2　冠层上方的通量-廓线关系

16.2.1　混合长理论

在普朗特分子运动理论中，假设一个分子和别的分子碰撞之前，其能量和运动方向保持不变，碰撞之后，该分子具有另外的能量和运动方向。分子保持其运动特性不变的平均长度称为平均自由路径。与此相似，在湍流运动中，位于某一高度 Z 上的一小团微小的流体湍涡，具有该高度上的平均运动能量，在运动过程中，它的能量和周围的流体不断交换，逐渐失去原有的特性，经过路径 l 后，具有所到达新的高度上的平均运动能量，l 称为混合长(王正非等，1985)。

假定 l 和湍涡所在的高度有关，有下列关系式：

$$K=\kappa Z \tag{16.2.1}$$

式中，κ 为卡门(Karman)常数(由实验得出 κ=0.38~0.40)；Z 为高度。

设湍涡在 Z 高度上的速度为 $\bar{u}(Z)$，在($Z+L$)高度上的速度为 $\bar{u}(Z+L)$，平均风速梯度为 $\mathrm{d}\bar{u}/\mathrm{d}z$，则速度的变化 u' 如下：

$$u'=\overline{u}(Z+L)-\overline{u}(Z)\approx L\frac{\mathrm{d}\overline{u}}{\mathrm{d}z} \tag{16.2.2}$$

同样，y,z 轴方向的脉动风速 v',w' 也有相同的表示形式，只是数量上略有差异。于是雷诺应力 τ 可以近似地表达为：

$$\tau=-\rho\overline{u'w'}=\rho L^2\left(\frac{\mathrm{d}\overline{u}}{\mathrm{d}z}\right)\left|\frac{\mathrm{d}\overline{u}}{\mathrm{d}z}\right| \tag{16.2.3}$$

式中，$d\bar{u}/dz$ 的二次方中，一个取绝对值，表示 τ 和 $d\bar{u}/dz$ 有相同的符号。

16.2.2　中性层结风速廓线对数表示式

根据摩擦速度的定义及式(16.2.3)可以得到下式：

$$u_* = \sqrt{\left|\frac{\tau}{\rho}\right|} = L\frac{\mathrm{d}\bar{u}}{\mathrm{d}z} \tag{16.2.4}$$

由湍流交换系数与速度梯度和式(16.2.3)可以得到：

$$K_M = L^2\frac{\mathrm{d}\bar{u}}{\mathrm{d}z} = u_*, L = \kappa u_* Z \tag{16.2.5}$$

式中，K_M 为湍流交换系数。

因为在中性层结条件下，地面边界层中 τ 为一常数，由式(16.2.4)可以看出 u_* 也为一常数。将式(16.2.1)代入式(16.2.4)可得：

$$\frac{\mathrm{d}\bar{u}}{\mathrm{d}z} = \frac{u_*}{\kappa Z} \tag{16.2.6}$$

积分，并注意 $Z=Z_0$ 时，$\bar{u}=0$，于是有：

$$\bar{u} = \frac{u_*}{\kappa}\ln\frac{Z}{Z_0} \tag{16.2.7}$$

设 $\bar{u}_1$ 为 $Z=Z_0$ 高度的风速，则上式可化为下面的形式：

$$\bar{u} = \bar{u}_1\left(\ln\frac{Z}{Z_0}\Big/\ln\frac{Z_1}{Z_0}\right) \tag{16.2.8}$$

式中，Z_0 为粗糙层厚度或称粗糙度。光滑的地面，如沙地，Z_0 约为沙粒直径的 1/30。完全粗糙的地面，如草地，Z_0 约为草高的 1/7~1/8。Z_0 即为风速(按对数规律分布时)等于零的高度。

假定混合长 $L=\kappa(Z+Z_0)$，代入式(16.2.4)可得：

$$\frac{\mathrm{d}\bar{u}}{\mathrm{d}z} = \frac{u_*}{\kappa(Z+Z_0)}$$

设边界条件为 $Z=0$ 时，$\bar{u}=0$，则可得到风速廓线的另一对数公式(用于 Z_0 较大的情况)：

$$\frac{\bar{u}}{u_*} = \frac{1}{\kappa}\ln\frac{Z+Z_0}{Z_0} \tag{16.2.9}$$

在地面边界层的研究中常用摩擦系数 C_D 表示表面摩擦状况。C_D 也称为地面曳力系数。

$$C_D = \frac{\tau_0}{\frac{1}{2}\rho\bar{u}^2} \tag{16.2.10}$$

式中，$\bar{u}$ 为某一测量方便的高度上的风速。

由式(16.2.9)和式(16.2.10)可知，在半对数坐标上的风速廓线应为一直线，其斜率即为 u_*/κ ($\kappa=0.4$)。故根据实测风速在半对数坐标纸上绘制风速廓线，易于求得动力速度 u_*。廓线在 z 轴的截矩即为粗糙度 Z_0。由气压和气温计算出 ρ 后，可由廓线求得切应力 $\tau_0(\tau_0=\rho u_*^2)$，由式(16.2.10)可求得 C_D。

16.2.3　风速廓线指数表示式

在气象学中，风速廓线常用指数式表示。混合长 l 和高度 Z 的关系如下：

$$l = l_1 Z^p \tag{16.2.11}$$

式中，l_1 为 Z=1 时的混合长；p 为不等于 1 的常数。由式(16.2.4)可得：

$$\frac{1}{u_*}\frac{\mathrm{d}\bar{u}}{\mathrm{d}z} = \frac{1}{l_1 Z^p} \tag{16.2.12}$$

积分得：

$$\frac{\bar{u}}{u_*} = \frac{1}{l_1(1-p)} Z^{1-p} + C \tag{16.2.13}$$

设 Z=0 时，$\bar{u}$=0，且 $0 \leqslant p < 1$，于是：

$$\frac{\bar{u}}{u_*} = q\left(\frac{u_* Z}{v}\right)^{1-p} \tag{16.2.14}$$

式中，

$$q = \frac{1}{l_1(1-p)} \cdot \left(\frac{v}{u_*}\right)^{1-p}$$

实验证明，光滑面中性层结时，p=6/7，当理查逊数增大时，p 可增加到 7/8 或 8/9。如 $\bar{u}_1$ 为 Z_1 高度的平均风速，u 为 Z 高度的平均风速，则可得下式：

$$\frac{\bar{u}}{\bar{u}_1} = \left(\frac{Z}{Z_1}\right)^{1-p} \tag{16.2.15}$$

16.2.4　中性稳定时的风廓线

根据实验和理论得到，在近地层垂直方向的各通量近似为常数，在只考虑风的水平速度切变时，湍流切应力只有 τ_{zx}：

$$\tau_{zx} = -\rho\overline{W'u'} = \rho L\left(\frac{\partial \bar{u}}{\partial Z}\right)^2 \tag{16.2.16}$$

在中性条件下，近地层湍流活动范围受下垫面的限制。离下垫面越近，混合长 l 越小。因此，可以认为 l 随离地面距离 Z 的增加而增大，因此，有：

$$l = \kappa Z \tag{16.2.17}$$

式中，卡曼常数 κ 的数值为 0.35~0.46。

将式(16.2.17)代入式(16.2.16)，得：

$$\tau_{zx} = \rho\kappa^2 Z^2\left(\frac{\partial \bar{u}}{\partial Z}\right)^2 \tag{16.2.18}$$

令$(\tau/\rho)^{1/2}=u_*$，因 u_*具有速度量纲，称为摩擦速度。代入式(16.2.18)，得：

$$\frac{\partial \overline{u}}{\partial Z}=\frac{1}{\kappa Z}\sqrt{\frac{\tau}{\rho}}=\frac{u_*}{\kappa Z} \tag{16.2.19}$$

为求任意高度的风速，对式(16.2.19)积分：

$$\overline{u}=\frac{1}{\kappa}\sqrt{\frac{\tau}{\rho}}\ln Z+C \tag{16.2.20}$$

式(16.2.20)说明 u 是 Z 的对数函数。设 $\bar{u}$=0 的高度为 Z_0，代入式(16.2.20)，可确定 C。

$$C=\frac{1}{\kappa}\sqrt{\frac{\tau}{\rho}}\ln\frac{1}{Z_0} \tag{16.2.21}$$

式(16.2.21)带入式(16.2.20)，得：

$$\overline{u}=\frac{1}{\kappa}\sqrt{\frac{\tau}{\rho}}\ln\frac{Z}{Z_0} \tag{16.2.22}$$

式(16.2.22)叫做风速分布的对数法则，是近地气层中最基本的关系式。式中 Z_0 为粗糙度，自然下垫面总是粗糙不平的。由于粗糙下垫面的影响，风速为 0 的高度不在下垫面上，而是在高度 Z_0 处。下垫面越粗糙，Z_0 愈高。所以，Z_0 表示粗糙度，不管是从理论上，还是从经验上都能证明，中性层结中风速分布是适用对数法则的。它说明在中性层结下，近地气层中风速随高度呈对数增加。在以 u 为横坐标，$\ln Z$ 为纵坐标的半对数坐标系中，它为一直线(如图 16.1)。

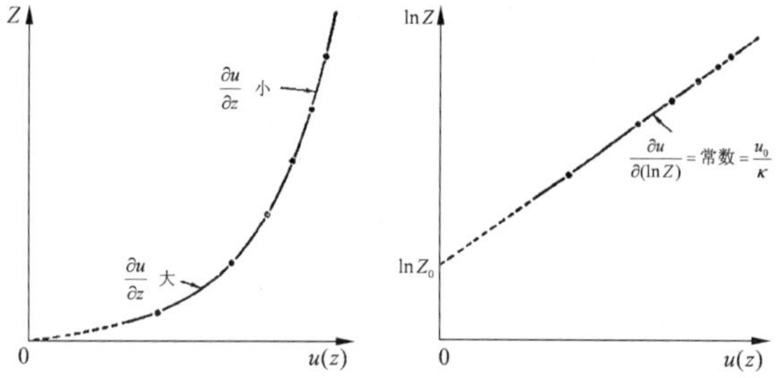

图 16.1　开阔平坦场地上的典型风速廓线(贺庆棠,2001)

(a)按高度 Z 的线形坐标绘制　(b)按 Z 的对数绘制

若近地层内 $\bar{u}_1$ 为 Z=Z_1 高度的风速，$\bar{u}_2$ 为 Z=Z_2 高处的风速，根据(16.2.22)式

$$\overline{u}_1=\frac{u_*}{\kappa}\ln\frac{Z_1}{Z_0}$$

$$\overline{u}_2=\frac{u_*}{\kappa}\ln\frac{Z_2}{Z_0}$$

两式相比，可以得到：

$$\overline{u}_2=\overline{u}_1\left(\ln\frac{Z_2}{Z_0}\Big/\ln\frac{Z_1}{Z_0}\right) \tag{16.2.23}$$

根据式(16.2.23)，已知 $\bar{u}_1$ 和 Z_0，即可计算出 $\bar{u}_2$，反之测得 $\bar{u}_1$ 和 $\bar{u}_2$。可由式(16.2.23)确定 Z_0。

对数风廓线参数 Z_0 和 u_* 的确定。为确定各参数，必须在中性条件下至少有 3 个高度以上的风速实测值。将实测的风速值点在横坐标为风速 $\bar{u}$，纵坐标为 ln Z 的半对数坐标系上，绘出风廓线。廓线外延与纵坐标的交点，即廓线在纵轴上的截距，该截距就是粗糙度 Z_0。廓线的斜率为 u_*/κ。由下式可求得 u_*：

$$u_* = \kappa u / \ln(Z/Z_0) \tag{16.2.24}$$

在地面边界层的研究中，常用摩擦系数 C_D 表示表面摩擦状况，C_D 也称阻抗系数。地面越粗糙，C_D 越大；地形越高，越破碎，C_D 也越大。C_D 可由下式表示：

$$C_D = \frac{\tau_0}{\rho \bar{u}^2} = \left(\frac{u_*}{u}\right)^2 \tag{16.2.25}$$

式中，$\bar{u}$ 为某一测量方便的高度上的风速，由气压和气温计算出 ρ 后、可由廓线求得切应力 $\tau_0(\tau_0=\rho u_*^2)$，则由式(16.2.25)可求得 C_D。

为了绘制风廓线，应精确测定不同高度的风速，并选择中性层结的时间里进行观测。观测高度应选择以对数增加约若干高度为宜(贺庆棠，2001)。

16.2.5 非中性稳定时的风廓线

中性稳定在正常天气条件下，仅在有限时间出现，如黎明和黄昏前后。当出现非中性情况时，风廓线的斜率就远离典型对数廓线而出现凹凸的廓线。在不稳定条件下，风廓线的凹面向上；而稳定条件下，凹面向下，如图 16.2。

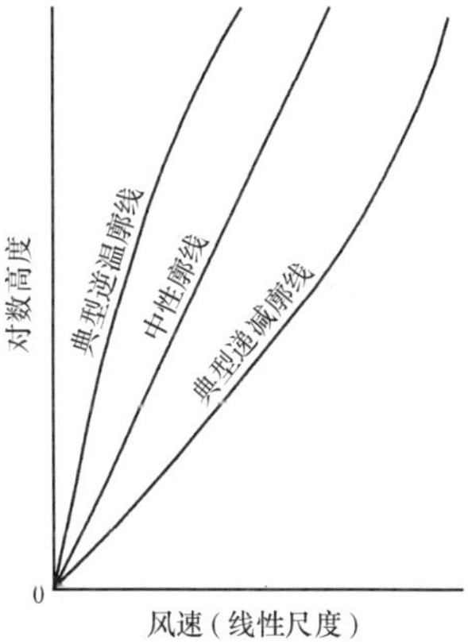

图 16.2　作为大气稳定度函数的风速廓线形状

在非中性条件下，混合长 l 随高度呈指数规律变化。即：

$$l = l_1 Z^P \tag{16.2.26}$$

式中，l_1 为 Z=1 时的混合长；P 为与稳定度有关的参数，是不等于 1 的常数。

因为

$$u_* = l\left(\frac{\partial u}{\partial Z}\right)$$

将(16.2.26)式代入上式,并取边界条件 $Z=0$ 处 $\bar{u}=0$,得到：

$$\bar{u} = \frac{u_*}{l_1(1-P)} Z^{1-P} \tag{16.2.27}$$

因为风速是随高度增加的，所以 $P<1$，又因为混合长也随高度增加，所以 $0<P<1$。设 $Z=Z_1$ 处 $\bar{u}=\bar{u}_1$ 由式(16.2.27)，得：

$$\bar{u} = \frac{u_*}{l_1(1-P)} Z^{1-P}，\quad \bar{u}_1 = \frac{u_*}{l_1(1-P)} Z_1^{1-P}$$

两式相比，得：

$$\bar{u} = \bar{u}_1 \left(\frac{Z}{Z_1}\right)^{1-P} \tag{16.2.28}$$

式中，1−P≥0，令 1−P=n，n 为稳定度参数。

气层越稳定，上下层风速差别越大，n 值也越大。一般 n 介于 0.15~0.55。实用中 $\bar{u}_1$ 一般取 10 m 高处的风速。

式(16.2.28)即近地层非中性层结下，风速随高度变化的指数定律。在半对数坐标系中，稳定层结时风廓线呈上凸形，不稳定层结呈下凹形。这是因为不稳定层结有利于湍流交换，使得风速趋于均匀化，以致风速切变较小。

§16.3 冠层流模型

16.3.1 一阶闭合模式

冠层动量守恒方程(16.2.22)中，有两个未知数 τ 和 $\bar{u}$，需要再引进一个方程才能使方程闭合。通常假定动量通量和平均风速梯度存在如下关系：

$$\tau = \rho K \frac{\mathrm{d}u}{\mathrm{d}z} \tag{16.3.1}$$

式中，K 为冠层内动量湍流扩散系数。方程(16.2.22)重写如下：

$$\frac{\partial \tau}{\partial z} = \rho C_d L(z) u^2 \tag{16.3.2}$$

式中，$L(z)$为叶面积密度。式(16.3.1)和式(16.3.2)构成所谓的冠层流一阶闭合模型。一阶闭合模型的关键是确定湍流交换系数 K。K 的计算方法归纳起来有如下三种：

假定冠层内 K 廓线与 u 廓线相似，即

$$K = \delta u \tag{16.3.3}$$

式中，δ 为比例系数。

假定冠层内湍流交换系数为常数且等于冠层顶部高度 H 上的值，即

$$K = K_H \tag{16.3.4}$$

式中，K_H 为 z=H 处的湍流交换系数。在针叶林冠层的上部，这一假定具有一定的代表性。

引入混合长度 l，假定

$$K = l^2 \frac{\mathrm{d}u}{\mathrm{d}z} \tag{16.3.5}$$

冠层中湍涡的混合长度可用叶间或茎间平均距离表示，如对于宽度为 w 的正方形叶片，单位体积中的叶子数目可用 $L_0 w^2$ 表示，则叶间平均距离为：

$$l = 2\left(\frac{3\omega^2}{4\pi L(z)}\right)^{1/3} \tag{16.3.6}$$

对于宽度为 w 的窄而长的叶片，l 即为平均一片叶子所包含的圆柱体直径：

$$l = \left(\frac{4w}{\pi L(z)}\right)^{0.5} \tag{16.3.7}$$

l 还受制于叶片的空间分布，应考虑予以适当修正。在一些模型中，混合长度 l 还表示为：

$$l = \frac{k^3}{C_d L(z)} \tag{16.3.8}$$

并且要满足下列限制条件：

$$l \leqslant \kappa z,\quad \frac{\mathrm{d}l}{\mathrm{d}z} \leqslant \kappa \tag{16.3.9}$$

式中，κ 为 Karman 常数($\kappa \equiv 0.4$)。

在叶面积密度随高度均匀分布且曳力系数 C_d 为常数的条件下，一阶闭合模式所描述的风速廓线可解析求出，列出如下：

当 $K=\delta u$ 时，

$$u = u_H \left[\frac{\mathrm{sh}(k_1 x)}{\mathrm{sh}(k_1)}\right]^{0.5} \tag{16.3.10}$$

此解满足边界条件：$z=H,\ u=u_H,\ z=0,\ u=0$。

$$u = u_H \left[\frac{\mathrm{ch}(k_1 x)}{\mathrm{ch}(k_1)}\right]^{0.5} \tag{16.3.11}$$

此解满足边界条件 $z=H,\ u=u_H,\ z=0,\ \partial u/\partial z=0$。式(16.3.10)和式(16.3.11)中

$$x = \frac{z}{H} \tag{16.3.12}$$

$$k_1 = \left(\frac{2C_d \cdot L_0 \cdot H}{\delta}\right)^{0.5} \tag{16.3.13}$$

$$L_0 = \int_0^H L(z)\,\mathrm{d}z \tag{16.3.14}$$

当 $K=K_H$ 时，

$$u = u_H\left[1 + k_2(1-x)\right]^{-2} \tag{16.3.15}$$

此解满足边界条件 $z=H$，$u=u_H$。

$$k_2 = \left(\frac{H \cdot C_d \cdot L_0 \cdot u_H}{6K_H}\right)^{0.5} \tag{16.3.16}$$

当 $K=l^2\,(\mathrm{d}u/\mathrm{d}z)$ (设 l 为常数)时，

$$u = u_H \exp\left[k_3(x-1)\right] \tag{16.3.17}$$

此解满足边界条件 $z=H$，$u=u_H$。式中

$$k_3 = \left(\frac{1}{2}C_d \cdot L_0 \cdot H^2 l^{-2}\right)^{\frac{1}{3}} \tag{16.3.18}$$

在实际应用中，通常把上述式中的 k_1，k_2 和 k_3 看作是经验参数，对于许多冠层，k_3 在 2~3 之间。尽管在导出方程(16.3.10)、(16.3.11)、(16.3.15)和方程(16.3.17)时，对 K 所作的假定很不相同，但它们所给出的风速廓线都很相似。

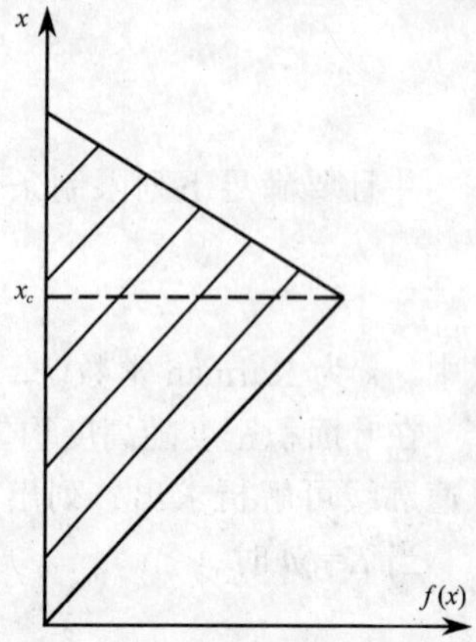

图 16.3　三角形叶面积密度分布图

对于叶面积密度随高度非均匀分布的情况，一阶闭合模型通常只能用数值方法求解。但绝大部分植物冠层的叶面积密度可用三角形分布逼近(如图 16.3 所示)。因而研究三角形叶面积密度分布冠层的风廓线解具有实际意义。图 16.3 所示的三角形叶面积密度分布可用以下函数表示：

$$f(x)=\begin{cases}\dfrac{x}{x_c} & 0\leqslant x\leqslant x_c\\[2ex] \dfrac{1-x}{1-x_c} & x_c<x\leqslant 1\end{cases}\tag{16.3.19}$$

式中，$f(z)$为归一化的叶面积分布函数，由叶面积密度分布函数除以最大叶面积密度面得；$x=z/H$；x_c 是最大叶面积密度所在高度。

由(16.3.19)式可得冠层叶面积为：

$$L_0=H\int_0^1 L_{\max} f(x)\,dx=H\mu L_{\max}\tag{16.3.20}$$

式中，$L_{\max}$ 为最大叶面积密度，$\mu=\int_0^1 f(x)\,\mathrm{d}x$。

因而冠层流一阶闭合模型可改写为：

$$\frac{\mathrm{d}^2 y}{\mathrm{d}x^2}=\beta_0^2 f(x)y\tag{16.3.21}$$

式中，

$$y=u^2/u_H^2,\quad \beta_0=\left(\frac{2C_d\cdot L_0\cdot H}{\delta\mu}\right)^{0.5}$$

在 $0\leqslant x\leqslant x_c$ 区间内，方程(16.3.21)的解为：

$$y=a_1y_1(\beta,x)+a_2y_2(\beta,x)\tag{16.3.22}$$

式中，a_1 和 a_2 为待定系数，$\beta=\beta_0^2/x_c$，函数 $y_1(\beta, x)$和 $y_2(\beta, x)$可用级数表达如下：

$$y_1(\beta,x)=1+\frac{\beta}{3\cdot 2}x^3+\frac{\beta^2}{6\cdot 5\cdot 3\cdot 2}x^6+\cdots+b_nx^n+\cdots\tag{16.3.23}$$

$$y_2(\beta,x)=1+\frac{\beta}{4\cdot 3}x^4+\frac{\beta^2}{7\cdot 6\cdot 4\cdot 3}x^7+\cdots+d_nx^n+\cdots\tag{16.3.24}$$

其中

$$b_n=\frac{\beta}{n(n-1)}b_{n-3},\quad n=9,12,15,\cdots$$

$$d_n=\frac{\beta}{n(n-1)}d_{n-3},\quad n=10,13,16,\cdots$$

在 $x_c<x\leqslant 1$ 区间内，方程(16.3.21)的解为

$$y=a_3y_3(\gamma,x)+a_4y_4(\gamma,x) \tag{16.3.25}$$

式中，a_3 和 a_4 为待定系数，$\gamma=\beta_0^2/(1-x_c)$，函数 $y_3(\gamma, x)$和 $y_4(\gamma, x)$可用级数表达如下：

$$y_3(\gamma,x)=1+\frac{\gamma}{3\cdot 2}(1-x)^3+\frac{\gamma^2}{6\cdot 5\cdot 3\cdot 2}(1-x)^6+\cdots+e_nx^n+\cdots \tag{16.3.26}$$

$$y_4(\gamma,x)=(1-x)+\frac{\gamma}{4\cdot 3}(1-x)^4+\frac{\gamma^2}{7\cdot 6\cdot 4\cdot 3}(1-x)^7+\cdots+f_nx^n+\cdots \tag{16.3.27}$$

其中

$$e_n=\frac{\gamma}{n(n-1)}e_{n-3},\quad n=9,12,15,\cdots$$

$$f_n=\frac{\gamma}{n(n-1)}f_{n-3},\quad n=10,13,16,\cdots$$

如果上、下边界条件取为 x=1，$u=u_H$，即 y=1

$$x=0,\frac{\partial u}{\partial z}=0\text{ 即 }\frac{\mathrm{d}y}{\mathrm{d}x}=0 \tag{16.3.28}$$

且在 $x=x_c$ 处解函数及其导数连续即

$$y\big|_{x_c^+}=y\big|_{x_c^-},\quad \left.\frac{\mathrm{d}y}{\mathrm{d}x}\right|_{x_c^+}=\left.\frac{\mathrm{d}y}{\mathrm{d}x}\right|_{x_c^-} \tag{16.3.29}$$

则可获得方程的定解为：

$$y=\begin{cases}a_1y_1 & 0\leqslant x\leqslant x_c\\ y_3+a_4y_4 & x_c<x\leqslant 1\end{cases} \tag{16.3.30}$$

式中

$$a_4=\frac{A\cdot E-B\cdot D}{C\cdot D-A\cdot F},\quad a_1=\frac{B+a_4C}{A}$$

$$A=y_1(\beta,x_c)\quad B=y_3(\gamma,x_c)\quad C=y_4(\gamma,x_c)$$

$$D=\left.\frac{dy_1}{dx}\right|_{x=x_c}\quad E=\left.\frac{dy_3}{dx}\right|_{x=x_c}\quad F=\left.\frac{dy_4}{dx}\right|_{x=x_c}$$

在一阶闭合模型中，用三角形叶面积密度分布逼近实际叶面积密度分布所得风廓线优于均匀叶面积密度分布的风廓线(黄洪峰，1997)。

16.3.2 冠层-大气耦合的一阶闭合模式

冠层-大气耦合风模式的目的是推断冠层上方某一高度 Z 以下的风速分布。此问题中，Z_r 高度上的风速 u_r、冠层高度 H、冠层叶面积密度分布 $f(z)$以及叶片阻力系数等都假定是已知的。Z_r 以下气层可粗略地分为三个部分，如图 16.4 所示。这里暂且假定 $Z_r>Z_m$，Z_m 是粗糙亚层顶部高度(黄洪峰，1997)。

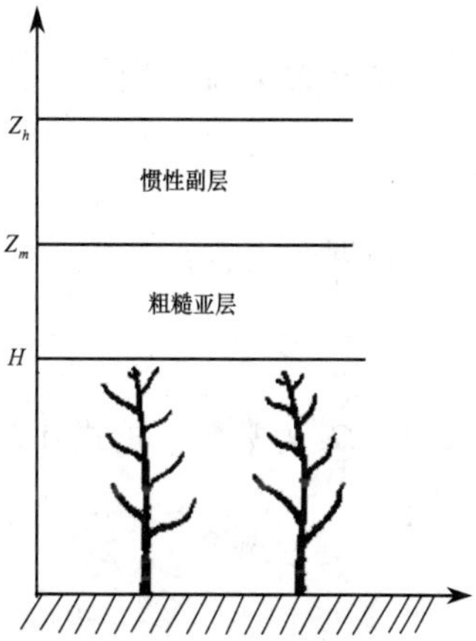

图 16.4 冠层上方边界层结构

在惯性层内($Z_m \leqslant z \leqslant Z_r$)，中性条件下的风速分布满足对数律：

$$u(z)=\frac{u_*}{k}\ln\left(\frac{z-\mathrm{d}}{Z_0}\right) \tag{16.3.31}$$

在粗糙亚层内($H \leqslant z \leqslant Z_m$)，风速分布可采用以下公式描述：

$$u(z)=u(Z_m)-\frac{u_*}{k}\left(1-\frac{z-\mathrm{d}}{Z_m-\mathrm{d}}\right) \tag{16.3.32}$$

在冠层内($0 \leqslant z \leqslant H$)，风速分布可由前述各种模式描述。例如，由式(16.3.11)有：

$$u(z)=u_H\left(\frac{\mathrm{ch}\,\beta x}{\mathrm{ch}\,\beta}\right)^{0.5} \tag{16.3.33}$$

式中

$$\beta=\left(\frac{2C_d\cdot L_0}{\delta}\right)^{0.5} \tag{16.3.34}$$

式(16.3.34)中的 δ 应该是(16.3.33)中δ的 H 分之一。在(16.3.31)、(16.3.32)和(16.3.33)所构成的风速模式中，有 $\delta, \beta, d, Z_0, u_*$和 u_H 等参量。为求解这些参量，需要再引进一些条件。

零平面位移高度由 $d=\dfrac{\int_0^H a(z)u^2(z)C_d(u(z))z\,\mathrm{d}z}{\int_0^H a(z)u^2(z)C_d(u(z))\,\mathrm{d}z}$计算，在叶面积密度均匀分布条件下有

$$d=\frac{\int_0^H u^2 z\,\mathrm{d}z}{\int_0^H u^2\,\mathrm{d}z} \tag{16.3.35}$$

把式(16.3.33)代入式(16.3.35)，运算后得：

$$\frac{\mathrm{d}}{H}=\frac{\beta\,\mathrm{sh}\,\beta-\mathrm{ch}\,\beta+1}{\beta\,\mathrm{sh}\,\beta} \tag{16.3.36}$$

在 $z=H$ 处湍流交换系数连续条件：

$$K\big|_{z=H^+}=K\big|_{z=H^-} \tag{16.3.37}$$

根据假定有：

$$K\big|_{z=H^+}=G_3ku_*(z-d) \tag{16.3.38}$$

式中，G_3 为常数。把式(16.3.38)和式(16.3.3)代入式(16.3.37)得：

$$\delta=\frac{G_3ku_*(1-d/H)}{u_H} \tag{16.3.39}$$

在 $z=H$ 处切应力连续条件：

$$\left.\frac{\tau}{\rho}\right|_{z=H^+}=\left.\frac{\tau}{\rho}\right|_{z=H^-} \tag{16.3.40}$$

在冠层上方，常通量假定仍然成立，因而有：

$$\left.\frac{\tau}{\rho}\right|_{z=H^+}=u_*^2 \tag{16.3.41}$$

在冠层下方，由式(16.3.1)和式(16.3.3)，得：

$$\left.\frac{\tau}{\rho}\right|_{z=H^-}=\frac{\sigma}{2}\frac{\mathrm{d}u^2}{\mathrm{d}z} \tag{16.3.42}$$

把式(16.3.33)代入式(16.3.42)，运算后得：

$$\left.\frac{u_*^2}{u_H^2}\right|_{z=H}=\frac{\delta\beta\,\mathrm{sh}\,\beta}{2\,\mathrm{ch}\,\beta} \tag{16.3.43}$$

假定在 $H\leqslant z\leqslant Z_m$ 湍流交换系数不随高度变化，则有：

$$K|_{z=H}=K|_{z=Z_m} \tag{16.3.44}$$

在 $z=Z_m$ 处，由对数风廓线式式(16.3.31)可知：

$$K|_{z=Z_m}=ku_*\left(Z_m-d\right) \tag{16.3.45}$$

把式(16.3.45)和式(16.3.38)代入式(16.3.44)，运算后得：

$$Z_m=d+G_3\left(H-d\right) \tag{16.3.46}$$

因而，由式(16.3.32)式得：

$$u_H=u\left(Z_m\right)-\frac{u_*}{k}\left(1-\frac{1}{G_3}\right) \tag{16.3.47}$$

由式(16.3.31)有：

$$u\left(Z_m\right)=\frac{u_*}{k}\ln\left(\frac{Z_m-d}{Z_0}\right) \tag{16.3.48}$$

把式(16.3.48)代人式(16.3.47)，并解出 Z_0 如下：

$$Z_0=\left(Z_m-d\right)\exp\left[-\left(\frac{ku_H}{u_*}+1-\frac{1}{G_3}\right)\right] \tag{16.3.49}$$

把式(16.3.34)、式(16.3.32)、式(16.3.39)、式(16.3.43)和式(16.3.49)联合起来，得到求解 $\delta, \beta, d, Z_0, u_*/u_H$ 等参数的方程组如下：

$$\beta = \left(\frac{2C_d \cdot L_0}{\delta} \right)^{0.5} \tag{16.3.50}$$

$$\frac{d}{H} = \frac{\beta \operatorname{sh} \beta - \operatorname{ch} \beta + 1}{\beta \operatorname{sh} \beta} \tag{16.3.51}$$

$$\frac{u_*^2}{u_H^2} = \frac{\delta \beta \operatorname{sh} \beta}{2 \operatorname{ch} \beta} \tag{16.3.52}$$

$$\frac{Z_0}{H} = G_3 \left(1 - \frac{d}{H} \right) \exp \left[- \left(k \frac{u_H}{u_*} + 1 - \frac{1}{G_3} \right) \right] \tag{16.3.53}$$

$$\delta = G_3 k \left(\frac{u_*}{u_H} \right) \left(1 - \frac{d}{H} \right) \tag{16.3.54}$$

方程组(16.3.50)~(16.3.54)可用迭代法求解。求解时，先给出 δ 的初值(δ>0)，然后迭代至$|\delta_{n+1} - \delta n|$给定误差限为止。

当使用(16.3.30)式作为冠层风速分布廓线时，导出的参数求解方程组如下：

$$\beta_0 = \left(\frac{2C_d \cdot L_0}{\delta} \right)^{0.5} \tag{16.3.55}$$

$$\beta = \frac{\beta_0^2}{x_c} \tag{16.3.53}$$

$$\gamma = \frac{\beta_0^2}{1 - x_c} \tag{16.3.57}$$

$$\frac{d}{H} = \frac{d_1 + d_2}{d_3 + d_4} \tag{16.3.58}$$

$$d_1 = a_1 \left[\frac{x_c^2}{3} + \frac{\beta}{6 \cdot 3 \cdot 2} x_c^5 + \cdots + a_n x_c^n + \cdots \right] \qquad a_n = \frac{\beta}{(n+1)(n-2)(n-3)} a_{n-3}, \quad n = 8, 11, 14, \cdots$$

$$d_2 = -\left\{ \left[\frac{(1 - x_c)^2}{2} + \frac{\gamma}{6 \cdot 3 \cdot 2} (1 - x_c)^5 + \cdots + b_n (1 - x_c)^n + \cdots \right] \right.$$
$$\left. + a_4 \left[\frac{(1 - x_c)^3}{4} + \frac{\gamma}{7 \cdot 4 \cdot 3} (1 - x_c)^b + C_n (1 - x_c)^n + \cdots \right] \right\} + d_4$$

$$b_n = \frac{\gamma}{(n+1)(n-2)(n-3)} b_{n-3}, \quad n = 8, 11, 14, \cdots \quad C_n = \frac{\gamma}{(n+1)(n-2)(n-3)} C_{n-3}, \quad n = 9, 12, 15, \cdots$$

$$d_3 = a_1 \left[\frac{x_c}{2} + \frac{\beta}{5 \cdot 3 \cdot 2} x_c^4 + \cdots + e_n x_c^n + \cdots \right] \qquad e_n = \frac{\gamma}{(n+1)(n-2)(n-3)} e_{n-3}, \quad n = 7, 10, 13, \cdots$$

$$d_4=\left[\frac{(1-x_c)}{2}+\frac{\gamma}{5\cdot3\cdot2}x_c^4+\cdots+f_n(1-x_c)^n+\cdots\right]+a_4\left[\frac{(1-x_c)^2}{3}+\frac{\gamma}{6\cdot4\cdot3}(1-x_c)^6+g_n(1-x_c)^n+\cdots\right]$$

$$f_n=\frac{\gamma}{(n+1)(n-2)(n-3)}f_{n-3},\quad n=7,10,13,\cdots\quad g_n=\frac{\gamma}{n(n-2)(n-3)}g_{n-3},\quad n=9,12,15,\cdots$$

$$\frac{u_*^2}{u_H^2}=\frac{a_4\delta}{2} \tag{16.3.59}$$

$$\frac{Z_0}{H}=\lambda\left(1-\frac{d}{H}\right)\exp\left(-\frac{ku_H}{u_*}\right) \tag{16.3.60}$$

$$\lambda=G_3\exp\left[-\left(1-\frac{1}{G_3}\right)\right]\quad \delta=G_3k\left(\frac{u_*}{u_H}\right)\left(1-\frac{d}{H}\right) \tag{16.3.61}$$

方程组(16.3.55)~(16.3.60)可用迭代法求解，获得结果。

16.3.3　二阶闭合模式

一阶闭合模式的缺点之一是不能描述逆梯度输送现象，如一些冠层下部存在风速次大值，在这一次大值附近风速梯度为零或负值，但观测到的动量通量是向下输送的，来源于分子扩散理论的一阶闭合模式实际上仅适用于均匀微小湍涡造成的输送过程。在实际大气中，这一条件经常是不能满足的，而冠层流的情况则更为特殊。观测表明，在接近冠层或冠层内，湍流输送至少有一部分是以大尺度湍涡间歇下扫造成的。一阶闭合模式不能反映这种过程。另外，在梯度-扩散理论中，湍流交换系数是以量纲分析为基础推求的，但在冠层内，支配冠层流的长度尺度和速度尺度只有多重性，量纲分析难以应用。这也是一阶闭合模式不能令人满意的原因之一(黄洪峰，1997；刘树华，2004)。

通常应用二阶矩模式来描述植被冠层内的流场，该模式是由较简单的一阶矩模式导出的。由 Navier-Stokes 方程可得到与植被冠层环境有关的平均运动方程式，即湍流的一阶矩模式：

$$\frac{\partial\overline{u}_i}{\partial t}+\overline{u}_i\frac{\partial\overline{u}_i}{\partial x_j}+\frac{\partial\overline{u_i'u_j'}}{\partial x_j}=-\frac{\partial}{\partial x_i}\left(\frac{\overline{p}}{\rho_0}\right)-\frac{\partial}{\partial x_i}\left(\frac{\overline{p'}}{\rho_0}\right)+\frac{g\overline{\theta}}{T_0}\delta_{i3}+v_0\frac{\partial^2\overline{u}_i}{\partial x_j\partial x_j}+v_0\frac{\partial^2\overline{u_i'}}{\partial x_j\partial x_j} \tag{16.3.62}$$

式中，u_i 和 u_j(i, j=1,2,3)为三维分速分量；θ 为大气位温；T 为大气绝对温度；v_0 为空气运动黏滞系数；δ_{i3} 为一参数，当 i=3 时，δ_{i3}=1，否则 δ_{i3}=0；各变量上方的横线和撇分别表示对时间(t)取平均值和相对于平均值的脉动量。

在粗糙层内方程式(16.3.62)右边的第二项 $-\partial\overline{P'}/\partial x_i$ 和第五项 $v_0\partial^2\overline{u_i'}/(\partial x_j\partial x_j)$ 不能像常规处理一样取为零。在每一植株个体周围，气体静压场的变化是剧烈的，这样 P' 就不可能是空间的连续函数，因而 P' 的空间微分和时间平均的运算过程就不再具有交换性，即 $\partial\overline{P'}/\partial x_i\neq\partial P'/\partial x=0$。同样，在植株周围风速脉动的梯度 $\partial u'/\partial x$ 也不是空间的连续函数，这样它的微分的时间平均也就不等于零。以往的工作常局限于在式(16.3.62)中求算 $\overline{u_i'u_i'}$，即湍流运动方程中的惯性切应力 $\rho\overline{u_i'u_i'}$，但它的准确计算受到了方程中许多未知量的限制。以下的二阶矩模式更全面地考虑了植被冠层中湍流交换各物理过程。

应用平均运动方程式(16.3.62)和动量方程可得如下风速脉动方程：

$$\frac{\partial u'}{\partial t}+\left(\overline{u}_j\frac{\partial u_i'}{\partial x_j}+u_j'\frac{\partial\overline{u_i}}{\partial x_j}+u_j'\frac{\partial\overline{u_j'}}{\partial x_j}-\overline{u_j'\frac{\partial\overline{u_j'}}{\partial x_j}}\right)=-\frac{\partial}{\partial x_i}\left(\frac{p'}{\rho_0}\right)+\frac{g}{T_0}\theta'+v_0\frac{\partial^2 u_i'}{\partial {x_j}^2} \tag{16.3.63}$$

将式(16.3.62)两边乘脉动项 u_k 得一个新方程，再对换该新方程中的下标 i 和 k 得另一个新方程，把这两个新方程相加，并整理可得如下二阶矩方程，即湍流动能和雷诺应力守恒方程式：

$$\begin{aligned}\frac{\partial\overline{u_i'u_k'}}{\partial t}+\overline{u}_j\frac{\partial\overline{u_i'u_k'}}{\partial x_j}=&-\left(u_k'u_j'\frac{\partial\overline{u}_i}{\partial x_j}+\overline{u_i'u_j'}\frac{\partial\overline{u}_k}{\partial x_j}\right)-\frac{\partial}{\partial x_j}\left(\overline{u_i'u_j'u_k'}\right)\\&-\left[\frac{\partial}{\partial x_i}\left(\frac{\overline{p'u_k'}}{\rho_0}\right)+\frac{\partial}{\partial x_k}\left(\frac{\overline{p'u_i'}}{\rho_0}\right)\right]+\left[\overline{u}_k\frac{\partial}{\partial x_i}\left(\frac{\overline{p'}}{\rho_0}\right)+\overline{u}_i\frac{\partial}{\partial x_k}\left(\frac{\overline{p'}}{\rho_0}\right)\right]\\&+\overline{\left(\frac{p'}{\rho_0}\right)\left[\frac{\partial u_k'}{\partial x_i}+\frac{\partial u_i'}{\partial x_k}\right]}+\frac{g}{T_0}\left(\overline{\theta'u_i'}\delta_{k3}+\overline{\theta'u_k'}\delta_{i3}\right)+v_0\frac{\partial^2\overline{u_i'u_k'}}{\partial x_j\partial x_j}-2v_0\overline{\frac{\partial u_i'}{\partial x_j}\cdot\frac{\partial u_k'}{\partial x_j}}\end{aligned} \tag{16.3.64}$$

式中，下标 k 为三维流场中流体变化除 i, j 外的另外一个自由度(k=1,2,3)，其余各变量意义与式(16.3.62)相同。式(16.3.64)左边为某一空间元内湍流动能($i=k$)或雷诺应力($i\neq k$)的时间变化和局地变化。右边各项表示它们的产生、扩散或耗散等机制，第一项代表由于风速脉动场和平均场相互作用而产生的新的动能或应力；第二项为湍流动能或应力的扩散；第三项为气压脉动的扩散；第四项为植株尾流产生项；第五项为由于流体的各向同性趋势所引起的湍流能量在各分量之间的重新分布；第六项为由于温度脉动和风速脉动的相互作用所引起的动能或应力的增减，在中性大气层结时可忽略不计；第七项为由于分子黏滞性所产生的动能应力的扩散，通常忽略不计；第八项为动能的热耗散。

16.3.4　二阶闭合模式的参数化处理

二阶矩模式包含了三阶矩 $u_i'\overline{u_k'u_i'}$。这一高阶矩描述了风速脉动 u_k' 对能量和应力 $\overline{u_j'u_j'}$ 的扩散的作用，这与局地扩散理论所假设的动量传输与平均场的关系形成了鲜明的对比(刘树华，2004；黄洪峰，1997)。该三阶矩可以做如下参数化处理：

$$\overline{u_j'u_j'u_k'}=q\lambda_1\left[\frac{\partial\overline{u_i'u_k'}}{\partial x_j}+\frac{\overline{u_k'u_j'}}{\partial x_j}+\frac{\partial\overline{u_i'u_j'}}{\partial x_k}\right] \tag{16.3.65}$$

式中，湍流速度 $q=\overline{(u_i'u_i')^{1/2}}$；$\lambda_1$ 为涡流空间尺度，选择适当的 λ_1 就可以解决系统中大涡旋的影响问题。

在粗糙层内，由于植株曳力所产生的压力和风速脉动在空间的分布是不均匀的，这样方程式(16.3.64)中的第五项所表达的由于流体的各向同性所引起的动能在风速各分量之间的再分配就有重要意义，不能按常规方法取为零，可做如下处理：

$$\left(\frac{p'}{\rho_0}\right)\cdot\left[\overline{\frac{\partial u_k'}{\partial x_i}}+\overline{\frac{\partial u_i'}{\partial x_k}}\right]=\frac{q}{3\lambda_2}\left(\overline{u_i'u_k'}-\delta_{ik}\frac{q^2}{3}\right)+Cq^2\left[\frac{\partial\overline{u}_i}{\partial x_k}+\frac{\partial\overline{u}_k}{\partial x_i}\right] \tag{16.3.66}$$

式中，λ_2为另一空间尺度；C为常数。

由于植株尾流中的涡流尺度很小，热耗散的作用也不可忽略，如果风速切变和植株曳力所产生的动能有相同的热耗散率，那么式(16.3.64)的第八项可简化为：

$$-2v_0\overline{\frac{\partial u_i'}{\partial x_i}\cdot\frac{\partial u_k'}{\partial x_j}}=-\frac{2q^3}{3\lambda^3}\delta_{ik} \tag{16.3.67}$$

式中，λ^3为热耗散的涡流尺度；δ_{ik}为一参数，当 $i\neq k$ 时，$\delta_{ik}=0$。

16.3.5　高阶闭合模式

闭合模式是多变量多方程的一类模式。由于流场内各变量之间存在着相互联系、相互制约、相互作用等关系，闭合模式是有力的研究手段(刘树华，2004；黄洪峰，1997)。

为更简便地描述植被冠层的垂直湍流交换，各物理量在水平方向上的变化必须消除。如果我们取空间平均的尺度足够大，使得由于植株间的距离以及大涡旋所产生的水平非均匀性得到消除，那么方程式(16.3.64)左边代表局地和时间变化的两项可取为零；方程右边第三项和第七项可忽略；如果我们限制在中性大气层结的情况下，那么第六项也可消除。

对于垂直方向的传输 j=3，按气象学常规，令 $x_3=z$, $u_1=u$, $u_2=v$, $u_3=w$。其中 u, v 和 w 分别为径向、横向和垂直方向上的风速分量。由简化后的方程式(16.3.64)，我们可以得到当 i=1，k=3 时的雷诺应力的表达式为：

$$-\overline{w}^2\frac{\mathrm{d}\overline{u}}{\mathrm{d}z}+2\frac{\mathrm{d}}{\mathrm{d}z}\left(q\lambda_1\frac{\mathrm{d}\overline{u'w'}}{\mathrm{d}z}\right)-\frac{q}{3\lambda_2}u'w'+Cq^2\frac{\mathrm{d}\overline{u}}{\mathrm{d}z}=0 \tag{16.3.68}$$

当 i=1，k=1 时的径向湍流动能表达式为：

$$-2\overline{u'w'}\frac{\mathrm{d}\overline{u}}{\mathrm{d}z}+2\frac{\mathrm{d}}{\mathrm{d}z}\left(q\lambda_1\frac{\mathrm{d}\overline{u'^2}}{\mathrm{d}z}\right)+2C_dA\overline{u^3}-\frac{q}{3\lambda_2}(u_2'-\frac{q_2}{3})-\frac{2}{3}\cdot\frac{q_3}{\lambda_3}=0 \tag{16.3.69}$$

当 i=2，k=2 时的横向湍流动能表达式为：

$$\frac{\mathrm{d}}{\mathrm{d}z}\left(q\lambda_1\frac{dv'^2}{dz}\right)-\frac{q}{3\lambda_2}(\overline{v'^2}-\frac{q_2}{3})-\frac{2}{3}\cdot\frac{q_3}{\lambda_3}=0 \tag{16.3.70}$$

当 i=3，k=3 时的垂直湍流动能表达式为：

$$3\frac{\mathrm{d}}{\mathrm{d}z}\left(q\lambda_1\frac{\mathrm{d}\overline{w'^2}}{\mathrm{d}z}\right)-\frac{q}{3\lambda_2}(w'^2-\frac{q_2}{3})-\frac{2}{3}\cdot\frac{q_3}{\lambda_3}=0 \tag{16.3.71}$$

对于一阶矩模式，也可以通过与二阶矩模式相同的简化方法得到如下方程：

$$\frac{\partial \overline{u_i' u_j'}}{\partial x_j} = -\frac{\partial}{\partial x_i}\left(\frac{p'}{\rho_0}\right) \tag{16.3.72}$$

由于植株所吸收的大部分动量，是通过摆动重新释放到周围流动空气中去的，这些摆动形成了气压脉动的空间变化，故有

$$\frac{\partial}{\partial x_i}\left(\frac{p'}{\rho_0}\right) = C_d A \overline{u_i^2} \tag{16.3.73}$$

综合方程(16.3.72)和方程(16.3.73)，并令 i=1，则得

$$\frac{\mathrm{d}\overline{u'w'}}{\mathrm{d}z} + C_d A \overline{u_1^2} = 0 \tag{16.3.74}$$

由方程(16.3.68)~(16.3.71)与方程(16.3.74)就构成了由 5 个方程和 5 个变量($\overline{u}$, $\overline{u'w'}$, $\overline{u'^2}$, $\overline{v'^2}$, $\overline{w'^2}$)的二阶矩闭合模式。

第十七章　植被冠层截流的水文过程

§17.1　冠层对降水的截流

大气降水进入植物生态系统，第一个做出反应的就是植被冠层，降落到冠层上的降水在向地面下移的过程中被重新分配，分配过程的每个环节都伴随着液态水的损失和气态水的生成与发散。液态水的损失量直接取决于降水量的大小、强度和频度，同时也取决于植被冠层的蓄水能力和变干的速度，间接地受气候、植被类型、植被密度以及生长期的影响。一般情况下，作物对降雨的截留效应较小，而森林对降雨的截留效应比较显著，一直是森林水文生态学研究的重点。国际上对此开展了大量研究，然而各种结果仍然并不理想，冠层截留的精确计算问题依然是困扰生态系统在水循环中的作用难点(Shuguang Liu，2001；M. Hashino et al., 2002；S. R.Herwitz et al.,1995；Scott R et al.,1995；Hölscher D L et al.,2004；Price A G et al.,1997； W. M. Putuhena et al., 2000)。

植物冠层对降雨具有在数量和时间上重新分配的功能。雨水在下落过程中，很大一部分降水变成水蒸气，增加了植被冠层的大气湿度，会引起一系列生态效应。冠层对降水的截留,可以看作是由固体对于液体的吸附作用，液体对液体的吸附作用以及冠层的蒸发作用而使其由湿变干的过程组成。因此，冠层对降雨的截留过程既不是纯物理过程，也不是一个纯随机过程，而是一个复杂的混合过程(周国逸，1997；黄洪峰，1997)。

17.1.1　冠层截留的界面现象

冠层截留是植物冠层被雨水湿润后又变干的一种现象。因此，这里有必要先提出湿润过程的一些物理学结论。热力学把固体与液体接触后，物系(固体+液体)的自由焓(能)降低的现象称为湿润。湿润过程可分为附着湿润、浸渍湿润和铺展湿润，与冠层截留有关的是铺展湿润(周国逸，1997)。

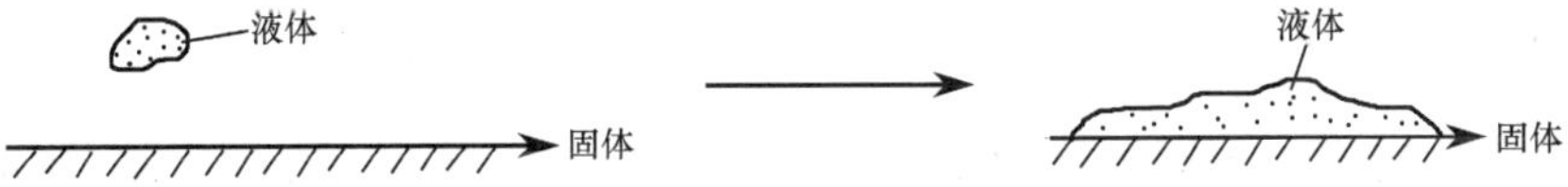

图 17.1　铺展湿润过程示意图(周国逸，1997)

所谓铺展湿润是液滴在固体表面上完全铺开为液膜。由图 17.1 可以看出，这实际上是以固-液界面以及液-气界面代替原来的固-气界面(原来的液滴表面积很小)的过程，当铺展面积为单位值时，自由焓变化为：

$$\Delta G = -\gamma_{固-气} + \gamma_{液-气} + \gamma_{固-液} \tag{17.1.1}$$

式中，γ为形成单位表面所作的功，γ的单位是 J/m^2，为比表面自由焓。

应用附着功和内聚功的概念于上式中，可得到：

$$\Delta G = -\gamma_{液-气} - \gamma_{固-气} + \gamma_{固-液} + 2\gamma_{液-气} = -W_a + W_c \tag{17.1.2}$$

令 $S_{液-固} = -\Delta G$，则，当 $W_a > W_c$，$S_{液-固} > 0$。

设铺展 1cm^2 的液滴表面积为 X cm^2，当 $X \leqslant 1$ 时，则应有：

$$\Delta G = -\gamma_{固-气} + (1-X)\gamma_{液-气} + \gamma_{固-液} \tag{17.1.3}$$

式(17.1.3)可以近似地用式(17.1.1)来代替。

对于如上湿润过程的逆过程则有：

$$\Delta G'' = -(\Delta G) = \gamma_{固-气} - \gamma_{液-气} - \gamma_{固-液} \tag{17.1.4}$$

此时，外界所作的功为：

$$W_a = \Delta G'' \tag{17.1.5}$$

式中，W_a 称之为附着功，它表示将单位截面积的液-固界面拉开产生一个固-气界面和一个液-气界面所作的功，此时液滴的表面积已经很小。很显然，此值愈大，表示固-液界面结合愈牢固。

如将单位截面积的液柱断开，产生两个气-液截面时作的功 W_c 为：

$$W_c = \gamma_{气-液} + \gamma_{气-液} - 0 = 2\gamma_{气-液} \tag{17.1.6}$$

17.1.2　植被冠层截留量

植被截留量 W_{dew} 由叶面水量平衡方程决定，即下式：

$$\frac{\partial W_{dew}}{\partial t} = \sigma_f P + E_{tr} - E_f$$

式中，σ_f 为网格内植被的覆盖率，E_{tr} 为植被散发，E_f 为植被表面的蒸发，P 为大气降水率。

植被散发 E_{tr}: E_{tr} 只发生于干叶面上，且只能向外，其值通过湿叶面的蒸发能力表达，并依赖叶面气孔阻抗 r_s 及边界层空气阻抗 r_{la}。而确定：

$$E_{tr} = L_d \frac{k_a E_f^{\mathrm{WET}}}{r_{la} + r_s}$$

式中，L_d 为干叶面的百分比，由植被类型及季节决定；$r_{la}=1/C_D U_{af}$ 为边界空气对水量、热量传输的阻抗；C_D 为拖曳系数(由大气稳定状态确定)；U_{af} 为冠层内风速，由 C_D 及大气层风速决定；r_s 为叶面气孔阻抗，表示不同环境下植物控制散发的能力，并由植被类型、最小阻抗以及可见光辐射、叶面温度、水气压以及土壤含水量四种环境因子决定；E_f^{WET} 为湿叶面向冠层内空气的蒸发量，即由下式决定：

$$E_f^{\mathrm{WET}} = \sigma_f L_{\mathrm{SAI}} \rho_a r_{la}^{-1} [q_f(T_f) - q_{af}]$$

式中，L_{SAI} 为植被叶茎指数，由植被类型及季节决定；ρ_a 为空气密度；$q_f(T_f)$ 为叶面比湿，由叶面温度界的饱和比湿代替；q_{af} 为冠层内空气的比湿。

植被表面蒸发 E_f:

$$E_f = r'' E_f^{\mathrm{WET}}$$

$$r'' = 1 - \delta\left(E_f^{\mathrm{WET}}\right)\left[1.0 - \tilde{L}_w - L_d\left(\frac{r_{la}}{r_{la} + r_s}\right)\right]$$

式中，$\tilde{L}_w$ 为植被湿叶面蒸发的百分比，由截留及最大截留之比的 2/3 指数定理计算，即：

$$\tilde{L}_w = \left(\frac{W_{dew}}{W_{d\max}}\right)^{2/3}$$

§17.2　植物截留的二次分配和茎干流量

17.2.1　冠层截流的二次分配

降落到森林中的水，受到林冠的阻截，引起降雨的再分配，形成三个分量：林冠截留量、树干茎流和林冠透流。被林冠截留后用于湿润枝叶(包括树干)及蒸发的水量称为林冠截留量；沿枝条、树干流入林地的雨量称为树干茎流；由林冠滴落及直接穿透林冠孔隙落入林地的雨量称为林冠透流。有关降雨经林冠后的分配格局的研究已有上百年的历史，大量的研究说明，降雨经林冠后的分配格局受到许多因子影响，因此不同地区、不同林分、不同环境条件得出的观测结果不同，一般可达 20%。

17.2.2　林冠截留

林冠在这个过程中的作用方式有这样三个方面。第一，林冠使雨水在向林地下落过程中，在数量上、空间上重新进行分配，一部分雨水被暂时容纳，并通过蒸发返回到大气中，称为林冠截留降水(P_i)。林冠截留降水量与大气降水量的百分比称为林冠截留率；一部分穿过林冠空隙直达地表面，或从冠上滴入林地等总称为穿透水(P_t)；还有一部分雨水沿树干流入林地，称为树干茎流(P_s)，树干茎流与穿透水一起统称为林地净降水(P_n)。第二，林冠在这个过程中使雨水下落时所具有的动能发生重新分配，改变和调节了降水动能，从而对林地起着各方面的作用。第三，这个分配过程增加了雨水下落时所需要的时间，使得有很大一部分降水变成了水蒸气，增加了林冠层的大气湿度，而这将引起一系列的生态效应。

林冠截留过程的各个水量关系可以表示如下：

$$P = P_i + P_n \tag{17.2.1}$$

$$P_n = P_s + P_t \tag{17.2.2}$$

$$P_i = P_{dt} + P_{it} \tag{17.2.3}$$

式中，P 为大气降水(mm)；P_i 为林冠截留(mm)；P_n 为净降水(mm)；P_s 为树干茎流(mm)；P_t 为穿透水(mm)；P_{dt} 为直接穿透水(mm)；P_{it} 为间接穿透水(mm)。

直接穿透水是指大气降水在穿过整个林冠到达林地的过程中，完全没有受到林冠枝叶的阻隔直接到达林地；间接穿透水是指大气降水在穿过林冠到达林地的过程中，至少受到过林冠枝叶的一次阻隔。我们假定只要受到枝叶一次阻隔的雨滴，就都认为是从林冠上洒落下来的，因此间接穿透水也可称为冠滴水或冠滴穿透水。

直接穿透水化学和大气降水化学完全一样，其在林地内的分布基本上决定于林冠的枝叶排列。从统计上来说，直接穿透水的大小可由式(17.2.5)来确定，但值得注意的是，大气降水的方向极大的影响着直接穿透水的量。

精确地估计直接穿透水的量，必须从郁闭度的测定入手。我们可以实际测定林冠在各个方向的郁闭度，从而根据风速就可以知道大气降雨的倾斜度，由给定的郁闭度准确地算出直接穿透水量。

间接穿透水在森林生态系统中起着两方面的作用：第一，加速了林冠的养分归还；第二，间接穿透水实际上是林冠调节大气降水动能的一种方式。

直接穿透水和间接穿透水分开测定相当困难，但它们在统计上有一定的数量关系，如设林冠的郁闭度为α则：

$$P_{it}=\alpha P_t \tag{17.2.4}$$

$$P_{dt}=\left(1-\alpha\right)P_t \tag{17.2.5}$$

净降水 P_n是将引发生态系统内一系列水文过程的输入，它的量将支持着大部分蒸散的输出，径流作用的输出，系统贮水量的变化，系统合成有机物所同化的水量。

林冠截留的影响因子：影响林冠截留的因子较多，可分为外因与内因两类。外因包括主要是指气象、地形等因子，如风速、风向、降雨量、降雨强度、空气湿度、地形、坡度等；内因指林分特征，包括冠幅、冠高、叶面积指数，枝条着生角度、林冠湿润程度及树种组成、郁闭度、林龄等。众多因子对林冠截留的共同影响使林冠截留在时间与空间上都具有极大的变异性。

林冠截留机理与过程：林冠截留机理与过程复杂，涉及影响因子众多，研究难度较大，尚未取得系统而精确的研究结论，有关的研究往往与建立林冠截留的理论模型联系在一起，其研究依据为能量、质量平衡理论、边界层微气象学理论及有关的经验模型。此类研究中，以国外有关城市森林林冠截留过程的模拟最为详尽。加利福尼亚大学戴维斯校区的栎树物理三维截留模型，以降雨量及其他气象因子及树木的几何特征为变量，描述每片枝叶的截留过程。该研究可以作为中观尺度上对林冠截留机理与过程的探索，比微观和更为宏观的截留机理研究更有意义。虽然我国边界层理论在研究林冠几何特征及林冠蒸发中已有运用，但与林冠截留的结合并不十分紧密。

在微观层上，周国逸等(1997)对林冠截留机理进行了研究，认为截留实际上是：固体对于液体的吸附作用；林木枝叶上形成了一薄层液体后，液体对于液体的吸附作用；以及林冠巨大的蒸发作用。

在宏观层上，林冠对降雨的截留作用是层层进行的，一般在降雨前，树木枝叶比较干燥，空气湿度的饱和差大，气温也比较高；降雨开始时，被枝叶拦截的降雨几乎全部为枝叶吸附或蒸发，枝叶上溅起的雨沫也几乎为空气吸收，降雨只在无枝叶拦阻的地方穿过，这时雨强的影响是不显著的；降雨初期，林冠阻截的雨水使枝叶湿润，所需水量和速度取决于枝叶在雨前的干燥程度，后者又取决于前期的天气状况和枝叶本身的吸水能力等。随着降雨的继续，枝叶逐渐积聚水分，水层厚薄取决于枝叶表面张力和倾斜情况，而后在叶端、叶缘积聚水滴，当其重力超过表面张力时就开始下滴；而在枝条上的水则开始向下流动。水滴从积聚到下滴的快慢受雨强、风速和雨滴大小的影响。下滴的水由下一层枝叶拦截后直达地面，直至整个林冠湿透而向下滴水出现茎流，以后不再随雨量增大而增加。

17.2.3　林下植被截留

冠层穿透水 P_t 向林地滴落的过程中在遇到林下植被时也会发生同样的截留现象。其过程与林冠截留有完全的相似性，也将产生如上几个类似的分量，并起到类似的 3 个作用，只是作用范围相应地减小。但由于这种截留处于森林深处，其截留规律将与林冠截留有很大不同。

我们通过浸水法测得杉木人工林林下地被物(都为亚热带常绿阔叶林下的地带性植被)的平均蓄水容量为 0.86 mm。目前有关这方面的调查资料少见，这是因为林下植被体积小，无明确的冠形，并且还易于变形，导致可信赖的测定相当困难，同时与林冠截留相比，各方面的重要性也都较低。

测定方法也很不统一，以往有人采用在与普通雨量计同样的圆筒内种植草类，根据圆筒内所测得的雨量与附近雨量计所测得的雨量相比较而得出这些草类的截留。很显然用这种方法测得的所谓林下植被截留难以说明问题，因为栽种的和实际的林下植被丛在冠层结构上是完全不同的。此外，也有人在林下植被下设置小型的受水器，以收集滴落下来的雨水，此方法较为可行，但多半只能实施于林下植被覆盖度较小的地区。此外也有人将割除的杂草，设置于铁丝网上，然后洒以一定量的水，去测定通过的水量，用此方法模拟林下植被的截留过程。

大多数人用浸水法测定，以得到这些植被的蓄水容量。将样本调查区内的杂草全部割除，移植于室内实验室预先做成的不透水盘上，尽量维护其自然状态，而后洒水 1 min，测定洒水前后草体的重量变化，这实际上还是浸水法的一种。但事实上，无论采取哪种方法，皆无法代表实际的林下植被截留。

17.2.4　林地枯落物的截留

大气降水在通过林冠，林下植被层后到达林地，其中一部分附着于落叶层而后蒸发到大气中，此部分水分称为林地枯落物截留(Litter interception)。现场测定这部分“截留”非常困难，通常的方法是选取样本由室内实验来推定。具体是这样的，从林地的一定面积内，在尽量不扰乱结构的情况下采样，置于铁丝网上，予以洒水或浸水，测定此过程前后的重量变化，以此作为凋落物的最大截留量(余新晓等，2004)。

此外，这部分截留量，因凋落物的种类、腐烂及堆积状态、干湿状态、雨量和强度的不同而有变化。特别，由于覆盖于地表面，而与土壤水分状况关系密切，处于一种平衡的过程中，其截留规律将与林冠和林下植被截留的差异很大。

冷杉林下的苔藓、枯枝落叶的持水性研究发现，林下枯落物的水文特性不但取决于其厚度、累积量、组成成分，而且与其分解程度有着密切的关系，如果分解得快，就会变得疏松、多孔、吸水量大。

为了测定林冠下苔藓、枯枝落叶对雨水拦截量，以不破坏枯枝落叶层的原结构为原则，沿着圆面积 500 cm^2 切割苔藓-枯枝落叶层，并把它完整地装入横切面积为 500 cm^2 的铅皮圆筒里(高 10 cm)。该圆筒底用铅丝网制成，下面放有集水器，收集从苔藓、枯枝落叶层的渗水，每天称重观测一次，并测定其渗量，同时观测降雨量，其结果如图 17.1 所示。在一般的情况下，当降雨量小于 5 mm 时，苔藓、枯枝落叶层几乎可以全部吸收降下的雨量；

当降雨量大于 5 mm 时，苔藓、枯枝落叶层下部开始出现渗水，贡献给土壤含水量；当降雨量接近 8 mm 时，苔藓、枯枝落叶层的蓄水量达到最大饱和值，接着开始下降(图 17.2)。

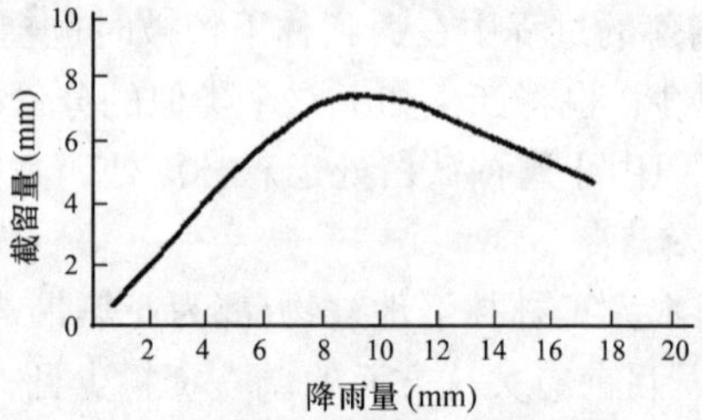

图 17.2　枯枝落叶层对降水的拦截

相比之下，此方法有一定的改进，但把枯枝落叶与土壤分开本身就意味着条件的改变，因为枯枝落叶紧贴于地表，与土壤水分状况紧密相关，这和把它们分开时的情况是完全不同的。

除此以外，死地被物截留的重要性远远超过林下植被截留作用的地方是，它避免了穿透水对地表所形成的直接冲击，有利于保持水土，涵养水源。

枯枝落叶层的持水功能：枯枝落叶层吸收降水的过程与林冠截留相似，可分为对大气降水的截留过程和对地表径流的吸水过程，前者是通过大气降水的削弱而起到减小径流的作用；后者类似于枯枝落叶在静水中的浸泡作用，是对地表径流的吸收过程，从而起到双重截吸作用。

枯落物层的持水能力用最大持水率(%)表示。因枯落物的分解程度和组成种类不同，同一树种林分的持水率也会有所差异。研究发现，天然次生林的枯落物层较厚，而人工林枯落物大都较薄。

枯落物的阻水功能：不同种类林地及其被物对地表径流的拦截、含蓄、过滤、改善森林水文过程及防止地表径流冲刷作用是近年来世界森林水文及水土保持学科密切关注和重点研究的课题之一。森林及其地被物对地表径流的影响作用在很大程度上可用经典的曼宁公式中的 n 值来表示。林地对坡面径流的阻延作用主要反映在坡面粗糙系数的变化上，因为粗糙度系数的大小能决定坡面流速的大小和坡面汇流时间的长短。因而，定量的评价不同森林树种枯落物的粗糙率系数值，对于深刻揭示森林防蚀机理及其经营管理具有重要意义。

地表径流流速及其流量的的大小是导致以水力侵蚀为主地区土壤侵蚀发生发展的最根本的外动力，大量的研究结果表明：在地表径流作用下，径流的挟沙能力与径流速度的 5 次方成正比，可移动泥沙重量与径流速度的 6 次方成正比，即：

$$P = AV^5 / ghw \tag{17.2.6}$$

式中，A 为系数；P 为径流的含沙浓度；h 为径流深；V 为径流速度；g 为重力加速度；w 为泥沙的水力黏度。

$$M = CV^6 \tag{17.2.7}$$

式中，M 为泥沙重量；C 为流速系数；V 为径流流速。

对特定降水量的场降水来说，地表径流流速的大小除受流量的影响外，在很大程度上可由曼宁公式中综合反映地表粗糙程度的粗糙系数来决定。

曼宁公式：

$$V = \frac{1}{n} q^{2/3} a^{0.5} \tag{17.2.8}$$

式中，V 为坡面径向流速度(m/s)；q 为径流深；a 为坡度；n 为曼宁糙率系数。

谢才公式：

$$V = C\sqrt{R_i} \tag{17.2.9}$$

式中，V 为坡面径流速度(m/s)；C 为谢才系数；R 为水力半径；i 为动水比降。

17.2.5　穿透水与截留过程

可以认为截留过程和穿透水是一个问题的两个方面，在数量上，如上所述的任意级别穿透水，都等于降落到相应各冠层的水量减去这一层的截留与树干茎流之和，各冠层的水量可以是大气降水、林冠层穿透水或林下植被的穿透水。很显然，穿透水量与林分密度成反相关，并且，随离树干距离的增加而增加；在稠密的林分里，穿透水的分布形式与土壤含水量分布形式密切相关，这反映了穿透水是作为土壤水分来源的主要形式的。

降雨期间的风速风向也将影响林冠截留的测定，这正如风速影响标准雨量计时大气降水的测定准确性一样。但对于林冠截留的情况，问题将更加复杂。

在假定林内穿透水测定装置对穿透水的量测准确性不受林内风速影响的前提下，林外风速、风向对林冠截留量仍然有一定的影响，这个影响不包括增加附加截留量。

因为在林冠和林地之间，一般的森林都存在有相对透风的空隙。这个空隙的存在，使得林外风速、风向可能影响林冠截留量的测定值，一部分大气降水将可能以倾斜的方式飘到林地上，而被穿透水测定器误认为是从林冠来的穿透水而被记录下来。这个问题的解决可以通过尽量地将穿透雨测定器远离林缘，至于到底远离多少，才算合理，可以参照风速对标准雨量计测定的影响和森林地的雨量测量方法。

林外风速、风向对林冠截留测定最为棘手的影响是，使得林地穿透水测量器的摆放还必须考虑到林冠上表面凹凸不平的情况。因为由于林冠上部的凹凸不平，在有风的情况下，将存在丰雨区和贫雨区，如果不考虑这个问题，林地上不同位置穿透水观测雨量器之间的测定值将相差很大。

虽然无论从量上还是平均强度上穿透水都小于大气降水，但穿透水的水滴很大，作为一种侵蚀力，它的潜在影响是不可低估的，特别是在没有林下植被及林地枯落物层的森林中，其对地表的侵蚀更是很大的。

截留量难以测定，正因为如此，若要了解截留过程，穿透水的测定就成为必不可少的，它们在量上的关系由前面所述的公式阐明。

§17.3　植物的茎干流量

17.3.1　树干茎流

树干茎流是降雨经林冠层后沿树干表面流下的那部分雨水，是森林生态系统中土壤水分的主要来源之一。它并非在树冠和树干全部淋湿后才出现，往往是在个别枝条或主干的局部区域不能继续滞留雨水时，因重力而流下。开始时如一条细线从主干上端流下，继而如蛛网状，最后使树干全部湿透。过小的雨量不能产生茎流，一般应大于 0.4 mm，同时茎流的起始时间滞后于降雨起始时间，但时间滞后并不十分明显。

在森林水文学的各个分量中，树干茎流作用只是一个非常微小的部分，在定量水文学里常常被忽视，因为它的大小一般只相当于其它部分的误差量。但这个微小的部分在生态系统中的作用却是很大的。因为树干茎流将附着于树干上的大量养分淋洗下来，被树干基部的根系所直接接受，树干茎流的成分将对林木的生长产生较大的影响。

影响森林树干茎流量大小的因子很多，不同的森林类型和不同的树种，其树干茎流各不相同，甚至同一树种的树与树之间，茎流量也相差很大。除此以外，能影响林冠截留的所有降水特性也将影响树干茎流。

周国逸在杉木人工林的观测中发现，其树干的茎流量很小，对于 10 mm 以下的一次性降水，将不会发生树干茎流，15~20 mm 的一次性降水茎流率也只有 0.2%。达 40 mm 降水量的一次性降水的茎流率为 0.6%(周国逸，1997)。但南亚热带的马占相思人工林的树干茎流率却比较大。观测发现，只有当降水量小于 0.6 mm 时，才观测不到树干茎流的发生，其树干茎流量与降水量有这样的回归关系：

$$P_s = -0.046\,4 + 0.083\,1P \quad (r = 0.92)$$

17.3.2　透流与茎流数学模型

透流与茎流数量模型是以研究林冠降雨格局影响为目的,因此有关模型多为经验模型，半经验平理论或理论模型较少。透流与茎流量的经验模型形式多以透流量、茎流量为因变量，以降雨量为自变量建立直线型、指数型、幂函数型或对数型数学模型。不同的森林类型有不同的经验模型与之对应。

透流与茎流量的半经验半理论模型，从连续方程推演出次降雨林冠截留过程的 n+1 阶常系数微分模型方程：

$$a_1 \frac{\mathrm{d}^2 Q}{\mathrm{d}t^2} + a_2 \frac{\mathrm{d}Q}{\mathrm{d}t} + a_3 Q = I$$

该模型模拟结果与实验比较，相对误差不超过 2%，与野外观测比较，多次平均相对误差为 6%。但该模型没有得到广泛运用，这可能与模型仍需引入统计量和计算比较复杂有关。

总之，林冠降雨再分配的数学模型以经验模型居多，以半经验半理论模型运用最为广泛，以纯理论模型为研究前沿和热点。但半经验半理论模型和纯理论模型均需以经验模型为基础，利用它可确定半经验半理论模型参数，探讨林冠降雨再分配机理，为建立理论模型提供前提。

§ 17.4　植被冠层截留过程的数学模型

17.4.1　植物冠层截留的物理模型

为了较好地描述植物冠层截留的本质，可把植物冠层视为一个既能吸水也能透水的泡沫体，吸留的水分以蒸发的形式散发到大气中，使泡沫体由湿变干。这个泡沫体可以是由多个相互移动的薄层组成。图 17.3 为植物冠层截留的物理模型。

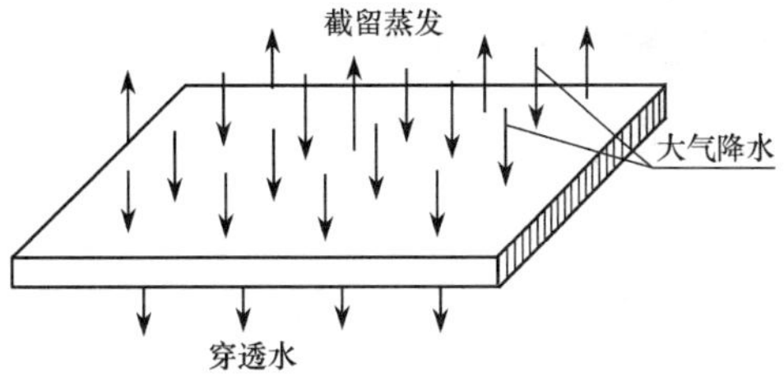

图 17.3　植物冠层截留的物理模型

影响植物冠层截留量的因素很多，其中最主要的因素是植物冠层的纳水量。除此以外，还有降水量、降雨性质、降雨前植物冠层的湿润程度、植物冠层结构等。

对林地生态系统而言，林冠截留量与降雨量成正比，但截留率与降雨量成反比。降雨前林冠的湿润程度是影响林冠截留量的主要因素之一，林冠愈干燥，存留雨水的潜在能力就越大，截留量就越大；反之，截留量小。林冠结构包括树种、冠层厚度、冠层郁闭度、枝叶取向、叶量、叶表面对雨水的界面特性等。不同树种，截留量也不同；即便同一树种，树冠形状不同、树龄不同，截留量也不相同。林冠结构越稠密，截留量就越大；冠层越厚，截留量越大。关于这些问题的定量研究，还非常困难(周国逸，1997)。

17.4.2　林冠截留的经验模型

建立经验模型相对容易，精度较高，故国内外以前多采用不考虑截留机制的简单统计模型。现有的经验模型数量不胜枚举，类型有一元、多元的线性或非线性模型，其中以截流量一与降雨量之间的一元模型为最多(范世香等，2003)。

在降雨截留的统计研究中，热带雨林中测定了降雨量、次降雨的起始时间、持续时间、降雨强度、两次降水过程之间的间隔时间，透流量和茎流量等，并用其中某些参数与截留量建立了线性、半对数和二次方等三种类型模型。通过试验，他发现以半对数曲线模型最佳：

$$I=0.825\,4+0.517\,4\ \ln P。$$

在江苏下蜀森林定位站栎林进行的研究中，建立了截留量(I)与降雨量(P)的幂函数模型：

$$I=0.406\,9P^{0.718\,0}\text{(盛叶期)}$$

并发现降雨量、降雨强度和降雨间隔期平均相对湿度是影响林冠截留的主要气象因子，建立了截留量与上述因子的线性模型：

$$I=4.313\,3+0.041\,6R-0.142\,8P-0.021\,5T$$

式中，I 为截留量；R 为降雨量；P 为降雨强度；T 为降雨间隔期。

经验模型简单易用，对于具体森林具有较高精度，但模型参数的局限性大。比较不同研究发现，即使是同一林分或同次降雨都会有不同的截留量，因为截留量受树种、密度、年龄、降雨量、降雨强度、湿度、温度、风速等因子影响。故适用于某一林分的模型，用于其他林分可能无效。此外，经验模型不能反映截留机理的缺点使其运用仅限于静态截留量的研究之中。

17.4.3 林冠截留的半经验半理论模型

Merriam 指数模型：该模型是在 Horton 提出截留是由潮湿枝叶表面与降水结束后贮藏在植被表面进而蒸发进入大气的水量组成的理论，以及截流量与降雨量呈指数关系的基础上提出并不断改进后建立的，其形式为：

$$I = S[1-\exp(-R/S)] + rET \tag{17.4.1}$$

式中，I 为截留量；S 为降雨后贮藏在植被表面的水量；R 为降雨量；E 为降雨时的蒸发量；r 为林冠表面与投影面积之比；T 为降雨持续时间。

进行人工降水截留试验后，得到如下改进模型：

$$I = S[1-\exp(-kR/S)] + rET \tag{17.4.2}$$

式中，S 为林冠最大蓄水量；k 近似等于 $1\text{-}P$；P 为降水穿透系数，可通过 P=1.0-0.05L_0得到。该模型的计算值与测定值非常接近。

引入更多林冠特征变量，将模型改进为如下形式：

$$I = S[1-\exp(KR/S)] + ET \tag{17.4.3}$$

$$S = aK\Delta H^c \Delta T^d \tag{17.4.4}$$

式中，K 为林分郁闭度或林冠的降雨拦截系数；ΔH 为冠层厚度；ΔT 为降雨间隔期；a, c, d 为拟合参数。该模型经过验证效果较好。

Rutter 模型：Rutter 最先建立截留过程的数学模型，随后 Gash 和 Sellers 等分别提出了解析的和分层的计算模型，所有这些模型中的物理过程可由图 17.4 来表述(黄洪峰，1997；周国逸，1997)。冠层贮存水量 C 的变化方程可表达为：

$$\frac{\mathrm{d}C}{\mathrm{d}t} = P_c - E - D \tag{17.4.5}$$

Rutter 模型主要由方程(17.4.5)构成。在式(17.4.5)中，P_c 通常由下式计算：

$$P_c = (1-f)P \tag{17.4.6}$$

式中，f 为通过冠层空隙直接落到地面的雨量占总降水量的比例，即：

$$f = P_d/P \tag{17.4.7}$$

可以采用类似于直接光束在冠层传播时的衰减公式来计算 f，即：

$$f = e^{-K_c \cdot L_0} \tag{17.4.8}$$

式中，K_c=$G(\mu)/\mu$；L_0 为冠层的叶面积指数。假定雨滴垂直下落，则μ=1 对于随机叶角分布冠层，$G(\mu)$=0.5。

欧洲蕨林地内的试验，可获得 f 与 L_0 的关系式为：

$$f = \exp(-1.457L_0) \tag{17.4.9}$$

如果考虑到树枝和树干的截留作用，则式(17.4.6)应修正为：

$$P_c = (1-f-f_t)P \tag{17.4.10}$$

式中，f_t 为树枝和树干的截留率。

式(17.4.5)中的 D 可由下式计算：

$$D=\begin{cases}D_s\exp\left[b\left(C-C_{\max}\right)\right], & C\geqslant C_{\max}\\ 0 & ,C<C_{\max}\end{cases} \tag{17.4.11}$$

式中，D_s, b 为经验常数；D_s 的典型值是 0.002 mm·m^{-2}·min^{-1}；$C_{\max}$ 为冠层贮藏能力，主要与植物冠层的叶面积指数有关，在欧洲蕨林地内试验，求得 $C_{\max}$ 与 L_0 的回归方程为：

$$C_{\max}=0.467L_0 \tag{17.4.12}$$

用下式可获得 D 的最优拟合结果：

$$D=\exp\left[K\left(C-C_{\min}\right)\right]-1 \tag{17.4.13}$$

对于欧洲蕨林地，K=10.079–30 309 ln(L_0)，$C_{\min}$=0.156 L_0 ($C_{\min}$ 的单位用 mm)。

冠层截留水的水的蒸发速率 E 是由下面的模式计算的：

$$E=\begin{cases}E_0 & C\geqslant C_{\max}\\ E_0\dfrac{C}{C_{\max}} & C<C_{\max}\end{cases} \tag{17.4.14}$$

式中，E_0 是大气蒸发率。试验表明，上面 E 的计算模式具有一定的物理基础，由此计算的 C 随时间的变化序列与实验结果一致。

计算 E 的通常用两个简单模型。第一个模型如图 17.5(a)所示。设整个冠层单位面积上吸收的净辐射能为 R_n。当 $C\leqslant C_{\max}$ 时，假定干叶和湿叶上各自吸收的净辐射能为：

$$R_{nw}=\frac{C}{C_{\max}}R_n \tag{17.4.15}$$

$$R_{nd}=\left(1-\frac{C}{C_{\max}}\right)R_n \tag{17.4.16}$$

式中，R_{nw} 为湿叶吸收的净辐射能；R_{nd} 为干叶吸收的净辐射能，两者之和等于净辐射：

$$R_{nw}+R_{nd}=R_n \tag{17.4.17}$$

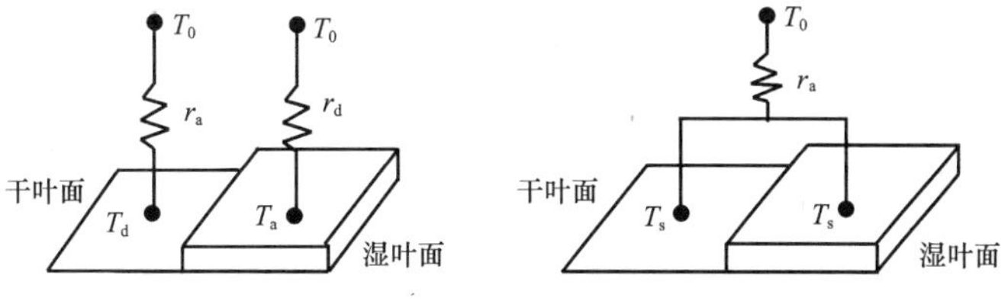

图 17.5　冠层蒸发量计算模型示意图(黄洪峰，1997)

图 17.5(a)表明从干叶上输出的感热通量 H_d 和潜热通量 λE_d 分别为：

$$H_d=\left(\frac{T_d-T_a}{r_a}\right)\rho C_p\left(1-\frac{C}{C_{\max}}\right) \tag{17.4.18}$$

$$\lambda E_d = \left(\frac{\delta e + (T_d - T_a)\Delta}{r_a + r_{st}}\right)\left(\frac{\rho C_p}{\gamma}\right)\left(1 - \frac{C}{C_{\max}}\right) \tag{17.4.19}$$

式中，r_{st}为冠层的整体气孔阻力；T_d为干叶的叶温；δ_e为参考高度上饱和水汽压，其表达式为：

$$\delta e = e_s(T_a) - e_a$$

设在湿叶上叶片蒸腾可以忽略，潜热通量只是叶面上附着水的蒸发造成，则湿叶上的感热 H_w 和潜热通量λE_w分别为：

$$H_w = \left(\frac{T_w - T_a}{r_a}\right)\rho C_p \left(1 - \frac{C}{C_{\max}}\right) \tag{17.4.20}$$

$$\lambda E_w = \left(\frac{\delta e + (T_w - T_a)\Delta}{r_a}\right) \cdot \frac{\rho C_p}{\gamma} \cdot \frac{C}{C_{\max}} \tag{17.4.21}$$

总的感热和潜热通量为：

$$H = H_w + H_d \tag{17.4.22}$$

$$\lambda E = \lambda E_w + \lambda E_d \tag{17.4.23}$$

假定干叶和湿叶之间的输送路径没有互相作用，则：

$$\lambda E_w + H_w = R_{nw} \tag{17.4.24}$$

$$\lambda E_d + H_d = R_{nd} \tag{17.4.25}$$

联合方程(17.4.16)至(17.4.25)，得到冠层蒸散发量为：

$$\lambda E = \left(\Delta R_n + \frac{\rho C_p \delta e}{r_a}\right) \cdot \left[\frac{1 - \frac{C}{C_{\max}}}{\Delta + \gamma\left(\frac{r_a + r_{st}}{r_a}\right)} + \frac{\frac{C}{C_{\max}}}{\Delta + \gamma}\right] \tag{17.4.26}$$

当 $r_{st} \gg r_a$时，上式简化为 Rutter 模型：

$$\lambda E = \left(\frac{\Delta R_n + \rho C_p \delta e / r_a}{\Delta + \gamma}\right) \cdot \frac{C}{C_{\max}} \tag{17.4.27}$$

式中，r_a为冠层与参考高度之间的空气动力学阻力，有关 r_a的计算方法较多，具体计算方法读者可以参考后面相关文献。上述模型的主要缺点是忽略了冠层中干叶和湿叶之间感热和潜热输送的相互交换。

在第二个模型中，假定这种交换相当有效，以致可认为整个冠层的叶面具有相同的叶温 T_s。因此感热和潜热输送通量可表示为：

$$H = H_w + H_d = \left(\frac{T_s - T_a}{r_a}\right)\rho C_p \tag{17.4.28}$$

$$\lambda E=\lambda E_w+\lambda E_d=\frac{\rho C_p}{\gamma}\left\{\left(\frac{\delta e+(T_s-T_a)\Delta}{r_a}\right)\frac{C}{C_{\max}}+\left(\frac{\delta e+(T_s-T_a)\Delta}{r_a+r_{st}}\right)\left(1-\frac{C}{C_{\max}}\right)\right\} \tag{17.4.29}$$

由$\lambda E+H=R_n$，代入上两式解得：

$$\lambda E=\left(\Delta R_n+\frac{\rho C_p\delta e}{r_a}\right)\Bigg/\left(\frac{\gamma(r_a+r_{st})}{r_{st}\dfrac{C}{C_{\max}}+r_a}+\Delta\right) \tag{17.4.30}$$

当$r_{st}\gg r_a$时，(17.4.30)式简化为：

$$\lambda E=\frac{\Delta R_n+\dfrac{\rho C_p\delta e}{r_a}}{\gamma\dfrac{C_{\max}}{C}+\Delta} \tag{17.4.31}$$

把λE和D的计算式代入方程(17.4.5)则可用差分方法求得方程的解。在$C\geqslant C_{\max}$的情况下，E与C无关，把式(17.4.14)和式(17.4.11)代入式(17.4.5)，可获得方程(17.4.5)的解析解为：

$$bC(t)=\ln Q+b(C_0+tQ)-\ln\left\{k\exp\left[b(C_0+Q)\right]-k\exp(bC_0)+Q\right\} \tag{17.4.32}$$

式中，C_0为C的初始值；并且有

$$Q=(1-f)P-E_0\,,\quad K=D_s\,\mathrm{e}^a$$

设降雨历时为t，则每场降雨的冠层截留损失量为：

$$I=\int_0^t E_0\,\mathrm{d}t+\int_t^{t_m}E\,\mathrm{d}t \tag{17.4.33}$$

式中，t_m为自降雨开始至冠层叶面上贮存的水分全部蒸发完后所需的时间。如果降雨使冠层达到饱和贮水量，则：

$$I=\int_0^t E\,\mathrm{d}t+C_{\max} \tag{17.4.34}$$

Gash 模型：Gash 曾导出一个计算冠层截留损失的模型，很适用于长时期截留损失量的计算，其公式如下：

$$I=(1-f-f_t)\sum_{j=1}^{m}P_j+n\left[(1-f-f_t)P'-C_{\max}\right]+\frac{\overline{E}}{\overline{R}}\sum_{j=1}^{n}(P_j-P')+nS+(qS_t+P_t\sum_{j=1}^{m+n-q}P_j) \tag{17.4.35}$$

式中，$(1-f-f_t)\sum_{j=1}^{m}P_j$为日雨量$P<P'$时的截留损失量；$P'$为冠层达到饱和时所必需的日雨量值，$m$为$P<P'$的日数；$n\left[(1-f-f_t)P'-C_{\max}\right]$为$P\geqslant P'$时，在冠层未达到饱和的时段内的截留损失量，$n$为$P\geqslant P'$的日数；$\frac{\overline{E}}{\overline{R}}\sum_{j=1}^{n}(P_j-P')$为$P\geqslant P'$时，冠层在开始饱和至降雨停止

的时段内所造成的截留损失量；nS 为降水停止后，贮存在冠层内的水分蒸发量：$qS_t + P_t \sum_{j=1}^{m+n-q} P_j$ 为树干、枝造成的截留损失；q 为 $P \geqslant S_t/P_t$ 的降雨日数；S_t 为树干、枝的最大贮存量。

利用 Gash 模型计算截留损失的步骤如下：第一步，把待计算时期划分为若干个时段，每个时段的长度取为 4 个星期(28 天)。把小时雨量大于 0.5 mm 的时段(代表冠层是饱和的情况)分离出来，计算各个小时的蒸发量 E(E 可由 Penman-Monteith)方程计算，即：

$$\lambda E = \frac{\Delta R_n + \rho C_p \, \delta e / r_a}{\Delta + \gamma} \tag{17.4.36}$$

式中，r_a 可由前面给出的阻力公式计算。把各个小时的 E 加起来平均，求得时段的平均小时蒸发量 $\bar{E}$。

第二步，类似于 $\bar{E}$ 可把满足 P>0.5 mm/h 的小时雨量加起来平均，求得时段(28 天)内的平均小时雨量 $\bar{R}$。

第三步，由已知的 $C_{\max}, f, f_t$ 值，以及 $\bar{E}$，$\bar{R}$ 值由下式求得冠层达到饱和时的总雨量 P'

$$P' = -\frac{R_n C_{\max}}{E} \ln\left[1 - \frac{\bar{E}}{\bar{R}\left(1 - f - f_t\right)}\right] \tag{17.4.37}$$

第四步，把雨日分成 $P \geqslant P'$ (n 日)和 $P<P'$ (m 日)分别求出相应的总雨量 $\sum_{j=1}^{n} P_j$ 和 $\sum_{j=1}^{m} P_j$。

第五步，计算 $P \geqslant S_t/P_t$ 时的雨日数，并计算出 $\sum_{j=1}^{n+m-q} P_j \left(P_j < S_t / P_t\right)$。

第六步，把上述计算的参数代入式(17.4.32)即可计算出某一时段(28 天)内的降雨截留损失量。

第七步，重复以上步骤即可计算出一年或多年内截留损失总量。

崔启武模型：崔启武将影响截留量的因子考虑为林冠特性、与前次降水的相隔时段、降水量等。以 m 表示林冠枝叶体的数量(如叶面积指数或郁闭度等)，ΔT 表示与前次降水的时间间隔，则存在函数 $C(m, \Delta T)$，表示降水开始时的林冠特性与本次降水无关。如以 x 表示降水量，则存在一个 $\varphi(x)$是降水过程中的林冠特征函数，依据截留量而变化。

设降水量的增量 dx 所产生的林冠截留量的增量为 dI，则有：

$$\mathrm{d}I = C\left(m, \Delta T\right)\left[1 - \varphi\left(x\right)\right]\mathrm{d}x \tag{17.4.38}$$

上面方程中 $C(m, \Delta T)$和 $\varphi(x)$这两个函数具有如下性质，它们都为林冠的特性函数，崔启武假定 $C(m, \Delta T)$满足：$0 \leqslant C(m, \Delta T) \leqslant 1$；而 $\varphi(x)$也可称为林冠的穿透函数，由降水前的 0 增加到林冠被截留所充分饱和时的最大值 1，相应的$[1-\varphi(x)]$可称为林冠的截留函数，截留开始时，该函数为 1，随着截留的逐渐增加，截留函数的值越来越小，截留达到饱和时，截留函数趋向于 0。

崔启武通过对 $\varphi(x)$作一系列的假定形式，然后积分得到有关截留量的半经验模型。首先假定 $\varphi(x)=I/I_0$，即截留饱和程度(林冠实际截留量与饱和截留量之比)：

$$I = I_0\left\{1-\exp\left[-\frac{C(m,\Delta T)}{I_0}x\right]\right\} \tag{17.4.39}$$

由于在 x 很小的情况下，有

$$\exp\left[-\frac{C(m,\Delta T)}{I_0}x\right] \approx 1-\frac{C(m,\Delta T)}{I_0}x$$

因此式(17.4.39)可以表达为：

$$I \approx C(m,\Delta T)x \tag{17.4.40}$$

而当 x 很大的情况下，有

$$\exp\left[-\frac{C(m,\Delta T)}{I_0}x\right] \approx 0$$

因此(17.4.39)可以表达为：

$$I \approx I_0\{1-0\} = I_0 \tag{17.4.41}$$

这两种情况下的几何图形如图 17.6 所示的断线(I/x=常数)和虚线(I=常数)，x 既不很大也不很小的情况由图 17.6 中的实线给出。即一般的情况是：林冠截留量随着降水量的增大而增大，但其增加的幅度是有限制的，越来越趋向于一个定值，由前面的论述知道，这就是林冠的实际最大截留量。

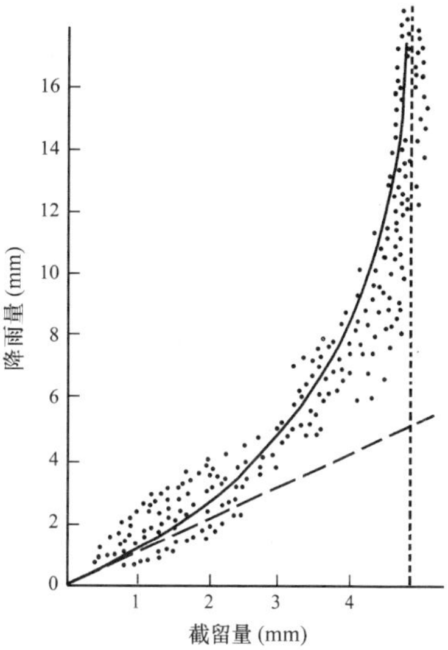

图 17.6 截留量与降雨量的关系

其次假定 $\varphi(x)=\begin{cases}\left(\dfrac{x}{x'}\right)^r & x\leqslant x'\\ 1 & x\geqslant x'\end{cases}$

x'为林冠截留达到饱和时的降雨量，r 为经验常数。根据此假定，积分后得到：

$$I=\begin{cases}C(m,\Delta T)\left[x-\dfrac{x^{r+1}}{(r+1)x'^r}\right] & x\leqslant x'\\ \dfrac{r}{r+1}C(m,\Delta T)x' = I_0 & x\geqslant x'\end{cases} \tag{17.4.42}$$

式(17.4.42)中的 4 个参数 $I_0, x', C(m,\Delta T), r$，实际上只有前三个是相互独立的，它们是通过上面方程的第二个公式发生联系的。公式(17.4.42)的适应程度比较大，只需要取定不同的 r 值，则可以得到一组曲线。

17.4.4　林冠截留的理论模型

首先确定 Z 坐标垂直向下，在冠层顶部令 z=0，冠层底部 $z=H$，H 为冠层厚度。并设

$P(z, t)$为降雨强度在冠层内的时空变化，其量纲为[LT^{-1}]；$D(z, t)$表示在时间为 t，高度为 z 处的枝叶中，干燥枝叶所占的比率，其取值范围是 $0\leqslant D\leqslant 1$；$U_L(z)$表示在高度 z 处的枝叶表面积密度，即单位体积内的枝叶表面积，量纲为[L^{-1}]。$G(z)$代表枝叶垂直投影于地面上的投影比率，也就是枝叶单位表面积在地面上的投影面积；此外，用$\alpha(z)$表示单位枝叶面积的饱和吸附雨量，其量纲为[L]。

雨强经过林冠 Δz 的深度以后，它的改变量 ΔP 满足下式：

$$\Delta P = -P(z,t)D(z,t)U_L(z)G(z)\Delta z \tag{17.4.43}$$

而在 Δt 时间间隔内，干度的改变量 ΔD 满足下式：

$$-\Delta D(z,t)U_L(z)\alpha(z)\Delta z = P(z,t)D(z,t)U_L(z)G(z)\Delta z\Delta t \tag{17.4.44}$$

式(17.4.43)、式(17.4.44)两边的量纲是平衡的，将它们整理后，令 $\Delta t\to dt$ 和 $\Delta z\to dz$，则可得到如下微分方程组：

$$\frac{\partial P(z,t)}{\partial z} = -P(z,t)D(z,t)U_L(z)G(z) \tag{17.4.45}$$

$$\frac{\partial D(z,t)}{\partial t} = -P(z,t)D(z,t)G(z)/\alpha(z) \tag{17.4.46}$$

边界条件：$P(0,t)=P_0(t)$

初始条件：$D(z,0)=D_0(z)$

由此得到计算林冠截留的公式为：

$$I(t) = \int_0^t \left[P_0(t') - P(H,t')\right]dt' \tag{17.4.47}$$

以上就是刘家冈推导公式，从推导过程看较崔启武公式更近合理，但仍有许多假设的成分，如推导的核心部分(17.4.43)和(17.4.44)式就是根据一定的主观性确定的。该模型表达了林冠截留对降雨、林冠、林分特征在时空变化上的动态响应，经检验效果较好。

17.4.5 农田植冠的截留计算模型

对农田生态系统而言，植被冠层截留量的计算研究并不多见。刘昌明等(1997)在研究 SPAC 系统的蒸散发计算时，根据对农田试验观测的结果分析，认为植物对降雨的截留作用与降雨强度和植物覆盖度有关，并建立了计算植物截流量的经验公式：

$$P_1 = \begin{cases} 0.55S_c i_p^{\left[0.52-0.008\ 5(i_p-0.5)\right]} & i_p \leqslant 17\,\text{mm/d} \\ 1.85S_c & i_p > 17\,\text{mm/d} \end{cases} \tag{17.4.48}$$

式中，P_1 为日平均降水的植物截留量；S_c 为作物覆盖度；i_p 为日平均降雨强度。

§ 17.5 冠层穿透雨量模型

17.5.1 冠层穿透雨量

在森林地区，林内有效雨量包括穿透雨量及树干径流量，它是指大气降雨受到林冠层截留作用后的林内实际雨量(简称林内雨量)。有时也称为林内地面净雨量。只有这种林内有效雨量才能参与径流的形成，并直接影响着林地土壤水分消长变化。然而. 从数量上看，穿透雨量占林内雨量的90%以上，而树干径流量占林内雨量一般不足10%，所以本节将着重讨论研究林内穿透雨量的建模问题。

由于树冠一般呈伞状形、植株密度不均、树木形态各异以及树种枝叶的不同。所以在一般情况下，林冠层枝叶空间分布非常不均匀，尤其在天然林中这种情况更为明显，因此林内穿透雨量各处差别较大。从林冠截留降雨的机理入手，探索林内穿透雨量的计算方法，不仅具有重要的理论意义，而且还具有重要的实际意义。

林冠枝叶的空间分布是很不均匀的，有密有疏，甚至还不同程度地存在着林窗或林中空地。一般而言，林冠最厚密处位于树干附近，树冠边缘相对比较稀薄。林分冠层的厚薄与疏密表明了枝叶量的多少。它直接决定着对降雨截留作用的大小。因此，冠层越厚密截留量越大，冠层越稀薄截留量越小。林冠层和土壤包气带极为相似，这样林内穿透雨量的形成过程可以借鉴水文预报中的“蓄满产流”模型的概念，并由此得到启发：林内穿透雨量相当于产生径流，林冠截留量相当于土壤蓄水量(范世香等，2003)。

为此，当发生降雨时做如下几点假设：首先，冠层各处的饱和截留量与该处的冠层厚度成正比；其次，降雨时先满足林冠截留，然后再产生林内穿透雨(即冠层各处首先满足本身的饱和截留量)；再次，随着降雨量的增加，冠层截留的饱和面积由稀薄处向厚密处递增；最后，冠层特征变化不大。

根据以上假设，由于林冠各处厚薄不同，所以当发生降雨时林冠各处达到饱和的先后也不同。因此，当雨量较小时，林冠的饱和面积也较小，随着降雨量的增加，林冠的饱和面积也随之增加，直至整个林分全部达到饱和。就是说，当冠层最厚密处也达到饱和时，则表明整个林分全部饱和。

17.5.2 冠层穿透雨量模型

首先考虑完全郁闭的林分，设冠层任意处的饱和截留量为I，林分面积为A，与I 相对应的冠层饱和面积为a，则冠层的相对饱和面积为a/A，冠层最厚密处的饱和截留量为U。很显然，冠层各处的饱和截留量，应满足关系：$0 \leqslant I \leqslant U$，而且在饱和面积$a/A$上，林冠截留量均小于等于饱和截留量$I$。除此之外，相对饱和面积$a/A$与饱和截留量$I$之间应存在一种关系，并且这种关系要满足以下3个条件：(1)当I=0时，a/A=0；(2)当I=U时，a/A=1；(3)随着I的增加，a/A也增加。

为此，林冠任意处的饱和截留量与其对应的相对饱和面积关系采用如下函数形式。能够满足以上3个条件：

$$\frac{a}{A}=1-\left(I-\frac{I}{U}\right)^{b}\ (b>0,\ U>0) \qquad (17.5.1)$$

式中，b为与林分特征有关的综合参数，反映林分枝叶厚薄均匀程度，并且与林分种类、林龄有关。

对任意一次小于U的降雨，设雨量为P，林内穿透雨量为R，则对式(17.5.1)进行积分就可获得林内穿透雨量，即：

$$R=\int_0^P\left(\frac{a}{A}\right)\mathrm{d}I=\int_0^P\left[1-\left(1-\frac{I}{U}\right)^b\right]\mathrm{d}I=P-\frac{U}{b+1}\left[1-\left(1-\frac{P}{U}\right)^{b+1}\right]\quad (b>0,\ P>U)\tag{17.5.2}$$

令

$$\frac{U}{b+1}=W\tag{17.5.3}$$

则

$$R=P-W\left[1-\left(1-\frac{P}{U}\right)^{b+1}\right]\quad (b>0,\ U>0)\tag{17.5.4}$$

当大气降雨量 $P\geq U$ 时，则：

$$R=P-W\tag{17.5.5}$$

从式(17.5.5)可以看出，W实际上就是整个林冠完全达到饱和时的最大截留量。公式(17.5.4)与式(17.5.5)就是当林分完全郁闭时(即a=1)林内穿透雨量模型。

当林分不完全郁闭时，应考虑其影响。设郁闭度为 a (以小数计)，在不郁闭面积(1–a)上，林内穿透雨量就等于大气降雨量。在郁闭面积上，林内穿透雨量用式(17.5.4)乘以 a 即可。两者相加即可获得林分郁闭度为 a 的林内穿透雨量模型，即：

$$R=(1-a)P+a\left\{P-W\left[1-\left(1-\frac{P}{U}\right)^{b+1}\right]\right\}=P-aW\left[1-\left(1-\frac{P}{U}\right)^{b+1}\right]\tag{17.5.6}$$

当 $P\geqslant U$时，林内穿透雨量仍然由式(17.5.5)获得。公式(17.5.5)、式(17.5.6)分别为降雨量大于U和小于U时的林内穿透雨量模型。

该模型是根据水文预报中“蓄满产流”模型的概念而建立的，建模过程比较简单。从上述两例实测资料与模型计算结果的吻合程度来看，说明模型在推求过程中所做的假设是合理的，参数的确定方法也是可靠的。同时，也表明该模型基本上揭示了林冠截留降雨作用的水文效应和实质，符合其基本规律。本模型是基于场降雨而建立的，即可以应用于场降雨过程的林内穿透雨量的模拟计算。如果结合蒸发资料，也可以对林内穿透雨量进行实时连续计算。另外，从模型的建立过程可以看出，它适用的范围较广，不受林型、林龄、地域等因素的影响。因此，可以适用于任何植被类型冠层下穿透雨量的计算问题。

该模型主要优点是，不仅从机理上揭示了大气降雨量与林内穿透雨量的关系，而且模拟效果也较为理想；其次，模型概念清楚，参数的物理意义明确。另外，林分的郁闭度是反映林分特征的一个非常重要的指标，已经单独将其考虑到模型之中。

模型的主要不足是，除了郁闭度 a 外，模型的另两个参数 U 和 W(或 b)还是无法根据林分特征直接确定，目前只能利用实测林冠截留资料采取做相关图的方法分析求出。毋庸置疑，它们与林分枝叶面积的多少、空间分布状况、树种、树龄及林相组成等有关。所以，本模型目前还不能直接应用于无实测林冠截留资料的林分。另外，该模型是在理想化条件下建立的，没有考虑风速、雨强等因子对穿透雨量的影响。所以，它适用于风速和雨强都相对较小的降雨过程。这是因为在相同的雨量下，伴随着大风或者高强度的降雨往往会削弱林冠的截留能力，增加林内穿透雨量。因此，本模型除了再进一步研究模型参数与林冠特征的关系以外，还尚需考虑风速、雨强等因子的影响，所以该模型有待于做深入的探讨以期逐臻完善。

参考文献

黄洪峰.土壤・植物・大气相互作用原理及模拟研究.北京：气象出版社，1997

于贵瑞.不同冠层类型的陆地植被蒸发散模型研究进展. 资源科学，2001，23(6).72-84

刘树华.环境物理学.北京：化学工业出版社，2004

薛云，陈水森，夏丽华等.几个典型的叶片/冠层模型.西部林业科学.34(1),70~73，2005

张永强，于强.植被光合、冠层导度和蒸散的耦合模拟. 中国科学 D 辑，2004，34(增刊 II)：152-160

胡非.湍流、间歇性与大气边界层.北京：科学出版社，1995

贺庆棠.中国森林气象学.北京：中国林业出版社，2001

王正非，朱廷曜，朱劲伟等.森林气象学.北京：中国林业出版社，1985

王靖.农田生态系统冠层光合与蒸散耦合模型研究.南京气象学院硕士论文，2003

周国逸.生态系统水热原理及其应用.北京：气象出版社，1997

刘昌明，于沪宁.土壤-作物-大气系统水分运动实验研究.北京：气象出版社，1997

余新晓，张志强，陈丽华等.森林生态水文学.北京：中国林业出版社，2004

范世香，蒋德明，阿拉木萨.林内穿透雨量模型研究.生态学报，2003，23 (7)，1403-1407

陈良富，徐希孺.植被遥感的 Monte Carlo 模拟研究.地理科学进展，19(1), 25~34. 2000

张佳华，姚凤梅.影响植被内部辐射状况的冠层结构特征研究.气象科学，20(1), 15~22. 2000

邓孺孺，田国良，柳钦火.基于多次散射的植被-土壤二向反射模型. 遥感学报. 2004，8(3), 193~200

Timothy E. Link, Danny Marks, Janet P. Hardy. A deterministic method to characterize canopy radiative transfer properties. Hydrological Processes.2004.18:3583-3594

Luo Tianxiang,Neilson Ronald P,Tian Hanqin et al. A model for seasonality and distribution of leaf area index of forests and its application to China. Journal of Vegetation Science.2002.13:817-830

Andrey V Gusarov, lgor Smurov. Gas-dynamic boundary conditions of evaporation and condensation:Numerical analysis of the Knudsen layer. Physics of Fluids. 2002.14:4242-4255

B. Marcolla, A. Pitacco, A. Cescatti. Canopy architecture and turbulence structure in a coniferous forest. Boundary-Layer Meteorology.2003.108:39-59

Yongqiang Zhang, Changming Liu, Yanjun Shen. Measurement of evapotranspiration in a winter wheat field. Hydrological Processes.2002.16.2805-2817

Hikaru Komatsu. Relationship between canopy height and the reference value of surface conductance for closed coniferous stands. Hydrological Processes.2003.17:2503-2512

K. Finkele, J. J. Katzfey, E.A. Kowalczyk et al. Modelling of the oasis energy flux measurements using two canopy concepts. Boundary-Layer Meteorology.2003.107: 49-79

Carl C. Daamen, Keith G. McNaughton. Modeling energy fluxes from sparse canopies and understorys. Agronomy Journal.2000.92:837-847

Kusuma G.Rao. Estimation of the exchange coefficient of heat during low wind convective conditions. Boundary-Layer Meteorology.2004:247-273

A. Wu, A. Black, D.L.Verseghy et al. Comparison of two-layer and single-layer canopy models with Lagrangian and K-theory approaches in modeling evaporation from forests. International Journal of Climatology. 2001.21:1821-1839

Fred C.Bosveld, Willem Bouten. Evaluation a model of evaporation and transpiration with observations in a partially wet Douglas-Fir forest. Boundary-Layer Meteorology. 2003.108:365-369

Ian N.Harman, Martin J.Best. Radiative exchange in an urban street canyon. Boundary-Layer Meteorology.2004.110:301-316

Shuguang Liu. Evaluation of the Liu model for predicting rainfall interception in forests world-wide. Hydrological Processes. 2001.15:2341-2360

Jerome Demarty, Catherine Ottle, Christophe Francois et al. Effect of aerodynamic resistance modeling on SiSPAT-RS simulated surface fluxes. Agronomie.2002.22:641-650

William M. Putuhena, Ian Cordery. Some hydrological effects of changing forest cover from eucalypts to Pinus radiate. Agricultural and Forest Meteorology.2000.100:59-72

Michio Hashino, Huaxia Yao, Hiromu Yoshida. Studies and evaluations on interception processes during rainfall based on a tank model. Journal of Hydrology.2002.255:1-11

Stanley R.Herwitz, Robert E. Slye. Three-dimensional modeling of canopy tree interception of wind-driven rainfall. Journal of Hydrology.2995.168:205-226

G.N. Flerchinger, F.B. Pierson. Modeling plant canopy effects on variability of soil temperature and water: model calibration and validation. Journal of Arid Environment. 1997.35:641-653

Hardy J P. Melloh R. Solar radiation transmission through conifer canopies, Agricultural and Forest Meteorology. 2004. 126:257-270

Scott R, Koster R D. Effect of a Canopy Interception Reservoir on Hydrological Persistence in a General-Circulation Model. Journal of Climate. 1995. 8(7): 1917-1922

Wu A., Black T A.A Comparison of Parameterizations of Canopy Conductance of Aspen and Douglas-fir Forests for CLASS,ATMOSPHERE-OCEAN.2000. 38:81-112

Dennis D B, Beverly E L, Peter M A. On measuring and modeling energy fluxes above the floor of a homogeneous and heterogeneous conifer forest. Agricultural and Forest Meteorology. 2000.102: 187-206

Guoyu Qiu, Koichi Miyamoto. Comparison of the Three-Temperature Model and Conventional Models for Estimating Transpiration. JARQ.2002. 36(2): 73- 82

Yinsheng Zhang, Kang Ersi, Ohata T, Yao Tandong, Observation and estimation of evaporation from the ground surface of the cryosphere in estern Asia. Hydrological processs. 2003.17:1135-1147

Hölscher D L, Köhler, Van Dijk. The importance of epiphytes to total rainfall interception by a tropical montane rainforest in Costa Rica. Journal of Hydrology. 2004.292: 308-322

Price A G, Dunham K. Variability of water fluxes through the black spruce (Picea Marianna) canopy and feather moss (Pleurozium schreberi) carpet in the boreal forest of Northern Manitoba. Journal of Hydrology.1997.196:310-323.

第六篇　植被在水文循环中的微观作用——植物水分运动的生理物理机制

SPAC 系统的水分和能量循环，是维持植物本身生理活动的必要条件。SPAC 系统中水分和能量传输包括辐射传输、显热传输、潜热传输、土壤热传输、根系吸水、大气水分输送、植物表面和内部水分输送、土壤表面和内部水分输送等形式。由于植物蒸腾既表现为水分从叶到大气传输，又是能量交换传输的一种形式，所以 SPAC 系统水分和能量交换传输是互为耦合的生物物理过程(Fedder C A,1979；Arora V, 2002；Avissar R.,1998；Liu Shuhua *et al.*,2004；Quinn P et al., 1995)。

植物叶片是主要的蒸腾器官，植物蒸腾的大部分水汽是从叶片上的气孔逸出的，因而气孔活动是制约植物蒸腾速率的重要因子。光照、气温、空气湿度等环境因子影响着气孔的启闭，但我们对气孔活动的生理知识以及气孔传导与这些环境变量之间的机理了解非常有限(Braud et al., 1995；Williams M et al., 1996)。叶片气孔的蒸腾主要分生理蒸腾和被动蒸腾，生理蒸腾为光合作用与植物生长提供水分和营养物质，而被动蒸腾则主要为了缓解叶面接受太阳辐射的加热作用、降低叶温、避免叶组织灼伤(John Roberts, 2000；L. Galicia et al., 1999；Jonathan L. Horton et al., 2001; Misson Laurent, 2004；Y. Luo et al., 2003)。从植被冠层水平而言，冠层蒸腾主要包括叶片、茎秆和穗的气孔或角质层水汽扩散。作物体内水分从叶片气孔腔汽化，而后通过气孔扩散到大气中，这一蒸腾过程需要消耗大量的热能，这些热能直接或间接地来源于太阳辐射。土壤-作物-大气系统的水分传输过程与植被冠层系统的辐射收支、热量平衡过程密切相关。下垫面的辐射收支决定有多少净余辐射能可用于热量交换，而热量平衡又决定有多少热量用于蒸发潜热(N. P. Hanan et al., 1997；Lenny L. R. Kouwenberg et al., 2003；Mark J. Hovenden et al., 2000；G. N. Flerchinger et al., 1997；A. Granier et al., 2000；Ronald S, 2002；Christophe Sanz, 2003)。

我国近年来在这方面开展了大量观测实验、模拟和理论研究(黄洪峰，1997；刘树华，2004；阳园燕等，2004)。刘昌明和康绍忠等在国内最早开展了农田 SPAC 系统研究，并在 90 年代出版了多部理论性的研究专著(康绍忠等，1994；刘昌明等，1999，1997)。康尔泗等则把一维的 SPAC 系统能水传输研究扩展到以流域为单元的水文系统，并以此为基础开展了 SVATS 系统陆面水文过程系统观测实验研究(康尔泗等，2004；张小由等，2003，2004；宋克超等，2003，2004；陈仁升等，2003；王书功等，2004)。

第十八章　植物根系吸水过程

植物根系的构造和分布，是适应其吸收水分要求的，陆生植物体内随时都进行着大量的水分交换。一方面，植物根系不断地从土壤中吸取水分，以保持其正常的含水量；另一方面，植物的地上部分(尤其是叶片)以蒸腾作用方式散失水分，以维持体内外的水分循环及适宜的体温。根系吸收的水分除极少部分参与体内的生化代谢过程外，其绝大部分通过蒸腾作用散失到周围环境中。植物正常的生命活动就是建立在对水分不断地吸收、运输、利用和散失的过程之中(黄洪峰，1997；刘树华，2004)。

根系吸水主要靠两种作用，一种是被动的机械吸水过程，一种是主动的生理过程。被动吸水过程是由于蒸腾作用使植物的叶细胞失水，造成细胞溶液浓度增高，体积缩小，细胞水的溶质势和压力势降低，形成从土壤→根→茎→叶逐渐减少的水势分布，在水势梯度的作用下，水分便由土壤进入植物根部，并沿根、茎木质部导管上升到叶面，源源不断地补充因蒸腾而散失的水分，因此叶片蒸腾失水是根系吸水的最大动力(张喜英，1999；康绍忠等，1994；刘昌明等，1997，1999)。

§18.1　植物体内的水分及存在状态

18.1.1　植物体内的含水量

水是植物体的主要构成成分，其含量一般占组织鲜重的 70%~90%。含水量并不是固定不变的，它随植物种类、植物组织以及外界环境条件的变化而变化。水生植物的含水量在 90% 以上；中生植物含水量一般为 70%~90%；而旱生植物含水量可低达 6%。同一植物生长在不同环境中，含水量也会有差异，生长在阴蔽、潮湿环境中的植物，其含水量比生长在向阳、干燥环境中的植物含水量高。不同发育时期、不同器官和组织中，含水量亦不同。例如，植物的根尖、幼苗、绿叶部分，生命力旺盛，代谢活动强烈，其含水量亦高，为 60%~90%；而茎杆为 40%~50%；休眠芽为 40%；风干种子代谢活动很弱，其含水量很低，仅为 9%~14%。

18.1.2　植物体内水分存在的状态

植物细胞的原生质、膜系统以及细胞壁是由蛋白质、核酸和纤维素等大分子组成，它们含有大量的亲水基团，与水分子有很高的亲和力。凡是被植物细胞的胶体颗粒或渗透物质吸附、束缚不能自由移动的水分，称为束缚水(bound water)；而不被胶体颗粒或渗透物质所吸引或吸引力很小，可以自由移动的水分称为自由水(free water)。实际上，这两种状态水分的划分是相对的，它们之间并没有明显的界线。

细胞内的水分状态不是固定不变的，随着代谢的变化，自由水与束缚水的比值亦相应改变。自由水直接参与植物的生理过程和生化反应，而束缚水不参与这些过程，因此自由水与束缚水的比值较高时，植物代谢活跃，生长较快、抗逆性差；反之，代谢活性低、生长缓慢，但抗逆性较强。例如，休眠种子和越冬植物自由水与束缚水的比值降低，虽然其代谢微弱或生长缓慢，但抗逆性很强。在干旱或盐渍条件下，植物体内的束缚水含量也相对提高，以适应逆境。

§18.2　植物细胞对水分的吸收

18.2.1　植物细胞的结构

植物体是由细胞组成的。尽管植物细胞的种类很多，形状和功能各异，但其基本结构是相同的。成熟的植物细胞由细胞壁、原生质体和液泡三部分组成。高等植物的绝大多数细胞都具有坚硬的细胞壁，是植物细胞的外壳，主要由纤维素和果胶质组成。细胞壁的纤维间有无数小孔，水分子和溶质分子均能通过，故细胞壁是一种完全可透性膜。植物的许多基本生理过程，如生长、发育、形态建成、物质运输、信号传递等都和细胞壁有关。原生质体位于细胞壁和液泡之间，是细胞内富有生命的部分。它和细胞壁相接的膜，称为质膜；与液泡相接的膜称为液泡膜。在质膜和液泡膜之间充满细胞质(一种无色、透明、稍黏滞而带有弹性和半流动的胶体，亦称基质)，中间还分布有各种特定功能的细胞器，如细胞核、线粒体和质体(包括叶绿体)等。与细胞壁不一样，质膜和液泡膜均为选择性半透膜，水分子可以透过，分散在水中的胶体微粒(有机物质)却不能透过，溶解于水中的无机盐类的分子和离子虽也可以透过，但不同分子或离子透过时有难易快慢之别。液泡位于细胞的中心，被原生质体包围。液泡内的液体是原生质体生命活动过程中各种产物混合液。成熟的植物细胞中，液泡可占细胞总体积的 90%。

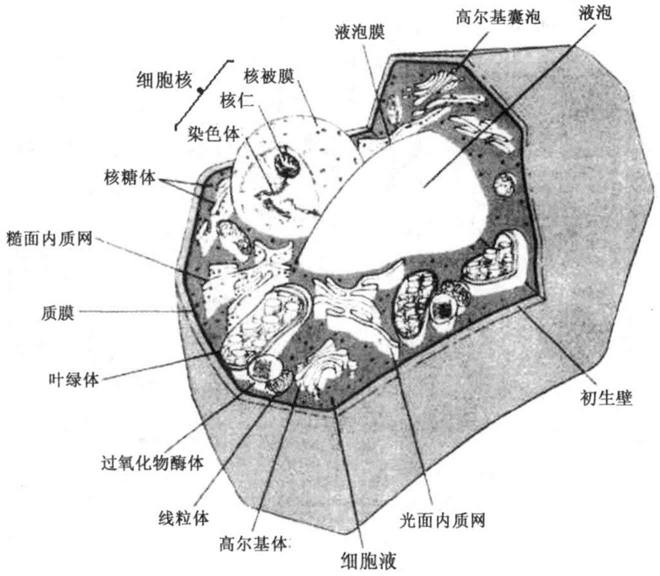

图 18.1　典型高等植物细胞结构示意图(武维华,2003)

不同植物的细胞以及植物不同组织的细胞间有很大的差异。巨型的植物细胞的节间细胞可以有数厘米长，约 1mm 粗细，而植物分生组织的细胞直径仅为十几微米。大多数高等植物细胞的直径一般为几十微米。高等植物体是由多细胞组成的，植物体的细胞高度分化，不同组织的细胞间也存在很大的差异。典型的高等植物细胞如图 18.1 所示。

高等植物可以进行光合作用，在从事光合的高等植物细胞中具有叶绿体。光合作用和具有细胞壁可能是植物祖先最早产生的有别于其他生物的重要特征。在许多高等植物细胞中都有一个相当大的中央大液泡，这也是高等植物细胞的重要特征之一。中央大液泡在细胞的水分运输、细胞的生长、细胞代谢等许多方面都具有至关重要的作用。

18.2.2　植物细胞水势

植物细胞水势由溶质势(ψ_s)、基质势(ψ_m)、压力势(ψ_p)和重力势(ψ_g)四个分量组成，即：

$$\phi = \phi_s + \phi_m + \phi_p + \phi_g \tag{18.2.1}$$

溶质势 ϕ_s：植物细胞中的水分因溶质的存在而使其势能下降的数值 ϕ_s 称为溶质势或渗透势(solute potential 或 osmotic potential)。溶质势表示溶质对水势的作用。溶质通过减小水的纯度而降低水的自由能，这主要是熵的效应，即溶质和水混合增加了系统的无序性，因而降低了水的自由能。对于非结合的物质的稀溶液，渗透势可以由范德霍夫(Van't Hoff)方程式估算：

$$\phi_s = -RTC_S \tag{18.2.2}$$

式中，R 为气体常数(8.32J/(mol^{-1}·K^{-1}))；T 为热力学温度，(K)；C_S 为溶质的浓度，以克分子渗透浓度(非国标用法)，或每升水中完全溶解的溶质的摩尔数来表示(mol/L)；负号为溶解的溶质降低溶液的水势。

溶质势恒为负值，据测定，大多数温带作物，叶细胞的溶质势在-10~-20bar 之间，某些旱生植物，溶质势甚至可降低至-100bar。

衬质势 ϕ_m：对处于分生区的细胞，风干种子细胞中心液泡未形成，其水势组分即衬质势(matric potential)。衬质势是细胞胶体物质亲水性和毛细管对自由水的束缚(吸引)而引起的水势降低值，它是由细胞壁及原生质体等细胞基质对水分子的吸附力造成的。细胞基质吸附的水分子数目越多，衬质势绝对值越大。干燥种子以及因与干空气接触而失水的植物体中，衬质势很低，可达-10~-100MPa。正常生长植物的成熟细胞中，细胞壁和原生质体几乎为水所饱和，ϕ_m 则很高，约为–0.01MPa，这时 ϕ_m 对总水势的影响可以忽略不计。

压力势 ϕ_p：植物细胞具有坚韧的细胞壁，细胞吸水膨胀到一定程度时将受到细胞壁的限制。此时，液泡及原生质体向外对细胞壁产生一定压力，称为膨压(turgor pressure)，植物细胞的膨压是由于细胞吸水后相对较为刚性的细胞壁对细胞体积的限制所造成的；相应地细胞壁也对内产生压力，称为壁压。膨压和壁压大小相等方向相反。细胞中的水分受壁压而引起的水势，称为压力势，通常为正值。压力势是由于溶液的静水压(hydrostatic pressure)所增加的溶液的水势，溶液的静水压也可以是负值，如在植物的木质部导管中，溶液处于负压力下，这对水的长距离运输是很重要的。特殊情况下，例如细胞失水过多引起原生质体与细胞壁分离时，压力势才等于零。

重力势 ϕ_g：重力对水势的影响可表示为：

$$\phi_g = \rho_w g h \tag{18.2.3}$$

式中，ρ_w 为水的密度；g 为重力加速度；h 为水相对参考状态时的高度；$\rho_w g$ 约等于 0.01MPa/m。因此，10m 的高度对水势产生约 0.1MPa 的增量。

重力势只在高大的树木中有意义。一年生植物的重力势只有几千帕，与水势的其他组分相比，可忽略不计。

总之，对于正常生长的植物体，细胞水势主要有溶质势和压力势两个分量，而衬质势和重力势一般可以忽略，因而式(18.2.1)可简化为：

$$\phi = \phi_s + \phi_p \tag{18.2.4}$$

无论系统的水势组成有何不同，水分在系统间的转移方向通常是由系统的水势差所决定的。水总是顺着水势梯度从水势高的地方转移到水势低的地方。

18.2.3　植物细胞吸水原理

植物的生命活动是以细胞为基础的，植物对水分的吸收最终决定于细胞的水分关系。细胞吸水有三种方式：吸胀吸水，即未形成液泡的细胞靠吸胀作用吸水；渗透性吸水，即中心液泡的成熟细胞以渗透性吸水为主；代谢性吸水，即直接消耗能量，使与渗透作用无关的叫代谢性吸水。在这三种吸水方式中，以渗透性吸水为主。

植物细胞的吸胀吸水：干燥种子的细胞中，细胞壁的成分纤维素和原生质蛋白等生物大分子都是亲水性的，并且都处于凝胶状态，它们对水分子的吸引力很强，这种吸引水分子的力称为吸胀力，因吸胀力的存在而吸收水分子的作用称为吸胀作用。吸胀力实际上是水势的一个组分，即衬质势，系由吸胀力的存在而降低的水势值。

一般地来说，细胞形成中央液泡之前主要靠吸胀作用吸水。如干燥种子的萌发吸水，果实和种子形成过程中的吸水，根尖和茎尖分生区细胞的吸水等主要是吸胀吸水，吸胀过程中的水分移动方向，也是从水势高的区域流向水势低的区域。细胞内亲水物质通过吸胀力而结合的水称为吸胀水，它是束缚水的一部分。

植物细胞的渗透性吸水：成熟的植物细胞具有一个大液泡，其细胞壁主要是由纤维素分子组成的纤维丝构成，水和溶质都可以通过。而质膜和液泡膜则对于溶质为选择性膜，水易于透过，对溶质分子或离子具有选择性。在一个成熟的细胞中，原生质层就相当于一个半透膜(包括原生质膜、原生质和液泡膜)。如果把此细胞置于水或溶液中，则含有多种溶质液泡液，原生质层以及细胞外溶液三者就构成了一个渗透系统。水分从水势高的区域通过半透膜向水势低的区域移动的现象，称之为渗透作用。含有液泡的成熟细胞，依赖于渗透作用，以渗透吸水为主。

如果将植物细胞放置在水势低于细胞水势的溶液中，则细胞内的水分会向外渗透，细胞的体积将逐渐缩小，如果细胞持续失水，由于细胞壁的相对刚性而无法持续缩小，因此细胞原生质体将和细胞壁分离。当细胞原生质刚开始在细胞角隅处与细胞壁发生分离时，称为初始质壁分离。如果细胞进一步失水，原生质收缩成团，与细胞壁完全分离，这一现象称作质壁分离。此时细胞的膨压为零。如果将已发生质壁分离的细胞重新放入水势较高的溶液或纯水，水又会重新进入细胞，原生质体随之扩大，最后又重新紧贴细胞壁，这种现象称为质壁分离复原。

植物细胞的代谢性吸水：利用细胞呼吸释放出的能量，使水分经过质膜进入细胞的过程称代谢性吸水。不少试验证明，当通气良好引起细胞呼吸加剧时，细胞吸水作用便增强；相反，减小 O_2 或以呼吸抑制剂处理时，细胞呼吸速率降低，细胞吸水也就减少。由此可见，原生质代谢过程与细胞吸水有着密切关系。但这种吸收方式的机制尚不清楚，该吸收占细胞总吸水量比例有多大还有争议。

18.2.4　细胞-细胞的渗流模型

SPAC 系统是一个物质和能量连续的系统。在这个系统中，水流将沿着水势减小的方向运移。

Philip 模型：Philip 最早研究了植物细胞渗流的数学问题，他所研究的是线性排列的细胞，并假定细胞膜为透水但不透溶质的半透膜，求解的是水由一个细胞向另一个细胞渗透的一维渗流问题。

细胞总水势为ϕ(Pa)，由压力势ϕ_p和溶质势ϕ_s组成，如式(18.2.4)。压力势ϕ_p即壁压，以 V(cm^3)表示细胞的体积，V_0为ϕ_p=0 时的细胞体积。将细胞壁视为弹性物体，E 为其弹性模量(Pa)，则可将压力势ϕ_p表示为：

$$\phi_p = E(\frac{V}{V_0} - 1) \tag{18.2.5}$$

溶质势$\phi_s=-RTC_S$，当细胞膜为完全半透膜时，液泡内溶质的含量是不变的。因此，随着细胞体积的改变，细胞内溶液的浓度 c 亦随之变化。细胞的溶质势ϕ_s和细胞的体积 V 的关系，可由下式表示：

$$\phi_s = \phi_{s0}\frac{V_0}{V} \tag{18.2.6}$$

式中，ϕ_{s0}为 $V=V_0$时细胞的溶质势，由以上两式可见压力势ϕ_p和溶质势ϕ_s存在如下关系：

$$\phi_p = E(\frac{\phi_{s0}}{\phi_s} - 1) \tag{18.2.7}$$

根据式(18.2.5)和式(18.2.6)，细胞的总水势ϕ为

$$\phi = E(\frac{V}{V_0} - 1) + \phi_{s0}\frac{V}{V_0} \tag{18.2.8}$$

当细胞体积变形较小时，$(V/V_0)\approx 2-(V/V_0)$，则式(18.2.8)近似为：

$$\phi = \frac{V}{V_0}(E - \phi_{s0}) - (E - 2\phi_{s0}) \tag{18.2.9}$$

水在渗透时，一般认为其体通量 q(cm/s)与势差$\Delta\phi$为线性关系，即

$$q = -k\Delta\phi$$

式中，k 为细胞的渗透系数(cm/ (s^{-1}·Pa^{-1}))。考虑到水由一个细胞渗透到另一个细胞时，必须通过两个细胞膜，故通量应为：

$$q = -\frac{k}{2}\Delta\phi \tag{18.2.10}$$

现以第 i 个细胞为例，由质量守恒定理写出平衡方程式

$$\Delta V_i = A(q_{i-1,i} - q_{i,i+1})\Delta t \tag{18.2.11}$$

式中，ΔV_i为时间间隔 Δt 时间内第 i 个细胞溶液体积的增量；A 为细胞渗透的有效过水断面面积(cm^2)；$q_{i-1,i}$和 $q_{i,i+1}$分别为由第(i−1)个细胞渗入到第 i 个细胞和由第 i 个细胞渗入到第(i+1)个细胞的通量。将 $q_{i-1,i}$ 和 $q_{i,i+1}$ 分别按式(18.2.10)写出，然后带入方程式(18.2.11)，经整理后可得：

$$\frac{\Delta V_i}{\Delta t} = \frac{Ak}{2}(\phi_{i+1} - 2\phi_i + \phi_{i-1})$$

式中，ϕ_{i+1}，ϕ_i和ϕ_{i-1}分别为第(i−1), i 和(i+1)个细胞的水势，设 Δx 为一个细胞的长度(cm)，则($\phi_{i+1}-2\phi_i+\phi_{i-1}$)/$\Delta x^2$为二阶偏导数$\partial^2\phi/\partial x^2$的差分形式，而 $\Delta V_i/\Delta t$ 为$\partial V/\partial t$ 的差分形式，因此，由上式可写出微分方程

$$\frac{\partial V}{\partial t} = \frac{Ak\Delta x^2}{2}\frac{\partial^2\phi}{\partial x^2} \tag{18.2.12}$$

而由式(18.2.9)可得：

$$\frac{\partial \phi}{\partial t}=\frac{E-\phi_{s0}}{V_0}\frac{\partial V}{\partial t}$$

将上式代入式(18.2.12)，则可导出一维细胞渗透的基本方程：

$$\frac{\partial \phi}{\partial t}=D_t\frac{\partial^2 \phi}{\partial x^2} \tag{18.2.13}$$

式中，D_t为细胞渗透的扩散系数，其表达式为：

$$D_t=\frac{kA(E-\phi_{s0})\Delta x^2}{2V_0} \tag{18.2.14}$$

对理想的线性排列细胞，其渗透可归结为求解二阶线性偏微分方程的问题。

Molz 模型：Philip 细胞渗流模型是最简化的模型，Molz 在此基础上进一步研究了细胞膜为选择性半透膜的细胞渗流模型。所考虑的仍然是线性排列的细胞，但细胞膜对溶质的可透性是具有选择性的，即某种溶质可以透过，而其他类型的溶质不能通过。也就是说，细胞溶液中的溶质分为可扩散和不可扩散的两部分，不可扩散溶质的浓度及其形成的溶质势和细胞溶液体积有关，如式(18.2.6)的分析方法和 Philip 模型相同，可扩散溶质的浓度及相应的溶质势，则受对流和扩散作用的引起的该项溶质运移的影响。

Molz 根据此细胞渗流模型，分析得出了求解水分和可扩散溶质运移的一组基本方程：

$$\frac{\partial \phi'}{\partial t}=D_1(\frac{\partial^2 \phi'}{\partial x^2}-f_0\frac{RT_K}{\mu}\frac{\partial^2 c}{\partial x^2}) \tag{18.2.15}$$

$$c\frac{\partial \phi'}{\partial t}+(\phi'+E-2\phi'_{s0})\frac{\partial c}{\partial t}=D_2\frac{\partial^2 c}{\partial x^2} \tag{18.2.16}$$

式(18.2.15)为水的渗流方程，式中，$\phi'=\phi_p+\phi_s'$。ϕ_s'为不可扩散溶质所引起的溶质势。方程右端第二项代表可扩散溶质对水流通量的影响，c 为可扩散溶质的浓度，$\phi''=-RTC_S$ 则为相应的溶质势，f_0为反射(或渗透有效)系数。式(18.2.16)为可扩散溶质的运动方程，其中 ϕ_{s0}'为 $\phi_p=0$ 时 ϕ_s'的值，E 为细胞壁的弹性模量，水的扩散系数 D_1(cm^2/s)和溶质扩散系数 D_2 ($cm^2/(s^{-1}\cdot Pa^{-1})$)为：

$$D_1=\frac{kA(\Delta x^2)(E-\psi_{s0}')}{2V_0} \tag{18.2.17}$$

$$D_2=\frac{k_c A(\Delta x^2)(E-\psi_{s0}')}{2} \tag{18.2.18}$$

式中，K_c为细胞膜的溶质渗透系数(cm/s)。

改进的 Molz 模型：以上所述的细胞渗流模型，未考虑水和溶质在细胞壁中的渗透。实际上，植物组织中细胞壁的渗透是不可忽略的。因此，Molz 等又提出了细胞-细胞和细胞壁的渗透模型。该模型除考虑溶液由一个细胞向相邻的细胞渗透外，还考虑了细胞壁中的渗流以及细胞和细胞壁之间所存在的溶质运移。该模型有下列假定：细胞膜为完全半透膜，$\phi_p=0$ 时，每个细胞的大小 V_0及 ϕ_{s0}相等，各细胞的 E 和 k 均相同，经分析得出描述此种细胞渗流模型的基本方程：

$$\frac{\partial \phi}{\partial t} = D_1 \frac{\partial^2 \phi}{\partial x^2} - \frac{(\phi - \tau)}{RC_1} \tag{18.2.19}$$

$$\frac{\partial \tau}{\partial t} = D_2 \frac{\partial^2 \tau}{\partial x^2} - \frac{(\phi - \tau)}{RC_2} \tag{18.2.20}$$

式中，$\phi = \phi_p + \phi_s$为细胞中的水势；τ为细胞壁中的压力势，即其水势；R为细胞壁和细胞间渗透的阻抗(Pa·s/cm³)，

$$R = \frac{1}{6Ak} \tag{18.2.21}$$

C_1和C_2分别为细胞-细胞流径中和细胞壁流径中每个细胞的容抗(cm³/Pa)，分别为：

$$C_1 = \frac{V_0}{E - \psi_{s0}} \tag{18.2.22}$$

$$C_2 = 1.5 a \Delta x S \tag{18.2.23}$$

式中，a(cm²)为与x轴垂直方向上的细胞壁的面积；S(1/Pa)为细胞壁的弹性储水系数，方程(18.2.19)和(18.2.20)中的扩散系数D_1和D_2分别为：

$$D_1 = \frac{kA(\Delta x^2)(E - \psi_{s0})}{2V_0} \tag{18.2.24}$$

$$D_2 = \frac{k_h}{1.5S} \tag{18.2.25}$$

式中，K_h为细胞壁的水力传导度(cm²/(s·Pa))。

以上列举的各种细胞渗流模型都是一维的，也可推广到二维和三维的情况，只是表达形式将更为复杂。

§18.3　植物根系对水分的吸收

根系是维管植物的地下部分，主要起着固着和吸收作用。根系在地下形成一个庞大的网状结构，其总面积是地上部分的几十倍，它们在土壤中的分散范围很广，因此，根系在土壤中的吸水能力是相当强的。虽然植物可以通过几乎任何表面去吸收水，但对于陆生植物来说，通过根部以外的其他器官吸收的水分数量很小。所以，根系吸水是陆生植物吸水的主要途径。

18.3.1　根的结构

根系是植物吸水的主要器官，根系吸水主要在根尖进行。在根尖中，伸长区、分生区和根冠三部分由于原生质浓厚、输导组织尚欠发达，对水分移动阻力大，吸水能力较弱。根毛区有许多根毛，增大了吸收面积，它可占根系总表面积的一半以上。由于根毛很细，可以进入土壤毛细管空间，同时根毛细胞壁的外部由于果胶物质覆盖，黏性强，亲水性好，有利于与土壤颗粒黏结和吸水；而且根毛区输导组织发达，对水分的移动阻力小。所以，根毛区吸水能力最强。根毛区随着根的生长不断前进，老的不断死亡，新的不断产生，根毛的寿命一般只有几天。

根的外部形态：一般双子叶植物种子萌发时，胚根最先突破种皮，向下生长形成主根。

主根的各级分支叫做侧根。侧根常呈放射状绕主根分布。除主根、侧根以外，有些植物还可以从茎叶以及老根上生出根来，这些根因产生的位置不固定而称为不定根。

一株植物根的总体叫做根系。按其形态，根系可分为两类：主根粗长发达，向下生长，其旁分生侧根的称为直根系，如蚕豆、棉花等；另一类植物主根不发达，自茎基部节上发生许多长短粗细相似的不定根，这种根系称为须根系，加小麦、水稻等的根。

植物根系是一个极其复杂的系统。它在土壤中伸展的范围及根量的多少，与植物种类和外界环境，如土壤的结构、通气程度以及水分状况等有关。从根的吸水角度来说，根长是描述根系的重要指标。因为不仅根尖区而且老根区都能有效地吸收水分，而吸水的有效程度，通常是与根的表面积，即与根长成正比的。

单位地表面下根的总长度称为根指数，用 L_y 表示，是描述根系数量的重要参数。单位体积土壤中的根长称为根密度，用 L_v 表示，是描述根长随土壤剖面深度分布的常用指标。

根密度随深度一般是减少的，但其分布方式变化很大。通常用下式表达根密度与深度 z 的关系：

$$P(z)=100(1-\mathrm{e}^{-az}) \tag{18.3.1}$$

式中，$P(z)$为 z=0 至任何深度 z 之间根长占总根长的百分数；a 为一经验系数。

根的内部结构：根的初生结构，从根的顶端到生着根毛的部位，叫做根尖区。通过根毛区作一横截面，可以看到根的初生构造由表皮、皮层、维管柱三部分组成，如图 18.2。

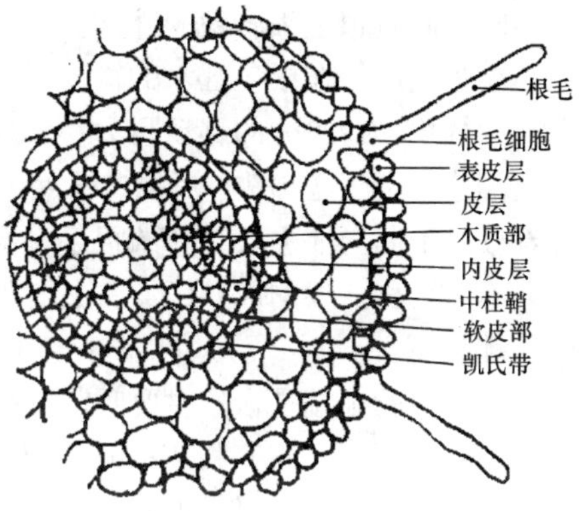

图 18.2　根的初生构造示意图

表皮和根毛，表皮是根的最外一层细胞。在幼根中，表皮由一层排列紧密的薄壁组织细胞所组成，外壁常覆盖有薄的角质层。表皮上的根毛，是表皮细胞壁向外突起所形成的，一般长 0.05~10mm。表皮细胞中的原生质体与根毛相通。随着根的不断伸长，老的根毛逐渐丧失功能萎缩。根毛寿命通常只有 15~20 天。根毛具有增加根部吸收表面积的作用，但目前仍然未有足够的了解。

皮层，表皮以内中柱鞘以外的区域为皮层。它是由薄壁组织细胞组成的。皮层内细胞的排列疏松，有细胞间隙。皮层的最外一层或几层细胞，排列整齐，无细胞间隙，细胞壁栓质化或硬化，称为外皮层。外皮层常见于许多单子叶植物，主要起保护作用。皮层的最内一层细胞为内皮层，其内侧紧贴维管柱。该层细胞排列紧密，无细胞间隙，其径向壁与横向壁上有栓质的带状加厚，而不同于其他细胞，称为凯氏带。

维管柱，维管柱位于内皮层以内，为根的中央部分，包括中柱鞘、木质部和韧皮部。维管柱最外边的紧贴内皮层的一层或两层薄壁组织细胞叫做中柱鞘。中柱鞘保留有分生能力，是侧根、维管形成层及木栓形成的发源地。

中柱鞘以内为木质部和韧皮部。木质部由导管、管胞等组成，主要起输导水分和无机盐类的作用。韧皮部是中柱内输送养分的组织，与木质部共同组成维管组织。韧皮部由筛分子、厚壁组织细胞和薄壁组织细胞组成，其功能是将叶片中形成的光合产物运输到植物体的各个部分。

根的次生结构，裸子植物和多数双子叶植物在初生结构形成后，由于中柱鞘内形成层的细胞分裂活动，向内形成次生木质部，向外形成次生韧皮部，使根不断加粗，最终形成根的次生结构(图 18.3)。

当根的次生结构形成后，根从外至内由周皮(木栓层，由中柱鞘细胞转化而形成)和次生维管组织组成，而其初生结构一般都被挤毁。

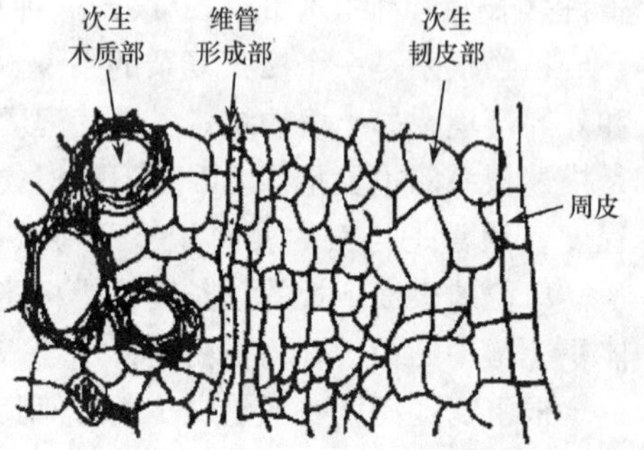

图 18.3　根的次生结构示意图

18.3.2　根系的吸水部位

根系是植物吸水的主要器官。虽然植物的根系有很长的长度和很大的面积，但是根吸收水的部位主要是在根尖部分。根尖的幼嫩部分包括分生区、伸长区和根毛区。水的吸收主要发生在根毛区和伸长区，特别是根毛区。根毛区根毛很发达，增大了吸收面积，它可占根总表面积的一半以上。由于根毛很细，可以进入土壤毛细管空间，同时根毛细胞壁的外部由于果胶物质覆盖，黏性强，亲水性好，有利于与土壤颗粒黏着和吸水。在根毛区水的输导组织已经初步形成，初生木质部已经分化，次生木质部也开始分化，对水分的移动阻力小，这样根顶端吸收的水就能通过这些输导组织向植物的地上部分顺利运送出去。所以，根毛区的吸水能力最强。根毛的寿命很短，一般仅有几天，随着根的不断向前生长，新的根毛又会不断形成。这样根的吸水区就会随根的生长而向富水区不断转移。根的成熟区通常具有保护组织，称为外皮层，其中含有疏水物质，对水的通透性较低。

虽然根的顶端是水的主要吸收部位，但是随着蒸腾速率的加快，根尖的吸水将不能满足蒸腾的需要，在高蒸腾速率时，根上吸水最快的区域也会逐渐从根尖向根的基部转移。

根的解剖资料表明，水和矿物质的吸收主要发生在根尖后面几厘米范围内，大致是存在根毛的区段。但有些植物，根的其他部位也能观测到可观的吸水率。通常认为由于根毛增加了根与土壤接触的表面积，从而增加了对水的吸收，特别是在土壤变干时特别有用。内皮层未角质化的根虽然能有效地使水通过，但其与土壤的接触表面与植物相对大的需水量相比是小的。

18.3.3　根系的吸水类型

根系的吸水分为主动吸水和被动吸水，分别是由根压和蒸腾拉力引起的。

主动吸水：由根的代谢作用而引起的植物吸水现象，称为主动吸水。吐水与伤流是根系主动吸水的外在表现。在气温较高、土壤水分充足、空气潮湿的情况下，没有受伤的叶片尖端或边缘溢出液滴的现象，称为吐水。液滴通过排水器向外渗流出来。排出的液体并不是纯水，而是含有糖、氨基酸和无机盐类的植物体液。植物通过吐水，以保持植物体内的水分继续流动。在自然条件下，当植物吸水大于蒸腾时，可观察到吐水现象。

从受伤或折断的植物组织溢出液体的现象，称为伤流。流出的汁液叫伤流液。这种由根的生理活动，使伤流从根部上升的压力，称为根压；大多数植物的根压不超过 0.2MPa。

伤流液含有较多的无机盐和有机物。分析伤流液的成分可了解根系吸收无机盐和合成有机物的情况。伤流液的量反映了根系代谢活动，一般来说，根系代谢活动越高，分泌伤流液的量愈大。植物的主动吸水，与根压有关。

被动吸水：由于植物地上部分的蒸腾作用所引起的吸水现象，称为被动吸水。在植物的根被麻醉或被去掉的情况下，正在进行蒸腾作用的枝叶仍能吸收水分。由此看来，根只作为水分进入植物体的被动吸收表面。因此，称这种吸水为被动吸水。

当蒸腾作用进行时，植物叶片失水，水势降低，就从邻近水势较高的细胞吸水。按叶细胞到叶脉，茎的导管，根的导管和根的顺序，形成一个由低到高的水势梯度。根细胞的水势低于土壤溶液中的水势，因此根仍能从土壤中吸收水分。植物的这种吸水是由于蒸腾失水而产生的蒸腾拉力引起的。通常，在蒸腾进行的情况下植株吸水是被动吸水，只有在蒸腾缓慢时主动吸水才显著。

18.3.4　根部吸水阻力

根系阻力：液态水流的阻力包括从土壤至根，而后至木质部，再至叶片的水流阻力，在这些阻力中，最大的阻力是根系吸水阻力。根系吸水阻力包括水从土壤传输至根表面的土壤阻力和水从根表面传输至根系木质部的根阻力。根系的主动吸水和被动吸水，均需克服土壤阻力、根土界面阻力及根的径向和轴向阻力，而这些阻力会随着根系生长、分布状况及土壤水分变化而变化。据测定，根表面和内皮层存在有重要阻力，土壤变干时根系发生收缩而使根土界面水流连续性受到破坏，使根土界面阻务大为增加，阻碍根系吸水，根系内皮层阻力增加可能有两种原因，一是凯氏带的存在，这使水分由质外体转至共质体时阻力增大，另一种认为溶质对流速度大于吸收速度，而使溶质在内皮层附近发生累积，使水分向内渗透速度变慢，在湿土中，这种效应很小，随着土壤变干，这种效应增强。目前的研究认为，根系吸水轴向阻力较小，而径向阻力较大。

径向阻力：径向阻力是水分从根表面向木质部导管传输时遇到的阻力。对 SPAC 中各部分阻力值的大小模拟试验研究表明，尽管随生长时间延长，土壤含水量减少，但根系径向阻力在吸水模拟试验过程中几乎是常数，平均值约为 3.35×10^9N。这说明它主要代表根系的一种固有吸收特性而与土壤条件的关系是次要的。径向阻力一般随土壤深度增加而增大，其原因可能主要是因为下部土体中根长密度远高于上部土体，且根系皮层中的活细胞层比上部根系皮层中的要多。径向阻力随生育期天数增加而降低，这主要与根龄增加引起的扎根深度和根毛密度增加有关。

一般认为根径向阻力主要存在于有凯氏带的内皮层内，但通过用根压力探针穿刺内皮层，发现根的导水率没有变化，而根压迅速降低，表明内皮层不是幼根吸水的主要阻力所在，而是溶质出入的屏障。当内外皮层上的细胞壁木质化或栓质化时，根系的吸水阻力可能主要在这两层上。

轴向阻力：水分在根系中运动时除径向阻力外，还要遇到轴向阻力。轴向流的通道可明确肯定主要是沿木质部通道。由于木质部主要由成熟的导管和管胞组成，而这些导管和管胞均是由原生质极少而几乎中空的死细胞构成，所以阻力较小，水流速度快。

根系轴向阻力受导管不同区段直径和构造变化以及与管壁周围组织之间侧向液流交换特性等的影响。土壤含水量也会影响根木质部轴向阻力。当土壤变干时，导管内的液流会出现空腔化现象或邻近木质部薄壁细胞突出的侵填体等堵塞了导管或土壤溶液浓度增大导致水流黏滞系数的增大等都会使根轴向阻力增大。

根系吸水阻力计算公式：根系吸水可用下面的公式描述

$$J_v = L_p(\Delta P_h - \sigma\Delta\pi) \tag{18.3.2}$$

式中，J_v 为单体时间单位面积根表面水分流动的量($cm^3 \cdot s/cm^2$)，也就是根系吸水速率；L_p 为水分传导系数($cm^3 \cdot s/(cm^2 \cdot bar)$)；$\Delta P_h$ 是根系内外的水势差(bars)；σ为一个无量纲反映渗透效率的系数；$\Delta\pi$为根系内外的渗透压差。

如果把根看作一个圆柱体，则得到一个圆柱体稳态水流公式：

$$\Delta h = q \cdot \ln(b^2/a^2)/4\pi k \tag{18.3.3}$$

式中，Δh 为水势差(cm)；q 为单位根长的水流速率(cm^2/d)；k 为土壤导水率(cm/d)；a 和 b 为圆柱体内外半径，用根半径(r)代表 a，用$(1/\pi L_v)^{1/2}$ 代表 b；L_v 为单位土壤体积中的根长(cm/cm^3)，那么单位土壤体积阻力 R_s 可用下式描述：

$$R_s = \Delta h/(qL_v) = -\ln(L_v \pi r^2)/(L_v 4\pi k) \tag{18.3.4}$$

单位土壤体积的根系阻力为：

$$R_p = R_r/L_v \tag{18.3.5}$$

式中，R_r 为单位根长阻力。

18.3.5 根的吸水途径

水通道蛋白(水孔蛋白)：长期以来，人们一直认为水分是通过自由扩散进入细胞的，近年来，大量实验表明，细胞膜和液泡膜上存在水通道蛋白，水分通过水通道蛋白出入细胞。水通道蛋白是存在于细胞膜和液泡膜上转运水分的主体内在蛋白，后来发现植物液泡膜上的内在蛋白(T−TIP)和原生质膜上的内在蛋白(PIP)也是水孔蛋白。水通道蛋白是一寡聚蛋白，由四个单体聚合而成，每个单体由一条多态链组成，具有 6 个跨膜片断。可以通过直接观察细胞体积变化，来判断原生质水孔蛋白转运水分能力。虽然目前对水孔蛋白的研究主要处在细胞水平研究阶段，水孔蛋白对整株植物水分调控的机理还不清楚，但有迹象显示水孔蛋白在调控植物水分状况中发挥重要作用。用反义转基因技术降低拟南芥原生质膜水孔蛋白的表达后观察到，原生质体的透性降低了 3 倍，而根量比对照增加了 5 倍，显然根量的增加弥补了导水率的降低，从而保证根对地上部供应足够的水分；有些根属植物根的导水率的昼夜变化与水通道蛋白 mRNA 丰度密切相关，由此可见水通道蛋白调节根系导水率的昼夜变化；人们还观察到木质部薄壁细胞存在大量水通道蛋白，一般认为水通道蛋白在修复木质部导管栓塞中起重要作用，这些水通道蛋白可能控制水分从木质部薄壁细胞流向木质部导管腔。然而在组织和器官水平上，膜的透水性并不能导致整个组织或器官的导水率发生变化。

根的水导：水从土壤进入植物体内部的途径是相当复杂的。理论上讲，水可以通过两种途径进入植物体内部：首先是质外体的途径，水通过细胞壁和细胞间隙扩散进入植物体内部；其次是共质体途径，水通过胞间连丝从细胞到细胞运动进入植物体内部。当然水也可以通过两种途径交替进行，水从细胞一侧跨膜渗透进入细胞，而后从细胞的另一侧出细胞，并依次跨膜进出细胞最后进入植物体内部。

虽然水径向进入植物体的途径相当复杂，但是我们可以将其简化。在根的内皮层中，水的运动会被凯氏带所阻隔。凯氏带是内皮层细胞径向壁上加厚的带，其中富含类似蜡质的木栓质。木栓化的凯氏带形成了水和溶质难以逾越的屏障，因此根的质外体在此是不连续的，可分为内皮层以外和内皮层以内两部分，而把内皮层假设为是一层膜，当这层膜的两侧有水势差时就会发生水的运动。由于水径向从根毛到木质部假设为只经过一层膜，因而只具有一个根水导 L_{root}，可以下式表示：

$$L_{root} = \frac{J_v}{\Delta\varphi_w} \tag{18.3.6}$$

式中，J_v 为水的跨根运动速率；$\Delta\phi_w$ 为径向的跨根水势梯度。

根的水导并非是恒定值，它随水跨根的运动速率和跨根水势建立的方式不同而不同。这是因为水跨根运动并非真正是经过一层膜，压力梯度和渗透势梯度对水的运动都有推动作用，而压力梯度对水的运动比渗透势梯度更为有效。而当水的运动由压力梯度或者渗透势梯度所驱动时所采用的机制和途径是不同的。

水分透过表皮细胞后，在皮层内主要是通过细胞间隙到达内皮层。水经质外体以及细胞的途径通过外皮层。质外体的途径在凯氏带处被阻断。细胞的途径包括跨细胞胞膜的途径和共质体途径。在跨膜的水分运动中，水从细胞的一侧跨膜进入细胞然后从细胞的另一侧跨膜输出细胞，如此交替进入内皮层。在共质体途径中，水经胞间连丝在细胞间运动，最后进入内皮层。水分进入内皮层细胞后，再从细胞进入中柱。在中柱内又经过细胞壁或细胞间隙等质外体径直至木质部的导管。因此，一小段根的径向导水性主要决定于内皮层，并且它随着内皮层年龄的增长和栓化作用而降低(图 18.4)。到达木质部的水分，在水势梯度的作用下，自根部流向基部再进入茎部和叶肉细胞内。

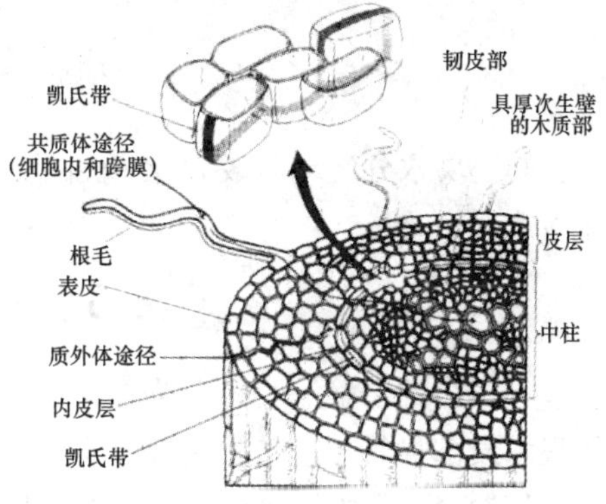

图 18.4　植物根吸收水分途径示意图

§18.4　单根吸水的土壤水分运动模型

根周围土壤水状况，对根的吸水速率，从而对植物蒸腾具有重要影响。为了研究植物根系吸水时土壤水分的运动特征，通常将根视为一个半径为 r_a 的无限长圆柱体，假定根的直径、根的吸水特性，及土壤的初始条件和导水性能等沿根长不变，则根周围土壤水运动近似为沿径向的向心平面流动，其定解条件为：

$$\begin{cases} \dfrac{\partial\theta}{\partial t} = \dfrac{1}{r}\dfrac{\partial}{\partial r}[rD(\theta)\dfrac{\partial\theta}{\partial r}] \\ \theta = \theta_0, s = s_0; t = 0, r \geqslant 0 \\ Q = 2\pi r_a K(s)\dfrac{\partial s}{\partial r} = 2\pi r_a D(\theta)\dfrac{\partial\theta}{\partial r}; r = r_a, t>0 \\ \theta = \theta_0, s = s_0; r = \infty, t>0 \end{cases} \tag{18.4.1}$$

式中，θ和 s 分别为土壤含水率及吸力；θ_0和 s_0为相应的初始值；r 为以根中心为圆心的半径；r_a为根的半径；$K(s)$和 $D(\theta)$为土壤的导水率和扩散率；Q为根的吸水率，即单位时间内每单位根长的吸水量。

假定 $K(s), D(\theta)$为常数，则通过 Boltzman 变换可求得上述问题的解为：

$$\theta-\theta_0=\frac{Q}{4\pi D}\cdot\exp(\frac{r_a^{\ 2}}{4Dt})\cdot[r+\ln u+\sum_{n=1}^{\infty}\frac{(-1)^n u^n}{n\cdot n!}] \tag{18.4.2}$$

式中，$u=r^2/4D_t$，γ=0.577 2为欧拉常数。上式便是单根吸水时土壤水分运动的解。

当t足够大时，有

$$\exp(r_a^{\ 2}/4Dt)\approx 1,\quad \sum_{n=1}^{\infty}\frac{(-1)^n u^n}{n\cdot n!}\approx 0$$

于是单根吸水的近似解为：

$$\theta-\theta_0=\frac{Q}{4\pi D}(\gamma+\ln\frac{r^2}{4Dt}) \tag{18.4.3}$$

用土壤水势表示时，上式写为：

$$\phi-\phi_0=\frac{Q}{4\pi K}(\ln\frac{4Dt}{r^2}-t) \tag{18.4.4}$$

已知土壤水分运动参数 D, K 值以及初始含水率 θ_0或ϕ_0，可计算出吸水率为 Q时根周围土壤水分分布。

§18.5 根内水运动模型

水在根内的运输途径可分为径向运动途径和轴向运动途径。径向途径指水分由根表皮进入根木质部导管所经过的路径；轴向途径指沿根木质部导管传输途径。径向途径又可分为质外体途径、共质体途径和穿细胞途径。对根的径向途径而言，质外体途径包括细胞壁和细胞间隙；共质体途径指通过胞间连丝连接的细胞到细胞运输途径；穿细胞途径指通过细胞膜和相邻细胞之间的细胞壁空间的从细胞到细胞运输途径。由于实验中很难把共质体运输和穿细胞途径区分开来，所以把它们合称为细胞到细胞途径。不同种植物其运输途径有所差别，蒸腾作用旺盛的玉米和棉花根中以质外体途径为主，而在大麦和菜豆根中细胞到细胞途径占优。同一条根的不同部位运输途径也有差别，洋葱根的幼嫩部位(离根尖10~45mm)质外体运输占优，而较老根段(离根尖 50~120mm)细胞到细胞途径占优。在对根径向运输的研究中，根质外体途径的阻力分布以及穿细胞途径中的膜水孔蛋白受到广泛注意，关于根的轴向运输，以前认为木质部导管阻力很小，可以忽略，但近年来人们注意到木质部导管的发育状况和其中的栓塞对根导水的影响也很重要。

18.5.1 径向运动

假定根组织细胞膜为完全的半透膜，细胞内和细胞壁之间的水势达到局部平衡，则柱坐标下根内水的径向运动方程为：

$$\frac{\partial \phi}{\partial t}=D\frac{\partial^2 \phi}{\partial r^2}+\frac{D}{r}\frac{\partial \phi}{\partial r} \quad r_e<r<r_a, t>0 \tag{18.5.1}$$

式中，ϕ为根组织水势；D为根组织水分扩散系数；r为径向距离；r_e是内皮层半径。

将方程(18.4.1)和方程(18.4.3)联系起来，获得单根吸水时的土壤-根水流模型。针对具体问题拟定定解条件，便可求出这一模型的解。

实际植物根系分布的错综复杂性导致上述模型在具体应用时遇到很大困难。克服这一困难的一种近似方法是把水分运移认为是稳态流动，因而水分通量可表示为：

$$Q=\frac{\phi_{s0}-\phi_{r0}}{R_r} \tag{18.5.2}$$

式中，ϕ_{s0}为根表面($r=r_a$处)的水势；ϕ_{r0}为根木质部水势；R_r为水分由根表面向根木质部运移过程所遇到的阻力；Q表示单位根长在单位时间内的吸水速率。

R_r主要与根的年龄及栓质化程度有关。一般而言，在未栓质化的根尖区，R_r较小；而在栓质化的根段，R_r较大；当形成周皮时，有一个极完整的栓质化的圆筒包围着根，所以水分吸收就只限于皮孔、伤口、裂缝等局部区域，这时R_r也较大。

18.5.2　纵向运动

根内水的纵向运动是指水透过皮层到达木质部后在水势梯度的驱动下沿着根的木质部汇流到根与茎的交界处的过程。

沿根的木质部向上流动的水通量与水势梯度的关系，可由达西定律表示：

$$q_x=K_x\frac{\mathrm{d}\phi_x}{\mathrm{d}x} \tag{18.5.3}$$

式中，q_x为水流通量；x为距离基部的远近；ϕ_x为木质部内的水势；K_x为木质部的导水率。在木质部内没有半透性膜阻挡，所以渗透势不起作用，水分主要是在衬质势的作用下运动。

§18.6　植物根系吸水模型

建立植物根系吸水模型是以根系吸水的机理和试验研究为基础，通过数学等方法来定量地描述根系吸水(吸水速率)的过程。微观模型和宏观模型是传统的分类。微观模型又称单根径向流模型，它研究流向和进入典型单根的径向流，假定此单根可以看成无限长、半径均匀、具有均匀吸水特性的圆柱体，作为整体的根系用一系列这样的单根来描述。宏观模型又叫根系模型，它把整个植物根系看成是每一深度的土层中均匀分布，而整个根区的根密度随深度而变化的扩散吸水器，整个根系统以速率S从不同深度的土壤中吸收水分。根据建立模型时经验和理论侧重的不同，可以将根系吸水模型分为3类：经验型、半经验半理论模型和理论模型。

18.6.1　经验模型

经验模型是以假定植物根系分布均匀，土壤水势均一为基础的，物理学与生物学意义正确，但是参数难于测定，实际应用较为不便。

Gardner单根吸水模型：Gardner最早提出的单根吸水模型如下

$$
\begin{cases}
\dfrac{\partial\theta}{\partial t}=\dfrac{1}{r}\dfrac{\partial}{\partial r}[rD(\theta)\dfrac{\partial\theta}{\partial r}] \\
\theta=\theta_0,\ \phi=\phi_0;t=0,r\geqslant 0 \\
q=-2\pi r_r k(\phi)\dfrac{\partial\phi}{\partial r}=2\pi r_r D(\theta)\dfrac{\partial\theta}{\partial r};r=r_r,t>0 \\
\theta=\theta_0,\ \phi=\phi_0;r=\infty,t>0
\end{cases}
\tag{18.6.1}
$$

式中，r为土壤中某点到根中心的径向距离；r_r为根半径；θ为土壤含水量；ϕ为土壤水势；θ_0, ϕ_0为初始值；$k(\phi)$, $D(\theta)$为土壤导水率和扩散率；q为单位根长的吸水速率。

Molz单根吸水土-根系统水流运动模型：将根系吸水过程分为土壤中水分向根表面流动和水分在根组织内的流动两个过程，从而考虑根的水力特性，提出的单根吸水土-根系统水流运动模型。

$$
\begin{cases}
c\dfrac{\partial\phi_m}{\partial t}=k\dfrac{\partial^2\phi_m}{\partial r^2}+\dfrac{k}{r}\dfrac{\partial\phi_m}{\partial r}+\dfrac{\partial k}{\partial r}(\dfrac{\partial^2\phi_p}{\partial r});r_r<r<r_s,t>0 \\
\dfrac{\partial\phi}{\partial t}=D_t\dfrac{\partial^2\phi_t}{\partial r^2}+\dfrac{D_t}{r}\dfrac{\partial\phi_t}{\partial r};r_e<r<r_r,t>0
\end{cases}
\tag{18.6.2}
$$

式中，ϕ_m为土壤基质势；c为比水容量；r_s为相邻两条根间距的中点到根轴线的距离；ϕ_t为作物根组织水势；D_t为根组织水分扩散系数；r_e为根内皮层半径。

姚建文经验模式：姚建文通过对徐州汉王站小麦、玉米生育期根系吸水试验资料的分析，得到冬小麦和玉米根系吸水的经验模式。

冬小麦根系吸水经验模式

$$
S(z,t)=ET(t)A(t_p)\exp[-61.913\,6(z-0.519\,4)]
\tag{18.6.3}
$$

式中，$ET(t)$为蒸发蒸腾量；t_p为相对时间；z为相对深度；A为经验系数。

玉米根系吸水经验模式

$$
S(z,t)=ET(t)A(t_p)\exp[-1.308\,8(\ln z+1.723\,39)]/z
\tag{18.6.4}
$$

V. Novak经验模式：V. Novak在假定根系吸水速率在土壤剖面上为指数分布的前提条件下，得到土壤剖面充分湿润时作物根系吸水速率的表达式

$$
S_0(z,t)=T_p(t)\frac{\delta\,\mathrm{e}^{[-\delta(z/z_r)]}}{z_r[1-\mathrm{e}^{-\delta}]}
\tag{18.6.5}
$$

式中，$T_p(t)$为作物潜在蒸腾速率；$S_0(z,t)$为充分湿润条件下的根系吸水速率；δ为经验常数，与作物种类有关；其余符号意义同前。

在缺水条件下，作物根系吸水受土水势的限制，即

$$
S(z,t)=S_0(z,t)p(\varphi_s)
\tag{18.6.6}
$$

式中，$p(\phi_s)$为依赖于土水势分布的函数。

邵爱军模型：该模型是在有限差分方法计算作物根系吸水速率的基础上用多元非线性回归方法计算出的作物根系吸水的数学模型，模型表达相对简单且物理意义明确，但A, B, C三个参数受作物种类和土壤水分等条件的影响较大，难以普遍应用。

$$
S=E_tA\{\exp[-B(\ln z_r-C)^2]\}/z
\tag{18.6.7}
$$

式中，E_t为腾发量；z_r为相对深度；$z_r=z/L_r(t)$ (其中$L_r(t)$为根系吸水层深度)；A, B和C为经验

系数。A反映作物根系吸水随生长期的变化，B反映根系吸水在剖面上的分布形状，C为作物吸水量最大值所在的位置。

经验模型描述了根区内土壤水分和溶质的运移规律，但是关于根系分布均一和土壤水势均一的假定与实际相差较大，限制了实际应用。

18.6.2　半经验半理论模型

半经验半理论模型能较好地考虑植物生长对水分吸收的影响，以及植物根系阻力与水流推动力和水流速度的关系。其结果可直接用到田间情况。但大多数半经验半理论模型没有考虑根系微区的水势梯度，将根系描述成固定的阻力网络，不允许根系传导性随时间变化，因此限制了该类模型的应用。具有代表性的模型如下：

Gardner 模型：

$$S(z,t)=B(\phi_r-\phi_m-z)K(\theta)L(z,t) \tag{18.6.8}$$

式中，B为常数；ϕ_r为植物根水势；ϕ_m为土壤衬质势；z为坐标向下的距地表的深度；$K(\theta)$为非饱和土壤导水率。该模式涉及到根系密度、根水势等参数，因而应用较困难。

Molz-Remson模型：Molz和Remson在提出有效根密度概念的基础上，给出了如下根系吸水模型：

$$S(z,t)=\frac{T(t)L_e(z,t)D(\theta)}{\int_0^{z_r}L_e(z,t)D(\theta)\,\mathrm{d}z} \tag{18.6.9}$$

式中，$T(t)$为蒸腾速率；$L_e(z, t)$为有效根密度；$D(\theta)$为土壤水分扩散率。

由于式中有效根密度$L_e(z, t)$是通过计算而求得的，因此用这种根系吸水模式应具有较高的预报能力，但他们的研究表明，这种吸水模式只宜作短期的土壤水分动态预报，试验后第八天预报值和实测值就有较大的偏差。有效根密度$L_e(z, t)$与实际根密度$L(z, t)$只有当土壤含水量较低时才有较好的相关性，所以这就限制了这种模式的实际应用。

Nimah-Hanks模型：Nimah和Hanks考虑溶质影响和植物根导管水分的内摩擦阻力，提出了式(18.6.5)的改进模型：

$$S(z,t)=\frac{[H_{root}+(R_R\cdot Z)-h_m(z,t)-h_0(z,t)]R_{DF}(z)K(\theta)}{\Delta x\Delta z} \tag{18.6.10}$$

式中，H_{root}为土壤表面根内的有效水头；R_R为根阻力项；$h_m(z, t)$为土壤基模水头；$h_0(z, t)$为考虑含盐量的渗透水头；$R_{DF}(z)$为有效根密度函数；$K(\theta)$为土壤非饱和导水率；Δz为深度增量；Δx为根表面到土壤中测量$h_m(z, t)$和$h_0(z, t)$点的距离。

该模式经过在不同条件下验证，结果表明用该模式模拟的田间土壤水分动态与实测值非常一致。但是，该模式没有考虑根系吸水与蒸腾之间的固有关系，而且没有考虑根透性及其随溶质、土壤含水量的变化和对根吸水的影响。

Herklrath模型：Herklrath等提出的根系吸水模式实质上是在Vanden Honert公式的基础上考虑了土根的接触作用，即用饱和度(O/e)作为接触作用的一级校正因素，所提出的根系吸水模式为：

$$S(z,t)=\frac{\theta(z,t)}{\theta_s}K_rL(z,t)[\psi_s(z,t)-\psi_r(z,t)] \tag{18.6.11}$$

式中，$\theta(z,t)$为深度t时刻的土壤容积含水量；θ_s为饱和含水量；K_r为单位根长的根透性；$L(z,t)$为单位体积土壤中的根长度；$\phi_s(z,t)$为土水势；$\phi_r(z,t)$为根内水势。

Herklath等用冬小麦分层根系试验研究的结果表明，这一模式能用来作为土壤水分动态预报。但是吸水模式本身没有能和大气条件联系起来。而且像根的透性和根内水势这些参数不仅测定麻烦，而且随土壤含水量、盐分等因素变化，根的透性K_r也将产生变化，这会给应用带来不便。

Feddes 模型：

$$S(z,h)=\alpha(h)S_{\max} \tag{18.6.12}$$

式中，h为土壤水负压水头；$\alpha(h)$为土壤水分胁迫函数，大小取决于根区土壤水负压值h；$h\geqslant h_1$或$h\leqslant h_4$时(h_1为作物厌氧点，h_4为作物凋萎点)，$\alpha(h)$=0；$h_3\leqslant h\leqslant h_2$时($h_3$为水分胁迫点，$h_2$为水分适宜点)，$\alpha(h)$=1，$h_1$~$h_2$反映了作物生长厌氧点到最适宜水分点间土壤水势变化对根系吸水速率的影响；h_3则取决于作物潜在蒸腾速率，超过该值意味着根区土壤有效供水不足，水分胁迫发生。$S_{\max}$为最大根系吸水速率，它随作物根系深度z增加呈线形减小趋势。

$$S_{\max}=a-b|z| \tag{18.6.13}$$

式中，a为地表处最大根系吸水速率；b为根系吸水衰减系数。

Molz模型：MoLz通过研究各种根系吸水模式和充分考虑影响植物根系吸水的因素，提出了一个比较复杂且比较全面的根系吸水模式，其表达式如下

$$S(z,t)=\frac{T(t)\theta(z,t)L(z,t)[\varphi_m(z,t)-\varphi_x(t)]}{\int_0^{z_r}\theta(z,t)L(z,t)[\varphi_m(z,t)-\varphi_x(t)]dz} \tag{18.6.14}$$

式中，$\phi_m(z,t)$为土壤基质势；$\phi_x(t)$为根木质部的水势；$L(z,t)$为单位体积土壤中的根长度。Molz的根系吸水模式，考虑了根系吸水速率与根系密度分布、土壤含水量、蒸腾速率等因素的关系，较为全面。但是该模式仍未考虑土-根系统水流阻力对根系吸水速率的影响。

邵明安模型：邵明安改进了Molz模型：

$$S(z,t)=\frac{T(t)\lambda(\theta)L^{1/n}(z,t)[\varphi_s(z,t)-\varphi_x(z,t)]/R_{sr}}{\int_0^{z_r}[\lambda(\theta)L^{1/n}(z,t)[\varphi_s(z,t)-\varphi_x(z,t)]/R_{sr}\,\mathrm{d}z} \tag{18.6.15}$$

式中，R_{sr}为根系吸水过程中阻力之和；n为土壤质地因子；$\lambda(\theta)$为土壤水分限制因子。该模型比较全面地考虑土壤(水分状况、能态、导水能力、质地等)、植物(根系密度、最大根深)和大气3个主导因子，且在根密度$L(z,t)$处加上$1/n$次方，表明把吸水速率同毛根数量联系起来，修正了以往模型中吸水速率与根系密度成正比的假定。但由于$\lambda(\theta)$和n难以确定，限制了该模型的实际应用。

Van Genuchten 模型：

$$S(z,h)=T_p\alpha(h,\pi)\xi'(z) \tag{18.6.16}$$

式中，T_p为作物潜在蒸腾速率；$\alpha(h,\pi)$为土壤水分胁迫函数，其表达式为：

$$\alpha(h,\pi)=\frac{1}{1+[(h+\pi)/h_{50}]^p} \tag{18.6.17}$$

式中，π为土壤水溶质水头，它与根层中的土壤水溶质浓度有关，当不考虑土壤盐分作用时，π=0；p为经验常数，对大多数作物而言，$p\approx3$；h_{50}为作物潜在蒸腾速率减少50%时相

应的土壤水负压值。该值与作物生理特性有关，其值越大，作物耐旱吸水能力越强。$\xi'(z)$为根系密度分布函数$\xi(z)$的相对值

$$\xi'(z)=\frac{\xi(z)}{\int_0^{z_r}\xi(z)\,\mathrm{d}z} \tag{18.6.18}$$

Li 指数根系吸水模型：

$$S_{\max}=\frac{K_{z1-z2}T_p}{|z_1-z_2|} \tag{18.6.19}$$

式中，z_1和z_2分别为根深度；$K_{z1\text{-}z2}$为z_1到z_2深度间根长占总根长的分数，

$$K_{z1-z2}=\frac{\ln\left[\dfrac{1+\exp(-bz_1)}{1+\exp(-bz_2)}\right]+0.5[\exp(-bz_1)-\exp(-bz_2)]}{\ln\left[\dfrac{2}{1+\exp(-bz_{rj})}\right]+0.5\left[1-\exp(-bz_{rj})\right]} \tag{18.6.20}$$

式中，z_{rj}为生长第j天的扎根深度，b为根长密度的衰减系数。

该模型是在根系指数分布的基础上，假定在植物生长的最适水分条件下根系在Δz土层间吸收的水分等于相应的植物根长所占百分数而建立的。在大豆和玉米上的模拟结果表明：该模型的模拟结果和实测土壤含水量很吻合。

Wu 模型：

$$S=\alpha(h)\frac{T_pL_{nrd}(z_r)}{L_r} \tag{18.6.21}$$

式中，$\alpha(h)$为水分反应函数，主要决定于土壤基质势h和植物种类；L_r为扎根深度；$L_{nrd}(z_r)$为相对根密度的正态分布函数；z_r=(z/L_r)是介于0到1的正态分布深度。

$$L_{nrd}(z_r)=\frac{L_d(z_r)}{\int_0^1 L_d(z_r)\,\mathrm{d}z_r}=\frac{L_d(z)}{\dfrac{1}{L_r}\int_0^{L_r}L_d(z)\,\mathrm{d}z} \tag{18.6.22}$$

式中，$L_d(z)$为距地面z处的根长密度。

该模型将根长密度分布正态化，这样用一个函数就可表示不同生育阶段根密度的分布且这种分布不依赖于扎根深度。该模型适用性较强。对几个一年生作物的模拟结果表明，模拟的土壤衬质势、土壤含水量、累积的蒸腾蒸发量同测定值吻合很好，表明该模型的精度较高。

18.6.3　理论模型

理论模型是以电流的产生与电压差成正比的相似原理为基础，利用根系吸水速率与土壤和根系水势差的关系来建模的。最早是Vanden Honert，具有代表性的是Hillel模型：

$$S(z,t)=[\psi_s(z,t)-\psi_r(t)]/(R_s+R_r) \tag{18.6.23}$$

式中，$\phi_s(z,t)$为土壤水势；$\phi_r(t)$为根水势；R_s为土壤阻力，R_r为根阻力。

理论模型为根系模型模拟研究提供了新的思路，但是植物根系阻力等有待进一步研究，特别是植物根系阻力与水流推动力、水流速度的相关关系。

第十九章　水分在植物体内的运输

植物的根部从土壤吸收水分，通过茎转运到叶子及其他器官，少部分参与代谢和构建植物体，绝大部分通过蒸腾作用，以水蒸汽状态散失到外界大气中。水分在整个植物体内运输的途径为：土壤水→根毛→根皮层→根中柱鞘→根导管→茎导管→叶柄导管→叶脉导管→叶肉细胞→叶细胞间隙→气孔下腔→气孔→大气(康绍忠等，1994；刘昌明等，1997，1999；张喜英，1999；黄洪峰，1997；刘树华，2004)。

§ 19.1　植物的输水结构

水分从根向地上部运输的途径(图 19.1)可分为两个部分：一部分是经过维管束中的死细胞(导管或管胞)和细胞壁与细胞间隙，即所谓的质外体部分；另一部分与活细胞有关，属短距离径向运输，包括根毛→根皮层→根中柱以及叶脉导管→叶肉细胞→叶细胞间隙。径向运输距离短，但运输阻力大，因为水分要通过活细胞，其运输速度一般只有 10^{-3}cm/h，这一部分是水分传导的制约点。沿导管或管胞的长距离运输中，水分主要通过死细胞，阻力小，运输速度快，一般运输速度为 3~45m/h。而管胞中由于两管胞分子相连的细胞壁末打通，水分要经过纹孔才能在管胞间移动，所以运输阻力较大，运输速度一般小到 0.6m/h，比导管慢得多。水分在木质部导管或管胞中的运输占水分运输全部途径的 99.5%以上。

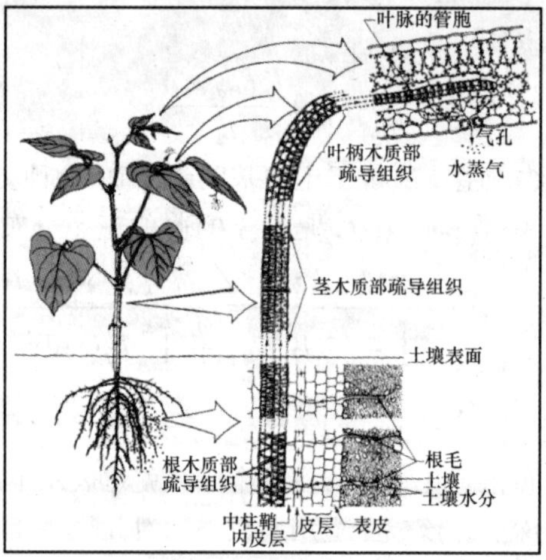

图 19.1　植物对水分的吸收、运输和散失图

维管束是植物中进行长距离运输的输导组织，维管束由木质部和韧皮部组成。在大多数植物中，木质部是植物体内进行水分运输的主要途径。木质部在植物体中形成一个连续的长距离水分运输系统，它从近根尖开始，向上通过茎进入叶子，在叶子中形成大量分枝。木质部是水分运输的主要通道。木质部通常包括管胞、导管分子、木质部薄壁细胞以及纤维四种细胞，其中只有木质部薄壁细胞是生活细胞。除纤维只起机械支撑作用外，其余几类都主要起运输作用。

木质部中输导水分的细胞具有非常特殊的结构，这样的结构使它们可以极为有效地运输大量的水分。木质部中的输导细胞也称为管分子，主要有管胞和导管分子两类(图 19.2)。

导管分子存在于被子植物和某些裸子植物中，管胞则在被子植物和裸子植物中都存在。有功能的管胞和导管分子都是死的组织，它们没有膜和细胞器，就像中空的管子，壁通常被木质化而加强。

管胞是伸长的纺锤形的细胞，其侧壁有许多小凹坑作为相邻管胞间的通道，称为纹孔。纹孔是管胞壁上多孔的微小区域，不具次生壁，初生壁也较薄。两相邻管胞间的纹孔常成对形成，因此也称为纹孔对。纹孔对是相邻管胞间水分转移的低阻通道，其间包括两层初生壁以及中间的一薄层纹孔膜 (图 19.3)。裸子植物管胞的纹孔膜中央常有一加厚部位称为纹孔塞。纹孔塞如同一个阀门，当放入边缘加厚的圆形或椭圆形的纹孔中就会关闭纹孔，这对于防止气泡的进入是很重要的。水分从一个管胞到另一个管胞的移动必须通过纹孔，因为管胞的端壁没有穿孔。

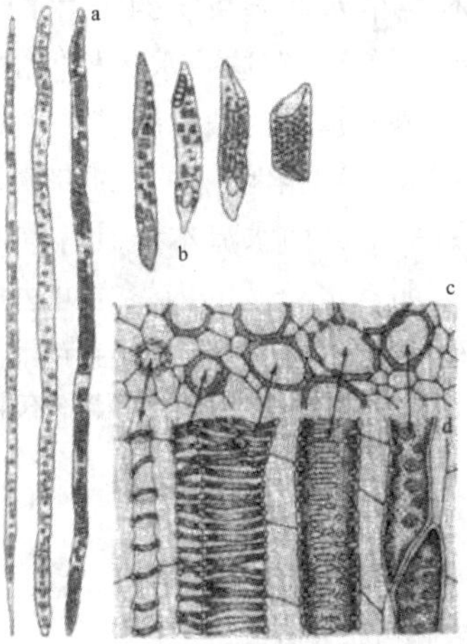

图 19.2　导管和管胞的结构

a.管胞；b.导管分子；c.导管横切；d.导管纵切

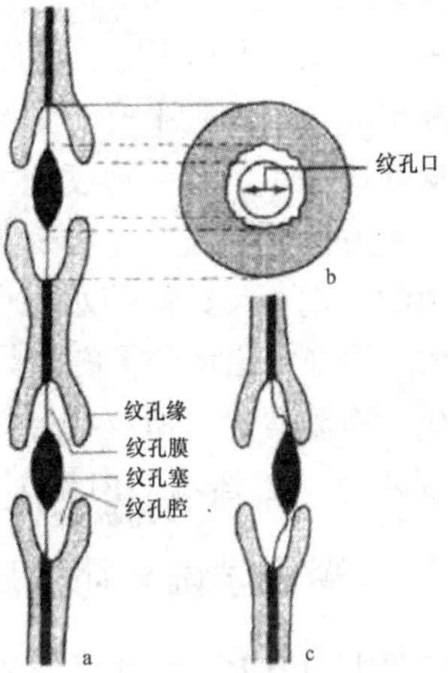

图 19.3　纹孔对结构示意图

a.纵切；b.横切；c.纹孔塞堵塞住纹孔

导管分子比起管胞来要短一些和宽一些，在其两端是穿孔的壁。如同管胞一样，在导管分子的侧壁上也有纹孔。导管分子一个一个连接起来就形成导管。植物中的导管可长达数米，位于导管端部的导管分子的顶端是封闭的，导管分子之间也可以通过纹孔进行交流(李合生，2002；陈润政等，1998；武维华，2003；蒋高明，2005)。

§ 19.2　植物的输水动力

19.2.1　根压和蒸腾拉力

在植物体内水运输过程中，输导组织内的水分可以和周围薄壁组织内的水分相互交换。周围薄壁细胞可向导管内排出水分或吸取水分，所以水分的运输是一个较为复杂的过程，但无论侧向还是纵向运输，都主要是由蒸腾作用下的水势梯度引起的。由根部本身的生理活性产生的根压对木质部液流的上升也有一定的推动作用(R.G.S 比德韦尔，1983；叶明维，1985；P.S 诺贝尔，1984)。

水分沿导管或管胞上升的动力有两种：一种是下部的根压；另一种是上部的蒸腾拉力。

根压是根系的生理活动使液流从根部上升的压力，由此产生的吸水现象是一种主动吸水。根部导管周围的活细胞进行代谢活动，不断向导管分泌无机盐和有机酸，引起导管溶液的水势下降，所以水分不断地流入导管；较外层细胞的水分向内移动，最后土壤水分沿着根毛、皮层进入导管，进一步向地上部运送。

根压不是水分上升的主要动力，在一般情况下，蒸腾拉力才是水分上升的主要动力。由蒸腾失水所产生的使液流向上移动的拉力称为蒸腾拉力。叶片蒸腾时，气孔下腔附近的叶肉细胞因蒸腾失水，便从旁边夺取水分。同样道理，这个细胞又从另一细胞吸水，这样依次下去，便可以从导管夺取水分，最后就导致根系从土壤中吸水。所以靠蒸腾拉力吸水是一种由叶、枝形成的吸水力传到根部而引起的被动吸水。因此，蒸腾越强，失水越多，从导管拉水的力量也越强。

在导管或管胞中，水分向上转运的动力是由导管两端的水势差决定的。由于叶片因蒸腾作用不断失水，水势下降，叶片与根系之间形成一水势梯度。在这一水势梯度的推动下，水分源源不断地沿导管上升。如果用能量观念解释，则蒸腾越强，失水越多，水势降低愈严重、从而该株中的水势梯度愈大，即水流的驱动力越大，越能促进水分的传输。导管中的水流，一方面受到这一水势梯度的驱动，向上运动；另一方面水流本身具有重力作用。这两种力的方向相反，故使水柱受到一种张力。试验证明，水分子的内聚力可达 30 MPa 以上，水柱的张力比水分子的内聚力小，一般为 0.5~3.0 MPa，同时水分子与导管内纤维素分子之间还有附着力。所以，导管或管胞中的水流可成为连续的水柱而使水分不断上升。这是解释水分向上运输的内聚力学说的主要内容。

19.2.2　内聚力学说与补偿压学说

爱尔兰人 H.H.Dixon 提出了内聚力学说，也称为蒸腾-内聚力-张力学说，这一学说强调水在导管中的连续性。内聚力学说的要点是：水具有很高的内聚力，当其局限在带有能湿润的壁的小管中时，如木质部成分时，在内聚的水柱断裂前它要能承受 3.0MPa 到 30MPa 或更高的张力；水在一株植物中从叶片的蒸发面到根吸收表面形成一个通过水饱和的胞壁和木质部成分的连续系统；从植物细胞，主要是叶片细胞，蒸发降低了细胞壁中的水势，引起水从木质部移向蒸发表面，这就降低了木质部水液的压力并产生了连续的植物水链系统中的内聚张力；蒸发表面水势下降传递给根，在那里引起水从土壤中流入。因而，在蒸腾的植物中水分吸收受蒸腾速率控制，并由植物组织的水容造成滞后现象所支配(图 19.4)。

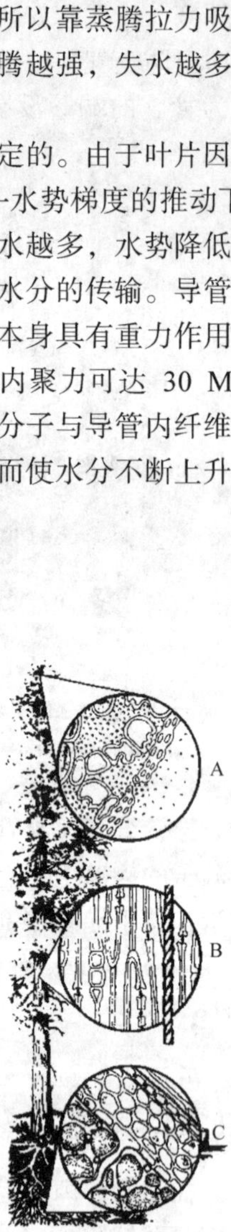

图 19.4　液流上升的内聚力学说示意图

图 19.4 中，A 表示在细胞壁和原生质体产生较低的水势；在太阳光下，由于空气中的水势很低，水从细胞壁中发出来。B 表示在张力下的水柱，出于内聚力的存在，保持连续不断；如出现气泡，水柱将不能通过。C 表示由于负的水势，土壤中的水向根细胞移动；根毛可增加吸收表面；水穿过内皮层可能是通过渗透作用进行的。

不过也有这一学说无法解释的现象，例如将木质部损伤后发现植物并不萎蔫；木质部有气泡存在时，水分还向上运输。但另一些研究证明即使水柱中产生气泡，对于粗导管，气泡可随水流上升，影响不大；细导管也可能因气泡而使水柱暂时中断，但茎内存在很多导管，个别导管内水柱暂时中断无关大局，到夜间蒸腾减弱，张力减少时，气体即可溶解于木质部汁液中，又可恢复连续水柱。在木质部环割时，水分有可能是通过细胞壁的微孔及细胞间隙的小水柱上升的。

利用 XPP 可以直接测得一个完整的植株中某一根导管的压力或张力，其结果虽然证实了处于蒸腾过程中的植株的木质部内的确有张力存在，但这种张力往往太小，不足以说明水分在木质部中的长距离输送完全是由张力所驱使的，并且测定结果通常比采用压力室技术测算出的张力值要小得多。采用 XPP 技术测得的结果以及早期一些与内聚力学说相抵触的观察结果促使有些研究者提出解释水分长距离运输机制的新学说，Canny 的补偿压学说就是其中的一个，它是指木质部张力通过补偿压维持在一个稳定的范围内，这种补偿压是由围绕木质部的膨胀的活组织所施加的。按照这个学说，补偿压的存在有助于填充导管内出现的空泡，原因是补偿压可将组织内的水分挤入空泡中。补偿压学说发表不久就有人提出了质疑，问题的焦点是木质部外围的组织压力是暂时性的，它能否持续地维持木质部的压力而使稳定的水分运输得以进行。

§ 19.3　植物的输水阻力

19.3.1　植物输水阻力的模拟

土壤–植物–大气连续系统(SPAC 系统)中的水分流动是植物蒸腾使叶子水势降低并依次建立起叶、茎、根及根因土壤之间的水势梯度所驱动的。在这一过程中，水流必须不断消耗其能量以克服系统各部分对水流的阻力。由于在 SPAC 系统中各个部位的水流阻力和水势并非是恒定不变的，因而严格地说 SPAC 系统中的水流是非稳定流。但在实际中，忽略植物体内贮水量的微小变化，认为 SPAC 系统中的水流是连续的稳定流，为分析提供了较大的方便。

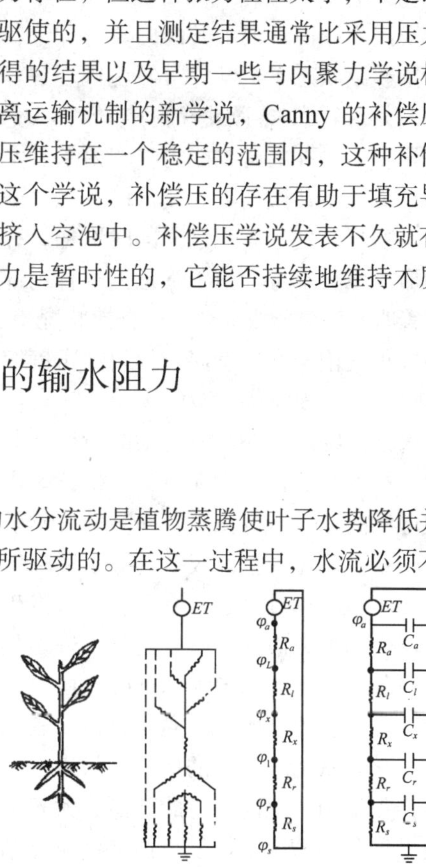

图 19.5　SPAC 水流状况的电模拟网络示意图

在一维稳定流条件下，可用图 19.5(c)所示的电阻网络来模拟 SPAC 系统中的水流状况。图 19.5(c)中用包括土壤阻力(R_s)、根阻力(R_r)、茎阻力(R_x)、叶阻力(R_l)和叶片边界层阻力(R_a)的串联电路代表图 19.5(b)中复杂的水流路径。

在树木和作物的蒸腾过程中，茎部木质部的输水阻力占土壤和大气之间总压力差的 20%~60%，在木本植物中这一压力差的大部分发生在横截面较小的细小枝条中。木质部导管的水流(J_v，mm/s)可以由 Hagen-Poiseuille 方程(描述理想毛管中液体输导速率的方程)加以描述：

$$J_v = (\pi R^4 \Delta\psi_p)/8\eta L \tag{19.3.1}$$

式中，R 为长度为 L 的单个导管分子的半径(mm)；$\Delta\phi_p$ 为静水压之差(MPa)；η为液体黏度常数(MPa·s)。

由此可以看出，在相同的木质部截面积下，导管数目少但直径较大的茎比起那些导管数目很多但直径较小的茎来说具有高得多的水导。细导管的缺点是对水的导性低，但由于导管壁在木质部中所占比例大，所以使木质部获得了较高的机械支持强度。对于管胞而言，相邻管胞之间次生加厚壁上有一些纹孔，它们对水分在木质部的流动也可能产生相当大的阻力。

19.3.2　空穴化与栓塞化作用

根据植物体内汁液上升的内聚力理论，水分张力的存在可以使木质部内从根系到叶的水柱保持连续状态。“气种”假说机理解释了空穴和栓塞化现象形成的过程。当出现水分胁迫时，充水管道(导管或管胞)与外部环境之间就会有压力差的存在，当这种压力差超过湿的纹孔膜上微孔的密封能力时，由水和空气组成的新月形气种就会变成比微孔直径小的弧，并在负压下从微孔吸入充水的管道；随着气种的进入，管道内部的水柱会随水分的突然蒸发而断裂，气泡体积也会同时增加，并使管道内部的压力在瞬时内升高，使微孔再次封闭，形成水分空穴。由于管道内气种内部水分的蒸发，气泡的直径会变大，当气泡充满整个导管时，就会形成栓塞。在自然状况下，不是植物体中所有的空穴化都能发展成栓塞，其中一些小气泡会在其发展成栓塞前再度溶解。当然，纹孔膜上微孔的密封能力决定于微孔的直径和汁液的表面张力。

栓塞是植物木质部汁液流动的障碍，其直接后果是降低了木质部的导水率。这也就必然影响到植物体的正常生理活动，生长季中的栓塞化现象只仅仅发生在树木的主干之中，在比较湿润的夏末，可使导水率降低 31%。而在比较干燥的年份里，该值会变得更大；在冬季，栓塞会使树木上部枝条的导水率降低 80%以上，甚至达到 100%，主干的木质部也会发生 60%以上的栓塞；在春季，这些发生严重栓塞的枝条和主干，会由于根部和茎部木质部所产生的压力而逐步恢复正常。许多相似的研究都证明，木质部的栓塞化现象会在不同季节引起不同程度的导水率下降。同时，木质部的栓塞化现象也有一定的日变化规律，这种规律可能与植物所受的逆境胁迫及其光合、蒸腾等特性，即与其适应逆境的方式有关。

许多学者认为，树木的抗旱性可以在一定程度上由其抵抗栓塞发生的能力或者发生栓塞后的恢复能力所决定。在此方面，大多数学者认为，植物木质部栓塞只能在木质部压力为正或者稍负的情况下恢复。但有些研究结果却表明，木质部栓塞在水势为负的情况下是可以恢复的，恢复时间从2h到80d不等。如浆果紫杉自然状况下发生的栓塞的恢复状况，其木质部栓塞在水势为-1.62MPa的情况下2h内可以恢复。玉米根系木质部栓塞发生、恢复与土壤、根、叶水势及根木质部汁液渗透势间关系的研究结果表明，处于良好灌溉条件下的植物根系，每天的栓塞发生与恢复是平常事件，且可能是根、茎之间的一种重要的水信号。在自然状况下，针叶树管胞中发生的栓塞不可能恢复，因为它只会影响到单个输水管道，而不是整个输水管道的输水效率。

§ 19.4　植物体内水分的贮存与传输速率

19.4.1　植物体内水分的传输速率

导管分子间没有膜的阻隔，在木质部中组成毛细管道，形成植物体内水分运输的极为有效的途径。水的运动是被管道两端压力差所驱动的。水在木质部中运动的速率可以达到相当快的程度。水分运输的速率取决于植物的种类和植物蒸腾的速率，对于具有较宽导管(半径为 100~200μm)的树木，最高速率可达 16~45m/h(4~13mm/s)，对于具有较窄导管(半径为 25~75μm)的树木，最高速率可达 1~6m/h(0.3~1.7mm/s)。

植物体中液流的速度能通过注射染料或放射性示踪物测定。但是用这类方法可能由于切入木质部致使改变流速而受损害。最可靠的方法是用热电或热脉冲法。用一个小的与茎接触或埋入茎内的加热元件给液流供热，根据温水达到放在加热器上面的枝条内或表面的热电偶或热敏电阻所需时间来测定液流的速度。用热脉冲法测定的棉花木质部流速为 0.8~1.1m/h。

19.4.2 植物体内水分的贮存

植物能够在茎中贮存一部分水分，以备蒸腾过程中临时用水之需。一个直接的证据是，在许多乔木树种中，根系的水分吸收与树冠的蒸腾失水存在大约 2h 的时滞，蒸腾开始时提供给叶子的水来自茎中的薄壁细胞。白天茎中水的抽出使树干的直径不时地发生变化，一般是早晨最大而傍晚最小。茎干的收缩大多发生在木质部外围的活组织中，其细胞具有弹性较强的细胞壁，因而当水分从中抽出时细胞体积就将减小。在乔木中大多数植株茎干中的水可以满足一天中蒸腾量的 10%~20%，因此它可以被看作是一个很小的水分缓冲器。

对于不同类型的植物，茎中贮藏水的生理生态意义可以不同。在热带干性森林中，干季里落叶乔木的叶脱落能防止由蒸腾引起的水分损失。茎干中的贮藏水可以为满足这些树木在干季开花和叶子再度绽出的水分需求做出重要贡献。对于寒冷地区的森林，茎干中贮藏水的意义在于减少冬季脱水，如生长在树线之上的一种云杉的针叶免于脱水可能采用了这样的机制；当土壤结冰但气温高于 4℃时，植物就需要利用茎干中贮藏的水了。在草本植物和肉质植物中，茎中贮藏水显得更为重要。草本植物白天可以将这部分水用于蒸腾，而在夜间用于根压作用再将一部分水补充到木质部中来；肉质植物的贮藏水可以在土壤水分供应终止数周后继续维持其蒸腾作用。

§ 19.5 植物体中的液流

19.5.1 植物的液流

植物液流即液体在植物体内的流动，它的整个过程是水分从根毛经表皮→中柱→根部导管→茎部导管→叶柄导管→叶肉细胞→叶细胞间隙→气孔进入到大气中，而溶解在水中的矿物质随着水分的运动而向上运输(E. Cienciala et al., 2000；J.Cermak et al., 2004)。通常所指的植物液流是植物茎液流(stem sap flow)的简称，主要发生在植物维管组织导管内，其方向是自下而上，区别于植物体外的雨水径流(stem rain flow)，也有别于含有有机物的溶液在叶、茎及根部导管中的流动(上下均能运动)。植物液流的动力是上拉下压，上拉是指植物蒸腾作用所形成的拉力，下压是指植物的根压。植物的吐水和伤流现象均表明植物内部存在着液流(张小由等，2003，2004；严昌荣等，1999；孙慧珍等，2004)。

不同的植物以及同种植物的不同生态型之间液流的速度是不同的。在相似的环境下，植物的这种差异是植物固有的特征。因此，研究不同植物的液流，有助于深入探讨不同植物以及同种植物的不同生态类型在水分利用效应方面所采取的生态学对策(M. Soledad Jimenez et al., 1996；Gerard J. Kluitenberg et al., 2004；Meinzer F C et al., 2004)。蒸腾作用在整个植物群落中的进展，揭示与环境之间的关系，如在高大的乔木中，液流随时间发生变化，而这种变化又受到一天中的温度、日照强度、风速等的影响，通过测定液流的日变化、季节变化，可以寻找影响植物液流的主要环境因子；在根系吸水一定的前提下，液流速度将随着蒸腾速率这个主要原动力的增加而增大。也就是说，在相似的地理条件下，那些液流速度越大的植物，其蒸腾耗水越强。

19.5.2　水分在植物体内的输送原理

1948 年 Honert 提出了一种链式模式，概念性的描述了土壤-植物系统水分运移物理过程。把土壤-植物-大气系统分成大气、叶部、茎部、根部和土壤五个部分，如图 19.6 所示。由水量守恒原理，可写出叶部、茎部、根部以及土壤层水量变化方程如下：

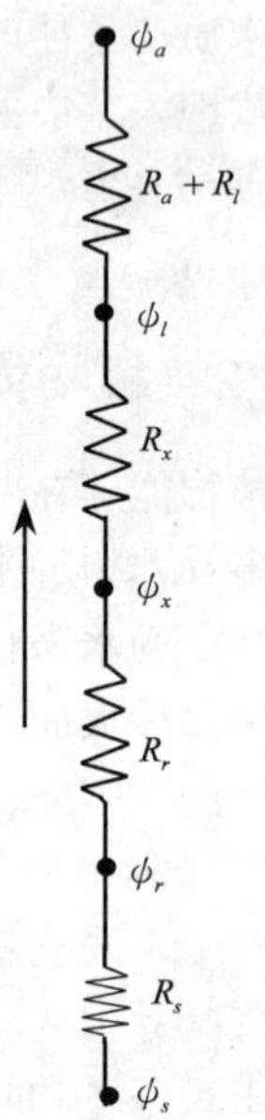

图 19.6　简化的土壤-植物-大气水流示意图

$$\frac{\mathrm{d}w_l}{\mathrm{d}t}=q_{lx}-E \tag{19.5.1}$$

$$\frac{\mathrm{d}w_x}{\mathrm{d}t}=q_{xr}-q_{lx} \tag{19.5.2}$$

$$\frac{\mathrm{d}w_r}{\mathrm{d}t}=q_{xr}-q_{rs} \tag{19.5.3}$$

$$\frac{\mathrm{d}w_s}{\mathrm{d}t}=P-q_{rs}-E_s \tag{19.5.4}$$

式中，w_l, w_x, w_r 和 w_s 分别为叶部、茎部、根部和根围土壤层的贮水量；E 为蒸腾强度；P 为土壤层水的补给量；E_s 为土壤表面的蒸发量；q_{lx}, q_{xr} 和 q_{rs} 分别为单位时间内从茎部到叶部、从根部到茎部及从土壤到根部的水流通量。

植物生长是缓慢的，一定时段内植物体内的含水量可近似认为是不变的。因而，如果大气蒸发条件随时间变化不大，则植物体内的水流可假定是稳态水流，从式(19.5.1)~式(19.5.4)式以及电路原理可得：

$$E=\frac{\phi_l-\phi_a}{R_l+R_a}=\frac{\phi_x-\phi_l}{R_x}=\frac{\phi_s-\phi_x}{R_r+R_s}=\frac{\phi_s-\phi_l}{R_a+R_l+R_x+R_r+R_s} \tag{19.5.5}$$

式中，E 为植物体内的水流通量(亦即蒸腾量)；ϕ_a, ϕ_l, ϕ_x, ϕ_s 分别为大气、叶部、茎基部及土壤层的水势；R_a 为叶片边界层阻力；R_l 为叶子阻力(含气孔阻力和角质层阻力)；R_x 为茎木质部阻力；R_r 为根系阻力(含径向和纵向阻力)；R_s 为土壤阻力。因为 E 通常表达为单位时间内单位面积上的水流量($m^3/m^2 \cdot s$)，水势 ϕ 通常表示为水头(m)，所以阻力项 R 通常以秒(s)为单位。单位面积一般指单位叶面积或单位地表面等。如果 E 表达为单个植株的通量(m^3/s)，ϕ 仍用水头(m)，则 R 的单位为(s/m^2)。

§ 19.6 植物液流的测定

19.6.1 植物液流的测定方法

树干液流的测定方法很多，较为常用的有重量法及热量法等。重量法使用较早，一般认为可靠性低。热量法测试液流可根据测量原理分为2类：热脉冲法(Heat Pulse Velocity)和热平衡法(Thermal Heat Balance)。热脉冲法应用较广，目前绝大多数植物茎液流的测定都是基于热脉冲技术，但该方法测定的树干液流存在灵敏度调整和测定精度的问题。热平衡法的优点是直接给出液流量，尤其是TDM法(Thermal Dissipation Method)测茎流具有精度高、无需校正等优点，并经实验证明可信度高，且与独立观测结果具有一致性。张小由等(2004)测定了额济纳洲梭梭树干液流动态；热平衡法的应用尚较为少见。

茎部热量平衡法：它是将探测器捆绑在茎粗为2~125mm的树枝、树干或草本上测定液流速度。此方法要保证探测器与茎表面接触良好，并用绝缘材料包裹上，防止热损失及防雨。通过测定从加热茎部进入和出去的温差，计算液流速度。若忽视加热部位热贮存的变化，测定值有误差。忽略热储存而产生的误差随着茎的增粗而增大，但当测定一天总液流时，此误差可忽略，因为一天的热贮存变化为零。安装此仪器时应使用凡士林，以保证探头与树干接触良好并且防水；被测木测定几个月后，凡士林挤压树干直径生长，导致树干收缩。防辐射罩的作用是减小外界温度对树干加热部分的影响到忽略水平，在野外，大部分太阳辐射被茂密树冠吸收或反射，减小了外界对树干温度的影响，无需校正树干温度梯度对测定的影响。

树干热平衡法：可用于测定直径大于120mm树干液流，原理与茎部热量平衡法相同，不同之处是利用插入树干的探针进行测定。由加热部分的热平衡公式计算液流速度。树干热平衡法分为恒定功率加热和可变功率保持恒定的温差值两种方法。测定液流的树干部分用绝缘和防晒材料遮盖。

热脉冲法：只用于树干直径大于30mm木本植物。依据补偿原理测定时向加热元件通以短暂即逝的电流产生热脉冲，在测定距离一点上随时间波动求得液流速度。液流量根据流体的几何特征、茎横断面积和液流速度推算。该仪器包括一个加热器和2个传感器探头。由于在边材各个位点上，液流速度不同。因此，根据边材不同深度取样测定液流速度，然后根据统计方法将不同位点上的速度整合到整个边材输水面积。热脉冲法的准确性在树木上经过了检验；但在树干低液流时，热脉冲技术不准确。

热扩散方法：该方法由Granier发明。它是由2个直径为1.2mm相连的探针插入树干内，上部探针含有加热器和热电偶，下面探针只有热电偶。恒定加热测定两探针的温差值计算液流速度。此法具有安装方便、液流量计算简便和费用较低等优点。

许多学者对热平衡法、热脉冲法和热扩散法及其他方法进行对比。如热平衡法与气孔计法、生长室法、放射性示踪法、微气象法、蒸渗仪法对比；热扩散与热平衡涡相关法、能量平衡法的对比；热脉冲法与放射元素示踪法、叶室法、整树容器法和能量平衡法对比，均得到较为一致的结果。如以欧洲赤松为研究对象，采用热扩散法、树干热量平衡法的恒定加热和保持恒定温度3种方法进行对比，结果表明，3种方法单位边材面积最大液流量都在一个数量级上，其值分别为11~17, 8~21和4~14(g/(cm·h))。

19.6.2 植物液流的测定原理

下面主要介绍应用较广的热平衡法和热扩散法的测定原理。

热平衡法测定植物液流的基本原理：热平衡测定植物液流时，将一种特制的茎流探测圈(sap flow gauge)套在植物茎部，通过热带电偶输入热量。茎流计热源以恒定的功率(P_{in})作用于茎干后，在不考虑茎干本身热容量的情况下可被分解为 3 个部分：一部分与垂直方向上的水流进行热交换(Q_v)；一部分以辐射的形式向四周散发(Q_r)；一部分则与树干内的水流一起向上传输(Q_f)。这一能量平衡方程可表示为：

$$P_{in} = Q_v + Q_r + Q_f \tag{19.6.1}$$

式中，$P_{in}=V^2/R$ (欧姆定律)。

$$Q_v = Q_u + Q_d \tag{19.6.2}$$

式中，Q_u 为向上热交换；Q_d 为向下热交换。

根据 Fourier 定律 Q_u 和 Q_d 又可表示为：

$$Q_u = K_{st} \cdot A \cdot \mathrm{d}T_u / \mathrm{d}x \tag{19.6.3}$$

$$Q_d = K_{st} \cdot A \cdot \mathrm{d}T_d / \mathrm{d}x \tag{19.6.4}$$

式中，K_{st} 为茎干的热传导特性(W/(m·K))；A 为茎的截面积(m^2)；$\mathrm{d}T_u/\mathrm{d}x$ 为向上热传导时的温度梯度(K/m)；$\mathrm{d}T_d/\mathrm{d}x$ 为向下热传导时的温度梯度(K/m)；$\mathrm{d}x$ 为测定温度梯度时的两个热电偶之间的距离(m)。

以辐射形式向四周散发的能量部分可表示为：

$$Q_r = K_{sh} \cdot CH \tag{19.6.5}$$

式中，K_{sh} 为护套的热导电常数(W/mV)；CH 为辐射源的电源电压(mV)。

因而，茎干中水流通量公式为：

$$\begin{aligned} F &= (P_{in} - Q - Q_r)/(C_p \cdot \mathrm{d}T) = (P_{in} - Q_u - Q_d - K_{sh} \cdot CH)/(C_p \cdot \mathrm{d}T) \\ &= \left[P_{in} - K_{st} \cdot A(\mathrm{d}T_u + DT_d)/\mathrm{d}x - K_{sh} \cdot CH\right]/(C_p \cdot \mathrm{d}T) \end{aligned} \tag{19.6.6}$$

式中，C_p 为水的定压比热(J/(g·℃))；$\mathrm{d}T$ 为上下两个温度监测点间茎干水流温度的变化值(℃)，且 $\mathrm{d}T=(AH+BH)/2$(℃)。

热扩散法测定树干液流的基本原理：TDP 是一种探针式探测器，刺入茎内的木质芯材并接通恒定的电流以测定芯材的导热率。上升液流的冷却作用等效于芯材导热率的增加。热扩散法需要以液流量等于 0 时的加热功率及温度变化为依据进行零值较正。TDP 探头包括 2 个探针，将 2 个探针插入树干，上方探针持续加热，下方探针为环境探针，通过测量这 2 个固定距离的探针的温度之差，用经验公式：

$$V = 0.011\,9K^{1.231} \tag{19.6.7}$$

式中，v 为茎流速度(cm/s)，变量 $K=(\Delta T_{max}/\Delta T)$；$\Delta T_{max}$ 为记录的最大温差，通常是在凌晨 4:00~5:00；ΔT 为加热的上方探头与下方探头的温差。得知不同深度的液流速度 v，可据此求出整树的液流通量：

$$F = 3.6 \times A \times v \tag{19.6.8}$$

$$A = (D^2 - d^2)\pi/4 \tag{19.6.9}$$

式中，F 为液流量(L/h)；A 为有液流木质部面积(cm^2)；D 为去皮胸径(cm)；d 为心材直径(没有液流发生部分，cm)。由于木质部不同部位的液流速度不同，TDP 探头测定的是木质部径向液流速度的平均值。

第二十章　植物叶片的蒸腾

植物从土壤中吸收水分，并以水汽形式向大气中散失，这一过程称为植物蒸腾。在土壤表面为植物所覆盖的情况下，这是土壤水分转移到大气中的主要机制。植物叶片是主要的蒸腾器官，植物蒸腾的大部分水汽是从叶片上的气孔逸出的，因而气孔活动是制约植物蒸腾速率的重要因子。光照、气温、空气湿度等环境因子影响着气孔的启闭，但现有的气孔活动的生理知识还不足以使我们建立气孔传导与这些环境变量之间的机理模型。植物冠层内的水汽主要来源于植物叶片蒸腾和土壤表面蒸发，冠层内的风场、温度场和湿度场是相互作用的，并受能量守恒定律、牛顿运动定律和质量守恒定律制约。

§20.1　植物的蒸腾器官

植物的地上部分都暴露于空气中,植物体内的水分不可避免地要散失到外界环境中去。植物吸收的水分,大部分并非完全用于组成植物体本身,其中只有 0.15%~0.2%用于组成植物体,其余绝大部分(约 99.8%以上)都是通过蒸腾作用散失掉了。植物通过地上部的器官(主要是叶)以水蒸气状态散失水分的过程称蒸腾作用。蒸腾作用是通过活体的水分扩散进行的，这个过程既受外界条件的影响，也受植物体本身的结构与生理状态的调节与控制，因而较一般的物理蒸发复杂得多。

蒸腾可以发生在处于大气中的植物体的任何部分，甚至可以发生在与土壤空气接触的根部。但总的来说，植物叶干是主要的蒸腾器官。大多数情况下，通过叶子的蒸腾量占植物总蒸腾量的 90%以上。

20.1.1　植物叶片的生理结构

叶是维管植物进行光合作用的主要器官，典型的叶由叶片和叶柄组成，叶柄位于叶片的基部，与茎相连。其功能是支持叶片，并使叶片处于一定的空间位置，以接受较多的阳光和联系叶片与茎之间水分和营养物质的输导(傅伟等，1994；廖建雄等，2000；陈德万，1994)。

表皮是叶片最外面一层细胞。这层表皮纫细胞一般为形状不规则的扁平体，侧壁凹凸不齐彼此互相嵌合，连接紧密，没有细胞间隙(气孔的保卫细胞除外)，水分可以从表皮细胞的外壁直接蒸发到大气中去。但实际上，所有植物叶片表面部覆盖着一层叫做角质的蜡状物质，水不易透过这层物质，从而大大降低通过表皮细胞壁的蒸腾。表皮除一般的表皮细胞外，还有气孔，气孔是叶片进行气体和水分交换的主要通道。

叶肉由含有许多叶绿体的薄壁组织细胞组成，位于上、下表皮之间，是植物进行光合作用的主要场所。叶肉细胞之间的空隙，构成了庞大的通气系统，并与表皮上的气孔相通，叶片中的细胞间隙通常可占总容积的 30%左右。水分就是从叶肉细胞表面蒸发到细胞间隙中，再通过气孔向大气中扩散。空气中的 CO_2 也是由气孔进入细胞间隙，然后进入叶肉细胞内进行光合作用。叶片中的维管束叫做叶脉。叶脉与叶柄相连具有支持叶片伸展和输导水分与营养物质的功能。

叶是植物进行光合作用和蒸腾作用的主要生理器官。成长的叶可以分为叶片、叶柄、托叶三部分。叶片绿色扁平，上有许多叶脉。叶的生理机能主要在叶片上进行，它有各种各样的形态，叶柄是叶片与茎连接的部分，支撑着叶片，使叶片生在一定的位置以接受阳光，同时又是叶和茎之间物质交流的通道。托叶生在叶柄基部的两侧，通常细小，且易脱落。

大多数叶片是由薄壁组织组成(它主要是光合组织，并含有许多叶绿体)，薄壁组织与上表皮和下表皮共同组成叶片。表皮是叶片最外面一层细胞，它一般由单层细胞构成。这层细胞一般为形状不规则的扁平体，侧壁凸凹不齐彼此互相嵌合，连接紧密，没有细胞间隙(气孔的保卫细胞除外)。表皮细胞的大气一侧具有防水的受木栓化的或蜡质的角质层，其细胞质一般为无色，不含叶绿体。水不易透过这层物质，从而大大降低通过表皮细胞的蒸腾。表皮除一般的表皮细胞外，还有气孔。气孔是叶片进行气体和水分交换的主要通道(图 20.1)。

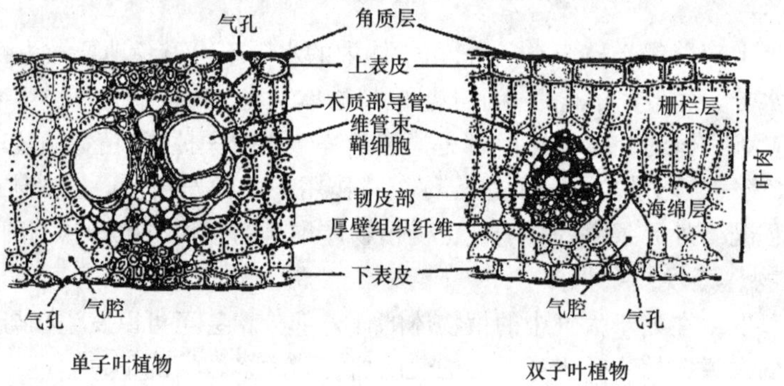

图 20.1　单子叶植物和双子叶植物叶片的横切面图

在两层表皮层之间是叶子的叶肉，叶肉内含有许多叶绿体的薄壁组织细胞。在双子叶植物的叶片内，薄壁组织排列成两种组织：栅栏层和海绵薄壁组织层。栅栏层是由一层或两层细胞紧密地排列成行，栅栏细胞通常细长而与上表皮成直角，且紧接于上表皮之下。海绵薄壁组织层具有大的气腔成网状分布在其中，海绵细胞位于下表皮及栅栏细胞之间，这些海绵细胞排列松散，具有明显的间隙。事实上，海绵细胞及栅栏细胞二者大部分的表面积都是暴露在细胞间隙的空气之中的(图 20.1)。单子叶植物叶片缺少完整的栅栏层，它主要由海绵薄壁组织组成，具有很大的气腔。叶片中叶肉细胞的排列比较松散，其间有较大的细胞间隙，在有些植物中叶肉细胞的间隙可以占到叶片体积的 70%。这个由细胞间隙贯通形成的空间经由气孔连接到外界大气空间，所以也称气孔下空间。叶肉细胞的表面可以形成很大的细胞蒸发表面。水分从叶肉细胞表面蒸发到细胞间隙中，再通过气孔向大气中扩散。

20.1.2　气孔的生理结构

绝大多数水分的蒸腾是通过叶片上的气孔进行的。气孔是由叶表皮细胞分化形成的特化保卫细胞围绕而成的小孔，通过保卫细胞的扩张和收缩使气孔开放或关闭，与表皮细胞不同，保卫细胞含有叶绿体。

气孔是植物表皮上的两个特化细胞围绕而成的小孔，这对特化的细胞称为保卫细胞。保卫细胞存在于所有的维管植物之中，以及一些更原始的植物如苔藓类植物中。保卫细胞虽然在结构上有相当大的变异，但是总的来说可以分为两大类(图 20.3)。第一类存在于大部分双子叶植物以及许多单子叶植物、苔藓类植物、蕨类植物和裸子植物中。这类保卫细胞是一对半圆形的细胞，并列形成椭圆的外形，中间是通气的小孔。另一类保卫细胞存在于许多草本植物和某些单子叶植物中。这一类植物的保卫细胞是一对并列的呈哑铃状的细胞，两端是哑铃的球状体，中间两个哑铃之间的缝隙即是通气小孔。在两个保卫细胞的外侧各有一个分化的表皮细胞称为副卫细胞，帮助保卫细胞控制小孔。虽然在具有肾形保卫细胞的植物种属中很多都有副卫细胞，但是仍有许多并没有副卫细胞，因此把与保卫细胞毗连的，在形态上与表皮细胞相同的细胞称为邻近细胞，而把形态上分化的细胞称为副卫细胞。

保卫细胞、副卫细胞或邻近细胞以及保卫细胞中间的小孔合在一起称为气孔复合体。保卫细胞的一个重要特征是其部分细胞壁明显加厚，保卫细胞部分壁可加厚到 5μm，而普通表皮细胞的壁仅 1~2μm 厚。肾形保卫细胞的细胞壁是不均等加厚的，它们具有较薄的外侧壁(靠表皮细胞一侧)称为背壁以及很厚的内侧壁(靠小孔一侧)称为腹壁。在腹壁靠大气的一侧细胞壁加厚形成突出，形成小孔。当液泡内溶质增多，细胞水势下降，吸收邻近细胞的水分而膨胀，这时较薄的外壁易于伸长；细胞向外弯曲，气孔就张开。反之，当溶质减少，保卫细胞水势上升而失水缩小，内壁伸长互相靠拢，导致气孔关闭。这种自主运动可以根据体内水分的多少自动控制气孔的开闭，以调节气体交换和蒸腾作用。

保卫细胞的壁除了加厚之外，它们的纤维素微纤丝的排列方式也具有重要的特征(图 20.2)。半圆形保卫细胞细胞壁的纤维素微纤丝从小孔向外辐射状排列，这样的排列不仅加固了保卫细胞的外围，而且不会影响气孔打开时保卫细胞的弯曲。哑铃形保卫细胞细胞壁的纤维素微纤丝则像射线从气孔的缝隙向两端辐射，这样在气孔打开和关闭的过程中就像扇子的骨架一样开合而不至阻碍气孔的运动。

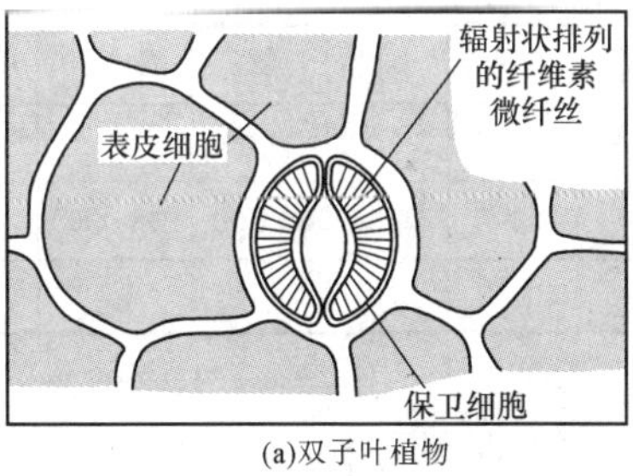

(a)双子叶植物

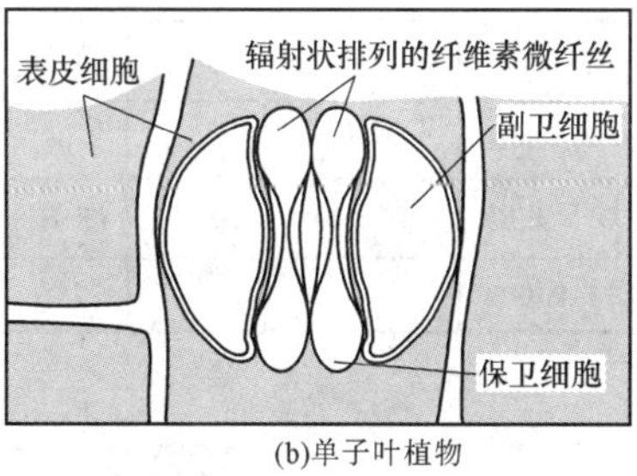

(b)单子叶植物

图 20.2 植物的两类气孔复合体(叶明维，1985)

除了外形特征外，保卫细胞与周围表皮细胞重要的区别之一是：保卫细胞具有叶绿体而表皮细胞不具备叶绿体。对于大多数植物，每个保卫细胞含有大约 10 个叶绿体，阴地植物可达 50 个。保卫细胞的叶绿体中含有丰富的淀粉体，黑暗时淀粉积累，而光照时淀粉减少，这与正常光合细胞中的情况恰好相反。保卫细胞中的线粒体异常丰富，每个保卫细胞里线粒体的数目在同一体积上为叶肉细胞的 5~10 倍。保卫细胞中液泡的数量随气孔的开关而变化，气孔关闭时具有多个小液泡，气孔开张时液泡变大或合并为一个。成熟的保卫细胞与周围细胞间没有胞间连丝存在。

20.1.3　植物气孔及分布

气孔是植物表皮上的两个特化细胞(称为保卫细胞)和由这两个特化细胞围绕形成的开口(孔)的总称。不同的植物具有不同的气孔的分布特征。

除根部外，气孔可产生于植物体的任何部分，但是对于大多数植物种类来说，大部分气孔是分布在叶片上。大多数裸子植物和被子植物，其叶片的上表皮和下表皮都有气孔，但下表皮较多；少数被子植物和裸子植物以及几乎所有的蕨类植物气孔只限于下表皮，少数浮在水面的叶子，如睡莲，气孔仅见于上表皮；沉水植物的叶，一般没有气孔。

气孔的分布与环境有关,干旱区许多植物叶片的下表皮气孔大多或全部分布在下表皮，是对干旱环境的适应。

不同植物的气孔的大小、数目和分布也有所不同。气孔的大小随植物种类和器官而异，一般长约 20~40μm ，宽约 5~10μm 。阳生植物具有较多的气孔，气孔数可以达到 100~200 个/mm^2；而阴生植物的气孔较少，一般为 40~100 个/mm^2。大多数植物叶的上下表皮都有气孔，如玉米、水稻、大麦、小麦等禾谷类作物的叶片的上下表皮都有气孔分布，且数目大致相等；双子叶草本植物，如马铃薯、蚕豆、番茄、豌豆等的气孔大多分布在下表皮；木本植物的气孔只分布在下表皮；而水生植物，如浮萍的气孔则仅分布在上表皮；沉水植物的叶，一般没有气孔。花序、果实、尚未本质化的茎、叶柄和卷须上也有气孔存在。

气孔的数目及孔道的大小是另一个表征植物蒸腾器官的特征量。叶片表皮上的气孔数目，每平方厘米可达几千个到几万个，准确的数目则决定于植物的种类及其生育的环境条件。表 20.1 列出各种植物的气孔数目及气孔完全张开时的孔口面积。气孔孔道的大小，因不同植物种类而有很大不同，而且就是同一种植物，各个气孔之间也有差异。实际环境中，气孔孔道的大小是由保卫细胞的紧张程度而定的。

表 20.1　植物叶片单位面积气孔数目及单个气孔完全张开时的面积(黄洪峰，1997)

植物名		紫花苜蓿	苹果	菜豆	玉米	燕麦	小麦	黑杨	欧洲栎	黄栎	马铃薯
气孔数目个/cm^2	上表皮	16 900	0	4 000	5 200	2 500	3 300	2 000	0	0	5 100
	下表皮	13 800	29 400	28 100	6 800	2 300	1 400	11 500	45 000	58	16 100
气孔全张面积(μm^2)		—	—	7×3	19×5	38×8	38×7	—	—	—	—

§20.2　气孔开闭的机理

20.2.1　气孔的运动方式

保卫细胞的运动(或形状的改变)可以造成小孔关闭或打开，气孔打开是由保卫细胞膨压(细胞因吸水等原因而膨胀时对细胞壁产生的压力称为膨压)升高，细胞膨胀所引起。对于具有肾形保卫细胞的气孔，当膨压升高时，肾形保卫细胞背向气孔一侧的胞壁比面向气孔一侧的胞壁弹性大，伸长幅度大，使保卫细胞弯曲，从而使气孔孔道开张度加大，关闭时则相反。对于具有哑铃形保卫细胞的气孔，当膨压升高，保卫细胞两端的哑铃球就会膨胀变大，它们之间的缝隙就会变宽，孔道变大，反之孔道就被关闭(蒋高明，2005)。

气孔的运动是个相当复杂的过程，在同一叶片上的气孔有时会出现一些气孔开放，而相邻的气孔却部分关闭的现象，这样的气孔称为斑驳气孔(patchy stomata)。保卫细胞膨压的变化，可以由两类原因引起：一是叶片总的水分平衡的变化；二是气孔各细胞渗透势的变化引起的化学信号。前一类表现在水分亏缺引起的气孔关闭，那是由于蒸腾需求超过植株对土壤水分的吸收，因而使叶片含水量下降，使气孔不能维持其紧张度所致。第二类则由水分以外的因素引起，如气孔的昼开夜合，是由光强变化引起的。

上述理论是有关植物气孔张开和关闭基本理论，属于植物生理学的研究范畴，迄今为止仍有许多不清楚的地方。虽然这些理论在目前植物蒸腾的宏观模拟研究中无法直接应用，但对于我们进一步深入理解和探索水分、热量在土壤-植物-大气连续体中的交换传输过程非常重要。

20.2.2　气体扩散的小孔定律

气孔虽然很多，仅其总面积仅占叶片表面积的 1%，似乎很难满足气体扩散的需要，但是实际上，通过气孔的水分的蒸腾量可以相当于与叶面积相等的自由水面积的蒸发量的50%，甚至达到100%。其原因是因为气孔的面积很小，水通过小孔蒸发的扩散过程是依气体扩散的小孔定律进行。气体通过小孔表面的扩散速率不是与小孔的面积成正比，而是与小孔的周长成正比，这就是气体扩散的小孔定律。当一定面积的蒸发面被划分为许多小的蒸发面时，由于其蒸发面的周长极大的增加，因此蒸发速率也大为提高。这就是为什么较小面积的气孔可以维持较大蒸腾量的原因(蒋高明，2005)。

20.2.3　气孔的运动的调控机制

气孔运动的机制经过长期研究，由于影响气孔运动的内外因素，同时气孔的开闭涉及一系列复杂的代谢变化，许多细节尚未确定(蒋高明，2005)。

目前关于气孔运动的调控主要有 2 种理论：一种是传统的水力学控制理论，认为植物气孔运动受叶片水分状况控制；另一种是化学信号控制理论，认为植物气孔运动受起源于根部且随水流传递到气孔复合体的化学信号控制。

水力信号控制理论：早在一个多世纪前，人们就发现植物的局部伤害可以诱导出快速的系统反应，然而并不清楚这种系统反应的控制机制。20 世纪 50 年代以后对植物水分关系全面深入的研究结果，启发人们把植物水分状况与植物对外界刺激的系统反应联系了起来，明确了植物水分状况在外界刺激转化为植物反应过程中的重要作用，这导致了植物水力信号学说的提出。该学说认为高等植物体内具有非常发达的水分运输系统和丰富的含水量，在正常情况下植物体内的维管组织构成了一个运输效率高、速度快、阻力小的水链系统，在这一水链系统中，由根到叶的水势逐渐降低，叶片不断蒸腾失水，根则持续吸收水分，植物体内始终维持一定的水势差。当植物遇到外界刺激引起植物体内水分状况的改变时，这种水分状况的变化作为一种信号，沿着植物体内的水链系统传递到植物体的其他部分，从而引起了植物的系统反应。当土壤干旱时，根系水势降低，对地上部的水分供应减少，根—叶水链系统内的水力特征改变，如：水势差减小、水流减少、叶水势降低，从而引起植物的系统反应—气孔关闭、蒸腾降低。控制植物系统反应的水力学信号由 2 部分组成：一为快速反应部分(膨压的作用)，即压力变化的快速传递；另一部分为从根系而来的水(细胞汁液)的物理流动(渗透势的作用)，这是一个慢速反应过程，在植物防御反应的调节中具有重要意义。这 2 个部分共同控制着植物气孔的反应。

化学信号控制理论：该理论认为当植物受到土壤干旱时，根系作为土壤干旱的感受器而感受到干旱，并随之产生某种化学物质，随水流转运到叶片上的气孔复合体而关闭气孔。许多实验结果证实了该学说的正确性。其中最著名的为在玉米上进行的分根实验和在向日葵上进行的加压实验。化学信号主要有钾离子、蔗糖、激素脱落酸 ABA 等。

钾离子，钾离子已被证明是引起保卫细胞渗透势发生改变的最重要的离子。在气孔张开时保卫细胞中钾含量增加，而当气孔关闭时则减少。在张开的气孔中钾的含量可以提高数倍，气孔关闭时保卫细胞钾浓度约 100mmol/L，而在张开的气孔中保卫细胞的钾浓度可以达到 400~800mmol/L。光照可使保卫细胞内钾的浓度增高，其水势低于邻近细胞，引起水自邻近细胞进入保卫细胞。光照可通过两种机理引起 K^+浓度上升：一是光照推动保卫细胞内叶绿素中的光合碳循环，使光合产生的已糖进入保卫细胞的细胞质的量增加，已糖经糖酵解形成磷酸戊烯式丙酮酸(PEP)，后者经过羧化变为苹果酸，苹果酸解离产生的 H^+与保卫细胞邻近的细胞交换 K^+；二是保卫细胞的叶绿体在光照下经过光合磷酸化产生的腺苷三磷酸(ATP)为细胞膜上 H^+/K^+交换提供能量，提高保卫细胞内 K^+的浓度。

蔗糖，气孔运动的蔗糖—淀粉假说认为气孔运动是由于保卫细胞中蔗糖和淀粉间的相互转化而形成的渗透势改变而造成的。保卫细胞的叶绿体中有明显的淀粉大颗粒，当气孔张开时淀粉的含量下降而气孔关闭时淀粉含量则上升。淀粉是水不溶性的大分子多聚体，它对细胞的渗透势没有影响；但是淀粉水解转化为可溶性糖后会对保卫细胞的渗透势产生重要影响。因此淀粉水解时蔗糖含量增加，保卫细胞的渗透势降低，水进入细胞使细胞膨压增加，气孔因而张开；反之当淀粉合成时蔗糖含量减少，保卫细胞渗透势增加，水离开细胞使细胞膨压降低，气孔因而关闭。

激素脱落酸 ABA，大量的研究工作证实植物内源激素 ABA(激素脱落酸)在水分胁迫下会大量累积，且能降低气孔导度、抑制生长，因而 ABA 作为一种胁迫激素已成为化学信号学说的核心内容。ABA 控制的程序如下：当水分充足时，ABA 不会形成，而气孔便开放。当轻微缺水时(极轻微缺水不足以造成水被动气孔关闭)，能形成少量 ABA，气孔略为关闭。同时，ABA 的作用使气孔对 CO_2的需要极为敏感，因此这时光合作用受阻碍就成为必要的了。在发展到严重缺水时(虽然仍比水被动关闭所需达到的缺水程度低)，便形成大量 ABA、而气孔就关闭。

20.2.4 气孔对环境因子响应的机理性数学模型

叶片阻力：因为通常情况下角质层的阻力比气孔阻力大得多，相应的角质层蒸腾比气孔蒸腾小得多，因而在叶片总蒸腾中所占的比例很小，通常可以忽略不计。所以在本模型中只考虑通过气孔来进行的蒸腾。叶片的水汽扩散阻力自外向内可划分为四部分：叶片表面边界层阻力，气孔外端阻力，气孔内、外两端之间的阻力和气孔内端与叶肉细胞之间的阻力。一些研究者在对气孔器进行了简化处理后，得到了气孔阻力随气孔开度变化的函数关系(蒋高明，2005)。对由以上四项阻力串联而成的叶片阻力(R)表示为：

$$R_L = \frac{Ha}{Dw} + \frac{b_1 \cdot (a/b)^{a_1} + b_2}{Ns \cdot a \cdot Dw} + \frac{Hs}{Ns \cdot Dw \cdot \pi \cdot a \cdot b} + \frac{c_1 \cdot (a/b)^{a_2} + c_2}{Ns \cdot a \cdot Dw} \tag{20.2.1}$$

式中，Dw 为水蒸气扩散率；Ns 为单位叶面积上的气孔数；a，b 分别为气孔的半长轴和半短轴；Ha 为叶片边界层厚度；Hs 为气孔深度；$a_1, a_2, b_1, b_2, c_1, c_2$ 均为参数。

由此得到的叶片导度为：

$$g_L = 1/R_L \tag{20.2.2}$$

气孔开度($2b$)：从式(20.2.1)中可以看出，反映气孔开度的 b 在 4 项阻力中的 3 项里都起作用，因而是叶片阻力计算中的一个重要变量，气孔运动就是通过改变它的数值来影响气孔阻力的。用有限元方法来描述保卫细胞和副卫细胞的力学性质对 b 的影响，并假设有限元之间为线性关系，则可得到如下函数关系：

$$2b = \begin{cases} A_0 + bg \cdot Pg + bs \cdot Ps & A_0 + bg \cdot Pg + bs \cdot Ps \geqslant 0 \\ 0 & A_0 + bg \cdot Pg + bs \cdot Ps < 0 \end{cases} \tag{20.2.3}$$

式中，Pg, Ps 分别为保卫细胞和副卫细胞的膨压；A_0, bg, bs 均为参数。上式很好地描述了气孔运动受气孔器各细胞的膨压的影响。

忽略衬质势和重力势，细胞内的水势可表示为：

$$\varphi_i = P_i - \pi_i - \overline{\pi}_i \quad i = g, s \tag{20.2.4}$$

式中，P_i 为静水压；π_i 为非扩散溶质的渗透压；$\overline{\pi}_i$ 为可以通过扩散或代谢而增减的渗透性物质的渗透压。以前的模型都不考虑渗透性物质的量的变化，把 $\overline{\pi}_g, \overline{\pi}_s$ 当作常数处理，这使它不适用于渗透物质有变化的情况(如光照和 CO_2 变化时)。本模型考虑了 $\overline{\pi}_g, \overline{\pi}_s$ 的变化。它们与光照和胞间 CO_2 浓度的作用有关。

$\overline{\pi}_g, \overline{\pi}_s$ 可以根据细胞内溶质守恒原理算出：

$$\pi_i \cdot V_i = \pi_i^0 \cdot V_i^0 \quad i = g, s \tag{20.2.5}$$

式中，上标 0 为细胞初始质壁分离；V_i 为细胞的体积。又

$$P_i = \varepsilon_i \cdot (V_i - V^0{}_i) / V^0{}_i \quad i = g, s \tag{20.2.6}$$

式中，$\varepsilon_g, \varepsilon_s$ 为细胞壁的弹性模量。由以上三式可以求出：

$$P_i = 0.5 \cdot \left\{ (\overline{\pi}_i + \varphi_i - \varepsilon_i) + [(\varepsilon_i - \overline{\pi}_i - \varphi_i)^2 + 4\varepsilon_i \cdot (\pi^0{}_i + \overline{\pi}_i + \varphi_i)]^{0.5} \right\} \quad i = g, s \tag{20.2.7}$$

CO_2 的作用：保卫细胞只有面向气孔下腔一侧能与气相交换 CO_2，所以大气中 CO_2 浓度只能通过改变气孔下腔的 CO_2 浓度来影响气孔的开闭。从气孔下腔扩散进入保卫细胞的 CO_2 经 PEP 羧化酶转换成苹果酸(H_2A)，后者解离成 H^+、HA^- 和 A^{2-} HA^-，解离的程度与保卫细胞的 pH 值有关；解离后的苹果酸主要是 A^{2-}，而 HA^- 对渗透压的影响很小，可忽略不计。

保卫细胞内羧化形成的 A^{2-} 能被动扩散进入副卫细胞，保卫细胞和副卫细胞构成的系统所达到的稳态主要由它们之间的膜电位决定，则可以写出保卫细胞和副卫细胞之间跨细胞膜离子流的欧姆定律方程：

$$\Delta E = R_m \cdot F \cdot A_{sg} \cdot [-J(H^+) + J(K^+) - J(Cl^-) - 2J(A^{2-})] \tag{20.2.8}$$

式中，ΔE 为保卫细胞和副卫细胞之间的膜电位差；F 为法拉第常数(96 487C/mol)；R_m 为膜电阻，通常为常数；A_{sg} 为保卫细胞和副卫细胞之间的交界面面积；$J(K^+)$, $J(Cl^-)$, $J(A^{2-})$均为离子通量密度；$J(H^+)$为 H^+的通量密度，其符号以从副卫细胞进入保卫细胞为正，反向为负。

当细胞处于稳态时，其内的各种离子的浓度都保持不变。对于 A^{2-}，有：

$$\frac{V^* \cdot H \cdot C_i}{K^* + H \cdot C_i} + A_{sg} \cdot J(A^{2-}) = 0 \tag{20.2.9}$$

式中，C_i 为气孔下腔的 CO_2 浓度；V^*和 K^*分别为保卫细胞内 PEP 羧化反应的最大反应速率和 Michaelis 常数；H 为 Henry 定律常数。

对于 K^+, Cl^-有

$$J(K^+) = 0, \quad J(Cl^-) = 0 \tag{20.2.10}$$

又根据恒场离子流公式，有

$$\frac{K_s}{V_s} - e^{\lambda} \frac{K_g}{V_g} = 0 \tag{20.2.11}$$

$$\frac{L_s}{V_s} - e^{\lambda} \frac{L_g}{V_g} = 0 \tag{20.2.12}$$

式中，$\lambda = F\Delta E/RT$；K_g, K_s 分别为保卫细胞和副卫细胞中 K^+的摩尔数；L_g, L_s 分别为保卫细胞和副卫细胞中 Cl^-的摩尔数。

假设 K^+, Cl^-在保卫细胞和副卫细胞中的总量都保持不变，即：

$$K_g + K_s = N_K = \text{const} \tag{20.2.13}$$

$$L_g + L_s = N_L = \text{const} \tag{20.2.14}$$

由以上 4 个方程可以求出保卫细胞和副卫细胞中的 K^+和 Cl^-摩尔数，然后根据电中性条件求出 A^{2-}在保卫细胞和副卫细胞中的摩尔数(A_g, A_s)。最后根据 van' t Hoff 关系算出 $\bar{\pi}_g$ 和 $\bar{\pi}_s$：

$$\bar{\pi}_i = (K_i + L_i + A_i) \cdot R \cdot T / V_i, \quad i = g, s \tag{20.2.15}$$

叶片内的水势分布：以上在对保卫细胞和副卫细胞的膨压的计算中，有这两种细胞的水势。通常认为它们与叶片主体水势是一回事，但是在蒸腾强烈地进行时，由于保卫细胞和副卫细胞靠近气孔，它们的水汽蒸发比叶肉细胞快，保卫细胞和副卫细胞的水势(ϕ_g, ϕ_s)就比叶片的主体水势(ϕ_L)略低，其大小可由下式给出：

$$\phi_g = \phi_L - R_{lg} \cdot g_L \cdot VPD \tag{20.2.16}$$

$$\phi_s = \phi_L - R_{ls} \cdot g_L \cdot VPD \tag{20.2.17}$$

式中，R_{lg} 和 R_{ls} 均为常数；VPD 为气孔下腔表面与大气间的蒸汽压差。当达到稳态时，由质量守恒定律，有：

$$(\phi_r - \phi_L) / R_p = g_L \cdot VPD \tag{20.2.18}$$

式中，ϕ_r 为根周围的土壤水势；R_p 为液态水从根到叶片内叶肉细胞的阻力。因而保卫细胞和副卫细胞的水势可以表示为土壤水势的函数：

$$\phi_g = \phi_r - \left(R_p + R_{lg}\right) \cdot VPD \cdot g_L \tag{20.2.19}$$

$$\phi_s = \phi_r - \left(R_p + R_{ls}\right) \cdot VPD \cdot g_L \tag{20.2.20}$$

光的作用：光对气孔开闭的影响可以通过两种途径：光合磷酸化提供的 ATP 对保卫细胞和副卫细胞之间的 H^+ 泵有推动作用，蓝光对质膜 ATPase 有开启作用。根据现有的研究结果，保卫细胞中没有 Calvin 循环系统，但有完整的光合电子传递链，这里引入这种简化式。假定保卫细胞光反应系统与叶肉细胞中的完全相同，以叶绿素为基础的电子传递速率(Je)为：

$$Je = \frac{Jem \times I}{2.4 \times Jem + I} \tag{20.2.21}$$

式中，I 为细胞所吸收的光通量，单位为 μmol/(m²·s)；Jem 为电子传递的饱和速率，单位为 μmol/((g·chl)·s)。研究表明，它是温度的函数，可以用一个简化的公式表示：

$$Jem = \frac{B \cdot \exp[(T/298 - 1) \cdot E/(R \cdot T)]}{1 + \exp[(S \cdot T - H)/(R \cdot T)]} \tag{20.2.22}$$

式中，T 为绝对温度；R 为气体常数；B, E, S, H 均为参数。

由式(20.2.21)可以推得，保卫细胞中光反应系统 ATP 的产生速率 J_{APT}，可表示为 I 与 Jem 的函数关系：

$$J_{\mathrm{ATP}} = \frac{2}{3} \cdot M_c \cdot \frac{Jem \times I}{2.4 \times Jem + I} \tag{20.2.23}$$

式中，M_c 为保卫细胞中叶绿素的含量，而且假设每合成一个 ATP 需耗散 3 个 H^+。

已经证明，在保卫细胞和副卫细胞之间存在一定数量的 H^+泵，它用 ATP 的能量将 H^+ 从保卫细胞泵进入副保卫细胞。这个反应与保卫细胞质内 ATP 的浓度(C_{ATP})的关系满足 Michaelis 方程：

$$J(\mathrm{H}^+) = \frac{J_m(\mathrm{H}^+) \cdot C_{\mathrm{ATP}}}{K_{m\mathrm{ATP}} + C_{\mathrm{ATP}}} \tag{20.2.24}$$

式中，$K_{m\mathrm{ATP}}$ 为 ATP 的米氏常数；$J_m(\mathrm{H}^+)$为 H^+泵的饱和速率。由前面的叙述可知，蓝光不是作为保卫细胞分泌 H^+的直接能源来调节气孔开闭的，而是通过对质膜 ATP 酶的开关作用，因而它的作用可以用启动开关型方程描述：

$$J(\mathrm{H}^+) = \frac{J_m(\mathrm{H}^+) \cdot C_{\mathrm{ATP}}}{K_{m\mathrm{ATP}} + C_{\mathrm{ATP}}} \cdot \frac{(I_B/K_B)^8}{1 + (I_B/K_B)^8} \tag{20.2.25}$$

式中，K_B 为反应常数；I_B 为吸收的蓝光强度，在可见光中蓝光约占 5%。

由于每个保卫细胞内叶绿素的含量(约 2pg)小于每个叶肉细胞中的含量(约 179 pg)，其光反应能力也就比叶肉细胞的小。但从力能学计算知道，在光下保卫细胞中的光合磷酸化反应系统为气孔的开放提供能量，所以模型中假设保卫细胞光反应系统生产的 ATP 仅由 H^+泵消耗。由于消耗一个 ATP 可泵出两个 H^+，所以在稳态时，光反应系统的 ATP 合成速率为 H^+泵速率的一半，即：

$$J_{\mathrm{ATP}} = 0.5 \cdot J(\mathrm{H}^+) \tag{20.2.26}$$

由方程(20.2.23)、方程(20.2.25)和方程(20.2.26)可以求出保卫细胞内的 ATP 浓度和 H^+泵的速率。

气孔下腔的 CO_2 浓度(C_i)：气孔下腔的 CO_2 浓度由大气 CO_2 通过气孔的供应和叶肉细胞光合作用对 CO_2 的利用两者决定，其大小与大气 CO_2 浓度(C_a)、叶片导度、叶肉细胞的净光合速率(A_n)等量有关：

$$(C_a - C_i)\cdot g_L \cdot D_c / D_w = A_n + J^* \quad (20.2.27)$$

式中，D_c 和 D_w 分别为 CO_2 和水汽的扩散系数；A_n 由叶肉细胞的光合子模型算出。

20.2.5 气孔模型

气孔模型按性质可分为机理模型和经验模型，按模拟的时间过程可分为动态模型和稳态模型。机理模型主要用于研究生理过程对单因子的生理响应，如气孔振荡与叶片水势的关系、光合系统对环境 CO_2 浓度的响应，也有综合性的研究。其优点是理论性强，机理性明确。缺点是参数复杂，不易获得，过程太细，不实用。机理模型一般是动态模型，也有稳态。从动态的变化可以分析出作用机制。经验模型基本上是稳态模型(蒋高明，2005)。

气孔是发育完善的植物器官，目前气孔行为的生理机制仍不完全清楚，在缺乏对机理的描述时，经验或半经验模型常常用于描述气孔对环境因子和生理因子的响应。

Jarvis 模型：Jarvis 提出一个阶乘型的经验模型。即：

$$g_L = g_0 \cdot f(I)\cdot g(\delta_e)\cdot h(\Phi_L)\cdot i(T_L)\cdot j(\mathrm{CO_2}) \quad (20.2.28)$$

式中，g_0 为气孔传导率的最大值，即各种环境因子均处于使气孔达到最大张开状态时的叶传导率；函数 $f(I)$, $g(\delta_e)$, $h(\Phi_L)$, $i(T_L)$ 和 $j(CO_2)$ 分别为光照、叶-空气水汽压差、叶水势、叶温和 CO_2 浓度的作用函数。这些函数的函数值变化范围在 0~1 之间。函数的形式是根据试验资料选配的，常用的函数有如下几种形式。

光照作用函数 $f(I)$：

$$f(I) = \frac{a_1 I}{a_2 + a_3 I} \quad (20.2.29)$$

或

$$f(I) = 1 - \mathrm{e}^{-a_4 I} \quad (20.2.30)$$

式中，I 为叶片上的光照度(W/m^2)。

叶-空气水汽压差作用函数 $g(\delta_e)$：

$$g(\delta_e) = 1 - a_5 \delta_e \quad (20.2.31)$$

或

$$g(\delta_e) = \exp(-a_6 \delta_e) \quad (20.2.32)$$

式中，$\delta_e = e_L - e_a$，e_L 为叶肉细胞间隙内的水汽压(hPa)，可取为叶温 T_L 下的饱和水汽压；e_a 为叶片周围大气水汽压(hPa)。

叶水势作用函数 $h(\Phi_L)$：

$$h(\Phi_L) = \frac{\Phi_L - \Phi_{L2}}{\Phi_{L1} - \Phi_{L2}} \quad (20.2.33)$$

或

$$h(\Phi_L) = 1 - \mathrm{e}^{-a_7}(\Phi_L - \Phi_{L2}) \quad (20.2.34)$$

式中，Φ_{L1} 为最大叶水势(m)；Φ_{L2} 为 $g_L \to 0$ 时的叶水势。

叶温作用函数 $i(T_L)$：

$$i(T_L)=1-b_1(T_L-T_0) \tag{20.2.35}$$

或

$$i(T_L)=b_2(T_L-T_{\min})(T_{\max}-T_L)^{b_3} \tag{20.2.36}$$

式中，T_0为气孔开放的最适温度(℃)，$T_{\min}$为 g_L=0 时的最低温度(℃)；$T_{\max}$为 g_L=0 时的最高温度；b_2和 b_3由下式计算：

$$b_2=\frac{1}{(T_0-T_{\min})(T_{\max}-T_0)}$$

$$b_3=\frac{T_{\max}-T_0}{T_{\max}-T_{\min}}$$

CO_2作用函数 $j(C_i)$：

$$j(C_i)=1-b_4C_i$$

或

$$j(C_a)=1-b_5C_a \tag{20.2.37}$$

式中，C_i为叶肉细胞间隙内的 CO_2浓度(g/cm^3)；C_a为叶片周围环境空气内的 CO_2浓度(g/cm^3)。

在上述式(20.2.29)~式(20.2.37)中 a_i(i=l, 2,⋯,7), b_1, b_4, b_5均为与植物种类有关的经验常数，也可能与植物生长的地理位置有关，它们可依据试验资料由回归分析方法确定。

下面列出一些植物叶片水汽传导率的经验计算公式。

Dolman 模式 I：

$$g_L=g_0f(I)g(\delta_e)\ ,\ f(I)=[(I/a_2+I)]/[1000/(1000+a_2)],\ g(\delta_e)=1-a_3\delta_e$$

式中，I 为到达叶面上的太阳总辐射量(W/m^2)；δ_e为叶片周围空气的饱和差(kPa)，即 $\delta_e=e_b(T_a)-e_a$；$e_b(T_a)$为空气温度 T_a下的饱和水汽压；e_a为空气的实际水汽压。

Dolman 模式Ⅱ：

$$g_L=g_0g(Q_s)g(\delta q)g(T)g(\delta\theta)g(L)$$

$$g(Q_s)=[Q_s/(a_2+Q_s)]/[1000/(1000+a_2)]$$

$$g(\delta q)=\begin{cases}1-a_3\delta q,\delta q_3<a_4\\1-a_3a_4,\delta q_4>a_4\end{cases}$$

$$g(T)=(T-T_L)(T_H-T)^a/(a_5-T_L)(T_H-a_5)^a$$

$$g(\delta\theta)=1-\exp[a_6(\delta\theta-\theta_m)]$$

$$\theta_m=K_1/a_6+K_2\quad g(L)=L/L_m$$

式中，Q_s为到达林冠上方的太阳总辐射(W/m^2)；δq 为空气的饱和比湿差(g/kg)；T 为空气温度(℃)；$\delta\theta$为土壤水分饱和差(mm)；L 为冠层的叶面指数(随季节而变化)；L_m为最大叶面积指数。

Sellers 模式：

$$g_L=f(Q_s)f(\Phi_l)f(T)f(\delta_e)$$

式中，

$$f(Q_s)=1\Big/\left(\frac{a}{b+Q_s}+C\right),\quad f(\Phi_l)=\begin{cases}1 & \Phi_l>\Phi_{c_1}\\ \dfrac{\Phi_l-\Phi_{c_2}}{\Phi_{c_1}-\Phi_{c_2}} & \Phi_{c_2}\leqslant\Phi_l\leqslant\Phi_{c_1}\\ 0 & \Phi_l<\Phi_{c_2}\end{cases}$$

$$f(T)=h_3(T-T_L)(T_h-T)^{h_4}\quad f(\delta_e)=1-h_5\delta_e$$

$$h_3=1\big/(T_0-T_L)(T_h-T_0)^{h_4}\quad h_4=(T_h-T_0)/(T_0-T_L)$$

式中，Q_s为到达叶片上的 PAR 及通量(W/m^2)；Φ_l为叶子水势(m)；T为叶片温度(℃)；δ_e为空气饱和差(hPa)。

Ball-Berry 模型：Ball-Berry 提出了一个半经验模型，认为气孔导度是叶面相对湿度(h_s)、CO_2浓度(C_s)和光合速率(A_n)的函数。在植物体水分不亏缺的条件下，有：

$$g_{sc}=g_0+a_1A_nh_s/C_s \tag{20.2.38}$$

当光照趋于 0 时的气孔导度接近于 0。

式中，a_1是系数，h_s和C_s分别为叶面上空气的相对湿度和CO_2浓度。通常把式(20.2.38) 称为 Ball-Berry 模型，该模型源自一些实验结果，即当C_s不变时，气孔导度随叶面相对湿度的增加而增加；气孔导度与光合速率呈线性关系；气孔导度随叶面CO_2浓度的增加而下降。当周围CO_2增加时，因A_n对CO_2的增加呈米氏响应，C_s则呈线性的增加，故计算的气孔导度将降低。式(20.2.38)的形式简单，很快就被广泛应用于各种模型中。如单叶尺度模型，冠层尺度模型，区域尺度模型和一些全球气候模型。

修正的 Ball-Berry 模型：Ball-Berry 模型并不是气孔模型的最完善的形式。在该气孔模型中，用相对湿度而不用饱和差(V_{pd})来表达气孔响应大气湿润程度的函数。由于气孔响应失水而收缩，失水速率与饱和差而不是与叶面相对湿度成正比。而气孔开度(及它所决定的气孔导度)与实际失水速率(即蒸腾速率)的关系比与饱和差的关系更密切。由于蒸腾速率E_t和饱和水汽压差V_{pd}有密切关系($E_t=g_{sw}V_{pd}$)，Leuning 使用V_{pd}取代h_s修正了 Ball-Berry 模型。即：

$$g_{sc}=g_{s0}+(a_1A)/(C_s-\Gamma)(1+V_{pd}/V_{pd0}) \tag{20.2.39}$$

式中，Γ为CO_2补偿点(μmol/mol)；V_{pd}为叶面空气的饱和水汽压差。可以看出，气孔导度对V_{pd}的响应呈双曲线型。

式(20.2.38)和(20.2.39)并不是气孔导度的显式方程。若以环境因子为自变量，式中的光合作用和V_{pd}都是未知数。A_n的增加通过降低C_i而加大g_{sc}，C_s是通过加大C_i而降低g_{sc}，g_{sc}对C_i又有反馈作用。因而必须结合叶绿体的光合反应模型(以下称光合作用模型)和水汽、CO_2的传输模型以及热量平衡模型才能求解。这也反映出植物的生理过程是相互联系、相互制约的特点。以数学模型来表现时，是一联立的方程组。

20.2.6 植物气孔蒸腾作用的流体动力学解释

植物气孔的大小、数目和分布不仅与植物种类有关，而且还与生长环境有关。同时，同一株植物不同部位的叶片，或同一叶片的不同部位，气孔数目和密度也不相同。一般有

4 000~30 000 个/cm^2。张开气孔的面积约占叶片面积的 1%。因为，叶片的内表面很大，气孔间相互连通，因此把单位叶面积上的气孔视为半径为 r 和面积为单位叶表面面积的 1% 的圆孔。如果单位叶面积为 1cm^2，则圆孔的半径 r 为 5.64×10^{-2}cm(蒋高明，2005)。

植物叶片由于大小和着生位置不同而互相遮盖，且叶面与水平面几乎都有一大小不等的倾角，如水稻、小麦约为 45°，而风向多呈水平方向。所以，在叶片的上、下两表面的不同部具有大小不同的风速。因此，当两圆孔口处有不同的风速时，如 $v_2 > v_1$，则由流体动力学 Bernoullis 定理可得到：

$$\frac{1}{2}\rho_1 v_1^2 + P_1 = \frac{1}{2}\rho_1 v_2^2 + P_2 \tag{20.2.40}$$

式中，ρ_1 为空气的密度；v_1 和 v_2 分别为 2 圆孔 1 处和 2 处的风速；P_1 和 P_2 分别为圆孔 1 处和 2 处压力。由式(20.2.40)得到两圆孔口间产生的压力差：

$$\Delta P = P_1 - P_2 = \frac{1}{2}\rho_1(v_2^2 - v_1^2) \tag{20.2.41}$$

在压力差的作用下，空气经圆孔 1 进入叶内细胞间隙流动，再从圆孔 2 排出到大气中，起到通风作用，促进水分蒸腾和 CO_2 的吸收。

显然，由于叶片内细胞间隙的形状不规则，气体在细胞间隙内的流动情况十分复杂，难于准确估算植物气孔的蒸腾量，因此用圆管几何模型代替细胞间隙。即认为叶肉细胞间隙的饱和水蒸汽在半径为 r 和管长为 L 的圆管中流动。其流速较小，可视为层流，根据 Poiseuille 公式，可得在单位时间内通过单位面积的水蒸汽质量。即水汽通量为：

$$J_m = \frac{\rho_2 r^2}{8\eta}\cdot\frac{\Delta P}{L} \tag{20.2.42}$$

式中，ρ_2 为细胞间隙内饱和水蒸汽密度；η 为细胞间隙内气体的黏滞系数。将式(20.2.41)式代入(20.2.30)得：

$$J_m = \frac{\rho_1\rho_2 r^2}{16\eta L}(v_2^2 - v_1^2) \tag{20.2.43}$$

由上式可知，在气孔大小、密度、黏滞系数等保持不变的条件下，水汽通量，亦即蒸腾强度与叶面两点风速的平方差成正比，而与两点间的距离成反比，可据此解释叶面各点因风速不同而引起气孔蒸腾作用。

§ 20.3　单张叶片的蒸腾作用

单张叶片的蒸腾是植物冠层蒸腾的基础。叶的蒸腾作用主要通过表皮进行，表皮上的气孔与角质膜的分化与此有密切关系。这里我们只研究植物冠层中某一张叶片上的蒸腾过程。叶片蒸腾有两种途径：通过气孔的蒸腾，称作气孔蒸腾；通过角质层的蒸腾，称作角质层蒸腾。

20.3.1　叶片蒸腾的途径

叶片蒸腾有两种途径：一是通过气孔的蒸腾，称作气孔蒸腾；二是通过角质层的蒸腾，称作角质层蒸腾(图 20.3)。

气孔蒸腾：大部分的蒸腾是通过叶片气孔进行的。水分通过植物体维管束的水分输导组织输送至叶肉细胞，从而使叶肉全部活细胞的液泡得以充满水分，同时细胞原生质和细胞壁也同样为水分所饱和。随后，水分即从湿润的细胞壁蒸发到细胞间隙，俨如水分由任何湿润表面蒸发到周围大气空间。胞间空隙形成一个连通系统，其分支遍及整个叶片。在正常条件下，胞间空隙是为水汽饱和的空气所占据的。当气孔张开时，胞间空隙中的水汽就会通过气孔扩散到外部大气中去。除非大气的蒸汽压等于或大于胞间空隙的蒸汽压，否则水分总是向外扩散。水汽向外扩散的速度，主要决定于叶片胞间空隙内的蒸汽压超过叶片周围大气蒸汽压的差额，以及气孔对水汽扩散的阻力。

角质层蒸腾：叶片表皮细胞，有一侧露于大气，水分便可从这些细胞的外壁直接蒸发到大气中。但实际上，所有植物叶子的表面部覆盖着一层叫做角质的蜡状物质。水不易通过这层物质，因此通道表皮细胞的直接蒸腾量实际上是很小的。大部分植物种类的角质层蒸腾量不到叶子总蒸腾量的 10%。

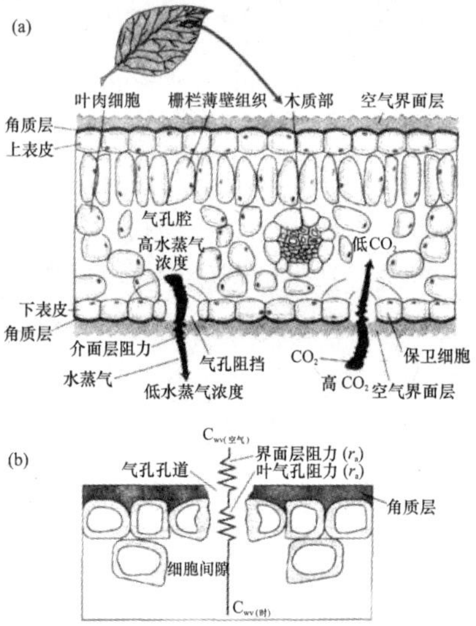

图 20.3 叶片中水的蒸腾途径(A)水和 CO_2 通过气孔的扩散示意图(B)用电路方式表示的气孔扩散阻力

20.3.2 叶片蒸腾强度

叶片蒸腾强度，以 g/(cm²·s)为单位，表示单位时间内从单位面积叶片(通常指叶片的单面面积)上扩散到周围环境中的水分数量。

蒸腾作用中水分自叶面散失的直接推动力是气孔下方细胞间隙水汽压 e_L 和大气水汽压 e_a 之间的差值(或水蒸汽浓度之间的差值)。一般情况下，叶子含水量(或水势)的变化对叶肉细胞间隙中的水汽压影响不大，e_L 总是接近于水在叶温 T_L 下的饱和水汽压。根据扩散定律，与电学上电阻类比，可把叶片蒸腾强度表示为水汽浓度差除以阻力所得的商：

$$E = \frac{C_L - C_a}{r} = g \cdot (C_L - C_a) \tag{20.3.1}$$

式中，E 为叶片的蒸腾强度(g/(cm² s))；C_L 和 C_a 分别为叶片气孔下方细胞间隙和叶片周围大气中的水汽浓度(g/cm^3)；r 为水汽由叶肉细胞表面经过细胞间隙达到气孔下腔，并穿过气孔孔道，再经过叶片边界层进入周围大气的过程中所受到的总阻力(s/cm)；g=1/r 为水汽传导率(cm/s)。式(20.3.1)亦可写为水汽压差所表示的形式：

$$E = \frac{622\rho_a}{P}\frac{(e_L - e_a)}{r} \qquad (20.3.2)$$

式中，ρ_a 为周围大气的密度(约为 0.00 123g/cm^3)；P 为大气压力(约为 1 000hPa)。

在已知叶面温度的条件下，由于气孔下腔的空气是水汽饱和的，所以 e_L 可认为是饱和水汽压，由下式计算：

$$e_L = 6.11\exp\left[\frac{17.4T_L}{(T_L + 239)}\right] \qquad (20.3.3)$$

式中，T_L (℃)为叶片温度。

如果知道阻力 r 或传导率 g，即可由式(20.3.1)或式(20.3.2)计算出叶片的蒸腾强度。

20.3.3 叶片的蒸腾作用的测定指标

蒸腾速率(transpiration rate)：蒸腾速率是指植物在单位时间内单位面积通过蒸腾作用所散失的水量，也可称为蒸腾强度，一般用 g/(m^2·h)表示。水在气孔下空间蒸发后，需要通过扩散进入大气。水蒸气在空气中的扩散是非常迅速的。此外，水蒸气从气孔下空间扩散到外界大气的距离也很短。如果假设水蒸气从气孔下空间扩散到外界大气的距离为 1mm，水蒸气在空气中的扩散系数是 2.4×10^5m^2/s，经计算可以得到：水蒸气从气孔下空间扩散到外界大气只需约 0.042s。由此可见，水蒸气在空气中的扩散速度对于叶子的蒸腾作用是足够迅速的，扩散并不是蒸腾的限制因素。

实际上，蒸腾速率主要是由叶片气孔下空间的水蒸气浓度和大气中水蒸气浓度之间的浓度差以及水蒸气扩散途径的阻力所决定的。可以用下式表示：

蒸腾速率=水蒸气浓度差/水蒸气扩散阻力

水蒸气的浓度差：水蒸气的浓度差是水分散失的动力。水蒸气浓度差是叶气孔下空间的水蒸气的浓度与大气中水蒸气的浓度的差值。水蒸气浓度差也可以用水蒸气压表示，称为水蒸气压亏缺。水蒸气压用 kPa 表示，与水蒸气浓度成正比。大气中水蒸气浓度比较容易测量，但是叶内的水蒸气浓度的测量却非易事。如果我们假定叶细胞间隙中水蒸气的水势与叶细胞的水势处于平衡状态，我们可以根据测量所得的叶细胞的水势 ϕ_w 和叶片的温度，用下式得到相对湿度：

$$\phi_w = RT/V_w \ln (RH) \qquad (20.3.4)$$

式中，R 为气体常数；T 为热力学温度；V_w 为液体水的偏分摩尔体积；RH 为相对湿度。

相对湿度是在该温度下水蒸气浓度和饱和水蒸气浓度的比值，即：

$$RH = c_{wv}/c_{wv(sat)} \qquad (20.3.5)$$

由上式即可得到水蒸气浓度 c_{wv}。在这里首先值得注意的是水分散失的动力是水蒸气的浓度而不是相对湿度 RH，再者 RH 是依赖于叶片温度的。

水蒸气的扩散阻力：控制水分散失的第二个因素是水蒸气的扩散阻力。水蒸气的扩散阻力是水蒸气在扩散过程中各部分阻力的总和。其中最重要的有两个，首先是水蒸气通过气孔时的阻力，称为气孔阻力(stomatal resistance)。由于叶片角质层的不透水性，水蒸气的扩散主要通过气孔进行，微小的气孔为气体的扩散提供了低阻的通道，因而改变气孔阻力也是控制蒸腾的最主要的因素。

其次是水蒸气通过叶面的静止空气层，即界面层(boundary layer)的阻力，称为界面层阻力。水蒸气扩散经过气孔后还需跨过叶片表面的界面层才能到达外界大气。界面层是紧贴着叶子表面的一薄层未被扰动的空气层，它对水蒸气的扩散阻力与其厚度成正比。影响界面层厚度的重要因素是风。当空气静止无风时界面层可能会变得相当厚，这时它就成为决定水蒸气扩散阻力的主要因素。在这样的情况下，即使气孔完全打开，蒸腾速率也无法提高。而当风速增加，界面层的厚度降低时界面层对水蒸气扩散的阻力就会减小，这时气孔阻力又成为控制蒸腾速率的主要因素。风还可以从另一方面对蒸腾发生影响，当叶子的温度高于空气温度时，风可以增加热的散失降低叶温，因而降低叶内水蒸气浓度，也就降低了蒸腾的速率。

叶子的形态解剖特性也可以影响界面层的厚薄。叶表面的叶毛可以减少风对界面层的影响；某些植物具有下陷的气孔，保护其免受风的影响。虽然界面层可以受到各种因素的影响，但是植物对外界环境快速和灵敏的调控反应还是靠气孔的调节。

蒸腾系数：蒸腾系数是指植物光合作用固定每摩尔的 CO_2 所需蒸腾散失的水的量(单位 mol)，即：

$$蒸腾系数=蒸腾散失的水分的量/光合作用固定的 CO_2 的量$$

蒸腾系数是表示植物在光合作用吸收 CO_2 的同时水分散失的效率。不同类型的植物常有不同的蒸腾系数，木本植物的蒸腾系数较草本植物为小，C_4 植物较 C_3 植物为小。典型的 C_3 植物的蒸腾系数为 500，典型的 C_4 植物的蒸腾系数只有约 250，而适应于沙漠生存条件的 CAM 植物的蒸腾系数可以达 50 左右。

植物通常在进行光合作用的同时总需要消耗大量水分，或者说蒸腾系数较高。其中的原因首先是因为空气中 CO_2 的浓度很低而叶子内的水蒸气浓度却很高，推动水蒸气向叶外扩散的水蒸气浓度梯度比推动 CO_2 向叶内扩散的 CO_2 浓度梯度要高 50 倍；其次，由于 CO_2 分子比水分子大，其扩散速度比水蒸气慢 1.6 倍；此外，CO_2 进入细胞叶绿体必须扩散经过质膜和叶绿体膜才能最终到达光合作用的场所。

蒸腾比率：蒸腾比率为植物每消耗 1kg 水所形成的干物质的克数，或者说，植物在一定时间内干物质的累积量与同期所消耗的水量之比称为蒸腾比率或蒸腾效率。一般植物的蒸腾效率是 1~8g 干物质/kg 水。大部分作物的蒸腾比率为 2~10g。蒸腾效率越大的植物，表明合成干物质越多，植物利用水分越经济。近年来则用水分利用效率来表示干物质的累积量与同期所消耗的水量之间的关系，即水分利用效率为植物固定的 CO_2 量或生产的干物质量/同时期消耗的水量，所以用 $mgCO_2g^{-1}H_2O$ 或 kg 干物质 ha^{-1} mm^{-1} 水表示。

20.3.4 植物叶片蒸腾的内部阻力

气孔阻力：我们可运用方程式 $J_j=D_j\ \Delta c_j/\Delta x$ 给出的斐克第一定律来描述气体沿气孔进行的扩散。我们令气孔深度为 d^{st}；种类 j 的浓度沿距离 d^{st} 的变化为 Δc_j^{st}。稳态时，种类 j 朝向或离开气孔的运动速度(J_j 乘以叶面积 A)须等于种类 j 穿过气孔的运动速度(气孔内通量 $D_j\Delta c_j^{st}/d^{st}$ 乘以叶面积 A 上的气孔面积 A^{st})。这就引出了一个重要的结论：气孔限制了气体分子扩散的有效面积。气孔能限制种类 j 的通量，这方面的认识给出了如下的关系式：

$$J_j = D_j \frac{\Delta c_j^{st}}{d^{st}} \cdot \frac{A^{st}}{A} = \frac{D_j n a^{st}}{d^{st}} \Delta c_j^{st} \tag{20.3.6}$$

式中，n 为单位叶面积上的气孔数目；a^{st} 为每一气孔的平均面积，也就是说，na^{st} 等于气孔占据的叶表面积的分数 A^{st}/A。方程式(20.3.6)中的通量 J_j 是指单位叶面积上种类 j 的运动速度，它与气孔孔口内的通量相比是一个相当容易测定的量。

角质层阻力：某些水分子能扩散透过表皮细胞的蜡质角质层，即所谓角质层蒸腾。H_2O 透过角质层的这种运动很可能不仅涉及水汽而且还涉及到液态水。我们将鉴定角质层阻力 R_j^c，即种类 j 扩散的角质层阻力。R_j^c 与气孔阻力 R_j^{st} 是并联的。对于不同的植物，角质层蒸腾的阻力(R_{wv}^c)一般从 30s/cm 变到 200s/cm。因此，角质层阻力通常比张开气孔的阻力大得多。气孔接近于关闭时(高 R_{wv}^{st})，角质层蒸腾损失的水分可超过穿过气孔而损失的水分。此外，如果角质层受到机械损伤或出现裂隙(老叶子会发生这种情况)，则 R_j^c 就会减小，因而更多的水分就会通过这一途径离开叶子。

细胞间隙阻力：植物叶子遇到的另一阻力是 R_j^{ias}，即种类 j 扩散的细胞间隙阻力。由于这种细胞间隙(它们占据了叶子体积的大约 50%)的形状不规则，所以单从几何的角度考虑还难以准确地估算 R_j^{ias}。然而，细胞间隙的行为确实很像未搅动空气层，因此我们将用与方程式 $R_j^a=\delta^a/D_j$ 类似的一个关系式来描述 R_j^{ias}。作为一级近似，我们把在此情况下未搅动层的厚度看作自叶子内部的叶肉细胞表面到气孔内部边缘的“平均”距离 δ^{ias}。根据方程式 $R_j^a=\delta^a/D_j$ 与式(20.3.6)进行类推，我们就可把 R_j^{ias} 表示为

$$R_j^{ias} = \delta^{ias} / D_j \tag{20.3.7}$$

为方便起见，我们合并若干个因素以得到有效距离 δ^{ias}。例如，我们令 δ^{ias} 中包括细胞壁孔(在其中发生水的蒸发和 CO_2 的溶解)的有效长度。这一长度比沿细胞壁间隙的实际距离要大一些，因为我们必须对扩散有效截面积的缩小加以校正，这种缩小是由于存在着细胞壁的非气部分而引起的。再有，δ^{ias} 还包括通常存在于叶肉细胞表面上的角质层的有效长度。此外，δ^{ias} 还综合了这样的事实，即叶肉区的整个截面积对气体的扩散并非是全部有效的，流动只限于细胞间隙，即 $A^{ias}/A<1$。 因此，本质上属于细胞间隙的那部分 δ^{ias}，就等于所涉及的实际距离乘以比值 A/A^{ias}。如果叶肉区有一半的体积是空气(叶子的一个很典型的值)，则 A/A^{ias} 就近似于 2。

20.3.5　植物叶片蒸腾的外部阻力

运动流体中的静止或相对静止物体对流体施加的阻力通常是由摩擦阻力和压差阻力两部分组成的。摩擦阻力是物体表面上的粘滞剪应力在流体运动方向上的合力，其大小决定于流体的粘性系数及物体表面积。压差阻力则是物面上的压力在运动方向上的合力。压差阻力中的一部分是诱导阻力及不定常阻力，可用理想流体理论处理；另一部分是尾涡阻力，它是气流脱离物体后在下游形成尾涡区损耗功能造成压力差而形成。

摩擦阻力：大多数植物叶片近似为平板状，因此叶片摩擦阻力可用上述平板边界层理论计算。

平板单位面积上的摩擦力为：

$$\tau_0 = \mu U\sqrt{\frac{U}{vx}}f''(0) = 0.332\mu U R_x^{1/2} \tag{20.3.8}$$

式中，$R_x=U/vx$，称为局部雷诺数。对长度为 l 宽度为 b 的平板，一个侧面上的摩擦阻力 D_1 为：

$$D_1 = b\int_0^l \tau_0 \,\mathrm{d}x = 0.664bU\sqrt{\mu\rho lU} \tag{20.3.9}$$

对于两侧浸湿的平板，总的表面摩擦阻力 D_2 为：

$$D_2 = 2D_1 = 1.328b\sqrt{\mu\rho lU} \tag{20.3.10}$$

引进无量纲阻力系数，并定义为：

$$C_f = \frac{D_2}{0.5\rho AU^2} \tag{20.3.11}$$

式中，$A=2bl$ 表示两侧浸湿平板的总表面积。把式(20.3.10)代入式(20.3.11)，得到平板阻力系数为：

$$C_f = \frac{1.328}{\sqrt{R}} \tag{20.3.12}$$

式中，$R=Ul/v$，为平板长度作为特征长度和来流速度作为特征速度的雷诺数。

大量试验结果表明，式(20.3.12)与观测值十分吻合。但风洞试验表明，对于黄豆叶形状的人工叶片，实测值大约是式(20.3.12)计算值的 1.3 倍，这一差异也可能与叶片特征长度的取法有关。

压差阻力：压差阻力的形成机理远比摩擦阻力复杂。对于自然条件中的植物叶片，压差阻力由动压力和尾涡阻力组成。试验表明，一片平滑叶子所受的阻力在叶子与风成垂直 1 时大约要比叶子与气流平行时大一个数量级。因而压差阻力常是叶片阻力的主要部分。平均而言，叶片摩擦阻力系数与压差阻力系数的比值约为 1/3。

20.3.6 叶片的总阻力

细胞间隙阻力 R_{wv}^{ias} 和气孔阻力 R_{wv}^{st} 是串联的。正如一组串联电阻器的总电阻 R 就是各电阻的和。因此，从叶肉细胞壁穿过细胞间隙再经过气孔这一途径的阻力是 $R_{wv}^{ias}+R_{wv}^{st}$。这一阻力与角质层阻力 R_{wv}^{c} 并联。一组并联电阻器总电阻的倒数是各个电阻的倒数之和，对于两个并联的电阻器，R 等于 $R_1R_2/(R_1+R_2)$。因为 $(R_{wv}^{ias}+R_{wv}^{st})$ 和 R_{wv}^{c} 是并联的，故把它们对水汽的组合阻力表示为叶子阻力 R_{wv}^{leaf} 常常是比较方便的，故有

$$R_{wv}^{\mathrm{leaf}} = \frac{(R_{wv}^{ias}+R_{wv}^{st})(R_{wv}^{c})}{R_{wv}^{ias}+R_{wv}^{st}+R_{wv}^{c}} \tag{20.3.13}$$

气孔张开时，角质层阻力 R_{wv}^{c} 通常比与其并联的阻力 $(R_{wv}^{ias}+R_{wv}^{st})$ 大得多。在此情况下，方程式(20.3.13)给出的叶子阻力近似于 $(R_{wv}^{ias}+R_{wv}^{st})$。

叶子阻力与未扰动空气层阻力 R_{wv}^{a} 是串联的。因此，水汽从叶肉细胞的细胞壁流到环绕植物的湍流空气时，遇到的总阻力 R_{wv}^{total} 等于 $(R_{wv}^{\mathrm{leaf}}+R_{wv}^{a})$。可是，我们现在必定面临由于两个叶表面的存在所产生的复杂问题，这两个叶表面代表着水汽从叶子内部扩散到周围的湍流空气所经过的两个平行路径。我们用 $R_{wv}^{\mathrm{leaf}_u}$ 表示通过上表面途径时叶子的阻力；用 $R_{wv}^{\mathrm{leaf}_l}$

表示通过下表面途径时叶子的阻力。这两个阻力分别与相应的未搅动空气层的阻力串联，用 $R_{wv}^{a_u}$ 和 $R_{wv}^{a_l}$ 分别表示上、下空气层的阻力。由于穿过叶的上、下表面的途径是平行的，这就导致了如下容易使人理解的表达式，它表示水汽从叶子中扩散的总阻力：

$$R_{wv}^{\text{total}} = \frac{(R_{wv}^{\text{leaf}_u} + R_{wv}^{a_u})(R_{wv}^{\text{leaf}_l} + R_{wv}^{a_l})}{R_{wv}^{\text{leaf}_u} + R_{wv}^{a_u} + R_{wv}^{\text{leaf}_l} + R_{wv}^{a_l}} \tag{20.3.14}$$

我们一般假定一叶两面未搅动层的平均厚度为相等，在此情况下，方程式(20.3.14)中的 $R_{wv}^{a_u}$ 等于 $R_{wv}^{a_l}$。但这并不能大大简化分析(特殊情况除外)。如果($R_{wv}^{\text{leaf}_u}+R_{wv}^{a_u}$)比($R_{wv}^{\text{leaf}_l}+R_{wv}^{a_l}$)大得多，则水汽主要是通过叶的下表面向外扩散的。在此情况下，水汽从叶肉细胞的细胞壁扩散到叶子周围湍流空气的总阻力 $R_{wv}^{总}$ 近似地等于($R_{wv}^{\text{leaf}_l}+R_{wv}^{a_l}$)。最后，让我们考虑 $R_{wv}^{a_u}$ 等于 $R_{wv}^{a_l}$，而未搅动空气层的厚度相等，即 $R_{wv}^{a_u}=R_{wv}^{a_l}$ 这种对称情形。 这种对称情况下，方程式(20.3.14)指出总阻力等于($R_{wv}^{\text{leaf}_l}+R_{wv}^{a_l}$)^2/2($R_{wv}^{\text{leaf}_l}+R_{wv}^{a_l}$)，即等于($R_{wv}^{\text{leaf}_l}+R_{wv}^{a_l}$)/2。因为此时水汽穿过叶的上、下表面的情况完全相同，故这时叶子和未扰动空气层对水汽扩散的总阻力 R_{wv}^{total} 等于只在一个叶表面扩散时所遇阻力的 1/2。

现在我们说明 $R_{wv}^{\text{leaf}_l}$ 和 $R_{wv}^{\text{leaf}_u}$ 的一般模式。多数落叶树的叶子其上表面的气孔寥寥无几，因此它们的 R_{wv}^{total}，近似等于 $R_{wv}^{\text{leaf}_l}+R_{wv}^{a_l}$。对于某些单子叶植物，诸如燕麦、大麦、小麦和玉米这类禾本科植物，气孔在其叶子两表面上的分布差别较小。因此，对于某些禾本科植物，我们可令 R_{wv}^{total} 等于($R_{wv}^{\text{leaf}_l}+R_{wv}^{a_l}$)/2。许多其他植物，其叶子下表面的气孔是其上表面的 3~5 倍，从而下表面的 A^{st}/A 是相当大的；对这样的叶子，$R_{wv}^{\text{leaf}_l}$ 就相应地比 $R_{wv}^{\text{leaf}_u}$ 小。对于这些中间情况，需用方程式(20.3.14)给出的颇为繁琐的式子来求算 R_{wv}^{total}。

可将式子简化，这一表达式对描述水汽从蒸发地点(叶肉细胞壁)扩散到叶子周围的湍流空气所遇到的总阻力是足够准确的。几乎所有从叶子中扩散出的水汽都是穿过下表皮运动到外部，且角质层蒸腾可以忽略。这样，根据方程式(20.3.13)和式(20.3.14)，则总阻力为：

$$R_{wv}^{\text{total}} \simeq R_{wv}^{\text{leaf}_l} + R_{wv}^{a_l} \doteq R_{wv}^{ias} + R_{wv}^{st_l} + R_{wv}^{a_l} = \frac{1}{D_{wv}}\left(\delta^{ias} + \frac{d^{st}+r^{st}}{na^{st}} + \delta^{a}\right) \tag{20.3.15}$$

当用斐克第一定律的一维形式描述扩散时，方程式(20.3.15)表明途径的每一部分都有一个影响水汽从叶逸出的有效长度。如未搅动界面层的有效长度是它的厚度 δ^a。距离 δ^{ias} 包括细胞壁孔的有效长度、叶肉细胞上蜡质层的有效长度，还包括由于在叶子内部的气体扩散有效区域存在着叶肉细胞的阻隔部分。类似的收缩作用大大地增加了气孔的有效长度，使其超过 $d^{st}+r^{st}$。具体地说，方程(20.3.15)指出气孔的有效长度是$(d^{st}+r^{st})/na^{st}$。它比 $d^{st}+r^{st}$ 大很多，因为 na^{st} 比 1 小得多。由因子 $1/na^{st}$ 引起的气孔的有效长度是估计气孔阻隔效应的一个可供选择的方法。

如果我们还需合并气体扩散的另一个串联阻力，则我们可把途径附加部分的有效长度包括在方程式(20.3.15)的括号中。如在某些旱生植物及松柏类植物中，气孔凹陷在叶表面之下的洞穴或隐窝内，利用适当的几何近似法，我们能够估算途径的这一附加部分的有效长度。有效长度除以扩散系数便直接给出阻力。此外，许多叶子由表皮茸毛所覆盖，这些茸毛可以是表皮细胞的单细胞突出物或者是以成行细胞的形式存在的附属多细胞层，这样的毛状体导致了紧靠叶表面的一个附加未搅动层。这一层的厚度可等于毛凸出叶表面的垂直距离的平均值(某些叶子可超过 1mm)。为计算总阻力，可把这一长度加进方程式(20.3.15)的括号中。再有，这些茸毛引起的水蒸汽扩散的附加阻力可作为附加未扰动层的厚度除以 D_{wv} 来分别计算。有些水分也可从表皮毛的表面蒸发，这种蒸发在分析具有众多毛状体的叶子的水蒸汽流量时会引起十分复杂的问题。

§ 20.4　植物叶片的边界层

20.4.1　动量边界层

黏性：黏性是流体内分子运动引起定向动量在流体各层之间转移的结果。如图 20.4 所示，黏性作用使壁面 $z = 0$ 处的流体速度为零，并形成 $0 \leqslant z \leqslant H$ 之间的速度梯度。设想在 $z = z_d$ 处有一垂直于 z 轴的截面将流体分成上下两部分，截面以下流体分子的定向动量小，以上定向动量大。由于截面上下流体分子的不断交换，下部流体分子带着较小的定向动量到上部，而上部流体分子则带着较大的定向动量转移到下部。结果下部总的动量增大，而上部则减少。如果表面 $z = 0$ 处保持 $u = 0$。则将造成由上向下的动量通量。这一过程的宏观效果相当于壁面对流体施加摩擦阻力。

以 $\mathrm{d}k$ 表示 $\mathrm{d}t$ 时间内通过截面积 $\mathrm{d}s$ 沿 z 轴正方向输送的动量通量，则由牛顿黏滞定律可知：

$$\mathrm{d}k = -\mu \frac{\mathrm{d}u}{\mathrm{d}z} \mathrm{d}s\,\mathrm{d}t \tag{20.4.1}$$

式中，μ为流体的黏滞系数。由式(20.4.1)及动量定理，壁面对上方流体单位面积上施加的摩擦阻力为：

$$f = \mu \left(\frac{\mathrm{d}u}{\mathrm{d}z} \right)_{z=0} \tag{20.4.2}$$

因此，获得壁面附近的速度场分布是计算摩擦阻力的关键。

在流体力学理论中，常使用运动黏性系数 v 来表述流体的黏性，定义为：

$$v = \frac{\mu}{\rho} \tag{20.4.3}$$

式中，ρ为流体密度(kg/m^3)；v 和 μ 都为流体黏性的量度，与温度和压力有关。

平板边界层：多数植物叶片的形状近似为平板状。因而，我们只讨论平板边界层的情况。对于大雷诺数流动，黏性的影响只局限于靠近物体表面的一薄层流体中，这一薄层流体就称为动量边界层；而动量边界层之外的区域近似为无黏性的势流区。

如图 20.5 所示，将薄平板固定在运动流体中。平板的存在和流体粘性的影响，使流场明显地分成性质很不相同的两个区域，一个是紧贴壁面的非常薄的动量边界层；另一个是边界层外的整个流动区域，这里流体的速度近似地就是来流速度。在边界层内，速度沿壁面法向变化非常迅速，它比起沿切向变化高一个数量级。这是因为流体必须黏附在壁面上，它在壁面上的速度为零，而另一方面离开壁面很短一段距离流体速度就近似达到边界界外的来流速度。因此，尽管 μ 很小，但切应力 $\mu(\partial u/\partial y)$仍然可以达到很高的数值，达到与惯性力同阶的量。

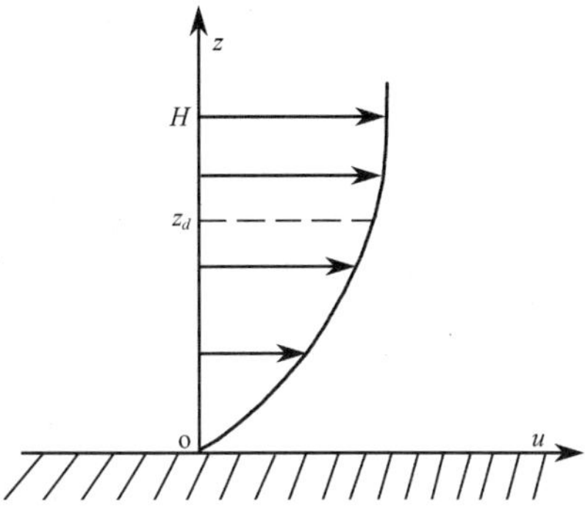

图 20.4　流体纵掠壁面速度分布

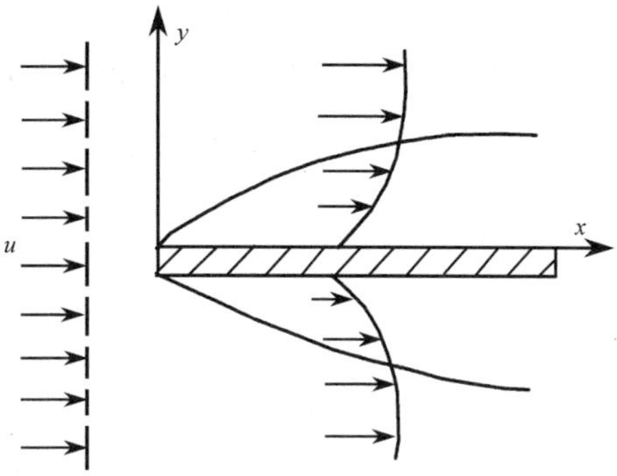

图 20.5　流体纵掠平板动量边界层

根据动量边界层的上述特点，从流体运动的 Navier-Stokes 方程出发，可以获得描述平板边界层的如下方程组：

$$u\frac{\partial u}{\partial x}+v\frac{\partial u}{\partial y}=v\frac{\partial^2 u}{\partial y^2} \tag{20.4.4}$$

$$\frac{\partial u}{\partial x}+\frac{\partial v}{\partial y}=0 \tag{20.4.5}$$

式中，u 为 X 方向的流速；v 为 y 方向的流速(见图 20.5)。平板边界层问题的边界条件可取为：

$$\begin{gathered} y=0, x\geqslant 0;\quad u=v=0 \\ y=\infty;\quad u=U \\ x=0;\quad u=U, v=0 \end{gathered} \tag{20.4.6}$$

上述边界条件是在假定来流速度均匀，且平行于 x 轴，平板前缘在 $x=0$ 处的条件下获得的。

引进流函数 φ，使

$$u=\frac{\partial\varphi}{\partial y}, v=-\frac{\partial\varphi}{\partial x} \tag{20.4.7}$$

并作如下变换：

$$\eta=y\sqrt{\frac{U}{vx}} \tag{20.4.8}$$

则方程组(20.4.4)~(20.4.5)可变为：

$$2f'''(\eta)+f(\eta)f''(\eta)=0 \tag{20.4.9}$$

边界条件(20.4.6)变为：

$$\begin{cases}\eta=0 & f=f'=0\\ \eta=\infty & f'=1\end{cases} \tag{20.4.10}$$

速度场 u 和 v，以及流函数 φ 可由下式计算：

$$u=Uf(\eta) \tag{20.4.11}$$

$$v=\frac{1}{2}\sqrt{\frac{vU}{x}}(\eta f'(\eta)-f(\eta)) \tag{20.4.12}$$

$$\varphi=\sqrt{vxU}\,f(\eta) \tag{20.4.13}$$

式中，$f(\eta)$所满足的方程(20.4.9)是一个非线性的三阶常微分方程。形式虽然十分简单，但却无法找出解析解，只能用数值方法或级数方法求解。

紧靠叶的未搅动界面层的阻力：作为我们对空气层阻力进行讨论的起点，让我们考虑斐克扩散第一定律($J_j=-D_j\partial c_j/\partial x$)的一维形式。我们用一段距离上的浓度差代替浓度梯度。实际上，这意味着我们拟讨论不是远离平衡的情况，这样，通量便呈线性地依赖于推动力，而这个力可用浓度差来表示。我们这里所关心的距离是紧靠叶表面的未扰动空气层的厚度。因此，斐克第一定律对种类 j 的扩散取下面的形式：

$$J_j=-D_j\frac{\partial c_j}{\partial x}\cong D_j\frac{\Delta c_j}{\Delta x}=D_j\frac{\Delta c_j{}^a}{\delta^a}=\frac{\Delta c_j{}^a}{R_j{}^a} \tag{20.4.14}$$

方程式(20.4.14)表明了种类 j 的净通量是怎样依赖于它的扩散系数 D_j，以及怎样依赖于其所经距离为δ^a的空气层的浓度差(Δc_j^a)的。如我们将要专门对水汽和 CO_2 加以讨论的那样，净通量(J_j)当然向着 c_j 较低的区域进行。在厚度为 δ^a 的未扰动空气层的外部是空气湍流区，我们假定那里的浓度与大气中的相同，方程式(20.4.14)表明 J_j 等于Δc_j^a除以阻力 R_j^a 。

一片叶子两边的未搅动空气层代表了 CO_2 进入和 H_2O 排出的途径中重要的障碍物，穿过这种空气层的运动，是通过响应于气体分子的浓度而扩散的。根据方程式(20.4.14)，我们可把一空气界面层的阻力 R_j^a 表示如下：

$$R_j{}^a=\frac{\Delta c_j{}^a}{\Delta J_j}=\frac{\delta^a}{D_j} \tag{20.4.15}$$

式中，D_j 为传导率的一种基本量度，它描述了种类 j 在某种介质或物质中的扩散情况。另一方面，由于未搅动层的厚度取决于风速以及叶子的大小，故 δ^a 代表一特殊情况下的特性。因此，由方程(20.4.15)定义的 R_j^a 描述了途径的某一具体部分的情况，这与欧姆定律中所用的阻力(R)类似。因为 J_j 以每单位叶面积表示，故 R_j^a 也与叶的单位面积有关。

未搅动层厚度：δ^a 代表紧靠叶的未搅动空气层的平均厚度。一般地，界面层在叶边缘的厚度比在叶中心的稍薄一些。影响 δ^a 的主要因素是周围的风速以及叶子的大小，叶子的形状是一次要因素，我们用叶子在风速方向的最大长度(l /cm)来表述叶子大小对 δ^a 的影响。根据流体动力学中有关平坦表面上的层流理论，再对叶子的实际观察资料进行修正，便可得到一个近似而方便的表达式，它给出了紧靠叶的未扰动层的平均厚度：

$$\delta^a\cong 0.4\sqrt{\frac{l}{v}} \tag{20.4.16}$$

式中，l 为叶子在顺风方向的直线长度，单位为 cm；v 为周围的风速，单位为 cm/s；δ^a 为紧靠叶的未搅动层的平均厚度，单位为 cm，系数 0.4 的量纲是 $cm/s^{1/2}$，利用三个变量已给出的单位我们便可导出系数的量纲。

对一有限平面而言，流体动力学理论实际预言的因数接近 0.6，而不是方程(20.4.16)中的 0.4。然而，风洞测定以及其他实验都表明：对叶子来说，0.4 实际上是一个更为合适的因数。这种与理论的偏差叶子的相对大小、它们不规则的形状、叶子的卷缩状况、以及诸如叶子的摆动现象这样的因素有关。此外，δ^a取决于 $l^{0.5}$ 这一适用于大的平坦表面的关系式，始终不能很好地符合实验数据；对各种叶子形状和大小的风洞测定给出的指数值是

0.3~0.5。对各种叶子形状的考虑，包括与风向垂直的叶子的大小会更进一步地修正这些关系式。此外，对叶子的实际测定表明依赖于风速的最恰当指数是-0.5~-0.7，而不是方程(20.4.16)中所用的风速平方根的倒数。因此，应该认为方程式(20.4.16)是一个有用的近似关系式，它给出了平均界面层厚度是如何随叶子大小和风速而变化的。现已证明，如果把针叶的直径作为 l，则方程式(20.4.16)也能用来给出针叶树针叶的 δ^a 的近似值。

因为周围的风速会影响紧靠叶的未扰动空气层的厚度，所以它对 R_j^a 是有影响的，一般遇到的最低风速，即所谓静止空气的风速大约是 0.1m/s。植物通常所能承受的最大风速大约是 10 m/s，吹过露天的植物叶子的较常见风速是 1~2 m/s。

20.4.2　热边界层

热边界层也称温度边界层。当流体与壁面之间存在温度差因而有对流换热时，该温差也主要发生在壁面附近一个很薄的流体层内，其中的温度梯度非常大，这个薄层就叫做热边界层(黄洪峰，1997；赵镇南，2002；张奕，2004)，如图 20.6 所示。

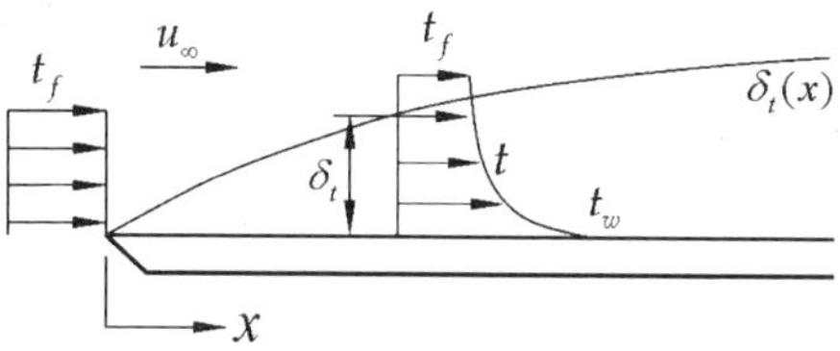

图 20.6　流体沿等温平板流动时的热边界层

与流动边界层类似，这时紧贴壁面的流体的温度必定等于壁温，即 $t|_{y=0}=t_w$。规定流体过余温度比 $(t_w-t)/(t_w-t_f)=0.99$ 所对应的位置的离壁距离为热边界层厚度，记作 δ_t。与黏性流体的动量传递相似，随着离前缘的距离逐步增大，壁面与流体间传热的效应逐步朝着流体的纵深方向推移，即热边界层的厚度不断增大。对于一般流体来说，如果速度边界层和热边界层都从平板的前缘开始发展，它们厚度的数量级大致相当(并非一定相等)。

运用热边界层的概念，可以把整个流场也划分成具有截然不同特点的两个区域：热边界层以内(对湍流是黏性底层以内)温度变化非常剧烈，导热机理起着重要作用；热边界层以外几乎可以看作等温流动区域(如果忽略 1%的温度差)。

热流通量：如图 20.6 所示，因为紧贴板上流体速度为零，所以在此处，传入流体的热量只能依靠分子传导方式来传递(黄洪峰，1997)。由 Fourier 定律，每单位面积上的局部热流通量为：

$$q(x)=-k\left(\frac{\partial t}{\partial y}\right)_{y=0} \tag{20.4.17}$$

式中，k 为流体的导热系数。根据牛顿冷却定律，$q(x)$亦可用下式计算：

$$q(x)=h(t_w-t_f) \tag{20.4.18}$$

上式表示对流传热的整体效应，h 为对流热传导系数。把式(20.4.17)代入式(20.4.18)得：

$$h = \frac{-k\left(\frac{\partial t}{\partial y}\right)_{y=0}}{t_w - t_f} \tag{20.4.19}$$

因此，只要找出平板表面处的温度梯度，即可计算出对流热传导系数和热流通量。也就是说，必须先得到热边界层内的温度分布。

自然对流热输送：自然对流是指没有任何外界驱动力作用于流体，流体和表面间的相对运动完全来源于流体和表面间传热所造成的表面附近流体中的不均匀温度场引起的流体内部密度差所造成的浮力。比如，空气主体静止时，竖直热平板附近空气层的向上运动，或竖直冷平板附近空气层的向下运动，都是自然对流的结果。由这种自然对流造成的运动流体和表面间的热量传递称为自然对流传热(王靖，2003)。

当物体置于与其温度不同的静止流体中吮壁面附近的薄层内，流体因被加热或被冷却而形成温度梯度，这一薄层即为温度边界层。

以竖板为例，如果竖板表面温度为 t_w，远离壁面处流体温度为 t_∞，且 $t_w > t_\infty$，与热表面毗邻的薄层内，流体温度增高，密度减小，受浮升力的作用而作上升运动，边界层开始为层流，距前缘某一距离后出现湍流，开始形成湍流边界层，沿平板再向上，边界层内变为充分发展的湍流，如图 20.7 示。

由层流边界层到湍流边界层的转变点的位置与(t_w-t_∞)、流体的性质等因素有关。与边界层的发展相适应，平板下部随层流边界层厚度增加局部换热系数 α_w 逐渐减小，在层流边界层向湍流边界层过渡的转变点，换热系数达最小值后开始回升，边界层内为充分发展的湍流时，局部换热系数达到湍流时的最大值，不再变化保持稳定。图 20.8 表示出了与底部相距 x 的断面上边界层内的温度分布和速度分布。

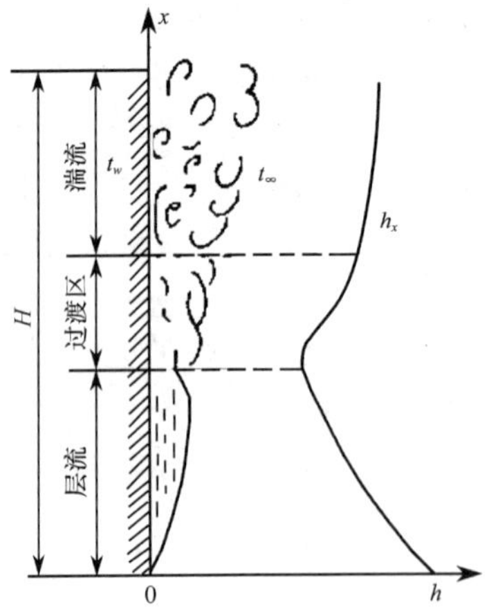

图 20.7 热竖壁边界层换热过程

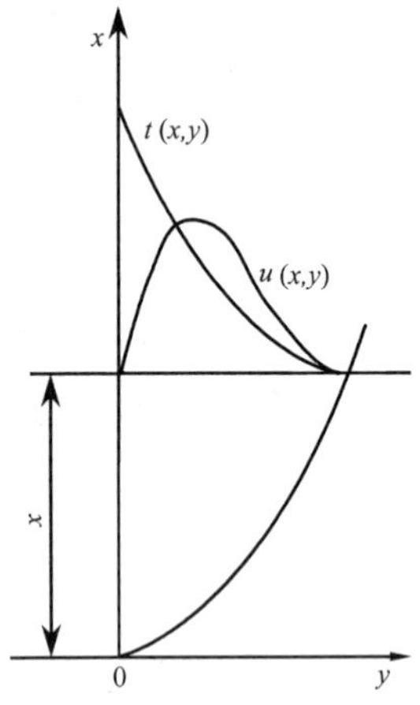

图 20.8 热竖壁边界层内温度和速度分布

在自然对流换热问题里，除引起自然对流的项以外，假定密度变化可以忽略不计，其他应用自然对流传热特征数关联式时，判断流体的流态是必须的预备工作。由于自然对流的特殊性(主流速度为 0)，Re 数不能用于判断流态。因而在自然对流中人们找到另一个特征数，即格拉晓夫数(Gr 数)，用于判断自然对流时流体的流动状态，其定义为：

$$Gr_m = \frac{g\alpha_y \Delta t l_c^3}{\nu^2} \tag{20.4.20}$$

格拉晓夫数在自然对流现象中的作用，与雷诺数在强制对流现象中的作用相当。在物理上，*Gr* 数是浮升力/黏滞力比值的一种度量。*Gr* 数的增大表明浮升力作用的相对增大。对于理想气体，α_y=1/T_m，T_m 为绝对定性温度。

对各种不同情况的自由对流，Nusselt 数可由下面经验公式计算：

$$Nu_m = c(Gr_m Pr_m)^n \tag{20.4.21}$$

在自然对流的特征数关联式中，*Gr* 数和 *Pr* 数常以乘积的形式出现，因此定义一个新的特征数——瑞利数(Ra 数)为：

$$\mathrm{Ra} = \mathrm{Gr}\,\mathrm{Pr} \tag{20.4.22}$$

强迫对流热输送：强迫对流情况下，速度场不受温度场影响。对于平板边界层，速度场可由式(20.4.23)和式(20.4.24)式确定：

$$u = Uf(\eta) \tag{20.4.23}$$

$$v = \frac{1}{2}\sqrt{\frac{vU}{x}}\left[\eta f(\eta) - f(\eta\right] \tag{20.4.24}$$

而温度场则应满足如下简化的能量守恒方程：

$$u\frac{\partial T}{\partial x} + v\frac{\partial T}{\partial y} = \sigma\frac{\partial^2 T}{\partial g^2} \tag{20.4.25}$$

式中，σ 为热扩散率σ=k/ρ；u 和 v 是已知的。假定平板表面温度 T_s 以及来流温度 T_∞均为恒定，则问题的边界条件可取为：

$$\begin{cases} y = 0, T = T_s \\ y = \infty, T = T_\infty \end{cases} \tag{20.4.26}$$

为求式(20.4.25)和式(20.4.26)的解，引进如下变换：

$$\eta = y\sqrt{\frac{U}{vx}} \tag{20.4.27}$$

$$\theta(\eta) = \frac{T(\eta) - T_s}{T_\infty - T_s} \tag{20.4.28}$$

因而式(20.4.25)和式(20.4.26)变为：

$$\frac{\mathrm{d}^2\theta}{\mathrm{d}\eta^2} + \frac{1}{2}Pf(\eta)\frac{\mathrm{d}\theta}{\mathrm{d}\eta} = 0 \tag{20.4.29}$$

$$\begin{aligned} y = 0, \eta = 0, \theta(\eta) = 0 \\ y = \infty, \eta = \infty, \theta(\eta) = 1 \end{aligned} \tag{20.4.30}$$

式中，P=v/σ，为 Prandtl 数，函数 $f(\eta)$满足方程

$$2f''(\eta) + f(\eta)f''(\eta) = 0$$

方程(20.4.29)在边界条件式(20.4.30)下的解求得如下：

$$\theta(\eta, P) = \frac{\int_{\zeta-\eta}^{\infty}[f''(\zeta)]^P \,\mathrm{d}\zeta}{\int_0^{\infty}[f''(\zeta)]^P \,\mathrm{d}\zeta} \tag{20.4.31}$$

由上式及 $f''(0)=0.332$，可算出平板表面上的温度梯度为：

$$-\left(\frac{\mathrm{d}\theta}{\mathrm{d}\eta}\right)_{\eta=0}=k_1=\frac{(0.332)^P}{\int_0^\infty [f''(\zeta)]^P\,\mathrm{d}\zeta} \tag{20.4.32}$$

可见，k_1 只依赖于 Prandtl 数，表 20.2 为不同 P 值时由式(20.4.32)算出的 k_1 值。

表 20.2　$\eta=0$ 时平板的无量纲传热系数 k_1(黄洪峰，1997)

P	0.5	0.6	0.7	0.8	0.9	1.0	1.1	7.0	10.0	15.0
k_1	0.259	0.276	0.293	0.307	0.320	0.332	0.344	0.645	0.730	0.835

这些值可由下面的经验公式拟合：

$$k_1=0.332P^{1/3} \tag{20.4.33}$$

在 $0.6<P<10$ 范围内式(20.4.33)具有相当好的精度。

由式(20.4.17)和式(20.4.32)可得到，平板上纵向坐标 x 处，单位面积平板向流体输送的热量为：

$$q(x)=-k\sqrt{\frac{U}{vx}}\left(\frac{\mathrm{d}T}{\mathrm{d}\eta}\right)_{\eta=0}=0.332\sqrt[3]{P}\sqrt{\frac{U}{vx}}(T_s-T_\infty) \tag{20.4.34}$$

因此，长为 l、宽为 b 的平板两面向流体总的传热率为：

$$Q=2b\int_0^l q(x)\,\mathrm{d}x=1.328P^{1/3}R^{1/2}(T_s-T_\infty) \tag{20.4.35}$$

引入下面的 Nusselt 数：

$$Nx=0.332P^{1/3}R^{1/2} \tag{20.4.36}$$

$$Nm=0.664P^{1/3}R^{1/2} \tag{20.4.37}$$

并代入式(20.4.34)和式(20.4.35)式得：

$$q(x)=Nu(T_s-T_\infty) \tag{20.4.38}$$

$$Q=2Nm(T_s-T_\infty) \tag{20.4.39}$$

所以，Nx 和 Nm 为相应于式(20.4.18)中定义的传热系数 h。

在层流条件下，平板边界层的传热率计算公式(Nx，Nm)与测量结果完全一致。然而在大多数情况下，特别是在野外条件下，外部气流本身具有很强的湍流性，使实测的传热率与理论计算结果有一定差异。此外，叶片的形状、风相对于叶片的入流角度等因素也对传热率产生影响。常用下式来计算自然条件下的传热率：

$$Nu=\beta Nt \tag{20.4.40}$$

式中，Nu 为实际的 Nusselt 数；Nt 为由式(20.4.37)计算的 Nusselt 数；β 为修正系数，野外测量的结果表明，β 约为 1.5，后来的一些工作也获得了类似的结论。

最近，在风洞中比较详细地研究了风的湍流强度、湍流尺度以及风相对于叶片的入射角等因素对 β 的影响。其主要结论是，β 随气流湍流强度的增加而增加，但不同的湍流谱成分，其增加速度是不一样的，尺度小的旋涡比尺度大的旋涡使 β 增加更快；当气流入射角小于 30°时，入射角对 β 的影响较大，最大 β 值出现在 $k=20$　附近。

在实际的植物冠层中，风的湍流强度通常在40%~70%之间，比风洞内所能获得的湍流强度要大得多。另外，实际冠层中的湍流谱十分宽阔，且叶片是可以摆动的，而模拟的叶片不能摆动，所以野外条件下的β值很可能与上述风洞实验结果有较大差异。尽管如此，由于缺少田间试验的详细资料，前述结果作为初级近似，仍然可以在实际工作中应用。

某些植物叶子并非平板状，例如针叶林的叶子是近圆柱状的。另外，植物的茎部等部位也不是平板状。大量的试验研究表明，不同形状物体平均传热系数的计算公式可归纳为如下形式：

$$Nm = CR^n P^{1/3} \tag{20.4.41}$$

式中，C和n为与物体形状有关的经验参数。

实际植物叶片的形状是相当不规则的，其特征长度难以确定，这时可用下式计算叶片的特征尺度：

$$d = ad_m \tag{20.4.42}$$

式中，d_m为叶片的最大长度；a为形状因子。

20.4.3　水汽边界层

叶片对水汽扩散的阻力：在研究叶片蒸腾强度过程中，必然涉及到水汽运动中的阻力r或传导率g。如图20.9所示，水汽自叶肉细胞壁上蒸发后，在向叶片外大气扩散的路径上需经历四段阻力：从叶肉细胞壁逸出时所受到的细胞壁阻力r_a；在叶肉细胞间隙内移动至气孔下腔时所受到的阻力r_l；经过气孔孔道至叶片表面时所受的阻力r_s；由叶片表面通过叶片边界层时所受的阻力r_b。另外，水蒸气亦可从叶片表皮角质层直接蒸发至大气中，此过程经历了角质层阻力r_e和叶片边界层阻力r_b(黄洪峰，1997)。

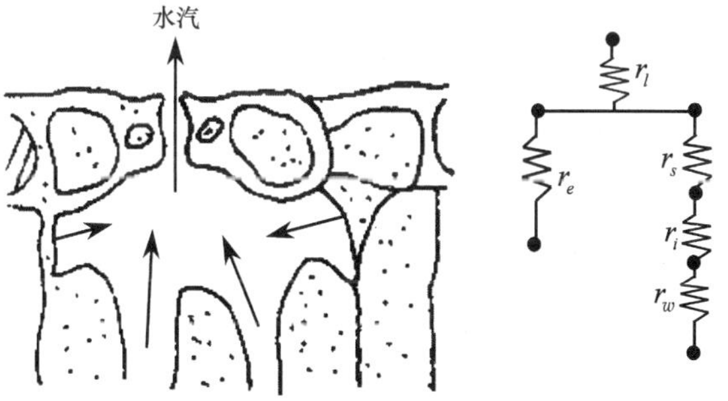

图20.9　叶片蒸腾过程及水汽运移阻力示意图

可见阻力r可由下式计算：

$$r = r_l + r_b \tag{20.4.43}$$

式中，r_b称为叶子阻力，可由下式计算

$$\frac{1}{r_l} = \frac{1}{r_e} + \frac{1}{r_s + r_b + r_w} \tag{20.4.44}$$

根据各种研究结果综合，叶片水汽扩散各项阻力的典型值通常在以下范围内变化：角质层阻力r_e=2 000~10 000(s/m)，其变化范围较大；气孔阻力r_s=2 000~10 000(s/m)，气孔开张时最小为100(s/m)，气孔闭合时最大为5 000(s/m)；边界层阻力r_b–10~100(s/m)。但就某

一植物而言，气孔开张时，r_e通常比r_s大一个数量级，因而在计算中r_e可以忽略。

细胞壁阻力r_w与叶子的含水量有关。试验及理论计算表明，在正常生理含水量范围内，r_w是很小的($r_w \ll 50$s/m)。在含水量较低时r_w可能较大，但此时，气孔通常是关闭的，即r_s应该很大，所以对蒸腾的影响很可能不大。

一些研究表明，大部分蒸腾的水汽都来源于靠近气孔孔道的细胞壁，因此r_i通常很小，一般小于20s/m，对蒸腾的影响也不大。

在正常含水量条件下，r_w与r_b之和约比r_s小一个量级。因此，在气孔蒸腾中，起重要作用的是气孔阻力，亦即可近似认为$r_b \approx r_s$，故通常所说的叶子阻力就等价于气孔阻力，尽管这两项并不精确相等。

水汽通量：当叶片表面为水所湿润时，水分子蒸发而进入大气的过程十分类似于热量由叶面进入大气的过程。当叶片表面干燥时，水分是从叶片气孔内逸出并经过叶片边界层而进入大气的。与热量输送过程类似，当大气水汽压与叶子表面上的水汽压存在差异时，扩散作用将使围绕叶片的大气薄层内出现水汽压梯度，这一薄层就称为叶片水汽边界层。类似于分子热传导过程，叶片表面处的水汽扩散只能是分子扩散，满足Fick定律，即

$$E = -D(\frac{\partial c}{\partial y})_{y=0} \tag{20.4.45}$$

式中，E为单位时间内通过单位面积的水汽质量(kg/(m²·s))；c为水汽浓度(kg/m³)；D为水汽在空气中的扩散系数(m²/s)，D可近似由下式计算：

$$D = (210 + 1.5t)/p \tag{20.4.46}$$

式中，t为温度(℃)；p为大气压(hPa)。

由理想气体状态方程(20.4.45)变为：

$$E = -\frac{DM}{RT}\frac{\partial e}{\partial y} \tag{20.4.47}$$

式中，M为水分子量；R为气体常数(8315J/kg·mol·K)；T为绝对温标(K)；e为水汽压(Pa)。

水汽通量亦可表示为：

$$E = h_w(C_s - C_\infty) \tag{20.4.48}$$

式中，C_s为表面上的水汽浓度；C_∞为边界层外部的水汽浓度。

由于热量输送与水汽输送的相似性，所以由下式定义的Schmidt数：

$$S_c = \frac{v}{D} \tag{20.4.49}$$

它具有与Prandt数相似的含义。再引入与Nusselt数相似的Sherwood数，其定义为：

$$S_h = \frac{h_w d}{D} f(R, S_c) \tag{20.4.50}$$

由于热量输送和水汽输送的相似性，在计算Nusselt数的公式中把Prandt数换成Schmidt数即可得到计算S_h的公式。例如对于层流条件下的平板边界层，S_h可由下式计算：

$$S_h = 0.664 R^{0.5} S_c^{\ 0.33} \tag{20.4.51}$$

或者对于各种情况：

$$S_h = N_u(\frac{S_c}{P})^{1/3} \approx 0.96 N_u \tag{20.4.52}$$

因此，知道 N_u 即可由上式算出 S_h。

第二十一章　植物冠层的蒸散发

蒸散是指构成生态系统各部分的蒸发和蒸腾所消耗的水分总和，包括生物活体(指植被)的蒸腾和蒸发，非生物活体的蒸发两个部分。蒸散的大小往往决定了生态系统中其它的水文过程，反映了系统中植被、土壤、小气候和其它的一些综合水文特征；同时，由于水分是物质运输和能量的载体，特别是蒸散消耗了输入到系统中的太阳能的大部分，详细地、深入地研究蒸散规律对于研究物质循环和能量流动都具有深刻的意义。

蒸散过程不仅是质量的转移过程，也是能量的转移过程。质量通量可以用当量能通量来衡量。此过程从本质上来说可以被认为是如下 3 个方面的综合：蒸发面的能量交换；近地表稀薄空气边界层内的分子扩散；自由空气的紊流扩散。

理论上蒸散潜力(Potential Evapotranspiration，E_p)也称为蒸散力或蒸散潜能，是指蒸发面水分供应充足时的蒸散，对于森林生态系统来说，蒸散潜力则是指整个系统的水量充足时的蒸散量。整个系统水量充足包括了地上植被含水量和林地土壤含水量均达饱和以上的情况。蒸散潜力反映了蒸发面的热量状况，而与水分的多少没有关系，是一个热量指标，反映出一个地区潜在的热量供应能力，其量值大小按能量的质量当量来计算。但实际上，即使是热量供应条件一致，不同下垫面的蒸散潜力也会有差别，自由水面的蒸散力与森林生态系统内的蒸散力是肯定不一样的。

蒸散潜力规定了蒸散最大可能达到的程度，从热力学的观点来看，虽然影响蒸散的间接因子很多，但决定陆面蒸散的最终因素还是热量条件和水分供应条件，热量供应条件即用蒸散潜力来量度，其他的因子都是由热量和水分条件派生出来的，最后也只能通过对水热的影响来作用于蒸散，而且它们一般都两两不独立。同时，反映下垫面保水持性的因子，也是决定蒸散最终因素中的一个。

§21.1　不同类型植被冠层的蒸发散模型

植物从土壤中吸收水分，并以水汽形式向大气中散失，这一过程称为植物蒸腾。植物蒸腾过程是植物本身不同器官和它所在环境相互作用及反馈影响的结果。植物所吸收的大部分水分(98%~99%)均通过蒸腾作用以水蒸气的方式散失到大气中。当植物冠层不能够完全封闭陆地表面时，土壤中的水分和水汽则直接散发到大气中，称为土壤蒸发。植物蒸腾和土壤蒸发统称蒸散发(亦称腾发或蒸散)。植被冠层内的水汽主要来源于植物叶片蒸腾和土壤表面蒸发。土壤和植物冠层的能量传输受其表面上的能量变化和可利用能量的控制，在同一时段内，抵达蒸散发面上的能量与离去的能量相等，遵循能量守恒定律。冠层内的风场、温度场和湿度场相互作用，受牛顿运动定律和质量守恒定律的制约。

冠层的蒸散发所需的能量，来自显热能量或辐射能量。不同类型的植被冠层潜热显热的涌源不同，土壤和植物冠层的能量和水汽通量的量化、传输有较大的差异，蒸发散量估算模型也就不同。

21.1.1　单源模型

当只有一个蒸发面或可以概化为一个蒸发面时，用单涌源模型计算蒸散发。单层封闭型冠层的陆地表面基本被植被冠层所封闭，植被叶面积指数大，植株镶嵌紧密，物种高度基本相同，蒸散发主要来自冠层叶面蒸腾。封闭型冠层的又可以概化为某一高度上一个大型叶片的蒸散，如图 21.1(于贵瑞，2001；朱仲元，2005)。

裸露的土壤(包括干植被)也可视为一个蒸发面。对一个蒸发面来说，其能量平衡方程可以用下式表示：

$$A = \lambda E + H = R_n - S_c - P_c - G \tag{21.1.1}$$

式中，A 为有效辐射能通量；R_n 为净辐射通量；G 为土壤热通量；λE 为潜热通量；H 为显热通量；S_c 和 P_c 分别为植被内的热和光合作用的能量存留通量。这些项可正可负。R_n 为正时向蒸发面提供能量，G, λE 和 H 为正时从蒸发面失去能量。

通常情况下，和 P_c 相对其它分量而言，其数量很小，多可以忽略不计。那么，一般的能量平衡方程可以被简化为：

$$A = \lambda E + H = R_n - G \tag{21.1.2}$$

如图 21.1 所示，根据湍流输送法则，在蒸发面和大气之间，向下方向输送的运动量 τ，向上方向输送的潜热通量 λE 和显热通量 H 可用下列方程给出：

$$\tau = \rho K_M \frac{\partial u(Z)}{\partial Z} \tag{21.1.3}$$

$$\lambda E = -\frac{\rho C_p}{\gamma} K_W \frac{\partial e(Z)}{\partial Z} \tag{21.1.4}$$

$$H = -\rho C_p K_H \frac{\partial T(Z)}{\partial Z} \tag{21.1.5}$$

式中，$\partial u(Z)/\partial Z, \partial e(Z)/\partial Z, \partial T(Z)/\partial Z$ 为风速、水蒸气压和温度的垂直梯度；K_M, K_W 和 K_H 为运动量、潜热和显热的输送系数；ρ 为空气密度；C_p 为定压比热；γ 为湿度计常数。

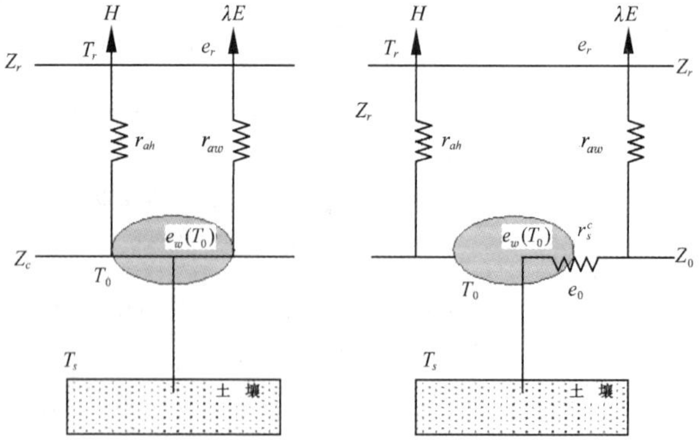

图 21.1　单涌源模型示意图(于贵瑞，2001)

假定运动量的汇源就位于平均冠层气流高度(蒸发面高度) Z_c 处，则从平均冠层气流高度 Z_c，到参照高度 Z_r 的运动量通量、潜热通量和显热通量，可用下式表述：

$$\tau = \rho \frac{u_r}{r_{am}} \tag{21.1.6}$$

$$\lambda E = \frac{\rho C_p}{\gamma}\frac{(e_0 - e_r)}{r_{aw}} \tag{21.1.7}$$

$$H = \rho C_p \frac{(T_0 - T_r)}{r_{ah}} \tag{21.1.8}$$

式中，e_0和 T_0为平均冠层气流高度 Z_c处的实际水汽压和温度；T_r, e_r和 u_r为参照高度 Z_r处的温度、水汽压和风速；r_{am}, r_{aw}和 r_{ah}分别为对应于平均冠层气流高度 Z_c到参照高度 Z_r之间的运动量、潜热和显热输送的空气动力学阻力。由于饱和水汽压随温度变化，其曲线的斜率$\varDelta$可表示为：

$$\Delta = \frac{\partial e_w(T)}{\partial T} \approx \frac{e_w(T_r) - e_w(T_0)}{T_r - T_0} \tag{21.1.9}$$

式中，$e_w(T_r)$为参照高度 Z_r处对应于温度 T_r的饱和水汽压；$e_w(T_0)$为平均冠层气流高度 Z_c处对应于温度 T_0的饱和水汽压。当蒸发面充分湿润时，可认为 $e_0 \approx e_w(T_0)$，而 $e_w(T_0)$在$(T_0- T_r)$不很大时可用下式表示：

$$e_w(T_0) \approx e_w(T_r) - \Delta(T_0 - T_r) \tag{21.1.10}$$

从而有：

$$e_0 = e_w(T_0) \approx e_w(T_r) - \Delta(T_0 - T_r) \tag{21.1.11}$$

虽然 r_{ah}/r_{aw}=0.93，但是大多数的研究者则假定 $K_W= K_H$以及 $r_{ah} = r_{aw} = r_a$。将式(21.1.11)代入式(21.1.7)，有：

$$\lambda E = \frac{\rho C_p}{\gamma}\frac{\left[e_w(T_r) + \varDelta(T_0 - T_r) - e_r\right]}{r_a} \tag{21.1.12}$$

由式(21.1.8)得：

$$T_0 - T_r = \frac{r_a}{\rho C_p} H$$

由式(21.1.2)得：

$$H = R_n - G - \lambda E$$

故有

$$T_0 - T_r = \frac{r_a}{\rho C_p}(R_n - G - \lambda E)$$

将上式代入式(21.1.12)，得：

$$\lambda E = \frac{\rho C_p}{\gamma}\frac{\left(e_w(T_r) + \varDelta\left(\frac{r_a}{\rho C_p}(R_n - G - \lambda E)\right) - e_r\right)}{r_a}$$

整理得

$$\lambda E = \frac{\varDelta(R_n - G) + \rho C_p\left[e_w(T_r) - e_r\right]/r_a}{\varDelta + \gamma} \tag{21.1.13}$$

上式就是著名的 Penman 公式，因为该式是在假定蒸发面充分湿润的条件下，即平均冠层气流高度处的实际水汽压为饱和水汽压($e_0 = e_w(T_0)$)的条件下导出的，所以计算出的蒸发量实际上是可能蒸发量或潜在蒸发量。

当单层封闭型冠层平均冠层气流高度处的水汽压达到饱和时，由式(21.1.13)计算植被蒸散发量。

实际上的植被冠层蒸发面处的水汽压经常处于非饱和状态，即蒸发面处的实际水汽压 e_0 并不等于 T_0 下的饱和水汽压($e_0 \neq e_w(T_0)$)。所以计算来自植被表面的实际蒸发散时必须考虑水蒸气扩散的表面阻力。假定植被是由一层的大叶片构成的(大叶模型)，并且蒸发面是水分的唯一涌源的话，对于非充分湿润的植被冠层蒸发面，来自平均冠层气流高度 Z_c 到参照高度 Z_r 的潜热通量用下式表示：

$$\lambda E = \frac{\rho C_p}{\gamma} \frac{\left[e_w(T_L) - e_r\right]}{r_a + r_s^c}$$

式中，r_s^c 为冠层整体气孔阻力，简称为冠层阻力；表示植被中所有植物气孔整体上对潜热通量的阻力，通常称之为冠层整体气孔阻力，有时简称为冠层阻力，冠层整体气孔阻力属于蒸发面的表面阻力。$e_w(T_L)$为对应于叶面温度 T_L 的大气饱和水汽压。假定冠层温度 T_c 与叶面温度 T_L 以及蒸发表面空气温度 T_0 相等，与式(21.1.13)的推导方法相同，可得出下式：

$$\lambda E = \frac{\Delta(R_n - G) + \rho C_p \left[e_w(T_r) - e_r\right] / r_a}{\Delta + \gamma(1 + r_s^c / r_a)} \tag{21.1.14}$$

这就是目前广泛应用的 Penman-Monteith 公式，即 P-M 模型。

另外，定义冠层内的饱和水汽压差 $D_0=e_w(T_0)-e_0$，且仍假定 $r_{ah}=r_{aw}=r_a$，由式(21.1.9)，式(21.1.8)，式(21.1.2)，式(21.1.7)，可得到 D_0 的方程为：

$$\begin{aligned} D_0 &= e_w(T_0) - e_0 = e_w(T_r) - \Delta(T_r - T_0) - e_0 \\ &= e_w(T_r) - \Delta(\lambda E - A)\frac{r_a}{\rho C_p} - \lambda E \frac{\gamma r_a}{\rho C_p} - e_r \\ &= e_w(T_r) - e_r + \Delta A \frac{r_a}{\rho C_p} - (\Delta + \gamma)\lambda E \frac{r_a}{\rho C_p} \\ &= D + [\Delta A - (\Delta + \gamma)\lambda E]\frac{r_a}{\rho C_p} \end{aligned} \tag{21.1.15}$$

式中，D 为冠层上方参照高度处的饱和水汽压差。

由式(21.1.15)可以得出这样的结论：只有冠层内的饱和水汽压差大于冠层上方参照高度处的饱和水汽压差时，冠层蒸散才会发生。

21.1.2 双源模型

对于疏松的植被冠层，地面没有被植被完全覆盖，必须考虑来自于土壤面的蒸发(于贵瑞，2001；朱仲元，2005)。与单涌源模型相类似，仍将冠层概化为某一高度上的大叶，这样就出现了冠层和土壤两个蒸发面，如图 21.2。

在这种情况下，能量平衡可以表示为：

$$A_t = \lambda E_t + H_t = R_{nt} - G \tag{21.1.16}$$

式中，A_t, λE_t, H_t 分别为植被冠层和它的下部土壤面两部分有效辐射能通量、潜热通量、显热通量的总和，即：

$$A_t = A_c + A_s \tag{21.1.17}$$

$$R_{nt} = R_{nc} + R_{ns} \tag{21.1.18}$$

$$\lambda E_t = \lambda E_c + \lambda E_s \tag{21.1.19}$$

$$H_t = H_c + H_s \tag{21.1.20}$$

式中，下标 t, c 和 s 分别为全体、植被冠层和土壤面。

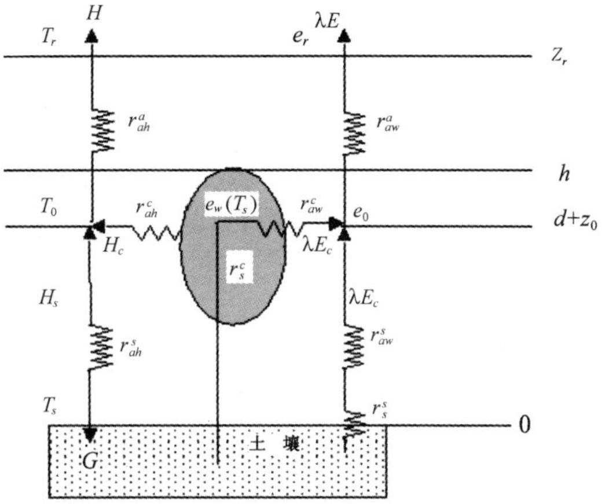

图 21.2 双涌源模型示意图(于贵瑞，2001)

土壤面的有效辐射能平衡为：

$$A_s = \lambda E_s + H_s = R_{ns} - G \tag{21.1.21}$$

植被冠层的有效辐射能平衡为：

$$A_c = \lambda E_c + H_c = A_t - A_s = R_{nt} - R_{ns} \tag{21.1.22}$$

与式(21.1.7)、式(21.1.8)一样，定义：

$$\lambda E_t = \frac{\rho C_p}{\gamma} \frac{[e_0 - e_r]}{r_{aw}^a} \tag{21.1.23}$$

$$H_t = \rho C_p \frac{(T_0 - T_r)}{r_{ah}^a} \tag{21.1.24}$$

$$\lambda E_c = \frac{\rho C_p}{\gamma} \frac{[e_w(T_c) - e_0]}{r_{aw}^c + r_s^c} \tag{21.1.25}$$

$$H_c = \rho C_p \frac{(T_0 - T_r)}{r_{ah}^c} \tag{21.1.26}$$

$$\lambda E_s = \frac{\rho C_p}{\gamma} \frac{[e_w(T_s) - e_0]}{r_{aw}^s + r_s^s} \tag{21.1.27}$$

$$H_s = \rho C_p \frac{(T_s - T_0)}{r_{ah}^s} \tag{21.1.28}$$

式中，$r_{aw}{}^a$ 和 $r_{ah}{}^a$ 分别为冠层蒸发面高度 Z_c (Z_c=d+Z_0)与冠层上方参照高度 Z_r 之间潜热通量、显热通量的空气动力学阻力；$r_{aw}{}^c$ 和 $r_{ah}{}^c$ 分别为潜热通量、显热通量的冠层整体边界层阻力；$r_{aw}{}^s$ 和 $r_{ah}{}^s$ 分别为土壤与冠层蒸发面高度 Z_c 之间潜热通量、显热通量的空气动力学阻力；$r_s{}^c$ 为冠层整体气孔阻力；$r_s{}^s$ 为土壤表面阻力。

仍假定 $r_a^a = r_{am}^a = r_{aw}^a = r_{ah}^a$，$r_a^c = r_{aw}^c = r_{ah}^c$，$r_a^s = r_{aw}^s = r_{ah}^s$，与单涌源模型推导方法相类似，

由式(21.1.21)、式(21.1.27)、式(21.1.28)可得出来自于土壤潜热通量的计算式：

$$\lambda E_s = \frac{\Delta A_s + \rho C_p \dfrac{D_0}{r_a^s}}{\Delta + \gamma\left(1 + \dfrac{r_s^s}{r_a^s}\right)} \tag{21.1.29}$$

由式(21.1.22)、式(21.1.25)、式(21.1.26)可得出来自于冠层潜热通量的计算式：

$$\lambda E_c = \frac{\Delta(A_t - A_s) + \rho C_p \dfrac{D_0}{r_a^c}}{\Delta + \gamma\left(1 + \dfrac{r_s^c}{r_a^c}\right)} \tag{21.1.30}$$

上二式中 D_0 的含义与式(21.1.15)相同，只是 r_a 用 r_a^a 表示，λE 用λE_t 表示。将式(21.1.15)、式(21.1.29)、式(21.1.30)代入式(21.1.19)，得：

$$\lambda E_t = \frac{\Delta(A_t - A_s) + \rho C_p \dfrac{D + \left[\Delta A_t - (\Delta+\gamma)\lambda E_t\right]\dfrac{r_a^a}{\rho C_p}}{r_a^c}}{\Delta + \gamma\left(1 + \dfrac{r_s^c}{r_a^c}\right)} + \frac{\Delta A_s + \rho C_p \dfrac{D + \left[\Delta A_t - (\Delta+\gamma)\lambda E_t\right]\dfrac{r_a^a}{\rho C_p}}{r_a^s}}{\Delta + \gamma\left(1 + \dfrac{r_s^s}{r_a^s}\right)}$$

方程两边同乘以$\left\{\left[\Delta + \gamma\left(1 + \dfrac{r_s^c}{r_a^c}\right)\right]\left[\Delta + \gamma\left(1 + \dfrac{r_s^s}{r_a^s}\right)\right]\right\}$，整理，得：

$$\begin{aligned}
&\lambda E_t\left\{\left[(\Delta+\gamma)r_a^c + \gamma r_s^c\right]\left[(\Delta+\gamma)r_a^s + \gamma r_s^s\right] + (\Delta+\gamma)r_a^a\left[(\Delta+\gamma)r_a^s + \gamma r_s^s\right]\right.\\
&\left. + (\Delta+\gamma)r_a^a\left[(\Delta+\gamma)r_a^c + \gamma r_s^c\right]\right\} = \left(\Delta A_s r_a^s + \rho C_p D + \Delta A_t r_a^a\right)\left[(\Delta+\gamma)r_a^c + \gamma r_s^c\right]\\
&+\left[\Delta(A_t - A_s)r_a^c + \rho C_p D + \Delta A_t r_a^a\right]\left[(\Delta+\gamma)r_a^s + \gamma r_s^s\right]
\end{aligned}$$

令

$$R_a = (\Delta+\gamma)r_a^a \tag{21.1.31}$$

$$R_c = (\Delta+\gamma)r_a^c + \gamma r_s^c \tag{21.1.32}$$

$$R_s = (\Delta+\gamma)r_a^s + \gamma r_s^s \tag{21.1.33}$$

则

$$R_s + R_a = (\Delta+\gamma)(r_a^a + r_a^s) + \gamma r_s^s$$
$$R_c + R_a = (\Delta+\gamma)(r_a^a + r_a^c) + \gamma r_s^c$$

式(21.1.19)可表述为：

$$\lambda E_t(R_s R_c + R_c R_a + R_s R_a) = R_c(R_s + R_a)PM_s + R_s(R_c + R_a)PM_c$$

上式中

$$PM_s = \frac{\Delta A_t + \left[\rho C_p D - \Delta r_a^s \left(A_t - A_s\right)\right] / (r_a^a + r_a^s)}{\Delta + \gamma \left(1 + \dfrac{r_s^s}{r_a^a + r_a^s}\right)}$$

$$PM_c = \frac{\Delta A_t + \left(\rho C_p D - \Delta r_a^c A_s\right) / (r_a^a + r_a^c)}{\Delta + \gamma \left(1 + \dfrac{r_s^c}{r_a^a + r_a^c}\right)}$$

令

$$C_s = \frac{R_c (R_s + R_a)}{R_s R_c + R_c R_a + R_s R_a} = \frac{1}{1 + \dfrac{R_s R_a}{R_c \left(R_s + R_a\right)}} \tag{21.1.34}$$

$$C_c = \frac{R_s (R_c + R_a)}{R_s R_c + R_c R_a + R_s R_a} = \frac{1}{1 + \dfrac{R_c R_a}{R_s \left(R_c + R_a\right)}} \tag{21.1.35}$$

可得出计算疏松植被冠层蒸散量的双涌源模型：

$$\lambda E_t = C_s PM_s + C_c PM_c \tag{21.1.36}$$

这就是 Shuttleworth-Wallance 所提出的模式，即 S-W 模型。

由式(21.1.36)可以得出这样结论：当 r_s^s 为无穷大时，R_s 为无穷大，这时 C_s 等于 0 且 C_c 等于 1。也就是说，如果不存在来自于土壤的显热通量，H_s 和 A_s 等于 0，此时式(21.1.36)即等同于式(21.1.14)，它是计算无土壤蒸发参与的封闭冠层蒸散量的单涌源模型。同其相对应，当没有植被时，r_s^c 和 R_c 为无穷大，而 C_c 等于 0，C_s 等于 1，且 A_t=A_s，此时式(21.1.37)又成为式(21.1.14)，它成为估算裸地蒸发的模型。很明显，式(21.1.36)十分恰当地定义了两种渐近极限，如果式(21.1.36)中的各个阻力值能够推算测定的话，那么既可利用该模型估算冠层的蒸发散量，还可以对土壤面的蒸发和植被蒸腾进行分离评价。

在大多数的中间状态，即地面土壤和植物冠层同时发生蒸发时，式(21.1.36)可以计算总蒸发 λE_t 。一旦计算出 λE_t，就可代入式(21.1.15)计算 D_0。必要时，用同样的方法由式(21.1.29)和式(21.1.30)计算 λE_c 和 λE_s。

21.1.3　封闭型冠层的多源模型

对于多层封闭型冠层，植被群落中植物高度有较大差别，冠层在垂直方向上呈成层结构，如乔木与下面草本植物。植物群落的分层现象不仅决定于植物的生活型，而且与能量(光、热、水)的利用及消耗有关。植被冠层有分层现象时，蒸散发的涌、汇源不能概化为一个面(于贵瑞，2001；朱仲元，2005)。在这种情况下计算植被的蒸散发，可将群落所吸收的总有效能量和总蒸散发量按上层植被、下层植被的加权和来处理：

$$A_t = A_u + A_l$$

$$\lambda E_t = \alpha \lambda E_u + \beta \lambda E_l$$

式中，α为上层冠层的覆被率；β为下层冠层的覆被率；λE_u 和 λE_l分别为上层植被和下层植被的潜热通量。

根据湍流输送理论，可以推出：

$$\lambda E_t = \alpha C_u PM_u + \beta C_l PM_l \tag{21.1.37}$$

式 21.1.37 中，

$$C_u = \frac{R_{lc}(R_{uc}+R_a)}{R_{lc}R_{uc}+R_{lc}R_a+R_{uc}R_a} = \frac{1}{1+\dfrac{R_{uc}R_a}{R_{lc}\left(R_{uc}+R_a\right)}} \tag{21.1.38}$$

$$C_l = \frac{R_{uc}(R_{lc}+R_a)}{R_{uc}R_{lc}+R_{uc}R_a+R_{lc}R_a} = \frac{1}{1+\dfrac{R_{lc}R_a}{R_{uc}\left(R_{lc}+R_a\right)}} \tag{21.1.39}$$

$$R_a = (\Delta+\gamma)r_a^a \tag{21.1.40}$$

$$R_{uc} = (\Delta+\gamma)r_a^{uc} + \gamma r_s^{uc} \tag{21.1.41}$$

$$R_{lc} = (\Delta+\gamma)r_a^{lc} + \gamma r_s^{lc} \tag{21.1.42}$$

$$R_{lc}+R_a = (\Delta+\gamma)\left(r_a^a + r_a^{lc}\right) + \gamma r_s^{lc}$$

$$R_{uc}+R_a = (\Delta+\gamma)\left(r_a^a + r_a^{uc}\right) + \gamma r_s^{uc}$$

$$PM_l = \frac{\Delta A_t + \left[\rho C_p D - \Delta r_a^{lc}\left(A_t - A_l\right)\right]/(r_a^a + r_a^{lc})}{\Delta + \gamma\left(1+\dfrac{r_s^{lc}}{r_a^a + r_a^{lc}}\right)} \tag{21.1.42}$$

$$PM_u = \frac{\Delta A_t + \left(\rho C_p D - \Delta r_a^{uc} A_l\right)/(r_a^a + r_a^{uc})}{\Delta + \gamma\left(1+\dfrac{r_s^{uc}}{r_a^a + r_a^{uc}}\right)} \tag{21.1.43}$$

式中，A_l 为到达下部冠层的有效辐射能通量；$r_a{}^a$ 为上部冠层蒸发面高度 Z_u (上部冠层涌源高度)与冠层上方参照高度 Z_r (乔木一般取 10m 处)之间的空气动力学阻力；$r_a{}^{uc}$, $r_a{}^{lc}$ 分别为上部冠层、下部冠层的整体边界层阻力；$r_s{}^{uc}$, $r_s{}^{lc}$ 分别为上部冠层、下部冠层的整体气孔阻力，见图 21.3。

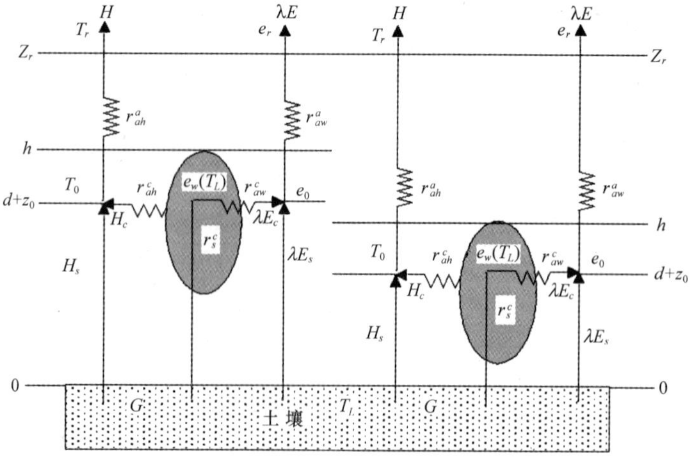

图 21.3　二层封闭冠层示意图(于贵瑞，2001)

21.1.4 稀疏型冠层的多源模型

许多自然生成的稀疏植被，存在着丛生现象，有乔木丛生、灌木丛生、草本植物丛生、乔草丛生、灌草丛生、乔灌草丛生，丛生植被之外有常年未被植物覆盖的裸露土壤。针对这种情况，植被丛生程度由植被覆盖面积百分比确定(于贵瑞，2001；朱仲元，2005)。

若丛生植被(包括它下面的土壤)平均叶面积指数 L_0 对应的有百分比 f，则裸露土壤有 $(1-f)$ 的百分比。丛生植被总蒸散应是以下几项蒸发(或散发)之和，其一是有叶面积指数为 L_0、覆盖百分比为 f 的植物冠层散发，其二是植被下方的土壤表面蒸发，其三是裸露土壤蒸发。这些蒸发在总蒸散发中所占的份额以其覆盖面积百分比为权重分摊：

$$\lambda E_t = \left(\lambda E_c + \lambda E_s\right) + \lambda E_{bs} \tag{21.1.45}$$

$$\lambda E_c = \beta \frac{\Delta A_p + \rho C_p \dfrac{D_0}{r_a^c}}{\varDelta + \gamma\left(1 + \dfrac{r_s^c}{r_a^c}\right)} \tag{21.1.46}$$

$$\lambda E_s = \beta \frac{\Delta A_s + \rho C_p \dfrac{D_0}{r_a^s}}{\varDelta + \gamma\left(1 + \dfrac{r_s^s}{r_a^s}\right)} \tag{21.1.47}$$

$$\lambda E_{bs} = \alpha \frac{\Delta A_t + \rho C_p \dfrac{D_0}{r_a^{bs}}}{\varDelta + \gamma\left(1 + \dfrac{r_s^{bs}}{r_a^{bs}}\right)} \tag{21.1.47}$$

式中，$\alpha=(1-f)$，$\beta=f$。f 为植被覆盖的百分比；A_p 为植物获得的有效能量，即 $A_p=A_t-A_s$；λE_{bs} 为裸露土壤蒸发；r_s^{bs} 为裸露土壤表面的阻力；r_a^{bs} 为裸露土壤表面和冠层蒸发面高度 Z_c 之间的空气动力阻力。其他符号同前。

将式(21.1.15)、式(21.1.46)、式(21.1.47)、式(21.1.48)代入式(21.1.44)，整理得：

$$\begin{aligned}
&\lambda E_t \left\{\begin{aligned}
&\left[\left(\varDelta+\gamma\right)r_a^c + \gamma r_s^c\right]\left[\left(\varDelta+\gamma\right)r_a^s + \gamma r_s^s\right]\left[\left(\varDelta+\gamma\right)r_a^{bs} + \gamma r_s^{bs}\right] \\
&+\beta\left[\left(\varDelta+\gamma\right)r_a^a\right]\left[\left(\varDelta+\gamma\right)r_a^s + \gamma r_s^s\right]\left[\left(\varDelta+\gamma\right)r_a^{bs} + \gamma r_s^{bs}\right] \\
&+\beta\left[\left(\varDelta+\gamma\right)r_a^a\right]\left[\left(\varDelta+\gamma\right)r_a^c + \gamma r_s^c\right]\left[\left(\varDelta+\gamma\right)r_a^{bs} + \gamma r_s^{bs}\right] \\
&+\alpha\left[\left(\varDelta+\gamma\right)r_a^a\right]\left[\left(\varDelta+\gamma\right)r_a^c + \gamma r_s^c\right]\left[\left(\varDelta+\gamma\right)r_a^s + \gamma r_s^s\right]
\end{aligned}\right\} \\
&= \beta\left(\varDelta A_s r_a^s + \rho C_p D + \varDelta A_t r_a^a\right)\left[\left(\varDelta+\gamma\right)r_a^c + \gamma r_s^c\right]\left[\left(\varDelta+\gamma\right)r_a^{bs} + \gamma r_s^{bs}\right] \\
&+\beta\left(\varDelta A_p r_a^c + \rho C_p D + \varDelta A_t r_a^a\right)\left[\left(\varDelta+\gamma\right)r_a^s + \gamma r_s^s\right]\left[\left(\varDelta+\gamma\right)r_a^{bs} + \gamma r_s^{bs}\right] \\
&+\alpha\left(\varDelta A_t r_a^{bs} + \rho C_p D + \varDelta A_t r_a^a\right)\left[\left(\varDelta+\gamma\right)r_a^c + \gamma r_s^c\right]\left[\left(\varDelta+\gamma\right)r_a^s + \gamma r_s^s\right]
\end{aligned}$$

令

$$R_{bs} = \left(\varDelta + \gamma\right) r_a^{bs} + \gamma r_s^{bs}$$

连同式(21.1.31)、式(21.1.32)、式(21.1.33)一起代入上式：

$$\lambda E_t(R_cR_sR_{bs}+\beta R_{bs}R_aR_c+\beta R_sR_{bs}R_a+\alpha R_aR_cR_s)=\beta\left(\Delta A_sr_a^s+\rho C_pD+\Delta A_tr_a^a\right)R_cR_{bs}$$
$$+\beta\left(\Delta A_pr_a^c+\rho C_pD+\Delta A_tr_a^a\right)R_cR_{bs}+\alpha\left(\Delta A_tr_a^{bs}+\rho C_pD+\Delta A_tr_a^a\right)R_cR_s$$

令

$$PM_c=\frac{\Delta A_t+\left(\rho C_pD-\Delta r_a^cA_s\right)/(r_a^a+r_a^c)}{\varDelta+\gamma\left(1+\dfrac{r_s^c}{r_a^a+r_a^c}\right)}$$

$$PM_{bs}=\frac{\Delta A_t+\left[\rho C_pD/(r_a^a+r_a^{bs})\right]}{\varDelta+\gamma\left(1+\dfrac{r_s^{bs}}{r_a^a+r_a^{bs}}\right)}$$

$$C_c=\frac{R_sR_{bs}(R_c+R_a)}{R_cR_sR_{bs}+\alpha R_aR_cR_s+\beta R_sR_{bs}R_a+\beta R_{bs}R_aR_c}\tag{21.1.49}$$

$$C_s=\frac{R_cR_{bs}(R_s+R_a)}{R_cR_sR_{bs}+\alpha R_aR_cR_s+\beta R_sR_{bs}R_a+\beta R_{bs}R_aR_c}\tag{21.1.50}$$

$$C_{bs}=\frac{R_sR_c(R_{bs}+R_a)}{R_cR_sR_{bs}+\alpha R_aR_cR_s+\beta R_sR_{bs}R_a+\beta R_{bs}R_aR_c}\tag{21.1.51}$$

则式(21.1.44)变为

$$\lambda E_t=\beta(C_cPM_c+C_cPM_s)+\alpha C_{bs}PM_{bs}$$

或

$$\lambda E_t=f(C_cPM_c+C_cPM_s)+(1-f)C_{bs}PM_{bs}\tag{21.1.52}$$

从式(21.1.51)可以看出，式(21.1.51)是式(21.1.36)的简单扩充。干旱半干旱地区到处可见裸露的土壤，式(21.1.51)为估算有丛生现象的植被及行距较大、叶面积指数较小作物的蒸散发提供了一种模型，并由植被覆盖面积百分比 f 将裸露土壤蒸发、植被冠层散发及冠层下方的土壤表面蒸发联系起来。当 f=1 时，式(21.1.51)就是式(21.1.36)，即 S-W 公式。

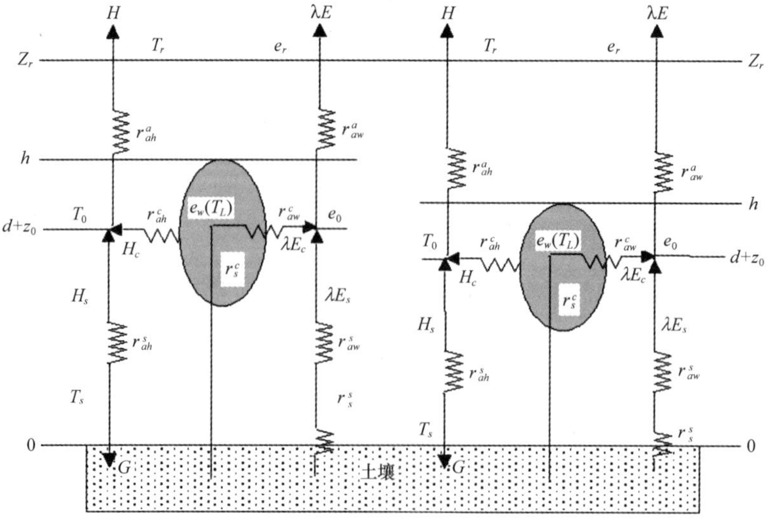

图 21.4　多层疏松冠层示意图(于贵瑞，2001)

对于多层疏松型植被冠层，见图 21.4，可用类似方法导出：

$$\lambda E_t = \alpha(\lambda E_{cu} + \lambda E_{su}) + \beta(\lambda E_{cl} + \lambda E_{sl})$$

$$\lambda E_t = \alpha(C_{cu}PM_{cu} + C_{su}PM_{su}) + \beta(C_{cl}PM_{cl} + C_{sl}PM_{sl}) \tag{21.1.52}$$

式中，α为上层植被的覆被率；β 为下层植被的覆被率；下标 *cu* 和 *su* 分别表示上层植被和它的底部土壤表面；*cl* 和 *sl* 分别了下层植被和它的底部土壤表面。

从式(21.1.53)可以分析出：当 α =0 或 β =0 时，为单层疏松冠层，式(21.1.53)就是式(21.1.36)，即 S-W 公式。当上下冠层把地面封闭时，同前面的分析方法一样，可得出 C_{cl}=0，C_{sl}=0，式(21.1.53)就是式(21.1.37)，是计算二层封闭冠层蒸散发的模型。

§21.2　蒸散发阻力模型

21.2.1　冠层整体气孔阻力

气孔阻力是作用于气孔腔到叶表面水汽通量的一种阻力，冠层整体气孔阻力 r_s^c 表示植被中所有植物气孔整体上对潜热通量的阻力，因此它与冠层中所有叶子的平均气孔导度有关，受植被叶表面积影响，故也是表面阻力。它的变化与植被的总叶面积成反比。在能量分配中叶面积指数 L_0 起重要作用(朱仲元，2005)。

气孔导度 g_s (mmol/(m^2·s))：气孔导度(g_s)与叶面温度(T_l)、饱和压差(D_0)、细胞 CO_2 浓度、光合有效辐射 PAR 等有关。冠层内各类叶片的平均气孔导度即为冠层导度 g_s。

冠层阻力 r_s^c (s/m)：冠层整体气孔阻力 r_s^c 是平均冠层导度 g_s^c 的倒数。Shutteleworth 给出的计算式为：

$$r_s^c = r_{ST}/2L \tag{21.2.1}$$

式中，r_{ST} 为双面有气孔叶子的平均阻力，它是双面有气孔叶子的平均冠层导度的倒数；L 为叶面积指数。Shutteleworth 的实验得出 L=4 时，农田的 r_{ST} 约等 50s/m。

对于单面气孔叶面或已知冠层叶面平均阻力 r_L，则有由下式计算：

$$r_s^c = r_L/L \tag{21.2.2}$$

r_s^c 具体计算式为：

$$\begin{cases} \dfrac{1}{r_s^c} = \left(g_s^{lu} + g_s^{ll}\right)L \\ \dfrac{1}{r_s^c} = 2g_s^l L \end{cases} \tag{21.2.3}$$

式中，g_s^l 为冠层平均导度(mmol/(m^2·s))；g_s^{lu}, g_s^{ll} 为双面有气孔叶子的上表面和下表面的气孔导度(mmol/(m^2·s))。

气孔导度与光合有效光通量密度的常规关系式为：

$$g_s^l = g_l^m \frac{Q}{Q + b_q} \tag{21.2.4}$$

式中，g_l^m 为叶子的光饱和气孔导度；Q 为入射光通量密度；b_q 为经验系数。

考虑气孔导度随叶龄和叶子适应性而变化，有人用：

$$g_s^l = g_s^{\max}(1 - b_d D_0) \tag{21.2.5}$$

式中，g_s^{max} 为最大气孔导度；b_d 为经验系数；D_0 为冠层内部的饱和水汽压差。

21.2.2 整体边界层阻力 r_a^c

作用于叶表面和平均冠层气流之间水热通量的空气动力学阻力称为冠层内植物要素的整体边界层阻力，简称整体边界层阻力(朱仲元，2005)。

Shutteleworth 给出的计算式为：

$$r_a^c = r_b / 2L \tag{21.2.6}$$

式中，r_b 为平均边界层阻力，单位为 s/m。它的观测值通常很零散，由于它受冠层内部风速的影响，因此不同密度作物在不同位置上的 r_b 观测值是随机的。

对于高冠层 r_b 均可用下式计算：

$$r_b = \frac{100}{n} \frac{\sqrt{w_l / u_h}}{1 - \exp(-n/2)} \tag{21.2.7}$$

式中，u_h 为高冠层平均气流层高度处的风速(m/s)，此时 u_h 可用参考高度的风速；w_l 为典型叶宽度(m)，取测量的各株的平均值；n 为湍流衰减系数，n=2.5。

假定叶面积随株高分布均匀时，整体边界层阻力 r_a^c 由下式计算：

$$r_a^c = \frac{n}{2aL} \sqrt{\frac{w_l}{u(h)}} \frac{1}{1 - \exp(-n/2)} \tag{21.2.8}$$

式中，a 为常数，取 0.006 62m/s$^{0.5}$，也有人取 0.01m/s$^{0.5}$；$u(h)$为修正风速，由下式计算：

$$u(h) = u \ln\left[(h - d)/Z_0\right] / \ln\left[(Z_u - d)/Z_0\right] \tag{21.2.9}$$

21.2.3 空气动力学阻力 r_a^a 和 r_a^s

从冠层蒸发面高度 Z_c(Z_c=d+Z_0)到冠层上方参照高度 Z_r 之间的空气动力学阻力用 r_a^a 表示，从土壤表面到冠层蒸发面高度 Z_c 之间的空气动力学阻力用 r_a^s 表示。它们反应了湍流扩散在冠层平均气流层高度上下方对水汽传输的阻力(朱仲元，2005)。

假定风速和湍流扩散衰减具有相同的速率，在冠层之上(Z>h)：

$$\begin{aligned} K &= ku^*(Z - d) \\ u^* &= ku / \ln\left[(Z_r - d)/Z_0\right] \end{aligned} \tag{21.2.10}$$

式中，K 为湍流扩散度(传导度)，k 为 Karman 系数(通常取 0.41)，Z_r 为参考高度，u 为 Z_r 处的风速，u^*为摩擦速率，Z_0 为表面的粗糙度，d 为移位高度，Z_0 和 d 随 L 变化，根据以下公式计算：

$$\begin{cases} d = 1.1h\ln(1 + X^{0.25}) \\ Z_0 = Z_0^s + 0.3hX^{0.5} \quad 0 < X < 0.2 \\ Z_0 = 0.3h(1 - d/h) \quad 0.2 < X < 1.5 \end{cases} \tag{21.2.11}$$

式中，X=c_dL；c_d 为叶阻力系数，c_d=0.07 它的变化对计算结果影响不大；Z_0^s 为裸露土壤的粗糙度。

在冠层内部($Z<h$):

$$K = K_h \exp[-n(1 - Z/h)]$$
$$K_h = ku^*(h - d) \tag{21.2.12}$$

式中，K_h为冠层顶部的K值；n为湍流扩散衰减系数。每人对湍流扩散衰减系数n值的使用有所不同，Shuttleworth 和 Gurney 使用 2.5，Lafleur 和 Rouse 随着L值从 0.4 变化到 2.5，将n值从 2.0 到 2.7 之间变换，而 Nichols 使用 3.8。

遵循上述湍流扩散理论，在 0 到 $d+Z_0$，以及从 $d+Z_0$ 到参考高度 Z_r 范围内不同叶面积指数 L_0 下的空气动力学阻力 r_a^a 和 r_a^s 的计算式。

在地表被植物完全覆盖($L>4$)的情况下：

$$r_a^s(\alpha) = \frac{\ln\left[(Z_r - d)/z_0\right]}{k^2 u}\frac{h}{n(h-d)}\left\{\exp(n) - \exp\left[n\{1-(d+z_0)/h\}\right]\right\} \tag{21.2.13}$$

$$r_a^a(\alpha) = \frac{\ln\left[(Z_r - d)/z_0\right]}{k^2 u}\left\{\ln\left[(Z_r - d)/(h-d)\right] + \frac{h}{n(h-d)}\left\{\exp\left\{n\left[1-(d+z_0)/h\right]\right\} - \right\}1\right\} \tag{21.2.14}$$

式中，湍流扩散衰减系数取 n=2.5。

对于裸露地表，空气动力学阻力由下式给出：

$$r_a^s(0) = \ln(Z_r/z_0')\ln\left[(d+z_0)/z_0'\right]/k^2 u \tag{21.2.15}$$

$$r_a^a(0) = \ln^2(Z_r/z_0')/k^2 u - r_a^s \tag{21.2.16}$$

式中，z_0'为地面的有效粗糙长度，裸露土壤普遍取 z_0'=0.01m。

在 $0 \leqslant L \leqslant 4$ 范围内， r_a^a 和 r_a^s 在其渐近界限范围内有线性关系：

$$r_a^s = \frac{1}{4}Lr_a^s(\alpha) + \frac{1}{4}(4-L)r_a^s(0) \tag{21.2.17}$$

$$r_a^a = \frac{1}{4}Lr_a^a(\alpha) + \frac{1}{4}(4-L)r_a^a(0) \tag{21.2.18}$$

r_a^a 和 r_a^s 由下面的方法计算：

$$r_a^a = \frac{\left\{\ln\left[(Z_u - d)/Z_0\right]\right\}^2}{k^2 u}(1+\delta)^E \tag{21.2.19}$$

$$r_a^s = \frac{h\exp(n)}{nK_h}\left[\exp\left(\frac{-nZ_0^s}{h}\right) - \exp\left(\frac{-n(Z_0+d)}{h}\right)\right] \tag{21.2.20}$$

$$\delta = 5g(Z_r - d)(T_0 - T_r)/(T_r u_r^2)$$

式中，$(1+\delta)^E$ 为 r_a^a 减少的浮力效应，当$\delta<0$ 时，E=−2；当$\delta>0$ 时，E=−0.75；g 为重力加速度；T_0 为平均冠层流 产处的温度；T_r 为参考高度处的温度；u_r 为参考高度处的风速。湍流衰减系数 n=2。

21.2.4 土壤表面阻力 r_s^s

土壤表面蒸发阻力的物理理论公式为(朱仲元，2005)：

$$r_s^s = \frac{\rho C_p}{\gamma} \cdot \frac{e_w(T_s) - e_a}{\lambda E_s} \tag{21.2.21}$$

式中，$e_w(T_s)$和 e_a分别为地表温度时的饱和水汽压和实际水汽压(kPa)；E_s为土壤表面的蒸发。上面公式在已知表层土壤蒸发 E_s时才能求 r_s^s。

如果仅考虑 r_s^s是近地表面处土壤含水率的函数，由此可以获得与土壤含水率有关的经验公式，即

$$r_s^s = (3.0 \times 10^{10})(\theta_{sat} - \theta_s)^{16.6}$$

式中，θ_s和θ_{sat}分别为 0~20 处的土壤含水率，是土壤饱和含水率。

上式中系数 3.0×10^{10}是关于土壤表面温度 T_s的一个弱函数，是假设在 T_s=303K 情况下按水汽分子扩散计算出来的。针对沙地的 θ_{sat}=0.392(cm^3/cm^3)，与在尼日尔实验点测得的 θ_{sat} =0.40 几乎一致。

如果仅考虑 r_s^s是近地表面处土壤含水率的函数，由此可以获得与土壤含水率有关的另一个经验公式，即

$$r_s^s = a(\theta)^b$$

式中，a=3.5，b=2.3；θ为土壤含水量。

如果仅考虑r_s^s是降雨后天数 t 的函数，由此可以获得与降雨后天数t有关的经验公式，即：

$$r_s^s = 2.99t^2 + 7.79t + 23.5$$

§ 21.3 冠层蒸散数量的计算

估算整个集水区的蒸散量，必须从整体的观点入手。总的来看，蒸散的估量方法不外乎为直接测定和计算两类。

直接测定方法常用的有 3 个，即水分平衡法，它通过测定区域内蒸发面下的水分收支，而确定蒸散量；热量平衡法的基础在于水分的蒸发需要能量的消耗，通过测定整个集水区的热量平衡，以获得蒸散的量；空气动力学方法是测定集水区边界层的水蒸气扩散与流动的方法。

由于蒸散现象极为复杂，用上述任何方法现场测定蒸散量是非常复杂困难的，并且必须考虑到森林地蒸散面的位置高，厚度不一等特点。而计算方法则是以理论方法为主，再辅之以物理参数的实验测定，确定出计算方程，然后计算蒸散量。

21.3.1 集水区水分平衡法

集水区内的水分平衡方程形式很多，但基本上可以写成如下：

$$E = P - R \pm \Delta W \tag{21.3.1}$$

式中，E 为年内实际蒸散；R 为年内的径流量；ΔW 为集水区内水分贮存量的变化值，其大小与所取的时段有一定的关系，在一个水文年度内，可以认为为 0，特别是在推求长时间的蒸散量时，ΔW 的值可以忽略不计。

但对于较大的集水区来说，要正确测定集水区的面雨量和径流量都不是一件容易的事，有时，集水区内存在大量的渗漏作用，则按式(21.3.1)便无法得到实际的蒸散量。然而，尽管如此，理论上水量平衡的方法仍然是最佳的方法，在实际操作中主要需注意径流量大小的正确估算。用此方法测定的蒸散量至少不会发生数量级大小的误差量。

同时，土壤水分变化法也是常用方法。如果确信不饱和土层中水分的减少，主要是由于蒸散引起的话，则可以通过只测量土壤水分变化的方法来知晓蒸散量，此方法实际上是水量平衡方法的简化形式，应该与土壤水力传导，潜水蒸发等多方面联系起来(周国逸，1997)。

21.3.2　空气动力学方法

静止空气中水汽的分子扩散与热的传导相似；单位面积上垂直方向的通量与密度的垂直梯度存在如下关系：

$$E=-D\frac{\mathrm{d}\rho_v}{\mathrm{d}z} \tag{21.3.2}$$

式中，E 为单位面积上水汽垂直方向的通量(g/(cm^2·s))；ρ_v 力水汽密度梯度(g/cm^3)；D 为空气中的水汽扩散系数。

式(21.3.2)的稳态形式可以用水汽压差表示如下：

$$E=-\frac{D}{\delta_v}\left(\rho_s-\rho_a\right)=-\frac{\rho_s-\rho_a}{\gamma_a} \tag{21.3.3}$$

式中，ρ_s 为蒸发面的水汽密度(g/cm^3)；ρ_a 为距离表面为δ_v 处的水汽密度；γ_a 为空气阻力(s/cm)。

由能量交换当量，可以得到：

$$L_vE=-0.013\frac{L_v}{T}\frac{\Delta e}{r_a} \tag{21.3.4}$$

式中，L_v 为水的汽化热(J/g)；　T 为绝对温度(K)；$\Delta e = e_s - e_a$ 为当量水汽压差(hPa)，其他符号意义同前。

在温度为 20℃(T=293K)时，L_v/T =2.00，并且其随温度的变化量不足 0.5%，所以，式(21.3.4)如果以下式的形式表示，则在温度处于 10~30℃的范围内，其精确度不会小于 95%。

$$L_vE=-0.026\frac{\Delta e}{r_a} \tag{21.3.5}$$

一般情况下，地表的水汽密度和压力无法直接测得，只能根据其它的数据来推导。式(21.3.4)的一般形式可用如下的方程来代表：

$$L_vE=-0.013\frac{L_v}{T}\frac{\Delta e}{r_a+r_s} \tag{21.3.6}$$

式中，r_s 为额外的表面阻力，如孔隙或气孔阻力。

在考虑到边界层外的水汽运送时，蒸散公式可用下式表示：

$$L_vE = -\frac{0.17\rho L_v \Delta q \Delta u}{\left\{\ln\left[(Z_2 - x)/(Z_1 - x)\right]\right\}^2} \tag{21.3.7}$$

式中，Δq 为自由空气中高差为 $\Delta q = Z_2 - Z_1$ 时的比湿差；x 为零平面的位移量，所谓零平面，是指风速与高度的分布呈现某种规律变化的高度所在的平面。当风吹过某一粗糙表面时，加大了乱流的作用，使零平面的高度发生变化，出现零平面上升的现象；Δu 为高度 Z_2 和 Z_1 处的风速差；其他符号意义同前(周国逸，1997)。

21.3.3 热量平衡方法

热量平衡方法的基础在于能量守恒定律，在生态系统中，热量平衡可以用如下公式来表示(周国逸，1997)：

$$R = B + H + L_vE \tag{21.3.8}$$

式中，R 为输入到系统内的净辐射作用；B 为消耗于系统内热传导作用上的热，如土壤热交换量等；H 为系统的显热通量，主要用于与大气的对流热交换，这部分的热量发生是由两个阶段完成的，第一个阶段是由分子扩散引起的热传导，通过靠近表面的有效静止空气的薄边界层完成，第二是由边界层外面空气的对流和湍流扩散引起，在稳定流动时，两阶段的热通量完全相同；L_vE 为系统的潜热通量，用于使水分的形态发生改变的热量，主要为蒸散耗热。

显热通量满足：

$$H = -\frac{k}{\delta_c}(T_s - T_a) = -\rho_c K_h \frac{\Delta T}{\Delta z} \tag{21.3.9}$$

式中，ρ_c 为热容量；K_h 为湍流热传导系数；$\Delta T/\Delta z$ 为自由空气层内的温度梯度。

同时潜热通量满足：

$$L_vE = -\rho L K_v \frac{\Delta q}{\Delta z} \tag{21.3.10}$$

式中，ρ 为空气密度；K_v 为水汽的湍流扩散系数；$\Delta q/\Delta z$ 为自由空气的比湿梯度。

如果 $K_v = K_h$，则由式(21.3.9)和式(21.3.10)得到：

$$\beta = \frac{H}{L_vE} = \frac{C}{L_v}\frac{\Delta T}{\Delta q} = \gamma\frac{\Delta T}{\Delta e} \tag{21.3.11}$$

式中，C 为空气比热；γ 为干湿球温度常数(hPa/℃)。据此则有：

$$L_vE = -\frac{R - B}{1 + \beta} \tag{21.3.12}$$

§ 21.4 植被群落的蒸发蒸腾

群落的蒸发作用也可以称为蒸散作用，包括土壤表面和植物表面的物理蒸发与群落冠层的生理蒸腾作用，其中土壤蒸发和冠层蒸腾占主导地位。

21.4.1 土壤表面蒸发

水分从土壤表面蒸发需要两个条件：一是太阳辐射能，这是蒸发的能量来源；二是土壤中从下向上的水分流，这是蒸发的水分来源，保证土表层有水分用于蒸发。在缺少植被覆盖的土壤上，起初蒸发速率很高，但首先蒸发掉的是土壤大孔隙中的水分，当大孔隙中的水分被蒸发完后，小孔隙的水开始蒸发。由于毛管水运动相当慢，当蒸发速率很快时，表土层与底土层的连续水柱就会中断，毛管水向上运动基本停止。质地较粗的土壤比质地较细的土壤更容易发生这种现象。因此。在质地粗到中等粗细的土壤上，夏季蒸发速率最初很快，但一旦表土层变干，蒸发速率就降至很低水平，此时，表土以下的土壤却仍可能处于田间持水量水平；而在质地较细的土壤上，毛管水柱可长时间保持，因而底层土壤也会逐渐变干。在植被厚度较厚的条件下，太阳辐射能只有小部分可以到达土壤表面引起蒸发。如果地表有机质积累较多，则土壤的蒸发还会进一步减少，因为从土壤到地被物表面之间缺乏连续的孔隙，自土壤中上升的水分会被无机–有机界面的水力不连续性阻断。由于胶体的保水性能好，分解完全的地被物可以减少水分的蒸发损失。即使是干燥的地被物也是一个水汽屏障，它能有效地防止土壤水分的散失(蒋高明，2005)。

21.4.2 植物群落蒸腾

同单叶和单株植物的蒸腾情形相类似，植物群落的蒸腾作用受太阳辐射、大气温度和湿度等生态因子周期性变化的影响，表现出显著的日进程和季节进程。在晴朗的天气条件下，植物群落的蒸腾速率和群体蒸腾耗水量通常是单峰曲线。不同群落的蒸腾日进程曲线可能在峰值出现位置和峰值高低等特征上存在较大的差异，但在总的变化趋势上存在鲜明的共性，这与一天中光辐射强度、气温和相对湿度的周期性变化一致。

随着植物群落的发育其叶面积指数会在一定范围内呈现先增加后稳定的趋势，这一时期群落的蒸腾速率也会出现增加—稳定的现象，但单位叶面积的蒸腾量会逐渐减少，这一点对于人工植物群落尤其如此，原因是随着群落郁闭密度增加，群落内部形成风力小、相对湿度大的小气候，限制了单个叶片的蒸腾作用。群落因蒸腾而发生的水分消耗也随着群落累积的生物量的增加而增大。

植物群落冠层的表面结构对群落特别是木本植物群落的蒸腾作用有重要影响。对于许多木本群落而言，冠层与其上方的空气是高度不耦合的，叶片与空气接触的边界层较厚，因此叶子与气体的交换没那么迅速。由于叶子内部与叶表面空气的蒸气压差的减小，叶的水分损失放慢。在这种情况下，气孔开度的变化对群落的水分平衡就不会发生多大的影响，冠层的蒸腾主要取决于太阳辐射能输入而不是大气湿度。然而对于耦合度高的冠层而言，叶的边界层较薄，因而水蒸汽会迅速地从表面散失掉。在这种情形下，气孔开度的增加将加大水分从叶子的散失，从而加大整个冠层的水分损失量。因此群落冠层与大气的耦合度对于冠层对变化环境的反应有很大的影响。

用一个无量纲的系数 Ω 因子来表征冠层或叶片表面与自由气流之间相耦合的程度，其值的变化范围为 0~1，1 表示叶表面或冠层表面与空气完全不耦合，0 则表示二者之间是完全耦合的。

不同植被型下植物群落的蒸腾作用既与群落所在区域的气候、土壤及水文条件有密切的关系，又受不同群落积累的生物量多少的影响，因此不同植被型或植被型组之间的蒸腾消耗水量的比较常能发现很大的差异。在同一植被型或植被亚型之内进行不同群系之间群落蒸腾的比较，或者在同一群丛内部进行不同群落片段蒸腾的比较，对于研究水分平衡虽然是必要的，但由于两个群落之间的比较需要做出环境背景值相同或者至少十分相似的假设，而这种假设往往在野外实际工作中难于成立，比如由于大气降水和蒸发的不均衡性，群落所在生境的土壤含水量往往不能达到一致，就使得群落蒸腾的相互比较难于取得一致性的规律。

影响群落蒸腾的生态因子有许多种，对于不同地带、不同生态系统类型下分布的植物群落，主导因子可能有较大的不同。比如，对于草本植物群落，影响因子一般包括太阳辐射强度、空气温度和湿度、大气降水量、土壤含水量、土壤紧实度、风速等。各个因子的相对重要性随着群落所在环境的特点、演替阶段的改变而变化，但在多数情况下太阳辐射强度是影响群落蒸腾的主导因子(蒋高明，2005)。

21.4.3　群落水分平衡方程

植物群落的水分收支状况可以用一个简单的水分平衡方程来表示：假定大气降水(P)是群落唯一的水分输入，并且不存在侧向水分补给，观察时群落内植物有机体、枯枝落叶层以及土壤中贮存有一定的水分(ΔW)，而群落的水分输出包括蒸散失水量(ET)和地表径流和地下渗漏(L)三项，那么水分平衡式就可以表述为：

$$P = \Delta W + ET + L \tag{21.4.1}$$

式中各项均可用单位面积土地上降水当量的 mm 数表示。

一般来说，在草本植物群落中水分可占绿色植物生物量鲜重的 3/4 以上，木本植物群落中这一比例也在 1/2 以上。群落生物量中水分的含量存在日变化、季节变化和年变化(蒋高明，2005)。

参考文献

黄洪峰.土壤·植物·大气相互作用原理及模拟研究.北京：气象出版社，1997

陈润政，黄上志，宋松泉,等.植物生理学.广州：中山大学出版社，1998

李合生.现代植物生理学.北京：高等教育出版社，2002

武维华，植物生理学.北京：科学出版社，2003

阳园燕，郭安红，安顺清，等.土壤-植物-大气连续体(SPAC)系统中植物根系吸水模型研究进展.气象科技，2004.32(5)：316-321

朱仲元，干旱半干旱地区天然植被蒸散发模型与植被需水量研究：博士论文.2005.呼和浩特.内蒙古农业大学

康绍忠，刘晓明. 土壤-植物-大气连续水分传输理论及其应用.北京：水利电力出版社，1994

蒋高明.植物生理生态学.北京：高等教育出版社，2005

孙慧珍，周晓峰，康绍忠.应用热技术研究树干液流进展.应用生态学报，2004.15(6)：1074-1078

严昌荣，Alec Downev，韩兴国,等.北京山区落叶阔叶林中核桃楸在生长中期的树干液流研究.生态学报，1999.19(6)：793-797

R.G.S 比德韦尔.植物生理学(上册).北京：高等教育出版社，1983

叶明维.植物学.湖南：湖南科学技术出版社，1985

傅伟，王天铎.一个气孔对环境因子响应的机理性数学模型.植物生理学报，1994.20(3)：277-284

廖建雄，王根轩.植物的气孔振荡及其应用前景.植物生理学通讯，2000.36(3)：272-276

陈德万.植物气孔蒸腾作用的流体力学解释.西南农业大学学报，1994.16(1)：90-92

P.S 诺贝尔.生物物理的植物生理学导论.北京：科学出版社，1984

周国逸.生态系统水热原理及其应用.北京：气象出版社，1997

赵镇南.传热学.北京：高等教育出版社，2002

张奕.传热学.南京：东南大学出版社，2004

张喜英.作物根系与土壤水利用. 北京：气象出版社，1999

康尔泗，程国栋，宋克超，等.河西走廊黑河山区土壤—植物—大气系统能水平衡模拟研究.中国科学(D 辑)，2004. 34(6) :544-551

刘树华.环境物理学，北京：化学工业出版社，2004

张小由，龚家栋，周茅先，等.应用热脉冲技术对胡杨和柽柳树干液流的研究，冰川冻土，20003, 25(5):585-590

张小由，龚家栋，周茅先，等.胡杨树干液流时空变异性研究，中国沙漠，2004，24(4):489-492

宋克超，康尔泗，金博文，等.黑河流域山区草地蒸发试验研究，冰川冻土 2004.26(3)：617-623

宋克超，康尔泗，蓝永超，等.黑河流域典型景观植被带陆面过程同步观测研究，冰川冻土 2003.25(5)：552-557

陈仁升，康尔泗，杨建平，Topmodel 模型在黑河干流出山径流模拟中的应用，中国沙漠 2003.23(4)：428-433

王书功，康尔泗，李新，分布式水文模型的进展与展望，冰川冻土 2004.26(1)：61-65..

刘昌明，王惠肖等.土壤—植物—大气界面水分过程与节水调控.北京：科学出版社,1999

刘昌明，于沪宁.土壤—植物—大气系统水分运动实验研究.北京：气象出版社,1997

E. Cienciala, J. Kucera, A. Malmer. Tree sap flow and stand transpiration of two Acacia mangium plantations in Sabah, Borneo. Journal of Hydrology.2000.236:109-120

J.Cermak, J.Kucera, N.Nadezhdina. Sap flow measurements with some thermodynamic methods, flow integration within trees and scaling up from sample trees to entire forest stands. Trees. 2004.18:529-546

M. Soledad Jimenez, Jan Cermak, Jiri Kucera et al. Laurel forests in Tenerife, Canary Islands: the annual course of sap flow in Laurus trees and stand. Journal of Hydrology.1996.183:307-321

Gerard J. Kluitenberg, Jay M. Ham. Improved theory for calculating sap flow with the heat pulse method. Agricultural and Forest Meteorology.2004.126:169-173

Meinzer F C, James S A, Goldstein G. Dynamics of transpiration, sap flow and use of stored water in tropical forest canopy trees. Tree Physiology. 2004. 24: 901-909

Braud, A.C.Dantas-Antonino, M.Vauclin et al. A simple soil-plant-atmosphere transfer model (SiSPAT) development and field verification. Journal of Hydrology.1995.166:213-250

Williams M, Rastetter E B, Fernandes D N. Modeling the soil-plant-atmosphere continuum in a Quercus-Acer stand at Harvard Forest: the regulation of stomatal conductance by light, nitrogen and soil/plant hydraulic properties. Plant, Cell and Environment. 1996. 19: 911-927

Fedder C A. A Soil-Plant-Atmosphere model for transpiration and availability of soil water. water resources research. 1979. 15(3): 555-561

Arora V. Modeling vegetation as a dynamic component in soil-vegetation-atmosphere transfer schemes and hydrological models. Rev. Geophys. 2002. 40(2): 1006, doi: 10.1029/2001RG000103

Avissar R. Which type of soil-vegetation-atmosphere transfer scheme is needed for general circulation models: a proposal for a higher-order scheme. Journal of Hydrology. 1998. 213(1-4): 136-154

Liu Shuhua, Yue Xu, Hu Fei. Using a Modified Soil-Plant-Atmosphere Scheme (MSPAS) to Simulate the Interaction between Land Surface Processes and Atmospheric Boundary Layer in Semi-Arid Regions. Advances in Atmospheric Sciences. 2004.21: 245-259

Quinn P, Beven K. The Introduction of macroscale hydrological complexity into land surface-atmosphere transfer models and the effect on planetary boundary-layer development. Journal of Hydrology. 1995.166(3-4): 421-444

John Roberts. The influence of physical and physiological characteristics of vegetation on their hydrological response. Hydrological Processes. 2000.14: 2885-2901

Christophe Sanz. A note on k-ε modeling of vegetation canopy air-flows. Boundary-Layer Meteorology.2003.108:191-197

L. Galicia, J. Lopez-Blanco, A.E. Zarco-Arista et al, The relationship between solar radiation interception and soil water content in a tropical deciduous forest in Mexico. Catena.1999.36:153-164

Jonathan L. Horton, Thomas E. Kolb, Stephen C. Hart. Leaf gas exchange characteristics differ among Sonoran Desert riparian tree species. Tree Physiology.2001.21:233-241

Misson Laurent. A comparison of three approaches to modeling leaf gas exchange in annually drought-stressed ponderosa pine forests. Tree Physiology.2004. 24: 529 -541

Y. Luo, Z. OuYang, G. Yuan et al. Evaluation of macroscopic root water uptake models using lysimeter data. Transactions of the Asae.2003.46:1-10

N. P. Hanan, S.D. Prince. Stomatal conductance of West-Central Supersite vegetation in HAPEX-Sahel: measurements and empirical models. Journal of Hydrology.1997.188:536-562

Lenny L. R. Kouwenberg, Jennifer C. Mcelwain, Wolfram M. Kurschner et al. Stomatal frequency adjustment of four conifer species to historical changes in atmospheric CO2. American Journal of Botany.2003.90 (4):610-619

Mark J. Hovenden, Tim Brodribb. Altitude of origin influences stomatal conductance and therefore maximum assimilation rate in Southern Beech, Nothofagus cunninghamii. Aust. J. Plant Physiol.2000.27:451-456

G. N. Flerchinger, F. B. Pierson. Modeling plant canopy effects on variability of soil temperature and water: model calibration and validation. Journal of Arid Environment.1997.35:641-653

A. Granier, P. Biron, D. Lemoine. Water balance, transpiration and canopy conductance in two beech stands. Agricultural and Forest Meteorology.2000.100:291-308

Franks P J. Stomatal control and hydraulic conductance, with special reference to tall trees. Tree Physiology.2004.24:865-878

Ronald S. Toward to understanding water and energy processes within the Mackenize river basin.Atmosphere-Ocean.2002.40(2):91-94

第七篇　产汇流过程中的物理机制

从降水和产流的一般现象看，湿润地超过 5mm 的降水，内陆干旱区超过 10mm 的降水都可形成径流。由陆地降水所形成的，沿着下垫面表面和地下相对不透水层，在水力坡度作用下流动的各种大小水流通称为径流。因此，从降水到达地面至水流汇集到流域出口断面的整个物理过程就是陆地径流形成过程。从全球水文循环物理过程看，径流形成研究则是整个物理过程的落脚点，无论从科学理论研究或实际应用来讲，都具有广泛的科学意义，从而对全球水文循环物理过程理论研究和实验验证将产生深远的影响。

径流形成过程是一个复杂而连续的物理过程，它始于陆地降水过程，终于流域出口流量过程，这就是我们通常理解的一般意义上的陆面径流循环过程的起始点和终点。从水分运动的物理动力特征看，这个过程还可以进一步分为产流过程和汇流过程，这两个过程的开始阶段的绝对顺序，产流在前，而汇流在后，但整个过程是相互交叉和伴随进行的。水文学的主要研究对象是水文循环，自然界的水文循环可分为全球水文循环、流域水文循环和土壤-植被-大气连续体系统水文循环三种尺度。显然，流域水文循环是传统水文循环的主要研究对象，而土壤-植被-大气连续体系统水文循环则是农田水文循环的主要研究的对象。

土壤-植被-大气连续体系统研究的核心问题是，水分和热量在土壤、植被、大气中的连续传输转换问题。土壤水运动和大气水分运动物理过程研究历史很长，研究内容也比较成熟。而植被在水循环中的作用以及植物水热循环，则是近年来的重大进展，是水文物理过程的基本支撑点之一，它的进展导致了分布式水文模型和大气陆面模式和生物圈模式产生。其实这个系统中的大气仅仅是大气物理中的边界层，而植物水分物理生理循环则是根系从土壤吸水、植物茎干水分输送、叶片蒸腾这样一个连续过程。

如前所述，传统的水文研究是以水文学物理概念为基础，以宏观的统计规律为手段进行模型模拟的，在洪水过程模拟预报方面取得了极大的进步，如 1998 年长江大洪水，其预报水位与实测水位相差 2~3cm，概念型水文模型在实际应用方面已经达到极限，很难在模拟预报方面取得进一步突破。然而，从水文学发展来看，概念型水文模型及其与之适应的传统水文学物理机制研究，对洪水过程中真正的物理机制既不明了，也没有精细的数理方程描述，所以很难在全球气候变化和全球水文循环中研究。所以从目前的水文学前沿的发展趋势看，水文学要取得重大突破必须走物理过程数理方程描述和精确求解的途径。这就是为什么 SPAC 系统被广大敏锐的水文学家和气象学家广泛重视，并推动水文学在理论研究上获得巨大进步的原因。然而，我们应当注意到这些进步的获得是依靠具有坚实的水文物理基础实验取得的，这些实验一般机构很难支撑巨大的实验费用，而传统水文观测机构的观测物理指标无法满足这样的要求。所以，目前以 SPAC 系统为核心的水文物理过程研究和应用，要进一步获得重大进展和实用化，必然有待于水文观测机构大规模推广以物理为基础的现代水文观测设备，以及观测物理指标的拓展。

第二十二章　下垫面水文物理特性

§22.1　土壤包气带的水文物理特性

22.1.1　包气带和饱和带

在流城上沿深度方向取一剖面(图 22.1)，可以看出以地下水面为界可把该剖面划分为两个不同的含水带：地下水面以下，土壤处于饱和含水状态，是土壤颗粒和水分组成的二相系统，称为饱和带和饱水带；地下水面以上，土壤含水量未达饱和，是土壤颗粒、水分和空气共存的三相系统，称为包气带和非饱和带。在包气带中，水压力小于大气压，而在饱和带中则相反，只有在地下水面处，水压力才正好等于大气压力。

有时，剖面上并不显示出地下水面，因此也就不存在饱和带，其不透水基岩以上的整个土层全部属包气带。对地下水面出露地面，或不透水基岩出露地面的情况，包气带厚度为 0，或者说不存在包气带。

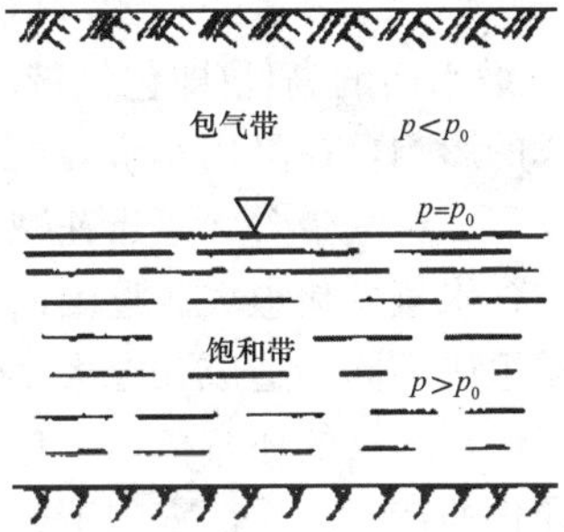

图 22.1　包气带和饱和带

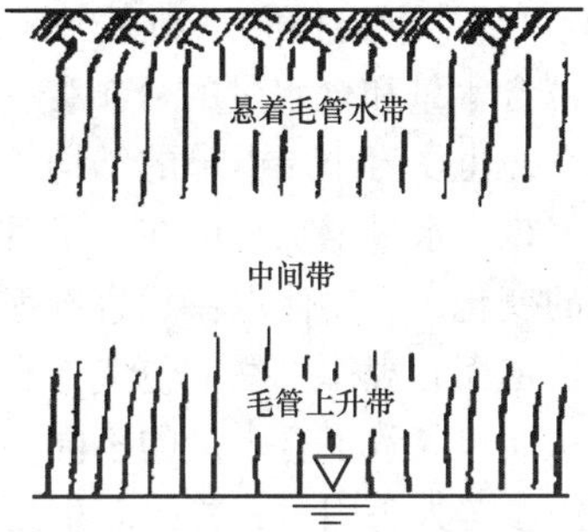

图 22.2　包气带中的水分带

包气带又可划分为三个水分带(图 22.2)，接近地下水面处为毛管上升带；接近地面处为悬着毛管水带；两者之间为中间带。在毛管上升带中，虽然水压力也小于大气压力，但由于毛管力和重力正好抵消，所以毛管上升带中的水一般不能流入地下水中。毛管上升带在包气带中的位置随地下水位的变动而变化。悬着毛管水带只有在地面供水以后才出现，并随着地表以下形成的饱和含水层厚度的增加而不断下降。

包气带的上界直接与大气接触，它既是大气降水的承接面，又是土壤中水分蒸发的蒸发面。因此，包气带是土壤水分变化最剧烈的土壤层。当包气带生长着植物而存在根系层时，包气带土壤水分的变化还要复杂。由于这些情况主要发生在悬着毛管水带，因此，通常把悬着毛管水带称为影响土层(于维忠，1988；芮孝芳，2004)。

22.1.2　包气带的土壤结构

土壤及土壤剖面是在母质、温度、降水、生物和地形等成土因素的长期共同作用下逐步形成的，其中生物因素往往起着重要作用。

在成土过程中，由于淋溶作用和沉淀作用，使得土壤形成不同层次。淋溶作用是指土壤中渗漏水从上层溶解或携带悬浮成分而向下的作用。淋溶作用导致了颗粒较粗、孔隙较大的淋溶层，是土壤剖面的上层，通常在淋溶层上面覆盖着生物残体形成的残积层。淀积作用则是指渗漏水在下层沉淀其中所溶解或悬浮的物质的作用。可见淀积作用必然导致颗粒较细、孔隙较小的沉积层，是土壤剖面的第二层。沉积层以下是未受淋溶或淀积作用的土壤母质层，下面为未经风化的基岩。第一层和第二层合称为土壤体。为了考虑上、下土壤性状的差异，每一土壤层又可划分为若干亚层。

在高寒地区和中高纬度季节性冻土分布区，由于气候寒冷，使得包气带长年或季节性的发生冻结，包气带的结构随气温而产生复杂变化，这主要表现在冻土层的形成和融化上。季节性冻土这时下层为多年冻土层，上层却因气温的增高而发生融化。包气带中这种冻结与消融交替出现的现象形成了高寒地区包气带特殊的水分动态(于维忠，1988；芮孝芳，2004)。

22.1.3　包气带水

贮存在包气带中的水，称为包气带水。包气带水包括土壤水和上层滞水，所谓土壤水是由吸着水、薄膜水、毛细水、汽态水和过路的重力渗入水组成，上层滞水是一种分布特殊的重力水(于维忠，1988；芮孝芳，2004)。

包气带含水量和含水量的分布变化，同气象因素、潜水面的高低(即包气带的厚度)有密切的关系，也受岩土层本身的结构、颗粒的机械组成的影响。在降雨季节，雨水的大量入渗，包气带含水量增加，但在干旱月份，土壤蒸发强烈，包气带含水量迅速减少。包气带在空间的变化，主要体现在垂直剖面上，愈近表层，含水量变化愈大，逐渐向下层，含水量趋于稳定而有规律。整个包气带岩土层的颗粒机械组成不同，造成孔隙大小和孔隙度的差异，从而也导致了含水量的不同。此外，影响包气带含水量的还有植被、包气带本身的厚度即灌溉等人为因素，等等。根据包气带含水量变化的特征，从地表向下，大致可以分为如下几个带：

土壤水带：从地表到主要的植物根系分布下限，通常只有几十厘米的厚度。由于本带位于包气带的最上段，其含水量受气象因素影响最大，变化最为剧烈。故此带又可称为含水量强烈变化带。

整个土壤水带水分都随时间变化，但变化的程度并不完全相同。上部变化最大，逐渐向下层，含水量变化逐渐减小。至于含水量变化的程度，取决于气温、水汽压力，降水和土壤水的蒸发速度。降水(或灌溉)时，水分直接入渗增加土壤含水量，首先在分子力作用下，水分吸附在土粒表面而形成膜状水，当水分超过最大分子持水量(膜状水达到最大值)，则在毛细力作用下，进入毛细空隙形成毛细悬着水。毛细悬着水是影响作物生长的主要水分类型，当其达到最大数量时，称为田间持水量，亦称最大分子水容度。入渗的水量一旦超过田间持水量，土体本身就无法再保持水分，而在重力作用下沿非毛细空隙发生渗漏。一旦雨过天晴，超过田间持水量的部分在重力作用下继续向下渗漏，补给地下水，同时，土壤水分蒸发开始，水分消耗，使土壤水带的含水量逐渐减少，愈近表层减少的速度愈快。

中间过渡带：本带从土壤水带(强烈变化带)的下限起，下至毛细管上升高度线，厚度可能很小也可能很大，这完全取决于包气带的厚度，厚度大该带范围也大。包气带薄，该带范围就小，甚至不存在。

本带含水量受气象因素影响很小，含水量稳定，故又称为含水量稳定带。据研究，本带含水量相当于田间持水量，即包括吸着水、薄膜水和部分悬挂毛细水。

22.1.4　冻土区山坡水文过程

具有多年冻土覆盖的山坡水文过程以图 22.3 表示，其水量平衡方程如下式：

$$P+(M_s+M_i)+Q_{\text{in}}=E+Q_o+\Delta S_o+\Delta S_T+\Delta S_A \tag{22.1.1}$$

式中，P 为降水；M_s 为雪融水；M_i 为地下冰融水；Q_{in} 和 Q_{out} 为从侧向和表层流流进和流出的流量；E 为蒸发量；ΔS_o 为流域填洼包括雪层中贮蓄的水量；ΔS_T 为截留水量；ΔS_A 为活动层的贮水量变化。

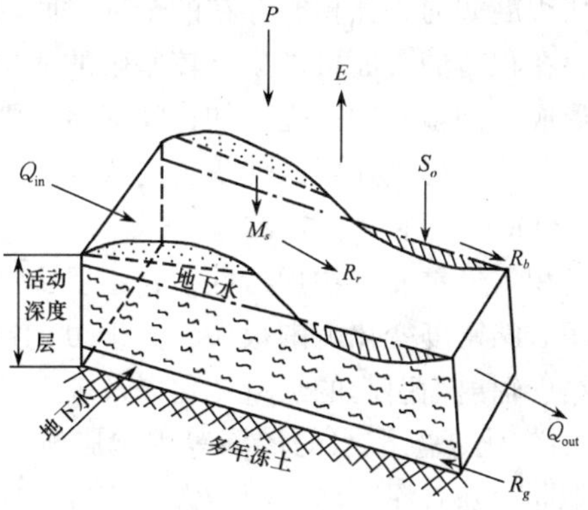

图 22.3　冻土区山坡水文过程示意图(杨针娘,2000)

对于永久冻性或季节性气温上升到 0℃附近，表层积雪融化，一部分融雪水被雪层吸收并通过雪层逐渐下渗到底部，部分融雪水为填洼、蒸发等，剩余的产生地表径流。当气温下降到 0℃以下时，融化层雪层底部及尚未来得及汇入河道的融水又冻结。积雪经过反复融、冻，连续的地面积雪变为斑状积雪。当气温逐步升高，冻土活动层内的融化层继续向下延伸，地下冰、河冰逐渐融化，大量的融雪与融冰水在浸饱融化层从流域的填洼和截留之后则形成地表径流。在有湿地与无湿地的冻土区，其水文进程有很大差异。如有泥炭冻结层的存在，往往形成冻原湿地，并有冻胀丘地形分布，而且地表的填洼作用比无湿地的下垫面强。故无湿地的下垫面，在温暖季节可以形成大量的地表径流；而在湿地有填洼作用，地表径流相对较小。因此暖季地表径流在不同下垫面性质的多年冻土可以相差很大。

冻土区的降雨径流与潜水径流一般出现在夏季，此时流域的积雪大部分已消融殆尽，降水就成为河流的主要补给水源。盛夏季节冻结层基本消失，隔水作用减弱，相应的流域调蓄能力增强。而且这个季节正值雨季，大量降水入渗至冻土活动层内，是冻结层上水的主要水源，融化层蓄水量增大，地下水位提高。此外，降水一部分用于流域填洼和植被截留，加大流域蒸发量。冻土地区的地下水来自冻结层上水、冻结层间水和冻结层下水。冻结层上水埋藏于季节融化层里，多年冻土层上限是冻结层上水的融水底板，其含水层厚度随季节和空间变化(杨针娘，2000；徐学祖，2001)。

秋季以后降水量明显减少，气温也急速下降至 0℃以下，冻土活动层内冻结层上水的贮水开始以潜水的形式排出，活动层内储水量不断减少，地下水位逐渐下降、相应的流量过程线就连续退落，到冬季基本退至基流，而基流量大小取决于流域储水量的多寡。从冬季到来年开春，整个活动层基本都处于冻结状态，河冰逐渐形成，在沟谷两岸的坡脚多有潜水出露，在陡坡则形成冰锥，冻土区水文过程基本停止。

§22.2 积雪的水文物理特性

22.2.1 积雪的物理性质

积雪的结构：由于降雪类型有鹅毛状、碎片状、针状、粒状之区别，降落到地面以后又受外界环境的影响，所以雪的结构是比较复杂的。

不管积雪表面的起伏程度如何，在积雪存在的全部时间内，由于太阳辐射、风及积雪层上下温度差异等原因，在积雪的表面可形成比较坚硬的薄层，称为冻雪外壳。另外由于雨滴的冲击作用，也可形成一种多孔的冰壳，如再降新雪，则冰壳保持在积雪内部。这种在积雪内部的冰壳，一个冬季可形成几层，使积雪层成为层状结构。积雪的结构将影响积雪的融化过程(杨针娘，2000；康尔泗，2002)。

积雪的密度：密度是积雪最重要的物理特性，它不但影响到其他物理特性，而且关系到融雪出水量的大小。积雪的密度变化范围很大，介于 0.01~0.70g/cm^3 之间。积雪密度的变化主要受由对流、凝结、辐射而引起的热量变化以及来自地面的热流，上面雪的压力，风，积雪内温度和水分的变化，融雪水的渗漏等因素影响。

积雪层内密度各处不同，随着深度增大而增大，艾贝尔斯(Abels)曾提出如下积雪密度随深度变化的经验公式：

$$\lg \rho_s = \lg\ 0.185\,4 - 0.005\,4z \tag{22.2.1}$$

式中，ρ_s 为积雪的密度(g/cm^3)；z 为积雪的深度(向上为正)(cm)。

但积雪表面因受解冻天气影响，密度可能较大。解冻时积雪密度随时间增长而增大，在稳定的天气情况下，每昼夜密度的增长主要与雪的初始密度有关。

积雪表层因为与空气接触，密度及结构变化最快，以最不稳定的鹅毛状雪为例，如初始密度为 0.05g/cm^3，密度增长速度达到每小时 0.01g/cm^3，在风速较大的情况下，甚至经历若干小时后，就会从密度为 0.05~0.12g/cm^3 的鹅毛状雪变成密度为 0.20~0.25g/cm^3 的碎片状雪。强烈持续的风会形成表面的冰壳，此种冰壳很坚硬，能承受人体的重量。

在非解冻期，雪由于在蒸发或凝结过程中发生结构变化，故密度也会改变。因为较厚的积雪层内存在着温度梯度，在严寒时其方向总是从下向上，因此促使水汽分子不断地进入积雪内，当温度低于露点时，水汽凝结，此时放出的潜热引起粒雪晶体融化，使密度增大；蒸发时则相反。由于降雪时断时续，积雪通常具有成层性，到冬季末表现得最为明显，各层密度往往是不相同的(杨针娘，2000)。

积雪的热性质：冰的融解潜热是 334.94J/g，而雪的融化潜热将取决于液态水的含量，积雪的其他热性质还随雪的结构、温度及液态水的含量而定。实验表明，用积雪的密度来作为影响积雪比热和导热率的指标是非常合适的。

根据大量实测资料进行回归分析，可得下列关系式：

$$\kappa_s \times 10^4 = 22.7\rho_s - 0.46 \tag{22.2.2}$$

式中，κ_s 为积雪的热导率；ρ_s 为积雪的密度。

导热率是物质的物理性质，通常随温度而变。但雪的导热率较小，冻结的雪为 0.001

67(J/(cm·s·℃))，湿雪为 0.000 335(J/(cm·s·℃))。这是积雪使其下面土壤免于冻结、植物免于冻死的原因，也是融雪出水最多的时间不是正午而要延迟 2~4h 的原因。

积雪的反射率和辐射：雪的反射和辐射性质，对雪的蒸发和融化过程关系密切。积雪的反射率很大，超过裸土若干倍。积雪的反射率因积雪表面情况与太阳高度不同而变。反射率随太阳高度的增加而减小，由于太阳高度角的变化，光谱组成的日变化，雪面反射率亦因之而变。当雪融化时，雪质的变化必须考虑。

积雪对长波辐射与黑体非常近似，它吸收大部分入射的长波辐射，并按前面所述的斯蒂芬定律辐射计算，即

$$R=\sigma T^4$$

式中，R 为全部波长的总辐射；T 为绝对温度；σ 为斯蒂芬常数，等于 5.67×10^{-8}W/(m^2·K^4)。由于雪面温度限于 0℃，所以最大辐射强度可表示为 3.15×10^{-8}W·m^{-2}。

积雪的放射辐射量与吸收的辐射量之比，称放射系数(%)。一般干雪的放射系数为 85%，湿雪约为 60%。积雪所吸收的太阳辐射有 87%的热量损耗在 20cm 的表层，只有小部分透入下层。因此，对厚度小于 15cm 的薄层积雪，放射性能具有重要意义。太阳辐射透过它使地面土壤增热，这样雪的融化不仅自上面，同时也从下面进行(范荣生等，1995)。

22.2.2　融雪出流的物理过程

形成融雪的原因主要有暖气团来临、太阳辐射和降雨三种情况。当暖气团挟带大量的热量来临时，气温剧烈升高，使积雪迅速融化。融雪期间全部热量中的 70%来源于暖气团，这是融雪的主要原因。太阳辐射在十分晴朗的天气情况下，对融雪有影响。依靠太阳辐射的能量可使 30%~35%的积雪融化，但太阳辐射作用与雪的颜色和空气中含尘量有关，当大气很清洁和积雪含尘量很小时，其作用较小。降雨对融雪的影响不仅在于它带来的热量，而且主要在于它能破坏雪原来的结构，引起积雪物理特性的变化(如孔隙扩大)，加速融雪过程。融雪通常是以上三种原因综合作用的结果，纯属某一种原因的融雪，只能在局部地区发生(I. R. Saunders *et al.*，1999a；I. R. Saunders *et al.*，1999b)。

地形、森林等对融雪也有一定的影响。向阳坡积雪的融化比背阳坡快，在相同气候条件下，森林地区积雪的融化比无森林地区来得缓慢(Links *et al.*, 1999)。

最初融化的雪水在雪中形成薄膜水和悬着毛管水。积雪继续融化，雪粒间孔隙继续充水，毛管力不断减少，重力水出现并向下流至土壤表面。单位时间从单位面积积雪层内流到地面的水量称出水强度。融雪出水过程可分为两个阶段，即融雪水分渗入并浸润积雪下层的停蓄阶段和下层含水量达到饱和积雪内部开始有水流出的外流(出水)阶段。初期的融雪水耗于下渗及填洼，满足后才开始往外流泄。因此，融雪径流并非与融雪同时开始，在时间上要推迟一些(Marks D *et al.*，1992)。

必须指出，积雪的结构在融化过程中也发生变化。在融化处，构成积雪的冰晶和来自雪花碎片的冰晶会合并而失去棱角成为椭圆形，以后，冰晶继续合并结成冰块。积雪中具有许多含有空气的空气间层，当冰心逐渐紧缩时，空气间层减少，而逐渐充满水分。在融雪初期，雪下的地面温度与地面雪水温度接近于 0℃，当雪水径流开始时，雪水温度上升到 0.5~1.5℃，此时会有相当显著的蒸发。

由上述可知，从积雪融化到出水，积雪层起着蓄积融雪水的作用，造成积雪融化过程

与出水过程不相同。积雪层的这种蓄积水量的能力，称积雪层的持水能力，可用下式表示：

$$\alpha = \frac{C}{H} \tag{22.2.3}$$

式中，α为积雪层的持水能力；C为截留在积雪中的融化水量(mm)；H为积雪的总水量(mm)。

雪的持水能力与它的密度和再结晶有关。密度越小，孔隙越大，持水能力越大。关于再结晶过程的影响，据研究，细粒状积雪的持水能力在强烈融雪的初期可达 45%，而在末期，经过再结晶后，只有 21%。科马罗夫则认为：平均积雪的持水能力在融雪初期(细粒雪)的 35%到末期(粗粒雪)的 3%范围内变化。此外，在密度相等时，细粒雪持水能力较粗粒雪大。在融化过程中，细粒雪再结晶过程进行得很迅速，故持水能力递减很快。因为雪的再结晶及密度在融雪过程中是变化的，因此雪的持水能力也随融化程度而变。

郭夫热里根据实测资料，得出积雪持水能力α与积雪密度ρ_s之间的经验关系为：

$$\alpha = \frac{11}{\rho_s} - 11 \tag{22.2.4}$$

式(22.2.4)适用于积雪密度为 0.18~0.428 g/cm^3 的情况，其计算误差平均为±5%。此外，下垫面条件如地形、植被、土壤等对融雪出水也有调蓄作用(杨针娘，2000)。

22.2.3 融雪率计算

在寒冷地区，冬季积雪在春、夏季的融化是河川径流的重要水源，融雪径流计算是水文计算和预报的重要部分。融雪径流计算主要包括：流域融雪率计算；融雪水的产流计算；融雪径流的汇流计算等内容。点和面的融雪率计算主要决定于积雪的热量平衡及其空间分布(杨针娘，2000；康尔泗等，2002)。

1. 能量平衡法

点的融雪率计算，最基本的算法是计算积雪热量平衡，确定积雪的各项热量收支和可用于融化积雪的余项，用于融雪计算时，一般用如下形式：

$$Q_M = Q_N + Q_S + Q_L + Q_O + Q_P + \frac{\mathrm{d}U}{\mathrm{d}t} \tag{22.2.5}$$

原则上，只要对等式右边每一项进行计算，就可求得 Q_M。但是，由于这些能量的确定，需要很详尽的观测数据，除了实验区，一般情况下不易获得。因此，许多计算采用简化方法。流域水文模型中的能量平衡各项的简化计算如下：

(1)净短波辐射能量输入

$$Q_M = (Q + D)(1 - n)(1 - \alpha) \tag{22.2.6}$$

式中，Q_M为融解热的水当量(mm)；n这云量；α为反射率；$\boldsymbol{Q}+D$为入射短波太阳辐射，随季节、纬度和大气状况而变。

(2)长波辐射

在晴朗天空下，开阔地的融化积雪接收到的净长波辐射(又称有效辐射)，即 0℃的积雪面向上发射的长波辐射和晴空大气向下发射的长波辐射之差。净长波辐射的估算有许多公式，其形式如下：

$$B_L = \varepsilon\sigma T^4 (0.749 + 0.004\,9 e_d) \tag{22.2.7}$$

式中，B_L为大气长波辐射，e_d为水汽比(mbar)；ε为比辐射率(ε~0.95)；水汽压的数量很小，

上式可简化为：

$$B_L = 0.757\sigma T^4 \tag{22.2.8}$$

同样，将此式作线性化处理，并与雪面长波辐射相减，得晴空雪面净长波辐射 B_L：

$$B_L = 82.6[0.757(1+0.015T)-(1+0.015T_s)] = 0.94T - 20.1 - 1.24T_s \tag{22.2.9}$$

式中，T 为气温，T_s 为雪面温度，在融雪过程中 T_s=0℃。由上式可知，在融雪过程中，只有当气温越过 21.4℃，雪面才有净长波辐射输入。否则，净长波辐射对雪面来讲都是负值，即雪面以长波辐射损失热量。

(3)有云条件下的净长波辐射

云可以看作黑体，因此，在天空完全被云遮盖时，雪面接收到的净长波辐射为 B_{LC}：

$$B_{LC} = 9.92(T_c - T_s) \tag{22.2.10}$$

式中，T_c 为云的温度。

对部分天空被云遮盖的晴空，雪面接收的净长波辐射 B_{L1} 可以由上述晴空和全阴的计算式按云量加权平均而得，并考虑雪面温度为零：

$$B_{L1} \doteq (-20 + 0.94T_A)(1-n) + 1.24T_c \cdot n \tag{22.2.11}$$

式中，n 为天空云量，以百分数计。

(4)感热和潜热传输

感热传输 Q_S 可以近似为：

$$Q_S = 0.113(p/101)T \cdot V \tag{22.2.12}$$

潜热传输 Q_L 可以近似为：

$$Q_L = 0.44T_d \cdot V \tag{22.2.13}$$

式中，T_d 为露点温度，可以用日最低气温近似。

(5)雨水热传输

雨水传输给积雪用于融解积雪的热量 Q_P，可以近似估计为：

$$Q_P = K_r \cdot T_m \cdot P_r \tag{22.2.14}$$

式中，T_m 为平均气温；P_r 为降雨量；K_r 为系数，表达雨水中的含热量。此式假定降雨温度等于平均气温。

积雪从下垫面的热传导获得的热量十分有限，可以忽略。在融雪期，积雪层的温度变化不大、积雪内部的热储量的变化也可以忽略。将上述各项融雪率相加，就得总的融雪率。

2. 度-日因子法

气温是最易获得的气象资料，而且从上面的简化能量计算公式中，可以看到，气温是基本的影响因素。因此，融雪计算的进一步简化，就只用气温作为融雪的热量指标。

美国工程兵团建立的融雪方程：

对开阔地：

$$M = 0.6(T_m - 24) \tag{22.2.15}$$

$$M = 0.4(T_{\mathrm{UWX}} - 27) \tag{22.2.16}$$

对林地：

$$M = 0.5(T_m - 32) \tag{22.2.17}$$

$$M = 0.4(T_{\mathrm{UWX}} - 42) \tag{22.2.18}$$

式中，温度以华氏计，这些方程适用于 T_m 在 34°F 到 66°F 范围，T_{UWX} 在 44°F 到 76°F 范

围。

3. 回归分析法

除了上述两种方法外，还可以建立融雪与气象要素，如日照时数、气温、风速、相对湿度、辐射、降雨、云量等之间的回归方程式。美国工程师兵团建立的森林覆盖的流域上的回归方程为：

$$Q = 0.006\ 05G + 0.112\ 0(T_{\max} - 25) \tag{22.2.19}$$

式中，Q为日融雪径流量(cm)；G为开阔地全波段辐射估计值；$T_{\max}$为日最高气温(°F)。

22.2.4　融雪径流模型

上面介绍的是点的融雪率计算，从点的融雪到整个流域的融雪，再到流域出口断面的流量过程线，要经过许多环节，将这整个计算过程编制成计算机程序。就构成融雪径流模型。许多融雪径流模型，基本结构大体相同。融雪径流模型按积雪和融雪在流域面上的分布，可以分为集总模型和分布模型。集总模型把流域空间看作均匀分布的系统，因而可以当作一个点来处理；分布模型则考虑流域空间的不均匀性，根据各处的具体条件进行计算。有的考虑所有输入和参数的分布，有的仅考虑部分要素和输入的分布。下面介绍融雪径流模型的一般特征(康尔泗等，2002；杨针娘，2000)。

1. 模型结构

融雪径流模型的组成主要分为五部分。(1)降水输入处理，首先要判断降水是液态降水还是固态降雪，判断的依据是当地的气温，当地气温为临界温度，降水为液态降雨，否则为固态降雪。若是降雪则增加到积雪层中，如果是降雨、要判断是降在有雪的地方还是地面上，若是降在雪面上，则进入积雪层，若是降在地面则和该时段的融雪一起进入下一步产流计算。(2)融雪计算，对积雪层进行水量平衡和热量平衡计算，确定积雪量，蒸发量和融雪量。(3)融雪出水量计算，融雪水和降落在积雪层的雨水，要在满足积雪层的持水能力后才能流出积雪层。(4)产流计算。(5) 汇流计算。最后两部分与流域降雨径流模型相同，可以采用任何认为适合的流域产汇流模型。

2. 流域空间处理

融雪与气温的关系十分密切。气温随融雪有一定的分布规律。因此，许多融雪径流模型将流域按高度分带，计算融雪径流。近年来，数字高程模型的出现，为融雪径流模型考虑高程分布提供了有力的资料和技术支持。因此，最新的一些融雪径流模型建立在栅格式数字高程模型基础上，流域空间划分成网格，按网格计算融雪量和产汇流。

3. 输入变量处理

用度-日因子法计算融雪率的模型输入变量主要是气温和降水。

(1)气温：模型输入的是测站实测或预报的逐日平均气温 T_m，或逐日最高气温 $T_{\max}$ 和最低气温 $T_{\min}$。当输入的是最高和最低气温时，逐日平均气温可用下式估计：

$$T_m = (T_{\max} + T_{\min})/2 \tag{22.2.20}$$

式中，日平均气温 Tm 为 24h 的平均值，也就是度-日值，其单位为(℃·d)。

气温随高程而变，各高程网格上的气温密度需要作修正。气温的高程修正可按下式进行：

$$\Delta T = r_t (h_s - h_p)/100 \tag{22.2.21}$$

式中，r_t为温度递减率，其单位是(℃/100m)；h_s为气温站的海拔高度；h_p为高程带或网格的高程，当实测或计算的度-日数出现负值时，一般令其为零，即不计算负的融雪。

(2)降水：模型输入的是一个或若干个测站的实测降水，模型要根据测站实测降水估算各高程分带或各高程网格的降水。一般情况下用线性插值的方法，但在地形对降水的影响比较明显，而且了解其规律时，可以在线性插值基础上，作地形修正。

降水是雨还是雪，是用一个临界温度 T_0 来判断的。当 $T \geqslant T_0$ 时，降水为雨；当 $T<T_0$ 时，降水为雪。

(3)流域积雪覆盖面积：季节性积雪覆盖面积在融雪期逐渐消退,流域的积雪面积衰减曲线可以根据定期的航空或卫星遥感图片内插而得，从而确定逐日的积雪面积。

4. 产汇流计算

融雪径流和降雨径流的产汇流计算没有本质差别，任何适用降雨径流的产汇流计算方法都可以用于融雪径流。但是在融雪的条件下，产汇流有一些特点，在计算时应该考虑。

(1)融雪过程较一般降雨过程缓慢

融雪时积雪下部的土壤状况较一般降雨所遭遇的土壤状况稳定，这就为融雪径流计算提供了简化的可能。一些融雪径流模型中，用径流系数法确定融雪径流量。同时，由于融雪过程缓慢，融雪水有足够的时间入渗，融雪径流中地下水或壤中流的比重较大。因此，汇流计算可以简化为地下水的消退计算。融雪径流模型就是采用了这两项简化处理，它的融雪径流方程是：

$$Q_{n+1}=[\alpha_S \cdot a_n(T_n+\Delta T_n)S_n+\alpha_R \cdot P_n](A \cdot 10\,000/86\,400)(1-k_{n+1})+Q_n \cdot k_{n+1} \qquad (22.2.22)$$

式中，n 为流量计算时期的日数；第一项中的方括号内，$a_n(T_n+\Delta T_n)S_n$ 为用度-日因子法计算的 n 日融雪量；T_n 为度-日数；ΔT_n 为高程修正值；S_n 为面积修正值；a_n 为度-日因子；P_n 为 n 日的降雨量；α_S 和 α_R 分别为融雪和降雨的径流系数。用径流系数乘融雪量和降雨量得融雪径流量和降雨径流量，这是一种简化的产流模型，A 为流域面积，第二项是前一日的流量消退项。

上式中，k 是流量过程线的消退系数，是相邻两日流量之比。用流量消退系数处理汇流计算，或者说，就是用一个线性水库来模拟流域汇流。这个线性水库的出流系数就是 $(1-k)$。n+1 的流量是 n 日流量的消退与 n 日的融雪和降雨径流量形成的出流流量之和，这就是上式所表达的简化产汇流结构。

(2)融雪出水滞时

融雪水和降雨还有一点不同的是，融雪水并不是直接到达地面，而是被积雪层滞留，这就是造成融雪径流汇流的额外滞时，这一滞时的长短取决于积雪层的持水和导水能力，与积雪层厚薄、积雪性质和融雪状况等有关。

积雪的最大持水能力 W_m，实际液态含水量 W_s，当 $W_s \leqslant W_m$ 时，其差值 S_d 就是积雪的液态水亏缺。补足雪层的水来自融雪水和降雨，当亏缺值有余时，就开始发生融雪出水。如果融雪率为 m_s，雨强为 r，则满足积雪最大持水能力所需时间 t_d：

$$t_d=\frac{S_d}{r+m_s} \qquad (22.2.23)$$

在液态水亏缺满足后，积雪就变成饱和状态，继续降雨或融雪将以传输速度 u 作为重力水运动速度。如果积雪层厚度为 d，通过积雪层所需时间为：

$$t_r = \frac{d}{u} = \frac{W_0}{u\rho_s} \tag{22.2.24}$$

式中，W_0 为积雪的水当量。如果融雪开始时，积雪层的冷储量的水当量 W_o，那么要使积雪温度上升到 0℃需要供给积雪水量 W_c，相应需要的时间为 t_c。于是，径流开始之前的总延迟时间为：

$$t = t_c + t_d + t_r \tag{22.2.25}$$

在雪层不厚的情况下，t_r 一般很小，可以忽略。

5. 参数估算

融雪径流模型中与融雪计算关系最大的参数有：度-日因子 a；温度递减率 γ_0；降雨、降雪临界气温 T_0；降雨有效面积 A_n，这些参数多数都可以根据实验观测值作为初值，再根据模型运行效果进行修正。

(1)度-日因子(a)

在测雪站上，根据实测逐日雪水当量的递减值和度-日数，计算求得。从实测资料推求的度-日因子，逐日的变化很大，这是由于度-日因子没有考虑太阳辐射、风速、凝结潜热等能量成分的变化。但是，若取 3~5 日的平均值，则数值比较稳定。

采用度-日因子法时应注意以下几点：① 度-日因子不是固定不变的，而是随积雪特性变化而变化；② 如果点的观测值用于面上时，应考虑所在面(高程分带或网格)的平均高程做修正；③ 根据流域局部积雪的情况率定的度-日因子不能用于流域完全覆盖积雪的情况，应该根据实际积雪覆盖面积加以修正。

在缺乏详细资料的地方，建议用下面的经验关系估算度-日因子：

$$a = 1.1\frac{\rho_i}{\rho_w} \tag{22.2.26}$$

式中，ρ_i, ρ_w 分别为雪和水的密度；a 的单位为 mm/(℃·d)。当雪的密度增大时，雪的反射率降低，雪中液态水含量增加。因此，雪的密度可用于融雪时期雪的特性变化的指标。但由于流域积雪密度时空变化大，用式(22.2.27)求 a 值要慎重。

(2)温度递减率(γ_0)

气温随海拔高度升高的递减率，可根据不同海拔高度上的气温观测资料事先确定，然后在模型运行中再根据模拟结果作适当修正。γ_0 的经验值一般是海拔高度每增加 100m 气温下降 0.65℃。温度递减率也不是常数，而是随季节变化，特别是当有逆温层存在时，递减率变化相对较大。

(3)临界气温(T_0)

临界气温用来确定降水是雨还是雪，它对径流计算有相当的敏感性。如果气温在临界气温附近，则气温稍有误差就可能导致雨、雪判断错误。如果将实际降雨定为降雪，就会使计算的径流响应过缓，忽略了降雨形成的尖锐的洪峰，反之则会使流量洪峰过高过快。

(4)降雨有效面积

当降水为降雨时，它对径流的作用决定了是降落在雪面上，还是在裸露的地面上。在融雪初期，降落在干而厚的积雪面上的雨水，将保持在积雪层中。只有降落在裸露地面的降雨才作为降雨径流处理，这就相当于只有一部分面积上的降雨有效，即降雨有效面积的概念。但是，到融雪后期，积雪已十分饱和。降落在积雪层上的降雨，也能很快产生径流，因此不论降在积雪面上，还是裸露地面的降雨，都按降雨计算径流。也就是说，降雨的有效面积就是全流域面积。

§22.3　冰川的水文物理过程

22.3.1　冰川表面的水量平衡

水量平衡方法是冰川水文研究的基本方法，冰面水量平衡方程可用下式表示：

$$A + P_1 - C - E - R_1 - F = B_1 \tag{22.3.1}$$

式中，A 为冰(包括冰川表面、冰内、冰下和埋藏冰)粒雪和雪的消融量(mm)；P_1 为冰川表面的液态降水量(mm)；C 为冰川表面的凝结水(mm)；R_1 为冰川融水径流(mm)；F 为冰川表面、冰内和冰下融水的再冻结水(mm)；E 为冰川表面的蒸发量(mm)；B_1 为冰川表面、冰内和冰下储水量的变化(mm)。

通常表示液体状态的水量平衡方程可用下式表示：

$$P - E - R = \Delta W \tag{22.3.2}$$

式中，P 为降水量(mm)；E 为蒸发量(mm)；R 为径流量(mm)；ΔW 为冰川表面与内部固态和液态水储量变化(mm)。

式(22.3.2)以固态和液态水之和表示：

$$P_l + P_s - (E_l + E_s) - R = B_l + B_s \tag{22.3.3}$$

式中，下标 l 为液态；s 为固态；其余符号同上。

当冰川表面不受冰川周围吹雪和雪崩影响，或吹雪与雪崩影响不大时，可以认为冰川的积累为$\Delta_c=P_s-E_s$，冰川的消融量为$\Delta_b=A-F_s$。则冰川储量变化为：

$$B = \Delta_c - \Delta_b = P_s - E_s - A + F_s \tag{22.3.4}$$

式(22.3.2)与式(22.3.4)相加，则得式(22.3.3)，其中的冰面凝结水忽略不计。可见冰川水量平衡实际上包括冰量平衡和水量平衡(杨针娘，2000；康尔泗等，2002)。

22.3.2　冰川区水量平衡

冰川区包括有冰川覆盖(冰面)和没有冰川覆盖(裸露山坡)两部分，它们的水量平衡方程分别为：

冰面

$$P_I + M_I - R_I - E_I = \pm\Delta B_n \tag{22.3.5}$$

裸露山坡

$$P_B + R_m - R_B - E_B = \pm\Delta V \tag{22.3.6}$$

式中，P_I, R_I, E_I, M_I 分别为冰面降水量、径流量、蒸发量和冰内融水(mm)；B_n 为冰川纯物质平衡值(mm)；P_B, R_B, E_B, R_m 分别为裸露山坡的降水量、径流量、蒸发量和地下冰融水(mm)；ΔV 为裸露山坡流域蓄水量变化(mm)，其多年平均值近似等于零。

式(22.3.5)和式(22.3.6)相加得冰川区的水量平衡方程：

$$P' + M - R' - E' = \pm B_n \pm \Delta V \tag{22.3.7}$$

式中，P' 为冰川区平均降水量(mm)，$P'=P_B+P_I$；R' 为冰川区水文控制断面以上的平均径流深(mm)，$R'=R_B+R_I$；M 为地下水和冰内融水(mm)，$M=R_m+M_I$；E' 为冰川区蒸发量(mm)，

$E'=E_B+E_I$。

在冰川区，流域年均降水量 P 可根据降水量随海拔的变化求得，冰川区如设有水文断面就不难求得径流深 R，蒸发量 E 可根据蒸发量与海拔的实验数据求得，或参照有关经验公式求得，则 B_n 不难求得。也可用径流系数法分别求得 R_B 和 R_I：

$$R_B=\alpha_B\cdot P'\cdot\frac{F_b}{F} \tag{22.3.8}$$

$$R_I=\alpha_I\cdot P'\cdot\frac{F_g}{F} \tag{22.3.9}$$

式中，F_B 为裸露山坡面积；F_g 为冰川面积；F 为冰川区面积；单位通统为 km^2；α_B 和 α_I 分别为裸露山坡和冰川的径流系数，前者的径流系数一般为 0.70；其余符号同上。

当冰川处于平衡状态时，R_B+R_I 计算值等于冰川实测径流量(R)。当冰川 $R>R_B+R_I$，冰川为负平衡；反之，$R<R_B+R_I$ 为正平衡。R 与(R_B+R_I)之差为冰川纯物质平衡值($\pm B_n$)。

22.3.3 冰川融水径流的组成

冰川区径流主要由冰川积累区的积雪与粒雪融水径流(R_f)、冰川消融区径流(R_a)、裸露山坡径流(R_b)三部分组成。

冰川积累区的积雪与粒雪融水径流(R_f)：在夏季高温季节，冰川积累区的融水径流主要发生在零消融线与雪线之间。对大陆型冰川而言，雪线高，气温低，冰川积累区产生融水径流相当微弱。它在冰川总消融的比重相当小，可以忽略不计。

而海洋型冰川的积累区、气温高，降水充沛，雪线分布高度较低，热量充足，其消融强度远大于大陆型冰川。因此，积累区的粒雪融水径流量是不能忽视的。

冰川消融区径流(R_a)：冰雪消融区的融水包括冬、春季节性积雪融水，夏季固态与液态降水，纯冰融水以及埋藏冰融水径流。大陆型冰川的纯冰融水径流以裸露冰面消融形成的径流为主。亚大陆型和海群型冰川，除了裸露冰融水径流以外，冰内及冰下融水径流也相当发育。此外，海洋型冰川的冰舌多有冰碛覆盖，因此埋藏冰也是冰舌区冰川融水径流的主要来源之一。

一般以下式表示消融区的径流组成：

$$R_n=R_w+R_s+R_I+R_m \tag{22.3.10}$$

式中，R_n 为冰川消融区径流(mm)；R_w 为冰川消融区内冬、春季节性积雪融水径流(mm)；R_s 为冰川消融区内夏季降水，包括固态与液态降水径流(mm)；R_I 为冰川消融区纯冰融水径流，包括冰川表面裸露冰、冰内和冰下融水径流(mm)；R_m 为埋藏冰融水径流(mm)；R_w+R_s 为当年降落在冰川消融区内的降水所形成的径流(R_p)，在有吹雪、雪崩补给的冰川，还包括这部分雪的融水量。

裸露山坡径流(R_b)：冰川区裸露山坡常有多年冻土与季节冻土分布。其径流除了由当年降水(包括固态和液态降水)形成的径流外，还包括地下冰融水径流。地下冰是由夏季地表径流入渗地下冻结形成的。到下一年夏季，地下冰再度融化流出，为裸露山坡径流的组成部分。

综上所述，冰川区径流(R)包括粒雪区(R_f)、冰川消融区(R_a)和裸露山坡(R_b)径流，其水量平衡表达式如下：

$$R = R_f + R_a + R_b \tag{22.3.11}$$

式(22.3.10)代入式(22.3.11)得冰川区径流：

$$R = R_f + R_w + R_s + R_l + R_m + R_b \tag{22.3.12}$$

因 $R_w+R_s=R_p$，即

$$R = R_f + R_p + R_l + R_m + R_b \tag{22.3.13}$$

$$R = R_g + R_b \tag{22.3.14}$$

式中，R_g 为冰川覆盖区冰雪融水径流，即

$$R_g = R_f + R_p + R_l + R_m \tag{22.3.15}$$

高寒山区负温期长达半年以上(10 月至次年 4 月)。春末、夏初，气温稳定上升至 0℃以上，高山冰雪开始消融。故冰川融水径流属季节性径流。在消融季节大体可分为弱消融期和强烈消融期。春末、夏初和夏末、秋初，为冰川弱消融期(大陆型冰川一般为 4~5 月与 9~10 月；海洋型冰川为 3~5 月与 10~11 月)。在此期间，气温相对比较低、波动大，冰川表面有雪覆盖，反射率强。所以冰川的消融相当微弱，而且绝大部分融雪水下渗于雪层中，只有少量融雪水形成冰面径流。而雪层中未被排泄出的雪融水，夜间复而冻结成冰，即为春、秋季附加冰。在裸露山坡上的积雪，春季因冻土层隔水作用，融雪水形成地表径流直接汇入河道。可见，冰川区春季径流主要来自裸露山坡融雪水。春季融雪径流的大小，取决于冬、春积雪量的多寡和气温高低。冰川强烈消融期，大陆型冰川为夏季(6~8 月)，海洋型冰川为 6~9 月。冰舌上的冬、春积雪逐渐消融殆尽，冰面消融强度与日俱增，径流逐渐形成，融水顺着冰面首先以薄层漫流的形式出现。然后形成条带状、树枝状或网状水流，沿冰面河道下泄，最后注入河流，成为山区河流径流的组成部分。冬季 12~2 月，大陆型冰川停止消融，水文活动期停止；但海洋型冰川、冰内、冰下仍有水文活动(Nassar I N *et al.*, 2000)。

规模较小的大陆型冰川，冰川融水径流主要以冰面径流为主：规模较大的大陆型冰川或海洋型冰川，由于冰面裂隙相当发育，冰面融水通过冰裂隙、冰井进入冰内。融水渗入冰内，促进冰内融化；在地热作用下可使冰下消融，形成冰内、冰下孔穴的融水排泄网，成为冰川融水排泄的主要通道。秋末，山区气温逐渐下降到 0℃以下，冰面就停止消融，相应的水文过程随之停止。然而，海洋型和某些亚大陆型冰川，虽然冰面消融已停止。但冰内的水文过程仍然存在。其排泄量与冰内储水量成正比，形成冬季稳定基流补给期，故源头河道不断流(杨针娘，2000；康尔泗等，2002)。

22.3.4　冰川热量平衡模型

冰川消融过程主要受太阳辐射以及由气温、水汽和风速梯度而引起的感热和潜热通量所制约。康尔泗等采用下述冰面热量平衡方程及其各分量的计算模式(康尔泗等，1992)。

1. 冰面热量平衡方程

$$Q_M = Q_N + Q_S + Q_L + Q_G \tag{22.3.16}$$

式中，Q_M 为冰面或雪面消融热；Q_N 为净辐射；Q_S 为冰、雪面(或冻土)与近地面层大气之间湍流交换感热通量；Q_L 为冰雪面(或冻土)蒸发或凝结潜热通量；Q_G 为地热通量，单位均为 JW/d。

2. 辐射平衡

除用辐射平衡表直接测量外，还可用全辐射表根据下式对各分量进行计算：

$$Q_N=(Q+D)(1-\alpha)+B_L^{\downarrow}+B_L^{\uparrow} \tag{22.3.17}$$

式中，Q 为到达冰或雪或冻土水平面直接太阳辐射；D 为天空散射辐射；α为冰、雪或冻土的反射率；$B_L^{\downarrow}$ 为大气(包括云)向下的长波逆辐射；$B_L^{\uparrow}$ 为冰或雪或冻土表面向上的长波辐射。单位均为 JW/d。

$$B_L=\sigma\varepsilon T^4 \tag{22.3.18}$$

式中，σ 为斯蒂芬-波尔兹曼常数；ε为大气或冰、雪地表的比辐射率；T 为大气或冰、雪地表绝对温度(K)。

3. 感热和潜热

计算感热和潜热的精度取决于测量气温、湿度和风速时间平均值的精度以及梯度–通量关系式的合理性。为增加连续观测的稳定性和精度，梯度观测采用瑞士提供的泊金热电偶传感器、电容湿度传感器和频率风速传感器，在计算中，采用了下述公式：

$$Q_P=\rho C_P\frac{K^2}{\varphi_m\varphi_h}\frac{(\bar{u}_2-\bar{u}_1)(\bar{\theta}_2-\bar{\theta}_1)}{\left(\ln\dfrac{Z_2}{Z_1}\right)^2} \tag{22.3.19}$$

$$Q_L=\rho L\frac{K^2}{\varphi_m\varphi_w}\frac{(\bar{u}_2-\bar{u}_1)(\bar{q}_2-\bar{q}_1)}{\left(\ln\dfrac{Z_2}{Z_1}\right)^2} \tag{22.3.20}$$

式中，ρ为空气密度；C_p 为空气定压比热；K 为卡曼(Karman)常数；$\varphi_m, \varphi_h, \varphi_w$ 为动量、热量和水汽的莫宁-沃布科夫(Monin-Obukhov)函数；$\bar{u}$，θ，$\bar{q}$ 分别为风速、位温和比湿的时间平均，下标表示离冰面的高度层；Z 为离冰面或地面高度，下标表示高度层；L 为莫宁-沃布科夫长度，用式(2.5.19)和式(2.5.20)进行计算，关键在于确定φ_m, φ_h和φ_w的值，长期以来人们对函数φ_m、φ_h 和 φ_w 进行了许多研究。Ohmura 教授在加拿大极地台原带进行函数φ_m, φ_h和φ_w计算时，考虑表征气层稳定性的理查森(Richardson)数，用以下式计算

$$R_f=\frac{Z/L}{\varphi_m}=\frac{\varphi_m}{\varphi_h}R_t=\frac{K_b}{K_m}R_t \tag{22.3.21}$$

式中，R_f, R_t 为通量、梯度理查森数；K_b, K_m 为热量、动量的湍流交换系数。

通过梯度观测求得理查森数：

$$R_t=\frac{g\dfrac{\mathrm{d}\bar{\theta}}{\mathrm{d}Z}}{\theta\left(\dfrac{\mathrm{d}\bar{u}}{\mathrm{d}Z}\right)^2} \tag{22.3.22}$$

式中，g 为重力加速度；$\bar{\theta}$为在近地大气层平均位温；$\dfrac{\mathrm{d}\bar{\theta}}{\mathrm{d}Z}$，$\dfrac{\mathrm{d}\bar{u}}{\mathrm{d}Z}$ 为时间平均位温梯度和时间平均风速梯度。

当近地大气层层结为中性和不稳定时，

$$\varphi_m = (1-18R_i)^{1/4} \tag{22.3.23}$$

而近地大气层层结稳定时，

$$\varphi_m = (1-5.2R_i)^{1/4} \tag{22.3.24}$$

从而计算感热和潜热通量。

4. 地热通量

一般来说，由于冰、雪导热率低，故冰雪层中地热通量(Q_G)值很小，在冰川或积雪地区热量平衡方程中往往把 Q_G项忽略不计。冻土地区热量通量比较复杂，Q_G不仅与土壤冻融状态，含水量以及土壤结构等有关，而且 Q_G有明显年变化。在野外布设冻土地温观测，埋设地中热流板和温度计实测 Q_G值或按下式计算：

$$Q_G = \lambda \frac{\partial T}{\partial Z} \tag{22.3.25}$$

式中，λ 为冻土的导热系数；$\partial T/\partial Z$ 为冻土地温随深度的变化。

Q_G对冻土地区工程设计、热力计算来说是重要参数之一，但它在冻土地区热量平衡方程中占的比重很小，可以省略(杨针娘，2000；康尔泗等，2002)。

§22.4　冻土水热物理过程

冻土区的水文变化是一个相当复杂的水热物理过程，从水量的储存和释放角度看，它既是源又是汇。由于全球大型河流几乎全部发源于冰雪覆盖和冻土分别区，所以对水文学来说具有特殊重要的意义。同时作为特殊的热力下垫面，对全球气候的影响非常巨大。所以一直是国内外水文气象学领域的研究热点，多年来持续开展了大量相关研究(Kennedy Ian *et al.*，1998；DeGaetano A T *et al.*，2001；Brenton S. Sharratt，2002)。

热量在土壤中的传导过程导致地温变化，使土壤水蒸发抑或冻结过程发生。前一个过程我们称为感热变化，而后一个变化我们称为潜热变化，引起土壤液态水含量变化，从而改变土壤的热容量，再次引起热量传导变化(地温变化)。在土壤未冻结时，热量的变化过程仅仅存在蒸发潜热和热量传导过程。但当土壤内含有冰时，不仅使热量变化过程增加了冻结或融化潜热过程，而且使土壤内土壤水势、饱和水传导率和非饱和水传导率发生变化，因为冻结水分填充了土壤孔隙，使土壤结构发生变化。

土壤水热耦合传导方程：我们知道，土壤内部水的流动过程必然包含热量传导过程，而热的传导过程必然伴随着水的相态变化，所以水热变化是耦合的过程。在土壤内热的传输过程包含传导和对流两个过程，由此可得土壤水热耦合方程：

$$q_h = -k_{hs}\frac{\partial T_s}{\partial z} + C_w T_s q_w + L_v q_v \tag{22.4.1}$$

式中，q_h 为土壤热通量(W/m^2)；q_v 为土壤水汽通量(m/s)；q_w 为液态水通量(m/s)；C_w 为水的比热(J/(kg·K))；k_{hs} 为土壤热传导系数(J/m·s·K))；T_s 为地表温度(K)；z 为土壤深度(m)；L_v 为蒸发潜热(J/kg)。

上面方程右边第一项为土壤内的热传导量，第二项和第三项为水汽和液态水对流产生的热量传输量。当土壤内部有液态水流动时方程第二项存在，否则方程中可以没有第二项。

土壤内的水热流动遵从能量守恒，即土壤的感热和潜热随时间的变化等于土壤热通量与土壤源汇项之差。则有如下能量微分方程：

$$\frac{\partial(CT_s)}{\partial t}-L_f\rho_s\frac{\partial\theta_i}{\partial t}=\frac{\partial}{\partial z}(-q_h)-s_h \tag{22.4.2}$$

把方程(22.4.1)代入上式，则有

$$\frac{\partial(CT_s)}{\partial t}-L_f\rho_s\frac{\partial\theta_i}{\partial t}=\frac{\partial}{\partial z}(k_{hs}\frac{\partial T_s}{\partial z}-C_wT_sq_w-L_vq_v)-s_h \tag{22.4.3}$$

式中，L_f为冻融潜热(334×10^3J/kg)；θ_i为冻结水体积含量；ρ_s为土壤密度；s_h为能量源汇项；C为土壤热容。

蒸发潜热在常温时为2 465×10³J/kg，而不同温度下的数值一般采用以下经验公式确定：

$$L_v=2\ 500\ 250-2\ 365\times T \tag{22.4.4}$$

$$L_v=2\ 501\ 000-2\ 361\times T \tag{22.4.5}$$

上述方程没有解析解，必须结合边界条件来求解。上边界条件为土壤表层热通量q_{h0}，包含降水或融雪所形成的对流热量，以及水的热容量随温度的变化，即

$$q_{h0}=-k_{h0}\frac{T_s-T_1}{z_1/2}+C_w(T-T_{pa})q_{in}+L_vq_{v0} \tag{22.4.6}$$

式中，k_{h0}为残留层(表层)导热系数；T_{pa}为表征降水和空气温差的参数(−2℃)；q_{in}为液态水入渗率；q_{v0}为表层水汽通量(蒸发)；T为气温；$T-T_{pa}$也可以用地表温度T_s代替；T_1为第一层土壤平均温度。

下边界条件为土壤下边界的温度，用以下方程表述下边界土壤温度，即

$$T_{\mathrm{Low}B}=T_{a\mathrm{mean}}-T_{a\mathrm{amp}}\,\mathrm{e}^{-\frac{z}{d_a}}\cos\left[(t-t_{ph})\omega-\frac{z}{d_a}\right] \tag{22.4.7}$$

式中，$T_{\mathrm{Low}B}$为下边界土壤温度；$T_{a\mathrm{mean}}$为假定的年平均气温；$T_{a\mathrm{amp}}$为温度波幅；t为时间；t_{ph}为时间相位移；z为下边界深度。ω为频率，定义为：

$$\omega=2\pi/y_{\mathrm{cycle}}$$

d_a为湿气深度，定义为：

$$d_a=\sqrt{\frac{2D}{\omega}}$$

式中，D为热扩散系数，$D=k_{hs}/C$。

在下边界上，若有地下水存在，则无土壤热对流。若无地下水存在，则按入渗处理，在下边界上不考虑水汽通量。

从理论上说，方程(22.4.2)与上下边界条件方程共同构成了闭合的土壤水热耦合方程组。从以上各方程可以看出，方程中涉及的物理比较多。虽然这些量的物理意义和作用是明确的，但有许多物理量并不是单独的静态量，而是与其他量随时间变化的动态物理量。所以，还必须结合其他水热传输方程，来进一步确定这些动态变化的物理量，而确定这些过程物理量同样是非常复杂的。下面就这些物理量的计算方法进行逐步讨论。

液态水分通量：液态水分通量通常采用土壤分层的办法来处理，各层土壤的水分通量使用经典的Richards方程计算，即

$$q_w=-k_w\left(\frac{\partial\phi}{\partial z}-1\right)-D_v\frac{\partial c_v}{\partial z}+q_{\mathrm{bypass}} \tag{22.4.8}$$

式中，k_w为非饱和土壤水传导率；ϕ为土壤水势；c_v为土壤中的水汽浓度；D_v为土壤中水

汽扩散系数；q_w 土壤中总水分通量是土壤水势下的液态水通量(ϕ)，土壤中的水汽通量(q_v)和大孔隙优先流(q_{bypass})之和。

根据质量守恒原理，可以得到土壤水分的连续性方程，即

$$\frac{\partial \theta}{\partial t} = -\frac{\partial q_w}{\partial z} + s_w \tag{22.4.9}$$

式中，θ 为土壤水含量；s_w 为土壤水分源汇项，即土壤水分储量的变化量。

水汽通量：上述方程中的水汽通量(q_v)用下面公式计算，即

$$q_v = -d_{vapb} f_a D_0 \frac{\partial c_v}{\partial z} \tag{22.4.10}$$

式中，f_a 为土壤中的空气体积，即土壤孔隙未被液态水充满的部分；d_{vapb} 为无量纲系数(0.66)；D_0 为自然空气扩散系数，由下面公式确定，即

$$D_0 = \left(\frac{T_{si} + 273.15}{273.15}\right)^{1.75} \tag{22.4.11}$$

式中，T_{si} 为各计算土壤层的温度。

土壤水汽浓度(c_v)，由下面公式计算，即

$$c_v = \frac{M_{\text{water}} e_v}{R(T_{si} + 273.15)} \tag{22.4.12}$$

式中，M_{water} 为水的摩尔质量(18g·mol)； R 为气体常数(8.314 5J/(mol·K))；c_v 为土壤内水汽压，由下面公式计算，即

$$e_v = e_s \exp\left[\frac{-\phi M_{water} g}{R(T_{si} + 273.15)}\right] \tag{22.4.13}$$

式中，g 为重力加速度；e_s 为饱和水汽压，由气温(T)相关的经验公式计算，即

$$e_s = \begin{cases} 10^{\left(12.555\,3 - \frac{2\,667}{T + 273.15}\right)} & T < 0 \\ 10^{\left(11.405\,1 - \frac{2\,353}{T + 273.15}\right)} & T > 0 \end{cases} \tag{22.4.14}$$

大孔隙优先流：我们知道大孔隙优先流是在重力水头作用下的流动，与土壤水势作用下的水分运动相比势能要大得多，故它在土壤水渗透过程中具有决定性作用。采用下面公式来确定大孔隙优先流 q_{bypass} 产生的条件，即产生大孔隙优先流的阈值

$$q_{mat} = \begin{cases} \max\left[k_w(\theta)\left(\frac{\partial \phi}{\partial z} + 1\right), q_{in}\right] & 0 < q_{in} < S_{mat} \\ S_{mat} & q_{in} \geqslant S_{mat} \end{cases} \tag{22.4.15}$$

则可以得到大孔隙优先流 q_{bypass} 计算公式，即

$$q_{bypass} = \begin{cases} 0 & 0 < q_{in} < S_{mat} \\ q_{in} - q_{mat} & q_{in} \geqslant S_{mat} \end{cases} \tag{22.4.16}$$

式中，$k_w(\theta)$为非饱和土壤水传导率；q_{in} 的定义要根据计算界面所处位置来确定，当计算界面在土壤表面时 q_{in} 为土壤入渗量，当计算界面处于土壤内部时则表示由上一层土壤垂直渗透到下一层土壤的水量；q_{bypass} 为通过十壤大孔隙迅速向下和侧向渗透的水流；S_{mat} 为土壤的吸附能力，也就是大孔隙优先流产生的阈值，由下面公式计算：

$$S_{mat} = a_{\text{scale}} \cdot a_r \cdot k_{mat} \cdot pF \tag{22.4.17}$$

式中，k_{mat} 为土壤小孔隙最大水力传导率；a_r 为土壤厚度与单位水平面积的比值；a_{scale} 为无量纲系数(0.5)；$pF=\lg10(\phi)$。

上述公式中的 q_{mat} 为土壤水势作用下的流动量，在计算壤中产流的过程中，这种能量是阻碍土壤水垂直下渗或侧向流动的，计算结果是土壤含水量和土壤水势的变化量，而 q_{bypass} 是直接到达下一层的水量，但它不能到达地下水位深度，因为地下水位是 Richards 方程的下边界。陈仁升(2005)认为一般在实际土壤产水量计算中没有考虑这部分水流，但是在土壤产流量中实际已经包含这部分水量。因为实际测定的土壤孔隙率和土壤水力传导系数等物理参数都是均化指标，所以无法独立的表述这种物理现象。

在求解液态水分通量过程中必然涉及初始和边界条件。初始条件包含两部分内容，一是土壤表层的植被截留量和冰雪残留层的融化水量作为地表覆盖的初始条件，二是土壤的初始含水量作为土壤的初始条件。而上边界条件在超渗产流条件下，需要考虑地表填洼水量；下边界条件分为饱和与非饱和状态两种情况考虑。如果认为下边界是饱和状态时，则需要考虑地下水流运动。

第二十三章　产流物理过程

§23.1　降水产流的基本原理

23.1.1　径流形成的基本物理过程

径流形成过程是一个非常复杂的物理过程，在传统水文学原理中，根据各个阶段的特点，以及基于概念性物理水文模型模拟的目的，把径流形成过程划分为降水、流域蓄渗、坡地汇流、河网汇流和河道洪水演进 4 个基本过程。

降水过程：从径流形成的角度看，降水过程是大气向流域的供水过程，是径流形成的必要条件。降水的特征及其时空分布虽然与径流形成有密切关系，但关于降水形成机制的研究却是气象学的内容。

流域蓄渗过程：这是在降水开始以后，发生在流域坡地上的水文过程。最初一段时间内的降雨，除小部分降落在河槽水面上的降雨(C)直接参与径流形成外，大部分降雨并不立刻产生径流，而是消耗于植物截留(I_n)、下渗(f)、填洼(D)和蒸散发($E+ET$)。植物截留量一般不大，它最终将被蒸发耗尽。

植物截留是指降雨过程中植物枝叶拦蓄降水的现象，在降雨过程中植物枝叶吸附的雨水量就是截留量。在降雨开始阶段，截留量随降雨量正比增加，经过一段时间后，截留量将不再随降雨量的增加而增加，而是稳定在某一个值，此时达到最大截留量。截留过程贯穿在整个降雨过程中，积蓄在枝叶上的雨水不断被新的雨水替代。雨止后截留水量大部分耗于蒸发，少量形成林冠二次降水，则有

$$I_n = (P - P_0) + ET \tag{23.1.1}$$

式中，E 为降雨期间的蒸发量，T 为降雨历时，P_0 为林内二次降雨量。

在降雨过程中穿过植物枝叶空隙直接到达地面的降雨为穿透降雨，由枝叶表面滴下到达地面的降雨为滴下降雨。林内降雨由穿透降雨和滴下降雨组成。

植物截留量与降水量、降水强度、风、植被类型、郁闭度、枝叶的干燥程度等有关。一般情况下，降水量越大，植物截留量越大；降水强度越强，截留量越小；风越大，截留量越小；不同的植被有着不同的截留量，叶表面积越大，截留量越大，尤其是叶片表面的状况对截留量有很大影响；郁闭度越高，整个林分的截留量越大。

林冠截留量可以达到年降雨量的30%，在湿润地区截留量对削减洪峰有积极作用。但是在干旱地区，如何调节截留量，使更多的雨水到达地面，进入土壤，用于林木生长是干旱区造林工作中面临的新课题。

穿过林冠层的降水到达地表之前，还要遇到枯枝落叶层的阻拦。枯枝落叶层一般都较为干燥，具有较强的吸收雨水的能力。枯枝落叶层吸收雨水能力取决于枯枝落叶的特性和含水量大小，一般情况下，枯枝落叶层越干，吸收的雨水量越大。枯枝落叶不但可以吸收雨水，而且还可以减缓地表径流流速，促使更多的径流渗入土壤，同时还可以过滤地表径流中携带的泥沙。

下渗过程：当雨水穿过枯枝落叶层到达土壤表面时，水分便开始下渗。下渗发生在降雨期间和降雨停止后地面尚有积水的地方。渗入土壤中的水分最终消耗于蒸散发，还有一部分向深层渗透进入地下水。

产流过程：在降雨过程中当降雨强度小于土壤的入渗强度(能力)时，所有到达地表的雨水全部渗入土壤之中，但是下渗强度的空间变化很大，有些地方下渗能力强，有些地方下渗能力弱，在有些地方当降雨强度大于土壤的入渗强度时多余的雨水便在地表形成地表径流，这种产流方式称为超渗产流。超渗雨开始蓄积形成地面积水。

如果降雨强度小于下渗强度，下渗过程持续进行，当土壤中所有孔隙都被雨水充满后，多余的水分在地表形成径流，这种产流方式称为蓄满产流。

因为流域中各处的土壤特性、土层厚度、土壤含水量、地表状况等因素各不相同，所以，流域内各点出现超渗产流和蓄满产流的时间不同。首先出现产流的地方雨水在流动过程中还要填满流路上的洼坑，称为填洼。这些洼坑积蓄的水量，称为填洼量。对于山区流域来说，一次暴雨洪水过程中，填洼量所占比重不大，在10mm左右，它最终将耗于蒸发及入渗，因此，在实际计算中往往被忽略。但在平原或坡度平缓的地面，由于地面洼坑较多，填洼量较大，可高达100mm。流域填洼过程在径流形成过程中的作用十分显著，它不仅影响到坡面漫流过程，同时也影响到径流总量，因此不容忽视。

在一次降雨过程中，流域上各处蓄渗量及蓄渗过程的发展是不均匀的，因此，地表径流产生的时间有先有后，先满足蓄渗的地方先产流。

降雨过程中渗入土壤的水分不断增加，当某一界面以上的土壤达到饱和时，在该界面上就会有水分沿土层界面侧向流动，形成壤中流。当降雨继续进行，下渗水分到达地下水面后，以地下水的形式沿坡地土层汇入河槽，形成地下径流。

在流域蓄渗过程中产生三种径流形式，即地表径流、壤中径流和地下径流，因此，蓄渗过程也是流域的产流过程。

在流域蓄渗过程中降雨必须满足四种损失，植物截留损失、枯枝落叶吸收损失、下渗损失、填洼损失，因此，流域的蓄渗过程也叫损失过程。

坡面汇流过程：扣除植物截留、入渗、填洼后的多余的降雨在坡面上以片状流、细沟流的形式沿坡面向溪沟流动的现象为坡面漫流。坡面漫流通常是在蓄渗容易得到满足的地方先发生，如透水性较低的地面(包括小部分不透水的地面)，或较潮湿的地方(如河边)等，然后其范围逐渐扩大。

流域中大部分地区满足填洼后开始产生大量的地表径流，它沿坡面流动进入正式的漫流阶段。在漫流过程中，坡面水流一方面继续接受降雨的直接补给而增加地表径流，另一方面又在运行中不断地消耗于下渗和蒸发，使地表径流减少。地表径流的产流过程与坡面汇流过程是相互交织在一起的，前者是后者发生的必要条件，后者是前者的继续和发展。

坡面漫流的流程一般不超过数百米，历时亦短，故对小流域很重要，而大流域则因历时短而在整个汇流过程中可以忽略。地表径流经过坡面漫流而注入河网，一般说仅在大雨或高强度的降雨后，地表径流才是构成河流流量的主要源流。

壤中流及地下径流也同样具有沿坡地土层的汇流过程。它们都是在有孔介质中的水流运动。由于它们所通过的介质性质不同，所流经的途径各异，沿途所受的阻力也有差别，因此水的流速不等。壤中流主要发生在近地面透水性较弱的土层中，它是在临时饱和带内的非毛管孔隙中侧向运动的水流，它的运动服从达西定律，通常壤中流汇流速度比地表径流慢，但比地下径流快得多。

壤中流在总径流中的比例与流域土壤和地质条件有关。当表层土层薄而透水性好，下伏有相对不透水层时，可能产生大量的壤中流。在这种情况下，虽然其流速比地表径流缓慢，如遇中强度暴雨时，壤中流的数量可以增加很多，而成为河流流量的主要组成部分。壤中流与地表径流有时可以相互转化，如在坡地上部渗入土中流动的壤中流，可能在坡面下部以地表径流的形式汇入河川。部分地表径流在流动过程中也可能会渗入地下变成壤中流。

地下径流运动缓慢，变化也慢，对河流的补给时间长，补给量稳定，是构成基流的主要成分。但地下径流是否完全通过本流域的出口断面流出，取决于地质构造条件。

上述 3 种径流的汇流过程，构成了坡地汇流的全部内容，就其特性而言，它们之间的量级有大小，过程有缓急，出现时刻有先后，历时有长短之差别。应当指出，对一个具体的流域而言，它们并不一定同时存在于一次径流形成过程中。

在径流形成中，坡地汇流过程起着对各种径流成分在时程上的第一次再分配作用。降雨停止后，坡地汇流仍将持续一定时间。

河网汇流过程：各种径流成分经过坡地汇流注入河网后，沿河网向下游干流出口断面汇集的过程，即河网汇流过程。这一过程自坡地汇流注入河网开始，直至将最后汇入河网的降水输送到出口断面为止。

坡地汇流注入河网后，使河网水量增加、流量增大、水位上涨，成为流量过程线的涨洪段。此时，由于河网水位上升速度大子其两岸地下水位的上升速度，当河水与两岸地下水之间有水力联系时，一部分河水补给地下水，增加两岸的地下蓄水量，这称为河岸储蓄量。同时，涨洪阶段，出口断面以上坡地汇入河网的总水量必然大于出口断面的流量，因河网本身可以滞蓄一部分水量，称为河槽储蓄量。

当降水和坡地汇流停止时，河岸和河网储蓄的水量达最大值，而河网汇流过程仍在继续进行。当上游补给量小于出口排泄量时，即进入一次洪水过程的退水段。此时，河网蓄水开始消退，流量逐渐减小，水位相应降低，涨洪时储蓄于两岸土层的水量又补充入河网，直到降水在最后排到出口断面为止。此时河槽泄水量与地下水补给量相等，河槽水流趋向稳定。

上述河岸调节及河槽的调节现象，统称为河网调蓄作用。河网调蓄是对净雨量在时程上的又一次再分配，故出口断面的流量过程线比降雨过程线平缓得多。

河网汇流的水分运行过程，是河槽中不稳定水流运动过程，是河道洪水波的形成和运动过程，而河流断面上的水位、流量的变化过程是洪水波通过该断面的直接反映，当洪水波全部通过出口断面时，河槽水位及流量恢复到原有的稳定状态，一次降雨的径流形成过程即告结束。

在径流形成中通常将流域蓄渗过程，到形成地面径流及早期的表层流过程，称为产流过程，坡地汇流与河网汇流合称为流域汇流过程或汇流过程。产流过程中水以垂向运行为主，它构成降雨在流域空间上的再分配过程，是构成不同产流机制和形成不同径流成分的基本过程。汇流过程中水以水平侧向运动为主，水平运行机制是构成降雨在时程上再分配的过程。

23.1.2 霍顿产流理论

1935 年霍顿提出，降雨产流受控于两个条件：其一是降雨强度超过下渗容量，其二是包气带的土壤含水量超过田间持水量。霍顿认为：当 $i \leqslant f_p$，$I-E \leqslant D$(i 为雨强，f_p 为某时刻地面下渗容量，I 为下渗水量，E 为蒸发水量，D 为包气带缺水量)时，不产生任何径流，河流中仍处于退水阶段。当 $i>f_p$，$I-E \leqslant D$ 时，河流中会出现尖瘦、涨落大体对称的洪水过程线，是由单一地面径流所形成。当 $i \leqslant f_p$，$I-E>D$ 时，河流中会出现矮胖且涨落大体对称的洪水过程线，是由单一地下水径流所形成。当 $i>f_p$，$I-E>D$ 时，河流中会出现一明显的涨落不对称的洪水过程线，是由地面径流和地下水径流混合而成(于维忠，1988；芮孝芳，2004)。

霍顿产流理论正确地阐明了均质包气带产流的物理条件。这就是：

(1) 超渗地面径流产生的物理条件是雨强大于地面下渗容量。根据这一条件，只要已知降雨过程中任一时刻的雨强和地面下渗容量，就可判断该时刻是否产生超渗地面径流。如图 23.1 所示，在 t_0~t_1，t_2~t_3，t_4~t_5 等时段内将无超渗地面径流产生；而在 t_1~t_2，t_3~t_4 等时段内则有超渗地面径流产生。在图 23.1 所示的情况下，可求得所产生的总超渗地面径流量为：

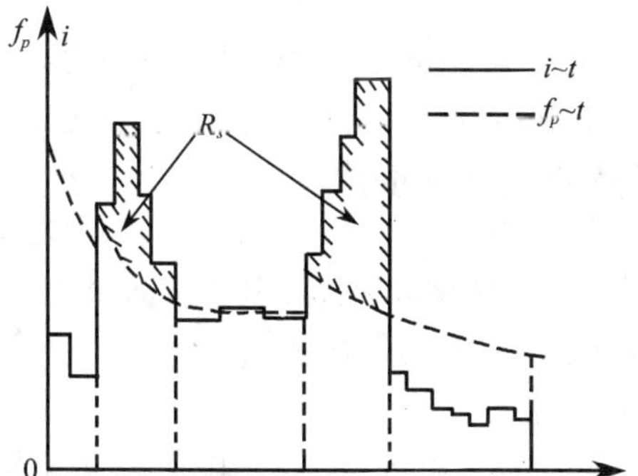

图 23.1　超渗地面径流的形成

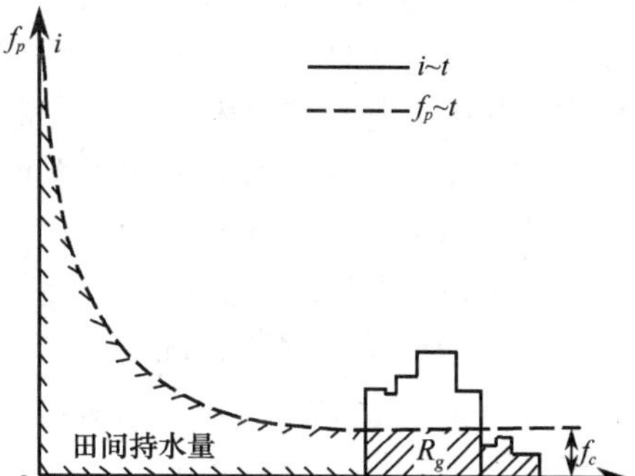

图 23.2　霍顿地下水径流的形成

$$R_s = \int_{i>f_p} (i-f_p)\,\mathrm{d}t = \int_{t_1}^{t_2} (i-f_p)\,\mathrm{d}t + \int_{t_3}^{t_4} (i-f_p)\,\mathrm{d}t \tag{23.2.1}$$

写成便于计算的有限差式为：

$$R_s = \sum_{i>f_p}(i-f_p)\Delta t = \sum_{t_1}^{t_2}(i-f_p)\Delta t + \sum_{t_3}^{t_4}(i-f_p)\Delta t \tag{23.2.2}$$

(2)地下水径流产生的物理条件是整个包气带土壤含水量达到田间持水量。由下渗理论可知，在下渗过程中，从包气带上层到下层是依次达到田间持水量的。整个包气带达到田间持水量意味着整个土层达到稳定下渗。此时包气带中的自由重力水可以从地面一直到达地下水面，而在此以前，上层的自由重力水只能为下层土壤所保持，而不能到地下水面。因此，整个包气带达到田间持水量时，就会出现这样的情况：当雨强大于等于包气带稳定下渗率，即 $i \geqslant f_c$，雨强中的 f_c 部分将以自由重力水形式到达地下水面，成为地下水径流，而剩余部分 $(i-f_c)$ 则成为超渗地面径流。当 $i<f_c$ 时，则全部降雨成为地下水径流。如图 23.2 所示，假设图中 t_1 之前的降雨已使整个包气带土壤含水量达到田间持水量，那么自此以后，如有降雨，则必产生地下水径流，并且一场降雨所产生的地下水径流总量可按下式计算：

$$R_g = \int_{i \geqslant f_c} f_c\,\mathrm{d}t + \int_{i<f_c} i\,\mathrm{d}t \tag{23.2.3}$$

表达成便于计算的有限差形式为：

$$R_g = \sum_{i \geqslant f_c} f_c \Delta t + \sum_{i<f_c} i \Delta t \tag{23.2.4}$$

§23.2　地表径流形成的机制

所谓产流机制，是指在一定的供水与下渗条件下水分沿土层的垂向运行中，各种径流成分的形成原理和过程。下面首先分析单点的产流机制。

23.2.1　地面径流产流机制

自降雨开始至任一时刻的地面产流量 R_s 可用下列水量平衡方程来表达

$$R_s = P - I_n - E - S_d - F \tag{23.2.5}$$

式中，S_d 为填洼量，mm；F 为累积下渗量，mm。

显然，地面径流的产生，取决于降雨与植物截留、雨间蒸发、填洼及下渗等的对比关系。植物截留量 I_n 包括枝叶表面的截留量及降雨期间叶茎截留的蒸发量。I_n 一般随降雨的增大而增加，试验表明，I_n 与 P 的关系可用下列经验公式来表达

$$I_n = (w - cEt)(1 - e^{-p(w+cEt)}) \tag{23.2.6}$$

式中，w 为植物单位投影面积上的截留量，mm；c 为植物枝叶表面与其投影面积之比；E 为单位叶面面积的蒸发强度，mm/h；t 为降雨历时，h；p 为降雨量，mm。

植物截留量一般不大，只有几毫米，森林茂密地区，也只能达到十几毫米。

填洼量 S_d 对一固定流域来说，变化不大，它有一个最大值 S_{dm},一次暴雨期间的填洼量，可近似用下式表示.

$$S_d = S_{dm}(1 - e^{(-p+F)/S_{dm}}) \tag{23.2.7}$$

式中，e 为自然对数的底。

降雨期间蒸发 E 很小，而 I_n 和 S_d 数量不大，且其数量比较稳定，是一个缓变因素，同

时截留和填洼水量最终消耗于蒸发和下渗。所以雨间蒸发、截留和填洼在地面径流的产生过程中，不起支配作用。

下渗量 F，则是一个多变的因素，下渗量随降雨特性、前期土壤湿润情况不同而不同，其数值可占一次降雨量的百分之几到接近百分之百，其绝对量从几毫米到近百毫米，下渗在地面产流过程中，具有决定性的意义。因此

$$R_s = P - F \tag{23.2.8}$$

对此式两边微分得到

$$\mathrm{d}R_s/\mathrm{d}t = \mathrm{d}P/\mathrm{d}t - \mathrm{d}F/\mathrm{d}t \tag{23.2.9}$$

即

$$r_s = i - f \tag{23.2.10}$$

式中，r_s 为地面径流的产流强度，mm/h；i 为降雨强度，mm/h；f 为下渗强度，mm/h。

由于降雨强度及下渗强度均是时间的函数，所以 r_s 也是随时间而变的量。显然，只有当 $i>f$ 时，才有地面径流发生，即 $r_s>0$。所以 $R_s(r_s)$ 又称超渗地面径流。而当 $i\leqslant f$ 时，则无地面径流产生，即 $r_s=0$，此时降水将全部耗于下渗，且 $f=i$。

下渗能力的变化，受土壤含水量及给定供水条件下土壤水分梯度的制约，即

$$f = -D(\theta)\mathrm{d}\theta/\mathrm{d}z - K(\theta) \tag{23.2.11}$$

随着降雨的继续增加，土壤含水量 θ 亦随之增长，下渗能力 f 将随之减小。因此，同样的雨强，对于干燥土壤，由于下渗能力大，不能产生超渗地面径流，而对于湿润土壤则可能产生地表径流。

23.2.2 壤中流的产流机制

壤中流发生于非均质或层次性土壤中的易透水层与相对不远水层的交界面上。这种具有层理的土层界面，在自然界中广泛的存在着，如森林地区的腐殖层，山区的表土风化层、密实结构土壤的耕作层等。壤中流虽然比地面径流运动缓慢，但它在数量上可以大得多，特别是在中强度暴雨时，壤中流数量更为突出，它是使较小洪水流量增长的主要因素。

在稳定供水的情况下,设土层由两种不同质地的土壤构成，上层为粗粒土 A 层，下层为细粒土 B 层。各层饱和传导度 K_s、毛管传导度 K 及下渗率 f 具有下列关系：

$$K_{\mathrm{A}}>K_{\mathrm{B}},\quad K_{s\mathrm{A}}>K_{s\mathrm{B}},\quad f_{\mathrm{A}}>f_{\mathrm{B}}$$

如降雨强度 $f_{\mathrm{B}}\leqslant i\leqslant K_{s\mathrm{A}}$，则在土层 A 中，出现传导度 K_{A} 大于成等于雨强 i 的垂直水分剖面，降雨产生的全部水分以此值向下渗透，f_{A} 就成为 AB 界面上供水强度的上限。B 层由于传导能力小，其供水率比上层小得多，在靠近 A-B 界面处，由于土壤长期淋溶胶结作用，其传导度 K_{B} 值更小，所以 B 层和界面具有阻水作用，在界面上便产生积水。当 A 层土壤含水量大于其田间持水量时，便形成自由水，随着上层的不断供水，在界面以上逐渐形成临时饱和带，从而形成侧向流动的壤中流，其产流率为

$$r_{ss} = f_{\mathrm{A}} - f_{\mathrm{B}} \tag{23.2.12}$$

式中，r_{ss} 为壤中流产流率，mm/h。

当降雨强度 i 小于上层下渗强度 f_{A} 时,仍可产生壤中流,不过这时无地面径流；当 $i>f_{\mathrm{A}}>f_{\mathrm{B}}$ 时，既有地表径流也有壤中流；当 $i<f_{\mathrm{B}}$ 时，既无地表径流也无壤中流。

当上下两层土壤都达到稳渗速率时，无论哪种情况，一场降雨产生的壤中水径流总量

都可按下式计算：

$$R_{int} = \int_{f_{cA} \geqslant i > f_{cB}} (i - f_{cB})\mathrm{d}t + \int_{i > f_{cA}} (f_{cA} - f_{cB})dt \tag{23.2.13}$$

表达成有限差形式为：

$$R_{int} = \sum_{f_{cA} \geqslant i > f_{cB}} (\bar{i} - \bar{f}_{cB})\Delta t + \sum_{i \geqslant f_{cA}} (\bar{f}_{cA} - \bar{f}_{cB})\Delta t \tag{23.2.14}$$

在自然界许多土壤组成并不具有明显的分层现象，而是包气带的土壤质地沿深度逐渐由粗变细，相应的稳定下渗率就沿深度逐渐由大变小(见图 23.4)。如果在某时刻包气带中 z_i 深度以上的土层已达到田间持水量，z_j 深度相应的稳定下渗率为 f_{ci}，则当降雨强度 i 一直维持等于 f_{ci} 时，在一定时间以后就可能在 z_j 深度处形成临时饱和带，产生壤中流。所以，在包气带土壤质地随深度渐变的情况下，形成壤中水径流的界面并非固定不变，而是随降雨强度的变化而变动的。降雨强度越大，形成壤中水径流的界面越浅，反之则越深。

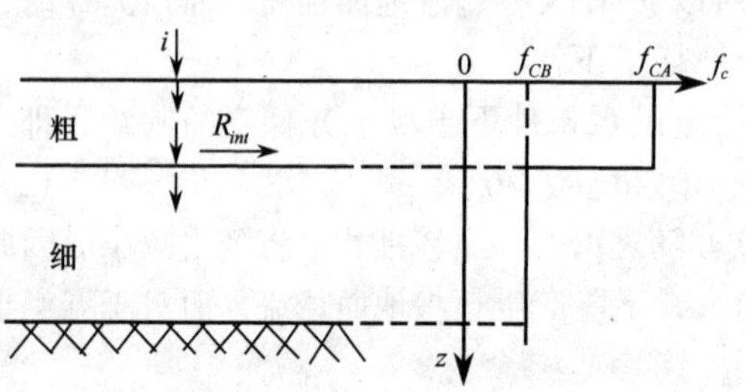

图 23.3　壤中水径流产生机制

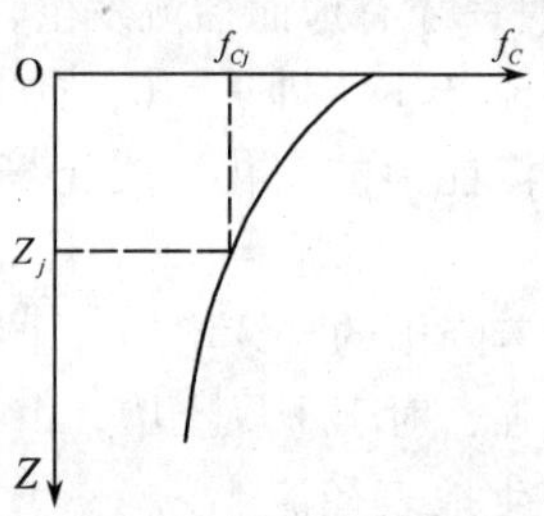

图 23.4　土壤下渗能力沿深度逐渐变小

综上所述，壤中流产生的条件可概括为：

(1)包气带存在透水能力上层大下层小的层理分布，即存在相对不透水土壤交界面，或者土壤的透水能力从从上到下逐渐变小；

(2)上层向界面上的供水强度 f_A 大于下层下渗强度 f_B；

(3)至少上层土壤的含水量要达到田间持水量，界面上产生积水，即形成临时饱和带，同时界面还需具备一定的坡度。

23.2.3　饱和地表径流的产流机制

在表层透水性很强的包气带，如枯枝落叶覆盖的林地，由于地面的下渗容量很大，以致实际发生的降雨强度几乎不可能超过它，但却仍有地面径流产生。这是经典的霍顿产流理论所不能解释的。人们在大量的观测和实验基础上认识到地面径流的产生，除了霍顿提出的超渗机制外，还存在饱和机制。

在具备壤中流产生条件的界面上，当雨强 i 小于上层下渗率 f_A 而大于下层下渗率 f_B 时，则有 $f_A>f_B$，界面上可形成临时饱和带，并产生壤中流。此后，在一定的降雨条件下，界面积水不断增加，最终将达到地面，这时界面以上的土层含水量达到饱和，后继降雨基本上不再发生下渗，从而直接形成地面径流，为了有别于前述超渗地面径流，而把它称之为饱和地面径流。饱和地面径流的生成条件不是取决于上层土层本身的或表面的下渗能力，而是取决于土层内部相对不透水层界面的下渗能力，以及上层土层本身达到全层饱和时蓄水量。

饱和地面径流的产流率

$$r_{sat} = i - (r_{ss} + f_{cB}) \tag{23.2.15}$$

式中，r_{sat}为饱和地面径流的产流率，其他各符号意义同前。

事实上，在表层土壤具有很强透水性的情况下，虽然雨强超过地面下渗容量可能性非常小，但由于无论农田、草地或林地表面以下很浅的位置都存在比较致密的相对不透水层，所以一般会出现累积雨量大于表层下渗容量的情况。形成壤中流的相对不透水界面，在天然情况下，一般是具有一定坡度的坡地。随着降雨的发展，饱和积水带的水流将沿坡地做侧向运动；而在坡脚处，由于不断接受上部壤中流而使水面上升达到地面，并沿坡面向上逐渐延伸。饱和带达到地面部分的坡地，后继降雨便产生了饱和地面径流(图 23.5)。

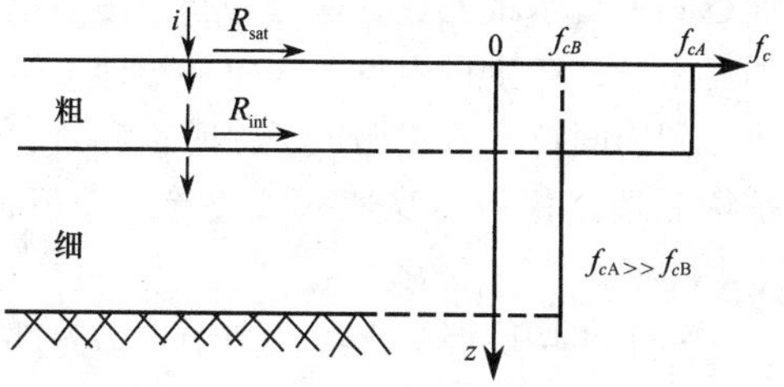

图 23.5　饱和地面径流的形成机制

还有部分地面以下的壤中流，有一部分在已饱和的坡面上渗出地面，以地面径流的形式加入坡面流或注入河槽，这种水流称为回归流。回归流是壤中流派生的一种径流成分，一般只在极小的山坡流域，且在壤中流比较发育的情况下，才能显示出对流量过程线形状的影响，从而作为一种独立的径流成分而存在。对于 3~5km^2 以上的流域，很难作为一种独立径流成分。一般说来，在壤中流比较发育，并有饱和地面径流发生的坡地，必然也同时伴随着回归流。

当土壤达到稳渗速率时，一场降雨产生的饱和地面径流量为：

$$R_{sat} = \int_{i>(r_{ss}+f_{cB})} [i - (r_{ss} + f_{cB})] \mathrm{d}t \tag{23.2.16}$$

或写成有限差形式为：

$$R_{sat} = \sum_{i>(r_{ss}+f_{cB})} \left[\bar{i} - (\bar{r}_{ss} + \bar{f}_{cB})\right]\Delta t \tag{23.2.17}$$

特别地，当下层为不透水岩层时，则由于$f_{cB} \equiv 0$，上式简化为：

$$R_{sat} = \sum_{i>r_{ss}} (\bar{i} - \bar{r}_{ss})\Delta t \tag{23.2.18}$$

饱和地面径流的产流条件，可概括为：

(1)必须具备壤中流的发生条件；

(2)界面以上的饱和积水带，上层土壤全部达到饱和。

此外，象不透水基岩出露地面、河湖沼泽表面、城市道路、屋面和飞机场跑道等，均可认为是包气带厚度等于零的情况。当包气带厚度为零时，其表面的下渗速率可视为零。因此，只要雨强大于蒸发强度就会产流，这时一场降雨的产流量显然为：

$$R_d = \int_{i>e} (i - e)\mathrm{d}t \tag{23.2.19}$$

写成有限差形式为：

$$R_d = \sum_{i>e} (i - e)\Delta t \tag{23.2.20}$$

式中，e 为蒸发强度。在不透水面积上形成的径流一般称为直接径流。

23.2.4　浅层地下径流的产流机制

当地下水埋藏较浅，包气带厚度不大，土壤透水性较强，在持续降雨过程中，下渗锋面达到毛管水带上缘，这时表层土壤与地下水建立了水力联系，同时包气带含水量超过田间持水量，产生自由重力水而补给地下水，于是便产生地下径流。由于这时的土壤含水量已达到田间持水量，形成了临时饱和带，故土壤蓄水量不再增加。对均质土壤，根据水量平衡原理，稳定下渗速率 f_c 应等于地下径流的产流率 r_g，即

$$r_g = f_c \tag{23.2.21}$$

对于非均质层次土壤，由于土层内部产生侧向流动的壤中流 r_{ss}，故地下产流率 r_g 为：

$$r_g = f_c - r_{ss} \tag{23.2.22}$$

可见地下径流的产流也同样取决于供水与下渗强度的对比，其产流条件基本与壤中流相同，只是其界面是包气带的下界面。

在天然条件下，当地下水位较高时，此时壤中径流与地下径流实际上难以截然分开，通常将二者合并作为地下径流考虑。而且由于在这种埋藏较浅的地下水，容易在切割较浅的沟谷汇入河网，所以能够在当次降水径流过程中出现，故一般仍然按照地表径流对待。

第二十四章　汇流物理过程

§24.1　坡面汇流与河网汇流

24.1.1　坡面汇流理论

坡面水流是在流域上发生降雨情况下，降雨扣除植物截留、填洼和下渗等损失后，沿坡地地面流动的一种水流。图 24.1 给出了坡面流在形成后某一时刻的情形。

图 24.1 是概化后的简单情况。天然流域上的坡面流大都以时合时分的片流或细沟流的形式出现。此处所指的细沟没有固定边界，水流不受边坡的约束而沿重力的分量方向流动。这是坡面流与明渠水流的一个重要区别。

坡面流的特点：当降雨产生地面径流时，坡面上可能会出现沿坡度而下的薄层水流，这就是坡面水流。与河道水流相比，坡面水流具有下列明显特点：①在水体沿坡面运动过程中不断有降雨注入，也不断有雨水蒸发到大气中和下渗到土壤中；②坡面水深一般远小于河道水深，因而坡面水流受到地表粗糙程度的影响远较河道水流为大；③在大多数情况下，特别是山区流域，坡面的坡度要比河道的坡度大得多；④坡面的长与宽一般量级相当，不像河道那样河长远大于河宽(芮孝芳，2004)。

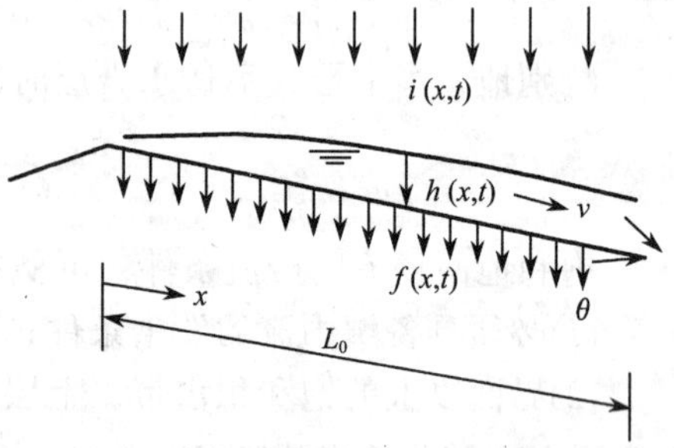

图 24.1　坡面水流运动

最常见的坡面流是这样产生的：经植物截留后的雨水质点抵达地面，首先将凸凹不平

的大小洼地填平并同时下渗，此后陆续抵达地面的水质点就会在重力作用下沿坡面边下渗边流动。在运动过程中还会不断地接纳新的降雨，或与其他细流汇合或分开。无数的这类细流或片流，在流动过程中不断汇集，进入较大的、有明显边界约束的小沟，然后以明渠水流的方式进入更大一些的沟，继而注入河道。坡面流的流程较短，一般不超过数百米(沈冰等，1994；吴长文等，1995；张光辉，2002)。

并不是整个流域上同时发生坡面流。一般情况是随着降雨时间的持续，坡面流的产生会逐渐从坡脚向较高的地方扩展。影响其产生和发展的因素很复杂，除降雨强度和下渗能力外，坡面特性如坡度、植被等也影响着坡面流的流态。常年湿润地区易出现饱和坡面流。土壤长期处于干旱状态的地方易产生超渗坡面流或称霍顿破面流。后者对坡面土壤的侵蚀往往起着重要促进作用。另外，在岩石裸露及铺砌地面上，由于表面几乎不透水，降雨会直接沿重力方向流走，成为直接径流的重要组成部分。由于天然流域的径流形成机制比较复杂，坡面流的种类当然还不止这些，例如有的坡面流由回归流形成，有的坡面流会忽隐忽明呈现串流现象。

坡面流除没有固定边坡约束外，它与明渠水流比较还有若干特点。坡面流的水深远小于明渠水流；坡面流受到降雨入注、下渗及糙率等影响比明渠水流明显；大多数情况下坡面流运动可用运动波近似；坡面流的流程与宽度量级相当，坡面流的非线性特性要比明渠水流突出(Govindaraju Kavvas ML，1990；王协康等，1999；江忠善，1983)。

坡面水流的运动方程：对于坡面径流的数学描述，目前一维方程仍然是较实际的选择，也成为多方面研究的基本出发点(陈力等，2001)。带源项的圣维南方程是通常采用的形式之一，以流速 u，水深 h 为基本变量，带源项的非守恒型一维圣维南控制方程形式为：

$$\begin{cases}\dfrac{\partial h}{\partial t}+\dfrac{\partial uh}{\partial x}=q\\ \dfrac{\partial u}{\partial t}+u\dfrac{\partial u}{\partial x}+g\dfrac{\partial h}{\partial x}=g\left(s_0-s_f\right)-\dfrac{q}{h}(u-v)\end{cases}\tag{24.1.1}$$

式中，u 为坡面流流速；h 为水深；x 为水平方向空间坐标；t 为时间；s_0 为坡面坡度；s_f 为水流能坡；q 为侧向入流的质量源强度；v 为侧向入流的速度在 x 轴向的分量。

将其运用到坡面流，在过去的处理中，一般取水平方向为 x 轴，侧向入流的方向垂直于 x 轴，且入渗速度值较 u 小得多，因此认为 v 很小而取为零。得到坡面流方程形式为：

$$\begin{cases}\dfrac{\partial h}{\partial t}+\dfrac{\partial uh}{\partial x}=q\\ \dfrac{\partial u}{\partial t}+u\dfrac{\partial u}{\partial x}+g\dfrac{\partial h}{\partial x}=g\left(s_0-s_f\right)-\dfrac{q}{h}u\end{cases}\tag{24.1.2}$$

其中，q 表示降雨和入渗综合结果，即雨强与渗透率的差值

$$q=p-i$$

式中，p 为降雨强度(m/s)；i 为土壤入渗率(m/s)。

对于坡度较小的情况，将空间坐标方向取为水平方向与取为沿坡面向下方向差别不大，并且此时降雨方向近似垂直于坡面，入流流速也可以忽略，上述方程可以较好地描述坡面流运动。对于坡度较大的坡面，水深 h 必须定义为垂直于坡面，此时空间坐标应选择沿坡面向下的方向为 x 轴，且降雨方向不垂直于坡面(x 轴)，则上述方程组将难以较好地描述坡

面流运动。对这种陡坡情况，取沿坡面向下为 x 轴方向,其坡面流运动方程可推导如下。

先推导连续方程，设坡面倾角为 θ，取单位宽度的柱形单元(图 24.2)。在 dt 时段内流入微元体的流体质量为 ρuhdt，流出的流体质量为

$$\rho\left(u+\frac{\partial u}{\partial x}\mathrm{d}x\right)\left(h+\frac{\partial h}{\partial x}\mathrm{d}x\right)\mathrm{d}t$$

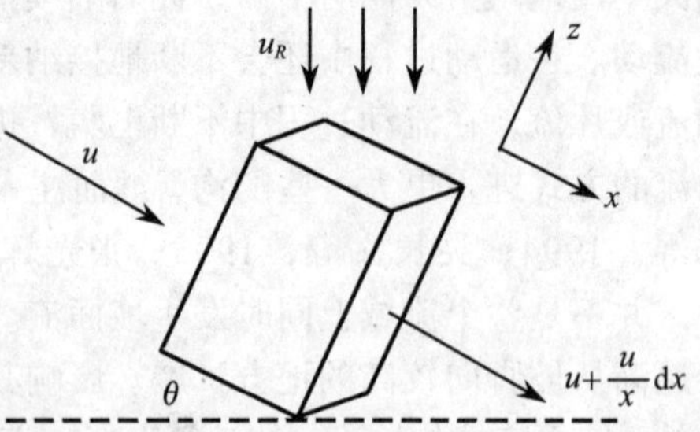

图 24.2　坡面面流坐标示意图(陈力等，2001)

其中，ρ 为流体密度(kg/m^3)；u 为 x 向流速(m/s)；h 为垂直于 x 轴的水深(m)。设降雨由铅直方向进入微元体，其强度为 p(m/s)，考虑雨水均匀分布在整个坡面上，dt 时段内进入微元体的雨水的质量通量应为

$$\rho p\cdot\mathrm{d}s\cdot\mathrm{d}t=\rho\left(p_z+p_x\frac{\partial h}{\partial x}\right)\mathrm{d}x\,\mathrm{d}t=\rho\left(p\cos\theta+p\sin\theta\frac{\partial h}{\partial x}\right)\mathrm{d}x\,\mathrm{d}t \tag{24.1.3}$$

式中 ds 为微元体顶部面积矢量；p 为雨强矢量；p_x, p_z 为其在相应坐标轴上的投影。由于 $\partial h/\partial x\ll 1$，第二项可以略去。如果考虑向地下水的入渗，还须减去入渗量 idxdydt，i 为入渗率(m/s)。此外，质量源强度是 $\rho(p\cos\theta-i)$，而并非 $\rho(p-i)$。dt 内微元体的质量增量为 $\rho(\partial h/\partial x)dxdt$。由质量守恒原理，有

$$\rho\frac{\partial h}{\partial t}\mathrm{d}t\,\mathrm{d}x=\rho uhdt-\rho\left(u+\frac{\partial u}{\partial x}\mathrm{d}x\right)\left(h+\frac{\partial h}{\partial x}\mathrm{d}x\right)\mathrm{d}t+\rho\left(p\cos\theta-i\right)\mathrm{d}x\,\mathrm{d}t \tag{24.1.4}$$

略去二阶小量，整理得

$$\frac{\partial h}{\partial t}+\frac{\partial uh}{\partial x}=p\cos\theta-i \tag{24.1.5}$$

再推导动量方程。dt 时段内在 x 方向流入微元体的动量为 $\rho uh\mathrm{d}t\cdot u=\rho u^2h\mathrm{d}t$；流出微元体的动量为：

$$\rho\left(u+\frac{\partial u}{\partial x}\mathrm{d}x\right)^2\left(h+\frac{\partial h}{\partial x}\mathrm{d}x\right)\mathrm{d}t$$

由于动量输入的速率与质量输入的速率不相等，即雨水进入单元体的速度是雨滴速度 u_R(m/s)，而非降雨强度 p，u_R 一般较 p 大 5 个量级；即降雨带入微元体的动量为 $\rho p\cos\theta\mathrm{d}x\mathrm{d}t\cdot u_R\sin\theta$；微元内的动量增量为：

$$\frac{\partial(\rho h\,\mathrm{d}x\cdot u)}{\partial t}\mathrm{d}t=\rho\frac{\partial uh}{\partial t}\mathrm{d}x\,\mathrm{d}t$$

分析 x 方向微元所受外力，重力为 $\rho g\sin\theta\cdot h\cdot\mathrm{d}x$，底部摩阻力为 $\rho ghs_f\,\mathrm{d}x\mathrm{d}y$，断面总压力为：

$$\int_0^h\rho g\cos\theta\cdot z\,\mathrm{d}z\cdot\mathrm{d}y=\frac{\rho gh^2\cos\theta}{2}\mathrm{d}y$$

由此得微元体上下游断面压力为：

$$\frac{\rho g h^2 \cos\theta}{2} - \frac{\rho g \left(h + \frac{\partial h}{\partial x} \mathrm{d}x\right)^2 \cos\theta}{2} = -\rho g \cos\theta \frac{\partial h}{\partial x} \mathrm{d}x \tag{24.1.6}$$

微元体内动量的增量等于外部动量的净输入量与外力冲量之和，即：

$$\begin{aligned}\rho \frac{\partial uh}{\partial t} \mathrm{d}x\mathrm{d}t = \rho u^2 h \mathrm{d}t - \rho\left(u + \frac{\partial u}{\partial x}\mathrm{d}x\right)^2 \cdot \left(h + \frac{\partial h}{\partial x}\mathrm{d}x\right)\mathrm{d}t + \rho g \cos\theta \mathrm{d}x\mathrm{d}t \cdot u_R \sin\theta \\ -\rho g \cos\theta \cdot h \mathrm{d}x\mathrm{d}t + \rho g \sin\theta \cdot h \cdot \mathrm{d}x\mathrm{d}t - \rho g h s_f \cdot \mathrm{d}x\mathrm{d}t\end{aligned} \tag{24.1.7}$$

整理后得

$$\frac{\partial uh}{\partial t} + h\frac{\partial u^2}{\partial x} + u^2\frac{\partial h}{\partial x} + gh\cos\theta\frac{\partial h}{\partial x} = gh\sin\theta - ghs_f + p\cos\theta \cdot u_R \sin\theta \tag{24.1.8}$$

即

$$\frac{\partial uh}{\partial t} + \frac{\partial u^2 h}{\partial x} + gh\cos\theta\frac{\partial h}{\partial x} = gh\sin\theta - ghs_f + p\cos\theta \cdot u_R \sin\theta \tag{24.1.9}$$

式(24.1.4)和式(24.1.9)即为陡坡情况下，以坡面向下方向为 x 轴方向的守恒型坡面流方程，进而可以得到它的非守恒形式。

$$\begin{cases}\dfrac{\partial h}{\partial t} + \dfrac{\partial uh}{\partial x} = p\cos\theta - i \\ \dfrac{\partial u}{\partial t} + u\dfrac{\partial u}{\partial x} + g\cos\theta\dfrac{\partial h}{\partial x} = g\left(s_0 - s_f\right) - \dfrac{p\cos\theta\left(u - u_R\sin\theta\right) - i}{h}\end{cases} \tag{24.1.10}$$

可见，在陡坡情况下，连续方程的源项，以及动量方程均与原方程有所差异(陈力等，2004)。

24.1.2 圣维南方程组

按照波长与水深的对比关系，通常可把水流的不稳定波动划分为两类，波长比水深大得多的不稳定波动称为浅水波，波长远小于水深的不稳定波动称为深水波。在天然河流或人工渠道中出现的洪水波一般属于浅水波，深水波则一般发生在水深远大于河流湖泊水深的海洋之中。

按照流体力学定义，流量随时间变化的程度，可分为恒定流和非恒定流，而非恒定流又可分为急变流和渐变流两种，急变流是流量随时间变化剧烈的波动；渐变流则是流量随时间变化比较缓慢的流动，天然水体的流动一般很难出现恒定流，绝大多数属于非恒定渐变流，坡面或河道中由降水径流形成的洪水波一般都是渐变流。由于渐变流近似于恒定流，所以动水压力的分布基本与静水压力分布相同，由此我们可以按照恒定流的推导方法，来推导渐变流的运动方程(于维忠，1988；芮孝芳，2004)。

通常认为河道洪水波是一维非恒定渐变浅水波，圣维南在此前提下，推导出了水流运动的基本微分方程组。

首先，我们进行控制体质量守恒分析。从河道渐变流动的水体中，取出一段微小水体作为控制体，见图 23.3。根据质量守恒定律，在时段 Δt 内进入控制体水量减去流出控制体水量，等于时段 Δt 内水体的蓄水变量。由于控制体选择在渐变流段，若考虑该时段的旁侧

入流量 q，则有

$$Q\Delta t-[(Q+\frac{\partial Q}{\partial x})\Delta t+q]=\frac{\partial A}{\partial t}\Delta x\Delta t$$

移项整理得

$$\frac{\partial Q}{\partial x}+\frac{\partial A}{\partial t}=q \tag{24.1.11}$$

或

$$A\frac{\partial v}{\partial x}+v\frac{\partial A}{\partial x}+\frac{\partial A}{\partial t}=q \tag{24.1.12}$$

上式就是有旁侧入流的非恒定渐变流连续性方程。它反映了洪水波运动必须满足的连续性条件，实质上就是质量守恒定律的体现。

现在进行控制体受力和动量守恒分析。由于该微小控制体选择在渐变流段，所以符合动量守恒和静水力学压强分布规律，据此建立控制体动力方程。

表面力：控制体所受表面力只有上下断面压力和河道摩擦阻力，如图 23.4 所示。则压力项为：

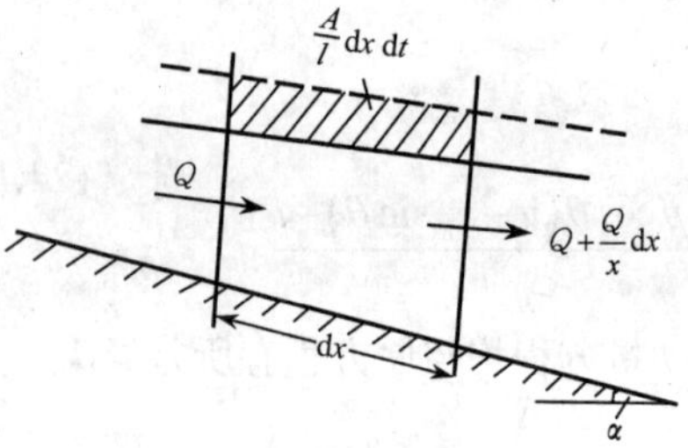

图 24.3　控制体的出流与入流

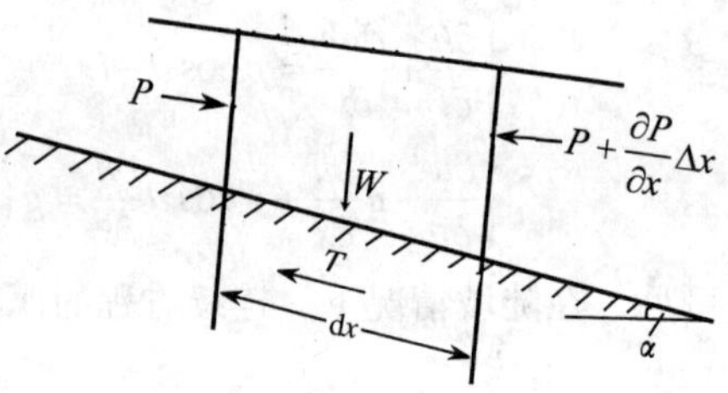

图 24.4　控制体受力分析

$$P-(P+\frac{\partial P}{\partial x}\Delta x)=-\frac{\partial P}{\partial x}\Delta x$$

根据静水力学压强分布规律，有

$$-\frac{\partial P}{\partial x}\Delta x=-\gamma A\frac{\partial y}{\partial x}\Delta x$$

控制体与边界接触产生的河道摩擦阻力为：

$$T=\tau\omega\Delta x=\tau\frac{A}{R}\Delta x$$

式中，τ 为黏滞切应力，根据牛顿内摩擦定律有

$$\tau=\rho v\frac{\mathrm{d}v}{\mathrm{d}y}$$

实际上，摩擦阻力对控制体的作用主要表现在，使流速水头沿程降低，称为沿程损失或能坡(i_f)，这样使河道水流产生一个坡降。那么，重量也就必然在这个坡度方向产生一个分力，其表达式为：

$$G_x=\gamma A i_f\Delta x \tag{24.1.13}$$

质量力：控制体所受质量力主要是重力在流动方向的分量，则有

$$G_x = \gamma A\Delta x \sin\alpha$$

因为，$\sin\alpha \approx i_0$，所以上式又可表达为：

$$G_x = \gamma A i_0 \Delta x \tag{24.1.14}$$

根据流体力学原理，任何物理量变化都是与时间和空间位置有关的随体导数，包括与时间有关的局地变化和与位置有关的迁移对流变化。由动量守恒定理可知，控制体在运动方向上的动量变化率等于流动方向上作用力的合力。下面分析控制体的动量变化。

动量变化率：控制体的动量变化率包括局地动量和迁移动量两部分。局地动量可以由以下方法导出，在流动方向上由于过流面积变化或流速变化，必然导致在该方向产生一个质量增量 M_1：

$$M_1 = \rho A v \Delta x$$

对 M_1 进行时间微分，得

$$\mathrm{d}M_1 = \frac{\partial}{\partial t}(\rho A v \Delta x) = \rho\Delta x(A\frac{\partial v}{\partial t} + v\frac{\partial A}{\partial t}) \tag{24.1.15}$$

实际上更确切地说，上式的物理意义应当是外力导致局地速度变化而产生加速度，这种力也是质量力的一种。

而控制体的迁移动量 M_2 为：

$$M_2 = \rho Q v = \rho A v^2$$

迁移动量 M_2 在流动方向上的沿程变化率为：

$$\mathrm{d}M_2 = \frac{\partial}{\partial t}(\rho A v^2)\Delta x = \rho\Delta x(v^2\frac{\partial A}{\partial x} + 2vA\frac{\partial v}{\partial x}) \tag{24.1.16}$$

控制体总的动量变化率为：

$$\mathrm{d}M = \mathrm{d}M_1 + \mathrm{d}M_2 = \rho\Delta x(A\frac{\partial v}{\partial t} + v\frac{\partial A}{\partial t} + v^2\frac{\partial A}{\partial x} + 2vA\frac{\partial v}{\partial x}) \tag{24.1.17}$$

对上式进行因式分解，并把式(24.1.13)代入，则有

$$\mathrm{d}M = \rho\Delta x(A\frac{\partial v}{\partial t} + vA\frac{\partial v}{\partial x} + vq)$$

方程左边 vq 反映的是旁侧入流水量的运动问题，由于旁侧入流无论是分散逐渐加入，还是集中加入，必然与原先水流的运动方向不一致，所以最终获得的运动速度 v 由两部分构成，首先是加入时已经具有的速度 v_q；其次是 v_q 在整体水流运动方向 x 上的投影 v_{qx}，而这个分量已经在其他运动项中包含，所以应当扣除。故有

$$\mathrm{d}M = \rho\Delta x[A\frac{\partial v}{\partial t} + vA\frac{\partial v}{\partial x} + q(v_q - v_{qx})] \tag{24.1.18}$$

根据动量定理，则有

$$\rho\Delta x[A\frac{\partial v}{\partial t} + vA\frac{\partial v}{\partial x} + q(v_q - v_{qx})] = \Delta x(-\gamma A\frac{\partial y}{\partial x} + \gamma A i_0 - \gamma A i_f) \tag{24.1.19}$$

消去 ρ，并移项整理得

$$\frac{\partial v}{\partial t} + v\frac{\partial v}{\partial x} + g\frac{\partial y}{\partial x} + q(v_q - v_{qx}) = g(i_0 - i_f)$$

一般表达为

$$\frac{1}{g}\frac{\partial v}{\partial t}+\frac{v}{g}\frac{\partial v}{\partial x}+\frac{\partial y}{\partial x}+\left(\frac{q(v_q-v_{qx})}{gA}\right)=(i_0-i_f) \tag{24.1.20}$$

上式称为动力方程，也称为动量方程或能量方程，它反映了洪水波运动必须满足的动力平衡条件、动量平衡条件和能量平衡条件，实质上就是牛顿第二定律、动量守恒定律和能量守恒定律的体现。按动力平衡的观点，上式中各平衡项的具体意义是：i_0 为重力项；i_f 为摩阻力项；$\frac{\partial y}{\partial x}$ 为压力项；$\left(\frac{v}{g}\frac{\partial v}{\partial x}\right)$为空间惯性力项；$\left(\frac{1}{g}\frac{\partial v}{\partial t}\right)$为时间惯性力项，二者合起来称为惯性力项；$\frac{q(v_q-v_{qx})}{gA}$为旁侧入流产生的惯性力项。

当无旁侧入流时，圣维南方程组可以表述为：

$$\frac{\partial Q}{\partial x}+\frac{\partial A}{\partial t}=0 \tag{24.1.21}$$

$$\frac{v}{g}\frac{\partial v}{\partial x}+\frac{1}{g}\frac{\partial v}{\partial t}+\frac{\partial y}{\partial x}=(i_0-i_f) \tag{24.1.22}$$

当旁侧入流产生的惯性力项可以忽略不计时，圣维南方程组可以表述为：

$$\begin{cases}\frac{\partial Q}{\partial x}+\frac{\partial A}{\partial t}=q\\ \frac{v}{g}\frac{\partial v}{\partial x}+\frac{1}{g}\frac{\partial v}{\partial t}+\frac{\partial y}{\partial x}=(i_0-i_f)\end{cases} \tag{24.1.23}$$

在上述圣维南方程组中，包含有 Q，A，v 和 y 四个未知函数。但若考虑到 $Q=Av$ 和 y 与 A 呈单值函数关系，故实际上只包含有两个未知函数，它们是流量 Q 和水位 Z，或 v 和 y。由于在河流洪水研究中最关心的是 Q 和 Z 两个水文要素，因此仅以 Q 和 Z 作为未知函数的圣维南方程组，有着更加广泛的应用，其方程组为：

$$\frac{\partial Q}{\partial x}+B\frac{\partial Z}{\partial t}=q \tag{24.1.24}$$

$$\frac{\partial Q}{\partial t}+2v\frac{\partial Q}{\partial x}+(gA-Bv^2)\frac{\partial Z}{\partial x}-v^2\left.\frac{\partial A}{\partial x}\right|_Z+g\frac{nQ|Q|}{AR^{4/3}}=0 \tag{24.1.25}$$

式中，Z 为水位；$\left.\frac{\partial A}{\partial x}\right|_Z$ 为水位沿河长不变时，过水断面面积对河长的变化率；n 为河道糙率；R 为水力半径；其他符号的意义与前述相同。

24.1.3　圣维南方程组定解条件

上述圣维南方程组，虽然已经构成了不同条件下的闭合方程组，但要求解特定情况下的洪水波运动，还必须给定初始条件和边界条件，这是洪水运动研究中的核心问题(于维忠，1988；芮孝芳，2004)。

初始条件指的是洪水波运动开始时 Q 和 Z 沿河长的变化情况，通常采用恒定流状态作为初始条件，即

$$Q(x,0)=Q_0(x) \tag{24.1.26}$$

对于断面固定不变的棱柱形河道，则有

$$Q(x,0)=Q_0$$

对于由式(24.1.24)和式(24.1.25)描述的一维洪水波运动问题，边界条件包括上边界条件和下边界条件。上边界条件通常取 x=0 处的流量过程 $Q(0, t)$，而且等于上边界处的入流过程 $I(t)$，即

$$Q(0,t)=I(t) \tag{24.1.27}$$

下边界条件一般用下边界断面 L 处的出流过程 $Q(L, t)$，L 为上、下边界之间的河长。作为一个特殊情况，当下游不受回水顶托影响，即为自由出流时，下边界条件为：

$$Q(L,t)=Q_0 \tag{24.1.28}$$

这就是说，在这种情况下，河道水流进入恒定流状态。同时，从流量的变化过程看，当沿途没有流量加入时，在 $x\to\infty$时，必然出现断流，即

$$\lim_{x\to\infty}Q(x,t)=0 \tag{24.1.29}$$

除了以上初始条件和边界条件以外，还可以构造一些其他形式的初始条件和边界条件。若将连续性方程式(24.1.21)对河长进行积分，则可导出下列无区间入流的河段水量平衡方程式：

$$I(t)-O(t)=\frac{\mathrm{d}W(t)}{\mathrm{d}t} \tag{24.1.30}$$

式中，$I(t)$, $O(t)$分别为河段上、下断面流量过程；$W(t)$为河段槽蓄量过程。式(24.1.30)是一个不闭合的常微分方程式，因为其中包含了 $O(t)$和 $W(t)$两个未知函数。

河槽蓄量一般取决于流量沿程分布，后者又可借助于河段上、下断面流量及其各阶导数来表达。因此，河槽蓄量与河段上、下断面流量之间的关系可表达为

$$W=f\left(I,O;\frac{\mathrm{d}I}{\mathrm{d}t},\frac{\mathrm{d}^2I}{\mathrm{d}t^2},\cdots,\frac{\mathrm{d}O}{\mathrm{d}t},\frac{\mathrm{d}^2O}{\mathrm{d}t^2},\cdots\right) \tag{24.1.31}$$

式(24.1.31)称为槽蓄方程。它也包含 $O(t)$和 $W(t)$两个未知函数。

因此，式(24.1.31)和式(24.1.31)构成了一个闭合的常微分方程组，但还需构造一个初始条件，这个方程组也可作为求解洪水波运动的定解方程组。

若流量沿程呈直线变化，则式(24.1.31)可简化为

$$W=f\left(I,O\right) \tag{24.1.32}$$

式(24.1.32)的另一个特例是，如果河段长等于特征河长 l，则有

$$W=f\left(O\right) \tag{24.1.33}$$

特征河长的物理意义是，一个其槽蓄量正好与其出流量呈单值关系的特殊河段。可以证明，特征河长 l 的表达式为

$$l\approx\frac{Q_0}{i_0}\left(\frac{\partial Z}{\partial Q}\right)_0 \tag{24.1.34}$$

式中，Q_0 为稳定流量；i_0 为稳定流比降；$\left(\frac{\partial Z}{\partial Q}\right)_0$ 为恒定流水位流量关系的坡度。

24.1.4　河道洪水演算的马斯京根法

洪水波经过河段时，水面线以下的蓄水量可分为两部分：平行于河底的直线下面的槽蓄量称为柱蓄。在此直线与实际水面线之间的楔蓄量称为楔蓄。在波前阶段，楔蓄量为正值，在波后阶段，楔蓄量为负值，见图 24.5(林三益，2001)。

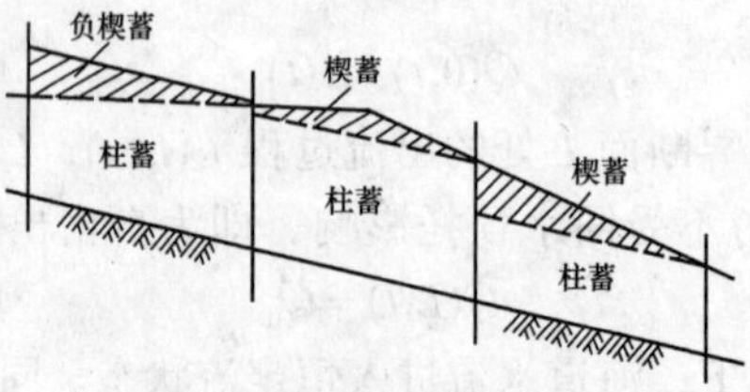

图 24.5　河槽水面线与槽蓄量

在流量演算中，为了表达楔蓄量，常以上游断面入流量为参数列入槽蓄量方程式，则河段蓄水量的表达式为：

$$W = \frac{b}{a}[xI^{m/n} + (1-x)O^{m/n}] \tag{24.1.35}$$

式中，a 和 n 为段平均水位~流量关系 $Q=aH^n$ 中的两个系数,b 和 m 为河段平均水位~蓄量关系 $W=bH^m$ 中的两个系数。在均一的矩形河槽中，槽蓄量与水位呈一次方关系(m=1)，而水位与流量的关系是 5/3 次方(曼宁公式)。系数 x 表示上、下游断面流量在槽蓄量中的相对权重，反映楔蓄对流量演算的作用。槽蓄作用大，x 大；反之，x 小。对水库而言，入流量不起影响，x=0；若上、下游断面流量的影响相等，x=0.5。大多数河流的 x 值在 0~0.5 之间。

假定 $m/n=1$，令 b/a=K，则(2.2.17)式成为：

$$W = K[xI + (1-x)O] \tag{24.1.36}$$

令

$$Q' = xI + (1-x)O \tag{24.1.37}$$

则

$$W = KQ' \tag{24.1.38}$$

上面式(24.1.36)或式(24.1.38)即为马斯京根法的槽蓄曲线方程式。式中，Q'为示储流量，单位为 m^2/s；x 为流量比重因素；K 为蓄量常数，是式(24.1.36)关系线的斜率，具有时间的因次。应用时，根据上、下游断面流量资料，假定不同 x 值，点绘 $W\sim Q'$关系线，取其中呈单一关系的 x 值和 K 值，即为最优解。

根据河段水量平衡原理，可以得出计算时段内的蓄水量变化量，即

$$\frac{1}{2}(I_1 + I_2)\Delta t - \frac{1}{2}(O_1 + O_2)\Delta t = \pm W \tag{24.1.39}$$

合解式(24.1.36)和式(24.1.39)可得

$$O_2 = C_0 I_2 + C_1 I_1 + C_2 O_1 \tag{24.1.40}$$

式中，

$$\begin{cases} C_0 = \dfrac{\dfrac{1}{2}\Delta t - Kx}{K - Kx + \dfrac{1}{2}\Delta t} \\ C_1 = \dfrac{\dfrac{1}{2}\Delta t + Kx}{K - Kx + \dfrac{1}{2}\Delta t} \\ C_2 = \dfrac{K - Kx - \dfrac{1}{2}\Delta t}{K - Kx + \dfrac{1}{2}\Delta t} \end{cases} \tag{24.1.41}$$

而且三个系数必须满足以下关系，即

$$C_0 + C_1 + C_2 = 1 \tag{24.1.42}$$

公式(24.1.39)就是马斯京根法流量演算公式。当确定了河段的 K，x 和 Δt 值，C_0，C_1，C_2 值可求得，按式(24.1.39)即可适时段推求下游断面出流量过程了。实际式(24.1.39)无预见期。

当 $\Delta t = 2Kx$ 时，由式(24.1.41)得 $C_0 = 0$，公式(24.1.39)变为

$$O_2 = C_1 I_1 + C_2 O_1 \tag{24.1.43}$$

上式与 I_2 无关，且预见期为 Δt。

§24.2　洪水波的几何特征

24.2.1　描述洪水波的基本物理量

图 24.6 是洪水波形状示意图。描写洪水波的形状及其运动需要用到它的几何特征和运动特征。洪水波的几何特征包括波体、波高、波峰和波长，洪水波的运动特征则可用附加比降、相应流量(水位)和波速等来描述。

波体：初始稳定流水面上的附加部分水体，即洪水波本身，如图 24.6 中的 ABCDA 部分。

波高：波体轮廓线上任一点相对于稳定流水面的高度。波高是随河长而变化的。其中，最大波高称为洪峰，如图 24.6 中 BD 所示。以洪峰为界，向着波前进方向那部分波体称为波前，如图 24.6 中的 BCDB 部分。相反的部分，即图 24.6 中的 BADB，称为波后。

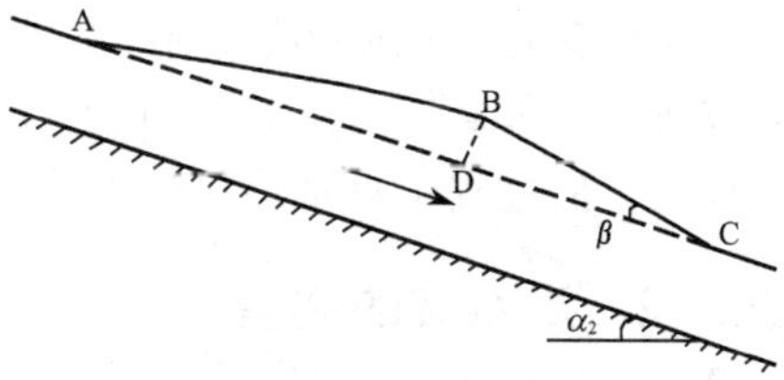

图 24.6　洪水波基本情况

波长：波体与稳定流水面交界面的长度，即图 24.6 中 AC 的长度。

波锋：波前的前峰界面，即图 24.6 中的 BC 面。

附加比降：波体水面相对于稳定流水面的比降。附加比降可近似地用波体的水面比降和稳定流水面比降的差值来表示。事实上，由图 24.6 可见，波体水面与水平面夹角可表达为：

$$\alpha_1 = \alpha_2 + \beta$$

所以

$$\tan\alpha_1 = \tan(\alpha_2 + \beta) = \frac{\tan\alpha_2 + \tan\beta}{1 - \tan\alpha_2 \tan\beta}$$

式中，α_1 为波体水面与水平的夹角；α_2 为河底与水平的夹角；β为波体水面与稳定流水面的夹角；$\tan\alpha_1$ 为波体水面比降 i；$\tan\alpha_2$ 为稳定流水面比降 i_0；$\tan\beta$为附加比降 i_Δ。因此，当α_2 和β均很小时，有：

$$i = \frac{i_0 + i_\Delta}{1 - i_0 i_\Delta} \approx i_0 + i_\Delta$$

即

$$i_\Delta \approx i - i_0 \tag{24.2.1}$$

附加比降可正可负。涨洪时，即对于波前，i_Δ为正；落洪时，即对于波后，i_Δ为负。

相应流量：洪水波波体与大气交界面的轮廓线上的每一点都占有一定的相对位置，这就是洪水波位相的概念。洪峰占有轮廓线上最高一点，因此洪峰就是一个位相。由水力学可知，洪水波的每一个位相都有一定水位，并相应于一定的流量。这种相应于一定位相的流量(水位)称为相应流量(相应水位)，又称传播流量(或传播水位)。特别地，把相应于洪峰位相的流量(洪峰流量)或水位(洪峰水位)称为相应洪峰流量或相应洪峰水位。

相应流量或相应水位，虽然所对应的位相在洪水波运动过程中是不变的，但数量一般来说却不是一个常数，随着洪水波从上游向下游传播，相应流量或相应水位是有所变化的。如果减少，则相应流量或相应水位衰减；反之，则相应流量或相应水位增强。

波速：波体上某一位相点沿河道的运动速度称为该位相点的波速。或者说，相应流量或相应水位沿河道的传播速度即为波速。如果只考虑一维水流的情况，并用 x 表示波运动方向上的坐标，则波体上某一位相点在任一时刻 t 的位置可用函数 $x(t)$来表示，因此，波速可表达为：

$$c = \frac{\mathrm{d}x}{\mathrm{d}t} \tag{24.2.2}$$

当相应流量为洪峰流量时，则式(24.2.2)可表示洪峰流量沿河道的传播速度，称此为洪峰波速。洪水波波体上各位相点的波速一般是不相同的。如果各位相点的波速相同，则洪水波在传播过程中只是形状的平移，就像刚体运动一样，这种情况一般很少发生。

24.2.2 洪水波的类型

对于动力波方程(24.1.20)，水文学研究中通常根据各平衡项作用大小，把洪水波分为不同类型。当方程中的所有惯性项和压力项远小于阻力项和重力项时，则所有惯性项和压力项可以忽略，故有

$$i_0 = i_f$$

也就是河底比降产生重力分量全部消耗于水流摩擦阻力，常见的方程形式为：

$$Q = AC\sqrt{Ri_0} = K\sqrt{i_0} \tag{24.2.3}$$

上式为水文学中的洪水运动波方程。式中 C 为谢才系数，K 为流量模数。由上式可以看出，流量模数是水深和断面形状的函数，故对固定断面而言，流量与水深或面积成单值

函数，即

$$Q = Q(h),\quad Q = Q(A)$$

则进一步有

$$\frac{\partial A}{\partial t} = \frac{\mathrm{d}A}{\mathrm{d}Q}\frac{\partial Q}{\partial t},\quad \frac{\mathrm{d}Q}{\mathrm{d}A} = \frac{\mathrm{d}x}{\mathrm{d}t} = c$$

则连续性方程可以变为以下形式

$$\frac{\partial Q}{\partial t} + c\frac{\partial Q}{\partial x} = 0 \tag{24.2.4}$$

当方程中的所有惯性项远小于压力项、阻力项和重力项时，则所有惯性项可以忽略，故有

$$\frac{\partial y}{\partial x} = (i_0 - i_f)$$

上式水文学中称为洪水的扩散波，常见的方程形式为：

$$Q = AC\sqrt{Ri_0 - \frac{\partial y}{\partial x}} = K\sqrt{i_0 - \frac{\partial y}{\partial x}} \tag{24.2.5}$$

或

$$Q = K\sqrt{i_0}\sqrt{1 - \frac{1}{i_0}\frac{\partial y}{\partial x}} = Q_0\sqrt{1 - \frac{1}{i_0}\frac{\partial y}{\partial x}}$$

对于矩形宽浅河道而言，则有

$$\frac{\partial Q}{\partial t} + c\frac{\partial Q}{\partial x} = \mu\frac{\partial^2 Q}{\partial x^2} \tag{24.2.6}$$

当方程中的阻力项和的重力项远小于惯性项和压力项时,则阻力项和重力项可以忽略，故有

$$\frac{1}{g}\frac{\partial v}{\partial t} + \frac{v}{g}\frac{\partial v}{\partial x} + \frac{\partial y}{\partial x} + \left(\frac{q(v_q - v_{qx})}{gA}\right) = 0 \tag{24.2.7}$$

上式就是洪水的惯性波方程。而全部平衡项都不能忽略时，就是我们熟知的动力波方程。

单从方程来看，运动波只是扩散波方程的一个特例，严格来说这种情况一般不会发生，同时惯性波一般出现在很陡或直立的洪峰浪头上，这种情况出现机会比较少，且持续时间比较短，很快就会破碎，所以应用范围并不广，故水文学中应用最为广泛的是扩散波方程。因此，可以根据前面定解条件方程(24.1.27)~ (24.1.29)和扩散波方程(24.2.6)，构建扩散波的定解方程组，即

$$\begin{cases} \dfrac{\partial Q}{\partial t} + c\dfrac{\partial Q}{\partial x} = \mu\dfrac{\partial^2 Q}{\partial x^2}, & (x \geqslant 0, t \geqslant 0) \\ Q(x,0) = 0, & (t \geqslant 0) \\ Q(0,t) = I(t), & (t \geqslant 0) \\ \lim\limits_{x \to \infty} Q(x,t) = 0 \end{cases} \tag{24.2.8}$$

这就是河道汇流经常使用的扩散波的定解方程组，它们依次是扩散波方程、初始条件、

上边界条件和下边界条件。当波速 c 和扩散系数 μ 为常数时，偏微分方程就变成线性方程，求解最为简便，因此在过去非线性方程求解比较困难时，通常在这种假设条件下，求解圣维南方程组。

§24.3 流域汇流过程

流域汇流是水文循环物理过程的关键环节。由于水流向流域出口汇集的过程中运动规律非常复杂，所以汇流计算在很大程度上属于数学演算。国际上长期以来针对流域不同的自然条件，开展了大量试验研究，得到了大量的汇流计算模型，实践证明这些模型在不同流域和不同条件下各有其优缺点，很难在水文物理原理上判断其优劣，只能根据具体情况谨慎选择。于维忠和芮孝芳等对国内外比较著名的各种汇流模型进行了系统总结(于维忠，1988；芮孝芳,2004)。这些方法对于陆地水文专业的学者来说比较熟悉，然而目前大量从事分布式水文模拟研究的人员，并非陆地水文专业背景，对于这些方法比较生疏，因而把这些内容编入本书，以便选择使用。

24.3.1 流域汇流过程

降落在流域上的降水，扣除损失后，从流域各处向流域出口断面汇集的过程称为流域汇流，主要研究流域出口断面洪水过程的形成原理及计算方法。

通常我们可以将流域划分为坡地和河网两个基本部分。降落在河流断面上的雨水将直接通过河网汇集到流域出口断面。而降落在坡地上的雨水，一般要从两条不同的途径汇集至流域出口断面。一是沿着坡地地面汇入相近的河流，接着汇入更高级的河流，最后汇集至流域出口断面；另一个是下渗到坡地地面以下，在满足一定的条件后，通过土层中各种孔隙汇集至流域出口断面。以上两条汇流途径常常交替进行，这时就出现串流现象(林三益，2001；芮孝芳，2004)。

由此可见，流城汇流由坡地地面水流运动、坡地地下水流运动和河网水流运动所组成，是一种比单纯的明渠水流和地下水流更为复杂的水流现象。由图不仅可以看出流域汇流被划分为坡地汇流和河网汇流两个阶段，而且还可以看出流域出口断面的洪水过程线一般由槽面降水、坡地地面径流和坡地地下径流(包括壤中水径流和地下水径流)等径流成分汇集至流域出口断面所形成。

坡面汇流和河网汇流是两个先后衔接的过程，前者是降落在坡面上的降水在注入河网之前的必经之地，后者则是坡面出流在河网中继续运动的过程。

不同径流成分由于汇集至流域出口断面所经历的时间不同，因此在出口断面洪水过程线的退水段上表现出不同的终止时刻，见图24.7，槽面降水形成的出流终止时间最早，坡地地面径流的终止时间次之，然后是壤中流。终止时间最迟的是坡地地下水径流。

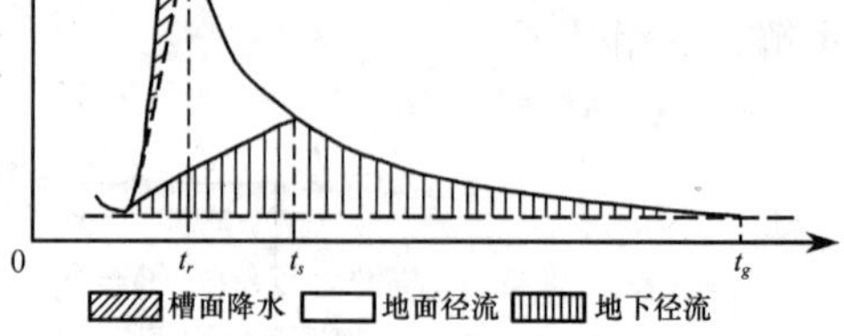

图 24.7 径流成分不同的中止时刻示意图

流域汇流过程是一个系统过程。对流域汇流系统来说，系统输入是净雨过程，系统输出是出口断面流量过程，面系统作用就是流域调蓄作用。按照系统概念，流域出口断面的流量过程又可称为流域对净雨过程的响应，简称为流域响应。流域响应 $Q(t)$ 与净雨输入 $I(t)$ 之间的关系可表达为

$$Q(t) = \Phi[I(t)] \tag{24.3.1}$$

式中，Φ 为系统输入和系统响应之间运算关系的算符。上式的含义是，对系统输入 $I(t)$ 进行一定运算就可以得到系统的响应 $Q(t)$。

流域汇流系统与其他系统一样，也可以划分为线性系统和非线性系统两大类。一个流域汇流系统，如果既满足叠加性又满足均匀性，则称为线性流域汇流系统，否则称为非线性流域汇流系统。

线性流域汇流系统又可分为时不变和时变两种情况。一个线性流域汇流系统，如果系统标符 Φ 中包含的参数均为常数，则称为线性时不变流域汇流系统。反之，如果 Φ 中包含的参数随时间而变，则称为线性时变流域汇流系统。

此外，根据流域汇流的物理过程，流域汇流系统又必定是一个因果性的、守恒的和稳定-高阻尼的物理系统。

24.3.2　流量信号的输入与输出

如前所述，水文过程是一个方程复杂的巨系统，不管研究区域多小，系统的演化过程从物理学角度来说也是方程复杂的，只不过由于降水过程相对比较均匀，其流域响应过程比较单一光滑而已。所以，我们可以把任何汇流过程理解成流量信号的输入与输出过程，这样汇流演算就变成与精细物理过程无关的纯粹的数学拟合问题，当然拟合数学工具的选择仍然与精细物理过程有关，而且物理过程描述越精细，则选择的数学工具针对性越强。

通常规则的电脉冲信号可以通过转换器转换成各种复杂形状的电流信号，反过来也一样容易实现，这在物理和数学上已经是非常成熟的内容。

通常我们把始终维持一个单位信号强度的输入称为单位入流，而把时间起点为 $t=a$ 的单位入流过程称为延迟单位入流。其通用数学表达式为：

$$H(t-a) = \begin{cases} 0, & t < a \\ 1 & t \geqslant a \end{cases} \tag{24.3.2}$$

当 $a=0$ 时方程为单位入流，$a \neq 0$ 时即为延迟单位入流。

如果输入的信号是一个单位的方形波，即一个单位的信号强度只维持一个有限时段，我们通常称为单位矩形入流。其表达式为：

$$I_{ab}(t) = \begin{cases} 0 & t < 0 \\ 1 & a \leqslant t \leqslant b \\ 0 & t > b \end{cases} \tag{24.3.3}$$

另外还有一种最重要的入流方式，即单位瞬时入流。当输入信号强度极大、历时极短，但输入总量为一个单位的入流方式我们称为瞬时脉冲入流。根据定义可以用 δ-函数来表示入流过程，其表达式为：

$$\begin{cases} \delta(t) = 0 & t \neq 0 \\ \delta(t) \to \infty & t = 0 \\ \int_0^{\infty} \delta(t)\,\mathrm{d}t = 1 \end{cases} \tag{24.3.4}$$

可以证明单位瞬时脉冲入流函数，就是单位入流对时间 t 取一阶导数，即

$$\delta(t)=\lim_{\Delta t\to 0}\frac{H(t)-H(t-\Delta t)}{\Delta t}=\frac{\mathrm{d}\,H(t)}{\mathrm{d}t} \tag{24.3.5}$$

上述入流方式为规则的简单几何图形输入，而实际的汇流过程中的入流信号并非规则的几何图形，也不是规则信号波，而是不规则的水文过程线。过去在非线性函数求解困难的情况下，长期采用矩形差分格式来无限逼近，这样复杂的入流过程就转化成一个个矩形入流信号。通过如此处理则可得到入流的近似表达式，即

$$\begin{aligned}I(t)&\approx\frac{I_1}{2}I_{12}(t)+\frac{I_1+I_2}{2}I_{12}(t)+\cdots+\frac{I_i+I_{i+1}}{2}I_{i(i+1)}(t)+\cdots+\frac{I_{n-1}+I_n}{2}I_{(n-1)n}(t)\\&=\bar{I}_0\cdot I_{12}(t)+\bar{I}_1\cdot I_{12}(t)+\cdots+\bar{I}_i\cdot I_{i(i+1)}(t)+\cdots+\bar{I}_{n-1}\cdot I_{(n-1)n}(t)\end{aligned} \tag{24.3.6}$$

上式可以根据矩形入流与单位入流和延迟单位入流之间的函数关系，转化为另一种形式，即

$$\begin{aligned}I(t)&\approx\bar{I}_0[H(t)-H(t-1)]+\bar{I}_1[H(t-1)-H(t-2)]+\cdots+\bar{I}_{n-1}[H(t-n+1)-H(t-n)]\\&=\Delta\bar{I}_0H(t)+\Delta\bar{I}_1H(t-1)+\cdots+\Delta\bar{I}_iH(t-i)+\cdots+\Delta\bar{I}_{i-1}H(t-n+1)\end{aligned} \tag{24.3.7}$$

式中，$\Delta\bar{I}_i=I_i-I_{i-1}$，$i$=1, 2, ⋯, n。

由此可知，任何复杂的入流过程都可以由有限的单位矩形入流之和来拟合，从纯粹数学方程看，拟合精度取决于矩形脉冲的持续时间 Δt，Δt 越小精度越高。但实际上拟合精度取决于实际水文测验可以获得的采样长度，而且等间隔 Δt 的采样过程实际水文测验中很少采用，或者根本无法获得。当然非等间隔采样的计算在数学上已经比较成熟，但水文实际工作中很少应用。

24.3.3 汇流单位线

由微分方程理论可知，任何线性微分方程都服从叠加原理。也就是说，如果把入流分解为若干项之和，则总入流所形成的出流过程必等于各分项入流所形成的出流过程之和。如果要求解线性扩散波出流过程，可先求出其各分项简单入流所形成的出流过程，而后叠加即可。

简单入流所形成的出流过程称为该线性微分方程的基本解。水文学中把持续单位入流所形成的出流过程称为 S-曲线(图 24.8)，把单位矩形入流所形成的出流过程称为时段单位线，把单位瞬时脉冲入流所形成的出流过程称为瞬时单位线。这些基本解又称河段汇流曲线，河段汇流曲线是进行河道洪水演算的基本工具。

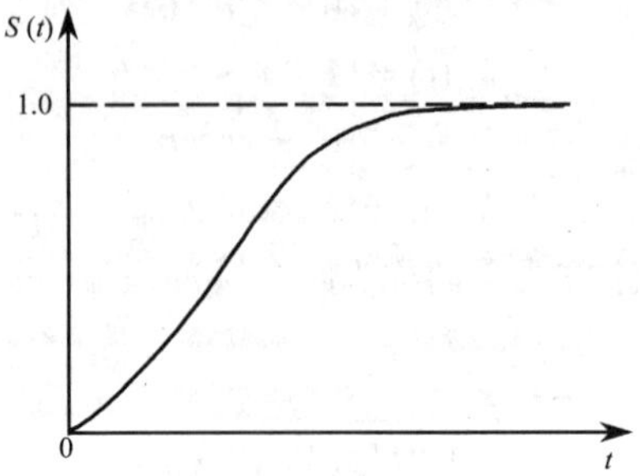

图 24.8 S-曲线示意图

由此可知，把扩散波定解方程组(24.2.5)中的上
边界条件与具体的流量输入对应处理，并进行拉普拉斯变换和逆变换就可获得不同的单位线。

当上边界的输入为持续单位入流时，上边界条件方程变成为：

$$Q(0,t)=H(t),\quad (t\geqslant 0)$$

对(24.2.5)中的偏微分方程进行拉普拉斯变换，并考虑初始条件和上下边界条件，再进行拉普拉斯逆变换，得

$$S(x,t)=\frac{1}{2}\left\{\left[1-\operatorname{erf}\left(\frac{x}{2\sqrt{\mu t}}-\frac{c}{2}\sqrt{\frac{t}{\mu}}\right)\right]+\mathrm{e}^{\frac{cx}{\mu}}\left[1-\operatorname{erf}\left(\frac{x}{2\sqrt{\mu t}}+\frac{c}{2}\sqrt{\frac{t}{\mu}}\right)\right]\right\} \tag{24.3.8}$$

式中，erf()为误差函数，一般有现成的函数表可供查用。

上式就是水文学中著名的S−曲线的函数表达式，实际就是持续单位入流过程变成近似出流过程的数学转换方程。由输入流量的持续单位入流定义可知，当 t=0 时，S(x,t)=0，当 $t\to\infty$时，$S(x, t)\to 1$。

当上边界的输入为矩形单位入流时，上边界条件方程变成为：

$$Q(0,t)=I_{01}(t),\quad (t>0)$$

上式中的 $I_{01}(t)$可以转换成持续单位入流的函数形式，即

$$I_{01}(t)=H(t)-H(t-1)$$

根据线性偏微分方程的叠加性原理，时段单位线可以表达成S−曲线的函数形式，即

$$u(\Delta t,x,t)=S(x,t)-S(x,t-\Delta t) \tag{24.3.7}$$

式中，Δt 为矩形单位流量输入的持续时间，$S(x,\ t-\Delta t)$为延迟 Δt 后的S−曲线函数值，它相应于延迟单位入流的出流过程。而对于固定河段，$u(\Delta t, x, t)$可表示为 $u(\Delta t, t)$。

上式就是由单位矩形流量输入转化为实际流量输出的数学转换器，也就是水文学中著名的时段单位线表达式。由水量平衡原理可知，时段单位线必须满足以下条件，即

$$\sum_{i=0}^{n}u(\Delta t,x,i\Delta t)=1 \tag{24.3.10}$$

当上边界的输入为瞬时单位入流时，上边界条件方程变成为：

$$Q(0,t)=\delta(t),\quad (t>0)$$

对上式进行拉普拉斯变换推导，可得瞬时单位线的函数表达式，即

$$u(x,t)=\frac{x}{\sqrt{4\pi\mu}\cdot t^{3/2}}\exp\left[-\frac{(ct-x)^2}{4\pi\mu}\right] \tag{24.3.11}$$

前面说过，单位瞬时入流就是单位入流函数的时间一阶导数，根据叠加性原理，则可以得到瞬时单位线与S−曲线函数之间的转换关系，即

$$S(x,t)=\int_0^t u(x,t)\,\mathrm{d}t \tag{24.3.12}$$

当上边界的输入为复杂波形入流时，上边界条件方程变成为：

$$Q(0,t)=I(t),\quad (t>0)$$

采用有限个矩形输入的逼近方法，可以获得出流过程函数，即

$$Q(x,t)=\sum_{i=0}^{n}[\Delta \overline{I}_i \cdot S(x,t-i\Delta t)] \tag{24.3.13}$$

24.3.4　流域汇流单位线

1．等流时线方法

等流时线方法是水文学发展过程中一个重要的汇流思想方法，它基于流域面上降水运动的基本物理过程概念，从而构建了流域汇流的基本思想框架，虽然在比较复杂的大型流域水文过程研究中已经很少使用，但它在水文学中的地位如同霍顿产流定理一样重要。在构建等流时线汇流方法的过程中，引入了两个基本概念：一个是等流时线，另一个是共时径流面积(见图 24.9)。

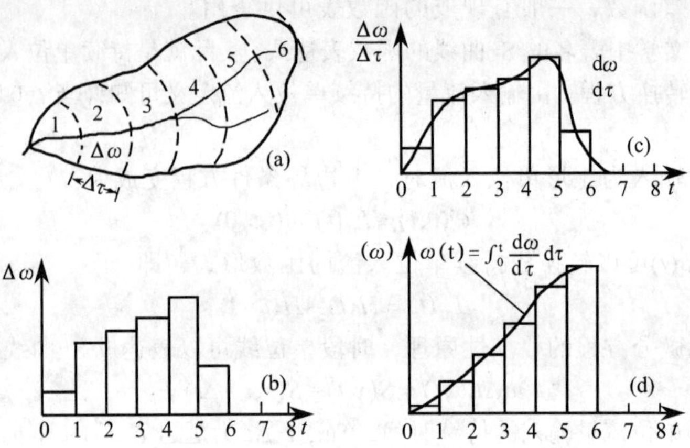

图 24.9　等流时线与共时径流面积(任树梅,2001)

等流时线：同时降落在流域上的雨滴在向流域出口运动的过程中，同时到达流域出口的雨滴，在落点空间上的连线就是等流时线。

我们研究流域出口的水文过程变化，必须有一个合适的采样时段 Δt，这个时段也必然与降水采样过程对应。

共时径流面积：如果把全部降水过程以 Δt 划分为若干时段，那么，在 Δt 时段开始时刻的等流时线与 Δt 时段的结束时刻的等流时线，以及流域边界共同构成的会水面积称为共时径流面积。

由等流时线和共时径流面积基本定义，参与流域出口的 t 时刻造峰水量，是由不同时段净雨 $i(\tau)$和不同共时径流面积 $\Delta\omega(t-\tau)$组合而成的，其函数表达式为：

$$\mathrm{d}Q(t)=i(\tau)\frac{\partial \omega(t-\tau)}{\partial \tau}\mathrm{d}\tau$$

对上式积分即可得到不同时段的出口流量，即

$$Q(t)=\int_0^t i(\tau)\frac{\partial \omega(t-\tau)}{\partial \tau}\mathrm{d}\tau \tag{24.3.14}$$

流域降水产生的净雨向河道汇集的过程是一个十分复杂的过程，并不像等流时线汇流方法那样简单，虽然等流时线的物理概念非常明确，但在复杂的大流域汇流中应用仍然非

常有限。所以，在水文实践中必须寻找更加实用的汇流单位线，流域瞬时单位线和流域时段单位线，以及经验单位线是水文实践中应用非常广泛的方法。

上式转化为离散形式的方程，则有

$$\begin{cases} Q(t)=\sum\limits_{i=1}^{n} I_{t-i+1}\cdot\dfrac{F_i}{\Delta t} \quad m\geqslant n \\ Q(t)=\sum\limits_{i=1}^{n} I_i\cdot\dfrac{F_{t-i+1}}{\Delta t}, \quad m\leqslant n \end{cases} \tag{24.3.15}$$

式中，n 为等流时面积数；m 为净雨量时段数；Δt 为单位时段长；F_i 为等流时面积。

根据上述等流时线方法计算出来的流量过程，常称为漫流过程线。当 $n>m$ 及流域汇流时间 $\tau>m\Delta t$，则流域上只有部分面积和全部净雨量参与形成洪峰流量，称为部分汇流。洪峰流量出现时间取决于主要汇流区域到达出口断面的距离。当 $n=m$，$\tau=m\Delta t$，则全流域和全部净雨量参与形成洪峰流量，称为临界全面汇流。当 $n<m$，$\tau<m\Delta t$，则全流域面积和部分净雨量参与形成洪峰流量，称为全面汇流。洪峰流量出现时间与降水过程中最大净雨量出现时间相应。

2．流域瞬时单位线

如果我们把单位净雨输入当成流域系统瞬时单位脉冲输入来处理的话，则流域的系统响应就是流域瞬时单位线。单位脉冲净雨的定义是：在流域上分布均匀，历时趋于零，净雨强度无限大，且净雨强度与历时乘积为 1 个单位的输入过程。

根据流域调蓄原理和瞬时单位线定义，可以推导出流域瞬时单位线函数表达式，即

$$u(0,t)=\left(-\frac{a_m D^{m+1}+a_{m-1}D^m+\cdots+a_0 D-1}{b_n D^{n+1}+b_{n-1}D^n+\cdots+b_0 D-1}\right)\delta(t) \tag{24.3.11}$$

式中，$u(0,t)$为瞬时单位线；D^i 为 i 阶微分算子；a_i, b_j 为流域输入 $I(t)$与流域输出 $Q(t)$的线性微分方程系数；$\delta(t)$为瞬时单位输入函数。以上就是流域瞬时单位线的通用数学表达式。

当流域净雨输入为线性不变系统时，由零初始条件的拉普拉斯变换推导出流域输出卷积表达式，即

$$Q(t)=\int_0^t u(0,t)I(t-\tau)\,\mathrm{d}\tau \tag{24.3.17}$$

进一步由流域汇流的物理概念可知，等流时线方法是流域瞬时单位线的特例。

3．纳希瞬时单位线

目前在实际水文工作中应用最为广泛的是纳希瞬时单位线。它把流域对洪水的调蓄作用设想为 n 个调蓄功能相同的串联水库的调节，且每个水库的蓄量 S 与出流量 Q 均呈相同的线性关系，其数学方程为：

$$u(0,t)=\frac{1}{K\varGamma(n)}\left(\frac{t}{K}\right)^{n-1}\mathrm{e}^{-t/K} \tag{24.3.18}$$

式中，K 为单元河段的蓄泄系数；$\varGamma(n)=(n-1)!$为 n 的伽玛函数。

流域瞬时单位线的净雨历时是瞬时的，用于流域汇流计算时通常要用 S-曲线把它转换为某一有限时段的单位线。流域瞬时单位线的 S-曲线可看作是净雨强度为 1 个单位的连续净雨过程所产生的流量过程线，也就是瞬时单位线的积分曲线，其数学表达式为：

$$S(t)=\int_0^t u(0,t)\,\mathrm{d}t=\frac{1}{\Gamma(n)}\int_0^{t/K}\left[\left(\frac{t}{K}\right)^{n-1}\mathrm{e}^{-t/K}\right]\mathrm{d}\left(\frac{t}{K}\right)=\varphi\left(n,\frac{t}{K}\right) \tag{24.3.9}$$

式中，$\varphi\left(n,\dfrac{t}{K}\right)$为$\dfrac{t}{K}$的不完全伽玛函数。

4．经验单位线

经验单位线的定义是：单位时段内流域上产生的均匀分布的单位净雨，在流域出口断面上彼此互不影响的，以倍比关系完全叠加所形成的径流过程称为经验单位线，又称时段单位线。其简单数学表达式为：

$$Q(t)=Q_1+Q_2+\cdots+Q_n=\alpha_1h_1+\alpha_2h_2+\cdots+\alpha_nh_n \tag{24.3.20}$$

式中，Q_i为单位时段净雨形成的出口流量；h_i为单位时段净雨；α_i为单位时段净雨转换为流域出口流量的放大系数。

§24.4　线性集总式流域汇流模型

按是否将全流域作为一个整体来模拟，通常可以把流域汇流模型划分为集总式模型和分散式模型两类。把全流域作为一个整体来研究的称为集总式流域汇流模型。先将全流域划分成若干子流域，然后再来探讨流域汇流问题的称为分散式流域汇流模型(于维忠，1988；芮孝芳，2004)。

24.4.1　单一线性水库模型

单一线性水库模型首先由佐克(Zoch)于 1934 年提出。如果用一个线性水库来模拟流域调蓄作用 (见图 24.10)，则流域水量平衡方程式和蓄量方程式可写为：

$$I-Q=\frac{\mathrm{d}S}{\mathrm{d}t} \tag{24.4.1}$$

$$S=KQ \tag{24.4.2}$$

式中，I为流域净雨输入；Q为流域出口断面流量；S为流域蓄量；K为蓄量常数。

合并式(24.4.1)和式(24.4.2)可得到一阶常系数线性常微分方程，即

$$K\frac{\mathrm{d}Q}{\mathrm{d}t}+Q=I \tag{24.4.3}$$

式(24.4.3)就是用单一线性水库模拟流域汇流的基本微分方程式。据此，容易求得在零初始条件下流域瞬时单位线为：

$$u(0,t)=\frac{1}{K}\mathrm{e}^{-t/k} \tag{24.4.4}$$

并可求得它的各阶原点矩为：

$$M_k(u)=R!K^R(R=0,1,2,\cdots) \tag{24.4.5}$$

特别地，对于一阶原点矩，有：

$$M_1(u)=K \tag{24.4.6}$$

即单一线性水库的蓄量常数就是平均流域汇流时间。

如果流域处于退水阶段，则由于净雨早已停止，式(24.4.3)变为：

$$-Q = K\frac{\mathrm{d}Q}{\mathrm{d}t} \tag{24.4.7}$$

据此，解得流域退水方程为：

$$Q(t) = Q(0)\mathrm{e}^{-t/k} \tag{24.4.8}$$

式中，$Q(0)$为退水开始时的流量。

式(24.4.8)表明，K值又可反映流域退水速度的快慢；K值大则退水慢，反之则退水快，这是与平均流域汇流时间的概念完全吻合的。

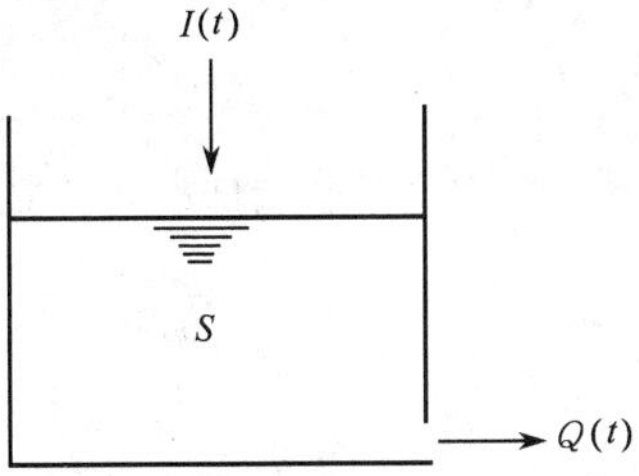

图 24.10　单一线性水库模型

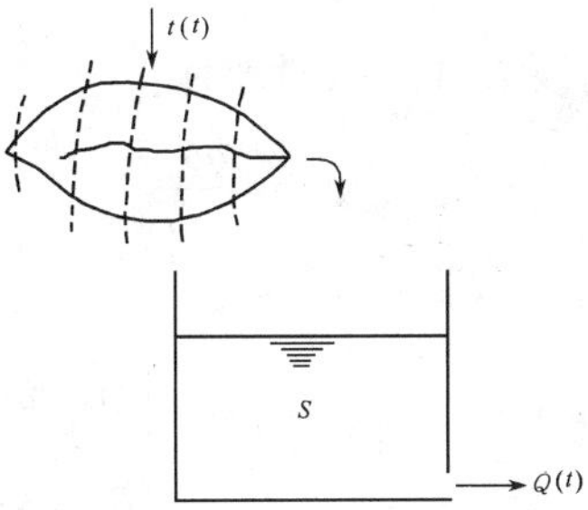

图 24.11　克拉克模型

24.4.2　克拉克模型

1945 年克拉克(Clark)提出流域调蓄作用可以分两步来模拟：首先按面积-时间曲线调节，然后再按单一线性水库调节，如图 24.11 所示。可见克拉克模型实际上是面积-时间曲线和单一线性水库串联而成的模型。

克拉克模型的瞬时单位线为：

$$u(0,t) = \int_0^{t\leqslant\tau_m}\left(\frac{1}{K}\right)\mathrm{e}^{-(t-\tau)/k}\frac{\partial\omega}{\partial t}\mathrm{d}\tau \tag{24.4.9}$$

式中，K为线水库蓄量常数；$\partial\omega/\partial t$为面积-时间曲线；$\tau_m$为面积-时间曲线的底宽，相当于最大流域汇流时间。

式(24.4.9)表明，只要给出了面积-时间曲线的具体函数形式，就可以求出克拉克模型的瞬时单位线表达式。

如果用$M_1(\omega)$和$N_2(\omega)$分别表示面积-时间曲线的一阶原点矩和二阶中心矩，又知单一线性水库瞬时单位线的一阶原点矩和二阶中心矩分别为K和K^2，则按式(24.4.9)可求得克拉克瞬时单位线一阶原点矩和二阶中心矩分别为：

$$M_1(u) = K + M_1(\omega) \tag{24.4.10}$$

$$N_2(u) = K^2 + N_2(\omega) \tag{24.4.11}$$

24.4.3　串联线性水库模型

如果用串联的n个线性水库来模拟流域调蓄作用，如图 24.12 所示，则可以得到下列一系列水量平衡方程式和蓄量方程式。

对于第 1 个线性水库：

$$\begin{cases} I - Q_1 = \dfrac{\mathrm{d}S_1}{\mathrm{d}t} \\ S_1 = K_1 Q_1 \end{cases}$$

对于第 2 个线性水库：

$$\begin{cases} Q_1 - Q_2 = \dfrac{\mathrm{d}S_2}{\mathrm{d}t} \\ S_2 = K_2 Q_2 \end{cases}$$

对于第(n-1)个线性水库：

$$\begin{cases} Q_{n-2} - Q_{n-1} = \dfrac{dS_{n-1}}{dt} \\ S_{n-1} = K_{n-1} Q_{n-1} \end{cases}$$

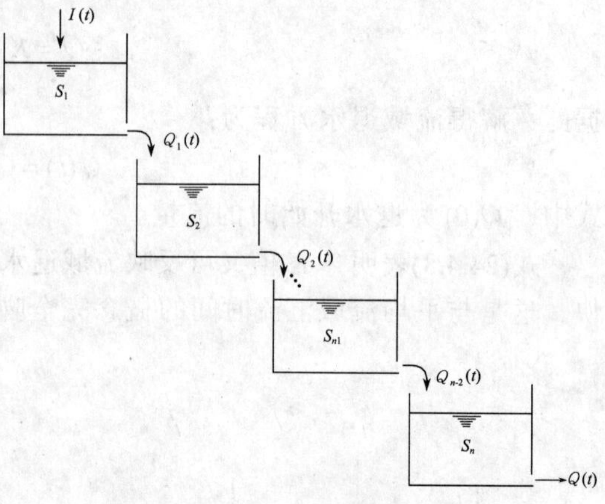

图 24.12　串联线性水库模型

对于第 n 个线性水库：
$$\begin{cases} Q_{n-1} - Q = \dfrac{dS_n}{dt} \\ S_n = K_n Q \end{cases}$$

以上各式中，I, Q 为流域的净雨输入和出流量；$Q_1(t)$, $Q_2(t)$,…, $Q_{n-1}(t)$为第 1 个线性水库，第 2 个线性水库，……，第(n-1)个线性水库的出流量；$S_1, S_2,\cdots,S_n$ 和 $K_1, K_2,\cdots,K_n$ 为 n 个线性水库的蓄量和蓄量常数。

由式(24.4.4)可知，第 1 个线性水库的瞬时单位线为：

$$u_1(0,t) = \frac{1}{K_1}\mathrm{e}^{-t/K_1}$$

因为第 1 个线性水库的出流即为第 2 个线性水库的入流，所以按卷积公式可得第 1,2 个线性水库串联时的瞬时单位线为：

$$u_2(0,t) = \frac{1}{K_1 - K_2}(\mathrm{e}^{-t/K_1} - \mathrm{e}^{-t/K_2})$$

如此递推下去，最后求得 n 个线性水库串联即流域瞬时单位线为：

$$u(0,t) = \sum_{j=1}^{n} \frac{(K_j)^{n-2}\exp\left(-t/K_j\right)}{\prod_{i=1}^{n-1}(K_i - K_j)}(i \neq j) \tag{24.4.12}$$

24.4.4　并联线性水库模型

将 n 个线性水库并联起来也可以模拟流域的调蓄作用。并联线性水库模型的一般结构如图 24.13 所示，图中系数 λ_i 满足下列条件：

$$0 \leqslant \lambda_i \leqslant 1(i = 1,2,\cdots,n);\sum_{i=1}^{n}\lambda_i = 1$$

容易求得并联线性水库模型的瞬时单位线为：

$$u(0,t) = \sum_{i=1}^{n}\frac{\lambda_i}{K_i}\mathrm{e}^{-t/K_i} \tag{24.4.13}$$

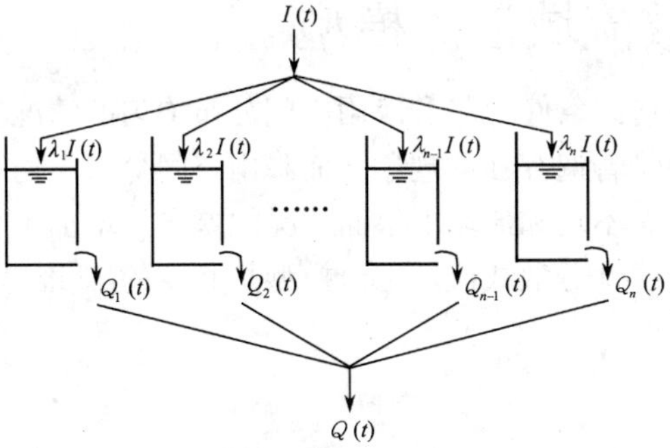

图 24.13　并联线性水库模型

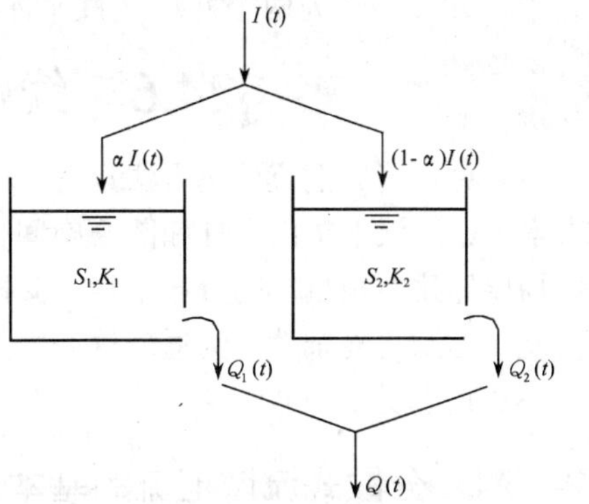

图 24.14　两个线性水库并联模型

而其各阶原点矩公式为：

$$M_R(u)=R!\sum_{i=1}^{n}\lambda_i K_i^R(R=0,1,2,\cdots) \tag{24.4.14}$$

式中，K_i 为第 i 个线性水库的蓄量常数，$i=1,2,\cdots,n$。

下面给出式(24.4.13)的两个特例：

当 $\lambda_1=\lambda_2=\cdots=\lambda_n=\dfrac{1}{n}$ 时，则有

$$u(0,t)=\frac{1}{n}\sum_{i=1}^{n}\frac{1}{K_i}\mathrm{e}^{-t/K_i} \tag{24.4.15}$$

且

$$M_R(u)=\frac{1}{n}R!\sum_{i=1}^{n}K_i^R \tag{24.4.16}$$

当 $\lambda_1=\lambda_2=\cdots=\lambda_n=\dfrac{1}{n}$，且 $K_1=K_2=\cdots=K_n=K$ 时，则有

$$u(0,t)=\frac{1}{K}\mathrm{e}^{-t/K} \tag{24.4.17}$$

且

$$M_R(u)=R!K^R$$

以上第二个特例显然揭示了：在 $\lambda_1=\lambda_2=\cdots=\lambda_n=1/n$，$K_1=K_2=\cdots=K_n=K$ 的条件下，并联线性水库模型的作用是与单一线性水库等价的。

在实际问题中，用途较大的是两个线性水库并联的情况(图 24.14)。此时求得的瞬时单位线及各阶原点矩的公式分别为：

$$u(0,t)=\frac{\alpha}{K_1}\mathrm{e}^{-t/K_1}+\frac{1-\alpha}{K_2}\mathrm{e}^{-t/K_2} \tag{24.4.18}$$

和

$$M_R(t)=R!\left[\alpha K_1^R+\left(1-\alpha\right)K_2^R\right] \tag{24.4.19}$$

式中，$\alpha,(1-\alpha)$ 为两个并联线性水库的入流权重；其余符号的意义同前。

§24.5　线性分散流域汇流模型

集总式流域汇流计算方法只适用于流域下垫面条件均匀和净雨空间分布均匀的情况。事实上，流域下垫面条件和降雨空间分布不均是普遍存在的现象，而降雨空间分布不均一般均要导致净雨量空间分布不均。降雨空间分布不均和流域下垫面情况的差异，增加了分析流域汇流的复杂性。为适应这一特点，研究线性分散式流域汇流模型是必要的(于维忠，1988；芮孝芳，2004)。

24.5.1　分散式流域汇流的基本结构

如把流域划分成若干个子流域或单元面积，则就能处理降雨空间分布不均和下垫面条件差异对流域汇流的影响。子流域或单元面积越小，考虑这些因素对流域汇流的影响就越精确。但要考虑不同径流成分的比重对流域汇流的影响，还必须在分析每个子流域或单元面积的汇流时，划分不同径流成分。由此可见，分散流域汇流模型显然具有两个主要特征：划分子流域或单元面积，以考虑降雨空间分布不均和下垫面特征差异对流域汇流的影响；划分不同径流成分以考虑不同径流成分的流域汇流的差别。线性分散式流域汇流的基本结构如图 24.15 所示。

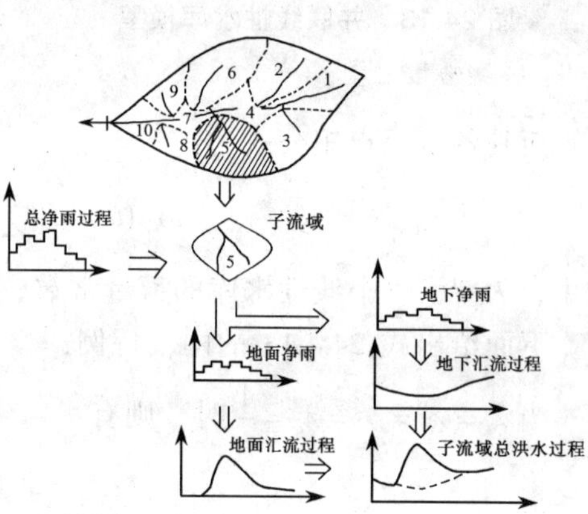

图 24.15　分散式汇流模型的基本结构

24.5.2　改进的克拉克模型

若把克拉克模型中的每块等流时面积作为单元面积，则就变成一个能够考虑降雨空间分布不均对流域汇流影响的分散流域汇流模型。令流域等流时面积为$\Delta F_1, \Delta F_2, \cdots\cdots, \Delta F_n$，见图 24.16。

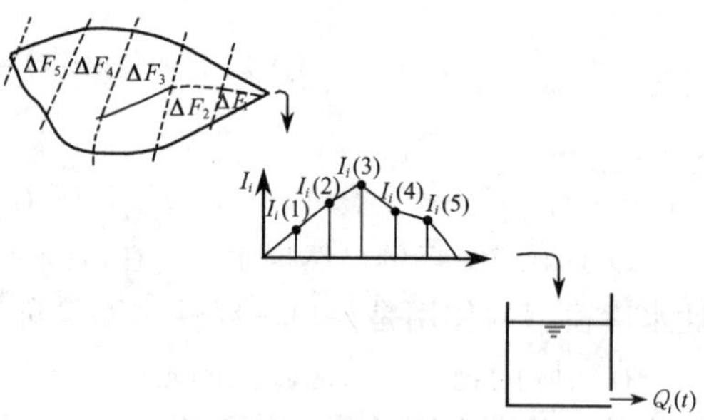

图 24.16　改进的克拉克模型

取计算时段等于相邻等流时线之时距为Δt，由于降雨空间分布不均，所以Δt时段内各等流时面积上的净雨量不相同，分别为$h_1(i), h_2(i), \cdots\cdots, h_n(i)$。这里 i 表示第 i 个降雨时段。因此，按等流时概念，进入线性水库的入流过程为：

$$I_i(1) = \frac{h_1(i)\Delta F_1}{\Delta t}$$

$$I_i(2)=\frac{h_2(i)\Delta F_2}{\Delta t}$$

$$I_i(n)=\frac{h_n(i)\Delta F_n}{\Delta t}$$

将上述入流过程按单一线性水库再作一次调节计算，即可得第 i 时段净雨所形成的流域出口断面流量过程线 $Q_i(t)$。

如果净雨时段为 m，则在线性情况下，流域出口断面总的流量应等于每个时段净雨所形成的出口断面流量之和，即

$$Q(t)=\sum_{i=1}^{m}Q_i(t)$$

24.5.3　具有旁侧入流的串联线性水库模型

在串联线性水库模型中引进等流时面积的概念，将线性水库与等流时面积一一对应，则就得到如图 24.17 所示的流域汇流模型。不难看出，如果把前节讨论的串联线性水库模型说成是顶端入流的串联线性水库模型，那么图 24.17 所示的就是具有旁侧入流的串联线性水库模型。这种具有旁侧入流的串联线性水库模型显然可以考虑降雨空间分布不均对流域汇流的影响。

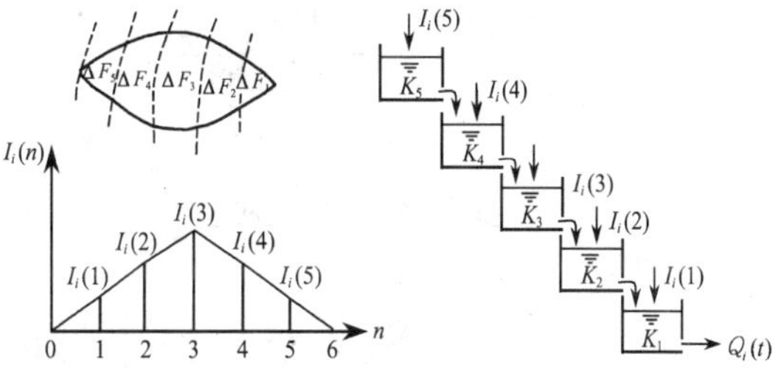

图 24.17　具有旁侧入流的串联线性水库模型

可以求得第 i 时段净雨形成的出口断面洪水过程为：

$$Q_i(t)=Q_{i1}(t)+Q_{i2}(t)+\cdots=\sum_{j=1}^{n}Q_{ij}(t)$$

式中，$Q_{ij}(t)$为第 j 块等流面积的产水量 $h_i(j)\Delta F_j/\Delta t$ 经前 j 个串联线性水库调节所形成的出口断面洪水过程，$j=1,2,\cdots,n$；n 为等流时面积块数，也即线性水库个数。

因此，m 个时段净雨形成的总的出流过程为：

$$Q(t)=\sum_{i=1}^{m}\sum_{j=1}^{n}Q_{ij}(t)$$

若保留面积时间曲线的本来含义，也可以把上述具有旁侧入流的串联线性水库模型表述为：第 1 块等流时面积上的产水率 $I_i(1)=h_1(i)\Delta F_1/\Delta t$ 平移 Δt 至出口断面经第 1 个线性水库调节，第 2 块等流时面积上的产水率 $I_i(2)=h_2(i)\Delta F_2/\Delta t$ 平移 $2\Delta t$ 至出口断面经前两个线性水库串联调节……以及第 n 块等流时面积上的产水率 $I_i(n)=h_n(i)\Delta F_n/\Delta t$ 平移 $n\Delta t$ 至出口断面经 n 个串联线性水库调节，共同形成了第 i 时段降雨所形成的出口断面的流量过程，这样便得到杜格(Dooge)于 1959 年导出的模型，称为杜格模型，如图 24.18 所示，这里 Δt 仍为相邻等流时线的时距，也即所取的计算时段。

目前，由于地理信息系统的发展，人们可以非常方便的把一个流域无限细分；而划分方法既可以按照河流小支流的自然分水线划分集水范围，也可以按照地图网格把控制面积

划分的非常小。这些控制面积是相互不嵌套的小流域，用河网将这些子流域按流向依次连接起来，这样就可得到图 24.19 所示的网络图。每个子流域的汇流计算按不同径流成分分别进行，而子流域出流过程对总的流域出口断面流量过程线的贡献按河网汇流计算确定。由于这种模型既用到流域汇流计算方法，又用到洪水演算方法。用这种模型考虑降雨空间分布和不同径流成分比重对流域汇流的影响，概念是明确的，使用的具体计算方法也是很灵活的。

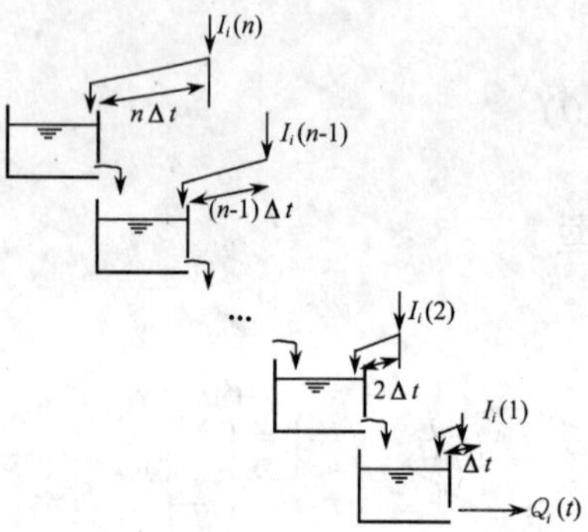

图 24.18　杜格模型

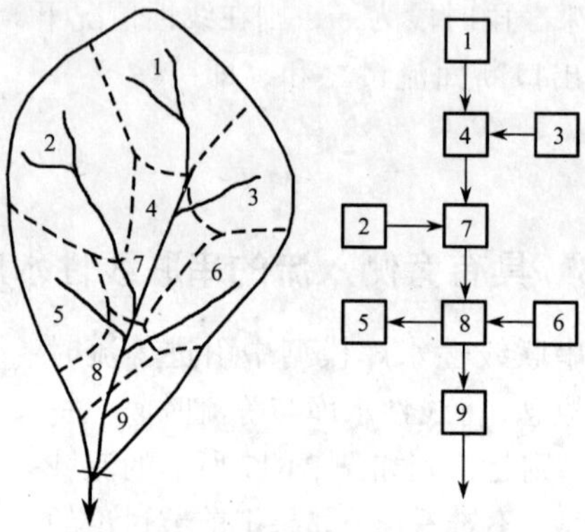

图 24.19　流域网络模型

§24.6　线性地下水汇流模型

24.6.1　埃迪尔曼模型

如果含水层为半无限长(图 24.20)，并且在初始时刻河槽中水位瞬时下降 h_0，则地下水流的定解问题为：

$$\begin{cases} a^2 \dfrac{\partial^2 h}{\partial x^2} = \dfrac{\partial h}{\partial t} \\ h(x,0) = h_0 \\ h(0,t) = 0 \\ h(\infty,t) = h_0 \end{cases} \tag{24.6.1}$$

式中，$a = \sqrt{\dfrac{KD}{\mu}}$；$K$ 为渗透系数；D 为含水层厚度；μ 为给水度。

式(24.6.1)的定解为：

$$h(x,t) = \frac{2h_0}{\sqrt{\pi}} \int_0^y \mathrm{e}^{-y^2}\,\mathrm{d}y \tag{24.6.2}$$

其中，$y = \dfrac{x}{2a\sqrt{t}}$。将(24.6.2)代入达西方程式可求得地下水流量公式为：

$$q(x,t) = -h_0\,\mathrm{e}^{-y^2}\sqrt{\frac{\mu KD}{\pi t}} \tag{24.6.3}$$

因在地下水出口处，$x=0$，因此据式(24.6.3)求得地下水出流量为：

$$q(0,t)=-h_0\sqrt{\frac{\mu KD}{\pi t}}=-S\sqrt{\frac{KD}{\pi\mu t}} \tag{24.6.4}$$

式中，$S=\mu h_0$为$t=0$时含水层中瞬时泄放(或增加)的水体积。

若$S=1$(个单位)，则得定解问题式(24.6.1)的解为：

$$u(0,t)=-\sqrt{\frac{KD}{\pi\mu t}} \tag{24.6.5}$$

式(24.6.5)的积分曲线为：

$$S(t)=\frac{2}{\sqrt{\pi}}\sqrt{\frac{KD}{\mu}}t^{1/2} \tag{24.6.6}$$

式(24.6.5)首先由埃迪尔曼(Edelman)推导出来，故称为埃迪尔曼模型。由于该模型是在半无限长含水层条件下导出来的，所以只有在地下水不存在相互干扰时才适用。

24.6.2　克莱因霍夫模型

如果含水层位于相距为j的两个不透水壁之间，且中间有河流穿过，如图 24.21 所示，则一般不能作为半无限长含水层来考虑。则可以得到式(24.6.6)的定解为：

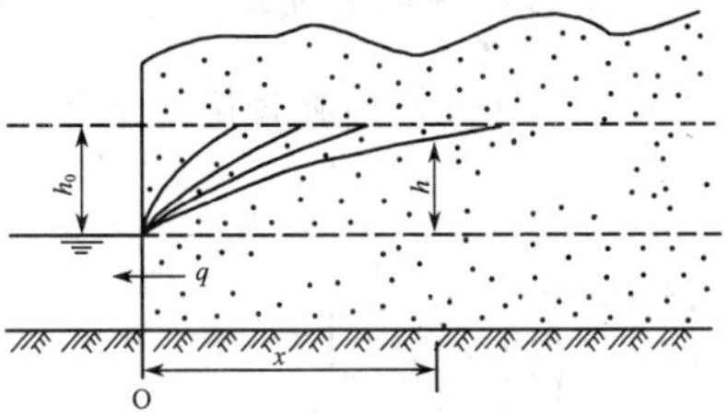

图 24.20　埃得曼定解问题

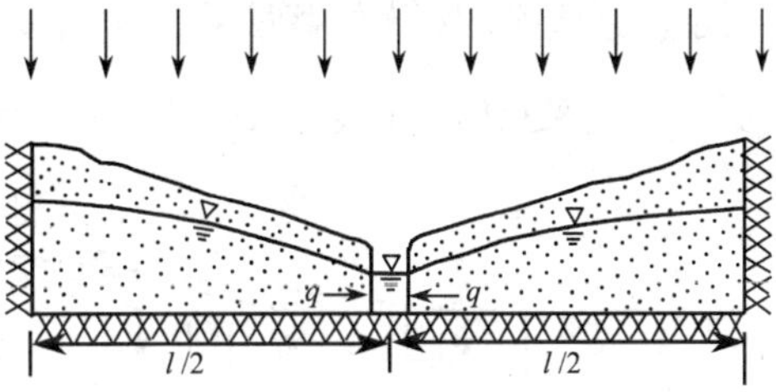

图 24.21　地下水流域汇流问题

$$h(x,t)=\frac{4h_0}{\pi}\sum_{n=1,3,5\cdots}^{n=\infty}\frac{1}{n}e^{-n^2\frac{t}{j}}\cdot\sin\frac{n\pi x}{l} \tag{24.6.7}$$

其中

$$j=\frac{\mu l^2}{\pi^2 KD} \tag{24.6.8}$$

将式(24.6.8)与达西公式联解可求得地下水出流量公式为：

$$q(x,t)=-\frac{4KDh_0}{l}\sum_{n=1,3,5,\cdots}^{n=\infty}\mathrm{e}^{-n^2\frac{t}{j}}\cos\frac{n\pi x}{l} \tag{24.6.9}$$

因此，从含水层左边排向河道(x=0)的流量为：

$$q(0,t)=\frac{4KDS}{\mu l}\sum_{n=1,3,5,\cdots}^{n=\infty}\mathrm{e}^{-n^2\frac{t}{j}} \tag{24.6.10}$$

其中，$S=\mu h_0$。由于对称性，故从含水层右边排向河道的流量也为式(24.6.10)。所以，在$t=0$时刻施加一瞬时补给引起的含水层向河流排故的总流量为：

$$Q(0,t)=2q(0,t)=\frac{8KDS}{\mu l}\sum_{n=1,3,5,\cdots}^{n=\infty}\mathrm{e}^{-n^2\frac{t}{j}}=\frac{8S}{\pi^2 j}\sum_{n=1,3,5,\cdots}^{n=\infty}\mathrm{e}^{-n^2\frac{t}{j}} \tag{24.6.11}$$

在式(24.6.11)中，若令 $S=1$，则得瞬时单位线公式为：

$$u(0,t)=\frac{8}{\pi^2}\frac{1}{j}\sum_{n=1,3,5,\cdots}^{n=\infty}\mathrm{e}^{-n^2\frac{t}{j}} \tag{24.6.12}$$

而 S–曲线为：

$$S(t)=\frac{8}{\pi^2}\sum_{n=1,3,5,\cdots}^{n=\infty}\frac{1}{n^2}\left(1-\mathrm{e}^{-n^2\frac{t}{j}}\right) \tag{24.6.13}$$

式(24.6.12)首先由荷兰水文学家克莱因霍夫(Kraijenhoff)推导得到，故称为克莱因霍夫模型。

将式(24.6.12)展开，有

$$u(0,t)=\frac{8}{\pi^2}\frac{1}{j}\mathrm{e}^{\left(-\frac{t}{j}\right)}+\frac{1}{9}\frac{8}{\pi^2}\frac{9}{j}\mathrm{e}^{\left(-\frac{9t}{j}\right)}+\frac{1}{25}\frac{8}{\pi^2}\frac{25}{j}\mathrm{e}^{\left(-\frac{25t}{j}\right)}+\cdots \tag{24.6.14}$$

若令 $k_n=j/n^2,\alpha_m=8/\left(\pi^2n^2\right),n=1,3,5,\cdots$，则式(24.6.14)又可写成：

$$u(0,t)=\frac{\alpha_1}{k_1}\mathrm{e}^{\left(-\frac{t}{k_1}\right)}+\frac{\alpha_3}{k_3}\mathrm{e}^{\left(-\frac{t}{k_3}\right)}+\frac{\alpha_5}{k_5}\mathrm{e}^{\left(-\frac{t}{k_5}\right)}+\cdots \tag{24.6.15}$$

因此，不难看出，式(24.6.12)实际上是一系列线性水库并联时的瞬时脉冲响应，如图24.22 所示。这些线性水库的蓄量系数 k_n 是递减的。每个线性水库的入流为 α_n。容易验证 $\sum_{n=1,3,5,\cdots}^{n=\infty}\alpha_n=1$。可见只用一个线性水库或串联线性水库来模拟地下水汇流在理论上是有缺陷的。

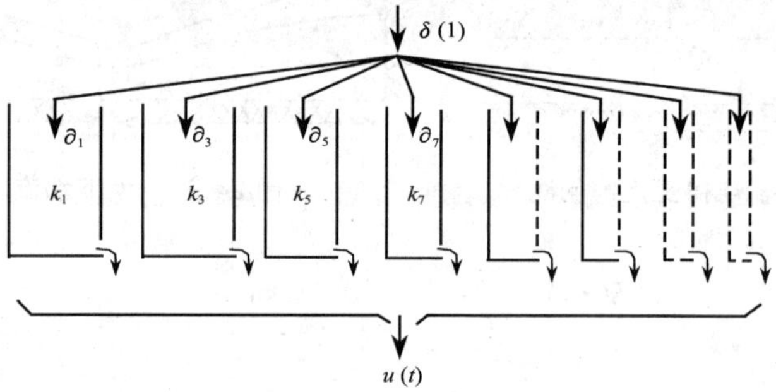

图 24.22　地下水流域汇流瞬时单位线意义的剖析图

§24.7　流域汇流的非线性方法

如果流域汇流系统是一个线性系统，则流域单位线应当不随入流强度而变化。但实际观测分析表明，即使降雨空间分布均匀，对同一种径流成分来说，流域单位线也并非固定不变，而是降雨强度的函数。所以流域汇流系统并不是一个严格的线性系统，而是一个非线性系统。

但应指出，并不是在任何情况下，流域汇流的非线性作用都是十分明显的。一般来说，随着流域面积增大非线性作用是递减的。另外，随着雨强的越来越大，非线性的作用也并非越来越大，而是逐渐有所削弱的，所以对于大流域、大洪水，把流域汇流系统近似作为线性系统还是合理的(于维忠，1988；芮孝芳，2004)。

24.7.1　单一非线性水库模型

若水库的蓄量方程用下式表示，则称为非线性水库：

$$S = K(Q)Q \tag{24.7.1}$$

式中，蓄量系数不是常数，而是出流量 Q 的函数，将式(24.7.1)与流域水量平衡方程式联立，就可得到流域汇流的单一非线性水库模型。

下面讨论式(24.7.1)为幂函数时的解。这时式(24.7.1)可具体表示为：

$$S = kQ^n \tag{24.7.2}$$

式中，n, k 为常数。

式(24.7.2)与流域水量平衡方程式联立有：

$$nkQ^{n-1}\frac{\mathrm{d}Q}{\mathrm{d}t} + Q = I \tag{24.7.3}$$

式(24.7.3)的求解显然依赖于入流过程的具体函数形式。已知流域汇流的入流过程净雨柱状图，这种入流过程的特点是在计算时段 Δt 内入流强度维持不变。

在 Δt 时段内对式(24.7.3)积分，得

$$\int_{Q_t}^{Q_{t+\Delta t}} \frac{Q^{n-1}}{1-Q}\mathrm{d}Q = \frac{\Delta t}{nk} \tag{24.7.4}$$

由于在 Δt 时段内 I=常数，因此若在式(24.7.4)中令：

$$x = \left(\frac{Q(t)}{I}\right)^n \tag{24.7.5}$$

则可得：

$$I^{n-1}\int_{x_t}^{x_{t+\Delta t}} \frac{\mathrm{d}x}{1-x^{1/n}} = \frac{\Delta t}{nk}$$

或写成：

$$\int_0^{x_{t+\Delta t}} \frac{\mathrm{d}x}{1-x^{1/n}} - \int_0^{x_t} \frac{\mathrm{d}x}{1-x^{1/n}} = \frac{\Delta t}{nkI^{n-1}} \tag{24.7.6}$$

式中积分 $\int_0^x \mathrm{d}x/(1-x^{1/n})$ 称为变动流函数，用 $F(x,n)$ 表示。因此，引入变动流函数后，式(24.7.6)又可写成下列紧凑形式：

$$F(x_{t+\Delta t}, n) - F(x_t, n) = \frac{\Delta t}{nkI^{n-1}} \tag{24.7.7}$$

式(24.7.7)就是 Δt 时段内入流为常数时式(24.7.3)的解。若时段内入流停止，则式(24.7.3)变为：

$$nkQ^{n-1}\frac{\mathrm{d}Q}{\mathrm{d}t} = -Q \tag{24.7.8}$$

积分上式得：

$$Q_{t+\Delta t} = Q_t\left[1 + \frac{\left(1-\frac{1}{n}\right)\Delta t}{kQ_t^{n-1}}\right]^{\frac{1}{n-1}} \tag{24.7.9}$$

基于式(24.7.7)和式(24.7.9)进行流域汇流计算的步骤如下；首先根据 t 时刻已知的出流 Q_t 和时段内入流 I_t 按式(24.7.5)计算 x_t，进而计算 $F(x_t, n)$值。然后按式(24.7.7)计算 $F(x_{t+\Delta t}, n)$，并据此求出相应的 $x_{t+\Delta t}$，再应用式(24.7.5)就可求得时段出流量 $Q_{t+\Delta t}$。重复上述步骤到入流停止。然后再按式(24.7.9)计算入流停止后的出流过程。整个计算过程参见图24.23。

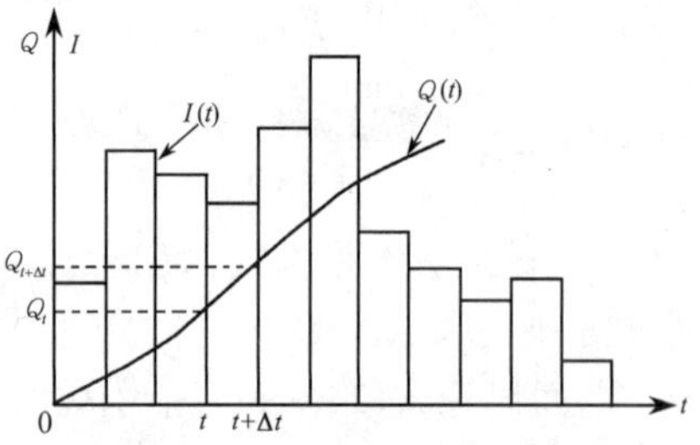

图 24.23 非线性水库模型

24.7.2 变动单位线法

确定非线性流域变动单位线的方法通常有两种：解析法和系统识别法。解析法就是通过求解非线性微分方程式来建立变动单位线的解析表达式。例如，对于前面所解出的非线性微分方程式(24.7.3)，当入流单位入流时可求得变动 S-曲线为：

$$F(x_t,n)-F(x_n,n)=\frac{t}{nkI^{n-1}} \tag{24.7.10}$$

据式(24.7.10)就可进一步求得变动单位线公式。

应用系统识别法确定变动单位线，就是根据流域上实测的降雨径流资料分析不同雨强条件下的流域单位线，找出雨强与单位线之间的经验关系，即可作为变动单位线模型。

24.7.3 函数级数法

对于一个非线性系统，其输入和输出之间的泛函级数的二阶核可表示为：

$$Q(t)=\int_0^t h_1(\tau)I(t-\tau)\,\mathrm{d}\tau+\int_0^t\int_0^t h_2(\tau_1,\tau_2)I(t-\tau_1)I(t-\tau_2)\,\mathrm{d}\tau_1\,\mathrm{d}\tau_2 \tag{24.7.11}$$

由于流域汇流系统是一个守恒系统，所以其中的一阶核和二阶核应满足：

$$\int_0^\infty h(t)\,\mathrm{d}t=1, h(t)\geqslant 0 \tag{24.7.12}$$

$$\int_0^\infty h_2(t,t)\,\mathrm{d}t=0 \tag{24.7.13}$$

将式(24.7.11)离散化，得：

$$Q(n)=\sum_{i=1}^{M_1}H_1(i)I(n-i+1)+\sum_{i=1}^{M_2}\sum_{j=1}^{M_3}H_2(i,j)I(n-i+1)I(n-j+1) \tag{24.7.14}$$

式中，M_1, M_2 为系统一阶核和二阶核的“记忆”长度；H_1, H_2 为系统的一阶核和二阶核的离散值。

式(24.7.12)和(24.7.13)的离散化形式为：

$$\sum_{i=1}^{M_1}H_1(i)=1, H_1(i)\geqslant 0, i=1,2,\cdots,M \tag{24.7.15}$$

$$\sum_{i=1}^{M_2-q+1}H_2(i,j+q-1)=0, q=1,2,\cdots,M_2 \tag{24.7.16}$$

式(24.7.14)、式(24.7.15)和式(24.7.16)就是根据实测降雨径流资料识别一阶核和二阶核的基本依据。

1973 年，迪斯金(Diskin)提出了一个求解式(24.7.11)的分析法。令流域的输入 $I(t)$ 为空间分布均匀的瞬时脉冲净雨，即：

$$I(t) = a\delta(t) \tag{24.7.17}$$

式中，a 为瞬时净雨量；$\delta(t)$ 为迪拉克(Dirac) δ –函数。

将式(24.7.17)代入式(24.7.11)，得：

$$Q(t) = ah(t) + a^2 h_2(t,t) \tag{24.7.18}$$

根据流域瞬时单位线的定义，由式(24.7.18)可导出非线性流域汇流系统的瞬时单位线 $u(t)$ 为：

$$u(t) = \frac{Q(t)}{a} = h_1(t) + ah_2(t,t) \tag{24.7.19}$$

式(24.7.19)表明，非线性流域汇流系统的瞬时单位线不仅与系统的一阶核有关，而且与二阶核及净雨强度的乘积有关。

令 $u_1(t)$ 和 $u_2(t)$ 分别为瞬时净雨量 a_1 和 a_2 的流域瞬时单位线，则由式(24.7.19)，可得：

$$u_1(t) = h_1(t) + a_1 h_2(t,t) \tag{24.7.20}$$

$$u_2(t) = h_1(t) + a_2 h_2(t,t) \tag{24.7.21}$$

不难看出，在式(24.7.20)和式(24.7.21)中，$u_1(t)$，$u_2(t)$和 a_1，a_2 一般均为已知，因此，联立求解该两式，就可唯一地求得其中的 $h_1(t)$ 和 $h_2(t,t)$。即：

$$h_2(t,t) = \frac{u_1(t) - u_2(t)}{a_1 - a_2} \tag{24.7.22}$$

$$h_1(t) = \frac{a_2 u_1(t) - a_1 u_2(t)}{a_2 - a_1} \tag{24.7.23}$$

因此，应用迪斯金方法处理非线性流域汇流问题的步骤是：首先按式(24.7.22)和式(24.7.23)识别流域的一阶核 $h_1(t)$和二阶核 $h_2(t, t)$；其次按式(24.7.19)确定不同降雨强度的流域瞬时单位线；然后将流域瞬时单位线转换成时段单位线，并用于推流计算。

参考文献

王协康,敖汝庄,喻国良,等.坡面雨滴溅蚀及其输沙能力的探讨[J].四川联合大学学报(工程科学版),1999,3(3):7-12

任树梅. 工程水文学. 北京：中国农业大学出版社，2001

江忠善.黄土地区天然降雨雨滴特性研究[J].中国水土保持,1983,(3):42-45

吴长文,王礼先.林地坡面的水动力学特性及其阻延地表径流的研究.水土保持学报,1995,9(6):32-38

张光辉.坡面薄层流水动力学特性的实验研究.水科学进展,2002,13(3):159-165

杨针娘. 中国寒区水文. 北京：科学出版社，2000

沈冰,李怀恩,沈晋.坡面降雨强度漫流过程中有效糙率的实验研究.水利学报,1994,(10):61-68

芮孝芳，陈界仁. 河流水文学. 南京：河海大学出版社，2003

芮孝芳. 水文学原理. 北京：中国水利水电出版社，2004

芮孝芳. 产汇流理论. 北京：水利电力出版社，1995

陈力,刘青泉.坡面流运动方程和有支流入汇的一维明渠流方程形式.力学与实践,2001,23(4),21-2

林三益.水文预报. 北京：水利电力出版社，2001

范荣生，王大齐. 水资源水文学. 北京：中国水利水电出版社，1995

徐学祖，王家澄，张立新. 冻土物理学. 北京：科学出版社，2001

康尔泗，张寅生，杨大庆,等. 乌鲁木齐河冰川热量平衡组成分析及融水径流计算.乌鲁木齐河山区水资源形成河估算.北京，科学出版社，1992，57~65

康尔泗，程国栋，董增川. 中国西北干旱区冰雪水资源与出山径流.北京，科学出版社，2002

陈仁升.内陆河高寒山区流域分布式水热耦合模型.中国科学院寒区旱区环境与工程研究所博士后研究工作报告.2005

Brenton S. Sharratt. Thermal environment of seasonally frozen soil affected by crop and soil management. Encyclopedia of Soil Science.2002.2:1321-1323

DeGaetano A T, Cameron M D. Physical simulation of maximum seasonal soil freezing depth in the United States using routine weather observations. Journal of Applied Meteorology. 2001. 40(3): 546-555

Govindaraju Kavvas ML.Approximate analytical solutions for overland flow[J]. Water Resources Research,1990,26(2):2903-2912

I. R. Saunders, J. D. Browers, Z. Huo *et al*. Simulation of alpine tundra surface microclimates using the Canadian land surface scheme I. Albedo and net radiation modeling. International Journal of Climatology.1999.19:913-926

I. R. Saunders, J. D. Browers, Z. Huo *et al*. Simulation of alpine tundra surface microclimates using the Canadian land surface scheme II.Energy balance and surface microclimatology. International Journal of Climatology.1999.19:1131-1143

Kennedy Ian, Sharratt B. Model comparisons to simulate soil frost depth. Soil Science.1998. 163(8):636-645

Links, Marks, Point simulation of seasonal snow cover dynamics beneath boreal forest canopies. J.Geophys. Res. 1999. 104. 27:841-858

Marks D, Dozier J. Climate and energy exchange at the snow surface in the alpine region of the Sierra Nevada: 2. Snow cover energy balance. Water Resources Research. 1992. 28:3043-3054

Nassar I N, Horton R, Flerchinger G N. Simultaneous Heat And Mass Transfer In Soil Columns Exposed To Freezing/Thawing Conditions. Soil Science. 2000. 165(3):208-216

第八篇　基于水循环物理过程的水文大气耦合模型

众所周知，分布式水文模型是指那些动态过程处理上具有明确物理意义，空间物理要素的处理上更多考虑空间异质性的水文模型。由于水文循环的许多环节大部分属于水热物理过程(Flerchinger G N，1989)，故目前大多数分布式水文模型较多的考虑了水热传输与相互交换，所以人们更倾向于认为它是物理模型。从目前的发展状况看，分布式水文模型理论上的意义大于实际应用需要。也就是说，分布式水文模型设计中所考虑的水文过程物理机制更加符合水文实际，学术意义远大于集总式物理概念水文模型，而在应用中很难满足洪水计算、预报等实际需要。所以，目前还无法取代物理意义欠缺的集总式物理概念水文模型。当然在应对水文变化对全球变化的驱动作用，以及水文过程对全球变化的响应等方面，传统概念性水文模型不具备这样的功能，而大多数分布式水文模型同样也没有明确的这种功能设计，只有DHSVM模型和陆面过程模型才真正明确设计了这种功能。

正如前面所说，概念性水文模型除了干旱区和类似黄土高原区多沙河流以外，它的作用已经发挥到极至，很难再有大的发展。但是对于诸如全球变化的水文系统响应，水文系统如何参与地球环境变化，水文过程中的水热传输与相互交换等，当前急需回答国际前沿学科问题却无能为力。所以，无论从水文科学理论发展的需要，还是满足其他学科发展对水文学的需要这两方面来说，水文学都必须寻找能够激励和带动学科发展的更高目标。而国际上业已存在并快速发展的SPAC系统、SVATS系统和基于DEM的分布式水文模型，自然而然成为水文学发展中急需的新目标，这就是为什么人们对于分布式水文模型寄予厚望和极其重视的原因。

从分布式水文模型的研究进展看，虽然国内外已经有多部专著出版，但目前还远没有达到非常完善的地步，所以无论从物理机制还是模型结构、处理方法等方面，都需要不断完善发展。我们在这里介绍一些比较著名的模型，主要不是为了分布式水文模型模拟，而是为了方便读者了解国际上流行和广泛应用的分布式水文模型，并且进行结构、原理比较分析，从而综合这些模型的优点，设计出更加实用和先进的分布式水文模型，进而设计出能够与大气动力模式媲美的数值型水文模型，即全球水文模型(GHCM)和区域水文模型(RHCM)。同时，编者认为耦合了大气物理过程的分布式水文模型，也是推动水文大气彻底融合的突破口和实际联结点。

这里需要特别说明的是，在各个模型介绍过程中涉及的公式基本都是原模型说明文件中的形式，与理论部分公式中的符号略有区别。这样处理的原因是，在理论部分使用符号主要考虑其通用性和各学科的习惯，而本篇中使用不同的符号主要考虑与模型执行程序中的变量保持一致。

第二十五章　基于 DEM 分布式水文模型

在实际水文过程中，影响流域降雨径流形成的气候因子和下垫面因子均呈现空间分布不均匀状态。但长期以来在实际水文应用研究中，一般都将流域作为一个整体单元来处理，这势必忽略了气候因子和下垫面要素空间分布不均匀的事实，必然导致集总式概念性水文模型的结构和参数的物理意义模糊，在水文学发展过程中的局限性日渐显现。同时，概念性水文模型模拟的水文过程只有宏观上总体重复性，对微观物理过程根本没有重复性，也就是对典型流域实验获得的水文基本物理关系无法进行有效验证，也无法知道大范围推广的实际效果，因为在参数率定过程中早已丧失了严格的物理关系约束，这就是概念型水文模型对水文学本身而言最大的局限。

而分布式水文模型则不同，它不但在设计原理上采用实际水文物理演变方程来描述流域降雨径流形成过程，而且尽可能的把流域水文单元无限细分，以期在单元水文过程处理上基本保持均匀，这是能够应用物理方程进行水文求解演算的基础。所以，分布式水文模型能够比较客观地反映气候和下垫面因子的空间分布对流域降雨径流形成的影响，当然也能够对典型流域实验获得的水文基本物理关系进行有效验证，也可以知道大范围尺度转换推广过程中的大致的效果。这就是为什么分布式水文模型实际应用效果有限，人们却投入极大热情持续推动它不断发展的动力所在。

在地理信息系统产生以前，流域水文循环是与降水过程和洪水过程相对应的，也是与传统概念型水文模型模拟研究相适应的。重点研究流域面上降水、植被截留、陆面蒸散发、土壤入渗、下垫面产流、汇流、河道洪水演进、流域出口洪水过程等。在地理信息系统产生以后，流域水循环的研究已经非常精细，它是以土壤-植被-大气连续体系统为核心的，是连续的水文物理、植物生理物理过程研究，是 SPAC 系统从农田水循环向流域水循环的尺度扩展。同时，也是与分布式水文模型、大气陆面模式、生物圈模式相适应的，其研究内容与传统概念型水文模型完全不同。但目前分布式水文模型大多数以日为模拟时间尺度，所以无法模拟洪水过程。

§25.1　分布式水文模型的发展

水文系统是一个十分复杂的巨系统，除了理论上和特殊的微观过程，很难用一个或几个数学物理方程描述和求解。所以，水文模型不同于自然科学研究中人们通常所说的模型概念，而是一系列水文物理过程描述方程，及其求解方案与过程连续演算计算机编程的综合处理程序的名称。由此可知，水文模型是人们宏观把握水文循环规律和要求实际预知由降水引起的洪水过程的必然产物。也就是说，水文模型就是用数学语言或物理模型对过去按某些物理关系发生过，或很可能在未来实际出现的水文过程进行系统描述的大型综合工具，并在一定的条件下对水文变量的变化进行模拟和预报，建立水文模型的目的就是能够对水文系统未来变化进行恰当的预报。水文模型包括模拟实际水文过程的某些物理性质水文物理模型(严格考虑物理过程)，以及用数学方法描述实际水文过程内部各物理量之间经验关系的水文数学模型(只考虑物理过程因果关系)。

25.1.1　分布式水文模型研究进展

1958 年麻省理工学院 Miller 和 Laflamme 首次提出了数字地面模型 DTM(Digital Terrain

Model)的概念。DTM 是利用一个任意坐标场中的大量选择的已知 X、Y、Z 的坐标点对连续地面的一个简单的统计表示，其本质属性是三维地理空间定位和数字表达。若 DTM 所描述的地面特性是高 Z，此时的 DTM 则称作数字高程模型 DEM(Digital Elevation Model)。DTM/DEM 的出现为地理信息系统的产生提供了坚实的物理和技术基础，也为水文学发展和数字水文模型的诞生提供了基本的物理基础(王书功，康尔泗，2004；胡春歧，2004)。

1960~1970 年是分布式水文模型蓬勃发展的时期，涌现出了大量的流域水文模型，如 Stanford 流域模型(SWM)、Sacramento 模型、Tank 模型、Boughton 模型、前期降水指标(API)模型、新安江模型等是这一时期的典型代表。由于仅涉及水文现象的表面而不涉及水分运动的动力学和空间的不均一性，概念性流域水文模型在结构上与实际水文空间分散性和不均匀性输入是不匹配的。流域降水是分散的、不均匀的降落在流域地面上，各点产生的径流流至同一出口断面，它具有分散性输入和集中性输出的特点，只有按水量平衡和能量平衡原理，采用数学物理偏微分方程才能全面描述水文过程的这一特点，但这一技术路线在当时是难以实现。在实际应用中考虑这一问题时，几乎无一例外地采用划分单元面积的方法，即在该单元面积上采用集中输入和集中输出的流域水文模型，最后将各单元的出流线性叠加成出口断面的流量。这种处理方法是不合理的，如各单元雨量的空间变化、参数不同、产流机制有别、汇流过程不满足线性叠加原理等问题都未考虑。因此，采用数学物理偏微分方程结构，对反映水文变量与参数空间变化的分布式流域水动力学模型进行水文产汇流研究是十分必要的(王书功，康尔泗，2004；胡春歧，2004)。

自 1969 年 Freeze 和 Harlan 第一次提出了关于分布式物理模型的概念，它具有两大特点，这就是具有严格的物理基础，参数是分布的。1975 年，Hewlett 和 Troenale 提出了森林流域的变源面积模拟模型(简称 VSAS)。在该模型中，地下径流被分层模拟，在坡面上的地表径流被分块模拟。1979 年 Bevenh 和 Kirbby 提出了以变源产流为基础的 TOPMODEL 模型(TOPography based hydrological MODEL)。该模型基于 DEM 推求地形指数 $\ln(\alpha/\mathrm{tg}\beta)$，并利用地形指数来反映下垫面的空间变化对流域水文循环过程的影响，模型的参数具有物理意义，能用于无资料流域的产汇流计算。但 TOPMODEL 并未考虑降水、蒸发等因素的空间分布对流域产汇流的影响，因此，它不是严格意义上的分布式水文模型(熊立华，2004；贾仰文，2005)。

由英、法和丹麦科学家提出的 SHE 模型是最早的分布式水文模型的代表。SHE 模型考虑了截留、下渗、土壤蓄水量、蒸散发、地表径流、壤中流、地下径流、融雪径流等水文过程。该模型的主要水文过程可由质量、动量和能量守恒偏微分方程的有限差分式表示，也可由经验方程表示。模型有 18 个参数，部分具有物理意义，在欧洲和其他地区得到了应用和验证。SHE 模型为研究人类活动对于流域的产流、产沙及水质等影响问题提供了理想的工具(熊立华，2004)。

1970~1980 年，由于受计算机技术、数据观测与采集手段的限制，分布式水文模型发展比较缓慢，远远落后于同时期的集总式模型。1980 年，英国的 Morris 进行了 IHDM (Institute of Hydrology Distributed Model)的研究，根据流域坡面的地形特征，流域被划分成若干部分，每一部分包含有坡面流单元，一维的明渠流以及二维的表层流和壤中流。Beven 等和 Calver 等对 IHDM 模型进行了改进。1990 年以后，随着计算机技术、GIS 技术、RS 技术、信息技术和通讯技术的发展和普及，获取和描述流域下垫面空间分布信息的技术日渐完善，水文模拟技术发生了巨大的变革，分布式水文模型也因此获得了长足发展。1994 年，Jeff Arnold 为美国农业部(USDA)农业研究中心(ARS)开发了 SWAT 模型(Soil and Water Assessment Tool)。SWAT 是一个具有很强物理机制的、长时段的流域水文模型。它能够利用 GIS 和 RS 提供的空间信息，模拟复杂大流域多种不同的水文物理过程。模型可采用多种方法将流域离散化(一般基于栅格 DEM)，能够响应降水、蒸发等气候因素和下垫面因素的空间变化以及人类活动对流域水文循环的影响。1995 年，Grayson 等提出了 THALES 模型，它是一个基于矢量高程数据的分布式参数模型。Huaxia Yao 等，提出了基于网格的集降雨空间输入估计，降雨-蒸发-径流过程模拟，河流演算和空间参数校准为一体的分布式水文模型。Dawen Yang 等提出了基于山坡的和基于 10km 网格的大尺度分布式水文模型。此外，USGS 模型、WATFLOOD 模型、SLURP 模型和 PRM 模型等都属于分布式水文模型的范畴(王书功，康尔泗等，2004)。

25.1.2　分布式水文模型一般结构

分布式水文模型有如下几个特点：第一，水文信息是基于空间坐标的，已变成由空间坐标所代表的流域上某一具体位置的属性之一；第二，水文信息所对应的空间尺度一般要比所研究的流域小得多，是流域尺度的几百分之一，几千分之一，或者更小；第三，因为空间尺度的变小，水文信息所对应的合理的时间尺度也会变小。

分布式水文模型结构可以从两个角度进行分析，首先是功能结构，即按照系统内部功能的聚集程度，把模型划分成功能相对独立的子系统，每一个子系统实现了对水文循环某一环节的数学描述。分布式水文模型的通用功能模块有：①一维降水冠层截留模型；②一维辐射传输模型；③一维蒸散发模型；④一维融雪模型；⑤一维包气带水分垂向运移模型；⑥二维表面漫流模型；⑦一维河流/渠道模型；⑧二维饱和壤中流/地下水模型；⑨二维灌溉模型。如果模型考虑水质和土壤侵蚀问题，还应包括：一维包气带内溶质运移和化学反应过程模型；三维饱气带内溶质运移和化学反应过程模型；土壤侵蚀和沉积物运移模型。

分布式水文模型通过上述子系统描述水文过程的各个重要环节，如融雪过程、冠层截留、蒸散发、地表漫流、渠道汇流、不饱和与饱和土壤水分运动等。

分布式水文模型从程序实现的角度，其结构可以分解为计算单元上的一维通量过程和计算单元的能量、物质空间集总过程。一维通量过程包括功能结构划分中的各个一维模型，即在计算单元上，分布式水文模型要实现降水截留计算、蒸散发计算、边界层短波辐射传输以及长波辐射计算、降水下渗计算和产流计算。在计算单元空间集总过程中，要实现功能模块中的二维和三维模型，如表面漫流模拟、饱和带土壤水/地下水运移模拟，如果模型涉及水质问题，还需要模拟空间上溶质和沉积物的运移。模型单元的计算结果通过空间集总，最终通过一维河流/渠道模型，给出流域出口断面的流量。

25.1.3　分布式水文模型的分类

概括现有分布式水文模型的结构可以看出，若按子流域或网格所采用的分析降雨径流形成的理论和方法，分布式水文模型可分为概念性和具有物理基础两类。具有物理基础的分布式水文模型又可分为以水动力学原理为主要基础和以水文学原理为主要基础两种情形。此外，也有一些模型，如TOPMODEL和TOPKAPI模型，由于既不同于概念性分布式水文模型的结构，又不同于具有物理基础的分布式水文模型的结构，而是属于具有物理基础的半分布式水文模型。

若按各子流域或网格形成的径流过程转变成全流域径流过程的方法，分布式水文模型可分为松散型和耦合型两类。松散型分布式水文模型的特点是：假设流域中每个子流域或网格对整个流域的总响应的贡献是相互独立的。因此，可在分别求得各子流域或子区域对整个流域的贡献后，通过叠加计算来求得整个流域的总响应。耦合型分布式水文模型，由于是通过一组微分方程和定解条件构成的定解问题，来描述流域降雨径流形成规律的。因此，它能考虑各子流域或子区域对全流域贡献之间的相互作用，即只有通过联立求解，才能给出这类定解问题的解。

概念性分布式水文模型多是松散的,而具有物理基础的分布式水文模型有些是耦合的，以水动力学为主要基础的分布式水文模型几乎都是耦合的；也有一些是松散的，以水文学理论为主要基础的分布式水文模型一般是松散的。概念性松散型分布式水文模型，由于对降雨径流的形成机理作了较大的概化，故理论上不够完善，但求解计算比较简单。具有物理基础的耦合型分布式水文模型，由于较好地遵循降雨径流形成机理，故理论上较完善，但必须求解复杂的微分方程组，这是其困难所在。具有物理基础的松散型分布式水文模型的优缺点介乎以上两者之间，因此是近期发展前景较好的一类分布式水文模型。

而王书功则依据水文模型与GIS系统的耦合关系，把分布式水文模型分为松散型、紧密型和完全耦合型三种类型，松散耦合指的是水文模型和GIS相互独立，彼此通过中间数据文件交换信息。GIS的作用仅限于为水文模型提供数据的前处理和后处理。与GIS松散耦合的水文模型稳定性较好，而易用性很差。紧密耦合是指GIS作为各个模块的共享接口，用于调度其他相对对立的模块。水文模型与GIS的紧密耦合，增加了模型本身的复杂性，使得模型稳定性有所降低，但是提高了模型的可操作性，降低了模型应用的难度。完全集成指的是分布式水文模型作为GIS的一个组成部分存在，这种耦合方式，需要在开放性体系架构的GIS平台基础上进行，即要求GIS系统提供二次开发语言或者支持第三方开发语言，并提供系统扩展机制(王书功，康尔泗等，2004)。

§ 25.2　基于 DEM 分布式水文模型的特点

GIS 技术的充分发展，为水文科学发展创造了机会。目前，水文模拟技术趋向于将水文模型与地理信息系统(GIS)集成，以便充分利用 GIS 在数据管理、空间分析及可视性方面的功能。而数字高程模型(DEM)是构成 GIS 的基础数据，利用 DEM 可以提取流域的许多重要水文特征参数，如坡度、坡向、水沙运移方向、汇流网络、流域界线等。因此，基于 DEM 的分布式水文模型是现代水文模拟技术发展的必然趋势。

数字高程模型 DEM 其目的是用摄影测量或其他技术手段获得地形数据，在满足一定精度的条件下，用离散数字的形式在计算机中进行表示，并用数字计算的方式进行各种分析。DEM 作为地理信息系统的基础数据，已在水文、气象等许多领域得到广泛应用。

由于用数字形式表达地形表面，DEM 具有如下显著特点：①容易以多种形式显示地形信息，产生多种比例尺的地形图、纵横断面图和立体图。②精度不会损失。③容易实现自动化和实时化。总之，DEM 具有便于存储、更新、传播、自动化和多比例尺特性，使其特别适合于各种定量分析与三维建模。

25.2.1 基于 DEM 的分布式水文模型的特点

基于 DEM 的分布式水文模型，通过 DEM 可提取大量的陆地表面形态信息，这些信息包含流域网格单元的坡度、坡向以及单元之间的关系等。同时根据一定的算法可以确定出地表水流路径、河流网络和流域的边界。在 DEM 所划分的流域单元上建立水文模型，模拟流域单元内土壤-植被-大气(SVAT)系统中水的运动，并考虑单元之间水平方向的联系，进行地表水和地下水的演算。

概括起来，基于 DEM 的分布式水文模型具有以下特色：①具有物理基础，描述水文循环的时空变化过程。②由于其分布式特点，能够与 GCM 嵌套，研究自然变化和气候变化对水文循环的影响。③能及时地模拟出人类活动或下垫面因素的变化对流域水文循环过程的影响。

25.2.2 基于 DEM 分布式水文模型的物理概念

在 DEM 的每一个栅格上，假设有 3 种不同的蓄水单元，即河道、地下土壤和地表。对位于栅格单元上的每段河道，其水文属性可以用上下游断面处的流量来描述，分别记为 Q_{in} 和 Q_{out}。每个栅格周围都有 8 个栅格，在这 8 个相邻栅格中，也许只有一个栅格的高程比当前栅格的高程要高，也可能有几个，因此上游流量 Q_{in} 实际上是上游各个相邻栅格上的河道出流量的总和。地下土壤的蓄水能力用 S_{mc} 来表示，而实际蓄水量用 S 来表示。假定流域产流机制为蓄满产流，降雨 P 落在地表后会直接进入地下土壤。

与地下土壤蓄水量有关的物理过程还包括蒸散发 ET，地下水入流 QS_{in}，地下水出流 QS_{out}。与 Q_{in} 相似，QS_{in} 也是各个相邻栅格的地下水出流量之和。对某些位于低洼处的栅格，在某一时刻汇入土壤的水量会超过其缺水量(S_{mc}-S)。在这种情况下，假设来水量在使得土壤蓄满后，剩余部分就会溢出地面形成薄层地表水。薄层地表水在重力的作用下会产生坡面流，从两侧逐渐汇入河道。记薄层地表水的体积为 S_p，其产生的流量记为 Q_p。土壤没有蓄满时的物理过程示意图见图 25.1(a)，而蓄满之后的示意图见图 25.1(b)。

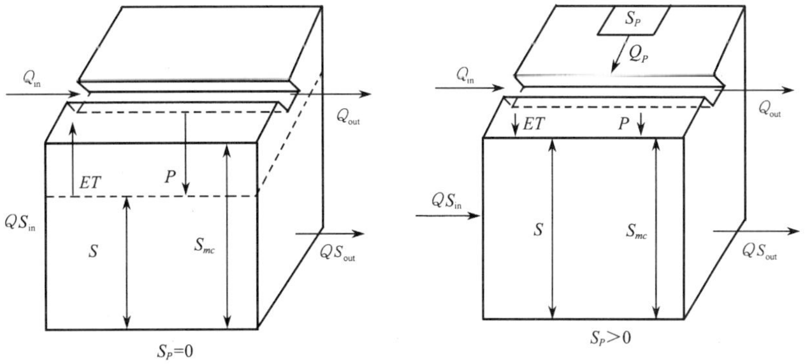

图 25.1　模型物理过程示意图(熊立华,2004)

§ 25.3　基于 DEM 分布式水文模型一般结构

2000 年，熊立华等对基于 DEM 分布式水文模型的一般结构进行了讨论(熊立华等，

2000)。与早期的分布式水文模型不同，目前所有的分布式水文模型都是建立在 GIS 系统之上的，其流域地貌变化采用 DEM 模型来描述。而水文过程所涉及的水文物理过程包括植物截留、蒸散发、融雪、下渗、地表径流和地下径流演进等过程，在模型连续演算中基本采用物理过程的数学公式来描述，即流域表面的每一个网格单元水文过程采用以下基本物理方程描述(见图 25.2)。

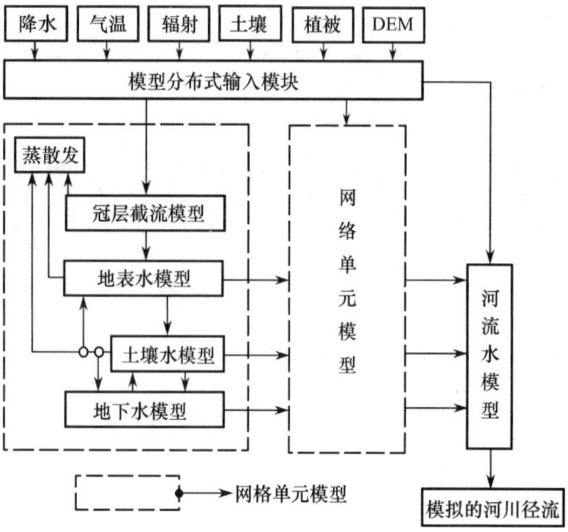

图 26.2　基于 DEM 的流域分布式水文模型的典型结构框图(王中根等,2002)

25.3.1　植物截留

在植被覆盖的流域，叶面对降水进行截留与蒸散发。用来描述植物截留能力的物理参数是植物蓄水容量 IC，IC 与植物叶面指数(LAI)和地表的平均植被覆盖率 VCF 有关。实际的截留雨量深 $IA(t)$由下式决定：

$$IA(t)=\min\{IC(t),GP(t)\} \tag{25.3.1}$$

式中，$IA(t)$为叶面实际蓄积雨深(m)；$GP(t)$为毛雨量(m)。另一个简单计算 $IA(t)$的方法是用 $GP(t)$乘一个系数来表示，即：

$$IA(t)=C_{ic}\cdot GP(t) \tag{25.3.2}$$

式中，C_{ic} 为截留因子，且 $C_{ic}<1$。从毛雨量中减去截留量，便得净雨量，即：

$$NP(t)=GP(t)-IA(t) \tag{25.3.3}$$

式中，$NP(t)$为净雨量。所有的截留雨量被认为全部蒸发进入大气层而不返回地面。

25.3.2　蒸散发

决定植被覆盖流域地表蒸散发 ET 的因素很多，主要有太阳辐射、日云量、反射率、植物叶面指数、可供土壤水和大气温度。模型一般采用下列公式来估算晴天地表水平获得的太阳能量：

$$R_{so}=R_{so(d)}+R_{so(s)}=\cos\theta_z I_{dn}+C\cdot I_{dn} \tag{25.3.4}$$

$$\begin{cases} I_{dn} = A \cdot \exp\left(-B/\cos\theta_z\right) & \cos\theta_z > 0 \\ I_{dn} = 0 & \cos\theta_z < 0 \end{cases} \tag{25.3.5}$$

式中，R_{so} 为晴天太阳辐射(W/m²)；$R_{so(d)}$为太阳直接短波辐射(W/m²)；$R_{so(s)}$为大气散射太阳辐射能量(W/m²)；θ_z 为太阳天顶角；A 为宇宙视辐射度(W/m²)；B, C 为系数。太阳天顶角定义为：

$$\cos\theta_z = \sin L \cdot \sin\delta + \cos L \cdot \cos\omega_h \tag{25.3.6}$$

式中，L 为纬度；δ 为太阳倾角；ω_h 为日出时角。δ 可由下式估算：

$$\delta = 23.5\sin\left[\frac{360(D+284)}{365}\right] \tag{25.3.7}$$

式中，D 为日历天数。ω_h 由下述公式估计：

$$\omega_h \text{当地标准时间} + 12.00 + 4(Le - Ls) + EOT \tag{25.3.8}$$

其中，

$$EOT = 0.258\cos\Gamma - 7.416\sin\Gamma - 3.648\cos(2\Gamma) - 9.228\sin(2\Gamma)$$

$$\Gamma = \frac{360}{365.242}(D-1)$$

式中，当地标准时间从半夜开始，L_s 为地理标准纬度；L_e 为当地纬度。在有云的情况下，到达地面的太阳辐射明显减少，辐射通量每时每刻都在不规则地变化。植被覆盖的地表反射也将削弱净太阳辐射。这种反射能力也叫(地表)反射率。考虑到云量和地表反射率对辐射的影响，晴天的太阳净辐射可表示为：

$$NR_{so}(t) = (1-\alpha) \cdot C_{\text{cloud}} \cdot R_{so}(t) \tag{25.3.9}$$

式中，NR_{so} 为太阳净辐射(W/m²)；α为反射率；C_{cloud} 为云量覆盖因子系数。除考虑太阳净辐射 NR_{so} 外，实际蒸散发还与叶面积指数(LAI)、土壤湿度、空气温度有关。为研究空气温度对蒸散发的影响，需要建立 ET 和空气温度的经验关系，其中温度系数 C_T 用经验关系表示：

$$C_T = \max\left\{(a \cdot T + b), 0\right\} \tag{25.3.10}$$

式中，a, b 为经验常数，a=0.025/℃，b=0.075；T 为空气的温度(℃)。综合所有的因素，实际蒸散发可由下式估计：

$$ET(t) = \left\{k_1 \cdot VDF(t) \cdot \frac{LAI(t)}{LAI_0} + k_2 \cdot [1 - VCF(t)]\right\} \cdot \frac{\theta(t)}{\xi} \cdot C_T \cdot \frac{NR_{so}(t)}{\rho \cdot \lambda[T(t)]} \tag{25.3.11}$$

式中，ET 为实际的蒸散发率(m/s)；k_1 为植被的蒸散发校正系数；k_2 为裸土蒸发校正系数；θ 为土壤含水量；ξ 为土壤的孔隙率；ρ 为水的密度，ρ =1 000kg/m³；λ 为水汽化潜热(kJ/kg)，是温度的函数：

$$\lambda = 2\ 501 - 2.360\ 1T \tag{25.3.12}$$

实际蒸散发 ET 首先从植物截留雨量 IA 开始，若 $ET>IA$，则剩余蒸发能力 $ET-IA$ 将从地面径流和土壤水中蒸发。

25.3.3 融雪

在冰雪覆盖区往往需要考虑融雪的影响，目前融雪计算多采用比较简单的度-日模型

(Degree-Day Model)，计算如下：

$$M_s(t)=D_f\times\left[T(t)-T_b\right]$$

式中，$M_s(t)$为 t 时段融雪率(m/s)；D_f为度-日因子，取值 3×10^{-4}~6×10^{-4}(m/℃/s)，需要进行校验；$T(t)$为 t 时段的温度(℃)；T_b 为开始融雪时的气温(℃)。

25.3.4 下渗

依照霍顿下渗理论，当雨强超过下渗能力，则超渗雨量形成地面径流，这种地表径流也叫霍顿地表径流。下渗能力 f_c 一般可表示为饱和水力传导率 K_s 和土壤含水量 θ 的函数，如格林-安普特公式：

$$f_c=K_s\left(1+\frac{S_w}{Z}\right) \tag{25.3.13}$$

式中，S_w 为下渗锋面处的负压水头(m)；Z 为下渗锋面的深度(m)，是土壤含水量的函数。于是，实际的下渗率用下式计算：

$$f=\min\left\{f_c,r_0\right\} \tag{25.3.14}$$

式中，r_0 为土壤的外部供水率。

下渗能力与土壤含水量之间存在随土壤含水量增加而降低的关系，不同流域饱和水力传导率的空间变化性，下渗能力也有某种空间分布，这种分布对地表径流的形成有很大的影响，也是所有模型模拟的难点。

25.3.5 地表径流的演进

流域表面上每个网格单元大约都在同一几何平面上，可用一维圣维南方程的运动波近似法来模拟坡面水流运动，即：

$$\begin{aligned}&\frac{\partial h}{\partial t}+\frac{\partial q}{\partial l}=r\\&v=\frac{S_f^{1/2}h^{2/3}}{n}\end{aligned} \tag{25.3.15}$$

其中，$S_f=S_0$；$h=\alpha q^{\beta};\alpha=\left(\frac{n}{\sqrt{s_0}}\right)^{\frac{3}{5}};\beta=\frac{3}{5}$。

式中，h 为地面水平均深度(m)；q 为单宽流量(m²/s)；r 为净流入通量(m/s)；l 为当地地表坡长(m)；t 为时间(s)；S_f为摩阻坡度；S_0为地表坡度；v 为地表径流流速(m/s)；n 为地表曼宁糙率系数。

25.3.6 地下径流的演进

地下径流广泛作为河流的基流而存在。许多研究表明简单的模型，如运动波模型和地下水库模型，在模拟地下水响应和地下水位时，其结果与基于 Rechards 方程组的复合模型一样好。在分布式物理模型中，运动波模型被广泛地用来模拟地下径流，其计算公式如下：

$$q_s = K(\theta)\cdot h_s \cdot \sin\beta \tag{25.3.16}$$

$$\xi\frac{\partial h_s}{\partial t} = -K(\theta)\cdot\sin\beta\cdot\frac{\partial h_s}{\partial l_s} + r_s \tag{25.3.17}$$

$$\theta = \xi\cdot\frac{h_s}{D_s} = \xi\cdot\frac{h_s}{z - z_0} \tag{25.3.18}$$

式中，q_s为基岩上地下径流的单宽流量(m^2/s)；K为水力传导率(m/s)，是土壤含水率θ的函数；β为基岩的坡度；h_s为土壤中有效水深(m)；r_s为直接的源汇项之和(如蒸发和下渗)，m/s；D_s为土壤的深度(m)；z为地表高程(m)；z_0为基岩高程(m)；l_s为当地基岩坡长(m)。

显然，若土壤含水量大于其孔隙度 ξ，那么地下径流将形成蓄满产流。前面讲过，像霍顿地表径流一样，蓄满产流是另一种径流形成机理。

25.3.7　径流方向

如何决定地表径流方向，即怎样把较高单元的径流分给相邻较低的单元，是基于 DEM 的分布式降雨径流模型中十分重要和关键的问题。目前的主要方法有：D8 法，Rh08 法，多方向法，Aspectdriver 法，DEMON 法和 ERS 方法。现用多方向方法来分配从较高的单元到相邻较低的单元的流量，分配给各相邻较低的单元的流量由下式决定：

$$f_{j\to i} = \frac{S_{j\to i}^{p}}{\sum S_{j\to i}^{p}} \tag{25.3.19}$$

式中，$f_{j\to I}$为从j单元流入i单元的流量部分；p为无量纲常数；$S_{j\to I}$为从j单元到i单元的坡度方向。$S_{j\to i}$可由下式得：

$$S_{j\to i} = \frac{Z_j - Z_i}{\sqrt{(x_j - x_i)^2 + (y_j - y_i)^2}} \tag{25.3.20}$$

式中，x, y为每个单元的平面直角坐标。

对地下径流，多方向模型用来决定径流方向和相应给相邻的地下低水头单元的分配流量。$S_{j\to i}$可表示为：

$$S_{j\to i} = \frac{H_j - H_i}{\sqrt{(x_j - x_i)^2 + (y_j - y_i)^2}} \tag{25.3.21}$$

式中，H为相应于每个单元的土壤水水头，考虑到地下径流的速度可以忽略不计，因此 $H=Z_0+h_s$；必须注意的是，对地表径流而言，决定径流方向和每个单元流量分配的是地形高程，它们几乎总是不变的；但对地下径流而言，由于决定径流方向的是水头，因此，它们时刻都在变化。

§ 25.4　DHSVM 模型

分布式水文土壤植被模型(The Distributed Hydrology Soil Vegctation Model, DHSVM)由美国西雅图华盛顿大学西北太平洋国家实验室于 1994 年提出并研制成功。DHSVM 是具有物理意义的分布式模型，它基于流域数字高程模型对蒸散发、雪盖、土壤水和径流等水文过程进行动态描述。该模型在过去几年里有了较大改进，广泛地应用于生产实践和研究领域(熊立华，2004)。

25.4.1　DHSVM 模型概述

随着人们应用水文模型来进行环境决策的需求不断增加，使用具有物理意义的分布式水文模型越来越普遍。一旦某流域有足够的资料估计出口断面的流量，那么我们关心的是如何准确描述径流的时空分布以及相关的水分、泥沙、化学物质和营养物质的输移。尽管大部分水文模拟仍采用集总式概念性水文模型，但具有物理意义的分布式水文模型在解决许多问题时特别适用，尤其预测在土地利用变化和气候变化情况下的未来水文过程演变，虽然在这种情况下很少有资料对模型进行率定。分布式模型的另外一个优势是可以将现有的空间数据产品和测站实时数据作为输入用来测试模型。随着更先进的遥感技术的应用，分布式水文模型对概念性集总式水文模型的优势将会更加明显。

DHSVM 是具有物理意义的分布式水文模型，该模型在数字高程模型(DEM)的尺度基础上对流域的水文过程作整体描述。DHSVM 已经应用于很多研究领域，包括水文分析和模拟，该模型也用于研究气候与水文的相互作用，以及气候变化对水资源的潜在影响，DHSVM 还广泛应用于森林水文学中的基础和应用研究。

DHSVM 对 1994 年最初的版本作了较大改进。新增了对冠层截留降雪和积雪融化过程的模拟。采用更准确的双层地面积雪模型代替了最初的单层模型。增加了三维坡面流以及一维河道演算，并能够描述道路对坡面流再分配的影响。

DHSVM 在流域数字高程模型的网格尺度(水平分辨率为 10~90m)上对水文过程进行动态描述。以 DEM 的节点为中心，流域被分成若干计算网格单元。地形特性用于模拟流域地形对短波吸收、降雨、气温和坡面流的作用。流域的每个网格都被赋予了各自土壤和植被的水文特性。在整个流域上,这些水文特性随着空间位置的不同而变化,且在每个网格内,假设地表由植被和土壤组成。这样每个计算时段内,模型只需对流域内各网格进行能量平衡和水量平衡方程联立求解,而后对各网格上坡面流和壤中流进行汇流演算获得地表径流。由此可知,各网格之间的水文联系是由坡面流和壤中流演算来实现的(见图 25.3)。

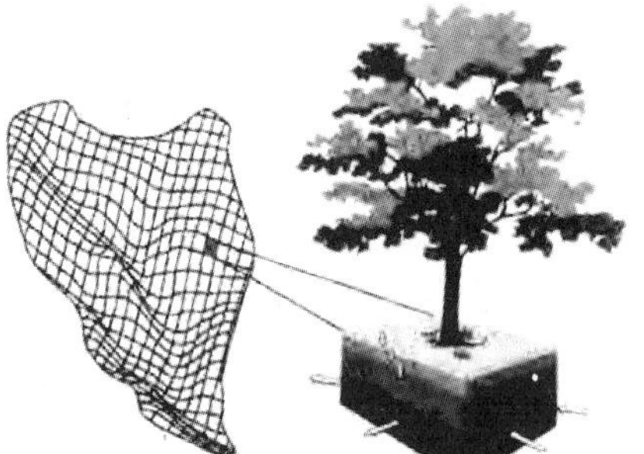

图 25.3

25.4.2　DHSVM 模型原理

冠层对雪的截留和释放采用单层水量和能量平衡模型来模拟，冠层下面或裸地的积雪和融雪采用双层水量、能量平衡模型来模拟，同时也明确考虑了地形和植被覆盖对积雪表层的水量、能量交换的影响。冠层蒸发过程采用双层模型，每一层又分成干燥和潮湿两部分。流经多个根系土壤层的不饱和壤中流采用达西定律计算，底部根系土壤层的出流补给给本网格的地下水，见图 25.4。相邻网格之间水量交换是由高到低流动，并最终流向河道。当网格地下水位超过河床高程时，壤中流产生并向河道汇集。当坡面流向下游相邻网格流动，而下游网格存在不饱和土壤区，那么坡面流在下游网格的不饱和区继续下渗。每个网格与其相邻网格的水量交换，是按照坡面流、饱和土壤水和非饱和土壤水 3 种基本方式进行的，一般采用三维水流运动方程描述。当网格地下水位超过地面时，就产生回归流和饱和坡面流。河网水系由一系列相互连通的河段组成，每个河段穿越一个或多个 DEM 网格。当坡面流和壤中流向河道运动时，中途可能被道路网格拦截，当网格地下水位高于穿过网格的道路排水沟的高程时，道路会截留壤中流。路边沟渠内的水流沿道路排水网流向下水道或河道，如果道路横穿一条河流，其截留的水会流入相应河段并沿河道汇流。从下水道中出流的水沿下水道下面的坡面运动时会再入渗，当网格地下水体高于或低于河床高程，道路排水渠或河网的截留作用会加强或减小。道路排水沟和河道的流量演算采用串连的线性水库进行模拟。

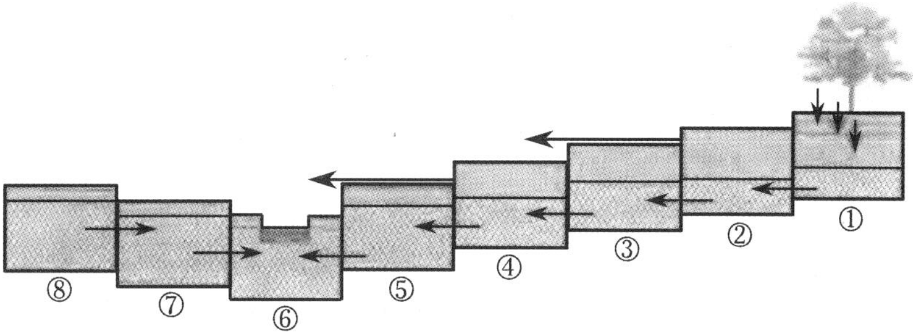

图 25.4　DHSVM 模型汇流过程示意图(熊立华,2004)

GIS ARC/INFO 软件可以用于自动建模，并使得分析模型的输出非常容易。GIS ARC/INFO 用于划分流域边界并生成与共他水文信息(如河网)相一致的 DEM 模型。GIS 用于获取分布式模型中 DEM 网格的输入参数，包括土地利用图、植被、道路(下水道的位置)和河道。GIS ARC/INFO 软件将公路和河网再细分成若干段，并计算各段的局部坡度和水流流向，GIS ARC/INFO 软件给河道和道路排水网排定正确的水流路径。DHSVM 的七个模块将水量和能量平衡联立起来，下面分别介绍蒸散发、地面积雪和融雷、冠层截留降雪和积雪融化、不饱和土壤水运动、饱和壤中流、饱和坡面流和河道流量演算。

25.4.3　DHSVM 模型中下垫面蒸散发

一般下垫面蒸散发量包括地表蒸发和植被蒸腾两部分。模型中每个网格单元都包含一个冠层和一个地面植被层或裸露土壤层，而冠层和地面植被层都由潮湿和干燥的两部分组成。如果存在林冠时，可能会覆盖整个网格单元或覆盖其中的一部分面积，而地面植被层或裸露土壤层则覆盖整个网格单元。当存在地面积雪时，假定积雪完全覆盖地面植被层或裸露土壤层，因此不考虑地面植被层或裸露土壤层的蒸散发。

冠层的潜在蒸散发率，表示能够从单元网格的土壤或植被中蒸发掉的最大水量。被冠层截留的水量被当作潜在蒸散发率从潮湿部分蒸发掉，而干燥部分的蒸腾则采用 Penman-Monteith 公式计算。潜在蒸散发率减去冠层的蒸散发率(包括潮湿和干燥部分)即为修正的潜在蒸散发率，地面植被层的蒸散发率根据修正的潜在蒸散发率计算。这种逐步计算的方法允许冠层和地表层的潮湿部分在同一时段内蒸发完，即含水量为零，但必须保证冠层和地表层总的蒸散发率不能大于空气所能容纳的水分的总量(也就是冠层的潜在蒸散发率)。

冠层的潜在蒸散发率 E_{p0} 的计算公式为：

$$E_{po} = \frac{\Delta R_{no} + \rho c_p (e_s - e) / r_{ao}}{\lambda_v (\Delta + \gamma)} \tag{25.4.1}$$

式中：Δ 是饱和水汽压-气温关系曲线的斜率；R_{no} 为太阳净辐射通量密度；r_{ao} 为空气动力学阻力(冠层蒸发面和参考高度间水汽传输的空气阻力)。而干燥植被表面的蒸腾率采用 Penman-Monteith 公式计算，即

$$E_{tj} = E_{pj} \cdot \frac{\Delta + \gamma}{\Delta + \gamma \left[1 + r_{cj} / r_{aj}\right]} \tag{25.4.2}$$

式中，E_{tj} 为蒸腾率；E_{pj} 为潜在蒸散发能力的近似值；r_{cj} 为冠层对水汽输移的阻力。将每一冠层分为干燥部分 $A_{\omega j}$ 和潮湿部分 $1-A_{\omega j}$，则有

$$A_{\omega j} = \left(\frac{S_{Ij}^t + P_j}{I_{cj}} \right)^{2/3} \tag{25.4.3}$$

式中：$S_{Ij}{}^t$ 为时段初冠层截留水量；P_j 为时段降雨量；I_{cj} 为冠层时段最大截留能力，根据树叶面积指数(LAI)确定，计算公式为：

$$I_{cj} = r_j LAI_j F_j \tag{25.4.4}$$

式中，r_j 为冠层截留系数，即冠层时段最大截留能力与枝叶投影面积对应的叶面积指数的比率；F_j 为林冠覆盖率。降雨被林冠截留直至达到冠层最大截留能力之后的降雨均毫无损失地降落到地面(即为落地雨量)。当式(25.4.3)用于计算地表植被层时，式中的 P_j 是指冠层截留后的落地雨量。

模型逐时段计算各层的蒸发量和蒸腾量。首先，以潜在蒸散发能力从潮湿部分蒸发的水量为：

$$E_{Ij} = E_{pj} \cdot A_{\omega j} \cdot \Delta t_{\omega} \tag{25.4.5}$$

式中，E_{Ij} 为时段内蒸发掉的截留水量；Δt_{ω} 为按潜在蒸散发率蒸发掉所有截留雨量所需的时间。如果以潜在蒸散发率都不足以蒸发掉该时段的所有截留雨量的话，那么 Δt_{ω} 就等于模型的计算时段长 Δt。采用式(25.4.2)、式(25.4.3)和 Δt_{ω} 计算植被干燥部分的蒸腾率，即

$$E_{Tj} = E_{tj} \cdot (1 - A_{\omega j}) \cdot \Delta t + E_{tj} \cdot A_{\omega j} \cdot (\Delta t - \Delta t_{\omega}) \tag{25.4.6}$$

使用式(25.4.2)和式(25.4.5)时，对冠层有 $E_{pj}=E_{po}$；对地表植被层有 $E_{pj}=E_{po}-(E_{Io}+E_{To})$；其中 E_{po} 由式(25.4.1)计算。

如果没有地表植被层，则需要计算表层土壤的蒸发量，否则不需要考虑土壤蒸散发。如果土壤是湿润的，它会将以等于或大于潜在蒸散发率的速率给表层供水。当土壤水量耗竭，此时的水分输送率就降到潜在蒸散发率以下。此时的蒸发量由土壤所能提供的水量来控制，蒸散发量是土壤含水量的非线性函数。故有

$$E_s = \min(E_{ps}, F_e) \tag{25.4.7}$$

式中，$E_{ps}=E_{po}-(E_{Io}+E_{To})$，$F_e$ 为土壤解析率，由土壤对表层的输水速率确定。土壤解析率是土壤类型和上层土壤含水量的函数。

上面虽然已经给出了蒸散发量计算公式，但是其中涉及大量物理量的确定依然非常困难，丝毫不亚于蒸散发量的计算，下面分别给出各物理量的计算方法。

空气动力学阻力：在中性大气条件下，假定冠层的垂向风速廓线呈三层分布：从参考

高度到刚刚超过冠层的粗糙层以上，风速分布按对数分布；该粗糙层向下延伸到冠层的零平面高度处，其风速分布为指数分布；冠层以下的树干部分，其风速分布也假定为对数分布。

总的空气动力学阻力(三层分布形式的风速廓线下水汽紊动输移的空气动力学阻力)计算公式如下：

$$R_{ao}=\frac{\ln\left(\dfrac{z_r-d_o}{z_{0o}}\right)}{U_r\kappa^2}\left\{\frac{h_0}{n(z_\omega-d_o)}\left[\exp\left(n_a\left(1-\frac{d_o-z_{0o}}{h_0}\right)\right)-1\right]+\frac{z_\omega-h_o}{z_\omega-d_o}+\ln\left(\frac{z_r-h_o}{z_\omega-d_o}\right)\right\} \quad (25.4.8)$$

式中，U_r为参考高度为z_r处的风速；h_o，d_o，z_{0o}分别为冠层高度，零平面位移和冠层蒸发面的粗糙度厚度；z_ω为上层对数分布区和粗糙层的边界高度；n_a为无量纲的衰减常数；κ为卡门常数。近地面风速呈对数分布形式的表层土壤层、积雪层和地表植被层的空气动力学阻力为：

$$R_{ao}=\frac{\ln\left(\dfrac{z_a-d_u}{z_{0u}}\right)}{U(z_a)\kappa^2} \quad (25.4.9)$$

式中，z_a=2+d_u+z_{0u}，d_u和z_{0u}分别为表层土壤层、积雪层和地表植被层的零平面位移和粗糙度厚度。

冠层阻力：冠层阻力(r_{cj})包括冠层和地表植被层的冠层阻力两部分内容，这两个冠层阻力(r_{cj})均为气孔阻力(单个叶面的r_{sj})之和。假定各叶面的阻力对总的冠层阻力r_{cj}的作用是并联的，则有：

$$r_{cj}=\langle r_{sj}\rangle/c_jLAI_j \quad (25.4.10)$$

式中，c_j为枝叶总表面积对应的叶面积指数与枝叶投影面积(单面)对应的叶面积指数的近似比值；$\langle r_{sj}\rangle$为冠层叶面积指数的平均值的倒数；r_{sj}取决于植被类型和环境因素，它们的关系是通过由物种决定的最小叶面阻力$r_{s\min j}$和四个限制因素来表示的：

$$r_{sj}=r_{s\min j}f_1(T_j)f_2(vpd_j)f_3(PAR_j)f_4(\theta_j) \quad (25.4.11)$$

式中，气温f_1为对环境的依赖关系；f_2为饱和水汽压差；f_3为光合作用的辐射通量；f_4为土壤含水量。前三个因素由以下经验公式确定，即

$$f_1=(0.8T_a-0.0016T_a^2) \quad (25.4.12)$$

$$f_2=[1-(e_s-e/e_c)]^{-1} \quad (25.4.13)$$

$$f_3=\frac{1+R_p/R_{pc}}{r_{s\min}/r_{s\max}+R_p/R_{pc}} \quad (25.4.14)$$

式中，T_a为气温(摄氏温度)；e_c为导致气孔关闭的饱和水汽压差(大约4kPa)；$r_{s\min}$，$r_{s\max}$是叶面最小和最大阻力；R_p为可见光辐射；R_{pc}为当叶面阻力为两倍最小气孔阻力$r_{s\min}$时的光照程度。可以把f_4表示为与土壤含水量的分段线性关系，即：

$$f_4=\begin{cases}0 & \theta \leqslant \theta_{\omega p} \\ \dfrac{\theta^{\cdot}-\theta_{\omega p}}{\theta-\theta_{\omega p}} & \theta_{\omega p}<\theta \leqslant \theta \\ 1, & \theta \ <\theta \leqslant \theta_s\end{cases} \tag{25.4.15}$$

式中，θ 为平均的土壤含水量；$\theta_{\omega p}$ 为凋萎含水量；θ^*为土壤能向植物持续供水时的临界含水量(即土壤含水量在 θ^*以上时都能向植物供水)。

短波和长波辐射：冠层和地表植被层或裸露土壤层对长波、短波的吸收对蒸散发都有决定性的影响，他们都有各自的计算公式。冠层接收太阳直接短波辐射，并与云层、地表植被层、积雪层和土壤层之间进行长波辐射。冠层吸收的太阳净辐射 R_{no}，为：

$$R_{no}=R_s[(1-\alpha_o)-\tau_o(1-\alpha_u)]F+(L_d+L_u-2L_o)F \tag{25.4.16}$$

式中，R_s 是入射的短波辐射；α_o 为冠层的反射率；α_u 为地表植被层的反射率；τ_o 为冠层发出的短波辐射；F 为林冠覆盖率；L_d，L_u 和 L_o 分别为云层向下的、地表植被层向上的和冠层的长波辐射通量。τ_o 根据 Beer 定理确定，即

$$\tau_o=\exp(-k_b LAI_o) \tag{25.4.17}$$

式中，k_b 为冠层衰减系数；LAI_o 为冠层的单面叶面积指数。

地表植被层接受经冠层削弱的短波辐射和太阳的直接短波辐射，林冠内地表植被层与冠层之间进行长波辐射，而在露天情况下(冠层外)，地表植被层与云层和地面之间进行长波辐射。地表层吸收的净辐射为：

$$R_{nu}=R_s(1-\alpha_u)[(1-F)+\tau_o F]+(1-F)L_d+FL_o-L_u \tag{25.4.18}$$

假定一个统一形式的辐射率计算公式，

$$L_o=\sigma(T_o+273)^4 \tag{25.4.19}$$

或

$$L_o=\sigma(T_u+273)^4 \tag{25.4.20}$$

式中，T_o 和 T_u 分别为冠层和地表植被层的温度(℃)。这两个温度均等于气温，而当积雪存在时，这两个温度采用能量平衡法计算。

云层长波辐射对蒸散发的影响机制是，当土壤层裸露，即没有地表植被覆盖且没有积雪覆盖时，有

$$L_o=\sigma(T_g+273)^4 \tag{25.4.21}$$

T_g 为土壤表面温度，一般直接使用直接观测资料，土壤表面温度可以等于大气温度。如果有更准确的地面气温资料，就可以对地面气温的非线性方程反复迭代求出土壤表面温度。

25.4.4　双层地面积雪和融雪模型

地面积雪和融雪采用双层模型模拟，模型中包括能量和水量平衡过程。能量平衡部分用于模拟融雪、再结冰及积雪热含量的变化。水量平衡部分用于确定积雪/融雪、雪水当量的变化和融雪产流量。积雪层接收液态(P_L)和固态(P_I)形式的水。在没有冠层覆盖的网格内，这两个量分别等于降雨深度($P_L=P_r$)和降雪深度($P_I=P_s$)；有冠层覆盖时，部分降雨和降雪

会被冠层截留，水量传输过程变得相当复杂，部分积雪由于升华作用损失掉，水分则以冠层融雪产生的水滴、重力作用下的积雪释放和落地雨的形式输入到地面积雪层。

地面积雪和融雪：积雪模型由两层组成：较薄的积雪表层和下积雪层。大气、冠层和积雪层的能量交换仅发生在积雪表层。积雪表层的能量平衡采用在时间步长 Δt 上的向前有限差分格式：

$$W^{t+\Delta t}T_s^{t+\Delta t}-W^tT_s^t=\frac{\Delta t}{\rho_w c_s}(Q_r+Q_s+Q_e+Q_p+Q_m) \tag{25.4.22}$$

式中，c_s 为冰的比热；ρ_w 为水的密度；W 为表层积雪的雪水当量；T_s 为表层温度；Q_r 为净辐射；Q_s 为感热通量；Q_e 为潜热通量；Q_p 为经由降雨和降雪提供给积雪层的能量；Q_m 为液态水结冰时向积雪层释放的能量或融化时从积雪层吸收的能量；积雪表层吸收的能量记为正值，反之为负。如果通量的单位为 watt/m^2，那么 W 的单位则以米的尺度给出(m)。

表层净辐射 Q_r 采用式(25.4.18)计算，其中 $T_u=T_s$；$\alpha_u=\alpha_s$，α_s 是表层积雪反照率。假定 α_s 随时间按下面的函数关系衰减：

$$\alpha_s=0.85(\lambda_a)^{N^{0.85}}\quad 积雪季节 \tag{25.4.23}$$

$$\alpha_s=0.85(\lambda_m)^{N^{0.46}}\quad 融雪季节 \tag{25.4.24}$$

式中，N 为场次积雪时间(d)；根据经验 λ_a 和 λ_m 分别取 0.92 和 0.70。

方程(25.4.22)中感热通量 Q_s 采用以下公式计算，即

$$Q_s=\frac{\rho c_p(T_a-T_s)}{r_{as}} \tag{25.4.25}$$

式中，r_{as} 为积雪表层与表层附近的参考高度间的空气动力学阻力，采用公式(25.4.8)来确定；d_u 和 z_{0u} 分别为积雪深度和积雪层的粗糙度厚度。

而积雪表层的潜热 Q_e 采用下式确定，即

$$Q_e=\frac{\lambda_i\rho(0.622/P_a)[e(T_a)-e(T_s)]}{r_{as}} \tag{25.4.26}$$

式中，当积雪表层是液态水时，λ_i 为水的汽化热；当积雪表层是固态的雪或冰时，λ_i 为水的升华热；P_a 为大气压强。

由于水流输入而对积雪层产生的输移能量 Q_p 按下式计算，即

$$Q_p=\frac{\rho_w c_w T_a P_L+\rho_w c_s T_a P_I}{\Delta t} \tag{25.4.27}$$

式中，c_w 为水的比热；P_L 为液态水深；P_I 为固态水深当量。

在计算时段内，从再结冰的液态水或融化的积雪层中获得的总能量依赖于积雪表层发生的净能量交换，即

$$Q_{\mathrm{net}}=(Q_r+Q_s+Q_e+Q_p)\Delta t \tag{25.4.28}$$

如果 Q_{net} 是负值，积雪层发生能量损失，液态水会结冰；如果 Q_{net} 是负值且绝对值足够大，那么所有的液态水都会结冰，雪层温度将会更低。如果 Q_{net} 是正值，那么将冰雪融化吸收的能量抵消后多余的能量就会使更多的积雪融化。

$$\begin{cases}Q_m\Delta t=\min(-Q_{\mathrm{net}},\rho_w\lambda_f W_{\mathrm{liq}}) & Q_{\mathrm{net}}<0\\ Q_m\Delta t=-(Q_{\mathrm{net}}+c_s W_{\mathrm{ice}}T_s^t) & Q_{\mathrm{net}}\geqslant 0\end{cases} \tag{25.4.29}$$

地表层水量守恒可由以下方程表达，即

$$\begin{cases} \Delta W_{\text{liq}} = P_L + \left(\dfrac{Q_e}{\rho_w \lambda_v} - \dfrac{Q_m}{\rho_w \lambda_f} \right) \Delta t \\ \Delta W_{\text{ice}} = P_I + \left(\dfrac{Q_e}{\rho_w \lambda_s} + \dfrac{Q_m}{\rho_w \lambda_f} \right) \Delta t \end{cases} \tag{25.4.30}$$

式中，λ_s，λ_v，λ_f分别为升华潜热，汽化潜热和熔解热。如果存在液态水($W_{\text{liq}}>0$)，那么 Q_e 与液态水发生质量转化，否则与固态冰发生质量转化。

积雪表层与下层积雪的能量和质量交换仅仅当有固态冰融化、凝结，以及当融雪水从上层渗入下层时才发生。通过传导和扩散方式在上下积雪层之间和在地表与土壤之间进行的能量交换忽略不计。如果 W_{ice} 超过上层的最大厚度，超出部分连同其要吸收的热量一起分配给下积雪层。如果 W_{liq} 超过积雪表层的最大液态水蓄水能力，那么多余部分也会流进下积雪层。如果下层温度低于 0℃，来自积雪表层的液态水会再结冰，同时释放能量给下积雪层。任何超过下积雪层的最大蓄水能力的液态水会作为融雪径流渗入土壤中。

大气稳定度与空气动力学阻力修正：如果有雪盖存在，那么空气动力学阻力要按大气稳定性条件进行修正，大气稳定性条件根据 Richardson 数(Ri_b)判断。Ri_b 数是一个无量纲数，是浮力与气团压力的比值。

$$Ri_b = \frac{2gz_a(T_a - T_s)}{U(z_a)^2(T_a + T_s)} \tag{25.4.31}$$

我们知道，当 $Ri_b<0$ 时大气不稳定，当 $Ri_b>0$ 时大气稳定。据此可以根据大气稳定度判别数(Ri_b)对空气动力学阻力进行修正，即

$$\begin{cases} r_{as} = \dfrac{r_{as}}{(1-16Ri_b)^{0.5}} & Ri_b < 0 \\ r_{as} = \dfrac{r_{as}}{\left(1 - \dfrac{Ri_b}{Ri_{cr}}\right)^2} & Ri_b > 0 \end{cases} \tag{25.4.32}$$

式中，Ri_{cr} 为 Ri_b 的临界值(一般取为 0.2)。根据混合长度理论，Ri_b 的上限值为：

$$Ri_b \leqslant [\ln(z_a / z_0) + 5]^{-1} \tag{25.4.33}$$

25.4.5　冠层积雪和融化

冠层对降雪的作用过程可以分为，林冠层截留降雪、积雪升华、重力作用下的积雪释放、积雪融化几个过程。一般大气降水分为降雪和降雨，到底是降水还是降雪，要根据大气温度来判断，故有

$$\begin{cases} P_s = P & T_a < T_{\min} \\ P_s = \dfrac{T_{\max} - T_a}{T_{\max} - T_{\min}} & T_{\min} < T_a \leqslant T_{\max} \\ P_s = 0 & T_{\max} \leqslant T_a \\ P_r = P - P_s \end{cases} \tag{25.4.34}$$

式中，P_r 为降雨量；P_s 为降雪的雪水当量；$T_{\min}$ 为临界气温，低于此气温仅有降雪；$T_{\max}$ 为另一临界气温，高于此气温仅有降雨；而在这两个临界气温之间，降水既有降雨也有降雪。

冠层积雪：冠层积雪量是由冠层对降雪的截留产生的。每一时段内降雪都会被冠层截留，直至冠层对雪的最大截留量。

$$I = f \cdot P_s \tag{25.4.35}$$

式中，I 为时段内截留降雪的水当量；f 为冠层对降雪的截留率；P_s 为根据公式(25.4.33)计算的时段降雪量；最大截留降雪容量 B 计算公式如下：

$$B = L_r \cdot (r_m LAI_o) \tag{25.4.36}$$

式中，r_m 根据观测的最大截留降雪容量确定。根据实际观测资料研究表明，树叶面积比率 L_r 是气温的分段函数，故有以下经验公式，即

$$\begin{cases} L_r = 0.001 & T_a \leqslant -5℃ \\ L_r = 0.004 & T_a > -5℃ \end{cases} \tag{25.4.37}$$

而截留的雨量是根据截留积雪层蓄水容量 W_c 确定的，W_c 包括积雪和秃树枝的蓄水容量两部分，即

$$W_c = hW_{\text{ice}} + l\,\mathrm{e}^{-4}(LAI_2) \tag{25.4.38}$$

式中，h 为冠层积雪的蓄水容量(取为 0.035)；LAI_2 为冠层双面的叶面积指数。超过冠层截留能力的降水落入地表称为落地水量 T_{co}。

冠层积雪融化：冠层截留积雪层中包括固态和液态水，固态和液态水量平衡方程分别为：

$$\Delta W_{\text{ice}} = I - M + \left(\frac{Q_e}{\rho_w \lambda_s} + \frac{Q_m}{\rho_w \lambda_f} \right) \Delta t \tag{25.4.39}$$

$$\Delta W_{\text{liq}} = P_r + \left(\frac{Q_e}{\rho_w \lambda_v} - \frac{Q_m}{\rho_w \lambda_f} \right) \Delta t \tag{25.4.40}$$

式中，M 为冠层释放的积雪量(即部分未融化的积雪在重力作用下下落)，融雪量直接从修正后的能量平衡方程中计算得到，这一点同样适用于地面积雪模型：

$$T_s = \min(T_a, 0) \tag{25.4.41}$$

给出截雪层温度和大气温度后，融雪量就可根据式(25.4.40)和式(25.4.41)直接计算出来。能量平衡方程中的各个量已经在地面积雪模型中介绍过了。但是，空气动力学阻力按式(25.4.8)计算，短波和长波辐射平衡按式(25.4.16)计算。融雪水量超过截雪层的蓄水容量 W_c 后多余的水量即为融雪水滴量 D_r。当有过量积雪时才会发生冠层截雪释放，截雪释放量与 D_r 呈线性关系：

$$\begin{cases} M = 0 & W_{\text{ice}} \leqslant n \\ M = 0.4D_r & W_{\text{ice}} > n \end{cases} \tag{25.4.42}$$

式中，n 为残留的截雪量，可以融化或升华离开冠层，根据观测资料总结，一般取为 5mm。式(25.4.42)中的系数 0.4 是从观测的截雪下落量与融雪水滴量的比值推出来的。

没有被冠层截留的降雨和降雪连同冠层释放的积雪和融雪水量一同加入到地面积雪模型的能量和质量平衡方程中去。进入地面积雪模型的液态水深 P_L 等于：

$$P_L = P_r(1-F) + T_{co} + D_r \tag{25.4.43}$$

而降雪的液态水当量 P_l 等于：

$$P_l = P_r(1-f)F + P_s(1-F) + M \tag{25.4.44}$$

式中，F 为冠层覆盖率。

25.4.6 非饱和土壤水运动

下渗过程：表层土壤会接收落地雨、融雪水以及来自邻近网格单元内的地表径流。最大下渗率是时段内土壤所能吸收的总水深，超过土壤蓄水能力的其余水量则形成地表径流。不饱和土壤水的运动采用多层土壤模型模拟。每一植被都可能吸收一层或多层土壤的水分，每一土壤层则包含一种或多种植被的根系部分。根据 Penman-Monteith 公式，分别计算给定冠层在每一土壤层内的蒸腾量，然后乘以该土壤层的根系比。只考虑上层土壤的蒸发。

上、中、下三层土壤的质量平衡方程分别为：

$$d_1(\theta_1^{t+\Delta t} - \theta_1^t) = I_f - Q_v(\theta_1) - \sum_{j=1}^{2} f_{rj1} E_{tj} - E_s + V_{ex2} - V_{ex1} \tag{25.4.45}$$

$$d_k(\theta_k^{t+\Delta t} - \theta_k^t) = Q_v(\theta_{k-1}) - Q_v(\theta_k) - \sum_{j=1}^{2} f_{rjk} E_{tj} - E_s + V_{exk+1} \tag{25.4.46}$$

$$d_{ns}(\theta_k^{t+\Delta t} - \theta_k^t) = Q_v(\theta_{ns-1}) + (Q_{S\text{in}}^t - Q_S^t)\Delta t \tag{25.4.47}$$

式中，d_k 为土壤层的厚度；θ_k 为平均土壤水含量；I_f 为时段内渗入土壤层中的水量；Q_v 为流入下层的水量；f_{rjk} 为第 k 土壤层内对第 j 植被层的根系比；V_{exk} 为地下水位上升，地下水对土壤水的补给；E_s 为上层土壤层的蒸发量；$Q_{S\text{in}}^t$ 和 Q_S^t 分别为计算时段初侧向壤中流的入流量和出流量；模型首先计算上层土壤层的入渗量，然后沿垂直方向从上层向底层计算输移的水量(Q_v)。

下层土壤层的饱和壤中流的净增量为($Q_{S\text{in}}$-Q_S)，各层土壤水含量更新成为 $\theta_k^{t+\Delta t}$。然后再从下层开始依次检查各层的土壤含水量，如果土壤含水量超过该层的孔隙率，即 $\theta_k^{t+\Delta t} > \phi_k$，那么 $V_{exk} = \theta_k^{t+\Delta t} - \phi_k$，土壤含水量就等于孔隙率，否则，$V_{exk}$=0。然后，将 V_{exk} 加到其相邻的上一层的土壤层中，这样逐层计算至上层土壤层。超过上层土壤含水量的水量就是浅层回归流，回归流形成坡面流。

早期模型定义的地下水位的埋深是土壤表层到第一个饱和土壤层顶端的距离。当土壤层交替地处于饱和与不饱和状态时，就会使地下水位不停上下波动或随土壤层厚度而上下移动。为了消除这一点的影响，给出地下水位 z 的计算公式如下：

$$z = D[1 - \sum_{k=1}^{ns}(\theta_k^{t+\Delta t} - \theta_{fck})d_k / \sum_{k=1}^{ns}(\varphi_k - \theta_{fck})d_k] \tag{25.4.48}$$

式中，ns 为土壤层数；θ_{fck} 为第 k 层土壤的田间持水量。

渗透过程：采用达西定律来描述非饱和土壤水垂直渗透运动，则垂直向下的渗透率 q_v 为：

$$q_v(\theta) = K_s\left(\frac{\theta - \theta_r}{\phi - \theta_r}\right)^{(2/m)+3} \tag{25.4.49}$$

式中，K_s 为土壤垂向饱和水力传导率(mm/h)；m 为孔隙尺寸分布指数；ϕ 为土壤孔隙率；θ_r 为剩余土壤含水量。为了简化，饱和土壤水含量 θ_s 取为 ϕ(也就是 θ_r=0)。时段内渗透流

量 Q_{vk} 的计算公式为：

$$Q_{vk}=\frac{1}{2}\left[q_v(\theta_k^t)+q_v(\hat{\theta})\right]\Delta t \tag{25.4.50}$$

式中，$\hat{\theta}$ 为更新的土壤含水量，包括上层土壤渗透的水量，即

$$\hat{\theta}=\theta_k^t+Q_{vk\text{-}1}^{t+\Delta t}/D_k \tag{25.4.51}$$

解吸过程：上层土壤蒸发量 E_s 是其潜在蒸发能力 E_{ps} 和土壤解吸率 F_e 的函数，由式(25.4.7)确定。解吸率 F_e 采用下式确定，即

$$F_e=S_e\Delta t^{1/2} \tag{25.4.52}$$

式中，S_e 为吸附率，采用以下公式确定，即

$$S_e=\left[\frac{8\phi K_s\phi_b}{3(1+3m)(1+4m)}\right]^{1/2}\begin{bmatrix}0\\ \phi\end{bmatrix}^{(1/2m+2)} \tag{25.4.53}$$

式中，ϕ_b 为土壤的吸气压力；假定计算时段之初的土壤含水量是均一的，即公式(25.4.45)中 θ 的单位梯度是一样的，式(25.4.52)中的 Δt 重新设为 0。

25.4.7　饱和土壤水运动

DHSVM 采用运动波或扩散波近似方法来逐个计算各网格的饱和壤中流。模型网格以 DEM 的高程节点为中心(见图 10.1)。网格对其周围相邻 8 个网格的指向用指数 k(0~7)表示，从正北方向开始按顺时针方向编号。在土层较薄、渗透性好的陡坡上，水力梯度近似为局部地面坡度(运动波)。在地势起伏不大的地区，水力梯度近似为局部的水力梯度(扩散波假设)。

网格(I,j)在 k 方向上的饱和壤中流的输移率为：

$$q_{s_{i,j,k}}=w_{i,j,k}\beta_{i,j,k}T_{i,j}(z,D) \tag{25.4.54}$$

式中，$w_{i,j,k}$ 为 k 方向上网格流线宽度；$\beta_{i,j,k}$ 为 k 方向上地下水位线的坡度；$T_{i,j}(z,D)$为网格输移率，假定土壤侧向饱和水力传导率随土层深度呈指数递减，上式中 $T_{i,j}(z,D)$由以下公式确定，即

$$T_{i,j}(z,D)=\frac{K_{i,i}}{f_{i,j}}(\mathrm{e}^{-f_{i,j}z_{i,j}}-\mathrm{e}^{-f_{i,j}D_{i,j}}) \tag{25.4.55}$$

式中，$K_{i,j}$ 为网格表层土壤侧向饱和水力传导率；$f_{i,j}$ 为衰减系数度；$D_{i,j}$ 为网格土壤层厚；z 为地下水位埋深；网格单元饱和壤中流的总出流等于公式(25.4.54)计算的各方向的出流量之和。

饱和壤中流沿坡面流向河道时可能会被道路截留。当网格内包含道路，且地下水位埋深 z 浅于路堑埋深 z_R 时，道路会截留饱和壤中流。则道路对壤中流的截留率的计算公式如下：

$$Q_{R_{i,j}}=w_{R_{i,j}}\beta_{i,j}T_{i,j}(z,z_R) \tag{25.4.56}$$

式中，$W_{R_{ij}}$ 为公路沿其与网格正交方向$\alpha_{i,j}$的长度；$\beta_{i,j}$ 为网格单元相应于$\alpha_{i,j}$的坡度；z_R 为路堑埋深；$T_{i,j}(z,z_R)$为路堑以上的饱和土壤输移率，计算时公式(25.4.55)中的 D 换成 z_R。未被道路截留的壤中流流量 $Q_{S\,i,j}$ 的计算只需将式(25.4.54)和式(25.4.55))中的 z 换成 z_R。

当网格内的地下水位位于河床之上时，壤中流就会流入河道。河道接受壤中流数量的计算公式为：

$$Q_{C_{i,j}} = 2L_{C_{i,j}}\beta_{C_{i,j}}T_{i,j}(z,z_C) \tag{25.4.57}$$

式中，z_C为河床埋深；$L_{C\,i,j}$为穿过网格的河道长度；$T_{i,j}(z, z_C)$为河床以上的饱和土壤输移率，计算时将式(25.4.55)中的 D 换成 z_C。水力梯度近似取为：

$$\beta_{C_{i,j}} = \frac{z_{C_{i,j}} - z_{i,j}}{0.5w_{C_{i,j}}} \tag{25.4.58}$$

式中，$w_{C\,i,j}$为河道宽度。如果能同时计算出地表径流量，那么就可以求得该时段内河道的总入流量。

25.4.8　流域产汇流过程

坡面流过程：在网格上地表径流由以下三部分组成：当落地雨和融雪水量之和已超出最大下渗能力时，则超渗产流；当网格单元上的落地雨、融雪水饱和时，则蓄满产流；当地下水位超出地面时，则产生回归流。有两种方法计算地面径流，一是逐网格计算，二是单位线法。如果网格内有公路或河道截留则必须采用前者。

采用逐网格的方法计算坡面流类似于壤中流的计算，网格(i, j)在 k 方向上的坡面流计算公式为：

$$q_{Q_{i,j}} = w_{i,j,k}v_{i,j}y_{i,j} \tag{25.4.59}$$

式中，$v_{i,j}$为网格内的水流速度；$y_{i,j}$为网格内水流深度；$w_{i,j,k}$定义同式(25.4.54)。网格单元地面径流的总出流 $Q_{Oin_{i,j}}$ 等于式(25.4.58)计算的各方向的流量之和。计算时段末的地表水水量为：

$$S_{O_{i,j}}^{t+\Delta t} = S_{O_{i,j}}^{t} + V_{\mathrm{exl}_{i,j}} + I_{\mathrm{ex}_{i,j}} + (Q_{\mathrm{Oin}_{i,j}} + Q_{\mathrm{cvrt}_{i,j}} - Q_{O_{i,j}})\Delta t \tag{25.4.59}$$

式中，$Q_{Oin_{i,j}}$ 为坡向上端的网格流向网格(i, j)的总的坡面流流量；$I_{ex_{i,j}}$ 是超渗产流量；$Q_{evrt\,i,j}$ 为排水沟的出流量；模型中的流速采用定值 $v=\Delta x/\Delta t$，Δx 为网格宽度。式(25.4.60)表明时段内网格坡面流的出流量等于时段初地表水的存贮量。

单位线法要计算每一个网格内产生的地面径流到达流域出口断面所需的时间，即汇流时间。每一网格的响应函数是汇流时间的函数，响应函数包含线性转移部分和线性存贮部分。

河道汇流过程：公路排水沟和河道的流量演算都是采用串联的线性水库处理。由于公路排水沟和河道由若干个独立河段组成，每一河段有各自的水力学参数。每一河段的侧向入流来自于该河段经过的流域网格的入流，包括坡面流和被道路或河道截留的壤中流。每一河段的出流会流入另一河段或流出该流域。某一段道路排水沟的出流也有可能流回到沟渠所在的流域网格内，这种情况下，该段排水沟的出流就会加到网格的地表水里，这部分水量可能会再次渗透到土壤层中，也可能成为坡面流的一部分。

进行河道演算时可以采用相对简单的但是很稳健的线性槽蓄法。每条河流看成是宽度为常数的水库，出流量与槽蓄量成线性关系。成线性关系的出流量与槽蓄量决定了流速为常数，该流速通过曼宁公式求解，根据参考水深和相应的水力半径，时段末蓄水量的计算公式如下；

$$V_c^{t+1}=\frac{Q_{\text{in}}}{k}+(V_c^t-\frac{Q_{\text{in}}}{k})\exp(-k\Delta t) \tag{25.4.61}$$

式中，Q_{in}为时段内对该河段平均的上游河段入流量和侧向入流量；k为河流的存贮系数。存贮系数k由以下公式确定，即

$$k=\frac{R_r^{2/3}\sqrt{S_0}}{n\Delta L} \tag{25.4.62}$$

式中，R_r为参考水深下的水力半径；S_0, ΔL, n分别为河道坡降、河道长度和河床糙率。河段平均出流量由水量平衡方程求得：

$$Q_{\text{out}}=Q_{\text{in}}-(V_c^{t+1}-V_c^t)/\Delta t \tag{25.4.63}$$

改进的马斯京根法(Muskingum-Cunge)也可用于河道演算。在有些情况下，改进的马斯京根法亦能解决问题，并能与线性槽蓄法结合起来。线性槽蓄法能够用于许多大小不一且地形多样化的流域，都能提供比较满意的结果。目前在 DHSVM 的实际应用中，大部分的河道汇流演算均采用此方法，具体演算方法见第二十四章相关内容。

第二十六章　SWAT 和 SHAW 模型

§26.1　SWAT 模型机理

SWAT(Soil and Water Assessment Tool)是美国农业部(USDA)开发的流域尺度的分布式模型，用于模拟预测长期土地管理措施对于具有多种土壤类型、土地利用和管理条件的大面积复杂流域的径流、泥沙负荷和营养物流失的影响。SWAT 是在 SWRRB 模型基础上发展起来的一个长时段的流域分布式水文模型。它具有很强的物理基础，并能在资料缺乏的地区建模，在加拿大和北美寒区具有广泛的应用(贾仰文等，2005)。

从模型结构看，SWAT 属于第二类分布式水文模型，即在每一个网格单元(或子流域)上应用传统的概念性模型来推求净雨，再进行汇流演算，最后求得出口断面流量。它明显不同于 SHE 模型等第一类分布式水文模型，即应用数值分析来建立相邻网格单元之间的时空关系。从建模技术看，SWAT 采用先进的模块化设计思路，水循环的每一个环节对应一个子模块，十分方便模型的扩展和应用。在运行方式上，SWAT 采用独特的命令代码控制方式，用来控制水流在子流域间和河网中的演进过程，这种控制方式使得添加水库的调蓄作用变得异常简单。SWAT 的功能十分强大，还能够用来模拟和分析水土流失、非点源污染、农业管理等问题(B. Grizzetti *et al*. 2003；丁青利等，2004)。

SWAT 模型应用 TOPOAZ(Topographic Parameterization)自动进行数字地形分析的软件包，基于最陡坡度原则和最小给水面积阈值的概念，对输入栅格型 DEM 进行处理，定义流域范围，划分子流域，确定河网结构和计算子流域参数。当集水区面积阈值(形成河流的最小集水面积)被划定之后，自动划分子流域。在子流域划分的基础上其采用代表性基本单元概念划分计算单元，根据不同土地利用和土壤类型的组合在每一个子流域内进一步划分 HRU(Hydrologic Response Unit)，HRU 以非空间方式模拟，即以在某一子流域中土壤和土地利用协同变化特征的概率分布来表征(王中根等，2003)。

SWAT 模型主要用来预测人类活动对水、沙、农业、化学物质的长期影响。它可以模

拟流域内多种不同的水循环物理过程。由于流域下垫面和气候因素具有时空变异性，为了提高模拟的精度，通常 SWAT 模型将研究流域细分成若干个单元流域。流域离散的方法有三种：自然子流域(sub-basin)、山坡(hill-slop)和网格(grid)。

SWAT 模拟的流域水文过程分为水循环的陆面部分(即产流和坡面汇流部分)和水循环的水面部分(即河道汇流部分)。前者控制着每个子流域内主河道的水、沙、营养物质和化学物质等的输入量；后者决定水、沙等物质从河网向流域出口的输移运动。

26.1.1　水循环的陆面部分

流域内蒸发量随植被覆盖和土壤的不同而变化，可通过水文响应单元(HRU)的划分来反映这种变化。每个 HRU 都单独计算径流量，然后演算得到流域总径流量。在实际的计算中，一般要考虑气候、水文和植被覆盖这三个方面的因素。

气候因素：流域气候(特别是湿度和能量的输入)控制着水量平衡，并决定了水循环中不同要素的相对重要性。SWAT 所需要输入的气候因素变量包括：日降水量、最大最小气温、太阳辐射、风速和相对湿度。这些变量的数值可通过模型自动生成，也可直接输入实测数据。

水文因素：降水可被植被截留或直接降落到地面。降到地面上的水一部分下渗到土壤；一部分形成地表径流。地表径流快速汇入河道，对短期河流响应起到很大贡献。下渗到土壤中的水可保持在土壤中被后期蒸发掉，或者经由地下路径缓慢流入地表水系统。

冠层蓄水：SWAT 有两种计算地表径流的方法。当采用 Green-Ampt 方法时需要单独计算冠层截留。计算主要输入为：冠层最大蓄水量和时段叶面指数(LAI)。当计算蒸发时，冠层水首先蒸发。

下渗：计算下渗考虑两个主要参数：①初始下渗率(依赖于土壤湿度和供水条件)；②最终下渗率(等于土壤饱和水力传导度)。当用 SCS 曲线法计算地表径流时，由于计算时间步长为日，不能直接模拟下渗。下渗量的计算基于水量平衡。Green-Ampt 模型可以直接模拟下渗，但需要次降雨数据。

重新分配：是指降水或灌溉停止时水在土壤剖面中的持续运动。它是由土壤水不均匀引起的。SWAT 中重新分配过程采用存储演算技术预测根系区每个土层中的水流。当一个土层中的蓄水量超过田间持水量，而下土层处于非饱和态时，便产生渗漏。渗漏的速率由土层饱和水力传导率控制。土壤水重新分配受土温的影响，当温度低于零度时该土层中的水停止运动。

蒸散发：蒸散发包括水面蒸发、裸地蒸发和植被蒸腾。土壤水蒸发和植物蒸腾被分开模拟。潜在土壤水蒸发由潜在蒸散发和叶面指数估算。实际土壤水蒸发用土壤厚度和含水量的指数关系式计算。植物蒸腾由潜在蒸散发和叶面指数的线性关系式计算。潜在蒸散发有三种计算方法：Hargreaves、Priestley-Taylor 和 Penman-Monteith。

壤中流：壤中流的计算与重新分配同时进行，用动态存储模型预测。该模型考虑到水力传导度、坡度和土壤含水量的时空变化。

地表径流：SWAT 模拟每个水文响应单元的地表径流量和洪峰流量。地表径流量的计算可用 SCS 曲线方法或 Green-Ampt 方法计算。SWAT 还考虑到冻土上地表径流量的计算。洪峰流量的计算采用推理模型。它是子流域汇流期间的降水量、地表径流量和子流域汇流

时间的函数。SCS 曲线方法的基本原理为降水产流的初损后损法，即

$$\frac{F}{S}=\frac{Q}{P-I_a} \tag{26.1.1}$$

式中，P为次降雨的降雨总量(mm)；Q为径流量(mm)；I_a为降水的初损量(mm)；F为降水的后损量(mm)；S为流域当时的可能滞留量(mm)。按水量平衡原理有：

$$P=I_a+F+Q \tag{26.1.2}$$

联立上面两个式，并消去F，同时考虑到初损未满足时是不可能产流的条件，则可得：

$$\begin{cases} Q=\dfrac{(P-I_a)^2}{P+S-I_a} & P\geqslant I_a \\ Q=0 & P<I_a \end{cases} \tag{26.1.3}$$

上式就是SCS模型的产流计算公式。因为I_a不易求，引入了下式进行简单处理，即

$$I_a=0.2S \tag{26.1.4}$$

将上式代入式(26.1.3)，得：

$$\begin{cases} Q=\dfrac{(P-0.2S)^2}{P+S-I_a} & P\geqslant 0.2S \\ Q=0 & P<0.2S \end{cases} \tag{26.1.5}$$

上式就是许多情况下实际使用的产流计算公式。在式(26.1.1)中，S值的变化幅度可以很大，不便于取值。为解决这个问题，再引入一个无因次参数CN，称曲线号码，并规定如下关系：

$$S=\frac{25\,400}{CN}-254 \tag{26.1.6}$$

池塘：池塘是子流域内截获地表径流的蓄水结构。池塘被假定远离主河道，不接受上游子流域的来水。池塘蓄水量是池塘蓄水容量、日入流和出流、渗流和蒸发的函数。

支流河道：SWAT 在一个子流域内定义了两种类型的河道，即主河道和支流河道，支流河道不接受地下水，SWAT 根据支流河道的特性进行子流域汇流演算。

在汇流计算中，采用统一的无因次单位线来计算径流输出过程，SCS模型单位线的净雨时段是变化的，故不能给出各时段的无因次单位线纵标值，因此，在转绘此无因次单位线时必须十分准确。模型用下述经验公式计算单位线洪峰流量：

$$q_p=\frac{0.208AQ}{t_p} \tag{26.1.7}$$

式中，q_p为洪峰流量(m^3/h)；Q为径流量，即净雨量(mm)；A为流域面积(km^2)；t_p为峰现时间(h)。t_p与汇流时间t_c(h)建立如下关系：

$$t_p=\frac{2}{3}t_c \tag{26.1.8}$$

而t_p则由以下公式来求得：

$$t_c=\frac{5}{3}L \tag{26.1.9}$$

式中，L为流域滞时，计算公式为：

$$L = \frac{l^{0.8}(S+25.4)^{0.7}}{7\ 069.7\gamma^{0.5}} \tag{26.1.10}$$

式中，L为流域滞时，即由净雨中心到洪峰出现时间的时距(h)；l为水流长度(m)；S为流域的当时最大可能滞留量(mm)；γ为流域平均坡度的百分数。

由无因次单位线转化成时段单位线进行汇流演算，其单位净雨是25.4 mm。净雨时段D的大小用下式确定：

$$D = 0.133t_c \tag{26.1.11}$$

根据流域条件，由上述诸公式可求得q_p，t_p和D，再用q_p，t_p可将无因次单位线转化为有因次单位线。然后利用产流公式可求出每个时段D内的径流量Q(mm)，与单位线相乘，按叠加定理可得子流域出流过程。

输移损失：这种类型的损失发生在短期或间歇性河流地区(如干旱半干旱地区)，该地区只在特定时期有地下水补给或全年根本无地下水补给。当支流河道中输移损失发生时，需要调整地表径流量和洪峰流量。

地下径流：SWAT 将地下水分为两层：浅层地下水和深层地下水。浅层地下径流汇入流域内河流；深层地下径流汇入流域外河流。

植被因素：SWAT 利用一个单一的植物生长模型模拟所有类型的植被覆盖。植物生长模型能区分一年生植物和多年生植物。被用来判定根系区水和营养物的移动、蒸腾和生物量或产量。

26.1.2 水循环的水面部分

水循环的水面过程即河道汇流部分，主要考虑水、沙、营养物(N，P)和杀虫剂在河网中的输移,包括主河道以及水库的汇流计算。

主河道(或河段)汇流：主河道的演算分为 4 部分，水、泥沙、营养物和有机化学物质。其中进行洪水演算时若水流向下游，其一部分被蒸发和通过河床流失，另一部分被人类取用。补充的来源为直接降雨或点源输入。河道水流演算多采用变动存储系数模型或 Muskingum 方法。

水库汇流演算：水库水量平衡包括：入流、出流、降雨、蒸发和渗流。在计算水库出流时，SWAT 提供三种估算出流量的方法以供选择：①需要输入实测出流数据；②对于小的无观测值的水库，需要规定一个出流量；③对于大水库，需要一个月调控目标。

§ 26.2 SHAW 模型

26.2.1 SHAW 模型介绍

对土壤-大气边界附近条件的了解，包括发芽、作物生长、昆虫种群动态、水分保持、土壤冻结、渗透、径流和地表水入渗等，现在已经成为许多领域关注的焦点。分析土壤-植被-大气系统(SPAC)的水、热传输有利于了解小气候特征。能量平衡描述了冠层中长波短波净辐射分配成感热、潜热通量的比例以及热容量的变化，它是水热传输的基础。随着更好的表征冠层-大气相互作用的要求的日益提升，模拟冠层和大气中物质和能量的传输已经成为越来越被关注的领域。外界条件直接影响作物的生命活动（如光合作用、呼吸作用、蒸腾作用和极端温度对作物的损害），而冠层温度通过影响光合、蒸腾、气孔导度、水汽传输阻力和整个作物胁迫来影响作物的生理过程。有关大气-作物表层能量和物质传输方面的研究已经近40a，并建立了一些模型。

SHAW 模型由Flerchinger和Saxton建立，1991年由Flerchinger和Pierson修改加入了作物蒸腾和作物冠层。最终该模型包含从植物冠层、雪被、凋落物到土壤的一维、垂直廓线。该廓线被分为多层，每一层的信息由独立的节点表示。

采用上边界以上的天气形式（包括气温、风速、湿度、太阳辐射和降水）和下边界以下的土壤状况来定义系统中的水热通量，步长为日或小时。该系统分层，每层由一个独立的节点表征。每个时步均计算各节点间的能量、湿度和溶质通量，每个节点的能量公式隐函有限差分公式表示。

模型的理论核心是表面边界上的能量平衡，由气象观测数据（包括气温、风速、相对湿度和太阳辐射）计算得到。表面能量平衡可写为：

$$R_n + H + L_v E + G = 0 \tag{26.3.2}$$

式中，R_n 为全波净辐射（W/m^2）；H为感热通量；$L_v E$ 为潜热通量（W/m^2）；G为土壤或地表热通量（W/m^2）；L_v为蒸发潜热（J/kg）；E为土壤表面和作物冠层的总蒸发量（$kg/(m^2 \cdot s)$）。

通过计算冠层中各层的热量和水汽传输，并考虑叶片的热源项和蒸腾作用来确定热量和水汽通量。冠层中的传输应用梯度驱动传输(或称为 K-理论)，通过迭代计算冠层中热量、水汽传输方程和蒸腾作用来计算叶温能量平衡(Dean Shaw, 2005；Link T E, 2000；Hayhoe H N，1994；Flerchinger G N，1989)。

26.2.2　SHAW 模型的特点

SHAW模型用基于物理机制的数学方程和经验方程详尽的参数化了植被冠层、枯枝落叶-植物残茬层、积雪层、冻土层的辐射传输、热量传输、水分和溶质迁移过程。计算步长可以从一个小时、几个小时到一天。可预测土壤冻结融化、雪深变化。SHAW模型的主要输入包括以下几项：

(1)驱动变量：气象数据（气温、湿度、降水、辐射、风速）。

(2)初始状态或边界数据：积雪厚度，初始的土壤温度剖面和体积含水量剖面。

(3)生物属性参数：叶面指数、临界气孔阻力，生物量、根深、植物残茬层属性、植物种类与高度，叶的倾向与倾角，叶片尺度特征、植物反射率。

(4)地点特征属性数据：坡度、坡向、纬度、表面粗糙度、植被盖度。

(5)土壤参数：土壤容量、饱和水力传导系数、土壤粒径组成、土壤反射率。

(6)溶质参数：溶质的种类、溶质的初始浓度剖面分布、溶质的扩散与弥散参数。

模型在求解过程中根据能量平衡、物质平衡的原理反复迭代求出各分土层内的水分、热量、盐分的传输量。计算得到的辐射与能量平衡要素包括：系统短波辐射、长波辐射交换、感热和潜热；可得到的水分平衡因子包括：蒸散量、下渗量、冠层截留量、融雪径流量、冻土层内的出水量、积雪深度变化(宋克超等，2003；宋克超等，2004)。

第二十七章　典型分布式水文模型介绍

§ 27.1　TOPMODEL 模型

1979 年，Beven 和 Kirkby 提出的 TOPMODEL 模型(TOPgraphy based hydrological MODEL)是一种以数学方式表示水文循环过程的基于物理过程的半分布式流域水文模型，其主要特征是利用地貌指数 $\ln(\alpha/\tan\beta)$来反映流域水文现象，特别是径流运动的分布规律。α表示单位等高线长度的汇水面积，$\tan\beta$ 为该处的坡度。该模型结构简单、优选参数少、物理概念明确，在集总式和分布式流域水文模型之间起到了一个承上启下的作用(陈仁升等，2003；熊立华等，2004)。

TOPMODEL 模型的大量实际应用研究表明，TOPMODEL 的模拟结果对流域地貌指数 $\ln(\alpha/\tan\beta)$分布曲线的形状并不很敏感。因此，在实际应用中并不一定要从实测的流域数字高程模型(DEM)中来推求 $\ln(\alpha/\tan\beta)$的分布曲线，反而可通过优化选择某种合适的理论曲线。同时，优选出来的饱和土壤导水率参数 T_0 总是特别大，与实际情况相距甚远。此外，TOPMODEL 中假设的径流运动稳态理论在推导过程中有自相矛盾的地方，但是在实际应用中，TOPMODEL 基本上都很成功。主要的原因就是理论上的误差被计算机程序中对微分方程进行随意离散化时所带来的更大误差所掩盖。到目前为止，TOPMODEL 在国内外已被广泛应用，是一个相当成功的半分布式流域水文模型。

变源面积理论是 TOPMODEL 的理论基础，该理论指出流域上并不存在均匀地表径流，地表径流仅仅产生于降水使土壤达到饱和的一小部分流域面积上，这部分面积称为饱和地表面积或源面积，一般位于陡坡和河道附近。而且这一源面积是在不断变化的，因为流域源面积的空间位置受流域地形、土壤水力特性和流域前期含水量等诸多因素控制。当地下水向坡底运动时，地形平坦区域未饱和土壤逐渐达到饱和，源面积不断向河道两边的坡面延伸。这种延伸同时受到山坡上部非饱和壤中流的影响。因此，在一定意义上，变源面积可看作河道系统的延伸(熊立华等，2004；刘青娥，2002)。

27.1.1　地形指数

地形决定着地表以及近地表径流的路径，也控制着流域累积水量的空间分布情况。根据数字高程模型(DEM)计算得出的地形指数 $\ln(\alpha/\tan\beta)$，能够反映土壤水、土壤饱和度以及径流生成过程的空间分布，是很多以物理概念为基础的水文模型的重要组成部分。在绝大多数受地形控制的流域水文模型中，地形指数分布的计算是水文模拟的首要内容。

TOPMODEL 模型根据数字高程模型计算每个单元网格的地形指数。地形指数的计算方法很多，除单向方法(D8)外，目前普遍使用由 Quinn 提出的多流向计算方法。借助有关 GIS 工具(如 ArcInfo，ArcView 等)可以计算出流域内每一个网格单元的坡度以及汇水面积，从而得到每一个网格单元的地形指数 $\ln(\alpha/\tan\beta)$及其空间分布。

27.1.2　部分产流面积(源面积)

土壤特性是另一个决定产流过程的重要因素，水沿下坡横向运动的能力受到土壤导水率的影响。导水率由土壤的水力特性、水力传导度和土壤厚度决定。导水率越大，这种运动的能力越大。当地下水向坡底运动时，会在地形平坦的面积上汇集，而且地形辐合程度越大，上坡汇水面积越大。随着下渗的持续和地下水的运动，在下坡方向，一部分面积的地下水位抬升至地表面，形成饱和面，这种饱和面被称为源面积。

源面积的形成由该点的地下水位来判断，局部地下水位计算公式为：

$$z_i = z - \frac{1}{f}\left[\left(\ln\frac{\alpha_i}{\tan\beta_i} - \lambda^*\right) - \left(\ln T - \ln\overline{T_0}\right)\right] \tag{27.1.1}$$

其中

$$\lambda^* = \frac{1}{A}\int_A \ln\frac{\alpha_i}{\tan\beta_i}\,\mathrm{d}A$$

式中，λ^*为流域地形指数平均值；$\ln\overline{T}_0$为全流域 $\ln T_0$的平均值。流域上所有这些饱和的点连成一片就形成了源面积。在源面积上的降雨将形成直接径流。以 x 表示地形指数值，假设 z_i=0 时对应的地形指数值为 x^*。那么，在某一时段，流域上只要是 $x \geqslant x^*$的点都已达到饱和。地形指数越大的点，就越容易达到饱和。而且还应注意到，达到饱和的点与该点的具体位置并没有关系，而只与该点的地形指数有关。

在降雨过程中随着下渗的持续和受上坡方向非饱和壤中流的影响，源面积会逐渐向河道两岸延伸。根据山坡水文学原理，只在达到饱和的地方，才产生地表径流即饱和坡面流。

27.1.3　TOPMODEL 模型的物理概念

TOPMODEL 模型主要是借助于地貌指数 $\ln(\alpha/\tan\beta)$来描述和解释径流趋势和由于重力排水作用径流沿坡向的运动。TOPMODEL 模型的物理概念示意见图 27.1。

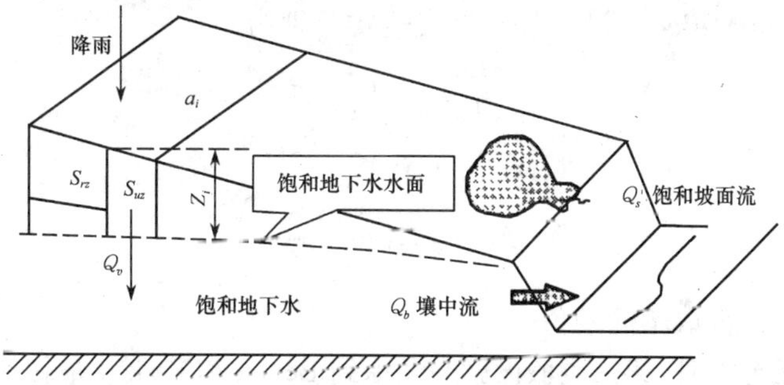

图 27.1　TOPMODEL 模型的物理概念示意图(熊立华等,2002)

该模型假设在流域任何一处的土壤里有 3 个不同的含水区：第一个是植被根系区，用 S_{rz} 表示；其次是土壤非饱和区，用 S_{uz} 表示；第三个就是饱和地下水区，用饱和地下水水面距流域土壤表面的深度 Z_i (也叫缺水深)来表示。水流运动规律假定降水首先下渗进入植被根系区，贮存在这里的水部分蒸发，部分进入土壤非饱和区；在土壤非饱和区中的水分以一定速率 Q_v 垂直进入饱和地下水带，然后通过侧向运动形成壤中流(也叫基流) Q_b。如果饱和地下水水面不断升高，在流域某一山脚低洼汇合处(比如说下游河道)冒出，就会形成饱和坡面流 Q_s。因此在 TOPMODEL 模型中，流域总径流 Q 是壤中流和饱和坡面流之和，即：

$$Q = Q_b + Q_s \tag{27.1.2}$$

饱和地下水水面距流域土壤表面的深度 z_i 的计算是 TOPMODEL 模型的重点，总共用了以下 3 个假设：

第一个假设是该水层中的壤中流始终处于稳定状态，即任何地方的单位过水宽度的壤中流流量 q_i 等于上游来水量，即：

$$q_i = R \cdot a_i \tag{27.1.3}$$

式中，R 为流域产流速率，假定在全流域均匀分布；a 为单宽积水面积。

第二个假设就是饱和地下水的水力坡度 $\mathrm{d}H/\mathrm{d}l$ 由地表局部坡度 $\tan\beta$ 来近似。根据达西定律，壤中流单宽流量 q_i 又可表示为：

$$q_i = T_i \cdot \tan\beta \tag{27.1.4}$$

式中，T_i 为点 i 处的土壤导水率。

第三个假设就是土壤导水率 T_i 是缺水深 z_i 的负指数函数，即：

$$T_i = T_0 \cdot \exp\left(-\frac{z_i}{S_{zm}}\right) \tag{28.1.5}$$

式中，T_0 为饱和导水率；S_{zm} 为非饱和区最大蓄(缺)水深度。饱和土壤渗透系数 K_s 可由 T_0 和 S_{zm} 求出，即 $K_s= T_0/S_{zm}$。

由以上 3 个假设即可推导出地貌指数 $\ln(\alpha/\tan\beta)$。TOPMODEL 模型中共有 6 个水文参数，即植被根系区的初始水含量 SR_0，植被根系区最大蓄水深 $S_{r\max}$，下渗时间参数 t_d，饱和土壤导水率 T_0，非饱和区最大缺水深 S_{zm} 和初始壤中流 $Q_b{}^1$。

对第三个假设，即关于土壤导水率 T_i 和饱和地下水水面深度 z_i 的关系，有些水文学家提出了不同的意见和做了一些新的假设。新的假设主要有两类：第一类称为 Ambroise 假设，另一类称为 Duan-Miller 假设，其数学表达式分别为：

$$T(z) = T_0\left(1 - \frac{z}{S_{zm}}\right)^n \tag{28.1.6}$$

$$T(z) = T_0\left(1 - \frac{z}{n \cdot S_{zm}}\right)^n \tag{28.1.7}$$

式中，n 为整数，可取不同的值。

当 n 值取无穷大时，第一类假设就会还原到 Beven 和 Kirkby 最初提出的指数关系假设 $T(z)=T_0 \cdot \exp(-z/S_{zm})$。在 Ambroise 和 Duan-Miller 的假设条件下，地貌指数的表达式不再是 $\ln(\alpha/\tan\beta)$，而是 $(\alpha/\tan\beta)^{1/h}$。这两类假设的式 (28.1.6) 和式 (28.1.7) 的主要目的是给 TOPMODEL 模型建立一个更为灵活的框架(刘青娥，2002)。

27.1.4 TOPMODEL 模型的基本结构

TOPMODEL 模型把全流域按 DEM 网格分块，每一个网格称为一个水文单元，大的流域又可被分成若干个子流域(或单元流域)。对每一个单元流域进行产汇流计算，产流计算包括不饱和层水分运动、饱和层水分运动及地表径流。地表径流和地下径流均视为在空间上相等，可通过等流时线方法进行汇流演算，求出单元流域出口处的流量过程。单元流域的计算流程图见图 27.2。通过河道汇流得出流域总出口断面流量过程。河道演算多采用近似运动波的常波速洪水演算方法(熊立华，2004；贾仰文，2005；陈仁升等，2003)。

在对单元流域进行产流计算时，并不是每个水文单元都计算。TOPMODEL 中假定地形指数相同的网格具有相同的水文响应，用地形指数-面积分布函数来描述水文特性的空间不均匀性，因此只需计算那些水文响应不相同的网格。地形指数-面积分布函数表示具有相同地形指数值的流域的空间部分，模型用统计方法计算地形指数的面积分布函数。

蒸发：在流域内的任何一点 i 处，实际蒸发量 E_a 发生在植被根系区，由下述公式计算：

$$E_{a,i} = E_p\left(1-\frac{S_{rz,i}}{S_{r\max,i}}\right) \tag{27.1.8}$$

式中，$S_{rz,i}$ 是在点 i 处植被根系区缺水量；$S_{r\max,I}$ 为根系区最大容水量；E_p 为蒸发能力。

非饱和区水流下渗速率：土壤非饱和区中的水分以一定速率垂直进入饱和地下水带，下渗率 $q_{v,i}$ 由下式计算：

$$q_{v,i} = \frac{S_{uz,i}}{SD_i \cdot t_d} \tag{27.1.9}$$

式中，$S_{uz,I}$ 为在点 i 处的非饱和区土壤含水量；SD_i 为非饱和层土壤的蓄水能力；t_d 为一时间参数。在 TOPMODEL 模型中，SD_i 通常等同于地下水表面距流域地表深度 z_i。在计算整个流域的总下渗率 Q_v 时，通常采用加权平均法，即：

$$Q_v = \sum_i q_{v,i} \cdot A_i \tag{27.1.10}$$

式中，A_i 表示位置不同但地貌指数值都等于同一个值，比如 $\ln(\alpha/\tan\beta)$ 的各处地表的面积之和，根据地貌指数 $\ln(\alpha/\tan\beta)$ 在全流域的分布来决定。

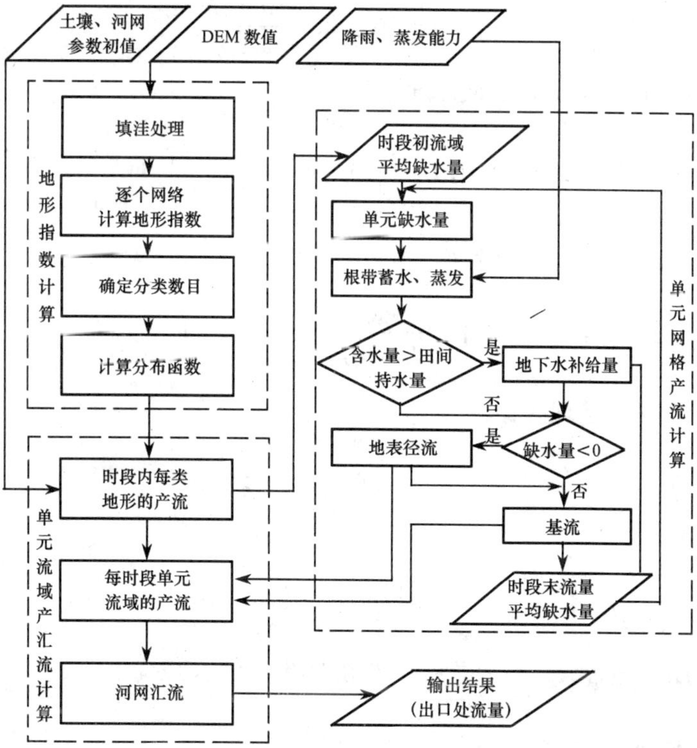

图 27.2　单元流域计算流程图(刘青娥,2003)

饱和地下水深度：某一点饱和地下水水面距流域表面的深度 z_i 的计算是 TOPMODEL 模型的重点，总共采用三个假设。

第一个假设是该水层中的壤中流始终处于稳定状态，即任何地方的单位过水宽度的壤中流速率 q_i 等于上游来水量，即：

$$q_i = R \cdot a_i \tag{27.1.11}$$

式中，R 为流域产流速率，假定在全流域均匀分布；a 为单宽积水面积。

第二个假设就是饱和地下水的水力坡度 $\mathrm{d}H/\mathrm{d}l$ 由地表局部坡度 $\tan\beta$ 来近似。根据达西定律，壤中流单宽流量 q_i 又可表示为：

$$q_i = T_i \cdot \tan\beta \tag{27.1.12}$$

式中，T_i 为点 i 处的土壤导水率。

第三个假设就是土壤导水率 T_i 是缺水深 z_i 的负指数函数，即：

$$T_i = T_0 \cdot \exp\left(-\frac{z_i}{S_{zm}}\right) \tag{27.1.3}$$

式中，T_0 为饱和导水率；S_{zm} 为非饱和区最大蓄水深度。

联立式(27.1.11)，式(27.1.12)和式(27.1.13)，得出：

$$a_i \cdot R = T_0 \cdot \tan\beta_i \cdot \exp\left(-\frac{z_i}{S_{zm}}\right) \tag{27.1.14}$$

从上式可以解出：

$$z_i = -S_{zm} \cdot \ln\left(\frac{a_i R}{T_0 \tan\beta_i}\right) \tag{27.1.15}$$

整个流域上的平均地表水面深度则为

$$\overline{z} = \frac{1}{A}\int_A z_i \,\mathrm{d}A = \frac{S_{zm}}{A}\int_A \left[-\ln\left(\frac{a_i}{T_0 \cdot \tan\beta_i}\right) - \ln R\right]\mathrm{d}A \tag{27.1.6}$$

利用式(27.1.15)消去未知量 R，式(27.1.16)可整理为：

$$\overline{z} = S_{zm} \cdot \left[-\frac{1}{A}\int_A \ln\left(\frac{a_i}{T_0 \cdot \tan\beta_i}\right)\mathrm{d}A + \frac{z_i}{S_{zm}} + \ln\left(\frac{a_i}{T_0 \cdot \tan\beta_i}\right)\right] \tag{27.1.10}$$

式(27.1.17)又可整理为：

$$z_i = \overline{z} - S_{zm}\left[\ln\left(\frac{a_i}{T_0 \cdot \tan\beta_i}\right) - \lambda\right] \tag{27.1.11}$$

式中，

$$\lambda = \frac{1}{A}\int_A \ln\left(\frac{a_i}{T_0 \cdot \tan\beta_i}\right)\mathrm{d}A$$

TOPMODEL 通常假设饱和导水率 T_0 在全流域是均匀分布的，式(27.1.17)中的 T_0 会被消掉，则有

$$z_i = \overline{z} - S_{zm} \cdot \left[\ln\left(\frac{a_i}{\tan\beta_i}\right) - \lambda^*\right] \tag{27.1.19}$$

式中，

$$\lambda^{*}=\frac{1}{A}\int_{A}\ln\left(\frac{a_i}{\tan\beta_i}\right)\mathrm{d}A$$

从式(27.1.19)可以知道，某点饱和地下水表面的深度 z_i 由该处的地貌指数 $\ln(\alpha_i/\tan\beta_i)$ 来控制，流域内 $\ln(\alpha/\tan\beta)$ 值相等的任何两点具有水文相似性。因此，流域空间点的具体位置不再重要，最重要的是该点的地貌指数值，因此地貌指数 $\ln(\alpha/\tan\beta)$ 的分布曲线将具有十分重要的意义。

假如根据式(27.1.19)算出的饱和地下水表面的深度 z 为负值，这就意味着饱和地下水将渗出地面，形成饱和坡面流，饱和坡面流的计算式为：

$$Q_s=\frac{1}{\Delta t}\sum_{i}\max\left\{\left[S_{uz,i}-\max\left[z_i,0\right],0\right]\right\}A_i \tag{27.1.20}$$

式中，Δt 为时间步长；A_i 如前所述仍由地貌指数分布曲线来决定。

壤中流的计算：壤中流从河流两侧汇入河流，计算公式为

$$Q_b=\int_{L}q_i\,\mathrm{d}L=\int_{L}T_0\tan\beta\exp\left(-z_i/S_{zm}\right)\mathrm{d}L \tag{27.1.21}$$

将式(27.1.19)代入式(27.1.21)有

$$Q_b=\int_{L}T_0\tan\beta\exp\left[-\lambda^{*}+\ln\left(\frac{a}{\tan\beta}\right)\right]\mathrm{d}L=T_0\exp(-\overline{z}/S_{zm})\exp(-\lambda^{*})\int_{L}a\,\mathrm{d}L \tag{27.1.22}$$

因为

$$\int_{L}a\,\mathrm{d}L=A$$

则公式(27.1.22)则可以进一步表示为：

$$Q_b=AT_0\exp(-\lambda^{*})\exp(-\overline{z}/S_{zm})=Q_0\exp(-\overline{z}/S_{zm}) \tag{27.1.23}$$

其中，

$$Q_0=AT_0\exp(-\lambda^{*})$$

流域平均地下水深度：流域平均饱和地下水水面深度 $\overline{z}$ 的更新公式为：

$$\overline{z}^{t+1}=\overline{z}^{t}-\frac{\left(Q_v^t-Q_b^t\right)}{A}\Delta t \tag{27.1.24}$$

初始平均饱和地下水水面深度 $\overline{z}^{l}$ 的确定方法如下。假设经过一段长时间干旱后，流域出流只有壤中流，记为 Q_b^l，根据式(27.1.23)则有

$$Q_b^l=Q_0\exp\left(-\overline{z}^{l}/S_{zm}\right) \tag{27.1.25}$$

从而解出：

$$\overline{z}^{l}=-S_{zm}\cdot\ln\left(\frac{Q_b^l}{Q_0}\right) \tag{27.1.26}$$

§27.2　TOPKAPI 模型

TOPKAPI 是地形动态近似与积分(TOPographic Kinematic Approximation and Integration)的缩写。TOPKAPI 模型是在对两个非常著名的而且应用广泛的半分布式水文模型(ARNO 模型和 TOPMODEL 模型)的深刻分析的基础上建立起来的，ARNO 模型建立在

由土壤蓄水量控制的变动产流面积概念上的半分布式概念性水文模型。通过简单的数学推导，可以建立土壤蓄水量与直接产流面积、蒸散发、排水以及下渗等过程之间的函数关系式，这使得该模型在计算蒸散发总共消耗的土壤蓄水量时非常有用。ARNO模型的主要缺点是所采用的某些参数缺乏物理意义，特别是那些非饱和区内与“排水”(即侧向水流运动)有关的参数，这些参数必须通过降水和径流资料率定得到。这一点在水文应用上并不十分困难，但在GCMs和MM5等大气模式中则存在很大问题，因为在许多大气模式中没有直接的输入观测资料(熊立华，2004；贾仰文，2005；刘志雨等，2003)。

27.2.1 TOPKAPI模型原理

TOPKAPI模型是一个以物理概念为基础的分布式流域水文模型。流域特性参数、降水和水文响应的空间分布在水平方向上用正交网格系统(DEM的方网格)，在垂直方向上用各网格所相应的水平土柱进行模拟。TOPKAPI模型假定土壤及地表网格内侧向水流运动可用运动波模型来模拟。将建立在空间点上的假设在一定空间尺度上进行积分，从而把初始的微分方程转变成为非线性水库方程，最后求取它的数值解。这些非线性水库方程中所用的参数都具有一定的物理意义。根据流域的地形地貌因素，应用三个串联的非线性水库来分别描述土壤层、地表和排水网的水流运动规律，从而得到整个流域的水文过程特性。

TOPKAPI降雨-径流模型主要包括六个模块：蒸散发、融雪、土壤水、地下水、地表水和河道水。现在的TOPKAPI模型不考虑向更深土壤层的下渗量，也不考虑更深土壤层对产流的贡献，但将来可能会增加一个模块来考虑这一点。

为了使模型参数具有物理意义，但又相对简单且数量少，TOPKAPI模型的目的是在空间点上建立一个具有物理意义的模型，该模型能够在各种尺度上—从栅格尺度一直到整个流域尺度—保持平均意义上的物理真实性。现有两种TOPKAPI模型，一种是分布式，另一种是集总式。第一种TOPKAPI模型主要用于反映水文系统内部的空间变化规律，同时更明确地指出尺度对以下几方面的影响：水文气象数据，物理现象，饱和区面积与土壤含水量关系曲线中的参数，该关系曲线是推导集总式TOPKAPI模型的基础。

27.2.2 分布式TOPKAPI模型结构

TOPKAPI模型采纳将水动力学方法与流域地形相结合的思想。其中流域被划分成许多正方形网格，且网格大小随研究对象或问题的尺度而改变，模型的方程要在每一个网格上积分。每一个网格均是体现模型物理特性(质量平衡和动量平衡)的一个计算节点。根据相邻网格最小能量原理采用DEM法计算出水流路径和坡度。最小能量原理，即最大高程差原理，将活动网格与周边四个相邻网格联系起来，并假定活动网格只能与一个下游网格相联系，但却可以从其他三个网格接受上游来水。

可以认为非饱和区的侧向水流只发生在有限厚度的土壤层内，如果考虑非饱和区有优先路径和大孔隙度的话，则可认为该土壤层有很高的导水率。这一机理在模型中具有重要意义：不仅决定了侧向水流直接排入排水网，而且也是调节土壤水量平衡的重要因素(特别是饱和区的动态变化)。坡面流是由土壤已经饱和的网格上的超渗雨量产生的，而总径流(地表径流和地下径流的总和)通过排水网汇流。

土壤水分蒸散发是作为水量损失来考虑的，应该从土壤水量平衡中减去。但是这个损失量很难从实测中得到，一般是根据已有的水文气象数据、地形地理和气候数据计算而来的。现在的 TOPKAPI 模型中计算水分蒸发蒸腾损失总量的方法与 ARNO 模型的计算方法是一样的。

土壤模块的基本假设：TOPKAPI 模型的土壤模块有六个基本假设：①用适当的方法(如泰森多边形法和克里金法)对雨量计采集的数据进行空间内插，并假设在积分区域(即单个网格)内降水量分布均匀。②土壤达到饱和之前，所有的降水量都被土壤吸收。这相当于在网格尺度中采用蓄满产流机理或 Dunne 机理来代替超渗产流机理或 Hortonian 机理。这个假设是有事实依据的，即超渗产流只对单个点有效，而蓄满产流则与水量累积现象有关，是受土壤中水流的侧向重分配控制。随着模型尺度增大，蓄满产流越来越占主导地位，当模型尺度达到几十米时，假设基本上是合理可行的。③除非地表坡度很小(小于 0.1%)，一般假设饱和地下水位梯度和地表坡度相同。这一假设与动力波的基本假定比较一致，这也就是说，非饱和区内的侧向水流运动可采用运动波传播模型。④表层土壤饱和区的导水率不随深度变化，为一常数，应该比深层土壤导水率要大得多。⑤非饱和区的导水率在垂直方向上的积分(即土壤导水率的概念扩展)以及侧向水流可以表示成土壤含水总量的函数，含水总量即含水量沿垂直方向的积分。⑥过渡期内，即水流正在补给非饱和区时，如同 TOPMODEL 模型一样，TOPKAPI 模型假设在基本网格单元中土壤含水量随时间的变化不为零，而是一个常数。

壤中流计算：给定的土壤含水量的垂向分布图，可以用理查兹方程详细地描述受重力或毛细管压力作用的水分垂直下渗过程。然而，由于土壤表层内的大孔隙会导致较高的导水率，因此重力的作用占主导地位。在重力作用下，水流从土壤表层渗入到不透水层或半透水层，最终在不透水层或半透水层上形成一层较薄的潜水层，在潜水层中将会产生侧向水流，和不饱和壤中流一起运动。

相对于流域水平栅格的尺寸(一般几百米)来说，高导水率的土壤层的厚度(从几厘米到一两米)是可以忽略的。因此，在允许误差范围内可以避免用理查兹方程来描述土壤的垂直渗流，而是认为在网格尺度或更大的尺度上，水将渗入土壤中直到土壤达到饱和。

通常对饱和土壤层定义的导水率 T，可以引入到非饱和土壤层中：

$$T=\int_0^L k\left[\overline{v}(z)\right]\mathrm{d}z \tag{27.2.1}$$

式中，L 为受侧向水流影响的土壤层厚度；z 为垂直方向的坐标。其中 $k\left[\overline{v}(z)\right]=k_s\overline{v}(z)^{\alpha}$ 是在非饱和条件下的导水率，是经过标度后的土壤含水量 $\overline{v}$ 的函数：

$$\overline{v}=\frac{v-v_r}{v_s-v_r} \tag{27.2.2}$$

式中，v_r 为剩余土壤含水量，就是重力和毛细管压力不能带走的土壤含水量；v_s 为饱和土壤含水量；v 为实际的土壤含水量。

根据土壤模块的假设 4 和 5，式(27.2.1)所定义的导水率和式(27.2.2)根据土壤含水总量沿垂直断面积分而得到的导水率没有很大的差别。

$$T(\widetilde{\Theta})=k_s L\widetilde{\Theta}^{\alpha} \tag{27.2.3}$$

式中，k_s 为饱和土壤导水率；$\tilde{\Theta}$ 为沿垂直断面分布的 $\overline{v}$ 的平均值；α为取决于土壤特性的参数。

$$\widetilde{\Theta}=\frac{1}{L}\int_0^L \overline{v}(z)\,\mathrm{d}z \tag{27.2.4}$$

该近似公式已经为许多数值模拟所证明。有很多关于土壤含水量沿垂向分布状况的假设。在土壤层厚度相等的条件下，每种假设都有不同的 $\tilde{\Theta}$ 值和不同的垂直分布剖面。对所有垂直分布状况而言,侧向流量仍是根据通过 Brooks 和 Corey 公式从实际断面中积分得到：

$$q=\int_0^L \tan(\beta)k_s\overline{v}^{\alpha}\,\mathrm{d}z \tag{27.2.5}$$

也可以用下面的近似公式计算相应于每个 $\tilde{\Theta}$ 的侧向流量：

$$q=\tan(\beta)k_s L\widetilde{\Theta}^{\alpha} \tag{27.2.6}$$

网格单元模型：单个网格模型可以从质量连续方程和近似的动量方程推导而来，其数学表达式为：

$$\begin{cases}(v_s-v_r)L\dfrac{\partial\overline{\Theta}}{\partial t}+\dfrac{\partial q}{\partial x}=r\\ q=\tan(\beta)k_s L\widetilde{\Theta}^{\alpha}\end{cases} \tag{27.2.7}$$

式中，x 为网格侧向水流的主流向；t 为时间参数；q 为土壤层中的单宽侧向流量；r 为降水强度。

由于假设流量只沿占优的坡面方向(即最陡坡度)流动，因此只写出模型的一维方程。根据垂直断面的土壤合水总量 η：

$$\eta=(v_s-v_r)L\widetilde{\Theta} \tag{27.2.8}$$

方程(27.2.7)可以改写如下：

$$\begin{cases}\dfrac{\partial\eta}{\partial t}=r-\dfrac{\partial q}{\partial x}\\ q=\dfrac{Lk_s\tan(\beta)}{(v_s-v_r)^{\alpha}L^{\alpha}}\eta^{\alpha}=C\eta^{\alpha}\end{cases} \tag{27.2.9}$$

式中，C 定义如下：

$$C=\frac{Lk_s\tan(\beta)}{(v_s-v_r)^{\alpha}L^{\alpha}} \tag{27.2.10}$$

C 的值与土壤层的参数有关，与水力传导率和地表坡度等物理量成正比，而与蓄水容量成反比。

把式(27.2.9)的两个方程结合起来可以得到以下的动力方程：

$$\frac{\partial\eta}{\partial t}=r-\frac{\partial q}{\partial x}=r-\frac{\partial\left(C\eta^{\alpha}\right)}{\partial x} \tag{27.2.11}$$

对于第 i 个网格(DEM 中的一个点)的土壤层，对上式积分得到：

$$\frac{\partial V_{S_i}}{\partial t}=rx-\left(C_{S_i}\eta_{S_i}^{\alpha_s}-C_{S_{i-1}}\eta_{S_{i-1}}^{\alpha_s}\right) \tag{27.2.12}$$

式中，V_{si} 为第 i 个网格内的土壤单宽蓄水量，而式(27.2.12)中右边括号内的两项代表入流水量和出流水量的平衡。脚标 s 用于区别式(27.2.12)与坡面、排水网方程，以下都是这样表示。

显然，参数 C_s 不再是定义在单个点上可直接测量的物理量，而是对整个网格进行积分后的平均值，当然该值还是与可测物理量有紧密联系的。

27.2.3　分布式 TOPKAPI 模型

TOPKAPI 模型通过树状网络把所有网格联系起来。分布式模型所基于的思想就是从代表“源头”的起始网格(没有上游集水面积)沿树状网络逐步推算到下游的出口断面。

根据上述思想，并假设每一网格中垂向土壤含水量 η_{Si} 的变化可以忽略，那么每一网格的单宽蓄水量与土壤含水总量 η_{Si} 有以下的关系：

$$V_{S_i}=x\eta_{S_i} \tag{27.2.13}$$

用 V_{si}/x 代替式(27.2.12)中的 η_{Si}。对于“源”网格(即每一支流最上游的单元)，式(27.2.12)可以写成如下的非线性水库方程形式：

$$\frac{\partial V_{S_i}}{\partial t}=r_i\chi-\frac{C_{S_i}}{\chi^{\alpha_s}}V_{S_i}^{\alpha_s} \tag{27.2.14}$$

同样可以得到类似的以总入流表示的其他任何网格的非线性水库方程：

$$\frac{\partial V_{S_i}}{\partial t}=\left(r_ix+q_{O_i}^u+q_{S_i}^u\right)-\frac{C_{S_i}}{\chi^{\alpha_s}}V_{S_i}^{\alpha_s} \tag{27.2.15}$$

式中，$q_{O_i}^u$ 为活动网格接受的其上游集水区网格的地表径流量；$q_{S_i}^u$ 为活动网格接受的其上游集水区的地下径流量。

尽管从模拟的结果可以看出，TOPKAPI 模型与 TOPMODEL 模型有很大的区别，但两者基本的土壤方程仍存在相似的地方。TOPMODEL 模型中描述单宽流量的公式如下：

$$q=\frac{K_0}{f}\tan\beta\exp\left(-fz_i\right) \tag{27.2.16}$$

式中，z_i 为地表距饱和地下水面的深度(饱和地下水水面埋深或缺水深)。

TOPMODEL 模型假定壤中流只发生在土壤水垂向分布带中的饱和区，通过假设 $\tilde{\Theta}=1$，TOPKAPI 模型中使用的变量 η 可以用 z_i 表示：

$$\eta=\left(v_s-v_r\right)\left(L-z_i\right) \tag{27.2.17}$$

TOPMODEL 模型中的一个基本假设认为网格单元中的水流很快就能够达到稳定状态，因此有以下方程：

$$a_ir=\frac{K_0}{f}\tan\beta\exp\left(-fz_i\right) \tag{27.2.18}$$

式中，r 为在空间均匀分布的补给率；a_i 为点 i 处单位等高线长度所对应的上游集水面积。

考虑到土壤单宽蓄水量对时间的变化率 $\partial V_i/\partial t$ 在稳定状态时为 0，则式(27.2.18)可以写成：

$$\frac{\partial V_i}{\partial t}=a_ir-\frac{K_0}{f}\tan\beta\exp\left(-fz_i\right) \tag{27.2.19}$$

式中，$\partial V_i/\partial t$ 为土壤单宽蓄水量对时间的变化率。将式(27.2.17)中的 z_i 代入式(27.2.19)并结合考虑式(27.2.13)，则可得到以下方程：

$$\frac{\partial V_i}{\partial t}=a_i r-\frac{K_0}{f}\tan\beta\exp\left(-fL\right)\exp\left[\frac{fV_i}{a_i\left(v_s-v_r\right)}\right] \tag{27.2.20}$$

很明显，式(27.2.14)和式(27.2.20)是很相似的，因为，式(27.2.20)中的指数函数与(27.2.14)中的幂函数本质上没有多大区别。

27.2.4　分布式坡面流和排水网模块

TOPKAPI 模型中的坡面流模块和排水网模块是以经典的运动波近似为基础，最后也会得到和描述土壤水流运动的方程比较相似的结果。为了描绘坡面流，引入与土壤模块相似的假设，并假定运动波模型的应用条件至少是在模型网格中和在具有网格长度的河段中保持其积分形式不变。由于假设在土壤达到饱和之前所有的降水都会渗入到土壤中，因此坡面流模块的输入量是土壤达到饱和后的净雨量。

类似于土壤模块中的做法，坡面流模型采用曼宁公式推导，并假设各网格的地表水深均匀分布。这样就可以对运动方程沿纵向积分，得到以下坡面流模块的非线性水库方程：

$$\frac{\partial V_{O_i}}{\partial t}=e_{O_i}-\frac{C_{O_i}}{\chi^{\alpha_0}}V_{O_i}^{\alpha_0} \tag{27.2.21}$$

式中，V_{Oi} 为地表蓄水量；e_{Oi} 为从土壤水量平衡方程(27.2.15)中求得的超渗量(正值)；α_0=5/3 为联立 Chezy 方程和曼宁公式解得的指数；C_{Oi} 为与曼宁公式有关的系数，在形式上和土壤模块中的 C_{Si} 相同，其表达式为：

$$C_{O_i}=\tan\left(\beta_i\right)^{1/2}\big/n_{O_i}$$

式中，$\tan(\beta_i)$为第 i 个网格单元的地表坡度；n_{Oi} 为地表曼宁糙率系数。

推导排水网模块的方程时，方法也较类似，假设排水网是由断面为宽矩形的河段组成的树状网络。该模块中的水面宽度不是常数，而是假定越往流域下游出口断面，水面变得越宽。根据以上的假设条件，可以得到河段的通用公式：

$$\frac{\partial V_{n_i}}{\partial t}=\left(r_{S_i}+r_{O_i}+q_{n_i}^{u}\right)-\frac{C_{n_i}}{\left(\chi w_i\right)^{\alpha_n}}V_{n_i}^{\alpha_n} \tag{27.2.22}$$

式中，V_{ni} 为河网中河段 i 的蓄水量；　$q_{n_i}^{u}$ 为上游河段的入流量；　$S_{O_i}^{1/2}$ 为河床坡降，假设与网格地面坡度 $\tan(\beta)$相等；α_0=5/3；n_{ni} 为河床曼宁糙率系数；w_i 为第 i 个河段的水面宽度，根据地貌情况随第 i 个网格的排水面积增大而增加；r_{O_i} 为流入第 i 个河段的坡面流流量，表达式为：

$$r_{O_i}=\frac{C_{O_i}}{x^{\alpha_0}}V_{O_i}^{\alpha_0}$$

式(27.2.22)中，r_{Si} 为流入第 i 个河段的壤中流流量，表达式为：

$$r_{S_i}=\frac{C_{S_i}}{x^{\alpha_s}}V_{S_i}^{\alpha_s}$$

式(27.2.22)中，C_{ni} 为与曼宁公式有关的系数，相当于式(27.2.21)中的 C_{O_i}，表达式为：

$$C_{n_i}=S_{O_i}^{1/2}\big/n_{n_i}$$

必须指出的是，排水网方程中由于水面宽度沿纵向变化，因此式(27.2.22)中的 V_{ni} 表示河段的总蓄水量，而不像式(27.2.15)中的 V_{Si} 和式(27.2.21)中的 V_{Oi} 是单宽蓄水量。

§27.3　集总式 TOPKAPI 模型

27.3.1　集总式 TOPKAPI 模型结构

通过逐步对发生在较小水文尺度上的过程进行均化，可以得到适用于较大尺度的集总式模型。但是，对某一研究区域进行积分是线性的，与模型的非线性过程是不相符的。这就意味着平均的模型(对水文事件)响应与将参数值平均值代入点模型中所计算出来的响应是不一致的。

因此，为了得到集总式 TOPKAPI 模型，必须在描述流域的全部网格中对运动波方程进行积分。首先分别将所有网格的土壤、地表或排水网的蓄水量相加，得到流域土壤、地表和排水网的蓄水总量，并将它们作为流域地形和地貌的函数(熊立华，2004)。基于上面的水量相加及在整个流域上对运动波方程进行积分，同时也考虑到下面简单的假定就可以得到描述整个流域的零维水库非线性方程。

假定一个网格的入流量与水位的时间变化过程在这个网格空间上差别不大，在一个网格区域内对式(27.2.11)积分，可以得到以下的方程：

$$q_d = q_u + \int_{X_u}^{X_d} \left(r - \frac{\partial \eta}{\partial t} \right)_{\varepsilon} d\varepsilon = q_u + Xq_x \tag{27.3.1}$$

式中，q_u 为网格在坐标为 x_u 的上游处的入流量；q_d 为网格在坐标为 x_d 的下游处的出流量；q_x 为单位宽度和单位长度内的单位流量增量。

应用式(27.2.9)中的第二式，可以得到以 q_x 表示的局部土壤含水量：

$$q = \left(\frac{q_d}{C} \right)^{1/\alpha} = \left(\frac{q_u + q_\varphi X}{C} \right)^{1/\alpha} \tag{27.3.2}$$

因此，x 方向上的单宽蓄水量为：

$$V = \frac{\alpha C^{-1/\alpha}}{(\alpha+1) qx} \left[\left(q_u + q_x X \right)^{\frac{\alpha+1}{\alpha}} - \left(q_u \right)^{\frac{\alpha+1}{\alpha}} \right] \tag{27.3.3}$$

假如从处于流域边缘 q_u 等于零的网格开始计算，且假设 q_x 在整个集水区内保持不变，就不难得到计算含 N 个网格的集水区的非线性水库方程：

$$\frac{\partial V_T}{\partial t} = Nx\gamma - \bar{C} \left(\frac{\alpha+1}{\alpha N x} \right) V_T^{\alpha} \tag{27.3.4}$$

其中

$$\frac{1}{\bar{C}} = \left[\sum_{i=1}^{N} \left(\frac{j}{N} \right)^{\frac{\alpha+1}{\alpha}} - \left(\frac{j-1}{N} \right)^{\frac{\alpha+1}{\alpha}} \Big/ C_i^{1/\alpha} \right]^{\alpha} \tag{27.3.5}$$

式中，i 为网格编号；j 为接受网格 i 的出流的网格总数；N 为上游集水区的网格总数；C_i 为第 i 个网格的局部输水系数；V_T 为上游集水区的蓄水总量。

式(27.3.5)中的 $1/C$ 项综合体现了流域地形、土壤物理特性(以 C_i 表示)及网格间的地形联系的影响。因此，$1/C$ 代表了整个集水区的全局输水系数。

流域出口断面处的网格内的蓄水总量与其局部土壤含水量有以下的关系：

$$\eta_N = \frac{\alpha+1}{\alpha x N}\left(\frac{\overline{C}}{C_N}\right)^{1/\alpha} V_T \tag{27.3.6}$$

我们可以写出流域内任意网格的类似于式(27.3.5)的公式，同时在每一时段内对式(27.3.4)积分可以得到整个流域的蓄水总量，当蓄水总量知道后就可以计算出流域中任意网格的局部土壤含水量 η 和该网格的出流量。式(27.3.4)即为非线性水库模型，它能够表示土壤蓄水总量的动态变化。同样地，我们可以得到坡面流和排水网模块的同类方程，也就是把分布式 TOPKAPI 模型转换成集总式非线性水库模型。集总式 TOPKAPI 模型的结构如图 27.3 所示。

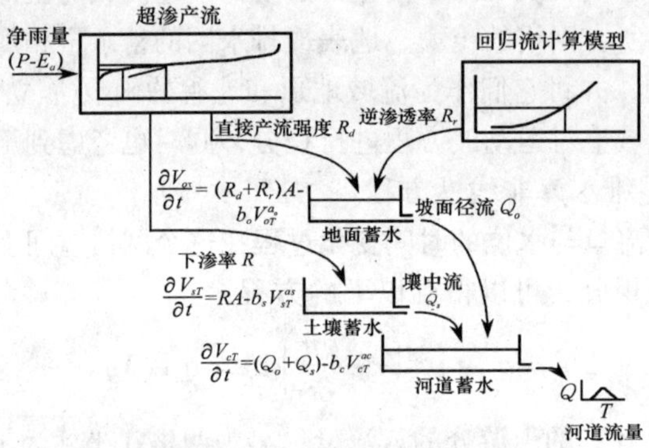

图 27.3　集总式 TOPKAPI 模型的结构(熊立华,2004)

尽管 TOPKAPI 模型给出了土壤、坡面流和河道流的非线性水库方程，但是集总式模型在流域尺度内无法分割下渗量和直接地面径流。为此，必须引入流域饱和区面积与流域蓄水量的关系。在分布式 TOPKAPI 模型的基础上，可以通过大量的模拟得到饱和区面积与流域蓄水量的关系。在每一计算时段内，比较饱和网格单元的数目与全流域的土壤蓄水总量，V_{ST} 是流域土壤蓄水总量，V_{SS} 是全流域蓄满时的土壤含水量(即流域蓄水容量)，假定其比值服从两参数的 β 分布函数：

$$\frac{A_s}{A} = \int_0^{\frac{V_{ST}}{V_{SS}}} \frac{\Gamma(r+s)}{\Gamma(r)\Gamma(s)} \varphi^{r-1}(1-\varphi)^{s-1} \qquad \varphi \in [0,1] \tag{27.3.7}$$

式中，A_s 为流域饱和区的总面积；A 为全流域面积；r, s 为 β 分布函数的参数。用 $\Gamma(x)$ 函数代替新安江模型和 ARNO 模型中所采用的传统的幂函数。$\Gamma(x)$ 函数为：

$$\Gamma(x) = \int_0^{+\infty} \xi^{x-1} \mathrm{e}^{-\xi}\,\mathrm{d}\xi \qquad x>0 \tag{27.3.8}$$

TOPKAPI 集总式模型采用 β 分布函数计算土壤模块的总入流量以及直接作为坡面径流的蓄满产流量。

27.3.2　排水网的影响

集总式 TOPKAPI 模型中隐含着这样的假设，即每一网格的全部出流都流入各自的下游网格中。虽然这样的假定有助于更好地理解集总模型的推导过程，然而这并不是完全正确的，因为我们还必须考虑到排水网系统中的水量损耗。排水网由网格中流向排水区的断面为矩形的河段组成。根据上面的假定，排水网模型中应用的是以下的集总结构：

$$\frac{\partial V_{S_T}}{\partial t}=Nxr-\left[\frac{\alpha_s+1}{\alpha_s x}\frac{1}{\sum_{l=1}^{N-1}\left(\prod_{m=l}^{N-1}f_m\right)+1}\right]^{\alpha}\overline{C}_{S_T}V_{S_T}^{\alpha_s} \tag{27.3.9}$$

$$\frac{1}{\overline{C}_{S_T}}=\left\{\sum_{i=1}^{N}\left\{\left[\frac{1+\sum_{l=1}^{j-1}\prod_{m=l}^{j-1}f_m}{\sum_{l=1}^{N-1}\left(\prod_{m=l}^{N-1}f_m\right)+1}\right]^{\frac{\alpha_s+1}{\alpha_s}}-\left[\frac{\sum_{l=1}^{j-1}\prod_{m=l}^{j-1}f_m}{\sum_{l=1}^{N-1}\left(\prod_{m=l}^{N-1}f_m\right)+1}\right]^{\frac{\alpha_s+1}{\alpha_s}}\right\}\Big/C_{S_l}^{1/\alpha_s}\right\}^{\alpha_s} \tag{27.3.10}$$

$$\eta_{S_N}=\frac{\alpha_s+1}{\alpha_s x}V_{ST}\frac{1}{\sum_{l=1}^{N-1}\left(\prod_{m=l}^{N-1}f_m\right)+1}\left(\frac{C_{ST}}{C_{SN}}\right)^{1/\alpha_s} \tag{27.3.11}$$

式中，j 为向网格 i 排水的网格总数目。

式(27.3.9)~式(27.3.11)中的 f_m 表示从第 m 个网格流向下游网格的总出流系数；而流向排水网的出流系数则为$(1-f_m)$。很明显，当 $f_m=1$ 时表示该网格内不存在排水网。这些系数可以根据流域的 DEM 确定。另外网格 m 的两个出流系数，分别与网格 m 流向相邻下游网格的坡度和流向排水网的坡度成比例。同样也可以计算出以壤中流形式汇入排水网的流量比例：

$$R_{S_T}=\left\{\sum_{i=1}^{N}\left[\sum_{l=1}^{i-1}\left(\prod_{m=l}^{j-1}f_m\right)+1\right](1-f_m)\right\}\frac{\left(\frac{\alpha_s+1}{\alpha_s x}\right)^{\alpha_s}\overline{C}_{S_T}}{\left[\sum_{l=1}^{N-1}\left(\prod_{m=l}^{N-1}f_m\right)+1\right]^{\alpha_s+1}}V_{S_T}^{\alpha_s} \tag{27.3.12}$$

27.3.3　坡面流模块与排水网模块

考虑到排水网的影响，同样可以得到描述集总式模型中坡面流模块的非线性水库方程：

$$\frac{\partial V_{O_T}}{\partial t}=E_{O_T}-\left\{\frac{\alpha_O+1}{\alpha_O x}\frac{1}{\left[\sum_{l=1}^{N-1}\left(\prod_{m=1}^{N-1}f_m\right)+1\right]}\right\}^{\alpha_O}\overline{C}_{O_T}V_{O_T}^{\alpha_O} \tag{27.3.13}$$

$$\frac{1}{\overline{C}_{O_T}}=\left\{\sum_{i=1}^{N}\left\{\left[\frac{1+\sum_{l=1}^{j-1}\prod_{m=l}^{j-1}f_m}{\sum_{l=1}^{N-1}\left(\prod_{m=l}^{N-1}f_m\right)+1}\right]^{\frac{\alpha_O+1}{\alpha_O}}-\left[\frac{\sum_{l=1}^{j-1}\prod_{m=l}^{j-1}f_m}{\sum_{l=1}^{N-1}\left(\prod_{m=l}^{N-1}f_m\right)+1}\right]^{\frac{\alpha_O+1}{\alpha_O}}\right\}\Big/C_{O_l}^{1/\alpha_O}\right\}^{\alpha_O} \tag{27.3.14}$$

$$R_{O_T}=\left\{\sum_{i=1}^{N}\left[\sum_{l=1}^{i-1}\left(\prod_{m=l}^{j-1}f_m\right)+1\right](1-f_m)\right\}\frac{\left(\dfrac{\alpha_O+1}{\alpha_O x}\right)^{\alpha_{O_s}}\bar{C}_{O_T}}{\left[\sum_{l=1}^{N-1}\left(\prod_{m=l}^{N-1}f_m\right)+1\right]^{\alpha_s+1}}V_{O_T}^{\alpha} \tag{27.3.15}$$

式中，V_{Or}为地面蓄水总量；E_{Or}为地面的蓄满产流量，可以用β函数来计算，该β函数将饱和区的土壤含水量视作流域土壤含水总量的函数；R_{Or}为汇入排水网的坡面流流量。

考虑到排水网在不同网格中的河宽是变化的，而不需要考虑将每一河段的出流划分为两个方向的水流，则可以导出排水网模块的非线性水库方程：

$$\frac{\partial V_{n_T}}{\partial t}=R_{n_T}-\left\{\frac{\alpha_n+1}{\alpha_n x\sum_{i=1}^{N}W_i}\right\}^{\alpha_O}\bar{C}_{n_T}V_{n_T}^{\alpha_n} \tag{27.3.16}$$

$$\frac{1}{\bar{C}_{n_T}}=\left\{\sum_{i=1}^{N}\left\{\left[\frac{\sum_{l=1}^{j}\omega_l}{\sum_{l=1}^{N}\omega_l}\right]^{\frac{\alpha_n+1}{\alpha_n}}-\left[\frac{\sum_{l=1}^{j-1}\omega_l}{\sum_{l=1}^{N}\omega_l}\right]^{\frac{\alpha_n+1}{\alpha_n}}\right\}\Big/\omega_i^{1/\alpha_n}C_{n_T}^{1/\alpha_n}\right\}^{\alpha_n} \tag{27.3.17}$$

式中，V_{nr}为排水网(河网)的蓄水总量；$(R_{nr}-R_{Sr}+R_{Or})$为汇入排水网的壤中流和坡面流的总量。而下式则表示流域出口断面的总流量：

$$R_{n_N}=\left(\frac{\alpha_n+1}{\alpha_n x\sum_{i=1}^{N}W_l}\right)\bar{C}_{n_T}V_{n_T}^{\alpha_n}=C_{n_N}V_{n_N}^{\alpha_n} \tag{27.3.18}$$

以上介绍的 TOPKAPI 集总式模型中土壤模块和坡面流模块的非线性水库方程能够很好地模拟土壤含水量、壤中流和地表径流，但排水网模块的非线性水库方程则不能准确地反映排水网的动态变化。事实上，由于地表径流的缓慢运动和有限的水深，可以把一个流域的土壤含水量和地表径流现象集总概化为水库的蓄满和放空，而河网中洪水波的形成则需要考虑坦化和延迟作用，这种长条形的水库无法用传统的水库方程式求解。

§ 27.4 改进的 TOPKAPI 模型

27.4.1 改进的 TOPKAPI 模型原理

在改进的 TOPKAPI 模型中，土壤垂直分为上、下两层(图 27.4)。上层非饱和区为通常的降雨径流模型中的降雨产流计算层，其土壤的水力传导性比下层土壤好，下层包括下层非饱和区和下层饱和区两个土壤层。下渗的雨水补给上层土壤，一部分水分从上层土壤中渗透到下层非饱和土壤层，再进一步渗透到下层饱和土壤层，随后在其中作水平方

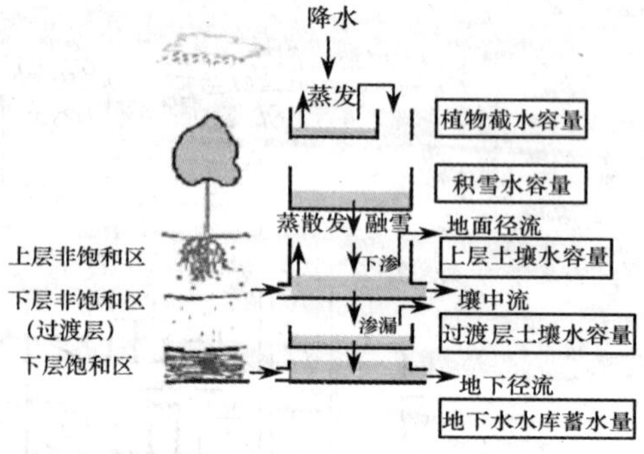

图 27.4 新 TOPKAPI 模型中的 DEM 网格上水量平衡计算(刘志雨,2004)

向运动。当地下水水位抬升到上层土壤时，下层非饱和土壤层临时消失。

改进的 TOPKAPI 模型增加了植物截留、降水入渗、土壤水深层渗漏(过渡层)、地下径流计算模块。并对上层非饱和区中的产流计算和壤中流模拟计算作了相应的调整，其 DEM 网格上水量平衡计算如图 27.4 所示(熊立华，2004；刘志雨等，2003)。

27.4.2　改进的 TOPKAPI 模型结构

植物截留：该部分利用气象数据和植被参数模拟植物截留量和净降水量。用以下一个简单的经验方程计算植物的最大截留量：

$$S_r(t)=\frac{S_{r0}d_c LAI(t)}{LAI_0} \tag{27.4.1}$$

式中，$S_r(t)$为 t 时段的植物截留能力；S_{r0}为年最大植物截留能力；d_c为地面植被覆盖率；$LAI(t)$为 t 时段植物叶面积与植物覆盖面积的比或称植物叶面积指数；LAI_0为年最大叶面积指数。

植物的实际截留量取决于降水、植物截留能力和植物表面的缺水量，其表达式为：

$$S_{ra}(t)=\min\{P(t),S_r(t),S_{cd}(t)\} \tag{27.4.2}$$

式中，$S_{ra}(t)$为植物的实际截留量；$S_{cd}(t)$为植物表面的缺水量，计算公式为

$$S_{cd}(t)=S_{c0}-S_c(t-\Delta t)$$

式中，S_{c0}为植物表面的年最大容水量；$S_c(t-\Delta t)$为$(t-\Delta t)$时段植物表面的截水量；Δt 为计算时段长；$P(t)$为实际接受的降水量。

则落入地表的净降水量为：

$$NP(t)=P(t)-d_c S_{ra}(t) \tag{27.4.3}$$

式中，$NP(t)$为落入地表的净降水量。

降水下渗：下渗能力取决于植被覆盖类型和土壤蓄水状态。通过比较降水下渗能力和地面积水量(包括降水)来计算实际的降水下渗。在新 TOPKAPI 模型中，目前只考虑植被覆盖的影响，降水下渗量为

$$f_a - P_n K_l \tag{27.4.4}$$

式中，f_a为降水下渗量；P_n为落入地表的降水量；K_l为降水转为土壤入渗的折算系数。

上层非饱和区：该部分用以确定上层非饱和土壤区的土壤含水量、向下层土壤层的渗透量、壤中径流和地面径流。只有当土壤含水量达到田间持水量(θ_f)时，模型才考虑深层渗漏过程。壤中水流的运动可以近似用运动波方程模拟，将点尺度上的运动波方程沿水流运动方向在网格上积分，就可以得到非线性水库方程，并采用数值法和解析法来求解，从而根据水量平衡原理计算出地面产流量。

$$\frac{\mathrm{d}v_1}{\mathrm{d}t}=\left[\left(f_a X+q_o^u+q_s^u\right)-f_b X\right]-\frac{C_1}{X^{\alpha_s}}v_1^{\alpha_s} \tag{27.4.5}$$

式中，C_1为局地传导系数，综合反映网格内上层土壤的水力传导特性；α_s为反映上层土壤透水特性的指数；X为网格大小；v_1为网格单元内的上层土壤水蓄量；f_a为降水入渗；q_o^u为地面径流输入；q_s^u为壤中侧向入流；f_b为深层渗漏，计算公式为

$$f_b = \min(k_{sv_1}\widetilde{\Theta}^{\alpha_p}, k_{sv_2})$$

式中，k_{sv1}，k_{sv2}为上、下层土壤垂直方向饱和水力传导率；α_p为反映土壤渗透能力的指数；$\tilde{\Theta}$为简化体积含水量在上层土壤中垂直方向的平均值。

下层非饱和区：根据上层土壤的渗漏量和下层土壤的饱和度，采用以下经验公式来确定地下水的垂直补给：

$$q_r = Xf_b\left(\frac{v_2 + v_3}{v_{3m}}\right)^{\alpha_r} \tag{27.4.6}$$

式中，q_r为地下水的垂直输入；v_2为下层非饱和区的土壤蓄水量；v_3为地下水层的蓄水量；v_{3m}为下层土壤的饱和蓄水量，计算公式为：

$$v_{3m} = (d - L)\rho X$$

式中，d为下层土壤不透水层的深度；L为土壤厚度；ρ为下层土壤的有效孔隙率；α_r为反映土壤渗漏的指数。

地下径流：采用线性水库模型计算地下水水面和地下径流。模型目前只模拟单一无压含水层的情况。假定地下饱和含水层水流仅是水平的，对任一网格单元，该部分接收来自下层非饱和区的渗漏量和地下水旁侧入流，计算出地下径流和地下水水面并作为下层非饱和区水量计算的下边界条件。其计算式为：

$$\frac{\mathrm{d}v_3}{\mathrm{d}t} = (q_r + q_n) - \frac{k_{sh_2}s_b}{X}v_3 \tag{27.4.7}$$

式中，v_3为地下水饱和含水层的蓄水量；q_r为下层非饱和区的渗漏量；q_n为地下水旁侧水流；k_{sh2}为下层土壤水平方向饱和水力传导率；s_b为土壤不透水面的坡度。方程(27.4.7)可通过解析法直接求解。

§ 27.5 MIKE SHE 模型

英国水文研究所(Institute of Hydrology)、法国 SOGREAH 咨询公司和丹麦水力学研究所(Danish Hydraulic Institute)于 19 世纪 80 年代初期联合研究了 Systeme Hydrologique Europeen(简称 SHE)模型。MIKE SHE 则是丹麦水力学研究所于 19 世纪 90 年代初期在 SHE 模型的基础上进一步发展起来的模型，MIKE SHE 是一个综合性的、确定性的且具有物理意义的分布式水文系统模型，它用于模拟陆地水循环中所有主要的水文过程，包括水流运动、水质和泥沙输移(熊立华，2004；贾仰文，2005)。

27.5.1 水流运动模块(MIKE SHE WM)

模型结构：MIKE SHE WM 是一个模块化的结构，总体结构见图 27.5。它包括六个描述产汇流过程的子模块，每一子模块描述水文循环中一个部分的主要物理过程，综合起来则描述了整个水文循环过程：①截留/蒸发(ET)；②坡面流和河道流(OC)；③不饱和带(UC)；④饱和带(SZ)；⑤融雪(SM)；⑥含水层和河道的水量交换(EX)。

系统结构的模块化形式，或称之为体系结构，必须确保它在描述单个物理过程时具有较强的灵活性。数据的可获得性或特定的水文条件也许将

决定我们采用哪个模型。在保证各个子模块之间的数据接口、类别和流程不变的情况下，

如果有必要，可以选用适合于某一特定地区或国家的备选方案，并将其添加在 MIKE SHE WM 系统中。

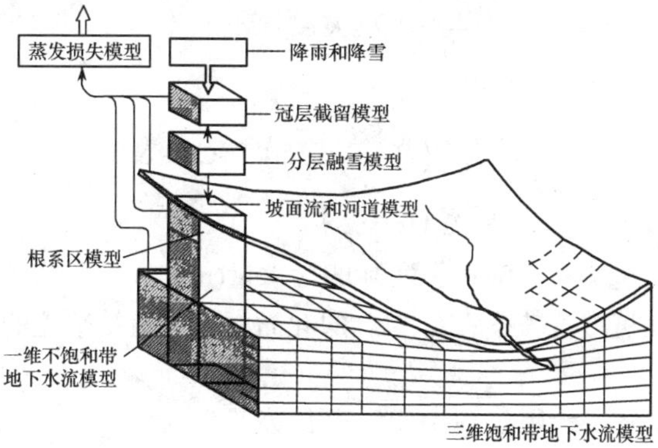

图 27.5　MIKE SHE 模型结构示意图

在每一独立过程的子模块中，采用有效且稳健的有限差分数值解法来求解描述水流运动的偏微分方程。所有的过程描述都采用与水文过程的时间尺度最相宜的时间步长。因此，某一过程的模拟可能根据模拟过程需要随时采用不同的时间步长，并且当该过程与相邻过程的时间步长不一致时，可以自动调整和耦合。模块程序提供了一种非常有效的算法，可以进行长时段的模拟。

我们也可以只选用单个模块来模拟单一的水文过程，这在实际应用中是很有意义的。在实际应用中，有时只需从其他水文过程中得到有些数据的粗略估计。举一个研究地下水的例子，我们只需对补给量作近似估计，而没必要与地下水位以上的不饱和带做完全的耦合。

MIKE SHE WM 最重要的特征是能够统一描述各种具有不同时间尺度的产汇流过程。不同过程的耦合是模型研制和改进中遭遇的最大难题，同时也赋予了这个模型独一无二的特征。最难耦合的问题可能是不饱和带与地下水的耦合。

截留和蒸散发：降雨的部分水量会被植被截留，进而由于蒸散发损失掉。假定截留量随降雨率和(或)截留能力变化。是否考虑截留取决于植被类型、生长期、植被密度和气候条件。稠密的森林冠层必须考虑相当大的截留损失，而对于矮生稀疏的植被(例如草坪和农作物)来说，蒸发损失非常小，常常可忽略。蒸散发就是大量水分的转移。在温带区域，年降水量中大约有 70%的水量会返回到大气中去，而在干旱条件下，将近 100%的水量被蒸发。因此，实际蒸散发量的预测在水资源研究中起重要作用。蒸散发量包括土壤、水面蒸发量和植物蒸腾量。植物蒸腾是土壤水分通过植物体并主要经由叶片向大气输送。流域蒸散发率的时空变化取决于多种因素，包括根系水分利用率、空气动力输移条件和植物光合作用等。

目前，MIKE SHE WM 有两种可供选择的截留和蒸散发计算方法。

Rutter 模型和 Penman-Monteith 公式：采用修正的 Rutter 模型模拟截留过程。该模型可以计算蒸发量、冠层实际蓄水量(冠层耗水)和到达地面的净雨量(落地雨)。实际的蒸散发率采用引入冠层阻力后的 Penman-Monteith 公式计算。潜在的蒸散发能力直接采用气候和植被资料计算。

Rutter 模型实质上是计算冠层蓄水量的方法。冠层蓄水量变化的计算公式如下：

$$\frac{\partial C}{\partial t}=Q-K\,\mathrm{e}^{b(C-S)} \tag{27.5.1}$$

其中

$$Q=\begin{cases}P_1P_2\left(P-E_pC/S\right) & C\leqslant S\\ P_1P_2\left(P-E_p\right) & C>S\end{cases} \tag{27.5.2}$$

式中，E_p 为潜在蒸散发能力；C 为冠层实际的含水量(mm)；S 为冠层蓄水容量(mm)；P 是雨强(mm/s)；P_1 为地表植被覆盖率；P_2 为总的叶面面积与植被覆盖的地面面积之比；K, b 为冠层蓄水参数。

Penman-Monteith 公式，用于预测实际蒸散发率：

$$E_a=\frac{\Delta R_n+\rho c_p\,\delta_e/r_a}{\lambda\left[\Delta_e+\gamma\left(r_s/r_a\right)\right]} \tag{27.5.3}$$

每个正方形网格内总的实际蒸散发量根据冠层湿度和冠层的地面覆盖率计算：

$$E_t=P_1P_2E_p\,C/S+P_1P_2E_a\left(1-C/S\right)+E_s\left(1-P_1P_2\right) \tag{27.5.4}$$

式中，E_t 为总蒸腾量；E_s 为土壤蒸发量。

Kristensen-Jensen 模型：Kristensen-Jensen 模型的截留蓄水容量是通过实际树叶面积指数(LAI)和截留系数来计算的。净雨量采用简单的水量平衡法计算。实际的蒸散发量取决于潜在蒸散发能力和根系区实际的土壤含水量。

冠层截留蓄水容量的计算公式如下：

$$S=S_{\text{int}}LAI \tag{27.5.5}$$

式中，S_{int} 为冠层截留指数(mm)；S 为冠层蓄水容量(mm)；LAI 为树叶面积指数。

冠层表面的蒸发量计算如下：

$$E_{\text{can}}=\min\left(S,E_p,\mathrm{d}T\right) \tag{27.5.6}$$

式中，S_{can} 为冠层表面的蒸发量；$\mathrm{d}T$ 是模拟的时间步长。

如果冠层蓄水量不足以满足蒸散发所需水量，那么余下的蒸散发量由植物蒸腾和土壤蒸发来补充。如果降水量超过冠层截留蓄水能力(即冠层蓄满)，那么剩余的降水量全部作为落地雨量计算。

只有当根系区土壤含水量充足时才能满足蒸散发所需。当土壤含水量较低时，实际的蒸腾量 E_{at} 根据图 27.6 所示的关系曲线计算，若土壤含水量降低到田间持水量时，土壤的蒸发量 E_s 也降到潜在蒸发能力以下，并按图 27.7 的关系进行计算。在图 27.6 至图 27.7 中：θ_F 是土壤田间持水量；θ_W 是植物凋萎含水量；θ_M 是剩余土壤含水量。

Singh 等基于 Kristensen-Jensen 模型认为植被实际的蒸腾量 E_{at} 取决于树叶面积指数 LAI，根系区土壤含水量 θ 和根系密度，其计算公式如下：

$$E_{at}=f_1(LAI)f_2(\theta)(RDF)E_p \tag{27.5.7}$$

式中，$f_1(LAI)$为叶面积指数的函数；$f_2(\theta)$为土壤含水量函数；RDF 为根系分布函数。$f_1(LAI)$、RDF 和 $f_2(\theta)$的函数关系如下：

$$f_1(LAI)=C_2+C_1LAI \tag{27.5.8}$$

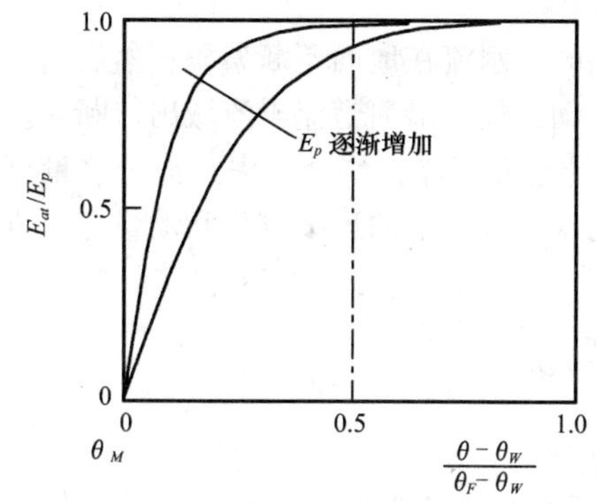

图 27.6　实际蒸腾量与土壤含水量的关系

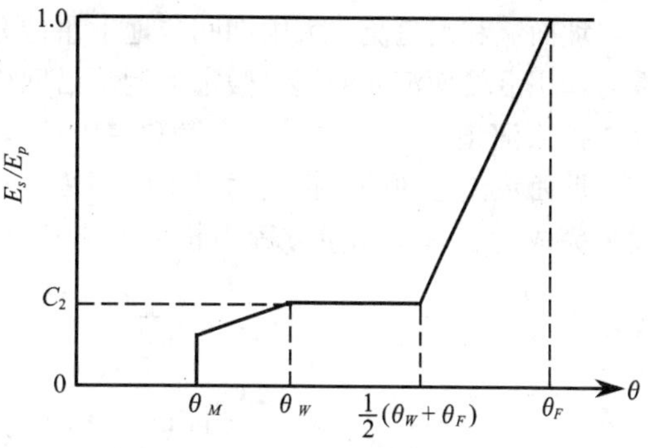

图 27.7　土壤实际蒸发量与表层土壤含水量的关系

$$RDF_{v\text{node}}=\frac{\int_{z_1}^{z_2}\{\lg^{-1}[\lg(Sr_0)-(A_{rt})(z)]\}\,\mathrm{d}z}{\int_0^{z_{rt}}\{\lg^{-1}[\lg(Sr_0)-(A_{rt})(z)]\}\,\mathrm{d}z} \tag{27.5.9}$$

$$f_2(\theta)=1-\left(\frac{\theta_F-\theta}{\theta_F-\theta_w}\right)^{C_3/E_p} \tag{27.5.10}$$

式中，角标 $v$node 为垂向上的一个计算节点(即土壤层)；z 为垂向空间坐标；z_{rt} 为根系厚度；z_1 和 z_2 分别为该土壤层上下端的坐标；C_1, C_2, C_3 为经验常数。式(27.5.9)中的积分函数定义为水分提取量 S_r，它是 z 的对数函数，其中 Sr_0 是表层土壤的水分提取量；A_{rt} 是根系质量沿垂向的分布，A_{rt} 主要影响根系区水分提取量的一致性，较小的 A_{rt} 可以使根系沿垂向的水分提取量比较一致。

土壤蒸发仅发生在表层土壤上，它包括基本的蒸发量 $E_pf_3(\theta)$以及从表层土壤的蓄水量中的蒸发量，其计算公式如下：

$$E_s=E_pf_3(\theta)+\left[E_p-E_{at}-E_pf_3(\theta)\right]f_4(\theta)\left[1-f(LAI)\right] \tag{27.5.11}$$

函数 $f_3(\theta)$和 $f_4(\theta)$的表达式如下：

$$f_3(\theta)=\begin{cases}0 & \theta\leqslant\theta_M\\ C_2(\theta/\theta_W) & \theta_M\leqslant\theta<\theta_W\\ C_2 & \theta>\theta_W\end{cases} \tag{27.5.12}$$

$$f_4(\theta)=\begin{cases}0 & \text{其他}\\ \dfrac{\theta-0.5(\theta_W+\theta_F)}{\theta_F-0.5(\theta_W+\theta_F)} & \theta\geqslant0.5(\theta_W+\theta_F)\end{cases} \tag{27.5.13}$$

式中，经验常数 C_1, C_2, C_3 对农作物来说可取为 0.31mm/d，0.15mm/d 和 10mm/d。

模型解法：Rutter 模型采用解析积分求解，其他方程均直接可解。根系区各计算节点的蒸腾量作为“漏项”计算，总的蒸腾量则按照根系质量分布进行加权平均得到。最上层则要考虑土壤蒸发的损失。

坡面流和河道流：大雨期间或地下水位升至地面时，水流在地面不断累积，然后由于重力作用沿坡面汇入河网，假定河网均沿网格边缘流动，最后沿河道流出流域出口断面。水流汇入河道过程中，由于蒸发和在土壤渗透性好的地方下渗，将会损失一部分水量。

坡面水流运动的模拟是通过求解两个互相垂直的水平方向上的连续方程和动量守恒方程来完成的，其中动量方程由扩散波来近似模拟。

$$\frac{\partial h}{\partial t}+\frac{\partial (uh)}{\partial x_i}+\frac{\partial (vh)}{\partial x_j}=q$$

$$\begin{cases}\dfrac{\partial (h)}{\partial x_i}=S_{ax_i}-S_{fx_i} & x_i\text{方向}\\[2ex] \dfrac{\partial (h)}{\partial x_j}=S_{ax_j}-S_{fx_j} & x_j\text{方向}\end{cases} \tag{27.5.14}$$

式中，$h(x_i, x_j)$为局部地面水深(m)；x_i, x_j为空间坐标(m)；$u(x_i, x_j, t), v(x_i, x_j, t)$为地表径流流速(m/s)；$q(x_i, x_j, t)$为水平方向单位面积入流的源汇项($\mathrm{m^3/(s\cdot m^2)}$)；$S_{Oi}(x_i, x_j, t), S_{Oj}(x_i, x_j, t)$为$x_i$和$x_j$方向上的地面坡降；$S_{fi}(x_i, x_j, t), S_{fj}(x_i, x_j, t)$为$x_i$和$x_j$方向上的摩阻坡降。

在粗糙坡面上采用Strickler/曼宁公式解出流速和水深的关系如下：

$$\begin{cases}uh=K_{x_i}I_{x_i}^{1/2}h^{5/3}\\ vh=K_{x_j}I_{x_j}^{1/2}h^{5/3}\end{cases} \tag{27.5.15}$$

式中，K_{xi}, K_{xj}为x_i和x_j方向上Strickler糙率系数($\mathrm{m^{1/3}/s}$)；I_{xi}, I_{xj}为x_i和x_j方向上的水面坡降。

河道水流的计算采用一维的圣维南方程组：

$$\begin{cases}\dfrac{\partial A}{\partial t}+\dfrac{\partial (Au)}{\partial x}=Q\\[2ex] \dfrac{\partial h}{\partial x}=S_{o_x}-S_{I_x}\end{cases} \tag{27.5.16}$$

式中，$A(x)$为河道断面面积($\mathrm{m^2}$)；$Q(x)$为河道入流的源汇项，即坡面侧向入流和出流、流域排水、与蓄水层的水量交换(m/s)。

坡面流和河道汇流中都用到的Strickler糙率系数会影响模拟的流量过程的时程分布。在坡面流的计算中，该参数是可以率定的。

隐格式有限差分法用于求解坡面和河道流的方程组，前者采用修正的高斯-赛德尔迭代法，类似的方法也常用于地下水流模拟。

不饱和带土壤水的运动：不饱和带是流域水文系统中一个至关重要的部分，它在很多的模型模拟应用中起重要作用。例如：估计地下水的补给量；地表和地下水的相互影响；农业污染等。这里的不饱和带指的是不饱和的土壤层(从地表向下至饱和地下水位以上)。不饱和带剖面图在空间通常是不均匀分布的，它由具有明显不同物理性质的土壤层组成。不饱和带的特点是由蒸发消耗水量或降雨下渗补给水量而引起的土壤含水量的周期性波动。渗漏会导致地下水位的上升，而在地下水位较高或蒸发需求量大的地区，由于毛细管上升而使地下水通过毛细管向上流动。

假设重力在水文渗漏中起重要作用的情况下，不饱和水流通常只考虑其垂向运动。因此，MIKE SHE WM 中只描述了不饱和水流的垂向运动，这在大部分情况下已满足需要。然而，这一假定使得描述某些特殊情况下的水流运动受到局限，例如非常陡、土壤剖面非均匀的山坡上的水流运动。

MIKE SHE WM 描述一维垂向非饱和土壤水流运动时采用应用最为广泛的 Richards 方程：

$$C\frac{\partial\psi}{\partial t}=\frac{\partial}{\partial z}\left(K\frac{\partial\psi}{\partial z}\right)+\frac{\partial K}{\partial z}-S \qquad (27.5.17)$$

式中，$\psi(z,t)$为土水势水头(m)； z 为垂向空间坐标(m)；C 为土壤蓄水容量(m^{-1})；$K(\theta,z)$为水力传导率(m/s)；θ 为土壤含水量；$S(z,t)$为诸如根系吸水之类的源漏项(s^{-1})。

此方程对流域的所有网格求解。它包括以下四个量的影响：①重力；②土壤吸附力；③土壤蒸发；④蒸腾。很多土壤中可以观测到明显的大孔隙水流。Richards 方程仅仅描述了小孔隙水流，因此引入一个经验的辅助函数，它可以直接计算地下水实时的补给量(用占净雨量的百分比表示)和根系区实际的土壤含水量。

求解 Richards 方程需要用到两个非线性的函数关系：不饱和土壤水力传导率函数 $K(\theta)$ 和土壤含水量曲线，即 θ-ψ 关系。必须针对流域土壤剖面上各种不同土壤类型确定这两个函数关系。在流域尺度内解 Richards 方程时，这两个函数关系并不确定。通常我们可以获得给定土壤类型下的两个非线性函数的特征值。因此，这两个非线性函数的参数是可以率定得到的。

Richards 方程采用双扫描运算(double-sweep algorithm)的隐格式有限差分数值解法。可以求出垂向上每一计算节点处的变量值。

坑洼积水过程中，时变的上层边界条件要么是净雨量，要么是受土壤层控制的水头。时变的下层边界条件一般是地下水位，用刚好位于地下水位以下的计算节点处的正的 ψ 值表示。如果整个土壤剖面图上都存在不饱和条件，那么在不透水层的界面处，边界条件就一直使用零通量，直到土壤层从底层开始形成饱和。

不饱和带和饱和带的耦合用于修正土壤剖面图中下层部分的土壤含水量，并显示地下水位的动态变化。这一点克服了各个子模块并行运行时出现的问题。

地下水流运动：饱和壤中流在水文循环中也起到了重要作用。在干旱缺水期，它能以基流形式向河流供水补给；而在暴雨期间，它有助于形成暴雨径流，并且影响由于地下水位的上升而产生的坡面流的大小。流域含水层储存有大量的水源，除了天然变化外，还因供水和灌溉等因素而变化。人类活动会影响地下水的天然补给和出流特性，因而改变了流域的水流特性。

地下水水头的时空变化通过求解三维地下水流的偏微分方程得到：

$$\frac{\partial}{\partial x_i}\left(K_{ij}\frac{\partial h}{\partial x_j}\right)=S_s\frac{\partial h}{\partial t}+R \qquad i,j=1,2,3 \qquad (27.5.18)$$

式中，$h(x_i)$为地下水水头(m)；x_i 为空间坐标(m)；$K(x_{ij})$为水力传导率(m/s)；$S_s(x_{ij})$为贮水系数；$R(x_{ij})$为单位面积上的流量的源漏项($m^3/(s\cdot m^{-2})$)。源漏项 R 包括：①与不饱和层的水量交换；②与河道的水量交换；③地下水抽取/补给；④蒸发损失；⑤排水管道的流量。

该方程使用于单层含水层和多层含水层。应用于单层含水层时，通过对饱和水深积分可以将方程简化为二维形式，二维地下水流方程对于求解单层含水层的水流运动已足够。

MIKE SHE WM 中的地下水模块需要用到水文地质学中的有关信息，包括封闭含水层和非封闭含水层的水利传导率 K(垂直和水平方向上)和储水系数。基于水文地质模型，含水层的每个计算网格的参数值可以通过预处理程序插补得到。

方程采用有限插分数值解法，并通过修正的高斯赛德尔隐格式迭代法得到每一计算节点处的水头值。节点可以离散成严密的网格，描述三维水流的运动，也可以按照地层划分，描述类似于三维水流的运动。在后一种情况中，每一层(含水层和弱透水层)仅有一个计算节点，并忽略地下水头在每一层内的垂向变化。

蓄水层与河道的水量交换：河系沿多个方向横穿流域，通常会影响大部分的地下水系。河流会控制地下水水头(水平方向和垂直方向)大小，这些地区称为补给区或排水区。因为河流表面积通常比流域的整个面积要小，在实际应用中，一般将河流描述成一个单独的节点系统，并沿网格边缘流动，就像线状的源/漏。假定河流和地下水的相互作用发生在相邻的河流计算节点(在网格的四个顶角处)所构成的河链的中间。

水量交换子模块分两种情况来描述河流和地下水的水量交换：1. 河流与地下含水层完全接触(但并不一定完全穿过含水层)；2. 弱透水性的河床将河流与地下含水层分离开。

两种情况都用到达西定律，并将河流底部额外的水头损失近似考虑进去。在第一种情况中，假定河流穿过含水层的程度是水量交换的限制性因素，仅仅在位于河床与地下水之间的低洼处考虑水量交换；在第二种情况中，计算水流交换时要考虑两个串联的阻力，一个阻力来自含水层，另一个阻力是在穿过河床层时产生的。

融雪：融雪子模块包括两种方法：能量平衡法考虑能量和质量通量及积雪层结构的变化，以及简单的度-日法。

Bathurst 等详细研究了融雪子模块，该模块需要用到积雪层和植被层的相关参数以及气象资料，根据积雪层上的降雨、积雪层的融水、积雪层的侧向空间变化以及积雪层存在且气温降到 0℃以下时的截留和蒸发情况来预测水量输移和积雪层厚度的变化。模块首先计算输入积雪层的总的热通量，然后根据热通量计算融雪量，最后演算融雪径流。因此，模型模拟了积雪层的能量和质量交换。

根据资料的可利用性，计算总的热通量可以采用能量平衡法或气温法。前者将所有形式的能量作为输入，输出则是以总量形式给出：

$$H = R_n + C + V + I + G \tag{27.5.19}$$

式中，H 为积雪层热通量的输入总量；R_n 为净辐射；C 为空气对流热通量；V 为水汽冷凝放热量；I 为降雨过程放热量；G 为土壤层中的热量传导。

当可获取的资料受气温限制时，采用气温法，它是一种经验的方法。热通量计算公式如下：

$$H = kT_{am}S\rho_w L_t \tag{27.5.20}$$

式中，k 为度-日因子；T_{am} 为积雪融化时的临界气温；S 为雪的比重；ρ_w 为水的密度；L_t 为冰溶解时的潜热通量。

27.5.2　平移扩散模块(MIKE SHE AD)

MIKE SHE AD 很详细地模拟了来自于点源和非点源处守恒溶解质(污染物之间不反应)的输移和扩散。该模块也可以与化学反应模块相耦合，用以描述非守恒溶解质(污染物之间发生反应)的输移和扩散。MIKE SHE AD 通过求解地表、壤中和地下水流的输移-扩散方程来描述各自的溶解质的输移和扩散。

下面仅仅介绍了地下水模块中的对流-扩散方程及其解法，其他模块的方法与其非常类似。同 MIKE SHE WM 模块一样，AD 模块的改进过程中也遭遇了最大的问题，即 AD 模块中不同子模块间的耦合。

数学物理方程(仅以地下水流为例)：地下水中溶解质的输移过程是通过求解三维对流-扩散方程的数值解来描述。控制偏微分方程如下：

$$\frac{\partial c}{\partial t}=-\frac{\partial}{\partial x_i}\left(cv_i\right)+\frac{\partial}{\partial x_i}\left(D_{ij}\frac{\partial c}{\partial x_j}\right)+R_c\left(i,j=1,2,3\right) \tag{27.5.21}$$

式中，cv_i 为溶解质的浓度(mg/L)；R_c 为源漏项(mg/(L·s^1))；D_{ij} 为扩散系数(m^2/s)；v_i 为流速(m/s)。

重要参数：扩散系数是最重要的参数，它根据一系列的扩散度和流速来确定，其中扩散度是作为输入参数提供的。一般假定扩散系数仅仅与纵向扩散度 α_L 和横向扩散度 α_T 有关，但这个假定只对各向同性的均质条件有效。因此，我们建议以四个扩散度(纵向、横向向左、横向向右和垂向向下)来计算扩散系数，以保证在非均质条件下获得更准确的扩散系数。

模型解法：方程采用增强的 QUICKEST 数值解法，该方法首先由 Leonard 为了求解一维非稳定流而提出，后来被进一步改进用于二维和三维非稳定流。方程采用显式公式表示，用向前差分法描述对流项，用中心差分法描述扩散项。将方程写成三阶差分形式，即质量守恒法，与其他隐格式法相比，显格式法计算起来更有效。这个数值解法的主要特点是其截断误差可以忽略掉。

第二十八章　陆面过程模型

陆面过程模型，亦称陆面模型(LSM：Land Surface Models)、陆面方案(LSS：Land Surface Schemes)或陆面参数化方法(Land Surface Parameterization)，是地球物理学和大气物理学领域用来研究陆地-大气之间水、能量及其物质交换过程，及其陆地表面对大气物理过程的反馈作用的模型(贾仰文等，2005)。

陆面过程包括地-气间水分、热量和动量交换的作用过程，即涉及地表水文过程、植被动力学过程、生物化学过程、边界层湍流输送过程、地-气间辐射传输过程和土壤水分与热量传导过程。水分循环以蒸发、降水和径流的形式存在于多个物理过程中，成为地-气系统能量和物质交换的主要载体。土壤-植物-大气间有着复杂的相互作用，时空尺度不同的陆面过程会影响到局地直至全球不同尺度的大气环流和气候变化，正是由于陆面通过感热和潜热通量及辐射的变化对气候系统产生反馈作用，使气候系统对陆面过程有较强的敏感性。因此，合理描述土壤-植被-大气间各种交换过程对于气候模式的改进和认识气候变化至关重要(Tribbeck M J,2004；Koster R D, 1994；Zhang Qiang，2004)。

观测和研究发现，海面和陆面都是进行交换和再分配的重要界面，大气边界层是地表与自由大气的输送过渡区，能量和物质的相互交换具有时空的多尺度性、相互作用和制约的复杂性。早期研究集中于陆面过程系统性，即作为敏感因子之一如何影响气候变化，也注意到地表非均匀性的影响。最近的研究重点包括边界层与自由大气间能量与物质交换；湍流、对流、波动、平流在边界层-自由大气耦合中作用与中尺度通量；非均匀地表和大气间耦合的物理过程与控制因子及地-气交换参数化中尺度转换的表达；地-气间相互作用与陆面过程参数化；典型地表/气候类型区地-气交换过程研究；特征性土壤-植物-大气过程的基本参数和参数化；提出了多个土壤-植物-大气相互作用力方案，如 BATS, SiB 和 Bonan 等，进行地表能量平衡模式与行星边界层大气模式的藕合，还加入了植被子层的茎阻滞(Joseph D I，2004；Blyth E M，1995；Sellers P J，1986)。

§ 28.1 陆面模型的发展

陆面过程可分为三代。第一代(20 世纪 60 年代后期~20 世纪 70 年代)是“水桶”模型，它们基于简单的空气动力学通量总体交换公式和陆面参数均匀分布假定；第二代(1978~1996)是 SVATS 模型，对陆面能量平衡计算中的植被效应有了充分的认识，综合应用了生态学与地理学调查研究中取得的全球陆面特性的空间变化数据；第三代(1996 年至今)是考虑植物生化过程的新 SVATS 模型，即应用有关植物光合作用机理、植物耗水机理、植物碳交换过程、营养物循环和生物地理等现代理论，力图对陆面-大气之间的水、能量和物质交换过程，提供各过程描述相互协调、更加符合实际的模式(贾仰文，2005)。

28.1.1 陆面过程中的水文物理机制

真实的陆面过程包括陆面上发生的所有的物理、化学、生物和水文过程等，以及这些过程与大气过程的相互作用，它实际上是一个气象学、生物学、生态学、水文学和农林学等多学科交叉的新的研究领域。最早的陆面过程研究出现在 19 世纪 50 年代，Budyko 提出简单的陆面方案来参数化大气和陆面相互作用。首先将陆面特征引入大气环流模式(GCM)的是 Manabe，他首次在 GCM 中引入陆面水文过程，从而使陆面水文过程成为气候模型中的研究重点之一。在他的陆面水文过程描述中采用一个非常简单的“水桶(Bucket)”模式，在整个陆面上将地面参数(地面反照率、空气动力学粗糙度、土壤湿度)取为均值，将土壤看作“水箱”降水和融雪使其中的水分增加，蒸发则使其减少，若积累的水超过“水箱”容量，即土壤最大含水量时，多余的水成为径流。19 世纪 80 年代以来，出现了第二代物理模型，这类模型的代表有：BATS 模型和 SiB 模型。BATS 模型较细致地考虑了植被在地气相互作用中的重要性，对植被拦截、气孔阻尼、冠层阻尼和植被对辐射传输等过程进行了全面的参数化处理。模型采用改进的强迫恢复法计算土壤温度，土壤水的计算则采用了 Darcy 水流定理。SiB 模型包含了 2 层植被、3 层土壤，模式用叶面气孔阻尼、土壤阻尼、植被边界层阻尼及两个空气动力学阻尼来控制地气之间的动力、热力和水分交换，土壤温度的计算采用强迫恢复法，土壤湿度的计算采用水扩散法。这类模型基于大叶模型思想，本质上都属于计算土壤-植被-大气间传输方案。19 世纪 90 年代以来，新一代陆面模式可以模拟植物的物理生物化学过程，代表模式有 SIB2、LSM 和 AVIM，模式中考虑了植物的水汽吸收和碳交换以及植物的生物化学过程。所有这些模式对径流都作过简单的考虑，径流参数化采用降雨减去蒸发和融雪以及渗透，同时考虑土壤对径流的调蓄作用。径流作为诊断变量，不参与模式中的水分循环。近 20 年来，陆面模式的发展取得了长足的进步，尽管陆面模式在某个或某些方面的模拟效果较好，但是目前仍没有一个模式能很好地模拟整个过程。

陆面过程中水文过程的描述主要考虑了水分收支平衡。对于陆面水分收支过程，降水一部分被植被叶面截流，一部分直接降落到地面。叶子截流的降水一部分用于蒸发，另一部分滴落到地面，与直接降落到地面的降水一起渗入土壤中或形成表面径流。土壤中的水和叶面上截流的水通过蒸发返回大气，植被的根系从土壤中抽吸水分再由叶面向大气蒸腾水汽。这样形成了一个大气、陆表水分循环圈。水分循环不仅决定了水的分布和平衡，还通过蒸发和降水过程，对能量的再分配起着决定性作用。

28.1.2　第一代陆面模型——水桶模型

水桶模型描述陆面水文过程并应用于陆地大气环流模型(LCM)。在“水桶”模型中，将土壤表层描述成能被降水充满、被蒸发和径流放空的一只水桶，而径流只有当水桶蓄满时才能够出现。“水桶”模型的另一特点是，蒸发率是水桶储水量 W(低于某个临界值水量 W_{max})的线性函数。为使干燥条件下的蒸发量不被夸大，“水桶”模型引入反映土壤水分状况的 β 系数。水桶模型示意图见图 28.1，左边表示通过空气动力学阻抗(r_a)考虑陆面-大气间的感热与潜热(λH)通量交换；右边表示通过土壤水分可利用量函数 β 考虑潜热通量受土壤水分 W 调节的机理。Deardorff 的水桶模型将表层土壤分成两层，采用强迫-恢复法(FRM)模拟地中热通量的日内及季节性分量。

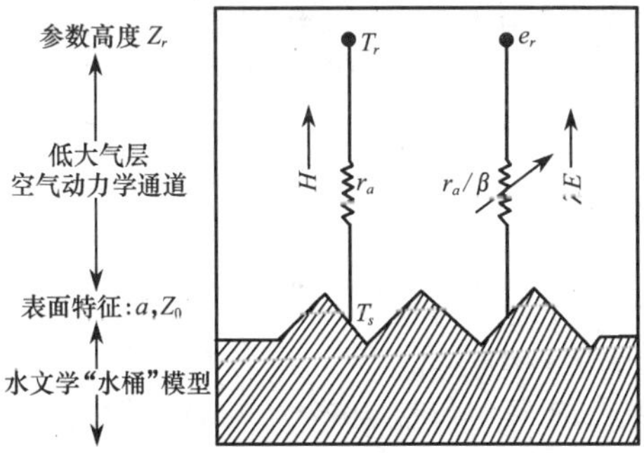

图 28.1　第一代陆面模型

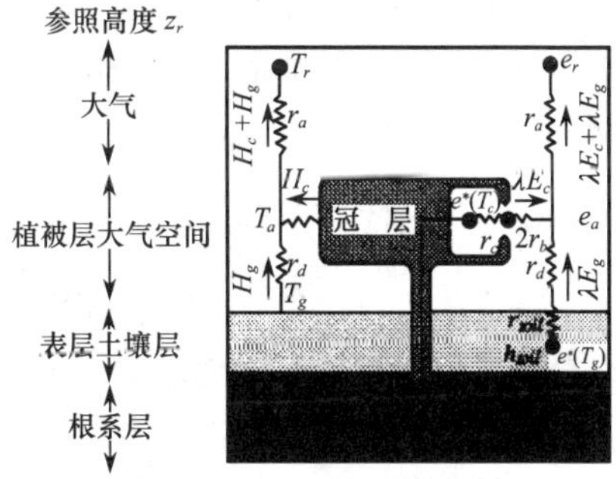

图 28.2　第二代陆面模型

28.1.3　第二代陆面模型——SVATS 模型

Deardorff 在陆面模型中加入了一层植被，开始考虑植被的生态水文过程，这便是 SVATS 模型的雏形。他提出了“大叶”概念，即假定大气数值计算模型每个网格单元(10^5km^{2}或更大)中的地表植被被一个大叶均匀覆盖。这个大叶通常只有一个“大叶孔”，它对周围环境条件十分敏感，它的生物机理受太阳辐射、温度、湿度、二氧化碳和根系层水势的影响。这个“大叶孔”控制着植物蒸腾和植物吸收能量的再分布。基于 Deardorff 的“大叶”

模式，涌现出许多 SVATS 模型，知名的有 Dickinson 等提出的 BATS(生物圈-大气圈交换)模型，Sellers 等开发的 SiB 模型(简化生物圈模型)和 Noilhan-Planton 模型等。SiB 模型中包含了两层植被模块来考虑在 GCM 单个网格之中可能出现的两种不同类型的植被，如树木和灌木。SVATS 模型通常只对三种陆表构成，即土壤、雪和植被进行显性处理。尽管处理碳储存的生态模型已出现，早期 SVATS 模型中考虑碳通量交换的尚数少数。现场观测(FIFE，HAPEX-MOBILHY，NOPEX，CEOP 等)为这些模式的验证和参数估算创造了条件。第二代陆面模型(SVATS 模型)示意图见图 28.2，左边表示该模型将植被层分离开来，采用植被叶孔阻抗(r_c)考虑从非湿润植被叶面到植被曾大气空间和自由大气的水蒸气通量；来自于地面(下标 g)和植被层(下标 c)的感热和潜热通量相聚于植被层大气空间之后，产生排入自由大气的总通量。右边表示植被叶孔传导度(g_s)和光合作用有效辐射量(PAR)、水气压差(δ_e)、气温(T)和叶水势(ψ_1)的关系，其中点表示观测值、线表示假定经验关系。植被叶孔阻抗 r_c 可对植被叶孔传导度 g_s 沿植被层积分后取倒数求得。

SVATS 模型研究表明，地表湿润度、表面糙度、反射率、叶面积指数和植物叶孔是影响陆面能量再分配的重要特征参数。在裸地上，地表湿润度控制着表层土地的蒸发可利用水量，起着决定性作用。相应地，在有植被覆盖的地面上，叶孔导度是控制能量再分配的最重要的特征参数。另外，月平均气温、云率以及其他特征参数也有重要影响。

既然大多数 SVATS 模型使用相同的物理原理和能量平衡方程，所不同的只是对各种变量如辐射、植被吸收光透过率、叶孔导度和土地表面湿润度等的参数化方法，它们应当给出基本相同的结果，对这些模型相互比较显得十分重要。出于这种考虑，陆面参数化模式相互比较项目(PILPS)便应运而生。比较包括：离线式比较(即 SVATS 不与大气模型耦合)和耦合式比较(即 SVATS 与中尺度或 GCM 大气模型耦合)。Henderson-Sellers 调查了 23 种模型并用人工虚拟数据和 PILPS 观测数据对它们测试。结果表明，在年时间尺度上，约 70%的模型能将潜热和感热观测值再现在 5W/m^2 的误差范围之内，小于它们自身 10 W/m^2 的可能观测误差(Sellers P J，1986)。

28.1.4　第三代陆面模型——新 SVATS 模型

尽管第二代模型引入生物物理学理论计算陆面-大气之间通量交换，比第一代水桶模型更符合现实、通量计算更为准确，但仍然集中在能量和水收支计算，没有考虑碳循环的作用。同时，由于使用了太多的参数和经验常数，如 SiB 模型包括 49 个经验常数，使得参数估计工作显得复杂、困难，影响了它们的应用。因此，模型开发者在这些模型进行简化的同时，将碳循环等植物生化过程考虑进来，出现了 SiB2 和 BATS2 等新 SVATS 模型，即第三代陆面模型。第三代陆面模型示意图见图 28.3，以光合作用-传导度结合式模型描述植被叶子中的水与碳的交换。叶孔传导度(g_s)是光合作用、叶面二氧化碳浓度(c_s)和叶面相对湿度(h_s)或叶面水蒸气压(e_s)的函数。

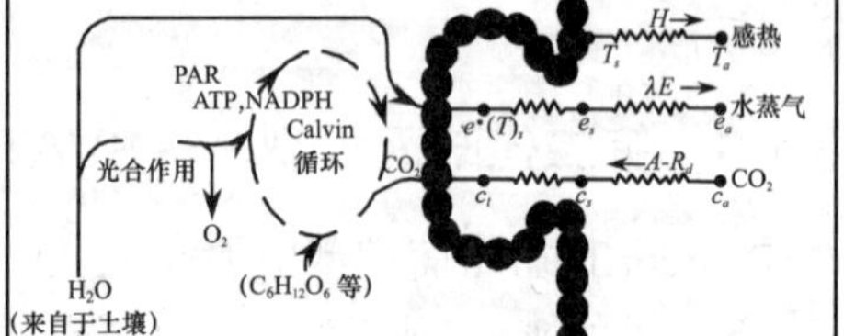

图 28.3　第三代陆面模型(贾仰文等,2005)

最近，更新一代的地球系统模型正在研发之中。他们将各种时空尺度的一系列过程，如生态地球化学反馈，湖冰，海水以及地下水文学等结合考虑，以更好地理解地球生物圈-大气圈系统。

真实的陆面过程包括陆面上发生的所有的物理、化学、生物和水文过程等，以及这些过程与大气过程的相互作用，它实际上是一个气象学、生物学、生态学、水文学和农林学等多学科交叉的新的研究领域。最早的陆面过程研究出现在 20 世纪 50 年代，Budyko 提出简单的陆面方案来参数化大气和陆面相互作用。首先将陆面特征引入大气环流模式(GCM)的是 Manabe，他首次在 GCM 中引入陆面水文过程，从而使陆面水文过程成为气候模型中的研究重点之一。在他的陆面水文过程描述中采用一个非常简单的水桶模式，在整个陆面上将地面参数(地面反照率、空气动力学粗糙度、土壤湿度)取为均值，将土壤看作水箱，降水和融雪使其中的水份增加，蒸发则使其减少，若积累的水超过水箱容量，即土壤最大含水量时，多余的水成为径流。80 年代以来，出现了第二代物理模型，这类模型的代表有：BATS (Biosphere atmosphere Transfer scheme)模型和 SiB(Simple Biosphere Model)模型(图 28.4)。

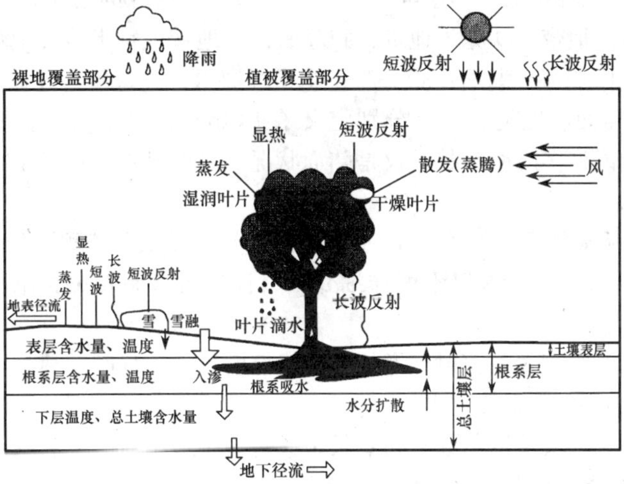

图 28.4　BATAS 模型主要结构示意图(贾仰文等,2005)

§28.2　代表性模型介绍

28.2.1　BATS 模型

生物圈作为气候系统中很重要的一个子系统,已经越来越受到当代气候学研究的重视。同时，大量的观测分析、理论研究使人们对生物圈及其与大气的相互作用过程的了解达到了一个较为详细、准确的程度。Dickinson 等提出的“生物圈-大气传输方案”(Biosphere atmosphere Transfer scheme，简称 BATS)就包括了发生在大气边界层-植被-土壤耦合系统中的各种复杂的水分、热量传输过程。BATS 方案既可以做为独立运行的模式也可以与大气环流模式耦合。其主要参数化包括：①对每一模式格点区域分别定义陆面状况和土壤类型参数；②计算土壤、雪和海冰的地表温度；③计算土壤湿度、蒸发和地表及地下水径流；

④依据上面定义的陆面状况参数、地面被遮挡部分和有、无蒸腾植被表面相对面积确定地表植被覆盖状况；⑤根据土壤湿度、植被覆盖状况、雪盖(包括植被对雪的遮挡)计算地表反照率；⑥植被水分收支计算(包括露水、降水截留和由气孔阻力及土壤干旱状况限制的蒸腾)；⑦由总体理查逊数和植被覆盖决定的地面拖曳系数的计算；⑧按能量平衡条件和从叶到植物冠层空气间的热量与水气通量来求算叶温。董敏等对生物圈-大气传输模式进行了详细介绍(董敏等，1997)。

1. 陆面状况、土壤类型、植被覆盖和地表反照率

BATS 中各种过程都与陆面状况、土壤类型和植被覆盖等特征密切相关。通过定义这些陆面待征，就可以用参数化形式表达发生在大气边界层-植被-土壤耦合系统中的水分、热量的传输过程。

(1) 陆面状况、土壤类型

根据大量的观测分析以及 BATS 模式与大气环流模式耦合的需要，将陆面状况按 4.5°×7.5°分辨率在模式格点区域上定义为 18 种类型，分别为：①农田及混合耕作农场；②低草草原；③常绿针叶树；④每年落叶的针叶树；⑤每年落叶的大叶树；⑥常绿的大叶树；⑦高草草原；⑧沙漠地带；⑨冻土地带；⑩灌溉作物地带；⑪半沙漠地带；⑫冰盖地及冰川；⑬沼泽地；⑭内陆河、湖泊；⑮海洋；⑯常绿灌木；⑰每年落叶花木；⑱混合树林。

对以上 18 种陆面状况类型，又分别定义了 14 组特征参数值。

其实，严格地说许多陆面参数不仅是陆面状况类型的函数，也是土壤类型的函数。下面就定义土壤类型。

BATS 将土壤从颗粒很粗的沙性土到高黏性土分为 12 类，按颜色分为 8 个级别。这些分类基本上是国际通用的，这里不做详细介绍，读者可参阅相关文献。

(2) 植被覆盖

植被通过给地面遮挡太阳辐射、增加地表粗糙度影响地气间的热量、水汽和动量的交换，还通过蒸腾过程改变地表过程。

对每一模式格点区域及每积分时间步长定义σ_f为植被覆盖率。它决定于次土壤层温度T_{g2}、格点陆面状况类型参数 K_{VEG}和植被覆盖的季节变化 $\Delta\sigma_f$，即

$$\sigma_f = \sigma - [1 - F_{\mathrm{SEAS}}(T_{g2})]\Delta\sigma \tag{28.2.1}$$

式中，$F_{\mathrm{SEAS}}(T_{g2})$的计算公式为：

$$F_{\mathrm{SEAS}}(T) = 1 - 0.001\,6 \times (298.0 - T)^2$$

(3) 植被和土壤反照率

地表反照率是影响气候变化的一个非常重要的因子。植被对太阳辐射的反射和散射又直接影响着地表反照率。由于光合作用的存在，植被对可见光(波长小于 0.7μm)的反照率要低于对近红外辐射(波长大于 0.7μm)的反照率。树干和树枝反照率假定为树叶的 95%，而红或棕色叶的反照率大约是绿叶的 105%。

裸地土壤对可见光的反照率 A_{LBG}

$$A_{\mathrm{LBG}} = A_{\mathrm{LBGO}} + \Delta a_g(S_{rw}) \tag{28.2.2}$$

其中，A_{LBGO} 为饱和土壤反照率，

$$\Delta a_g(S_{rw}) = 0.01(11 - 40\,S_{rw}/Z_1)$$

式中，S_{rw}为表层土壤含水量；Z_1为上表层土壤深度。

(4) 雪地反照率

雪地反照率与雪龄、太阳天顶角(ZEN)和辐射波长直接有关，具体计算公式如下：

$$\alpha_V = (1 - C_S F_{\mathrm{AGE}})\alpha_{VO} + 0.4 f(ZEN)(1 - \alpha_{VD}) \tag{28.2.3}$$

$$\alpha_{IR} = (1 - C_N F_{\mathrm{AGE}})\alpha_{IRO} + 0.4 f(ZEN)(1 - \alpha_{IRD}) \tag{28.2.4}$$

式中，α_V为对可见光辐射的反照率；α_{IR}为对近红外辐射的反照率；C_S=0.2，C_N=0.5；α_{VO}和α_{IRO}分别为新雪在太阳天顶角小于 60°时对可见光和近红外光的反照率；F_{AGE}为雪龄因子；$f(ZEN)$为当太阳天顶角从 60°到 90°变化时，对可见光辐射由 0 到 1 的变化因子。即

$$f(ZEN) = \frac{1}{b}\left(\frac{1+b}{1+2b\cos(ZEN)} - 1\right) \tag{28.2.5}$$

且有，当 $\cos(ZEN) \geqslant 0.5$ 时，$f(ZEN)=0$，当 $\cos(ZEN)=0$ 时，$f(ZEN)=1$。

随着时间的增加，雪粒尺度变大，雪中烟尘含量也会增大，从而使其反照率下降。

$$F_{\mathrm{AGE}} = \tau_{\mathrm{SNOW}} / (1 + \tau_{\mathrm{SNOW}}) \tag{28.2.6}$$

其中，无量纲量雪龄τ_{SNOW}按下式增加，即

$$\tau_{\mathrm{SNOW}} = \tau_0^{-1}(r_1 + r_2 + r_3)\Delta t \tag{28.2.7}$$

这里取

$$\tau_0^{-1} = 1\times 10^{-6} S^{-1}$$

$$r_1 = \exp[5\ 000(1/273.16 - 1/T_{g1})]$$

$$r_2 = r_1^{10} \leqslant 1$$

$$r_3 = \begin{cases} 0.01 & \text{在南极} \\ 0.3 & \text{其他地区} \end{cases}$$

式中，r_1为由于水汽扩散效应造成的雪粒增加，其中温度主要与水汽压有关；r_2为在凝固点附近的融雪效应；r_3为烟尘效应。

每当有相当于 0.01m 液态水的降雪时，就认为雪龄不变，反照率为新雪反照率。在 BATS 模式的一个积分时间步长中可能降雪量达不到新雪量，所以雪龄计算公式改成如下形式

$$\tau_{\mathrm{SNOW}}^{N+1} = (\tau_{\mathrm{SNOW}}^{N} + \Delta\tau_{\mathrm{SNOW}})(1 - 100\Delta P_S)\tau_{\mathrm{SNOW}} \tag{28.2.8}$$

式中，ΔP_S为新雪量，单位为 m。

2．土壤温度

土壤温度对后期气候(特别是降水)有着明显的影响。BATS 将土壤温度在垂直方向分为三层。这包括具有日变化周期的表层土壤温度 T_{g1}，具有季变化周期的次层土壤温度 T_{g2}，固定的年平均深层土壤温度 T_{g3}。

表层和次层土壤温度分别如下：

$$\frac{\partial T_{g1}}{\partial t} = \frac{C_1 h_s}{\rho_s C_s d_1} - \frac{C_2(T_{g1} - T_{g2})}{\tau_1} \tag{28.2.9a}$$

$$\frac{\partial T_{g2}}{\partial t} = -C_3\left[\frac{(T_{g2} - T_{g1})}{\tau_1} + C_4(T_{g2} - T_{g3}) + Q_{sf}\right] \tag{28.2.9b}$$

式中，$C_1=2\pi^{1/2}=3.544\,9$，$C_2=2\pi$；C_3为次层土壤张弛率(压缩系数)，取为 0.2；C_4为表层土壤温度对年平均值的减弱效应，除在永久冻土外都取值为 0；$\tau_1=8.64\times10^4$s，即一天；h_s采用以下公式计算，即

$$h_s = S_g + (F_{IR}^{\downarrow} - F_{IR}^{\uparrow}) - F_s - F_q L_{v,s} - L_f S_m - L_f W_{m1} \tag{28.2.9c}$$

式中，S_g为裸地吸收太阳辐射通量；$(F_{IR}^{\downarrow} - F_{IR}^{\uparrow})$为到达裸地的净长波幅射通量；$F_s$及 F_q分别为向大气的感热及水汽通量；$L_{v,s}$和 L_f分别为蒸发或升华和融化潜热；S_m为雪融化率；W_{m1}为表层土壤水的融化率(对凝固来说为负值)；Q_{sf}为由于融化或凝结造成的次层土壤温度的变化率，计算公式为

$$Q_{sf} = L_f W_{m2} C_1 \big/ (\rho_s C_s d_1 C_2)$$

式中，W_{m2}为次层土壤水的融化率；$\rho_s C_s$为次层土壤单位质量比热； $d_1=(K_s\tau_1)^{1/2}$为表层土壤深度(约为 2m)；K_s为土壤或雪的导热率，单位是 $m^{-2}\cdot s^{-1}$。

当温度低于 0℃时，土壤中水未结冻的部分取决于土壤类型、温度和土壤湿度，可以简单认为这一部分在凝结温度 $T=T_m$到 $T=T_m-4$℃范围线性减少。但是当温度低于 $T=T_m-4$℃时，认为土壤水的 15%不会凝固。因而对大于 T_m和小于 $T=T_m-4$℃时，融化或凝结潜热为零。而在这 4℃范围内有

$$W_{m1} = 0.25(S_{rw} - S_{rm})\partial T_{g1} \big/ \partial t \qquad S_{rw} > F_{rm} \tag{28.2.10a}$$

$$W_{m2} = 0.25(S_{rw} - S_{tw} + F_{rm} - F_{ra})\partial T_{g2} \big/ \partial t \qquad (S_{tw} - S_{rw}) > (F_{ra} - F_{rm}) \tag{28.2.10b}$$

式中，F_{rm}和 F_{ra}分别为表层和次层土壤水。下面分别对裸地、雪地和裸海冰或雪盖海冰情况下各自的特点进行介绍。

(1) 裸地

对沃土壤，其导热率和热容量分别为

$$K_s = \lambda_s \big/ (0.23 + \rho_w) \tag{28.2.11}$$

$$\rho_s C_s = (0.23 + \rho_w) C_w \tag{28.2.12}$$

式中，ρ_w为单位土壤柱内液态水的含量；C_w为水的比热容，取 $C_w=4.186\times10^6$J/($m^{-3}\cdot K^{-1}$)。对所有土壤类型，导热率 λ_s可表示成

$$\lambda_s = S_{KRAT}^i \times \lambda_{sl} \tag{28.2.13}$$

其中

$$\lambda_{sl} = \frac{(2.9\rho_w + 0.04)\lambda_c}{(1 - 0.6\rho_w)\rho_w + 0.09}$$

式中，$\lambda_c=10^{-7}m^2/s^1$； S_{KRAT}^i为第 i类型土壤与沃土(第六类型)土壤导热率之比。

(2) 雪盖地

与裸地土壤类似，有

$$K_s = K_{so}\rho_{sw} \tag{28.2.14}$$

其中，$K_{so} = (7.0\times10^{-7} / 0.49)\,m^2/s$

$$\rho_s C_s = \rho_{sw} C_{sw}$$

取 C_{sw}=0.49C_w，ρ_{sw} 为雪相对于水的密度。对新雪取 0.1，对旧雪取 0.3，即

$$\rho_{sw} = 0.1 + 0.3F_{\mathrm{AGE}}$$

其中，F_{AGE} 见式(28.2.6)。

对于雪盖与裸地同时存在的格点区域，可将两种导热率加权平均，即

$$K_s = (d_s K_{s\mathrm{SNOW}} + K_{s\mathrm{GROUND}})/(1 + d_s)$$

式中，d_s=10S_{cv}/ρ_{sw}；S_{cv} 为化成相当于液态水(单位为 m)的雪盖量。对 0.1m 的雪，两种导热率权重相等。$\rho_s C_s$ 也可类似求得。

(3) 裸海冰或雪盖海冰

海冰面的每日热量贮存为负，热量主要来自下垫面海洋，其表层温度变化形式为

$$\frac{\partial T_g}{\partial t} = \frac{h_s}{0.5(C_{sw}S_{cv} + W_i C_i d_{\mathrm{ice}})} \tag{28.2.15}$$

式中，C_i=0.45C_w；d_{ice} 为海冰厚度，随季节而变。

$$W_i = 1.4\rho_{sw} d_{\mathrm{ice}} / (S_{cv} + 1.4\rho_{sw}\, d_{\mathrm{ice}})$$

且

$$h_s = S_g + F_{IR}^{\downarrow} - F_{IR}^{\uparrow} - F_s - L_v F_q - L_f S_m + F_c \tag{28.2.16}$$

式中，F_c 为下垫面海洋向雪盖海冰或裸海冰的热量输送，根据以下公式计算，即

$$F_c = \frac{K_{\mathrm{SNOW}}(T_B - T_g)}{1 + (K_{\mathrm{SNOW}} / K_{\mathrm{ice}})}$$

其中

$$K_{\mathrm{SNOW}} = \frac{K_s \rho_{sw}^2 C_{sw}}{S_{cv}}$$

$$\frac{K_{\mathrm{SNOW}}}{K_{\mathrm{ice}}} = 1.4\rho_{sw}^2 d_{\mathrm{ice}} / S_{cv}$$

且 T_g= 1.8℃，大约是海冰的凝结点。

3．无植被的土壤湿度和雪盖

土壤湿度首先直接与地气之间的水分(潜热)交换有关，另外通过影响地表反照率、土壤湿度等而影响气候变化。雪盖对气候变化的影响同样十分重要。最主要的就是增大地表反照率。另外，雪的融化一方面增加土壤湿度，另一方面又吸收热量，从而影响地气之间水气、热量的交换。在不考虑植被存在的情况下将地表分成两大部分。即海洋部分(包括无海冰和有海冰覆盖区)和大陆部分(包括有雪盖和无雪盖区)。对无海冰海洋部分，地表温度 T_g 由观测而得；对其他地区，T_g 取决于当时的雪盖、土壤湿度、地表类型和大气最低层温度。

(1) 土壤水分收支

降到地表的水分一部分渗漏到土壤中，另一部分成为地表径流。对于渗漏土壤的水，引入以下几个参数表示。

S_{tw} 为在植物根系深度 D_0 内总土壤含水量，$S_{tw\max}$ 为最大总土壤含水量，S_{sw} 为表层土

壤(深度为 D_1)含水量，S_{swmax} 为最大表层土壤含水量。S_{sw} 和 S_{tw} 分别为：

$$\frac{\partial S_{sw}}{\partial t} = G - R_s + r_w \tag{28.2.17}$$

$$\frac{\partial S_{tw}}{\partial t} = G - R_s + r_g \tag{28.2.18}$$

$$G = P_r + S_m - F_q \tag{28.2.19}$$

式中，P_r 为降水率；S_m 为融雪率；F_q 为蒸发率；G 为地表水的净增加率。

(2) 地表水渗漏

首先定义 P_{ORSL} 为 $1\mathrm{m}^3$ 饱和土壤的含水量，$\phi=\phi_0 S^{-B}$ 表示土壤吸水势，其中 S 为通常土壤柱含水量与饱和土壤柱含水量之比。另外，水传导率 $K_W=K_{W0}S^{2B+3}$，表示由于重力产生的饱和土壤水流率。由以上参数可定义水流过土壤时的平均扩散率

$$D = -K_W \frac{\partial \phi}{\partial S} = K_{W0} B S^{B+2} \tag{28.2.20}$$

另外，次层土壤重力渗漏率为

$$R_g = K_{W0} S^{2B+3} \tag{28.2.21}$$

(3) 蒸发

土壤中水分蒸发率为

$$F_q = \min\left(F_{qp}, F_{qm}\right) \tag{28.2.22}$$

式中，F_{qp} 为可能蒸发率；F_{qm} 为土壤所能维持的通过湿地表的最大水汽通量

$$F_{qm} = \frac{C_K D S_0}{\left(Z_0 Z_1\right)^{1/2}} \tag{28.2.23}$$

式中，Z_0 为活跃土壤层深度(0.5~2m)；Z_1 是表层土壤层深度(0.2~1m)；D 为平均土壤扩散率，表示为

$$D = 1.02 D_{\max} S_1^B S_0^2 \left(S_0/S_1\right)^{B_f}$$

$$D = B\psi_0 K_0 / \rho_{wm}$$

式中，ρ_{wm} 为饱和土壤部分；K_0 与 ψ_0 分别为最大传输率和最大土壤吸水深度。

$$B_f = 5.5 - 0.8B[1 + 0.1(B-4)\lg(K_0/K_R)]$$

取 $K_R=10^{-5}\mathrm{m/s}$，式(28.2.23)中的 C_K 为

$$C_K = (1 + 1550 D_{\min}/D_{\max})[(B - 3.7 + 5/B)/(B+5)]$$

需指出的是，方程(28.2.23)和其他参数方程中，ψ_0 的试验值范围为 0.1~1.0m/s，$D_{\min}$ 的试验值范围为 10^{-8}~$10^{-10}\mathrm{m^2/s}$。方程组的形式主要是基于量纲分析和物理原理，更准确、详细的形式应在数值积分中反复试验，修改错误而定。

蒸发过程中，从次层土壤向表层土壤的水分扩散传输率为 r_w (r_{w0} 为无植被的 r_w)

$$r_w = r_{w0} = C_k D(S_0 - \varepsilon S_1)/(Z_0 Z_1)^{1/2} \tag{28.2.24}$$

式中，$\varepsilon=Z_1/Z_0$；S_1 与 S_0 分别为 Z_1 与 Z_0 层的含水量。对上式，当由于重力渗漏使 S_1 超过 S_0 时，r_w 会有误差。这种情况下向下扩散传输率正比于(S_0−S_1)。

$$\varepsilon = \frac{Z_1/Z_0}{\max\left[\left(Z_1/Z_0\right), \left(1 - S_1/S_0\right)\Big/\left(1 - \hat{S}_1/\hat{S}_0\right)\right]}$$

式中，$\hat{S}_0/\hat{S}_1$为蒸发过程中S_1与S_0的比。总之，考虑重力渗漏后，不同土壤层间水的传输率r_w为

$$r_w = r_{w0} - \left(S_1/S_0\right)^{B+1.5} R_g$$

(4) 地表径流

在大雨或融雪且土壤湿度很高的情况下，许多地表水不能及时渗入地下而是汇入河流中，就形成了地表径流。通常认为它与当地的历史降水有关，但仅通过汛期峰值降水期的水文流量过程线图，很难把当地的流量分成地表径流和地下径流部分。假设具有田间持水量土壤湿度情况下，地表径流较小，而饱和土壤情况下为完全地表径流，则有如下参数化形式

$$R_s = \begin{cases} \left(\rho_W/\rho_{\text{WSAT}}\right)^4 G & T_{g2} \geqslant 0 \\ \left(\rho_W/\rho_{\text{WSAT}}\right) G & T_{g2} < 0 \end{cases} \tag{28.2.25}$$

式中，$\rho_W=\rho_{\text{WSAT}}(S_0+S_1)/2$；$\rho_{\text{WSAT}}$为饱和土壤水密度；$G$如式(28.2.19)所示，当$G<0$时，取$R_s=0$。

(5) 雪盖

目前对雪能量平衡和融雪过程描述最详细的是 Anderson，他对整个雪柱的水和能量的传输及密度的变化都进行了描述，而这里只对雪表面过程进行描述。当有雪盖或正在下雪时，先检验地表温度T_g是否为0℃，如是则由下式计算融雪率S_m^N

$$S_m^N = L_f^{-1} \times (h_s^N - G_{\text{HEAT}}) \tag{28.2.26}$$

式中，h_s^N由式(28.2.9c)给出，但没有融雪项(即$h_s = S_g + F_{IR}^{\downarrow} - F_{IR}^{\uparrow} - F_s - L_s F_q$)；$G_{\text{HEAT}}$为向下垫面的热传导率，则有

$$G_{\text{HEAT}} = C_2 \rho_s C_s d_1 \left[\left(T_{g1} - T_{g2}\right)/C_1 \tau_1\right]$$

而计算F_s和F_q时，注意取T_g为0℃，L_s=2.836×10^{6}J/kg，L_f=3.34×10^{5}J/kg。

如果融化了式(28.2.26)计算的雪后，还有雪剩余，则雪盖表达式为

$$\frac{\partial S_{cv}}{\partial t} = P_s - F_q - S_m \tag{28.2.27}$$

式中，S_{cv}为化成当量液态水的雪盖总量；P_s为降雪率，F_q为升华率。

4．拖曳系数

地表与大气之间动量、热量、水汽的交换都与地表拖曳系数密切相关。拖曳系数不但与大气边界层稳定度有关，还与地表状况有关。BATS 中，认为拖曳系数与中性稳定拖曳系数C_{DN}和总体理查逊数有关。即

$$C_D = f\left(C_{DN}, R_{iB}\right) \tag{28.2.28}$$

其中

$$R_{iB} = g z_1 \frac{1 - T_{g1}/T_a}{V_a^2} \tag{28.2.29}$$

这里

$$V_a^2 = u_1^2 + v_1^2 + U_c^2$$

式中，T_{g1}为表层土壤(或雪或冰)温度；z_1为模式最低层高度；g为重力加速度；u_1, v_1为z_1

处风速；T_1 为 z_1 处空气温度乘以$(P_s/P_1)^{\kappa}$。其中，P_s, P_1分别为地面气压和模式最低气压；κ 为卡门常数，取为 0.4。

$$U_c = \begin{cases} 0.1\text{m/s} & T_{g1}/T_1 < 1 \\ 1.0\text{m/s} & T_{g1}/T_1 > 1 \end{cases} \tag{28.2.30}$$

C_D 的具体表达式如下

$$C_D = C_{DN}[1+24.5(-C_{DN}R_{iB})^{1/2}] \quad R_{iB} < 0 \tag{28.2.31a}$$

$$C_D = \frac{C_{DN}}{1+11.5R_{iB}} \quad R_{iB} > 0 \tag{28.2.31b}$$

式中，中性稳定度拖曳系数 C_{DN} 为

$$C_{DN} = \left[\frac{k}{\ln(Z_1/Z_0)}\right]^2 \tag{28.2.32}$$

式中，Z_0 为粗糙度长度，对水面 Z_0=2.3×10^{-4}m，对裸地 Z_0=10^{-2}m。

对有植被格点区域，C_{DN} 可以认为是裸地植被和雪地植被拖曳系数的线性组合，并认为雪地拖曳系数与海洋面拖曳系数 C_{DNW} 相同。这样，格点区域中性拖曳系数 $C_{D,FN}$ 为

$$C_{D,FN} = \sigma_f C_{FN} + (1-\sigma_f)[S_{CV}C_{DNW} + (1-S_{CV})C_{DNL}] \tag{28.2.33}$$

式中，C_{FN}为植被处拖曳系数，由式(28.2.32)给出，式中 Z_0= Z_{0V}；C_{CV}为地面雪盖部分。将植被部分改成雪盖植被部分

$$\sigma_f = (1-W_T)\sigma_{f0} \tag{28.2.34}$$

其中，σ_{f0} 是没有雪盖的植被部分

$$W_T = \frac{W_{T0}}{1+W_{T0}} \tag{28.2.35}$$

取 W_{T0} 为雪深除以 $10Z_{0V}$，而 S_{CV}=S_{CVO}/(1+S_{CVO})，这里的 S_{CVO} 为 10 倍的雪深。雪深定义为雪的液态水含量除以雪的密度。上两式基于如下假定，有半数植被覆盖了 $10Z_{0V}$ 深度的雪，有半数裸地覆盖了深度为 0.01m 的雪。

模式中海冰面上还考虑了冰间水路。认为冰间水路占海冰面格点区域面积为 a，并取水温为 1.8℃，饱和混合比为 3.3×10^{-3}kg/kg。分别对海冰面和冰间水路求拖曳系数，然后线性组合就求得海冰区域的总拖曳系数。a 的取值如下：对北冰洋，纬度小于 80N 时取 a=0.02，纬度在 80~85N 之间时取 a=0.01，在北极点周围 5 范围内取 a=0.005；对南极洲，取 a＝0.04。

有了拖曳系数后，对水面、海冰或裸地表感热和潜热通量可表示成

$$F_S = \rho_a c_p C_D V_a (T_{g1} - T_a) \tag{28.2.36}$$

相似地，水汽通量 F_q 为

$$F_q = \rho_a C_D V_a f_g (q_g - q_a) \tag{28.2.37}$$

式中，q_g 为饱和混合比，q_a 为大气模式最低层水汽混合比；f_g 为湿度因子，除对扩散限制土壤表层外，取值为 1。在扩散限制土壤表层定义为地表实际蒸发率和可能蒸发率之比 f_g=F_q/F_{qp}。

5．植被的能量通量

由于植被的物理和生物特性的复杂性，植物冠层与大气之间，植物冠层内空气以及空

气和叶之间、根和土壤之间的水分、热量的传输过程非常复杂。合理地描述它们之间的参数化极为重要。

(1) 叶变量参数

在有植被存在的单位面积地表，定义 LAI 为有蒸腾发生的叶面积指数，SAI 为无蒸腾过程(包括枯死植被)的茎面积指数，对给定的陆面状况它是常数。而 LAI 季节变量为

$$LAI = LAI^{\min} + F_{\text{SEAS}}(T_{g2}) \times (LAI^{\max} - LAI^{\min}) \tag{28.2.38}$$

这里的季节因子 $F_{\text{SEAS}}(T_g)$由式(28.2.1)给定。

又定义

$$\tilde{L}_w = (W_{\text{dew}} / W_{D\max})^{2/3} \tag{28.2.39}$$

式中，W_{dew} 为植物冠层截留总水量，W_{DMAX} 为植被冠层最大截留水量。对茎也有同样关系式。

定义叶面自由蒸腾部分 L_d 为：

$$L_d = (1.0 - \tilde{L}_w)\, LAI / L_{SAI} \tag{28.2.40}$$

式中，L_{SAI}=LAI+SAI 为茎和叶面积指数。

还需引入的参数是叶层内风速

$$U_{af} = V_a C_D^{1/2} \tag{28.2.41}$$

(2) 植被对降水截留和露水的存贮

当降水发生时，植被表面覆盖一薄层水，这些水可以重新蒸发到空气中去。同时，被水覆盖的叶面上蒸腾过程受到抑制。同样，夜间露水的蒸发会冷却叶面，当然也抑制蒸腾过程。目前，对湿叶抑制蒸腾的研究工作尚不多，但却十分重要。虽然叶片也能截留降雪而在表面结霜，但这对叶片的水分收支作用不大。这是因为温度低蒸散率小的缘故。因此可以认为植被对固态水和液态水的存贮作用一样。这样就不考虑初始时植被截留更多的雪，也不考虑这些雪经常可能很快被风吹落，只假定水的最大存贮量为 0.000 2m×L_{SAI}。则有

$$\frac{\partial W_{\text{dew}}}{\partial t} = \sigma_f P - E_f + E_{tr} \tag{28.2.42}$$

式中，如果 W_{dew}>0.002m×$\sigma_f L_{SAI}$，则取 W_{dew}=$W_{D\max}$，多余量落入地表土壤中；E_{tr} 为蒸腾率；E_f ；为单位叶面积水通量。

(3) 叶通量

首先考虑湿叶蒸发 E_f^{WET}

$$E_f^{WET} = A_f \rho_a r_{la}^{-1} \left(q_f^{SAT} - q_{af} \right) \tag{28.2.43}$$

式中，$E_f = \sigma_f L_{SAI}$ 为总的湿植物冠层面积；q_f^{SAT} 为叶温 T_f时的饱和水汽混合比；q_{af}为冠层内空气的水汽混合比；r_{la} 为对给定单位面积叶分子边界层对水分和热量通量的空气动力阻力。如果 E_f^{WET} 式为负则表示叶面露水累积。

叶的热和水汽通量的传导为

$$r_{la}^{-1} = C_f \times \left(U_{af} / D_f \right)^{1/2} \tag{28.2.44}$$

式中，C_f=0.01m·s$^{-1/2}$；D_f 为叶沿气流方向的特征尺度；U_{af} 为进入叶间的风速量级。

与式(28.2.43)相似，叶的热通量为

$$H_f = \sigma_f L_{SAI} r_{la}^{-1} \rho_a c_p (T_f - T_{af}) \tag{28.2.45}$$

对式(28.2.43)和式(28.2.45)来说，叶温 T_f 和植物冠层内空气的水汽混合比 q_{af} 需进一步确定。

只有部分湿的叶面水汽通量 E_f 为

$$E_f = r'' E_f^{WET} \tag{28.2.46}$$

其中

$$r'' = 1 - \delta(E_f^{WET}) \left[1.0 - \tilde{L}_w - L_d \left(\frac{r_{la}}{r_{la} + r_s} \right) \right] \tag{28.2.47}$$

式中，r_s 为叶孔阻力。当 $E_f^{WET}>0$ 时，δ 取 1；而 $E_f^{WET}<0$ 时，δ 取 0。假定有蒸腾和无蒸腾叶面积相等。蒸腾率 E_{tr} 只发生在干叶上，且是向外的

$$E_{tr} = \delta\left(E_f^{WET}\right) L_d \left(\frac{r_{la}}{r_{la} + r_s} \right) E_f^{WET} \tag{28.2.48}$$

式中，L_d 见式(28.2.40)，上式忽略了干湿叶表面温差。

(4) 叶孔阻力

叶孔阻力是反映从叶内向外发生扩散时，叶气孔总的机械阻力。叶内水汽一般都维持或接近饱和值，否则叶肉细胞将变干，叶就枯萎了。叶气孔是蒸腾过程的主要导水管道。当水分从叶内向外扩散时，阻力 r_s 与叶气孔的尺度、分布和打开程度有关。当然，当叶气孔关闭时，有些水分也通过叶表皮扩散。通常叶气孔打开程度随不同环境而变，这包括当植被根不能充分满足蒸腾要求时。

$$r_s = r_{s\min} \times R_l \times S_l \times M_l \tag{28.2.49}$$

对 r_s 与可见光辐射通量关系的研究表明，当通量为全太阳辐射的10%(大约对树是如此)到全太阳辐射(对小麦如此)之间时，r_s 取最小值 $r_{s\min}$。全太阳可见光入射通量大约相当于500W/m^2。另外，R_l 为

$$R_l = \frac{1+f}{f + r_{s\min}/r_{s\max}} \tag{28.2.50}$$

式中，$r_{s\max}$ 为 5 000s/m；$f = F_v / F_{vc}$；F_v 为可见光太阳辐射通量；F_{vc} 为当 R_l 是它最小值的两倍时的可见光太阳辐射通量。模式中，对树 F_{vc} 取 30W/m^2，对草地和庄稼取 100 W/m^2。在植物冠层中，不同叶类接收太阳辐射通量也不同。因此对式(28.2.50)须对不同叶类求平均。这里认为植物冠层分为上层和下层两部分，并假定上层吸收 75%的辐射，下层吸收 25%的辐射。还认为上层和低层叶茎面积指数(分别为 L_{SAIU} 和 L_{SAIL})分别为总叶茎面积指数的一半。则有

$$F_{vu} = 0.75 F_{vi} / L_{SAIU} \tag{28.2.51a}$$

$$F_{vl} = 0.25 F_{vi} / L_{SAIL} \tag{28.2.51b}$$

式中，F_{vi} 为到达冠层顶的可见光入射辐射。

在式(28.2.49)中，季节温度因子 $S_l = F_{SEAS}(T_f)$，湿度因子 M_l 取决于土壤湿度和植物根系从根系层土壤中吸收水的能力。最初，取 $M_l=1$。当植物的蒸腾超过最大值(此值决定于土壤湿度)，M_l 就会增大使蒸腾维持这最大值。最后指出的是，当 r_s 超过 $r_{s\max}$ 时，取 r_s 等于 $r_{s\max}$。

5) 根阻力

在每一土壤层，植物根系从土壤中吸水并向上传输是由土壤和叶的水势差除以有效阻力而得。这一有效阻力又决定于单位面积根的总长度和单位根长度植物内部阻力。设 $E_{tr\max}$ 为植物的最大有效蒸腾率，则

$$E_{tr\max}=r_{ro}\sum_i R_{ti}(1-W_{LT}^i) \tag{28.2.52}$$

式中，r_{ao} 是植物能维持的最大蒸腾率；下标 I 为各土壤层；R_{ti} 为给定第 i 层土壤中根的阻力；W_{LT}^2 为土壤干燥因子。模式中取

$$r_{ro}=2\times10^{-7}(\mathrm{m/s})\times\sigma_f\times S_{EASB}$$

式中，S_{EASB} 在植物生长期取 1，在土壤冻结期为 0。在水分充足的植物生长期，一般 $W_{LT}^i=0.05$。

$$W_{LT}^i=\frac{S_i^{-B}-1}{S_w^{-B}-1} \tag{28.2.53}$$

式中，S_i 为第 i 层土壤水；S_w 为当蒸腾为 0 时的土壤水。模式中设 S_w=0.125。通常黏性土的 S_w 要高于沙土的 S_w。W_{LT}^i 随湿度的变化规律是，在饱和时取 0，在永久干燥时取 1。

(6) 植物冠层和土壤的能量平衡

假定植物冠层内空气的热容量可以忽略不计，那么植物冠层到大气的热通量 H_a 等于叶面到大气的热通量 H_f 加上地表到大气的热通量 H_g

$$H_a=H_f+H_g \tag{28.2.54}$$

其中，H_f 见式(28.2.45)，而

$$H_a=\rho_a c_p C_D V_a(T_{af}-T_a) \tag{28.2.55}$$

式中，c_p 为空气比热；V_a 为冠层顶大气风速；C_D 为冠层与其上层大气之间的总体传输系数(拖曳系数)，并假定对热量和水分的值与对动量的值一样。

$$H_g=\rho_a c_p C_D\left[\left(1-\sigma_f\right)V_a+\sigma_f U_{af}\right]\left(T_{g1}-T_{af}\right) \tag{28.2.56}$$

由式(28.2.54)~式(28.2.56)及式(28.2.45)很易得 T_{af}

$$T_{af}=\frac{c_A T_a+c_F T_f+c_G T_{g1}}{c_A+c_F+c_G} \tag{28.2.57}$$

其中

$$c_A=C_D V_a \tag{28.2.58a}$$

$$c_F=\sigma_f L_{SAI} r_{la}^{-1} \tag{28.2.58b}$$

$$c_G=C_D\left[\left(1-\sigma_f\right)V_a+\sigma_f U_{af}\right] \tag{28.2.58c}$$

C_A、C_F、C_G 分别为冠层顶、叶和地面向大气的热量传输。

与热量相似，认为冠层内空气对水分的存贮为 0。则有

$$E_a=E_f+E_g \tag{28.2.59}$$

式中，E_a 为植物冠层向大气的水汽通量；E_f 与 E_g 分别为叶与地面向大气的水汽通量。

$$E_a=\rho_a c_A(q_{af}-q_a) \tag{28.2.60}$$

$$E_g = \rho_a c_G f_g (q_{g,i} - q_{af}) \tag{28.2.61}$$

式中，$q_{g,I}$为饱和地面水汽含量；f_g为湿度因子，等于地面实际蒸发和可能蒸发之比。E_f与式(28.2.46)相同。这样可求得叶间空气水汽混合比 q_{af}，即

$$q_{af} = \frac{c_A q_a + c_V q_f^{SAT} + c_G f_g q_{g,i}}{c_A + c_V + f_g c_G} \tag{28.2.62}$$

式中，$C_V = r''c_F$为叶对水汽通量的平均传输率。

(7) 叶温

为求得植被蒸腾率，引用叶能量守恒

$$R_n(T_f) = LE_f(T_f) + H_f(T_f) \tag{28.2.63}$$

式中，R_n为叶吸收的净辐射。对上式用 Newton-Rophson 迭代法可求解叶温 T_f。模式中假定地面和叶面的比辐射率为 1，叶的热容量为 0，光合作用呼吸的能量传输为负值。冠层向地面的红外长波幅射近似为$4\sigma T_{g1}^3(T_f - T_{g1})$，冠层向大气的净辐射为$4\sigma T_{g1}^3(T_f - T_{g1}) - F_{RLNK}$，这里的$F_{RLNK} = \sigma T_{g1}^4 - F_{LW}$，表示裸地向大气的净长波辐射。单位面积植被吸收的净辐射 F_{RAD}为

$$F_{RAD} = S_{F1} - 8\sigma_f T_{g1}^3 T_f \tag{28.2.64}$$

其中

$$S_{F1} = \sigma_f (S_{af} - F_{RLNK} + 8\sigma T_{g1}^4) \tag{28.2.65}$$

式中，S_{af}为吸收的太阳辐射。在此需指出的是：表达式(28.2.43)~式(28.2.46)中的向大气的感热通量和蒸散项 E_f因与叶温饱和水汽混合比 q_{af}有关而需重新估算。如下所示

$$H_f^{N+1} = H_f^N + \delta H(T_f^{N+1} - T_f^N) \tag{28.2.66}$$

$$E_f^{N+1} = E_f^N + \delta E^N(T_f^{N+1} - T_f^N) \tag{28.2.67}$$

这里

$$\partial H = \frac{\partial H^N}{\partial C_D} \cdot \frac{\partial C_D}{\partial T_f} \tag{28.2.68}$$

其中，q_f^{SAT} 的计算与所有饱和的混合比 q^{SAT} 的计算公式一样，则

$$q^{SAT} = \frac{0.622 \times p^{SAT}}{p - 0.378 p^{SAT}} \tag{28.2.69}$$

且

$$p^{SAT} = 611\exp\left(\frac{A(T - T_m)}{T - B}\right) \tag{28.2.70}$$

其中

$$A = \begin{cases} 21.874 & T \leqslant T_m \\ 17.269 & T > T_m \end{cases}$$

取 T_m=273.16，因而有

$$\frac{\partial q_f^{SAT}}{\partial T_f} = \frac{A(T_m - B)}{(T_f - B)^2} q^{SAT} \tag{28.2.71}$$

最后，求 T_f 的迭代关系式为

$$T_f^{N+1}=\frac{S_f+c_H(c_AT_a+c_GT_g)+L_v(T_f^N\delta E-E^N)+T_f^N\delta H}{8\sigma_fT_g^3+c_H(c_A+c_G)+L_v\delta E+\delta H} \tag{28.2.72}$$

取 $c_H=c_F/(c_A+c_F+c_G)$。由于中性稳定条件下对 C_D 求导的不连续性可能会发生无辐合振荡。因而假定，如果在两次迭代过程中稳定性完全相反，就采用中性稳定度拖曳系数 C_{DN}。在一次迭代中限制 T_f 不超过 5℃，设

$$\varDelta^{N+1}=T^{N+1}-T^N$$
$$\tilde{\varDelta}=\max(\varDelta^{N+1},\varDelta^N)$$

那么当 $\tilde{\Delta}$<0.001 或进行六次迭代计算，就停止迭代，求得 T_f。

确定了 T_f 后就可得到

$$\Delta T_{a,f}=T_a-T_f$$
$$\Delta q_{a,f}=q_a-q_f$$

用它们来求向大气的感热和潜热通量，通过加上叶蒸散与叶向大气的水汽通量之差来更新叶水分收支。这样，叶片水分可能由于露的形成而增加，也可能因蒸发而变小。

最后，有植被时式(28.2.17)、式(28.2.18a)和式(28.2.27)变成

$$\frac{\partial S_{sw}}{\partial t}=P_r(1-\sigma_f)-R_s+r_w-\beta E_{tr}-F_q+S_m+D_w \tag{28.2.73}$$

$$\frac{\partial S_{stv}}{\partial t}=P_r(1-\sigma_f)-R_w+E_{tr}-F_q+S_m+D_w \tag{28.2.74}$$

$$\frac{\partial S_{SW}}{\partial t}=P_s(1-\sigma_f)-F_q-S_m+D_s \tag{28.2.75}$$

式中，β 为表层土壤的蒸腾因子；D_w 为单位地面从叶面过多水中滴下量；D_s 与 D_w 相似，但是对雪而言，$R_w=R_s+R_g$ 为总径流量。

28.2.2　简单生物圈模型(SiB)

简单生物圈模型(SiB)结构：Sellers 等(1986)应用微气象学和植物生理学原理，开发了一个用于计算植被覆盖地表与大气之间能量、物质和动量传输的简单生物圈模型(Simple Biosphere Model，简称 SiB)。该模型强调了土壤–植被–大气之间相互作用的复杂过程，将植被参数用于辐射、热量和动量传输的子模型中，计算研究区域内的反射率、粗糙度和表面阻力。SiB 模型中的植被分为两层，上层由树木或灌木丛构成植被冠层，下层由草和其他草本植物构成地表植被层；土壤分为三层，即表土层、根系层和深土层，表土层和根系层由植被类型和植物根系所能达到的最大深度决定。

SiB 模型主要用于模拟陆地生物圈与大气之间的热量和水分通量的输送，即来自地面和植被冠层的感热和潜热通量的交换。各通量采用类似于直流电学上的欧姆定律的物理原理，即

$$\text{通量}=\frac{\text{势差}}{\text{阻力}}$$

简单生物圈模型(SiB)的主要控制方程：SiB 模型中作为植被冠层温度 T_c，地表面既有

植被也有裸露土壤表面的温度 T_{gs} 的控制方程为：

冠层植被

$$C_c \frac{\partial T_c}{\partial t} = Rn_c - H_c - \lambda E_c \tag{28.2.76}$$

地表植被

$$C_{gs} \frac{\partial T_{gs}}{\partial t} = Rn_{gs} - H_{gs} - \lambda E_{gs} \tag{28.2.77}$$

式中，参量下标 c 为植被；下标 g 为地面覆盖(指草或灌木等低矮植被)、下标 s 为裸露土壤表面；gs 为地表既有植被覆盖也有裸露土壤；$C_c, T_c, Rn_c, H_c, \lambda E_c$ 分别为植被冠层的比热容(J/(m^{-2}·K^{-1}))、温度(K)、吸收的净辐射(W/m^2)、感热通量(W/m^2)和潜热通量(W/m^2)；$C_{gs}, T_{gs}, Rn_{gs}, H_{gs}, \lambda E_{gs}$ 分别为地表面既有植被也有裸露土壤表面的比热容(J/(m^2·K))、温度(K)、吸收的净辐射(W/m^2)、感热通量(W/m^2)和潜热通量(W/m^2)；λ 为水的蒸发潜热(J/kg)；E_c, E_{gs} 分别为植被冠层和地表面既有植被也有裸露土壤表面时的蒸散率(kg/(m^2·s))。从植被冠层的蒸散率 E_c 包括两部分，从植被湿的部分的直接蒸发(E_{wc}，如叶面截留降水等)，以及由植被根系吸收土壤水和从干植被的蒸腾(E_{dc})。所以，当植被叶面和株干是湿的时候，如降水后或早晨植被结露时，$E_c = E_{wc} + E_{dc}$；当植被叶面和株干是干的时候，$E_c = E_{dc}$。

从地表既有植被覆盖也有裸露土壤的蒸散率 E_{gs} 包括三部分，从湿地表覆盖植被的直接蒸发 E_{wg}，由植被根系吸收土壤水和从干植被的蒸腾 E_{dg}，以及直接从表层土壤的蒸发 E_s。其中，E_{wg} 和 E_{dg} 相当于 E_{wc} 和 E_{dc}。

在地表植被截留降水时，则有

$$E_{gs} = E_{wg} + E_{dg} + E_s$$

而在无降水时，则有

$$E_{gs} = E_{dg} + E_s$$

截留水分通过以下控制方程来描述。冠层植被截留方程为：

$$\frac{\partial M_c}{\partial t} = P_c - D_c - \frac{E_{wc}}{\rho_w} \tag{28.2.78}$$

地表植被截留方程为：

$$\frac{\partial M_g}{\partial t} = P_g - D_g - \frac{E_{wg}}{\rho_w} \tag{28.2.79}$$

式中，M_c, M_g 分别为在植被冠层叶面储存的液体水(m)和地面植被叶面贮存的液体水(m)；P_c, P_g 分别为相应的降水截获率(m/s)；D_c, D_g 为相应的排水率(m/s)；E_{wc}, E_{wg} 分别为来自叶片湿润部分的水分蒸发率(kg/(m^2·s))； ρ_w 为水的密度(kg/m^3)。

三层土壤水分的控制方程分别为：

$$\frac{\partial W_1}{\partial t} = \frac{1}{\theta_s D_1}\left[P_1 - Q_{1,2} - \frac{1}{\rho_w}(E_s + E_{dc,1} + E_{dg,1})\right] \tag{28.2.80}$$

$$\frac{\partial W_2}{\partial t} = \frac{1}{\theta_s D_2}\left[Q_{1,2} - Q_{2,3} - \frac{1}{\rho_w}(E_{dc,2} + E_{dg,2})\right] \tag{28.2.81}$$

$$\frac{\partial W_3}{\partial t}=\frac{1}{\theta_s D_3}\left(Q_{2,3}-Q_3\right) \tag{28.2.82}$$

式中，W_1, W_2, W_3分别为 3 个土壤层中土壤水分含量，由 $W_i=\theta_i/\theta_s$计算；θ_i为第 i 层土壤的体积含水量(m^3/m^3)；θ_s为饱和状态下 θ_i的值(m^3/m^3)；D_i为第 i 层中土壤的厚度(m)；$Q_{i,i+1}$为第 i 层到第 i+1 层水的流量(m/s)；Q_3为深层土壤的重力排水量(m/s)；E_s为表层土壤蒸发的水分($kg/(m^2 \cdot s^1)$)；$E_{dc,i}$，$E_{dg,i}$ 分别为冠层和地表植被层通过蒸腾从第 i 土层吸收的水分($kg \cdot m^{-2} \cdot s^{-1}$)；$P_1$为进入到上部土壤水分库的降水入渗水量(m/s)。

另外，在 SiB 简单生物圈模式中，对植被冠层的辐射特征、近地面层及植被冠层的空气动力学阻力、表面阻力、植被及土壤中的水汽输送等都进行了描述。

改进简单生物圈模型(SiB2)：Sellers 等人对它们的 SiB 模型做了一些重要的修正。改进后的模型称为第二代生物圈模型(SiB2)。SiB2 模型应用能量、动量和质量定律，能够更有效地模拟土壤、大气和生物圈物质能量的输送和相互作用。该模式已被嵌套在区域和全球气候模式(GCM)中应用。

SiB2 模型与 SiB 模型相比，有许多改进之处，较为显著的几点如下。

改进简单生物圈模型(SiB2)的控制方程：SiB2 模型中的预测变量有 11 个，比 SiB 模型增加了 4 个。温度控制方程中增加了深层土温的预测，并且在冠层和地面湿度的控制方程中考虑了由于状态变化而引起的能量传输问题。

植被冠层能量传输方程为：

$$C_c\frac{\partial T_c}{\partial t}=Rn_c-H_c-\lambda E_c-\xi_{cs} \tag{28.2.83}$$

地面能量传输方程为：

$$C_g\frac{\partial T_g}{\partial t}=Rn_g-H_g-\lambda E_g-\frac{2\pi C_d}{\tau_d}\left(T_g-T_d\right)-\xi_{gs} \tag{28.2.84}$$

深层土壤能量传输方程为：

$$C_d\frac{\partial T_d}{\partial t}=\frac{1}{2\times(365\pi)^{\frac{1}{2}}}\left(Rn_g-H_g-\lambda E_g\right) \tag{28.2.85}$$

式中，τ_d为日长(s)；ξ_{cs}, ξ_{gs}分别为植被冠层和地面水分的状态变化引起的能量传输(W/m^2)；其他符号的意义与 SiB 模型控制方程中的相同。SiB2 模型中截获的水分控制方程与 SiB 模型中的类似，只是考虑了对降雪的截留。各层土壤水分的控制方程与 SiB 模型的完全相同。除此之外，SiB2 模型中还增加了冠层水汽导度方程，即：

$$\frac{\partial g_c}{\partial t}=-k_g\left(g_c-g_{c\inf}\right) \tag{28.2.86}$$

式中，g_c为冠层水汽导度(m/s^1)；k_g为时间常数(s^{-1})；$g_{c\inf}$为 $t\to\infty$ 时 g_c的估计值(m/s^1)。

在中性条件下，整体植被边界层阻力由下式给出：

$$r_b=\frac{C_1}{(u_2)^{\frac{1}{2}}}\left(\int_{r1}^{r2}\frac{L_d(z)^{\frac{1}{2}}}{P_s C_s}\mathrm{d}z\right)^{-1} \tag{28.2.87}$$

式中，C_1为整体植被冠层边界层阻力系数$(m/s)^{-1/2}$；u_2为在 z_2高度的风速(m/s)；C_s为热量输送系数，取 C_s=90$(l_w)^{1/2}$；l_w 为叶宽(m)；P_s 为叶的遮蔽因子。

地面对植被内空气(canopy air space，CAS)的阻力 r_d 由下式定义：

$$r_d = \frac{C_2}{u_2} = \int_{z_s}^{h_a} \frac{1}{K_s} \mathrm{d}z \tag{28.2.88}$$

式中，C_2 为地面对 CAS 的阻力系数，单位为$(m/s)^{-1/2}$；K_s 为热力和水汽的输送系数(m^2/s)，假定等于动量输送系数 K_m；h_a 为植被源高(m)。

植被源高 h_a 假定等于植被内空气阻力的作用中心高度，由下式求解得到，即

$$\int_{z_1}^{h_a} L_d(z)^{\frac{1}{2}} \mathrm{d}z = \int_{h_a}^{z_1} L_d(z)^{\frac{1}{2}} \mathrm{d}z$$

式中，$L_d(z)$为植被冠层枝和叶的面积密度(m^2/m^3)；CAS 和参考高度(z_m)之间的输送，可由从 h_a 到 z_m 之间的积分描述(K_s=K_s)，积分包括植被冠层内的从 h_a 到 z_m，及湍流输送层 z_2 到 z_t 和对数-线性廓线部分 z_t 到 z_m，即

$$r_a = \frac{C_3}{u_m} = \int_{h_a}^{z_m} \frac{1}{K_s} \mathrm{d}z \tag{28.2.89}$$

式中，C_3 为 CAS 到参考高度 z_m 处的空气动力学阻力系数，单位为$(m/s)^{-1/2}$。

在 GCM 实际应用中，C_3 的中性大气层结时的值由下面公式计算，即

$$C_3 \approx \left[\frac{1}{k} \lg\left(\frac{z_m - d}{z_0} \right) \right]^2 \tag{28.2.90}$$

Sellers 等给出了在非中性大气层结条件下，r_b 和 r_d 的简单转换关系为：

$$\frac{1}{r_b} = \frac{(u_2)^{\frac{1}{2}}}{C_1} + \frac{L_T}{890}\left(\frac{T_c - T_m}{l_w} \right)^{\frac{1}{4}} \tag{28.2.91}$$

$$\frac{1}{r_d} = \frac{u_2 \phi_H}{C_2} (\phi_H \geqslant 1)$$

$$\phi_H = \left[1 + 9\frac{\left(T_g - T_m\right)}{T_g u_2^2} z_2 \right]^{\frac{1}{2}} \tag{28.2.92}$$

式中，L_1 为植被冠层枝和叶的平均叶面积指数(m^2/s^2)；ϕ_H 为稳定度参数。

§ 28.3　水文物理过程与大气物理过程耦合

28.3.1　分布式水热耦合模型(DWHC)模型原理

冰川水文、积雪水文和冻土水文是寒区水文研究的主要内容。在寒区流域产汇流过程中，多年冻土活动层和季节性冻土融化层底部是深度不断变化的隔水层，冻结和半冻结土壤和岩层中固态含水量的存在，改变了土壤-岩层的能量收支和平衡，既增加了冻结-融化潜热过程，同时改变了土壤—岩石层的导热系数、热容和总能量，以及感热传导过程。固态含水量的存在，还改变了土壤-岩石层的结构，减小了土壤-岩层的有效孔隙度和实际土壤田间持水量，从而改变了土壤液态水分-土壤水势关系(土壤水分特征曲线)，改变了土壤-岩石层的实际水力传导率，最终改变了液态水分的流向、流速、流长和流量。陆地表层是

水文过程中水分交换最为频繁、最为复杂的地区，是地-气相互作用的汇集地，是对外界影响变化最为敏感的地区之一。因此，土壤冻融作用和水热交换，贯穿于整个寒区流域的产流、入渗和蒸散发过程之中，是寒区流域水文循环过程的中心环节。因此，在内陆河山区流域模型研究方面，应该发展一种能够适用于任何存在季节冻土和多年冻土山区流域的分布式模型(陈仁升等，2003a；2003b；2004；2005；2006a；2006b；2006c)。

纵观国内外众多的分布式水文模型，很少有模型涉及土壤冻融作用对流域产汇流过程的影响。有鉴于此，陈仁升等在黑河干流山区流域，构建了一个内陆河高寒山区流域分布式水热耦合模型(DWHC)，以期能够准确描述内陆河高寒山区和其他存在季节冻土和多年冻土的流域水文循环物理过程。

1. 模型结构

内陆河高寒山区流域分布式水热耦合模型(DWHC)主要由气象因子模型、植被截留模型、冰川和积雪融化模型、土壤水热耦合模型、蒸散发模型、产流模型、入渗模型和汇流模型等 8 个子模型组成。模型根据大气降水到达地表以后各水文过程发生的先后进行构建，考虑了寒区流域冰川水文、积雪水文和冻土水文过程，其关键是利用土壤水热耦合模型将流域产流、入渗和蒸散发过程融合成一个整体，弥补了分布式水文模型中缺乏冻土水文过程的问题，从而能够全面定量描述整个寒区水文过程。在大量吸收已有成果的基础上，模型在植被截留、入渗、产流和蒸散发计算方面也有所改进和创新，部分模块还设计了多套可选择方案。其中气象因子模型设计了两套方案，一是以地面观测资料进行空间分布，二是由中尺度大气模式 MM5 输出结果驱动。

模型时空分辨率和输入变量：模型以数字高程模型(DEM)栅格单元为最小计算单元，考虑到黑河流域详细土壤、植被参数等资料的缺乏，模型空间分辨率定为 1km×1km。空间坐标为双标准线等积圆锥投影(Alberts)，研究区域为 166×218 个网格，其中黑河干流山区流域面积为 10 009 km^2。模型以日为时间步长。

气象因子主要有降水、气温和潜在蒸散发，资料来源为地面资料空间插值或中尺度大气模式 MM5 输出结果。模型设计了 3 套潜在蒸散发输入方案：①以 E601 蒸发资料代替；②根据经典的 Penman-Monteih 公式、ASCE-PM 公式或 Priestley-Taylor 方法计算(Priestley and Taylor,1972)；③应用 MM5 模式输出的潜热转换。

植被因子主要包括植被类型、植被盖度、叶面积指数和饱和截留容量等。

根据最新的我国 1∶100 万植被图，黑河山区流域共有 20 种植被景观类型，为简单计，根据植被属、植被高度等将流域植被概化为 9 类。根据野外实际调查和测量结果，以及其他地区相关植被的测量成果，估计不同类型植被典型生长阶段的叶面积指数和饱和截留容量。在非生长季节，由于山区树木为常绿树种以及树枝和枯草的存在，植被对固态降水有一定的截留作用，因此冬季叶面积指数不为零。根据 2000 年 6 月 TM 影像解译成果和野外经验，给出不同土地利用类型下(共 11 种)的植被盖度。

根据黑河流域已有研究积累，山区流域土壤主要有 13 类计 18 亚类。根据流域土地利用类型，将流域土壤分为 3 层~5 层不等，并给出每层土壤的质地类型(图 28.5)。根据祁连山区现有土壤剖面测量成果和其他地区同类标准土的研究成果，以及我们大量实测调查结果，给出每层土壤的主要参数。这些参数包括土壤厚度、孔隙度、比重、田间持水量、枯萎含水量、残余含水量、初始含水量、饱和导水率、粒度分布指数、进气压力、固体颗粒比热以及土壤水分特征曲线等 12 个。

图 28.5　黑河干流山区流域土壤剖面划分图

地形因子主要包括流域的 DEM，以及由此生成的坡度、坡向和水流流向等，DEM 为 1：10 万地形图生成。

3．模型基本原理

固液态降水分离及降水观测误差校正：固液态降水分离，模型设计了两套方案，①常用的临界气温法；②根据降水的热量状态分离：

$$Q_p = \begin{cases} \min[1,(1-f_{\text{liq max}})+f_{\text{liq max}}\dfrac{T_l - T}{T_l - T_s}] & T < T_l \\ 0 & T \geqslant T_l \end{cases} \tag{28.3.1}$$

$$P_l = P(1-Q_p) \tag{28.3.2}$$

式中，P_l 为日液态降水量(mm)；P 为日降水量(mm)；T 为日平均气温(℃)；T_s 为固态降水的临界气温(℃)；T_l 为液态降水的临界气温(℃)；Q_p 为降水的热量状态；f_{liqmax} 为降雪中最大液态水分含量，可取 0.5。

受动力损失、蒸发损失和湿润损失的影响，常规气象站点量测降水比实际降水量少，需分别对液态降水和固态降水进行校正。校正方法为经验系数法，根据在乌鲁木齐河源、黑河山区流域和瑞士气象和水文研究所的试验研究工作，液态降水校正系数大约为 1.07，固态降水校正系数约为 1.15。

植被截留模型：参照 SWAT 模型的植被截留模型，设计了如下截留模型：

$$V_{p0} = V_{P\max}\frac{LAI}{LAI_{\max}} \tag{28.3.3}$$

式中，V_{p0} 为植被截留容量(mmH_2O)；$V_{p\max}$ 为植被饱和截留容量(mmH_2O)；LAI 为植被叶面积指数；$LAI_{\max}$ 为植被最大叶面积指数。

根据模型输入的典型日期不同植被类型的叶面积指数，用多项式插值法计算每天的叶面积指数。

实际冠层储存总截留量为：

$$V_{p,\text{total}}=\begin{cases}V_{p0} & P\geqslant V_{p0}\\ V_{p0} & P<V_{p0}\cap P+V_{sto}\geqslant V_{p0}\\ P+V_{sto} & P<V_{p0}\cap P+V_{sto}<V_{p0}\end{cases}\tag{28.3.4}$$

式中，$V_{p,\text{total}}$为植被冠层实际总截留量(总储存量，mm)；P 为日降水量(mm)；V_{sto}为植被叶面前期储存量(mm)。

实际截留量 V_p 如下计算：

$$V_p=\begin{cases}P & V_{p0}-V_{sto}\geqslant P\\ V_{p0}-V_{sto} & V_{p0}-V_{sto}<P\end{cases}\tag{28.3.5}$$

从而可以计算到达单元格地面的净水量：

$$P_\text{ground}=P\left(1-V_\text{cov}\right)+\left(P-V_p\right)\tag{28.3.6}$$

式中，P_ground为到达单元格地面的净水量(mm)；V_cov为植被盖度。

植被截留的降水量，消耗于蒸发，截留量蒸发可按水面蒸发或潜在蒸发计算。此时植被的叶面储存量 V_sto：

$$V_\text{sto}=\begin{cases}V_{p,\text{total}}-E_0 & V_{p,\text{total}}\geqslant E_0\\ 0 & V_{p,\text{total}}<E_0\end{cases}\tag{28.3.7}$$

式中，E_0为 E601 蒸发量(mm)或潜在蒸发量。

季节性积雪和冰川融化模型：季节性积雪的融化，一般采用度日因子法、能量平衡法和温度指标法等。另外还有根据积雪密度和厚度变化的热量传输法，和一些经验方程等。本模型采用度日因子法。

冰川区季节性积雪作为冰川物质累积量处理。考虑中国西北山区冰川为大陆性冰川，模型仅考虑表层冰川的融化。

冻土水热耦合模型：冻土水热耦合模型的基本原理是描述冻土物理过程的土壤水热连续性方程，即经典的土壤水热耦合方程(22.4.1)、方程(22.4.2)或方程(22.4.3)，方程组在不同的初始和边界条件下有不同的求解方法。

28.3.2 基于土壤冻结状态的水热耦合数值模型

中科院寒旱所长期以来致力于冰川冻土物理过程研究，陈仁升在总结这些大量成果积累的基础上，结合国际上多年来比较流行的考虑寒旱区水热耦合过程模型(Couple model)，提出了适合冻土区域的水热耦合数值模型。

土壤冻结状态：在陈仁升的模型中，土壤冻结状态分为完全冻结、未冻结和部分冻结三种情况。土壤温度大于 0℃时，一般认为土壤没有冻结，土壤含水量为液态。当土壤温度低于临界阈值 T_f时，可以认为土壤完全冻结。土壤完全冻结是指土壤内除了残余含水量之外，其他水分为固结状态。该冻结临界温度阈值 T_f一般取为-5℃，但特殊情况下或有实测资料时，需要根据土壤实际冻结情况来确定。陈仁升根据黑河流域四个自动环境综合观测仪器所取的资料，分析后发现当地温小于-8℃时，土壤液态水含量基本保持不变，所以在该模型中 T_f取为-8℃。当地温介于-8℃～0℃之间时，土壤部分冻结。

不同冻结状态的土壤水传导率：饱和土壤水传导率：不同土壤类型的饱和土壤水传导率 k_0 是模型的基本输入变量，陈仁升给出了 k_0 的基本数值，但在土壤不同冻结状态下需要对该参数进行校正。土壤未冻结时，饱和土壤水传导率取为常规实测值；当土壤完全冻结时，土壤水传导率取为 0；当土壤处于半冻结状态时，饱和土壤水传导率是地温的函数，其校正公式为：

$$k_0' = \begin{cases} k_0 & T_s > 0 \\ k_0(0.54 + 0.023T_s) & T_f \leqslant T_s \leqslant 0 \\ 0 & T_f < T \end{cases} \tag{28.3.8}$$

式中，k_0' 为经℃校正后的饱和土壤水传导率(cm/d)。

非饱和土壤水传导率：非饱和土壤水传导率是土壤水势的函数，同时还受土壤结构和土壤饱和水传导率影响。非饱和土壤水传导率的计算中涉及到实际水势，而土壤实际水势主要与土壤液态水含量有关。因此准确分离土壤固态和液态水含量，成为计算非饱和土壤水传导率的关键所在，这需要根据土壤温度和热量传输交换来确定。

当土壤含水量 θ 小于含水量阈值 θ_m 时，有三种方法可以确定非饱和土壤水传导率，第一种方法的计算公式为：

$$k_w^* = k_{mat} S_e^{\left(n+2+\frac{2}{\lambda}\right)} \tag{28.3.9}$$

式中，k_w*为非饱和土壤水传导率；λ 为土壤孔隙大小分布指数；S_e 为土壤有效饱和度。

土壤有效饱和度 S_e 是土壤水张力、空气流动张力和土壤孔隙大小分布指数的函数，即

$$S_e = \left(\frac{\phi}{\phi_a}\right)^{\lambda} \tag{28.3.10}$$

或

$$S_e = \frac{1}{[1+(a\phi)^{g_n}]^{g_m}} \tag{28.3.11}$$

式中，a, g_n, g_m 为无量纲系数；这些系数采用前面使用的参数 ϕ_a 和 λ 确定，即 $a = 1/\phi_a$，$g_n = 1+\lambda$，$g_m = 1-1/g_n$。

把式(28.3.10)代入式(28.3.9)中，则有

$$k_w^* = k_{mat}\left(\frac{\phi}{\phi_a}\right)^{2+(n+2)\lambda} \tag{28.3.12}$$

式中，k_{mat} 为饱和基质势传导率；n 为有关土壤孔隙校正和水分流动路径扭曲的参数(默认为 1)。

把式(28.3.11)代入式(28.3.9)中，则有

$$k_w^* = k_{mat}\frac{\left\{1-(a\phi)^{g_n-1}\left[1+(a\phi)^{g_n}\right]^{-g_m}\right\}^2}{\left[1+(a\phi)^{g_n}\right]^{\frac{g_m}{2}}} \tag{28.3.13}$$

第二种方法是：

$$k_w^* = k_{mat}\left(\frac{\theta}{\theta_s}\right)^{p_{nr}} \tag{28.3.14}$$

第三种方法是：

$$k_w^* = k_{mat} S_e^{p_{ne}} \tag{28.3.15}$$

式中：P_{nr}和P_{ne}为无量纲系数，均取为3+2/λ，其他参数意义同前。

我们知道，当土壤的土水势大于阈值ϕ_{mat}、或土壤含水量θ小于含水量阈值θ_m时，土壤中的水分运动以基质势作用为主，重力势作用可以忽略，即重力势作用下的水分运动不起主导作用。而大孔隙的存在使水分传导速度加快，破坏了阈值控制土壤自由水流动的物理机制，但是在土壤水湿润界面以下不远处，由于土壤基质势的作用，使湿润锋附近的自由水流消失，而变成受土水势控制的运动，所以当土壤中大孔隙较少时，土壤含水量阈值ϕ_{mat}和θ_m仍然可以很好的控制壤中流等产流过程。

当土壤含水量θ大于含水量阈值θ_m但小于饱和含水量时，土壤大孔隙流的存在导致土壤湿润锋的迁移速度显著加快，在宏观上看相当于使土壤水传导率产生了一个增量。故当土壤含水量接近饱和时，土壤水传导率为：

$$k_w^* = 10^{\left\{\log\left[k_w^*(\theta_s-\theta_m)\right]+\frac{\theta-\theta_s+\theta_m}{\theta_m}\lg\left[\frac{k_{sat}}{k_w^*(\theta_s-\theta_m)}\right]\right\}} \tag{28.3.16}$$

式中，k_{sat}为总的土壤水传导率；k_w*(θ_s−θ_m)是土壤含水量低于θ_m时的水分传导率，由公式(28.3.8)~(28.3.15)计算。

土壤摩尔热容和导热系数：土壤摩尔热容C又称为比热容，可用如下公式计算：

$$C = f_{\text{soild}}C_{\text{soild}} + \theta_{\text{water}}C_{\text{water}} + \theta_{\text{ice}}C_{\text{ice}} \tag{28.3.17}$$

式中，下标solid、water和ice分别为干燥土壤固体颗粒、水和冰；f_{solid}=1−θ_s，为土壤内矿物质与有机质固体含量；θ_s为孔隙度(相当于土壤饱和时的饱和含水量)。

土壤完全冻结时，地温小于T_f，固态含水量等于总含水量与残余液态含水量之差。也就说当地温低于T_f时，并不是全部液态水立刻变成固态冰，液态水在冻结过程中仍然存在一定的时间。当土壤没有冻结时，固态水含量为0，液态水总含量为：

$$C=\begin{cases} C_{\text{ice}}(\theta_{\text{total}}-\theta_r)+C_{\text{water}}\theta_r+C_{\text{soild}}\rho_s(1-\theta_s) & T_s<T_f \\ C_{\text{ice}}\theta_{\text{ice}}+C_{\text{water}}\theta_{\text{water}}+C_{\text{soild}}\rho_s(1-\theta_s) & T_f\leqslant T_s\leqslant 0 \\ C_{\text{water}}\theta_{\text{total}}+C_{\text{soild}}\rho_s(1-\theta_s) & T_s>0 \end{cases} \tag{28.3.18}$$

式中，θ_{total}为土壤总含水量；θ_{r}为残余液态水含量；ρ_s为土壤比重。因为不考虑冰-水之间的体积变化，从而不考虑两种之间大的密度差别，统一用水的密度计算。

土壤导热系数与土壤物质构成和土壤含水量有关，同时与冻结状态关系密切。故不同冻结状态的导热系数，其计算公式不同。

当土壤未冻结时，对土壤表层有机质层，即草毡层或枯枝落叶层，土壤导热系数为：

$$k_{ho} = h_1 + h_2\theta_{\text{total}} \tag{28.3.19}$$

式中，k_{ho}为有机质层未冻结时的导热系数(W/(m·K))；经验系数h_1和h_2分别取0.06和0.01。

而对未冻结矿物质土壤，其导热系数有以下经验公式：

$$k_{hm}=0.343\left[a_1\log\left(\frac{\theta}{\rho_d}\right)+a_2\right]10^{a_3\rho_d} \tag{28.3.20}$$

式中，ρ_d为土壤干密度，$\rho_d=\rho_s(1-\theta_s)$；$a_1, a_2, a_3$为与土质有关的经验系数，当土质为黏土时分别取：0.13, −0.129, 0.624 5；当土质为沙土时分别取：0.1, 0.058, 0.624 5。

土壤完全冻结时，对有机质层则有：

$$k_{hoi}=\left[1+h_3Q\left(\frac{\theta_{\text{total}}}{\rho_d}\right)^2\right]k_{ho} \tag{28.3.21}$$

式中，k_{ho}为未冻结残留层的导热系数(W/(m·K))，经验系数 h_3取 2.0，Q为土壤热量比。

对完全冻结矿物质土壤，导热系数采用以下经验公式确定：

$$k_{hmi}=b_1 10^{b_2\rho_d}+b_3\left(\frac{\theta_{\text{total}}}{\rho_d}\right)10^{b_4\rho_d} \tag{28.3.22}$$

式中，b_1，b_2，b_3，b_4为与土质有关的经验系数，当土质为粘土时分别取：0.001 44, 1.32, 0.003 6, 0.874 3；当土质为沙土时分别取：0.001 58, 1.336, 0.003 75, 0.911 8。

冻土表层的导热系数在实际时需要进行必要的修正，即乘一个下面的衰减系数(R_f)即可：

$$R_f=e^{c_f T_s}c_{md}+(1-c_{md}) \tag{28.3.23}$$

式中，c_f和 c_{md}为经验系数；c_f取 0.2。

土壤部分冻结时，土壤温度介于 T_f到 0℃之间，其土壤导热系数为：

$$k_h=Qk_{hi}+(1-Q)k_{hs} \tag{28.3.24}$$

式中，k_h为部分冻结时土壤的导热系数；k_{hi}为完全冻结时土壤的导热系数；k_{hs}为未冻结时土壤的导热系数；Q为土壤热量比，为冻结水与总含水量的质量比。

雪盖导热系数与雪的密度、粒径、结构和含水量有关，一般情况下干雪的导热系数与雪的密度平方成正比，则雪盖导热系数为：

$$k_{\text{snow}}=\begin{cases}0.006\,8\rho_{\text{snow}}^2 & \rho_{\text{snow}}<0.35\\ 0.008\rho_{\text{snow}}^2 & \rho_{\text{snow}}>0.35\end{cases} \tag{28.3.25}$$

或

$$k_{\text{snow}}=0.021+2.51(\rho_{\text{snow}}/\rho_w)^{2.0} \tag{28.3.26}$$

由于积雪和冰川变化的物理过程比较复杂，在该水热耦合模型暂时没有积雪和雪盖的物理变化过程，而是采用度一日引子方法计算冰川和积雪融化量。

土壤总能量：完全冻结状态：当土壤温度为 T_f时，土壤开始进入完全冻结状态，此时完全冻结土壤之间没有潜热产生，只有感热传导，因此可以直接计算感热。计算土壤温度在 T_f时的土壤总能量，是为了计算半冻结状态和未冻结状态的感热和潜热之间的能量转换量。

土壤温度为 T_f 时的总能量 Q_{total,T_f} 是潜热与感热的函数，即

$$Q_{total,T_f} = zC_f T_f - L_f w_{ice} \tag{28.3.27}$$

式中，w_{ice} 为可能的冻结水量(质量)；即总含水量与残余液态水含量之差，即

$$w_{\text{ice}} = w - z\theta_{lf}\rho_w \tag{28.3.28}$$

式中，w 为土壤总水量(质量)；z 为土壤厚度；θ_{lf} 为残留液态水含量(%)。当土壤温度降低到 T_f 时，未冻结液态水含量既可以采用实测值，也可以采用以下经验公式来确定，即

$$\theta_{lf} = d_1\theta_{\text{wilt}} \tag{28.3.29}$$

式中，d_1 为常数 0.5；θ_{wilt} 为土壤凋萎点体积含水量。

土壤处于半冻结状态和未冻结状态时，土壤总能量为：

$$Q_{\text{total}} = L_f w_{\text{ice}} \left(\frac{T_s}{T_f}\right)^{\left(\frac{\lambda d_3 + d_2}{d_2 d_3}\right)} + C_{\text{ice}} T_s \tag{28.3.30}$$

式中，d_2, d_3 为经验系数；d_2 接近于 0，可取为 0.1；d_3 =10；孔隙大小分布指数一般情况下普通土壤 λ=2，而对于粒径分布极不均匀或者密实的土壤 λ=4~5，而对于各级粒径分配均匀的土壤 λ<1。

感热、潜热和地温变化：只有土壤内感热发生变化，才会导致地温变化，而感热的变化与土壤总能量和土壤内潜热的变化密切相关。进一步说土壤内热量交换、传导和温度变化，是上下层土壤之间含水量交换和水的相态变化的结果。热量的传导是连续进行的，但在实际计算中采用差分和分层的方法来处理。以每层土壤中间的温度代表整层土壤的平均温度。

实际土壤的冻结情况是非常复杂的，根据土壤的实际冻结情况分别对待。当上层土壤没有冻结而下层土壤也没有冻结时，由于温度梯度的存在，必然使产生热量流动，即感热发生；若存在向上的水汽流动(表层发生蒸发过程)，则潜热变化量为：

$$H_s = \left(k_{h,\text{up}} \cdot \frac{z_{\text{up}}}{2} + k_{h,\text{down}} \cdot \frac{z_{\text{down}}}{2}\right) \cdot \frac{T_{s,\text{up}} - T_{s,\text{down}}}{0.5z_{\text{up}} + 0.5z_{\text{down}}} \tag{28.3.31}$$

式中，H_s 为感热；k_h 为导热系数；z 为计算层的土壤厚度；下标 up 和 down 分别为表征上层和下层土壤。

当上层土壤没有冻结而下层土壤处于半冻结状态时，冻土融化过程的潜热量计算按以下步骤进行。首先采用公式(22.8.30)计算下层土壤总能量，然后计算此时冰的潜热与土壤完全冻结时的总能量比值 f_{lat}，即

$$f_{\text{lat}}^{\text{down}} = (L_f \cdot w_{\text{ice,down}}) \big/ Q_{\text{total},T_f}^{\text{down}} \tag{28.3.32}$$

再计算下层土壤的冰点降低量 r_{down}，即

$$r_{\text{down}} = (1 - Q_{\text{total}}^{\text{down}} \big/ Q_{\text{total},T_f}^{\text{down}})^{d_2\lambda_{\text{down}} + d_3} \times \min\left\{1,\ \left[(Q_{\text{total},T_f}^{\text{down}} - Q_{\text{total}}^{\text{down}}) / (Q_{\text{total},T_f}^{\text{down}} + L_f \cdot w_{\text{ice,down}})\right]\right\} \tag{28.3.33}$$

最后计算上下层土壤之间的感热交换量，即

$$H_s = Q_{\text{total},T_f}^{\text{down}}(1 - f_{\text{lat}}^{\text{down}})(1 - r_{\text{down}}) \tag{28.3.34}$$

此外，当上层土壤没有冻结而下层土壤处于完全冻结状态时，冻土融化潜热量采用公式(22.8.31)计算，而下层土壤的导热系数按照完全冻结时的计算公式(22.8.22)和(22.8.23)处理。当上层土壤半冻结而下层土壤没有冻结时，冻土冻结过程的潜热量，采用公式(22.8.31)计算。当上下层土壤都处于半冻结状态时，冻土冻结或融化过程的潜热量，都可以采用公式(22.8.34)计算。当上层土壤半冻结，而下层土壤完全冻结时，冻土融化过程的潜热量，采用公式(22.8.31)计算。当上层土壤完全冻结，而下层土壤没有冻结时，潜热量变化采用公式(22.8.31)计算。当上层土壤完全冻结而下层土壤半冻结时，冻土冻结过程的潜热量，采用公式(28.3.34)计算。当上下层土壤都处于完全冻结状态时，潜热量变化采用公式(28.3.31)计算。

地温变化：地温变化是感热传导的结果，而感热变化与土壤总能量和潜热变化有关。在计算了各层土壤之间的感热传导后，就可以计算各层土壤的地温变化，即

$$T_{s,\text{change}}^2 = \frac{H_{1,2} - H_{2,3}}{C_2 \rho_{s,2} z_{s,2}} \tag{28.3.35}$$

式中，$T^2{}_{s,\text{change}}$ 为计算层土壤中间的温度变化；$H_{1,2}$ 为上层土壤和计算层之间的热传导；$H_{2,3}$ 为下层土壤和计算层之间的热传导；C_2 为计算层土壤的摩尔热容(随含水量多少和相态变化而变化)；$\rho_{s,2}$ 为计算层土壤密度(随含水量变化而变化)；$z_{s,2}$ 为计算层土壤厚度。

这样就可以计算计算层的土壤温度。在已知各层土壤的初始温度和实测连续地表温度的情况下，可以连续演算地温变化，在缺乏实测地表温度时，可以用气温代替。

含水量和相态变化：在计算了本层土壤地温变化，获得了本层土壤经过一次热传导量和地温变化，由此可以判断本层土壤的冻结状态，从而根据公式(28.3.27)或(28.3.30)计算本层土壤的总能量，然后计算该层土壤的能量变化，进一步计算固态含水量的变化，最终完成一次完整的水热耦合过程计算。

以上这些计算最终还是要确定冻土的水分运动，以下给出一个简单计算方法。如果土壤未冻结，则此时含水量全部为液态含水量；如果土壤完全冻结，则土壤水全部为固态含水量(残余部分液态含水量除外)；如果土壤半冻结，则利用公式(22.8.30)计算土壤总能量，进而计算土壤固态含水量变化量，即融化的再冻结水量或冻结水的融化量：

$$\theta_{\text{ice,change}} = \frac{Q_{\text{total,change}}}{L_f z} \tag{28.3.36}$$

式中，$\theta_{\text{ice, change}}$ 为固体含水量体积变化；$Q_{\text{total,change}}$ 为土壤总能量变化。

在土壤初始含水量已知的情况下，即可计算各层土壤液态水含量和固态含水量及其变化量，进一步还可获得冻土的产流量，这正是冻土水文模拟的目标。

28.3.3　入渗模型

有关土壤入渗的理论很多，有饱和下渗理论，非饱和下渗理论，以及一些经验公式，

如霍顿公式、考斯加柯夫公式、非利普公式和格林-安普特公式等。根据研究目的和研究尺度的不同，所应用的下渗理论也不一样。在 SVATs 和 SPAC 系统方面，多应用基于严格物理基础的下渗理论，即基于土壤水分特征曲线，根据水势判断水分运移方向，涉及不同土壤水分条件和土壤结构等的导水率情况。或用经典的土壤水分传输方程，即基于 Darcy 定律和能量平衡方程的 Richards 方程，考虑土壤水力传导率和扩散率。在流域或区域尺度上，受土壤水分、物理性质资料的限制，一般采用简化的方法和一些经验公式。

本模型首先根据经典的土壤水分特征曲线(图 28.6)计算水势，不同土壤的土壤水分特征曲线为模型输入变量。如图 28.6 所示，经典的土壤水分特征曲线分为 3 段：

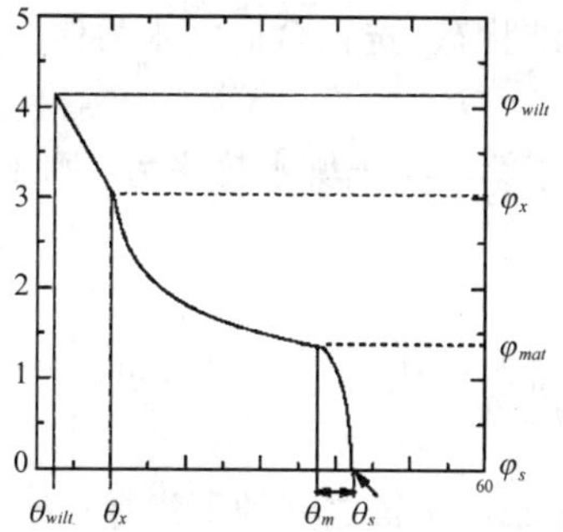

图 28.6　土壤水分特征曲线示意图

当土壤体积含水量θ小于θ_x(图 28.6)时，土壤含水量-水势张力关系可假定为对数-线性关系：

$$\frac{\lg\left(\frac{\psi}{\psi_x}\right)}{\lg\left(\frac{\psi_{\text{wilt}}}{\psi_x}\right)}=\frac{\theta_x-\theta}{\theta_x-\theta_{\text{wilt}}}\quad \phi_x<\phi<\phi_{\text{wilt}} \tag{28.3.37}$$

式中，ϕ_x为水势拐点(cm H_2O，图 28.6)；ϕ为实际水势(cm H_2O)；θ为实际体积含水量；θ_{wilt}为枯萎含水量(%)，即水势ψ_{wilt}=15000 cm H_2O 时的含水量。

当土壤体积含水量θ大于θ_x且小于θ_m时(图 28.6)，应用 Brooks&Corey 公式：

$$\left(\frac{\phi}{\phi_a}\right)^{-\lambda}=\frac{\theta-\theta_r}{\theta_s-\theta_r}\quad \phi_{\text{mat}}<\phi<\phi_x \tag{28.3.38}$$

式中，ϕ_a为进气张力(cm H_2O)；λ为土壤粒度分布指数；θ_s为空隙度；θ_r为残余水分含量(%)，$\theta_m=\theta_s-4$。

当体积含水量θ大于θ_m时(图 28.6)：

$$\phi=\phi_{mat}-\frac{\theta-\theta_m}{\theta_m}\phi_{mat}\quad \phi_s<\phi<\phi_{mat} \tag{28.3.39}$$

式中，ϕ_{mat}为对应于θ_m的水势张力(cm H_2O)；$\theta_s-\theta_m$为大孔隙含量(4%)；ϕ_s为土壤饱和时的水势(cm H_2O)。

当土壤温度在 32℉以下时，由于固态含水量的存在，使土壤结构发生了变化，从而对同一土样来说，随着总含水量和固态含水量的不同，土壤水分特征曲线会有无数种不同的形式。本模型首先按照非冻结土壤的理论(式(28.3.32)~式(28.3.34))计算水势，然后，根据如下公式对水势进行温度校正：

$$\phi' = \phi + 200\frac{\theta_{\text{solid}}}{\theta_{\text{solid}} + \theta_{\text{solid}} - \theta_{\text{total}}} z \cdot g \tag{28.3.40}$$

式中，ϕ'为经温度校正以后的实际水势(cm H_2O)；θ_{soild}为土壤固态水分体积含量(%)；θ_{total}为土壤总体积含水量(%)；z为土壤深度(m)；g为重力加速度(9.8 m/s^2)。

土壤液态水分沿水势张力小的土壤层流向水势张力大的土壤层。在实际计算中，首先根据地温判断上下层土壤的冻结状态，选择合适的水力传导率计算公式，然后再根据 Darcy 定律计算液态水分流量：

若第一层土壤水势张力小于第二层土壤水势张力，则土壤水分下渗，此时，下渗量为：

$$INF_{1,2} = \begin{cases} 0 & \theta_{l,1} \leqslant \theta_{\text{chishuiliang},1} - \theta_{\text{solid},1} \\ \max\left\{-k_{w,1}^{*}\left(\dfrac{\psi_1 - \psi_2}{z_1} - 1\right), [\theta_{l,1} - (\theta_{\text{chishuiliang},1} - \theta_{\text{solid},1})]z_1\right\} & \theta_{l,1} > \theta_{\text{chishuiliang},1} - \theta_{\text{solid},1} \end{cases} \tag{28.3.41}$$

式中，$INF_{1,2}$为第一层土壤和第二层土壤之间的下渗量；k_w^*为实际导水率；θ为含水量；ϕ为水势；solid 为表征固态；l为表征液态；chishuiliang 为田间持水量；1 和 2 分别为表征第一层土壤和第二层土壤。当第一层土壤温度小于 0℃时(冻结和半冻结状态)，只有第一层土壤液态含水量大于有效田间持水量(田间持水量与土壤固态含水量之差)时，才有入渗过程发生，即式(28.3.41)。

若第一层土壤水势大于第二层土壤水势，则土壤毛细水分上升，此时，上升量为：

$$INF_{1,2} = \min\left[-k_{w,2}^{*}\left(\frac{\phi_1 - \phi_2}{z_2} - 1\right), (\theta_{l,2} - \theta_{\text{wilt},2})z_2\right] \tag{28.3.42}$$

式中，$\theta_{\text{wilt},2}$为第二层土壤枯萎含水量。毛细上升量不得大于第二层土壤液态含水量与枯萎含水量之差，即式(28.3.42)。实际计算中，必须考虑单位统一和土壤厚度等因子。

28.3.4 蒸散发模型

鉴于缺乏流域详细的植被参数资料，模型设计了一套蒸散发简化计算方法，即在一个计算单元内，首先计算土壤(裸地)和植被的分布面积，然后单独计算土壤蒸发和植被蒸腾：

土壤蒸发：土壤蒸发系水面蒸发量 E_0 和土壤有效液态含水量(液态含水量θ_l与残余含水量θ_r之差)的函数。水面蒸发的大小反映了实际蒸发能力，有效液态含水量表征可蒸发的水量。当土壤液态含水量小于土壤残余含水量时，不发生土壤蒸发过程：

$$E_s' = aE_0\left(\theta_l - \theta_r\right) \tag{28.3.43}$$

$$E_s = \min\left\{E_s', \max\left[0, \left(\theta_l - \theta_r\right)z_1\right]\right\} \tag{28.3.44}$$

植被蒸腾：植被蒸腾是水面蒸发量 E_0、植被实际截留蒸发量 VE、土壤液态含水量θ_1、枯萎含水量θ_{wilt}和叶面积指数 LAI 的函数。水面蒸发量与植被实际截留蒸发量之差(E_0-VE)

反映了经植被截留蒸发以后的实际蒸发能力，植被蒸腾只能是液态含水量。当土壤液态含水量小于土壤枯萎含水量时，植被不进行蒸腾过程。叶面积指数反映了植被的类型和生长状况：

$$E_v' = b\left(E_0 - VE\right)\left(\theta_1 - \theta_{\text{wilt}}\right)LAI \tag{28.3.45}$$

$$E_v = \min\left\{E_v', \max\left[0, \left(\theta_l - \theta_{wilt}\right)z_1\right]\right\} \tag{28.3.46}$$

单元格平均蒸散发与植被盖度有关：

$$E = E_s\left(1 - V_{\text{cov}}\right) + E_v V_{\text{cov}} \tag{28.3.47}$$

式中，θ_1为土壤液态含水量(小数)；θ_{wilt}为土壤枯萎含水量(小数)；θ_r为土壤残余含水量(小数)；E_0为水面蒸发量(可用 E601 资料代替，或应用 MM5 模式输出的潜热计算)；VE 为植被实际截留蒸发量(mm)；E_s为土壤蒸发量(mm)；E_v为植被蒸腾(mm)；E 为单元格蒸散发(mm)；z_1为第一层土壤厚度(mm)；a 为土壤蒸发统一调整系数；b 为植被蒸腾统一调整系数；V_{cov}为植被盖度(小数)；LAI 为叶面积指数。

28.3.5　产流模型及土壤水热耦合流程

产流、入渗和蒸散发是流域地表过程中相互关联不可分隔的三个重要的水文过程。在水文模型中，无法同时描述这几个主要的水文过程，因此必须区分各水文过程发生时间的先后。随研究时间尺度的不同，这三个过程的重要性也不同，因此在水文模型中的描述次序互异。

本模型的研究时间尺度是一日，因此模型先考虑地表产流过程，然后考虑表层入渗过程和第一层壤中流过程，再考虑蒸散发过程，最后考虑第二层及其以下土壤的壤中流过程。根据黑河流域短历时强降水过程较少以及冻土广泛分布的状况，以及考虑模型的时间尺度是日，设计了如下产流模型：

地表产流：首先判断到达地表面的液态净水量(包含固态降水融化量，扣除植被截留液态水量)，是否大于地表面的饱和导水率，若大于，则产流，否则不产流：

$$R_{\text{surface}} = \max(0, P_{\text{ground}} + R_{\text{snow}} \text{ or } R_{\text{glacier}} - k_0') \tag{28.3.48}$$

式中，R_{suface}为地表产流量；P_{ground}为到达地表的液态净水量，即式(28.3.6)；R_{snow}为季节性积雪融化量；R_{glacier}为冰川融化量；k_0'为经温度校正以后的饱和导水率，即式(28.3.8)。计算过程中，单位需统一。

第一层土壤的壤中流：扣除地表产流量以后，剩余液态水分全部入渗到第一层土壤。此时，求取第一层土壤的液态含水量和固态含水量，并判断第一层是否有壤中流产生。第一层土壤产流的前提条件是液态含水量必须大于残余含水量，而且总含水量必须大于土壤孔隙度：

$$R_1 = \max\left\{0, \begin{pmatrix} 0 & \theta_{\text{l},1} \leqslant \theta_{\text{r},1} \\ \left[\theta_{\text{l},1} - \left(\theta_{\text{s},1} - \theta_{\text{solid},1}\right)\right]z_1 & \theta_{\text{l},1} > \theta_{\text{r},1} \end{pmatrix}\right\} \tag{28.3.49}$$

式中，R_1为第一层土壤产流量；$\theta_{1,1}$为第一层土壤液态水分含量；$\theta_{s,1}$为第一层土壤孔隙度；$\theta_{r,1}$为第一层土壤残余含水量；$\theta_{solid,1}$为第一层土壤固态含水量；z_1为第一层土壤厚度。实际计算中，变量单位需一致。

求取此时第一层土壤 T_f温度时土壤热容式(28.3.18)，可能冻结水分含量，即式(28.3.28)和土壤总能量，即式(28.3.27)。

然后根据第一层土壤的温度判断其冻结状态，计算第一层土壤和第二层土壤的水势，由液态水分造成，即式(28.3.37)~式(28.3.40)；然后判断用公式计算第一层土壤和第二层土壤的实际导水率，即式(28.3.8)~式(28.3.10)，这样即可判断液态水分运动方向和计算液态水分流量，即式(28.3.41)和式(28.3.42)。

此时，计算经产流和下渗(或毛细水分上升)以后的第一层土壤的液态含水量和固态含水量，然后计算土壤蒸发和植被蒸腾量(式(28.3.43)~式(28.3.47))。模型假定植被根系均分布在第一层土壤内，即显式大叶模式。

根据第一层土壤此时固液态含水量情况，计算此时土壤热容量、导热系数和与地表之间的感热传导。然后计算第二层土壤在 T_f温度时的热容量、可能冻结水分含量和总能量。计算第二层土壤的固液态含水量状况和导热系数，从而计算第一层土壤和第二层土壤之间的感热传导。根据第一层土壤与地表和第一层土壤与第二层土壤之间的感热传导，计算第一层能量的变化，从而计算第一层土壤地温的变化和第一层土壤此时的地温，再根据地温判断第一层土壤固液态含水量的比例，从而完成一次完整的水热循环过程。其他土壤层土壤水热耦合过程依次类推。

如果下层土壤完全冻结，则为隔水层。根据土壤剖面划分情况(图 28.5)，下伏地层是基岩，渗透性较小。因此，模型假定，模型中计算土壤层以下为隔水层，即模型不考虑深层地下水的作用。同时模型还假定，下边界为隔热层，即假定在较深部地区，土壤温度变化幅度较小，最底层土壤仅仅与其上覆地层之间有热量交换。

28.3.6　汇流模型

在月或更长的时间尺度上，一般分布式模型不考虑流域汇流过程，流域总产流量仅仅是流域计算单元(坡面、栅格或子流域)产流量之和。在日或更小的时间尺度上，汇流过程是分布式模型中极为重要的一个过程。在传统的分布式模型中，一般采用汇流单位线方法(如新安江模型)，然后进行河道流量演算。常用的汇流单位线主要有纳希瞬时单位线和地貌瞬时单位线。河道流量演算一般采用动力波理论，具体有水力学和水文学两种方法。经典的水力学方法是数值求解圣维南方程，而水文学演算方法则是求解马斯京根方程。

鉴于缺乏详细的流域沟道参数如河道长度、宽度、水力半径、糙率系数等资料，本模型采用如下的简单汇流方案：

若干假定：鉴于模型空间分辨率为 1 km，坡面汇流在 1 个单元格之内，汇流时间较短。为简单计，本模型不考虑坡面汇流过程(即单元格内汇流)，也就不考虑坡面汇流时间。多数分布式模型都用此概化方式。

模型的第二个汇流假定同 Topmodel 模型，即假定地表水力坡度与地下水力坡度一致，也就是说，壤中流与地表径流的汇流时间差，仅仅是由于土壤层和地表的水分传输性质不同所造成的。

模型汇流的第三个假定：不考虑河流流量叠加引起的流速变快问题(即不考虑由于流量叠加引起的水面坡度大于河道坡度以及由此引起的动力波问题)，即直接计算每个河道水流到达流域出口断面的时间，然后根据汇流时间叠加流量。这个假定与等流时线法相同。

第四个假定：不考虑不同河道的深度、宽度、水力半径和糙率系数等的差别。多数分布式模型也都用此概化方式，因为 DEM 生成的河道与实际河道是有差别的，而且这些参数在较大的流域内很难详细获得。

汇流原理：在对 DEM 进行填充处理的基础上，计算每一栅格单元与其相邻的八个单元之间的坡度，按最陡坡度原则即 D8(Deterministic eight-neighbors)原则，确定该单元的水流方向。以每个计算单元中心点为起点，计算该单元格水流流向下一个单元格中心点的汇流时间：

$$t_{i,j}=\frac{l_i}{a\tan\left(\alpha_i\right)^b}+\frac{l_j}{a\tan\left(\alpha_j\right)^b} \tag{28.3.50}$$

式中，$t_{i,j}$为自第 i 个单元格中心点到第 j 个单元格中心点的汇流时间；l_i为第 i 个单元格内的河道长度；l_j为第 j 个单元格内的河道长度；α_i为第 i 个单元格的坡度；α_j为第 j 个单元格的坡度；a 和 b 为可调汇流参数，在整个流域内同一土壤层采用统一的汇流参数。

根据单元格水流流向，确定每个单元格到达流域出口的汇流路径，从而计算每个单元格到达流域出口的总汇流时间。

根据河道汇流时间，叠加到达流域出口的日平均流量。模拟起始时间为所有单元格第一天产流量都到达流域出口的时间，即最长单网格汇流时间，而不是模型计算起始时间。

根据模型土壤剖面划分结果，有些地区土壤划分为 3 层，有些为 4 层或 5 层。相应的汇流也存在 4 层、5 层和 6 层之分(增加了 1 层地表汇流)。地表汇流时间最快，第一层壤中流次之，依次类推。

模型参数：尽管模型是一个基于严格物理基础的模型，在流域气象、土壤、植被和沟道参数等资料稀少的情况下，尚存在部分模型参数，这些参数主要分为 3 类：

(1)经验参数：即根据实际观测结果或经验估计，一旦确定，基本不做调整的参数。主要包括：固液态降水临界日平均气温、固液态降水观测误差校正系数、积雪、冰川融化度日因子、土壤完全冻结临界气温 T_f和基流常数。这些参数多数来源于相关地区的观测研究成果。

(2)初始参数：即初始赋值参数，主要包括 5 层土壤初始地温参数和初始含水量参数，不做调整。

(3)可调参数：即在模型运转过程中，需要进行调整的参数，这些参数一般对模型计算结果较为敏感。主要包括土壤蒸发统一调整参数和植被蒸散发统一调整系数。

28.3.7 地面资料驱动结果

内陆河高寒山区流域分布式水热耦合模型(DWHC)输入气象变量为日降水量、日平均气温和日潜在蒸发量。模型设计了两套气象因子输入方案，一种为地面观测资料驱动，一种是利用中尺度大气模式 MM5 输出结果。本文主要利用地面观测资料对模型进行校正和验证，并分析模型误差的可能原因。

日降水量二维和三维插值方法：降水的空间插值方法很多，如泰森多边形法、等雨量线法、距离权倒数法(客观运行法)、Gauss-Kirge 法、样条插值法、趋势面法和线性插值法等。目前得到普遍认可的是 Gauss-Kirge 法，但绝大多数插值方法仅仅是平面上的地理统计。在日时间尺度上，各种降水量插值方法，在观测站点稀少的情况下，所获得的流域网格降水量精度均较低[2]。较有发展前途的途径可能是借助雷达测雨技术，以及新兴的数据同化技术。当前许多分布式水文模型，如 HBV 模型、SWAT 模型等，主要应用降水量海拔梯度方法，在月时间尺度上，能够获得较好的结果。黑河山区流域的应用结果表明，在月时间尺度上，降水与地理位置和地面高程的统计关系较好，但在日时间尺度上，在观测站点较少的情况下，这种统计关系较差。

三维统计方法，即利用站测气象因子与其经纬度和地面高程的多元回归关系进行插值，即

$$F = a\lambda + b\phi + cH + d \tag{28.3.51}$$

式中，F 为气象因子，即日降水量(mm)、日平均气温(℃)或日潜在蒸发量(mm)；λ为站点 Alberts 投影 X 坐标；ϕ为站点 Alberts 投影 Y 坐标；H 为站点海拔(m)；a、b、c 和 d 为参数。

日平均气温二维和三维插值方法：在考虑气温三向地带性分布的同时，山区流域气温的空间插值，还需要考虑不同坡向和坡度对气温的影响。

在一个山区流域，不同坡度和坡向对气温的影响较大。在日时间尺度上，采用修正公式并加以改进，来考虑地形对气温的影响：

$$T = \begin{cases} T_0\left(\cos\alpha - \sin\alpha\cos\beta\right) & T_0 \geqslant 0 \\ T_0/\left(\cos\alpha + \sin\alpha\cos\beta\right) & T_0 < 0 \end{cases} \tag{28.3.52}$$

式中，T 为修正后的日平均气温(℃)；T_0 为单元格插值气温(℃)；α为单元格坡度；β为单元格坡向。

模型运行结果：模型计算与实测径流量几乎相等，流域水量基本平衡。如图 28.7 所示，

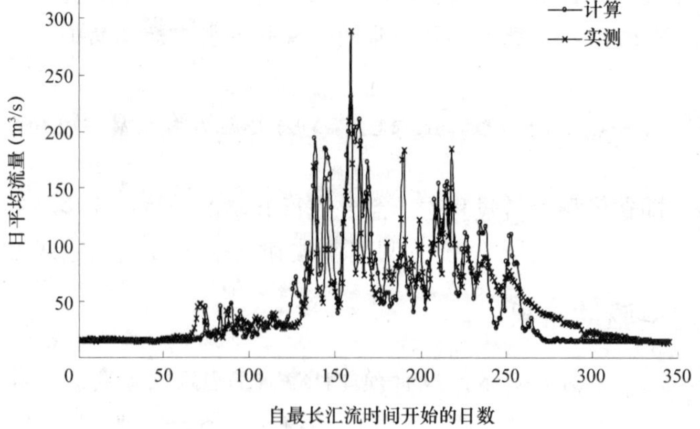

图 28.7　自最长汇流时间开始的莺落峡 2000 年日平均流量计算与实测对比结果

在 5 月份以前，模型结果与实测结果无论在趋势变化上，还是数值上，均很接近。夏季计算结果与实测结果在变化趋势上也是较为一致的，但有两次日平均流量峰值计算结果低于实测结果。秋末冬初模拟退水曲线波动剧烈，且退水较快，与实测结果相差较大。

模型验证：模型采用效率系数 Nash-Sutcliffe 标准 *NSE*、平衡误差 *B*、解释方程 *EV* 和确定性系数 R^2 来评价莺落峡实测和计算日平均流量对比情况。

保持各模型参数不变，利用 1999 年资料模型进行验证。由于 2000 年以后资料缺乏以及模型对计算机的高内存要求，单独输入 1999 年资料对模型进行验证，验证结果如图 28.8 所示，$NSE=0.6270$，$B=-2.9824(\%)$，$EV=0.6278$，$R^2=0.77$。验证结果的效率系数、解释方差和确定性系数均比校正模型要高，这说明模型验证结果总体要比校正结果好。尽管验证结果的平衡误差比校正结果的稍大一些，但其绝对数值较小。验证结果较好的重现了日最大平均流量，秋初流量波动曲线较校正结果平缓，但退水过程也较快。

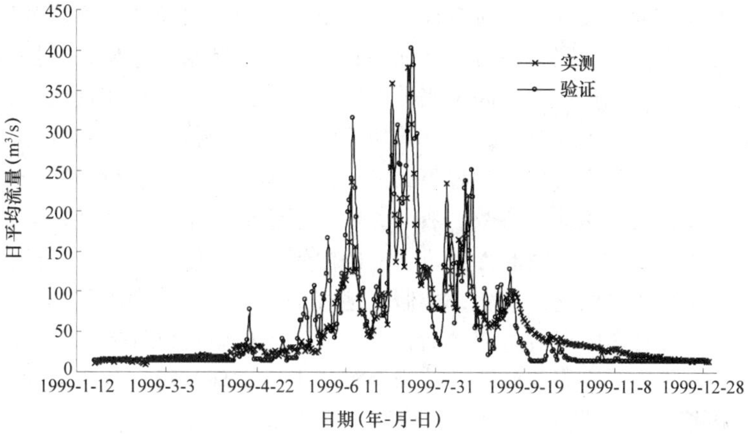

图 28.8　自最长汇流时间开始的莺落峡 1999 年日平均流量验证与实测结果对比图

再现了地下厚层冰的形成过程：

多年冻土上限附近地下厚层冰有分凝、侵入、埋藏和真空入渗机制等多种假设。DWHC 模型基于水热耦合机理，模拟了流域不同土壤层的水量转换和水热耦合过程。其模拟结果表明，在黑河干流山区流域的部分高山区，浅层土壤内的固态含水量很高，并一直累积到很大的数值，其水量来源主要是来自冰雪融水、降雨和下层土壤毛细水分的双向补给。

在有多年冻土分布的部分高山地区，由于平缓甚至凹陷的地形特征、特殊的土壤剖面结构特征和多年冻土的隔水板作用，在多年冻土融化时，融化峰面以上土壤能够得到冰雪融水和降水的不断补给，并积累了较多的水量。同时，融化峰面以上土壤层相对于其底部冻结层为“热层”，由于融化峰面以下土壤此时并没有处在完全冻结状态，相反，由于土壤结构的改变，在土壤水热耦合作用下，“热层”和“冷层”之间的水势差会迅速变大，从而使融化层土壤的液态水分迅速补给融化峰面附近的土壤层。同理，在多年冻土冻结季节，由于多年冻土的双向冻结作用，多年冻土融化层相对于其上层和下层均为“热层”，在冻融作用形成的大水势差驱动下，会向其上下冻结土壤层迅速补给液态水分。这样，在反复冻融分凝作用下，就形成了地下厚层冰。这种原理也说明了为什么厚层冰主要形成于细颗粒土壤中，因为细颗粒土壤中液态水分的运动主要受土壤液态水分基质势控制，在冻融过程中更容易迅速形成较大的水势差，从而使水分迅速聚集。王家澄等在室内进行了多次冻融试验，发现反复冻融作用可以形成厚层冰。当然，由于 DWHC 模型所应用的土壤数据分辨率较粗，模型模拟结果应该与实际情况有较大出入，但模型毕竟能够反映出厚层冰的形成过程。

28.3.8　MM5 嵌套结果

多学科交叉和耦合研究是当今关注的热点。然而长期以来，水文学和大气科学经常是独立发展的。在全球变暖的背景下，出现了许多亟需解决的有关水资源方面的科学问题。这促使水文和大气科学界联合进行了众多的有关地－气相互作用的研究。计算机技术的发展和上述研究计划的完成，促使了陆面过程模式的出现。陆面过程模式实现了地－气相互作用定量化的第一步。

然而，由于水文学和大气学在时空尺度上的重大差别，以及各学科研究程度的差异，实现水文模式与大气模式的完全耦合，从而高精度再现流域水文过程，并提高中长期天气预报的精度，还需要一段很长的时间。当前的陆－气耦合模式，在实现动量、热量和水汽因子交换方面取得了一些重大进展，但在流域径流模拟和预报方面，还存在许多需要解决的问题。由于高时间分辨率，陆面过程模式需要对实际陆面过程进行严格的物理描述，从而需要众多的土壤、植被和地形参数。然而，由于下垫面类型的复杂性，多数地表参数无法详细获得，以及由于计算机时和计算机性能的限制，这迫使多数陆－气耦合模式采用低空间分辨率，即对地表过程进行概化，如假定地表是平坦的，地表水和土壤水在水平方向上是静止的等，即没有侧向汇流过程，而且多数陆面过程模式仅仅考虑地表和浅层土壤的水热过程。所有这些均造成当前的陆气－耦合模式无法实现其时空分辨率的合理统一，从而无法合理的模拟和预报径流。

解决上述水－气耦合方面的问题，还需要开展大量的学科交叉和地面观测研究工作。本文尝试进行大气模式与水文模式的单向嵌套工作，以期能够利用大气模式输出结果来模拟、反演和预报径流，从而解决地面观测站点稀少的问题。

中尺度大气数值模式 MM5 简介： MM5(Mesoscale Model version 5)是美国宾夕法尼亚州立大学/国家大气研究中心(PSU/NCAR)，于 20 世纪 80 年代以来共同开发的第 5 代中尺度大气数值模式。和上一代模式 MM4 相比，在模式动力框架上最大的改进之处在于引入了非静力平衡效应，从而使模式具备了描述较小空间尺度且波动剧烈的天气系统的能力，对于局地扰动的生成和发展的描述能力超过 MM4，并相应减少了为简化处理而采用的约束条件。该模式是具有数值天气预报业务系统功能和天气过程机理研究功能的综合系统[2]。它一经发布就以其优良的性能赢得世界各国相关学科众多业务和科研部门科学家的关注，并自发参与到模式系统的进一步开发更新工作中去。目前 MM5 注册用户遍及全球数十个国家，我国是 MM5 的主要使用国家之一，在气象、环境、生态、水文等多个学科领域广泛使用。

MM5 模式主要由前处理、模式主体和模式后处理三部分组成。前处理为模式准备初始、边界场，后处理则对模拟结果进行分析处理。模式控制方程为非静力平衡方程，垂直结构为σ坐标，水平结构是 Arakawa-B 跳点网格，采用时间分裂积分方案，有多项物理过程可供选择。模式控制方程主要包括水平动量方程、垂直动量方程、热量方程、连续性方程和水汽预报方程。模式采用两种类型的水平扩散形式，设计多种可选择的参数化方案，对降水物理过程、大气辐射过程、行星边界层物理过程和陆面过程进行参数化。MM5 对降水和辐射等的物理过程描述和处理更为周密合理。模式中还加入了四维资料同化系统，可进一步改进模拟效果，并具有良好的并行运算能力。

MM5 现在已经发展到第三版(MM5 V3)，该版本去掉了流体静力部分，增加了一个陆面过程模式(LSM)。LSM 通过行星边界层(PBL)与 MM5 模式耦合。行星边界层参数化提供动量、热量与水汽交换因子，用以计算地表与大气之间的物质与能量交换。这些交换因子和地表辐射强迫以及降水量一起由边界层模式 PBL 传递给陆面过程模式 LSM，LSM 返回给 PBL 的是地表的热量与湿度通量，以确定边界层的辐合、辐散通量，而边界层的辐合、辐散通量决定了大气温度和水汽的变化倾向。MM5 V3 的新地形程序有最新的全球 30′(约 0.925km)地形资料选择，可以为 MM5 产生高分辨率的地形场，也提供全球 30′的植被数据和土地利用/土地覆盖数据。

MM5-DWHC 嵌套方法：鉴于当前的陆-气耦合模式在模拟降水、气温、植被冠层参数化和风场等方面具有一定的精度，以及黑河流域地面气象观测站点的稀疏和不均匀性，拟利用 MM5 模式输出结果，来驱动内陆河高寒山区流域分布式水热耦合模型(DWHC)。

要实现 MM5 模式与 DWHC 模型的合理嵌套，最关键之处在于二者需具有统一的时空尺度。DWHC 模型是一个纯粹的分布式水文模型，其时间分辨率为 1 日，空间分辨率为 1km×1km，气象输入变量为日降水量、日平均气温和日潜在蒸散发量，其简单的气象因子输入，为模型推广和实现与大气模式的嵌套提供了方便。

MM5 V3 模式中物理参数化过程选择如下：①积云对流参数化，采用 Grell 参数化方案；②行星边界层参数化，采用 MRF PBL 边界层参数化方案；③大气微物理过程：简单冰相过程；④大气辐射方案，采用云辐射参数化；⑤陆面过程，由 Pan 和 Mahrt 提出并经 Chen Fei(1996)扩展的 OSULSM(Oregon State University Land Surface Model)方案。

为尽可能获得与实际情况较为符合的气象输出变量，MM5 计算区域较大，为 96.786°~102.284°E，37.328°~40.601°N。地表状况资料取自美国 AVHRR 卫星反演资料，分辨率为 2′(约 4km)，植被分类为美国 USGS 研究中心 25 类分类标准，土壤分类使用美国 USDA 分类。大尺度气象场资料选用 NCEP/NCAR 再分析资料。

为与地面观测资料驱动模型结果作对比，MM5-DWHC 嵌套模型运算时间应该为 1999 年或 2000 年。考虑到利用地面资料对 DWHC 模型进行校正和验证的结果相差不大，以及其他各种原因，MM5 模拟起始时间为 2003 年 2 月 10 日 11 时(北京时间)，积分步长为 3s，每次运算积分 10d。由于运算极耗机时，MM5 仅计算了 140d 作为尝试，模式运转结束时间为 2003 年 6 月 30 日。

在 1km×1km 空间尺度上，MM5 模式极耗费机时。另外，MM5 模式坐标(Lambert 投影)与水文模型 DWHC 坐标系(Alberts 投影)不匹配，由此造成格点数目和格点位置的不匹配。而 MM5 模式在空间分辨率为 3km×3km 的时候，输出结果较好。因此，MM5 模式空间分辨率定为 3km×3km，格点数 119×159。

将 MM5 输出的每 3h 的降水量(mm)、2m 高度的平均气温(℃)和潜热($W \cdot m^{-2}$)资料(经纬度坐标)，转换为日资料。把这些格网上的资料，按照地面站点观测资料处理，即根据其经纬度坐标，将其转换为 Alberts 坐标，然后按照一定的空间插值方法，插值为 1km×1km 的资料，实现水文模式与大气模式的时空分辨率以及坐标体系的统一。

由于 MM5 模式计算区域较大(约 17×10^4km^2)，在实际嵌套过程中仅仅选用了黑河干流山区流域(面积 10009 km^2)以内及其附近的 MM5 模式输出结果(52×77 个格点数据)。

MM5-DWHC 嵌套结果：保持模型土壤、植被参数以及模型经验参数和可调参数不变，将 MM5 模式输出结果直接嵌套到 DWHC 模型中。在利用地面资料驱动的过程中，由于模拟起始时间为 2000 年 1 月 1 日，而 MM5 输出结果起始时间为 2003 年 2 月 11 日，初始地温参数和固液态含水量比例不同，因此，需要对模型初始参数进行调整。

MM5 模式空间分辨率越高，由于模式数值运算方面的问题，其计算的降水量会越大，因此，还需要对 MM5 模式计算的降水量进行统一调整。经过与黑河山区野牛沟气象站同期实测资料对比，发现 MM5 模式计算的气温和潜在蒸发与实测结果基本相当，而降水量则明显偏大。为此，模型增加了一个 MM5 模式降水统一调整系数，即将 MM5 模式输出的日降水量统一除以一个系数。

径流计算结果：利用基于三角网格的立体插值法(cubic)，在 Alberts 投影坐标下，将 MM5 模式输出的 3km×3km 格点数据插值到 DWHC 模型中的每个格点上(1km×1km，166×218)。模型径流模拟结果如图 28.9 所示。

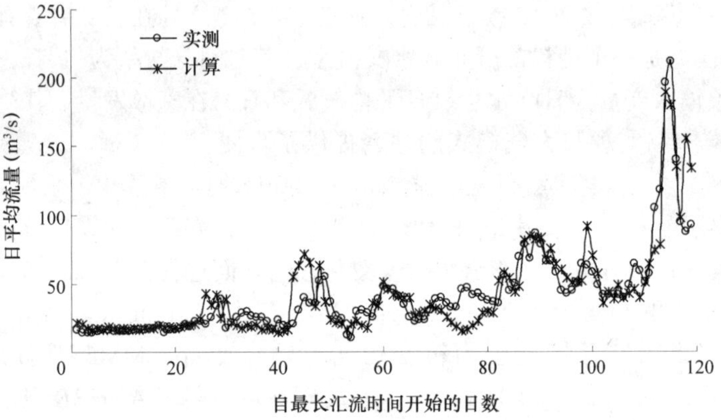

图 28.9　自最长汇流时间开始的黑河莺落峡日平均流量计算与实测对比结果(cubic 插值法)

利用 cubic 法插值 MM5 输出结果，并作为 DWHC 模型的气象输入，所计算的黑河干流山区流域 2003 年 2 月 11 日至 6 月 30 日总蒸散发量为 67.2mm，其中植被蒸腾量为 26.8mm，土壤蒸发量为 37.2mm，植被截留蒸发量(包含干树叶和干草截留蒸发量)为 3.2mm。

流域浅表产流：在利用地面资料驱动 DWHC 模型的过程中，发现黑河山区流域主要为浅表产流。将 MM5 输出结果直接嵌套到 DWHC 模型中的计算结果表明，不管是利用 cubic 法还是 nearest 法插值计算 MM5 输出结果，流域均呈现浅表产流特征。即在自最长汇流时间开始的模拟期间内(2003 年 3 月 4 日到 6 月 30 日)，流域主要是地表产流，另外还存在一部分浅层壤中流。在 3 月 4 日到 23 日之间，流域地表产流量基本为 0。3 月 24 日到 5 月底，主要为冰雪融水。从 5 月份尤其是 5 月底开始，地表产流量逐渐变小，第一层土壤的壤中流逐渐变大，而其他深层土壤，基本不产流。这符合当前对流域水文循环过程的定性认识。当然，在此期间，流域基流是河道水量的主要补给源。

28.3.9　水文模型同陆面模式耦合关键问题

径流的形成机制是复杂的。蓄满产流和超渗产流是两种典型的产流机制，前者发生于湿润地区，后者发生于干旱地区。半湿润、半干旱区，两者皆可发生。即使在湿润区，久旱后遇到强大的暴雨，也会有超渗产流，同样，干旱区遇上长期连绵的降雨，也会存在蓄满产流。产流机制受地形、土壤、地质、植被和气候条件的影响。由于陆表覆盖(植被、土壤)具有高度的非均匀性，目前对土壤水、蒸散发等水文过程的描述还缺乏一种行之有效的方法。尺度问题仍然是关注的热点。根据 Dooge 的观点，水文学在空间上跨度 15 个序列尺度，从水分子尺度(10^{-6}m)到全球水文循环的尺度(10^{7}m)。实际上，水文研究习惯于流域尺度，即 Dooge 定义的中尺度及大尺度中低阶部分 (10^{2}~10^{5}m)。按照 Hostetler 的观察结果，无论是 GCMs 还是水文模型，其大部分参数误差产生耦合过程的尺度不匹配问题。以尺度为突破口，寻找水文模型同陆面模式藕合的尺度界面将是研究关键。

然而传统水文模型有以下不足：①一种被动式接受，反响型的模型，它以降水为驱动因子，发展自身流域内产流汇流过程，这种过程描述方式没有与其上大气相互作用互为反馈的功能，无法表达对大气的反馈影响作用；②多数参数需通过资料率定，和地理特征的关系不直接；③未显式的考虑植被的作用；④计算中未考虑水量平衡，缺乏与气候模型的耦合能力；⑤空间尺度较小：中、小尺度 (1~10km^2，以流域为单元)。时间尺度较短：小时-日。

目前气候变化对陆地水循环影响主流研究方法是水文-气候模型单向连接方法,即由气候模型输出的产品来驱动流域水文模型，水文模型给出水文要素变化。在不同的产流机制条件下，采用不同的水文模型。这种单向连接方法存在很多不确定性：在气候模型与陆地水文模型分步独立地运算过程中，由于二者对陆面参数的取法不同，对同一网格或流域得到不同的蒸发估算及土壤水估算。使得 GCM 与水文模型对水量平衡、热量平衡描写的不一致，对水文循环缺乏从整体上、物理上一致的描写。另外，由于二者不能共享对陆面过程模拟的结果，水文模型不能实时地利用大气强迫改进对土壤水和蒸发的计算，气候模型也不能借鉴水文模拟的结果和实测径流资料实时地验证并修改其对陆面过程模拟的精度。在水文模型中，对于蒸发能力的高估或低估导致夸大或缩小气候变化对径流的影响，影响对气候的模拟与预测。

观测资料依然缺乏。用于验证 GCM 网格内描述水文循环的蒸发、土壤含水量、径流深等数据很难直接获取。降雨对陆面水文系统的通量和状态分配有重要作用，并且是水文模型的重要输入，但是目前对降雨的观测还存在很大误差。

参考文献

丁青利，郑粉莉. SWAT 模型及其应用，水土保持研究，2004.11(4)：128-130，156

王中根，刘昌明，左其亭，等.基于 DEM 的分布式水文模型构建方法，地理科学进展，2002.21(5)：430-439

王中根，刘昌明，黄友波.SWAT 模型的原理结构及应用研究，地理科学进展，2003.22(1)：79-86

王书功，康尔泗，李新.分布式水文模型的进展与展望，冰川冻土，2004.26(1)：61-65

刘志雨，谢正辉.TOPKAPI 模型的改进及其在淮河流域洪水模拟中的应用研究，水文，2003.23(6)：1-7

刘青娥，左其亭.TOPMODEL 模型探讨，郑州大学学报(工学版)，2002.23(4)：82-86

刘青娥，夏军，王中根.TOPMODEL 模型几个问题的研究，水电能源科学，2003.21(2)：41-44

刘树华.环境物理学，北京：化学工业出版社，2004

宋克超，康尔泗，金博文，等.黑河流域山区草地蒸发试验研究，冰川冻土，2004.26(3)：617-623

宋克超，康尔泗，蓝永超，等.黑河流域典型景观植被带陆面过程同步观测研究，冰川冻土，2003.25(5)：552-557

陈仁升，康尔泗，杨建平.Topmodel 模型在黑河干流出山径流模拟中的应用，中国沙漠，2003a.23(4)：428-433

陈仁升，康尔泗，吴立宗，等. 中国寒区分布探讨 . 冰川冻土，2005，27(4)：469－475

陈仁升，吕世华，康尔泗，等. 内陆河高山山区流域分布式水热耦合模型(I)：模型原理 . 地球科学进展, 2006a, 21(8), 806~818

陈仁升，康尔泗，吕世华，等. 内陆河高山山区流域分布式水热耦合模型(Ⅱ)：地面资料驱动结果. 地球科学进展, 2006b, 21(8), 819~829

陈仁升，康尔泗，吕世华，等. 内陆河高山山区流域分布式水热耦合模型(Ⅲ)：地面资料驱动结果. 地球科学进展, 2006c, 21(8), 819~829

陈仁升，康尔泗，杨建平，等. 内陆河流域分布式日出山径流模型 . 地球科学进展，2003b，18(2)：198-206

陈仁升，康尔泗，杨建平，等. 内陆河流域分布式水文模型－以黑河干流山区建模为例 . 中国沙漠，2004, 24(4): 416-424

胡春歧，张登杰.水文模型进展及展望，南水北调与水利科技，2004.2(6)：29-30

贾仰文，王浩，倪广恒，等.分布式流域水文模型原理与实践，北京：中国水利水电出版社，2005

董敏，耿全震，梁国益，等.气候模式的基本原理和技术方法，北京：气象出版社，1997.4

熊立华，郭生练，杨井，等.基于 DEM 的分布式流域水文物理模型，武汉水利电力大学学报，2000.33(6)：1-5

熊立华，郭生练.分布式流域水文模型，北京：中国水利水电出版社，2004

B.Grizzetti,F.Bouraoui, K. Granlund et al. Modeling diffuse emission and retention in the Vantaanjoki watershed(Finland) using the SWAT model. Ecological Modelling.2003.169: 25-38

Blyth E M. Using a simple SVAT scheme to describe the effect of scale on aggregation. Boundary-Layer Meteorology. 1995.72(3): 267-285

Dean Shaw, Lawrence W. Martz, Alain Pietroniro. Flow routing in large-scale models using vector addition. Journal of Hydrology.2005.307: 38-47

Flerchinger G N, Saxton K E. Simultaneous Heat and Water Model of a freezing snow-residue-soil system I. Theory and development. Transactions of the American Society of Agricultural Engineers. 1989.32:565-571

G.Aronica, M. Cannarozzo. Studying the hydrological response of urban catchments using a semi-distributed linear non-linear model. Journal of Hydrology.2000.238:35-43

Hayhoe H N. Field Testing of Simulated Soil Freezing and Thawing by the Shaw Model. Canadian Agricultural Engineering. 1994. 36(4): 279-285

Joseph D I. Upscaling of land surface parameters through inverse-SVAT modeling Cuvillier. Ecology and Development. Series No. 20, 2004

Koster R D, Suarez M.J. The Components of a SVAT Scheme and Their Effects on a Gcms Hydrological Cycle. Advances in Water Resources. 1994. 17(1-2): 61-78

Link T E, Flerchinger GN. Simulation of water and energy fluxes in an old-growth seasonal temperate rain forest using the simultaneous heat and water (SHAW) model. Journal of Hydrometeorology.2000,5(3): 443-457

Sellers P J, Mintz Y, Sud Y C, Dalcher A. A simple biosphere model (SiB) for use within general circulation models. Journal of the Atmospheric Sciences. 1986.43: 505-531

Tribbeck M J, Gurney R.J. A new Snow-SVAT to simulate the accumulation and ablation of seasonal snow cover beneath a forest canopy. Journal of Glaciology . 2004.169:171-182

Zhang Qiang. Parameters of land-surface processes for Gobi in north-west China. Boundary-Layer Meteorology.2004.110:471-478